생화학의 이해

RODNEY BOYER
대표역자 조 성 호

3RD EDITION

생화학의 이해

RODNEY BOYER

권오식 권혁빈 김순영 김원신
김천규 박상신 배지현 이창중
장세헌 정혜신 조성호 최정원
공 역

WORLD SCIENCE 월드사이언스

Concepts in Biochemistry 3rd edition

생화학의 이해 3판

인 쇄 ‖ 2007년 2월 1일
발 행 ‖ 2007년 2월 15일
역 자 ‖ 조성호 권오식 권혁빈 김순영 김원신 김천규
박상신 배지현 이창중 장세헌 정혜신 최정원

발행인 ‖ 박 선 진
발행처 ‖ 도서출판 월드사이언스
주 소 ‖ 서울특별시 동작구 사당5동 240-15

등록일자 ‖ 1987년 12월 14일
등록번호 ‖ 3-136

TEL ‖ (02) 581-5811~3
FAX ‖ (02) 521-6418

E-mail ‖ worldscience@hanmail.net
URL ‖ http://www.worldscience.co.kr

정 가 ‖ 33,000원
ISBN ‖ 978-89-5881-075-9

이 도서의 국립중앙도서관 출판시도서목록(CIP)은 e-CIP 홈페이지
(http://www.nl.go.kr/cip.php)에서 이용하실 수 있습니다.
(CIP제어번호: 2007000306)

서문

생화학의 이해 3판은 초판 및 2판과 마찬가지로 생화학의 기본 원리를 이해하고자 하는 학생들을 위하여 쓰여 졌다. 이러한 학생들은 건강 관련 학문(약학, 영양학, 운동생리학, 간호학 등), 생물학(미생물학, 생리학, 농학 등), 환경 관련 학문(지질학, 생물공학, 생태학 등)에서 자신의 직업을 가지고자 하는 학생들이다. 대부분의 대학에서는 생명체의 과정들에 분자적으로 초점을 맞춘 한 학기 단위의 생화학 강의를 개설하고 있다. 그러한 과목의 선수 과목들은 1년 단위의 일반생물학, 1년 단위의 일반화학, 한 학기 단위의 유기화학 등이다. 그리고 이 책은 화학을 전공하는 학생들에게 한 학기 단위의 강의에도 적합하다.

이 책을 집필한 저자의 목적은 다음과 같다.

- 가장 중요한 생화학적 개념과 이론을 규명하고 학생들의 배경과 장래 직업 추구에 알맞은 수준으로 설명하여 생화학을 전공하지 않는 학생들에게 현대 생화학의 관점을 제공하는 것이다.
- 정확하고 명쾌한 설명을 위한 생생하고 대화적인 화법을 개발하는 것이다.
- 학생들이 자신의 장래 직업이나 일상생활에서 찾을 수 있는 수많은 생화학적 응용의 예를 제시하는 것이다.

3판에서는 아래의 교육용 도구들을 첨가함으로써 위의 목적을 달성하고자 하였다.

이해하기 어려운 생화학의 개념들을 쉽게 파악할 수 있도록 각 장의 내용에 맞은 동영상과 보조 자료들을 본문에 표시하였다(**www.wiley.com/college/boyer**).

- **생화학 들여다보기**는 41개의 특별한 주제로, 건강 관련 소재, 실험 기술, 생화학적 응용 그리고 다른 보충 내용을 주로 다룬다. 각 장에 **임상생화학** 란을 마련하여 사람의 생화학에 대한 논의를 증가시켰다.
- 4개의 영역으로 구분되는 수많은 연습 문제가 매 장의 끝에 제공되는데 이들은 생화학적 원리를 익힐 수 있게 할뿐만 아니라 실제 생활 문제의 해결에 적용할 수 있는 기회를 줄 것이다. 4개 영역은 용어 이해, 개념 복습, 학습 문제, 생화학 작문, 생화학의 응용이다. 복습 문제를 첨가하여 진도를 계속하기 전에 배운 내용을 정리하도록 하였다.
- 생화학의 새로운 개념을 이해하는 데에는 종종 일반화학과 유기화학의 기본 원리를 이해하는 것이 필요하다. **다시 보기**에서는 pH, 역학, 유기물의 작용기 등의 내용을 공부한다.
- 각 장의 주요 절 앞에 **학습 목표**를 추가하여 배울 내용이 무엇인지를 요약하였다.

이 책은 아래의 네 부분으로 나뉜다.

Ⅰ. 분자와 생명
Ⅱ. 생체분자의 동역학적 기능
Ⅲ. 생물정보의 저장 및 전달
Ⅳ. 물질대사와 에너지
특별 주제

1부는 생물체와 세포 구조를 소개하고 생체분자가 반응하는 환경을 규정하여 앞으로의 공부에 필요한 출발점을 제공한다. 제 2장은 DNA와 RNA의 역할, 신호전달 같은 세포의 정보 교환에 대한 소개이다.

2부는 생화학의 구조적 측면을 논의하고 단백질, 탄수화물, 지질의 동역학적 기능을 다룬다. 여기서는 단백질체학, 생물정보학 등을 논의하고, 단백질의 구조와 기능에 대한 새로운 내용도 제공한다.

3부는 핵산 및 생물정보의 저장과 전달에서의 역할을 생화학의 정보론적 측면에서 다룬다. 이러한 주제는 과거의 생화학 교재에서는 마지막 부분에서 취급되었다. 그러나 생화학의 이해(Concepts in Biochemistry) 1판과 2판에서는 물질대사와 생체에너지학이 유전정보에 의하여 구체화된다는 개념을 강조하기 위하여, 이러한 내용을 교재의 앞부분에 위치시켰다. 이러한 비전통적 배열의 효과에 대하여 학생과 교수들은 긍정적 반응을 나타내었다. 따라서 3판에서도 이 배열을 따랐다. 많은 학생들이 분자생물학, 분자유전학, 생물공학 및 의료 관련 발전을 어느 정도 이해하고 있고, 그에 쉽게 매료되므로 이러한 배열 방법에 의하여 흥미를 증가시킬 수 있다. 이러한 현대 감각적이고 학생을 고려하는 배열 체계는 단백질 구조와 기능 그리고 물질대사에 대한 효율적인 설명을 가능하게 한다. 예를 들면, 유전자발현과 통합을 강조하면서 물질대사를 최신 방법으로 설명할 수 있다.

4부는 생체에너지학과 물질대사를 다룬다. 분해와 합성의 화학 반응을 상세한 반응 조절에 대한 설명과 함께 설명하였다. 물질대사를 이해하는 데 있어 학생들의 주요 어려움은 화학적으로 반응을 이해하는 과정이다. 4부의 앞부분에서 생화학 반응의 일반적 형태의 요점을 제시하였고, 이어서 그들의 화학적 특성을 상세히 기술하였다. 주요 생체 기관의 생화학적 임무를 강조하면서, 하나의 생물체가 지닌 여러 물질대사 과정들이 어떻게 상호 연계와 협조를 수행하는지 살펴본다.

특별주제는 신호전달과 분자면역학에 대한 두 개의 보충 단원을 포함한다.

저자 소개

로드니 보이어(Rodney Boyer)는 미국 호프 대학(Hope College)의 교수로 재직하면서 30년 가까이 생화학을 교육하고 연구하고 집필하였다. 네브라스카에서 태어나고 성장한 그는 아이오와 주의 웨스트마 대학(Westmar College)에서 화학과 수학 학사 학위를 받고, 콜로라도 주립 대학교(Colorado State University)에서 물리 유기 화학 전공 박사 학위를 받았다. 미시간 대학교 의과 대학의 생화학과 M.J. 쿤(Coon) 교수 실험실에서 3년간의 국립보건원 박사후 연구원을 마치고, 호프 대학의 화학과 교수로 임용되었다. 이곳에서 국립보건원, 국립과학재단, 드레이퍼스재단, 하워드 휴즈 의학연구소, 석유연구재단 등에서 지원을 통하여 75명 이상의 학생의 연구를 지도하였다. 이들과 함께 페리틴 이온 저장과 생화학 교육 분야에서 수많은 논문을 발표하였다. 또한 미국 암학회 학자로 콜로라도 대학교의 노벨 수상자 톰 첵(Tom Cech)의 실험실에서 1년간의 안식년을 보냈다. 생화학 실험서: 현대 이론과 기술(Biochemistry Laboratory: Modern Theory and Techniques, 초판, 2006년)과 현대 실험 생화학(Modern Experimental Biochemistry, 3판, 2000년)의 저자이며, 생화학 및 분자생물학 교육(Biochemistry and Molecular Biology Education)의 편집위원이기도 하다. 미국 생화학 및 분자생물학회(ASBMB)의 회원이며, 최근 이 학회에서 추천한 학부 생화학 전공 학위 과정을 기획한 교육 및 전문가 계발 위원회의 위원이다. 여가 시간에는 자연을 즐기고, 고전 음악과 독서도 가까이 한다.

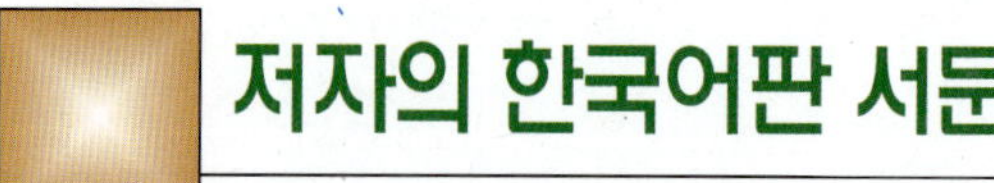

Preface to the Korean Translation of *Concepts in Biochemistry*

To the Students of Korea:

Welcome to Biochemistry class, where you will meet the molecules of life and learn how they participate in cellular processes. You are enrolled in this course probably because the academic preparation for your chosen career requires an understanding of the molecular nature of life. Today, the field of biochemistry is rapidly expanding and being applied to many other sciences including biology, the medical sciences, food science, neuroscience, bioengineering, biotechnology, agriculture, ecology, computer science, and even psychology. The introduction of biochemical concepts and techniques to these disciplines will result in many future advances that will greatly improve our everyday lives.

My goal in writing this book was to offer students around the world a view of modern biochemistry by selecting the most important principles and explaining them at a level appropriate to the students' backgrounds and career goals. I wanted to show students that biochemistry is not only exciting and essential in their studies, but it is also a part of their daily lives. It is my hope that the students of Korea will enjoy this biochemistry course and that my book will help them understand the sometimes complex theories presented.

To each student: I wish you success and prosperity in your academic work and in your career.

Acknowledgments:

I express my extreme appreciation to Dr. Sung Ho Cho, Professor and Chairman of the Department of Biological Sciences at Inha University, for organizing and leading the excellent team of professors who translated this book. I extend my thanks to Dr. Sung Ho Cho and the team for their hard work and desire to translate this book for the benefit of biochemistry students in Korea.

Rodney Boyer

역자 서문

최근 생명과학에 대한 관심과 함께 생물학 및 그와 관련된 모든 학문에서 생화학의 중요성이 더욱 강조되고 있음을 누구나 느끼고 있을 것이다. 현대 생화학은 생물체를 구성하고 있는 생체물질과 이들의 상호 변환, 물질대사, 에너지의 변환 등 고전적인 생화학의 분야뿐만이 아니라 유전물질의 구조 및 발현, 그리고 그 조절 과정을 연구하는 분자생물학 분야까지 포함하는 넓은 분야의 학문이다. 따라서 오늘날의 생화학은 기초 생물학뿐만 아니라 의학, 농학, 약학, 식품학, 화학, 수의학 등 모든 생명 관련 분야의 학문을 공부하고 연구하는 데 있어서 그 출발점이 되는 학문이라고 해도 과언이 아니다. 많은 대학에서 생화학 강좌 및 수강생의 수가 눈에 뜨일 정도로 증가하는 것은 바로 그 때문이다.

역자는 10여 년간 생화학 과목을 강의하면서 적절한 우리말 교재의 선택에 많은 어려움을 느껴 왔다. 원서는 용어들을 영어로 익힐 수 있는 장점이 있는 대신에 많은 학생들이 내용의 이해에 너무 많은 시간과 노력을 투자하여야 하므로 적절치 않다는 판단을 하게 되어 우리말로 된 교재를 찾게 되었던 것이다. 생화학을 배우는 학생들은 요구에 따라 한 학기 또는 두 학기 정도 수강하게 되는 데 경우에 따라서는 교재의 양이 너무나 방대하여 적절히 강의할 수 있는 교재를 찾는 것 역시 쉽지 않았다. 그러던 차에 로드니 보이어의 생화학 교재가 분량도 적당하고 내용도 이해하기 쉬어 교재로 채택하여 사용하고 있었는데 월드사이언스 출판사로부터 이 교재의 번역을 의뢰받고 매우 기쁜 마음으로 그 제안을 수락하였다. 그리고 이 책을 교재로 사용하고 있던 교수들과 함께 전공 분야 별로 내용을 분담하여 번역하게 되었다.

번역에 있어서 가장 어려웠던 점은 역시 용어의 통일성이었다. 권위 있는 기관의 용어 번역이 나와 있지 않은 터라 역자들의 번역이 서로 상이하여 이의 통일을 기하고자 많은 노력을 기울였다. 참고로 주로 사용한 책은 한국생물과학협회 편 생물학 사전, 아카데미 생명과학 사전, 한국 과학 기술 단체 총연합회 편 과학기술 용어집, 대한화학회 편 화학 술어집 등이며, 이미 시중에 발간된 생화학 및 생물학 교재도 참고하여 되도록 일반적으로 많이 사용되고 있는 용어를 취하고자 노력하였다. 또한 지명은 교학사 간 교학지도집, 인명은 동서문화사 간 세계 대백과 사전과 웹스터 사전의 인명편을 주로 참고하였다. 띄어쓰기는 한글 맞춤법에 따라 단어별로 띄어 쓰는 것을 원칙으로 하였으나 하나의 개념이 강한 용어의 경우에는 내용의 이해를 쉽게 하기 위하여 붙여서 표기하였다. 물질대사, 해당과정, 가수분해효소 등이 그 예이다. 그림에나 표에서는 학생들이 용어를 영어로 익힐 수 있도록 가능하면 번역하지 않고 그대로 두었다. 그리고 각 장의 연습 문제 1번에 중요한 용어들을 영어로 정리하였다. 현재 국내에서도 거의 모든 학술 논문이 영어로 발표되는 것을 고려하면, 대학원에 진학하거나 전공 관련 업무를 수행하는 데 있어서 영어의 습득은 필수적이라고 할 수 있다.

강의나 번역을 하면서 원서의 내용에 잘못된 점들을 여러 곳 발견하여 저자인 보이어 교수와 이메일을 주고받으며 이를 수정하였다. 저자 또한 자신이 발견한 오류들을 역자에게 일러 주었다. 그 결과 본 번역판은 원서보다 더 정확한 내용을 수록하게 되어 큰 자부심을 갖게 되었다. 그러나 이러한 많은 노력에도 불구하고 번역이나 편집에 있어서 부족한 점이 심심치 않게 눈에 뜨이지 않을까 염려된다. 앞으로 원서의 신판이 나올 때 마다 새로운 번역판이 신속하고 정확한 내용으로 발간될 수 있도록 노력할 것이다.

이 책을 번역하는 동안 생긴 친분 관계로 번역판을 위하여 특별히 서문을 써 준 보이어 교수에게 감사의 말을 우선 전하며, 또한 이 책의 출판이 가능하도록 애써 주신 월드사이언스 박선진 사장님과 한용희 부장님께 심심한 감사의 말을 드린다. 그리고 아직 학업에 열중하여야 하는 시기에 색인의 정리에 많은 시간을 할애하여 준 본 연구실의 현주 양에게도 노고의 말을 전한다. 끝으로 여러분이 이 책을 통하여 생화학의 개념을 이해하고 자신의 분야에서 소정의 성과를 이루는 데 조금이라도 도움이 된다면 역자들은 큰 보람을 느낄 것이다.

2003년 11월

빠르게 발전하는 생화학의 내용에 맞게 원서의 3판이 2006년에 출판되었다. 2판의 번역자가 그대로 참여하여, 추가되고 교정된 내용을 번역하여 적절한 시기에 출판하게 된 것을 기쁘게 생각한다. 3판에서는 2005년 출간된 한국생물과학협회 편 생물학용어집 2판에 따라 일부 용어들을 수정하여 수록하였다. 물질의 이름은 2판과 마찬가지로 외래어 표기 원칙에 따라 원어에 가깝게 표기하였다. 물질과 효소의 이름은 한 단어로 표기하는 것을 원칙으로 하였으며, 효소의 기질이 또 다른 효소인 경우 이름이 길어지고 혼동의 우려가 있어 중간에 한 칸을 띄어 두 단어로 나타냈다. 또한 ATP의 가수분해 없이 화합물을 합성하는 **생성효소(synthase)**는 아직 공식화되어 있는 명칭이 아니지만, ATP 에너지를 필요로 하는 **합성효소(synthetase)**와 구분하기 위하여 그대로 두었다. 생성효소란 이름 대신 합성효소로 명명하여도 틀린 것이 아니다. 화합물에 인산기 두 개가 연속적으로 붙어 있는 경우에는 **이인산(diphosphate)**, 서로 다른 위치에 결합한 경우에는 **비스인산(bisphosphate)**이란 명칭을 유지하였다.

2006년 10월

대표역자 조 성 호

역자 소개

권 오 식
계명대학교 미생물학과 교수
고려대학교 농학과 졸업(1980)
미국 University of California at Davis 이학박사(1990)
(10장, 11장)

권 혁 빈
선문대학교 응용생물과학부 교수
서울대학교 생물교육과 졸업(1984)
미국 University of Iowa 이학박사(1994)
(13장, 19장)

김 순 영
안동대학교 생명과학과 교수
연세대학교 생물학과 졸업(1982)
미국 Indiana State University 이학박사(1993)
(2장, 4장)

김 원 신
원광대학교 생명과학부 교수
원광대학교 생물교육학과 졸업(1986)
일본 University of Tsukuba 농학박사(1992)
(12장, 18장)

김 천 규
인제대학교 신소재공학부 교수
고려대학교 화학공학과 졸업(1984)
미국 University of Washington 이학박사(1994)
(6장, 7장)

박 상 신
동국대학교 생화학과 교수
동국대학교 화학과 졸업(1982)
동국대학교 이학박사(1990)
(8장, 17장)

배 지 현
계명대학교 식품영양학과 교수
이화여자대학교 식품영양학과 졸업(1985)
미국 Pennsylvania State University 이학박사(1992)
(15장, 특별 주제 II)

이 창 중
인하대학교 생명과학과 교수
서울대학교 동물학과 졸업(1983)
미국 University of North Carolina 이학박사(1991)
(20장, 저자 서문)

장 세 헌
대구대학교 생명과학부 교수
연세대학교 생화학과 졸업(1980)
미국 Washington State University 이학박사(1988)
(3장, 5장)

정 혜 신
한남대학교 미생물학과 교수
연세대학교 생화학과 졸업(1980)
미국 Purdue University 이학박사(1986)
(14장, 16장)

조 성 호
인하대학교 생명과학과 교수
서울대학교 식물학과 졸업(1977)
미국 University of Texas 이학박사(1987)
(총괄, 9장, 역자 서문, 용어 해설, 색인)

최 정 원
수원대학교 화학과 교수
서울대학교 화학과 졸업(1985)
미국 University of Pittsburgh 이학박사(1994)
(1장, 특별 주제 I)

목차 요약

목차

I부 분자와 생명

특별주제

CHAPTER

1

현재 전 세계적으로 가장 널리 직면하고 있는 의료적인 문제점은 영양이 부적절하게 섭취되는 영양실조이다. 영양실조는 가난한 국가나 부유한 국가를 막론하고 다양한 형태로 나타난다. 적은 경우이기는 하지만 개발도상국가에서 어린이들에게 가장 심각한 영양 문제는 적절한 음식을 제공받지 못한다는 것이다. 이는 결국 기아에 의한 소모증(marasmus)과 단백열량 부족에 의한 콰시오르코르(kwashiorkor)병을 유발하게 된다. 대부분의 선진국에서는 영양 문제가 정반대의 극단적인 현상으로 나타나는데, 과다한 음식 소비로 말미암아 비만 및 이와 관련된 질병(임상생화학 I 참조)이 유발되는 것이다. 생화학자들은 모든 형태의 영양실조에 대한 의학적인 치료와 농업적 구제 방법을 찾아내기 위하여 분자적인 관점에서 오랜 기간에 걸쳐 연구를 진행하고 있다.

생화학: 원자와 분자에서 세포까지

생화학(biochemistry)의 세계에 온 것을 환영합니다! 이전에 일반 생물학과 일반 화학 과목에 대한 경험이 있는 경우 생화학에 대한 이해를 얻을 수 있었으므로 본 과목이 아주 낯설지는 않을 것이다. 이 책은 독자에게 복잡하지만 매우 흥미로운 생화학의 개념을 자세하게 소개한다. 생화학 그 단어 자체는 지난 100년간 우리 언어에서 일반적으로 널리 사용되어 왔지만 이것의 정의는 사람에 따라 틀려지며, 정확히 정의하기가 어렵다. 대부분의 과학자들은 **분자적인 수준에서의 생명에 대한 연구**라는 직설적인 정의에 동의할 것이다. 생화학이란 단어는 생물학(biology)과 화학(chemistry)의 합성어이므로 학생들은 양 분야의 기본적인 내용에 모두 정통해 있어야 한다.

생화학이란 무엇인가?

모든 생명체는 생명 현상의 주요 특징이라 불리는 다음 과정들을 수행한다.

- 생명체는 영양소라 불리는 분자들로부터 에너지를 얻을 수 있다.
- 생명체는 성장, 분화, 번식의 과정을 나타낸다.
- 생명체는 환경 변화에 반응하는 능력을 가지고 있다.

생화학의 궁극적인 목표는 분자(molecule)라는 언어를 사용하여 생명 현상을 기술하는 것이다. 즉 화학적인 이론과 도구를 이용하여 생물학적인 기능을 설명할 수 있는 분자 구조를 결정하는 것이다. 심지어 가장 작은 세포라도 수 천 가지의 유기 그리고 무기 분자로 이루어져 있고, 이들 중 많은 수는 **거대분자(macromolecule)**라고 불리는 크기가 큰 분자이다. 시각, 생각, 운동, 소화, 면역, 그리고 질병 등을 포함한 모든 생물학적 작용들은 분자들이 어떻게 작용하며 경우에 따라서 잘못 작용하는데 따른 결과이다. 대부분의 생물학적 작용이 세포(cell)라 불리는 생물학적 기본 단위 내에서 일어나므로, 세포 구조에 대한 자세한 이해도 반드시 필요하다. 이제 생화학의 목표를 이루기 위해서 화학과 생물학이 각각 어떠한 역할을 맡고 있는지가 명확해졌다.

생물학적인 과정을 설명하기 위해서 생화학이 어떻게 사용되는지를 보다 명확히 이해하기 위해 일반적으로 생화학을 세 개의 주요 분야로 나누어 볼 수 있다(그림 1.1).

1. **구조와 기능 생화학(structural and functional biochemistry)**은 생명체에서 발견되는 화학물질인 생체분자의 화학적 구조와 3차원적 배열을 밝히는 것에 초점을 맞춘다. 생물학적 작용을 기술하기 위

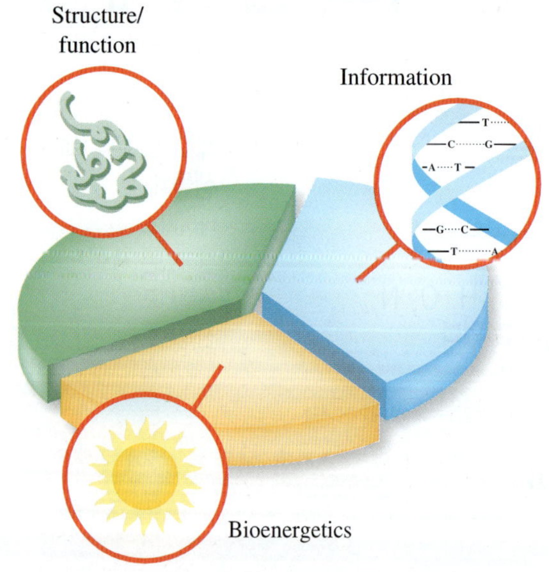

그림 1.1 세 가지 주요 연구 분야로 표현되는 생화학의 본질

해서는 작용에 관계된 생체분자의 화학적 구조를 알아야 하며 그리하여 이 분자의 생물학적 기능과 목적을 이해하게 된다.

2. **정보 생화학(informational biochemistry)**은 세포와 생물체 내부의 정보 전달을 위한 언어를 설명한다. 이 분야는 유전과 유전정보 발현의 분자적 과정 및 세포 활동(호르몬 작용 등)을 조절하는 분자 신호전달 과정을 다루는 분자유전학 분야도 포함한다. 생명체는 정말로 매우 복잡한 정보 처리 기구인 것이다.
3. **생체에너지학(bioenergetics)**은 살아 있는 생물체의 에너지 흐름과 한 과정에서 다른 과정으로 에너지가 어떻게 전달되는지를 기술하는 분야이다. 근육수축, 분자의 합성, 그리고 막수송과 같은 세포와 생명체의 분자 현상은 에너지의 유입(**endergonic**)을 필요로 하는 반면에, 물질대사에 의한 음식물의 분해와 태양으로부터 빛의 흡수와 같은 작용은 에너지를 방출(**exergonic**)하게 된다. 발열 반응으로부터 흡열 반응으로 에너지를 변환하기 위해서 어떻게 세포가 생화학적 반응과 생체분자를 이용하는가 하는 것은 우리가 생명 현상을 이해하는 데 매우 중요한 문제이다. 에너지의 전달은 보통 한 형태의 에너지에서 다른 형태의 에너지로의 변환을 의미한다. 예를 들어서 우리가 섭취하는 음식은 체온 유지, 신경전달에서의 이온 흐름의 조절, 그리고 근육수축을 위한 에너지 공급 등에 이용되는 잠재적 분자 에너지를 포함한다.

왜 생화학을 공부해야 하는가?

생화학이 미래의 생화학자가 되기를 희망하며 매일 자신의 일에 생화학적 개념을 사용하는 사람에게만 중요한 것은 아니다. 일상생활에서의 많은 관점들이 생화학과 직접적인 관계가 있다. 생화학이 우리의 삶을 풍족하게 하는 몇 가지 예를 여기에 소개한다.

1. 생화학을 공부함으로써 우리는 생명을 근본적으로 이해할 수 있게 된다. 누구나 우리 몸이 어떻게 작용하는지에 대하여 자연스런 호기심을 가지고 있다. 어떻게 뇌 세포가 수학과 화학의 공식을 기억할 수 있는가? 많은 형태의 생명체 사이의 생화학적인 유사점과 차이점은 무엇인가? 생물은 스스로를 복제하기 위해 필요한 정보를 어떻게 저장하고 옮기는가? 생명의 기원에 관련된 주요 분자와 반응은 무엇인가? 어떻게 음식이 소화되어 세포에 에너지를 제공하게 되는가? 생화학에 관한 연구는 이러한 질문에 대한 답을 제공하고 있다.

2. 생화학은 우리가 의약, 보건, 영양, 그리고 환경을 이해하는 데 중요한 영향을 미친다. 생화학 연구의 결과는 벌써 당뇨병(diabetes), 겸형적혈구빈혈증(sickle cell anemia), 페닐케톤뇨증(phenylketonuria), 낭포성섬유증(cystic fibrosis), 그리고 고콜레스테롤혈증(hypercholesterolemia)과 같은 질병의 분자적인 이해를 가능하게 했다. 또한 앞으로도 생화학적 및 생의학적 연구를 통해 후천성면역결핍증(AIDS), 암(cancer), 알츠하이머병(Alzheimer's disease)과 정신분열증(schizophrenia) 등과 같은 질환을 이해할 수 있을 것이다. 생화학 분야의 DNA 재조합 기술과 이것을 이용해 유전적 돌연변이의 원인이 되는 염색체 부분을 탐색할 수 있는 기술은 이러한 질병을 진단하고 치료하는 데 중요한 역할을 할 것이다. DNA 재조합 기술은 또한 농업 분야에서 새로운 작물의 개발에 도움을 주어 세계의 식량 및 영양 문제를 일부 해결할 것이다. 효소(생물학적 촉매)와 물질대사에 대한 연구는 합리적인 신약 설계와 영양에 대하여 자세히 이해하는 데 필요한 기초를 제공한다.
3. 생물 세포와 그 구성요소, 그리고 생물학적 작용을 실용적인 기술로 응용하는 분야인 생물공학(biotechnology)은 생화학적 발견과 함께 발전할 것이다. 이미 제약 산업계에서는 복잡한 신약을 합성하기 위해 효소를 사용한다. 여러 가지 미생물의 유전자 기질을 선택 변형하여, 옥수수나 다른 식물로부터 알코올 연료를 생산하거나 오염된 기름과 유독한 쓰레기를 처리하고 광석으로부터 금속을 얻는 데 사용하고 있는 것이다.

달리기를 하는 사람은 탄수화물, 지방, 그리고 단백질의 대사 작용으로부터 얻어진 에너지를 사용한다.

복습 문제

1. 생화학의 직설적인 정의인 "분자적인 수준에서의 생명에 대한 연구"라는 문장이 주어져 있다. 이 개념을 확장하여 40~50 단어 내외로 생화학을 자세히 정의해 보시오.

2. 다음 문장을 고찰해 보시오.: "생화학은 과학의 한 분야의 이론과 도구를 이용하여 다른 과학 분야를 설명한다는 점에서 독특한 개념의 학문이다." 여기서 언급한 두 과학 분야를 정의하고 이 문장의 의미를 설명하시오.

1.1 생화학의 기원

학습 목표

생물학, 화학, 물리학에서 생화학의 역사적 기원을 이해한다. 생화학의 영역 안에서 각 주제의 범위와 의학, 건강, 공학, 그리고 일상생활에 미치는 생화학의 영향을 인식한다.

생화학의 초기 역사

메소포타미아, 이집트, 중국, 인도, 로마, 그리스 등의 고대 문명인은 효모를 이용한 제빵, 과일 과즙의 발효, 또는 식물과 동물의 추출물을 이용한 질병의 치료 등을 시도하였다. 그리고 그들은 이러한 현상의 기초가 되는 생화학적 원리의 이해와 지식 없이도 생화학 작용의 결과로 얻어지는 기쁨을 누릴 수 있었다. 질병 치료와 건강 유지를 위한 초기 생물학 연구는 철학과 종교학에 뿌리를 두고 있다.

기원전 4세기경의 중국인은 인간이 물, 불, 나무, 금속, 그리고 흙의 다섯 가지 원소로 구성되어 있다고 생각했다. 모든 원소가 적당히 균형을 이루고 있을 때 건강이 유지되고, 이들 원소의 불균형은 질병을 일으킨다고 믿었다. 중국의 의사들은 서기 7세기경에 돼지와 양의 간을 이용하여 야맹증을 치료할 수 있음을 발견했다. 현대의 생화학자와 의사들은 야맹증이 간에 풍부한 생화학 물질인 비타민 A의 부족에 기인한다는 것을 잘 알고 있다.

플라톤(Plato, 기원전 428~348년)을 비롯한 고대 그리스인은 우주론적인 관점에서 신체를 설명하려고 하였고 질병의 치료를 위해 식이 요법을 강조했다. 그리스어로 소화란 뜻인 펩시스(pepsis)란 단어는 신체 내부의 열을 의미하는데 소화 효소인 펩신(pepsin)의 어원이 되기도 한다. 그리스의 의사 갈렌(Galen, 서기 129~199년)은 질병의 치료를 위해 식물과 동물의 추출물을 사용하며 건강을 위한 약리학적 접근을 장려했다.

서기 762년 바그다드가 건설된 후에 번창하기 시작한 아랍 문화권의 생물학은 고대 그리스의 과학적 문헌의 영향을 많이 받았다. 그러나 아랍인은 그리스 과학의 추상적인 면에 만족하지 않고 자연에서 얻어진 약의 약효와 화학적 특성을 결정하고 분류함으로써 그리스의 제약 기술을 더욱 발전시켰다. 그리스와 아랍의 과학 문헌은 11세기가 되어서 서유럽에 전파되기 시작하였다. 그 후 수세기에 걸쳐 그리스 과학에 기초한 의학 학교가 볼로냐(Bologna), 파리(Paris), 그리고 톨레도(Toledo)에 설립되었다. 중세 유럽 과학의 중요한 인물인 파라켈수스(Paracelsus, 서기 1493~1541년)는 아리스토텔레스(Aristotle), 갈렌, 그리고 아랍의 과학자 아비세나(Avicenna, 서기 980~1037년)에 의한 고전적 의학 지침에서 벗어나고자 했다. 파라켈수스는 유럽의 몇 개 대학에서 의학을 공부했지만 그가 의학 학위를 취득했는지는 확실치 않다. 그는 새로운 의학적 및 생물학적 관점을 상세히 설명하고자 여러 도시를 여행하며 글을 쓰는 데 인생의 대부분을 보냈다. 그의 생화학적 개념은 파흐터(Pachter)에 의해 다음과 같이 기술되었다. "생화학자로서 파라켈수스는, 인간은 다른 모든 창조물과 동일한 물질로 창조되었고, 우주를 구성하는 물질을 섭취하며, 이들 물질의 성장과 부패를 지배하는 법칙에 따르게 된다고 주장했다. 동시에 각 생명체는 개별적으로 독특한 특징을 지니며 구성되어 있고 또한 그 자신의 운명을 따르게 된다." 파라켈수스가 죽은 지 450년이 지난 지금도 우리는 그의 관점의 정확성에 감탄한다.

파라켈수스의 영향을 받아, 17세기와 18세기의 생물학자들은 생물학적 물질과 반응을 연구하는 데 더욱 분자적인 접근을 하게 되었다. 연구의 주된 주제는 소화 작용이었는데, 많은 과학자들은 이것이 화

생화학자는 육지와 바다의 살아 있는 생물체의 분자적 특성을 연구한다.

학 원리에 의해 설명될 수 있다고 인식하기 시작했다. 19세기에 들어서서 화학적 설명으로 이해될 수 없었던 어떤 생물학적 작용들은 **생기론(vitalism)**적인 관점에 의해 설명되었다. 생기론자는 살아 있는 유기적인 세계와 생명이 없는 비유기적인 세계를 구별하는 근본적인 힘(생명의 힘 또는 정신)이 존재한다고 주장했다. 그러나 생기론의 생각을 무너뜨린 실험이 한 실험실에서 이루어졌는데, 바로 세포 내에서 발견되는 유기 물질인 요소(urea)의 합성이었다. 1828년, 독일의 화학자 프리드릭 뵐러(Friedrich Wohler)는 무기물이고 따라서 "생명이 없는" 화합물인 암모니아(ammonia)와 시안산(cyanic acid)만을 사용하여 유기 물질인 요소를 합성했다.

$$\underset{\text{Ammonia}}{NH_3} + \underset{\text{Cyanic acid}}{N{\equiv}C{-}OH} \longrightarrow \underset{\text{Ammonium cyanate}}{N{\equiv}C{-}O^{-}NH_4^{+}} \xrightarrow{\text{heat}} \underset{\text{Urea}}{H_2N{-}\overset{\overset{\large O}{\|}}{C}{-}NH_2}$$

현대 생화학의 시작점을 특정한 시점 또는 사건으로 정확히 지적하는 것은 어렵다. 그런데 많은 과학사 학자들은 뵐러가 요소를 생체 외적으로(*in vitro*) 합성한 사실을 현대 생화학의 출발점이라고 본다.

현대 생화학으로의 발전

생화학의 초기 단계로부터 오늘날의 생화학까지는 여러 맥락으로 이어져 있다. 두 가지 독립적인 과학 연구 방법에 의해 오늘날의 생화학적 지식이 얻어졌다고 할 수 있다(그림 1.2). 그 첫째는 자연 과학에 기초한 맥락으로, 여기서는 생체분자의 구조적 특징을 강조한다. 이 방법은 살아 있는 세포의 작용을 설명하기 위해 물리학과 화학의 기초적인 법칙을 적용했다. 예를 들면, 20세기에 들어와서 라이너스 폴링(Linus Pauling)이 아미드(amide)와 펩티드(peptide) 구조를 연구하기 위해 X선결정학(X-ray

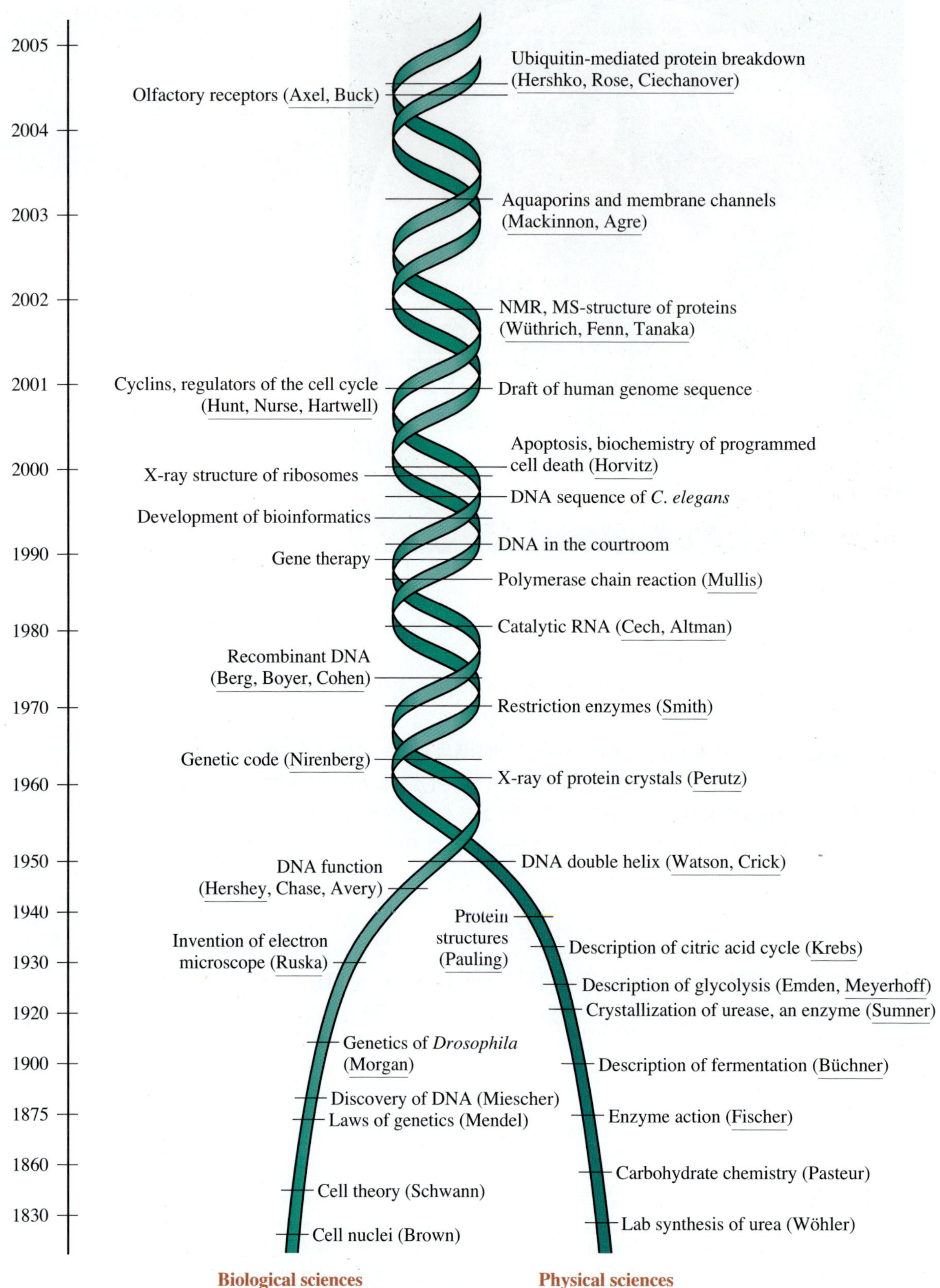

그림 1.2 생물 과학(biological sciences)과 물질 과학(physical sciences)의 두 가지 관점에서 살펴본 생화학의 기원. 생화학의 발전에 중요한 사건들의 날짜가 왼쪽의 눈금에 나타나 있다.

고대 이집트 벽화의 포도 수확과 포도주 생산 그림. 에탄올을 만들기 위한 포도즙에서의 탄수화물 발효는 효모에 의해서 이루어진다.

crystallography)을 사용한 것이다. 다른 또 하나의 방법은 생물학자, 특히 미생물학자, 세포생물학자, 생리학자와 유전학자들에 의해 주도되었는데, 이는 세포의 조직과 기능에 관한 연구가 주를 이루고 있다. 생화학이란 용어를 처음 사용한 시기는 명확하지 않다. 그러나 자신을 생화학자라고 간주했던 초기 과학자들이 자연 과학의 발전을 주도해 왔다. 이러한 두 가지 방법은 1952년 제임스 왓슨(James Watson)과 프란시스 크릭(Francis Crick)에 의해 DNA 이중나선 구조가 발표되면서 합쳐지게 되었다. 즉 물리학(결정학), 화학(구조와 결합), 그리고 생물학(유전정보의 저장과 전달)이 모두 연결되면서 당시의 가장 흥미롭고도 복잡한 생물학적 문제점(유전 물질인 DNA의 분자 구조)을 풀게 된 것이다. 이후 생화학 지식의 성장은 가히 폭발적이라 할 수 있다. 몇 가지 중요한 역사적 사건을 그림 1.2에 표시하였다.

분자생물학(molecular biology)이라는 용어는 화학과 생물학의 경계에서의 연구를 기술하기 위해 자주 사용된다. 이 용어는 생물학, 생화학, 세포생물학, 그리고 유전학에 자연 과학적 방법을 적용한 연구를 지원하는 새로운 연구비 제도를 기술하기 위해 록펠러 재단(Rockefeller Foundation)에서 1938년에 처음 사용하였다. 생화학과 분자생물학의 궁극적 목표는 비슷하지만 문제를 해결하기 위한 접근 방법은 서로 다르다. 먼저 분자생물학자는 유전 물질(RNA와 DNA)의 연구, 특히 생물정보전달의 역할에 관한 연구를 강조하며 생명체와 재조합DNA, 그리고 분자유전학을 포함한 생물학적 실험 방법을 주로 이용한다. 반면에 생화학자는 앞에서도 기술했듯이 주로 생체분자의 구조와 기능, 그리고 이들 분자 사이의 에너지 관계를 연구하는 데 초점을 맞춘다. 생화학자는 화학적 · 물리적인 측정을 위한 도구를 주로 사용하지만 최근에는 분자생물학의 기술을 점점 더 사용하고 있는 추세이다. 오늘날 화학과 분자생물학 사이의 경계는 빠르게 사라지고 있다. 생화학자가 세포 발생 주기와 물질대사의 시트르산회로(citric acid cycle)를 모두 아는 것이 중요하다. 또한 분자생물학자도 기본적으로 생체분자의 화학적 구조를 알고 이해해야 한다. 생화학과 분자생물학은 "생명은 무엇인가?"라고 하는 공통적인 문제점에 대한 해답을 찾기 때문에 점점 구별하기 어렵게 된다.

제임스 왓슨(왼쪽)과 프랜시스 크릭이 DNA 이중나선 구조의 초기 모델에 대하여 토론하고 있다.

1.2 모든 생물체는 C, H, O, N, P, S를 포함하고 있다

학습 목표

생체분자의 원소 구성에 대한 일반적 지식을 습득한다.

생체분자의 화학원소

100개 이상의 화학원소 중에서 약 31개(28%)만이 자연의 동 · 식물에서 발견된다. 그림 1.3에서 볼 수 있듯이 생물체에 존재하는 원소는 다음 세 가지의 범주로 나눠질 수 있다.

1. **대량으로 발견되며 생명에 필수적인 원소**인 탄소(carbon), 수소(hydrogen), 산소(oxygen), 질소(nitrogen), 인(phosphorous) 그리고 황(sulfur)은 생물 건조 중량의 약92%를 형성한다.
2. **대부분의 생물에서 미량으로 발견되며 생명에 거의 필수적인 원소**로서 칼슘(calcium), 망간(manganese), 철(iron), 요오드(iodine) 등이 있다.
3. **일부 생물체에서 미량으로 발견되며 생명에 필수적일 수 있는 원소**로서 비소(arsenic), 브롬(bromine), 몰리브덴(molybdenum) 등이 있다.

우리는 최초의 생물 형태가 어떻게 진화의 초기 단계에서 이 원소들을 선택하였는지 이해하지 못한다. 생체분자에서 발견되는 원소들은 서로 유사한 특성과 특징을 가지지 않는다. 주기율표에 있는 모든 족의 원소가 생물체를 구성하며, 여기에는 금속도 있고 비금속도 있다. 이러한 원소들이 어떻게 선택되었는가에 대해선 다음의 두 가지 가설이 있다. 한 가지는 원소의 유리한 특징 때문에 일부러 선택되었다는 것이고, 다른 하나는 지각, 대기, 그리고 우주에 흩어져 있는 모든 원소 중에서 임의로 선택되었다는 것이다. 만일 후자가 사실이라면, 생물체에서 발견되는 원소의 비율과 우주에서 발견되는 원소의 비율이 같아야 할 것이다. 지각, 우주, 그리고 생물체에서의 원소 구성을 비교한 것이 그림 1.4에 나타나 있는데 이것은 후자의 가설이 틀렸음을 보여준다.

TRANSITION METALS

	Group IA	Group IIA											Group IIIB	Group IVB	Group VB	Group VIB	Group VIIB	Group 0
Period 1	1 H hydrogen																	2
Period 2	3	4											5 B boron	6 C carbon	7 N nitrogen	8 O oxygen	9 F fluorine	10
Period 3	11 Na sodium	12 Mg magnesium											13 Al aluminum	14 Si silicon	15 P phosphorus	16 S sulfur	17 Cl chlorine	18
Period 4	19 K potassium	20 Ca calcium	21	22	23 V vanadium	24 Cr chromium	25 Mn manganese	26 Fe iron	27 Co cobalt	28 Ni nickel	29 Cu copper	30 Zn zinc	31 Ga gallium	32	33 As arsenic	34 Se selenium	35 Br bromine	36
Period 5						42 Mo molybdenum						48 Cd cadmium					53 I iodine	
Period 6						74 W tungsten												
Period 7																		

그림 1.3 생화학자의 주기율표. 빨간 배경의 원소는 살아 있는 세포에 다량 존재하며 생명에 필수적인 원소이다. 노란 배경의 원소는 거의 필수적인 미량 원소이다. 파란 배경의 원소는 일부 생물에서만 발견되며 필수적일 것으로 예상되는 원소이다.

결국 원소는 "어떤 구조상의 기능을 수행하거나 특정한 반응성을 제공하는 능력에 의해 선택되었다"라고 결론지어야 한다. 예를 들어 하나의 탄소 원자는 질소, 수소, 산소, 황 또는 다른 탄소와 여러 개의 공유결합(covalent bond)을 동시에 형성한다. 이러한 탄소의 특성으로 인해 단백질, 핵산, 지질, 그리고 탄수화물에서, 질소, 산소, 그리고 황을 포함하는 작용기로 구성된 긴 탄소 사슬과 고리가 형성될 수 있는 것이다. 철은 산소와 가역적인 결합을 할 수 있으므로 진화적으로 선택되었을 것이다. 지구와 대기

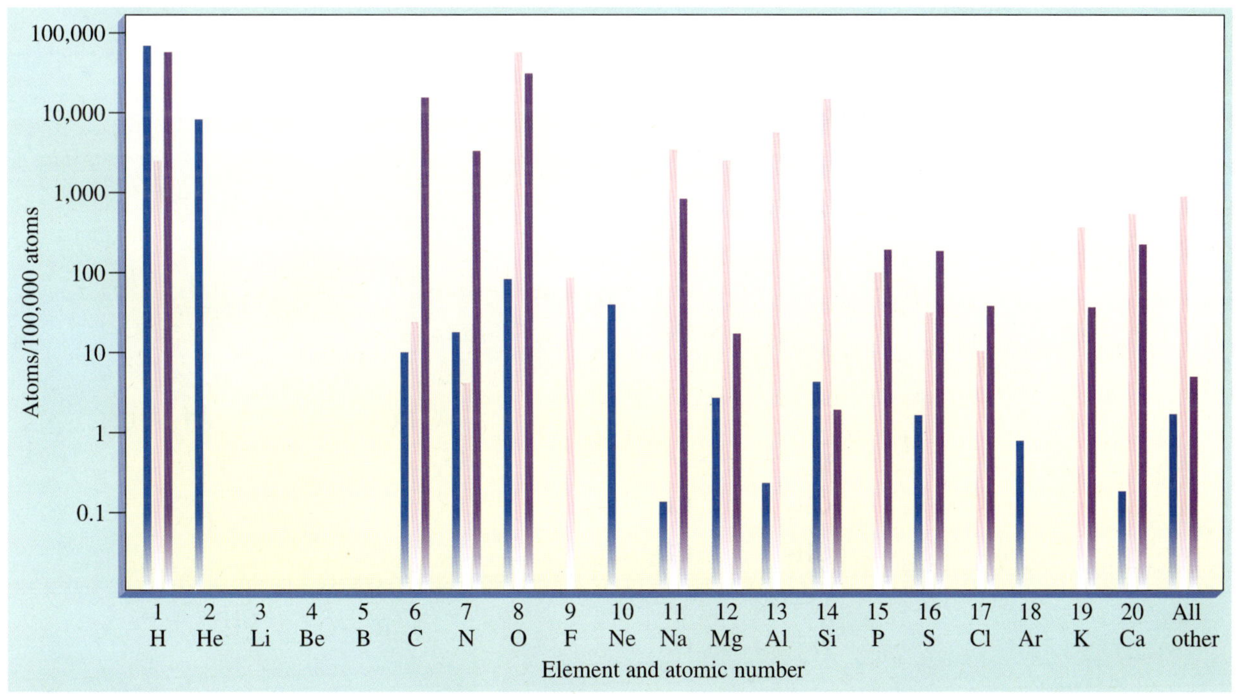

그림 1.4 우주(파랑색), 지각(분홍색), 그리고 인체(자주색)의 원소 구성

에서 발견되는 원소는 살아 있는 생물체에서 수백만 년 동안의 시행착오에 의해 검증되었을 것이다. 필요한 작업을 가장 효과적으로 수행할 수 있고, 무엇보다도 식물과 동물이 살아남을 수 있게끔 할 수 있었던 원소가 선택적으로 보존된 것이다.

원소의 조합에 의한 화합물의 형성

화학원소의 조합에 의해 생체분자가 형성됨으로써 이들의 화학 구조와 반응성은 매우 다양해진다. 생체분자는 유기화학에서 일반적으로 익혔던 작용기(functional group)들을 포함하고 있다(다시 보기 1-1 참조). 살아 있는 세포에는 세 가지 상태, 즉 기체, 액체, 고체 상태의 화합물이 모두 포함되어 있다. 생화학 분야의 최신 업적 중 하나는 뇌를 비롯한 생체 내 기관에서 생체의 작용을 조절하는 기체인 산화질소(NO, nitric oxide)의 합성을 촉매하는 효소를 발견한 것이다. 자연에서 발견되는 분자에는 양이온, 음이온, 공유결합 화합물, 이온결합 화합물, 금속이온, 착화합물(coordination complex), 그리고 중합체(polymer)가 포함되어 있다. 잘 알려진 예를 몇 개 들어보면 세포에서 다양한 역할을 담당하는 광범위한 유기화합물과 유기금속 화합물이 있다. **아미노산(amino acid)**은 단백질 구조의 구성단위이다. **탄수화물(carbohydrate)**은 세포 구조와 분자인식에 있어서 중요한 역할을 하며, 에너지 물질대사에서 중요한 영양 공급체로 작용한다. **지질(lipid)**은 물에서의 용해도가 낮은 광범위한 유기화합물 집단이다. 지질은 세포막(cell membrane)의 구성요소 및 호르몬으로서의 작용과 더불어 물질대사에서 주요 에너지원으로 사용된다. 다양한 형태의 유기화합물인 **비타민(vitamin)**은 주요 생화학 반응에 작용하여 정상적인 성장 발달을 담당하고 있다. 자연에서 발견되는 금속 유기화합물 중에서 대표적으로 눈에 띄는 것은 **헴(heme)**과 **엽록소(chlorophyll)**이다. 두 분자 모두 금속과 결합한 포르피린(porphyrin) 고리를 지니고 있다. 헴은 철을 포함한 포르피린 고리로서 산소 운반 단백질인 미오글로빈(myoglobin)과 헤모글로빈(hemoglobin), 호흡 단백질인 시토크롬 *c*(cytochrome *c*), 그리고 효소인 카탈라아제(catalase) 등에서 발견된다(그림 1.5a). 엽록소는 마그네슘과 포르피린의 복합체로서 녹색식물과 조류에 풍부하며 빛에너지를 받아들이는 기능을 한다(그림 1.5b).

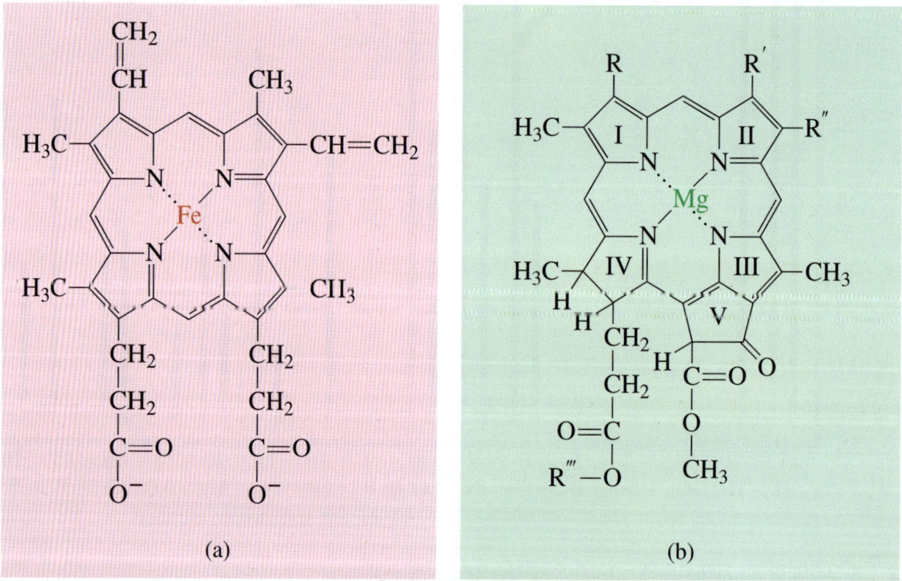

그림 1.5 천연 유기금속 화합물. (a) 포르피린 고리와 철을 포함하는 헴 분자 (b) 포르피린 고리와 마그네슘을 포함하는 엽록소 분자

(a)

(b)

다시 보기 1.1

생화학에서 중요한 작용기

세포내 분자들의 반응은 유기화학에서 배웠던 작용기의 개념을 이용하여 잘 설명될 수 있다. **작용기(functional group)**는 원소들의 조합으로 특별한 구조적인 단위가 형성된 것인데, 생체분자에 존재하는 중요한 작용기들을 아래 표에 나타내었다. 이 단위들은 생체분자들의 반응이 일어나는 위치이므로 생화학 공부에서 매우 중요하다. 어떤 형태의 분자에 포함되어 있든지 특정 작용기들은 같은 화학 작용을 수행한다. 생체분자에서 발견되는 작용기의 반응들은 다시 보기 13-1에 요약되어 있다.

화합물의 종류	일반 구조식[a]	작용기의 구조	작용기의 이름	예
알칸(alkane)	$RCH_2{-}CH_3$	$-\underset{H}{\underset{\mid}{\overset{\mid}{C}}}-\underset{H}{\underset{\mid}{\overset{\mid}{C}}}-$	탄소-탄소 단일결합	$H_3C{-}CH_3$
알켄(alkene)	$RCH{=}CH_2$	$>C{=}C<$	탄소-탄소 이중결합	$H_2C{=}CH_2$
알코올(alcohol)	ROH	$-OH$	히드록실기(hydroxyl group)	CH_3OH
티올(thiol)	RSH	$-SH$	티올기(thiol group) 또는 황화수소기(sulfhydryl group)	CH_3SH
에테르(ether)	$R{-}O{-}R$	$-O-$	에테르기(ether group)	$CH_3{-}O{-}CH_3$
아민[b](amine)	RNH_2 R_2NH R_3N	$-N<$	아미노기(amino group)	$H_3C{-}NH_2$
이민[b](imine)	$R{=}NH$	$>C{=}N{-}H$	이미노기(imino group)	$(H_3C)_2C{=}NH$
알데히드(aldehyde)	$R{-}\overset{O}{\overset{\|}{C}}{-}H$	$-\overset{O}{\overset{\|}{C}}{-}H$	카르보닐기(carbonyl group)	$CH_3C({=}O)H$
케톤(ketone)	$R{-}\overset{O}{\overset{\|}{C}}{-}R$	$-\overset{O}{\overset{\|}{C}}-$	카르보닐기(carbonyl group)	$CH_3\overset{O}{\overset{\|}{C}}CH_3$
카르복실산[b] (carboxylic acid)	$R{-}COOH$	$-\overset{O}{\overset{\|}{C}}{-}OH$	카르복실기(carboxyl group)	$CH_3C({=}O)OH$
에스테르(ester)	$R{-}\overset{O}{\overset{\|}{C}}{-}OR$	$-\overset{O}{\overset{\|}{C}}{-}OR$	에스테르기(ester group)	$CH_3\overset{O}{\overset{\|}{C}}{-}OCH_3$
아미드(amide)	$R{-}\overset{O}{\overset{\|}{C}}{-}NH_2$	$-\overset{O}{\overset{\|}{C}}{-}N(H)H$	아미드기(amide group)	$CH_3\overset{O}{\overset{\|}{C}}{-}NH_2$
인산[b] (phosphoric acid)	$HO{-}\underset{OH}{\underset{\mid}{\overset{O}{\overset{\|}{P}}}}{-}OH$	$HO{-}\underset{OH}{\underset{\mid}{\overset{O}{\overset{\|}{P}}}}{-}OH$	인산기 (phosphoric acid group)	$HO{-}\underset{OH}{\underset{\mid}{\overset{O}{\overset{\|}{P}}}}{-}OH$
인산에스테르[b] (phosphoric acid ester)	$R{-}O{-}\underset{OH}{\underset{\mid}{\overset{O}{\overset{\|}{P}}}}{-}OH$	$-O{-}\underset{OH}{\underset{\mid}{\overset{O}{\overset{\|}{P}}}}{-}OH$	인산에스테르기(phosphoric acid ester group) 또는 인산기(phosphoryl group)	$CH_3O\underset{OH}{\underset{\mid}{\overset{O}{\overset{\|}{P}}}}{-}OH$
인산무수화합물[b] (phosphoric acid anhydride)	$R{-}O{-}\underset{OH}{\underset{\mid}{\overset{O}{\overset{\|}{P}}}}{-}O{-}\underset{OH}{\underset{\mid}{\overset{O}{\overset{\|}{P}}}}{-}OH$	$-O{-}\underset{OH}{\underset{\mid}{\overset{O}{\overset{\|}{P}}}}{-}O{-}\underset{OH}{\underset{\mid}{\overset{O}{\overset{\|}{P}}}}{-}OH$	인산무수화합물기(phosphoric anhydride group)	$CH_3O{-}\underset{OH}{\underset{\mid}{\overset{O}{\overset{\|}{P}}}}{-}O{-}\underset{OH}{\underset{\mid}{\overset{O}{\overset{\|}{P}}}}{-}OH$
카르복실산-인산혼합 무수화합물[b] (carboxylic acid-phosphoric acid mixed anhydride)	$R{-}\overset{O}{\overset{\|}{C}}{-}O{-}\underset{OH}{\underset{\mid}{\overset{O}{\overset{\|}{P}}}}{-}OH$	$-\overset{O}{\overset{\|}{C}}{-}O{-}\underset{OH}{\underset{\mid}{\overset{O}{\overset{\|}{P}}}}{-}OH$	아실-인산무수화합물(acyl-phosphoryl anhydride)	$CH_3\overset{O}{\overset{\|}{C}}{-}O{-}\underset{OH}{\underset{\mid}{\overset{O}{\overset{\|}{P}}}}{-}OH$

[a] R은 탄소를 포함하는 아무 작용기이다.

[b] 이들 분자들은 산이나 염기로서 생리학적 조건에서 양성자를 주고받을 수 있다. 양전하 또는 음전하를 띠고 있다.

1.3 생체 거대분자

학습 목표

생명체에서 발견되는 분자들의 주요 종류와 중합체의 구조를 이해한다.

생체 세포에서 발견되는 많은 분자들은 무기 · 유기화학의 기준에서 크기가 매우 큰 분자들이다. 이들 생체 거대분자(macromolecule)는 **핵산(nucleic acid)**, **단백질(protein)**, 그리고 **다당류(polysaccharide)**로 분류된다. (지질도 또한 생체분자의 주요 종류로 간주되어 이전의 절에서는 언급했지만, 일반적으로 지질은 거대분자 형태가 아니므로 이 단원에서는 기술하지 않는다.) 거대분자는 유전정보의 저장과 전달(핵산), 생화학 반응의 촉매작용(효소라고 불리는 단백질), 세포와 생체의 고정(구조적 단백질과 다당류), 세포막 사이 또는 생체 내의 다른 장소로의 작은 분자의 수송(수송 단백질), 그리고 병원체 등으로부터의 보호(단백질 항체)와 같은 역할을 담당하고 있다. 이렇듯 구조와 기능은 다르지만, 모든 생체 거대분자는 공통된 특징을 가진다. 이들은 단량체(monomer)라 불리는 작은 조립식 분자들이 수백, 수천, 또는 때때로 수백만 개가 결합하여 이루어진 중합체(polymer)인 것이다(그림 1.6).

세포 반응

단량체를 연결하는 반응 과정은 **축합(condensation)**이라고 불리며, 보통 물과 같은 작은 분자가 빠져나가며 결합이 이루어진다.

$$\underset{\text{Carboxylic acid}}{R-\overset{O}{\overset{\|}{C}}-OH} + \underset{\text{Amine}}{R'-NH_2} \underset{H_2O}{\overset{H_2O}{\rightleftharpoons}} \underset{\text{Amide}}{R-\overset{O}{\overset{\|}{C}}-NHR'}$$

여기에 주어진 예를 보면, 카르복실산(carboxylic acid)이 아민(amine)과 반응하여 아미드결합(amide bond)을 형성하며 축합된다. 이것은 아미노산이 결합하여 단백질을 형성하는 화학 반응을 나타낸다. 살아 있는 세포의 물질대사회전(metabolic turnover)에서 축합의 역과정인 **분해(cleavage)** 또는 **가수분해(hydrolysis)**(물이 사용된 경우)과정도 또한 중요하다.

수천 개의 글루코오스의 중합(polymerization) 즉 축합에 의해 만들어진 생성물은 글루코오스 단위체 사이에 형성된 화학결합의 형태의 차이에 의해 **녹말(starch)** 또는 **셀룰로오스(cellulose)**가 될 수 있

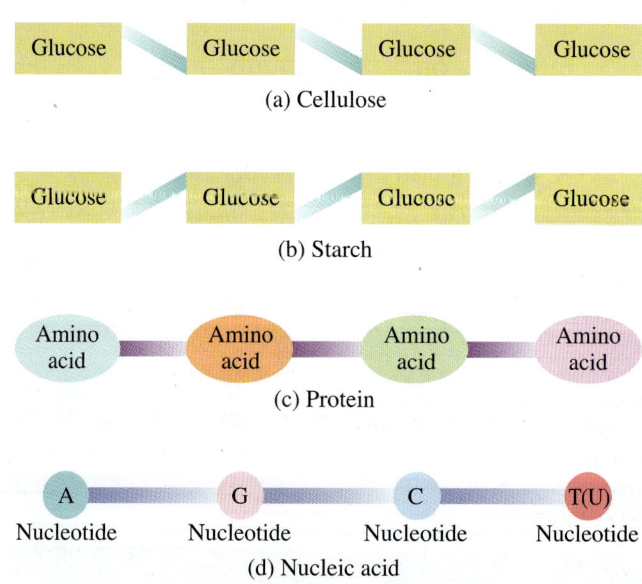

그림 1.6 천연 중합체의 종류. (a) 셀룰로오스: 다량의 동일한 글루코오스 분자의 결합에 의해 형성된 동질중합체 (b) 녹말: 다량의 동일한 글루코오스 단위의 결합에 의해 형성된 동질중합체 (녹말과 셀룰로오스는 단량체의 결합 형태가 다르다는 점을 기억할 것) (c) 단백질: 아미노산이 연결되어 형성된 이질중합체 (d) 핵산: 서로 다른 뉴클레오티드, A, G, C, U의 조합에 의해 형성된 이질중합체

다. 이들 거대분자는 많은 단당류 분자로 이루어지기 때문에 다당류(polysaccharide)라고 불린다. 이 다당류들은 화학적으로 동일한 단위체 단위로 구성되므로 보통 **동질중합체(homopolymer)**라고 한다.

단백질은 아미노산의 아미드결합에 의해 이루어진 생성물이다. 단백질의 경우는 20개의 서로 다른 종류의 아미노산이 구성 단위체로 이용될 수 있으므로 **이질중합체(heteropolymer)**가 된다. 단백질은 여러 가지 종류의 아미노산에 의해 결합되므로, 녹말이나 셀룰로오스와는 달리 분자적인 복잡성과 구조적인 다양성을 나타낸다. 아미노산 단위체의 개수와 순서(서열)가 다름으로 인해 서로 다른 여러 가지 단백질이 만들어진다. 이로 인해 수많은 다른 종류의 단백질 분자의 구성이 가능하고, 각 단백질은 각각의 고유한 물리, 화학, 생물학적 특징을 가지게 된다. 그러나 같은 종의 생물에서 특정 단백질(예를 들어 헤모글로빈)은 일반적으로 동일한 아미노산서열을 가진다.

핵산은 **뉴클레오티드(nucleotide)**라고 불리는 단위체의 이질중합체이다. 유전정보의 화학적 저장 형태인 **DNA(deoxyribonucleic acid)**는 디옥시아데노신-5'-일인산(deoxyadenosine-5'-monophosphate, dAMP), 디옥시구아노신-5'-일인산(deoxyguanosine-5'-monophosphate, dGMP), 디옥시시티딘-5'-일인산(deoxycytidine-5'-monophosphate, dCMP), 그리고 디옥시티미딘-5'-일인산(deoxythymidine-5'-monophosphate, dTMP)과 같은 단위체로 구성된다. 인간 염색체에 존재하는 DNA는 엄청나게 많은 수의 뉴클레오티드를 포함한다. 유전정보의 전달과 생물학적 촉매작용에 관여하는 RNA(ribonucleic acid)는 아데노신-5'-일인산(adenosine-5'-monophosphate, AMP), 구아노신-5'-일인산(guanosine-5'-monopho-sphate, GMP), 시티딘-5'-일인산(cytidine 5'-monophosphate, CMP), 그리고 우리딘-5'-일인산(uridine-5'-monophosphate, UMP)으로 이루어진 이질중합체이다. 핵산에 들어 있는 유전정보는 뉴클레오티드의 서열에 의해 암호화된다.

이 책의 마지막 부분은 주요 **물질대사(metabolism)**에 초점이 맞춰질 것이다. 물질대사란 거대분자를 포함한 모든 생체분자의 동화작용(anabolism)과 이화작용(catabolism)에 연관된 수천 개의 생화학 반응을 의미한다. 단백질, 핵산, 다당류, 그리고 지질의 물질대사회전은 복잡한 세포 구성, 재현성을 보장하는 엄격한 제어 작용, 효소(보통 단백질)라 불리는 반응 촉매의 작용, 그리고 화학에너지의 교환을 위한 복잡한 과정을 필요로 한다. 동화작용(흡열적)과 이화작용(발열적)은 **아데노신삼인산(ATP, adenosine triphosphate)** 분자의 형태로 에너지가 전달되게끔 서로 연결되어 있다. 세포의 생활에 필요한 모든 정보는 생명체의 DNA 분자에 저장되어 있지만 생화학 반응이 일어나기 위해서는 뉴클레오티드 서열로 저장된 이 정보를 해독하고 기능적인 단백질을 만드는 작업이 필요하다.

복습 문제

1. 다음 분자식의 안정된 구조를 그려보시오. 모든 구조들은 자연에서 발견되는 화합물이다. 여러분이 유기화학에서 배웠듯이 각 원소의 일반적인 공유결합의 수는 다음과 같다.

C	4	O	2	S	2
H	1	N	3	P	5

참고로 첫 번째 문제의 답이 아래에 나와 있다.

a. CH_4

```
    H
    |
H—C—H
    |
    H
```

b. CO_2

c. NH_3

d. H_2S

e. C_2H_6O

f. C_2H_4

g. CH_4S

h. CH_2O_2

i. N_2

2. 다음 분자식의 화학 구조를 나타내시오. 그리고 각 분자가 가지고 있는 작용기들을 명명하시오(알켄, 알코올, 알데히드, 케톤, 에스테르, 아민, 그리고 산 중에서 고를 것).

a. 문제1의 e
b. 문제1의 f
c. 문제1의 h
d. CH_3CH_2OH
e. CH_3CHO
f. CH_3COCH_3
g. CH_3COOCH_3
h. CH_3NH_2
i. H_3PO_4

3. 주요 생체분자의 종류 중에서 세 가지는 단위체들의 결합으로 이루어지는 중합체이다. 이 세 가지 주요 중합체는 핵산, 단백질, 탄수화물이다. 다음 예 중에서 세 가지 중합체를 형성하는데 사용되는 단위체들의 조합이 맞는 것을 선택하시오.

a. RNA, 아미노산, 단당류
b. 뉴클레오티드, 아미노산, 지방산
c. DNA, 아미노산, 셀룰로오스
d. 아미노산, 아데닌, 수크로오스
e. 뉴클레오티드, 아미노산, 단당류

1.4 세포소기관, 세포, 그리고 생물체

학습 목표

생명의 기본 단위인 세포의 기본 역할에 대해 이해하고, 원핵세포와 진핵세포와의 구조적인 특징과 차이점을 배운다.

생체분자의 합성과 분해보다 더 복잡한 것은 이들 거대분자들이 자기 조립에 의해 상위 단계로 발전하는 조직 과정이다. 지금까지 생체분자에 대한 설명은 화학원소로 시작하여 이들의 정확한 결합에 의한 작은 분자의 형성, 그리고 이렇게 형성된 단위체들의 결합에 의해 기능을 갖춘 중합체의 생체분자가 만들어지는 순서대로 진행되었다.

이제 원자에서 시작하여 높은 단계의 조직까지 이르는 계층적인 상승을 계속 해 나가자. 생체 거대분자의 다음 단계는 이들 거대분자들의 조직화된 집단인 **초분자적 집합체(supra-molecular assembly)**이다. 대표적인 몇 가지 예를 들면, 단백질과 지질의 복합체인 **세포막(cell membrane)**, DNA와 단백질의 복합체인 **염색질(chromatin)**, RNA와 단백질의 복합체인 **리보솜(ribosome)**, 그리고 단백질을 포함하는 **세포골격(cytoskeleton)**의 섬유질 성질의 물질 등이다. 세포와 생물체 내에서 이들 초분자적 집합체가 광범위하게 분포하며 생물학적 중요성을 지니고 있다는 사실은 생체분자가 특정한 방법으로 서로 인식하고 상호작용 하는 능력을 가지고 있음을 의미한다. **분자인식(molecular recognition)**은 두 개의 분자 표면이 정확하게 들어맞음으로 나타나는 결과이다. 서로 상보적인 분자들은 상대 분자 사이에 확산되어서 특정한 생물학적 기능을 나타내는 복합체를 형성한다. 이들 분자들은 가역적이며 약한 화학적 힘에 의해 결합된다. 이 화학적 힘들은 뒷장에서 자세하게 기술될 것이다.

바이러스

바이러스(virus)는 초분자적 집합체의 다른 한 예이다(그림 1.7). 생화학적으로 보면 대부분의 바이러스는 일련의 단백질로 둘러싸인 한 개의 DNA 또는 RNA 분자로 이루어져 있다. 바이러스는 혼자 독립적으로 존재할 수 없고, 보통 생물로 간주되지 않는다. 이들은 숙주세포의 도움 없이는 물질대사 또는 생식을 수행하는 것이 불가능하므로 기생체로서 간주된다. 바이러스가 숙주세포에 감염되면 세포의 물질대사 과정을 장악하여 새로운 바이러스 입자들을 만들기 위한 핵산과 단백질을 합성하게 된다. 바이러스는 많은 동식물 질병의 원인이 되며, 또한 그 존재는 인간에게 심한 고통을 가져 왔다. 그러나 바이러스의 작용을 연구함으로써 굉장히 많은 생화학적 지식이 축적되었다(10.5절 참조).

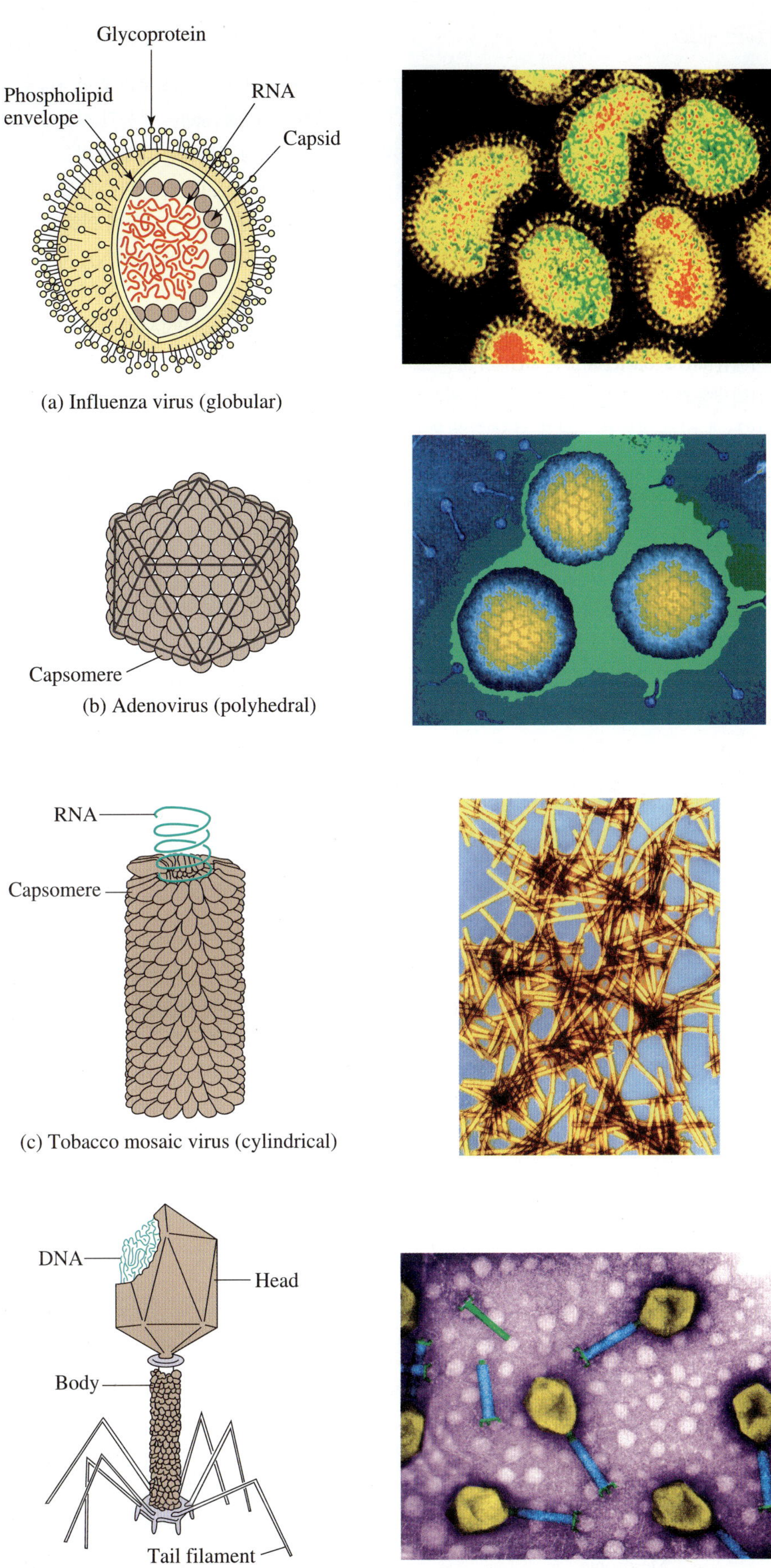

그림 1.7 바이러스는 핵산과 단백질로 이루어진 무생물이다. 왼쪽은 바이러스의 네 가지 종류를 도식화한 것이고 오른쪽은 각각의 전자현미경 사진이다.

원시세균은 옐로스톤의 온천과 같은 극단적인 환경에서 생존한다.

살아있는 세포

초분자적 집합체의 다음 상위 조직 단계는 생명의 기본 단위인 세포이다. 오래 전부터 과학자들은 생물체를 진핵생물과 원핵생물의 두 가지로 분류해 왔다. (1) **진핵생물(eukaryote)**은 동물과 식물을 포함하는 생물체로써, 막에 의해 둘러싸인 분리된 핵을 가지고 있고 뚜렷하게 구별되는 내부 구획을 형성하고 있다. (2) **원핵생물(prokaryote)**은 세균(bacteria)과 남조류(blue-green algae)와 같은 단순한 단세포 생물체로써, 뚜렷하게 분리된 핵이나 내부 구획이 없다. 이러한 분류는 주로 현미경 관찰에 의해 이루어 졌으며, 따라서 형태학적 세포 구조와 모형에 근거하는 것이다. 그러나 세포를 DNA와 RNA 서열에 의해 유전적으로 분석하면 세 가지의 형태로 나누어 볼 수 있다.

1977년 일리노이 대학교의 칼 우스(Carl Woese)는 리보솜RNA(ribosomal RNA)의 유전적 분석을 통해 **원시세균(archaebacteria 또는 archae)** 또는 고세균(ancient bacteria)이라고 하는 생물체가 원핵생물이나 진핵생물과 다르다는 것을 발견했다. 원시세균의 서식 환경을 조사해 보면 또한 구별되는 특징을 볼 수 있는데, 이들 대부분은 높은 산성도, 높은 염도, 고온, 그리고 산소가 없는 환경에서 생존할 수 있는 능력이 있다. 실제로 원시세균은 미국 옐로스톤 국립공원(Yellowstone National Park)의 온천이나 육지와 바다의 화산 지역에서 다량으로 발견된다. 핵산이나 단백질이 일반적으로 60~70℃ 이상에서 변성된다는 것을 생각하면, 이들이 높은 온도에서 자랄 수 있다는 사실은 특히 흥미로운 일이다(어떤 세균은 120℃에서도 생장한다). 화학자와 생화학자들은 어떻게 원시세균이 이러한 극단적인 조건에서 DNA와 단백질과 같은 거대분자를 안정화시키는지 알기 원한다(생화학 들여다보기 1.1 참조). 본 교재는 모든 생물체의 생화학적 특성을 고려하여 세포 형태를 원핵생물과 진핵생물로 나눈 전통적인 분류 체계를 따를 것이다. 원시세균은 형태적 관찰에 의해 분류하면 원핵생물에 더 가깝다.

원핵세포

원핵생물은 비록 제일 하등하지만 지구상에 가장 많이 존재하며 광범위하게 분포하고 있는 생물체이다. 이 단순한 세포의 구조적 특징이 그림 1.8에 도시되어 있고, 생화학적 특성이 표 1.1에 정리되어 있는데, 몇 가지 일반적인 특징은 다음과 같다.

1. 크기는 지름이 1~10 μm 정도이다. 대표적인 원핵생물인 세균(bacteria)의 경우 구형의 구균(cocci), 막대 형태의 간균(bacilli), 그리고 나선형의 나선균(spirilla)이라는 세 가지의 기초적인 형태를 가진다.
2. 세포 내 구성요소들은 세포막(cell membrane)과 단단한 세포벽(cell wall)에 싸여 보호되고 있다. 세포막은 안으로 접혀 들어가서 **메소솜(mesosome)**이라고 부르는 다층의 구조를 이루기도 한다. 세포의 외부 표면은 이동을 위한 부착물인 **편모(flagella)**나 또는 유성접합(sexual conjugation) 동안의 DNA 운반과 표면 부착을 위한 구조물인 **선모(pili)**로 둘러싸여 있는 경우도 있다.

그림 1.8 전형적인 원핵세포의 도식화 그림

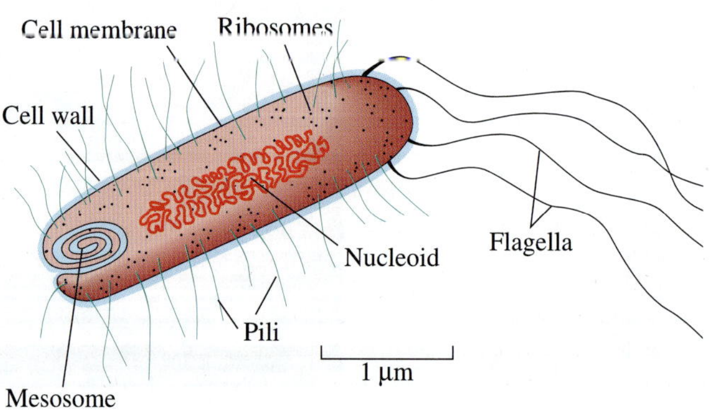

표 1.1
원핵세포 구성요소의 분자 조성과 생물학적 기능

구조	분자 조성	생물학적 기능
세포벽, 선모(pili), 편모	단백질과 교차결합된 다당류 사슬; 지질 다당류로 덮여 있음; 섬모와 편모는 세포벽의 확장 형태	기계적, 고장성(hypertonic) 스트레스에 대한 보호 작용; 편모는 운동 작용; 섬모는 유성접합에 관여
세포막, 메소솜	40%의 지질과 60%의 단백질 그리고 약간의 탄수화물로 구성된 이중막; 메소솜은 내부로 접혀진 막	영양소와 노폐물의 출입을 관장하는 투과성 경계; 메소솜은 DNA복제 시 역할을 하는 것으로 여겨짐
핵양체 지역	염색체 DNA와 히스톤(histone) 단백질의 복합체인 염색질을 포함	유전체; 유전정보의 저장; DNA복제의 장소
리보솜	RNA(65%)와 단백질(35%)의 복합체	단백질의 합성 공장
액포	작은 분자나 중합체의 형태로 저장된 영양소	에너지 대사에 필요한 연료 분자의 저장
세포질	작은 분자, 수용성 단백질, 효소, 영양소, 무기염; 수용액에 녹아 있음	많은 물질대사 반응이 일어나는 장소

3. 세포 내부는 **세포질(cytoplasm)**이라 불리는데 여기에는 작은 크기의 분자, 수용성 효소, 리보솜(RNA와 단백질의 초분자적 집합체), 그리고 핵양체(nucleoid) 지역의 나선형 DNA가 포함되며 겔 같은 생체분자의 이질성 현탁액을 형성하고 있다.
4. 각 세포는 하나의 DNA 사본(**유전체, genome**)으로 구성된 한 개의 염색체를 지니고 있다. 빠르게 생장하는 세포에서는 단순한 분열에 의해 복제된 많은 수의 DNA 사본이 있을 수 있다.

대부분의 생화학 연구의 대상이 되어 온 원핵생물은 대장균(*Escherichia coli*)이다. 실제로 우리는 인간을 비롯한 다른 어떤 생물체보다도 우리의 소화관에 사는 이 생물체에 관해 더 많은 생화학적 지식을 가지고 있다. 이 세균에 관해 그렇게 많은 것을 이해하고 있기 때문에 우리는 오늘날 살아 있는 세포 내부의 모습을 그림으로 그릴 수 있게 되었다. 미국 캘리포니아 대학교 로스앤젤레스 캠퍼스(UCLA)의 데이비드 굿셀(David Goodsell) 박사는 처음으로 분자 구성 자료와 구조적인 정보를 결합하여 살아 있는 세포의 실물 그대로의 그림을 제공하였다. 이들 그림은 적절한 비율로 세포 내 분자들의 상대적인 배치를 보여준다. 전형적인 막대 모양의 대장균 세포는 가로 2.95 μm, 세로 0.64 μm 의 크기를 가지며 무게는 2×10^{-12} g, 부피는 0.88 μm^3이다. 하나의 세포 내에는 4,000에서 6,000 가지의 다른 종류의 분자가 있으며 이들 중 약 3,000개는 단백질이다(단백질 중에서 약 1,000개만이 분석되어 있다). 이들 단백질을 만드는 모든 정보가 2.5×10^9 킬로달톤(kilodalton)의 분자질량을 가진 DNA 사본 한 개에 저장되어 있다(1 달톤 = 1 원자질량단위).

대장균 세포를 50,000배 확대한 모습이 그림 1.9에 나타나 있다. 세 개의 주요 부분이 작은 사각형 문자로 표시되어 있는데 (a)는 세포질, (b)는 세포벽, (c)는 핵양체 지역이다. 각 지역을 다시 20배 확대한 모

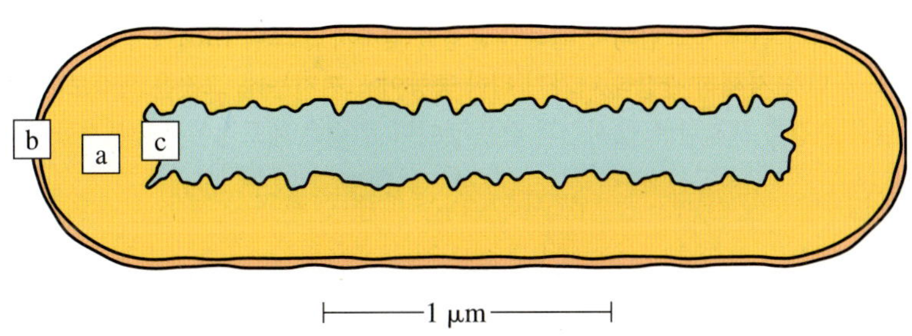

그림 1.9 50,000배 확대된 대장균 세포의 도식화 그림. a 지역은 세포질, b 지역은 세포벽, 그리고 c 지역은 DNA를 포함하는 핵양체이다.

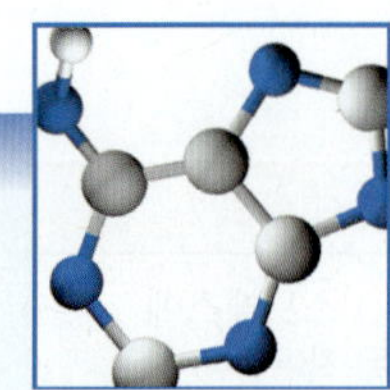

1-1

생화학 들여다보기

극한생물 – 벼랑 끝에서 살기

인간은 끊임없이 지구상의 극도로 황량한 환경 지역을 탐험하면서 항상 다른 형태의 생명이 그곳에 존재한다는 사실을 발견하게 된다. 환경이 거친 지역(뜨겁고 바위가 많은 지하 세계, 심해 열수 분출 지역, 뜨거운 간헐천, 염분이 많은 물, 알칼리성 사막, 빙하의 얼음, 그리고 영구 동토층)을 탐험하는 과학자들은 그 곳에서 살아 있는 생명체의 증거를 발견하고 있다. 거친 환경을 좋아하는 대부분의 **극한생물(extremophile)**들은 미생물, 세균과 고세균들이지만, 선충류와 같은 일부 무척추동물도 포함된다. 이들 하등한 생물의 생화학과 유전학을 연구함으로써 생명의 기원에 대한 조건들과 어떻게 생명체의 분자들이 수백만 년을 거치면서 변화했는지에 대한 의문점에 대하여 생각할 수 있게 되었다. 이들 생명체는 현대 생물공학과 의약 개발, 그리고 공업 생산물에 있어서 가치가 있을지도 모를 보물 상자와도 같은 오래된 효소, 단백질, 핵산을 제공한다. 혹독한 환경에서의 생명의 발견은 다른 행성이나 다른 태양계에서 생명을 발견할 희망을 높여 주었다. 여기서 생명과는 전혀 어울리지 않는 것으로 여겨졌던 특이한 환경 조건에서의 생명 형태들을 살펴보자.

- **열**: 피로코쿠스 푸리오수스(*Pyrococcus furiosus*)가 이탈리아 불카노 섬(Vulcano Island)의 112℃의 온도 환경에서 살아 있는 형태로 발견되었다. 테르무스 아쿠아티쿠스(*Thermus aquaticus*)는 미국 옐로스톤 국립공원의 110℃ 광물 온천수에서 발견되었는데 이들은 중합효소연쇄반응(PCR, 13.3절 참조)에 사용되는 *Taq* DNA중합효소를 제공한다.
- **추위**: NASA의 우주생물학 연구소 과학자들은 영구 동토층, 극지방의 만년설, 그리고 북극과 남극 대륙의 빙하에서 발견되는 미생물에 대하여 연구하고 있다. 추위에 강한 생물체에는 원시세균, 진정세균, 남세균(cyanobacteria) 등의 원핵생물 이외에도 효모, 이끼와 같은 진핵생물이 포함되어 있다. 이러한 조건[영하 10℃, 지하 3.6 km(2.3 마일)]에서 많은 생명체들은 동결 저장된 형태로 발견되는데, 그러나 이들을 실험실에서 녹이면 대사 활동을 되찾는다. 움직이는 빙하에 의해 가루가 된 바위 조각에서 미생물 집단이 자라고 있는 것이 발견되기도 한다. 이 바위 표면에는 물, 철-황 광물, 그리고 다른 필수 영양소들이 포함되어 있다. 지구 극지방의 극한 조건들은 화성의 만년설이나 토성의 얼음 위성과 유사할지도 모른다. 극심한 추위에서 자라는 세균은 불포화 지방산의 함량이 높다. 이 지방산을 섭취하면 혈중 콜레스테롤의 양이 감소하는 것으로 알려져 있다(임상생화학 8).
- **극단적인 pH**: 최근에 일본 과학자들이 pH가 2.5~3이며 온도가 80℃인 온천에서 고열호산성세균(crenarchaeote)인 술포로부스 7번 균주(*Sulfolobus* sp. strain 7)를 발견하였다. 또한 중국 과학자들도 pH가 9.5인 내몽고의 한 호수에서 신종인 마리노스피릴룸 알칼리필룸(*Marinospirillum alkaliphilum*)을 분리하였다. 이 호염기성세균(alkalophile)의 효소들은 pH 8~12의 환경에 있는 세탁 세제에 적절히 사용될 수 있을 것이다.
- **염도**: 할로박테리움 할로비움(*Halobacterium halobium*)은 소금의 농도가 3 *M*에 까지 이르는 강한 광선의 염호나 연못에서 자랄 수 있다(4.5절 참조).
- **압력**: 미국의 오리건 주와 워싱턴 주 해안의 후안데푸카(Juan de Fuca) 해저 산맥 부근과 태평양의 마리아나 해연(Marianas Trench)에서 바다의 열수 분출구를 조사하던 과학자들은 수소 기체를 이용하여 이산화탄소를 메탄으로 환원시키는 절대 혐기성 생물인 **메탄생성균(methanogen)**을 대량으로 발견하였다. 해저 5~7 마일에서의 압력은 수백 기압에 이를 수 있다.
- **방사능**: 높은 방사능에서 뿐만 아니라 클로로벤젠이나 톨루엔과 같은 유기 오염 물질 하에서도 자랄 수 있는 데이노코쿠스 라디오두란스(*Deinococcus radiodurans*)의 재조합 균주가 생성되었다. 이 생물체는 방사능 양이 1.5×10^6 rads 정도 되어야만 성장 속도가 둔화된다. 만약 사람이 1,000 rads에 노출되면 1~2주 내에 죽는다. 이 세균이 생존할 수 있는 이유는 한 번에 무려 500개의 DNA수선이 이루어질 수 있다는 점이다(대장균의 경우는 한 번에 2~3개의 수선이 이루어진다).

습이 그림 1.10a, b, c에 나타나 있는데 이들은 실제 세포를 백만 배 확대한 것과 같다. 세포 내 세포질의 전체 부피를 나타내기 위해서 그림의 전체적인 균형을 맞추자면 그림 1.10a에서 보인 입방체 600개가 필요하다. 세포를 더욱 자세히 관찰해 나가기 위한 충동이 느껴지는데, 그것은 생각보다 힘들 수 있다. 여기의 그림들은 순간을 포착한 스냅 사진과 같은 것이며 겔 같은 세포질에서의 분자들의 실제 움직임

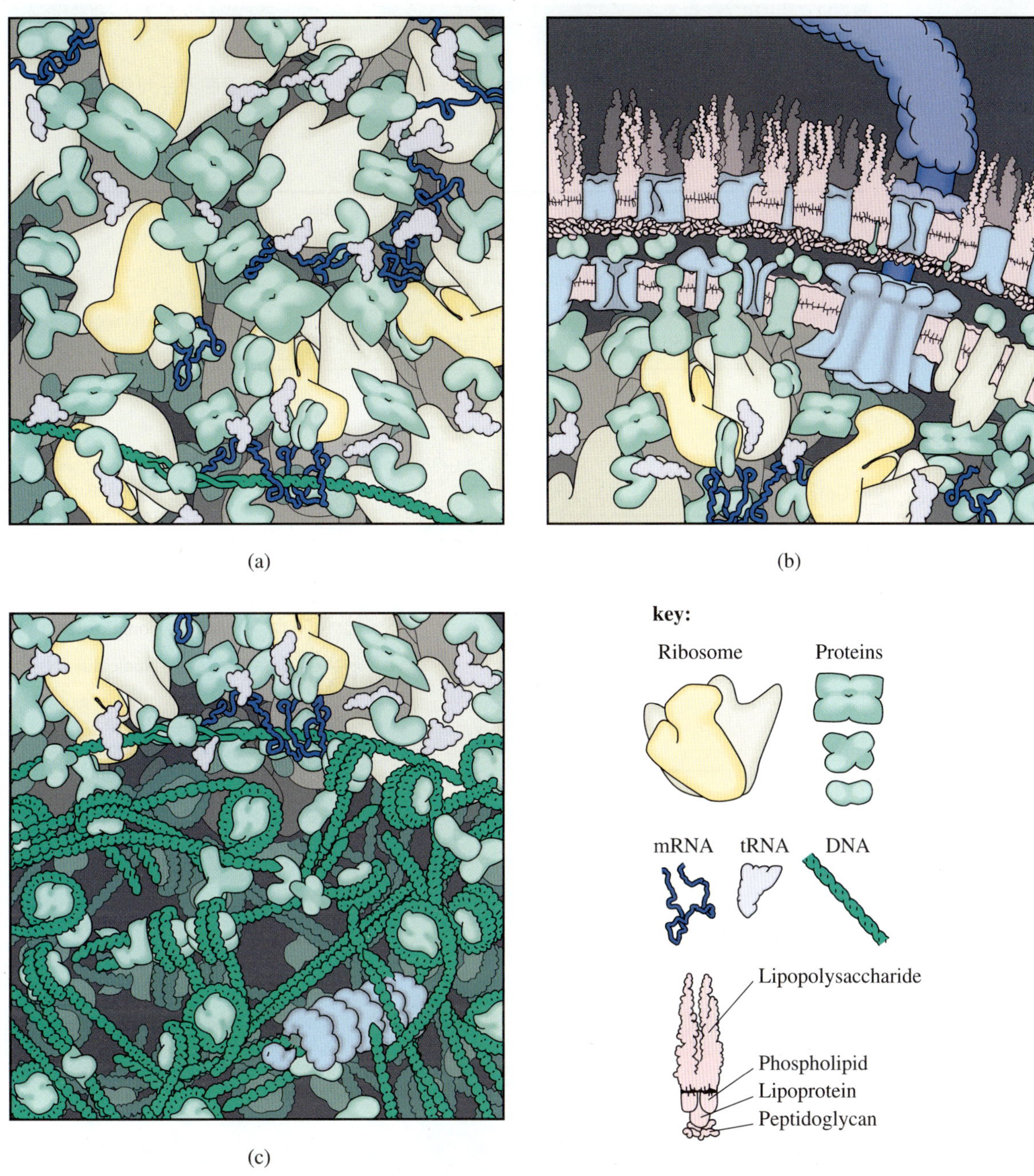

그림 1.10 그림 1.9의 세 지역을 다시 20배 확대한 그림. (a) 세포질 (b) 세포벽 (c) 핵양체 지역. 각 생체분자의 모양은 오른쪽 아래 참조

을 나타내지는 못한다. 굿셀 박사는 160,000 달톤의 분자질량을 가진 단백질의 평균속도는 500 cm/s라고 예측했다. 이러한 속도라면 단백질 분자는 약 2 나노초(ns) 동안에 10 나노미터(nm)(단백질의 근사 크기)의 거리를 이동할 수 있다. 세포 내부의 단단한 부분을 감안하면 이러한 작은 움직임도 밀고 누르는 효과가 상당할 것이다. 생체분자와 세포소기관, 그리고 생물체의 상대적인 크기가 다시 보기 1-2에 비교되어 있다.

복습 문제

1. 다음 표에서 세포의 구조와 생물학적 기능이 맞게 연결된 것은 무엇인가? 틀린 것은 바로잡으시오.

구조적 특징	생물학적 기능
a. 세포벽	많은 대사 반응이 일어나는 세포 내의 액체 부분
b. 리보솜	영양분을 받아들이고 노폐물을 내보내는 투과성 경계면
c. 핵양체	유전정보를 저장하고 DNA복제가 일어나는 부분
d. 세포막	단백질합성이 일어나는 곳
e. 세포질	물리적 충격과 고장액 효과로부터 보호하는 역할

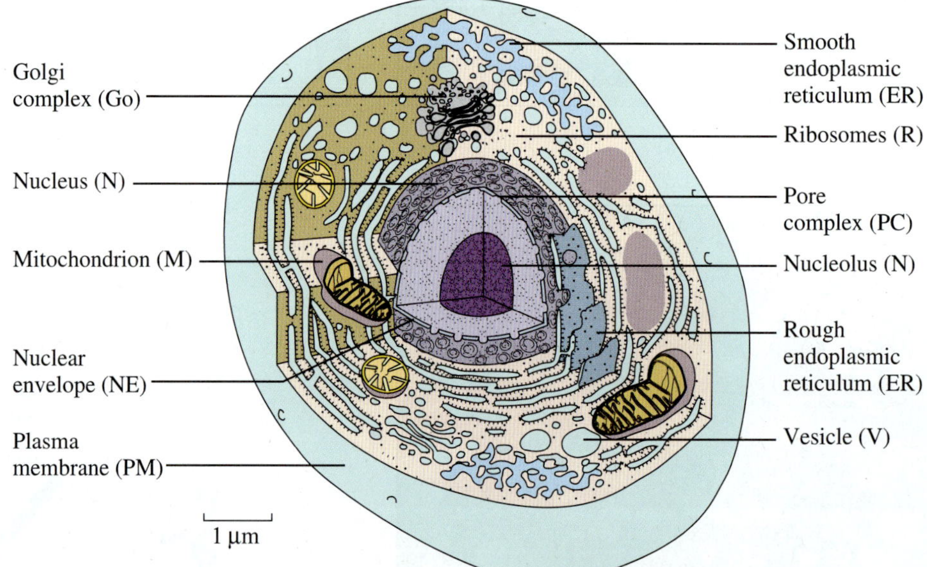

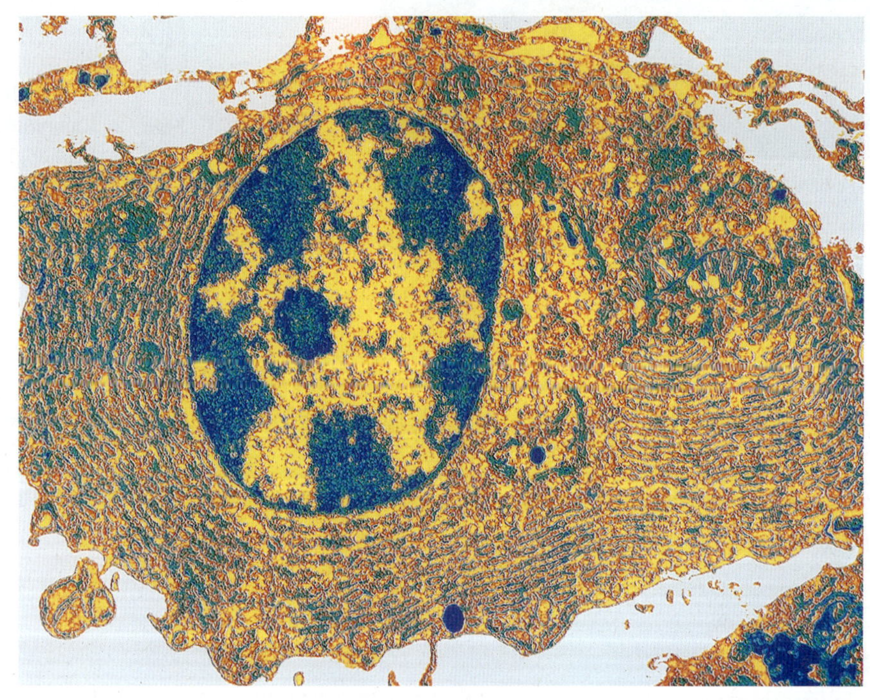

(a)

그림 1.11 전형적인 진핵세포의 도식적 그림(위)과 전자현미경 사진(아래). (a) 동물세포 (b)식물세포

진핵세포

진핵생물의 종류에는 식물, 동물, 균류, 원생동물, 효모, 그리고 조류 등이 있다. 이들 생물체에서 발견되는 세포는 원핵세포와 공통점이 거의 없다. 복잡한 진핵세포는 일단 지름이 10~100㎛로서 원핵세포보다 훨씬 크다. 진핵세포는 단백질과 지질로 이루어진 원형질막(plasma membrane)으로 둘러싸여 있는데, 이것은 세포를 드나드는 모든 분자들이 통과해야 하는 화학적 장벽이다(그림 1.11참조). 진핵생물의 독특한 특징은 세포 구성요소의 구획화와 생물학적 기능의 구획화이다. **세포소기관(organelle)**이라고 불리어지는 이 구획들은 실제로 세포의 전문적인 기능을 수행하는 조직화된 거대분자들이 막으로 둘러싸인 형태이다. 세포소기관의 종류와 분자 구성, 그리고 생물학적 기능이 표 1.2에 요약되어 있다. 모든 진핵세포에서 발견되는 세포소기관은 **핵(nucleus)**, **리보솜(ribosome)**을 포함한 **소포체(endoplasmic reticulum)**, **골지체(Golgi apparatus)**, 그리고 **미토콘드리아(mitochondria)**이다. 이 외에도 동물세포는 **리소좀(lysosome)**, **페르옥시솜(peroxisome)** 등의 특별한 세포소기관을 가지고 있고, 식물세포는 **엽록체(chloroplast)**와 페르옥시솜의 변형체인 **글리옥시솜(glyoxysome)** 등을 가지고 있다.

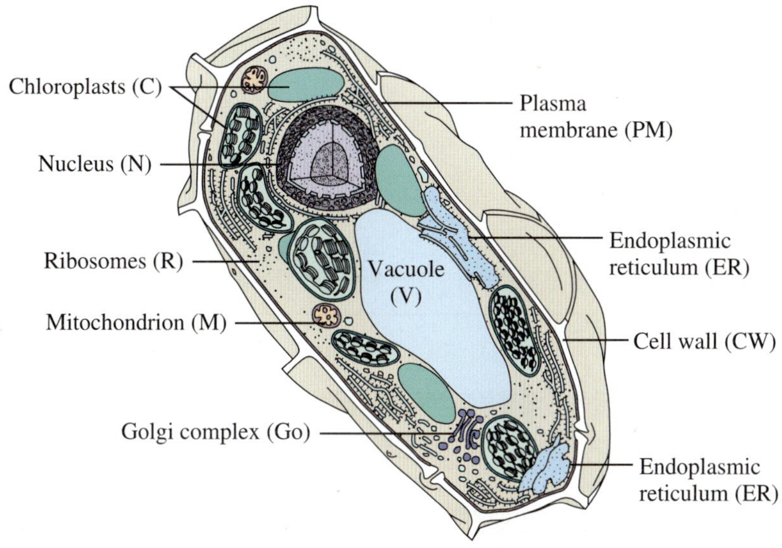

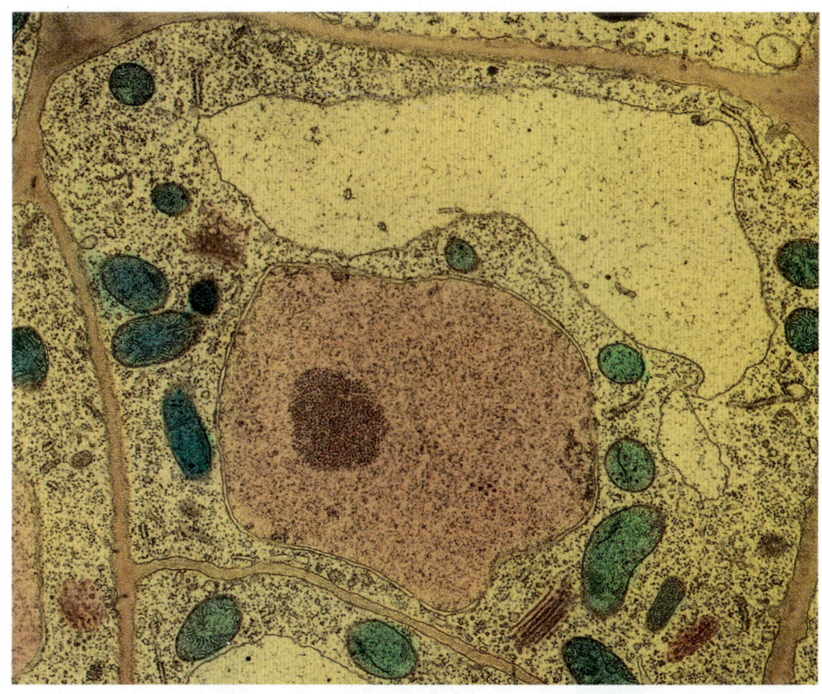

(b)

표 1.2
진핵세포 구성요소의 분자 조성과 생물학적 기능

구조	분자 조성	생물학적 기능
세포막	단백질(50%), 지질(50%), 그리고 약간의 탄수화물로 구성된 이중막	영양소와 노폐물의 출입에 대하여 선택적 투과성의 경계; 일부 중요한 효소 활성 포함; 신호전달을 위한 수용체가 위치함
핵	유전체 DNA와 히스톤 단백질을 염색질의 형태로 포함; RNA	유전정보의 저장; DNA복제와 RNA로의 전사가 일어나는 장소
리보솜이 부착된 소포체	지질과 단백질로 구성된 평평한 단일막의 소포; 리보솜은 RNA와 단백질로 구성	표면에 단백질합성을 담당하는 리보솜이 결합되어 있음
골지체	지질, 단백질, 그리고 다당류로 구성된 평평한 소포	세포 노폐물의 분비; 단백질 변형 장소
미토콘드리아	단백질과 지질을 포함하는 이중막으로 둘러싸임; 내부(기질)에는 수용성 효소, 비수용성 효소, RNA, 그리고 DNA를 포함	에너지 대사 및 고에너지 ATP 합성의 장소 (에너지 공장)
리소좀(동물)	가수분해효소를 포함하며 단일막으로 둘러싸인 소포	세포내섭취(endocytosis)에 의해 섭취된 물질의 대사 작용
페르옥시솜(동물) 또는 글리옥시솜(식물)	카탈라아제와 다른 산화 효소를 포함하며 단일막으로 둘러싸인 소포	O_2를 이용하여 H_2O_2를 생성시키는 영양소의 산화적 물질대사
엽록체(식물)	단백질, 지질, 엽록소, RNA, DNA, 리보솜을 포함하며 이중막으로 둘러싸인 세포소기관	광합성의 장소. 빛 에너지를 화학에너지(ATP)로 변환
세포질	단백질들로 구성된 세포골격; 작은 분자, 수용성 단백질, 효소, 영양소, 염 등의 수용액	세포의 형태를 유지; 많은 대사 반응들이 일어나는 지역

식물세포는 원형질막과 다당류인 셀룰로오스로 주로 구성되어 있는 단단한 세포벽에 의해 둘러싸여 있다. 식물세포와 동물세포 모두 영양소와 노폐물의 저장을 위한 **액포(vacuole)**를 포함하지만 이것은 식물세포에서 더욱 뚜렷하다.

진핵세포의 세포소기관은 세포질 내에서 자유롭게 움직이고 있지 않다. 오히려 세포소기관의 움직임과 위치는 **세포골격(cytoskeleton)**에 의해 제한되는데, 세포골격은 3차원적인 섬유질 구조로서 세포 내부 전체에 연결되어 있다(그림 1.12 참조). 세포골격의 기능은 세포의 형태를 유지시켜 주고, 세포의 이동과 세포소기관의 움직임을 도와주는 역할이다. 섬유들은 주로 단백질로 이루어져 있다. 주요 섬유

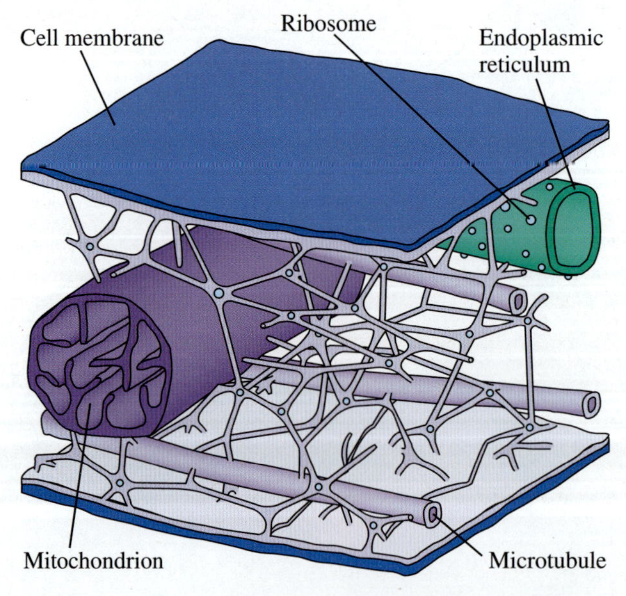

그림 1.12 세포골격을 보여주는 세포의 내부. 미세소관(microtubule)과 다른 종류의 필라멘트들이 세포질 내에 확장된 그물망을 형성한다.

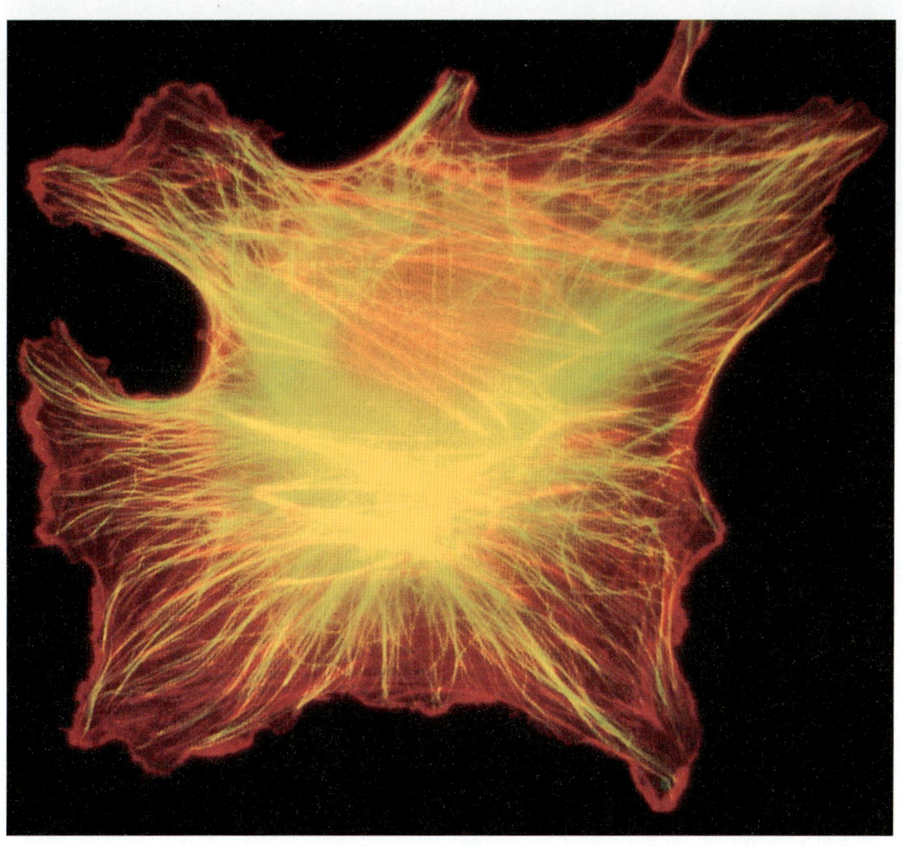

그림 1.13 햄스터 신장 세포 내부의 세포골격 일부분의 현미경 사진. 액틴은 빨간색으로, 튜불린은 녹색으로 나타나 있다.

형태는 (1) 단백질 종류인 튜불린(tubulin)으로 이루어진 미소세관(microtubule, 직경 22 nm), (2) 액틴(actin)으로 이루어진 미세필라멘트(microfilament, 직경 6 nm), 그리고 (3) 중간필라멘트(intermediate filament, 직경 7~11 nm) 등이다(그림 1.13). 중간필라멘트를 구성하는 주요 단백질은 세포마다 차이를 보인다. 예를 들면, 피부 세포는 케라틴(keratin)으로 구성된 중간필라멘트의 복잡한 배열을 가지고 있다.

1.5 생물정보의 저장과 전달 – 미리 보기

학습 목표

생물정보(유전정보)의 저장, 처리, 그리고 전달하는 분자적인 과정에서의 DNA와 RNA의 역할의 개요를 이해한다.

생화학은 단순히 세포 내의 분자들과 화학 반응을 연구하는 이상의 많은 것을 포함한다. 이장의 서론 부분에서 논의된 바와 같이 생화학은 다음의 몇 가지 중요한 주제로 구성되어 있다. 즉 분자의 구조와 기능, 정보의 처리 과정, 그리고 에너지 전달이다. 이 중에서 생물정보가 특별히 중요한 주제인데, 세포가 성장하고 분열하며 생명체가 생명을 유지하기 위해서 유전정보의 저장과 전달이 안전하고 정확한 과정으로 이루어져야 하기 때문이다. 만일 세포가 중요한 지시를 저장하지 못하고 자손에게 전달하지 못한다면, 거대분자가 맞는 구조를 가지는지, 세포가 에너지를 얻을 수 있는지 등이 불확실하게 된다. 여기에서 정보 생화학에 대한 기본 개념을 소개하는데, 이는 이 책의 나머지 주제들을 이해하는데 미리 알아두어야 할 사항이다.

생물정보

생화학자와 분자생물학자는 오래 동안의 연구를 통해 생물정보가 어떻게 한 세대로부터 다른 세대로 전달되는가 하는 물음에 대한 답을 얻어 왔다. 이러한 연구를 통해 우리는 생물정보의 흐름이 화학의 기본 법칙들로 설명될 수 있다는 것을 알게 되었다. DNA, RNA, 단백질, 그리고 심지어 일부 탄수화물까지도 세포 작용의 정보를 지닌 정보 함유 분자로서의 역할을 한다. 이러한 생체 중합체들은 단위체의

1.2 다시 보기

생화학에는 S, M, L, 그리고 XL의 모든 크기가 존재한다

생화학자가 다루는 분자와 입자들의 크기는 다양하다. 이들의 크기는 두 가지 관점에서 살펴볼 수 있다. 즉 (1) 길이와 폭 또는 지름으로써 표시되는 생화학적 물질의 **입체적 크기(dimension)**와 (2) 대상 물질의 양을 측정하는 **분자질량(molecular mass)**이다. 생화학적 물질(분자, 입자, 세포 등)의 크기는 보통 **나노미터(nanometer, nm**, 1×10^{-9} m 또는 10 Å) 단위로 표현된다. 물 분자는 0.3 nm 정도의 지름을 가지고 있고 아미노산인 알라닌은 0.5 nm, 그리고 산소를 운반하는 단백질인 헤모글로빈은 5.5 nm 정도의 지름을 가지고 있다. 간세포의 미토콘드리아는 길이가 1,500 nm 정도 된다(그래프 참조).

분자질량의 생화학적 표준 단위는 **달톤(dalton, D)** 또는 **킬로달톤(kilodalton, kD**, 1000 달톤)이다. 1 달톤은 수소 원자의 질량과 같다. [여러분은 또한 물질 1 몰에 해당하는 질량을 그램 단위로 표시한 분자량(molecular weight), 또는 몰 질량(molar mass)이라는 개념에 익숙해 있을 것이다.] 물 분자의 질량은 18 D, 알라닌은 89 D, 그리고 헤모글로빈은 64,500 D(64.5 kD)이다. (미토콘드리아의 질량을 달톤 단위로 생각하는 것이 실용적인가?)

생화학자에 의해서 일상적으로 연구되는 물질 중 가장 작은 것은 양성자(H^+)일 것인데, 이것의 지름은 약 0.1 nm이다. 이 자그마한 양이온은 용액의 pH(수소이온 농도의 음의 대수)를 측정하는 과학자와 산 촉매반응의 메커니즘을 연구하는 사람에게 있어 흥미로운 물질이다. 생물학적으로 흥미롭고 좀 더 큰 물질을 연구하고자 하는 생화학자는 세균세포(길이 2,000~3,000 nm × 폭 600 nm)나 동물세포(세균세포보다 적어도 10~20배 정도 큼)를 사용할 수 있는데, 예를 들어 간세포는 평균적으로 20,000 nm의 길이를 가지고 있다. 불행하게도 양성자에서 동물세포에 이르는 이들 물질들은 맨눈으로 볼 수 없고(맨눈으로 볼 수 있는 단위는 0.2~0.3 nm 정도임), 따라서 이 입자들은 광학현미경, 전자현미경, 핵자기공명 분광(nuclear magnetic resonance spectroscopy), 그리고 X선회절(X-ray diffraction) 등의 장비와 연결된 분자 컴퓨터 그래픽 프로그램을 통해 가장 잘 관찰 할 수 있다. 일부 동물세포(예를 들어 뱀장어의 척추 신경계 세포)는 매우 커서 길이가 1 미터까지 되며 육안으로도 잘 보인다.

생화학에서 관심을 가지는 크기의 범위는 작게는 양성자로부터 크게는 평균 진핵세포의 크기까지 그 범위는 총 백만 배에 달한다. 이것을 쉽게 나타내자면, 양성자를 땅콩 크기라고 가정할 때 전형적인 진핵세포의 크기는 미국 휴스턴 시의 스포츠 구장인 아스트로돔(Astrodome)을 가득 채울 만한 부피가 되는 것이다. 옆의 그래프를 살펴보면 생체분자와 기타 여러 입자들이 아주 다양한 크기와 질량을 가지고 있는 것을 볼 수 있다. 참고로 이 그래프는 로그 척도이므로 보이는 것 보다 실제로는 더욱 큰 차이를 가지고 있음을 명심해야 한다.

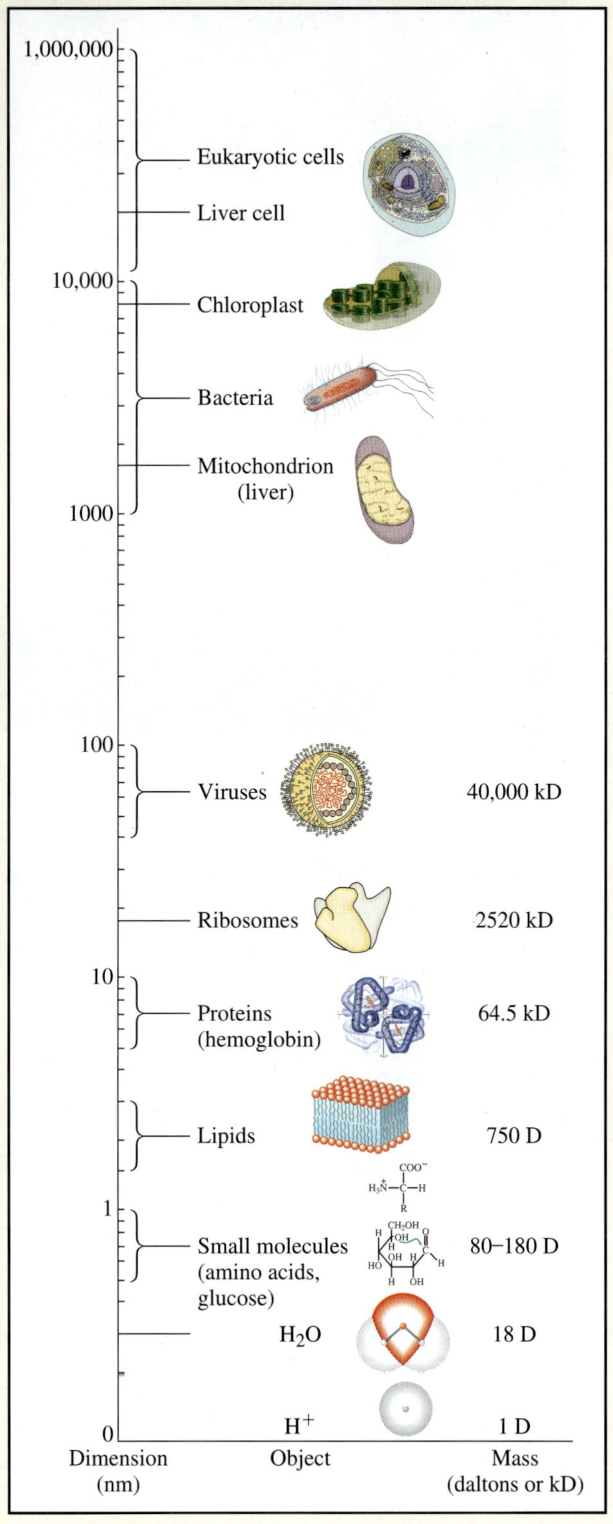

공유결합에 의해서 형성된 것으로서 비교적 긴 기간 동안 중요한 자료를 저장하기에 충분히 안정한 분자이다. 이 분자들이 지닌 정보의 내용은 단위체의 서열을 "해독(reading)"함으로써 얻어질 수 있다. 거대분자에 저장된 정보를 해독하는 것은 생체분자 사이의 약한 비공유결합의 형성에 의해 결정된다. 비공유결합에는 네 가지 종류가 있는데, 이는 반데르발스힘(van der Waals forces), 이온결합, 수소결합, 그리고 소수성 상호작용이다(2.1절 참조).

각 세포의 전체 유전정보의 내용을 **유전체(genome)**라 부르며, 이것은 길게 나선형으로 꼬여 있는 DNA 거대분자에 포함되어 있다. 그러므로 DNA는 모든 유전정보의 저장소인 것이다. 유전정보는 두 가지 중요한 방법으로 발현되거나 처리된다. (1) 세포 분열이 일어나는 동안에 DNA는 정확히 복제되어 딸세포로 전달된다. (2) 저장된 정보가 발현되어 우선 RNA가 만들어지고 다음에 세포의 작용을 수행하는 분자적 도구인 단백질이 만들어진다. 이러한 간접적인 방법으로, DNA는 세포 내에서 일어나는 수천 가지의 화학 반응을 지휘하는 단백질의 합성에 대한 정보를 저장하는 주된 작용을 발휘하게 된다. 단백질은 세포 구성성분의 합성과 세포의 정확한 기능을 유지하는 중요한 책임을 지니고 있다. 유전정보의 저장과 전달의 개요를 도식화 한 것이 그림 1.14이며 자세한 정보의 전달과정은 10~12장에서 다루게 된다.

DNA 분자

이러한 엄청난 양의 정보를 지니고 세포의 기본적인 기능을 담당하는 점에 비하면 오히려 DNA 분자는 화학적으로 단순하게 보인다. DNA 사슬은 길이가 길고 가지가 없는 이질중합체(heteropolymer)로서 단 네 가지 종류의 단량체 뉴클레오티드(nucleotide)를 단위체로 하여 구성되어 있다. 각 뉴클레오티드 단위체는 질소를 포함하는 유기 염기(organic base), 탄수화물, 그리고 인산(phosphate)의 세 부분으로 이루어져 있다. 1952년 왓슨(Watson)과 크릭(Crick)은 X선회절 자료와 모델을 이용하여 DNA 분자가 두 가닥이 서로 꼬여 3차원의 나선 구조를 이루는 것을 밝혀냈다(이중나선, 그림 1.15 참조). 각 DNA 가

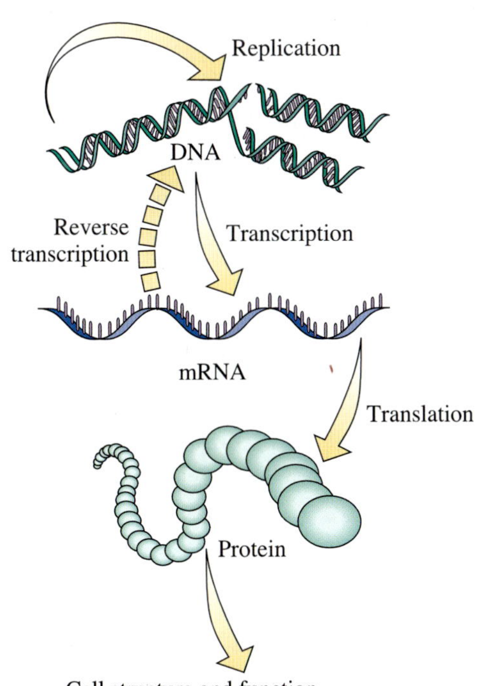

그림 1.14 DNA에서의 생물정보의 저장과 복제, 그리고 RNA를 경유하여 세포 구조와 기능을 담당하는 단백질을 합성하기 위한 정보의 이동

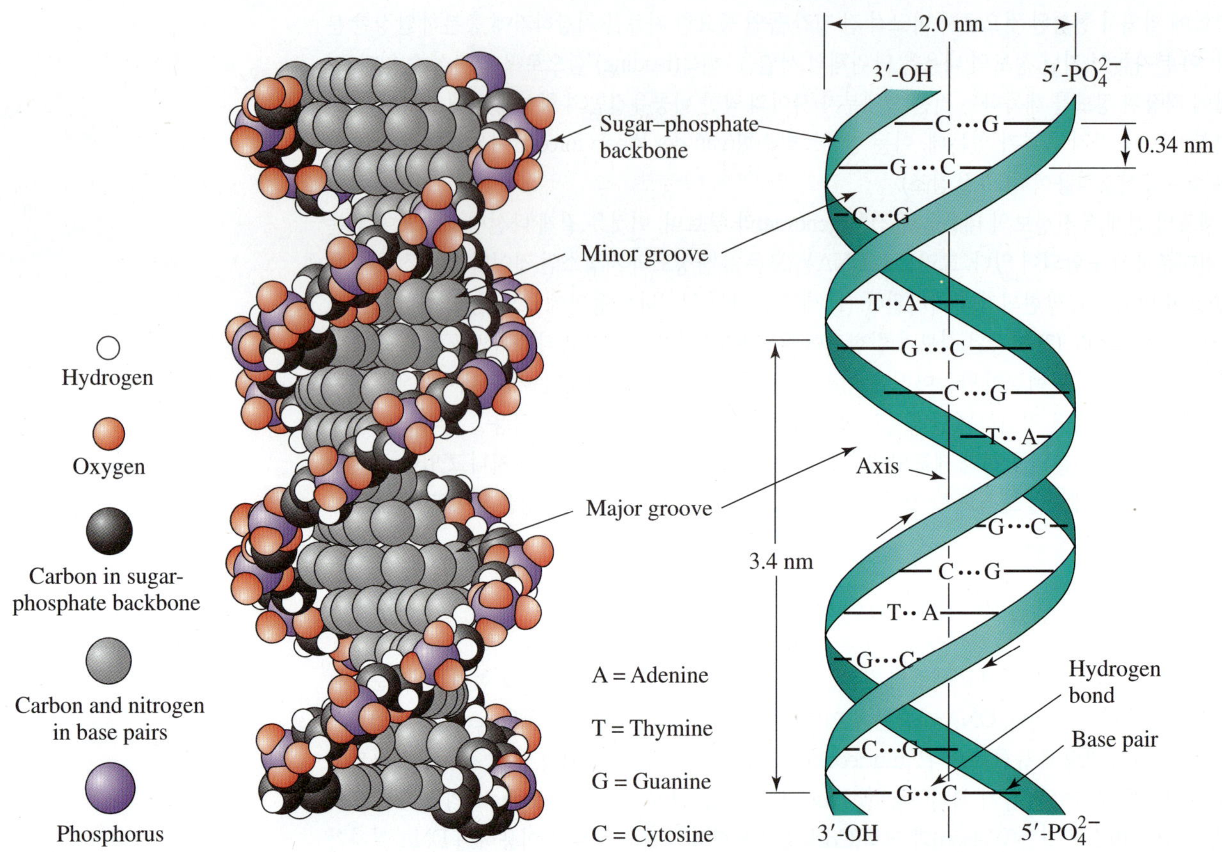

그림 1.15 왓슨–크릭의 DNA 이중나선 모델. 뉴클레오티드염기의 쌓임과 반대 가닥의 상보적인 뉴클레오티드염기와의 수소결합을 나타내고 있다.

닥의 골격 구조는 분자의 바깥쪽을 형성하게 되는데, 뉴클레오티드 단위체의 탄수화물 부분과 인산 부분 사이의 공유결합인 포스포디에스테르(phosphodiester)결합에 의해서 이루어져 있다. 이러한 배열은 유기 염기 부분을 이중나선의 안쪽으로 향하게 한다. 같은 가닥의 이웃한 염기는 서로 층을 이루며 쌓여 있고(나선 층계의 계단들처럼 정렬되어 있음) 이들 사이에는 비공유결합성 상호작용이 작용하고 있다. 염기는 또한 반대 가닥의 염기와 가까이 위치해서 특정한 수소결합으로 인한 **상보적 염기쌍(complementary base pair)**을 형성한다. 최적의 배열은 아데닌(adenine, A)은 티민(thymine, T)과 그리고 구아닌(guanine, G)은 시토신(cytosine, C)과 결합하는 것이다. DNA에 저장된 정보를 위한 언어는 A, T, G, C 네 개의 알파벳으로 구성되어 있다. 저장 형식은 DNA 상의 뉴클레오티드의 순서적인 배열로서 각 생물 종에 따라 크기와 서열에 차이를 갖게 된다. 예를 들어 인간 유전체의 경우 길이가 약 1미터이고 30억개로 추정되는 뉴클레오티드염기쌍을 포함하는 반면, 대장균(*E. coli*)의 DNA 분자는 2 μm 정도의 길이에 대략 400만개의 뉴클레오티드 쌍으로 구성된다. DNA의 구조와 기능에 관해서는 10~13 장에서 더욱 상세히 다뤄질 것이다.

사람유전체연구사업(Human Genome Project, HGP)의 목표는 2005년까지 인간 유전체에 있는 약 30억개의 뉴클레오티드염기쌍의 서열을 밝히는 것이다. 이 프로젝트는 미국, 영국, 일본, 독일, 프랑스 5개국의 공동 노력과 셀레라 게노믹스(Celera Genomics)라는 민간 법인의 후원을 받아 이루어지게 되었다. 이 프로젝트의 첫 단계는 효모(*Saccharomyces cerevisiae*)와 선충류(*Caenorhabditis elegans*) 등을 포함한 다른 종의 유전체 서열을 밝히는 것으로서 이미 완성되어 있다(표 1.3). 인간 유전체의 초기 지도는 2000년 6월에 발표되었고 이것은 예상보다 5년 앞서 완성된 것이다. 사람유전체연구사업의 결과는 벌써 의학과 과학 분야에 많은 충격을 주고 있다. 이제 낭포성섬유증(cystic fibrosis), 근위축증(muscular dystropy), 유방암(breast cancer), 결장암(colon cancer), 헌팅턴씨병(Huntington's disease)을 포함하여

표 1.3
염기서열이 밝혀진 유전체

생물체	유전체 크기(kb)	염색체 수*
Borrelia burgdorferi(라임병균)	1,444	1
Haemophilus influenzae(인플루엔자균)	1,830	1
Mycobacterium tuberculosis(결핵균)	4,412	1
Escherichia coli(대장균)	4,639	1
Saccharomyces cerevisiae(효모)	11,700	16
Caenorhabditis elegans(선충)	97,000	6
Drosophila melanogaster(초파리)	137,000	4
Arabidopsis thaliana(애기장대)	117,000	5
Oryza sativa(벼)	430,000	12
Mus musculus(쥐)	2,500,000	20
Homo sapiens(사람)	3,200,000	23

* 진핵생물의 경우 반수체의 염색체 수

많은 질병의 원인이 되는 유전자의 염색체 상에서의 위치를 알 수 있게 된 것이다. 다음 단계는 이러한 질병을 치료하는 데 유전자치료의 기술을 적용하는 것이다(13장 참조). 사람유전체연구사업에서 얻어진 방대한 양의 자료를 다루기 위해 새로운 과학 분야가 형성되었다. 인간 유전체는 대략 20,000개에서 25,000개 정도의 유전자를 포함한다고 예상되고 있는데 이것은 많은 양의 단백질(단백질체, proteome)을 암호화한다. **단백질체학(proteomics)**이란 유전체에서 만들어지는 수많은 단백질을 모두 관찰하는 폭 넓은 분야이다. 이 분야의 과학자는 단백질을 분류하고 특성을 알아내며, 다른 단백질과의 상호작용을 연구하고, 그리고 그 단백질의 기능상 역할을 확인하는 일을 하게 된다. 이와 같은 **생물정보학(bioinformatics)**의 특화된 하위분야에서는 컴퓨터를 이용하여 방대한 양의 핵산 서열 자료를 정리하고 단백질의 아미노산서열과 구조 사이의 관계를 연구한다.

DNA → DNA

DNA의 복사는 자가지시적(self-directed) 과정이다. DNA는 많은 보조단백질의 도움을 받아 동일한 DNA의 합성을 명령하고 지시하여 자손 세포에게 전해지도록 한다. 이렇게 DNA를 복사하는 과정을 **복제(replication)**라고 하며, 이 과정은 두 개의 상보적인 이중나선 가닥의 짧은 부분이 풀리면서 시작된다(그림 10.11 참조). 각 가닥은 새로운 상보적 가닥의 합성을 위한 **주형(template)**으로서 사용된다. 새로운 뉴클레오티드 단위체는 우선적으로 수소결합과 반데르발스힘에 의해 주형가닥의 상보적인 염기와 결합하도록 자리 잡은 후, **DNA중합효소(DNA polymerase)**라고 불리는 효소에 의해 새로 만들어지는 DNA에 공유결합으로 연결된다. DNA복제의 자세한 화학적인 설명은 11장에서 논의될 것이다. 전체 DNA 분자는 결과적으로 두 개의 동일한 분자로 복제되어, 한 개는 모세포에, 그리고 다른 한 개는 딸세포에 있게 된다.

DNA → RNA

앞에서 우리는 자손 세포로 유전정보를 전달하기 위해 어떻게 모세포의 DNA가 복제되는지를 살펴보았다. 이제 여기서는 DNA의 정보가 RNA의 형태로 변형되는 과정을 살펴보자. 이 과정을 **전사(transcription)**라고 부른다. DNA는 암호화된 정보를 포함하고 있고, 복제 과정에서는 전체 DNA 분자가 처음부터 끝까지 그대로 복사된다. 이와는 대조적으로 DNA의 전사는 다소 다르게 일어나는데, 전체가 아닌 중요한 부분의 DNA 정보만이 RNA로 전달된다. 자손에게 특정 형질을 전달하는 것을 보여준 멘델 등에 의한 초기 유전학 연구에 의해 유전체가 **유전자(gene)**라 불리는 특정한 암호화된 부분들로 구성되어 있다는 사실을 알 수 있었다. 원핵세포에서 유전자의 염기서열은 간격이나 중단 없이 연속

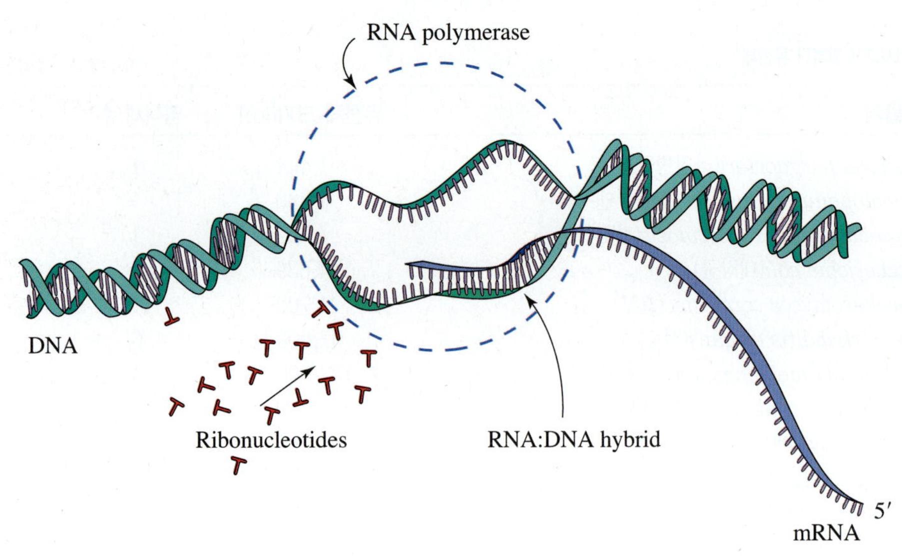

그림 1.16 전령RNA를 생산하기 위한 DNA의 전사

적으로 읽힌다. 원핵세포의 경우 유전자는 특정 RNA나 단백질을 암호화하고 있는 DNA의 일부분으로 정의할 수 있다.

RNA를 생산하는 전사 과정은 DNA복제 과정과 유사하나 다음과 같은 차이점이 있다. (1) 디옥시리보뉴클레오티드(deoxyribonucleotide) 대신 리보뉴클레오티드(ribonucleotide)가 구성 단위체가 된다. (2) 아데닌(adenine)과 상보적인 염기쌍을 형성하는 티민(thymine) 대신, 역시 아데닌과 쌍을 이룰 수 있는 우라실(uracil, U)이 대체하게 된다. (3) 뉴클레오티드를 연결하여 새로운 RNA를 합성하는 효소는 **RNA중합효소(RNA polymerase)**이다(그림 1.16 참조). 자세한 전사 과정은 11장에서 논의될 것이다.

소아마비, 독감, 후천성면역결핍증(AIDS) 등을 일으키는 바이러스와 암을 유발하는 레트로바이러스(retrovirus) 등은 DNA 대신 단일가닥의 RNA로 구성된 유전체를 가지고 있다. 이들 바이러스는 자신을 복제하는 데 두 가지 다른 방법을 사용한다. 레트로바이러스는 특별한 효소에 의존하는데 이 효소의 구조는 바이러스의 RNA에 의해 암호화되어 있고 감염된 후 숙주세포의 합성 기구에 의해 생산된다. **역전사효소(reverse transcriptase, RT)**라 불리는 이 효소의 작용은 바이러스의 RNA 유전체를 숙주세포의 유전체에 삽입되는 DNA 형태로 바꾸는 것이다. 이런 형태의 바이러스 유전정보는 주위 환경으로부터의 스트레스에 의해 감염이 유도될 때까지 여러 해 동안 감염을 일으키지 않고 잠복해 있을 수 있다. 또 다른 종류의 RNA 바이러스는 DNA복제와 유사하게 바이러스 RNA 유전체의 복제를 촉매하는 **복제효소(replicase)**를 숙주세포로 하여금 생산하게 하여, 자신들의 복제를 가능하게 한다.

DNA의 전사에 의해 리보솜RNA, 운반RNA, 그리고 전령RNA의 세 가지 서로 다른 종류의 RNA가 형성된다. RNA중 가장 많은 것은 **리보솜RNA(ribosomal RNA)**이다. 이것은 단백질과 결합하여 리보핵산단백질복합체인 리보솜을 형성한다. **운반RNA(transfer RNA)**는 세 가지 종류 중에서 가장 작은 RNA로서 이들은 아미노산 분자와 결합하여, 합성되는 단백질 사슬에 아미노산을 더해 주는 역할을 한다. **전령RNA(messenger RNA)**는 하나의 유전자 또는 여러 유전자의 집합에 해당하는 정보를 전달한다. 전령RNA의 뉴클레오티드염기서열은 주형 DNA의 염기서열과 상보적인 관계에 있다. 전령RNA는 불안정하고 세포 내에서 짧은 수명을 가지므로 단백질합성에 대한 정보가 즉시 그리고 여러 번 해독되어야 하는데, 각 전령RNA에 대하여 여러 개의 리보솜이 작용하여 여러 개의 단백질 사본을 합성하게 된다(그림 1.17).

전령RNA → 단백질

세포에서 DNA 발현의 최종 산물은 단백질로서, 한 생명체의 유전체 DNA로부터 만들어지는 모든 단백질의 집합을 **단백질체(proteome)**라고 부른다. DNA에 존재하는 정보는 단일가닥의 전령RNA를 만드는 데(전사 과정) 사용되고, 전령RNA는 이 정보를 단백질합성을 위한 세포소기관으로 전달한다. 그

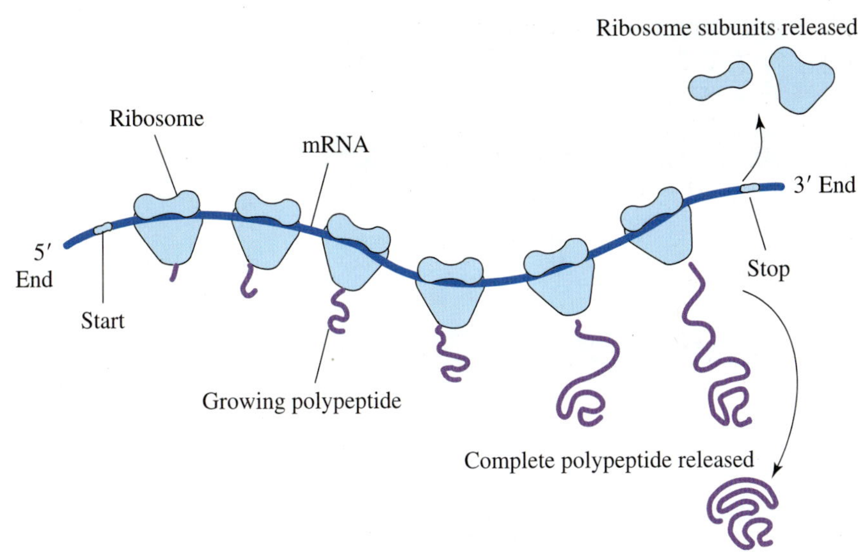

그림 1.17 리보솜에서의 단백질합성을 도식화한 그림. 각 전령RNA에는 몇 개의 리보솜이 길이를 따라 움직이며 각각 단백질을 합성한다. 각 리보솜은 전령 RNA 분자의 5′ 끝 부근에서 출발하여 3′ 쪽으로 움직인다.

러므로 전령RNA는 DNA에 있는 정보를 운반하는 중간 전달체로서의 역할을 담당하고 있는 것이다. DNA의 정보는 뉴클레오티드염기(A, T, G, C)의 1차 배열의 형태이고, 전령RNA에 있는 정보는 약간 다른 뉴클레오티드염기(A, U, G, C)로 구성된다. 그러나 단백질 분자의 경우는 구조적으로 전혀 다른 분자인 20가지 아미노산의 순차적 배열로 이루어지는데, 이렇게 DNA와 RNA로부터 단백질로의 정보 전달 과정에 두 가지의 다른 "언어"가 관여하므로 **번역(translation)** 과정이 필요하다.

유전암호

생화학자는 수많은 유전자의 염기서열을 연구하고 또한 그들 유전자의 산물인 단백질의 아미노산서열과의 관계를 연구하면서 이들 서열 사이에는 직접적인 관계가 있음을 알아냈다. 두 가지 서열은 일정한 관계를 가지는데, 유전자의 염기서열은 단백질의 아미노산서열에 상응하게 순서대로 배열되어 있어서 이들 사이에는 **유전암호(genetic code)**라고 불리는 암호 규칙이 있음이 밝혀졌다. 암호화 비율은 아미노산 하나에 대하여 세 개의 뉴클레오티드로 되어 있어서 결국 삼중암호(triplet code)로 나타나게 된다.(그림 1.18)

진핵세포의 DNA: 엑손과 인트론

진핵세포에서의 DNA 발현은 원핵세포에서의 발현보다 약간 더 복잡하다. 놀랍게도 1977년에 진핵세포 DNA의 암호화(coding) 부위가 비암호화(noncoding) 부위에 의해 부분적으로 끊겨 있는 것이 발견되었다. 즉 유전자가 나누어져 있다는 것이다. 여기서 암호화 부위는 **엑손(exon)**이라 부르고 비암호화 부위는 방해 서열(intervening sequence) 또는 **인트론(intron)**이라 부른다. 진핵세포 DNA에 인트론이 존재하는 이유는 완전히 이해되지 않고 있다. 일부 생화학자들은 쓸모없는 DNA를 포함하고 있는 인트론이 유용한 목적이 없으므로, 진화론적 이론에 의해 결국 사라질 것이라고 보고 있다. 아마도 인트론은 다양한 종류의 단백질을 더 효과적으로 만들기 위한 목적이 있을 것으로 여겨진다. DNA의 비암호화 부위의 발견은 단백질합성에 관련된 중요한 문제들을 제기하였다. DNA의 인트론 정보도 RNA로 암호화되는가? 그렇다면 어떤 단계에서 제거되는가? 단백질합성 전인가 후인가? 이들 질문에 대한 답은 6장과 11장에 언급되어 있다.

DNA 돌연변이

DNA의 발현(복제, 전사, 번역)은 정밀하고, 정확하고 그리고 재생할 수 있는 방식으로 수행되며, 이러한 과정은 인식과 결합을 위한 약한 비공유결합성 상호작용에 의존한다. 이 과정에서 발생할 수 있는

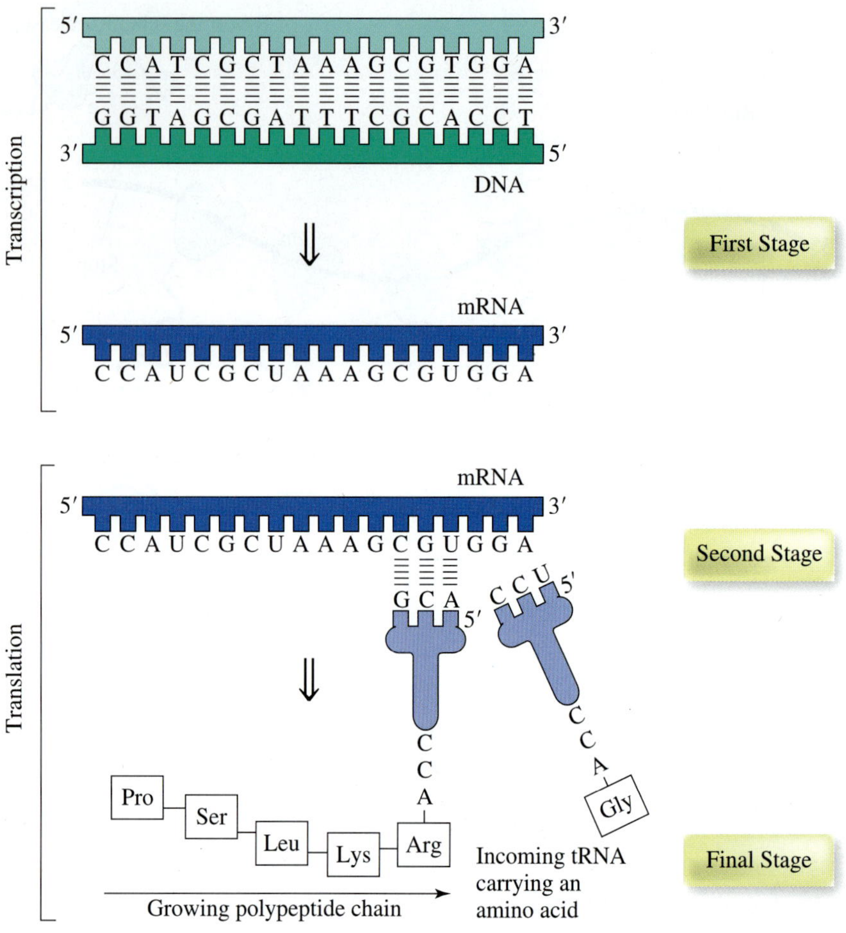

그림 1.18 유전자의 뉴클레오티드염기 서열과 단백질 상의 아미노산의 직선적 배열 사이의 공선적인 관계. 우선 전령RNA(mRNA)가 DNA 한 가닥의 상보적인 사본으로 만들어진다. 전령RNA의 세 뉴클레오티드 묶음이 운반RNA(tRNA) 분자에 의해서 읽힌다. 이 과정에는 상보적인 염기 사이의 수소결합 형성이 관여한다. 운반RNA에 부착된 아미노산이 늘어나는 폴리펩티드에 더해진다.

오류나 또는 DNA에 화학적, 물리적 변화가 생겼을 때의 결과에 관해서 살펴보기로 하자. 무수히 오랜 세월 동안의 발달을 통해 생물체는 안전하게 유전정보를 전달하는 메커니즘을 발전시켜 왔는데, 또한 동시에 이 과정에서 발생할 수 있는 오류를 처리하기 위한 수선 과정도 개발해 왔다. 가끔 실수가 일어날 수 있는데, 잘못된 뉴클레오티드가 삽입되거나 뉴클레오티드의 삭제 또는 뉴클레오티드의 첨가 현상이 발생할 수 있는 것이다. 이러한 종류의 변화를 **돌연변이(mutation)**라고 부르며 이것은 해당 세포에 영향을 줄 뿐만 아니라 이러한 유전정보의 변화가 계속 전달될 것이므로 후대 자손에게도 영향을 주게 된다. 이러한 오류를 바로잡는 수선 체계들은 11장에서 다뤄질 것이다.

복습 문제

1. DNA에 관한 다음 문장들이 참인지 거짓인지 판단하시오. 그리고 잘못된 문장들은 바로잡으시오.
   a. DNA는 많은 뉴클레오티드 단위체로 이루어진 거대분자이다
   b. 왓슨-크릭의 나선 모델은 DNA 거대분자 한 가닥으로 구성되어있다.
   c. 이중가닥 DNA에서 한 가닥의 A염기는 다른 가닥의 T염기와 상보적 관계이다.
   d. DNA의 뉴클레오티드염기들은 A, T, G, U로 구성되어 있다.

2. 다음의 RNA가닥과 상보적인 RNA 뉴클레오티드 서열을 적으시오.
   a. 5'UACCG　　　b. 5'CCCUUU

3. 전령RNA에서 단백질로의 정보전달 과정은 왜 번역(translation)이라고 불리는가?

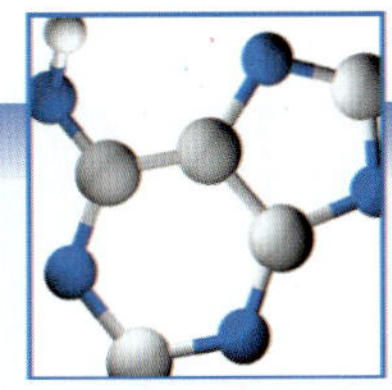

1-2

생화학 들여다보기

세포 구성요소의 추출과 분리

생화학은 실험 과학이다. 세포와 세포 구성요소, 특히 세포소기관과 생체분자를 실험실에서 관찰함으로써 우리는 생물학적 작용을 분자적인 수준에서 이해할 수 있다. 생화학 실험을 하기 위해서는 반드시 연구 대상의 재료가 주위로부터 분리되어야 한다. 세포, 세포소기관, 그리고 생체분자를 분리하는 데 사용되는 유용한 도구 중 하나가 원심분리기(centrifuge)이다. 이 도구는 생화학적 성분들이 다양한 물리적 특성(무게, 크기, 밀도, 그리고 모양)을 가지고 있는 사실을 이용한다. 고속에서 시료를 회전시키므로 극단적인 중력을 가하게 되고 이것은 시료의 구성 성분들을 각기 다른 속도로 침강시키게 되는데 이러한 속도는 이들 성분의 물리적 특성에 의존하게 된다. 발효 배양액 중의 세균세포나 혈장의 적혈구는 1,000~2,000 rpm의 속도로 시험관을 회전시킴으로써(이것은 약 1,000*g*의 중력장 즉 중력의 1,000배를 유발함) 분리될 수 있다. 세포 전체는 시험관 바닥으로 침전되고 그 위에는 세포와 분리되어 따라 버릴 수 있는 상층액(supernatant)이 형성된다.

생화학자는 보통 세포를 통째로 사용하지 않고, 대신에 **세포균질액(cell homogenate)**을 사용한다. 원핵세포나 진핵세포는 수용성 완충 용액에서 균질화(homogenization)되는데, 이것은 원형질막과 세포벽(존재하는 경우)을 깨서 세포 내 구성 성분들이 용액으로 방출되게 하는 작용이다. 균질화는 다음과 같은 몇 가지 방법 중의 하나를 이용하게 된다. 즉 모래 같은 연마 물질이나 막자를 이용하여 막자사발에서 가는 방법, 높은 압력으로 세포를 파괴하는 방법, 또는 유리 시험관에서 회전하는 테플론 막자가 달린 전기 균질기(homogenizer)를 사용하는 방법 등이 있다. 또한 **음파처리(sonication)**는 초음파로 세포를 분해하는 방법이다.

이제 세포의 구성 성분들이 유리되어 용액 내에 분포하므로 **분획 원심분리법(differential centrifugation)**을 이용하여 세포소기관을 분리할 수 있다. 세포균질액을 속도를 증가시키며 계속적으로 원심분리한다(그림 참조).

각 원심분리로부터 얻어진 상층액을 다른 시험관에 옮겨 더 높은 속도에서 원심분리한다. 각 세포소기관은 특유의 크기, 모양, 그리고 무게를 가지고 있고 따라서 다른 중력 하에서 침강되므로 나머지로부터 분리될 수 있다. 예를 들면 미토콘드리아는 대략 20,000*g*의 세기로 회전할 때 침강된다. 회전을 시킨 후 상층액을 따라 내고 남아 있는 미토콘드리아는 연구에 이용될 수 있다. 100,000*g*에서의 최종 원심분리는 초고속 원심분리(ultracentrifuge)를 필요로 하며 이때의 상층액은 수용성 단백질과 기타 분자들을 포함한 세포질이 된다. 물질대사에 관여하는 대부분의 효소는 수용성인 세포질에 있다. 기본적인 세포 구성요소들이 분리된 후, 생체분자들은 **크로마토그래피(chromatography**, 3.5절 참조)를 이용하여 각각 분리(정제라 불림)될 수 있다.

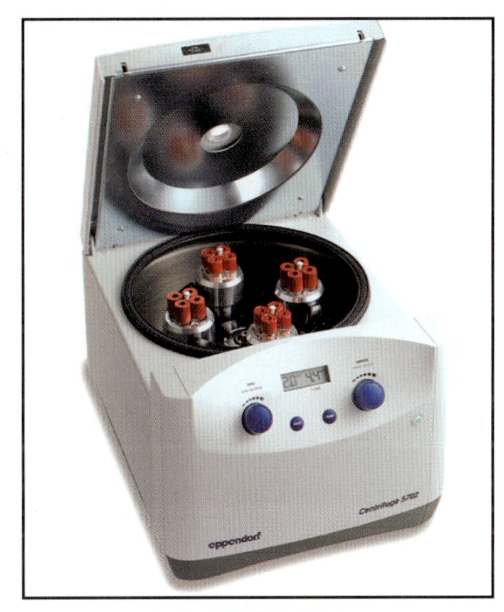

세포 구성 성분과 특정 부분을 분리하는데 이용되는 원심분리기

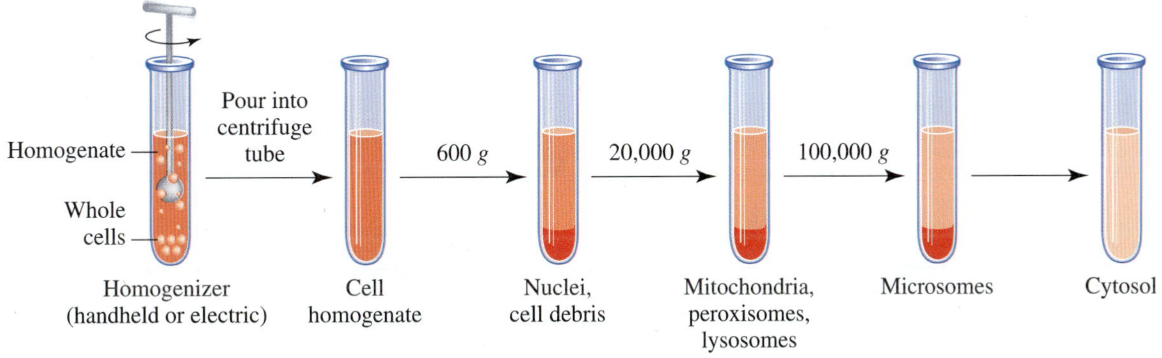

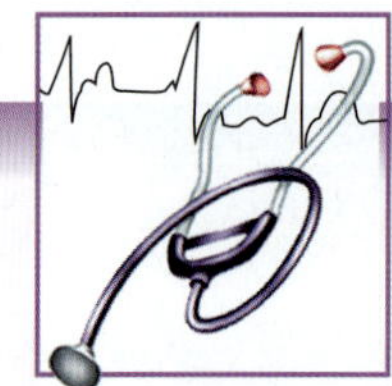

1-1

임상생화학

비만

체지방이 과도하게 축적되어 나타나는 **비만(obesity)**은 전 세계적인 건강 문제가 되고 있으며, 특히 미국에서는 유행성 단계에까지 이르고 있는 것으로 여겨진다. 보건 관계자의 추산에 따르면 미국 성인 인구의 절반 이상은 과체중(키와 체격을 고려한 적정 체중에서 20%까지 초과한 경우)이고, 1/3 정도는 적정 체중의 20%를 넘는 비만이다. (적정 체중을 측정하기 위한 체질량지수의 계산은 임상생화학 20-1을 참조). 비만은 당뇨병, 심장 질환, 고혈압, 뇌졸증, 일부 암 등 여러 질환의 주요 위험 요인으로서, 최근 연구에 의하면 비만은 과도 섭취의 문제일 뿐 만 아니라, 에너지소비와 체중을 조절하는 호르몬 조절계의 장애와 관련이 있는 것으로 나타났다.

비만의 직접적 원인은 정확히 밝혀지지 않았으나 유전적 요인(그리고 환경적 요인)이 가장 중요하게 여겨진다. 부모 모두가 비만인 경우 자녀의 80%가 역시 비만인 반면, 부모가 적정 체중인 경우 그 자녀가 비만인 경우는 14% 정도이다. 유전적 연구에 의하면, 비만인 쥐에게 지방 조직에서 유도된 단백질 호르몬인 **렙틴(leptin)**을 주입하였을 때 음식 섭취가 감소하고, 활동이 증가하였으며, 체중이 감소하였다. 사람을 대상으로 한 유전적 연구에서는, 사람으로부터 유도된 렙틴을 비만인 사람에게 투여한 경우 이와 같은 희망적 반응이 나타나지 않았다. 불행하게도 사람의 경우 체중 조절에 대한 렙틴의 영향은 훨씬 더 복잡한 것으로 보이므로, 렙틴을 매일 주입한다고 해서 비만이 치료된다는 마법과 같은 보장은 없다. 한 가지 문제점은 사람의 경우 렙틴에 대해 민감성이 감소하거나 렙틴에 대한 저항성을 나타낸다는 것인데, 이는 수용체의 기능이 작동하지 않거나 그 수가 제한되기 때문인 것으로 보인다. 비만에 대한 생화학적 연구는 렙틴이 비만의 병리 현상에 중요한 역할을 한다는 것을 계속적으로 밝혀냈는데, 특히 시상하부 호르몬인 뉴로펩티드Y(neuropeptide Y)와 기타 조절 단백질 같은 신호전달분자를 통해 간접적인 영향을 미치는 것으로 생각된다. 하지만 렙틴에 관한 연구는 체중 조절을 이해하는 데 도움을 주고 있으며, 비만에 대한 새로운 치료제의 개발로 이어질 것이다. 또한 다른 한편에서는, 근육의 미토콘드리아에서 열 생산과 에너지 사용을 촉진하는 호흡 인자인 짝풀림단백질(uncoupling protein, UCP)에 관한 연구가 비만의 새로운 치료제 개발로 이어질 것으로 기대된다. 자세한 사항은 20.5절에 다시 기술된다.

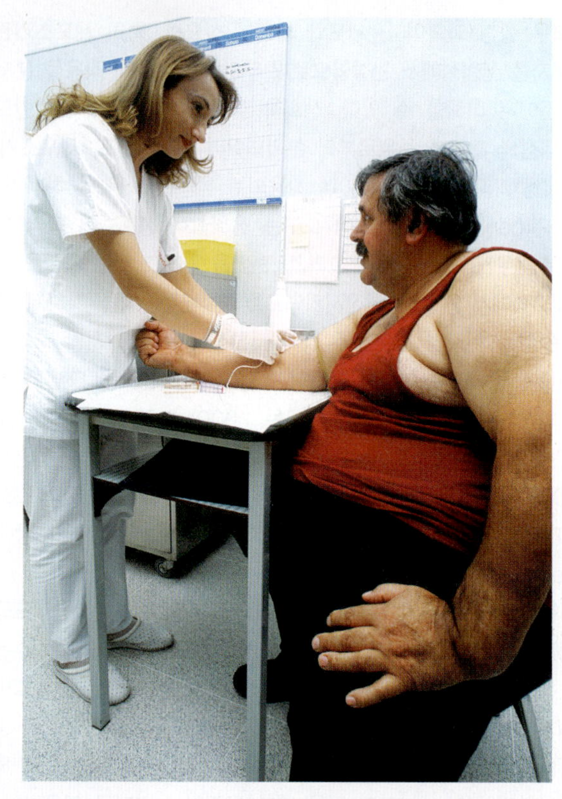

학습 문제

1. 렙틴 호르몬은 체중 조절과 관련이 있다. 렙틴은 생체분자의 주요 종류인 탄수화물, 지방, 단백질 중에 어디에 속하는가? 렙틴의 일반적 구조와 합성에 사용되는 단위체의 형태를 기술하시오.

2. 미국 식품의약국은 지방으로부터의 열량이 우리가 섭취하는 총 열량의 30%가 넘지 않아야 한다고 권고한다. 당신의 현재 음식 섭취에 대해 기술하고 그것이 왜 적절하고 몸에 좋은지 설명해 보시오. 당신은 이것이 식품의약국의 권고에 맞는다고 보는가?

참고 문헌

Friedman, J. and Halaas, J., 1998. Leptin and the regulation of body weight of mammals. *Nature* 395:763-770.

Marx, J., 2003, Cellular warriors at the battle of the bulge. *Science* 299:846-849.

 요약

■ 생화학은 살아 있는 세포의 분자를 연구하는 실험과학 과목이다.
■ 생화학은 우리의 일상생활에도 많은 영향을 주는데 질병의 원인과 치료 방법을 설명하고, 영양을 개선하며, 기술적인 문제의 해결 방법을 개발하고, 생명 현상을 분자적으로 이해할 수 있게 한다.
■ 생화학의 원리는 인간이 수천 년 전부터 발효 주스를 만들고 빵을 굽기 위해 사용해 왔다. 이 과목은 생물학, 화학, 그리고 물리학의 결합으로 이루어졌다.
■ 중요한 생체분자의 종류에는 탄수화물, 지질, 단백질, 그리고 핵산이 있다.
■ 생물체는 크게 두 가지 형태로 분류할 수 있는데 한 가지는 **진핵생물(eukaryote)**로서 막으로 둘러싸인 세포소기관들을 가지고 있고, 다른 한 가지는 **원핵생물(prokaryote)**로서 단순한 단세포 생물체이다. 원핵생물은 진정세균(eubacteria)과 원시세균의 두 가지로 구분되기도 한다.
■ DNA, RNA, 단백질, 일부 탄수화물, 그리고, 다른 작은 분자들은 정보 운반 분자로 작용하여 생물학적인 작용의 명령과 제어를 위한 정보를 운반하는 역할을 한다. 분자에서의 화학적 정보는 약한 비공유결합성 상호작용을 형성함으로써 읽어 들이게 된다.
■ DNA의 유전적 정보는 DNA→RNA→단백질→세포 작용의 순서로 전달된다.
■ 진핵생물의 유전자는 불연속적으로서, **엑손(exon)**이라 불리는 암호화 부위와 **인트론(intron)**이라고 불리는 비암호화 부위로 구성된다.

 연습 문제

용어 이해

1.1 다음의 생화학 용어를 우리말로 번역하고 25 단어 이하로 정의 또는 설명하시오.

a. prokaryotic cell
b. eukaryotic cell
c. cell plasma membrane
d. mitochondria
e. nucleus
f. bioenergetics
g. nucleic acid
h. virus
i. differential centrifugation
j. DNA
k. biomolecule
l. hemoglobin
m. cell organelle
n. biochemistry
o. macromolecule
p. vitalism
q. ribosome
r. starch
s. metabolism
t. dalton
u. cell homogenate
v. condensation reaction
w. biotechnology
x. hydrolysis reaction
y. thermophilic bacteria
z. molecular biology
aa. replication of DNA
bb. template
cc. intron
dd. tRNA
ee. exon
ff. mutation
gg. genetic code
hh. proteome
ii. genome
jj. Human Genome Project
kk. transcription
ll. translation

개념 복습

1.2 생체분자 중 지질의 구조적 특징과 생물학적 기능에 대하여 설명하시오.

1.3 다음 분자식에 해당하는 안정된 분자의 구조를 그리시오.

a. $C_2H_5NO_2$
b. CH_4N_2O
c. $C_2H_4O_2$
d. C_2H_4OS
e. $C_3H_4N_2$
f. $C_3H_7NO_2S$
g. $C_2H_4O_3$
h. H_2O_2
i. H_3PO_4

그린 구조 중에서 천연 화합물을 표시하시오.
힌트: *각 원소에 의해 형성되는 공유결합의 수는 다음과 같다.*

탄소 4	수소 1
산소 2	황 2
질소 3	인 5

1.4 생체분자에서 발견되는 다섯 가지 주요 화학원소를 열거하시오.

1.5 생명 유지에 필수적인 네 가지 기체는 무엇인가?

1.6 살아 있는 생물체에 들어 있는 금속이온 네 가지를 열거하시오.
힌트: *Na^+ 부터 시작*

1.7 생체분자의 주요 종류를 열거하시오.

1.8 이 책의 그림을 참고하지 말고 세균세포와 동물세포의 구조를 그려보시오. 각 세포의 내부 구성요소들도 그림으로 나타내고 이들을 각각 명명하시오.

1.9 분자생물학과 생화학의 차이점을 설명하시오.

1.10 다음에 열거한 생체분자의 생물학적 기능을 적어도 한 가지 이상 기술하시오.

a. DNA
b. RNA
c. 아미노산
d. 지질
e. 탄수화물
f. 비타민
g. 단백질
h. 물

1.11 원핵세포와 진핵세포의 주요 차이점을 설명하시오.

1.12 다음 중에서 생체 거대분자(단위체로 이루어진 거대분자 화합물)는 어느 것인가?

a. 글루코오스
b. 셀룰로오스
c. DNA
d. 요소
e. 아미노산
f. 헤모글로빈
g. 뉴클레오티드
h. 단백질
i. 물
j. 산소(O_2)

1.13 다음의 각 세포소기관에 대하여 식물세포, 동물세포, 또는 양쪽 모두에서 발견되는 가를 나타내시오.

a. 핵
b. 리보솜
c. 리소좀
d. 페르옥시솜
e. 엽록체
f. 미토콘드리아
g. 글리옥시솜

1.14 생체 중합체는 크기가 작은 단위체로 구성된다. 다음에 주어진 생체 중합체와 이것을 합성하는 데 사용되는 단위체를 연결하시오.

거대분자	단위체
____1. 핵산	**a.** 글루코오스
____2. 다당류	**b.** 아미노산
____3. 단백질	**c.** 뉴클레오티드
____4. 셀룰로오스	**d.** 단당류
____5. 녹말	

1.15 미토콘드리아를 분리하기 위해 심장 근육세포의 균질액을 어떻게 원심분리할 것인지 설명하시오.
힌트: *생화학 들여다보기 1-2*

1.16 다음 생체분자에 어떤 금속이온이 들어 있는가?

a. 헤모글로빈 **c.** 시토크롬
b. 엽록소 **d.** 카탈라아제

1.17 콩 잎에서 세포추출물을 얻는 방법을 간단히 설명하시오.

1.18 다음 생화학적 구조물을 크기에 따라 큰 것에서 작은 것의 순서로 정렬하시오.

a. 미토콘드리아 **e.** 글루코오스
b. 적혈구 **f.** 산소
c. DNA **g.** 세균세포
d. 헤모글로빈 **h.** 에탄올

1.19 화학 구조적인 관점에서 DNA와 RNA의 다른 점 두 가지를 설명하시오.

1.20 다음 DNA 단일가닥에 대한 상보적인 뉴클레오티드 서열을 나타내시오.

a. 5′ ATTTGACC **b.** 5′ CTAAGCCC

1.21 하나의 DNA 가닥과 하나의 RNA 가닥으로 구성되는 상보적인 이중가닥의 폴리뉴클레오티드(polynucleotide)의 구조를 그리시오. 각 가닥은 10개의 뉴클레오티드를 포함하고 반드시 역평행(antiparallel) 관계이어야 한다(한 가닥이 5′→3′ 방향이면 다른 가닥은 3′→5′ 방향으로 진행되어야 함).

1.22 다음에 그려진 짧은 DNA 부분이 RNA로 전사된다고 할 때, 생성되는 RNA의 염기서열을 나타내시오.

5′ ─┬┬┬┬┬┬─ 3′
ATTCGA
TAAGCT
3′ ─┴┴┴┴┴┴─ 5′

transcription →

활용 문제

1.23 다음 생화학 반응이 일어나는 세포소기관 또는 세포의 부분을 기술하시오.

a. $2H_2O_2 \longrightarrow 2H_2O + O_2$(동물세포)
b. DNA복제(동물세포와 세균세포)
c. 세포내섭취(endocytosis)에 의해 함입된 RNA의 가수분해반응
d. 단백질 생합성
e. $CO_2 + H_2O \xrightarrow{h\nu} (CH_2O) + O_2$ (광합성에 의한 탄수화물 합성)
f. $NADH + H^+ + \frac{1}{2}O_2 + ADP + P_i \longrightarrow NAD^+ + H_2O + ATP$ (P_i = 인산)

1.24 헥소키나아제(hexokinase)는 탄수화물인 글루코오스의 대사에 필수적이다. 이 효소는 수용성으로서 세포질에서 발견된다. 원심분리법을 이용하여 세포소기관으로부터 이 효소를 포함한 세포 분획을 분리하는 방법을 설명하시오.

1.25 시토크롬c는 전자전달계에서 ATP의 화학 결합 에너지 형태로 바꾸는 데 필요한 단백질이다. 세포소기관 중 어느 곳에서 가장 많은 시토크롬c를 발견할 것으로 예상하는가?

1.26 시안산으로부터 요소를 합성한 뵐러의 합성이 왜 생화학적으로 중요한 업적인가?

1.27 생화학의 탄생에 기여한 화학자, 생물학자, 그리고 물리학자들의 업적을 설명하시오.

1.28 DNA의 기능에 관련된 분자들을 연구하기 위해서 세포 원심분리액의 어느 부분을 이용하는가?

1.29 자연의 분자 대부분이 탄소가 기본이 되는 이유를 설명하시오.

1.30 생명체의 생식, 발달, 그리고 생존을 위해서는 (1)청사진(정보), (2)물질, (3)에너지의 세 가지 요소가 필수적이다. 각각에 대하여 어떠한 특정 생체분자 또는 생물학적 작용이 필요한가?

1.31 일부 과학자들은 세포추출물(세포를 죽이고 파괴하여 얻어짐)에서 얻은 생화학적 자료는 인위적인 것이고 생화학은 오직 살아 있는 세포에서만 연구되어야 한다고 주장한다. 이러한 주장에 대한 찬부 의견을 기술하시오.

1.32 아직 물질대사의 생화학을 공부하지 않았지만, 어떻게 음식물이 근육수축을 위한 에너지로 변환되는지 나름대로 설명해 보시오.

1.33 식물이 탄수화물을 합성하는 데 있어서 어떻게 태양 에너지가 사용되는지 일반적인 용어로 기술하시오.

1.34 다음 분자와 아세트산(CH_3COOH)과의 축합반응을 화학 구조를 이용하여 나타내시오.

a. CH_3CH_2OH, 에틸알코올
b. NH_3, 암모니아
c. CH_3COOH, 아세트산
d. CH_3SH, 메틸티올(methylthiol)
e. CH_2 — CH — CH_2, 글리세롤(glycerol)
　 OH　 OH　 OH

1.35 DNA는 RNA 또는 단백질보다 가수분해반응에 대하여 안정적이다. 이러한 사실은 세포 내의 DNA 역할과 일치하는가? 설명하시오.

1.36 다음의 전형적인 축합/가수분해반응을 생각해 보자.

$$R-\overset{\overset{\large O}{\|}}{C}-OH + R'-NH_2 \rightleftharpoons R-\overset{\overset{\large O}{\|}}{C}-NHR' + H_2O$$

살아 있는 세포에서 위 반응의 평형이 축합된 생성물 쪽에 있는가 아니면 가수분해 생성물 쪽에 있게 되는가? 설명하시오.

1.37 호열성 생물체에서 단백질을 비롯한 생체분자는 상온 조건의 생물체가 가진 생체분자에 비해 더욱 안정된 특성을 갖는 이유를 설명하시오.

1.38 다음 문장 중에서 생명체로 구별될 수 있는 특징을 기술한 것을 고르시오.

a. 자기복제가 가능하다.
b. 복잡하고 고도로 조직화되어 있음.
c. 대부분의 기능적 생체분자는 작은 단위체 화학물질이다.
d. 환경으로부터 에너지를 추출하여 이용한다.

1.39 C, H, O, N 원소들이 생명체의 분자를 형성하는데 적합한 이유는 무엇인가?

a. 양이 매우 풍부하고 환경에서 기체 상태이므로
b. 그들은 서로 강한 공유결합을 할 수 있으므로
c. 살아있었던 생물체의 분해로부터 환경으로 돌아가기 때문에

1.40 다음 중 세포 내에서 단위 분자들의 중합반응에 의해 생기는 생체분자는 무엇인가?

a. 단백질
b. 핵산
c. 지방
d. 비타민
e. 다당류

1.41 일부 생체분자들(핵산, 단백질, 다당류)은 생물정보를 저장할 수 있는 능력을 가지고 있다. 이들 분자가 가진 정보는 어떻게 읽혀지는가?

a. 단위체의 개수를 측정하여
b. 단위체의 특정한 서열을 알아냄으로써
c. 글루코오스 단위의 개수를 측정하여
d. 단위체가 가진 탄소원자의 개수를 측정하여

1.42 다음의 생물학적 기능과 관련된 기관을 미토콘드리아, 골지체, 페르옥시솜, 리소좀 중에서 고르시오.

a. 산소를 소비하여 탄수화물, 지방, 아미노산을 산화하고 ATP를 합성함
b. 영양분을 산화하여 과산화수소를 생성함.
c. 세포내섭취에 의해 흡수된 물질의 대사
d. 단백질 처리과정과 세포 노폐물의 방출이 일어나는 곳

생화학 작문

1.43 생화학 또는 생물 의학에 바탕을 둔 최근 신문이나 시사 잡지의 기사를 찾아, 생체분자나 생물학적 작용의 중요성을 강조하는 50 단어 내외의 요약문을 작성하시오(주제는 이 장에서 다룬 내용과 관련되어야 함). 필요하면 윤리적인 문제도 논하시오.

1.44 "60초짜리 논문" 이 장을 읽은 직후에 1분 내로 다음의 두 질문에 대한 논문을 작성해보시오. (1) 이 장에서 소개된 중심 개념은 무엇이었는가? (2) 이 장에서 소개된 개념 중에 당신이 혼동하여 이해하지 못했던 것은 무엇인가?

1.45 *Scientific American*과 같은 대중적인 과학 잡지에서 사람유전체연구사업에 관한 최근 논문을 찾아서 100 단어 내로 요약하시오. 요약문에는 이 프로젝트에 대한 설명, 최근 연구 동향, 그리고 질병치료의 결과로 야기될 수 있는 윤리적인 문제 등을 포함시키시오.

1.46 세포의 구조에서 구획화(compartmentation)는 중요한 개념이다. 세포의 이러한 특성은 살아 있는 세포가 모두 세포벽이나 세포막과 같은 어떤 형태의 경계를 가지고 있다는 것을 생각할 때 명백해진다. 구획화의 개념은 또한 소포(vesicle)와 세포소기관의 형태로 세포 내부에서도 계속된다. 그러면 구획화는 살아 있는 세포에게 어떤 특별한 이점을 제공하는가?

참고문헌

Boyer, R., 2000. Centrifugation in biochemical research. In *Modern Experimental Biochemistry,* 3rd ed., pp. 189–208. San Francisco: Benjamin/Cummings.

Breo, D., 1993. The double helix—Watson and Crick's 'freak find' of how like begets like. *J. Am. Med. Assoc.* 269:1040–1045.

Bullock, C., 2000. The Archaea—a biochemical perspective. *Biochem. Mol. Biol. Educ.* 28:186–191.

Cohn, M., 2002. Biochemistry in the United States in the first half of the twentieth century. *Biochem. Mol. Biol. Educ.* 30:77–85.

Collins, F., et al., 2001. Initial sequencing and analysis of the human genome. *Nature* 409:860–921.

Crick, F., 1958. On protein synthesis. *Soc. Exp. Biol.* 12:138–163.

Doolittle, W., 2000. Uprooting the tree of life. *Sci. Am.* 282(2):90–95.

Goodsell, D., 1991. Inside a living cell. *Trends Biochem. Sci.* 16:203–206.

Goodsell, D., 1996. *Our Molecular Nature.* New York: Copernicus (Springer).

Hazen, R., 2001. Life's rocky start (evolution). *Sci. Am.* 284(4):76–85.

Ingber, D., 1998. The architecture of life. *Sci. Am.* 278(1):48–57.

Nisbet, E. and Sleep, N., 2001. The habitat and nature of early life. *Nature* 409:1083–1091.

Olson, A., and Goodsell, D., 1992. Visualizing biological molecules. *Sci. Am.* 267(5):76–81.

Orgel, L., 1998. The origin of life—a review of facts and speculations. *Trends Biochem. Sci.* 23:491–495.

Simpson, S., 2003. Questioning the oldest signs of life. *Sci. Am.* 288(4):70–77.

Srere, P., 2000. Macromolecular interactions: tracing the roots. *Trends Biochem. Sci.* 25:150–153.

Thieffry, D., 1998. Forty years under the central dogma. *Trends Biochem. Sci.* 23:312–316.

Tribe, H., 2000. The making of a model of *Escherichia coli,* magnified two million times—The "Millennium Bug." *Biochem. Educ.* 28:120–123.

Venter, J., et al., 2001. The sequence of the human genome. *Science* 291:1304–1351.

Watson, J., 2003. A conversation with James Watson. *Sci. Am.* 288(4):67–69.

Wilson, H., 1988. The double helix and all that. *Trends Biochem. Sci.* 13:275–278.

Yarnell, A., 2005. Defining life's limits. *Chem. Engin. News* April 4:60–63.

The Nobel Foundation Virtual Biochemistry Lab, *http://www.nobel.se*

The Virtual Biochemistry Lab at the University of Virginia, *http://lab3d.chem.virginia.edu*

Introduction to Extremophiles, *http://www.micro.unsw.edu.au/rick/extremophiles.html*

CHAPTER

2

수용성 용액인 혈액은 세포, 단백질, 영양소, 기체, 그리고 기타 많은 생물학적 물질들을 생물체를 통하여 분배시키는 데 있어서 필수적인 역할을 한다. 우리 몸에는 이러한 복잡한 용액 5~6 리터가 동맥과 정맥을 통해 세차게 흐르고 있다. 혈액은 원심분리에 의해 두 부분으로 분리될 수 있다. 침전물은 적혈구, 백혈구, 혈소판의 세 가지 형태의 혈액 세포로 구성되어 있다. 혈장이라고 불리는 상층액은 약 90%의 수분과 혈장 단백질, 글루코오스, 호르몬, 콜레스테롤, 비타민, 무기이온, 그리고 기타 많은 생체분자들로 이루어진 10%의 용질로 구성된다. 개인의 혈액 표본 채취 및 생화학적 구성요소 변화의 임상적 분석은 질병 진단의 가장 유용한 방법이다.

물과 생체분자

물이란 언뜻 보기에는 수소와 산소 원자로 이루어진 단순하고 풍부한 물질인 것 같지만 놀라운 물리적, 화학적, 그리고 생물학적인 특징을 가지고 있다. 물은 모든 형태의 생명체에 필수적이며, 전형적인 세포 무게의 약 70%에서 85%를 구성하고 있다(표 2.1). 또한 혈액, 뇌척수액, 침, 오줌, 눈물과 같은 세포 외액도 물로 구성된 용액이다. 많은 과학자들은 생명체가 시초에 수중 환경에서부터 시작되었고, 진화적 발달의 초기 단계에는 모든 생물체가 물 속에 살았었다고 생각한다. 비록 식물이 먼저 진화하긴 하였지만, 많은 생물체가 폐를 발달시켜 육지로 이동하였다. 어떤 생물체(단세포 또는 다세포)는 아직도 내부의 물만이 아니라 물로 구성된 일정한 세포외 환경을 필요로 한다. 이러한 생물체는 강이나 호수, 또는 바다나 다른 큰 세포의 수용성 환경에서 살기도 한다.

표 2.1
인체의 각 기관에서 물 무게의 백분율

Tissue or Organ	Percent by Weight of Water[a]
Skeletal muscle	79[b]
Heart	83[b]
Liver	71
Kidney	81
Spleen	79
Lung	79
Brain	77

[a] In adults.
[b] Fat-free tissue.

물의 생물학적 역할

물은 세포에서 많은 작용을 하며 모든 생체분자의 구조와 반응에 큰 영향을 미친다.

- **물은 생물학적 용매로서 중요하다.** 생체분자에 대한 연구는 용매인 물의 경이적인 특징을 이해할 때 완전하게 이루어진다. 물은 대사 반응의 매체를 제공한다. 물은 말 그대로 "생명의 기질(matrix of life)"이다. 대부분의 생물학적 액체는 수용성이기 때문에 물은 세포 생장에 필요한 영양분을 공급하고 세포를 깨끗하게 하기 위한 노폐물 제거의 역할을 한다. 또한 세포성 액체는 약제를 녹이고 표적 기관이나 표적 세포로 전달하여 약물의 흡수와 작용을 도와준다. 물이 비록 매우 효과적인 용매일지라도 때때로 공언되는 바와 같이 광범위한 생물학적 용매는 아니다. 생체분자가 모두 물에 녹는 것은 아니며, 실제로 이 특성은 다행스런 일이다. 이 때문에 생물체는 비수용성인 분자들로 구획(막)을 만들어 세포의 구조와 기능의 구획화(compartmentation)를 이룰 수 있다. 세포 생화학에서 가장 최근에 이루어진 발전의 하나는 물 분자가 세포 안과 밖으로 이동할 수 있는 통로를 구성하는 막 단백질인 **아쿠아포린(aquaporin)**의 발견이다(9.3절).
- **물은 온도와 pH를 조절하는 필수적인 완충제로 작용한다.** 물은 높은 비열 용량을 가지고 있어서 생화학 반응에서 발생하는 많은 열을 흡수할 수 있다. 따라서 물은 세포가 일정한 온도를 유지하도록 작용한다. 또한 물은 수소이온 농도(pH)를 조절하는 물질을 녹이는 용매로서 작용한다. 생물학적 분자는 일정한 pH에서만 적절하게 작용한다. 중탄산염(bicarbonate)과 같이 간단한 완충제나 단

생물학적 용매, 반응 분자, 온도 조절자로서의 역할을 하고 있는 물은 생명에 필수적이다.

백질과 같이 복잡한 완충제 모두 물과 반응하여 세포내외 용액의 pH를 놀랄 정도로 일정하게 유지하고 있다.

- **물은 많은 생화학 반응에 참여한다.** 가장 일반적인 생물학적 반응의 하나는 단백질, 핵산, 탄수화물 등의 소화 과정의 첫 단계에서 일어나는 것으로 물에 의한 화학 결합의 분해(가수 분해)이다. 물은 또한 광합성 과정의 기본적인 반응물이다.

$$6\,CO_2 + 6\,H_2O \xrightarrow{h\nu} \underset{\text{Carbohydrates}}{C_6H_{12}O_6} + 6\,O_2$$

이 반응에서 물은 글루코오스(glucose)를 만들기 위하여 이산화탄소를 환원시키는 전자의 공급원인 환원제로서 작용한다. 동물의 에너지 대사 최종 단계인 호흡 과정에서 산화환원반응에 의해 산소로부터 물이 생성된다(17장 참조).

분명히 물은 세포에서 무기력한 방관자가 아니라 생화학적 분자와 생물학적 반응에 영향을 주는 독특한 특성을 가지며 선택적으로 반응하는 분자이다. 이 장에서는 물의 독특한 특성을 살펴보고 생체분자의 활성과 구조에 어떻게 영향을 주는지 알아보자.

2.1 생물학적 용매로서의 물

학습 목표

물의 화학적 및 생물학적 특징과 생화학에서 있어서 약한 비공유결합성 상호작용의 중요성에 대한 일반적인 지식을 습득한다.

생체분자의 비공유결합성 상호작용

물의 물리적 및 화학적 특징을 살펴보기 전에 물 분자 내에서 그리고 물이 다른 분자와 상호작용하는 데 있어서 중요한 결합의 배열을 생각할 필요가 있다. 1장에서 크고 작은 생체분자는 C—C, C—H, C—O, C—N 등을 비롯한 강한 결합을 형성하는 원소들의 공유결합에 의해 이루어진다는 것을 알았다. 이러한 결합들은 실제로 한 분자 내의 원자들을 함께 묶는다. **비공유결합성 상호작용(noncovalent interaction)**이라고 불리는 더 약한 결합은 특수한 목적을 위하여 생체분자 전체를 서로 가까이 모으는 데 작용한다. **반데르발스힘(van der Waals force), 이온결합(ionic bond), 수소결합(hydrogen bond), 소수성 상호작용(hydrophobic interaction)**의 네 가지 형태의 비공유결합성 상호작용이 중요한 역할을 한다. 이 상호작용에 대한 예와 특성은 표 2.2에 정리되어 있다. 이들 안정화시키는 힘의 하나인 수소결합은 물이 극성 분자를 녹일 때와 두 가닥의 DNA를 이중나선으로 결합시킬 때 작용한다.

비공유결합성 상호작용의 예

앞으로 우리는 두 개의 다른 분자나 또는 같은 분자의 다른 두 지역이 비공유결합성 상호작용(noncovalent interaction)에 의해 독특한 방법으로 서로 결합하는 예를 많이 볼 것이다. 분자는 다른 분자를 인식하여 특이적으로 상호작용(결합)하는 능력을 가지고 있다. 이러한 일반적인 현상을 설명하기 위하여 **분자인식(molecular recognition)**이라는 용어를 사용할 것이다. 생물학에서 이러한 상호작용의 중요성은 두 분자의 결합이나 한 분자의 조직화된 접힘(folding)이 각각의 분자나 접히지 않고 무질서하게 배열된 분자에서 볼 수 없는 생물학적인 기능을 유발한다는 것이다.

분자인식에서 상호작용의 중요성은 종종 작은 분자(**리간드, L**)와 **거대분자(M)**사이에서 나타난다.

$$L + M \rightleftharpoons LM$$

표 2.2
비공유결합성 상호작용의 특징과 예

형태	설명 및 예	안정화에너지(kJ/mol)	길이(nm)
수소결합	전기음성적 원자에 결합된 수소 원자와 또 다른 전기음성적 원자 사이에 형성 중성적인 원자단 사이에 형성 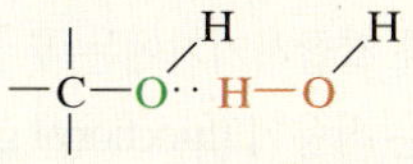 $-\overset{\vert}{\underset{\vert}{C}}-O\cdots H-O-H$ 펩티드결합 사이에 형성 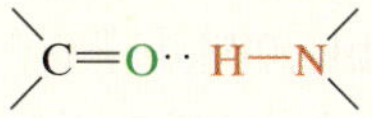 $>C=O\cdots H-N<$	10~30	0.18~0.30
반데르발스 상호작용	요동하는 전자에 의해 유도된 일시적 쌍극자를 가진 분자 사이에 형성	1~5	0.1~0.2
소수성 상호작용	물을 피하기 위해 비극성 원자단이 정돈된 배열을 하게 됨 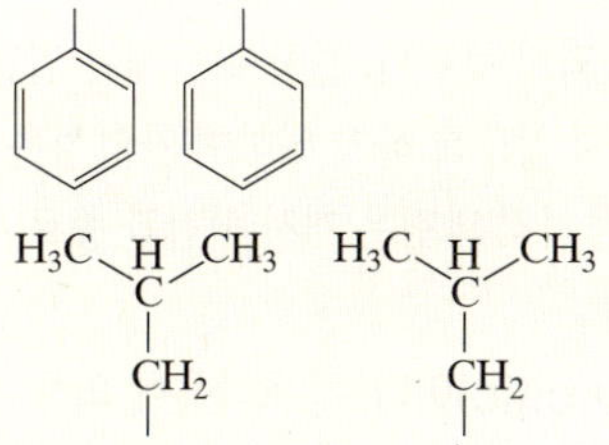 (페닐기 2개; $H_3C-CH(CH_3)-CH_2-$ 2개)	5~30	-
이온결합	완전한 전하를 가진 원자나 원자단 사이의 상호작용 Na^+Cl^- $R\text{-}COO^-N^+H_3\text{-}R$	20~30	0.25

LM은 비공유결합성 상호작용에 의해 합쳐져서 특수화된 생물학적인 기능을 나타내는 복합체이다. 호르몬 작용이 좋은 예인데 호르몬 반응은 표적 세포의 막에 있는 수용체단백질과 호르몬 분자 사이에 있는 약하지만 매우 특이적인 상호작용의 결과이다(특별 주제 I).

생화학 반응에서도 비공유결합성 상호작용의 중요성을 보여주는 예가 많다. 대사 반응이 일어나기 전에 작은 기질 분자는 거대분자 촉매인 효소와 어떤 분명한 방식에 따라 물리적으로 상호작용하여야만 한다(5장과 6장). 약물의 생화학 반응도 분자 상호작용에 의존한다. 약물은 먼저 혈류를 통하여 몸 전체에 퍼진다. 혈류 내의 약물은 운반체로 작용하는 혈장 단백질과 종종 비공유결합에 의해 결합하여 있다. 약물 분자가 작용할 장소에 도달하면 또 다른 분자 사이의 상호작용이 일어나게 된다. 약물은 수용체단백질이나 또는 다른 단백질과 결합할 것이다. 대다수의 약물은 생화학적 과정을 방해하여 그 효과를 나타낸다. 이러한 효과는 효소억제의 형태로 나타날 수 있는데, 약물 분자는 특정 효소와 결합하고 정상적인 반응물의 결합을 방해하여 촉매작용을 억제하게 된다. 분자 내의 비공유결합성 상호작용(분자 내에서)도 생체분자의 작용에서 중요한 역할을 하는데, 예를 들면 단백질, DNA, RNA 분자가 규칙적인 3차원적 배열을 가지도록 접히는 것을 안정화하는 것이다.

비공유결합성 상호작용의 특징

분자인식의 기초가 되는 모든 분자 상호작용은 최소한 다음 세 가지 공통적인 특징을 가지고 있다.

- **첫째, 이러한 상호작용에 근거한 힘은 비공유적(noncovalent)이며 비교적 약하다.** 이러한 상호작용의 세기는 전형적인 공유결합인 탄소-탄소 결합의 350 kJ/mol과 비교하여 볼때 1~30 kJ/mol의 범위이다. 단일 비공유결합은 두 분자를 결합시키기에는 부족하다. DNA, RNA 단백질 분자는 비공유결합성 상호작용에 관여하는 수많은 작용기 (functional group)를 가지고 있다. 이러한 상호작용의 집합은 복합체가 안정하도록 할 것이다.

- **둘째, 비공유결합성 상호작용은 가역적(reversible)이다.** 비공유결합성 상호작용은 분자나 분자의 일부분이 가까이 접촉하기 위하여 확산(배회나 움직임)될 때 시작된다. 확산(diffusion)은 열운동(thermal motion)에 의하여 일어나며 초기의 근접한 충돌은 항상 복합체를 성공적으로 형성하지 않을 수도 있다. 약간의 약한 결합이 형성되지만, 열운동에 의하여 붕괴되고 각 분자들이 떨어진다. 그러므로 일시적이지만 확실하게 존재하는 중간체(intermediate)가 형성되기에 충분한 결합이 축적될 때까지 끊임없이 결합들은 형성되고 끊어진다. 그러면 이 복합체는 특정한 생물학적 과정을 시작할 수 있다. 이 중간체는 몇 초 이상 지속되지 못한다. 결국 복합체는 열운동에 의하여 각 분자로 분리된다. 정적이며 정체된 상황이 일어나지 않도록 하기 위하여 가역성은 이러한 상호작용의 중요한 특징이다. 복합체 LM에 의해 시작된 생물학적 과정은 개시 시간과 종료 시간이 존재하여야만 한다.

- **셋째, 분자 사이의 결합은 특이적(specific)이다.** 상호작용에 의해 두 분자의 표면이 서로 결합한다고 상상해 보자. 비공유결합성 상호작용이 일어나면 두 표면은 결합할 것이다. 만일 한 표면에 비극성 구조(페닐 고리, 소수성 알킬 사슬 등)가 있다면, 다른 표면의 인접한 지역에 소수성이며 비극성인 구조가 틀림없이 존재한다. 만일 한 표면에 양전하가 있다면, 다른 표면에는 이를 중화시키는 음전하가 있을 것이다. 한 표면에 있는 수소결합 공여체는 다른 표면의 수소결합 수용체와 상호작용할 수 있다. 요약하면, 안정화시키는 힘의 발달이 분자들을 결합할 수 있도록 두 분자는 물리적 그리고 화학적인 관점에서 서로 조화를 이루거나 또는 상보적이어야 한다. 분자인식의 개념은 앞으로 공부할 내용에서 여러 가지 형태로 나타날 것이다.

물의 구조

물 분자에서 수소 원자와 산소 원자의 배열은 H-O-H 결합각이 104.5° 인 비직선이다(그림 2.1a). 산소 원자의 전기음성도 값(3.5)은 수소(2.1)의 1.5배이다. 그러므로 두 공유결합의 전자들은 동등하게 공유되지 않는다. 즉 산소 원자는 전자를 더 강하게 잡아 당겨 부분적인 음전하(δ^-)를 띠게 된다. 수소 원자는 부분적인 양전하(δ^+)로 남게 되는데, 이는 결합하고 있는 전자에 동등한 접근이 이루어지지 않았기 때문이다. 이는 또한 분자가 쌍극자(dipole) 구조가 되도록 하는데, 음전하 말단은 "머리"(산소), 양전하 말단은 "꼬리"(수소)라고 부르기도 한다(그림 2.1b). 물 분자는 전기적으로 중성(순하전 없음)이지만 구부러진 형태 때문에 쌍극자 모멘트(dipole moment)가 비교적 크다. 물은 생화학적으로 중요한 분자인 CO_2와 대비될 수 있다. CO_2도 탄소 원자와 산소 원자 사이에 있는 전기음성도 차이 때문에 극성 결합이 있지만, 직선이기 때문에 쌍극자 모멘트가 없다(그림 2.2).

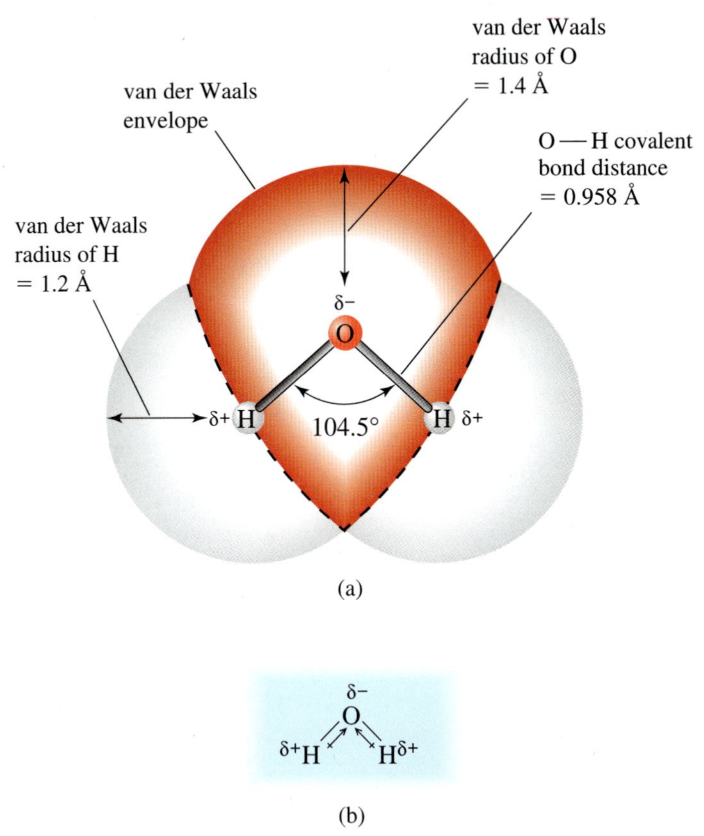

그림 2.1 (a) 물의 분자 구조를 반데르발스반경(van der Waals radius)에 의한 각 원자의 상대적인 크기로 보여주고 있다. 공유결합(covalent bond)은 산소 원자와 수소 원자를 서로 결합시킨다. 극성의 특성은 산소와 수소 사이에 있는 전기음성도의 차이 때문에 나타나는데 원자에 부분적인 전하(δ^+ 그리고 δ^-)로 표시된다. (b) 물은 굽은 결합 구조 때문에 쌍극자 모멘트를 가지고 있다. 전기음성도가 더 높은 원자 쪽으로 향하는 화살표는 결합의 극성을 나타내기 위하여 사용된다.

수소결합의 중요성

이와 같은 물 분자의 특징은 그 구조 및 생체분자와의 상호작용에 있어서 매우 중요한 결과를 가져오게 된다. 물 분자 끼리는 그림 2.3에서 보는 바와 같이 양전하의 꼬리(수소)와 음전하의 머리(산소)가 끌어당겨 서로 상호작용할 수 있다. 이 상호작용은 **수소결합(hydrogen bond)**이 된다(표 2.2 참조). 이러한 형태의 결합은 X—H···A로 표시되며, 산소나 질소와 같은 전기음성적 원자(A)가 X—$H^{\delta+}$에서와 같이 약간 양성적인 즉 약한 산성의 수소 원자와 상호작용하는 것인데, 여기서 X는 질소, 산소 또는 황이다. 전기음성적 원자 A는 **수소결합 수용체(hydrogen bond acceptor)**로 정의 되고 X—H기는 **수소결합 공여체(hydrogen bond donor)**로 정의된다. 수소결합의 세기는 수소 원자가 A의 고립 전자쌍의 전자운(electron cloud)과 직접 상호작용하며 X—H···A의 세 원자가 일직선(180°) 상에 있을 때 가장 강하다. O—H 공유결합의 0.096 nm(0.96 Å)의 거리와 460 kJ · mol^{-1}(110 kcal · mol^{-1})의 결합 에너지와 비교할 때, 물에서 수소결합의 거리는 약 0.18 nm(1.8 Å)이며 결합 에너지는 20 kJ · mol^{-1}(5 kcal · mol^{-1})이다.

다수의 생체분자는 물, 그 분자 자신, 그리고 다른 분자와 수소결합을 할 수 있는 원자를 가지고 있기 때문에 물의 구조는 생화학에서 대단한 중요성을 가지고 있다. 수소결합에 대한 몇 가지 생화학적 예는 그림 2.4에서 볼 수 있다. 수소결합에 관여하는 작용기는 (1) 알코올, 유기산, 탄수화물 등에 있는 히드록실기(hydroxyl group), (2) 알데히드(aldehyde), 케톤(ketone), 산(acid), 아미드(amide), 에스테르(ester) 등에 있는 카르보닐기(carbonyl group), 그리고 (3) 아민(amine)과 아미드에 있는 N—H기 등이다. DNA와 RNA에서 상보적인 염기쌍에서 나타나는 특수한 수소결합(그림 2.4d)은 10장에서 설명하고 있다. 하나의 수소결합의 강도는 비록 작지만, 생체분자에는 수소결합을 할 수 있는 수많은 반응기가 있기 때문에 각각의 약한 결합을 보충하고도 남음이 있다.

$$^{\delta-}O{=}\overset{\delta+}{C}{=}O^{\delta-}$$

그림 2.2 CO_2 분자는 극성 결합으로 구성되어 있지만 직선이기 때문에 쌍극자 모멘트가 없다. C와 O 원자 사이의 전기음성도 차이는 부분적인 전하(δ)로 표시된다.

H—O—H···O(—H)(—H), δ+

그림 2.3 두 물 분자 사이에 있는 수소결합. 하나의 물 분자에 있는 수소 원자(부분적으로 전하를 띤)는 다른 물 분자에 있는 산소 원자의 전자 궤도에 있는 고립 전자쌍과 작용한다.

그림 2.4 생물학적으로 중요한 수소결합. (a) 알코올과 물 사이 또는 알코올과 알코올 사이 (b) 카르보닐기(carbonyl group)와 물 사이(X = H, R, OH, OR, 또는 NH_2) (c) 두 개의 펩티드 사슬 사이, 즉 한 펩티드결합의 카르보닐기와 다른 펩티드의 N–H 사이 (d) DNA에서 상보적인 염기쌍 사이

2.2 수소결합과 용해도

학습 목표

용매로서 물이 어떻게 작용하는지 설명할 수 있도록 한다.

물의 물리적인 특성

물의 특수한 물리적 특성은 유사한 구조와 분자량을 가진 물질과 비교할 때 가장 잘 설명된다(표 2.3). 물은 다른 어떤 비금속 원소의 수소화물(hydride)보다 끓는점, 녹는점, 비중이 더 높다. 이러한 독특한 특성은 비정상적으로 높은 물 분자 간의 응집력(internal cohesiveness) 즉 물 분자가 "서로 달라붙는" 경향으로 나타나는데, 이는 수소결합의 광범위한 그물 구조 때문이다. 이론적으로 각 물 분자는 주변에 있는 4개의 물 분자와 수소결합을 할 수 있다(그림 2.5a). 실제로 섭씨 10도의 물에서 각 분자에 있는 수소결합의 평균 숫자는 약 3개이다. 이 수소결합의 수는 온도가 증가함에 따라 줄어든다. 각 물 분자에 이웃하고 있는 물 분자의 이론적인 수 4개는 얼음에서와 비슷한 것이다(그림 2.5b).

X선과 중성자 회절 방법으로 물 구조를 정밀 조사하면 더 세밀한 특징이 나타난다. 그림 2.5에서 보는 것과 같은 수소결합의 그물 구조는 어느 한 순간을 나타내는 스냅 사진이다. 실제 구조는 역동적으로서 물 분자는 계속적으로 기하학적인 재배치를 하며 이웃하고 있는 다른 물 분자와 새로운 수소결합을 형성한다. 이러한 변화는 매 10^{-12}초마다 각 분자에서 일어난다. "깜박거리는 무리들(flickering clusters)"이라는 용어는 물에서 수소결합의 그물 구조가 끊임없이 변화하는 것을 나타내는 데 사용하곤 하였다. 최근에 프랑스의 그레노블(Grenoble)에 있는 유럽 방사광 가속기(European Synchrotron Radiation Facility)에서 생성되는 강력한 X선을 이용하여 얼음에서 물 분자를 결합시키는 수소결합이 실질적인 공유결합의 특징을 가지고 있는 것으로 밝혀졌다.

표 2.3
물과 다른 비금속성 원소인 N, C, S 수화물의 물리적 특성 비교

Property	H_2O	NH_3	CH_4	H_2S
Molecular weight	18	17	16	34
Boiling point(℃)	100	−33	−161	−60.7
Freezing point(℃)	0	−78	−183	−85.5
Viscosity[a]	1.01	0.25	0.10	0.15

[a] 단위는 센티푸아즈(centipoise).

용매로서의 물

물은 살아 있는 생물체에서 발견되는 많은 생체분자를 녹일 수 있는 특별한 능력을 나타낸다. 또한 물은 영양 보조제나 의약품과 같이 우리가 섭취한 화학물질을 녹이고 전달하는 중요한 매개물이다. 극성이며 전하를 띠지 않는 분자뿐만 아니라 이온성인 많은 천연 분자와 합성 분자들이 물에 녹는다. 이제 물과 이러한 화합물의 상호작용에 대하여 알아보자.

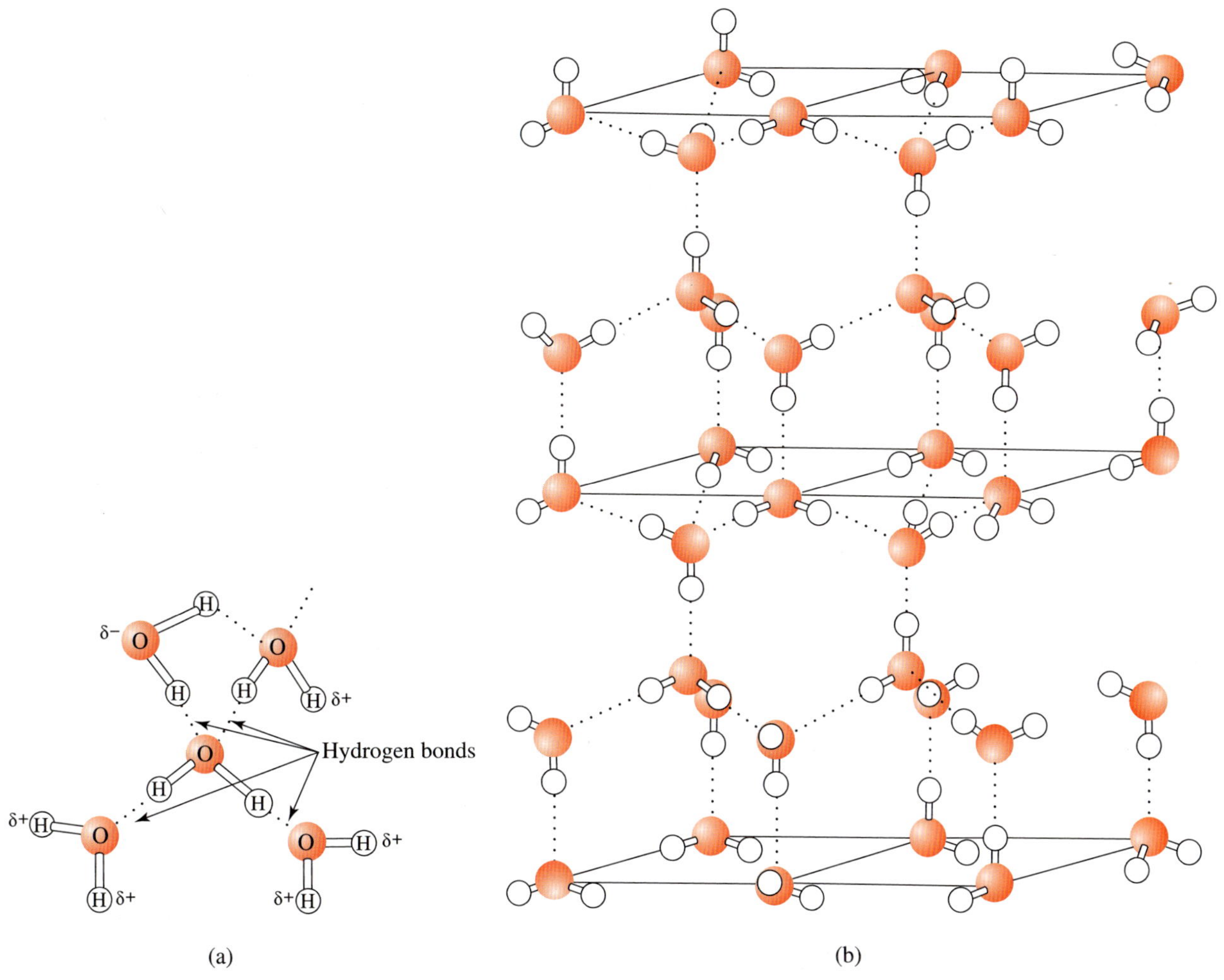

그림 2.5 물의 잠재적 수소결합의 그물망. (a) 중앙에 있는 물 분자는 이웃하고 있는 물 분자 4개까지와 수소결합을 형성할 수 있지만, 평균 약 3개의 물 분자와 결합한다. 그물망 구조는 끊임없이 변화하는데 물 분자는 기하학적으로 재배치되어 다른 이웃하고 있는 물 분자와 새로운 수소결합을 형성한다. (b) 얼음에서는 수소결합에 의해 결정체의 격자가 형성된다.

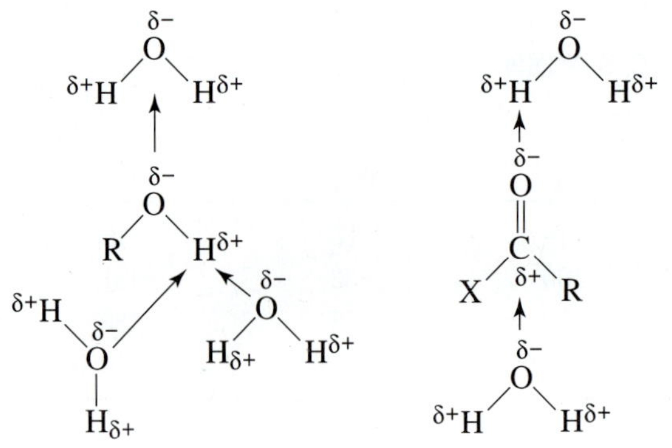

그림 2.6 화학물질은 다음과 같이 물에 녹을 수 있다. (a) 쌍극자-쌍극자 상호작용. 물과 알코올에서 부분적으로 양전하를 띠는 원자(수소)는 물과 알코올의 산소 원자 쌍극자에 끌려간다. 알데히드, 케톤, 산에 있는 카르보닐기는 물에 의하여 녹을 수 있다. (b) 이온-쌍극자 상호작용. 양전하를 띤 나트륨이온은 물분자의 부분적 음전하를 띠고 있는 산소 원자(쌍극자)에 의하여 둘러 싸여 있다. 아세트산이온은 물에서 부분적으로 양전하를 띤 수소 원자(쌍극자)와 작용한다.

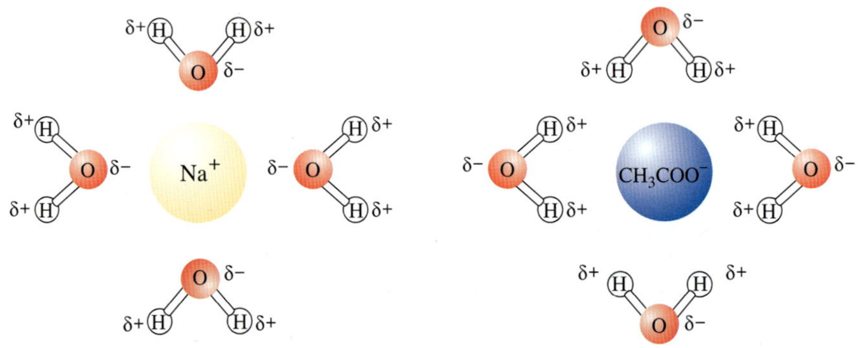

극성 화합물(polar compound) 전하가 없는 많은 수의 생체분자는 쌍극자-쌍극자 상호작용을 쉽게 형성하는 극성 작용기를 가지고 있기 때문에 물에 잘 녹는다. 이러한 화합물의 몇 가지 예로서 알코올, 아민, 아미드, 에스테르 등을 들 수 있는데 이들은 그림 2.4에 나타나 있다. 그 외의 예는 그림 2.6a에서 볼 수 있다. 광범위한 수소결합의 그물 구조는 극성 작용기의 원자가 같은 분자, 그와 유사한 분자 또는 물과 결합할 때 가능하다. 물 분자에 대한 친밀한 인력 때문에 이온과 극성 화합물은 **친수성(hydrophilic)**이라고 하는데, 물(*hydro*)과 좋아하는(*philic*)이라는 그리스어에서 유래되었다. 극성 작용기를 가지고 있는 화합물이 모두 수용성인 것은 아니다. 비교적 큰 탄화수소(일반적으로 4개 이상의 탄소 원자를 가지고 있는)를 가지고 있는 화합물은 이온기나 몇 개의 극성기가 존재하지 않는 한 대체로 물에 녹지 않는다. 시클로헥산(cyclohexane)은 물에 녹지 않는다. 그러나 만일 하나의 탄소-수소기가 알데히드나 케톤으로 전환되고 히드록실기가 나머지 다섯 개의 탄소에 각각 치환된다면 글루코오스와 같은 탄수화물처럼 되며 물에 녹는다.

이온 화합물(ionic compound) 아세트산나트륨(sodium acetate, $CH_3COO^-Na^+$)과 인산칼륨(monopotassium phosphate, $K^+H_2PO_4^-$)과 같은 이온 화합물은 이들 각각의 이온이 극성 물 분자에 의해 용매화(수화)될 수 있기 때문에 물에 녹는다(그림 2.6b). 물의 음성 쌍극자(산소)는 Na^+나 K^+와 쌍극자-이온 상호작용으로 결합한다. 아세트산염(acetate)과 인산염(phosphate)의 음이온도 쌍극자-이온 상호작용으로 수화된다. 이 경우 물 분자의 부분적 양전하의 수소가 음이온의 음전하와 결합한다. 대부분의 이온과 극성 물 분자 사이의 인력은 음이온과 양이온이 재결합하려는 경향을 극복할 만큼 강하다. 물의 이온 수화 능력이 크다는 것은 혈액에서 Na^+는 0.14 *M*, K^+는 0.004 *M*, Cl^-는 0.10 *M*의 농도로 존재한다는 사실로 설명된다. 그 외 수백 종의 이온 물질이 혈액에 녹아 있다. 심지어 단백질, 핵산, 지질, 탄수화물 등과 같은 거대분자(macromolecule)도 생체 내 조건하 에서 수화된 이온으로 존재한다.

비극성 화합물(nonpolar compound) 비극성 화합물은 물 분자와 쉽게 상호작용할 수 있는 극성 작용기나 이온이 존재하지 않으므로 일반적으로 물에 녹지 않는다. 그래서 이러한 화합물은 물을 싫어한다는 의미로 **소수성(hydrophobic)**이라고 한다. 데칸(decane)과 벤젠(benzene)이 소수성 분자의 대표적인 예이다(그림 2.7). 생화학적으로 중요한 몇몇 물질은 이중적 특성을 가지고 있다. 즉 비극성의 특성과 이온의 특성을 모두 가지고 있는 것이다. 이러한 물질은 **양친매성(amphiphilic**; *amphi*, 두 면 또는 두 말단, *philic*, 좋아하는)으로 분류된다. 이러한 종류의 화합물은 긴 사슬 카르복실산(long-chain carboxylic acid)의 금속염으로 대표된다(그림 2.8). 구체적인 예를 들면, 아세트산나트륨은 이온 말단(카르복실산 음이온과 나트륨 양이온)과 비극성의 탄화수소 말단을 가지고 있다. 이 분자는 수용성 용액 속에 놓이면 혼동할 것이다. 실험의 결과를 보면 이러한 화합물들은 실제 수용액을 형성하지는 못하지만 산 분자들의 자기 조합에 의해 **미셀(micelle)**이라는 구조를 형성한다는 것이다. 양친매성 분자는 탄화수소 사슬(꼬리)이 물이 없는 집합체의 내부로 향하여 소수성 부위에서 물과의 접촉을 피한다. 각 미셀의 표면은 금속 양이온 및 물과의 정전기적 상호작용으로 안정화된 이온 "머리"로 구성되어 있다. 미셀 내부에 있는 비극성 탄화수소끼리의 유리한 결합은 **소수성 상호작용(hydrophobic interaction)**이라고 정의된다(표 2.2 참조). 간단히 말하자면, 탄화수소 사슬이 물로 나와 수소결합의 그물 구조를 파괴하는 것 보다 미셀을 형성하는 것이 에너지가 덜 요구되기 때문에 이 상황이 선호되는 것이다. 스테아르산나트륨(sodium stearate)과 이와 유사한 화합물의 중요한 실용적 응용은 물에서 기름이나 윤활유를 "용해시키는" 비누로서 사용하는 것이다. 이들의 이중적인 화학적 특징 때문에 비누는 미셀의 비극성 지역에서 기름을 붙잡고 이온화 지역의 수화로 수용액에 퍼져 있게 한다. 미셀 형성은 생물학적 막의 형성에 있어서도 중요한 요인이다(9장 참조).

이 절의 대부분은 물의 구조가 어떻게 용질 분자의 존재에 의해 영향을 받는가에 초점을 두었다. 물의 존재로 인하여 야기되는 생체분자의 구조에 대한 변화를 아는 것도 중요하다. 이중적인 특징 때문에 긴사슬 카르복실산염과 다른 양친매성 지질은 물에서 특수한 배열을 취한다. 단백질이나 핵산 역시 소수성 부위와 이온의 작용기를 가지고 있다. 그러므로 이들도 양친매성 분자이다. 이 책의 후반부에서 알게 되는 것과 같이, 이러한 생체분자는 수용성 용액 내에서 소수성 부위는 물이 없는 지역에 묻고, 극성의 작용기와 이온은 물 분자에 노출되는 구조로 접히게 된다. 이러한 특성의 결과는 중요한데 왜냐하면 생체분자의 복잡하고 정돈된 이러한 배열만이 생물학적 활성을 나타내기 때문이다.

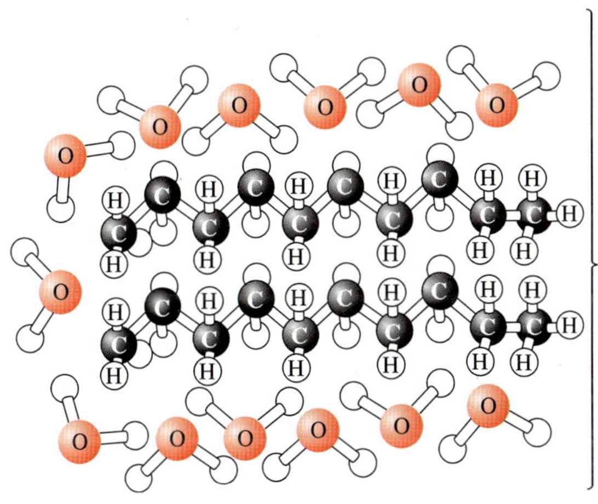

그림 2.7 소수성 분자는 물과 작용할 극성 반응기가 없기 때문에 물 분자의 경계에 의해 둘러싸여 있어야 한다. 이렇게 고도로 질서 정연한 물 분자 우리의 형성은 많은 에너지가 요구되는데 이 에너지는 소수성 상호작용으로부터 온다.

그림 2.8 긴사슬 카르복실산의 나트륨염에 의한 미셀의 형성. 산의 비극성 탄화수소 꼬리는 물과의 접촉을 피하기 위한 배열을 한다. 음전하를 띤 카르복실기는 이온-쌍극자 상호작용의 형성으로 물과 상호작용한다.

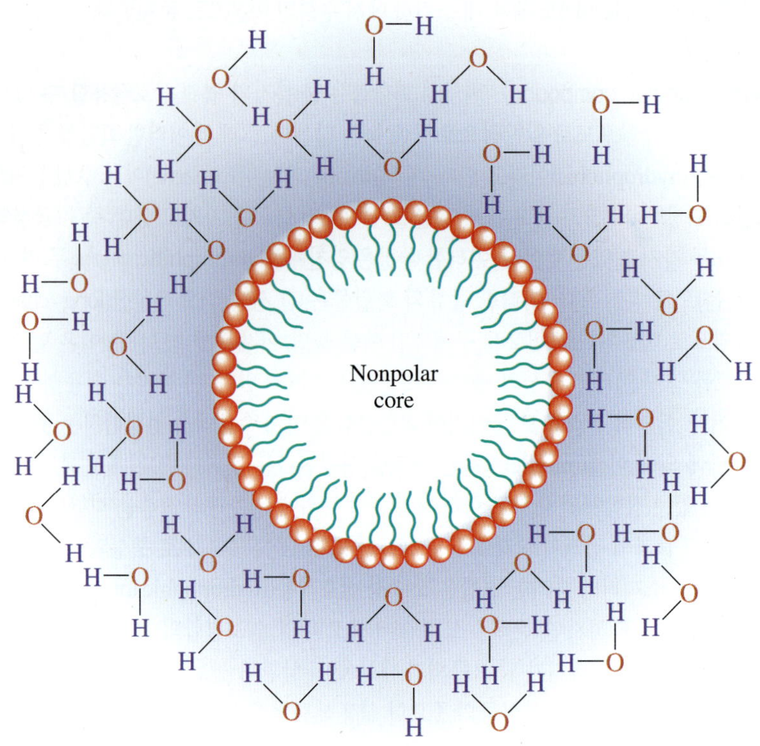

Sodium Stearate Micelle

Key: Polar head of sodium stearate

Nonpolar tail of sodium stearate

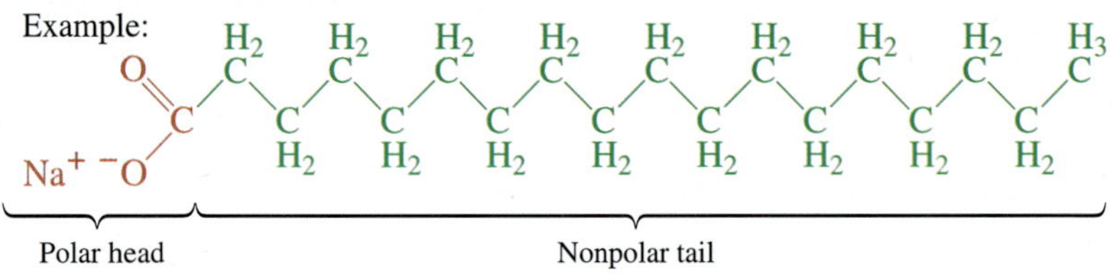

Amphiphilic Compound

복습 문제

1. 에탄올-물 용액(50:50)에서 분자 사이에 존재하는 모든 가능한 수소결합 형태의 예를 설명하시오.

2. 아미노산인 글리신($H_3NCH_2COO^-$)의 작용기가 수용액에서 어떻게 용매화되는지 설명하시오.

3. 화학적 염인 벤조산나트륨(sodium benzoate)이 수용액에서 어떻게 용매화되는지 설명하시오. 벤조산나트륨(sodium benzoate)은 종종 식품 방부제로 사용되는 균류 생장 억제제이다.

COO^-Na^+

4. 신경전달물질이며 호르몬인 에피네프린(아드레날린이라고도 함)의 구조는 다음과 같다. 작용기가 물에 의해 어떻게 용매화되는지 설명하시오.

$$\text{HO}(\text{HO})\text{C}_6\text{H}_3-\underset{\text{OH}}{\text{CH}}-\text{CH}_2-\overset{+}{\text{N}}\text{H}_2\text{CH}_3$$

2.3 세포 내에서의 물의 반응

학습 목표

세포 내에서 물의 이온화가 생체분자의 구조와 작용에 미치는 영향을 이해한다.

물의 이온화

세포나 생물체 내에서 물은 역동적 활성이 없는 단순한 기본적 물질이라고 생각하기 쉽다. 그러나 실제로는 그렇지가 않다. 비록 물을 확실한 화학적 반응성을 가진 물질로 볼 수는 없지만, 선택적인 반응성의 특징은 분명히 나타내고 있다. 생화학적 과정에 물이 참여하는 예는 후반부에서 제시된다. 아마 물의 반응 중 가장 중요한 것은 **히드로늄이온(hydronium ion, H_3O^+)**과 **히드록시드이온(hydroxide ion, OH^-)**이 형성되는 가역적 자기해리반응(self-dissociation) 즉 **이온화반응(ionization)**일 것이다.

$$H_2O + H_2O \rightleftharpoons H_3O^+ + OH^-$$

유리 H^+가 실제 수용액에 존재하는 것이 아니기 때문에 정확한 표현이라고 할 수는 없지만, 이 등식은 다음과 같이 줄여 쓰기도 한다.

$$H_2O \rightleftharpoons H^+ + OH^-$$

이온화반응이 일어나는 정도는 세포 내부의 매체의 특징을 결정짓는 데 도움이 되기 때문에 특별한 관심의 대상이다. 물 분자가 해리되면 될수록, 매체는 더욱 이온 상태가 된다. 해리반응에 대한 평형점의 양적인 측정 결과를 얻기 위하여 질량 작용의 법칙(law of mass action)을 사용할 수 있다.

$$K_{eq} = [H^+][OH^-]/[H_2O]$$

K_{eq}는 반응의 **평형상수(equilibrium constant)**를 나타내며 화학 물질에 괄호를 씌운 것은 M 농도(mole/L)를 가리킨다. 순수한 물의 이온화에 대한 K_{eq}를 실험적으로 측정하면 $[H^+]$와 $[OH^-]$의 양을 계산할 수 있고 자기해리의 정도도 예측할 수 있다. 25℃에서 순수한 물의 K_{eq}는 $1.8 \times 10^{-16} M$으로 측정되었다. $[H_2O]$의 값은 물 1리터의 무게(1000 g)를 물의 분자량(18)으로 나누어 예측할 수 있다. 계산하면 $[H_2O] = 55.5\,M$이다. 그러므로

$$[H^+][OH^-] = K_{eq}\,[H_2O]$$
$$[H^+][OH^-] = (1.8 \times 10^{-16}\,M)(55.5\,M)$$
$$[H^+][OH^-] = 1.0 \times 10^{-14}\,M^2$$

해리에 대한 화학식에 따르면 H^+와 OH^-는 순수한 물에서 같은 농도이므로 다음과 같다.

$$[H^+] = [OH^-] = \sqrt{1.0 \times 10^{-14}\,M^2} = 1.0 \times 10^{-7}\,M$$

지수 형태로 표시된 수소이온의 농도는 사용하기에 너무 어렵다. 보다 유용한 용어가 **pH**인데, 이는 $[H^+]$의 음의 대수로 정의된다(다시 보기 2-1 참조).

2.1 다시 보기

수소이온의 농도를 정의하기 위한 pH의 사용

이온화 반응을 계산하기 위한 수소이온의 농도는 너무 작은 값이고, 지수 형태는 수학적 등식으로 사용하기에는 귀찮다. 앞에서 물의 이온화를 계산한 것처럼 물의 $[H^+]$는 1×10^{-7} M이다. 1909년 쇠렌 쇠렌센(Søren Sørensen)은 $[H^+]$를 보다 편하게 표시하기 위하여 **pH**라는 용어를 도입하였다. 그는 pH를 수소이온 농도의 음의 대수(negative logarithm)로 정의하였다.

$$pH = -\log [H^+]$$

1×10^{-7} M의 $[H^+]$는 pH 7이 된다. 0에서 14까지 전체 pH 등급은 아래 그림에서 정의하였다. pH 등급의 대수적 특징은 매우 광범위한 수소이온 농도에 걸쳐 사용할 수 있다는 점에서 중요한 특징이다. pH 한 자리의 증감은 $[H^+]$의 10배의 변화를 나타낸다는 것에 주목하자. pH 7의 용액은 pH 8의 용액보다 10배 많은 $[H^+]$를 가지고 있다.

pH의 결정은 생화학 실험실에서 가장 빈번하게 측정하는 것 중의 하나이다. 생체분자의 구조와 생화학 반응의 효율성은 $[H^+]$에 의존한다. pH 측정은 일반적으로 유리 복합 전극을 용액에 담구고 기계에서 직접 pH를 읽는다. 유리 전극은 pH 값을 알고 있는 용액으로 보정한다.

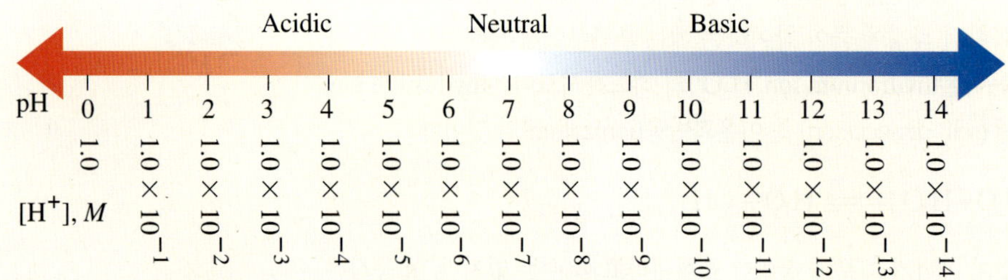

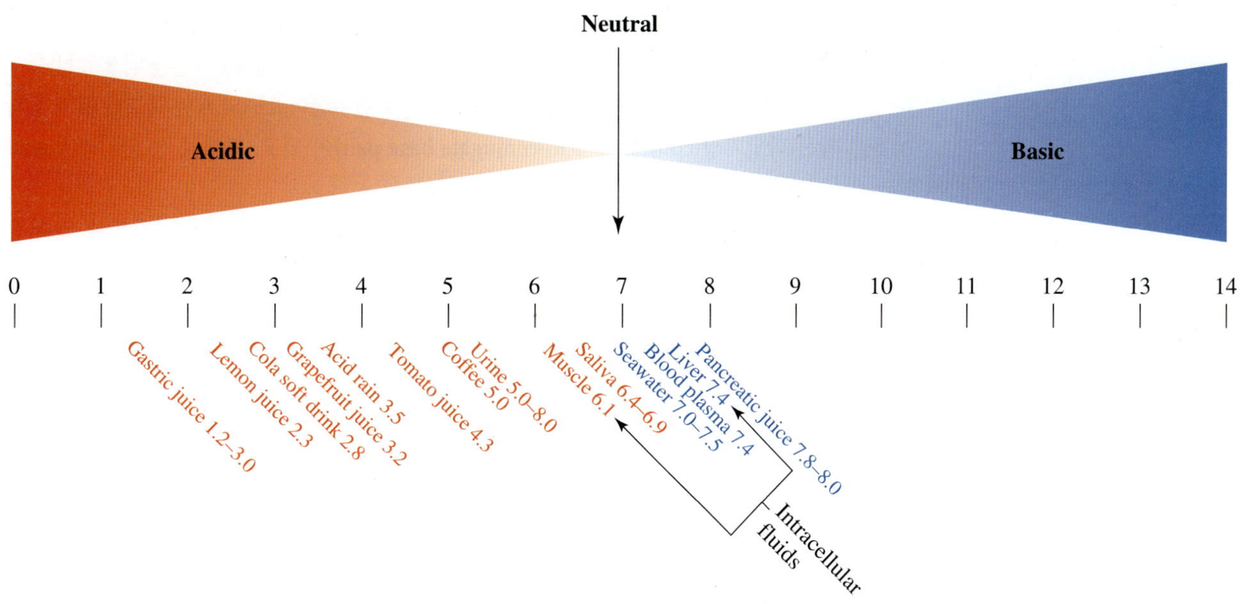

그림 2.9 몇몇 천연 액체의 pH 값. 중성 pH인 7 주위에 많이 모여 있으나 전부 그런 것은 아니다.

낮은 수치의 $[H^+]$에서 알 수 있듯이 물의 자기해리 정도는 미약하지만, 세포 내 물을 기본으로 하는 기질과 기타 수용성 생물학적 액체의 이온적 특성에 영향을 주고 있다. 이온적 환경 및 H^+와 OH^-의 존재는 용해된 산성 및 염기성 생체분자의 이온화를 촉진한다. 몇몇 천연 액체의 pH 값을 그림 2.10에서 비교하였다.

복습 문제

1. 다음 액체의 $[H^+]$를 계산하시오.
   a. 커피, pH = 5.0

   풀이:
   $$pH = -\log [H^+]$$
   $$-\log [H^+] = -5.0$$
   $$[H^+] = 1 \times 10^{-5}\ M$$

   b. 소변, pH = 6.0
   c. 타액, pH = 6.6
   d. 콜라, pH = 2.8

2. 다음 액체의 pH를 계산하시오
   a. 위액, $[H^+] = 1 \times 10^{-2}\ M$
   b. 산성비, $[H^+] = 3.2 \times 10^{-3}\ M$

pH와 pK

위에서 설명한 pH의 계산과 측정은 모든 수용액을 대상으로 이루어질 수 있다. 용액의 pH는 물의 자기해리로 생성된 수소이온에는 거의 의존하지 않고, H^+의 농도를 증가시키거나 감소시키는 다른 물질(산 또는 염기)의 존재에 의해 결정된다. 산(acid)과 염기(base)는 용액의 이온적 특성을 변화시키는 화학 물질이다. 산에 대한 유용한 정의는 물속에서 양성자(H^+)를 방출하는 물질이라는 것이다. **염기**는 양성자를 받아들이는 물질이다. HA로 표시되는 산은 수용액에서 다음과 같이 해리된다.

$$\underset{\text{산}}{HA} \rightleftharpoons H^+ + \underset{\text{염기}}{A^-}$$

이 반응은 강한 무기산(HCl, H_2SO_4)으로부터 약한 생물학적인 산(아세트산, 락트산), 그리고 아주 약한 산(NH_4^+)에 이르기 까지 모든 범위에 걸쳐 산의 작용을 설명한다. 식에서 HA는 용액으로 H^+를 방출한다. A^-는 역반응에서 양성자를 받아들이기 때문에 염기로 간주한다. HA와 A^-는 특별한 관계를 가진다. 이들은 **짝산-짝염기쌍(conjugate acid-conjugate base pair)**이 되고, 때때로 산-염기짝쌍(acid-base conjugate pair)이라고 줄여 부르기도 한다.

산의 강도 즉 양성자 방출 경향의 척도는 해리상수(dissociation constant)로 나타낼 수 있다. 일반적 산 HA 의 **산 해리상수 K_a**는 다음과 같이 정의된다.

$$K_a = [H^+][A^-]/[HA]$$

생화학에서 일반적 산은 넓은 범위의 K_a 값을 갖는다. 염산(HCl)은 측정할 수 없을 정도로 큰 K_a 값을 가진 강산이다. 아세트산은 25℃에서의 K_a 값이 1.75×10^{-5}으로 훨씬 더 약한 산이며, 매우 약한 산인 NH_4^+는 25℃에서의 K_a 값이 5.62×10^{-10}이다. K_a 값이 클수록 더 강한 산이며 해리가 더 많이 된다는 것에 주목하자. 생화학적으로 중요한 몇 가지 산을 표 2.4에 해리상수와 함께 나타내었다.

지수로 쓰인 해리상수는 매번 사용하기에 불편하다. 이 숫자를 다음과 같은 정의에 따라 쉽게 사용하도록 변형하였다.

$$pK_a = -\log K_a$$

해리상수 K_a의 음의 대수는 pK_a로 정의된다(pH도 $[H^+]$의 음의 대수로서 이와 유사한 정의를 가지고 있다). K_a와 마찬가지로 pK_a 값은 산성도의 정량적 측정이다. 생화학적 산에 대한 pK_a 값의 가장 일반적인 범위는 2에서 약 13이나 14까지이다. pK_a 값이 작을수록 강산이다. 큰 값이 강산을 나타내는 K_a와는 반대가 되는 것에 주목하자. 표 2.4에서 몇몇 생화학적 산에 대한 K_a 값과 함께 pK_a 값도 표시하였다.

표 2.4
생화학적으로 중요한 산

Acid	Structure[a]	K_a	pK_a
Formic acid	HCOOH	1.78×10^{-4}	3.75
Acetic acid	CH_3COOH	1.74×10^{-5}	4.76
Pyruvic acid	$CH_3COCOOH$	3.16×10^{-3}	2.50
Lactic acid	$CH_3CHOHCOOH$	1.38×10^{-4}	3.86
Malic acid	$HOOC-CH_2-CHOH-COOH$	(1) 3.98×10^{-4}	3.40
		(2) 5.50×10^{-6}	5.26
Citric acid	$HOOC-CH_2-C(OH)(COOH)-CH_2-COOH$	(1) 8.14×10^{-4}	3.09
		(2) 1.78×10^{-5}	4.75
		(3) 3.92×10^{-6}	5.41
Carbonic acid	$HO-C(=O)-OH$	(1) 4.31×10^{-7}	6.37
		(2) 5.62×10^{-11}	10.26
Phosphoric acid	$HO-P(=O)(OH)-OH$	(1) 7.25×10^{-3}	2.14
		(2) 6.31×10^{-8}	7.20
		(3) 3.98×10^{-13}	12.40
Ammonium ion	$H-N^+H_2-H$	5.62×10^{-10}	9.25

[a] 산성 양성자는 붉은색으로 표시하였다.

복습 문제

1. 아래 각 산의 양성자 해리 반응을 쓰시오. 각 반응의 짝산과 짝염기를 구별하시오.
   a. HCl, 염산

   풀이: $HCl \rightleftharpoons Cl^- + H^+$
   (HCl: 짝산, Cl^-: 짝염기 — 짝산-염기쌍)

   b. CH_3COOH, 아세트산
   c. NH_4^+, 암모늄이온

2. 락트산의 K_a는 1.38×10^{-4}이다. pK_a의 값은 얼마인가?

적정곡선

산에 대한 p*K*(그리고 해리상수) 값은 **적정(titration)** 과정을 통하여 실험적으로 측정할 수 있다. 이 실험은 물에 녹아 있는 산의 시료에 뷰렛으로 염기를 조금씩 첨가하며 pH 측정기로 용액의 pH 변화를 관찰하는 것이다. 수직축에 pH의 변화를, 그리고 수평축에 첨가한 염기의 양을 표시하여 그래프를 그린다. 이런 방법으로 pK_a를 측정할 수 있는 적정곡선(titration curve)을 얻을 수 있다(그림 2.10).

일양성자산(monoprotic acid) 약한 **일양성자적(monoprotic)**이며 생화학적 산인 아세트산(acetic acid)과 강염기인 수산화나트륨(sodium hydroxide)을 이용하여 적정곡선의 구성을 살펴보기로 하자. 적정에 대한 화학식은 다음과 같다.

$$\underset{\text{산}}{CH_3COOH} + \underset{\text{염기}}{NaOH} \rightleftharpoons \underset{\text{짝염기}}{CH_3COO^-Na^+} + H_2O$$

실험에서 얻은 데이터를 그림 2.10에 표시하였다. 이 곡선의 일반적인 형태는 모든 약산에 대하여 얻어지는데, 이는 산에 관한 중요한 정보를 제공한다. 이 정보는 구조에 관한 것과 정량적인 것이다. 염기를 첨가하기 직전의 산성 용액의 pH는 이 용액의 H^+ 농도를 계산하는 데 사용될 수 있다. 아세트산은 비교적 약산이어서(거의 해리가 되지 않는다), 적정 전에 대부분의 아세트산 분자는 CH_3COOH 형태이다.

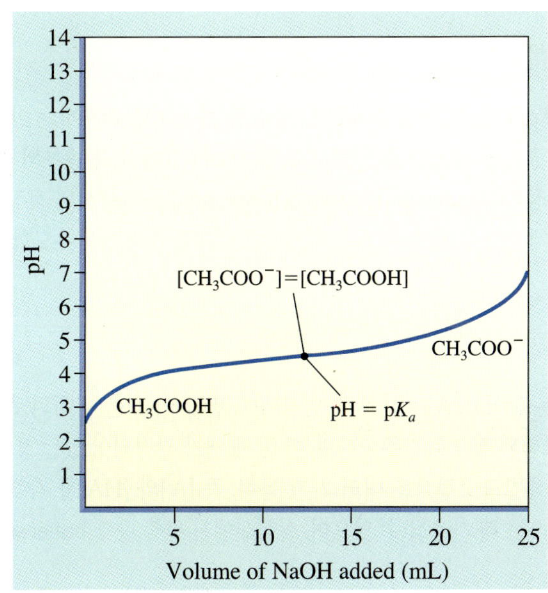

그림 2.10 적정곡선. 아세트산을 수산화나트륨으로 적정하여 얻은 실험적 곡선이다. 세 개의 pH 값에서의 아세트산 구조가 나타나 있다. 굴곡점에서 CH_3COOH와 CH_3COO^-의 두 가지 형태가 같은 몰농도로 존재한다. 산-염기 짝쌍에 대한 pK_a(4.76)는 이 지점에서 측정된다.

이 곡선은 중간점에서 방향을 바꾼다(굴곡). 이 굴곡점에 다다르면 산 1몰에 대하여 염기 0.5몰이 첨가된 셈이다. 여기서는 정확하게 본래 산의 절반이 해리되어 아세트산은 두 가지 형태로 존재하게 된다. 즉 해리되지 않은 형태인 CH_3COOH(50%)와 짝염기 형태인 CH_3COO^-(50%)가 존재한다. 이 굴곡점에서의 pH는 아세트산의 pK_a와 같다. (다음 장에서 이 사실을 수학적으로 증명할 것이다.) 끝나는 지점(즉 염기 1몰이 첨가된 지점)에서, 같은 양의 아세트산과 수산화나트륨이 반응하여 결국 모든 아세트산이 짝염기인 $CH_3COO^-Na^+$로 해리되었다. 이 적정 실험은 여러 다른 pH에서의 아세트산의 이온 형태뿐만 이 아니라 pK_a 값도 나타내기 때문에 가치가 있다.

다양성자산 지금까지는 분자 당 한 개의 수소 원자만이 해리되는 일양성자산(monoprotic acid)에 초점을 두어 설명하였다. 생화학적으로 중요한 많은 수의 산은 두 개 이상의 양성자를 가지고 있는 **다양성자산(polyprotic acid)**이다. 표 2.4에 정리된 것과 같이 말산(malic acid), 시트르산(citric acid), 탄산(carbonic acid), 인산(phosphoric acid) 등이 이에 포함된다. 다양성자산에 있는 산성 양성자 모두가 같은 pK_a에서 해리되는 것이 아니라, 다른 pK_a 값에서 순서대로 방출된다. 예를 들면 인산은 해리할 수 있는 양성자를 세 개 가지고 있으므로, 표 2.4에 세 개의 pK_a 값이 표시되어 있으며, 이들은 각각의 양성자에 대한 수치이다. 인산에서 세 단계로 구성된 이온화는 다음과 같이 진행된다.

$$H_3PO_4 \xrightleftharpoons{pK_{a(1)} = 2.14} H_2PO_4^- + H^+ \xrightleftharpoons{pK_{a(2)} = 7.20} HPO_4^{2-} + H^+ \xrightleftharpoons{pK_{a(3)} = 12.4} PO_4^{3-} + H^+$$

첫째 이온화반응의 짝염기($H_2PO_4^-$)는 둘째 반응에 대한 양성자 공여체(산)가 되며, 이런 식으로 계속 진행된다. 다양성자산에 대한 적정곡선은 일양성자산보다 더 복잡하지만 위와 똑같은 방식으로 얻을 수 있으며 역시 구조 및 정량에 관한 유용한 정보를 제공한다.

복습 문제

1. 다음 각 산의 적정곡선을 그리시오. 구조와 pK_a값은 표 2.4를 참조하시오. 그림 2.10과 같이 NaOH로 적정한다고 가정하시오.
   a. 말산(malic acid)
   b. 인산(phosphoric acid)

헨더슨-하셀발크방정식

우리는 앞에서 세 개의 pH 값, 즉 적정의 시작점, 중간점, 종료점에 존재하는 아세트산의 이온 형태를 결정하기 위하여 적정 결과를 사용할 수 있었다. 또한 각 pH 값에서 각 종류의 농도도 추정할 수 있었다. **헨더슨-하셀발크방정식(Henderson-Hasselbalch equation)**을 사용하면 적정곡선의 모든 점에서의 산과 짝염기의 농도를 계산할 수 있다. 이 식은 해리상수에 대한 정의에서 유도할 수 있다.

$$pH = pK_a + \log \frac{[A^-]}{[HA]}$$

여기서 HA는 해리하는 산이고, A^-는 산의 짝 염기이다. 만약 이 식을 미지의 측정 가능한 양이 네 개(pH, pK_a, $[A^-]$, [HA]) 포함된 것으로 간주한다면, 이 중 세 개가 결정되어 있는 경우 나머지 한 개를 계산할 수 있다. 헨더슨-하셀발크방정식은 여러 가지 목적, 즉 $[A^-]$와 [HA]를 각각 계산하거나 또는 $[A^-]/[HA]$의 비율을 계산하는 데 사용될 수 있으며, 실험실에서 완충 용액(buffer solution)을 만드는 데도 사용된다. $[A^-] = [HA]$(적정곡선에서 굴곡점)일 때, 이 식은 다음과 같이 된다.

$$pH = pK_a + \log 1$$
$$\log 1 = 0$$
$$pH = pK_a$$

산(HA)과 짝염기(A)의 농도가 같을 때, 용액의 pH는 산의 pK_a와 같다.

복습 문제

1. 락트산(lactic acid)은 격렬한 운동 후 근육에 존재한다. pH 7.2인 락트산 용액에서 $[A^-]/[HA]$의 비율은 얼마인가?

풀이: 락트산의 적정은 다음과 같이 진행된다.

$$\underset{\substack{\text{락트산} \\ (\text{산, HA})}}{CH_3CH(OH)COOH} + OH^- \rightleftharpoons \underset{\substack{\text{락트산염} \\ (\text{짝염기, } A^-)}}{CH_3CH(OH)COO^-} + H_2O$$

이제 [락트산염]/[락트산] 비율을 계산하여야 한다. 표 2.4에 따르면 락트산의 pK_a는 3.86이다. 그러므로 헨더슨–하셀발크방정식은 다음과 같이 된다.

$$pH = pK_a + \log([\text{락트산염}]/[\text{락트산}])$$

알고 있는 양을 대입하면,

$$7.2 = 3.86 + \log([\text{락트산염}]/[\text{락트산}])$$
$$\log([\text{락트산염}]/[\text{락트산}]) = 7.2 - 3.86 = 3.34$$
$$([\text{락트산염}]/[\text{락트산}]) = 10^{3.34} = \frac{2188}{1}$$

pH 7.2인 락트산 용액에서, 락트산 각 분자(또는 몰)에 대하여 2200개의 짝염기 분자(또는 몰)가 있다. 그러므로 pH 7.2 용액은 99.9%의 락트산염과 0.1%의 락트산으로 구성된다.

2. 60%가 락트산염의 형태로, 40%가 락트산의 비해리 형태로 구성된 락트산 용액의 pH는 얼마인가?

풀이: 락트산의 이온화는 예제 1에서 보는 바와 같이 진행된다. 헨더슨–하셀발크방정식은 다음과 같이 된다.

$$pH = pK_a + \log(0.60/0.40)$$

락트산의 pK_a는 3.86이다.

$$pH = 3.86 + \log(0.60/0.40)$$
$$pH = 3.86 + \log 1.5$$
$$pH = 3.86 + 0.18$$
$$pH = 4.04$$

이 두 예제에서 pH에 따라 산(락트산)에 대한 짝염기(락트산염)의 농도 비율이 어떻게 변하는지 알아보았다.

위에서 헨더슨 – 하셀발크방정식을 응용한 많은 예 중 두 가지를 살펴보았다. 다음 절에서는 이 식을 이용한 또 다른 실제적 응용에 대하여 알아보자.

복습 문제

1. 탄산(H_2CO_3)의 양성자 해리 반응을 모두 쓰시오. pK_a는 표 2.4를 참조하시오.

2. pH 5.0인 수용액에서 아세트산에 대한 아세트산염의 비율은 얼마인가?

의약품의 효능은 물의 용해도에 의존한다

물의 용매화, 이온화, pH, 평형상수 등에 대한 연구는 실용적인 생화학에서는 이론적이며 중요하지 않게 보일 수 있다. 그러나 우리가 섭취한 에너지 분자(탄수화물, 단백질, 지방산), 영양분, 비타민 등을 사용할 수 있기 위해서는 가장 풍부한 생리적 용매인 물에 녹아서 대사를 위하여 몸 전체로 분배되어야 한다는 것을 알아야 한다. 이 책을 통하여 중요한 생체분자를 공부하다 보면, 생체분자는 이온화하여 매우 잘 녹고 전하를 띤 염을 형성할 수 있는 작용기(카르복실기와 아미노기)를 가지고 있거나, 극성이며 수화될 수 있는 작용기를 가지고 있기 때문에 대부분 물에 녹는다는 사실을 알게 될 것이다. 극성 작용기에는 히드록실기, 카르보닐기, 아미노기, 아미드기 등이 포함된다.

표 2.5
일반적인 약물의 구조와 작용

Structure[a]	Name	Use/Action
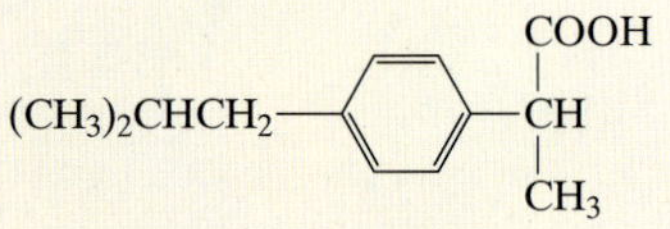 $(CH_3)_2CHCH_2$–(benzene ring)–CH(COOH)(CH_3)	Ibuprofen (Advil)	Analgesic, anti-inflammatory agent, relief of pain
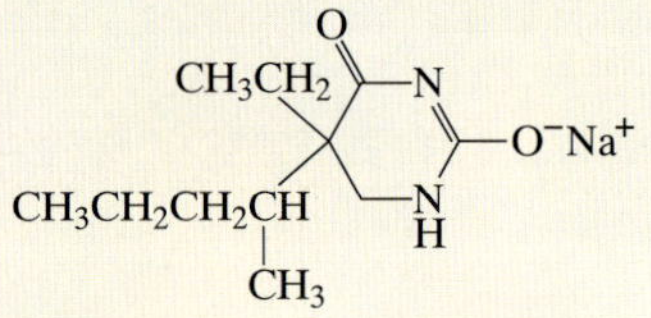 CH_3CH_2, $CH_3CH_2CH_2CH(CH_3)$; O, N, N–H, O^-Na^+	Sodium pentobarbital (Nembutal)	Sedative, induces sleep
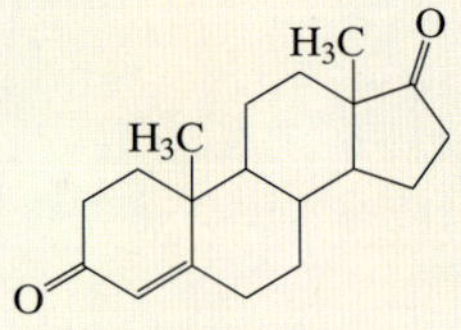 H_3C, H_3C, O, O	4-Androstene-3, 17-dione ("andro")	Anabolic steroid, enhances physical performance
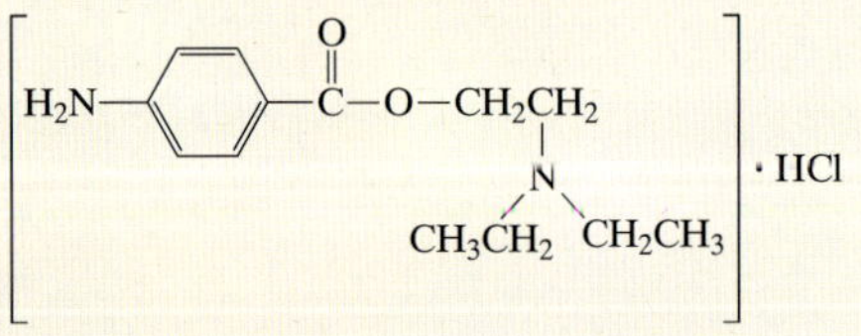 [H_2N–(benzene ring)–C(=O)–O–CH_2CH_2–N(CH_3CH_2)(CH_2CH_3)] · HCl	Procaine HCl (Novocain)	Local anesthetic
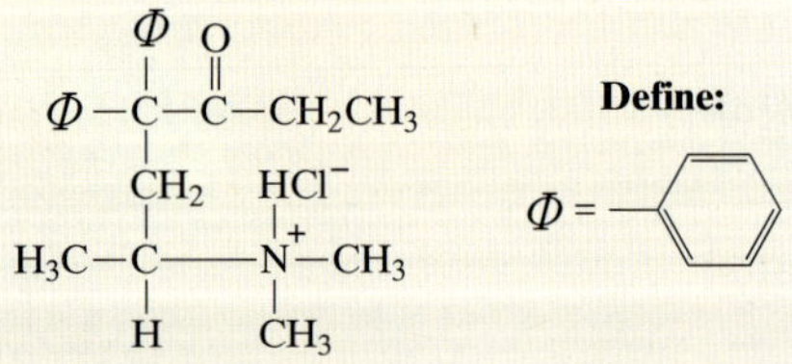 Φ–C(Φ)–C(=O)–CH_2CH_3; CH_2; H_3C–C(H)–$\overset{+}{N}$(HCl^-)–CH_3; CH_3 **Define:** Φ = –(benzene ring)	Methadone-HCl	Narcotic analgesic, treatment of opiate addiction

[a] 분자 내의 전하를 띤 작용기와 극성 작용기의 수를 주목할 것. 이들 작용기는 체액 내에서의 용해도를 증가시킨다.

이와 똑같은 종류의 화학적 특징은 비정상적인 의학적 상황을 치료하는데 사용하는 의약품에도 존재하여야 한다. 투여한 약물이 효과를 나타내기 위해서는 수용성 체액에 녹아 표적 세포나 기관에 도달하여야 한다. 그러므로 대부분의 약물은 병을 치료하는 화학적 작용기를 가지도록 고안해야 될 뿐만 아니라, 물에 대한 용해도를 높이고 세포막을 통해 수송될 수 있도록 하는 화학적 구조를 가지고 있어야 한다.

널리 사용되는 약물(합법적인 것과 불법적인 것)의 화학 구조를 표 2.5에 나타냈다. 구조는 복잡하지만 물에 대한 용해도를 증가시키는 작용기를 구분할 수 있다. 몇 가지 약물은 수소결합을 형성하여 물에 용매화될 수 있는 극성 작용기를 가지고 있는 것을 볼 수 있다.

어떤 화합물들은 이온화하여 전하를 띤 염을 형성할 수 있는 작용기를 포함한다. 많은 약물들은 염산 및 기타 산들과 반응하는 염기성의 아미노기를 가지고 있다. 아미노기는 혈장이나 척수액과 같은 체액에 쉽게 녹을 수 있는 양전하를 띤 염기가 되도록 한다. 이러한 아미노기의 pK_a는 약 10 정도로서, 혈장(pH 약 7.4)과 위(pH 약 1~2)에서 양성자화하여 양전하를 띤다. 약물에 있는 카르복실기는 NaOH를 비롯한 염기와 반응하여 수용성의 음전하를 띤 작용기로 전환된다. 카르복실기의 pK_a는 약 4 정도로서 혈장에서는 이온화되지만 위에서는 이온화되지 않는다. 표 2.5에 있는 몇 가지 약물은 고체로서 수용성 염의 형태로 판매되고 투여된다. 펜토바르비탈나트륨(sodium pentobarbital), 염산프로케인(procaine hydrochloride), 염산메타돈(methadone hydrochloride) 등이 여기에 속한다. 소수성 기(탄소 골격과 페닐 고리)는 분자가 세포막을 통과하도록 도와준다(9장).

2.4 완충계

학습 목표

일정한 생리적 pH를 유지하기 위하여 완충제가 어떻게 작용하는지 설명할 수 있도록 한다.

일정한 pH의 유지

세포 내액과 세포 외액의 수소이온 농도는 매우 좁은 범위 내에서 유지되어야 한다. 혈장에서 ±0.2~±0.4의 pH 변화는 생물체에 심각한 피해를 주거나 심지어 사망에까지 이르게 한다. pH가 일정하게 유지되면 산성 분자와 염기성 분자가 제대로 기능을 하기 위하여 필요한 이온 상태로 있을 수 있다. 이것은 pH 변화에 민감한 효소와 단백질에서 특히 중요하다(5.2절). 만약 완충액이 존재하지 않는다면 대사 반응으로부터 생성되는 높은 농도의 유기산에 의해 액체의 pH 값이 변하게 될 것이다. 다음 실험을 생각해보자. 만일 10 M HCl 1.0 mL를 pH가 7.0인 0.15 M의 NaCl 용액 1.0 L에 첨가한다면 pH는 2.0으로 뚝 떨어지게 된다. 만일 10 M HCl 1.0 mL를 1 L의 혈장에 첨가한다면, pH는 pH 7.4에서 pH 7.2로 밖에는 떨어지지 않는다. 혈액이 어떤 마술을 부리는 것이 아니다. 혈액이 일정한 pH를 유지할 수 있는 것은 첨가된 산과 염기를 중화시킬 수 있는 생체분자의 이질적 혼합물이기 때문이다. 혈액을 비롯한 생물학적 액체는 **완충계(buffer system)**를 가지고 있다. 즉 H^+나 OH^-가 첨가될 때 pH의 변화를 억제하는 반응물이다. 화학적으로 완충계는 산-염기 짝쌍을 포함하고 있다. (생화학 들여다보기 2-1 참조)

효과적인 완충 범위

아세트산에 대한 적정곡선(그림 2.10 참조)을 보면 OH^-의 첨가에 따라 pH가 거의 변하지 않는 지역이 있다. 이 지역의 중앙은 적정된 산의 pK_a와 일치하는 굴곡점이다. 이 점(아세트산 1몰 당 0.5몰의 OH^-, pH = 4.76)에서 아세트산 용액은 pH의 변화가 가장 작고, 아세트산-아세트산염(acetic acid-acetate) 짝쌍에 대한 가장 효과적인 완충지역이 된다. 이 점이 아세트산(50%)과 아세트산염(50%)의 농도가 같아지는 점이라는 것을 기억하자. 이 용액은 첨가되는 염기와 반응하여 이를 중화시킬 수 있는 많은 양의 아세트산과 또한 첨가되는 산과 반응하여 이를 중화시킬 수 있는 많은 양의 아세트산염(염기)을 포함하고 있다. 그러므로 이 용액은 첨가되는 산과 염기에 의해 야기되는 pH 변화에 대하여 완충 즉 보호될 수 있는 것이다. 일반적으로 산-염기짝쌍은 pH가 pK_a와 같을 때 완충계로서 가장 효과적이다. 산-염기짝쌍의 **효과적인 완충 범위(effective buffering range)**는 다음과 같이 계산된다.

$$\text{효과적인 완충 범위(pH)} = pK_a \pm 1$$

아세트산-아세트산염은 pH 범위가 3.76부터 5.76까지가 효과적인 완충액이다. 인산은 다음과 같이 세 pH 범위에서 효과적인 완충액이다. (1) pH = 1.14~3.14, (2) pH = 6.20~8.20, (3) pH = 11.40~13.40.

실험실 완충제

세포나 조직에서 일어나는 생화학적 과정은 자연적인 완충액에 의해 제공되는 수소이온 농도의 엄격한 조절에 의존한다. 실험실에서 시험관 내(*in vitro*) 연구를 할 때에는 세포의 자연적인 환경과 비슷하게 만들기 위해 인공적인 완충 매체를 사용한다. 세포추출물을 이용하여 세포의 구성 성분을 분리할 때(생화학 들여다보기 1-2 참조) 이를 구성하는 생체분자는 자연적인 pH 범위, 즉 pH 6에서 8사이가 유지될 때 가장 안정하다. 인산의 나트륨염과 칼륨염은 생화학 연구에서 가장 광범위하게 사용되는 완충액의 하나이다. 인산의 산-염기짝쌍인 $H_2PO_4^-$-HPO_4^{2-}는 pK 값이 약 7.2인데, pH 6.2에서 8.2까지 유용하게 사용될 수 있다(표 2.4 참조). 인산은 세포의 정상적인 구성 성분이기 때문에 자연적인 환경을 조성한다. 실험실에서 사용되는 다른 자연적인 완충제에는 아세트산, 시트르산(citric acid), 탄산(carbonic acid), 그리고 표 2.4에 있는 다른 화합물의 산-염기짝쌍 등이 포함된다.

때로 인산이나 시트르산과 같은 자연적인 완충 용액은 시험관 내 실험에 방해가 되므로 인공적인 완충액을 사용할 필요가 있다. 미시간 주립 대학교의 굿(N.E. Good)은 현재 완충제로서 널리 사용되고 있는 여러 가지 산의 염(acid salt)을 합성하고 연구하였다(표 2.6). 아마 인공 완충액인 트리스히드록시메틸아미노메탄[tris(hydroxymethyl)-aminomethane, TRIS]은 현재 인산염보다 더 많이 사용되고 있을 것이다.

표 2.6
몇 가지 합성 완충제

Name (Abbreviation)	pK_a	Useful pH Range	Ionization Reaction[a]
N-(2-Acetamido)-2-aminoethanesulfonic acid (ACES)	6.9	6.4~7.4	$H_2NCOCH_2N^+H_2CH_2CH_2SO_3^- \rightleftharpoons H_2NCOCH_2NHCH_2CH_2SO_3^- + H^+$
2-(Cyclohexylamino)propanesulfonic acid(CHAPS)	10.5	10.0~11.0	(cyclohexyl)$-^+NH_2CH_2CH_2CH_2SO_3^- \rightleftharpoons$ (cyclohexyl)$-NHCH_2CH_2CH_2SO_3^- + H^+$
N-(2-Hydroxyethyl)piperazine-*N*'-2-ethanesulfonic acid (HEPES)	7.5	7.0~8.0	$HOCH_2CH_2\overset{+}{N}H$(piperazine)$NCH_2CH_2SO_3^- \rightleftharpoons HOCH_2CH_2N$(piperazine)$NCH_2CH_2SO_3^- + H^+$
Tris(hydroxymethyl)aminomethane (TRIS)	8.3	7.5~9.0	$(HOCH_2)_3CN^+H_3 \rightleftharpoons (HOCH_2)_3CNH_2 + H^+$

[a] 유용한 pH 범위를 가장 많이 존재하는 두 가지 형태(산과 염기)를 보여준다.

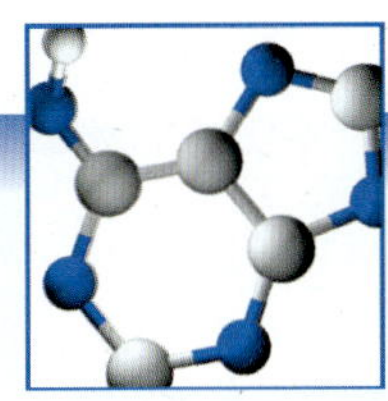

2-1

생화학 들여다보기

혈액과 기타 세포액의 완충 작용

혈액을 비롯한 세포 외액의 주요 완충계는 **탄산-중탄산염 짝지음쌍**(carbonic acid-bicarbonate conjugate pair)이다.

$$\underset{\text{탄산}}{H_2CO_3} \xrightleftharpoons{pK_a = 6.4} \underset{\text{중탄산염}}{HCO_3^-} + H^+$$

혈액에 첨가된 염기는 다음 반응에 의해 중화된다.

$$H_2CO_3 + OH^- \rightleftharpoons HCO_3^- + H_2O$$

혈액에 산성 물질을 첨가해도 다음과 같이 중화된다.

$$HCO_3^- + H^+ \rightleftharpoons H_2CO_3$$

이 반응들(그림 참조)은 어떻게 혈액이 pH 변화에 대하여 보호되고 있는지를 보여준다. 혈액의 실제 pH(7.4)는 탄산-중탄산염의 완충 범위(6.4 ± 1 = 5.4~7.4)의 최대 한계이어서 우리가 예상하는 것보다 효과적이지 않을 수도 있다. 이러한 비효율성은 폐에 비축되어 있는 기체 상태의 CO_2의 공급으로 개선되는데, 기체 상태의 CO_2는 다음과 같은 일련의 평형 반응으로 혈액에 H_2CO_3를 공급한다.

$$\underset{\text{폐}}{CO_{2(g)}} \rightleftharpoons \underset{\text{혈액}}{CO_{2(aq)}}$$

$$CO_{2(aq)} + H_2O_{(l)} \rightleftharpoons H_2CO_{3(aq)}$$

$$H_2CO_{3(aq)} \rightleftharpoons HCO_3^-{}_{(aq)} + H^+_{(aq)}$$

이 반응들은 또한 반대 방향으로도 작용한다. 물질대사의 주요 산물인 H^+는 혈장에 의해 혈액에서 제거된다. HCO_3^-과 반응하여 중화되고 $CO_{2(g)}$로서 폐를 통하여 배출된다.

탄산-중탄산염 짝지음쌍은 생물학적 액체에서 가장 중요한 완충계이지만, 이것이 전부는 아니다. 이온화될 수 있는 작용기(—COOH와 —NH_3^+)를 가진 다양한 종류의 아미노산, 펩티드, 단백질 등도 완충 작용을 도와준다. 혈액의 주요 단백질 구성 성분인 헤모글로빈도 완충제로서 작용한다. 헤모글로빈의 자세한 작용은 5장에서 설명한다.

혈액의 pH 변화로 일어나는 의학적인 상태는 **산성혈액증**(acidosis)과 **알칼리혈증**(alkalosis)이다. 혈액에서 $[H^+]$의 증가(산성혈액증)는 물질대사나 호흡계에 그 원인이 있다. 대사적 산성혈액증은 치료하지 않은 당뇨환자, 단식하는 사람, 또는 고단백 저지방 식이요법을 하는 사람에게서 일어난다. 이러한 대사 조건은 케톤체(ketone body)의 과도한 생성인 케톤증(ketosis)을 유발하는데, 케톤체는 산성이며 혈액의 $[H^+]$를 증가시킨다. 호흡기적 산성혈액증은 폐기종(emphysema)이나 천식(asthma)과 관련 있는 폐 질병의 증세인 $[CO_2]$의 변화에 의하여 일어난다. 산성혈액증을 치료하지 않으면 혼수상태에 빠지고 결국 사망에 이르게 된다.

혈액의 pH 증가(알칼리혈증)도 물질대사나 호흡계에 그 원인이 있다. 과도한 양의 대사적 산의 염(락트산나트륨, 탄산수소나트륨)을 처방받아 복용한 경우나 심한 구토를 하는 환자에게서 대사적 알칼리혈증이 발생한다. 호흡기적 알칼리혈증은 히스테리, 우울증, 고산병 등으로 인한 과도호흡(hyperventilation, 심호흡)에 의해 유발된다.

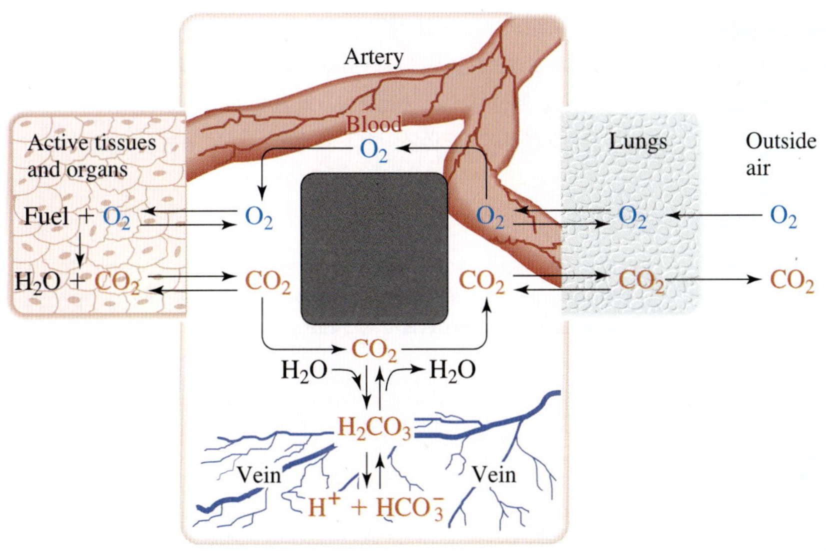

탄산-중탄산염 짝지음쌍에 의한 혈액 pH의 조절. 동맥(artery) 혈액에 약간의 CO_2와 정맥(vein) 혈액에 약간의 O_2가 있다. 즉 혈액이 흐를 때 폐를 통하여 CO_2가 모두 배출되지는 않는다. 폐에 있는 CO_2는 혈액에 있는 CO_2와 평형을 이룬다. 폐에 있는 높은 농도의 CO_2는 호흡기적 산성혈액증을 유발하는 반면 낮은 농도의 CO_2는 호흡기적 알칼리혈증을 일으킨다.

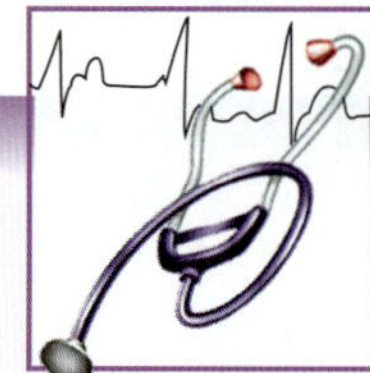

2-1 임상생화학

아스피린 과다 복용과 살리실산염 중독

미국 리버사이드 카운티 병원에 있는 응급실에서 외과의사로서 일하는 첫날은 발목이 삐거나, 손가락을 베거나, 갈비뼈가 부러진 정도의 환자만 있었고 생명을 위협하는 일은 없이 조용하였다. 구급차가 엄마와 함께 의식이 거의 없는 샘이라고 하는 4살짜리 어린 아이를 데려오면서 아침 커피 시간은 끝났다. 샘의 엄마는 다음과 같이 말을 하였다. 2시간 전에 샘이 배가 아프다고 호소하였고, 토한 다음에, 호흡이 힘들어지며, 열이 급격하게 나기 시작하고, 졸기 시작하다가 결국 쓰러졌다고 하였다. 그리고 샘의 엄마는 사건의 원인이라고 생각하는 빈 병을 가져왔는데, 이 병은 오렌지 맛이 나는 어린이용 아스피린 30알이 들어 있던 병이었다. 환자를 정밀하게 조사한 결과 고열, 빠른 심장 박동, 혼수상태, 과도호흡과 같은 전형적인 아스피린 과다 복용 증상이었다. 아세틸살리실산(acetylsalicylic acid)인 아스피린을 섭취하면 산-염기 균형(생화학 들여다보기 2-1)이 깨진다는 것이 알려져 있기 때문에, 샘의 혈액 중 기체, pH, 중탄산염, 살리실산염 등을 측정하였다.

	샘(2시간 후)	정상
CO_2의 분압	20 mm Hg	35~45 mm Hg
O_2의 분압	115 mm Hg	75~100 mm Hg
pH	7.45	7.35~7.45
중탄산염(HCO_3^-)	18 mM	24~28 mM
살리실산염	75 mg/100 mL	0 mg/100 mL

측정 결과를 기다리는 동안 아스피린 과다 복용에 대한 의과대학 강의가 순간적으로 떠오른다. 아스피린은 위장에서 산과 효소에 의해 가수분해되어 아스피린과 같이 강한 산인 살리실산염으로 된다. 살리실산염은 호흡을 촉진시키는 짝풀림물질(uncoupling agent)로서 산소의 흡수를 촉진하여 유기 대사를 촉진한다(17.3절 참조). 대사에서 얻어진 에너지는 저장되거나 정상적인 방법으로 사용되는 것(ATP 생성)이 아니라 열을 생산하게 된다(발열). 과도호흡은 초기에 호흡기적 알칼리혈증을 유발하여 혈액의 pH가 높아지고, 이산화탄소가 감소한다. 대사과정에서 나오는 산(락트산, 피루브산)이 증가하면서 호흡기적 알칼리혈증은 바로 대사적 산성혈액증(혈액의 pH가 낮아짐)으로 바뀐다. 샘의 혈액에 있는 살리실산염은 아스피린 과다 복용에 대한 추측을 확인시켰으며, 다음과 같이 치료를 시작한다.

1. 중탄산나트륨 용액으로 위세척을 실시한다. 염기성 용액은 소변에서 산성인 살리실산염의 제거를 촉진하고, 대사적 산성혈액증 상태를 중성화시키는데 도움이 된다.
2. 활성탄(activated charcoal)을 투여하여 아스피린 및 살리실산염과 결합시켜, 세포로 흡수되기 전에 제거한다.
3. 산 제거를 촉진하기 위하여 중탄산염을 투여하여 소변의 pH를 7.5 이상으로 유지한다.
4. 샘이 쉬도록 하고, 음료(주스나 우유 등)를 마시게 한 뒤 대사 지표(표 참조)의 변화를 감시하여 치료에 대한 반응을 평가한다. CO_2, O_2, HCO_3^-, pH 등이 24시간 이내에 정상 수치가 되어야 한다.
5. 몇 시간 후에도 증상이 호전되지 않으면, 혈액에서 아스피린과 살리실산염을 제거하기 위하여 인공 신장을 사용하여 혈액 투석을 한다.

일반적으로 아스피린의 양이 너무 많지만 않다면(150~300 mg/kg 이상) 샘과 같은 환자에 대한 예후(예상 결과)는 매우 좋다. 이 범위 이하에서의 사망률은 2% 미만이다. 그 이상에서는 사망률이 25%정도가 될 수도 있다.

학습 문제

1. 위에 있는 아스피린은 산성 조건(약 pH 2)에서 살리실산으로 가수분해된다.

$$\text{아세틸살리실산 (COOH, OC(=O)CH}_3\text{)} \xrightarrow{H^+, H_2O} \text{살리실산 (COOH, OH)} + CH_3COOH$$

   a. 살리실산의 카르복실기의 양성자 이온화 반응을 적으시오.
   b. 샘의 위(약 pH 2)와 중탄산나트륨 세척액(약 pH 8.5)에서 헨더슨-하셀발크방정식을 사용하여 살리실산에 대한 살리실산염의 비율을 계산하시오. 카르복실기의 pK_a는 약 3.0이다.
   c. 살리실산염이 살리실산 보다 왜 물에 더 잘 녹는지 설명하시오.

참고 문헌

Corney, K., 1999. Acute aspirin overdose: Relationship to the blood buffering system. In *Cases in Biochemistry*, pp. 1–2. New Jersey: John Wiley & Sons.

요약

■ 물은 비직선상의 극성분자로서 세포 내에서 최소한 세 가지 기능을 한다. 즉 효과적인 용매(solvent)이고, 반응물 분자(reactant molecule)이며 온도 완충제(temperature buffer)이다. 용매로서의 물은 이온과 극성의 생체분자를 녹일 수 있다.

■ 물의 가장 중요한 반응은 히드로늄이온(H_3O^+ 또는 양성자, H^+)과 히드록시이온(OH^-)을 생성하는 가역적인 이온화이다. 이온화의 정도는 pH 등급(pH = − log [H^+])으로 정량화된다.

■ 산의 강도는 해리상수의 음의 대수인 pK_a로 정의된다. 산의 pK_a는 산과 그 짝염기의 농도가 같게 되는 pH와 같다.

■ 혈액을 비롯한 세포액은 탄산-중탄산염(carbonic acid – bicarbonate) 짝쌍과 단수소인산-이수소인산(hydrogenphosphate – dihydrogenphosphate) 짝쌍 등과 같은 자연적인 완충계에 의해 일정한 pH가 유지된다.

연습 문제

용어 이해

2.1 다음 용어를 정의하고 예를 들 수 있으면 드시오. (우리말로 번역할 것)

a. acid
b. base
c. pH
d. pK
e. Henderson-Hasselbalch equation
f. noncovalent interaction
g. hydrophobic molecule
h. hydrogen bond
i. hydrophobic interaction
j. buffer system
k. acid-base conjugate pair
l. metabolic acidosis
m. micelle recognition
n. Good buffer
o. amphiphilic molecule
p. ionization of acid
q. molecular recognition

개념 복습

2.2 다음 각 용액의 수소이온 농도 [H^+]를 계산하시오.

a. 위액, pH = 1.80
b. 혈장, pH = 7.40
c. 우유, pH = 6.6
d. 토마토 주스, pH = 4.3
e. 커피, pH = 5.0
f. 단풍나무 수액, pH = 7.1

2.3 아미노산의 일종인 글리신($H_3^+NCH_2COO^-$)의 pK_a 값은 2.4와 9.8이다. 가장 효과적인 완충 범위를 계산하시오.

2.4 아스피린(아세토살리실산)은 다음과 같은 구조로 되어 있다.

(benzene ring bearing COOH and $OCCH_3$ with C=O)

a. 아스피린이 혈장에 있을 때 가장 많은 형태의 이온 구조를 그려라.
b. 아스피린이 위액에 있을 때 가장 많은 형태의 이온 구조를 그려라.

힌트: *아스피린의 pK_a는 3.5이다.*

2.5 다음과 같이 생화학적으로 중요한 분자에 대한 산 해리반응을 쓰시오. 산성 양성자의 이온화를 모두 표시하시오.

a. HCl
b. CH_3COOH(아세트산)
c. NH_4^+(암모늄이온)
d. $CH_3(CH_2)_{13}CH_2COOH$(팔미트산)
e. $H_3^+N—CHCOOH$ (아미노산), CH에 R 결합
f. H_3PO_4(인산)
g. H_2O
h. H_2CO_3(탄산)

2.6 다음 천연 용액을 산도가 감소하는 순서로 배열하시오.

위액 ______
혈액 ______
산성비 ______
콜라 ______
커피 ______

힌트: *그림 2.9 참조*

2.7 다음에 있는 뉴클레오티드염기는 DNA의 이중나선의 두 가닥 사이에서 수소결합을 형성한다. 수소결합에 관여하는 원자에 원을 그리시오. 수용체 원자와 공여체 원자를 구별하시오.

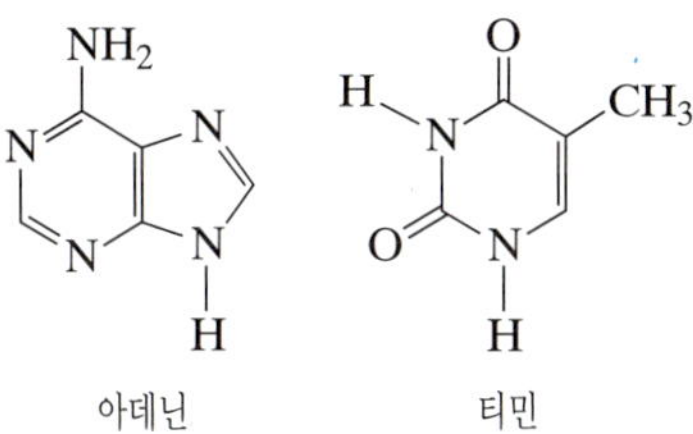

2.8 비공유결합성 상호작용에 대한 다음 문장이 맞는지 틀린지 결정하시오. 틀리면 바로 고치시오.

a. 이온결합은 반대 전하를 가지고 있는 이온화된 작용기 사이에 있는 정전기적 인력의 결과이다.
b. 수소결합은 수소 원자와 음이온의 상호작용에 기인한다.
c. 소수성 상호작용은 비극성 작용기와 물 사이의 정전기적 인력이다.
d. H^+와 OH^-는 이온 결합으로 상호작용하여 물을 형성한다.
e. 계면활성제인 도데카노산나트륨[sodium dodecanoate, $CH_3(CH_2)_{10}COO^-Na^+$]을 물에 넣었을 때 미셀이 형성되는 데 있어서 소수성 상호작용이 중요한 작용을 한다.

2.9 다음 원자나 원자 집단을 함께 묶고 있는 상호작용의 형태를 구별하시오. 쌍극자-쌍극자, 이온-이온, 또는 쌍극자-이온 중에서 선택하시오.

a. NaCl
b. $Na^+(H_2O)_n$
c. $CH_3COO^-Na^+$
d. R—O—H···O—R (O에 H 결합)
e. $RNH_3^+Cl^-$

2.10 다음 분자의 각 쌍에서 어느 것이 더 극성인지 결정하시오.

a. H_2O, CH_3OH

b. H_2O, CH_3COOH

c. $CH_3(CH_2)_3CH_3$, CH_3CH_2OH

d. $\underset{\textstyle HO}{CH_2}\underset{\textstyle OH}{CH_2}$, CH_3CH_2OH

e. $CH_3\overset{\textstyle O}{\overset{\|}{C}}NH_2$, $CH_3\overset{\textstyle O}{\overset{\|}{C}}H$

f. $\underset{\textstyle NH_2}{CH_2}CH_3$, CH_3CH_3

g. $H_2N\overset{\textstyle O}{\overset{\|}{C}}NH_2$, $CH_3\overset{\textstyle O}{\overset{\|}{C}}NH_2$

2.11 순수한 물에서 HOH의 몰(molar) 농도는 얼마인가?

2.12 다음 각 염기의 짝산에 대한 분자식을 쓰시오.

a. OH^-

b. HCO_3^-

c. $H_3^+NCH_2COO^-$

d. CH_3COO^-

e. $H_2PO_4^-$

2.13 다음 분자의 각 쌍에서 어느 것이 덜 극성인지(더 비극성인지) 결정하시오.

a. CH_3CH_3, $\underset{\textstyle OH}{CH_2}CH_3$

b. $\underset{\textstyle OH}{CH_2}CH_3$, H_2O

c. $H_3^+N\underset{\textstyle CH_3}{C}HCOO^-$, $H_3^+N\underset{\textstyle CH(CH_3)_2}{C}HCOO^-$

d. CH_3CH_2COOH, $CH_3\underset{\textstyle OH}{C}HCOOH$

e. $HOOCCH_2CH_2COOH$, $CH_3CH_2CH_2COOH$

2.14 다음 각 산에 대한 짝염기의 구조를 쓰시오.

a. H_2O

b. $H_3^+NCH_2COOH$

c. $CH_3(CH_2)_{10}COOH$

d. HCO_3^-

e. $\underset{\textstyle {}^+NH_3}{CH_2}(CH_2)_{10}\underset{\textstyle {}^+NH_3}{CH_2}$

활용 문제

2.15 다음 각 원자의 쌍과 분자의 쌍 사이에 있는 결합의 종류를 구별하시오. 두 가지 형태 이상이 결합을 가진 예에서는 화살표로 지적된 결합의 종류의 이름을 쓰시오.

a. Na^+Cl^-

b. H—O—H

c. H—O···H—O (각 O에 H 결합)

d. $H_2N-\overset{\text{(i)}}{C}(=O)-NH-H\cdot\cdot\cdot O(H)H$ — (i) H_2N—C 결합, (ii) H···O 결합

힌트: 공유결합, 수소결합, 이온결합 중에서 고르시오.

2.16 다음 문장이 맞는지 틀리는지를 구분하시오. 만일 틀리다면 옳게 고치시오.

a. 비공유결합은 일반적으로 공유결합보다 쉽게 끊어진다.

b. 전형적인 비공유결합의 세기는 일반적으로 최소한 300 kJ/mol이다.

c. 비공유결합성 상호작용은 종종 특정한 분자 사이에서만 일어난다.

d. 비공유결합은 실온에서 가역적으로 끊어지고 다시 형성된다.

2.17 생체분자 사이의 분자인식에 있어서 작용하는 네 가지 비공유결합을 정의하고 비교하시오.

2.18 수소결합과 이온결합의 차이점을 설명하시오.

2.19 다음 화합물 중에서 물에 녹는 것을 고르시오.

a. CH_3CH_2-OH

b. $CH_3(CH_2)_{10}CH_2-OH$

c. CH_3CH_2COOH

d. 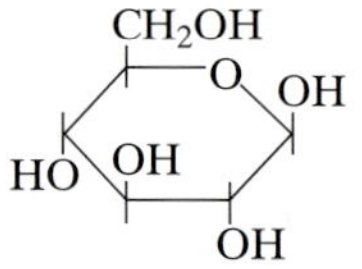 (CH_2OH, O, OH, HO, OH, OH 고리 구조)
글루코오스

e. $H_3^+NCH_2COO^-$
글리신

f. $\underset{\textstyle OH}{CH_2}\underset{\textstyle OH}{CH}\underset{\textstyle OH}{CH_2}$
글리세롤

g. 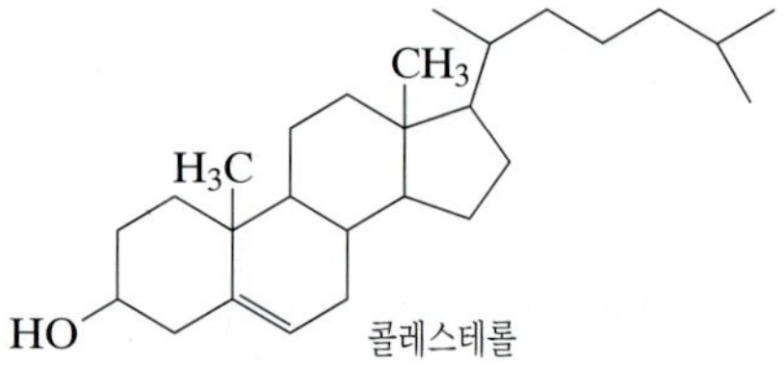 (CH_3, H_3C, HO 고리 구조)
콜레스테롤

2.20 다음 분자 중 물 속에서 미셀을 형성하는 것은 어느 것인가?

a. $CH_3(CH_2)_{10}CH_2NH_3^+Cl^-$

b. $CH_3(CH_2)_{10}CH_2COO^-Na^+$

c.
$$\begin{array}{l} CH_2-O-\overset{\textstyle O}{\overset{\|}{C}}-(CH_2)_{10}-CH_3 \\ |\\ CH-O-\underset{\textstyle O}{\underset{\|}{C}}-(CH_2)_8-CH_3 \\ | \\ CH_2-O-\overset{\textstyle O}{\overset{\|}{\underset{\textstyle O^-}{\underset{|}{P}}}}-O-CH_2-CH_2-NH_3^+ \end{array}$$

d. $CH_3(CH_2)_{12}CH_2-\overset{\textstyle O}{\overset{\|}{C}}-NH_2$

힌트: 극성 머리와 비극성 꼬리를 찾아보시오.

2.21 pH 4.0에서 사용할 완충용액을 만들려고 한다. 다음 중 가장 효과적인

물질은 어느 것인가?

a. 락트산
b. 아세트산
c. 인산

힌트: *표 2.4에 있는 pK_a 값을 참조하시오.*

2.22 산-염기짝쌍인 $H_2CO_3-HCO_3^-$는 혈액의 pH를 7.4로 유지한다. 혈액에서 탄산(H_2CO_3)에 대한 중탄산염(HCO_3^-)의 비율은 얼마인가?

2.23 산성혈액증 환자를 위해 가능한 응급 처치를 생각할 수 있는가?

2.24 아미노산인 알라닌의 나트륨염 0.05몰과 유리 알라닌 0.1몰을 물에 섞어서 완충용액을 만들었다. 최종 부피는 1 L이다. 평형 상태의 반응식은 다음과 같다.

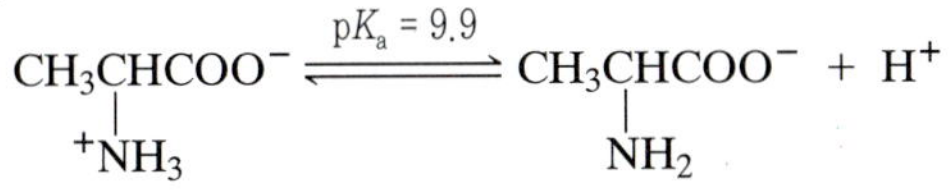

$$\underset{\text{알라닌}}{CH_3CH(NH_3^+)COO^-} \xrightleftharpoons{pK_a = 9.9} \underset{\text{알라닌염}}{CH_3CH(NH_2)COO^-} + H^+$$

최종 용액의 pH는 얼마인가?

힌트: *헨더슨-하셀발크방정식*

2.25 일반적으로 빗물의 pH는 약 5.6이다. 순수한 물과 비교하여 약간 산성인 것은 CO_2의 용해가 원인이다. 어느 지역에서 빗물의 산성도가 pH 3.5 정도로 증가하였다. 이것은 오염된 공기에 포함된 SO_2, SO_3, NO_2 등이 존재하기 때문이다. 이러한 산화물은 빗물과 반응하여 산을 형성한다.

$$SO_2 + H_2O \longrightarrow H_2SO_3$$
$$SO_3 + H_2O \longrightarrow H_2SO_4$$
$$2NO_2 + H_2O \longrightarrow HNO_3 + HNO_2$$

정상적인 비와 산성비(pH = 3.5)에서 탄산에 대한 탄산수소염의 비율을 계산하시오.

2.26 바쁜 생활 습관으로 나타나는 "위산 과다"는 제산제(antacid)로 치료한다. 산-염기의 화학 지식을 이용하여 약국에서 파는 제산제의 구성 성분일 것이라고 생각되는 것은 어느 것인가?

a. $NaHCO_3$
b. 아스코르브산(비타민C)
c. $Mg(OH)_2$
d. CH_3COOH(아세트산)
e. $NaAl(OH)_2CO_3$
f. 아스피린
g. 레몬 주스
h. $CaCO_3$

2.27 아스피린 제품인 바파린(Bufferin)은 탄산마그네슘(magnesium carbonate, $MgCO_3$)을 포함한다. 이 성분은 어떤 작용을 하는가?

2.28 아래 화합물 중에서 물과 수소결합을 하는 것을 고르시오. 선택한 화합물에서 수소결합의 예를 나타내시오.

a. CH_3CH_2OH
에탄올

b. $CH_3CH_2CH_3$
프로판

c. $H_2N-C(=O)-NH_2$
요소

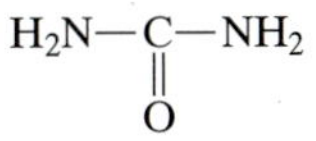

d. $H_3\overset{+}{N}-CH(CH_2SH)COO^-$
시스테인

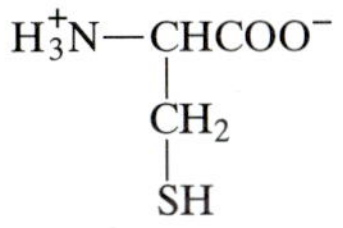

2.29 다음 장에서 아미노산은 이양성자산(diprotic acid) 또는 삼양성자산(triprotic acid)이라는 것을 배울 것이다. 아래에 있는 아미노산을 이양성자산 또는 삼양성자산으로 분류하고 모든 산성 양성자의 제거를 나타내는 해리반응을 쓰시오.

a. $H_3\overset{+}{N}-CH(CH_3)COOH$
알라닌

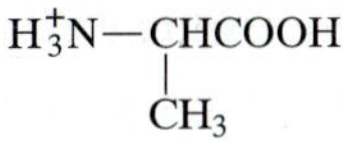

b. $H_3\overset{+}{N}-CH(CH_2COOH)COOH$
아스파르트산

c. $H_3\overset{+}{N}-CH((CH_2)_4\overset{+}{N}H_3)COOH$
리신

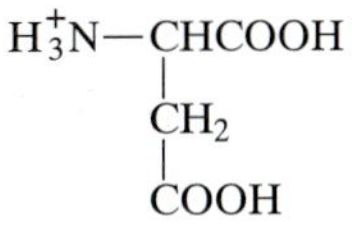

d. $H_3\overset{+}{N}-CH(CH_2C(=O)NH_2)COOH$
아스파라긴

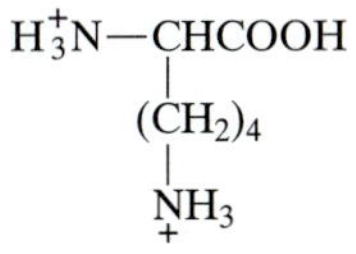

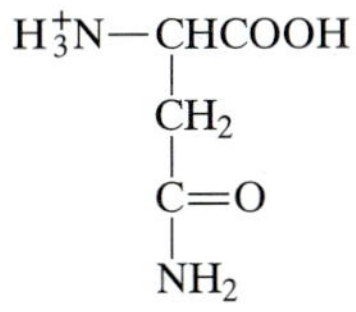

2.30 다음 화합물 중에서 비누나 세제로 작용하는 것은 어느 것인지 고르시오.

a. $CH_3(CH_2)_{12}CH_3$
b. $CH_3(CH_2)_9CH_2COO^-K^+$
c. $CH_3(CH_2)_{10}CH_2OH$
d. $CH_3(CH_2)_{10}CH_2OS(=O)(O^-Na^+)O^-Na^+$

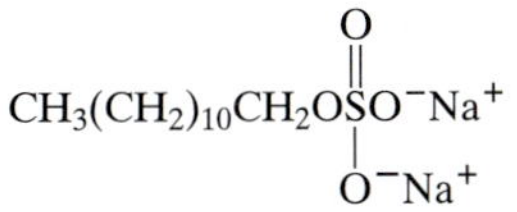

2.31 다음 구조는 세린과 시스테인으로 구성된 디펩티드(dipeptide)이다. 물과의 수소결합에 관여할 수 있는 모든 원자에 원으로 표시하시오. 수소결합 공여체인지 또는 수용체인지 구별하시오.

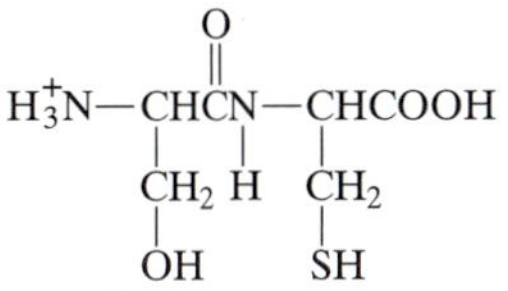

$H_3\overset{+}{N}-CH(CH_2OH)C(=O)N(H)-CH(CH_2SH)COOH$
Ser-Cys

2.32 pH 5.0인 락트산 용액에서 [락트산염]/[락트산]의 비율은 얼마인가?

힌트: *다음의 헨더슨-하셀발크방정식을 사용하시오.*

$$pH = pK_a + log\frac{\text{락트산}}{\text{락트산염}}$$

2.33 락트산염 75%와 락트산 25%가 포함된 락트산 용액의 pH는 얼마인가?

2.34 인산 완충액은 생리적인 pH 범위인 7에서 만들 수 있고 또한 인산이 자연적으로 존재하는 생체분자이기 때문에 생화학 연구에 종종 사용된다. pH가 7.0인 0.5 *M* 인산 완충액을 만들기 위하여 물 1리터에 얼마나 많은 몰의 이수소인산나트륨(monobasic sodium phosphate, $NaH_2PO_4 \cdot H_2O$)과 단수소인산나트륨(dibasic sodium phosphate, $Na_2HPO_4 \cdot 7H_2O$)이 들어가야 하는가?

2.35 다른 비금속 원소(N, C, S)의 수소화물(hydride)과 비교할 때, 물은 다음 중 어느 성질을 가지는가?

a. 끓는점이 가장 낮다.
b. 어는점이 가장 낮다.

c. 끓는점은 가장 높고 어는점은 가장 낮다.
d. 점도가 가장 높다.

2.36 다음 중 용매로서 물에 대한 설명 중 옳지 않은 것은?

a. 물에 있는 이온은 수화 껍질을 형성하여 용매화된다.
b. 전하를 띠지는 않지만 극성인 화합물은 물과 쌍극자-쌍극자 상호작용을 형성한다.
c. 데칸과 같은 비극성 화합물은 데칸 분자 주위에 물이 수화막을 형성하기 때문에 물에 녹는다.

2.37 위액(pH = 1.4라고 가정)의 [H^+]와 혈장(pH = 7.4라고 가정)의 [H^+]를 비교하였을 때 다음 중 옳은 것은?

a. 위액의 [H^+]가 6배(7.4 - 1.4) 더 높다.
b. 위액의 [H^+]가 10^6배 높다.
c. 혈장의 [H^+]가 위액보다 6배 더 높다.
d. 혈장의 [H^+]가 10^6배 높다.

2.38 0.1 *M* Na_2HPO_4 100 mL와 0.1 M NaH_2PO_4 100 mL를 섞어서 인산나트륨 완충제를 만들었다. 수용액의 최종 pH는 7.20이다. pK_a는 얼마인가?

2.39 다음 산 중에서 pH=6에서 가장 효과적인 완충제를 만들 수 있는 것은? pK_a 값과 구조는 표 2.4와 표 2.6을 참조하라.

a. 아세트산
b. 락트산
c. 히스티딘($K_a = 9.12 \times 10^{-7}$ *M*)
d. TRIS($K_a = 8.08 \times 10^{-9}$ *M*)

2.40 약물이나 화합물에 있는 카르복실기가 혈장에서는 이온화가 되지만 위에서는 이온화가 되지 않는 이유는 무엇인가?

생화학 작문

2.41 기숙사 친구가 다음 시험 때까지 2장을 읽을 시간이 없다. 그래서 복습하기 위하여 간단한 요약을 해주면 멋있는 보상을 하겠다고 제안해 왔다. 가장 중요한 개념의 개요를 포함하여 100 단어 정도로 2장을 요약하시오. 2장의 요약을 지침으로 사용하지만 접근 방식과 양식은 창조적이어야 한다.

2.42 이 장을 설명하는 데 아마도 한 시간의 강의가 있었을 것이다. 강의가 끝나자마자 다음 질문의 답에 대한 논문을 1~2분 사이에 쓰시오. (1) 이 강의에서 다루어진 중요한 점은 무엇이었는가? 그리고 (2) 어떤 개념을 혼동하였는가?

2.43 메탄과 물은 비슷한 분자량을 가지고 있지만(각각 16과 18 달톤) 매우 다른 특성을 지니고 있다. 메탄은 왜 자기들 끼리 그리고 다른 분자와 수소결합을 형성할 수 없는지 설명하시오.

2.44 영문학을 전공하는 기숙사 친구는 특히 보고서를 제출하여야 하는 수업 시간 직전에 많은 양의 제산제를 복용한다. 이 약제가 어떻게 위산과다를 중화시키는지 설명을 부탁하였다. 100 단어의 문단으로 작성하시오.

참고문헌

Ball, P., 2000. *Life's Matrix: A Biography of Water.* New York: Farrar, Straus & Giroux.
Boyer, R., 2000. pH, buffers, electrodes, and biosensors. In *Modern Experimental Biochemistry*, 3rd ed., pp. 29–41. San Francisco: Benjamin/Cummings.
Colson, S. and Dunning, T. Jr., 1994. The structure of nature's solvent: water. *Science* 265:43–44.
Daviss, B., 2004. Structured water is changing models. *The Scientist*, Nov. 8:14–15.
Gerstein, M. and Levitt, M., 1998. Simulating water and the molecules of life. *Sci. Am.* 279(11):101–105.
Kegley, S. and Andrews, J., 1997. *The Chemistry of Water.* Sausalito, CA: University Science Books.
Mattos, C., 2002. Protein–water interactions in a dynamic world. *Trends Biochem. Sci.* 27:203–208.
Norby, J., 2000. The origin and the meaning of the little p in pH. *Trends Biochem. Sci.* 25:36–37.
Po, H. and Senozan, N., 2001. The Henderson–Hasselbalch equation: Its history and limitations. *J. Chem. Educ.* 78:1499–1503.
Pollack, G., 2001. *Cells, Gels, and the Engines of Life.* Seattle, WA: Ebner & Sons.
Rawls, R., 2001. Watching water line dance. *Chem. Eng. News*, Dec. 17:14
Wettlaufer, J. and Dash, J., 2000. Melting below zero. *Sci. Am.* 282(2): 50–53.
Zeuthen, T., 2001. How water molecules pass through aquaporins, *Trends Biochem. Sci.* 26:77–79.

CHAPTER

3

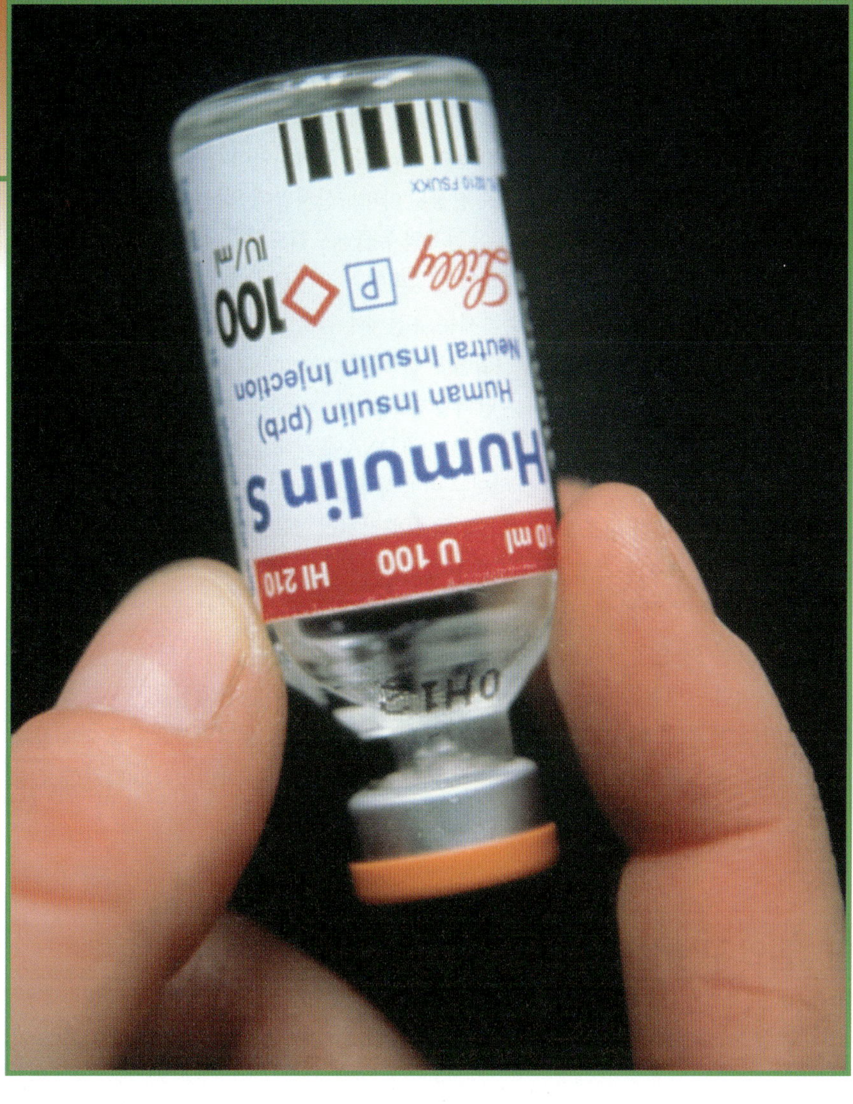

인슐린(insulin)은 총 51개의 아미노산으로 구성된 2개의 펩티드 사슬이 공유결합에 의하여 형성된 호르몬이다. 이 호르몬은 이자(췌장)에서 분비되며 혈당을 조절한다. 인슐린 생성에 결함이 있거나 생성된 인슐린이 제대로 활용되지 못하면 대표적 대사증후군 질병인 당뇨병(diabetes)이 유발된다. 인슐린을 정규적으로 주사 받은 당뇨병 환자는 적정 혈당량을 유지하며 정상적인 생활을 영유한다. 인간의 인슐린은 극소량이고 비싸기 때문에 당뇨병 환자들은 일반적으로 다른 동물의 인슐린을 사용하였다. 돼지나 소의 인슐린 구조는 사람의 인슐린 구조와 비슷하여, 아미노산서열(1차구조)은 돼지의 경우는 한 개, 소는 3개가 사람 인슐린의 아미노산서열과 다르다. 다른 생물체의 인슐린에 대한 항체 반응이 일어나지만 매우 드물다. DNA 재조합 기술을 사용하여 세균에서 제조된 사람의 인슐린이 임상에 이용되고 있다.

아미노산, 펩티드 및 단백질

단백질(protein)이란 용어는 네덜란드의 화학자 물더(Gerardus Mulder)가 모든 동 · 식물에 다량으로 존재하는 특정그룹의 물질을 명명하기 위하여 1838년에 처음으로 사용되었다. 물더는 단백질의 중요성을 정확히 예견하고 이 물질을 "우선" 또는 "첫째"라는 의미를 지닌 그리스어의 프로테이오스(proteios)를 인용하여 명명하였다. 아미노산으로 구성된 생체 중합체(biopolymer)인 단백질은 다양한 구조와 기능을 나타낸다. 생체 중합체를 구성하는 아미노산은 20가지이며 이들 각각은 특이한 화학적 구조를 지녔다. 각 유형의 단백질은 유전적으로 결정된 아미노산서열에 의하여 특이한 구조를 갖는다. 아미노산의 비율 및 서열을 결정짓는 정보는 유전자의 뉴클레오티드염기서열에 내재되어 있다. 인간 유전체(genome) 염기서열의 초안이 2000년 6월에 완성되어 우리는 DNA의 뉴클레오티드 서열을 어느 정도 정확하게 알 수 있다. 앞으로 풀어야 할 과제는 유전체에 암호화되어 있는 모든 단백질 산물의 기능을 이해하는 것이다. 이 모든 단백질들의 집합을 단백질체(proteome)라고 부른다. 이 책의 다음 몇 장은 세포 내의 모든 단백질을 폭넓게 연구하는 **단백질체학(proteomics)**에 초점을 두었다. 단백질체학이 지향하는 목표를 구체적으로 열거하면 다음과 같다. (1) DNA에 의해 암호화되는 모든 단백질 산물을 분류하고 그 특성을 조사한다. (2) 조절 및 발현되는 단백질 량(세포 내 농도와 건강에 미치는 영향)을 조사한다. (3) 각 단백질의 완전한 구조를 결정한다. (4) 단백질끼리 그리고 다른 생체분자와의 상호작용을 연구한다. (5) 각 단백질의 기능적 역할을 규명한다.

각 형태의 단백질은 제각기 독특하게 지닌 아미노산 조성과 서열로 인하여 자신에게 주어진 생화학 기능을 수행하는 데 필요한 3차원적 구조로 정확하게 접히게 된다. 생체분자로서의 단백질은 매우 다양한 기능을 나타낸다. 어떤 단백질들은 근 수축과 구조 유지에 관여하고, 어떤 단백질들은 작은 분자의 저장 및 수송에 관여한다. 항체(면역을 담당하는 분자), 효소(생물학적 촉매) 및 몇몇 호르몬도 단백질이다. 단백질이 매우 다양한 생물학적 기능을 나타내는 것은 단백질을 구성하는 아미노산의 다양한 조성 및 서열 때문이다.

3.1 단백질의 구성 성분으로서의 아미노산

학습 목표

단백질을 구성하는 α-아미노산의 구조, 화학적 및 생물학적 특성을 공부한다.

α-아미노산의 특성

아미노산은 적어도 한 개의 카르복실기(carboxyl group)와 아미노기(amino group)를 지닌 유기분자이다. 이처럼 넓은 의미로 말하면 동식물에는 수백 가지의 서로 다른 아미노산 종류가 존재한다. 그러나 이 장에서는 유전적으로 암호화되어 단백질을 합성하는 20개의 아미노산에 초점을 맞춘다(표 3.1). (생화학 들여다보기 3-1에 나타낸 미생물 단백질들에 부수적으로 존재하는 아미노산 2개를 참조하시오). 이 20개 아미노산들의 일반적인 구조는 동일하며 모두 중심 탄소(알파 탄소)에 수소, 카르복실기, 아미노기 및 R로 표시되는 곁사슬(side chain)이 붙어있다(그림 3.1). 이들 아미노산은 α-탄소를 중심으로 작용기들이 놓여 있기 때문에 **α-아미노산 (α-amino acid)**이라 한다. R로 표시된 곁사슬에는 수소 원자부터 복잡한 고리 구조의 화합물까지 다양하다. 이 곁사슬의 특성이 아미노산의 독특한 화학적 생물학적 반응을 결정한다.

α-Carbon → COOH, H_2N-C-H, R

⇓ pH ~ 7.4

COO^-, $H_3\overset{+}{N}-C-H$, R

그림 3.1 단백질에 있는 20가지 아미노산의 일반 구조. 4개의 작용기가 α-탄소에 공유결합으로 연결되어 있다. 그림 상단에 나타낸 구조는 존재하는 작용기들만을 나타낸 것이며 이들이 올바르게 이온화된 상태를 나타낸 것은 아니다. 하단에 나타낸 구조는 생리적 pH에서 존재하는 올바른 이온구조를 나타낸 것이다.

그림 3.1 상단의 아미노산 구조는 이온화 되지 않은 작용기들을 나타낸 것이다. 카르복실기(—COOH)는 산성이므로 수용액에서 수소 이온(양성자)을 제공할 수 있다. 아미노기(—NH_2)는 염기성으로 수소 이온(양성자)을 받을 수 있다. 그림 3.1 하단의 구조는 아미노산이 생리적 pH 7.4에서 산-염기 반응에 의하여 이온화된 아미노산의 구조를 나타낸 것이다. 곁사슬 R도 산성 혹은 염기성 성질을 지닌 작용기일 수 있으므로 수소 이온(양성자)을 제공하거나 받을 수 있다.

표 3.1
단백질에서 발견되는 20가지 아미노산의 약어

Name	One-Letter Abbreviation	Three-Letter Abbreviation
Glycine	G	Gly
Alanine	A	Ala
Valine	V	Val
Leucine	L	Leu
Isoleucine	I	Ile
Methionine	M	Met
Phenylalanine	F	Phe
Proline	P	Pro
Serine	S	Ser
Threonine	T	Thr
Cysteine	C	Cys
Asparagine	N	Asn
Glutamine	Q	Gln
Tyrosine	Y	Tyr
Tryptophan	W	Trp
Aspartate	D	Asp
Glutamate	E	Glu
Histidine	H	His
Lysine	K	Lys
Arginine	R	Arg

입체화학 글리신(R = H)을 제외한 각 아미노산의 사면체 α-탄소에는 4개의 서로 다른 원자나 작용기가 붙어 있으므로 이 탄소는 **키랄중심(chiral center)**이다. 이와 같은 배열에 의하여 나타난 중요한 결과는 서로 겹치지 않는 두 개의 입체이성질체 D-와 L-아미노산이 존재한다는 것이다. 특히 이들 입체이성질체들은 서로 거울에 비친 모습과 동일하여 거울상 이성질체(enantiomer)라 한다(그림 3.2). 입체이성질체의 절대적인 구조를 나타내기 위해 α-카르복실기는 키랄탄소 위에, 그리고 종이 평면 뒤로 그린다. 곁사슬 R은 키랄탄소 아래에, 그리고 역시 종이 평면 뒤로 그린다. L-아미노산은 아미노기를 키랄탄소 왼편에, D-아미노산은 오른편에 그려 평면 앞으로 나오게 놓는다.

D와 L-아미노산은 서로 거울상 이성질체이다. 순수 분리된 각각의 입체이성질체는 평면 편광(plane-polarized light)을 회전시키는 광학 활성을 가지고 있다. 어떤 물질의 입체이성질체 L이 빛을 왼편으로 회전시키면 이 물질의 입체이성질체 D는 빛을 오른편으로 회전시킨다. 즉 두 입체이성질체는 서로 정반대의 회전각을 가진다. 자연계에는 D형 및 L형의 아미노산 이성질체가 공존하지만, L형 아미노산만이 단백질을 구성하는 데 이용된다. 그렇지만 최근에 D형 아미노산이 세포 내에서 단백질 혹은 아미노산 형태로도 발견되었다.

D-알라닌과 D-글루탐산은 그람음성 대장균과 원시세균(archaea) 세포벽의 뼈대를 이루는 작은 펩티드들에서 처음 발견되었다. 이처럼 생소한 입체이성질체가 세포벽에 존재하면 세포벽은 효소들에 의한 가수분해가 잘 일어나지 않는다. 발리노마이신(valinomycin), 악티노마이신 D(actinomycin D), 그라

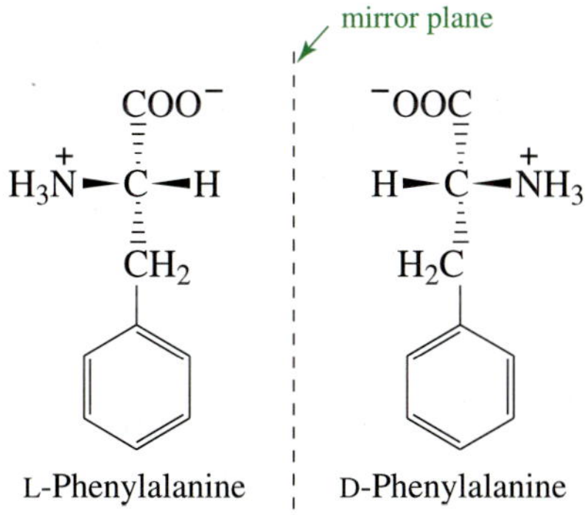

mirror plane

COO^- / $H_3\overset{+}{N}$—C—H / CH_2 — L-Phenylalanine

^-OOC / H—C—$\overset{+}{N}H_3$ / H_2C — D-Phenylalanine

그림 3.2 페닐알라닌에 대한 D 형과 L 형의 거울상 이성질체. 이 두 개의 구조는 서로 거울에 비친 상(mirror image)이다. 점선으로 연결된 결합은 α-탄소를 중심으로 평면의 뒤를 향하며 ◀은 평면 앞으로 향한 결합을 의미한다.

미시딘 A(gramicidin A)와 같은 펩티드 항생물질에는 D-발린이 존재한다. 대장균의 세포벽이나 항생물질에서 발견된 D-아미노산들은 정상적인 단백질합성 과정(DNA → mRNA → 단백질; 1.5절 참조)에서 사용되지 않는다. 이들 펩티드는 전령RNA(tRNA)와 결합하지 않는 아미노산들이 반응하여 합성된다.

최근에 생화학자들은 사람의 치아, 수정체, 적혈구 및 몇몇 암세포들에 존재하는 단백질들에서도 D-아미노산(일반적으로 아스파르트산)을 발견하였다. 이 단백질들은 나이와 더불어 축적되는 것들이다. 노화된 단백질에서 시간이 경과함에 따라 자연 상태의 L-아스파르트산이 D-아스파르트산으로 전환되는 것으로 보인다. 변형된 단백질은 일반적으로 정상 단백질보다는 생물학적 효능이 떨어진다.

D-아미노산에 관한 가장 흥미로운 사실은 동물의 뇌에서 D-세린이 신경전달 물질로 합성된다는 것이다. 이 희귀한 입체이성질체의 농도가 생리학적으로 의외로 매우 높다는 사실이 밝혀졌다. 존스 홉킨스 의과대학의 생물학자들은 쥐의 뇌에서 L-세린을 D-세린으로 변환시키는 효소를 발견하였다.

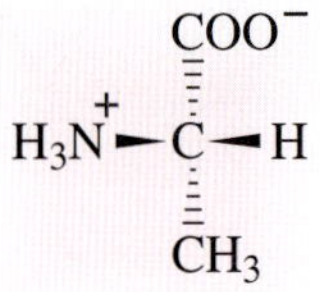

그림 3.3 아미노산의 양성이온형. 그림은 L-알라닌이며 α-탄소가 종이의 평면에 놓여 있다고 가정하라.

아미노산의 이온 형태 20개 아미노산은 순수한 상태에서 모두 용해점이 높은 백색의 결정체이다. 이들은 물에는 녹으나 아세톤, 클로로포름 및 에테르와 같은 유기용매에는 녹지 않는다. 아미노산 수용액은 전류를 전도한다. 위와 같은 특성들은 그림 3.1과 3.2에 나타낸 구조식에서처럼 이온 화합물(ionic compound)이나 염(salt)에서 찾아볼 수 있다. 생리학적 pH 7.4 근처에서 아미노산은 쌍극성 이온물질(dipolar ionic species)로 존재한다(그림 3.3). 즉 아미노산은 양전하와 음전하를 동시에 가지고 있다. 이러한 형태를 **양성이온(zwitterion)**이라 한다. 이 단어는 독일어로 내부 염이라는 의미이다.

그림 3.3과 아래 반응에 간단히 나타낸 것처럼, pK_a 값이 2.3인 카르복실기는 수소이온을 해리하고 pK_a 값이 9.7인 NH_3^+도 수소이온을 해리한다. 곁사슬 R이 전하를 갖지 않으면, 중성 pH에서 쌍성이온 형태의 아미노산(구조 B)의 순전하(net charge)는 0이다. 아미노산의 산 · 염기 특성을 이해하는 것은 어떠한 pH 조건 하에서도 아미노산의 이온 형태를 예측할 수 있게 하기 때문에 중요하다. 아미노산의 전하를 예측하는 것은 단백질 구조 및 기능을 기술할 때 특히 중요하다. 20개 아미노산의 pK 값을 표 3.2에 열거하였다.

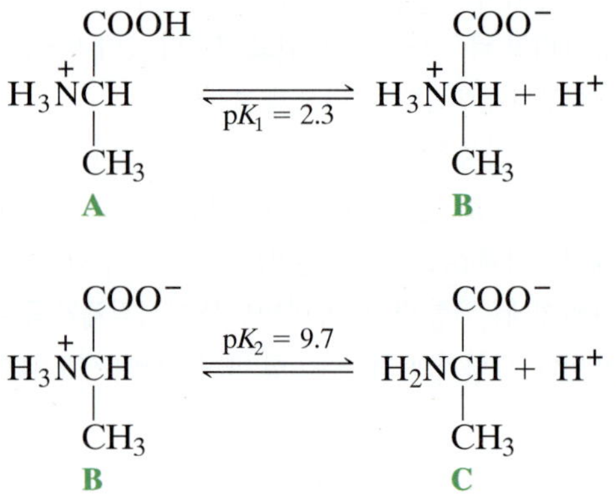

$$\underset{\textbf{A}}{H_3\overset{+}{N}CH(COOH)CH_3} \xrightleftharpoons[pK_1\,=\,2.3]{} \underset{\textbf{B}}{H_3\overset{+}{N}CH(COO^-)CH_3} + H^+$$

$$\underset{\textbf{B}}{H_3\overset{+}{N}CH(COO^-)CH_3} \xrightleftharpoons{pK_2\,=\,9.7} \underset{\textbf{C}}{H_2NCH(COO^-)CH_3} + H^+$$

아미노산은 산과 염기의 작용기를 가지고 있으므로, 2장에서 아세트산 적정에 대하여 기술한 것처럼 아미노산을 적정할 수 있다. 곁사슬 R이 CH_3로 구성된 아미노산 알라닌(alanine)의 적정곡선을 그림 3.4a에 나타냈다. 아세트산의 적정곡선과 비교하면(그림 2.10), 단지 사소한 차이만이 있음을 알 수 있다. 알라닌에 대하여는 두 개의 변곡점 즉 두 개의 pK_a 값이 존재한다. 이들 두 개의 pK_a 값 중 하나는 카르복실기의 양성자 해리에 대한 값이며($pK_1 = 2.3$)이며 다른 하나는 아미노기의 양성자 해리에 대한 값($pK_2 = 9.7$)이다. 위 반응은 알라닌에 대한 화학적 변화를 나타낸 것이다. 산성 pH에서 알라닌의 아미노산 형태는 대부분 A와 같다. 카르복실기의 산성 양성자는 염기와의 적정 시 반응하여 양성이온인 B 형태로 된다. 적정 용액의 pH가 2.3일 때, 알라닌 분자의 50% 정도는 A 형태로, 나머지 50%는 B 형태로 존재한다. 염기를 더 첨가하여 적정하면, B 형태는 또 다른 양성자(—NH_3^+)를 해리하여 C 형태로 변한다. 적정 용액의 pH가 9.7일 때, 알라닌 분자의 50% 정도는 B 형태로, 50%는 C 형태로 존재한다. 곁사슬 R

표 3.2
단백질에서 발견되는 20가지 아미노산의 p*K* 값. pK_1은 α-카르복실기, pK_2는 α-아미노기, 그리고 pK_R은 곁사슬 R의 이온화되는 작용기의 값이다.

Name	pK_1	pK_2	pK_R
Glycine	2.4	9.8	
Alanine	2.3	9.7	
Valine	2.3	9.6	
Leucine	2.4	9.6	
Isoleucine	2.4	9.7	
Methionine	2.3	9.2	
Phenylalanine	1.8	9.1	
Proline	2.0	10.6	
Serine	2.1	9.2	
Threonine	2.6	10.4	
Cysteine	1.8	10.8	8.3
Asparagine	2.0	8.8	
Glutamine	2.2	9.1	
Tyrosine	2.2	9.1	10.9
Tryptophan	2.4	9.4	
Aspartate	2.0	10.0	3.9
Glutamate	2.2	9.7	4.3
Histidine	1.8	9.2	6.0
Lysine	2.2	9.2	10.8
Arginine	1.8	9.0	12.5

$$(pK_2)\ H_3\overset{+}{N}-\underset{|}{\overset{|}{C}}-H \quad \text{COOH } (pK_1) \quad \text{X}-\text{H } (pK_R)$$

X=S, N, $\underset{\|}{C}-O^-$ (C=O)

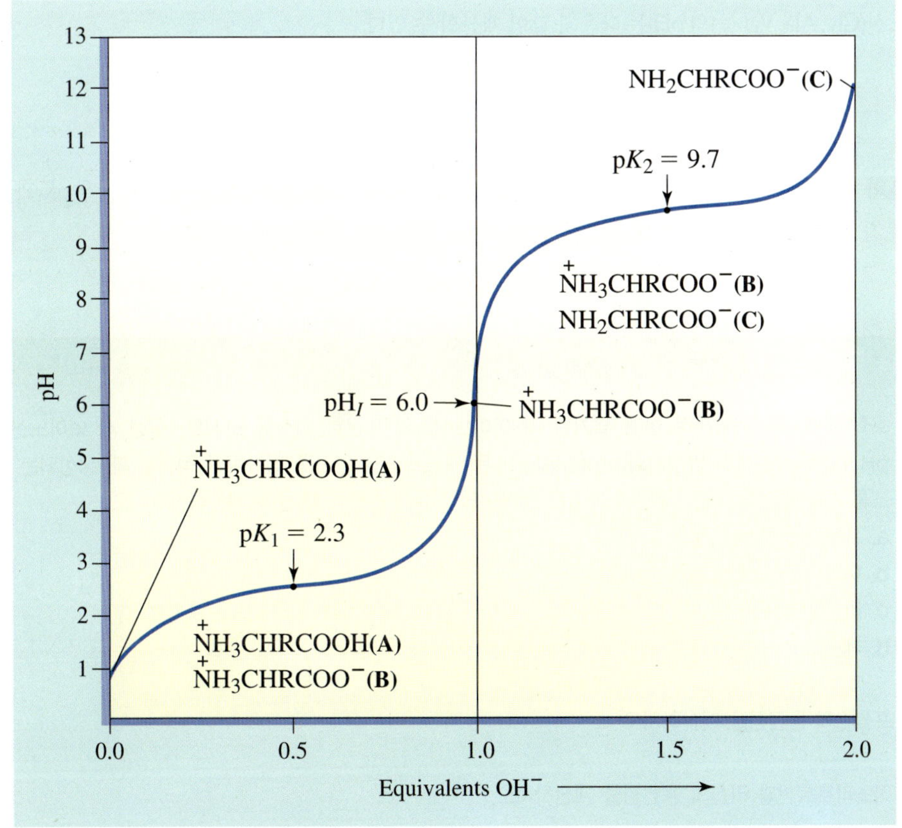

(a)

그림 3.4 (a) 알라닌에 대한 산-염기 적정곡선(acid-base titration curve). 각 pH 조건 하에서 주된 이온형태를 A, B, C로 표시하였다. 적정 시작점에는 A, 적정 종말점에는 C, 그리고 pH = pH$_I$ 인 점에서는 B만 존재한다. (pH$_I$는 분자 구조의 순전하(net charge) 값이 0일 때의 pH이다). 이들 점 사이에서는 pH 값이 p*K* 값과 같을 때 두 가지 이온 형태가 동량 존재한다. 즉 pK_1인 점에서는 A와 B, pK_2인 점에서는 B와 C가 같은 양으로 존재한다. (b) 아미노산 구조와 함께 적정 결과를 나타내는 또 다른 방법. 수평선은 pH 0에서 14까지를 나타내는 pH 구간이며, 주된 분자구조를 수평선 아래 나타냈다.

그림 3.4 계속

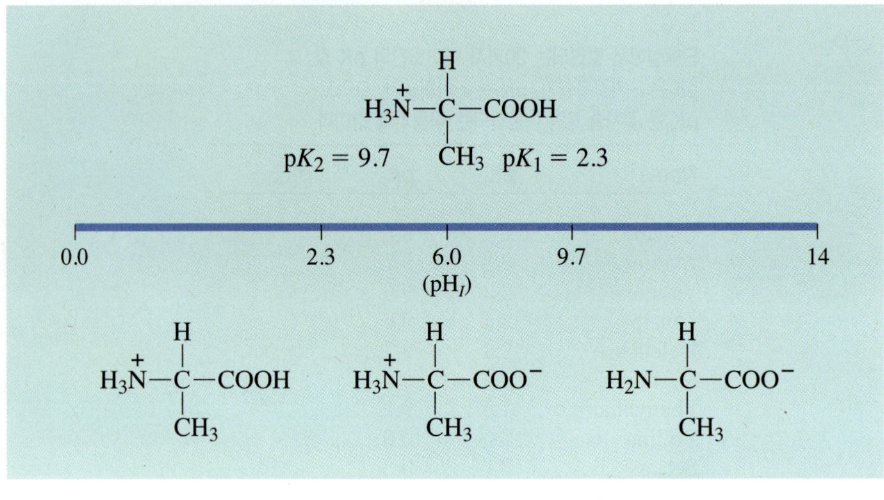

(b)

에 산 또는 염기 작용기를 지닌 아미노산들을 제외한 모든 α-아미노산은 그림 3.4와 동일한 형태의 적정곡선을 형성한다. 아미노산의 구조가 어떻게 주위의 pH에 따라 변하는지를 다시 한 번 주목하기 바란다.

아미노산의 산 염기 적정 결과를 아미노산 구조와 함께 그림 3.4b에 나타냈다. 이 그림에서 수평선은 pH 범위와 pK_a 값을 나타내기 위하여 사용되었다. 각 pH 범위에서 아미노산의 주된 구조를 나타냈다.

그림 3.4a와 3.4b에 나타낸 아미노산 적정곡선에서 또 다른 중요한 사항은 등전점(isoelectric point, pH$_I$)이다. 등전점은 분자들의 순전하 값이 0이 되는 pH 값이다(이 그림의 적정곡선에서 pH$_I$는 6.0이다). 양성이온 구조는 등전점에서만 나타날 수 있는 구조이다. 이온화 될 수 있는 작용기를 2개 지닌 아미노산(Gly, Ala, Val 등)의 pH$_I$는 다음과 같이 계산할 수 있다.

$$pH_I = \frac{pK_1 + pK_2}{2}$$

이온화 되는 작용기를 3개 이상 지닌 아미노산의 pH$_I$도 위 식을 이용하여 계산한다. 이 경우 pK_1과 pK_2는 분자 구조에서 전하의 합이 0(중성 전하)인 구조로 전환되는 지점의 pK_a 값이다.

복습 문제

1. 화학 구조식을 사용하여 아래 열거된 각 아미노산들의 이온화 과정을 쓰시오. 작성 시 아미노산이 pH 1.0에서 완전히 양성자화(protonated) 된 구조로부터 염기를 첨가하여 적정할 때 생성되는 구조를 순서대로 쓰시오. 본문에 기술된 알라닌의 이온화 반응처럼 반응식을 작성하시오.
   a. 프롤린(proline)
   b. 아스파르트산(aspartic acid)
   c. 리신(lysine)
   d. 세린(serine)

2. 프롤린의 등전점을 계산하시오.

3. 아스파르트산과 리신의 등전점을 계산하시오.

아스파르트산: 아스파르트산의 이온화 반응을 쓴다.

여기서부터 시작한다:

$$\underset{\text{Net charge} = +1}{H_3\overset{+}{N}-\underset{\underset{COOH}{|}}{\underset{CH_2}{|}}{\overset{COOH}{\overset{|}{C}}}-H} \underset{}{\overset{pK_1}{\rightleftharpoons}} \underset{\text{Net charge} = 0}{H_3\overset{+}{N}-C(COO^-)(CH_2COOH)-H} \overset{pK_R}{\rightleftharpoons} \underset{\text{Net charge} = -1}{H_3\overset{+}{N}-C(COO^-)(CH_2COO^-)-H} \overset{pK_2}{\rightleftharpoons} \underset{\text{Net charge} = -2}{H_2N-C(COO^-)(CH_2COO^-)-H}$$

등전점에서의 구조를 결정하는 pK 값은 pK_1과 pK_R이다. 따라서 $pH_I = \frac{pK_1 + pK_R}{2} = \frac{2.0 + 3.9}{2} = 3.0$

아미노산 분류

앞에서 20가지 아미노산의 공통적인 특징들을 기술하였다. 지금부터는 아미노산의 독특한 화학적 및 생물학적 특징을 나타내는 곁사슬(side chain) R에 초점을 맞추어 설명하고자 한다. 곁사슬의 구조를 그림 3.5에 나타냈다. R기는 크기, 극성, 전하 및 화학적 반응성들이 서로 다르다. R기를 살펴보면, 아미노산은 곁사슬의 극성에 따라 분류할 수 있다는 것을 알 수 있다(표 3.3). 이와 같은 분류는 아미노산의 구조 및 반응성을 이해하는 데 도움을 준다. 학생들은 아미노산의 이름, 구조 및 분류 외에도 각 아미노산을 표시하는 데 사용되는 약어(한 글자 또는 세 글자 표시법)를 숙지하여야 한다(표3.1 참조).

표 3.3
pH 7.4에서 곁사슬의 반응성 및 극성에 의한 아미노산 분류

Group Ⅰ Hydrophobic	Group Ⅱ Polar, Uncharged	Group Ⅲ Polar, Charged
Gly	Ser	Asp
Ala	Thr	Glu
Val	Cys	Lys
Leu	Tyr	Arg
Ile	Asn	
Pro	Gln	
Met	His	
Phe		
Trp		

그룹 Ⅰ: 비극성, 소수성 곁사슬을 가진 아미노산 그룹 Ⅰ에 속하는 아미노산은 글리신(glycine), 알라닌(alanine), 발린(valine), 루신(leucine), 이소루신(isoleucine), 프롤린(proline), 페닐알라닌(phenylalanine), 메티오닌(methionine)과 트립토판(tryptophan) 등이다. 이 그룹에 속하는 아미노산의 곁사슬은 지방족

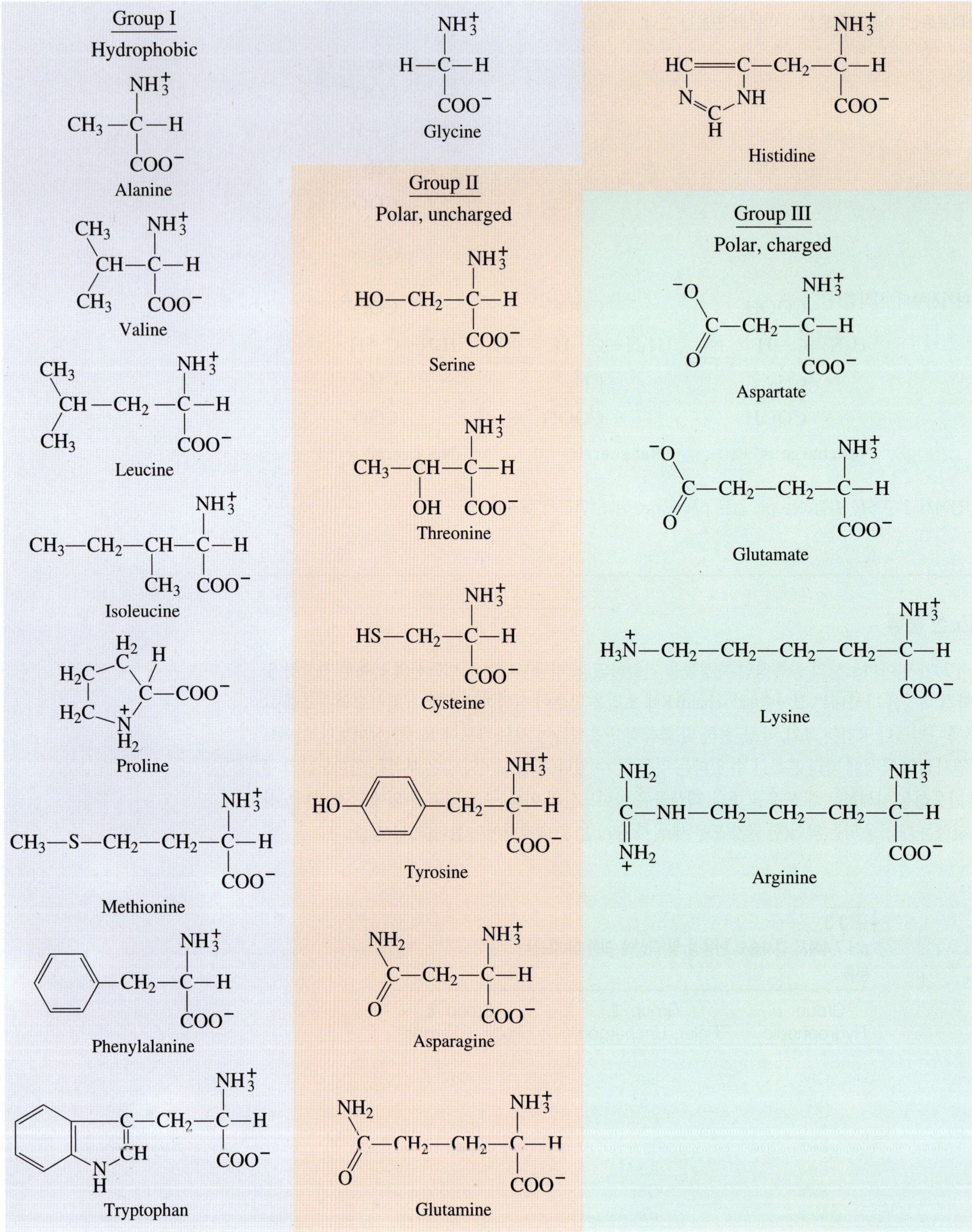

그림 3.5 단백질에 있는 20가지 아미노산의 완전한 구조. 생리적 pH에서의 아미노산의 구조를 나타냈으며 곁사슬의 화학적 반응성과 극성에 근거하여 세 개의 그룹으로 나누었다.

(aliphatic) 또는 방향족(aromatic) 기로 구성되어 있어 소수성(hydrophobic)이다. 곁사슬이 주로 탄화수소이기 때문에 중요한 화학 반응성은 거의 없다. 수용액에 녹아 있는 단백질은 그룹 Ⅰ의 소수성 아미노산들이 단백질의 내부에 위치할 수 있도록 3차원적인 구조로 접혀진다. 글리신의 곁사슬 R은 극성도 비극성도 아니어서 학자들 사이에 글리신을 어떻게 분류할 것인가에 대한 의견이 분분하다. 하지만, 글리신 곁사슬은 반응성이 없기 때문에 글리신은 비극성 아미노산에 가깝다.

그룹 Ⅱ: 생리학적 pH에서 극성이면서 전하가 없는 곁사슬을 가진 아미노산 그룹 Ⅱ에 속하는 아미노산은 세린(serine), 시스테인(cysteine), 트레오닌(threonine), 티로신(tyrosine), 아스파라긴(asparagine), 글루타민(glutamine), 히스티딘(histidine) 등이다. 이들 아미노산의 곁사슬에 있는 작용기의 종류는 매우 다양하다. 이들 작용기는 모두 물을 비롯한 다른 분자들과 수소결합이 가능한 전자쌍을 지닌 N, O 또는 S의 헤테로원자(heteroatom)를 적어도 한 개 가지고 있다. 이 그룹에 속하는 아미노산들 중에서 가장 흥미로운 아미노산은 곁사슬에 SH(티올)를 가진 시스테인이다. 시스테인의 SH기는 산화 조건에서 다른 시스테인의 SH와 반응하여 **이황화결합(disulfide bond)**을 형성한다(그림 3.6). 환원제는 이황화결합을 다시 티올기로 환원시킨다. 시스테인 사이의 공유결합은 앞으로 우리가 살펴볼 단백질의 3차구조에서 중요하다.

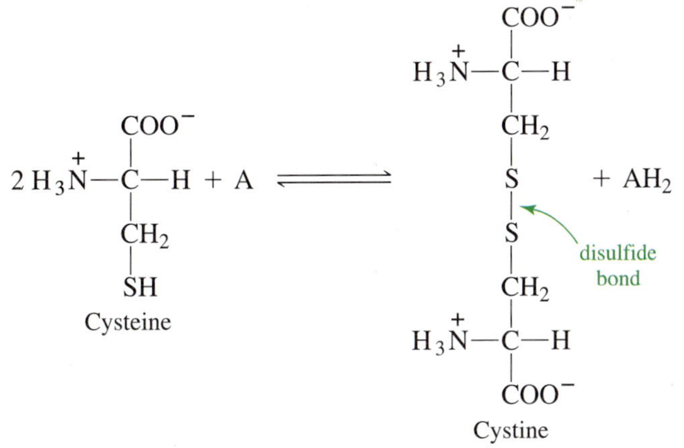

$$2\,H_3\overset{+}{N}-CH(COO^-)(CH_2SH) + A \rightleftharpoons [\,H_3\overset{+}{N}-CH(COO^-)-CH_2-S-S-CH_2-CH(COO^-)-\overset{+}{N}H_3\,] + AH_2$$

Cysteine → Cystine (S–S: disulfide bond)

그림 3.6 산화 조건(oxidizing conditions) 하에서 두 개의 시스테인 잔기는 이황화결합(disulfide bond)을 형성한다. 환원제 AH_2는 역으로 이황화결합을 환원시킨다.

히스티딘의 이미다졸(imidazole) 곁사슬은 생리학적 pH에 근접한 pK_a 값을 가지고 있어서, 실제 생체 내의 조건에 따라 주된 이온 형태 2개의 농도가 결정된다(그림 3.7). 생리학적 pH 7.4에서는 양성이온 형태가 약간 더 많이 존재한다. 그룹 Ⅱ 및 Ⅲ의 아미노산들은 친수성이어서 수용액 상태에서 단백질의 외부에 밀집하려고 한다.

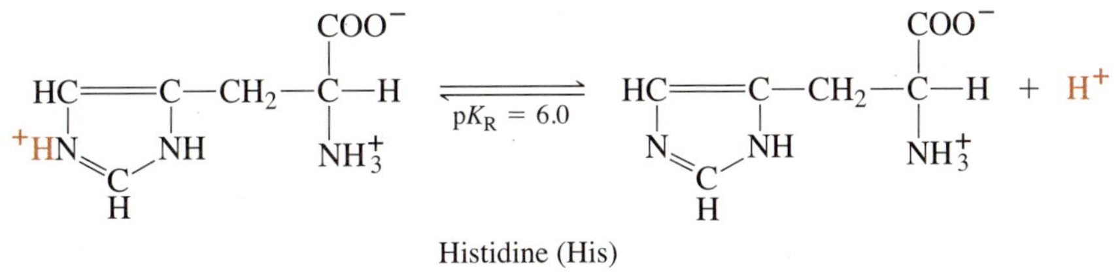

$$\text{(imidazolium, }{}^{+}HN\text{)}-CH_2-CH(COO^-)(NH_3^+) \underset{pK_R\,=\,6.0}{\rightleftharpoons} \text{(imidazole, }N\text{)}-CH_2-CH(COO^-)(NH_3^+) + H^+$$

Histidine (His)

그림 3.7 생체 내에 존재하는 히스티딘의 두 가지 이온 형태. pH 7.4에서 주된 이온 형태는 어느 것일까?

그룹 Ⅲ: 생리학적 pH에서 극성이면서 전하를 띠는 곁사슬을 가진 아미노산 그룹 Ⅲ의 아미노산에는 아스파르트산(aspartate), 글루탐산(glutamate), 리신(lysine), 아르기닌(arginine) 등이 있다. 이들의 곁사슬은 산성 또는 염기성의 작용기이다. 생리학적 pH에서 아스파르트산과 글루탐산의 곁사슬은 양성자를 해리하여 카르복실산 음이온을 형성한다. pH 7.4에서 지배적으로 존재하는 이들 분자의 순전하는 −1이다. 곁사슬에 아미노기를 지닌 리신과 구아니디노기(guanidino group)를 지닌 아르기닌은 생리학적 pH에서 +1의 이온 상태로 존재한다(그림 3.5 참조).

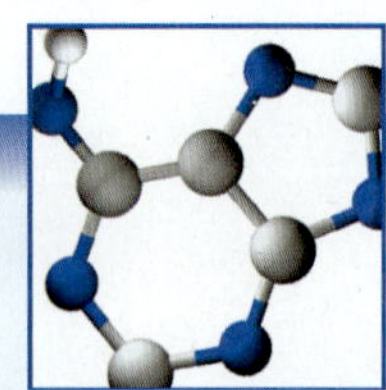

3-1 생화학 들여다보기

21번 및 22번 아미노산 발견

생물학 시험에서 자연계에 존재하는 단백질은 몇 개의 아미노산으로 구성되었는가 하는 질문에 얼마나 많이 20개라고 답하였는가? 여러분의 답은 맞았다. 그런데 일상생활의 많은 일들처럼 아미노산의 개수도 변화 중이다. 단백질을 구성하는 아미노산이 새로 발견되어 이것이 진정으로 단백질을 구성하는 아미노산들 중의 하나가 되려면 단백질합성 과정에서 이 아미노산을 인식하는 tRNA(전령RNA)와 상보적인 특정 염기서열인 코돈이 mRNA에 존재하여야 한다. 즉 유전적으로 이 아미노산이 암호화되어 있어야 한다. 과학자들은 최근 이러한 법칙에 들어맞는 새로운 아미노산 2개를 발견하였다. 21번 아미노산 **셀레노시스테인(selenocysteine)**은 시스테인의 황 원자가 셀레늄 원소로 대치된 것으로서 동물의 글루타티온 과산화효소(glutathione peroxidase)를 비롯한 여러 단백질에서 발견되었다. 또 다른 새로운 아미노산 후보군은 **1-피롤리신(1-pyrrolysine)**으로 담수 미생물 메타노사르시나 바르케리(*Methanosarcina barkeri*, 메탄생성균의 일종)에서 분리한 모노메틸아민메틸기전달효소(monomethylamine methyltransferase)에 존재한다. 이 효소는 메틸아민이 메탄으로 형성되는 것을 촉진한다. 이

아미노산의 반응성 및 분석

α-아미노산의 화학적 반응성은 아미노산이 지닌 작용기의 특성에 의하여 결정된다. 우리는 그룹 Ⅰ과 Ⅱ의 아미노산에 대한 산 · 염기 적정반응을 이미 논하였다. 그룹 Ⅲ의 아미노산과 히스티딘을 적정하면 세 개의 변곡점(이것에서 세 개의 pK_a 값을 계산할 수 있다)이 관찰된다. pK_1은 α-카르복실기, pK_2는 아미노기, pK_R은 곁사슬 R에 존재하는 이온화될 수 있는 작용기에 대한 값이다. 이외의 다른 중요한 반응들도 아미노산에서 일어난다. 반응 조건이 맞으면 카르복실기는 에스테르(ester) 또는 아미드(amide)로 변환될 수 있고, 아미노기는 아미드로 변환될 수 있다. 세린과 같은 아미노산의 곁사슬에 있는 히드록실기(hydroxyl group)는 산과 반응하여 에스테르 산물을 형성한다. 이중 일부의 반응은 생리학적 조건 하에서 일어난다. 앞으로 곧 살펴볼 것처럼, 아미노산의 카르복실기는 다른 아미노산의 아미노기와 결합하여 아미드결합(amide bond) 즉 펩티드결합(peptide bond)을 이룬다.

이들 20가지의 아미노산 외에 특이한 아미노산을 함유한 단백질들이 가끔 발견된다. 대부분의 경우, 이 특이한 아미노산들은 20가지 아미노산으로부터 단백질이 형성된 후 화학 반응에 의해 파생된 것이다. 단백질에서 발견되는 아미노산의 몇몇 변형체를 그림 3.8에 나타냈다. 변형된 아미노산들은 단백질에 새로운 생화학 특성을 부여한다. 세포는 효소의 활성을 조절하기 위하여 종종 티로신과 세린을 화학적으로 변형시켜 *O*-포스포티로신(*O*-phosphotyrosine)과 포스포세린(phosphoserin)으로 만든다. 또한 구조단백질인 콜라겐(collagen)에는 히드록실화된 형태의 프롤린과 리신이 존재한다.

그림 3.8 단백질에서 발견되는 변형된 아미노산의 구조 4-히드록시프롤린(4-hydroxyproline)과 5-히드록시리신(5-hydroxylysine)은 동물의 힘줄을 구성하는 구조단백질인 콜라겐에서 발견된다. 포스포세린(phosphoserine)과 포스포티로신(phosphotyrosine)은 조절단백질의 반응성을 변화시킨다.

4-Hydroxyproline

$H_3\overset{+}{N}-CH_2-CH(OH)-CH_2-CH_2-C(COO^-)(H)-NH_3^+$

5-Hydroxylysine

$^-O-P(=O)(O^-)-O-CH_2-C(COO^-)(H)-NH_3^+$

Phosphoserine

Phosphotyrosine

두 가지 아미노산들은 단백질합성에 이용되는데 이들을 인식하는 코돈은 종결코돈이다. UGA 종결코돈은 셀레노시스테인을 인식하며 UAG 종결코돈은 1-피롤리신은 인식한다. 이들 아미노산에 대한 연구는 초기 단계에 있으며 이들의 성질을 규명하기 위해서는 더 많은 연구가 필요하다. 앞으로 더 많은 단백질들을 연구하면 할수록 새로운 아미노산들이 단백질 구성 성분으로 더 많이 발견될 것이다.

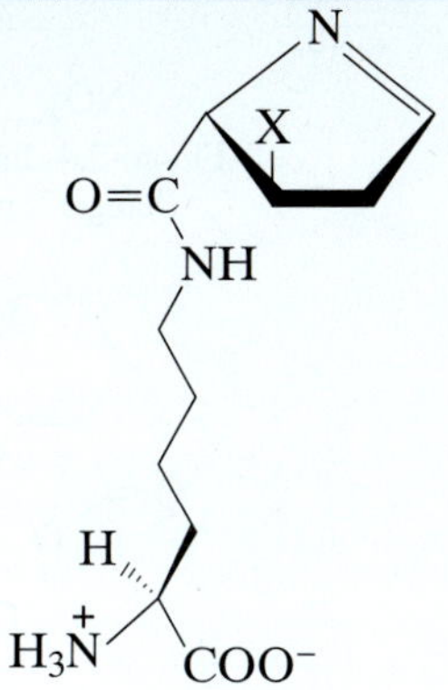

(X is probably CH_3, NH_2, or OH)
1-Pyrrolysine

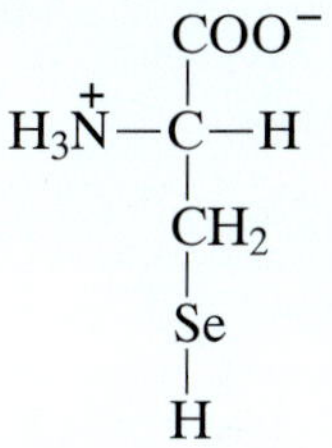

Selenocysteine

복습 문제

1. 생화학 들여다보기 3-1의 두 아미노산의 구조를 보고 그림 3.5에 소개된 세 가지 그룹 중 어디에 속하는지 말해 보시오.
   1-피롤리신에서 X = $-CH_3$ 라고 가정하시오. X가 −OH이면 분류가 달라지는가?

생명 과정에서 아미노산이 중요하기 때문에, 생화학자들은 아미노산 혼합물을 분석하는 방법을 몇 가지 개발하였다. 단백질의 아미노산 조성을 다음과 같은 방법으로 분석한다. (1) 단백질을 아미노산 구성원으로 분해하고, (2) 각 아미노산을 분리한 다음, (3) 분리한 아미노산을 동정하고 정량한다. 아미노산을 분리하고 동정하며 정량하는 방법으로 **크로마토그래피(chromatography)** 기술을 이용한다. **고성능액체크로마토그래피(high performance liquid chromatography, HPLC)**를 이용한 이온교환 방법(ion-exchange method)은 아미노산을 산·염기 특성(이온 전하)에 의하여 분리하기 때문에 매우 효과적이다. 아미노산을 분석하는 과정에서 다음과 같은 두 가지 문제가 발생한다. (1) 아미노산이 상당히 낮은 농도로 존재하므로 이들을 측정할 수 있는 민감한 기술이 필요하다. (2) 측정할 수 있는 물리적 또는 화학적 특성이 거의 없기 때문에 아미노산은 쉽게 검출되지 않는다. 그림 3.9는 아미노산과 반응하여 자외선-가시광선 흡광 및 형광 분광광도법(fluoresence spectrophotometry)처럼 민감한 기술로 측정할 수 있는 유도체를 형성하는 화학 시약들을 나타낸 것이다. 닌히드린(ninhydrin)은 아미노산과 반응하

(a)

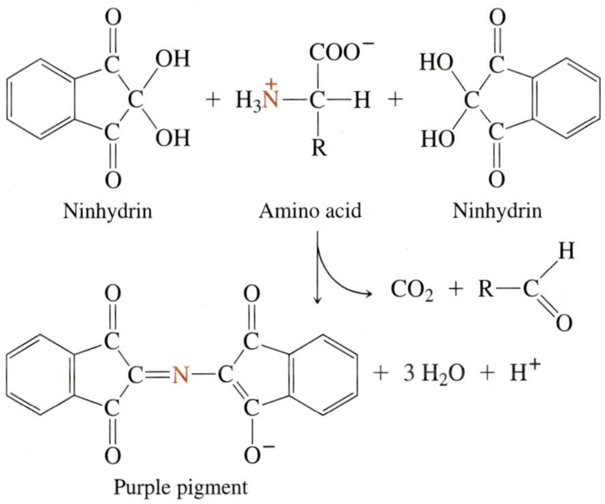

그림 3.9 아미노산 분석에 사용되는 시약. (a) 닌히드린(ninhydrin)은 프롤린을 제외한 모든 아미노산과 반응하여 파란색 내지 보라색 색상을 나타낸다. 프롤린과는 노란색을 나타낸다. (b-d) 생어 시약, 플루오레스카민(fluorescamine) 및 염화단실(dansyl chloride)은 아미노산 및 펩티드와 반응하여 색상을 띠거나 형광성이 있는 산물을 만든다.

그림 3.9 계속

(b)

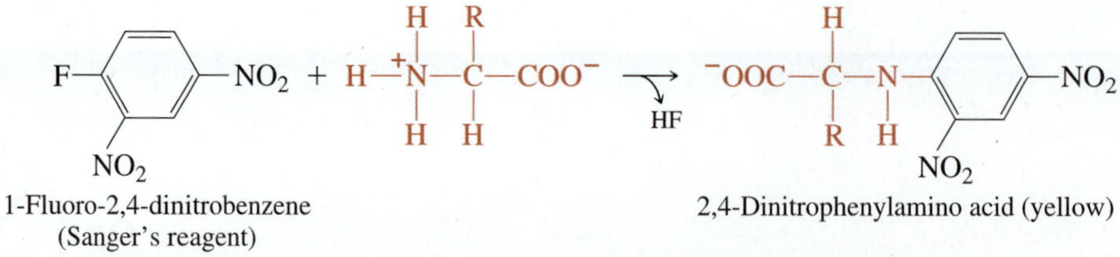

1-Fluoro-2,4-dinitrobenzene (Sanger's reagent) + $H-\overset{+}{N}H_2-CHR-COO^-$ $\xrightarrow{-HF}$ 2,4-Dinitrophenylamino acid (yellow)

(c)

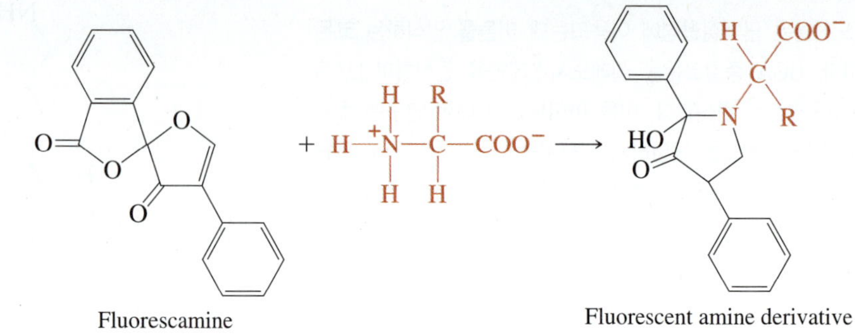

Fluorescamine + $H-\overset{+}{N}H_2-CHR-COO^-$ $\longrightarrow$ Fluorescent amine derivative

(d)

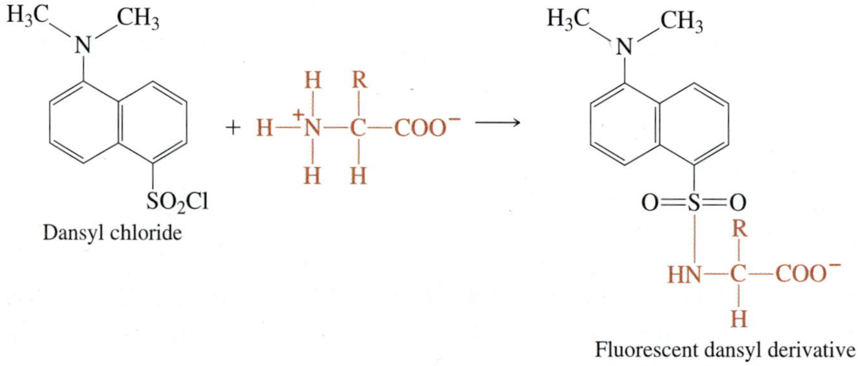

Dansyl chloride + $H-\overset{+}{N}H_2-CHR-COO^-$ $\longrightarrow$ Fluorescent dansyl derivative

여 보라색 색소를 형성한다(프롤린과는 노란색). 생어시약(Sanger's reagent, 1-플루오르-2,4-디니트로벤젠)은 α-아미노산의 아미노기와 반응하여 분광광도법으로 쉽게 측정되는 노란색의 유도체를 형성한다. 플루오레스카민(fluorescamine)과 염화단실(dansyl chloride) 시약은 형광성을 띤 아미노산 유도체를 형성한다. 이들 화학 시약은 나노몰(10^{-9} mol)에서 피코몰(10^{-12} mol) 범위에 존재하는 아미노산을 측정할 수 있다.

3.2 폴리펩티드와 단백질

학습 목표

아미노산을 연결시켜 단백질을 형성하는 아미드결합을 이해한다.

두 개의 아미노산은 아미드결합 즉 펩티드결합을 형성하면서 서로 연결될 수 있다.

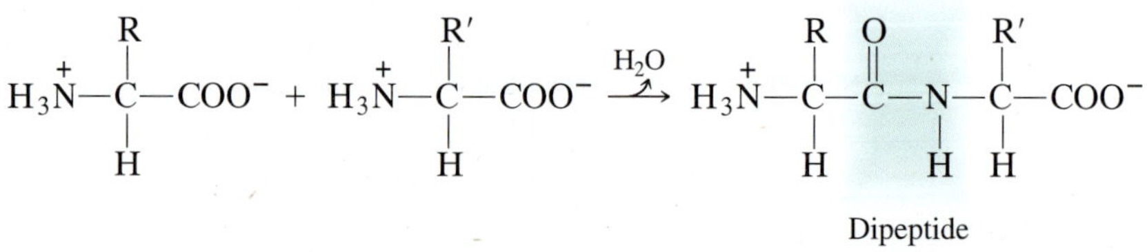

$$H_3\overset{+}{N}-CHR-COO^- + H_3\overset{+}{N}-CHR'-COO^- \xrightarrow{-H_2O} H_3\overset{+}{N}-CHR-\overset{O}{\overset{\|}{C}}-NH-CHR'-COO^-$$

Dipeptide

화학적으로 축합반응(물 분자의 이탈)으로 정의된 위 반응은 한 아미노산의 카르복실기와 다른 아미노산의 아미노기를 서로 결합시켜 디펩티드(dipeptide)를 생성한다. 동일한 반응에 의하여 디펩티드의 사슬에 아미노산들이 부가적으로 연결되어 트리펩티드(tripeptide), 테트라펩티드(tetrapeptide), 펜타펩

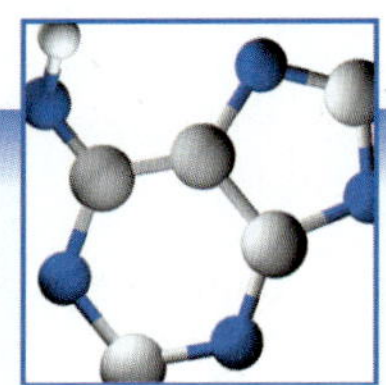

3 - 2

생화학 들여다보기

세균은 아미노산을 이용하여 세균들을 결집시킨다

주화성(chemotaxis)은 대장균 같은 세균이 특정 생체물질(화학유인물질, chemoattractant)을 향하여 혹은 해로운 화학물질을 등지고 움직이는 현상을 말한다. 프린스턴 대학의 연구진은 최근 일부 아미노산들에 의해 세균들이 서로 결집된다는 것을 발견하였다. 연구진은 세균 크기만 한 미로를 제작한 후 대장균을 접종시켰다. 곧 대장균은 아주 좁은 공간에 모였다(그림 참조). 대장균들은 그들이 분비한 글리신에 반응하여 집합하였다. 과학자들은 세포 이동은 각 세균들의 한쪽 끝에 위치한 세포내소기관인 나노뇌(nanobrain)에 의하여 조절된다고 생각한다. 나노뇌는 화학유인물질을 인식하고 결합하는 수천 개의 단백질 수용체로 형성되었다. 각각의 대장균 세포는 알라닌, 아스파르트산, 시스테인, 세린 및 글리신을 인식하고 결합하는 수용체를 지녔다. 아미노산이 결합하면 세포내 화학 신호가 생성되어 편모운동이 일어난다. 주화성을 유도하는 특정 아미노산은 세균 종류와 배양액에 따라 다르다.

세포(세균)들은 금방 서로 모여 세포 밀도가 매우 높은 세포집합체(quorum)를 형성한다. 세포집합체에 세포들이 계속 축적되어 쌓이면 여러 층으로 된 세포군락(biofilm)이 형성된다. 세포군락은 건강에 악영향을 미친다. 이들은 치아 임플란트(인공치아를 심는 작업)를 방해하며, 낭포성섬유증 환자에게 극심한 고통을 초래하며 방광염을 악화시킨다. 화학유인물질을 억제하여 세포군락 형성을 억제하는 화학물질 개발이 연구되고 있다.

화학유인물질에 반응하여 세균이 미로 내에 밀집하여 있다.

티드(pentapeptide) 등이 형성된다. 폴리펩티드(polypeptide)를 구성한 각각의 아미노산을 **잔기(residue)**라 한다. 2개에서 10개의 아미노산 잔기로 형성된 펩티드는 화학에서 수를 나타내는 접두어(디-, 트리-, 테트라-, 펜타-, 헥사-, 헵타-, 옥타-, 노나-, 데카-)를 사용하여 명명한다. 10개에서 100개 이내의 아미노산으로 구성된 산물은 **폴리펩티드(polypeptide)**라 하고, 100개 이상의 아미노산으로 형성된 산물은 **단백질(protein)**이라 한다. 세포나 조직에서 분리한 대부분의 펩티드와 단백질은 2개에서 2000개 이내의 아미노산으로 구성되어 있다. 아미노산의 평균 분자량을 110이라고 하면, 매우 큰 분자가 있기는 하지만 대부분의 펩티드와 단백질의 분자질량은 220에서 220,000 달톤(dalton) 범위 내에 있다.

펩티드결합에 의하여 얼마나 많은 아미노산이 연결되든지 간에, 거의 언제나 사슬의 양 끝이 존재하게 되는 데 하나는 **아미노말단(amino terminus 또는 N말단)**이고 다른 하나는 **카르복실말단(carboxyl terminus 또는 C말단)**이다. 위 반응에 나타낸 디펩티드 산물에서 곁사슬 R을 지닌 아미노산이 N말단이고 곁사슬 R'을 지닌 아미노산이 C말단이다. 펩티드는 관례적으로 그림 3.10에 나타낸 것처럼 아미노말단에서부터(왼편) 카르복실말단 방향(오른편)으로 표기하고 번호를 매긴다. 펩티드 형성 시에는(N말단과 C말단의 아미노산을 제외한) 각 아미노산의 α-아미노기와 α-카르복실기가 변하지만 각 아미노산 잔기의 곁사슬 R은 변하지 않는 것을 주목하라. 아미노산 잔기의 곁사슬 R의 화학적 형태와 전하는 단백질이 독특한 3차원적 구조로 접히는 것을 논의할 때 중요할 것이다.

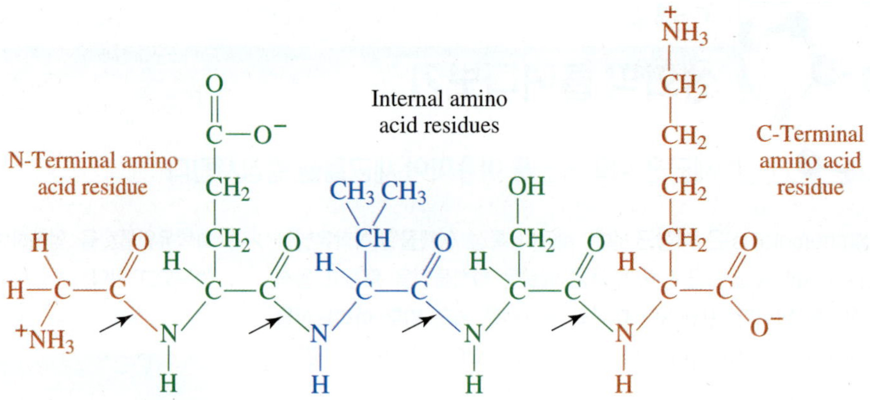

그림 3.10 번호와 방향을 올바르게 표시한 펩티드의 예. 아미노말단에 존재하는 아미노산을 항상 왼편에 표시하고 1번으로 정한다. Gly-Glu-Val-Ser-Lys로 구성된 펜타펩티드(pentapeptide)의 구조를 나타냈으며 화살표는 펩티드결합을 나타낸다.

복습 문제

1. 3.2절에 소개된 첫째 반응을 복습하고 아미노산 2개가 결합하여 다른 형태의 디펩티드, 즉 곁사슬 R′을 지닌 아미노산이 아미노말단에 존재하는 펩티드가 형성될 수 있음을 보이시오.

펩티드의 화학 반응은 존재하는 작용기의 특성에 의해 결정된다. 아미노산 잔기의 곁사슬 R은 유리 아미노산과 유사한 화학 반응성을 나타낸다. 예를 들어 세린과 티로신 잔기의 히드록실기는 인산과 반응하여 에스테르로 전환될 수 있다(그림 3.8 참조). 아마도 가장 중요한 화학 반응은 펩티드결합이 산, 염기 또는 효소 등에 의해 가수분해되어 아미노산 분자들이 형성되는 것이다. 세포에서 분리한 단백질의 아미노산 조성은 단백질을 6 *M* HCl로 가수분해하여 밝힌다. 음식물에 내재된 단백질은 소화 과정에서 위와 장에 존재하는 **펩티드가수분해효소(peptidase)** 또는 단백질가수분해효소(protease)에 의해 가수분해되어 펩티드결합이 끊어지고 아미노산으로 전환된다. 형성된 아미노산은 세포에 분배되어 대사된다.

생체 내에서 펩티드결합은 위의 반응에서 제시된 것처럼 그렇게 쉽게 형성되지는 않는다. 펩티드와 단백질합성은 열역학적으로 불리한 반응이므로, 신장되고 있는 폴리펩티드 사슬에 아미노산이 연결되기 전에 아미노산을 활성화시키는 에너지원이 필요하다. 더구나, 아미노산을 올바른 순서로 배열시킬 수 있는 명령이 있어야 한다. 단백질은 아미노산이 멋대로 연결된 것이 아니라 1장에서 간략하게 설명한 바와 같이 그리고 12장에서 논의할 DNA에 있는 정보에 의하여 규칙적으로 연결된다.

생화학에서 단백질을 매우 강조하고 있다. 그러나 아미노산이 매우 길게 연결된 사슬만이 생물학적 기능이 있다고 생각해서는 안 된다. 글루탐산, 시스테인, 글리신으로 구성된 트리펩티드인 **글루타티온(glutathione)**은 세포 내에서 산화 · 환원반응을 조절하고 유해한 자유라디칼을 분해하는 데 중요한 역할을 한다(그림 3.11a). 뇌하수체 호르몬인 **옥시토신(oxytocin)**과 **바소프레신(vasopressin)**은 내재되어 있는 두 개의 시스테인 사이의 이황화결합에 의하여 고리 구조를 형성한 노나펩티드(nonapeptide)이다(그림 3.11b와 c). (이 펩티드들의 N말단과 C말단을 구별할 수 있는가?) 탄수화물 대사를 조절하는 호르몬인 인슐린은 51개의 아미노산으로 구성되어 있다(그림 3.11d). 뇌와 신경계에서 발견된 **엔케팔린(enkephalin)**은 통증을 조절하는 데 중요한 역할을 한다(그림 3.11e). 우리 생활에서 중요한 부분을 차지하게 된 합성 펩티드(생물체에서 자연적으로 생성되지 않음)는 감미료인 **L-아스파르틸-L-페닐알라닌 메틸 에스테르[L-aspartyl-L-phenylalanine methyl ester,** 아스파르탐(aspartame) 또는 상품명으로 뉴트라스위트(Nutrasweet), 그림 3.11f]이다. 이 디펩티드는 설탕보다 200배정도 달지만 설탕보다 훨씬 적은 칼로리를 가지고 있어서(한 찻숟가락의 설탕이 16 칼로리인데 비하여 아스파르탐의 경우는 1 칼로리) 다이어트 청량음료와 저칼로리 식료품을 만드는 데 사용된다.

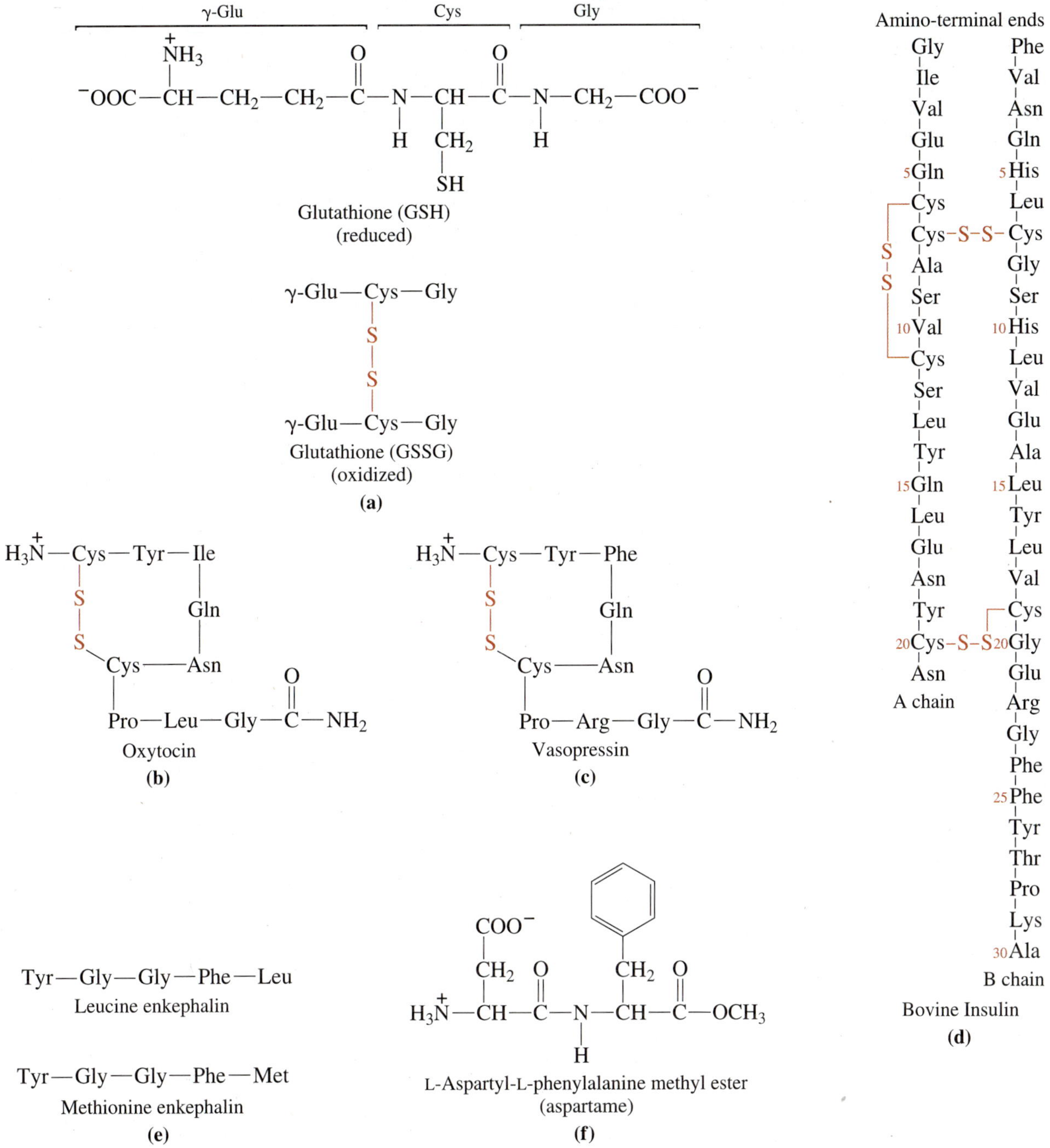

그림 3.11 생물학적으로 중요한 펩티드들의 구조. (a) 환원된 형태와 산화된 형태의 글루타티온(산화된 형태에는 이황화결합이 존재함), (b) 옥시토신, (c) 바소프레신, (d) 인슐린, (e) 엔케팔린, (f) 아스파르탐. 이황화결합은 붉은색으로 나타냈다.

복습 문제

1. Phe-Asp-Pro 순으로 구성된 트리펩티드의 구조를 그리시오.

2. 글루타티온의 구조식을 쓰고 글루탐산의 펩티드결합이 그림 3.11의 다른펩티드 결합들과 다른 점을 기술하시오.

3.3 단백질의 기능

학습 목표

생물학적 기능에 따라 단백질을 분류하는 것을 배운다.

DNA에 저장된 정보에 의해 합성되는 세포 내의 서로 다른 종류의 단백질은 수천 가지이다. 독특한 아미노산서열을 지닌 각 유형의 단백질은 특징적인 모양, 크기 및 생물학적 기능을 가지고 있다. 앞으로 단백질의 다양한 생물학적 역할에 대하여 자세히 논의할 것이다. 이런 역할들을 논의하기에 앞서, 주된 단백질 종류들을 소개하고 단백질 구조에 대한 일반적인 특성을 기술하기로 한다(표 3.4). 먼저 생물학적 역할에 따라 단백질을 분류하면 다음과 같다.

표 3.4

생물학적 기능에 따라 분류한 단백질의 종류

단백질	생물학적 기능
	효소
포스포프룩토키나아제	해당과정에 의한 탄수화물 대사에 관여하는 효소로서 ATP로부터 프룩토오스-6-인산에 인산기를 전달하는 효소
시트르산생성효소	시트르산회로에 존재하는 효소로서 아세틸-CoA와 옥살로아세트산을 결합하여 시트르산을 합성하는 효소
트립신	단백질을 가수분해하는 척추동물의 소화 효소
리보핵산가수분해효소	RNA를 분해하는 가수분해효소로서 모든 생물체에 존재한다.
RNA중합효소	DNA로부터 RNA를 합성하는 효소로서 모든 생물체에 존재한다.
역전사효소	HIV(AIDS 질병을 일으키는 바이러스)에서 발견된 효소로서 RNA로부터 DNA를 합성한다.
	구조단백질
콜라겐	모든 동물에 존재하는 섬유상 단백질; 조직과 기관의 골격을 유지하는 그물망과 같은 형태를 취함
엘라스틴	폐의 연결 조직 및 대동맥과 같은 큰 혈관 등에 존재하는 섬유상 단백질. 이 단백질은 고무 같은 특성이 있어 원래 길이의 수배나 늘어날 수 있다.
케라틴	외피 및 그 부속 구조물인 머리카락, 손톱, 깃털 등의 주성분으로 척추동물에 존재하는 견고한 섬유상 단백질
	방어(면역)단백질
항체	고등동물의 면역 체계에 의하여 만들어지는 구상 단백질. 생체에 침입한 이물질을 파괴한다.
인터페론	바이러스의 복제를 방해하는 단백질로서 고등동물에서 생성된다.
	수송 및 저장단백질
헤모글로빈	헴을 가지고 있는 구상 단백질로서 폐에 있는 산소를 다른 조직으로 운반한다.
아포지방단백질	트리아실글리세롤 및 콜레스테롤 운반에 관여하는 지방단백질들의 구성 성분
카세인	우유에 존재하는 단백질로 아미노산을 저장한다.
페리틴	철을 저장하는 단백질로서 광범위하게 분포
미오글로빈	척추동물에서 발견되며 헴을 지니고 있는 단백질로서 산소와 결합한다.
	조절단백질 및 수용체
락억제인자	세균에서 락토오스의 이화작용에 관련된 유전자들의 발현을 억제하는 단백질
인슐린	고등동물의 췌장에서 합성되는 단백질로서 혈액 속의 글루코오스 농도가 높음을 인시하는 신호로 작용
글루카곤	고등동물의 췌장에서 합성되는 단백질로 굶주림을 인식하는 신호로 작용(혈액 속의 글루코오스 농도가 낮음을 인지함)
	근 수축과 운동단백질
액틴	골격근의 성분
미오신	골격근의 성분
디네인	정자의 편모 운동 및 원생동물의 섬모 운동에 관여하는 단백질

효소

생물체에서 일어나는 모든 화학 반응은 세포 내의 비교적 온화한 조건 때문에 반응 완결에 필요한 생물학적 촉매를 사용한다. 예를 들어, 음식물 속의 탄수화물은 입안에서부터 **아밀라아제(amylase)**라는 효소의 작용으로 분해가 시작된다. 세포분열 과정에서 DNA복제는 **DNA중합효소(DNA polymerase)**라는 효소를 필요로 한다. 효소의 기능과 작용은 5장과 6장에 기술되었다.

구조단백질

다수의 단백질은 세포와 생물체의 기계적 지지체 역할을 한다. 뼈, 피부, 힘줄 및 연골 등이 질기고 튼튼한 이유는 일차적으로 섬유상 단백질인 **콜라겐(collagen)**이 존재하기 때문이다. 머리카락, 손톱 및 깃털의 주된 구성 성분은 비수용성 단백질인 **케라틴(keratin)**이다. 세포 내 세포골격 단백질들은 액틴 섬유(actin filament), 미세소관(microtubule) 및 중간섬유(intermediate filament) 등을 형성하는 데 사용된다(1.4절 참조).

면역단백질

많은 동식물은 단백질을 방어 목적으로 사용한다. 고등생물이 만드는 **항체(antibody)**는 단백질로서 생물체에 해독한 바이러스 및 세균과 같은 외부 물질들과 특이하게 결합하여 이들을 제거한다. 뱀의 독과 아주까리(castor bean)의 독소인 리신(ricin)도 단백질이다.

수송 및 저장단백질

산소, 콜레스테롤, 그리고 지방산 등을 비롯한 많은 작은 생체분자들이 에너지 대사 및 세포 구성 성분에 이용되려면 모든 조직으로 운반되어야 한다. 작은 분자들은 혈관을 통해서 그리고 간혹 세포막을 통해서 수송하는 단백질과 결합한다. 고등동물은 비수용성 생체물질인 콜레스테롤을 운반하기 위하여 혈액의 **지방단백질(lipoprotein)**을 이용한다. 많은 생물체들은 사용할 영양분을 저장하는 데도 단백질을 이용한다. 식물과 동물은 미세영양분인 철을 단백질인 페리틴(ferritin) 형태로 저장한다. 식물의 씨앗은 발아에 필요한 에너지원으로 글루텐(gluten)과 같은 단백질을 저장하고 있다. 지방산과 같이 혈액 속에서 용해도가 낮은 생체분자는 알부민(albumin)과 글로불린(globulin)에 의하여 운반된다.

세포막은 생체물질을 세포 밖과 안으로 운반시키는 통로 기능을 하는 단백질들을 포함한다. 특정한 막단백질들은 물, 금속 이온, 영양소, 약 및 중요한 분자들의 이동을 원활하게 한다(9장).

노르웨이 단풍나무의 종자에는 발아를 위한 단백질이 저장되어 있다.

조절단백질 및 수용체

세포 및 생리 활성을 조절하는 단백질의 종류는 매우 다양하다. 잘 알려진 조절단백질(regulatory protein)에는 인슐린, 프롤락틴(prolactin) 및 티로트로핀(thyrotropin) 등의 호르몬이 있다. 또 다른 중요한 조절단백질에는 호르몬에 의한 신호를 세포 내로 전달하는 **G단백질(G protein)**, DNA복제나 단백질합성을 조절하는 DNA 결합단백질(DNA binding protein) 등이 있다. 세포막에 존재하는 **수용체 단백질(receptor protein)**은 신경 자극 및 호르몬 신호의 전달을 중재한다. 아세틸콜린(acetylcholine) 또는 에피네프린(epinephrine)과 같은 작은 신호분자들이 신경세포막에 위치한 수용체 단백질들에 붙으면 조절 정보가 세포 내의 기구로 전달된다.

근 수축과 운동단백질

액틴(actin)과 미오신(myosin)은 골격근 수축계(contractile system)를 관장하는 중추적인 역할을 한다. 정자의 편모 운동이나 원생동물의 섬모 운동은 디네인(dynein)이라는 단백질에 의존한다.

앞에서 기술한 내용들로부터 분명히 알 수 있는 것은 단백질의 기능은 매우 다양하다는 것이다. 그러나 생물학적 역할 면에서 대부분의 단백질 사이에는 공통점이 있다. 단백질은 작용하는 과정에서 가끔 다른 분자와 비공유결합에 의하여 특이적 결합을 하거나 서로 영향을 준다(2.1절 참조). 이 다른 분자는 효소와 결합하는 반응물이나, 수용체에 결합하는 신경전달물질, 또는 수송단백질이나 저장단백질과 결합하는 분자처럼 작은 것일 수 있다. 또한 크기가 큰 분자도 단백질과 상호작용한다. 세포골격근의 섬유(filament) 또는 소관(tubule)의 형성이나, 근 수축 시 액틴과 미오신의 상호작용 등은 거대한 분자들이 연합하여 초분자적(supra-molecular) 복합체를 만드는 것이다(1.4절 참조). 항체의 작용은 바이러스, 세균 또는 외부의 분자와 같은 특정한 항원(antigen)과의 결합에 의하여 수행된다(특별 주제 II 참조). 단백질의 합성 속도는 DNA의 특정 부위에 결합하는 조절단백질에 의하여 조절된다(12.4절 참조).

3.4 단백질의 구조적 특성

학습 목표

단백질의 구조를 4 단계로 기술할 수 있음을 배운다.

단백질은 유전자의 정보에 의해 형성되므로, 동일한 단백질들의 아미노산 조성 및 서열은 서로 같다. 단백질을 구성하는 아미노산 잔기들에 의하여 단백질 특성이 결정된다.

분자질량

단백질의 중요한 특성 중의 하나는 분자질량(molecular mass)이다. 이 값은 단백질을 구성하는 모든 아미노산의 분자질량을 합산하여 구할 수 있다. 그러나 매번 이와 같이 계산하는 것이 번거로우므로, 아미노산의 평균 분자량(molecular weight) 값인 110에 아미노산의 개수를 곱하여 단백질의 분자질량을 어림한다. 단백질의 크기는 질량으로 표시하며 질량의 단위는 **달톤(dalton)**이다. 1장에서 1달톤은 1원자질량단위(atomic mass unit)와 같다는 것을 배웠다. 250개의 아미노산으로 구성된 단백질의 대략적인 분자질량은 27,500 달톤 또는 27.5 킬로달톤이다. 표 3.5에 몇 가지 단백질들의 분자질량을 나타냈다.

단백질의 구성 및 성질

단백질 중에서 단일 폴리펩티드 사슬로 구성된 것들이 있는데 이들을 **단량체(monomeric)단백질**이라 한다. 표 3.5의 시토크롬*c*(cytochrome *c*)는 단량체단백질이다. 두 개 이상의 폴리펩티드 사슬이 비공유결합에 의하여 서로 붙어서 형성된 단백질을 **올리고머(oligomeric)단백질**이라 한다. 올리고머단백질

표 3.5
몇몇 단백질의 분자적 특징

Protein	Molecular Mass (Daltons)	Number of Amino Acid Residues	Number of Subunits[a]
Insulin(bovine)	5,733	51	2
Cytochrome *c* (human)	13,000	104	1
Ribonuclease A (bovine pancreas)	13,700	124	1
Lysozyme (egg white)	13,930	129	1
Myoglobin (equine heart)	16,890	153	1
Chymotrypsin (bovine pancreas)	26,500	241	3
Hemolobin (human)	64,500	574	4
Serum albumin (human)	68,500	550	1
Immunoglobumin G (human)	145,000	1320	4
RNA polymerase (*E.coli*)	450,000	4100	5
Ferritin (equine spleen)	450,000	4100	24
Glutamate dehydrogenase (bovine liver)	1,000,00	8300	40

[a] 4차구조의 단위체 수

의 각 펩티드를 **단위체(subunit)**라 하며 이러한 경우 **다단위체(multisubunit)**라는 용어도 사용한다. 다단위체 단백질의 단위체들은 서로 같을 수도 있고 다를 수도 있다. 헤모글로빈은 4개의 단위체로 이루어진 사량체(tetrameric)인데 α-형 단백질 사슬 2개와 β-형 단백질 사슬 2개로 구성되어 있다. 철 저장단백질인 페리틴은 24개의 유사한 단위체로 구성되었다.

단백질은 또한 단백질 구성 성분에 의하여 분류될 수 있다. 아미노산 잔기로만 구성되고 다른 분자를 함유하지 않는 단백질을 **단순단백질(simple protein)**이라 한다. 소화 효소인 트립신(trypsin)과 키모트립신(chymotrypsin)은 단순단백질이다. 아미노산 외에 작은 유기분자나 금속원소와 같은 화학 작용기를 지닌 단백질을 **복합단백질(conjugated protein)**이라 한다. 이와 같은 화학 작용기를 **보결분자단(prosthetic group)**이라 한다. 헤모글로빈은 4개의 단백질 사슬로 구성되어 있는데 각각의 사슬은 철을 지닌 헴(heme) 보결분자단과 결합되어 있다. 효모의 알코올탈수소효소(alcohol dehydrogenase)는 사량체 단백질인데 각 단위체는 아연(zinc)원자와 결합되어 있다. 일반적으로 생물학적 작용에 있어서 단백질과 보결분자단이 함께 작용하는 것이 단백질 혼자 작용하는 것보다 훨씬 효과적이다.

단백질의 물리적 특성도 아미노산 곁사슬 R의 특성에 의하여 결정된다. 생리학적 pH에 있는 단백질의 전하는 곁사슬 R의 전하를 모두 합산한 값과 같다. N말단에 있는 아미노기의 양전하와 C말단에 있는 카르복실기의 음전하는 서로 상쇄된다. 단백질의 전하는 **전기영동(electrophoresis)** 및 용해도 등의 방법으로 단백질의 특성을 분석할 때 중요하다. 전기영동은 단백질을 정제하고 그 크기를 결정하는 기술이다.

단백질의 용해도는 단백질을 두 개의 부류로 나누어 봄으로써 가장 잘 이해할 수 있다. 모든 단백질이 수용성(soluble)인 것은 아니다. 실제로 비수용성(insoluble) 단백질들은 세포 및 생물체의 구조를 형성하고 유지하는 데 필수적이다(표 3.6). **구상 단백질(globular protein)**은 수용성으로서 수송(transport), 면역 방어(immune protection), 촉매작용(catalysis) 등을 비롯한 많은 반응에서 역동적인 역할을 한다. 이런 단백질들은 혈액 및 세포질에 녹으며, 곁사슬 R이 극성이며 전하를 띠는 아미노산을 비교적 많이 지니고 있을 것으로 쉽게 추측된다. 그 반면에 **섬유상 단백질(fibrous protein)**은 비수용성이며 구조단백질인 콜라겐과 케라틴으로 대표된다. 섬유상 단백질들은 곁사슬 R이 비극성인 아미노산을 비교적 많이 지니고 있다. 섬유상 단백질인 명주(silk)는 Gly 45%, Ala 30%, Ser 12%, Tyr 5%, Val 2%와 그 밖의 아미노산 6%로 구성되어 있다. 다음 장에서 살펴보듯이, 생물체의 섬유상 단백질들은 규칙적이고 약간 경직된 형태를 취한다. 섬유상 단백질들은 높은 인장 강도(tensile strength)를 지닌데 비해, 세포질과 세포액에 용해되어 있는 구상 단백질들은 좀 더 역동적이고 유연하면서도, 그러나 3차원적 배열에서 보면 여전히 규칙적인 구조로 형성되어 있다.

표 3.6
구상(globular) 및 섬유상(fibrous) 단백질의 예

Type of Protein	Function
	Globular Proteins
Hemoglobin	Transport (oxygen transport)
Myoglobin	Storage (oxygen storage)
Ribonuclease	Enzyme (RNA hydrolysis)
Lysozyme	Enzyme (bacterial wall
hydrolysis)	
Cytochrome c	Electron transport
Immunoglobulin	Defense (antibody)
Actin	Movement (muscle protein)
	Fibrous Proteins
Collagen	Structural protein
Keratin	Structural protein
Myosin	Movement (muscle protein)
Elastin	Elasticity

단백질 구조의 네 단계

세포 내에서 단백질 기능의 활성은 단백질접힘(folding)에 의해 형성되는 특유한 3차원적 구조인 **원래 입체구조(native conformation)**에 의해 결정된다. 그림 3.12에 나타낸 것처럼 단백질이 접히는 배열 상태는 네 단계로 분류된다. **1차구조(primary structure)**는 단백질을 구성하는 아미노산의 서열이다(그림 3.12a). 아미노산은 서로 공유결합에 의하여 연결되어 있다. 단백질의 아미노산서열은 mRNA의 뉴클레오티드염기서열에서 유도되므로 유전적인 의미가 있다. mRNA는 DNA의 뉴클레오티드 서열(유전자)로부터 전사되어 형성된다. 그러므로 단백질의 1차구조는 DNA의 뉴클레오티드의 순서에 의해 결정된다.

단백질의 1차구조는 다음에 열거되는 세 단계의 단백질 구조로 변한다. 1차구조의 특정 부위는 규칙적이고 반복적인 구조로 접혀진 **2차구조(secondary structure)**를 형성한다. 이러한 2차구조의 형태에는 α-나선(α-helix)과 β-시트(β-sheet)가 있으며 그림 3.12b에 나타냈다. 2차구조는 그 구성 성분들이 서로 상호작용하여 촘촘한 구형으로 뭉쳐지는 **3차구조(tertiary structure)**로 변한다(그림 3.12c). 넷째 단계인 **4차구조(quaternary structure)**는 두 개 이상의 폴리펩티드가 서로 엉켜서 다단위체 단백질(multisubunit protein)을 형성한 것이다.

생화학자들은 때로는 단백질의 특성을 규명하기 전에 활성을 지닌 단백질의 구조적 요인들을 예측

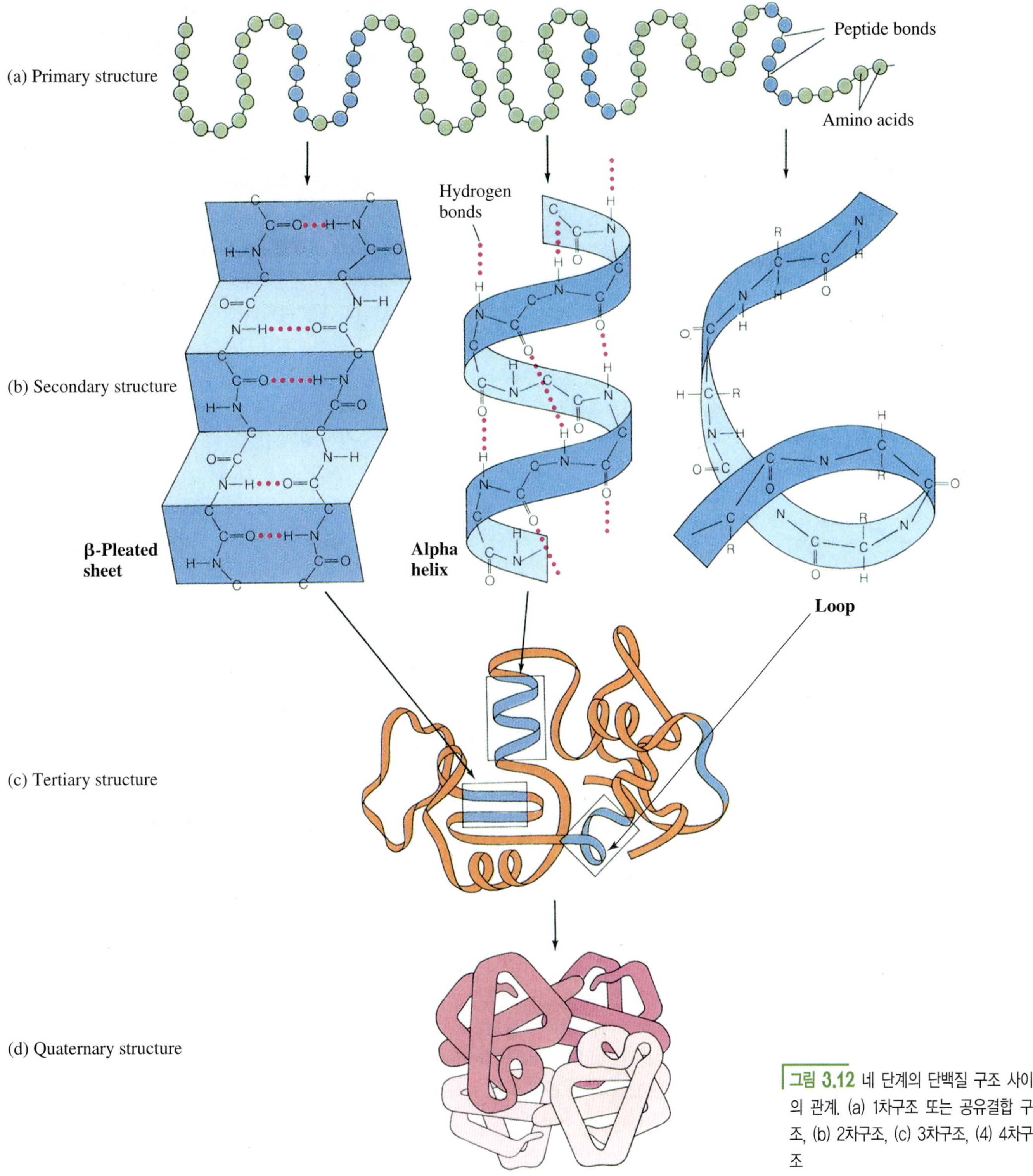

그림 3.12 네 단계의 단백질 구조 사이의 관계. (a) 1차구조 또는 공유결합 구조, (b) 2차구조, (c) 3차구조, (4) 4차구조

하고자 한다. 이론적으로 단백질의 아미노산서열을 알면 단백질의 3차원적 구조를 예측할 수 있다. 단백질 구조 및 단백질접힘 과정에 대한 많은 연구에도 불구하고, 아직도 단백질의 구조를 완벽하게 예측할 수 없다. 현재까지 단백질의 1차, 2차, 3차 및 4차구조에 대한 완전한 모형을 달성할 수 있는 최선의 방법은 X선결정학(X-ray crystallography)과 핵자기공명 분광학(NMR spectroscopy)이다.

3.5 단백질의 구조와 기능에 대한 고찰

학습 목표

단백질의 분리 및 분석에 필요한 실험 과정을 공부한다.

단백질체학

단백질체학(proteomics)이라는 신조어는 단백질의 구조와 기능을 연구하는 학문이다. 단백질체학의 목표는 광범위하여 어떤 생물체에 존재하는 모든 단백질(**단백질체, proteome**)의 양, 기능, 구조, 세포내 분포, 변형 및 단백질간의 상호작용을 체계적으로 연구한다. 사람유전체연구사업(Human Genome Project)에서 밝혀진 바에 의하면 사람은 약 20,000~25,000개의 유전자를 지니고 있는 것으로 추정되고 있다. 그렇지만 이 유전자의 수는 단백질의 수와 정확하게 일치하지 않는다. 왜냐하면 많은 유전자들은 이어맞추기(splicing)에 의하여 여러 방법으로 접합되고 또한 화학적 변형과 분해를 비롯한 수많은 과정들이 단백질이 형성된 후에 일어나기 때문이다. 사람은 서로 다른 단백질을 백만 개 이상 지닌 것으로 추정되고 있다. 이처럼 많은 종류의 단백질을 분석하고 규명하는 것은 아무리 우수한 실험 기자재나 정교한 컴퓨터와 프로그램을 사용하여도 매우 힘든 일이다.

이처럼 단백질 수가 많기 때문에 협회 기구의 중요성이 대두되었다. 미국, 유럽 및 아시아의 각국에서 단백질을 연구하는 학자들이 모여 인간 단백질체 협회(Human Proteome Organization, HUPO)를 설립하였다. 이 협회의 최우선 목표는 사람의 혈장 단백질체를 연구하여 질병을 진단하는데 임상 적용하는 것이다. 혈장에는 약 10만 종의 혈장단백질이 존재하며 이중에는 농도가 10^{-3} *M*인 알부민처럼 풍부하게 존재하는 것부터 종양괴사인자(tumor necrosis factor)처럼 극미량(10^{-15} *M*) 존재하는 것까지 다양하다. 2004년 말까지 발견되고 연구된 혈장단백질의 수는 불과 1,000 여개이다.

단백질 분리 및 정제

어떤 단백질의 서열을 결정하고 특성을 조사하기 위해서는 먼저 그 단백질을 순수하게 정제하여야 한다. 즉 원하는 단백질을 다른 종류의 단백질과 생체물질로부터 순수한 형태로 분리하여야 한다. 오늘날 생화학자들은 단백질을 정제하기 위해 일반적으로 다음과 같은 실험을 수행한다.

1. **단백질을 확인하고 정량하는 분석법을 개발한다.** 단백질의 존재를 확인할 수 있는 물리학, 화학, 생물학적 방법들이 필요하다.
2. **연구할 단백질의 생물 대상체를 선택하여 세포균질액(cell homogenate)을 준비한다.** 대부분의 경우 동 · 식물의 조직세포, 생물 체액(biological fluid) 및 미생물에서 단백질을 분리한다. 유전자 재조합 기술의 발달로 인하여 원하는 단백질의 유전자를 플라스미드를 이용하여 다른 생물체(일반적으로는 대장균)로 형질전환 시켜 원하는 단백질을 대량으로 생산할 수 있다(13장 참조). 세포균질액은 생화학 들여다보기 1-2에 기술된 방법으로 준비한다.
3. **분획원심분리법(differential centrifugation)을 사용하여 세포균질액을 분획한다(생화학 들여다보기 1-2 참조).** 위의 2번 과정 후에도 세포균질액에는 여전히 수 천 개의 이종 단백질과 생체물질이 존재한다. 원하는 단백질만이 가지는 고유한 특성, 즉 극성, 전하, 크기(분자량) 및 다른 분자와 결합할 수 있는 특성 등을 이용하여 이 단백질을 다른 물질들로부터 분리한다.
4. **이온교환, 겔여과 및 친화크로마토그래피를 이용하여 단백질을 분리한다.** 크로마토그래피에서 단백질 혼합물은 이동상(mobile phase)과 고정상(stationary phase)이라고 불리는 물리적 특성이 서로 다른 두 실체와 상호작용한다. 이동상은 일반적으로 수용성의 완충용액으로서 고정상으로 채워진 관 안에서 시료를 이동시킨다. 고정상은 일반적으로 고체로서 일정한 유형의 단백질들과 결합할 수 있다(그림 3.13 참조). **이온교환크로마토그래피(ion-exchange chromatography)**에서 이온교환 수지(ion-exchange resin)로 된 고정상은 전하를 띠기 때문에 반대 전하를 지닌 단백질을 분리하는데 이용된다. 만약 이온교환 수지가 양전하를 띠면 음전하를 띤 단백질들은 고정상과 결합하나 중성전하

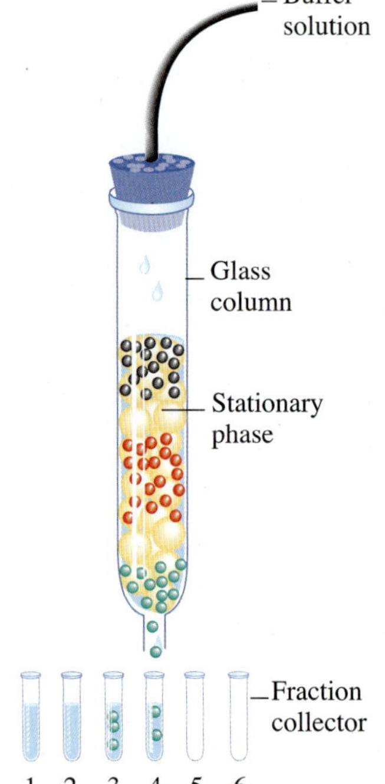

그림 3.13 크로마토그래피(chromatography)의 원리. 원통의 관(column)을 고정상(stationary phase)으로 채운다. 원하는 단백질이 들어 있는 용액을 관의 위쪽 끝에 붓는다. 완충 용액이 내려감에 따라 단백질들도 따라서 움직인다. 검정, 빨강, 초록으로 표시된 각각의 단백질들은 고정상에 결합하는 정도에 따라 다르게 분리된다. 관의 아래쪽 끝에서 각 단백질들의 분획(fraction)을 받는다. 고정상에 약하게 결합한 단백질이 먼저 관을 빠져 나와 처음 몇 개의 분획에 모인다.

나 양전하를 띤 단백질들은 고정상과 결합하지 않고 흘러내린다. 단백질의 전체전하는 이온화될 수 있는 곁사슬 R을 지닌 아미노산(His, Lys, Arg, Asp, Glu)의 수와 완충용액의 pH에 의하여 주로 결정된다. **겔여과크로마토그래피(gel filtration chromatography)**에서는 그물모양의 겔로 구성된 고정상이 분자 크기에 의하여 물질을 분리한다. 분자량이 큰 물질이 작은 물질보다 고정상을 빨리 통과한다.

2.1절과 3.3절에서 논의한 것처럼, 많은 종류의 단백질들은 선택적으로 다른 분자들과 결합한다. 이런 결합은 분자 사이의 매우 특정한 상호작용의 결과이기 때문에 이 특성을 이용하면 분자들을 매우 선택적으로 분리할 수 있다. 이러한 단백질의 결합 능력을 이용하여 **친화크로마토그래피(affinity chromatography)**법이 개발되었다. 이 경우 고정상은 분리하고자 하는 단백질이 인식하고 결합할 수 있는 생체분자가 부착된 수지로 만든다. 예를 들어 인슐린이 결합된 고정상을 이용하여 세포의 인슐린 수용체 단백질(insulin receptor protein)을 분리할 수 있다.

5. **겔전기영동을 이용하여 단백질의 순도와 크기를 확인한다.** 최종적으로 분리한 단백질의 순도(purity)를 **전기영동(electrophoresis)**으로 분석한다. 이 실험 기법은 분자의 전하와 크기에 의하여 분자들을 분리하는 방법이다. 이 분석 방법에서 단백질은 폴리아크릴아미드겔(polyacrylamide gel)에서 전기장의 방향에 따라 이동한다. 염기성 pH에서 전기영동을 수행하는데, 이 실험 조건 하에서 모든 단백질은 음전하로 충전되어(그러나 단백질 간의 전체 전하는 반드시 동일하지는 않다) 양극 쪽으로 이동한다. 그렇지만 겔은 그물 같은 모양을 가진 체의 역할을 하기 때문에 큰 분자보다는 작은 분자들이 빨리 빠져나가게 된다. 따라서 분자들은 전하와 크기에 의하여 분리된다. 전기영동이 끝난 후에 겔을 염료로 염색하면 단백질이 어디에 있는지 찾아 낼 수 있다(그림 3.14a 참조). 아주 정제가 잘 된 단백질의 경우에는 겔상에 한 개의 띠만 있거나 또는 선명한 띠 하나와 어렴풋하게 보이는 여러 개의 불순물 띠가 있다. 폴리아크릴아미드 겔전기영동(polyacrylamide gel electrophoresis, PAGE) 방법을 조금 변형하면 단백질의 분자량을 예측할 수도 있다. 전기영동을 하기 전에 단백질을 **도데실황산나트륨(sodium dodecyl sulfate, SDS)** 시약으로 처리하는데 이 시약은 음전하를 지닌 계면활성제로서 단백질 분자량에 비례하여 단백질과 결합한다. 또 SDS는 단백질의 원래입체구조(native conformation)를 깨트려 단백질을 선형(linear)으로 만든다. 그러면 각각의 단백질은 비슷한 형태를 가지며 또한 전하 대 분자량의 비율이 비슷하게 되기 때문에, 전기영동에 의한 단백질 분리는 전적으로 분자의 크기에 따라 이루어진다. 분자량을 알고 있는 몇 가지 단백질들을 분자량을 모르는 단백질과 함께 전기영동하면 원하는 단백질의 분자량을 대략 가늠할 수 있다(그림 3.14b 참조).

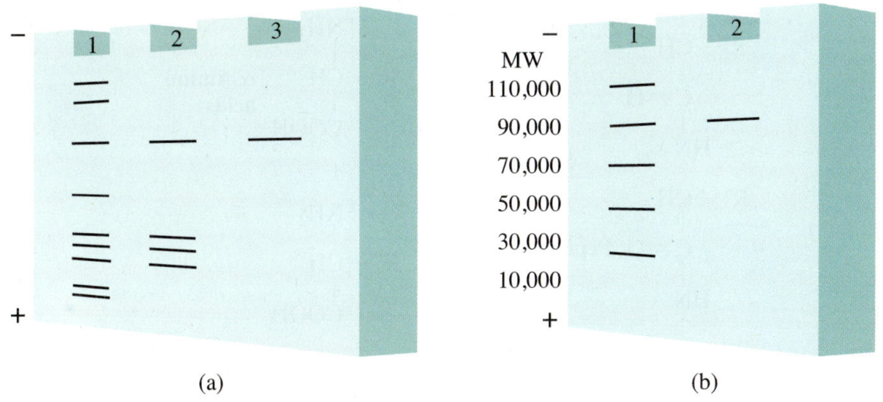

그림 3.14 (a) 단백질의 순도를 분석하기 위하여 폴리아크릴아미드 겔(polyacrylamide gel)을 이용한 전기영동(electrophoresis) 실험 결과. 분리 과정을 거치기 전의 추출물은 1번 위치에, 이온교환크로마토그래피의 분리 과정을 거친 시료들은 2번 위치에 놓였다. 3번 위치는 친화크로마토그래피를 거친 단백질의 순도를 보여준다. (b) SDS 전기영동 방법을 이용하여 단백질의 분자량을 결정하는 예. 분자량을 알고 있는 표준 단백질들은 1번 위치에서, 분자량을 모르는 순수한 단백질은 2번 위치에서 분리하였다. 이 단백질의 분자량은 대략 90,000이다.

단백질체학 연구는 2차원 전기영동(2-DE)과 질량분광법(MS) 기술에 의하여 발전하였다. 2-DE 실험에서 단백질 혼합물을 전하 차이로 물질을 분리하는 등전점전기영동(isoelectric focusing, IEF) 방법으로 우선 수평 방향으로 분리한다. 전하 차에 의하여 분리된 혼합물을 SDS-폴리아크릴아미드 겔 상에 놓고 첫 번째 분리 방향과는 수직 방향으로 전기영동하여 분자 크기에 의하여 단백질을 분리한다. 분자량과 구조를 정확히 분석하기 위해, 2-DE에서 분리된 단백질을 잘라내어 MS로 분석한다. MS 실험에서 분자들을 쪼개 전하를 띤 이온으로 만든 후 전기장 혹은 자기장을 통과시켜 분리된 분자 절편들의 분자량을 분석한다. 단백질처럼 거대한 생체물질은 특별한 방법을 사용하여 이온화시켜 분석한다. 단백질 시료를 미세 유기분자로 된 기질 위에 놓고 레이저 광으로 조사한다. 이때 기질은 레이저 에너지를 흡수하여 단백질 시료를 이온화시킨다. 이런 MS 기법을 **기질보조 레이저탈착이온화법(matrix-assisted laser desorption ionization, MALDI)**이라고 한다. 이 방법으로 양산된 일련의 이온들을 분석하여 단백질 시료의 정체를 밝힌다.

단백질을 연구하는 과학자들은 앞으로 2-DE와 MS가 결합된 기자재가 개발되어 임상에 이용될 수 있기를 기대하고 있다. 위에 언급한 기자재를 사용하여 환자 혈액을 분석하여 어떤 단백질의 유무에 따라 질병을 진단 할 수 있을 것이다(임상생화학 14 참조).

1차구조 결정

단백질의 1차구조는 다음 두 가지 방법 중의 하나로 밝힐 수 있다. (1) 단백질을 분리 정제한 후 직접 아미노산서열을 분석하거나, (2) 단백질을 암호화하는 유전자의 뉴클레오티드 서열을 결정하는 것이다. 첫째 방법을 이 장에서 먼저 설명하고 둘째 방법은 12장과 13장에서 설명할 것이다.

단백질 분석의 처음 과정은 단백질을 구성하는 아미노산 성분을 측정하는 것이다. 단백질을 완전히 가수분해한 후 단백질의 아미노산 성분을 분석한다. 단백질을 110℃의 6 *M* HCl 용액에서 가수분해하여 아미노산으로 분해한다(그림 3.15). 각각의 아미노산을 고성능액체크로마토그래피로 분리하고 분석한다.

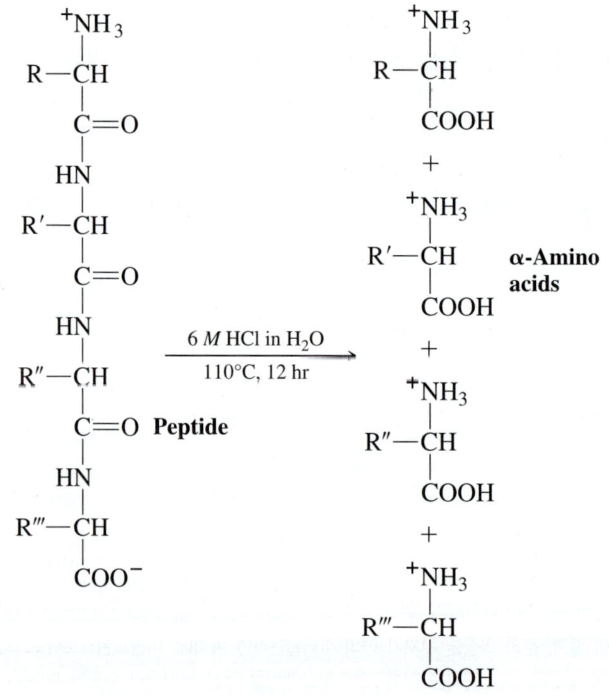

그림 3.15 6 *M* HCl에 의한 단백질의 가수분해. 각각의 펩티드결합이 끊어져서 단백질이 개별 아미노산으로 분해된다. 아미노산들을 자동화된 크로마토그래피 방법에 의해 분리하고 분석한다.

N말단의 아미노산 잔기를 분석함으로써 단백질의 특성을 조금 더 조사할 수 있다. 앞에서 설명한 것처럼 대부분의 단백질은 아미노말단(N말단)과 카르복실말단(C말단)을 가지고 있다. 아미노말단의 아미노산 잔기가 무엇인지는 여러 방법들 중에 하나인 다음과 같은 방법을 이용하여 확인한다. 역사적으로 가장 중요한 방법은 생어(Sanger) 분석법이다. 단백질을 1-플루오르-2,4-디니트로벤젠(일명 생어 시약이라 한다)과 반응시킨다. 이 시약은 아미노말단에 위치한 아미노산의 아미노기와 반응하여 그 단백질에 꼬리표를 붙인다(그림 3.9 참조). 이 꼬리표가 붙은 단백질을 6 M HCl에서 가수분해한 후, 2,4-디니트로페닐(2,4-dinitrophenyl) 유도체 아미노산을 분리해 내면 이것이 N말단의 아미노산이다. 처음으로 폴리펩티드의 완전한 아미노산서열이 결정된 것이 1953년 프레데릭 생어(Frederick Sanger)에 의해서였다. 그는 몇 년간 1-플루오르-2,4-디니트로벤젠을 이용하여 실험한 끝에 소의 인슐린을 구성하는 51개의 아미노산서열을 밝힐 수 있었다(그림 3.11d 참조).

에드먼법을 이용한 단백질의 아미노산서열결정 단백질의 아미노산서열을 빨리 그리고 정확하게 알고자 한다면 **에드먼분해법(Edman degradation)**을 이용한다(그림 3.16). 이 방법은 페닐이소티오시안산(phenylisothiocyanate) 시약을 사용하여 N말단의 아미노산에 꼬리표를 붙인 다음 단백질의 나머지 부분에는 영향을 주지 않고 N말단 아미노산을 떼어낼 수 있다. 꼬리표가 붙은 아미노산을 분리하여 무슨 아미노산인지 확인한다. 이 아미노산 유도체를 **페닐티오히단토인(phenylthiohydantoin)**이라 한다. N말단 아미노산이 제거된 단백질에는 새로운 N말단 아미노산이 생성된다(원래 단백질에서는 두 번째 아미노산이었음). 에드먼반응은 같은 단백질에 대해서 반복하여 사용할 수가 있고 N말단의 아미노산이 반응할 때마다 하나씩 떨어져 나간다. 지금은 서열결정기(sequenator)라고 불리는 자동분석기가 시약을 적절하게 넣고, 생성물을 분리하고 페닐티오히단토인 유도체가 붙은 아미노산을 자동으로 분리하여 아미노산 정체를 밝힌다. 이 에드먼법으로 단백질 서열을 밝히려면 대략 1 μg 정도의 폴리펩티드가 필요하다.

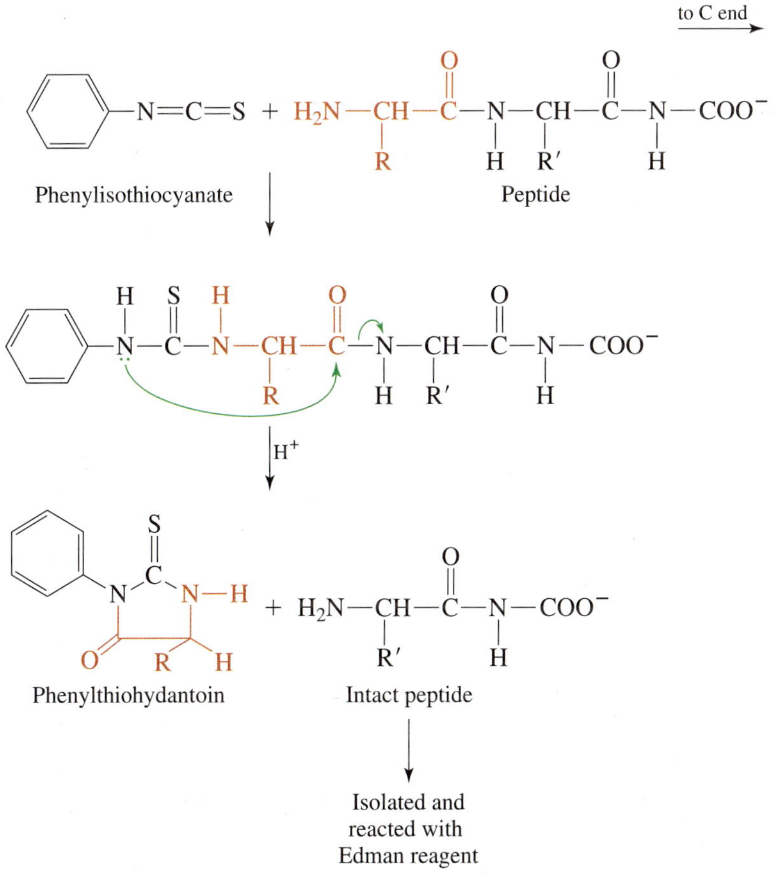

to C end

Phenylisothiocyanate

Peptide

H^+

Phenylthiohydantoin

Intact peptide

Isolated and reacted with Edman reagent

그림 3.16 단백질 서열결정에 이용되는 에드먼 분해방법(Edman degradation method)의 반응. 페닐이소티오시안산(phenylisothiocyanate)은 N말단에 위치한 아미노산과 반응한다. 이렇게 변형된 아미노산은 단백질로부터 떨어지고 분리되어 그 성분이 확인된다. 아미노산들은 페닐티오히단토인(phenylthiohydantion) 유도체의 형태로 떨어져서 확인된다. N말단의 아미노산이 없어진 단백질은 분리된 후 다시 에드먼 반응 과정을 거친다.

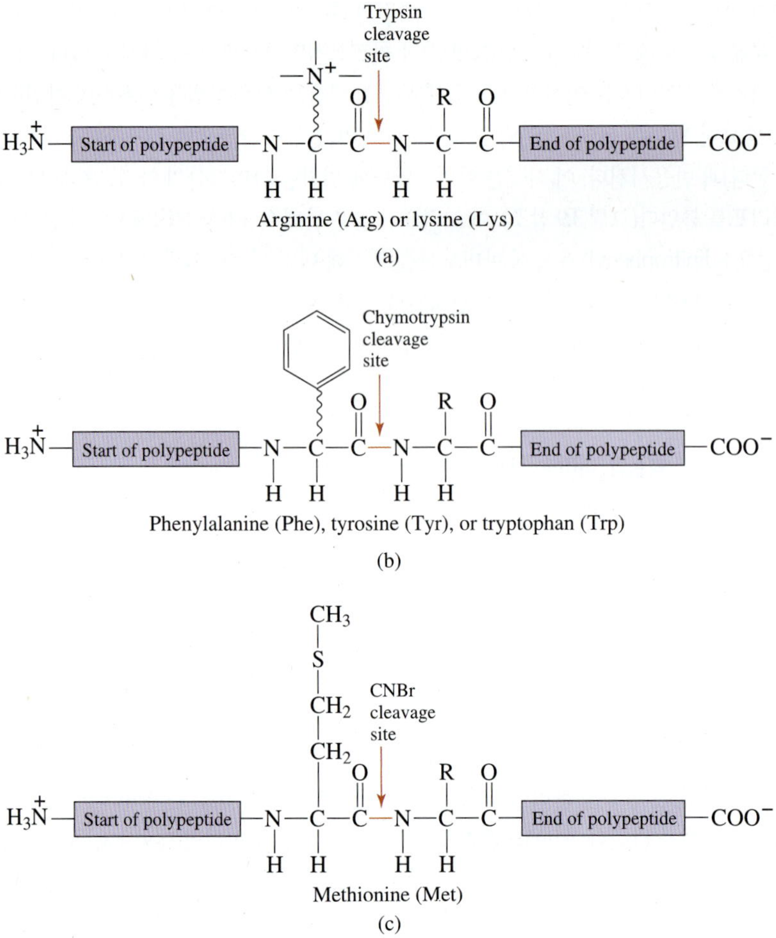

그림 3.17 단백질을 선택적으로 작은 단편으로 만드는 효소와 시약들. 이런 효소와 시약들은 특정 펩티드결합만을 분해한다. (a) 단백질을 트립신으로 처리하면 Arg 또는 Lys의 카르복실기 쪽의 펩티드결합이 분해된다. (b) 키모트립신은 Phe, Tyr, Trp의 카르복실기 쪽의 펩티드결합의 분해를 촉매한다. (c) 시안화브롬(CNBr)은 Met의 카르복실기 쪽의 펩티드결합을 분해한다.

Trypsin cleavage site

$H_3\overset{+}{N}$ — Start of polypeptide — N — C — C — N — C — C — End of polypeptide — COO^-

Arginine (Arg) or lysine (Lys)

(a)

Chymotrypsin cleavage site

$H_3\overset{+}{N}$ — Start of polypeptide — N — C — C — N — C — C — End of polypeptide — COO^-

Phenylalanine (Phe), tyrosine (Tyr), or tryptophan (Trp)

(b)

CNBr cleavage site

$H_3\overset{+}{N}$ — Start of polypeptide — N — C — C — N — C — C — End of polypeptide — COO^-

Methionine (Met)

(c)

에드먼법으로는 단백질의 아미노산서열을 처음 50개 정도만 결정할 수 있다. 따라서 50개 이상의 아미노산으로 구성된 폴리펩티드나 단백질의 아미노산서열을 분석하기 위해서는 단백질을 작은 단위로 분해하여야 한다. 그림 3.17에 나타낸 것처럼 특정한 펩티드결합을 자를 수 있는 효소나 시약을 이용하여 단백질 조각들을 만든다. **시안화브롬(CNBr)**은 단백질의 모든 메티오닌 잔기의 카르복실기와 반응하여 형성된 펩티드결합만을 선택적으로 분해한다. 그러므로 n개의 메티오닌 잔기를 가진 단백질은 두 개의 메티오닌 잔기가 서로 붙어 있지 않는 한 n+1개의 폴리펩티드 조각으로 나누어지게 된다.

복습 문제

1. 그림과 같이 메티오닌 잔기 2개가 서로 이웃하고 있는 단백질을 시안화브롬(CNBr)으로 분해할 때 생성되는 산물을 쓰시오.

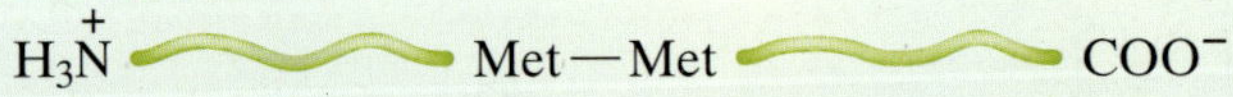

$H_3\overset{+}{N}$ ～ Met—Met ～ COO^-

특정한 펩티드결합을 분해하기 위해 사용되는 효소에는 단백질 소화 분해효소인 트립신(trypsin)과 키모트립신(chymotrypsin)이 있다. 트립신은 아르기닌 또는 리신 잔기의 곁사슬과 작용하여 단백질 내에 위치한 이 두 아미노산의 위치를 분간한다. 이 효소는 아르기닌 또는 리신의 카르복실기 쪽에 위치한 펩티드결합을 가수분해한다. 키모트립신은 페닐알라닌, 트립토판 또는 티로신의 카르복실기 쪽의 아미노산에 작용을 한다. 이런 폴리펩티드 조각들을 이온교환크로마토그래피로 분리한 후 에드먼법으로 아미노산서열을 결정한다.

위에서 언급한 단백질의 아미노산서열분석은 언제나 아무런 문제없이 잘되는 것은 아니다. 만약 시스테인 잔기 사이에 이황화결합이 있는 경우에는 문제가 발생한다. 메르캅토에탄올(mercaptoethanol)과 같은 환원제를 사용하여 이런 결합들을 분해하고 또 재결합을 막기 위해서 SH기를 변형시키기도 한다. 500개 이상의 아미노산으로 이루어진 커다란 단백질의 아미노산서열을 결정하는 것은 어렵다. 왜냐하면 그림 3.17에 제시한 시약 및 효소들을 사용하여 만든 조각들이 50개 이상의 아미노산으로 이루진 경우가 많기 때문이다. 폴리펩티드를 가끔 두 가지 이상의 방법으로 잘라야 하지만, 이것은 아미노산서열을 완벽하게 밝히는 것을 더 어렵게 한다.

DNA 염기서열 결정

유전자 재조합 연구의 결과로 인하여 단백질의 아미노산서열을 분석할 수 있는 새로운 기술들이 등장하였다(13장). 현재는 길이가 긴 DNA 조각을 클로닝(동일한 사본을 다량으로 만듦)할 수 있다. 특정 단백질의 정보를 지닌 유전자도 뉴클레오티드 서열결정에 필요한 양만큼 충분히 분리해 낼 수 있다. 유전암호(genetic code)를 이용하면 DNA의 뉴클레오티드 서열로부터 단백질의 구조를 유추할 수 있다. DNA 염기서열을 결정하는 것은 단백질의 아미노산서열을 결정하는 것보다 빠르고 신뢰할 만하다. 그렇지만 DNA의 염기서열로 단백질의 아미노산서열을 간접적으로 유추하는 방법은 결코 단백질의 아미노산서열을 직접 결정하는 방법을 완전히 대체하지는 못할 것이다. DNA 염기서열로 유추한 아미노산서열은 초기에 합성되는 단백질의 아미노산서열과 동일하다. 그런데 이런 형태의 단백질은(초기 형태라고 함) 종종 단백질의 양쪽 끝에서부터 아미노산 잔기들이 일부 제거되거나, 이황화결합을 형성하거나, 또는 아미노산 잔기들이 화학적으로 변형된다. 활성이 있는 단백질에 대한 화학적 분석은 언제나 필요하기 때문에, DNA와 단백질의 서열을 결정하는 것은 단백질 구조와 기능을 연구하는 데 계속 보완 관계가 될 것이다.

단백질 아미노산서열의 중요성

수 천 개의 서로 다른 단백질들의 아미노산서열에 대한 데이터베이스가 전산화되었다. 서로 다른 단백질들의 아미노산서열을 비교 연구하면 다음과 같은 중요한 생화학적 결론을 내릴 수가 있다.

1. 수많은 단백질의 아미노산서열 자료로부터 아미노산서열이 동일하거나 유사한 부위를 지닌 단백질들을 찾을 수 있다. 그래서 이제는 공통적인 아미노산서열 부위를 지닌 단백질군(protein family)들을 발견하고 있는데 이런 단백질들은 유사한 생물학적 기능을 나타낸다. 단백질의 아미노산서열을 비교 연구하여, 아미노산서열이 유사한 **서열상동성(sequence homology)** 부위를 지닌 단백질들 또는 아주 필수적인 역할을 하는 한 두 개의 동일한 아미노산이 같은 위치에 존재하는 단백질들을 찾아내기도 한다. 기능을 모르는 단백질도 이런 서열 비교를 통하면 이미 잘 알려진 단백질군들 중의 하나로 분류될 수 있어 이 단백질의 생물학적 기능도 통찰해 볼 수 있다. 중요한 효소군 중의 하나인 단백질키나아제(protein kinase)에 대한 연구는 어떻게 단백질의 아미노산서열 정보가 유용하게 쓰이는지를 보여 준다. 단백질키나아제는 다른 단백질의 아미노산 잔기를 인산화시키는 효소이다(특별 주제 I 참조). 이 반응은 세포 조절에서 아주 결정적인 역할을 한다. 알려진 단백질키나아제는 모두 **영역(domain)**이라고 불리는 아미노산 공통 서열 부위를 지니고 있는데 이 부위에는 240개 이상의 아미노산이 존재한다. 이 큰 영역 속에는 인산화에 필요한 반응물(ATP)과 결합하는 부위, 단백질 기질과 결합하는 부위, 촉매작용에 필요한 표면을 제공하는 부위 등 여러 개의 작은 부위가 있다. 기능을 모르는 새로운 단백질을 발견하여 조사했을 때 단백질키나아제의 영역이 발견된다면 대략 이 단백질의 기능이 무엇인지는 명확해진다.
2. 아미노산서열에서 단백질 진화에 대한 정보를 얻을 수 있다. 여러 생물 종에 공통으로 존재하는 어떤 단백질의 아미노산서열을 비교하면 분류학적 관계를 세울 수 가 있다. 예를 들면, 모든 호기성 생

물체의 호흡 대사에 관여하는 단백질 시토크롬c의 아미노산서열은 60종 이상의 생물체에서 확인되었다. 시토크롬c를 구성하는 대략 100개의 아미노산 잔기 가운데 27개의 잔기는 모든 생물 종에서 불변이다. 즉 조사한 60여 종 생물체의 시토크롬c에서 27개의 아미노산이 일련 번호상 동일한 위치에 존재한다. 말과 효모의 시토크롬c 사이에는 대략 55개의 동일한 아미노산 잔기가 존재한다. 그리고 말, 돼지, 양, 소의 시토크롬c의 아미노산서열은 100% 일치한다. 실제로 아미 노산서열 자료는 서로 다른 종들 사이의 진화적 관계를 나타내는 계통수(phylogenetic tree)를 작성하는 데 사용된다.

3. 아미노산서열을 검색하면 단백질의 기능을 비정상적으로 만든 아미노산들의 변화를 알 수 있다. 일반적으로 같은 종에서 특정 단백질의 아미노산서열은 동일하다. 그렇지만 몇몇 개체의 경우에는 단백질을 구성한 아미노산 중에 한 개 또는 몇 개의 아미노산이 다른 아미노산으로 대체된 경우가 있다. 이렇게 변형된 단백질들은 제 기능을 하지 못하는 경우가 많다. 잘 알려진 예는 **겸형적혈구빈혈증(sickle cell anemia)**에 걸린 환자의 헤모글로빈이다(4.5절 참조). 이 단백질의 아미노산서열 혹은 조성 변화는 물려받은 유전자의 돌연변이에 기인한다. 하나 또는 여러 개의 뉴클레오티드 돌연변이가 DNA에 일어나면 mRNA에 전달되는 정보가 바뀌게 된다. 사람유전체연구사업(Human Genome Project)을 이용한 유전자 재조합DNA 연구로 인하여 이제는 염색체 DNA에 일어난 변화를 쉽게 알 수 있게 되었다.
4. 단백질의 아미노산서열을 알면 그 단백질의 3차원적 구조를 예측할 수 있다. 이 장에서 여러 번 언급하였듯이, 단백질이 생리 활성을 지닌 고유한 형태로 접히는 것은 그 단백질의 1차구조에 의해 결정된다. 아직은 단백질의 3차원적 구조를 예측할 수 없지만, 이 책의 5장에서 단백질의 1차구조와 관련하여 단백질의 2차, 3차, 4차구조에 관한 일반론을 논의 할 것이다. 1차구조가 알려진 100,000개 정도의 단백질 가운데 3차원적 구조가 완벽하게 알려진 것은 10,000개 정도 밖에 되지 않는다. 따라서 앞으로 단백질의 구조를 예측할 수 있는 연구가 많이 이루어져야 한다. X선 결정법은 단백질 결정체(결정체를 만들기가 매우 어렵다)와 컴퓨터를 이용한 광범위한 자료 분석을 요구하기 때문에, 이 방법으로는 빠른 속도로 새로이 분리되고 아미노산서열이 결정되는 그 많은 단백질들의 3차원적 구조를 제 때에 밝히기 어렵다. 핵자기공명법(NMR)을 이용한 단백질 구조 분석법은 개선된 방법이긴 하지만, 250개 이내의 아미노산으로 구성된 단백질에만 적용될 수 있는 단점이 있다.

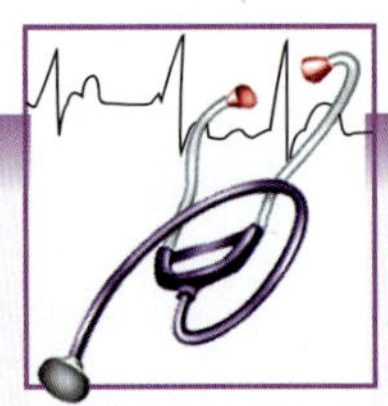

3 - 1

임상생화학

글루탐산나트륨 – 감칠맛

응급실 담당 의사의 얼굴을 응시하면서 환자는 "기운이 없고, 얼굴이 화끈거리며, 가슴이 답답하고, 땀이 나고 머리가 아프며, 입이 마비되는 것 같고, 심장 박동이 불규칙적이면서 빠르다"고 증상을 호소하였다. 의사는 완벽한 건강 상태를 확인하고는 웃으면서 "2시간 전에 중국 음식을 먹었습니까?"하고 문진하였다. "친구들과 초저녁에 기분 전환으로 북경반점에서 중국요리를 시켜 먹었다"고 환자는 말하였다. 의사는 환자가 벌레, 음식물, 식물 및 기타 알레르기를 일으키는 물질에 알레르기 반응을 일으키지 않음을 확인하고는 환자를 퇴원시키면서 "당신은 중국식당증후군(Chinese restaurant syndrome) 증상을 겪은 것이며 대부분의 사람들처럼 몇 시간이 지나면 괜찮을 것"이라고 말하였다. 이 증상은 섭취한 음식물속의 **글루탐산나트륨(monosodium glutamate, MSG)**이나 혹은 다른 화학물질 때문에 발병한다. 글루탐산은 생화학 시간에 배운 20개 아미노산들 중의 하나임을 알고서 왜 음식물 속에 이 물질이 존재하는지 또한 이 물질의 생화학적 특성에 대하여 알아보기로 하였다.

$$\begin{array}{c} COO^-Na^+ \\ | \\ H_3\overset{+}{N}-C-H \\ | \\ CH_2 \\ | \\ CH_2 \\ | \\ COOH \end{array}$$

MSG는 국, 찌개, 양념장 및 과자류에 첨가하는 감미료이다. 이 물질은 소금과 후추 다음으로 많이 쓰이는 양념이다. 미국과 일본에서 많이 팔리는 MSG 상표는 각각 액센트(Accent)와 아지노모토(Aji-No-

Moto)이다. 글루탐산나트륨 자체는 맛이 없지만, 양념으로 음식물에 첨가하면 고기나 치즈처럼 단백질 맛이 풍부한 육류향이 난다. MSG는 천연적으로 버섯, 토마토, 고기 및 치즈 등에 풍부하다.

인류가 양념을 사용하기 시작한 것은 2500년 전으로서 그리스와 로마 시대 초기에는 사람들이 생선을 절여서 만든 가룸(garum)이라는 생선 소스를 좋아하였다. 이 생선 소스에는 글루탐산이 다량 존재하였다. 일본사람들은 수백 년간 다시마를 조미료로 사용하였다. 1908년 일본인 이케다 키쿠나에 화학과 교수는 다시마의 맛을 분석하여 다시마 맛의 주성분이 글루탐산임을 확인하였다. 이케다 교수는 화학물질에 의한 깊은 맛은 단맛, 신맛, 짠맛, 쓴맛으로 알려진 4가지 맛과는 상관이 없음을 알았다. 그는 글루탐산에 의한 맛을 일본어로 "맛있는"을 뜻하는 감칠맛(umami)이라고 하였다. 이케다 교수는 후에 아지노모토 회사를 설립하여 MSG를 생산하고 판매하였다. 초기에는 단백질 중량의 25%가 글루탐산으로 구성된 밀의 글루텐(gluten)을 산으로 분해시켜 MSG를 대량 생산하였다. 현재는 미생물발효법으로 MSG를 양산한다. 유전공학적으로 제작된 균주(*Micrococcus glutamicus*)를 염기성 조건에서 당밀이나 녹말이 함유된 배양액에서 배양한다. 미생물이 배양액으로 분비한 글루탐산을 분리하여 나트륨염 상태로 전환시킨다.

감칠맛도 기본 맛에 속한다는 과학적 증거들이 제시되고 있다. 마이아미 대학교의 연구진은 글루탐산과 잘 결합하는 사람의 수용체 단백질을 분리하였다. 쥐에서 분리한 유사한 수용체는 상대적으로 20개 아미노산 모두와 반응한다. 감칠맛에 반응하는 생체물질들이 확인되면서 감칠맛도 기본 맛이라는 주장이 설득력을 얻고 있다. MSG에 민감하여 중국식당증후군 증상을 나타내는 사람들은 MSG 대신에 이노신-5'-일인산(inosine-5'-monophosphate, IMP)과 구아노신-5'-일인산(guanosine-5'-monophosphate)을 사용한다.

세계적인 보건기구들은 식품 첨가제로 MSG를 사용하는 것이 안전하다고 생각한다. 이들 기구들은 독성 연구들을 인용하여 적당량의 MSG는 건강에 해롭지 않다고 한다. 글루탐산은 자연계에 가장 많이 존재하는 아미노산이며 모든 음식에 존재한다. 미국 식품의약국(FDA)에서도 MSG는 안전한 물질군으로 분류되었으며, 국제보건기구(WHO) 및 유엔 식량농업기구(FAO) 산하의 식품첨가물 과학위원회도 이 물질은 안전하다고 인정하였다.

그렇다면 중국식당증후군 증상의 원인은 무엇인가? 아마 여러분은 MSG 혹은 음식물에 들어있는 히스타민과 같은 화학물질에 매우 민감할 것이다. 과량의 MSG는 신경전달물질인 글루탐산의 작용을 방해한다. 중국식당증후군 증상을 보이는 사람은 외국 음식이나 기타 음식을 섭취하여도 증상을 보일 수 있기 때문에 이 증상이 중국식당증후군이라는 나쁜 평판을 받는 것은 옳지 못하다. 따라서 이 증상을 MSG 증후군(MSG syndrome)으로 바꿔 명명하여야한다.

학습 문제

1. 양성자 형태를 띤 글루탐산을 NaOH로 적정하면서 MSG를 만들 수 있다. MSG를 생성하는 이온반응을 쓰시오.
2. 다음 각각의 pH에서 존재하는 글루탐산의 주된 형태를 그리시오
   a. pH 1.0 **b.** pH 3.5 **c.** pH 4.3 **d.** pH 7.0
3. MSG에 관한 문헌을 읽고 MSG 사용의 해로운 점을 50 단어 정도로 기술하시오.

참고 문헌

Chaudhari, N. et al., 2002. A metabotropic glutamate receptor variant functions as a taste receptor. *Nature Neuroscience* 3:113–119.

Rouhi. M., 2003. Monosodium glutamate. Chem. Eng. News July 28:57. *http://www.glutamate.org* 국제 글루탐산정보제공.

요약

■ 단백질은 서로 다른 20 종류의 α-아미노산으로 구성된 다양한 크기의 생체중합체(biopolymer)이다. 아미노산들은 서로 공통적인 구조를 가지고 있는데 모두 중심탄소(알파 탄소)에 수소, 카르복실기, 아미노기 및 R로 표시되는 **곁사슬(side chain)**이 붙어있는 형태이다. 곁사슬은 아미노산마다 다르다. 생리학적 pH에서 아미노산은 **양성이온(zwitterion)**이라는 쌍극자 이온으로 존재한다.

■ 20 종류의 아미노산들은 곁사슬의 극성에 따라 세 종류로 나누어진다. (1) 비극성 곁사슬을 가진 아미노산, (2) 극성이면서 전하가 없는 곁사슬을 가진 아미노산, (3) 극성이면서 전하를 띠는 곁사슬을 가진 아미노산.

■ 펩티드와 단백질은 아미노산들이 아미드결합으로 연결되어 형성된다. 첫째 아미노산의 α-카르복실기와 다음 아미노산의 α-아미노기가 결합을 한다. 각각의 단백질은 고유한 아미노산 조성과 분자량을 가진다.

■ 단백질의 분자 구조는 네 가지 구조 형태로 나뉠 수 있다. **1차구조**는 아미노산서열을 의미하며, **2차구조**는 일반적이며 반복적인 구조의 단위를 정의한다. **3차구조**는 공간에서의 3차원적인 배열을 의미하고, **4차구조**는 두 개 이상의 폴리펩티드가 서로 뭉친 것을 의미한다.

■ 단백질의 1차구조는 아미노말단에 위치한 아미노산에 꼬리표를 붙이는 **에드먼시약(Edman reagent)**을 사용하거나 그 단백질을 암호화하는 DNA 부위(유전자)를 클로닝하고 염기서열을 분석해서 알 수 있다.

■ 단백질을 크로마토그래피법과 전기영동법을 이용하여 분리 · 정

제하고, 특성을 분석한다.

연습 문제

용어 이해

3.1 다음 용어들을 우리말로 번역하고 설명하시오. 필요하면 분자 구조를 사용하여 나타내시오.

a. protein
b. amino acid enantiomer
c. Zwitterion
d. prosthetic group
e. sequence homology
f. collagen
g. multisubunit protein
h. peptidase
i. gel filtration
j. glutathione
k. affinity chromatography
l. sodium dodecyl sulfate
m. amino acid side chain
n. D-serine
o. proteomics
p. amino terminus
q. carboxyl terminus
r. primary structure
s. α-amino acid
t. Sanger's reagent
u. electrophoresis
v. immune protein
w. oligomeric
x. subunit
y. insulin
z. chymotrypsin

개념 복습

3.2 발린, 트레오닌, 글리신의 경우에 가능한 거울상 이성질체(enan-tiomer)를 모두 그리시오.

3.3 글리신에 대하여 예상되는 적정곡선을 그리시오. 그리고 pH 1.0, 2.3, 9.6, 12.0에서 글리신이 가지는 구조를 그리시오. p*K* 값은 표 4.2에 제시되었다.

3.4 세린에 대한 이온화 과정은 아래와 같다. 다음과 같은 A:B의 비율이 만들어지는 pH를 각각 계산하시오.

$$\underset{\mathbf{A}}{H_3\overset{+}{N}-\overset{\displaystyle COOH}{\underset{\displaystyle \underset{\displaystyle OH}{CH_2}}{C}}-H} \rightleftharpoons \underset{\mathbf{B}}{H_3\overset{+}{N}-\overset{\displaystyle COO^-}{\underset{\displaystyle \underset{\displaystyle OH}{CH_2}}{C}}-H} + H^+$$

a. A:B = 0.1:1 **b.** A:B = 1:1 **c.** A:B = 1:2

힌트: *2장에 있는 헨더슨-하셀발크방정식 응용*

3.5 다음 아미노산의 특성 중 20종류의 아미노산 모두에 적용되는 항목에 ○표 하시오.

a. 상온에서 흰색 고체 결정이다.
b. 상온에서 기름 상태로 존재하며 끓는점이 높다.
c. 아세톤이나 클로로포름 같은 유기 용매에 잘 용해된다.
d. 물에 용해되면 전류를 전도한다.
e. 비수용성이다.
f. 모두 대칭적 구조를 이루며 키랄분자가 아니다(nonchiral).
g. 모두 C, H, N, O, S 원소로 구성되었다.

3.6 다음 각각의 아미노산 쌍에서 더 비극성인 곁사슬을 가지는 아미노산을 표시하시오.

a. Gly:Ala
b. Ala:Ser
c. Val:Asp
d. Phe:Tyr
e. Pro:Lys

3.7 다음은 아미노산 특성을 나열한 것이다. 각각의 특성에 적합한 아미노산 한 가지를 쓰시오.

a. 알킬기(alkyl group) 곁사슬
b. 아릴기(aryl group) 곁사슬
c. 수산화나트륨과 반응하는 곁사슬
d. 물과 수소결합을 이루는 곁사슬
e. 염산(HCl)과 반응하는 곁사슬
f. 수산화나트륨 수용액과 가열할 때 암모니아(NH_3)를 방출하는 아미노산

3.8 디펩티드인 Ala-Asp가 완전히 양성자화 된 구조식을 그리시오. 그리고 산성 양성자(acidic proton) 세 개가 해리되는 이온화 반응 과정을 쓰시오.

3.9 pH 12에서 존재할 것으로 예상되는 글루탐산의 이온화된 구조를 그리시오.

3.10 다음 시약들은 단백질의 특성을 연구하는 데 유용한 것들이다. 각각의 시약이 어떻게 사용되며 어떤 결과를 얻을 수 있는지 기술하고 적절한 화학 반응도 그리시오.

a. 염화단실
b. 생어시약
c. 6 *M* HCl
d. 페닐이소티오시안산
e. 트립신
f. SDS
g. 닌히드린
h. 시안화브롬

3.11 펩티드결합이 형성될 수 있는 조건에서 발린과 세린이 반응해서 생길 수 있는 디펩티드 2개의 구조식을 그리시오.

3.12 구상 단백질과 섬유상 단백질의 차이점을 기술하시오.

3.13 다음 단백질들의 아미노산 수를 계산하시오(괄호 안은 분자량).

a. 인슐린(5733)
b. 면역글로불린G(145,000)
c. 카탈라아제(250,000)

3.14 다음 단백질의 분자량을 추산하시오.

a. 시토크롬 c: 아미노산 잔기 104개
b. 페리틴: 아미노산 잔기 4100개

3.15 다음 특성을 가지는 아미노산을 하나씩 말해 보시오. 단백질을 구성하는 20종류의 아미노산 중에서 고르시오.

a. 술프히드릴(sulfhydryl)기의 곁사슬
b. 세 개의 이온화할 수 있는 작용기
c. 아미드 곁사슬
d. 키랄탄소 두 개
e. 이미다졸 곁사슬
f. 키랄탄소 없음

3.16 pH 1, pH 5, pH 11에서 존재하는 히스티딘의 구조식을 그리시오. 히스티딘의 pH_I를 계산하시오.

활용 문제

3.17 아스파르탐, 글루타티온, 바소프레신, 인슐린이 물에 용해될 것인지를 생각하고 그렇게 예상하는 이유를 적으시오.

3.18 다음의 반응식을 완성하시오.

a. 2Cys $\xrightarrow[\text{conditions}]{\text{oxidizing}}$

b. Gln + H_2O $\xrightarrow{\text{NaOH}}$

c. Gly-Ala + H_2O $\xrightarrow{H^+}$

3.19 20 종류의 아미노산 중에서 단백질이 물에 용해될 때 단백질 구조 안쪽에 묻혀서 물과 접촉하지 않을 아미노산에는 어떤 것이 있을지 예측해 보시오.

3.20 DNA의 뉴클레오티드 서열로부터 단백질의 1차구조가 어떻게 결정되는지 설명하시오.
***힌트:** 2장을 복습하시오.*

3.21 다음 단백질 쌍들 중에서 겔여과에 의해서 분리될 수 있는 것은?

a. 시토크롬c와 헤모글로빈
b. 리보핵산가수분해효소 A(ribonuclease A)와 리소자임(lysozyme)
c. 페리틴과 미오글로빈
***힌트:** 표 3.5*

3.22 다음 각 단백질을 도데실황산나트륨으로 처리하여 폴리아크릴아미드 겔 상에서 전기영동으로 분리한다. 각각의 단백질을 서로 다른 겔 상에서 전기영동 할 때, 나타나는 결과를 그림으로 나타내시오.

a. 미오글로빈
b. 헤모글로빈(α 단위체 2개, 각 분자량 15,500; β 단위체 2개, 각 분자량 16,000)

3.23 그림 3.11에 나와 있는 인슐린의 구조를 연구하고자 한다. 첫 번째 과정은 메르캅토에탄올을 사용하여 이황화결합을 환원시키는 것이다. 그 결과물로 폴리펩티드 A, B 2개가 나온다. A와 B를 아래에 있는 각각의 시약과 반응시킬 때, 예상되는 결과를 적으시오.

a. CNBr
b. 6 M HCl에 의한 가수분해 후 생어시약과의 반응
c. 카르복시펩티드가수분해효소(carboxypeptidase)
d. 트립신

3.24 다음 각각의 크로마토그래피 기술에서 물질 분리는 무슨 원리에 의하여 일어나는가?

a. 이온교환크로마토그래피
b. 친화크로마토그래피
c. 겔여과크로마토그래피

3.25 디펩티드인 Asp-Phe에 대하여 다음의 질문에 답하시오.

a. N말단에 있는 아미노산은?
b. C말단에 있는 아미노산은?
c. 이 디펩티드에 존재하는 이온화 될 수 있는 작용기를 모두 표시하시오.
d. pH 7.0에서 이 디펩티드의 순(전체)전하(net charge)는?

3.26 다음과 같은 구조를 가지는 단백질이 있다고 가정하자. 산화제를 처리한 후의 단백질 구조를 그리시오.

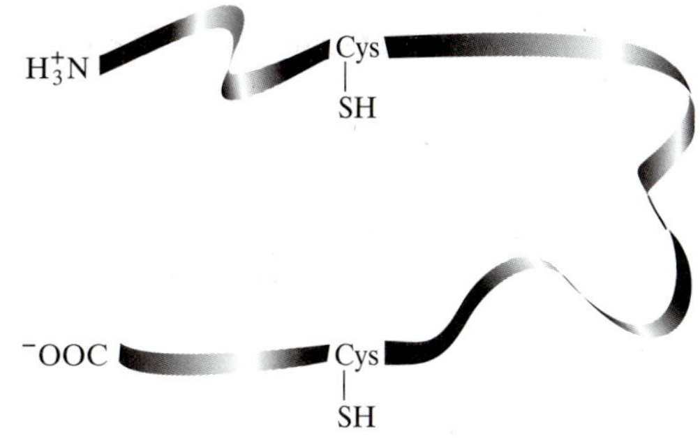

3.27 다음 아미노산 중에서 수소결합을 할 수 있는 곁사슬을 가진 것을 고르시오.

Ala	Phe	His
Ser	Thr	Tyr
Asn	Val	Cys

3.28 생화학 수업을 같이 듣고 있는 친구로부터 단백질의 서열을 결정하는 데 생어시약을 사용한다고 들었다. 이 방법이 완전히 옳은 것이 아니라는 것을 어떻게 친구에게 설명할 수 있겠는가?

3.29 다음의 반응식을 완성하시오.

$$\begin{array}{c} \text{Cys} \\ | \\ \text{S} \\ | \\ \text{S} \\ | \\ \text{Cys} \end{array} + \begin{array}{cc} \text{CH}_2 & \text{CH}_2 \\ | & | \\ \text{HO} & \text{SH} \end{array} \longrightarrow$$

β-Mercaptoethanol

3.30 어떤 단백질이 세 개의 시스테인 잔기를 가지고 있다고 가정하자. 분자 내 이황화결합이 만들어진다면 몇 가지의 다른 모양이 가능한가?

3.31 이 책의 저자가 아미노산을 분류할 때 글리신을 그룹 Ⅰ(비극성 곁사슬), 히스티딘을 그룹 Ⅱ(극성이며 전하를 가지지 않는 곁사슬)에 속하는 것으로 분류한 것에 동의하는가? 그리고 글리신과 히스티딘을 분류할 수 있는 다른 어떤 방법이 있는가? 이유를 설명하시오.

3.32 고리 구조의 펩티드도 방향성이 있는가?

3.33 분자 구조식을 이용하여 세린라세미화효소(serine racemase)에 의해 촉매되는 반응을 쓰시오. 그리고 이 반응에서 분해되는 결합을 표시하시오.

3.34 Met와 Arg의 pH_I를 계산하시오.

3.35 다음 아미노산들 중에서 pH 7.0에서 소수성 곁사슬을 지닌 아미노산을 선별하시오.

a. 아스파르트산　　c. 세린
b. 리신　　d. 프롤린

3.36 다음 아미노산들 중에서 pH 7.0에서 극성이면서 전하가 없는 곁사슬을 지닌 아미노산을 선별하시오.

a. 페닐알라닌　　c. 루신
b. 세린　　d. 프롤린

3.37 다음 아미노산들 중에서 α-아미노산이 아닌 것을 선별하시오.

a. 프롤린　　c. 시스테인
b. 티로신　　d. 트립토판

3.38 반응하여 펩티드 결합을 형성하는 아미노산의 작용기 두 개를 올바르게 나타낸 것을 고르시오.

a. α-아미노기와 곁사슬의 카르복실기
b. 곁사슬의 카르복실기와 곁사슬의 아미노기
c. α-카르복실기와 곁사슬의 아미노기
d. α-카르복실기와 α-아미노기

3.39 pH 7.0에서 주로 존재하는 글리신의 형태는 어느 것인가?

a. $H_3N^+CH_2COO^-$　　c. H_2NCH_2COOH
b. $H_3N^+CH_2COOH$　　d. $H_2NCH_2COO^-$

3.40 다음 아미노산들 중에서 키랄중심이 없는 아미노산은?

a. 프롤린　　c. 트레오닌
b. 페닐알라닌　　d. 글리신

3.41 다음 아미노산들 중에서 키랄중심이 2개인 것은?

a. 프롤린　　c. 트레오닌
b. 시스테인　　d. 리신

생화학 작문

3.42 3장에서 공부한 내용과 관련된 문헌 한 가지를 도서관에서 찾아 읽으시오. 그 문헌에 대하여 이 장에서 공부한 것을 강조하면서 200 단어 이내로 요약해 보시오.

3.43 생물체는 우리가 알고 있는 것처럼 20 종류의 α-아미노산에 의존한다. 아미노산들은 다른 여러 기능들 외에도 단백질합성에 이용된다. 만약 이들 20 종류의 아미노산이 CH_4에서 $C_{20}H_{42}$에 이르는 직선형 탄화수소 20개로 대체된다면 우리가 이해하는 생명이란 것이 존재할 것이라고 생각하는가?

3.44 가장 좋아하는 아미노산 하나를 선택하여 100 단어 이내에서 그 아미노산에 대하여 생화학적 관점에서 논하시오. 고급 생화학 교재나 인터넷을 사용할 수 있다.

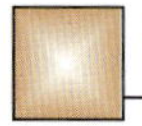

참고문헌

Boyer, R., 2000. Isolation and purification of proteins. In *Modern Experimental Biochemistry*, 3rd ed. pp. 59–110, 111–140, 257–277. San Francisco: Benjamin/Cummings.

Branden, C., and Tooze, J., 1999. *Introduction to Protein Structure*, 2nd ed. New York: Garland Publishing.

Constans, A., 2002. Protein purification I: Liquid chromatography. *The Scientist*, Jan. 21: 40–42.

De Chadarevian, S., 1999. Protein sequencing and the making of molecular genetics. *Trends Biochem. Sci.* 24(5):203–206.

Ezzell, C., 2002. Proteins rule. *Sci. Am.* 286(4):40–47.

Goodsell, D., and Olson, A., 1993. Soluble proteins: Size, shape and function. *Trends Biochem. Sci.* 18:65–68.

Frey, P., 2002. Surprises and revelations in biochemistry: 1950–2000. *Biochem. Mol. Biol. Educ.* 30:152–162.

Henry, C., 2000. Protein structure by mass spec. *Chem. Eng. News* Nov. 27:22–26.

Lamzin, V., Dauter, Z., and Wilson, K., 1995. How nature deals with stereoisomers. *Curr. Opin. Struct. Biol.* 5:830–835.

Lesk, A., 2000. *Introduction to Protein Architecture*. Oxford: Oxford University Press.

Park, S. et al., 2003. Motion to form a quorum. *Science* 301:188.

Rusting, R., 1992. Why do we age? *Sci. Am.* 267(6):130–141.

Saffran, M., 1998. Amino acid names. *Biochem. Educ.* 16(2):116–118.

Siegel, J., 2001. Single-handed cooperation. *Nature* 409:777–778.

Webre, D., Wolanin, P., and Stock, J., 2003. Bacterial chemotaxis. *Current Biology* 13:R47–49.

Yarnell, A., 2002. 22nd amino acid identified. *Chem. Eng. News*, May 27:13.

http://www.nobel.se/
The Virtual Biochemistry Lab sponsored by the Nobel Foundation. Under the heading "Educational," use the Biochemistry Lab to perform experiments on protein chromatography and electrophoresis.

CHAPTER

4

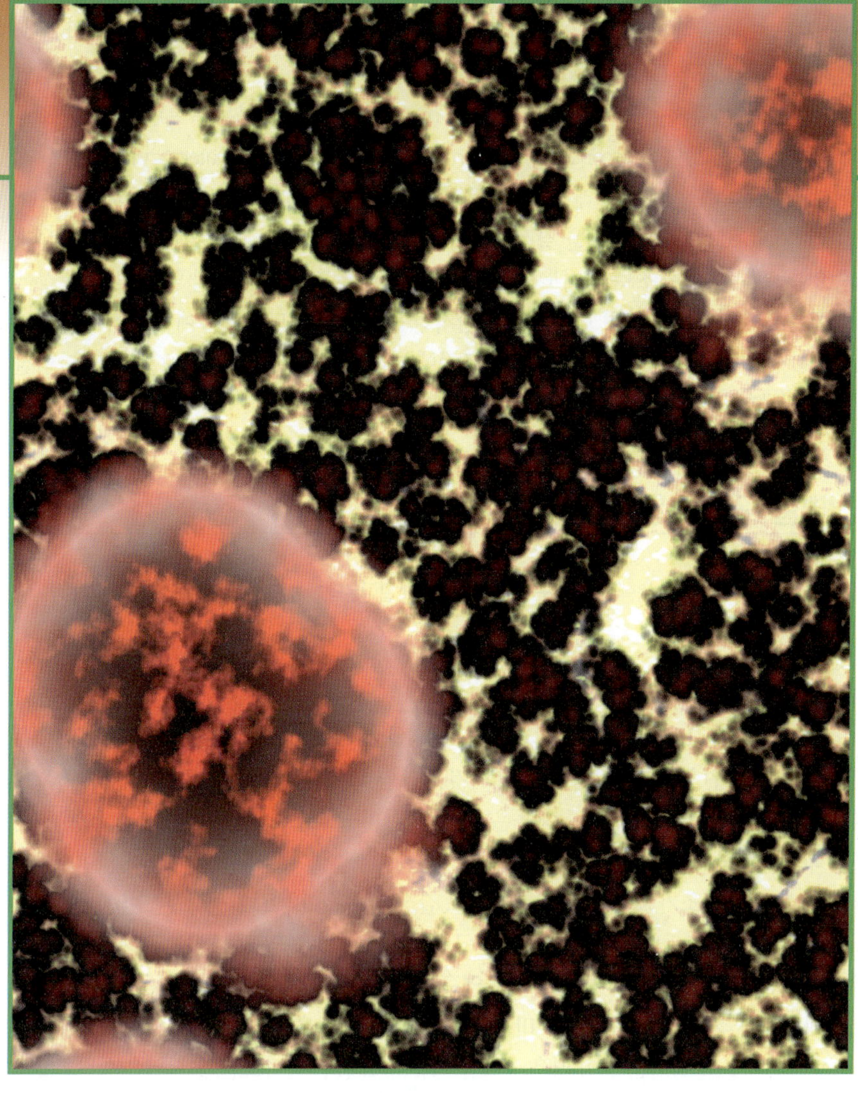

전 세계 의학 관련 당국에서는 포유동물에서 최근 희귀한 퇴행성 뇌 질환이 증가하는 것에 주목하고 있다. 이 질병의 변형 형태가 사람(크로이츠펠트-야콥병), 양(스크래피), 사슴과 큰사슴(만성소모성질환), 그리고 소(광우병)에서 발견되었다. 일반인들은 영국, 캐나다. 미국 등에서 최근 나타난 광우병에 의해 이 질병에 대해 알게 되었다. 이 병에 걸린 동물의 뇌는 커다란 액포를 만들며 해면(sponge)과 같이 된다(사진 참조). 주로 신경세포의 시냅스전과 시냅스후 과정에서 발달하는 이 액포는 지름이 20 ㎛에서 100 ㎛에 이르기까지 다양한 크기이다. 이 병의 전형적이며 관찰 가능한 증상은 치매와 근육 운동의 조정 상실이다. 이 병은 처음에는 "느린 바이러스"에 의해 발생하는 것으로 생각되었으나 지금은 병의 유발 인자가 서로 다른 구조적 형태를 취할 수 있는 **프리온(prion)**이라는 단백질인 것을 알고 있다.

단백질의 구조와 생물학적 기능

3장에서 단백질의 구조 체계는 네 단계의 구조로 정의될 수 있다는 것을 배웠다. 앞에서는 1차(primary)구조 또는 공유결합 구조의 개념인 첫째 단계에 중점을 두었는데, 1차구조는 각 단백질에 대한 유전자의 뉴클레오티드 서열(sequence)로 결정되는 단백질의 아미노산서열이다. 자연적인 환경에서 각 형태의 단백질 분자는 원래입체구조(native conformation)라고 하는 독특한 3차원 구조로 접히게 되는데, 원래입체구조는 2차(secondary), 3차(tertiary), 그리고 종종 4차(quaternary)의 조직 단계에 의해 결정된다. 대부분의 단백질은 원래입체구조로 되지 않는 한 생물학적으로 기능을 하지 않는다. 최종적인 접힘 배열(folded arrangement)을 결정하는 중요한 많은 요인들이 모두 알려져 있지는 않다. 그러나 가장 중요한 요인은 1차구조 즉 아미노산의 종류와 순서라는 것을 우리는 잘 알고 있다. 이 장에서는 2차, 3차, 4차구조의 요소를 공부하고, 어떠한 일반적인 원칙에 의해 단백질이 매우 조직화된 그리고 생물학적으로 활성이 있는 형태로 조립되는지 그 조절에 대하여 연구한다. 결론적으로, 몇몇 단백질의 구조 및 구조와 생물학적 기능과의 관계를 살펴 볼 것이다.

4.1 단백질 구조의 일반적인 원칙

학습목표

단백질의 3차원적 배열에 영향을 주는 구조적 요인에 대해 알아본다.

1차구조의 영향

캠브리지 대학교(Cambridge University)의 존 켄드류(John Kendrew)는 1958년에 최초로 단백질(향유고래의 미오글로빈)의 3차원 구조를 발표하였는데 이것은 그림 4.1에서 보는 바와 같이 X선회절(X-ray diffraction) 분석으로 얻어진 것이다. 생화학자들은 153개의 아미노산으로 구성된 작은 단백질 구조에서 나타난 극단적인 복잡성과 분명한 견고성에 놀랐다. 1950년대 말에 이 결과를 얻은 후 거의 10,000개에 달하는 단백질의 3차원 구조가 X선과 NMR 분석으로 결정되었다. 이와 같이 큰 표본 수와 발전된 컴퓨터 기술로 인해 현재 우리는 단백질 구조에서 어떤 규칙성을 인식할 수 있고, 사실상 3차원 구조에 대한 중요한 일반적 원칙을 규정지을 수 있다. **이러한 연구에서 나온 가장 중요한 원칙은 3차원적 배열에 있어서 1차구조가 가장 강한 영향을 미친다는 것이다.** 이것은 단백질 연구의 초기 단계에서 정확한 아미노산의 서열을 결정하는 것이 매우 중요한 이유이다. 어떤 아미노산 및 서열은 특정한 2차, 3차, 4차구조의 형성을 선호한다. 예상되는 바와 같이, 이에 주된 영향을 미치는 것은 아미노산 곁사슬의 종류와 서열인데, 바로 이 때문에 단백질은 서로 매우 다르게 된다. (모든 단백질은 같은 일차적인 공유 결합의 골격을 가진다. 즉 모두 $-NH-\underset{R}{\underset{|}{CH}}-\overset{O}{\overset{\|}{C}}-$ 단위의 중합체이다. R기로 구성된 가지에서 서로 차이가 있다.) 각 단백질 형태마다 1차구조가 독특하기 때문에, 거의 모든 단백질의 3차원 구조가 독특할 것으로 예상한다. 곁사슬(side chain)의 영향은 구상 단백질(globular protein)이 수용성 환경 하에 있을 때 극성 아미노산 잔기는 친수성 표면을 형성하고 비극성 아미노산 잔기(그룹 Ⅰ)는 소수성의 중심부를 형성하도록 접히는 자연적인 경향에서 특히 주목된다(표 3.3 참조). 이 배열은 비극성 아미노산 잔기가 물에서 멀어지도록 안쪽으로 묻히게 하고, 극성이며 전하를 띤 아미노산 잔기(그룹 Ⅱ와 그룹 Ⅲ)는 물과 상호작용을 하기 위하여 표면에 있도록 한다. 단백질과 물 사이, 그리고 아미노산 잔기와 다른 아미노산 잔기 사이의 안정화(stabilizing) 상호작용의 수는 최대로 되고, 소수성 아미노산 잔기와 물 사이의 탈안정화(destabilizing) 접촉은 최소가 된다. 사실상, 이러한 안정된 배열은 구상 단백질의 접힘에 있어서 주된 열역학적 추진력이다. (섬유상 단백질은 물에 녹지 않으며, 또한 아미노산 조성이 독특하고 막과 같은 비극성 환경에 존재하기 때문에 다른 접힘 규칙을 따르게 된다.)

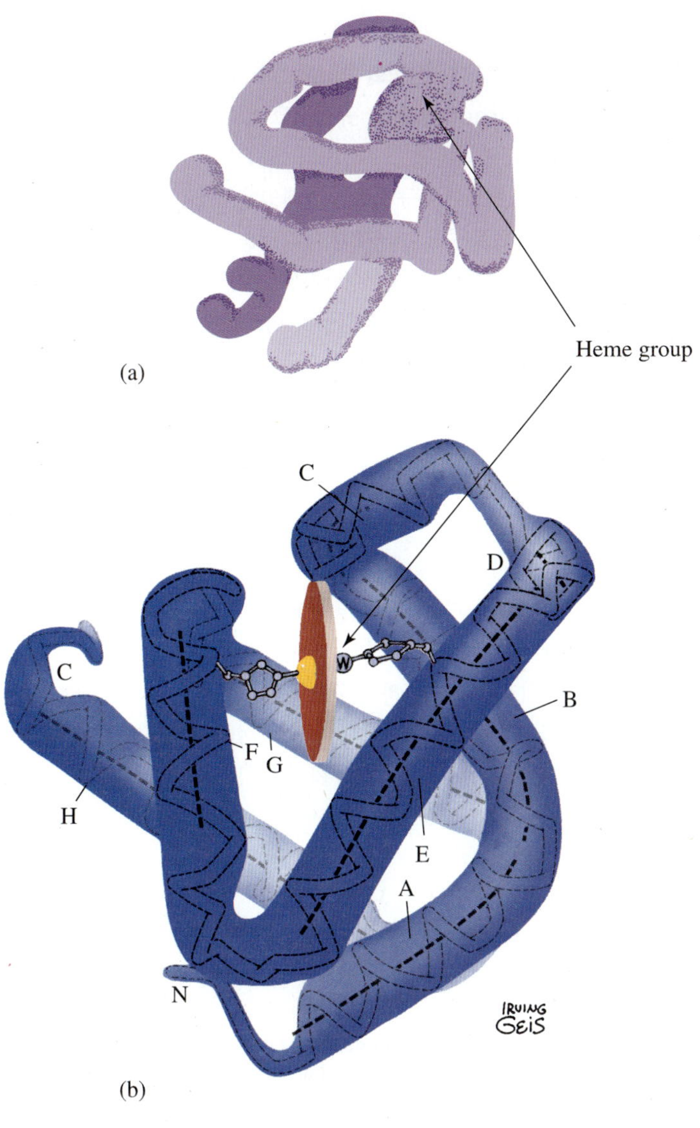

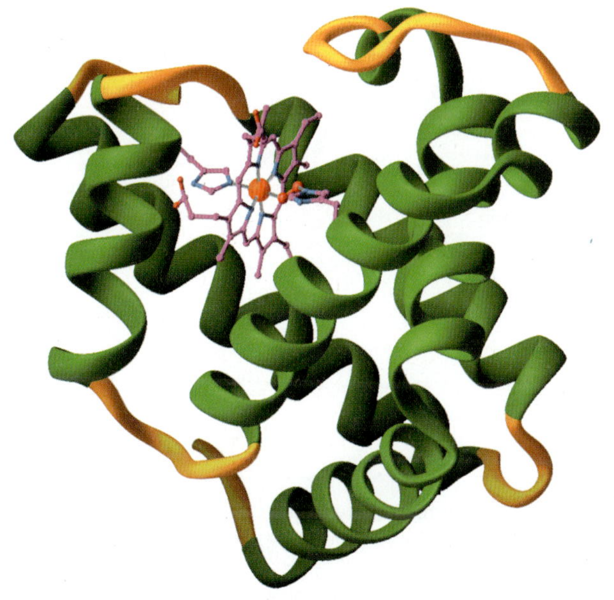

그림 4.1 향유고래 미오글로빈의 3차원 구조. (a) 켄드류(J. Kendrew)가 분해능이 낮은 X선회절 분석을 이용하여 구축한 초기 모델. (b) 분해능이 높은 X선회절 분석으로 유추한 향유고래 미오글로빈의 구조. 미오글로빈은 A에서 H로 표시한 것과 같이 여덟 개의 지역으로 구성되어 있다. N과 C는 각각 N말단과 C말단을 나타낸다. 헴 구조는 히스티딘 곁사슬과의 배위결합에 의하여 고정되어 있다. 산소의 결합자리는 ⓦ에 있다. 이 모델은 2차구조(α-나선)와 3차구조를 강조하여 나타내고 있으나 각 원자의 위치는 나타내지 않는다. (c) 컴퓨터로 생성된 향유고래 미오글로빈의 구조 그림. 초기에 만들어진 구조의 그림과 비교하시오.

비공유결합성 상호작용

단백질 구조의 둘째 원칙은 가장 중요한 안정화 힘(stabilizing force)으로서 약한 비공유결합성 상호작용(noncovalent interactions)을 규정짓고 있다(2.1절 참조). 무질서한 코일(random coil, 풀려 있는 상태)로부터 고도로 조직화된 구조까지의 접힘은 구조적 엔트로피(entropy)의 감소를 가져오게 된다. 이러한 관찰로부터 처음에는 규칙적인 원래입체구조(native conformation)가 무질서한 코일보다 열역학적으로 덜 안정하므로 중요한 구조가 아니라고 예상하였다. 그러나 이러한 엔트로피의 감소를 상쇄시키고도 남는 다른 힘들이 작용하여 안정된 단백질의 구조를 유도한다. 단백질의 펼침 상태와 접힘 상태 사이의 자유에너지(free energy) 차이는 비교적 작지만(대부분의 단백질에서 20~60 kJ/mol) 원래입체구조가 낮은 자유에너지를 가지고 더 안정하다는 것을 예상하기에는 충분히 큰 값이다.

단백질 구조를 안정화시키는 화학적 상호작용에는 수소결합(hydrogen bond)이 포함되는데 아미노산 잔기의 원자 사이(예를 들면 —N—H···O=C<)와 아미노산 잔기의 원자와 물 사이(예를들면 >C=O···H—O—H)에 형성된다. 그림 4.2는 몇몇 아미노산 곁사슬의 실제적인 수소결합 능력을 보여준다. 단백질 구조에서 중요한 상호작용은 그림 4.3에서 나타내고 있다. 단백질 구조의 중심 내부에 모여 있는 비극성 곁사슬의 소수성 상호작용은 물과의 접촉을 제한하여 구조를 안정화시킨다. 이온결합과 반데르발스힘도 단백질 구조를 안정화시키는 작용을 한다. 여러 가지 비공유결합성 상호작용의 상대적인 중요성은 아미노산 조성과 서열에 의존하기 때문에 단백질에 따라 차이가 있다.

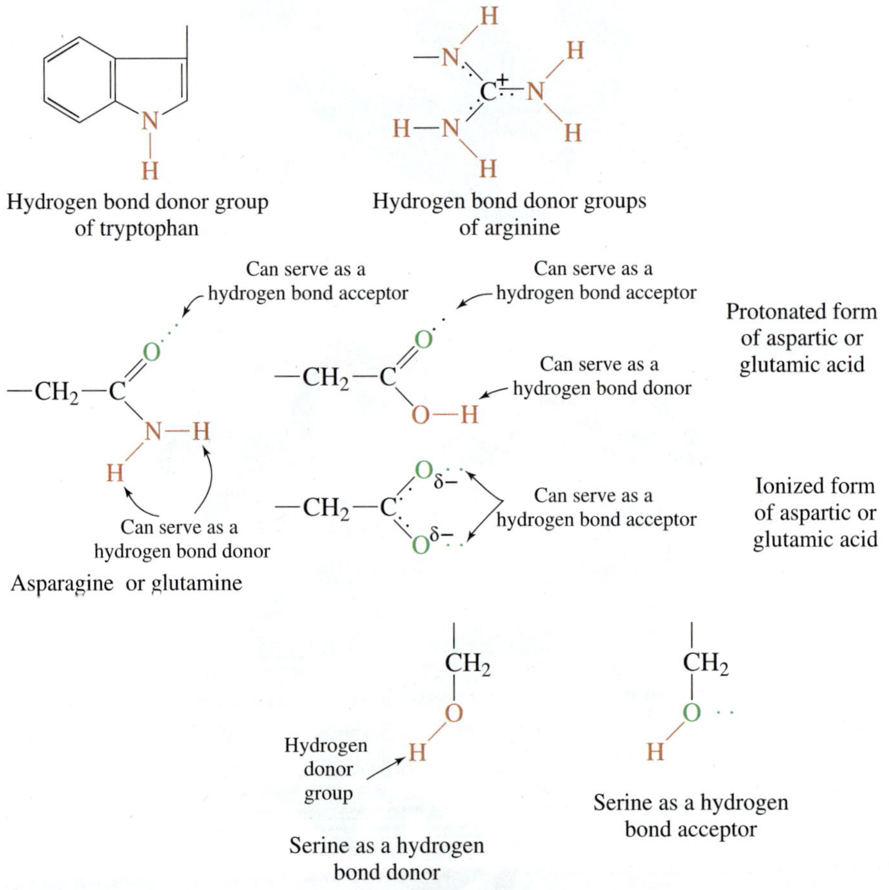

그림 4.2 단백질 구조에서 수소결합을 하는 아미노산 곁사슬의 예. 적색 원자는 수소결합의 공여체이고, 녹색 원자는 수소결합의 수용체이다. 세린 곁사슬이 수소결합의 공여체 또는 수용체로 작용하는 것을 주목하시오.

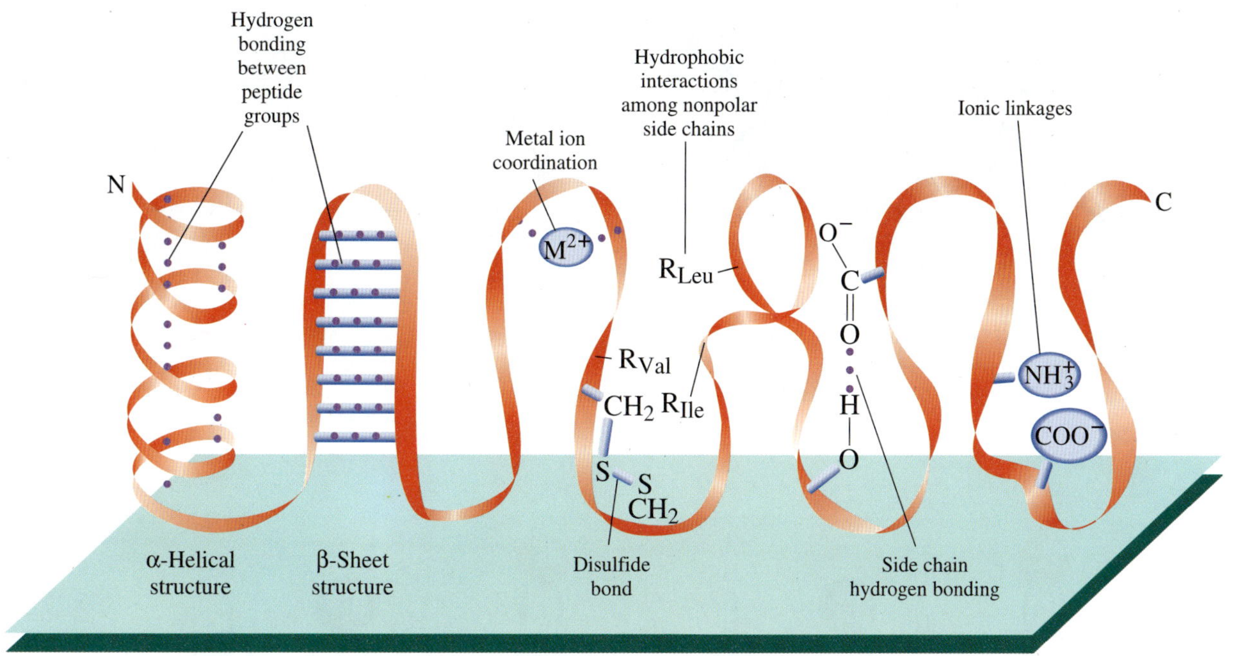

그림 4.3 3차원 구조를 결정하는 비공유결합성 상호작용의 중요성을 보여주는 가상적인 단백질의 원래입체구조. 2차구조와 3차구조에서 가장 중요한 상호작용은 수소결합, 소수성 상호작용 및 이온결합이다.

복습 문제

1. 한 폴리펩티드 사슬 내에 다음과 같은 아미노산 쌍이 있고 그 곁가지가 서로 상호작용한다고 가정하자. 각 쌍이 어떻게 비공유결합이나 공유결합을 하는지 보여주는 구조를 그리고 설명하시오. 첫 문제는 예제로 풀었다.

   a. Asp:Lys
   풀이: $-COO^-$ H_3N^+- 정전기적 결합 또는 이온결합
   b. Ser:Ser c. Leu:Leu d. Cys:Cys e. Asn:Ser f. Arg:Lys

펩티드결합의 구조

단백질의 X선 분석으로부터 발견한 또 다른 중요한 사실은 펩티드 단위가 견고한 구조라는 점이다. 단백질에서 각 펩티드기(peptide group)는 **트랜스(trans)** 구조로 물려 있다. 즉 아미드 질소에 있는 수소 원자는 카르보닐기의 산소 원자와 반대에 있다(그림 4.4a). 펩티드기의 4개의 원자가 같은 평면에 있기 때문에, 질소와 탄소 사이 그리고 탄소와 산소 사이에 부분적인 이중결합이 형성되도록 p 궤도가 겹쳐질 수 있다(그림 4.4b). 이러한 구조적 특징의 가장 중요한 결과는 아미드의 탄소-질소 결합을 축으로 하는 회전이 제한된다는 것이며, 그래서 펩티드기는 한 개의 평면으로 작용하게 된다. 그러나 아미드기와 알파 탄소와의 두 결합은 완전히 회전이 자유롭다(그림 4.4c).

단백질에 대한 3차원 구조가 비조직적이고 복잡하게 보여도, 대부분의 단백질에서 실험적으로 유추된 구조를 면밀히 조사하면 규칙적인 양상을 포함하는 공통 지역이 존재함을 알 수 있다. 이러한 조직화는 3장에서 **영역(domain)**이라고 하는 공통된 서열 지역이 존재하는 것을 알았기 때문에 놀라운 것은 아니다.

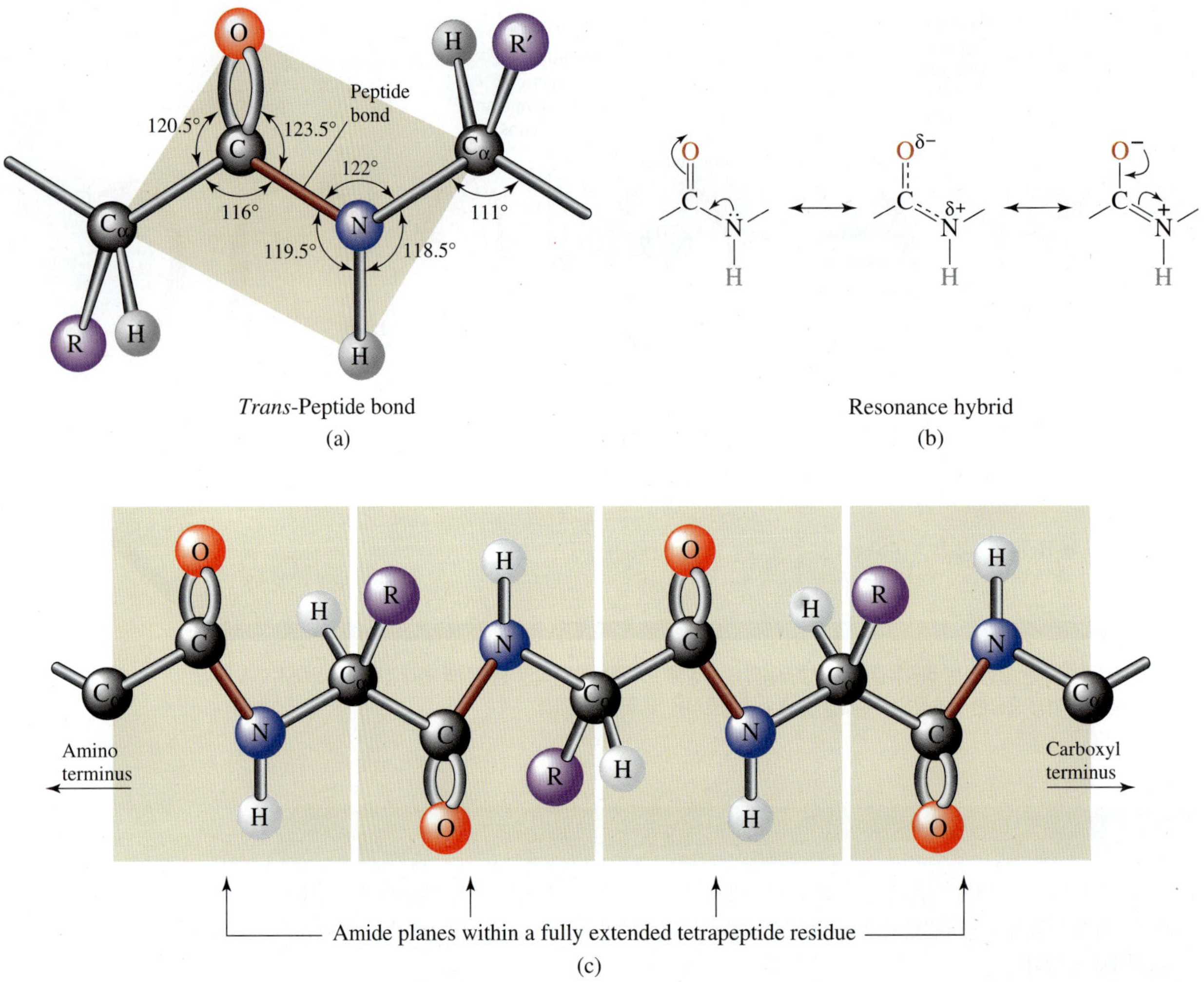

Trans-Peptide bond

(a)

Resonance hybrid

(b)

Amide planes within a fully extended tetrapeptide residue

(c)

그림 4.4 (a) 단백질 구조에서 각 펩티드결합은 "트랜스" 배열로서 견고한 평면 구조로서 작용한다. C — N 결합에서는 제한된 회전만 일어나며 $C\alpha$ — N과 $C\alpha$ — C에서는 자유 회전이 가능하다. (b) 공명 구조를 나타내는 펩티드 단위의 축약된 구조. 공명 혼성(resonance hybrid)에서 C — N과 C — O 결합은 부분적인 이중결합의 특징을 나타낸다. 펩티드 단위는 탄소-질소 결합의 부분적인 이중결합 특징 때문에 "트랜스" 배열로 고정되어 있다. (c) 폴리펩티드에서 평면적인 아미드 단위. 자연의 단백질은 "트랜스" 배열로 되어 있다. 펩티드 결합은 고동색으로 표시되어 있다.

(영역은 약 50개~400개의 아미노산 잔기로 이루어지며 생물학적으로 기능적 역할 뿐만이 아니라 구조적 역할도 독립적으로 수행하는 지역으로 정의할 수 있다.) 공통된 아미노산서열을 가지고 있는 이러한 지역들은 똑같지는 않더라도 서로 비슷한 구조로 접히게 될 것으로 예상된다.

4.2 2차구조의 요소

학습 목표

단백질의 2차구조를 구성하는 중요한 구조적 특징을 설명할 수 있도록 한다.

구상 단백질이 접히면서 안쪽으로 소수성 아미노산 잔기들이 묻히게 되면 몇몇 극성의 폴리펩티드 골격도 같이 비극성인 환경 하에 놓이게 된다. 단백질 사슬의 내부에 있는 극성의 N—H와 C=O 펩티드기는 수소결합의 형성으로 "중화"된다. 이러한 수소결합은 2차구조 즉 단백질의 직선상의 서열에서 "가깝게 모여 있는" 아미노산 잔기 사이의 규칙적이고 반복적인 상호작용을 위한 기초가 된다. 구상 단백질에서 나타나는 **2차구조**의 가장 중요한 두 형태는 α-나선(α-helix)과 β-시트(β-sheet)이다. 나선과 시트

구조는 반복적이고 주기적인 지역으로 구성되어 있기 때문에 "규칙적인"구조라고 할 수 있다. 또 다른 중요한 구조적 특징으로서 굽음과 루프가 있다.

α-나선

α-나선(α-helix)은 1951년에 라이너스 폴링(Linus Pauling)과 로버트 코리(Robert Corey)가 머리카락과 명주의 단백질의 X선회절 양상과 모델을 연구한 후에 제안하였다. α-나선은 촘촘하게 꼬여 있는 폴리펩티드 골격으로 형성된 막대 구조이다(그림 4.5). 곁사슬 R은 주 사슬에서 가지를 쳐서 나온다. 이러한 배열에서 폴리펩티드 단위를 유지하고 있는 근본적인 상호작용은 한 아미노산 잔기의 N—H 기와 사슬의 앞 쪽으로 넷째 아미노산 잔기의 C=O 기 사이의 수소결합이다(직선상의 서열에서 "가깝게 모여 있는" 아미노산 사이의 상호작용). 수소결합은 주축과 평행하므로 잡아당기면 폴리펩티드가 정상 길이의 두 배까지 늘어나도록 한다. 이러한 늘어남으로 인해 수소결합은 약해지지만 사슬은 여전히 α-나선의 코일 모양으로 유지한다. 나선의 회전 주기마다 3.6개의 아미노산 잔기가 있다. α-나선 지역의 주 사슬에 있는 모든 NH와 CO 기가 수소결합을 하고 있어 그 결과 많은 수의 유리한(favorable) 상호작용이 형성되고 고도로 안정된 구조 단위가 되는 것이다. 곁사슬 R 사이의 수소결합은 존재하지 않는다.

α-나선의 코일은 오른손 방향이나 왼손 방향으로 꼬일 수 있다. 그러나 L-아미노산은 오른손 방향을 선호한다. 사슬 상에서 하나의 α-나선의 길이는 한 개의 코일(3.6개 아미노산 잔기)에서부터 머리카락의 섬유상 단백질인 α-케라틴에서 볼 수 있는 것과 같이 1000 Å(약 650개의 아미노산 잔기)만큼 긴 것까지 다양할 수 있다. 그러나 구상 단백질에서 α-나선 단위의 평균 길이는 단지 15~30 Å(10~20 잔기)의 범위

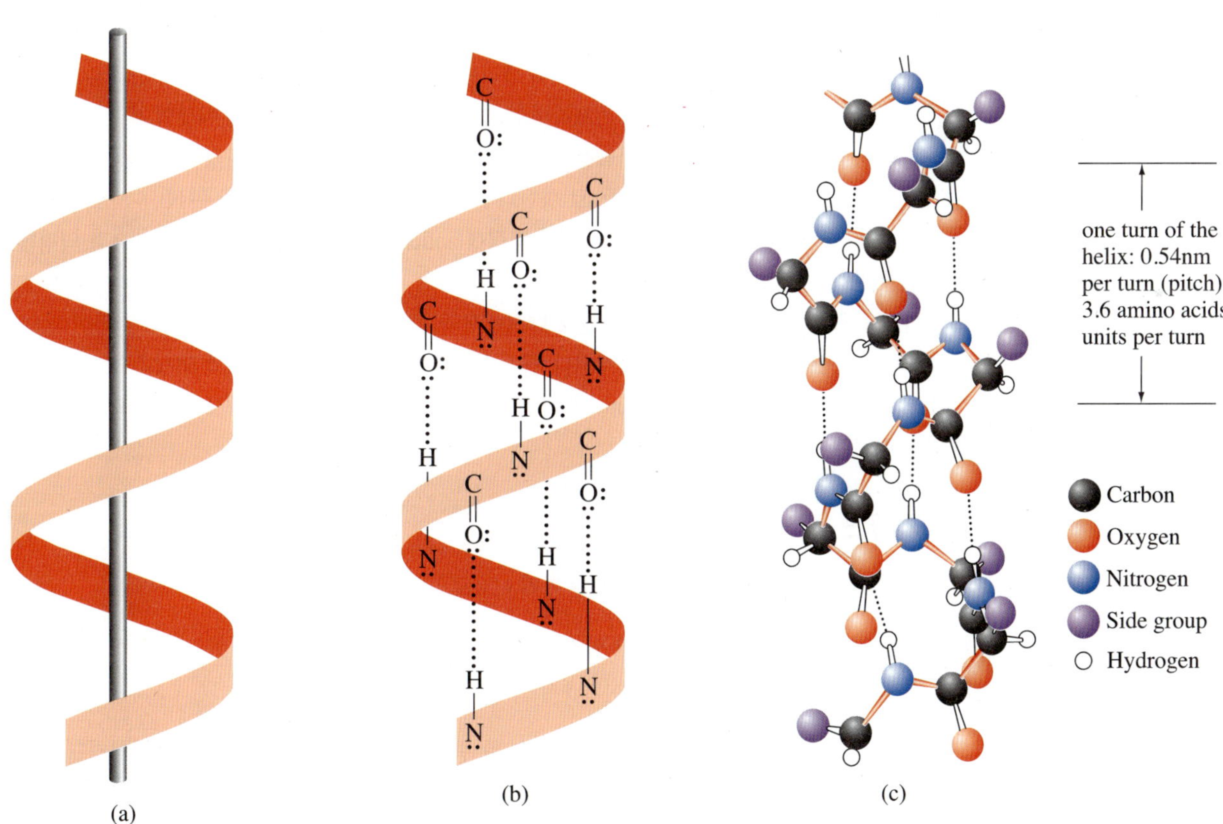

그림 4.5 세 단계로 나타낸 α-나선의 자세한 구조. (a) 상상의 축을 따라 리본 형태로 폴리펩티드 골격만을 보여주고 있다. (b) 수소결합에 관여하는 모든 원자를 보여준다. 폴리펩티드 사슬의 나선 모양과 골격의 N—H와 C=O 기 사이에 있는 수소결합(···)에 주목하자. (c) 아미노산 곁사슬을 포함한 모든 원자를 나타내고 있다.

에 있다. 전체 α-나선의 양도 각 단백질에 따라 다양하다. 피부에 있는 콜라겐과 같은 단백질은 α-나선의 특성이 없다. 소화 효소인 키모트립신은 약 10%의 α-나선을 포함하고 있는 반면에 산소 운반단백질인 미오글로빈은 75% 정도의 α-나선 구조를 포함하고 있다.

α-나선은 매우 안정화된 구조인데, 왜 모든 단백질에서 주된 구조가 아닐까? 이에 대한 해답은 이전의 설명에서 분명해진다. 단백질의 2차구조는 1차구조에 의존한다. 몇몇 아미노산은 α-나선의 형성을 선호하지만, 다른 아미노산은 이 구조를 탈안정화시킨다. 아미노산 선호도에 대한 일반적인 결론을 몇 가지 끌어낼 수 있다. α-나선 구조에 있어서 주된 제한 요인은 인접한 곁사슬 R 사이의 상호작용이 어느 정도인가 하는 것이다. 이들 곁사슬은 주 골격에서 돌출되어 있고, 구조적으로 불리한 근접 충돌이 충분히 일어날 수도 있다는 것을 기억하자. 아스파라긴(asparagine), 티로신(tyrosine), 세린(serine), 트레오닌(threonine), 이소루신(isoleucine), 시스테인(cysteine)과 같이 큰 곁사슬을 가진 아미노산이 인접하여 존재하면 α-나선 구조가 탈안정화되어 그 형성이 불리하게 된다. [단백질에 글리신(glycine) 잔기(R = H)가 많이 존재할 때 실제로 α-나선이 선호되지 않는데 이는 곁사슬의 크기 때문이 아니라 다른 2차구조인 β-시트 구조가 글리신에 의해 선호되기 때문이다.] 마찬가지로 같은 전하를 띤 몇 개의 곁사슬이 인접하여 있으면 서로 반발하여 주 사슬의 수소결합을 탈안정화시킨다. 예를 들면 세 개 이상의 리신(lysine)이나 글루탐산(glutamate) 잔기는 그 지역에서 α-나선의 형성을 방해할 것이다. α-나선 구조를 심하게 파괴하는 아미노산은 프롤린(proline)이다. 고리 형태로 아미드 질소가 연결되는 독특한 구조를 가지고 있기 때문에 프롤린은 수소결합에 관여할 수가 없고 나아가 폴리펩티드 골격의 방향을 바꾸게 된다.

거미줄의 단백질은 β-시트 구조이다.

β-시트

단백질 2차구조에서 중요한 둘째 구조는 **β-시트(β-sheet)**이다(그림 4.6). 이 구조적 요소는 여러 가지 면에서 α-나선과 다르다. β구조(configuration)에서 폴리펩티드 사슬은 거의 완전히 늘어나 있고 수소결합은 사슬 내에 또는 사슬과 사슬 사이에 존재하며, β-시트는 한 폴리펩티드의 두 개 이상의 지역이 결합하여 구성된다. β구조에서 폴리펩티드 사슬은 두 가지 가능한 방향으로 β-시트를 형성하도록 결합할 수 있다. 만일 폴리펩티드 사슬이 같은 방향으로 향한다면(두 개 모두 N → C 또는 C → N), β-시트는 **평행(parallel)**이다. 만일 사슬이 서로 반대 방향이면 **역평행(antiparallel)**이라고 한다(그림 4.6과 4.7). 역평행 구조가 단백질에서는 더 일반적이다.

β-시트 구조의 형성에 가장 주된 제한은 α-나선에서와 마찬가지로 곁사슬 R의 크기와 전하이다. 그러나 그 제한은 β-시트에서 훨씬 더 심각하다. 근본적으로 β-시트로 이루어진 단백질(명주의 피브로인이나 거미줄의 단백질)은 알라닌(alanine)과 글리신을 매우 많이 함유하며 1차구조에서 반복적인 양상을 가지고 있다.

굽음과 루프

역회전이라고도 하는 **굽음(bend)**은 다음 두 가지 이유로 2차구조의 중요한 요소이다.

1. 굽음은 주 폴리펩티드 사슬의 방향을 역전시킨다.
2. 굽음은 보다 규칙적인 2차구조(α-나선과 β-시트)의 지역을 연결한다.

많은 단백질에서 공통적으로 나타나는 굽음의 한 형태는 β-시트 구조에서 역평행 폴리펩티드를 연결하는 데서 발견된다. 이것을 **β-굽음(β-bend)** 또는 머리핀 회전(hairpin turn)이라고 한다(그림 4.8). 이 구조에 보통 4개의 아미노산이 있는데 첫째와 넷째 아미노산 사이에 내부 수소결합을 가지고 있다. 글리신은 유연성이 있고, 프롤린은 자연적인 회전을 형성하는 고리 구조로 되어 있기 때문에 이들 아미노산 잔기는 굽음 부분에 많이 존재한다. 굽음은 주기적으로 나타나지 않기 때문에 비규칙적인 2차구조

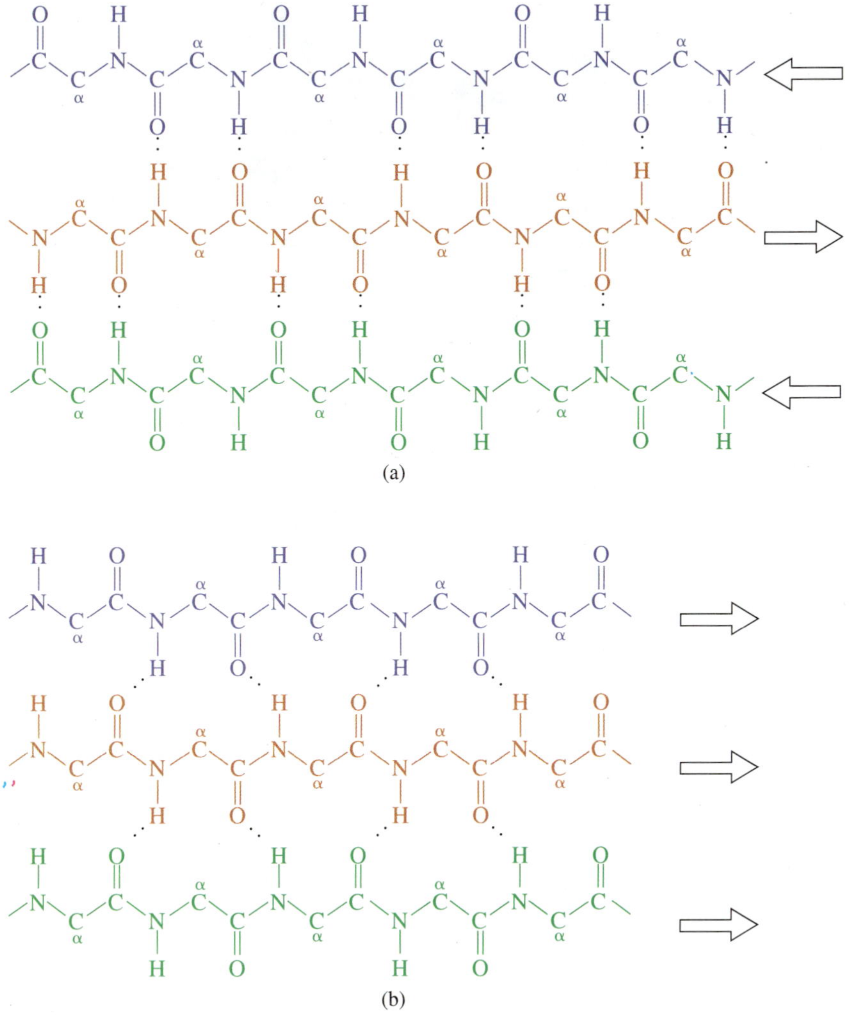

(a)

(b)

그림 4.6 단백질의 β-시트 2차구조. (a) 폴리펩티드 사슬은 화살표 방향으로 표시한 것과 같이 역평행 방향으로 배열되어 있다. 각 화살표의 머리는 C말단을 향하고 있다. 폴리펩티드 골격의 N－H와 C=O 기 사이의 수소결합을 주목하자. (b) 평행β-시트는 몇몇 단백질에서 관찰된다. α탄소의 H와 곁사슬은 보이지 않는다.

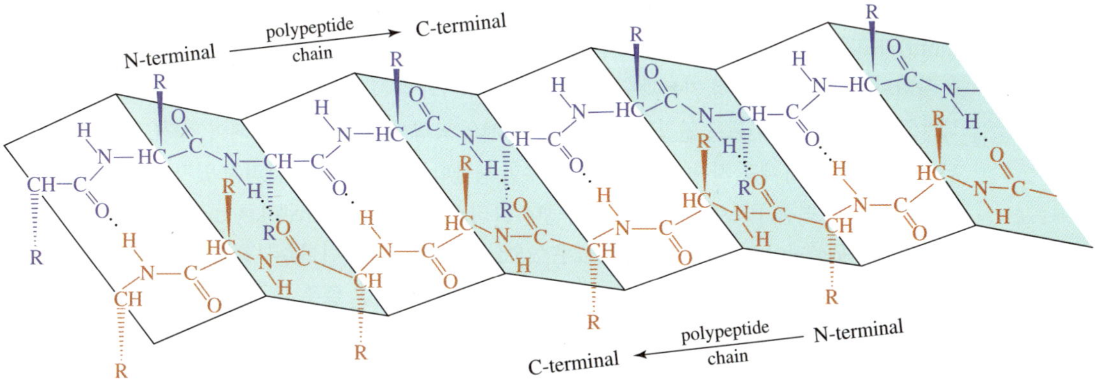

그림 4.7 역평행β-시트의 3차원적 배열을 나타내는 모식도. 펩티드 단위 사이에 있는 수소결합은 점선으로 나타내고 있다.

요소로 간주된다. 굽음이 확장되고 늘어나면 종종 **루프(loop)**라고 한다. 루프는 6~16개의 아미노산 잔기를 가지고 있는 폴리펩티드 사슬의 연속적인 부위이며 약 10 Å 정도의 길이를 가지고 있다. 굽음과 같이, 루프는 주기적인 2차구조를 포함하지 않는다. 굽음과 루프 사이에 크기의 차이는 있지만, 단백질 구조에서 비슷한 역할을 하기 때문에 이 두 용어는 서로 대체되곤 한다.

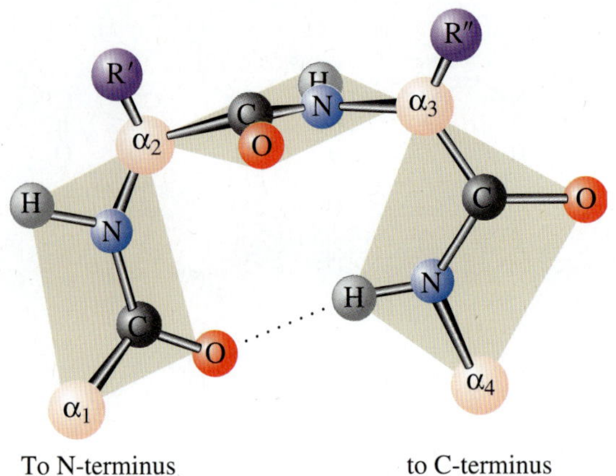

그림 4.8 루프를 형성하거나 폴리펩티드 사슬의 방향을 바꾸는 β-굽음의 예. 굽음은 점선으로 나타낸 수소결합으로 안정화된다.

복습 문제

1. 아래에 있는 아미노산서열이 큰 단백질의 짧은 일부 지역이라고 가정하고, 이 지역에 존재할 가능성이 있는 2차구조의 종류를 예측하시오.
   a. -Gly-Ala-Gly-Ser-Ser-Ala-Gly-Pro-Gly-Gly-Ala-Ser-Ala-Gly-Ala-
   b. -Gly-Ala-Asn-Phe-Leu-Ala-His-Asp-Pro-Gly-
   c. -Glu-Asp-Asp-Glu-Glu-Asp-Ser-Asp-Asp-Cys-Pro-

초2차구조

2차구조의 각 요소(α-나선, β-시트, 굽음)는 종종 서로 결합하여 안정적인 기하학적 배열을 하게 된다. **초2차구조(supersecondary structure)** 또는 **구조적 모티프(structural motif)**라고 하는 불리는 이 특수한 다발 구조들은 다른 종류의 많은 단백질에서 뿐만이 아니라 같은 단백질 내에서도 여러 번 발견된다. 이들 구조는 곁사슬 사이에서 쉽게 형성되는 비공유결합성 상호작용에 의해 서로 모여 있다. 아마 이들 중 가장 간단한 구조는 **α-나선-루프-α-나선(α-helix – loop – α-helix)** 또는 **αα모티프(αα motif)**라고 하는 것이다(그림 4.9a). 이 모티프는 DNA와 결합하거나 칼슘이온을 격리하는 단백질의 능력처럼 특수한 생물학적 기능과도 연관되어 있다. 이와 유사한 β-시트 모티프는 β-루프-β 또는 ββ인데, 이들은 굽음이나 루프로 연결된 β배열에서 두 개의 역평행 가닥으로 구성되어 있다(그림 4.9b). 이 모티프는 단백질에서 매우 자주 나타나지만, 특수한 생물학적 기능은 아직 알려져 있지 않다. 평행 가닥의 ββ 모티프는 단백질 구조에서 드물게 나타난다. 그리스열쇠 모티프(Greek key motif)는 네 개의 인접한 β 가닥으로 구성되어 있는데, 스타필로코쿠스(*Staphylococcus*)의 핵산가수분해효소(nuclease)를 포함하여 많은 단백질에서 발견된다(그림 4.9c). 두 개의 평행한 β 가닥은 종종 α-나선에 의해 연결되어 **βαβ 모티프(βαβ motif)**를 형성한다(그림 4.9d). 탄수화물 대사에서 중요한 효소인 3탄당인산이성질화효소(triose phosphate isomerase)는 이 모티프의 반복되는 결합으로 구성되어 있다. βαβ 모티프의 대다수이 조합은 β 바렐(β barrel) 또는 초바렐(superbarrel)이라고 한다(그림 4.10).

각 아미노산 잔기의 원자들이 보이는 단백질의 모형을 보면 누구든지 쉽게 압도된다. 이제 단백질 구조는 종종 원자를 자세히 보여주는 대신에 2차구조의 요소와 폴리펩티드 사슬의 일반적인 방향을 요약하는 도식적인 모식도로 나타낸다. 단백질의 2차구조를 나타내는 기호로 세 가지가 사용된다. 즉 원통이나 코일은 α-나선 지역, 화살표는 β 구조, 그리고 리본은 굽음이나 루프 또는 임의의 지역을 나타낸다. **리본모형(ribbon diagram)**이라고 하는 이러한 표현 방식이 자세한 구조를 나타내지는 않지만, 연구를 위한 전체적인 모습을 제공한다(그림 4.10 참조).

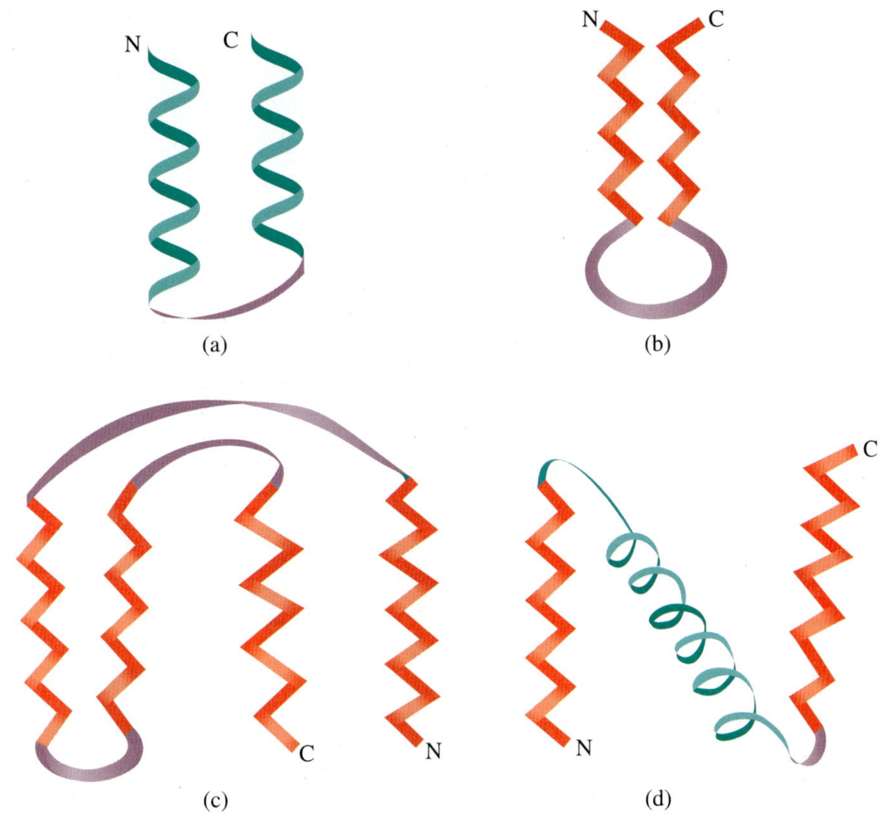

그림 4.9 접혀 있는 단백질의 몇몇 일반적인 구조적 모티프. (a) $\alpha\alpha$모티프, (b) 역평행 $\beta\beta$모티프, (c) 그리스열쇠($\beta\beta\beta\beta$) 모티프, (d) 평행 $\beta\alpha\beta$모티프

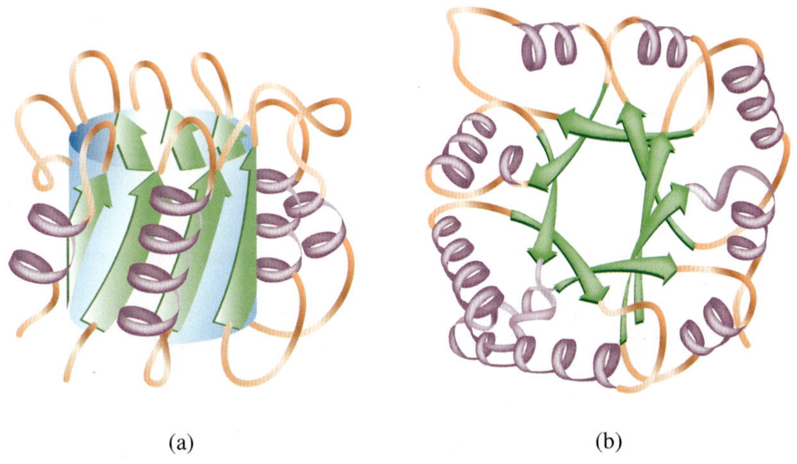

그림 4.10 해당과정의 3탄당인산이성질화효소의 구조. 여러 개의 평행 $\beta\alpha\beta$모티프가 연결되어 초바렐을 형성하고 있다. (a) 옆에서 본 단백질. (b) 위에서 본 단백질.

섬유상 단백질

지금까지 설명한 구조적 요소는 **구상 단백질(globular protein)**에서 나타나고 있는 것인데, 이들은 세포에서 동역학적인 생물학적 역할을 수행하는 수용성 단백질이다. **섬유상 단백질(fibrous protein)**은 주로 구조적인 역할을 수행하는데 자신만의 특징적인 2차구조를 가지고 있다. 가장 많은 섬유상 단백질의 하나는 **콜라겐(collagen)**인데, 피부, 골격, 힘줄 등의 주요 단백질이다. 콜라겐의 1차구조는 Pro-Gly-

X 또는 Hyp-Gly-X의 반복적인 단위로 구성되어 있는데, Hyp는 4-히드록시프롤린(4-hydroxyproline)이고, X는 임의의 아미노산이다. 프롤린이 풍부하기 때문에, 보다 일반적인 α-나선이나 β-시트로 접힐 수가 없다. 콜라겐의 독특한 3차원적인 구조는 초나선(super helix)이라고도 불리는 **삼중나선(triple helix)**의 형태로서, 서로 감겨져 있는 세 개의 확장된 나선형 사슬로 구성되어 있고, 이들은 아미노산 곁사슬 사이의 수소결합과 교차결합(crosslink)에 의해 서로 묶여져 있다(그림 4.11). 삼중나선 구조는 밧

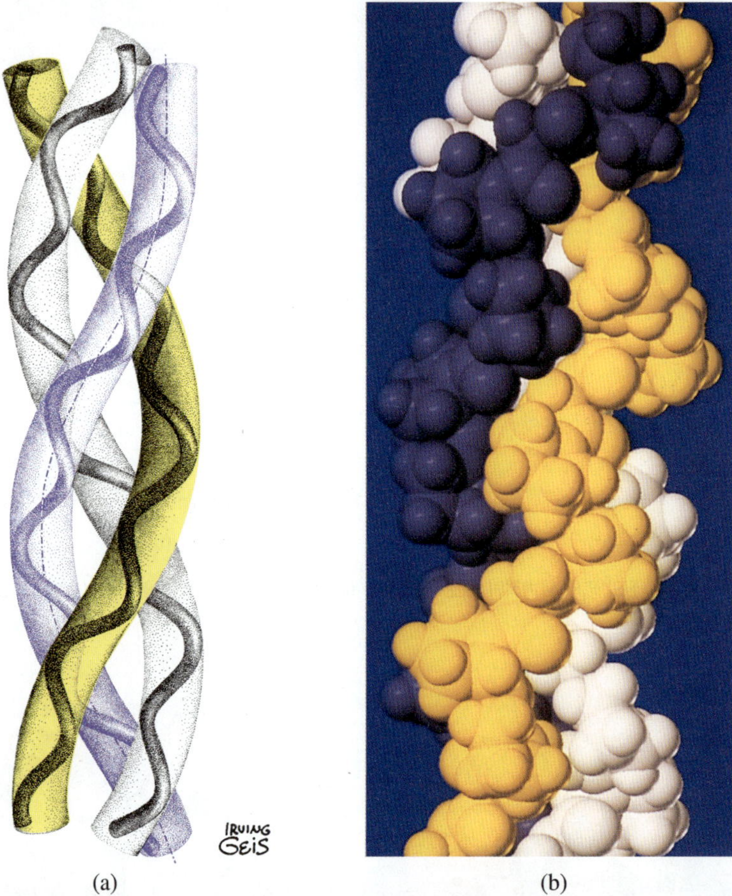

그림 4.11 중요한 섬유상 단백질인 콜라겐의 삼중나선 구조. 콜라겐의 각 단일가닥은 Pro-Gly-x- 또는 Hyp-Gly-x의 반복된 단위로 구성된다. 세 개의 확장된 폴리펩티드 사슬은 서로 꼬여 있고 수소결합과 공유결합성 교차결합으로 서로 연결되어 있다. 삼중나선 구조는 밧줄과 비슷하다. (a) 그림으로 그린 콜라겐. (b) 콜라겐의 공간 채움 모형(space-filling model).

그림 4.12 콜라겐 섬유의 전자현미경 사진

줄과 유사하다. 이렇게 형성된 구조는 거의 늘어나지 않는 매우 높은 인장 강도(tensile strength)를 가지고 있으며, 골격이나 힘줄에 적합한 특성을 가지고 있다(그림 4.12). 몇 가지 대사적 질병은 콜라겐의 구조와 기능에 이상이 생겨 일어난다. 유전적 질병인 불완전골생성증(osteogenesis imperfecta)에 걸린 유아는 매우 연약한 골격을 가지고 있다. 이 아기들의 콜라겐은 글리신이 들어갈 위치에 시스테인이나 세린이 들어가 있다. 피부 발진이나 잇몸 출혈의 증상을 가진 질병인 괴혈병(scurvy)은 아스코르브산(ascorbic acid, vitamin C)의 결핍으로 일어난다. 아스코르브산은 프롤린이 히드록시프롤린으로 전환시키는 것을 촉매하는 효소의 보조인자(cofactor)이다.

4.3 단백질의 3차구조

학습 목표

단백질이 어떻게 원래입체구조로 접히게 되는지 이해한다.

3차구조의 요소

4.2절에서 설명한 것과 같이, 구상 단백질의 2차구조는 폴리펩티드 사슬의 일부분이 모티프라고 하는 조직화된 단위로 정렬되는 것을 규정짓게 된다. 이러한 조직화된 단위는 폴리펩티드 사슬에서 아미노산 잔기 사이의 안정화된 상호작용의 결과이다. 이들 구조를 안정화시키는 상호작용은 일차적으로 주사슬에 있는 원자 사이의 수소결합이다. 단백질의 **3차구조(tertiary structure)**는 단백질에서 곁사슬을 포함한 모든 원자의 위치를 설명하고 있다. 3차구조는 2차구조의 여러 모티프가 밀집된 배열로 결합된 결과이며, 따라서 폴리펩티드 사슬 상에서는 서로 멀리 떨어져 있는 아미노산이 공간적으로는 인접하여 만날 수 있게 된다.

3차구조를 안정화시키는 주된 힘은 단백질의 밀집된 내부 중심에 있는 비극성 곁사슬 사이의 소수성 상호작용이다. 소수성 곁사슬의 아미노산(그룹 I 아미노산인 발린, 루신, 페닐알라닌 등)을 많이 가지고 있는 단백질이 수용액에 있는 것을 상상해 보자. 단백질 사슬이 펼쳐지면(unfolding), 비극성 곁사슬은 직접적으로 물과 반응할 수 없으므로, 물 분자가 새장과 같은 경계를 형성하도록 한다(2.2절 참조). 이와 같이 고도로 질서 정연한 물 분자의 배열은 다음 두 가지 이유 때문에 열역학적으로 불리하다. (1) 물 분자와 비극성 잔기 사이에는 유리한 결합성 상호작용이 전혀 일어나지 않기 때문에 에너지 수준이 높다(불안정함). (2) 물 분자의 엔트로피(무질서도)는 감소한다. 만일 단백질 사슬이 접혀서 구조의 내부에 비극성 잔기를 묻어 버리려고 하면, 물 분자는 극성 아미노산 곁사슬과의 수소결합 같은 유리한 상호작용을 할 수 있는 외부로 움직일 수 있다. 많은 수의 약한 비공유결합성 상호작용에서 오는 열역학적 안정성은 모든 원자가 적당한 위치로 오는 데 필요한 에너지를 보상하고도 남는다(그림 4.13). 물 분자는 소수성 중심부에서 제외되며, 그래서 물과 비극성 곁사슬 사이의 접촉으로 인한 탈안정화(destabilization)를 피하게 된다.

비공유결합성 상호작용 이외에 공유결합성 이황화결합(-S-S-)도 폴리펩티드 사슬 상에서 서로 멀리 떨어져 있는 시스테인 잔기를 교차결합시키는 데 유용하다. 3차구조에 있어서 이황화결합의 중요성에 대한 실험적 연구에 의하면 이황화결합은 단백질이 원래입체구조로 접히는 데 직접적으로 영향을 주지 않는다. 이황화결합은 오히려 대부분의 다른 안정화 상호작용(소수성 상호작용, 수소결합 등)이 제자리를 잡은 후 단백질을 최종 형태로 "잠그는" 작용을 한다.

3차구조의 몇몇 특징들은 모든 단백질에 일반적이다. 모든 결합의 자유로운 회전으로(탄소-질소 아미드 결합을 제외하고), 단백질은 광범위한 유연성을 가지고 있어 수많은 가능한 형태를 가질 수 있다. 100개의 아미노산으로 구성된 단백질은 약 5×10^{47}개의 서로 다른 형태를 가질 수 있다고 추정되지만, 가장 안정된 형태인 원래입체구조로 한 가지만 선택된다(그림 4.13). 그러나 최종 형태가 정적이거나 단단하다고 생각해서는 안 된다. 실제로 단백질 사슬은 대단한 유연성을 가지고 있으며, 사실상 어떤 단백

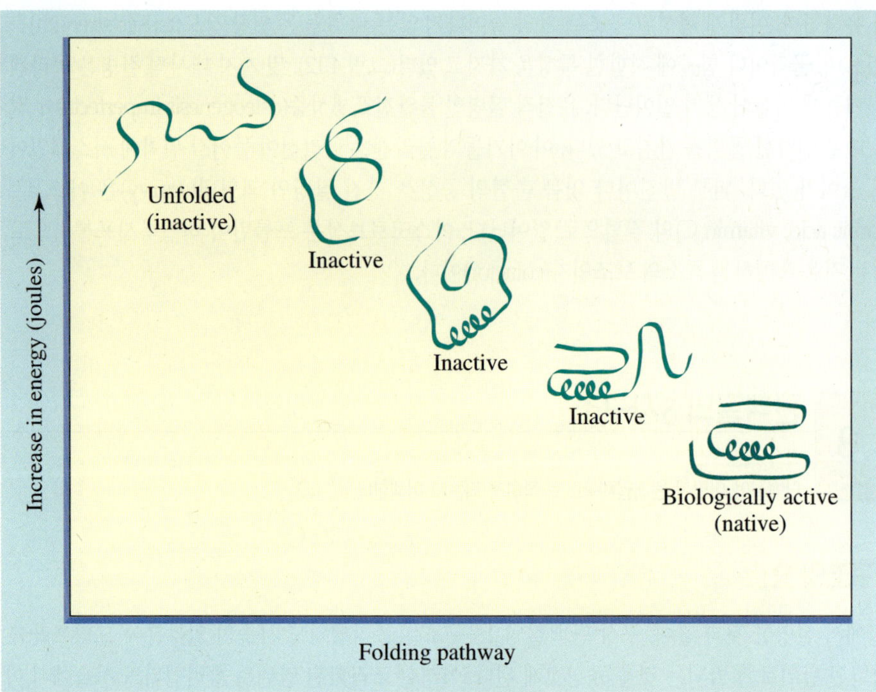

그림 4.13 단백질접힘 과정의 에너지 모식도. 완전하게 풀려 있는(unfolded) 단백질은 가장 불안정한 형태로 간주된다. 대부분의 단백질에 있어서 원래입체구조(native conformation)는 열역학적으로 가장 안정한 형태이며 생물학적으로 활성이 있는 유일한 형태이다.

질에서는 작은 형태적 변화가 생물학적인 작용을 조절하는 일반적인 방법이다. 혈액에서 O_2를 운반하는 헤모글로빈 분자는 O_2가 단백질에 붙거나 또는 떨어질 때 형태적으로 약간의 변화가 일어난다.

단백질접힘 과정

잘 알려져 있는 것처럼 **단백질접힘의 중심원리(central dogma of protein folding)는 1차구조가 3차구조를 결정한다는 것이다.** 이 원리는 독특한 1차구조를 가지고 있는 단백질은 자발적으로 독특한 3차구조로 접힌다고 항상 해석되어 왔다. 접힘 과정은 새롭게 합성된 단백질이 기능적인 형태(원래입체구조)로 되는데 필수적이다.

일반적으로 접힘 과정은 단백질 사슬이 소포체에 있는 리보솜으로부터 분리된 뒤에 시작된다. 실험 관찰의 증거에 의하면 단백질접힘 과정은 단계적으로 일어난다. 이 과정은 초기 단계, 중간 단계, 마지막 단계인 3 단계로 나누어 볼 수 있다. 완전한 접힘에 필요한 시간은 수 천분의 1초에서 몇 분에 이르기까지 단백질의 크기와 복잡성에 따라 다양하다.

초기 단계는 합성이 시작된 후 수 백만분의 1초 내에 일어나는 과정이며, 접힘의 개시 핵(nucleus), 즉 출발점이 되는 국지적인 2차구조(α-나선, β-시트)의 형성으로 시작된다. 이 단계는 마지막 단계보다 빠른 속도로 일어나기 때문에 폭발 단계(burst phase)라고도 한다. 초기의 일시적인 구조는 아마도 $\alpha\alpha$, $\beta\beta$, $\alpha\beta\alpha$ 등의 단순한 모티프와 같은 것으로 생각된다. 이어서 종종 비극성 아미노산 잔기의 R 곁가지가 서로 모이는 소수성 충돌이 일어난다. 소수성 기들이 모이거나 합쳐져서 그 지역에서 물을 배제하고, 분자가 매우 밀집된 구조로 되게 한다. 분자의 크기는 이러한 축약에 의해 원래 크기의 절반으로 줄어들기도 한다. 소수성 축약 단계는 분자의 높은 안정도를 제공하며, 단백질접힘을 위한 중요한 열역학적인 추진력이 되는 것으로 여겨진다.

단백질접힘의 중간 단계에서 2차구조가 안정화되고 모티프의 결합으로 영역(domain)이 만들어진다. 수소결합, 정전기적 상호작용, 이황화결합은 3차구조를 시작하도록 하는 중요한 결합력이다. 이 과정은 5×10^{3} ~1초 사이에 일어난다.

마지막 단계에서는 영역들이 모여 밀집된 중심핵이 되고, 보다 많은 수소결합과 이온결합이 형성되며, 이황화결합이 새롭게 형성되어 마지막 공유결합을 만들고, 경우에 따라 폴리펩티드들이 4차구조로 연합한다. 큰 단백질의 경우 마지막 단계는 몇 분이 걸릴 수도 있다. 전체적인 접힘 과정은 **협동적(cooperative)**으로 설명되는데, 이것은 접힘 단계가 일어날 때 마다 다른 유리한 상호작용의 형성이 촉진된다는 것을 의미한다.

접힘 보조단백질

생체 내에서 단백질접힘의 경로는 자발적인 자기 조립 과정이며, 단지 단백질접힘만이 관여한다고 오랫동안 생각하여 왔다. 원핵세포와 진핵세포에서 생성되는 많은 단백질이 자연적인 2차, 3차, 4차구조로의 자기 조립이 일어날 수 있지만 어떤 단백질은 도움이 필요하다. 최근에 **분자샤페론(molecular chaperone)**이라고 하는 단백질이 다른 단백질의 접힘을 도와준다는 것이 밝혀졌다. 이 보조단백질은 접히고 있는 단백질의 일시적인 중간체를 보호하고 안정화하여 접힘 과정이 제대로 일어날 수 있도록 안내한다.

분자샤페론은 접히지 않았거나, 부분적으로 접힌 폴리펩티드 사슬에 결합하여 접힘에 참여하며 생물학적으로 활성적인 구조로 유도되지 않는 상호작용의 형성을 방지한다. 샤페론은 불안정할 수도 있는 상호작용을 안정화시킨다. 샤페론은 특히 펼쳐진 단백질 사슬의 노출된 비극성 지역을 감싸는 데 필요한데 그렇게 하여 부적절하거나 효과가 없는 소수성 상호작용을 피할 수 있게 한다. 부적절한 상호작용은 소수성 잔기의 일시적인 노출에 기인하며, 단백질이 생성되는 동안에 단백질이 뭉쳐져서 침전되도록 한다. 일반적으로 분자샤페론은 단백질이 자신의 원래입체구조로 접힐 때 짧은 기간 동안 단백질이 머무르는 내부의 은신처나 "안전한 피난처"를 제공하는 역할을 한다.

샤페론은 기질 특이성이 거의 없어, 여러 형태의 펼쳐진 단백질을 자신의 안전한 내부 환경으로 받아들인다. **열충격단백질(heat shock protein)**이라고 불리던 분자샤페론은 상승된 온도에 노출된 초파리(*Drosophila*)에서 발견되었다. 샤페론은 스트레스를 받은 세포에서 열 변성 폴리펩티드의 엉김을 방지하는 역할을 한다. 분자샤페론단백질은 모든 원핵세포와 진핵세포에서 발견되며, 심지어 스트레스를 받지 않는 적절한 조건에서 자라는 세포에서도 새로 생성된 단백질의 접힘을 도와주고 있다.

다른 접힘 보조단백질로는 **단백질 이황화이성질화효소(protein disulfide isomerase)**가 있다. 이 효소는 이황화결합의 교환 반응을 도와주는 역할을 한다. 단백질접힘 과정의 중간 단계에서 형성된 이황화결합은 최종 단계에서 적절한 위치에 있지 않을 수도 있다. 이황화이성질화효소는 최종적인 원래입체구조에서 더 가깝게 있는 시스테인 잔기 사이에 이황화결합의 형성과 상호 교환을 촉진한다.

생물체 내에서 대부분의 단백질은 생물학적으로 활동적인 원래입체구조로 접히고 유지될 수 있다. 이 과정은 위에서 설명한 것과 같이 보조단백질의 도움이 필요하다. 손상되거나 변성된 단백질은 유비퀴틴계(ubiquitin system)에 의해 제거되고 분해된다(12.3절 참조). 최근에 "잘못 접힌" 단백질과 연관된 여러 질병들이 발견되었다. 잘못 접힌 단백질은 부분적인 변성, 환경적인 손상, 혹은 유전자 수준에서 돌연변이에 의해 야기된 아미노산 치환 등으로 형성될 수 있다. 잘못 접힌 단백질은 대부분 물에 녹지 않아 아밀로이드섬유(amyloid fibril)와 같은 특정한 기관에 모여 축적된다. 단백질의 구조와 관련하여 잘 알려진 질병으로는 신경퇴행성 질병인 알츠하이머병(Alzheimer's disease), 낭포성섬유증(cystic fibrosis)과 일부 암(생화학 들여다보기 4-1)과 같이 단백질 기능의 상실로 야기되는 질병, 광우병(BSE)

및 사람의 광우병인 크로이츠펠트-야콥병(Creutzfeldt-Jakob disease)과 같이 전염성 해면뇌병증인 프리온 질병(prion disease)등이 있다(임상생화학 4).

단백질의 펼침

"접힘(folding) 과정은 가역적으로 일어날 수 있는가? 즉 원래입체구조의 형태를 가진 단백질이 풀릴 수가 있는가?"라는 중요한 질문을 스스로에게 할 지 모른다. 실제, 여러 실험실 조건에서 단백질 구조를 푸는 것이 가능하다(그림 4.14). 단백질이 조직화된 구조를 완전히 상실한 것을 **변성(denaturation)**이라고 하고, 예를 들면 계란을 요리하는 동안에 변성이 일어난다. 계란 흰자질에 있는 단백질인 알부민(albumin)은 열에 의해 변성되어, 투명하고 색깔이 거의 없는 용액 상태로부터 하얀 응고물질로 변하게 된다. 열은 대부분의 단백질의 변성제로 작용할 수 있다. 그러나 이 과정은 비가역적이다, 즉 변성된 단백질은 원래의 생물학적인 형태로 되돌아 갈 수 없다. 원래입체구조에 있어서 단백질을 접어 안정화시키는 힘은 비교적 약하여 어느 정도 온화한 조건에서도 붕괴될 수 있다. 단백질의 변성은 2차, 3차구조의 붕괴를 포함하지만, 1차구조는 변하지 않아 아미드 결합은 온전하게 남아 있다.

가역적인 변성을 수행하기 위하여 실험실에서 사용하는 일반적인 시약은 유기 용매(에탄올 또는 아세톤), 요소, 계면활성제, 그리고 산이나 염기이다. 전기영동으로 단백질 구조를 연구하기 위하여 도데실황산나트륨(sodium dodecyl sulfate, SDS)과 같은 계면활성제를 사용하는 것은 3.5절에서 설명하고

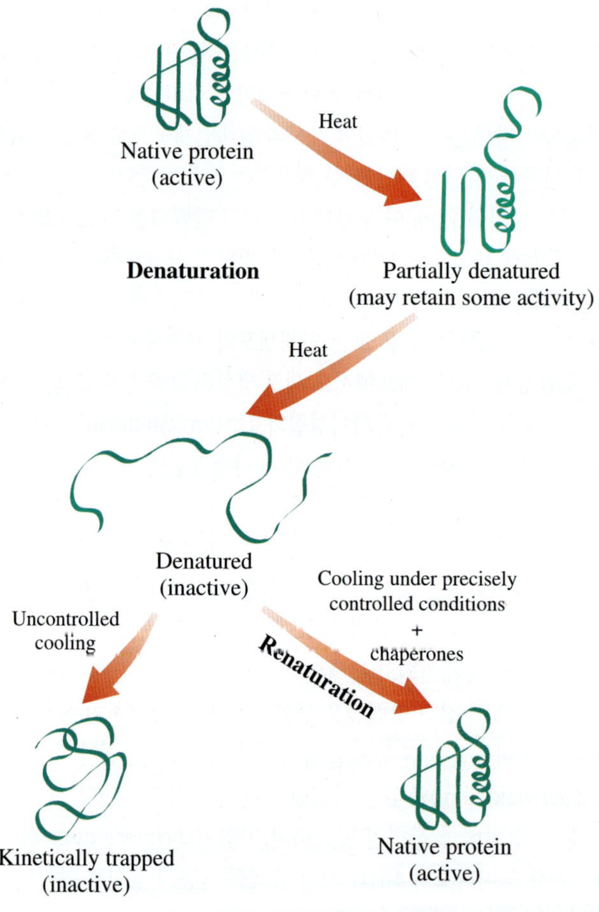

그림 4.14 단백질의 변성(denaturation)과 재생(renaturation)

있다. 소수성인 SDS는 폴리펩티드 사슬에 결합하여 무질서한 나선으로 변형시킨다. 변성제는 단지 비공유결합성 상호작용만을 붕괴시키고, 1차구조의 공유결합성 결합은 붕괴시키지 않는다. 만일 변성제를 제거하면, 풀려 있는 단백질이 원래의 구조로 다시 되돌아 갈 수 있다. 단백질이 무질서한 코일 형태로부터 활성적인 생물학적 형태로 변형되는 것을 재생(renaturation)이라고 하는데, 이 재생은 3차구조가 1차구조에 의해 결정된다는 것을 가장 잘 실험적으로 증명하고 있다. 단백질의 접힘 과정을 이끄는데 필요한 정보는 아미노산서열에 존재하고 있다.

변성에 관하여 한 가지 사항을 강조하고자 한다. 단백질의 변성은 2차와 3차구조의 손실과 함께 생물학적 기능의 손실로 귀결된다. 이러한 관찰은 만일 생물학적 과정에 대한 어떤 단백질의 필요성을 검사하고자 할 때 실험실에서 장점으로 사용될 수 있다. 연구하고자 하는 생물학적인 시스템을 변성된 단백질 시료로 대체시키면 그 결과 생물학적 활성의 손실이 일어나게 된다.

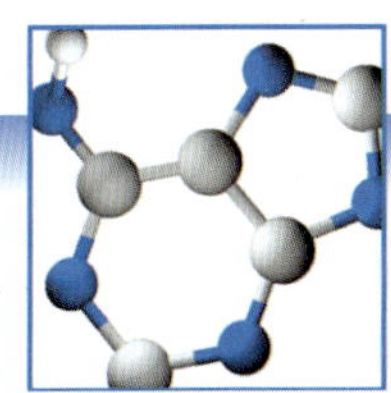

4-1

생화학 들여다보기

단백질접힘의 오류와 질병

몇 가지 질병의 원인과 치료에 대한 새로운 연구에서 새로운 사실들이 밝혀지고 있다. 몇몇 질병은 단백질접힘의 오류와 관련이 있다는 것이다. 여기서 논의하는 질병들은 불리한 세포 조건으로 인해 부분적으로 변성된 단백질이나 또는 돌연변이가 일어나서 아미노산 차이 때문에 정상적인 자연적 형태가 되지 못한 단백질 등으로부터 야기된 것이다. 잘못 접힌 단백질들은 보통 정상적인 기능을 상실하고 어떤 경우에는 서로 뭉쳐 기관에 축적되어 독성이 있는 아밀로이드 반(amyloid plaque)이 된다. 단백질 구조 이상에 의한 일반적 질병들은 다음과 같다.

알츠하이머병(Alzheimer's disease; AD)은 본래 노인 질병인데 심각한 신경세포 파괴와 정신적 퇴행을 유발한다. 미국에서 65세 이상 노인의 약 10%와 85세 이상 노인의 60~70%가 이 질병의 증세를 보인다고 추정된다. AD는 뇌에 침전된 아밀로이드 단백질 반의 존재와 신경원섬유의 엉킴으로 특징되는 신경퇴행성 질병이다. 과학자들은 아밀로이드 전구체 단백질(amyloid precursor protein, APP)이라고 하는 단백질을 최종적으로 절단하는 효소를 분리하였다. **β-와 γ-세크레타아제(secretase)**라고 하는 두 효소는 알츠하이머 펩티드(Alzheimer peptide)인 아밀로이드 β-펩티드(amyloid β-peptide, Aβ)를 생성하는데, 이들이 서로 모여서 환자의 두뇌에 뚜렷한 반을 형성한다. Aβ 펩티드는 두 가지 크기로 생성되는데, 하나는 40개, 다른 하나는 42개의 아미노산 잔기로 구성되어 있다.

$$\text{APP} \xrightarrow[\text{H}_2\text{O}]{\beta\text{- and }\gamma\text{-secretase,}} \text{A}\beta\text{-40} + \text{A}\beta\text{-42}$$

AD 치료를 위한 현재의 신약 개발 전략은 두 부분으로 되어 있다. 첫째는 단백질분해효소인 β-와 γ-세크레타아제를 억제하여 Aβ 단백질의 생성을 감소시켜 반의 형성을 지연시키는 약품을 설계하는 것이고(임상생화학 5 참조), 둘째는 Aβ 단백질과 상호작용하여 접힘 오류를 교정하고 그리하여 단백질이 모여 반을 생성하지 못하도록 억제하는 화학물질을 설계하는 것이다. 단백질의 접힘 오류를 수정하는 작은 분자(의약품)를 약학적 혹은 화학적 샤페론(chaperone)이라고 한다.

낭포성섬유증(cystic fibrosis)은 폐와 다른 기관에서 매우 중요한 수용체와 수송 기능을 가진 단백질의 돌연변이에 의해 야기된다(임상생화학 9 참조). 이 질병의 가장 일반적인 유전적 돌연변이는 508번 위치의 페닐알라닌 결실에 의해 결함이 있는 **낭포성섬유증유발 세포막단백질**(CFTR, cystic fibrosis transmembrane regulator protein)이 생성되는 것이다. 이 단백질은 적절한 형태로 접히지 못하기 때문에 정상적으로 막을 통한 염분과 물의 수송을 수행할 수 없다. 이 단백질 결함으로 인해 폐의 작은 기도에 불충분하게 수화된 두터운 점액이 분비되어 호흡 곤란을 일으킨다.

암(cancer)은 종종 정상적으로 종양 억제 조절인자로 작용하는 단백질의 접힘 오류로 인해 야기된다. 가장 중요한 피해 단백질 중의 하나는 p53 단백질인데, 아마도 가장 중요한 종양억제단백질일 것이다. p53 유전자의 한 개의 뉴클레오티드 돌연변이는 단백질의 접힘 오류로 이어지고 이 단백질은 적절히 작용하지 못한다. 돌연변이가 일어난 p53 단백질의 접힘 오류는 쥐에서 화학 샤페론을 이용하여 성공적으로 치료되었다. 유방암에 관여하는 종양억제단백질에 대한 설명은 생화학 들여다보기 10-2를 참조하라.

4.4 단백질의 4차구조

학습 목표

단백질 단위체들이 어떻게 연합하여 4차구조를 형성하는지 이해한다.

단량체단백질과 올리고머단백질

많은 단백질은 **단량체(monomeric)**이다. 즉 한 가닥의 연속적인 폴리펩티드 사슬로 구성되어 있다. 상당수의 큰 단백질(분자량이 50,000 이상인 경우)은 **올리고머(oligomeric)**이며 **단위체(subunit)**라고 하는 두 개 이상의 폴리펩티드 사슬로 구성되어 있다. 같거나 거의 유사한 단위체가 연합되어 나타나는 4차구조는 **동형(homotypic)**이라고 한다. 만일 단위체가 서로 다르면 **이형(heterotypic)**이라고 한다. 물론 각 단위체는 1차, 2차, 3차구조를 포함하고 있다. 복합적 올리고머단백질의 구조는 **1차, 2차, 3차, 4차**의 단계로 규정지을 수 있다. **구조 체계의 넷째 단계는 원래의 자연적인 단백질 분자에 있어서 각 단위체의 배열과 위치를 규정한다.** 4차구조는 모든 단위체 사이의 접촉이나 상호작용을 자세히 설명한다. 단위체들은 수소결합, 이온결합, 소수성 상호작용, 반데르발스 상호작용 등과 같은 약한 비공유결합성 상호작용으로 뭉쳐 있기 때문에 올리고머 구조를 안정화시키는 새로운 힘을 설명할 필요는 없다. 단위체의 접촉 지역은 4.1절과 4.3절에서 설명한 바와 같이 단백질의 소수성 중심부와 그 환경이 유사하다. 개별 단위체가 명확한 4차구조로 조립되는 과정은 잘 알려져 있지 않지만, 아마도 자발적일 것으로 추정된다. 조립에 관한 지시 정보는 DNA로부터 mRNA를 거쳐 전사 · 번역된 각 폴리펩티드 사슬의 아미노산서열에 의하여 제공된다.

4차 단백질의 단위체는 동일할 수도 있고 서로 다를 수도 있다. 세균에서 글루코오스 대사에 관여하는 효소인 글루코오스 산화효소(glucose oxidase)는 동일한 단위체로 구성된 이량체(dimer)(각 분자량 = 80,000)이므로 4차구조는 동형이다. 이형 단백질의 전형적인 예인 헤모글로빈은 4개의 단위체(사량체, tetramer)로 되어 있는데, 2개의 α형과 2개의 β형으로 구성되어 있다(α와 β는 2차구조의 종류를 말하는 것이 아니다). 철 저장단백질인 페리틴(ferritin)은 서로 유사하지만 동일하지 않은 두 형태인 H와 L의 단위체 24개를 가지고 있는데, 이들의 비율은 종과 조직에 따라 다양하다. 예를 들면, 말의 비장(지라)에 있는 페리틴은 85%의 L 사슬, 15%의 H 사슬로 구성되어 있는 반면, 인간의 심장에 있는 페리틴은 기본적으로 H 사슬로 구성되어 있다.

다단위체(multisubunit) 단백질은 매우 복잡한 생물학적 기능을 나타낸다. 대부분은 조절 과정에 관여한다. 5.5절에서 보는 바와 같이, 헤모글로빈에 결합하는 산소는 α단위체와 β단위체 사이의 원자의 접촉으로 미세하게 조절된다. 몇몇 효소 촉매반응의 속도는 올리고머단백질의 단위체에서의 형태적인 변화에 의해 종종 조절된다. 올리고머단백질의 한 지역에서의 매우 미묘한 구조적 변화는 멀리 떨어진 지역으로 전달되어 구조 및 생물학적 반응성의 변화를 일으키게 된다. **알로스테릭 상호작용(allosteric interaction)**에 의해 조절되는 단백질 중에서 가장 잘 알려진 것은 헤모글로빈이며 4.5절에서 설명하고 있다.

단백질의 완전한 3차원 구조(2차, 3차, 4차)는 X선회절(X-ray diffraction) 방법으로 결정될 수 있다(그림 4.15). (비록 단백질 구조 분석을 위해 핵자기공명 분광기가 개발되었지만, 250개미만의 아미노산 이

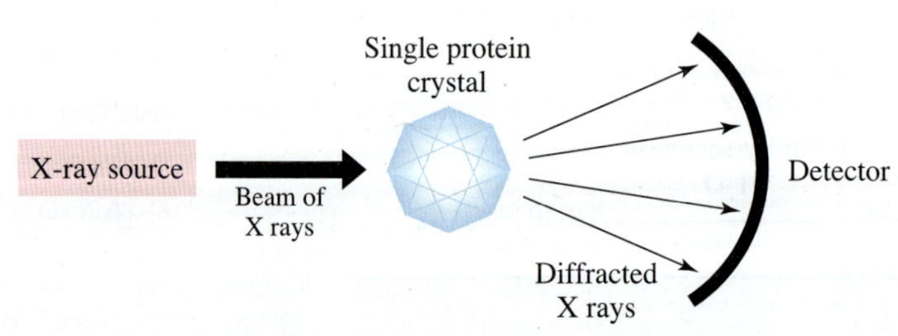

그림 4.15 X선회절을 이용한 단백질의 구조 분석에 필요한 구성요소

로 구성된 단백질만 이 방법으로 쉽게 분석할 수 있다.) X선결정학 분석(X-ray crystallographic analysis)에는 세 가지의 요소가 필요한데 (1) 단백질 결정(crystal), (2) X선원(X-ray source), 그리고 (3) 감지기(detector)로서 보통 사용하는 사진 필름 등이다. 단백질의 결정에 초점을 맞추고 X선을 조사하면 시료를 통과하는 대부분의 X선은 원자에 있는 전자와 만나 회절(분산)된다. 회절된 광선은 필름 감지기에 충돌한다. 분산된 정도는 결정에 있는 각 원자의 크기와 위치에 따라 좌우된다. 현상된 필름에 나타난 분산의 각도와 양상을 컴퓨터로 분석하여, 원자의 배열을 나타내는 단백질 분자의 전자 밀도 지도(electron density map)를 구성할 수 있다. 단백질을 구성하는 서로 다른 형태의 단위체의 수와 각 단위체의 분자량에 대한 정보는 SDS-PAGE와 같은 덜 복잡한 실험 방법을 통하여 얻을 수 있다(3.5절 참조).

복습 문제

1. 다음 단백질 구조에서 중요한 결합(공유결합과 비공유결합 모두)의 종류를 쓰시오.
   a. 1차구조
   b. 2차구조
   c. 3차구조
   d. 4차구조

2. 다음과 같은 구조적 요소를 가지고 있는 가상의 단백질의 구조를 그리시오. 그림 4.10에서와 같이 리본 형태를 사용하시오.
   3지역의 α-나선, 1지역의 역평행 β-시트, 2개의 이황화 결합.

4.5 단백질의 구조와 생물학적 기능

학습 목표

단백질의 구조와 생물학적 기능 사이의 관계에 대하여 전반적인 이해를 한다.

단백질 연구의 궁극적인 주제는 단백질의 구조와 생물학적 기능 사이의 관계이다. 각각의 단백질은 세포와 생물체에서 특정한 목적을 위하여 고안되었다. 아미노산의 치환이나 결실에 의해 단백질의 1차구조에서 일어나는 진화적 변화의 결과, 섬세하고 복잡한 과정을 지시할 수 있는 단백질이 만들어진 것이다. 단백질이 완전한 시점에 도달하였는가 하는 것은 추측의 문제일 뿐이다. 이 절에서는 세 가지의 다양한 단백질에 대한 구조와 기능을 설명한다. 이 절을 공부하고 난 뒤에 단백질의 능력에 대하여 경이

편광 하의 단백질 결정체.

로움을 가질 것이고 단백질의 구조와 기능과의 관계를 더 잘 이해하게 될 것이다.

헤모글로빈

척추동물에 있어서 중요한 산소 운반 분자인 헤모글로빈(hemoglobin)은 X선회절법으로 연구된 최초의 올리고머단백질이다. 1959년에 캠브리지 대학에 있는 카벤디시 연구소(Cavendish Laboratory)의 막스 페루츠(Max Perutz)와 동료들은 헤모글로빈의 구조에 대한 자료를 얻었는데, 헤모글로빈은 4개의 폴리펩티드 사슬과 4개의 헴(heme)이 지름 55 Å의 밀집한 공 모양으로 배열되어 있다는 것을 밝혔다(그림 4.16). 단백질 사슬은 2개의 α형 단위체와 2개의 β형 단위체로 구성되어 $\alpha_2\beta_2$의 구조로 표시한다. (α와 β는 2차구조를 나타내는 것이 아니라 다른 종류의 단위체라는 것을 표시하는 것이다.) 2개의 동일한 α사슬(각각 141개의 잔기)과 2개의 동일한 β사슬(각각 146 잔기)은 서로 높은 서열상동성(sequence homology)을 나타내고 있는데, 이들은 동일하며 위치가 같은 60개 이상의 아미노산 잔기를 가지고 있다. α사슬, β사슬, 미오글로빈(153 잔기)의 폴리펩티드의 1차구조를 비교하여 보면 불변의 아미노산 잔기가 20개 이상 있는데, 이것은 사슬들 사이에 진화적인 관계가 있다는 것을 의미한다. 우리가 예상한 바와 같이, α와 β사슬(그리고 미오글로빈 사슬)의 2차와 3차구조는 매우 유사하다. 이들은 모두 폴리펩티드 사슬의 75% 이상을 차지하고 있는 α-나선 구조의 8개 지역으로 구성되어 있다. α-나선의 각 지역은 프롤린이나 또는 루프에 의해 다음 지역과 연결된다. 헤모글로빈의 4차구조에서 4개의 폴리펩티드 사슬은 4면체의 구조로 배열되어 있다. α와 β사슬 사이에는 중요한 접촉점이 있다. 소수성 상호작용과 이온결합 모두 4차구조를 안정화시키는 역할을 한다. 이 절의 뒷부분에서 지적한 바와 같이 접촉 지역에서는 O_2와 결합하거나 방출하는 동안에 매우 작은 변화들이 일어난다. 이러한 변화는 산소와의 결합이 쉽게 일어날 수 있도록 헤모글로빈 분자의 구조적 변화를 유발하게 된다(뒤에 있는 설명 참조).

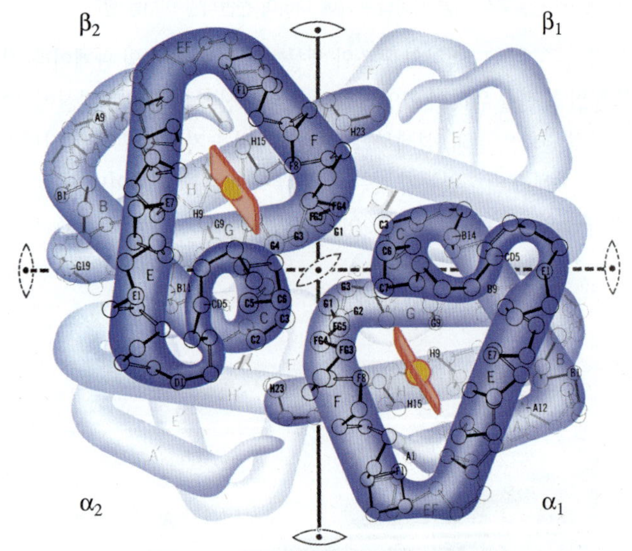

그림 4.16 2차, 3차, 4차구조적 요인을 잘 나타내고 있는 헤모글로빈의 구조. 헤모글로빈은 2개의 α와 2개의 β (α_1, α_2, β_1, β_2로 표시하였음)로 구성된 4개의 단위체를 가지고 있다. 각 단위체는 철 원자가 포함된 헴 구조를 가지고 있다. 각 헴 구조는 산소 분자와 결합할 수 있다. 대문자(A, B, C ....)는 α-나선 지역을 나타낸다.

산소와의 결합 보결분자단(prosthetic group)인 헴은 각 사슬과 결합되어 있는데, 소수성 아미노산이 대부분인 벌어진 틈에 묻혀 있다. 각 헴은 히스티딘 잔기(F8)의 곁사슬에 있는 질소 원자와 철 원자 사이에 배위 공유결합(coordinate covalent bond)으로 연결되어 있다(그림 4.17과 4.18). 4개의 헴은 산소 결합의 장소로 작용한다. 그러므로 각 헤모글로빈 분자는 네 분자의 산소와 가역적으로 결합할 수 있다. 헴에 있는 철은 3가철(ferric iron, Fe^{3+})상태에서는 O_2와 결합할 수 없기 때문에 2가철(ferrous iron, Fe^{2+})상태를 유지하여야만 한다. 단백질의 틈에 묻혀 있는 철 원자는 다른 히스티딘 잔기에 싸여 있어서 산화가 일어나지 않는다.

(a) Protoporphyrin IX

(b) Heme (Fe-protoporphyrin IX)

그림 4.17 (a) 프로토포르피린 IX의 구조. (b) 프로토포르피린과 철로 구성된 헴 보결분자단

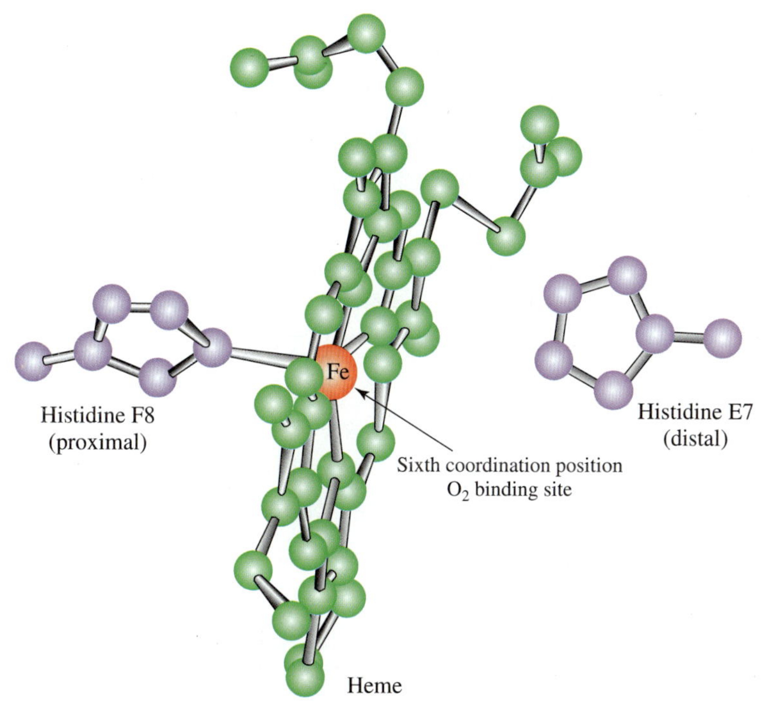

그림 4.18 헤모글로빈의 산소의 결합자리. 프로토포르피린 구조에서 Fe(II)은 배위 공유결합에 의해 α-나선 F에 있는 히스티딘에 연결되어 있다. 철의 여섯째 배위 위치는 O_2 결합을 위한 자리이다. O_2가 존재하지 않을 때, 이 위치는 α-나선 E에 있는 다른 히스티딘으로 산화를 방지한다.

헤모글로빈의 생물학적 기능은 유기 호흡 생물체의 혈액을 통하여 먼 거리에 걸쳐 산소를 운반하는 것이다. 이와 반대로 미오글로빈은 근육에 존재하며 일부 지역 내에 산소를 공급하는 저장소로서 작용한다. 이들의 다른 기능은 산소 결합의 과정과 산소 결합에 대한 친화력의 차이 때문이다. 미오글로빈과 헤모글로빈 모두 헴 위치에서 O_2와 가역적으로 결합하지만, 복잡한 4차구조로 되어 있는 헤모글로빈은 산소 결합과 운반을 훨씬 더 정확하게 조절할 수 있다.

헤모글로빈에서 일어나는 산소 결합 반응을 살펴보면 다음과 같다.

$$Hb + O_2 \rightleftharpoons Hb(O_2)$$
$$Hb(O_2) + O_2 \rightleftharpoons Hb(O_2)_2$$
$$Hb(O_2)_2 + O_2 \rightleftharpoons Hb(O_2)_3$$
$$Hb(O_2)_3 + O_2 \rightleftharpoons Hb(O_2)_4$$

그림 4.19 여러 O_2 농도에서 O_2로 채워진 헴 자리의 백분율을 측정하여 얻은 미오글로빈과 헤모글로빈의 산소 결합 곡선. 미오글로빈은 모든 산소 분압(농도)에서 O_2에 대한 친화력이 헤모글로빈보다 더 크다. 헤모글로빈의 S자 형 곡선은 협동적인 O_2 결합을 나타낸다.

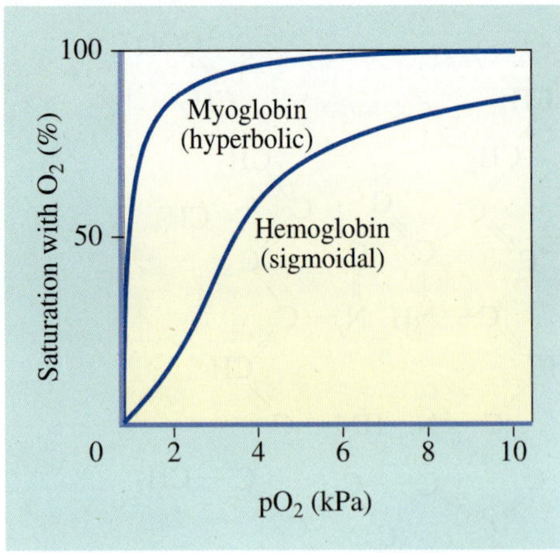

미오글로빈에 산소가 결합하는 것은 첫째 반응과 유사하다. 미오글로빈과 헤모글로빈의 산소 결합 곡선은 그림 4.19에 나타내었다. 이 도표는 분압(pO_2, 단위는 kPa이며 1기압은 101.33 kPa)으로 측정되는 산소의 양이 증가함에 따라 단백질이 반응하는 실험을 통하여 얻을 수 있다. 포화도(saturation)는 산소와 결합하는 단백질 분자(또는 헴 부위)의 백분율로 측정한다. 미오글로빈에 대한 곡선은 쌍곡선이며 왼쪽으로 치우쳐져 있는데, 이것은 헤모글로빈보다 산소에 대한 친화력이 더 크다는 것을 나타낸다. 50%의 미오글로빈 분자를 포화시키기 위해서는 단지 약 0.2 kPa의 산소 분압이 필요하다. 헤모글로빈의 경우는 50%의 포화도를 위하여 약 3 kPa의 산소 분압이 필요하다. Hb에 대한 곡선은 오른쪽으로 이동되어 있을 뿐만 아니라(O_2에 대한 낮은 친화력을 나타냄), S 모양(sigmoidal)과 같이 곡선의 형태도 다르다.

이러한 실험적 관찰은 산소 분자의 **협동적 결합(cooperative binding)**으로 설명된다. O_2 결합에 대한 디옥시헤모글로빈(deoxyhemoglobin, 산소가 결합하지 않은 헤모글로빈)의 친화력은 비교적 낮다. 그러나 첫째 산소가 결합하면, 둘째, 셋째, 넷째 산소 분자는 증가된 친화력으로 결합한다. 첫째 산소 분자가 헴 부위에 결합하면, 이 신호는 구조적인 변화(움직임)를 통하여 단백질 사슬의 다른 헴 부위로 전달된다. (헤모글로빈에서 헴 부위는 서로 직접적인 접촉을 하지 않는다. 사실상 몇 Å 거리로 떨어져 있다.) 이러한 미묘한 구조적인 변화는 단위체 사이의 접촉점에서 일어나는 미세한 변화에 의해 유발된다. 이들 변화 중에는 접촉점에서의 이온결합의 붕괴도 포함된다. 이러한 구조적 변화를 **알로스테릭 상호작용(allosteric interaction)**이라 하는데 이 용어는 "공간을 통하여"라는 것을 의미한다. 비록 헴 부위에 산소가 결합되었다는 신호가 공간을 통하여 전달되는 것처럼 보여도 실제로는 폴리펩티드 사슬의 움직임을 통하여 전달된다. 헤모글로빈으로부터의 O_2 방출도 역시 협동적으로 일어난다. 첫째 산소는 다소 힘들게 제거되지만 다른 산소들은 보다 쉽게 방출된다.

복습 문제

1. 그림 4.19를 이용하여 아래에 제시된 각 산소 농도에서 산소로 채워진 헴 부위의 백분율을 계산하시오.
   a. 2 kPa과 4 kPa에서 미오글로빈
   b. 2 kPa, 4 kPa, 9 kPa에서 헤모글로빈

헤모글로빈과 산소의 협동적 결합이 H^+와 CO_2의 영향을 받는다는 것을 오래 전에 크리스천 보어(Chistian Bohr)가 관찰하였으므로 이를 **보어효과(Bohr effect)**라고 한다(그림 4.20). H^+와 CO_2가 헤모글

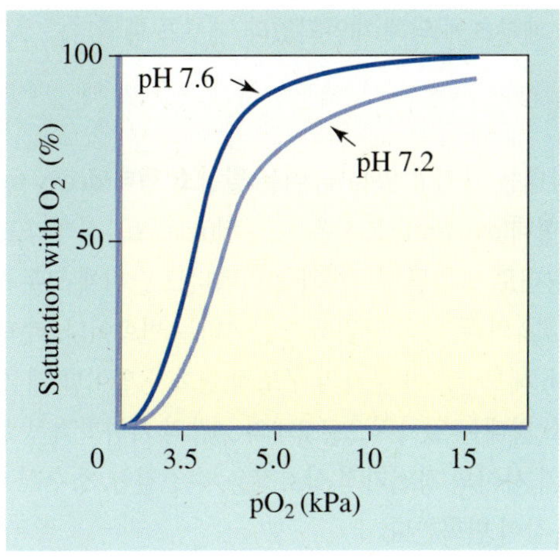

그림 4.20 보어효과. 산소에 대한 헤모글로빈의 친화력은 pH 감소에 따라 감소한다. 이것은 근육에서 산소 헤모글로빈(oxyhemoglobin)으로부터 산소의 방출을 증가시킨다.

로빈 분자에 결합하여 탈산소화된 형태는 안정화시키고, 산소화된 형태는 불안정화 시키는 4차구조로 변화시킨다. 이러한 결합 과정은 헤모글로빈에 대한 산소의 친화력을 감소시켜서 O_2의 방출을 촉진시킨다. H^+와 CO_2의 작용은 알로스테릭 효과(allosteric effect)를 일으킨다. H^+와 CO_2는 헤모글로빈(헴이 아닌 다른 부위)에 결합하여 단백질의 미묘한 구조적 변화를 일으켜 헴 부위의 산소 친화력에 영향을 미친다.

헤모글로빈은 폐로부터 말단 조직(근육세포, 뇌세포, 심장 근육세포 등)까지 산소를 효과적으로 운반하는 기능을 한다. 폐에서의 산소 분압은 약 15 kPa이다. 이 농도에서는 헤모글로빈의 95%이상이 산소로 포화된다(그림 4.20 참조). 운동하지 않는 근육의 산소 분압은 약 5 kPa이다. 이 조건에서는 헤모글로빈의 약 75%가 포화되므로 산소는 대사에 쓰이도록 근육으로 방출된다. 운동하고 있는 근육에서의 산소 분압은 1 kPa에서 2 kPa 사이인데, 이 조건에서는 약 10%의 헤모글로빈만이 산소로 포화되어 있다. 헤모글로빈은 활동적인 조직에 필요한 산소를 매우 효과적으로 방출할 수 있다. 산소 방출은 심지어 그림 4.20에서 나타나는 것 보다 더 많다. 활동하는 근육에서 두 가지 중요한 노폐물인 H^+와 CO_2는 헤모글로빈과의 결합에 대한 산소의 친화력을 감소시켜 더 많은 산소를 방출하도록 한다(보어효과, 그림 4.20).

미오글로빈이 운반자라고 가정하고 폐로부터 말단 조직까지의 산소 운반에 대하여 생각해보자. 그림 4.19에 따르면, 미오글로빈은 폐에서와 같은 15 kPa의 산소 분압에서는 거의 100%가 포화된다. 만일 산소로 포화된 미오글로빈이 5 kPa 산소 분압의 지역(운동하지 않는 근육)으로 이동하면, 미오글로빈의 높은 친화력 때문에, 약 2%만의 산소가 방출될 것이다. 그러므로 산소 결합을 복잡하게 조절하는 헤모글로빈은 산소를 먼 거리까지 운반하고 산소 농도가 낮은 지역에 산소를 방출하도록 적합하게 되어 있는 반면, 미오글로빈의 역할은 국한된 지역에 산소를 저장하는 것이다. 헤모글로빈과 미오글로빈은 매우 유사한 1차, 2차, 3차구조를 가지고 있다. 실제로 α사슬, β사슬, 미오글로빈의 단위체는 서로 구별하기가 매우 힘들다. 알로스테릭 상호작용을 나타내게 하는 헤모글로빈의 4차구조가 헤모글로빈으로 하여금 세포 내에서 환경적 변화에 반응할 수 있게 해주는 것이다.

산소의 결합 중에 일어나는 헤모글로빈의 구조 변화 헤모글로빈 분자에서 4개의 헴 부위에 O_2의 결합을 보여주는 협동적 결합을 설명하였다. 각각의 헴 기(heme group)는 다른 기의 산소화된 상태를 감지할 수 있는 것처럼 보이므로 4개의 헴 기는 서로 정보를 교환하는 어떤 방법을 가지고 있음에 틀림없다. 4개의 헴 기는 평균 30 Å 정도의 먼 거리에 떨어져 있어서 직접적인 상호작용은 불가능하다. 그 대신에 헴 주변은 폴리펩티드 사슬의 구조적 변화에 의해 변경되는데, 이는 헤모글로빈의 독특한 4차구조 때문에 가능하다. 헤모글로빈에서 협동적 결합의 효과를 설명하기 위한 메커니즘은 헤모글로빈의 구조 규명 분야에서 활발한 연구를 하였던 막스 페루츠에 의해 제안되었다. 페루츠 메커니즘에서 중요한 요점은 다음과 같다.

1. 헤모글로빈은 두 가지의 안정한 구조적 상태를 가지고 있는데, 이는 **탈산소 형태(deoxy form;** T 혹은 "긴장된(tense)" 상태라고도 함)와 **산소 형태(oxy form;** R 혹은 "이완된(relaxed)" 상태라고도 함)이다. 헤모글로빈이 탈산소 형태에서 산소 형태로 변형될 때 4개의 폴리펩티드 단위체 모두가 형태적 변화를 겪지만 주요 구조적 변화는 $\alpha_1\beta_2$와 $\alpha_2\beta_1$의 두 쌍의 단위체가 관여하는 변화이다. 각 단위체 쌍은 하나의 단위로 작용하는 것처럼 보이며, 헤모글로빈 분자의 구조적 변화가 일어날 때 서로에 대하여 회전한다. 그래서 탈산소 형태와 산소 형태는 일차적으로 2개의 $\alpha\beta$쌍의 기하학적 방향이 다르다. 두 단위의 회전으로 인해 아미노산 잔기 사이의 정전기적 상호작용, 수소결합, 소수성 상호작용 등이 재배열되고 두 단위 표면 사이의 접촉점이 변화한다.

2. 탈산소 상태에서 각 헴에 있는 2가철이온[ferrous ion, Fe(II)]은 헴 수평면에서 0.5 Å 정도 나와 있다(그림 4.18 참조). 산소 분자가 철에 결합하면 2가철이온이 헴 중앙으로 이동한다. 이 움직임은 Fe-O_2 결합의 주위에 있는 전자의 재배열로 촉진된다. 2가철이온의 움직임은 폴리펩티드 사슬에 있는 히스티딘 잔기(F8)를 끌어당긴다. 이 움직임은 전체 헤모글로빈 분자에 전달되어 2개의 $\alpha\beta$단위는 서로에 대하여 15° 정도 회전한다. 이러한 구조적 변화는 4차구조에서 두 가지 중요한 변화를 일으킨다(그림 4.21). 즉 산소 형태에서 중앙의 틈은 더 작아지고, $\alpha\beta$단위 사이에 있는 비공유결합성 상호작용이 재배열된다(그림 4.22).

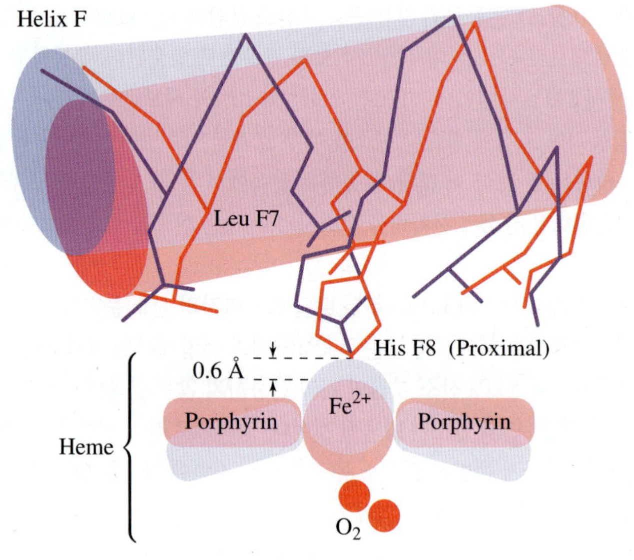

그림 4.21 헤모글로빈의 T → R 전환에 대한 유발 메커니즘. T 형태(청색)에서 Fe는 포르피린 고리의 중앙 평면 위로 0.6 Å 거리에 있다. R 형태(적색)에서 Fe는 포르피린 면으로 이동하여 O_2와 쉽게 결합할 수 있으며, 이 과정에서 근접한 His F8 및 이것이 부착된 F 나선을 끌어당긴다. 이렇게 하여 O_2와 헴 사이의 입체적 장애가 이완되고 Fe — O_2 결합은 강화된다.

3. 다음 일련의 순서는 협동적 산소 결합에 대하여 제안된 것이다. 헤모글로빈 분자는 탈산소 형태로 시작하는데, 이는 O_2에 대한 친화도가 비교적 낮다. 그러나 산소 분자가 헴과 결합하면 탈산소 형태는 "찰깍"하며 산소 형태로 변하면서 2개의 $\alpha\beta$단위가 회전하고 접촉점이 변화한다. 또한 헤모글로빈의 산소 형태는 O_2(실질적으로 음전하 성질을 가지고 있는)의 말단 산소와 히스티딘 E7 사이에 있는 수소결합에 의해 안정화된다(생화학 들여다보기 4-2 참조).

페루츠 메커니즘은 보어효과, CO_2 결합, 그리고 다른 조절 분자의 작용을 설명하는 데에도 유용하다. 헤모글로빈 용액의 pH 감소(H^+ 농도의 증가)는 탈산소 형태의 안정화를 유발하여 산소 방출을 촉진한다. 마찬가지로 탈산소 형태는 CO_2에 의하여 안정화되는데, 이는 CO_2가 상당한 양성자화로 산소 방출을 일으키기 때문이다. 헤모글로빈과 O_2의 결합은 조절 분자인 2,3-비스포스포글리세롤산(2,3-

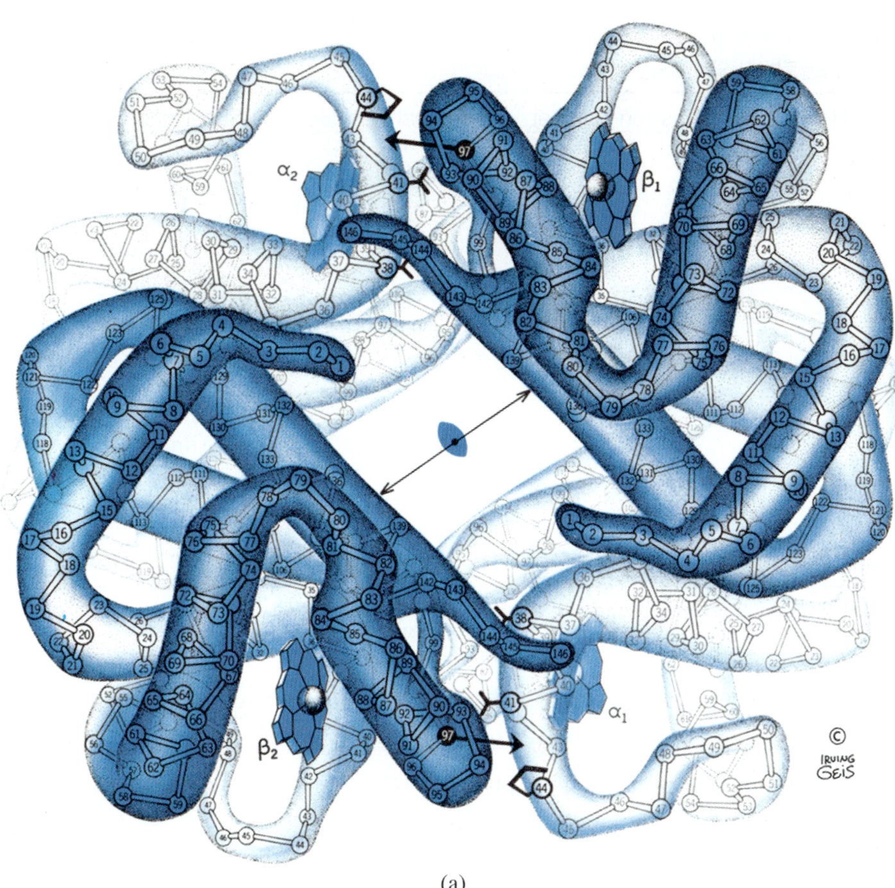

(a)

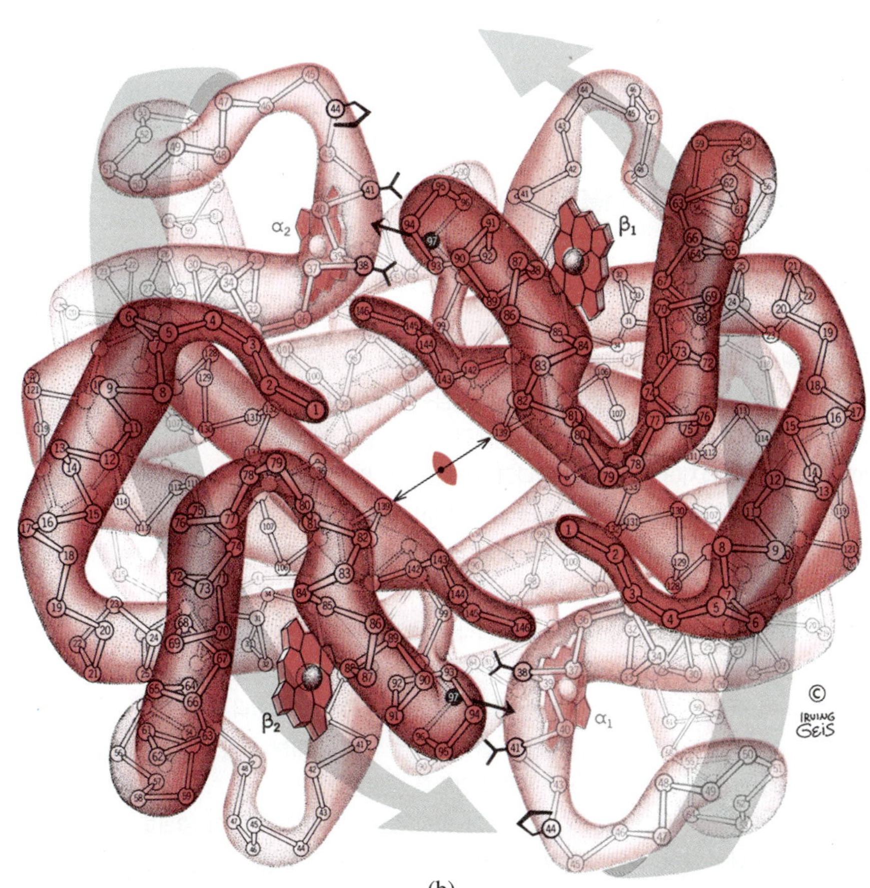

(b)

그림 4.22 두 단위의 축을 따라 정확히 위에서 본 탈산소헤모글로빈(a)과 산소헤모글로빈(b)의 X선 구조. 각각의 N말단으로부터 번호가 매겨진 $C\alpha$ 원자들과 헴 구조를 볼 수 있다. 헤모글로빈 4량체(tetramer)는 두 단위의 축과 평행하게 용매로 가득 찬 중앙 통로가 있는데, 산소화되면 통로의 측면에 있는 β사슬이 서로를 끌어당긴다(이중머리 화살표 길이를 비교하시오). 탈산소 상태에서 His FG(97)β(작은 단일머리 화살)는 Thr C6(41)α와 Pro CD2(44) (오른쪽 아래와 왼쪽 위)사이에 꼭 맞는다. 산소화되었을 때 두 $\alpha\beta$단위는 상대적인 이동으로 인해(b 부분에서 큰 회색 화살표) His FG(97)β는 Thr C3(38)α와 Thr C6(41) α사이의 새로운 위치로 바뀐다.

표 4.1
돌연변이 헤모글로빈에서의 아미노산 치환

Mutant Hemoglobin	Position Number	Normal Residue	Substitution
α Chain			
$G_{Honolulu}$	30	Glu	Gln
$G_{Philadelphia}$	68	Asn	Lys
I	16	Lys	Glu
M_{Boston}	58	His	Tyr
Norfolk	57	Gly	Asp
$O_{Indonesia}$	116	Glu	Lys
β Chain			
C	6	Glu	Lys
D_{Punjab}	121	Glu	Gln
$G_{San\ jose}$	7	Glu	Gly
E	26	Glu	Lys
S	6	Glu	Val
Zurich	63	His	Arg

[a] The hemoglobins ard often named for the cities where they were first discovered.
[b] The numbering for an amino acid position begins at the N-terminus.

bisphosphoglycerate; 2,3-BPG, 그림 4.23)에 의해 영향을 받는다. 2,3-BPG는 탈산소 형태의 헤모글로빈에만 결합하며, 이 효과는 산소 형태의 헤모글로빈에 대한 탈산소 형태의 헤모글로빈의 수를 증가시켜 산소와의 친화도를 낮추는 것이다. 생리적인 pH에서 5개의 음전하를 가지고 있는 2,3-BPG는 산소 형태보다 탈산소 형태에서 더 큰 중앙의 틈에 이온결합으로 붙어 있다.

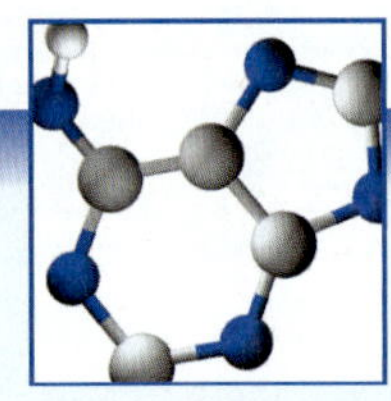

4 - 2

생화학 들여다보기

헤모글로빈과 미오글로빈은 어떻게 O_2와 CO를 구분할 수 있을까?

일산화탄소(CO)는 헤모글로빈과 미오글로빈이 산소와 결합하는 것을 방해하는 무색, 무취의 기체로 잘 알려져 있다. 그래서 CO는 우리 몸에서 헤모글로빈과 미오글로빈이 산소를 운반하고 저장하는 기능에 손상을 준다. CO는 본래 고장 난 취사용 가스 기구와 장작 난로에서 불완전한 탄소 연소의 산물로서 중요한 문제가 되어있다. 그러나 CO는 자동차 배기와 담배 연기를 비롯한 대기 오염원에도 존재한다. 심지어 우리 몸의 세포에서 헴이 빌리루빈으로 정상적으로 분해되는 동안에도 아주 적은 양이 생성된다(19.5절). CO의 정상적인 생리적 양은 헤모글로빈의 약 1% 만을 카르복시헤모글로빈(carboxyhemoglobin)으로 전환시키는 것으로 추정되는데 이는 "안전한" 수준으로 간주된다.

시험관내(in vitro) 연구에 의하면 수용액에서 CO는 O_2보다 20,000배 높은 친화도로 유리 헴과 결합한다. 그러나 헤모글로빈과 미오글로빈 단백질은 O_2보다 각각 25배와 200배의 낮아진 친화도로 CO와 결합한다. 헤모글로빈과 미오글로빈이 어떻게 CO와의 결합을 감소시켜(O_2 결합을 선호하여), 우리 몸이 질식하지 않도록 할까?

헴 단백질에 대한 CO 친화도 감소(O_2와 비교하여)의 문제에 대한 첫째 해답은 1970년대에 얻어졌다. 카르복시헤모글로빈에 대한 X선결정학 연구에서 CO 리간드가 굽어 있다는 것이 밝혀졌다. 즉 Fe—CO의 결합 각도는 헴의 Fe—CO 결합에서 발견된 예상 각도인 180° 대신에 120~140° 범위에 있었다. 과학자들은 Fe—CO 결합은 단백질 사슬내의 입체적 상호작용에 의하여 비정상적인 기하학적 구조로 변형되어 있다고 제안하였다. 또한 Fe—CO 결합을 휘게 하고 불안정하게 만드는 주범이 아미노산 잔기인 히스티딘 E7이라는 것까지 발견하였다. 산소 역시 헤모글로빈과 미오글로빈과 결합할 때 휘게 되지만, 정상적인 O_2의 전자적 배열 때문에 가장 안정한 기하학적 배열을 형성한다. 그래서 이러한 초기 연구의 전체적인 결론은 CO와 O_2는 모두 헤모글로빈과 미오글로빈에 굽은 구조로 결합한다는 것이다. 이는 O_2에 대해서는 정상적이라서 강하게 결합한다. 이와는 반대로 CO 결합은 입체적으로 불안정하게 되는데, 이는 헴과 비교하여 헴 단백질에 대한 CO 친화도의 감소를 설명한다.

O_2와 CO가 헤모글로빈과 미오글로빈에 결합하는 연구는 계속 이루어졌고, X선결정학, 분광학, 컴퓨터를 이용한 생화학 등과 같은 새로

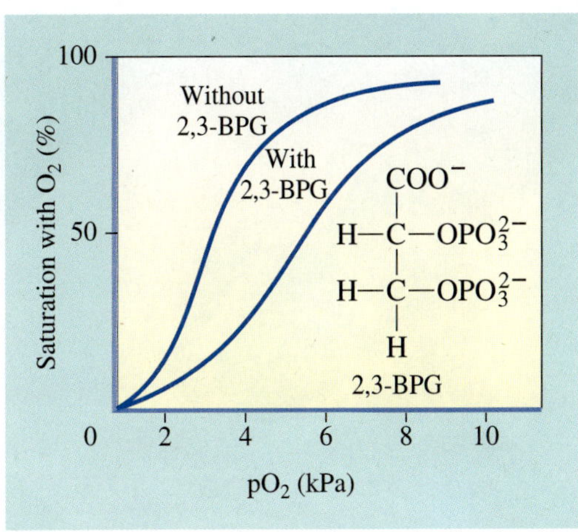

그림 4.23 2,3-비스포스포글리세르산(BPG)이 있을 때와 없을 때 헤모글로빈의 산소 결합 곡선. BPG가 있으면 헤모글로빈의 산소 친화도가 감소한다.

돌연변이 헤모글로빈 구조와 기능 사이의 흥미로운 관계는 헤모글로빈의 1차구조의 유전적 변화에서도 볼 수 있다. 지금까지 400 종류 이상의 헤모글로빈 변종이 발견되었는데, 1000명 당 약 다섯 명이 헤모글로빈의 돌연변이체를 가지고 있는 것으로 추정되고 있다. 대부분의 사람들은 일반적인 형태인 HbA(성인 헤모글로빈)를 가지고 있다. 그러나 어떤 사람들은 HbA의 유전적 변종을 가지고 있다. 대부분의 변종은 하나의 아미노산에 변화가 일어나 있으며, 구조적, 기능적, 임상적 효과는 거의 나타나지 않는다. 돌연변이 헤모글로빈의 비치사성(nonlethality)에 대한 한 가지 예외를 앞에서 이미 설명하였다. 겸형적혈구빈혈증(sickle cell anemia)을 가진 사람에 존재하는 HbS는 탈산소화된 형태에서 매우 낮은 용해도를 나타내고 적혈구 세포에 침전되어 기형(겸형세포, 그림 4.24)을 일으키고 용해시킨다(빈혈증 유발).

운 실험 방법이 이 문제 해결에 적용되었다. 가장 중요한 새로운 발견은 Fe — CO 결합각이 이전에 측정된 120~140°가 아니라 약 173~174° 정도로서, 예상했던 직선 각인 180°에서 6~7° 정도 벗어났다는 것이다(그림 참조).

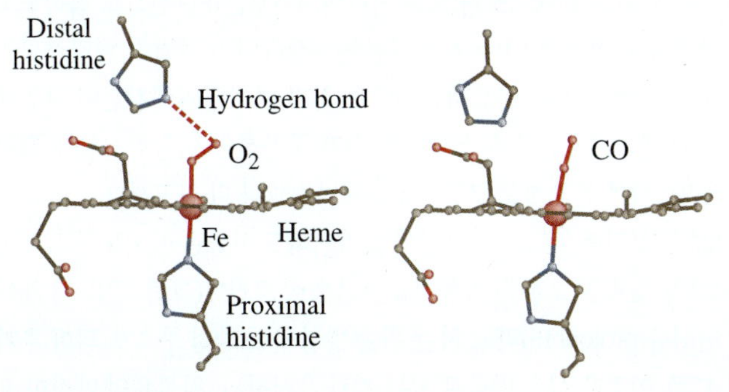

이전의 측정에서 나타난 오차는 아마도 카르복시미오글로빈의 결정이 순수하지 않았기 때문일 것이다. 새로운 결과에 의하면 헴과 비교하여 헴 단백질에 대한 CO의 감소된 친화도가 히스티딘 E7에 의한 CO 결합의 입체적 불안정 때문이라는 가설로는 설명될 수 없다. 리간드 선호도에 대한 최근의 설명은 처음의 설명과 매우 다르다. 즉 CO 결합이 입체적으로 약한 것이 아니라 O_2 결합이 유리한 정전기적 힘과 수소결합 때문에 여분의 안정도를 나타낸다고 설명한다. 산소 분자는 말단 산소(철에 결합하지 않은 산소)에 집중된 음 전하를 띠고 있는 과산화물 이온(O_2^-)으로 철과 결합하다고 생각된다. 이렇게 강화된 음전하로 인해 헴 단백질에 대한 O_2 결합은 안정화되고, 또한 산소 원자가 히스티딘 E7에 수소결합을 함으로써 더욱 안정화된다(그림 참조). 수소결합에 대한 가설은 부위 특이적 돌연변이유발(site-directed mutagenesis) 연구로 지지된다. 히스티딘 E7을 수소결합을 할 수 없는 비극성 아미노산(루신 등)으로 대체하면 변형된 헴 단백질에 대한 산소 친화도가 약 100배 정도 감소하지만 CO 결합은 거의 효과가 없다.

그림 4.24 정상인의 적혈구(a)와 겸형 적혈구빈혈증 환자의 적혈구(b). (a)에는 정상 헤모글로빈이 존재하지만, (b)에는 변종 헤모글로빈 HbS가 존재하여 적혈구의 형태를 변형시킨다.

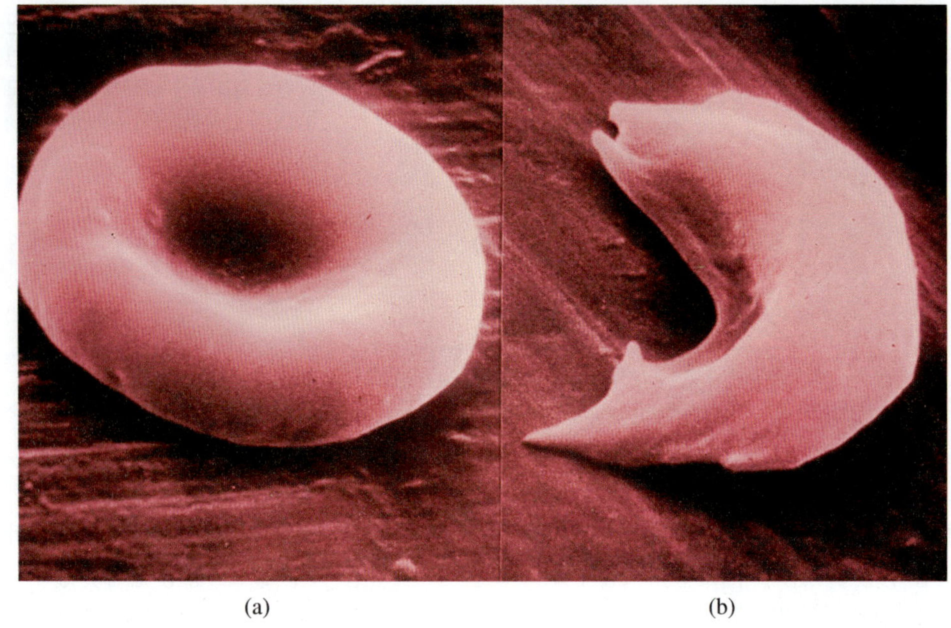

헤모글로빈의 1차구조에 생기는 비교적 작은 변화가 생물학적 기능에 중대한 변화를 초래할 수 있다. 악어는 한 시간 이상 호흡을 하지 않고 물 속에 있을 수 있다. 비정상적인 헤모글로빈의 결과로 생긴 이러한 특수한 능력을 이용하여 악어들은 자신의 먹이를 물 속으로 끌어들인다. 악어들이 호흡을 멈추고 있을 때, 이산화탄소(또는 중탄산염)가 혈액에 축적되고 헤모글로빈과 결합하여 근육과 뇌세포에서 산소의 방출을 촉진시킨다. (CO_2는 헤모글로빈에 결합된 O_2의 친화력을 감소시킨다는 것을 기억하자.) 최근에 과학자들은 단지 12개의 아미노산을 바꾸어 사람의 헤모글로빈이 악어 헤모글로빈과 같이 증가된 알로스테릭 효과와 기능을 나타내도록 변형시켰다.

α-케라틴

섬유상 단백질인 **α-케라틴(α-keratin)**은 자연에 풍부하게 존재하는데, 생물체의 보호막을 구성하는 역할을 한다. α-케라틴은 머리카락, 깃털, 양털, 피부의 외층, 발톱, 비늘, 뿔, 거북 등껍질 등을 구성하는 주요 단백질이다. 섬유상 단백질은 견고성, 비수용성, 내구성의 특징을 가지고 있다.

모든 형태의 α-케라틴을 대표하는 양털의 아미노산 조성을 살펴보면, 글루타민 12%, 시스테인 11%, 세린 10%, 글리신 8%, 아르기닌 7%, 루신 7%, 아스파르트산 6%, 발린 5%, 알라닌 5%, 그 외 아미노산 29%로 구성되어 있다. α-케라틴의 1차구조는 7개의 잔기로 이루어진 구성단위를 가지고 있는데 이 단위는 여러 번 반복하여 나타난다. 반복된 단위는 a-b-c-d-e-f-g로 표시하며, a와 d는 α-나선으로 접히도록 소수성 상호작용을 하는 비극성 곁사슬을 가진 잔기이다. 시스테인은 α-케라틴의 다발이 머리카락과 기타 형태로 만들어지는 데 중요하다. "단단한 것"과 "부드러운 것" 두 가지 형태의 α-케라틴이 자연에 존재한다. 거북 등껍질에 존재하는 단단한 α-케라틴은 시스테인의 수가 증가하여 이황화결합에 의한 교차결합 수가 많기 때문에 피부나 머리카락에 존재하는 부드러운 α-케라틴보다 더 견고하다.

α-케라틴을 포함하고 있는 새(Indigo Bunting)의 깃털.

머리카락은 많은 수의 α-케라틴으로 구성되어 있다. α-케라틴의 폴리펩티드 사슬은 아미노산 사이에 있는 수소결합과 소수성 상호작용으로 안정화된 오른손 방향의 α-나선으로 꼬인다(그림 4.21). 네 개의 오른손 방향의 나선은 서로 감겨서 원섬유(protofibril)라고 하는 왼손 방향의 초나선 구조로 되며 추가적인 인장 강도를 가지게 된다(그림 4.25). 이것은 실을 밧줄로 꼬는 것과 유사하다. 원섬유의 안정화 요인은 분자 간의 수소결합 및 병렬한 시스테인 잔기의 산화로 형성된 분자 간 이황화결합을 포함한다. 11

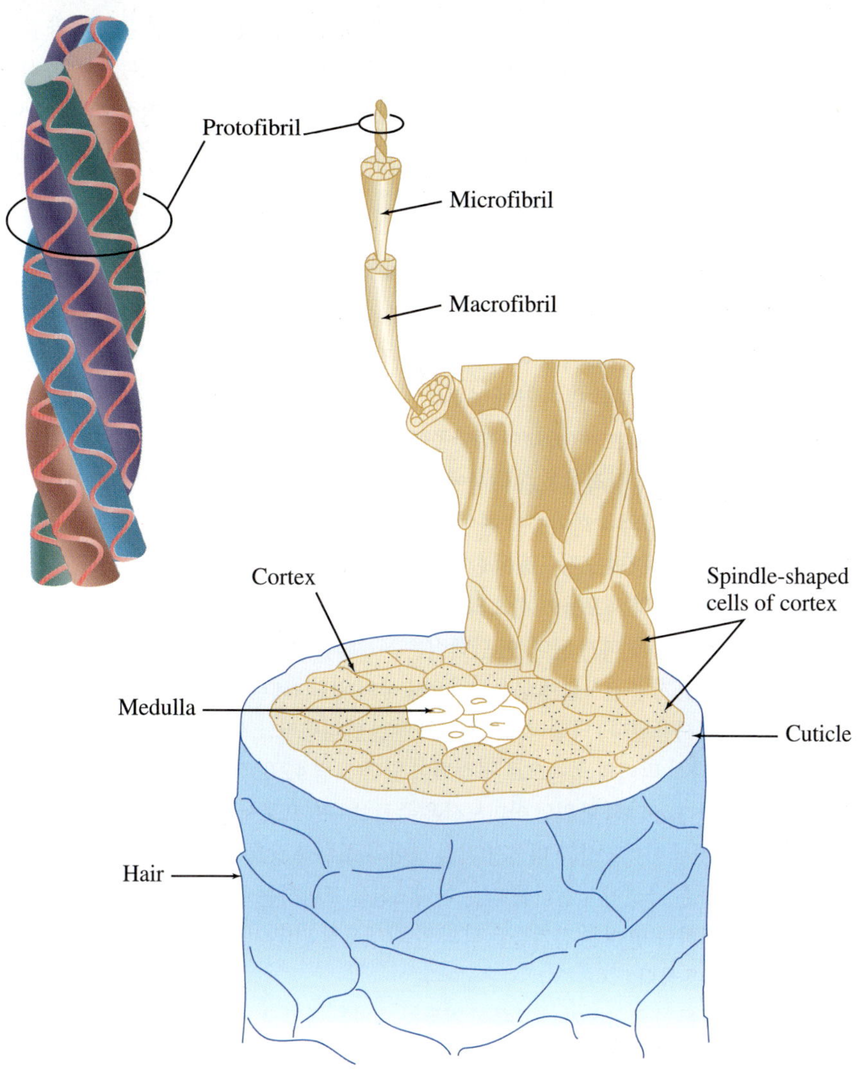

그림 4.25 단일 α-케라틴 분자의 α-나선으로 시작되는 것을 보여주는 머리카락의 단면도.

개의 원섬유는 미세섬유(microfibril)라고 하는 다발로 합쳐지고, 수백 개의 미세섬유가 모여 거대섬유(macrofibril)라고 하는 단백질 기질을 형성한다. 머리카락 섬유(hair fiber)는 차곡차곡 쌓여 있는 거대섬유로 만들어진 머리카락 세포가 다시 쌓여서 형성된다. 머리카락 섬유는 수분이 있을 때 늘어날 수 있는데, 수소결합이 끊어지면서 고도로 꼬여 있는 구조가 풀리기 때문이다. 늘어난 머리카락 구조는 늘어난 β 구조와 유사하다. 그러나 팽창력이 없어질 때 원래의 나선형 배열이 회복되도록 단백질 코일 사이에 있는 이황화결합은 본래대로 남아 있다.

세균과 소의 로돕신

빛을 감지하는 기능을 가진 막 단백질 종류인 로돕신(rhodopsin)은 산소를 운반하는 헤모글로빈과 섬유상 α-케라틴과는 매우 다르다. 로돕신은 많은 종류의 생물체에서 분리되었지만, 가장 주목을 받는 두 가지 단백질은 할로박테리움(*Halobacterium*)과 소의 망막에서 분리한 것이다. 실제로 이들 단백질은 X선결정학으로 처음 연구된 빛 감지 단백질이다. 빛 흡수 단백질에 대한 생물학적인 목적은 두 생물체에서 매우 달랐지만 단백질 구조는 매우 유사하였다.

로돕신은 **G단백질연결 수용체(GPCR; G protein-coupled receptor)**라고 하는 크고 중요한 막투과성 단백질 종류의 하나로서 신호전달 과정에 관여한다(특별 주제 I). 이 종류의 단백질은 막의 세포질 면에 결합하거나 상호작용하며, 세포의 내부로 신호를 중계하는 호르몬, 신경전달물질, 광자와 같은 중요한 조절인자에 대한 수용체로 작용한다. 몇 가지 특별한 조절인자로서는 칼슘 이온, 도파민, 히스타민, 세레토닌 등이 있다. 또한 GPCR은 후각, 미각, 시각의 감지를 보조하는 감각 단백질로 작용한다. 중요한 생물학적 작용 때문에 GPCR은 약제 설계의 목표가 된다. 실제로 현재 약제의 절반 이상이 GPCR과의 결합에 의해 작용한다.

세균의 로돕신 GPCR 중에서 과학적인 주목을 받은 첫째 단백질은 할로박테리움 살리나룸(*Halobacterium salinarum*)에서 분리한 박테리오로돕신(bacteriorhodopsin)이다(그림 4.26). 박테리오로돕신은 비교적 간단한 단백질이고 이 종류의 다른 단백질에 대한 좋은 표본이기 때문에 연구의 대상이 되었다. 할로박테리움 살리나룸은 빛이 강한 염호나 소금의 농도가 3 *M*이상이고 온도가 70℃에 이르는 연못에서 번성한다. 소금의 농도가 0.6 *M*인 바닷물에서는 살 수 없다. 호기성 세균인 할로박테리움 살리나룸은 영양 섭취를 위한 정상적인 호흡 대사에 산소를 사용한다. 이 과정은 ATP 형태의 에너지 생산을 수반하는 유기 연료 분자의 산화반응이 관여한다. 그러나 소금물 연못은 보통 산소의 농도가 낮아 ATP를 생산하기 위해 다른 방법을 강구해야 한다.

할로박테리움 살리나룸의 세포들이 산소의 농도가 낮은 상태에서 자라면 세포막은 박테리오로돕신을 포함하는 자주색 반점을 띠게 된다. 이 단백질은 247개의 아미노산 잔기를 포함하며 유기 분자인 레티날(retinal)이 리신 잔기의 곁사슬에 공유결합으로 붙어 있다. (레티날은 또한 동물의 시각을 위하여 빛을 흡수하는 분자로 사용된다.) 박테리오로돕신의 단일 폴리펩티드 사슬은 각각 25개의 아미노산 잔기로 구성된 7개의 α-나선 막대의 묶음으로 구성되어 있다(그림 4.27). 각 막대는 막의 수평면에 수직이며 막의 내부를 관통한다. α-나선 단위의 아미노산은 주로 소수성으로서 막 내의 비극성 환경에 매우 적합하다(9장 참조). 막에서 아미노산과 비극성 지질 사이의 소수성 상호작용은 이러한 배열이 안정되도록 한다. α-나선 단위들은 극성이며 전하를 띠는 아미노산을 포함하는 루프로 서로 연결되어 있다. N말단과 C말단, 그리고 전하를 띤 다른 잔기들은 막의 안쪽(세포질 면)과 바깥쪽(세포 밖의 면) 표면에 있는 수용성 용매와 상호작용한다.

막에서 박테리오로돕신은 양성자의 흐름이 가능하게 하는 통로로 작용한다. 세균이 빛을 받으면 박테리오로돕신과 결합하고 있는 레티날이 빛(광자)의 일부를 흡수하여 이성질화된다. 이 반응으로 인해 단백질의 구조적 변화가 일어난다. 이와 같은 작은 움직임이 막의 통로를 열어 양성자가 밖으로 방출된다. 그러므로 박테리오로돕신은 빛 에너지를 양성자 운동(화학 에너지)으로 전환하는 광추진 펌프

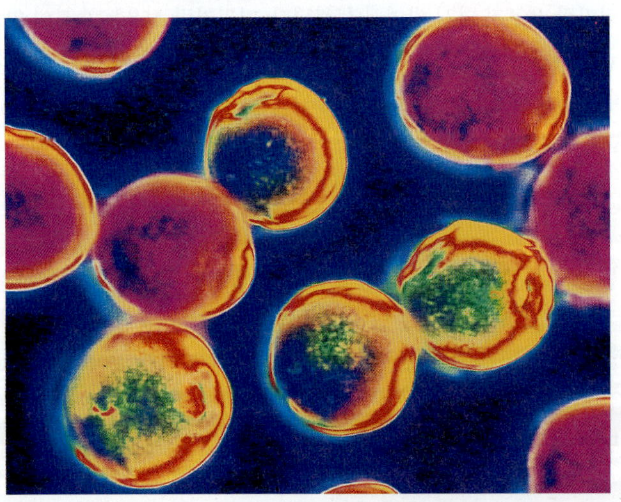

그림 4.26 염분 호수와 같이 매우 염도가 높은 환경에서 발견되는 생물체인 할로박테리움의 채색 광학현미경 사진.

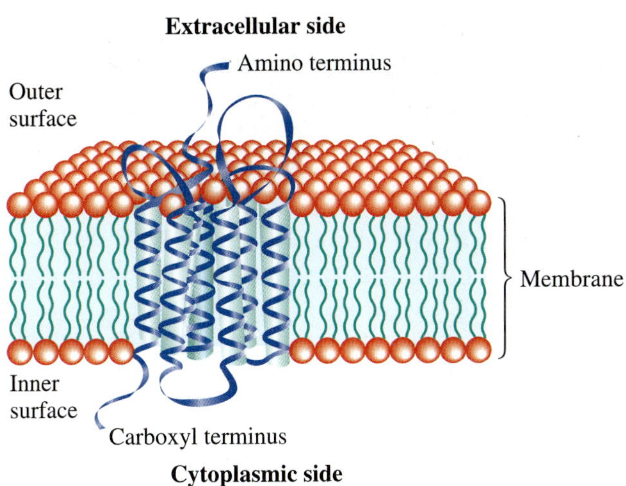

그림 4.27 박테리오로돕신이 할로박테리움 살리나룸의 막을 통과하여 접혀 있는 모양.

(light-driven pump)로 간주할 수 있다. 막을 통한 양성자펌핑(proton pumping)은 막을 가로질러 에너지가 매우 높은 양성자 농도 기울기를 형성한다(외부 [H^+]가 높고 내부 [H^+]가 낮음). 기울기의 와해로 인하여 방출되는 에너지는 17장에서 설명한 메커니즘에 의해 ATP를 합성하는 데 사용한다.

소의 로돕신 X선결정학으로 연구하였던 GPCR 종류의 다른 단백질은 소 망막의 시각 색소 단백질인 로돕신(rhodopsin)이다. 이 단백질은 348개의 아미노산 잔기로 구성되어 박테리오로돕신보다 크지만 광자를 흡수하는 데에는 공유결합으로 연결된 같은 레티날 색소포(chromophore)를 사용한다. 레티날은 빛을 흡수하면 시스(cis)에서 트랜스(trans)로 형태 변화가 일어나는데, 이 과정은 폴리펩티드 사슬을 통하여 세포 내부로 중계된다. 세포 내부에서 G단백질이 활성화되고, 화학적 신호가 뇌에 전달되어 시각으로 나타난다. 소의 로돕신은 박테리오로돕신보다 약간 크지만 구조는 거의 동일하다(그림 4.28). 실제로 GPCR 종류의 거의 모든 단백질은 똑같은 구조적 특징을 갖고 있는데, 다양한 길이의 루프에 의해 연결된 7개의 막통과 α-나선 부위가 그것이다. 치료를 위한 잠재력이 크기 때문에 GPCR의 구조와 기능에 대한 중요한 발전은 계속될 것이다.

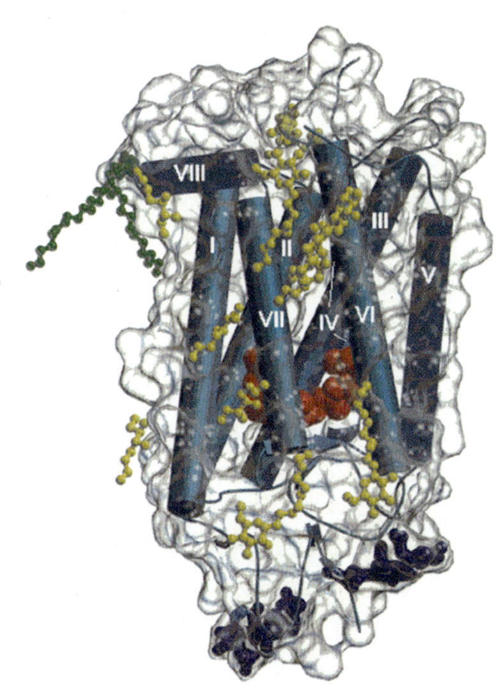

그림 4.28 소 로돕신의 X선 구조. 막의 면과 평행하게 본 구조로서 세포질이 위쪽에 있다. 투명한 표면은 단백질이 용매와 접근할 수 있는 표면을 나타낸다. 폴리펩티드 골격은 기둥과 화살표 표시로 나타냈다(청색). 거의 평행한 7개의 막투과 나선 다발을 볼 수 있다. 단백질의 레티날 보결원자단은 공간 채움 모형으로 나타내고(적색), 2개의 N-연결 올리고당(짙은 청색)과 공유결합으로 붙어 있는 2개의 팔미토일기(초록)는 공-막대 모형으로 나타냈다. 내재성인 이 단백질의 결정화를 도와주고, 소수성의 막투과 표면과 결합되어 있는 계면활성제 분자들은 노란색의 공-막대 형태로 나타냈다.

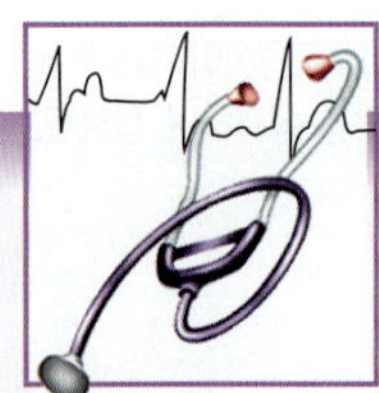

4-1

임상생화학

프리온 – 악성 단백질

프리온(prion)은 단백질성 감염입자(proteinaceous infectious particle)의 줄임말로서 최소한 25년 동안 과학자들에게 알려져 왔다(역사적 사실에 대하여 웹 논문 "프리온" 참조). 1990년대 이후 프리온은 영국, 캐나다, 미국에서 광우병의 형태로 일반 대중에게 소개되었다. 이제 프리온은 양이나 염소의 스크래피(scrapie), 소의 해면뇌병증(광우병, bovine spongiform encephalopathy; BSE), 사슴이나 큰 사슴의 만성소모성질환(chronic wasting disease), 사람의 크로이츠펠트-야콥병(Creutzfeldt-Jakob disease)과 같은 심각한 신경성 장애의 원인이 되는 병원체이거나 최소한 이와 관련이 있다고 알려져 있다. 프리온 질병은 모두 뇌에 해면과 같은 구멍이 생기기 때문에 **해면뇌병증(spongiform encephalopathy)**이라고 한다. 이 질병들은 모두 뇌 조직에 단백질 반이 축적된다는 점에서 단백질접힘 오류에 의하여 야기되는 다른 신경성 질병과 매우 유사하다(생화학 들여다보기 4-1 참조).

정상적인 프리온 단백질인 PrP^c(c는 세포를 뜻함)는 모든 포유동물에서 발견되며 분자량이 약 28,000인 막결합 당단백질이다. 이 단백질은 다음과 같이 두 가지 형태로 존재하는 점에서 독특하다. 즉 (1) 3개의 α-나선 지역과 2개의 짧은 β-시트로 구성된 해롭지 않은 일반적인 형태와 (2) 기본적으로 β-시트 구조를 가지고 있으며 여러 신경성 질병을 일으키는 감염원으로 알려져 있는 잘못 접힌 악성 형태인 PrP^{sc}(sc는 스크래피를 의미함) 등 두 가지가 있다(그림 참조). 두 가지 형태의 단백질은 1차구조가 똑같지만 3차구조가 다르기 때문에 생화학자들의 많은 관심을 끌고 있다. 건강한 동물의 정상적인 PrP^c의 기능에 관하여 많은 논란이 있다. 프랑스의 한 연구진은 정상적인 프리온 단백질이 세포 신호전달 경로의 한 구성요소일 가능성을 보여주었다(특별 주제 I 참조). 또 다른 과학자들은 프리온이 한 분자 당 5개의 Cu(II) 이온과 결합할 수 있기 때문에 구리의 조절이나 또는 구리 의존 효소로서 작용할 것이라고 제안하였다. 정상적인 프리온 단백질은 또한 아연 항상성에 관여할 수도 있다.

현재 이 질병에 대한 초점은 두 가지 측면이다. 즉 어떤 요인이 정상 단백질을 "거칠게" 만들며, 만일 치료 방법이 있다면 어떤 것이 효과적인가 하는 것이다. 대부분의 과학자들은 프리온 질병이 정상 PrP^c가 잘못 접힌 PrP^{sc} 단백질을 만나거나 상호작용할 때 발병한다는 가설을 인정한다. 어떤 방법으로든지 잘못 접힌 프리온은 정상 단백질에게 해로운 구조적 변화를 유발한다. 이량체 형태인 정상 프리온 단백질이 감염형과 결합하는 것을 보여준 시험관내 연구를 통하여 이 가설이 지지되었다. 또 다른 연구에 따르면 세포의 RNA가 정상 프리온이 감염형으로 형질전환하도록 하는 보조인자나 촉매제로서 작용한다고 알려졌다. 감염형 단백질의 형성을 촉진하는 세포의 조건이나 환경 조건에 관하여 아직도 알려지지 않은 것이 많다. 최근 실험에서는 합성 프리온이 쥐에서 똑같은 뇌 파괴 질병을 일으킨다는 것이 밝혀졌다. 이 결과를 통하여 프리온의 감염은 단백질에 의해서만 일어난다는 가설을 확인하였다.

특히 사람의 프리온 질병 형태인 크로이츠펠트-야콥병(CJ)에 관해 의문이 제기 되고 있다. CJ 질병은 현재 유전적 혹은 돌발성 형태 및 변종 형태의 두 가지가 발견되었다. 유전적/돌발성 유형(전형적인 CJ라고도 함)은 1년에 백만 명 당 한 명의 비율로 나타나는데, 주로 50~70세의 사람에게서 발견되어 아마도 식이와는 관련이 없는 것으로 보인다. 변종 유형은 1996년부터 150명 정도의 환자가 발생했는데, 광우병에 걸린 소로 만들어진 식품을 먹어서 발병되는 것으로 보인다. 변종

요약

- 자연적인 환경에서 각 형태의 단백질은 **원래입체구조(native conformation)**라고 하는 독특한 3차원적 구조로 접히는데, 이는 2차, 3차, 그리고 아마도 4차 단계의 조직화 과정으로 설명된다. 단백질 구조를 결정하는 가장 중요한 것은 아미노산서열(1차구조)의 영향이다.
- 수소결합, 이온결합, 소수성 상호작용과 같이 약한 비공유결합성 상호작용은 단백질 구조를 안정화시킨다.
- 2차구조의 가장 두드러진 요소는 α-나선, β-시트, 삼중나선, 굽음, 루프이다.
- 단백질의 3차구조는 단백질의 모든 원자의 위치를 설명하는데, 2차구조의 여러 모티프가 밀집된 배열로 합쳐진 결과이다.
- 단백질접힘은 국지적인 2차구조의 형성으로 시작되는 단계적이고 협동적인 과정이다
- 척추동물의 산소 운반 분자인 헤모글로빈은 4개의 산소 분자를 운반할 수 있는 사량체 단백질이다. 산소 분자의 결합은 H^+, CO_2 등을 비롯한 조절인자에 의해 영향을 받는 알로스테릭 상호작용으로 조절된다.

유형의 피해자는 주로 10대와 20대이다.

프리온 질병에 대한 치료법은 매우 느린 속도로 발전하고 있다. 가장 큰 문제점은 질병의 존재를 알려주는 진단법이 없는 것이다. 현재 이 질병을 확인하는 분석법은 부검하여 뇌 조직을 조사하는 것이다. 현재 연구 중인 잠재적 치료법은 단백질접힘의 오류를 억제하는 약제(화학적 샤페론)를 설계하는 것과 악성 단백질에 대한 항체를 사용하는 것이다.

학습 문제

1. 정상적인 프리온 단백질인 PrP^c의 기능은 무엇이 있는가?
2. 단백질접힘의 오류에 의해 유발되는 질병 목록을 작성하시오.
3. 그림을 보고 정상 프리온 단백질과 질병을 일으키는 프리온 단백질의 α-나선과 β-시트를 확인하시오.

참고문헌

Borman, S., 2004. Synthetic prions prove infectious. *Chem. Eng. News Aug.* 2:9.
Prusiner, S., 1995. The prion disease. *Sci. Am.* 272(1):48–57.
Prusiner, S., 1997. Prion disease and the BSE crisis. *Science* 278:245–251.
Yam, P., 2003. Shoot this deer—chronic wasting disease. *Sci. Am.* 288(6):38–43..

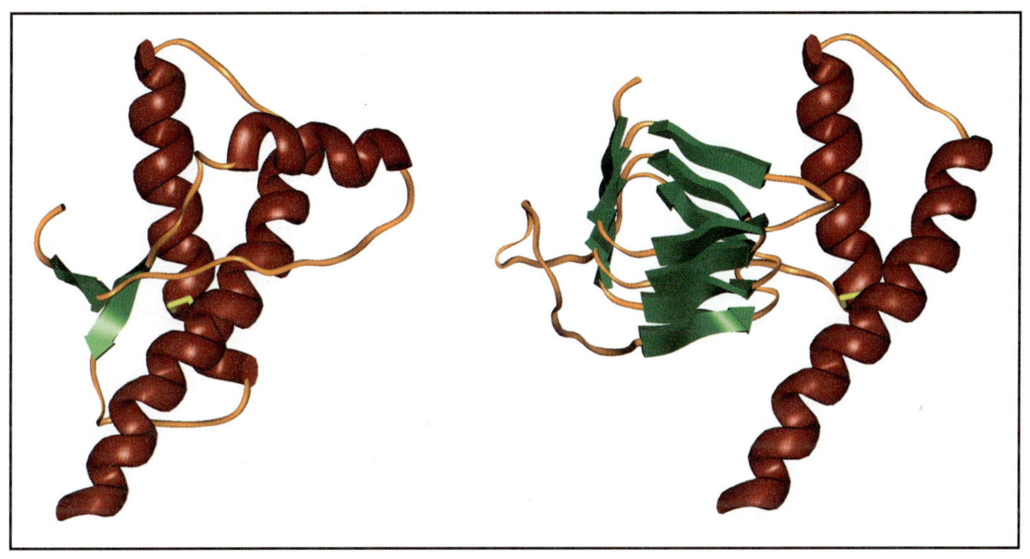

감염성 단백질의 증식은 정상 프리온 단백질(PrP^c, 왼쪽)이 질병 유발 형태(PrP^{sc}, 오른쪽)로 전환되는 과정을 통하여 일어난다. 재접힘 과정에서 PrP^c의 일부 α-나선 지역(자주색 고리)이 풀어져서 확장된 β-시트 지역(평평한 청록색 화살)을 형성한다.

연습 문제

용어 이해

4.1 다음 각 용어를 우리말로 번역하고 25 단어 이내로 설명하시오.

a. fibrous protein
b. globular protein
c. α-helix
d. secondary structure
e. β-sheet
f. disulfide bond
g. supersecondary structure
h. structural motif
i. superbarrel
j. triple helix
k. scurvy
l. molecular chaperone
m. quaternary structure
n. oligomeric protein
o. allosteric interaction
p. bacteriorhodopsin
q. hydrophobic interaction
r. central dogma of protein folding
s. proteome
t. homotypic subunit
u. heterotypic subunit
v. heat shock protein
w. cooperative binding

개념 복습

4.2 20 Å 길이의 α-나선에 있는 아미노산의 대략적인 숫자는 몇 개인가?

4.3 폴리펩티드 사슬을 표시하기 위한 선을 사용하여 다음 2차구조의 조합을 그리시오.

a. $\alpha\alpha$
b. 역평행의 $\beta\beta$
c. 초바렐
d. $\alpha\alpha\alpha\alpha$
e. 역평행의 $\beta\alpha\beta$

4.4 Gly-Phe-Asp-Leu-Ala-Glu로 된 헥사펩티드를 그리고, α-나선을 안정화시키는 수소결합을 나타내시오(선을 사용하여).

4.5 단백질의 4차구조를 안정화시키는 힘에 대하여 설명하시오.

4.6 산소 결합 곡선(그림 4.19)에 대한 축을 그리시오. 도표에서 정상의 생리적인 pH(약 7.4)에서 헤모글로빈에 대한 곡선을 그리시오. 같은 도표에서 pH 7.6과 pH7.2에서 헤모글로빈에 대한 곡선을 그리시오.

4.7 다섯 개의 아미노산을 선택하여 구조를 그리고, 수소결합 공여체와 수용체에 관여하는 원자들을 원으로 표시하시오.

4.8 미오글로빈 분자에 존재하는 2차구조의 형태를 설명하시오.

힌트: *그림 4.1b 참조*

4.9 단백질은 네 단계에 이르는 구조를 가질 수 있다. 각 단계의 구조를 유지하는 결합적 상호작용의 종류에 대하여 설명하시오. 만일 비공유결합성 결합을 선택하였다면, 수소결합, 소수성 상호작용, 이온결합과 같이 특정한 종류를 다시 고르시오.

a. 1차구조
b. 2차구조
c. 3차구조
d. 4차구조

4.10 구상 단백질과 섬유상 단백질의 특징을 비교하시오. 다음 열거한 항목이 논의되고 비교되어야만 한다. 물에 대한 용해성, 아미노산 조성, 2차구조와 3차구조의 형태, 생물학적 기능.

4.11 평행β-시트와 역평행β-시트 사이의 차이점은 무엇인가?

4.12 열충격단백질은 세포에서 어떻게 형성되며, 제시된 생물학적인 기능은 무엇인가?

4.13 구조적 모티프(motif)와 영역(domain)의 차이점은 무엇인가?

활용 문제

4.14 -Gly-Pro-Leu-Ala-의 서열을 그리고, 이 구조에서 프롤린이 어떻게 굽음을 형성하는지 설명하시오. 분자 내 가능한 수소결합은 점선으로 표시하시오.

4.15 3장에서 설명한 바와 같이 다음 각 아미노산 잔기의 구조를 공부하고, pH 7.4인 수용액에 있는 전형적인 구상 단백질에서 안쪽과 바깥쪽에 존재할 아미노산을 예측하시오.

Ser	Phe	Asn
Glu	His	Leu
Thr	Val	Cys

힌트: *곁사슬이 극성인가 또는 비극성인가?*

4.16 곤충에서 미확인된 단백질을 분리하고 정제하였다. 산 촉매 가수분해를 거친 후 아미노산 조성이 다음과 같이 결정되었다.

아미노산	%
Gly	45
Ala	30
Ser	12
Tyr	5
Val	2
기타	6

미확인 단백질에 대한 다음 물음에 답하시오.

a. 예상되는 2차구조는 어떤 것인가?
b. 이 단백질은 구상인가 섬유상인가?
c. 이 단백질은 수용성으로 예상되는가?
d. 생물학적 기능에 관하여 어떤 예상을 할 수 있는가?

4.17 아래에 있는 짧은 폴리펩티드 조각을 살펴보고 2차와 3차구조의 지역을 예상하시오. 다음 중 하나를 선택하시오.

α-나선	무질서한 코일(random coil)
β-시트	이황화결합
$\beta\beta$모티프	$\alpha\alpha$모티프

a. Gly-Ala-Ala-Gly-Ser-Gly-Ala-Pro-Ala-Gly-Ala-Ala-Ser-Tyr-Gly
b. Leu-Ala-Lys-Lys-Lys-Lys-Phe-Gly
c. Val-His-Ala-Thr-Cys-Met-Tyr-Ser
d. Ala-Phe-Cys-Ser-Gly-Pro-Thr-Ala-Cys-Ala-Phe
e. Phe-Val-Met-Ala-Thr-Ser-Gly-Pro-Gly-Ala-Phe-Thr-Leu-Phe-Lys
f. Gly-Glu-Asp-Glu-Asp-Phe

4.18 폴리리신의 펩티드 사슬은 pH 13인 수용액에서 α-나선으로 꼬인다. 그러나 pH 7의 수용액에서는 무질서한 코일로 된다. 이를 설명하시오.

4.19 어떤 세균은 100℃ 이상의 온천수에서도 잘 자랄 수 있다. 이러한 호열성 생물체에 있는 단백질과 핵산은 정상적인 조건에서 살고 있는 생물체가 가지고 있는 단백질과 핵산보다 열에 더 안정하기 때문에 특별한 관심의 대상이다. 호열성 생물체에 있는 단백질의 아미노산서열은 어떠한 차이가 있을 것으로 예상하는가?

힌트: *이온결합과 수소결합은 온도가 올라감에 따라 약하게 된다. 그러나 소수성 상호작용은 온도가 올라감에 따라 더 강하게 된다.*

4.20 아래에 있는 모식도는 SDS-PAGE 실험 결과를 나타낸다. 다음 목록을 이용하여 각 레인(lane)에 있는 단백질을 구별하시오.

헤모글로빈
미오글로빈
글루코오스 산화효소
박테리오로돕신

힌트: *3.5절 참조*

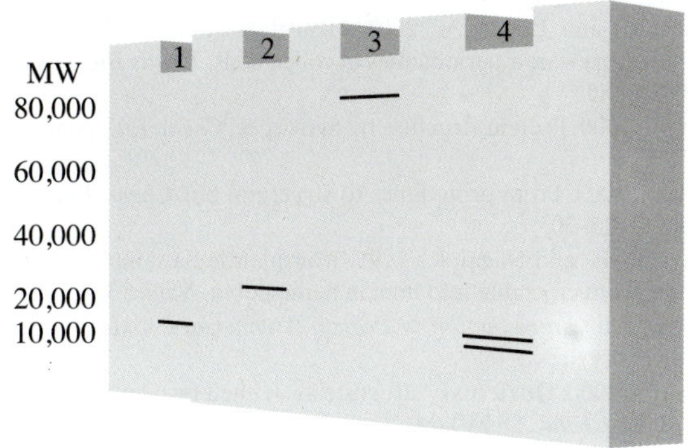

4.21 요소는 단백질의 2차와 3차구조의 변성을 초래하지만 1차구조에는 효과가 없다. 아래에 있는 요소의 구조를 연구하여 변성 인자로서의 요소에 대하여 설명하시오.

$$H_2N-\overset{\overset{\displaystyle O}{\|}}{C}-NH_2$$

4.22 아래에 제시된 폴리펩티드 중 주어진 조건에서 어떤 것이 α-나선으로 접히게 될 것인지 예측하시오.

a. 폴리알라닌, pH = 7.0
b. 폴리아스파르트산, pH = 7.0
c. 폴리아스파르트산, pH = 3.0
d. 폴리프롤린, pH = 7.0
e. 폴리리신, pH = 7.0

4.23 아래 그림은 이론적인 단백질 구조이다. 원래입체구조로 단백질이 접히게 되는 결합을 설명하고, 상호작용에 관여하는 아미노산을 구별하시오.

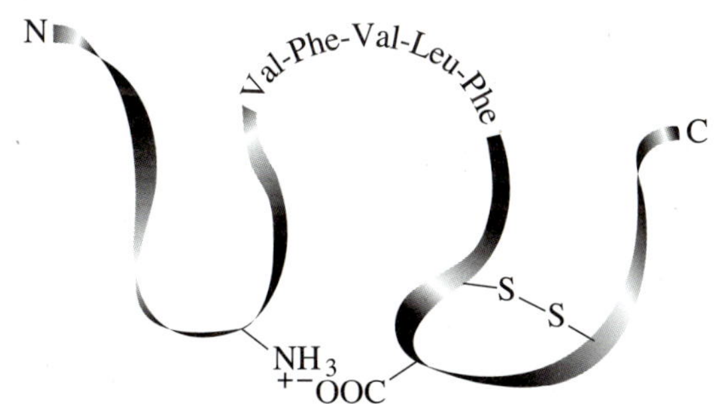

4.24 그림 4.19에 있는 O_2 결합 곡선을 연구하고 다음 질문에 답하시오.

a. 어떤 O_2 압력에서 50%의 미오글로빈이 O_2에 포화되는가?
b. 어떤 O_2 압력에서 50%의 헤모글로빈이 O_2에 포화되는가?
c. 어떤 O_2 압력에서 헤모글로빈이 미오글로빈보다 O_2에 대한 친화력이 더 높은가?

4.25 헤모글로빈이 미오글로빈보다 더 먼 거리까지 산소를 운반할 수 있는 이유를 설명하시오.

4.26 폴리글루탐산의 합성 펩티드 사슬은 pH 7의 수용액에서 무질서한 코일로 된다. 수용액의 pH를 3으로 변화시키면, 펩티드 사슬은 α-나선으로 접히게 된다. 이를 설명하시오.

4.27 다음 시약과 실험 조건은 단백질에 있는 공유 및 비공유결합을 끊을 수 있다. 각 경우에 끊어지는 결합의 종류를 쓰시오.

a. 60℃ 에서 가열
b. HCl + H_2O, 100℃ 로 가열
c. 에탄올
d. 요소
e. NaOH + H_2O, 100 로 가열
f. 도데실황산나트륨(SDS)
g. 아세톤
h. 메르캅토에탄올
i. 37℃ 에서 펩티드가수분해효소 + H_2O

4.28 단백질이 풀렸을 때(변성되었을 때) 물에 덜 녹게 되고 종종 침전이 일어나는 이유를 설명하시오.

4.29 다음 각 단백질이 구상인지 섬유상인지 구별하시오.

a. 미오글로빈
b. 인슐린
c. 헤모글로빈
d. α-케라틴
e. 혈청 알부민
f. 콜라겐

4.30 호염기성 세균의 막에서 발견되는 박테리오로돕신은 독특한 7개의 α-나선 지역을 가지고 있다. 이 지역은 생물체의 세포막을 통과하고 있다. 박테리오로돕신의 α-나선의 아미노산 조성에 대하여 어떤 결론을 내릴 수 있겠는가?

4.31 단백질의 자연적인 3차구조를 결정하는데 가장 중요한 요인은 무엇인가?

a. 이황화결합의 수
b. 단백질의 아미노산서열(1차구조)
c. 단백질 분자와 용매의 상호작용
d. 단백질의 기원

생화학 작문

4.32 생화학 교수가 수업 시간에 다음과 같은 도전을 제시하였다. "어떤 단백질의 1차구조를 내게 말하면 내가 그 단백질의 2차구조와 3차구조를 그리겠다." 교수에 대한 여러분의 반응을 100 단어로 써서 제출하시오. 특히 이 도전의 신빙성에 관하여 언급하시오.

4.33 이 장에 대한 현재의 요약은 약 200 단어 정도이다. 이 장을 읽은 후 300 단어에서 400 단어로 더 자세한 요약을 써 보시오.

4.34 2,3-비스포스포글리세르산(2,3-BPG, 6.4절에 있는 구조 참조)은 산소화된 헤모글로빈에서 산소의 방출을 촉진한다. 이 알로스테릭 조절인자(allosteric modulator)는 단백질의 중앙에 있는 홈에 결합한다. 2,3-BPG의 구조를 살펴보고 이 작은 분자가 헤모글로빈에 있는 결합자리에 어떤 결합으로 유지되는지 예측하시오. 또한 헤모글로빈의 어떤 아미노산이 2,3-BPG를 잡고 있을 것인지 예측하시오.

4.35 광우병(bovine spongiform encephalitis, BSE)과 사슴이나 큰사슴(elk)의 만성소모성질환(chronic wasting disease)과 같은 질병이 단지 단백질에 지나지 않는 구조물에 의해서 전파된다는 많은 증거가 있다. 왜 이것이 과학자들이 받아들이기 어려운 개념인지 그 이유를 설명하시오.

참고문헌

Borman, S., 1999. A mechanism essential to life—binding of carbon monoxide and dioxygen to heme proteins. *Chem. Eng. News*, Dec. 6:31–35.

Branden, C. and Tooze, J., 1999. *Introduction to Protein Structure*, Second Ed. New York: Garland Publishing.

Brunori, M., 1999. Hemoglobin is an honorary enzyme. *Trends Biochem. Sci.* 24:158–161.

Buxbaum, J., 2003. Diseases of protein conformation. *Trends Biochem. Sci.* 28:585–592.

Daggett, V. and Fersht, A., 2003. Is there a unifying mechanism for protein folding? *Trends Biochem. Sci.* 28:18–25.

Dobson, C., 1999. Protein misfolding, evolution and disease. *Trends Biochem. Sci.* 24(9):329–332.

Ezzell, C., 2002. Proteins rule. *Sci. Am.* 286(4):40–47.

Feig, A. and Jabri, E., 2002. Incorporation of bioinformatics exercises into the undergraduate biochemistry curriculum. *Biochem. Mol. Biol. Educ.* 30:224–231.

Goodsell, D. and Olson, A., 1993. Soluble proteins: Size, shape, and function. *Trends Biochem. Sci.* 18:65–68.

Gruber, M. and Lupas, A., 2003. Historical review: Another 50th anniversary—new periodicities in coiled coils. *Trends Biochem. Sci.* 28:679–685.

Henry, C., 2000. Protein structure by mass spec. *Chem. Eng. News* Nov. 27:22–26.

Henry, C., 2003. From proteomics to structural bio. *Chem. Eng. News* Sept. 29:25–30.

Komiyama, H. and Nagai, K., 1995. Transplanting a unique allosteric effect from crocodile into human hemoglobin. *Nature* 373:244.

Lesk, A., 2000. *Introduction to Protein Architecture.* Oxford: Oxford University Press.

Mbewe, B., 2000. Quaternary structure as defined by whom? *Biochem. Mol. Biol. Educ.* 28:240–241.

Ruiz-Larrea, M., 2002. A simple question to think about when considering the hemoglobin function. *Biochem. Mol. Biol. Educ.* 30:235–238.

Smith, C., 2000. How do proteins fold? *Biochem. Educ.* 28:76–79.

Vollrath, F., 1992. Spider webs and silks. *Sci. Am.* 261(3):70–76.

Welch, W., 1993. How cells respond to stress. *Sci. Am.* 268(5):56–64.

Wilkinson, S., 2002. What's behind amyloid diseases? *Chem. Eng. News*:31–34.

Zurer, P., 2000. Rhodopsin revelation. *Chem. Eng. News* Aug. 7:11.

CHAPTER

5

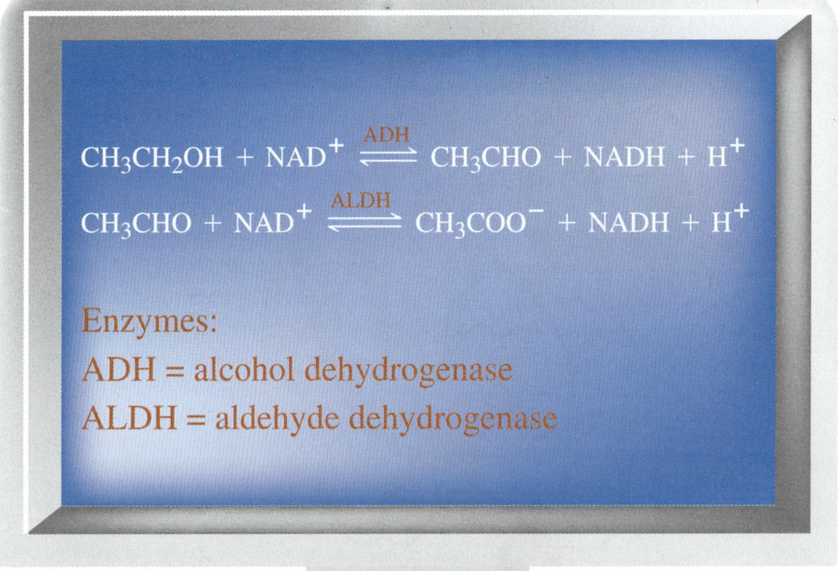

술에 민감한 사람은 대사에 관여하는 효소의 유전적 변이 때문이다. 에탄올은 그림에 나타낸 것처럼 생체에서 두 반응 과정을 통해 대사된다. 개인 간의 유전적 차이는 에탄올 대사 효소들(ADH, ALDH)의 구조와 촉매활성을 변화시켜 에탄올과 아세트알데히드가 분해되는 속도를 변화시킨다. 아시아인들의 85%, 미국 백인들의 20%, 미국 흑인들의 10%는 알코올탈수소효소(ADH)의 활성이 매우 높은 변종을 지니고 있다. 그러나 미국 원주민들은 활성이 높은 ADH 변종을 지니고 있지 않다. ADH의 활성이 높으면 혈액 내의 아세트알데히드 농도가 급격하게 증가한다. 아세트알데히드의 농도가 증가하면 심장 박동이 빨라지고, 혈관이 팽창하며, 안면 홍조 및 숙취(두통, 어지러움, 멀미) 등과 같은 증상이 일어난다. ADH 활성이 높은 사람은 알데히드탈수소효소(ALDH)의 활성도 낮아 혈액 내의 아세트알데히드의 농도가 오랫동안 높게 지속된다.

효소 I : 반응, 속도론 및 억제

효소(enzyme)는 고도로 특수화된 특성과 필수적인 역할로 인해 세포나 생물체에서 발견되는 모든 생체물질 가운데서 가장 잘 알려진 물질이다. 효소는 생물체 안에서 일어나는 생화학적 반응을 촉매하는 역할을 한다. 이 역할에서 효소는 에너지 전환과 생합성, 대사산물 분해 등에서 일어나는 수 천 가지의 반응을 지시하고 조절한다. 촉매로서의 역할을 보면 효소는 능력이나 특이성에서 다른 모든 화학 물질들을 능가한다. 세포 안에서 일어나는 대부분의 반응은 촉매가 없이는 일어나지 않을 것이다. 1982년 이전까지만 해도 모든 생물학적 촉매는 아미노산으로 이루어져 있었기 때문에 "모든 효소(생물학적 촉매)는 단백질이다"라는 말을 자주 듣곤 했다. 그런데 이제는 세포 내 반응을 촉매하는 몇 가지 형태의 RNA도 발견되었다.

이 장에서는 단백질 효소에 초점을 맞추고 효소의 분류, 역학적 특성, 작용 방법 등에 관해 다룰 것이다. 덧붙여서 의학과 식품 가공, 농업, 화학 공업 분야 등에서 이용하기 위해 현재 개발되고 있는 효소들을 소개할 것이다.

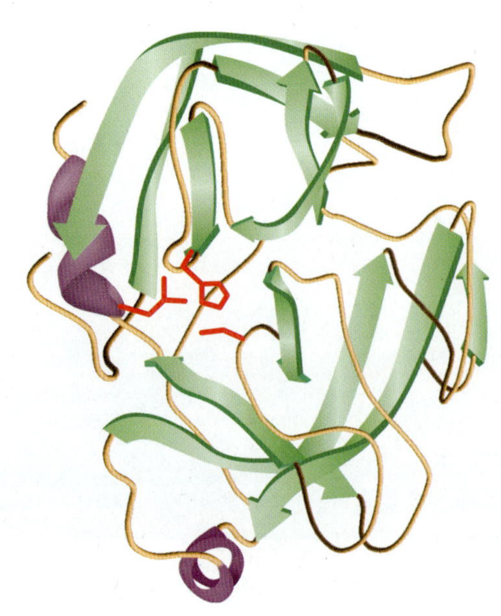

단백질분해효소인 키모트립신(chymotrypsin)의 3차원 구조. 이 구조는 α-나선과 β-시트 구조로 이루어졌다. 기질인 펩티드는 효소 활성에 필수적인 아미노산 3개(His, Asp, Ser, 붉은색으로 표시)로 형성된 활성 부위에 결합한다.

5.1 생물학적 촉매로서의 효소

학습 목표

생물학적 촉매로서의 효소 역할을 인지하고 효소 작용의 근본 원리를 이해한다.

효소에 대한 소개

초기 생화학은 본질적으로 효소와 단백질 화학을 연구하는 학문이었다. 처음으로 자연적인 촉매 과정에 대하여 본격적으로 연구를 시작한 것은 1700년대 말과 1800년대 초에 위액에 의해서 육류 단백질이 분해되는 것을 연구하면서였다. 또 이때에는 식물 세포 추출액이나 동물의 침이 녹말과 같은 다당류를 글루코오스로 바꾸는 것이 연구되기도 했다. 1800년대 중반에 포도주 양조 산업에서 연구비를 지원 받던 루이 파스퇴르(Louis Pasteur)는 효모 세포 안에서 당을 에탄올로 바꾸는 물질을 정의하기 위해서 "발효(ferments)"라는 말을 고안해 냈다. 그는 살아 있는 효모 세포들만이 당을 발효시킬 수 있다고 믿었다. 그렇지만 1897년에 에드와드와 한스 부흐너(Eduard and Hans Buchner)는 효모 세포의 추출액을 이용해서도 설탕을 발효시킬 수 있었다. 이러한 실험들은 지금 **효소(enzyme)**라고 불리는 자연적인 촉매 물질들이 반드시 살아 있는 세포에서가 아니더라도 작용할 수 있다는 것을 보였기 때문에 그 이후의 보다 더 정교한 생화학 연구의 기초가 되었다. 1926년에 코넬 대학교(Cornell University)의 제임스 섬너

(James Sumner)는 콩과식물로부터 요소가수분해효소(urease)를 분리하고 결정체를 만든 후에 그 결정체는 대부분 단백질 성분으로 이루어져 있음을 밝혔다. 일단 효소가 세포로부터 분리 · 정제되고 그 작용이 시험관에서 연구될 수 있다는 것이 발견되면서 효소와 효소의 특성에 대한 연구가 수천 가지나 보고되었다. 그래서 오늘날 우리는 효소의 기능에 대한 일반적인 많은 원칙들을 알게 되었다. 이 장에서는 많은 효소에 공통적인 특성을 다룰 것이다.

효소의 촉매 특성

대부분의 동식물 세포에서 일어나는 다음의 반응을 살펴보자.

$$2H_2O_2 \rightleftharpoons 2H_2O + O_2$$

H_2O_2(과산화수소)는 물질대사의 폐기물이다. 만약 세포 안에 그대로 방치되면 핵산이나 다른 생체물질에 치명적인 자유라디칼(free radical)을 생성하기 시작한다. 이 H_2O_2의 분해 작용은 열역학적으로 보면 유리한 반응이지만 촉매가 없이는 매우 느리게 일어난다. 의약품 상자에 일반적으로 소독제로 보관되어 있는 3% H_2O_2 용액에서 O_2 기체가 거품처럼 생기는 것을 본 적이 있을 것이다. 그림 5.1은 37℃에

그림 5.1 37℃에서의 3% 과산화수소 용액. (a) 촉매가 없을 때, (b) Fe^{3+}의 염을 첨가하였을 때, (c) 효소인 카탈라아제를 첨가하였을 때. 각 시험관에 형성된 기포는 과산화수소가 분해되어 형성된 산소 기체이다.

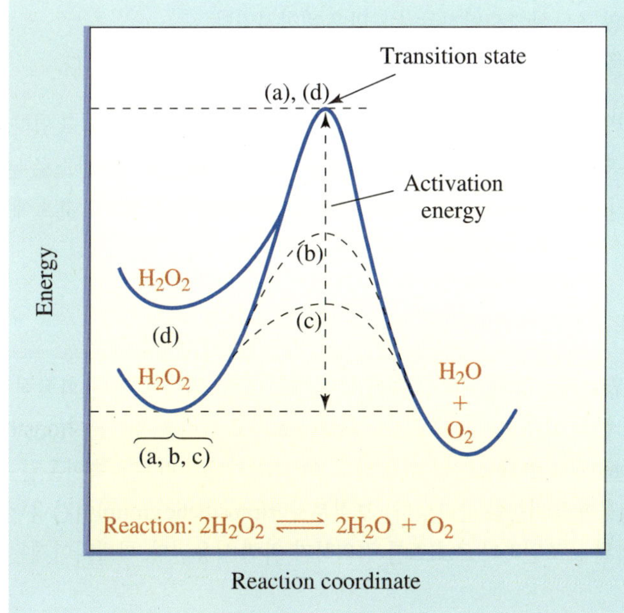

그림 5.2 과산화수소(H_2O_2)가 H_2O와 O_2로 분해되는 과정을 나타낸 에너지 도식도. 과산화수소 분자가 생성물로 전환되기 위해서는 활성화에너지와 같은 수준의 에너지를 얻어야 한다. 곡선(a), 촉매가 존재하지 않는 반응의 활성화에너지. 곡선(b), 촉매로 철이 존재하면 H_2O_2의 분해에 필요한 활성화에너지가 낮아진다. 곡선(c), 효소 카탈라아제가 촉매로 작용하여 H_2O_2를 분해할 때 필요한 활성화에너지. 효소를 촉매로 사용한 반응이 가장 낮은 활성화에너지를 필요로 한다. 곡선(d), 촉매를 사용하지 않고 온도를 높여 H_2O_2를 분해할 때의 에너지 도식도. H_2O_2 분자는 조금 높은 에너지에서 반응을 시작한다.

서의 3% H_2O_2 용액을 보여준다. 그리고 이 반응에 대한 에너지 도표를 그림 5.2에 나타내었다. H_2O와 O_2가 만들어지기 전에 H_2O_2는 먼저 높은 에너지 상태로 올라가야만 한다. **활성화에너지(activation energy)**는 반응물의 분자가 생성물로 변환되기 전에 반드시 획득하여야 하는 에너지양이다. 이 에너지양은 그림 5.2에서 반응물과 생성물 사이에 있는 고개의 꼭대기에 해당한다. 활성화에너지는 반응물이 생성물이 되기 전에 넘어야 하는 장애물과 같이 생각할 수 있다. 이 장애물의 꼭대기에서 반응물은 **천이상태(transition state)**에 있게 되는데, 이 상태는 활동적이고(불안정함) 짧은 기간(10^{-13} 초) 동안만 존재하다가, 같은 확률로 반응물(H_2O_2)로 되돌아가거나 생성물($O_2 + H_2O$)로 될 수 있다. 37℃에서는 소수의 H_2O_2 분자만이 충돌 작용에 의해서 반응에 충분한 에너지를 얻을 수가 있다. 만약 반응속도를 증가시키려고 하면 다음의 두 가지 가운데 한 가지 방법을 사용할 수 있다.

- 첫째 방법: 온도를 올림으로써 H_2O_2 분자들의 평균 에너지를 높일 수 있다.
- 둘째 방법: 촉매(catalyst)를 첨가한다.

첫째 방법은 분자 간의 충돌 횟수를 증가시켜 에너지 언덕을 넘기에(천이상태를 지나기에) 충분한 에너지를 얻은 H_2O_2의 분획을 증가시킴으로써 반응속도를 증가시킬 수 있다. 온도가 증가하더라도 반응에 필요한 에너지는 변하지 않는다(그림 5.2 a와 d). 생물체에서 반응속도를 증가시키기 위해 온도를 높이는 방법은 현실적인 방법이 아니다.

둘째 방법은 촉매를 이용하는 것이다. H_2O_2 용액에 3가철(ferric, Fe^{3+})을 비롯한 금속이온들을 첨가하면 촉매를 넣지 않았을 때에 비해서 분해 속도가 30,000배나 빨라진다(그림 5.1a와 5.1b를 비교해 보라). 일반화학 시간에 촉매는 반응에 필요한 활성화에너지를 낮추는 역할을 한다는 것을 배웠다(그림 5.2b와 c). Fe^{3+}는 H_2O_2 분자들로 하여금 낮은 에너지 장벽을 가진 다른 분해 경로를 이용하도록 도와주기 때문에 반응속도가 증가한다. 촉매가 반응에 이용되더라도 평형점(equilibrium position)은 바뀌지 않지만 단위 시간당 H_2O_2 분자가 분해되는 양이 증가하기 때문에 빨리 평형에 도달한다. 그러면 생물학적 촉매인 효소를 반응에 첨가하는 경우를 살펴보자. 효소인 카탈라아제(catalase)를 H_2O_2 용액에 넣으면 촉매가 없을 때에 비해서 반응속도가 100,000배나 증가한다(그림 5.1c). 카탈라아제는 대부분의 동식물 세포에 존재하며 4개의 동일한 단위체로 이루어진 분자량이 큰 단백질(분자량 = 250,000)이다. 각 단위체는 헴(철 – 프로토포르피린) 한 개씩과 연결되어 있다. 카탈라아제는 다음과 같은 진짜 촉매의 특성을 가지고 있다.

1. 활성화에너지 장벽을 낮춤으로써 반응속도를 증가시킨다.
2. 촉매로서 작용하는 동안에 소모되거나 영구히 변형되지 않는다.
3. 평형점을 바꾸지 않고 평형에 도달하는 속도만을 변화시킨다.
4. 일반적으로 반응물과 순간적인 복합체를 형성해서 천이상태를 안정화시킨다.

과산화수소는 산업 공정 과정에서 산화제로 그리고 표백제로 많이 사용되고 있다. 과산화수소가 화학물질로 많이 이용되는 이유는 친환경적이기 때문이다. 즉 이 물질은 물과 산소로 분해되어 쉽게 제거된다. 이런 장점들 외에도 과산화수소는 유해한 화학물질을 사용하지 않고도 효소에 의해 쉽게 분해된다.

효소와 보조인자

어떤 효소들은 제대로 기능을 발휘하기 위해서 단백질 성분 외에도 다른 화학적 성분인 **보조인자(cofactor)**를 필요로 한다. 보조인자는 **조효소(coenzyme)**라고 불리는 유기분자(organic molecule)나 유기금속분자(organometallic molecule)일 수도 있고 Zn^{2+}, Mg^{2+}, Cu^{2+} 같은 금속이온일 수도 있다(표 5.1에 보조인자들과 그 생물학적 기능을 나타냈다). **보결분자단(prosthetic group)**이란 용어는 단백질에 공유결합 방식으로 결합된 보조인자나 조효소를 정의하기 위해 사용된다. 카탈라아제는 촉매로서 작용하

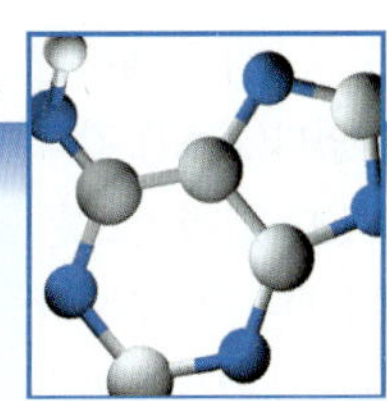

5 - 1

생화학 들여다보기

열에 안정한 효소는 청정화학을 촉진시킨다

화학 및 의약품 산업계는 현재의 공정 과정보다 훨씬 환경 친화적인 화학물질이나 공정 과정을 찾고 있다. 미국 환경보호국은 청정화학 프로그램(Green Chemistry Program)을 발진하면서 산업계가 이를 따르도록 종용하고 있다. 이 프로그램의 목적은 설계 및 제조에서부터 유해한 화학물질의 사용 및 발생을 줄이고 또한 화학생산품 사용을 줄이는 혁신적인 화학기술 개발을 장려하는 것이다. 따라서 청정화학은 오염 방지를 위하여 환경 친화적인 화학공정을 사용하며 과학기술을 적용하여 현재 지구상의 환경을 개선하는 것이다.

청정화학 프로그램의 목표에 부합하여 각광을 받는 화학물질은 과산화수소(hydrogen peroxide)이다. 이 물질은 현재 의약품, 식품, 유업, 섬유 및 제지 업계에서 가장 많이 사용되고 있다. 예를 들면, 과산화수소는 섬유와 제지 산업에서 탈색 약품으로 사용되던 유해한 염화산물인 차아염소산염(hypochlorite)의 대체제로 쓰이고 있다. 화학 공정에서 사용한 용수에 잔존하는 과산화수소를 화학적으로 친환경적으로 제거하는 방법이 필요하다. 사용된 용수에 잔존하는 과산화수소를 제거하기 위해 현재는 아황산염(bisulfite)이나 차아황산염(hydrosulfite)을 사용하여 과산화수소를 분해한다. 과산화수소가 분해된 용수는 재사용되든지 혹은 방류된다. 아황산염 사용의 단점은 용수의 염의 농도가 증가한다는 것이다.

과산화수소를 제거할 수 있는 친환경적인 대체 방법은 과산화수소를 물과 산소로 분해하는 효소인 카탈라아제(catalase)를 이용하는 것이다. 그런데 카탈라아제를 첨가하는 용수의 온도 및 pH가 높아 단백질 변성이 일어나 효소가 작용하지 못한다. 미국 아이다호 주에 위치한 미국 자원부 산하 연방기술 · 연구실의 과학자들은 옐로스톤 국립공원의 온천수에서 동정한 호열성세균(생화학 들여다보기 1-1 참조)으로부터 새로운 카탈라아제를 분리하였다. 이 새로운 카탈라아제는 높은 온도와 강염기성 pH에서도 견딘다. 이 효소는 90℃와 pH 8에서 최대 효소활성을 나타내지만 30℃~90℃ 및 pH 6~10 범위에서도 작용한다. 섬유와 제지를 탈색시키는 보편적인 산업공정은 70℃와 pH 10에서 수행한다. 이러한 산업공정 조건에서 새로운 카탈라아제의 효소 활성 반감기는 15일이다(15일이 지나면 이 효소의 절반은 아직 효소 활성이 있다). 다른 미생물에서 분리하여 시판되는 카탈라아제의 효소 활성 반감기는 동일한 조건에서 약 15~20분이다. 이 새로운 카탈라아제는 4개의 동일한 단위체로 구성된 178,000 달톤의 단백질이며 보조인자로서 헴C(Heme C)를 8개 함유하고 있다. 다른 미생물의 카탈라아제는 4개의 단위체로 구성된 250,000 달톤의 단백질이며 보조인자로서 철-프로토포르피린 IX(그림 4.17)를 함유한다.

$$2\,H_2O_2 \xrightarrow{\text{catalase}} 2\,H_2O + O_2$$

OCl^- hypochlorite ion

HSO_3^- bisulfite ion

$S_2O_4^{2-}$ hydrosulfite ion

기 위하여 헴(heme) 보조인자를 필요로 한다. 단백질과 보조인자를 합친 분자 묶음을 **홀로효소(holoenzyme)**라고 부른다. 그리고 **아포효소(apoenzyme)**라는 용어는 홀로효소에서 보조인자가 제거된 단백질 성분만을 의미한다.

효소 명명법

지금까지 수천 가지의 효소들이 분리되고 연구되었다. 그 효소들을 명명하고 분류하는 체계가 없다면 당연히 혼란이 생길 수밖에 없을 것이다. 효소에 이름을 붙이는 일반적인 방법은 반응물의 이름 끝에 접미어 -아제(-ase)를 붙이는 것이다. 티로시나아제(tyrosinase)는 티로신(tyrosine)을 산화시키는 촉매 작용을 하고 섬유소분해효소(cellulase)는 셀룰로오스(cellulose)를 글루코오스(glucose)로 만드는 가수분해 작용을 촉매한다. 이러한 종류의 명명법은 기질(substrate)은 정의하지만 화학 반응이 무엇인지는 나타내지 못하는 단점이 있다. 초기에 명명된 몇 가지 효소, 예를 들면 카탈라아제(catalase), 트립신(trypsin), 펩신(pepsin) 등은 이름만으로는 무엇을 의미하는지 잘 설명되지 않아서 효소의 기질이나 기능에 대한 어떠한 추측도 하기 힘들다. 이러한 혼란을 피하기 위해서 모든 효소에 그 효소가 촉매하는 반응을 반영하는 공식 이름을 붙였다. 알려진 모든 효소들을 여섯 가지 종류로 분류하였다(표 5.1). 각각의 효소는 -아제로 끝나는 전 세계적으로 통용되는 공식 이름과 분류 번호를 가지고 있다. 분류 번호는 네 자리로 구성되어 있는데 각 자리의 숫자는 반응 부류와 그 반응의 하위 부류를 나타낸다. 표 5.2는 각 부류에 속하는 효소의 예를 나타냈다. 그리고 이 효소들에 대한 자세한 화학적인 내용을 13.2절에 기술하였다.

표 5.1
효소의 분류 및 기능

분류 번호	효소의 종류(Enzyme class)	촉매반응의 종류
1	산화환원효소(oxidoreductase)	주로 수소음이온(hydride ion)이나 수소 원자의 형태로 전자를 전달
2	전달효소(transferase)	한 분자로부터 다른 분자로의 작용기(functional group)의 전달
3	가수분해효소(hydrolase)	가수분해(hydrolysis)에 의한 결합의 분해
4	분해효소(lyase)	기(group)의 제거로 인한 이중결합의 형성 또는 이중결합으로의 원자단 첨가
5	이성질화효소(isomerase)	분자 내의 기(group)의 전달에 의한 이성질체(isomer)의 형성
6	연결효소(ligase)	ATP의 분해와 짝지어진 응축(condensation)반응에 의한 C—C, C—S, C—O, C—N 결합의 형성

표 5.2
각 종류에 속하는 효소의 예

1. Oxidoreductases

$$CH_3-CH(OH)COO^- + NAD^+ \rightleftharpoons CH_3C(=O)COO^- + NADH + H^+$$

Lactate → Pyruvate

Common name: Lactate dehydrogenase
Official name: L-Lactate: NAD$^+$ oxidoreductase
Official number: 1.1.2.3

2. Transferases

$$(dNMP)_n + dNTP \rightleftharpoons (dNMP)_{n+1} + PP_i$$

$(dNMP)_n$ = DNA with n nucleotides
dNMP = deoxynucleoside triphosphate
$(dNMP)_{n+1}$ = DNA with n+1 nucleotides
PP_i = Pyrophosphate
Common name: DNA polymerase
Official name: Deoxynucleoside triphosphate: DNA deoxynucleotidyltransferase (DNA-directed)
Official number: 2.7.7.7

3. Hydrolases

$$H_3C-C(=O)-O-CH_2-CH_2-\overset{+}{N}(CH_3)_3 + H_2O \rightleftharpoons CH_3C(=O)-O^- + CH_2(OH)-CH_2-\overset{+}{N}(CH_3)_3$$

Acetylcholine, Acetate, Choline

Common name: Acetylcholinesterase
Official name: Acetylcholine acetylhydrolase
Official number: 3.1.1.7

4. Lyases

$$CO_2 + H_2O \rightleftharpoons \underset{\text{Carbonic acid}}{H_2CO_3}$$

Common name: Carbonic anhydrase
Official name: Carbonate hydrolyase
Official number: 4.2.1.1

5. Isomerases

$$\underset{\text{Dihydroxyacetone phosphate}}{CH_2OPO_3^{2-}-C(=O)-CH_2OH} \rightleftharpoons \underset{\text{Glyceraldehyde 3-phosphate}}{CH_2OPO_3^{2-}-CHOH-C(=O)H}$$

Common name: Triose phosphate isomerase
Official name: D-Glyceraldehyde-3-phosphate ketoisomerase
Official number: 5.3.1.1

6. Ligases

$$\underset{\text{Pyruvate}}{CH_3C(=O)-COO^-} + CO_2 \overset{ATP}{\rightleftharpoons} \underset{\text{Oxaloacetate}}{{}^-OOC-CH_2C(=O)COO^-}$$

Common name: Pyruvate carboxylase
Official name: Pyruvate CO_2 ligase (ADP-forming)
Official number: 6.4.1.1

5.2 효소 반응속도의 특성

학습 목표

효소의 반응속도에 대한 특성을 이해한다.

다시보기 5-1에서 화학반응속도에 관하여 정리하기 바란다.

미카엘리스-멘텐방정식

비록 효소가 전형적인 유기 촉매나 무기 촉매들이 지닌 특성을 대부분 가지고 있지만, 효소는 다른 모든 촉매들과 구분되는 고유한 역학적 특성을 가지고 있다. 초기에 이루어진 관찰 중의 하나는 기질(substrate)의 농도가 효소 촉매반응(enzyme-catalyzed reaction)의 속도에 미치는 특이한 효과였다. 정해진 온도에서 pH가 일정하게 유지되는 완충 용액에 기질과 촉매를 섞어 효소 촉매반응속도를 연구하였다. 처음 몇 분간 반응물 농도의 감소 또는 생성물 농도의 증가를 측정하여 **초기속도(initial velocity, v_0)**를 결정한다.

기질의 농도가 미치는 영향을 연구하기 위해서 그림 5.3과 같은 실험을 고안하였다. 완충 용액이 든 시험관 여러 개를 준비하고 각 시험관에 기질의 농도를 증가시키면서 기질을 첨가한다. 그리고 일정한 농도의 효소를 시험관에 첨가한 후, 반응속도를 측정하여 반응속도 대 기질 농도의 그래프를 그린다. 비교적 기질의 농도가 낮은 경우에는 예상한 대로 기질의 농도가 증가함에 따라 초기 반응속도가 증가한다. 높은 기질 농도에서는 반응속도가 크게 증가하지 않다가 나중에는 첨가하는 기질의 양에 상관없이 반응속도가 일정하게 되는 지점에 도달하게 된다. 그 결과 그래프의 모양은 쌍곡선의 형태를 보이게 된다. 이 일정한 반응속도를 **최대속도(maximum velocity)**라고 정의하고 V_{max}로 표시한다.

5.1 다시 보기

반응속도론

SPEED LIMIT 100 millimoles / hour

생화학자들은 생체 내에서 일어나는 수천 개의 반응을 연구하는데 시간과 정열을 쏟는다. 이 책에서 1장부터 4장까지는 중요한 생화학 반응들이 언급되었고, 물질대사를 공부할 때 이 반응들이 중요하다는 것을 알게 될 것이다. (일반화학과 유기화학에서 제일 중요한 내용이 화학 반응임을 상기하시오.) 생명은 반응에 의존하고 생화학자들은 반응속도(분자들이 얼마나 빨리 움직이고, 어떻게 서로 충돌하며, 그리고 어떻게 이러한 상호작용들이 화학적 변화를 일으켰는지 – 반응물이 생성물로 전환되는 것)를 측정하는데 관심이 유난히 많다. 반응속도를 연구하면 물질대사반응의 중요성 및 약품의 작용 메커니즘 등을 알 수 있다.

반응속도론 화학반응의 속도를 연구하는 분야가 **반응속도론(kinetics)**이다. 이 분야를 연구하는 과학자들은 실험 방법을 고안하여 반응이 얼마나 빨리 진행되는지를 측정한다. 측정한 실험 결과에 근거하여 속도 법칙(반응속도식), 속도상수를 결정하며 가능한 반응 메커니즘을 제안한다. 효소를 비롯한 촉매가 사용된 반응은 실험 과정이 매우 복잡하다. 효소의 반응속도론을 언급하기 전에 반응속도론에 대한 기초적인 이론들을 복습하자.

반응물 A가 생성물 P로 전환되는 단순한 반응을 생각해보자.

$$A \longrightarrow P$$

단위시간(t)당 생성되는 생성물 P의 양을 측정하거나 혹은 반응물 A가 없어진 양을 측정하여 이 반응의 속도(v)를 결정한다.

$$\text{반응속도} = v = [P]\text{의 변화}/t \quad \text{혹은} \quad v = [A]\text{의 변화}/t$$

반응속도 단위는 μmol/sec처럼 몰/분 혹은 초이다.

반응속도에 영향을 주는 인자들이 무엇인지 알아보자. **충돌이론(collision theory)**이란 반응이 일어나려면 화학결합을 끊을 수 있을 만한 역학에너지를 지닌 분자들이 서로 충돌하여야 한다는 것이다. 더구나 분자들은 올바른 방향성을 갖고 충돌하여야 한다. 즉 서로 마주보아야 반응이 일어난다. 역학에너지와 방향성에 영향을 주는 인자는 온도와 반응물의 농도이다. 반응속도를 측정하는 동안 온도는 항상 일정하게 유지되기 때문에, 반응물 농도에 의한 영향만을 여기서 고려한다.

반응속도식 반응물이 하나인 어떤 반응에 대한 **반응속도식(rate equation, 또는 속도법칙, rate law)**은 다음과 같이 나타낸다.

$$\text{속도} = v = k[\text{반응물}]$$

이 식에서 k는 **속도상수(rate constant)**로서 반응물 분자들이 얼마나 잘 배열되어 있는지를 나타내는 비례상수이다. 속도상수의 단위는 (시간)$^{-1}$ 즉 min^{-1} 혹은 sec^{-1}이다.

위 반응의 속도식은 다음과 같이 나타낼 수 있다.

$$v = k[A]$$

반응차수(reaction order) 반응물 A 한 분자만이 반응하여 생성물 P가 형성되는 A $\longrightarrow$ P 반응은 **1차반응(first-order reaction)** 즉 **1분자반응(unimolecular reaction)**이다. 어떤 반응에 다음과 같이 두 분자가 반응한다면

$$A + B \longrightarrow Y + Z$$

이 반응의 반응속도시은

$$v = k[A][B]$$

이며 **2차반응(second-order reaction)** 즉 **2분자반응(bimolecular reaction)**이다. 2차반응식의 속도상수 단위는 (농도)$^{-1}$(시간)$^{-1}$ 예를 들면 M^{-1}(sec)$^{-1}$이다. 화학 반응속도론의 원칙을 기본으로 효소반응속도론을 이해하여 보기로 한다.

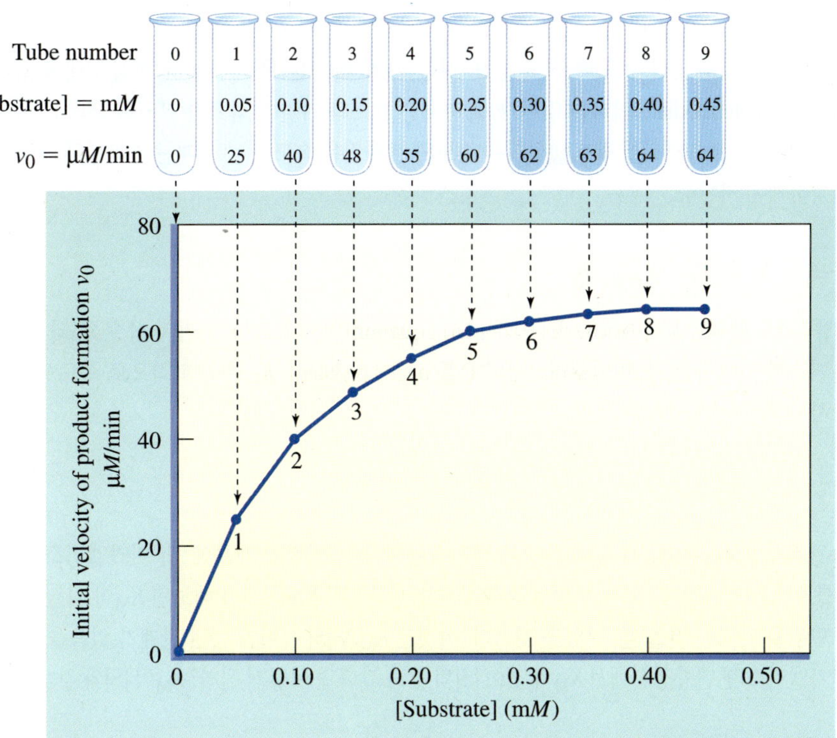

그림 5.3 효소 촉매반응의 반응속도를 연구하는 실험 과정. 기질의 농도를 증가시키면서 동량의 효소를 첨가한다. 생성물이 형성되는 속도를 결정하여 각 반응물에 대한 반응속도 또는 초기속도를 측정한다. 속도와 기질 농도와의 상관관계를 그래프로 나타낸다. 대부분의 효소들은 옆의 그림과 같은 쌍곡선을 그린다.

대부분의 효소에서 관찰되는 이러한 촉매반응 방식은 다음 절에서 언급할 기질 포화 효과(substrate saturation effect)로 설명될 수 있다. 미카엘리스(Leonor Michaelis)와 멘텐(Maud Menten)이 처음으로 효소의 반응속도 곡선 모양을 설명하였다. 1913년에 이 두 사람은 효소 작용에 관한 일반적인 이론을 제안하고 쌍곡선 형태의 반응속도를 표현할 수 있는 수학식을 유도한 후 반응속도상수(rate constant)들을 계산하였다. 미카엘리스와 멘텐은 효소 분자(E)와 기질(S)은 빠르고 가역적으로 결합하여 **ES복합체(ES complex)**를 형성한다고 제안하였다.

$$E + S \underset{k_2}{\overset{k_1}{\rightleftharpoons}} ES \underset{k_4}{\overset{k_3}{\rightleftharpoons}} E + P$$

여기서 ES복합체가 진행할 수 있는 경로는 두 가지이다. (1) 첫째는 ES복합체가 다시 유리 효소(E)와 기질(S)로 되돌아가는 것이고, (2) 둘째는 가역 반응에 의하여 유리 효소(E)와 생성물 P로 반응이 진행되는 것이다. 각각의 상수 k_1, k_2, k_3 및 k_4는 각 반응 단계에 대한 속도상수이다.

효소 촉매반응을 설명하기 위해 미카엘리스와 멘텐이 유도한 기본 식은 아래와 같다.

$$v_0 = \frac{V_{max}[S]}{K_M + [S]}$$

v_0 = 기질 농도 [S]에 의한 초기속도(initial velocity)
V_{max} = 최대속도(maximum velocity)
K_M = 미카엘리스 상수(Michaelis constant)

(이 식은 쌍곡선에 관한 수학식과 같은 형태이다.)

미카엘리스와 멘텐은 공식을 쉽게 유도하기 위해 몇 가지 가정을 하였다. 먼저 생성물 P와 유리 효소 E가 다시 ES복합체로 돌아가는 반응은 제외시키기로 했다(반응 순서에서 k_4로 정의되어 있다). 이 반응은 비교적 많은 양의 생성물 P가 만들어졌을 때만 의미가 있다. 그리고 생화학자들이 미카엘리스-멘텐방정식을 실험에서 이용할 때는 초기속도만을 측정하며 이때는(처음 몇 분 동안) k_4로 나타내지는 반응은 매우 느리다. 공식의 유도에 필요한 또 다른 가정 하나는 ES복합체가 정상상태의 중간생성물(steady-state intermediate)이라는 것이다. 말하자면 효소와 기질을 섞으면 일정한 양의 ES복합체가 매우 빠르게 생성되며, ES복합체가 생성되는 속도와 분해되는 속도가 같기 때문에 복합체의 농도는 비교적 일정하게 유지된다.

반응속도 상수; K_M, V_{max}, k_3

미카엘리스–멘텐방정식(Michaelis–Menten equation)에서 중요한 두 가지 상수 K_M과 V_{max}를 더 자세히 기술할 필요가 있다. **미카엘리스 상수(Michaelis constant) K_M**은 수학적으로 속도상수의 조합으로 표시된다.

$$K_M = \frac{k_2 + k_3}{k_1}$$

위의 관계식만으로는 K_M이 실제 무엇을 의미하는지 알기 어렵기 때문에, 이 미카엘리스 상수를 다른 용어를 이용해서 정의해 보자. 미카엘리스-멘텐방정식에서 K_M을 계산 해보면 K_M이 기질의 농도 [S]와 같은 단위를 가지는 것을 알 수 있을 것이다. 이것은 K_M과 [S] 사이에 어떤 관계가 있음을 암시한다. 만약 미카엘리스-멘텐방정식에서 K_M의 값이 [S]의 값과 같다면 어떻게 될까? K_M이 [S]와 같다면,

$$v_0 = \frac{V_{max}[S]}{[S] + [S]}$$

$$v_0 = \frac{V_{max}[S]}{2[S]}$$

$$v_0 = \frac{V_{max}}{2}$$

즉 **K_M은 반응속도가 V_{max}(최대속도)값의 절반일 때의 기질의 농도와 같다.** 효소의 K_M 값은 10^{-1} M부터 작게는 10^{-8} M까지 이른다. 2개 이상의 기질을 가지는 효소의 경우에는 각 기질에 대하여 K_M 값이 정해진다. 표 5.3에 몇 가지 효소와 그 효소들의 기질에 대한 K_M 값을 나타냈다.

표 5.3
기질에 대한 몇몇 효소의 K_M 값

Enzyme	Substrate	K_M(mM)
Catalase	H_2O_2	0.001
Hexokinase from brain	ATP	0.4
	D-Glucose	0.05
	D-Fructose	1.5
Carbonic anhydrase	HCO_3^-	9
Chymotrypsin	Glycyltyrosinylglycine	108
	N-Benzoyltyrosinamide	2.5
β-Galactosidase	Lactose	4.0
Penicillinase	Benzypenicillin	0.050
Pyruvate carboxylase	ATP	0.060
	Pyruvate	0.40
	HCO_3^-	1.0
Ribulose-1,5-bisphosphate carboxylase (rubisco)	Ribulose-1,5-bisphosphate	0.028
	CO_2	0.009
Ribulose-1,5-bisphosphate oxygenase (rubisco)	Ribulose-1,5-bisphosphate	0.028
	O_2	0.535

복습 문제

1. 그림 5.3과 미카엘리스-멘텐방정식을 이용하여 다음 질문에 답하시오.
   a. 그림 5.3에 사용된 가상의 기질과 효소에 대하여 이 효소의 V_{max} 값을 계산하시오.
   b. K_M 값을 대략 0.08 mM로 가정할 때, 기질 농도가 0.15 mM인 반응의 초기속도 v_0를 계산하시오.
   c. 초기속도 v_0 값이 50 μM/min을 나타내는 기질의 농도[S]를 계산하시오.

K_M에 관한 더 많은 정보는 k_2가 k_3보다 아주 큰 경우에 얻을 수 있다. 이 경우 k_3 값은 의미가 없어서 K_M은 아래와 같이 정의가 된다.

$$K_M = \frac{k_2}{k_1}$$

$k_2 >> k_3$ 일 때, K_M은 ES복합체의 해리상수(dissociation constant)와 같다는 것을 알게 된다.

$$ES \underset{k_1}{\overset{k_2}{\rightleftharpoons}} E + S$$

그러므로, 특별한 상황에서 K_M은 효소(E)와 기질(S) 사이의 친화력(affinity)의 척도이다. 만약 K_M이 10^{-1}~10^{-3} M 같이 비교적 크다면 이것은 ES복합체의 분해 속도상수인 k_2가 비교적 크며, ES복합체는 다소 약하게 결합되어 있다는 것을 의미한다. 반대로 K_M이 10^{-3} M 보다 작은 경우에는 효소와 기질 사이에 강한 복합체가 형성되고 높은 친화력이 존재한다.

우리는 최대속도 V_{max}를 주어진 효소의 농도 [E]에서 효소 촉매반응의 속도가 최대라고 정의하였다. V_{max}는 실험을 통해서 구할 수 있는 값이며 효소의 특성을 분석하고 최적의 반응 조건을 만드는 데 중요한 상수이다. 더욱 중요한 것은 V_{max} 값을 알면 효소에 대한 다른 유용한 상수인 **대사회전수(turnover number)** k_3 값을 알 수 있다.

$$\text{대사회전수} = k_3 = \frac{V_{max}}{[E_T]}$$

이 식에서 $[E_T]$는 전체 효소의 농도를 나타낸다.

일반적으로 대사회전수는 단위 시간당(일반적으로 1초) 효소 1몰에 의해 생성물로 전환되는 기질의 몰 수(혹은 분자 수)이다. 몇몇 효소들에 대한 대사회전수를 표 5.4에 나타냈다.

표 5.4
몇몇 효소의 대사회전수 k_3

Enzyme	Substrate	k_3 (sec $^{-1}$)
Catalase	H_2O_2	40,000,000
Carbonic anhydrase	HCO_3^-	400,000
Acetylcholinesterase	Acetylcholine	25,000
Penicillinase	Benzylpenicillin	2,000
Lactate dehydrogenase	Lactate	1,000
Chymotrypsin	Glycyltyrosinylglycine	100
DNA polymerase	DNA	15
Ribulose-1,5-bisphosphate carboxylase	Ribulose-1,5-bisphosphate + CO_2	3.3
Ribulose-1,5-bisphosphate oxygenase	Ribulose-1,5-bisphosphate + O_2	2.4

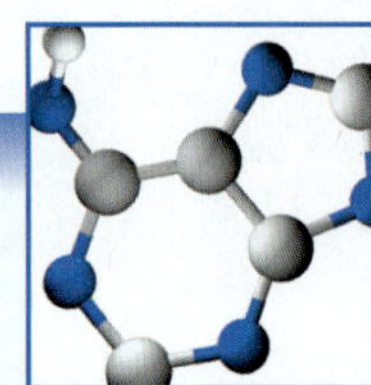

5-2
생화학 들여다보기
라인웨버-버크방정식 – 효소반응속도론을 직선으로 만들기

효소 촉매반응의 반응속도(v_0)와 기질농도[S]와의 상관관계를 나타낸 미카엘리스-멘텐방정식은 쌍곡선을 그린다(그림 5.4). 이 그래프의 점근적인 특성 때문에 이를 이용하여 V_{max}와 K_M을 구하는 것은 매우 어렵다. 1934년에 라인웨버(Hans Lineweaver)와 버크(Dean Burk)는 그래프 분석에 더 적합한 형태로 미카엘리스-멘텐방정식을 바꾸는 방법을 발표했다. **라인웨버-버크방정식(Lineweaver-Burk equation)**을 이용하면 실험에서 얻은 효소 반응 자료를 직선형의 그래프로 그릴 수 있다. 라인웨버-버크방정식은 미카엘리스-멘텐방정식에 역수를 취하여 $1/v_0$에 대하여 관계식을 정립하여 유도되었다.

$$v_0 = \frac{V_{max}[S]}{K_M + [S]}$$

$$\frac{1}{v_0} = \frac{K_M + [S]}{V_{max}[S]}$$

$$\frac{1}{v_0} = \frac{K_M}{V_{max}} \times \frac{1}{[S]} + \frac{1}{V_{max}}$$

위 식은 1차함수식 $y = mx + b$ 처럼 직선을 그린다.

$1/v_0$ 대 1/[S]의 그래프는 **라인웨버-버크 그래프(Lineweaver-Burk plot)** 또는 **2중역비례선(double reciprocal plot)**이라고 불리며 x축, y축과의 절편이 각각 $-1/K_M$과 $1/V_{max}$인 직선을 그린다. 이 직선의 기울기는 K_M/V_{max}이다. 절편 값을 구하기가 용이하기 때문에 미카엘리스-멘텐 그래프를 이용하는 것보다 더 정확하게 V_{max}와 K_M을 측정할 수 있다.

라인웨버와 버크는 함께 논문을 작성하여 그 당시에 가장 인기 있는 미국화학회지에 투고하였다. 논문을 심사한 6명의 심사위원들은 "이 논문은 화학이 아니라 수학 풀이"라고 하면서 게재 불가 판정을 내렸다. 생화학자들에게는 다행히도 편집장은 심사위원들의 결정을 무시하고 이 논문을 게재하도록 하였다(1934년). 이 논문은 그 후 이 학술지에 게재된 논문들 중에서 가장 많이 인용된 논문이 되었다! 라인웨버-버크방정식은 논문이 발표된 후 모든 생화학 책들에 기재되었으며 수천 명의 생화학도들이 이 식을 이용하여 연습 문제를 풀고 실험 결과를 분석하였다. 심지어 오늘날에도 생화학자들은 이 식을 이용하여 먼저 실험 자료를 분석한 후 컴퓨터 프로그램을 이용하여 정밀 분석한다.

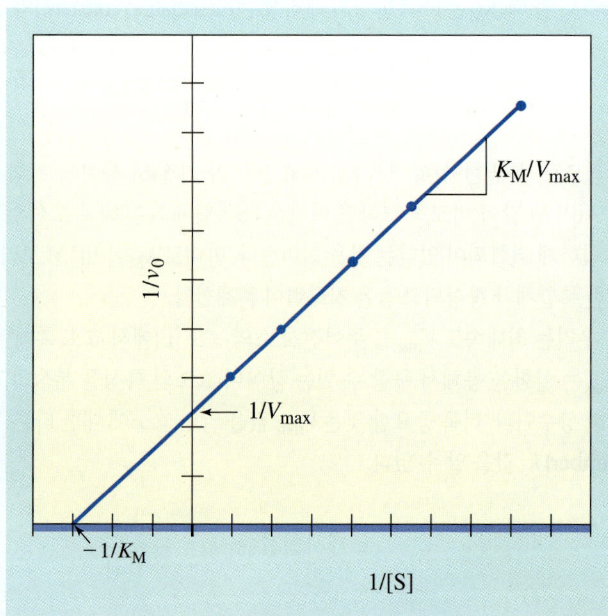

라인웨버-버크방정식과 그래프를 이용한 V_{max} 및 K_M 값의 측정. $1/v_0$과 1/[S]의 상관관계를 그리면 직선의 그래프를 그릴 수 있다. 이 직선의 기울기는 K_M/V_{max}이다. V_{max}는 직선이 $1/v_0$ 축과 만나는 절편이며 그 값은 $1/V_{max}$이다. K_M은 1/[S] 축과 만나는 절편이며 그 값은 $-1/K_M$이다.

복습 문제

1. 10^{-9} M의 카탈라아제 용액이 1초 당 H_2O_2 0.4 M을 분해 할 때, 이 카탈라아제의 대사회전수 k_3를 구하시오.

K_M, V_{max}, k_3 등의 상수는 효소 촉매반응에 대해서 많은 것을 알려 주기 때문에 실험을 통해서 이 값들을 알아내는 것은 중요한 일이다. 대부분의 방법은 실험 자료를 그래프로 만들어 분석한다. 미카엘리스-멘텐 그래프를 이용하여 그림 5.4에서와 같이 V_{max}와 K_M 값을 측정할 수 있다. 그렇지만 V_{max} 값을 정확하게 측정하기는 어렵다. 왜냐하면 V_{max} 값을 정확하게 측정하려면 기질의 농도가 매우 높아야 하는데 실제 실험에서는 그런 높은 기질 농도를 쉽게 찾을 수 없기 때문이다. 일반적으로 미카엘리스-멘텐 그래프로부터 V_{max} 값을 예상하며 K_M 값은 반응속도가 V_{max} 값의 절반일 때의 기질의 농도로 결정된다. V_{max}, K_M 등의 값은 라인웨버-버크방정식을 사용하면 더 정확하게 얻을 수 있다. (생화학 들여다보기 5-2 참조)

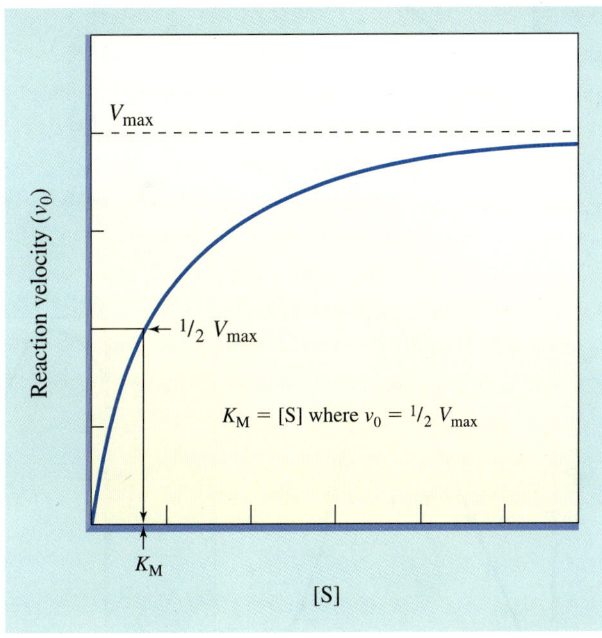

그림 5.4 미카엘리스-멘텐 그래프를 이용한 V_{max} 및 K_M 값의 측정. V_{max}의 값은 그래프 상에서 기질의 농도가 증가하여도 더 이상 반응속도가 증가하지 않는 점이다. K_M을 기질 축에서 측정한다. K_M은 반응속도가 반응 최대속도의 절반에 도달하였을 때의 기질의 농도로 정의한다.

효소 반응의 특성

지금까지는 기질 [S]가 효소 반응의 속도에 미치는 영향만을 논의하였다. 실험에 관련된 다른 변수들, 예를 들면 효소의 농도, 반응 용액의 pH, 온도 등도 효소 활성에 영향을 미친다.

효소 효소의 양이 증가했을 때의 효과는 쉽게 예측될 수 있어야 할 것이다. 효소 자체가 촉매이기 때문에 효소의 농도가 높을수록 초기 반응속도도 커져야 한다(그림 5.5). 이러한 인과 관계는 기질의 양이 충분히 존재하는 동안은 유지될 것이다.

pH 효소는 또한 반응 조건의 변화에 민감하다. 대부분의 효소는 가장 효율적으로 활동할 수 있는 적정 pH(optimal pH)를 가진다. 적정 pH는 효소에 따라 다르지만 대부분의 효소는 pH 6과 8 사이에서 잘 작용한다. 이러한 효소 활성의 pH에 대한 의존은 효소의 아미노산 잔기의 전하나 pH에 따라 이온 구조가 변하는 기질 때문에 생기게 된다. 그림 5.6은 두 가지 효소에 대한 pH 변화에 따른 반응속도를 나타낸 그래프이다.

온도 효소는 이밖에도 그림 5.7에 나타낸 것처럼 온도 변화에도 매우 민감하다. 비교적 낮은 온도에서 효소의 촉매반응속도는 온도가 증가함에 비례해서 증가한다. 또 효소에 따라 다르지만 어느 한계의 온도가 되면 효소의 기능은 온도에 의하여 파괴되어 반응속도가 급격히 감소한다. (그림 5.7에 있는 것과 같은 그래프의 모양을 설명할 수 있는가? 힌트: 4.3절 참조). 대부분의 효소에서 반응속도의 급감은 대략 50℃에서 60℃사이에서 일어난다. 그렇지만 온천이나 해저의 열 분화구에서 사는 어떤 종류의 생물체들은 80℃나 90℃보다 높은 온도에서도 안정한 효소를 가진다(생화학 들여다보기 1-1과 5-1 참조).

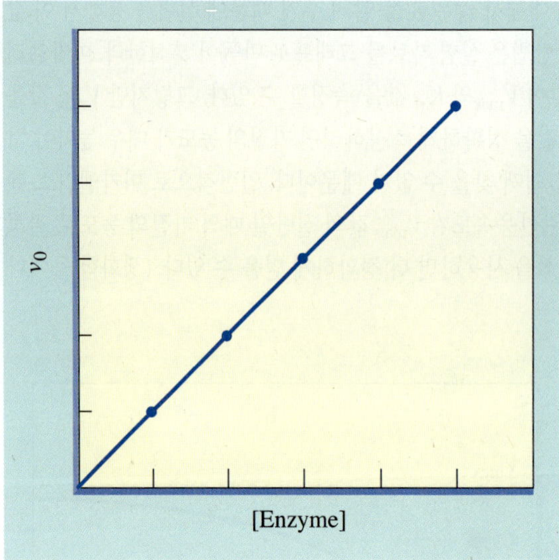

그림 5.5 효소 농도와 초기 반응속도와의 상관관계를 표시한 그래프. 반응속도는 효소 농도의 증가에 비례하여 증가한다.

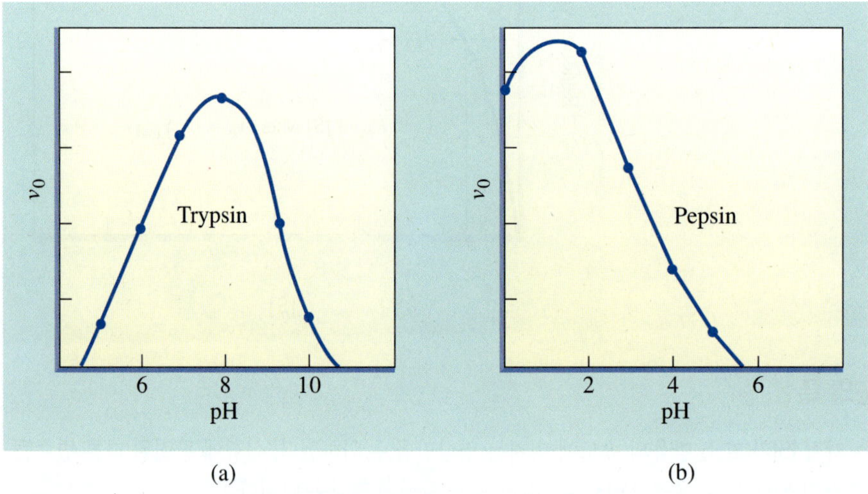

그림 5.6 pH와 반응속도와의 관계를 나타낸 그래프. (a) 트립신 (b) 펩신. 두 효소가 서로 매우 다른 적정 pH 값을 가지는 것에 주목하라.

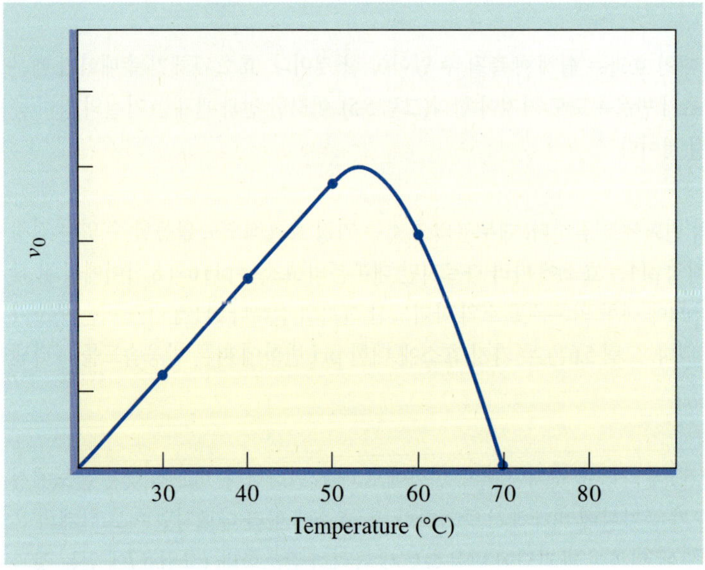

그림 5.7 효소 반응속도에 미치는 온도의 영향. 초기 반응속도는 효소가 변성되기 전까지는 온도에 따라 증가하다가 효소의 변성이 시작되는 온도에서부터는 감소한다.

금속이온이나 유기 보조인자도 몇몇 효소의 활동에 영향을 미친다. 이것은 7장에서 자세히 다루어질 것이다.

많은 효소들이 미카엘리스-멘텐의 반응속도의 특징(쌍곡선의 반응속도 그래프)을 나타내지만, 모든 효소들이 이러한 특징을 나타내는 것은 아니다. 반응속도 양상이 독특한 상당한 수의 효소들은 **알로스테릭효소(allosteric enzyme)**들이다. 이미 앞에서 리간드(ligand)가 결합함에 따라 구조의 변화가 생기는 헤모글로빈이나 다량체 단백질(multimeric protein)을 공부할 때 알로스테릭(allosteric)이란 용어를 언급하였다. 세포 내에서 알로스테릭효소들은 촉매작용뿐만 아니라 전반적인 대사 과정의 속도도 조절한다. **조절효소(regulatory enzyme)**라고도 하는 알로스테릭효소는 비조절효소와 상당히 다른 점이 많다. 조절효소는 대개 분자량이 크고 두 개 이상의 단위체(subunit)로 구성되어 있으며 그 반응성은 비조절효소와 마찬가지로 기질 농도, 효소 농도, 온도, pH, 보조인자 등과 같은 요인들에 의하여 영향을 받는다. 조절효소는 기질과 협동적(cooperative)으로 결합하기도 하고 또는 조절인자(modulator)나 **작동인자(effector)**라고 불리는 다른 종류의 분자들과 결합하기도 한다. 조절인자의 결합은 6장에서 다루었듯이 조절효소의 활성을 향상시키거나 감소시킬 수 있다.

복습 문제

1. 생화학 들여다보기 5-1에 기술된 호열성세균에서 분리한 열 안정성 카탈라아제에 대하여 아래 주어진 자료를 보고 pH 변화에 따른 반응속도를 그래프로 나타내시오.

pH	상대속도(pH 8에서의 반응속도에 대한 %)
5	0
6	20
7	75
8	100
9	95
10	90
11	0

카탈라아제의 활성 부위에 존재하면서 효소 활성에 관여하는 아미노산은 무엇이라고 생각하는가?

5.3 기질의 결합과 효소의 작용

학습 목표

효소의 활성부위와 기질결합자리의 특성을 이해한다.

효소 활성부위

앞 절에서 논의된 대로 효소의 촉매작용은 효소 분자와 기질 분자가 결합해서 ES복합체를 만들면서 시작된다(E + S $\rightleftharpoons$ ES). 일반적으로 기질의 크기는 효소보다 작은데 기질은 **활성부위(active site)**라고 불리는 효소의 특정한 부위에 결합을 한다. 활성부위에 대한 개념은 미카엘리스 – 멘텐의 효소반응속도론에 대한 관찰과 단백질 구조에 대한 연구를 통해서 생겨났다. 활성부위는 효소 내에서 촉매반응이 일어나는 작은 틈이나 주머니와 같은 3차원적 구조이다. 각 효소의 활성부위 수는 제한적이어서 일반적으로 단위체 하나에 활성부위가 하나 존재하든지 혹은 없는 경우도 있다. 세포 내에는 통상적으로 기질의 농도가 효소의 농도보다 높으며 각각의 기질은 효소의 활성부위와 결합하여야만 생성물로 바뀔 수가 있다. 이 현상은 미카엘리스 – 멘텐 그래프에서 보이는 포화 효과(saturation effect)에 해당한다. 효소의 활성부위 수가 제한되어 있기 때문에 생성물을 최대로 형성할 수 있는 최대반응속도(V_{max})가 존재하며 이 최대반응속도는 기질의 농도가 아무리 높아져도 변하지 않는다.

활성부위는 대부분의 효소에 있어서 공통적인 다음과 같은 특성을 가진다.

1. **활성부위는 특이성(specificity)을 나타낸다. 즉 활성부위는 여러 가지 기질(substrate) 사이의 차이점을 분별할 수 있다.** 활성부위의 모양은 거울을 통해서 기질의 모양을 보는 것과 비슷할 정도로 닮았다. 활성부위에 가장 맞는 모양을 한 기질만이 결합할 수 있다. 효소는 절대 특이성(absolute specificity)과 집단 특이성(group specificity)의 두 가지 특이성을 보인다. 많은 수의 효소들은 한 가지 형태의 분자만을 수용하며 때때로 기질의 D-와 L-입체이성질체를 분별하기도 한다. 그 반면에 기질에 반응성 작용기(reactive functional group)만 있으면 유사한 종류의 기질들과 반응하는 효소들도 있다. 3장에서 공부한 두 가지 효소 트립신과 키모트립신의 작용을 생각해 보라. 두 효소는 펩티드결합의 가수분해라는 동일한 반응을 촉매한다. 트립신은 Lys이나 Arg의 카르복실기 쪽의 펩티드결합만을 가수분해하는 강한 특이성을 나타낸다. 반면에 키모트립신은 방향족 아미노산과 연결된 펩티드결합을 가수분해한다.
2. **활성부위는 효소 내에 존재하는 비교적 크기가 작은 3차원적 부위이다.** 효소에 결합된 기질은 활성부위에 완전하게 자리를 잡으면 3~5개 정도의 아미노산 잔기와 상호작용한다. 활성부위에 있는 아미노산 잔기들은 단백질 서열에서 바로 옆에 놓여 있을 필요는 없다. 왜냐하면 3차원적으로 단백질이 접히면 서열상 서로 여러 곳에 떨어져 있는 아미노산들을 같은 부위에 위치하게 할 수 있기 때문이다.
3. **기질들은 초기에 약한 비공유결합(noncovalent)의 가역적(reversible) 상호작용에 의하여 활성부위에 놓인다.** 가장 중요한 상호작용은 소수성 상호작용과 이온결합 그리고 수소결합이다. 효소에 존재하는 작용기(functional group)들은 기질과 가까이 접촉하여 특정한 상호작용만 일어나게 된다. 이런 상호작용은 가장 효과적인 촉매작용이 일어나도록 기질이 효소의 아미노산들에 대하여 적절히 배치되도록 한다. 그림 5.8은 가상적인 효소의 활성부위에 기질 분자가 결합한 것을 보여준다. 이

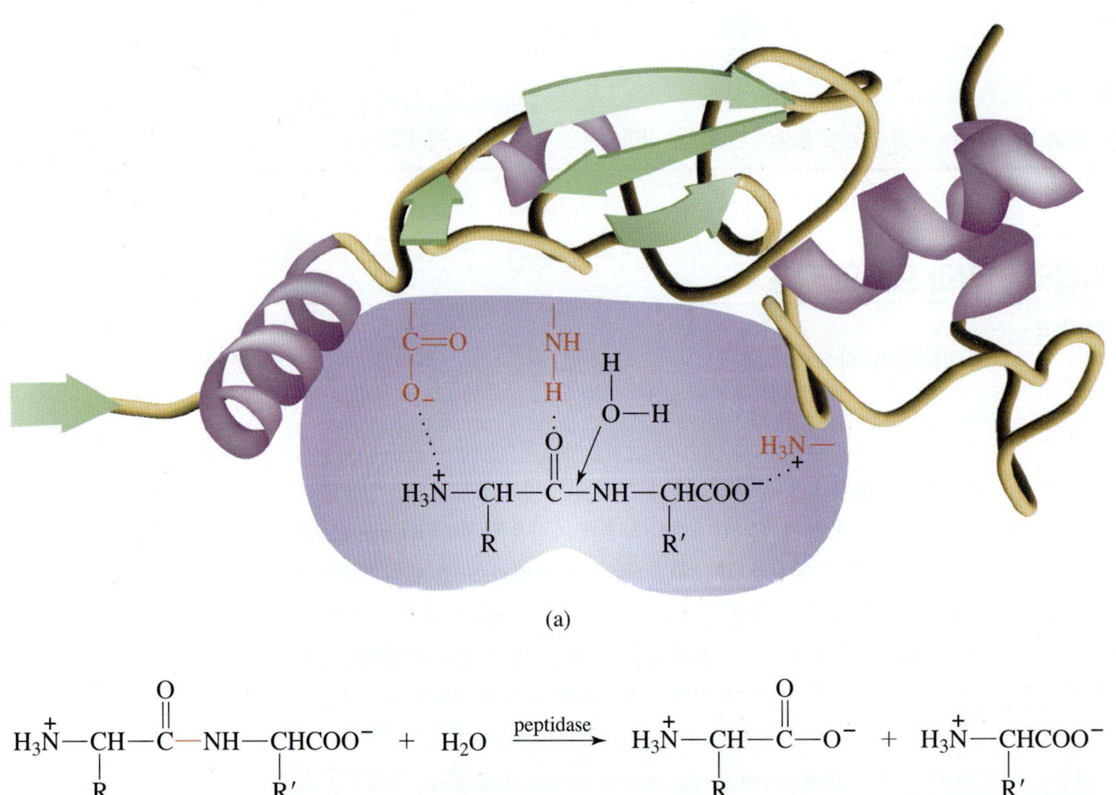

그림 5.8 (a) 기질 분자인 디펩티드(붉은색)가 펩티드가수분해효소(peptidase)의 가상적인 활성부위에 결합되어 있다. 기질과 효소 사이의 비공유결합에 의한 상호작용(수소결합, 이온결합)의 중요성을 주시하라. 화살표는 물 분자가 공격하여 절단될 펩티드결합을 나타낸다. 이 그림에 나타낸 아미노기와 카르복실기는 펩티드를 구성한 아미노산 잔기의 곁사슬이다. (b) 디펩티드가 아미노산으로 가수분해되는 반응식

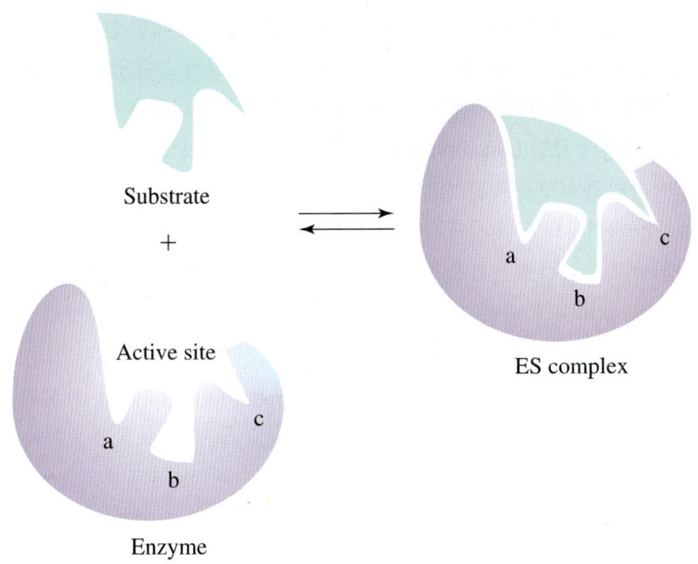

그림 5.9 ES복합체 형성을 설명한 자물쇠와 열쇠 모델. 기질은 효소의 활성부위에 맞는 상보적인 모형을 지니고 있다. a, b, c는 기질과 효소 사이에 형성되는 특이적 형태의 상호작용을 나타낸다.

때 기질은 효소 작용에 의해서 **분열성 결합(scissile bond)**이 끊길 수 있도록 효소와 결합을 한다. 이 분열성 결합은 천이상태 (transition state)에서 어느 정도 이미 끊어진 상태가 된다. 효소 반응에 필요한 에너지의 상당 부분은 기질이 효소에 결합할 때 생기는 안정화에너지로부터 나온다. 효소와 기질 사이에 형성된 비공유결합성 상호작용이 천이상태를 안정화시키는 에너지를 제공한다.

1890년에 에밀 피셔(Emil Fischer)가 고안한 ES복합체의 모양은 그림 5.9에 나타낸 것처럼 **자물쇠와 열쇠 모델(lock and key model)**이다. 효소의 활성부위(자물쇠)는 특정한 모양의 기질(열쇠)만을 수용할 수가 있다. 그렇지만 이 자물쇠-열쇠 모델에 의하면 활성부위는 매우 고정되어 있고 탄력적이지 않음을 의미한다. 우리는 지금 3차원적인 효소의 구조는 탄력성이 있어서 활성부위에 구조적 변화를 가져올 수 있다는 것을 알고 있다. 다니엘 코쉬랜드(Daniel Koshland)는 기질이 효소에 결합할 때 효소 활성부위의 구조에 연속적인 변화가 일어난다는 **유도적합모형(induced-fit model)**을 1958년에 새로 제안하였다(그림 5.10). 코쉬랜드 모델을 따르면, 기질과 결합하지 않았을 때의 활성부위는 효소에 있는 평범한 부위에 지나지 않는다. 기질이 효소와 결합하는 과정이 단백질 구조 특히 활성부위에 특정한 형태 변화를 일으킨다. 활성부위의 최종 형태와 전하적 특성은 기질이 완전히 결합될 때까지는 정해지지 않는다. ES복합체가 형성되는 동안 효소에 형태 변화가 일어난다는 사실들이 효소 분자와 ES복합체에 대한 X선결정학(X-ray crystallography) 자료에 의하여 증명되었다.

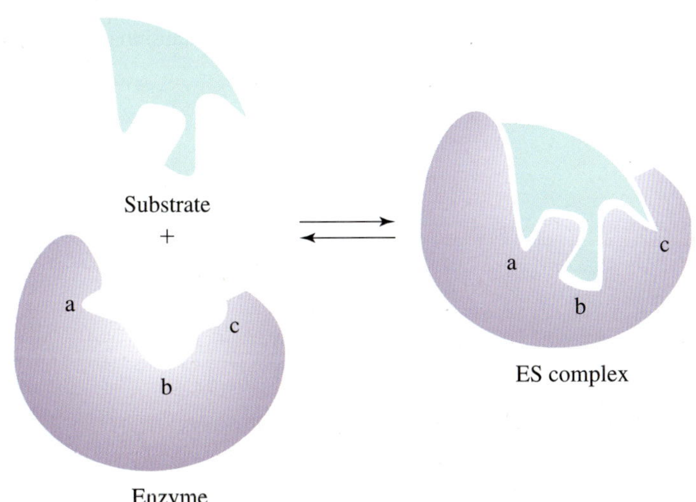

그림 5.10 기질이 효소 활성부위에 결합하는 것을 설명하는 유도적합모형. 원래 효소는 기질이 결합할 수 있는 정해진 부위를 가지고 있지 않다. 기질이 결합하면 효소의 형태가 기질의 크기, 모양 및 극성 등과 상보적인 형태로 변한다.

ES복합체에 대한 개념이 더 정교하게 계속 발전하였다. 활성부위에 대한 현재의 시각은 활성부위는 기질을 인식하고 결합할 뿐만 아니라 기질이 활성화되어 반응이 일어날 수 있게 기질의 위치를 유도한다. 기질이 활성부위에 완벽하게 자리 잡으면 반응에 필요한 천이상태의 특성을 가진다(그림 5.11). 이것을 효소 반응의 **천이상태 모델(transition-state model)**이라 한다. 이 모델에서는 촉매의 중요한 기능 가운데 하나인 천이상태의 형성을 촉진하고 안정화시키는 것을 볼 수 있다. 효소는 대부분의 경우 반응물이나 생성물보다는 천이상태와 더 강하게 결합하는 것으로 알려져 있다. 효소-기질 복합체의 형성 과정에서 생기는 약한 비공유결합성 상호작용에 의한 결합에너지는 효소 촉매반응에서 관찰되는 반응속도 가속에 상당한 영향을 미친다. 일단 기질이 효소에 결합하고 천이상태가 안정화되면 효소의 다른 기계적 특성들이 작용하게 된다. 가장 중요하고 또 가장 잘 알려진 기계적 과정에는 일반적 산-염기 촉매작용(general acid-base catalysis)과 금속이온 촉매작용(metal-ion catalysis), 공유결합성 촉매작용(covalent catalysis)이 있다.

일반적인 산 - 염기 촉매작용

유기화학 시간에 공부한 많은 반응들은 산과 염기의 촉매작용에 의하여 일어난다. 예를 들면, 에스테르(ester)나 아미드(amide)의 가수분해는 양성자가 이동하면서 일어난다. 그림 5.12는 효소가 관여하지 않은 일반적인 산 촉매작용에 의한 아미드의 가수분해 과정을 나타낸 것이다. 활성부위에 있는 효소의 작용기는 산($-NH_3^+$, $-COOH$) 또는 염기($-NH_2$, $-COO^-$)로 작용하여 양성자 전달 반응(proton transfer)을 도와 화학 결합이 끊어지는 것을 촉진시킨다. 효소의 산 · 염기 작용기들은 결합된 기질과

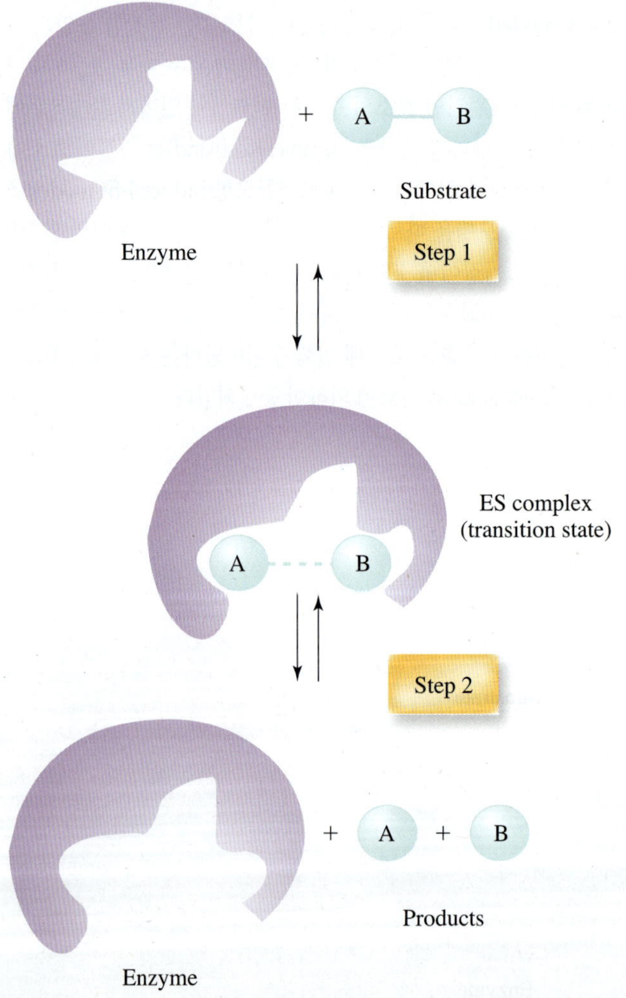

그림 5.11 효소의 작용에 대한 천이상태 모델. 원자 A와 B사이의 결합이 절단되는 반응을 예를 들어 설명하고 있다. 과정 1은 기질이 활성부위에 결합하는 단계이다. 기질이 ES복합체의 형태로 결합되어 있을 때는 절단될 결합은 이미 힘이 가해져 부분적으로 잘라져 있다. 과정 2는 산물 A와 B를 생성하면서 분열성 결합이 완전히 절단된다.

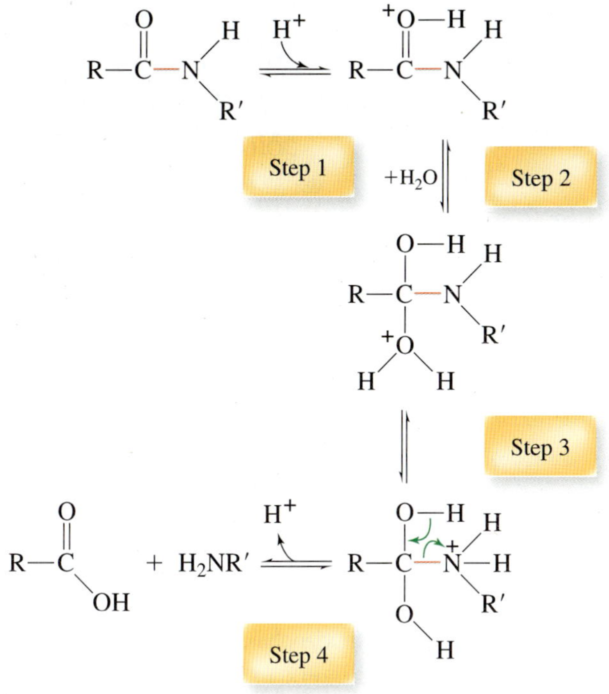

그림 5.12 산 촉매에 의하여 아미드 또는 펩티드결합(붉은색)이 가수분해되는 과정. 반응의 첫 단계에서 양성자가 카르보닐기에 붙는다. 이 과정은 물 분자가 공격하기 쉽게 만들어 물이 첨가된 사면체형의 중간산물이 형성된다(단계 2). 반응의 세 번째 단계에서 양성자는 산소원자에서 질소원자로 전이된다. 반응의 최종 단계에서 염기는 중간산물로부터 양성자를 받아들인다. 이와 같은 반응 과정에서 효소는 첫 단계에서와 같이 양성자를 제공하고 또한 최종 단계의 염기와 같이 양성자를 받아들여 반응을 촉매한다.

잘 반응할 수 있도록 활성부위에 위치하여 있다. 기질과 양성자 공여체(proton donor) 및 수용체(acceptor)들은 서로 옆에 위치하여 양성자 전달을 촉진한다. 이런 조건에서 일어나는 반응은 기질과 양성자 공여체 및 수용체들이 용액 내에서 서로 자유롭게 섞여 일어나는 무작위적 충돌(random collision)에 의한 반응보다 더 실제적이고 효과적이다.

금속이온 촉매작용

효소나 기질과 연관된 금속들도 자주 촉매작용에 참여한다. 알칼리성 금속이온(Na^+, K^+)과 전이금속(Mg^{2+}, Mn^{2+}, Cu^{2+}, Zn^{2+}, Fe^{2+}, Fe^{3+}, Ni^{2+} 등)들은 적어도 세 가지 방법으로 효소 반응을 보조한다.

1. 기질이 배위 공유결합(coordinate covalent bond)에 의해서 제대로 위치하게 한다. 그래서 기질이 기하학적으로 아주 정교하게 활성부위에 결합할 수 있게 한다(그림 5.13a).
2. 분열성 결합(scissile bond)의 극성을 크게 하거나(polarizing) 또는 음전하를 띈 중간산물을 안정하게 함으로써 반응을 촉진시킨다(그림 5.13b).
3. 금속이온과 기질 사이의 가역적인 전자전달에 의한 생물학적 산화환원반응(oxidation – reduction reactions)에 참여한다(그림 5.13c).

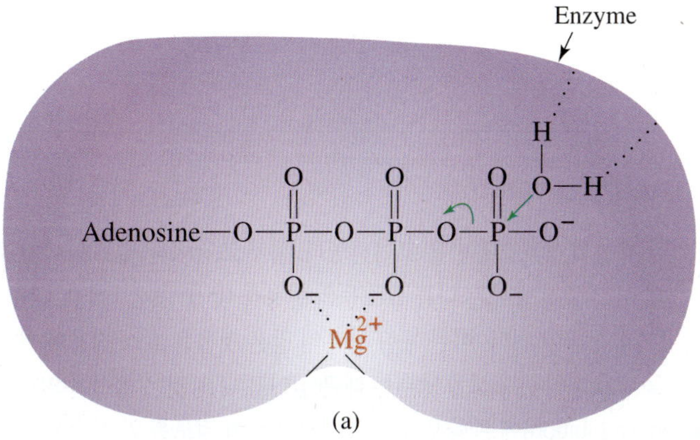

그림 5.13 효소 촉매반응에서의 금속이온의 가능한 역할들. (a) 배위결합에 의하여 기질이 효소 활성부위에 위치하게 한다. 효소와 결합한 Mg^{2+} 이온은 ATP가 활성부위에 위치하도록 도와준다. 이 그림은 ATP가 ADP와 P_i로 가수분해되는 가상적인 반응이다. (b) 결합을 극성화하거나 음전하를 띈 중간산물을 안정시킨다. 에스테르 가수분해반응에서 금속이온(M^{n+})은 산소에 형성된 음전하를 안정시킨다. (c) 가역적 산화-환원반응에 관여한다. 시토크롬의 철이온은 시토크롬c로부터 시토크롬a로의 전자전달을 촉진시키며 이 반응은 호기성 대사에서 중요하다.

그림 5.13 (계속)

$$R-\overset{\overset{M^{n+}}{\vdots}}{\overset{\|}{\underset{\underset{OH_2}{\uparrow}}{C}}}\!\!\overset{O}{}-OR' \rightleftharpoons R-\overset{O^-}{\underset{^+OH_2}{C}}-OR' \rightleftharpoons R-\overset{O^-}{\underset{OH}{C}}-\overset{+}{O}(R')H \rightleftharpoons R-\overset{O}{\overset{\|}{C}}-OH + R'OH$$

(b)

$$\underset{Fe^{2+}}{\text{cyt } c} + \underset{Fe^{3+}}{\text{cyt } a} \rightleftharpoons \underset{Fe^{3+}}{\text{cyt } c} + \underset{Fe^{2+}}{\text{cyt } a}$$

(c)

일반적으로 효소가 금속이온을 필요로 하는 것은 특이적(specific)이어서 만약 특정 금속이온이 없거나 다른 금속이온이 대신 쓰이면 효소 반응이 아주 또는 거의 일어나지 않는다. 알려진 모든 효소들 중의 약 30% 정도는 금속이온을 필요로 한다. 금속성효소(metalloenzyme)들은 기질 결합과 촉매작용을 위해 앞에서 언급한 촉매작용 중 하나 또는 그 이상의 방법을 같이 이용한다.

공유결합성 촉매작용

공유결합성 촉매작용은 효소의 친핵성 작용기(nucleophilic functional group, 전자를 풍부히 가짐)가 기질과 공유결합을 형성할 때 일어난다. 이 과정은 특별히 반응성이 좋은 순간적 중간산물을 만든다. 공유결합성 촉매작용은 키모트립신과 같은 세린 단백질가수분해효소(serine protease) 부류에 속하는 효소들에서 관찰된다. 이들은 펩티드 기질에 있는 아미드결합의 가수분해를 촉매한다. 이런 촉매반응 과정은 두 단계에 걸쳐서 일어난다.

1 단계: $E-(Ser)-\ddot{O}H + RN(H)-\overset{O}{\overset{\|}{C}}-R' \xrightarrow{\text{slow}} E-(Ser)-O-\overset{O}{\overset{\|}{C}}R' + RNH_2$

Covalent intermediate

2 단계: $E-(Ser)-O\overset{O}{\overset{\|}{C}}R' + H_2O \xrightarrow{\text{fast}} E-(Ser)-OH + R'\overset{O}{\overset{\|}{C}}-OH$

효소가 참여하는 공유결합성 중간산물(covalent intermediate)은 두 번째 단계에서 분해된다. 이 반응 과정에서 효소의 형태는 반응의 시작과 종결에서 같으므로 촉매는 구조적으로 변하지 않는다는 원칙에 어긋나지 않는다.

효소는 앞에서 다룬 것과 같은 산-염기 촉매작용, 금속이온 촉매작용, 공유결합성 촉매작용 가운데서 몇 가지 방법을 다양하게 사용한다. 개별 효소에 대한 내용을 이 책에서 다룰 때는 이들 과정을 이용해서 촉매작용의 메커니즘을 설명할 것이다.

5.4 효소억제

학습 목표

중요한 효소억제의 방식을 이해한다.

지금까지는 효소와 기질 사이의 상호작용만을 고려하였다. 생체 조직이나 세포 안에서 효소는 많은 화학 물질을 접하게 되는데 이런 물질 중에는 다른 효소들의 반응물 및 생성물, 독소(toxin), 약품(drug), 식품 첨가제 등과 같은 유기합성물이 있다. 이런 물질 가운데 많은 것들은 효소 작용에 대하여 억제 효과를 나타낸다. 생화학자들이 효소의 반응성을 낮추는 데 관심이 많다는 것은 놀라운 일이 될 수도 있겠지만 사실 효소억제(enzyme inhibition)에 관한 연구를 통해서 귀중한 정보를 얻을 수 있다.

1. 대사경로(metabolic pathway)는 효소를 억제하는 자연적인 물질에 의해서 조절되기 때문에 세포 안에서 일어나는 수 천 가지의 반응들을 조정하는 과정을 설명할 수 있다.
2. 많은 약품이나 독소는 효소 작용을 억제하는 역할을 한다.
3. 특정 억제제의 작용을 이해하면 효소의 특정한 아미노산 잔기의 역할을 비롯하여 효소의 반응 메커니즘을 설명할 수 있다.

가역적 및 비가역적 억제제

효소와의 상호작용 정도에 따라서 두 가지 종류의 억제제(비가역적 억제제와 가역적 억제제)가 알려져 있다. **비가역적 억제제(irreversible inhibitor)**는 효소와 공유결합 또는 매우 강한 비공유결합을 형성한다. 억제제가 공격하는 효소의 부위는 기질 결합(substrate binding)이나 촉매작용에 관여하는 아미노산 잔기의 작용기이다. 그 결과 효소의 기능이 영구히 비활성화된다.

$$\mathrm{E{-}H + R{-}X \longrightarrow E{-}R + HX}$$

E—H = 활성 효소(active enzyme)
R—X = 비가역적 억제제(irreversible inhibitor)
E—R = 화학적으로 변형되어 촉매작용을 할 수 없는 효소

아세틸콜린에스테르가수분해효소(acetylcholinesterase, ACE)에 대한 신경가스의 작용은 비가역적 억제(irreversible inhibition)의 좋은 예다(그림 5.14). 디이소프로필플루오르인산(diisopropylfluorophosphate, DIFP) 화합물은 ACE의 활성부위에 있는 세린 잔기와 반응한다. 세린의 히드록실기(hydroxyl group)는 ACE의 작용에 필수적이기 때문에 히드록실기에 화학적 변형이 일어나면 신경전달물질(neurotransmitter)인 아세틸콜린(acetylcholine)을 가수분해하지 못한다. 사람이 DIFP에 노출되면 신경 연접 부위에서 아세틸콜린의 분해가 아주 느리게 일어나 결과적으로 신경 충격(nerve impulse)이 멈춘다. 비가역적 억제제에 의해 화학적 변형이 잘 일어나는 아미노산 잔기는 세린(serine), 시스테인(cysteine), 히스티딘(histidine) 등이다.

비가역적 억제는 긍정적인 결과를 가져올 수도 있다. 소염 진통제로 쓰이는 아스피린(아세틸살리실산, acetylsalicylic acid)은 통증을 유발하는 프로스타글란딘(prostaglandin)의 합성을 방해한다. 아스피린은 프로스타글란딘의 합성을 촉매하는 첫 번째 효소인 프로스타글란딘 생성효소(prostaglandin synthase)를 공유결합적으로 변형시켜 효소 작용을 억제한다(8.4절 참조). 암세포 성장을 늦추는 비가역적 억제제의 예가 생화학 들여다보기 5-3에 기술되었다.

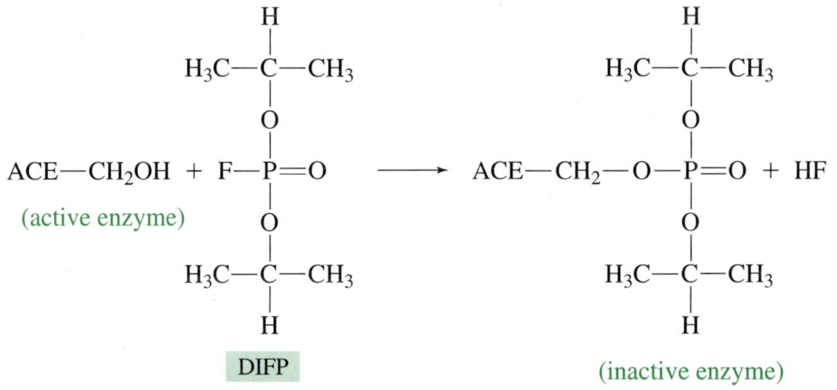

$$\mathrm{\underset{(active\ enzyme)}{ACE{-}CH_2OH} + \underset{DIFP}{F{-}P({=}O)[O{-}CH(CH_3)_2]_2} \longrightarrow \underset{(inactive\ enzyme)}{ACE{-}CH_2{-}O{-}P({=}O)[O{-}CH(CH_3)_2]_2} + HF}$$

그림 5.14 비가역적 억제의 예. 디이소프로필플루오르인산(diisopropylfluorophosphate, DIFP)은 아세틸콜린에스테르가수분해효소(acetylcholinesterase, ACE)의 활성을 억제한다. ACE—CH_2OH로 표시한 ACE의 세린 잔기는 DIFP와 반응하여 공유결합을 형성한다. 세린 잔기의 OH 기는 ACE 활성에 필수적이기 때문에 화학적으로 변형된 ACE는 효소의 기능을 잃게 된다.

가역적 억제제(reversible inhibitor)는 효소와 쉽게 결합하고 분리될 수 있으며 효소와 결합했을 때만 효소를 비활성화시킨다.

$$E + I \rightleftharpoons EI$$

I = 억제제

효소-억제제 복합체(EI complex)는 ES복합체와 같이 약하고 비공유결합성 상호작용에 의해서 서로 붙어있다. 가역적 억제제는 일반적으로 경쟁적(competitive), 비경쟁적(noncompetitive), 무경쟁적(uncompetitive) 억제제 등 세 가지 종류로 분류된다.

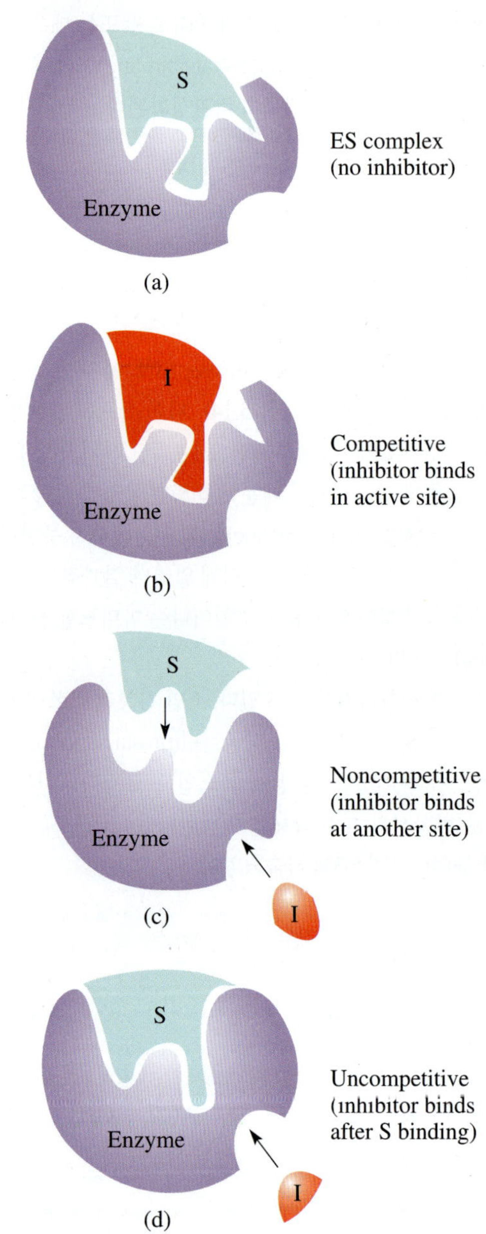

그림 5.15 가역적 억제의 종류. (a) 억제제가 존재하지 않을 경우의 ES복합체. (b) 경쟁적 억제제 I의 결합. (c) 비경쟁적 억제제 I는 효소(E) 또는 ES복합체에 결합할 수 있다. (d) 무경쟁적 억제제는 ES복합체에 결합한다.

경쟁적 억제

경쟁적 억제제(competitive inhibitor)는 대개 기질과 비슷한 구조를 가지고 있어서 효소의 활성부위에 결합한다(그림 5.15b). 기질과 경쟁적 억제제가 효소의 활성부위에 결합하는 것은 상호 배타적인 과정이다. 즉 억제제가 결합하면 기질은 결합할 수 없고, 기질이 결합하면 억제제가 결합할 수 없다. 경쟁적 억제(competitive inhibition)에 대한 역학적 모식도는 다음과 같다.

$$\begin{array}{l} E + S \rightleftharpoons ES \longrightarrow E + P \\ + \\ I \\ \quad\Big\updownarrow \\ EI + S \longrightarrow \text{no reaction} \end{array}$$

억제되는 정도는 기질 대 억제제의 농도 비율 및 효소에 대한 이들의 결합 친화력(binding affinity)에 따라 결정된다. 기질에 비해 억제제가 효소에 대하여 아주 높은 친화력을 가지고 있지 않으면 기질의 농도가 증가할수록 억제제의 효과는 감소한다. 억제제는 일반적으로 효소가 작용 할 수 있는 작용기를 가지고 있지 않기 때문에 생성물로 전환되지 못한다. 만약 억제제가 효소 활성부위에 결합할 수 있으려면 억제제는 정상적인 기질과 유사한 구조적 특성을 가지고 있어야 한다.

말론산(malonate), 옥살산(oxalate) 및 피로인산(pyrophosphate)에 의한 시트르산회로(citric acid cycle) 효소인 숙신산탈수소효소(succinate dehydrogenase)의 억제는 경쟁적 억제 과정의 좋은 예이다(그림 5.16). 이 세 가지 물질들은 정상적인 기질인 숙신산(succinate)과 유사한 구조와 전하를 가지고 있지만 숙신산탈수소효소에 의해서 탈수소반응은 일어나지 않는다. 이러한 관찰로부터 숙신산탈수소효소의 활성부위는 공간상 적절하게 떨어져 위치한 두 개의 양전하를 가지고 있으며 이로 인해서 억제제 분자와 기질을 모두 인식하고 결합할 수 있다는 결론을 내릴 수 있다.

비스포스포글리세르산뮤타아제(bisphosphoglycerate mutase)는 해당과정(glycolysis)을 조절하는 경쟁적 억제 과정의 예를 보여준다. 이 효소는 가역적으로 1,3-비스포스포글리세르산(1,3-bisphosphoglycerate)을 이성질화(isomerization) 시킨다.

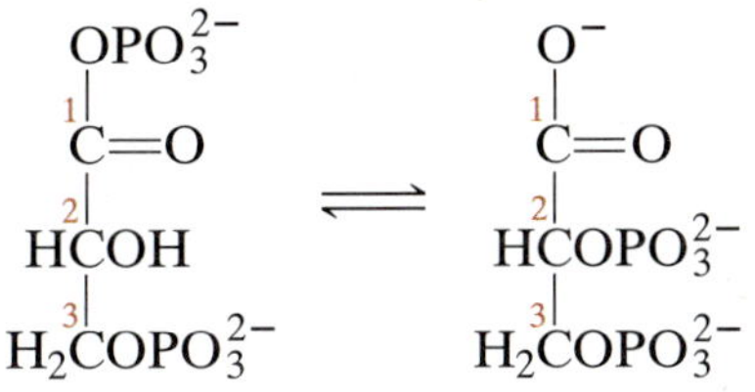

$$\begin{array}{c} OPO_3^{2-} \\ |^{1} \\ C{=}O \\ |^{2} \\ HCOH \\ |^{3} \\ H_2COPO_3^{2-} \\ \text{1,3-BPG} \end{array} \rightleftharpoons \begin{array}{c} O^- \\ |^{1} \\ C{=}O \\ |^{2} \\ HCOPO_3^{2-} \\ |^{3} \\ H_2COPO_3^{2-} \\ \text{2,3-BPG} \end{array}$$

생성물인 2,3-비스포스포글리세르산(2,3-bisphosphoglycerate)은 이 효소의 경쟁적 억제제다. 이 과정을 통해서 세포 내 2,3-비스포스스글리세르산의 농도가 조절된다.

천이상태의 기질 구조로 예상하고 만든 **천이상태유사체(transition state analog)**는 이제까지 발견된 경쟁적 억제제 가운데 가장 뛰어난 물질 중의 하나이다. 앞서 논의된 ES복합체와 비교하여 설명하면,

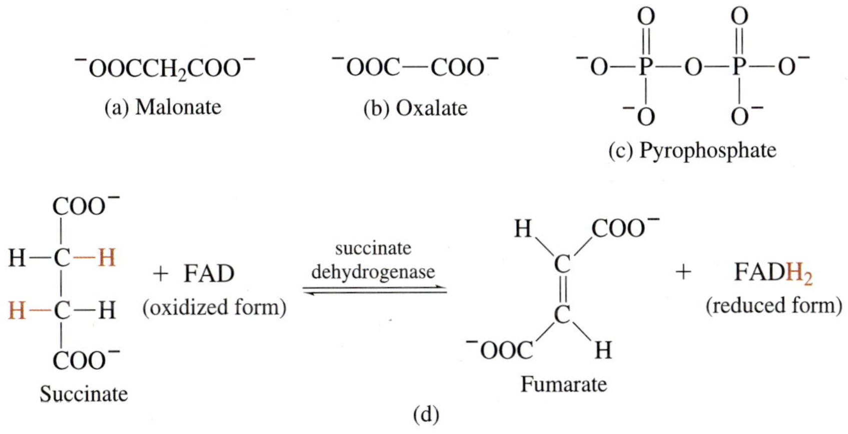

$^-OOCCH_2COO^-$ (a) Malonate

$^-OOC{-}COO^-$ (b) Oxalate

$^-O{-}P(=O)(O^-){-}O{-}P(=O)(O^-){-}O^-$ (c) Pyrophosphate

$$\text{Succinate } (^-OOC{-}CH_2{-}CH_2{-}COO^-) + \text{FAD (oxidized form)} \xrightleftharpoons{\text{succinate dehydrogenase}} \text{Fumarate } (^-OOC{-}CH{=}CH{-}COO^-) + FADH_2 \text{ (reduced form)}$$

(d)

그림 5.16 숙신산탈수소효소의 활성은 기질과 유사한 물질들에 의하여 억제된다. (a) 말론산, (b) 옥살산, (c) 피로인산. 이 효소의 원래 기질인 숙신산을 (d)에 나타냈다. 기질과 유사한 물질들은 효소 활성부위에 결합할 수는 있으나 숙신산처럼 탈수소화되지 못한다. FAD와 $FADH_2$는 보조인자로서 각각 플라빈아데닌디뉴클레오티드(flavin adenine dinucleotide)의 산화, 환원된 형태이다.

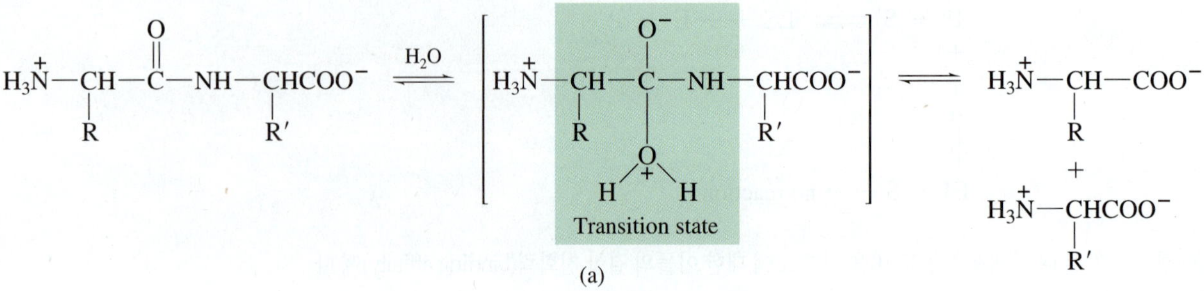

$$H_3\overset{+}{N}-\underset{\underset{R}{|}}{CH}-\overset{\overset{O}{\|}}{C}-NH-\underset{\underset{R'}{|}}{CHCOO^-} \underset{}{\overset{H_2O}{\rightleftharpoons}} \left[H_3\overset{+}{N}-\underset{\underset{R}{|}}{CH}-\overset{\overset{O^-}{|}}{\underset{\underset{\overset{+}{O}H_2}{|}}{C}}-NH-\underset{\underset{R'}{|}}{CHCOO^-} \right] \rightleftharpoons H_3\overset{+}{N}-\underset{\underset{R}{|}}{CH}-COO^- + H_3\overset{+}{N}-\underset{\underset{R'}{|}}{CHCOO^-}$$

Transition state

(a)

$$H_3\overset{+}{N}-\underset{\underset{R}{|}}{CH}-O-\overset{\overset{O^-}{|}}{\underset{\underset{O}{\|}}{P}}-O-\underset{\underset{R'}{|}}{CHCOO^-}$$

Transition state analog for reaction (a)

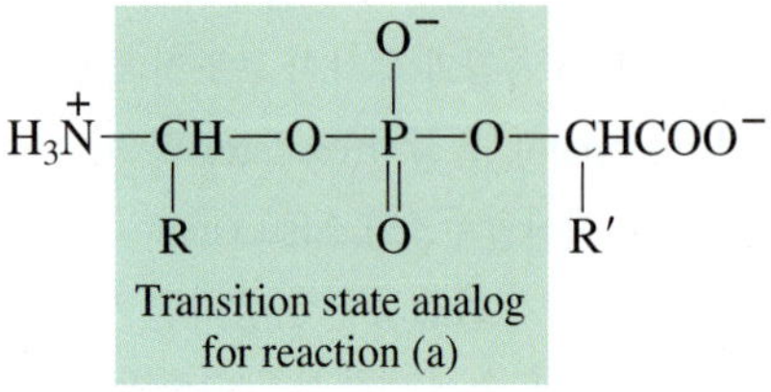

(b)

그림 5.17 펩티드가수분해효소의 경쟁적 억제제를 고안하기 위해 이용한 천이상태유사체의 원리. (a) 펩티드결합의 가수분해반응 과정 중 예상되는 천이상태를 괄호로 표시하였다. 천이상태는 물 분자가 펩티드의 카르보닐기를 공격한 후에 형성된다. (b) 천이상태의 특성을 지닌 천이상태유사체의 구조. 이 화합물은 천이상태의 구조와 비슷하나 효소가 가수분해할 수 있는 아미드결합을 지니고 있지 않다. 이 천이상태유사체 화합물은 펩티드가수분해효소의 경쟁적 억제제로 작용할 수 있다. 천이상태로 제안된 사면체형을 녹색 명암으로 나타냈다.

천이상태의 모양은 기질이 효소와 ES복합체를 형성한 최종 결합 상태의 모양과 유사하다. 실제로 효소의 활성부위는 반응물이나 생성물보다 천이상태에 더 상보적이다. 따라서 예상되는 천이상태와 유사하게 고안된 분자는 효소 활성부위에 매우 선택적으로 결합하며 강력한 경쟁적 억제제가 된다. 얼마나 효율적인 경쟁적 억제제를 제작할 수 있는가 하는 것은 반응의 천이상태 구조를 얼마나 잘 예측하는가에 달려있다. 이런 접근 방법은 제약회사에서 신약 개발을 고안할 때 많이 쓰인다(임상생화학 5 참조).

천이상태유사체의 사용을 설명하기 위한 가상적인 예를 한 번 보자. 어떤 ES복합체의 정확한 구조도 아직 확실히는 모르지만, 펩티드 가수분해의 천이상태가 그림 5.17a의 괄호 안에 있는 것과 같은 사면체 구조를 가진다고 가정하자. 그림 5.17b의 화합물은 천이상태에서 예상되는 것과 유사한 특성을 많이 가지고 있다. 따라서 이 화합물은 펩티드를 가수분해하는 효소의 억제제로 작용하는지 시험하기에 적합한 물질로 보인다. 이와 같이 제안된 경쟁적 억제제는 효소에 의하여 가수분해될 수 있는 아미드결합을 가지고 있지 않다는 점에 주목하라.

비경쟁적 억제

비경쟁적 억제제(noncompetitive inhibitor)처럼 효소를 가역적으로 억제하는 반응에서는 억제제와 기질이 동시에 효소에 결합할 수 있다(그림 5.15c). 분명하게 이 두 물질은 효소의 서로 다른 부위에 결합한다. 억제제는 기질 결합에 영향을 미치지는 않지만 효소의 촉매 기능에는 영향을 미친다. 억제제의 작용 메커니즘은 억제제에 따라 다르다. 비경쟁적 억제에 대한 역학적 모식도는 다음과 같다.

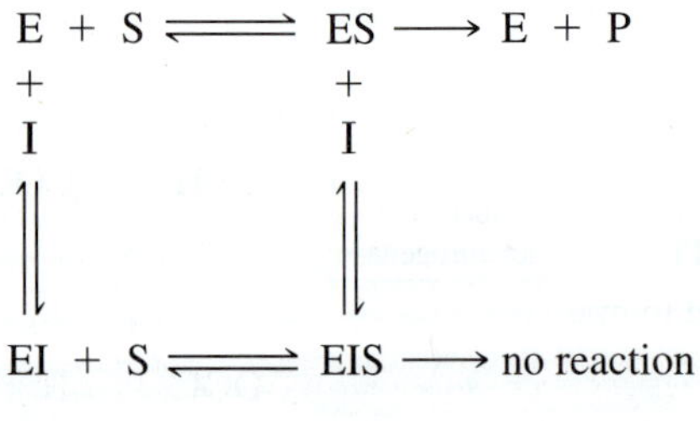

$$\begin{array}{ccccc} E + S & \rightleftharpoons & ES & \longrightarrow & E + P \\ + & & + & & \\ I & & I & & \\ \updownarrow & & \updownarrow & & \\ EI + S & \rightleftharpoons & EIS & \longrightarrow & \text{no reaction} \end{array}$$

비경쟁적 억제의 일반적인 형태는 Fe(Ⅲ) 또는 Al(Ⅲ) 금속이온과 아미노산 잔기(Ser, Thr, Asp, Cys 등)의 산소 혹은 황 원자와 킬레이트(chelate)를 약하게 형성한다. 비경쟁적 억제는 위에 나타낸 역학적 모식도를 항상 따르지는 않는다. 역학적 모식도처럼 작용하는 비경쟁적 억제를 **순수형(pure)**이라 한다. 비경쟁적 억제제는 종종 **혼합형(mixed)**으로 작용한다. 즉 억제제는 기질 결합에 영향을 미쳐 K_M 및 V_{max} 값을 변화시킨다.

무경쟁적 억제

무경쟁적 억제제(uncompetitive inhibitor)는 기질이 효소의 활성부위에 결합할 수 있게 한다는 점에서는 비경쟁적 억제제와 유사하다(그림 5.15d). 그렇지만 무경쟁적 억제제는 ES복합체에만 결합할 수 있다는 점에서 비경쟁적 억제제와는 다르다.

$$
\begin{array}{c}
\mathrm{E + S} \rightleftharpoons \mathrm{ES} \longrightarrow \mathrm{E + P} \\
+ \\
\mathrm{I} \\
\updownarrow \\
\mathrm{ESI} \longrightarrow \text{no reaction}
\end{array}
$$

이 억제제는 ES복합체하고만 결합하고 유리 효소와는 결합하지 않기 때문에 기질의 농도가 높을 때 다시 말하면 ES복합체의 농도가 높을 때만 효소 활성에 영향을 미친다.

실험실에서의 효소억제

실험실에서의 적절한 분석을 통하여 위에 언급한 세 가지 종류의 가역적 억제를 서로 구별할 수 있다. 효소 활성을 억제하는 실험은 효소와 억제제의 농도를 고정시키고 기질의 농도를 변화시키면서 수행한다(K_M이나 V_{max}를 결정하기 위해 고안된 실험과 유사하다). 라인웨버-버크 그래프에서 K_M 및 V_{max}를 분석하면 억제제가 경쟁적, 비경쟁적, 또는 무경쟁적인지를 알 수 있다. 각각의 억제 반응에 대한 일련의 라인웨버-버크 그래프를 그림 5.18에 나타냈다. 경쟁적 억제에서는 억제제가 존재해도 V_{max}가 바뀌지 않기 때문에 억제제의 유무에 상관없이 그래프는 $1/v_0$ 축에서 만난다(그림 5.18a). 비경쟁적 억제의 순수한 형태에서 반응 직선들은 1/[S] 축에서 공통 접점을 가진다(이 경우에는 그림 5.18b에서 같이 K_M이 변하지 않는다). 무경쟁적 억제에서는 V_{max}와 K_M이 서로 변하여 평행선을 형성한다(그림 5.18c). 표 5.5에 억제의 역학적 특성을 비교하여 나타내었다.

표 5.5
가역적 억제의 반응속도 특성

억제 종류	억제 효과[a]		
	K_M	V_{max}	K_M/V_{max}(기울기)
경쟁적	커진다	변함없다	증가한다
무경쟁적	작아진다	작아진다	변함없다
비경쟁적			
순수형	변함없다	작아진다	증가한다
혼합형	커진다	작아진다	증가한다

[a] 억제되지 않은 반응과의 비교.

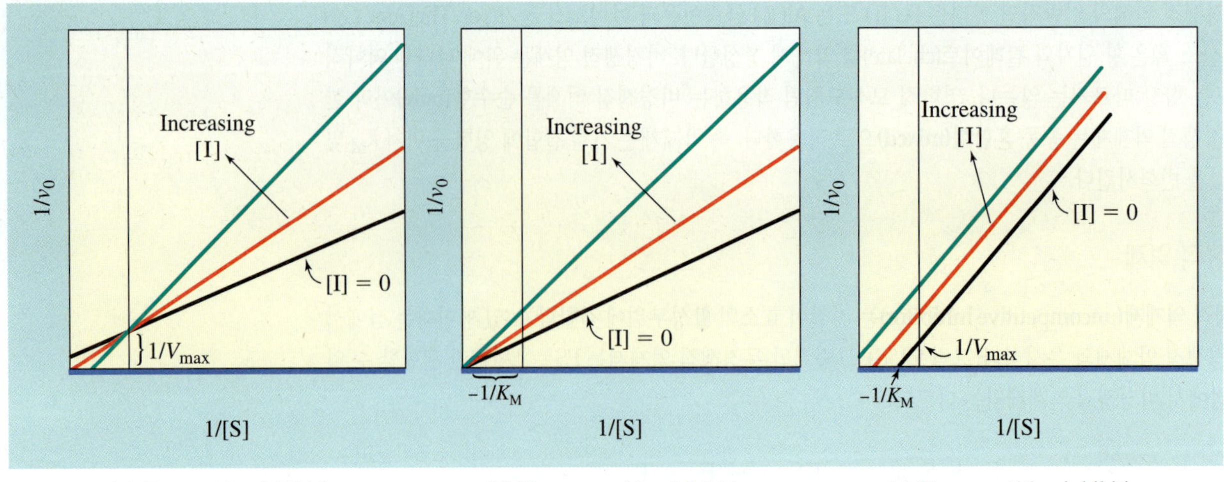

(a) Competitive inhibition (b) Noncompetitive inhibition (c) Uncompetitive inhibition

그림 5.18 효소의 가역적 억제 형태를 결정하기 위한 라인웨버-버크 그래프의 이용. 파란색과 녹색으로 표시한 직선은 사용한 억제제의 농도가 두 가지임을 나타낸다. (a) 경쟁적 억제: V_{max}의 값은 직선이 $1/v_0$ 축과 만나는 점이다. (b) 비경쟁적 억제: K_M 값은 직선이 1/[S] 축과 만나는 점이다. (c) 무경쟁적 억제: 직선들이 서로 평행하다. 각각의 직선에 대하여 V_{max} 및 K_M 값을 계산할 수 있다.

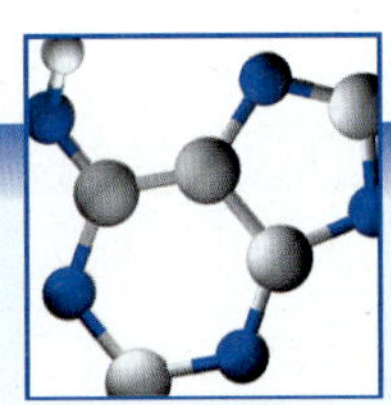

5 – 3

생화학 들여다보기

쿠르쿠민 – 효소억제를 통하여 암세포 성장을 억제하는 카레 성분

한국의 생화학자들은 음식의 맛을 돋우기 위해 수 세기 동안 사용한 양념이 효소억제제이며 암을 억제하는 화학물질을 포함하고 있음을 최근에 발견하였다. 카레의 주성분인 심황(turmeric)은 열대 지방에 서식하는 생강과에 속하는 울금(*Curcuma longa*) 뿌리에 존재한다. 심황은 울금 뿌리를 갈아서 분말로 만들어 사용한다. 수 세기 동안 동양에서는 심황을 음식과 의약으로 사용하였다. 심황의 주요 성분 중의 하나는 노란색을 띠는 **쿠르쿠민(curcumin)**이라는 화학물질이다(구조 참조).

과학자들은 1990년대 초반에 쿠르쿠민이 암 특히 종양의 성장을 억제할 수 있다는 것을 알았으나 2003년이 되어서야 그 작용 메커니즘을 알게 되었다. 세종대학교의 권호정 교수 연구진은 쿠르쿠민이 종양 세포의 성장과 혈관형성(angiogenesis)을 촉진하는 효소인 **아미노펩티드가수분해효소 N(aminopeptidase N, APN)**이 강력한 억제제임을 증명하였다. 종양 세포는 혈관을 만들고 자신에게 혈액을 공급하면서 성장하고 전이한다. 종양 세포는 APN 등을 이용하여 주변 세포의 표면 단백질을 분해하면서 타 조직으로 전이한다. APN은 중성 아미노산 잔기 옆의 펩티드결합을 가수분해하여 단백질을 분해한다.

APN은 세포막 단백질로서 혈관형성과 종양 전이에 중요한 역할을 하는 아연 의존성 단백질분해효소이다. 쿠르쿠민이 APN의 비가역적 억제제임은 밝혀졌으나 APN과 어떻게 결합하는지는 아직 밝혀지지 않았다. 쿠르쿠민은 금속이온과 착염을 형성하면서 억제제로 작용한다. 쿠르쿠민은 현재 결장암 치료제로 사용될 수 있는지 임상 실험중이다. 제약회사들은 쿠르쿠민과 유사한 구조를 가진 화학물질을 만들어 APN을 억제할 수 있는지 연구 중이다.

소량의 쿠르쿠민을 투여한 쥐는 알츠하이머병의 발병률이 낮으며 낭포성섬유증을 치료할 수 있다는 연구가 보고되었다.

Curcumin

복습 문제

1. 아래 열거한 각각의 억제제(경쟁적, 비경쟁적, 무경쟁적 억제제)를 공부하고 이들 억제제가 효소에 작용하는 방식을 예측하시오.
   a. 식물성장호르몬인 **옥신(auxin**, 그림 19.21)이 키모트립신(그림 3.17)을 억제한다.
   b. 통풍은 의약품 **알로퓨리놀(allopurinol**, 그림 19.30)로 치료한다. 이 약품은 크산틴산화효소(그림 19.29)를 억제한다.
   c. Al(Ⅲ)과 같은 3가 금속이온은 아세틸콜린에스테르가수분해효소(acetylcholinesterase, 표 5.2의 반응)라는 효소를 억제한다.
   d. **사퀴나비르(saquinavir**, 임상생화학 5 참조)는 HIV 단백질가수분해효소를 억제한다.

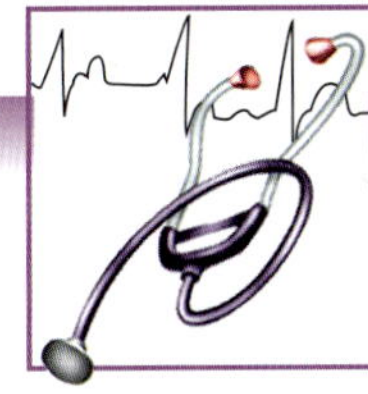

5 – 1

임상생화학

단백질가수분해효소 억제제 – 두 질병 이야기

알츠하이머병(Alzheimer's disease, AD)과 후천성면역결핍증(AIDS)은 서로 매우 다른 종류의 질병이다. 두뇌에 단백질인 아밀로이드(amyloid)의 반(plaque)이 축적되어 발생하는 뇌신경 질환인 알츠하이머병은 주로 노년기에 나타난다. 알츠하이머병은 유전적이라는 관련 증거가 있지만 이 병의 원인은 아직 밝혀지지 않았고, 바이러스 감염에 의한 것은 아니라고 생각된다. 면역 체계를 약화시키고 궁극적으로 파괴하는 AIDS는 사람면역결핍바이러스(human immunodeficiency virus, HIV)에 의해서 유발되는데 주로 젊은이들이 감염되고 있다. 이 두 질병 사이의 차이점은 아주 뚜렷하지만 치료를 위해서는 동일한 접근 방법이 쓰인다. 두 질병의 경우 모두 **단백질가수분해효소 억제제(protease inhibitor)**라는 약이 고안되고 합성되어, 임상 실험에 쓰이고 있다.

알츠하이머병의 연구자들은 최근에 **아밀로이드 전구체 단백질(amyloid precursor protein, APP)**이라고 하는 단백질에 최종적으로 작용하는 효소를 동정하였다. **γ-세크레타아제(γ-secretase)**라고 불리는 이 단백질가수분해효소는 알츠하이머 펩티드(Alzheimer peptide)인 아밀로이드 β-펩티드(amyloid β-peptide, Aβ)를 생성하며 이들이 서로 모여서 환자의 두뇌에 뚜렷한 반을 형성한다. A 펩티드는 두 가지 크기로 생성되는데, 하나는 40개, 다른 하나는 42개의 아미노산 잔기로 구성되어 있다.

$$\text{APP} \xrightarrow[\text{H}_2\text{O}]{\gamma\text{-secretase,}} \text{A}\beta\text{-40} + \text{A}\beta\text{-42}$$

정상인의 경우에는 두 가지 크기의 펩티드가 다 존재하지만 알츠하이머병 환자의 경우에는 섬유성 침전이 잘 생기는 Aβ-42가 많이 존재한다. 단백질가수분해효소인 γ-세크레타아제는 Aβ 펩티드를 만들기 때문에 신약 개발의 좋은 대상이다. 이 효소의 억제제는 Aβ 펩티드의 생성을 늦출 수 있을 것이고 그래서 알츠하이머병 환자를 치료하는 데 사용될 수도 있을 것이다. 머크 연구소(Merck Research Labs)에서 개발한 L-685,458(그림 참조)은 임상 실험에 처음으로 사용된 몇몇 약 가운데 하나인데 천이상태유사체(transition-state analog)의 원리를 이용하여 개발되었다. 이 방법은 다음과 같은 전제 하에서 작용한다. 효소의 활성부위는 기질과 결합하여 반응의 천이상태를 안정화시키기 때문에 반응 작용기가 없는 천이상태를 모방한 화합물은 활성부위에 결합하여 억제제로 작용한다. 실제로 머크에서 개발한 이 화합물은 γ-세크레타아제의 강력한 억제제로 밝혀졌다. 흥미로운 점은 이 약은 원래는 AIDS 치료를 위해 개발이 되었지만 실제 AIDS 치료에는 별 효과가 없는 것으로 밝혀졌다(아래 참조).

L-685,458

AIDS 치료에 단백질가수분해효소 억제제의 사용 가능성이 처음으로 인지된 것은 **HIV 단백질가수분해효소(HIV protease)**라는 중요한 바이러스 효소가 확인되고 그 특성이 연구되었을 때이다. 이 효소는 바이러스의 성장과 발달에 중요한 역할을 하는 것으로 알려져 있다. HIV 복제에 필요한 대부분의 단백질은 처음에는 개그폴 단백질(gag-pol protein)이라고 불리는 거대 단백질의 일부분으로 합성된다. 새로운 전염성의 바이러스가 형성되기 전에 HIV 단백질가수분해효소는 개그폴 단백질을 작은 폴리펩티드 조각으로 절단하여 새로운 바이러스 입자의 핵심 일부분을 형성한다. 단백질가수분해효소를 억제하는 화합물은 새로운 바이러스 입자가 형성되는 것을 차단할 수 있어야 한다. 동일한 단위체(subunit) 2개로 구성된 HIV 단백질가수분해효소는 몇몇 펩티

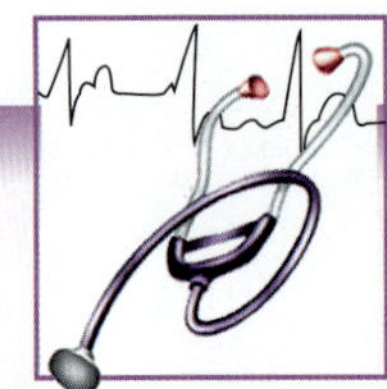

5-1 계속

임상생화학

단백질가수분해효소 억제제 – 두 질병 이야기

Bond to be cleaved

—Phe—Pro—

HIV protease substrate

Saquinavir

Crixivan

드결합, 특별히 아미노산 Phe과 Pro 또는 Tyr과 Pro 사이를 가수분해하여 절단한다(그림 참조). 지금 AIDS 환자들에게 "세 가지 복합 치료"라고 처방되는 성분 중에 두 가지의 HIV 단백질가수분해효소 억제제를 아래 그림에 표시하였다. 호프만-라로쉬(Hoffman-Laroche) 제약회사에서 개발된 **사퀴나비르(Saquinavir)**와 머크(Merck)사의 **크릭시반(Crixivan)**은 모두 천이상태유사체 원리를 이용하여 고안되었다. 자연적인 기질(—Phe—Pro—)과 단백질가수분해효소의 억제제 사이의 유사점과 차이점을 주목해 보라. 앞에서 언급된 머크 사의 신약 L-685,458은 HIV 단백질가수분해효소를 억제하지 못한다.

물론 앞에서 언급한 대로 두 질병에 대한 잠재적인 치료 방법이 유사한 접근 방법을 이용한다는 것은 연구하는 측면에서는 매우 유익하다. 그렇지만 같은 종류의 반응을 촉매하는 효소라도 같은 억제제에는 반응하지 않는다는 것을 강조할 필요가 있다. γ-세크레타아제와 HIV 단백질가수분해효소의 활성부위는 서로 비슷하지 않기 때문에 이 두 효소를 동시에 억제하는 화합물은 결코 발견되지 않을 것이다. 그러나 우리는 서로 보완되는 연구 결과들로부터 많은 것을 배울 수 있을 것이다. 단백질가수분해효소 억제제를 이용하여 질병을 치료하고자 하는 것은 비교적 새로운 시도이다. 앞으로 심장 질환이나 중풍, 독감, 감기, 류마티스성 관절염, 천식, 암 등을 비롯한 다른 질병들의 치료에도 단백질가수분해효소의 억제제들이 중요한 역할을 하게 될 것이다.

학습 문제

1. 디펩티드를 기질로 사용하여 단백질가수분해효소가 분해하는 반응을 쓰시오.
2. HIV 단백질가수분해효소의 기질의 구조를 이용하여 이 효소의 촉매반응에서 형성될 것으로 유추되는 천이상태 구조를 그리시오.
3. HIV 단백질가수분해효소의 활성부위에 존재할 것으로 유추되는 아미노산 잔기 두 개를 쓰시오.
4. AIDS 치료제인 사퀴나비르와 크릭시반이 HIV 단백질가수분해효소에 의해 분해되지 않는 이유를 1–2 가지 쓰시오. 이 약들은 모두 아미드결합을 지녔다.

참고 문헌

Brennan, M., 2000. Alzheimer enzyme no longer so secretive. *Chem. Eng. News July* 10:56–58.

Halim, N., 2000. Elusive γ-secretase identified. The *Scientist* July 26:6–7.

Price, D., 2001. β Secretase. *Trends Biochem. Sci.* 26:14.

Wilkinson, S., 2002. What's behind amyloid disease? *Chem, Eng. News* Aug 12:31–34.

요약

■ **효소(enzyme)**는 생물체에서 일어나는 수 천 가지의 화학 반응을 촉매하고 조절하는 생체분자이다. 대부분의 효소는 단백질이지만 몇몇 RNA들도 촉매활성을 나타낸다. 효소는 반응에 필요한 활성화 에너지의 장벽을 낮추는 촉매로 작용한다.

■ 어떤 효소들은 단백질 성분 말고도 유기분자이거나 금속이온인 **보조인자(cofactor)**라고 불리는 다른 화학 성분을 필요로 한다.

■ 효소 촉매반응에 대한 반응속도는 미카엘리스-멘텐방정식에 의해서 설명되는데 이 식은 미카엘리스 상수인 K_M과 최대반응속도 V_{max}를 규정한다.

■ 효소 촉매반응은 기질이 활성부위(active site)라는 효소의 특정 부위에 결합함으로써 시작된다. 비공유결합성 상호작용에 의해서 기질 결합이 유지된다. 효소는 제한된 수의 활성부위를 가지기 때문에 포화 반응속도를 나타낸다.

■ 효소 작용은 효소 분자와 결합할 수 있는 다른 화학 물질들에 의해서 억제될 수 있다. 가역적 억제는 경쟁적, 비경쟁적 억제(순수형과 혼합형), 무경쟁적 억제 등 세 종류로 분류된다.

연습 문제

용어 이해

5.1 아래의 용어들을 우리말로 번역하고 25 단어 이하로 정의하시오.

a. enzyme
b. activation energy
c. prosthetic group
d. apoenzyme
e. K_M
f. turnover number
g. active site
h. induced-fit model
i. irreversible inhibitor
j. competitive inhibitor
k. Lineweaver-Burk graph
l. substrate saturation
m. lock and key model
n. holoenzyme
o. oxidoreductase
p. initial velocity
q. Michaelis-Menten graph
r. V_{max}
s. acid-base catalysis
t. mixed inhibitor
u. uncompetitive inhibitor
v. reversible inhibition

개념 복습

5.2 생화학 실험 시간에 수행한 실험에서 아세틸콜린에스테르가수분해효소(acetylcholinesterase) 10 μM은 1분 동안 아세틸콜린 0.5 M을 촉매작용으로 분해하였다. 이 효소의 초당 대사회전수(turnover num-ber)를 계산하시오.

5.3 위의 문제에서 아세틸콜린에스테르가수분해효소에 관한 실험을 하면서 아세틸콜린과 부티릴콜린(butyrylcholine) 기질 각각에 대한 이 효소의 K_M 값을 측정하였다. 어떤 기질이 이 효소에 대해서 친화력이 더 큰가? 각 기질의 구조를 공부하고 K_M값이 다른 이유를 제안하여 보시오.

힌트: $k_2 >> k_3$

$$CH_3\overset{\overset{\displaystyle O}{\|}}{C}-O-CH_2CH_2\overset{+}{N}(CH_3)_3$$

아세틸콜린
($K_M = 1 \times 10^{-6} M$)

$$CH_3CH_2CH_2\overset{\overset{\displaystyle O}{\|}}{C}-O-CH_2CH_2\overset{+}{N}(CH_3)_3$$

부티릴콜린
($K_M = 2 \times 10^{-4} M$)

5.4 그림 5.8의 점선은 효소 활성부위에서 기질과 아미노산 사이의 비공유결합성 상호작용을 나타낸 것이다.

a. 각각의 비공유결합성 상호작용이 어떤 형태의 것인지 수소결합, 이온결합, 소수성 상호작용 중에서 고르시오.
b. 효소의 활성부위를 구성할 수 있는 아미노산들을 제시하시오.

5.5 세 가지 종류의 가역적 억제제 작용 상의 차이점들을 설명하시오. 먼저 각각의 가역적 억제제가 효소의 어느 부위에 결합하는지를 설명하시오. 원래 기질과 각 억제제의 화학적 구조를 비교하고 또 억제제가 V_{max}와 K_M에 대하여 미치는 영향을 설명하시오.

5.6 아래의 효소들에 의해서 일어나는 촉매반응을 서술하거나 구조식을 이용하여 기술하시오.

a. 카탈라아제
b. 섬유소분해효소
c. 트립신
d. 아세틸콜린에스테르가수분해효소
e. 아밀라아제

5.7 아래의 보기 가운데 효소의 반응속도에 영향을 미치는 것은? 그리고 보기에 있는 변화들은 반응속도를 어떻게 변화시키는가? (빠르게, 느리게, 또는 아무 영향을 미치지 않음 중에서 선택.)

a. 기질 농도의 증가
b. 25℃에서 37℃로 온도 상승
c. 경쟁적 억제제 첨가
d. 1기압에서 1.5기압으로 압력 상승
e. pH 7에서 pH 1로의 변화
f. 37℃에서 150℃로 온도 상승
g. 효소 농도의 증가

5.8 아래 보기들 중에서 효소의 일반적 특성에 해당하지 않는 것은?

a. 모든 효소는 단백질이다.
b. 효소들은 활성화에너지를 낮춤으로써 반응속도를 증가시킨다.
c. ES복합체는 수소결합이나, 이온결합 또는 소수성 상호작용과 같은 비공유결합성 상호작용에 의해서 유지된다.
d. 효소들은 일반적으로 기질 특이성을 가진다.
e. 효소들의 촉매활성은 조절될 수 있다.
f. 모든 효소는 알로스테릭(allosteric) 특징을 가진다.
g. ES복합체는 —S—S—이황화결합에 의해서 유지되기도 한다.

5.9 우유나 핏자국 같은 생체물질에 의한 얼룩을 용해시키기 위하여 무슨 종류의 효소들을 세탁제에 첨가하는지 기술하시오.

5.10 효소들은 종종 전자가 풍부한 친핵성 작용기를 이용하여 반응을 진행시킨다. 예를 들면, 공유결합성 촉매작용에서 친핵성 아미노산의 곁사슬은 기질에 대한 반응을 시작한다. 어떤 아미노산의 곁사슬이 친핵성인가?

5.11 아래에 주어진 각각의 생화학 반응을 보고 각 반응을 촉매할 수 있는 효소의 이름을 말해보시오. 아래 주어진 효소들의 목록을 보고 각 반응에 맞는 효소를 연결하시오.

효소 반응

a. $CH_3CH_2OCCH_3$ (C=O) $+ H_2O \rightleftharpoons CH_3CH_2OH + CH_3COOH$

b. Ala-Ser + $H_2O \rightleftharpoons$ Ala + Ser

c. 셀룰로오스 + $H_2O \rightleftharpoons$ 글루코오스

d. 페닐알라닌 + $H_2O \rightleftharpoons$ 티로신

e. 녹말 + $H_2O \rightleftharpoons$ 글루코오스

f. CH3CH2OH + $NAD^+ \rightleftharpoons CH_3CHO + NADH + H^+$

g. 페닐알라닌 ⟶ 2-펜에틸아민(2-phenethylamine) + CO_2

효소 이름

1. 아밀라아제
2. 에스테르가수분해효소
3. 알코올탈수소효소(dehydrogenase)
4. 펩티드가수분해효소
5. 핵산가수분해효소
6. 섬유소분해효소
7. 페닐알라닌히드록실화효소(hydroxylase)
8. 페닐알라닌탈카르복실화효소(decarboxylase)

5.12 미카엘리스-멘텐방정식으로부터 라인웨버-버크방정식을 유도하시오.

힌트: *미카엘리스-멘텐방정식의 역수를 취하여 $1/v_0$에 대해서 전개하시오.*

5.13 문제 5.20의 연결효소(linkase)를 연구한 결과 이 효소의 활성부위에는 양전하를 띤 아미노산 잔기 한 개가 존재한다. 이 연결효소는 pH 7.0에서 가장 활발하게 작용한다. 무슨 아미노산의 곁사슬이 필요한 양전하를 제공하는가?

활용 문제

5.14 아래 자료는 산딸기의 나뭇잎에서 추출한 어떤 효소의 반응속도를 분석한 것이다 이 효소는 메틸벤조산(methyl benzoate)과 같은 에스테르의 가수분해를 촉매한다. 미카엘리스-멘텐 그래프와 라인웨버-버크 그래프를 이용하여 K_M과 V_{max}를 구하시오. 이때 각 상수의 단위를 정확히 나타내시오. 두 그래프를 이용하여 얻은 결과를 서로 비교하시오. 이 자료는 기질이 없어지는 속도를 측정한 것이다.

[메틸벤조산] (μM)	v_0 (μM/min)
3.7	10
13.0	30
39.0	63
79.0	87
230	116
400	122

5.15 아세토페논(acetophenone)은 문제 5.14의 에스테르가수분해효소 억제제로 사용되었다. 문제 5.14의 실험 자료와 아래 주어진 실험 자료를 이용하여 아세토페논의 효과를 평가하시오. 아세토페논은 경쟁적, 비경쟁적, 혹은 무경쟁적 억제제 중 어떤 억제제로 작용하는가? 라인웨버-버크 그래프를 이용하여 자료를 분석하시오. 억제제의 농도를 달리하여 얻은 반응속도의 값은 다음과 같다.

[아세토페논] $= 3.7 \times 10^{-4} M$		[아세토페논] $= 1.58 \times 10^{-3} M$
v_0 (nM/min)	[S] (μM)	v_0 (nM/min)
5	3.7	—
20	13.0	—
45	39.0	20
70	79.0	40
102	230	80
122	400	110

5.16 파파야 나무로부터 추출한 단백질가수분해효소(protease)인 파파인(papain)은 효소 활성부위에 시스테인 아미노산 잔기를 필수적으로 가지고 있다. 요오드아세트아미드(iodoacetamide) 화합물은 이 효소의 비가역적 억제제로 작용한다는 것이 밝혀졌다. 아래의 화학반응을 완성하고 이 억제제가 파파인에 어떻게 작용하는지 기술하시오.

$$E-CH_2-SH + ICH_2\overset{\overset{\displaystyle O}{\|}}{C}NH_2 \rightarrow$$

5.17 에틸알코올은 가끔 병원 응급실에서 자동차 부동액을 잘못해서 마신 환자를 치료하는 데 쓰인다. 부동액의 주요 화학성분은 메틸알코올이다. 메틸알코올 자체는 특별히 유독하지 않으나 탈수소효소(dehydrogenase)에 의하여 매우 독성이 강한 물질인 포름알데히드(formaldehyde)와 포름산(formic acid)으로 전환된다. 에틸알코올을 이용한 이 의학적 치료 방법의 생화학적 원리를 설명하시오.

5.18 그림 5.6을 보고 트립신과 펩신이 가장 활발하게 작용할 수 있는 pH를 예측하시오. 이 두 효소 가운데 어떤 효소가 위액에 존재하는지 추측할 수 있는가?

5.19 화학자들은 화학 반응을 빨리 일으키고자 할 때 주로 가열한다. 생물체들은 대사 반응을 촉진시키려고 할 때 어느 정도까지 열을 이용할 수 있는가?

5.20 연결효소(linkase)라고 불리는 효소는 아래의 반응을 촉매한다.

$$A + B \rightleftharpoons A-B$$

이 효소의 반응속도를 측정하려면 무슨 실험 방법을 사용하여야 하는가?

5.21 아래에 있는 미카엘리스-멘텐 그래프를 보고 다음 각 작용에 해당하는 그래프를 고르시오.

a. 억제제가 없을 때
b. 경쟁적 억제제
c. 비경쟁적 억제제

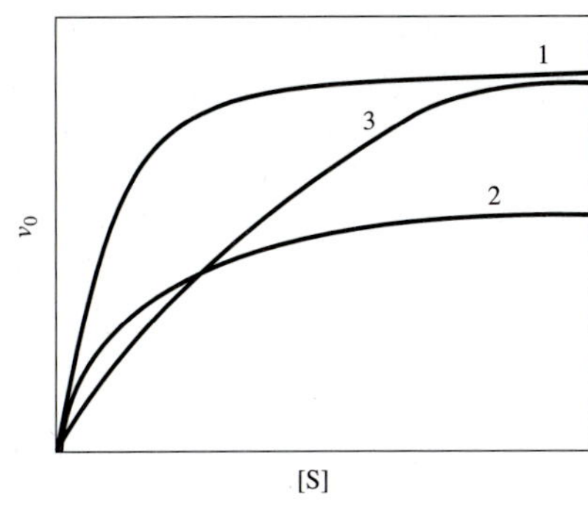

5.22 천이상태유사체(transition-state analog)에 관한 다음의 설명 중 옳지 않은 것은?

a. 효소에 대한 강한 억제제이다.
b. 효소 활성부위에 기질보다 더 잘 결합한다.
c. 매우 안정적인 물질이며 예상되는 천이상태와 유사한 구조를 가지고 있다.
d. 효소의 비경쟁적 억제제로 작용할 수 있을 것이다.

5.23 다음과 같은 반응속도상수 값을 지닌 효소가 있다고 가정하자.

V_{max} = 1 밀리그램의 효소에 의해 1 분간 50 μM의 기질이 변환
$K_M = 0.001\ M$

(a) 1/2 V_{max}, **(b)** 1/3 V_{max}의 반응속도를 만드는 기질의 농도를 구하시오.

5.24 펩티드가수분해효소(peptidase)인 펩신과 파파인을 이용하여 육류를 부드럽게 만든다. 이들 효소의 생화학적 원리를 기술하시오.

5.25 환경보호단체는 납이 함유된 물질을 섭취하지 말라고 경고한다. 마시는 물이나 오래된 페인트의 칠에도 납이 포함되어 있을 수 있다. 납이 일으킬 수 있는 치명적이고 특이한 생화학적 반응은 무엇인가?

5.26 아래의 구조식은 감미료인 아스파르탐(aspartame)을 나타낸 것이다. 이 물질의 대사 과정에 관여된 여러 가지 반응을 예측하고 이런 반응들을 촉매할 수 있는 효소들의 일반명을 제시하시오.

$$H_3\overset{+}{N}-\underset{\underset{\underset{COO^-}{|}}{CH_2}}{\underset{|}{CH}}-\overset{O}{\overset{\|}{C}}-NH-\underset{\underset{\underset{C_6H_5}{|}}{CH_2}}{\underset{|}{CH}}-\overset{O}{\overset{\|}{C}}OCH_3$$

5.27 에스테르가수분해효소가 촉매하는 아래의 반응을 살펴보시오.

$$CH_3CH_2O\overset{O}{\overset{\|}{C}}CH_3 + H_2O \xrightleftharpoons{\text{esterase}}$$

a. 생성물의 구조식을 나타내어 반응식을 완결하시오.
b. 이 효소의 경쟁적 억제제로 작용할 수 있는 화합물 두 가지의 구조식을 나타내시오. 그리고 이러한 구조식을 그릴 때 이용한 원리는 무엇인지 설명하시오.
c. 이 효소의 비가역적 억제제로 작용할 수 있는 화합물의 구조를 나타내시오. 이 효소의 활성부위에는 아미노산 세린이 필수적으로 존재한다고 가정하자.

5.28 유기 생성물의 구조식을 나타내어 아래의 반응들을 완결하시오. 반응이 없는 경우는 없음으로 표시하시오.

a. $C_6H_5\overset{O}{\overset{\|}{C}}OCH_3 + H_2O \xrightleftharpoons{\text{esterase}}$

b. $C_6H_5\overset{O}{\overset{\|}{C}}CH_3 + H_2O \xrightleftharpoons{\text{esterase}}$

c. $CH_3CH_2\overset{O}{\overset{\|}{C}}-N(CH_3)_2 + H_2O \xrightarrow{\text{peptidase}}$

d. $H_3\overset{+}{N}-\underset{\underset{CH_3}{|}}{CH}COO^- \xrightleftharpoons{\text{decarboxylase}}$

e. Phe-Gly + $H_2O \xrightleftharpoons{\text{peptidase}}$

5.29 효소억제반응에 대한 반응의 속도상수 값이 아래와 같다. 다음 각 경우에 대한 상수 값이 같은지 다른지 결정하시오. 첫째 보기는 예로서 풀이되었다.

a. 경쟁적 억제제가 있을 때와 없을 때의 K_M의 값

답: K_M 값은 서로 다르다.

b. 비경쟁적 억제제가 있을 때와 없을 때의 K_M의 값
c. 무경쟁적 억제제가 있을 때와 없을 때의 K_M의 값

5.30 문제 5.29에서 K_M을 V_{max}로 바꾸고 a, b, c 문항에 대하여 답하시오.

5.31 동물에서 콜레스테롤이 합성되는 아래의 반응 과정을 살펴보자.

아세틸-CoA(acetyl CoA) → HMG-CoA →
메발론산(mevalonate) → 스쿠알렌(squalene) →
콜레스테롤(cholesterol)

로바스타틴(lovastatin)이라는 약은 고콜레스테롤혈증(hypercholesterolemia)이나 죽상동맥경화증(atherosclerosis)으로 진단된 사람들에게 종종 처방된다. 로바스타틴은 HMG-CoA → 메발론산 반응을 촉매하는 HMG-CoA환원효소의 경쟁적 억제제다. 이 약의 생화학적 효과에 대하여 기술하고 또 이 약이 어떤 이유로 환자에게 도움이 되는지 설명하시오.

5.32 생화학 실험 시간에 효소 반응속도에 대한 실험을 하여 다음과 같은 결과를 얻었다.

[S] (μM)	v_0 (μM/min)
50	10
100	19
150	31
200	38
300	55
400	62
800	68
1000	70

그래프를 이용하지 않고 이 효소의 기질에 대한 K_M 값을 예상하시오.
힌트: *K_M의 정의가 무엇인지를 이용하시오.*

5.33 천이상태유사체의 원리를 응용하여 키모트립신의 억제제를 고안하시오. 그림 3.15와 그림 5.17에 주어진 정보를 활용하시오.

5.34 효소에 의한 촉매반응이 기질의 농도가 높을 때 일어나면 반응속도는 기질 농도에 영향을 받지 않으며 거의 증가하지 않는다. 만약 반응에 기질을 더 첨가한다 하더라도 반응속도는 증가하지 않는다. 그 이유로 타당한 것은?

a. 기질이 억제제처럼 작용한다.
b. 효소의 모든 활성부위에 기질이 결합되었다.
c. 역반응이 중요하게 작용하였다.
d. 효소가 변성되었다.

5.35 미카엘리스 상수 K_M에 대한 단위가 올바른 것은?

a. 시간, 초 혹은 분
b. 몰/초
c. 몰/리터
d. 몰/리터-초

5.36 [S] = K_M 일 때 효소 반응속도 값이 15 μmol/min이다. V_{max}은 얼마인가?

a. 30 μM/min
b. 7.5 μM/min
c. 4.5 μM/min
d. 15 μM/min

5.37 다음 중에서 효소 작용을 올바르게 기술한 것은?

a. 효소는 천이상태보다 기질과 더 강하게 결합한다.
b. 효소는 천이상태보다 생성물과 더 강하게 결합한다.
c. 효소는 ES복합체보다 천이상태를 더 안정화시킨다.
d. 반응물과 생성물에 대한 효소의 결합력은 동일하다.

생화학 작문

5.38 최근에 나온 과학 학술지에서 효소에 관한 논문 하나를 찾아보시오. 찾은 논문에 대하여 이 장에서 다룬 개념을 강조하면서 200 단어 내외로 요약하시오.

5.39 효소는 이제 일상생활에 보편화되어 있어 신문에서도 효소에 대한 기사를 쉽게 찾아볼 수 있다. 일간지 또는 시사 잡지(Time 혹은 Newsweek)에서 효소에 관한 기사를 하나 찾아보시오. 이 장에서 배운 생화학적 개념 위주로 그 기사를 100 단어 내외로 짧게 요약하시오.

5.40 이 책과 원서의 CD/ROM 부록에서 다룬 효소 촉매에 대한 내용에서 이전에 일반화학이나 유기화학 시간에 처음으로 배운 기본적인 용어를 몇 번 사용하였을 것이다. 다음 용어들에 대해서 자기 생각대로 간략하게 설명하고 효소 촉매에 적용하시오: 깁스 자유에너지(Gibbs free energy), 반응 배위(reaction coordinates), 활성화에너지, 천이상태, 반응 진행(progress of the reaction), 촉매

5.41 유도적합(induced-fit)이란 개념은 효소와 기질의 상호작용을 설명하는 데 아주 중요하다. 유도적합 용어를 정의하고 기질 결합에 대하여 왜 이 모델이 이전의 개념인 자물쇠와 열쇠 모델보다 나은지 설명하시오.

참고문헌

Aledo, J., Lobo, C., and Esteban del Valle, A., 2003. Energy diagrams for enzyme-catalyzed reactions. *Biochem. Mol. Biol. Educ.* 31(4):234–236.

Amorim, G. et al., 1999. A CAI system for simulation of enzyme kinetics. *Biochem. Educ.* 27(4):223–224.

Bauhs, D., 1999. The enzyme's party. *Biochem. Educ. 27(3):* 135–136.

Borman, S., 2004. Much ado about enzyme mechanisms. *Chem. Eng. News* Feb. 23:35–39.

Borman, S., 2003. Green chemistry: Enzyme zaps peroxide. *Chem. Eng. News* May 26:8.

Boyer, R., 2000. Kinetic properties of enzymes. *Modern Experimental Biochemistry*, 3rd ed., pp. 279–301. San Francisco: Benjamin/Cummings.

Collins, F., 1992. Cystic fibrosis: Molecular biology and therapeutic implications. *Science* 256:774–779.

Dagani, R., 2003. Straightening out enzyme kinetics. *Chem. Eng. News* June 14:26.

Dalton, L., 2003. How curry combats cancer. *Chem. Eng. News* Sept. 1:8.

Daniel, R., Danson, M., and Eisenthal, R., 2001. The temperature optima of enzymes: a new perspective on an old phenomenon. *Trends Biochem. Sci.* 26:223–225.

Frey, P., 2002. Surprises and revelations in biochemistry: 1950–2000. *Biochem. Mol. Biol. Educ.* 30:152–162.

Garcia-Carreno, F., and Del Toro, M., 1997. Classification of proteases without tears. *Biochem. Educ.* 25(3):161–167.

Gonzalez-Cruz, J. et al., 2003. On the convenience of using a computer simulation to teach enzyme kinetics to undergraduate students. *Biochem. Mol. Biol. Educ.* 31(2):93–101.

Kwon, H. et al., 2003. Irreversible inhibition of CD13/aminopeptidase N by the antiangiogenic agent curcumin. *Chem. Biol.* 10:695–704.

Kornberg, A., 2003. Ten commandments of enzymology, amended. *Trends Biochem. Sci.* 28:515–517.

Marangoni, A., 2002. *Enzyme Kinetics: A Modern Approach.* New York: John Wiley & Sons.

Mesecar, A. and Koshland, D., 2000. A new model for protein stereospecificity. *Nature* 403:614–615.

Ranaldi, F., Vanni, P., and Giachetti, E., 1999. What students must know about the determination of enzyme kinetic parameters. *Biochem. Educ.* 27(2):87–91.

Schomburg, I. et al., 2002. BRENDA: a resource for enzyme data and metabolic information. *Trends Biochem. Sci.* 27:54–56.

Thompson, S. et al., 2003. Purification and characterization of a novel thermo-alkalistable catalase from *Thermus brockianus. Biotechnol. Prog.* 19:1292–1299.

Whiteley, C., 1997. Enzyme kinetics. *Biochem. Educ.* 25(3):144–146.

Whiteley, C., 1999. Enzyme kinetics—inhibition. *Biochem. Educ.* 27(1):15–18.

Whiteley, C., 2000. Enzyme kinetics—inhibition. *Biochem. Educ.* 28(3):144–147.

http://www.brenda.uni-koeln.de/
The Brenda enzyme information system. This database contains kinetic data and links to X-ray structural information for about 2000 enzymes and the tertiary structures for over 11,000 enzymes.

CHAPTER

6

2001년 10월 미국 식품의약국(Food and Drug Administration)에서는 콜린(choline)을 필수영양소 성분으로 정식 채택하였다(생화학 들여다보기 6-1). 이 때문에 콜린은 비타민으로 최근에 추가되었다. 음식에 포함된 콜린이 뇌 발육의 촉진, 기억력 향상, 간 기능 개선, 건강한 심장, 생식 기능 개선과 같은 긍정적인 효과를 준다는 임상 실험 결과가 발표되었다. 최근의 연구 결과는 콜린이 알츠하이머병의 진행을 늦춘다는 것을 보여 주었다. 콜린은 우유, 간, 달걀, 콩, 양배추, 귀리, 꽃양배추, 땅콩 등 여러 가지 음식에 존재한다. 영양보조제로 이용되는 콜린 상품으로는 레시틴(lecithin)과 포스파티딜콜린(phosphatidylcholine)이 있다. 콜린의 1일 영양권장량(recommended dietary allowance, RDA)이 아직 결정되지 않았기 때문에 식단에 콜린을 포함하기 위해서는 주치의의 상담을 받는 것이 가장 좋다. 과잉의 콜린 섭취는 저혈압, 간 손상, 발한, 설사, 과도한 아민 대사를 야기한다.

효소 II: 조효소, 조절작용, 항체효소 및 리보자임

5장에서는 효소 작용(enzyme action)의 몇 가지 기본 원리, 즉 활성부위, 미카엘리스-멘텐 반응속도론(Michaelis–Menten kinetics), 반응의 메커니즘, 억제 등을 소개하였다. 기질과 억제제, 그리고 몇몇 물리적 변화(pH, 온도)의 영향을 제외하면, 효소는 화학적, 물리적 주변 환경과는 거의 상관없이 작용하는 것으로 추정된다. 실제로 효소의 촉매활성은 세포 상태에 따라 정확하게 조절되어 수천 개의 대사 반응이 적절하게 동조된다는 것을 6장에서 알게 될 것이다. 효소의 여러 가지 조절 방법으로는 알로스테릭 상호작용(allosteric interaction), 공유결합적 변형(covalent modification), 동위효소(isoenzyme), 단백질분해에 의한 활성화 등이 있다. 이외에도 몇 가지 효소는 조효소와 필수 금속이온의 존재에 의해 반응성이 조절된다. 이와 같은 생체분자와 조절 과정이 맡은 복잡한 역할에 대해서도 6장에서 논의한다.

생물학적 촉매작용의 최근 발전으로는 맞춤 단백질 효소와 **항체효소(abzyme**, 촉매항체)의 설계, 비단백질성 촉매인 리보자임(ribozyme, 촉매RNA)의 발견을 들 수 있다. 이와 같은 비전통적인 생물학적 촉매의 계속된 발전은 의약 산업, 화학 산업, 생물공학, 농업 등에 활용할 수 있는 반응성의 범위를 늘릴 것이다.

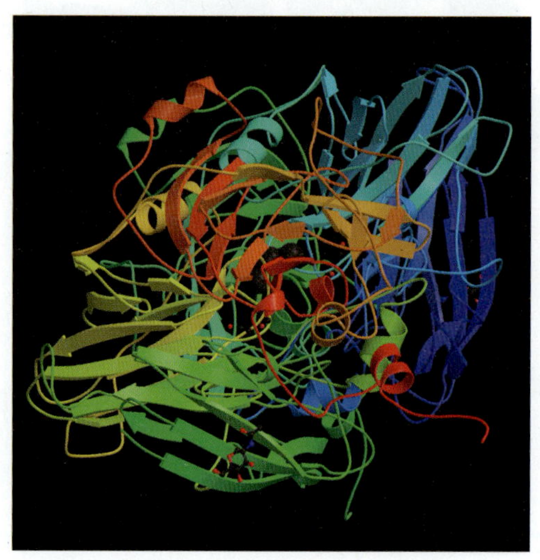

서양호박(zucchini)에서 분리한 아스코르브산 산화효소(ascorbate oxidase)의 3차 구조. 이 효소는 아스코르브산(비타민C)을 탈수소아스코르브산(dehydro)으로 전환하는 산화반응을 촉진한다.

6.1 효소의 협력자 조효소

학습 목표

효소 활성에서 조효소의 역할 및 조효소와 비타민 사이의 관계를 설명한다.

조효소

단백질 분자로서 효소는 3장과 4장에서 논의한 것처럼 복잡한 1차, 2차, 3차 그리고 경우에 따라 4차구조를 갖는다. 뿐만 아니라 활성부위(active site)에 반응성이 좋은 다양한 아미노산 곁사슬이 존재하여 많은 종류의 촉매반응을 제공한다. 그러나 몇몇 효소의 경우에 단백질 성분만으로는 완전한 반응성을 나타내지 못한다. 이와 같은 단백질은 효소로서의 기능을 완성하기 위해 다른 종류의 분자의 도움을 받는다. 대개 단백질 보다 작은 분자로서 유기물, 유기금속 또는 금속이온이 보조 성분 역할을 한다. 5장에서 배운 것처럼 효소를 보조하는 유기분자(organic molecule) 또는 유기금속 분자(organometallic molecule)를 정의하기 위해 **조효소(coenzyme)**라는 용어를 사용한다. 반응에 참여하는 동안 조효소는 효소에 매우 강하게 또는 약하게 결합할 수 있다. **보결분자단(prosthetic group)**이라는 용어는 효소에 공유결합으로 또는 공유결합은 아니지만 강하게 결합하여 있기 때문에 항상 효소와 함께 존재하는 조효소를 나타내기 위해 사용한다. 다른 조효소는 반응 중에 일시적으로 효소와 결합한다. 이와 같은 조효소는 반응물과 마찬가지로 약한 비공유결합성 상호작용으로 활성부위에 결합한다.

몇 가지 가장 중요한 조효소와 보결분자단을 표 6.1에 실었다. 각각의 조효소는 적합한 효소와 함께 특별한 기능을 수행한다. 예를 들어 탈수소효소(dehydrogenase)에 결합한 니코틴아미드아데닌디뉴클레오티드(nicotinamide adenine dinucleotide, NAD^+)는 특별한 종류의 산화환원반응을 촉진한다. 실제로 산화환원반응에 관여하는 대부분의 효소는 전자전달을 보조하기 위해 유기 또는 유기금속의 조효소나 금속이온이 필요하다. 표 6.1에는 각 조효소의 특이한 기능이 설명되어 있다. 조효소의 작용을 설명하는 다른 예에 대해서도 표 6.1에 실었다.

비타민

세포에 있는 조효소의 기원에 대한 여러 해 동안의 연구로 조효소의 대부분이 구조적으로 **비타민(vitamin)**과 관련 있다는 것을 알게 되었다. 비교적 작은 유기분자인 비타민은 음식에 소량 포함되어 있으며 적당한 성장과 발달을 위해 필수적이다. 인간과 많은 동물이 비타민을 합성하는 능력을 잃었기 때문에 비타민이 포함된 음식의 섭취는 필수적이다. 고등동물은 음식에 비타민이 있어야 표 6.1에 나오는 조효소를 합성할 수 있다. 조효소의 각 구성 성분은 비타민에 의해 제공된다. 예를 들어 비타민인 니아신(niacin)은 NAD^+ 합성에 필요한 구성 성분이다 (표 6.1).

비타민은 크게 수용성 비타민(water-soluble vitamin)과 지용성 비타민(fat-soluble vitamin)의 두 종류로 나눌 수 있다. 비타민의 구조, 관련된 조효소, 결핍증을 표 6.1에 정리하였다. 음식의 비타민 결핍은 특별한 질병을 일으킨다. 조효소 부족과 질병의 임상적인 관련성에 대해서는 아직 많은 부분을 이해하지 못하고 있다. 대부분 비타민은 인간의 음식에 소량(대개 하루에 수 마이크로그램 또는 수 밀리그램 정도 필요)만이 필요한 것 같지만 비타민C와 니아신 같은 비타민은 질병을 예방하기 위해서 대량 투여가 권유되기도 한다. 수용성 비타민의 과량 섭취는 대개 해롭지 않지만 대부분이 "값비싼" 오줌으로 방출되므로 낭비일 수 있다. 하지만 비타민A와 비타민D와 같은 지용성은 지방조직이나 막에 누적되므로 부작용을 일으킬 수 있다. 조효소 특히 수용성 비타민에서 합성되는 조효소의 생물학적 기능은 알고 있다. 하지만 지용성 비타민의 분자 수준의 작용은 아직 잘 모른다. 이들이 조효소의 전구체로 이용되는지도 확실하지 않다. 몇 가지 지용성 비타민은 세포 내에 들어오면 활성 형태로 바뀐다. 예를 들어 비타민A(알코올 성분인 레티놀)는 시각 단백질에서 발견된 색채 조효소인 알데히드 화합물 레티날로 전환된다. 가장 최근에 발견된 비타민은 콜린이다(생화학 들여다보기 6-1 참조).

영양소로서의 금속

조효소인 금속이온의 다양한 역할에 대하여 5장 5.3절에서 논의하였다. 마그네슘, 망간, 철, 코발트, 구리, 니켈, 몰리브덴, 아연 이온은 효소 촉매활성에 필수적이다(표 6.2). 유기 보조인자(organic cofactor)와 마찬가지로 금속이온은 소량만이 필요하기 때문에 필수 미량원소(trace elements) 또는 필수 **미량영양소(micronutrient)**로 간주한다.

표 6.1
비타민과 조효소의 특징

Name/Structure of Vitamin	Related Coenzyme	Reaction type (page numbers[a])	Deficiency Disease
Water-Soluble Vitamins			
Niacin 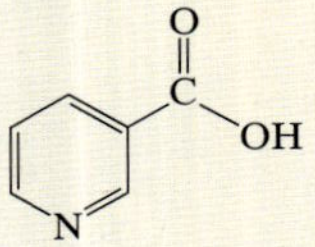	NAD^+, $NADP^+$	Oxidation-reduction (pp. 485-494, 505-508, 515-524)	Pellagra
Riboflavin (vitamin B_2) 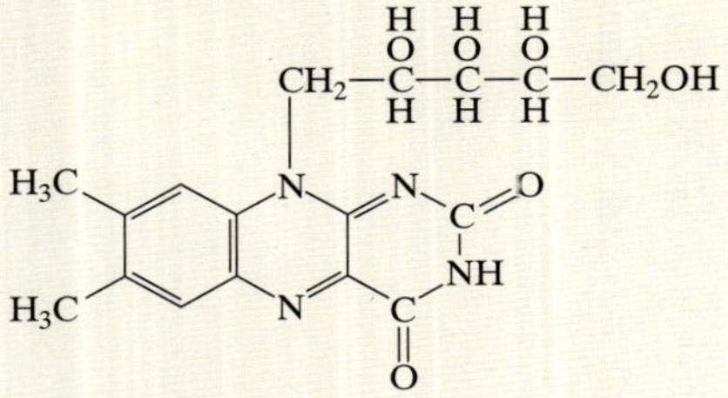	FAD, FMN	Oxidation-reduction (pp. 485-494, 515-524)	Growth retardation
Thiamine (vitamin B_1) 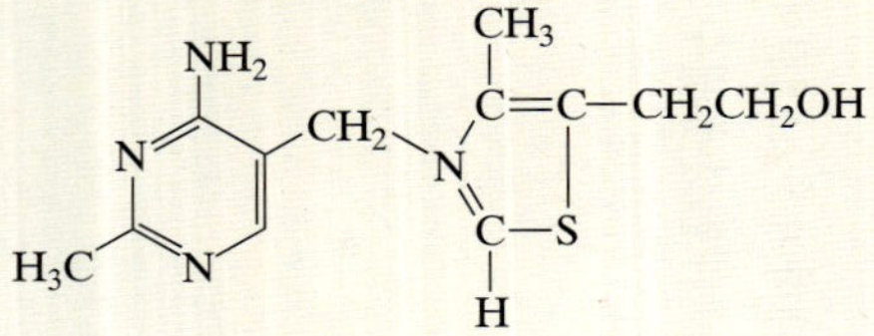	Thiamine pyrophosphate	Decarboxylation (pp. 61, 463, 487-494)	Beriberi
Pantothenic acid (vitamin B_3) 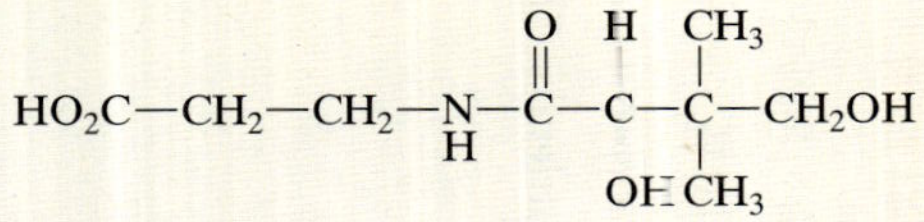	Coenzyme A	Acyl group activation and transfer (pp. 440-441, 485-494, 563-571)	Dermatitis (chickens)

Biotin 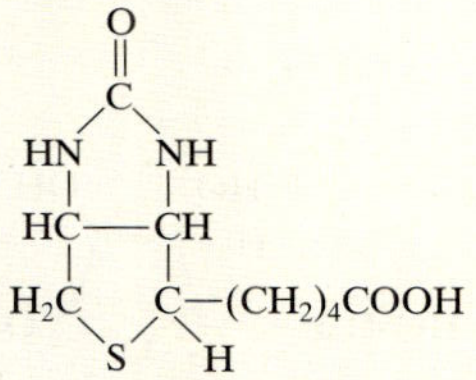	Biotinylated enzymes	CO_2 activation and transfer (pp. 465-466)	Dermatitis (humans)
Pyridoxine (vitamin B_6) 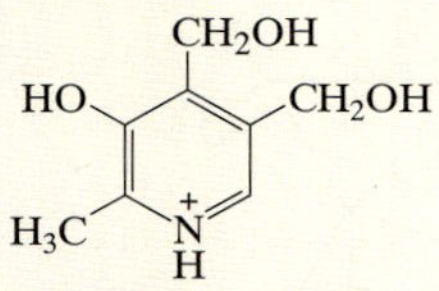	Pyridoxal phosphate	Amino group transfer (pp. 605-606)	Dermatitis (rats): neurological symptoms
Folic acid 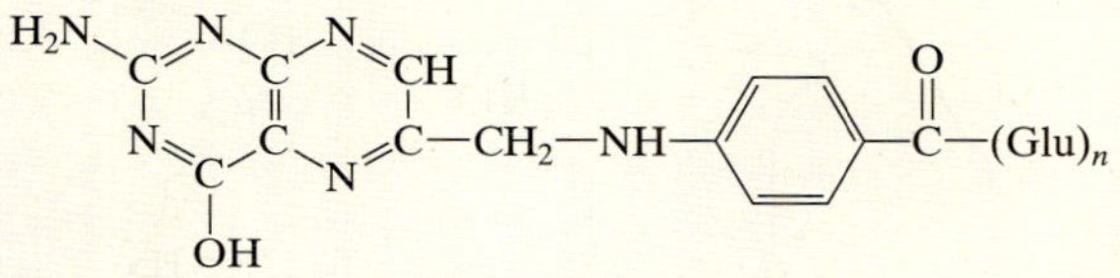	Tetrahydrofolate	Transfer of one carbon unit (pp. 600-601)	Anemias
Lipoic acid (may not be a vitamin) 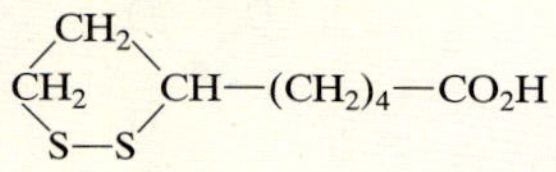	Attached to ε-NH_2 group of Lys in protein	Acyl group activation and transfer (pp. 485-493)	Growth deficiencies
Choline 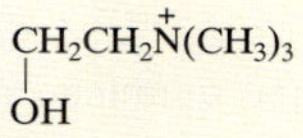	?	(pp. 163, 171, 242-243)	Impaired brain development

(계 속)

표 6.1 (계 속)
비타민과 조효소의 특징

Name/Structure of Vitamin	Related Coenzyme	Reaction type (page numbers[a])	Deficiency Disease
Water-Soluble Vitamins (계 속)			
Cobalamin (vitamin B_{12}) 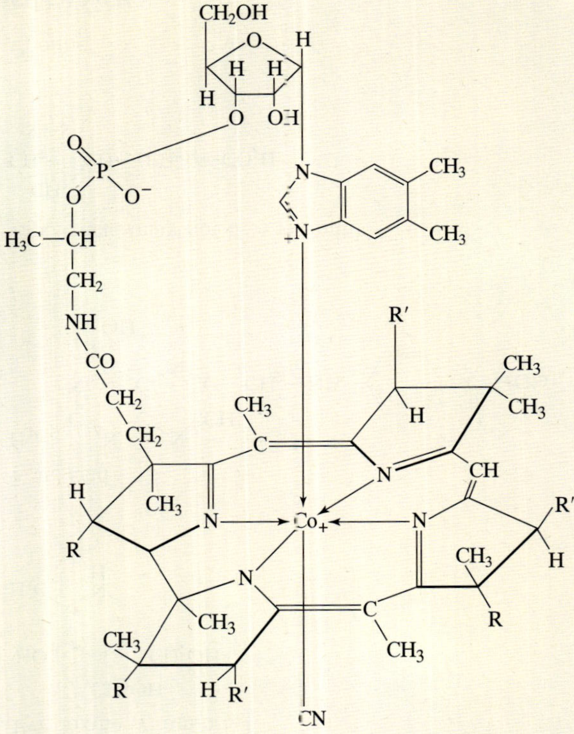	5′-Deoxyadenosylcobalamin	Methyl group transfer (pp. 570-571)	Pernicious anemia
L-Absorbic acid (vitamin C) 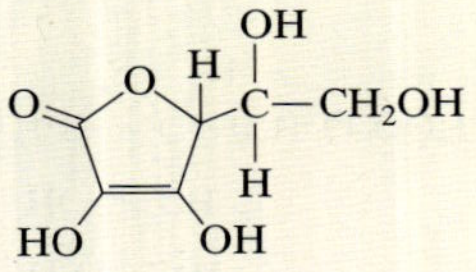	L-Absorbic acid	Hydroxylation (pp. 105-107, 493)	Scurvy

Fat-Soluble Vitamins			
trans-Retinol (vitamin A) 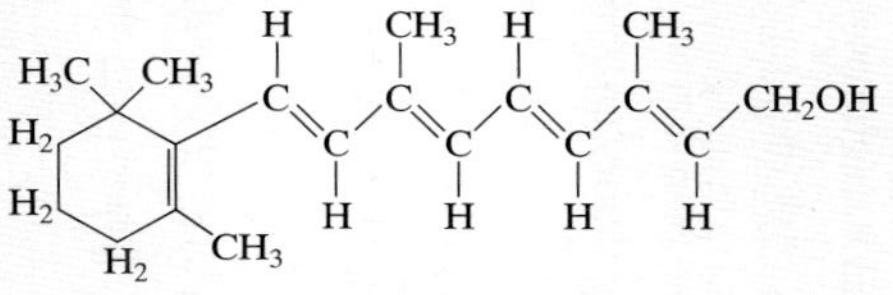	Associated with visual pigment	(pp. 123-125, 252)	Night blindness, other effects
Cholecalciferol (vitamin D_3) 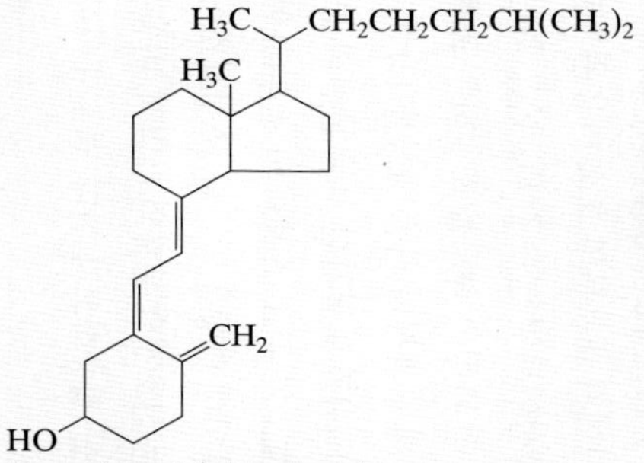	None	(pp. 252, 582-584)	Rickets
Tocopherol (vitamin E) 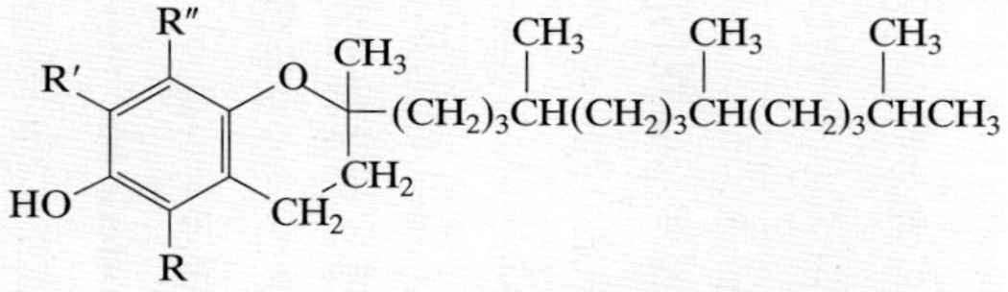 (several variants, with R, R', R"=H or CH_3)	None	(p. 252)	Reproductive and other problems in rats; uncertain in humans
Phylloquinone (vitamin K_1) 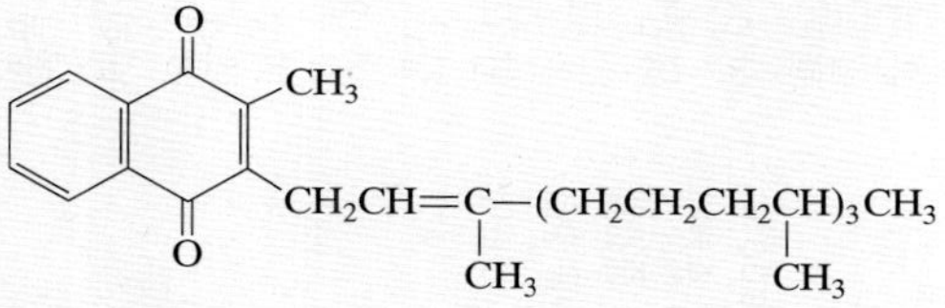	None	(pp. 252, 539-544)	Problems in blood clotting

[a] Page numbers listed here refer to page numbers in this book

표 6.2
보조인자로서 금속이온을 필요로 하는 효소

Enzyme	Metal Ion
Catalase, peroxidase, aconitase, and cytochrome oxidase	Fe^{2+} and Fe^{3+}
Alcohol dehydrogenase, carboxypeptidase A, carboxypeptidase B, and DNA polymerase	Zn^{2+}
Cytochrome oxidase, lysyl oxidase, ascorbate oxidase, and superoxide dismutase	Cu^{2+}
Hexokinase and glucose-6-phosphatase	Mg^{2+}
Arginase	Mn^{2+}
Pyruvate kinase	K^{+}
Urease	Ni^{2+}
Nitrate reductase	Mo^{4+} and Mo^{6+}
Carbonic anhydrase	Zn^{2+}, Cd^{2+}

복습 문제

1. 다음 비타민에서 합성되는 조효소의 이름은 무엇인가? 정답이 있는 a를 참고하여 답하시오.
   a. 리보플라빈(riboflavin) 조효소 = 플라빈아데닌디뉴클레오티드(FAD)
   b. 엽산(folic acid)
   c. 니아신(niacin)
   d. 판토텐산(pantothenic acid)

6.2 알로스테릭효소

학습 목표
알로스테릭효소에 의한 대사경로의 조절에 대해 이해한다.

$$A \xrightarrow{E_1} B \xrightarrow{E_2} C \xrightarrow{E_3} D \xrightarrow{E_4} F \xrightarrow{E_5} P$$

그림 6.1 대사경로(metabolic pathway)를 구성하는 가상적인 순차적 반응. 생체분자 A가 여러 가지 중간체 (B, C, D, F)를 거쳐서 최종 산물 P로 전환된다. 효소는 E_1, E_2 등으로 나타냈다.

세포에서 일어나는 수천 가지의 물질대사 반응은 크게 합성반응과 분해반응으로 나누어진다. 그림 6.1은 여러 단계의 효소 촉매반응을 거쳐서 최종 산물 P가 되는 생체물질 A의 가상적인 대사 과정이다. 예를 들어 10개의 효소 촉매반응이 일어나는 **해당과정(glycolysis)**에서는 글루코오스(glucose)가 피루브산(pyruvate)으로 전환된다. 물질대사에서 대부분의 효소 반응은 미카엘리스-멘텐 반응속도론으로 설명한다. 즉 속도 곡선(v_0 대 [S])은 포물선이고 각 상수 값 K_M, V_{max}, k_3는 실험으로 측정할 수 있다.

그림 6.1에 보여준 대사 과정에는 전 과정의 속도를 조절하는 **조절효소(regulatory enzyme)**가 최소한 한 단계 존재한다. 조절효소는 (1) 대사 과정의 최종 생성물, (2) 초기 반응물, (3) 중간산물, (4) 호르몬 같은 대사경로 외의 물질, 또는 (5) (1)~(4)까지 열거한 모든 물질의 농도에 영향을 받을 수 있다. 대부분의 대사경로에서 해당 대사의 첫째 효소가 주요 조절효소(그림 6.1의 E_1) 이고, 이 효소는 출발 물질 A, 최종 생성물 P 또는 이 모두의 농도에 의해 영향을 받는다. 조절효소에는 여러 가지가 있고 이들은 그 작용 방법에 따라 분류한다. 이 절에서는 신호전달 분자의 가역적, 비공유결합에 의해 영향을 받는 **알로스테릭효소(allosteric enzyme)**에 논의를 집중하고자 한다. 물질대사에 대하여 공부하는 과정에서 다른 종류의 조절효소도 만나게 될 것이다.

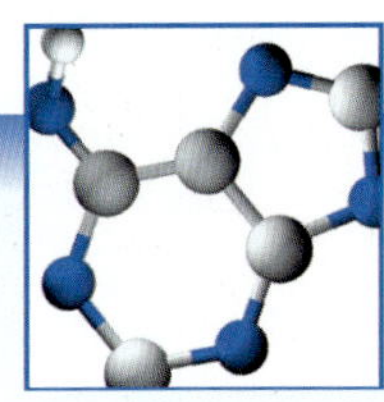

6-1

생화학 들여다보기

가장 새로운 활성아민 – 콜린

"활성아민(vital amine)"(지금은 비타민으로 불림)이라는 용어는 1912년 폴란드의 화학자 카시미르 풍크(Casimir Funk)가 적당한 성장과 발육을 위해 음식에 소량으로 존재하는 일단의 필수 유기물을 기술하기 위해서 처음으로 사용하였다. 사람은 충분한 양의 비타민을 합성할 수 있는 능력을 잃었기 때문에 비타민의 섭취를 필요로 한다.

인간의 필수 영양분으로 새롭게 추가된 것이 **콜린(choline)**이다. 이 새로 추가된 아민은 비타민에 대한 위의 정의에 맞는 물질이다. 즉 콜린은 아민이면서 정상적인 성장을 위해 필수적이다. 포유동물의 세포를 배양할 때 콜린을 첨가하지 않으면 자라지 못한다. 콜린은 세포 내에서 회수 과정(salvage process)에 의해 합성된다. 회수 과정이란 콜린 구조를 포함하는 거대 생체분자로부터 콜린을 회수하는 물질대사 회전(metabolic turnover)을 의미한다. 세포 내 콜린의 양이 부족하기 때문에 세포가 건강하게 유지되기 위해서는 음식으로부터 콜린을 보충해야 한다. 콜린은 우유, 간, 달걀, 땅콩과 같은 음식에 많은 양이 존재한다. 음식에는 여러 가지 형태의 콜린 화합물이 포함되어 있기 때문에 콜린의 실제 양은 결정하기 어렵다.

생화학적인 면에서 콜린은 여러 가지 중요한 분자(그림의 반응식 참조)의 필수적인 전구물질(precursor)이다. 아미노산인 메티오닌(methionine)과 신경전달물질인 아세틸콜린(acetylcholine)은 콜린으로부터 합성된다. 뿐만 아니라 콜린은 앞으로 공부할 생체분자의 구성 성분이다. 이에 대한 중요한 예로는 (a) 세포막 구성 성분으로 이용되는 스핑고미엘린(sphingomyelin)과 같은 인지질(phospholipid)(8장과 9장)과 (b) 디아실글리세롤(diacylglycerol)(특별주제 I) 같은 세포 신호 전달물질이 있다.

콜린의 부족으로 인한 생리적인 변화에 대한 연구는 이제 막 시작되었다. 콜린 부족에 의해 특히 영향을 받는 기관은 뇌이다. 임신한 쥐를 이용한 연구가 이와 같은 임상 결과를 잘 보여주고 있다. 태아의 발육 기간 동안 임신한 쥐의 음식에 콜린이 부족할 경우 태어난 새끼는 콜린을 공급받는다 하더라도 정신 집중력과 기억력 손상을 입는다. 뇌와 신경세포는 세포막의 구성 성분으로 많은 양의 인지질을 이용하기 때문에 콜린이 뇌 발육에 관련이 있다는 것이 놀라운 것은 아니다.

음식에서 콜린의 권고량(recommended dietary allowance, RDA)이 아직 결정되지 않았지만 적당한 섭취량(adequate intake, AI)은 미국 국립과학원 소속의 의학 협회가 제시하였다. 19~70세 여성의 AI는 425 mg/일 이다. 임신한 여성에 대한 AI는 450 mg/일로, 수유 여성은 550 mg/일로 증가한다. 이와 같은 증가량은 특히 태아 발육 동안 콜린을 필요로 하는 것을 반영한 것이다. 160~210 mg/liter의 콜린을 포함하는 사람의 모유는 신생아를 위한 주요 콜린 공급원이다. 19세 이상의 남성의 AI는 550 mg/일 이다. 좀 더 충분한 연구가 이루어질 때 까지는 균형 잡힌 음식을 섭취하는 사람에게 콜린을 보충할 필요가 없다는데 대부분의 영양학자들은 동의한다. AI를 넘어서는 양의 콜린 섭취는 저혈압, 간 손상, 발한, 설사, 과도한 아민 대사를 야기한다.

콜린을 비타민으로 분류하면 이 흥미 있는 저분자 물질의 생물학적 역할에 대한 영양학적 연구가 크게 증가할 것이다. 콜린 기능의 분자 수준의 메커니즘, 특히 초기 뇌의 발육에서의 콜린의 중요한 역할이 무엇인지 확인하기 위해서는 계속적인 연구가 필요하다.

$$H_3\overset{+}{N}-\underset{\substack{|\\ CH_2\\ |\\ CH_2\\ |\\ S\\ |\\ CH_3}}{\overset{\substack{COO^-\\ |}}{C}}-H$$

Methionine

↑

Signaling phospholipids ← $\underset{\substack{|\\ OH}}{CH_2}CH_2\overset{+}{N}(CH_3)_3$ → Structural membrane phospholipids

Choline

↓

$$CH_3\overset{\substack{O\\ ||}}{C}OCH_2CH_2\overset{+}{N}(CH_3)_3$$

Acetylcholine

양성 작동인자와 음성 작동인자

알로스테릭효소의 작용에 영향을 주는 생체분자를 **작동인자(effector)** 또는 조절인자(modulator)라 한다. 이와 같은 조절 분자는 효소의 촉진제(양성 작동인자, positive effector) 또는 억제제(음성 작동인자, negative effector)로서의 역할을 수행할 수 있다. 예를 들어 그림 6.1에서 높은 농도의 A와 낮은 농도의 P는 P의 생산을 향한 대사 과정의 신호이다. 이 경우 A는 반응물 일 뿐만 아니라 양성 작동인자가 될 수

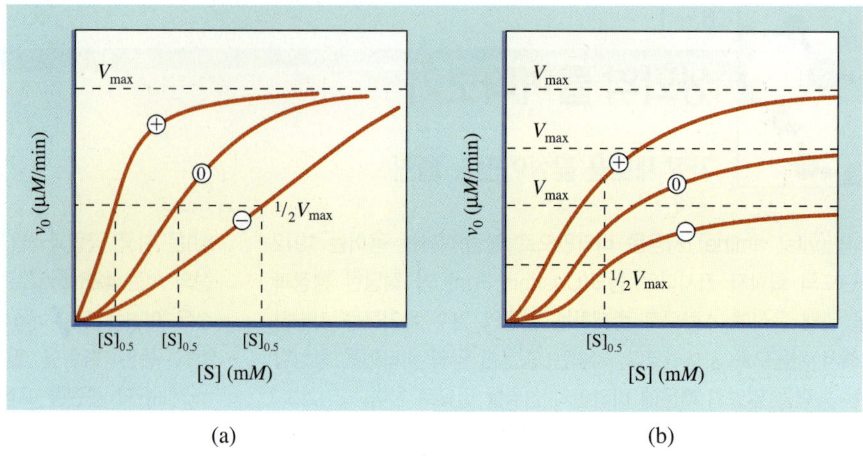

그림 6.2 알로스테릭효소(allosteric enzyme)의 속도 곡선(rate curve). 곡선 ⓪은 효소 + 기질, 곡선 ⊖는 효소 + 기질 + 음성 작동인자, 곡선 ⊕는 효소 + 기질 + 양성 작동인자. (a) 이 그림은 $[S]_{0.5}$가 변화하지만 V_{max}가 변하지 않는 일단의 알로스테릭효소를 나타낸다. 각 곡선에 대한 $[S]_{0.5}$의 값은 [S]축 위에 나타냈다. (b) $[S]_{0.5}$가 일정하고 V_{max}가 변하는 일단의 알로스테릭효소에 대한 그림.

있다. 생성물 P는 최종 농도에 도달할 때 억제제가 될 수 있다. P의 합성 속도를 조절하는 이와 같은 조절 방법은 논리적이고 실용적이다. 적당한 조절에 의해 A가 고갈되지 않고 적당량의 P를 생산할 수 있을 것이다.

알로스테릭효소를 처음으로 자세히 연구했을 때 대부분은 포물선형의 속도 곡선(rate curve)을 보이지 않는다는 것을 발견하였다. 즉 이 효소는 전형적인 미카엘리스-멘텐 반응속도론을 따르지 않을 뿐만 아니라 억제 작용도 전통적인 라인웨버-버크 그래프로 설명할 수 없었다. 알로스테릭효소의 ν_0 대 [S]의 곡선은 S자형이다(그림 6.2). 양성 또는 음성 작동인자가 존재할 경우 속도가 증가 또는 감소되면서 S자형 속도 곡선을 보인다. 알로스테릭효소는 미카엘리스-멘텐 반응속도론을 따르지 않기 때문에 K_M 값을 결정할 수 없다. ν_0가 V_{max} 값의 절반일 경우의 반응물 농도는 K_M 대신에 $[S]_{0.5}$로 표시한다.

촉매부위와 조절부위 작동인자는 효소의 한 자리에 가역적, 비공유결합하여 작용한다. 지금까지 연구된 알로스테릭효소는 다른 효소에 비해 훨씬 크고 복잡하며 두 개 이상의 단위체로 구성된 올리고머(oligomer)이다. 알로스테릭효소는 반응을 위한 활성부위(촉매부위, catalytic site)뿐만 아니라 특정한 작동인자를 위한 조절부위(regulatory site)를 가지고 있다. **알로스테릭(allosterism) 개념의 일반원칙은 효소의 한 자리에서의 결합이나 촉매작용이 다른 자리에서의 결합이나 촉매작용에 영향을 미친다는 것이다.** 단백질의 입체적 구조의 변화에 의해 한 자리의 정보가 다른 자리로 전달된다. "알로스테릭"이라는 용어는 "다른 모양"이라는 말로 번역할 수 있다. 작동인자가 결합하였다는 정보가 다른 단위체(subunit)에 전달되어 단백질의 입체 구조가 변화된다. 알로스테릭효소는 구조적 변화를 통하여 공간적으로 떨어진 결합자리 사이의 정보를 전달한다.

동형알로스테릭 작동인자가 어떻게 기능하는지의 예는 그림으로 잘 설명된다. 그림 6.3a에 4개의 똑같은 단위체로 구성된 사량체(tetramer) 알로스테릭효소가 있다. 각 단위체에는 상보적 구조의 기질이 결합해서 생성물로 전환되는 촉매부위가 있다. 이와 같은 형태의 전형적인 알로스테릭효소에서는 한 기질 분자가 한 곳의 활성부위(active site)에 결합할 때 입체 구조의 변화를 통한 신호가 다른 단위체로 전달된다. 이러한 변화가 전달된 다른 단위체에는 기질 분자가 더 쉽게 결합하고 반응한다. 기질과 작동인자가 같은 형태의 분자인 이와 같은 알로스테릭 상호작용(allosteric interaction)의 방식을 협동적(cooperative)이며 동형(homotropic)이라고 한다. 여기서 주어진 예는 반응속도 증가(양성 협동성)를 보이지만 드물게 몇몇 알로스테릭효소에서 음성 협동성이 관찰된다. 결합과 반응성에서의 협동성은 S자형 반응속도론(그림 6.3b)으로 확인할 수 있다. 기질의 농도가 낮을 경우 알로스테릭효소는 활성이 낮은 형을 유지한다. 점점 더 많은 기질 분자가 결합할 경우(곡선의 중간점 근처, $[S]_c$), 속도가 극단적으로 증

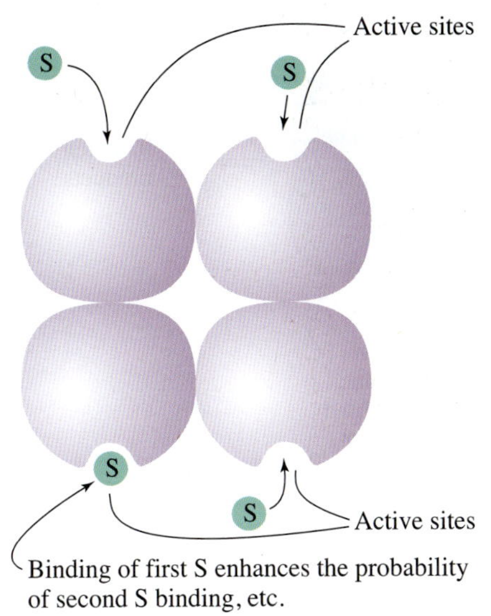

(a)

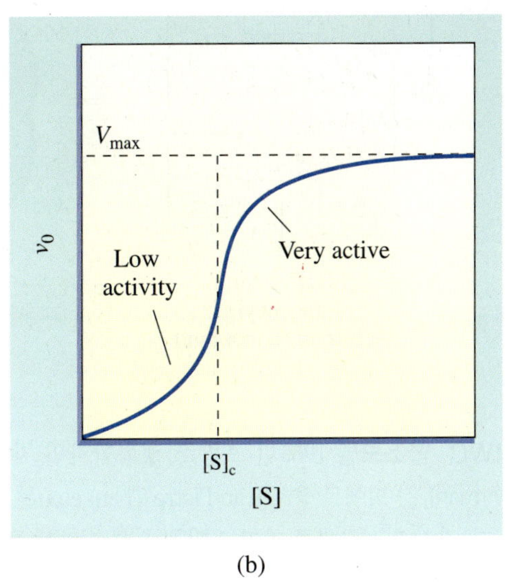

(b)

그림 6.3 (a) 기질 결합과 반응성에서 협동성을 보이는 가상적인 사량체 알로스테릭효소. 한 단위체의 활성부위(active site)에서의 S의 결합이 다른 단위체의 활성부위에 S가 결합할 수 있는 가능성을 증가시킨다. S 분자는 같기 때문에 이 알로스테릭효소는 협동적(cooperative)이며 동형(homotropic)이라고 정의한다. (b) (a)의 알로스테릭효소의 반응속도 곡선. 그림의 $[S]_c$ 보다 낮은 기질 농도에서 이 효소는 낮은 활성을 보인다. 기질의 농도가 $[S]_c$ 보다 높아지면서 효소는 매우 높은 활성을 보인다. S자형 곡선은 이 효소가 알로스테릭이고 기질의 결합이 협동적이라는 것을 나타낸다.

가한다. 이 상태의 효소는 잇고 끊는 전기 스위치 같이 작동한다. 기질 농도에서의 작은 변화가 v_0의 큰 변화를 유도한다. 효소는 기질 농도 변화에 매우 민감하다.

이형알로스테릭 그림 6.4는 서로 다른 단위체로 구성된 이량체(dimer) 알로스테릭효소의 예를 보여준다. 단위체 α에는 활성부위가 있으며 이 때문에 촉매단위체(catalytic subunit)라 불린다. 단위체 β에는 작동인자의 결합자리가 있고 조절단위체(regulatory subunit)라 부른다. β단위체의 조절부위(regulatory site)에 작동인자가 결합하면 입체 구조적 변화에 의해 단위체 α의 촉매부위에 신호를 전달한다. 전달된 신호는 작동인자의 형태에 따라 속도 상승 또는 저하를 유발할 수 있다. 여러 가지 형태의 작동인자가 알로스테릭효소의 특정한 결합자리에 붙어서 특정한 신호를 전달한다. 기질과 작동인자는 다른 분자이기 때문에 이와 같은 형태의 알로스테릭은 이형(heterotropic)이다.

알로스테릭 조절을 설명하는 모델

앞의 논의에서 동형 작동인자(homotropic effector)와 이형 작동인자(heterotropic effector)의 작용 과정에 대해서 잘 설명하고 있지만 효소 조절의 정량적인 분석은 허용하지 않는다. 알로스테릭효소의 반응속도 특징을 설명하는 두 가지 이론적 모델이 고안되어 좀 더 정확한 분석의 기회를 제공한다. 알로스테릭효소에서 얻은 대부분 실험 자료는 이 모델을 이용하여 합리적으로 설명할 수 있다.

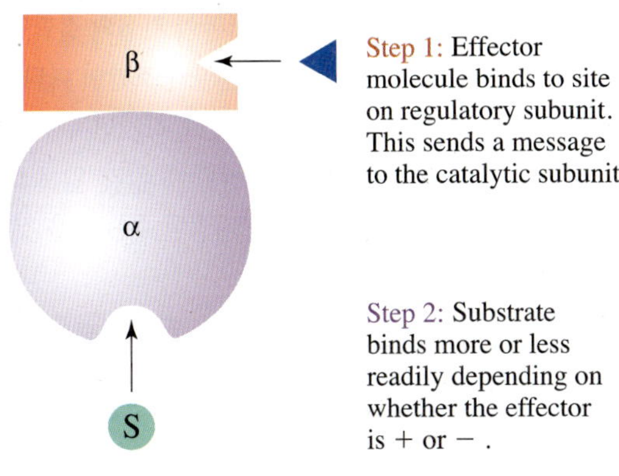

그림 6.4 촉매단위체(catalytic subunit, α)와 조절단위체(regulatory subunit, β)로 구성된 가상적인 이량체 알로스테릭효소. 작동인자(effector) 분자가 β단위체의 조절부위(regulatory site)에 결합하고 기질이 α단위체의 활성부위(active site)에 결합한다. 이것이 이형(heterotropic) 알로스테릭 조절의 예이다. 작동인자가 β단위체에 결합하면서 조절이 시작된다(1 단계). 작동인자가 결합할 때 S의 촉매부위 결합은 더 쉽거나 더 어려워진다(2 단계).

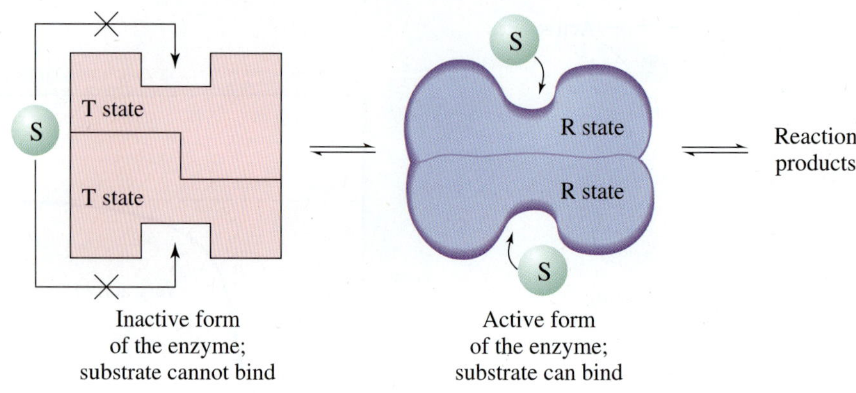

그림 6.5 알로스테릭효소의 작용을 설명하는 MWC 협조모델. 긴장형(T)과 이완형(R)의 두 가지 형태의 효소가 있다. 이 두 형태는 평형 상태에 있다. 기질분자(S)는 T형에 결합하지 않는다. 기질분자는 보인 것처럼 R형에 결합할 수 있다. 결합하자마자 S는 생성물로 전환될 수 있다. 양성 작동인자와 음성 작동인자의 작용을 설명하기 위해서 양성 작동인자가 R형에 더 큰 친화력을 가지고 결합하여 R형 효소 분자가 더 많아지도록 평형을 이동시킨다고 제안되었다. 음성 작동인자는 T형에 좀 더 쉽게 결합하여 T형의 효소 분자가 더 많아지도록 평형을 이동시킨다.

MWC 협조모델 1965년 프랑스 생화학자인 자크 모노(Jacques Monod), 제프리 와이만(Jeffries Wyman), 쟝 피에르 샹조(Jean-Pierre Changeux)는 **MWC 협조모델(MWC concerted model)**을 고안하였다. 각각 활성부위를 가지고 있는 동형 이량체 효소에 이 모델을 적용해 보자. MWC 모델에 따르면 (그림 6.5) 이 효소 분자는 상호 전환이 가능한 두 가지 입체적 구조인 긴장형(tense state, T)과 이완형(relaxed state, R)으로 존재할 수 있다. 한 분자를 구성하는 두 단위체는 모두 같은 입체적 구조여야 한다. 즉 RR과 TT의 구조는 가능하지만 혼합형인 RT는 이 모델에서 존재하지 않는다. 따라서 R과 T형 사이의 전이는 동시에 일어나고 상호 전환의 가역 과정은 협조적이다. T형의 단위체는 기질에 대한 친화력이 낮아서 약한 촉매활성만을 보인다. R형의 효소 분자는 기질에 대하여 친화력이 높고 이에 따라 높은 촉매활성을 보인다. 기질이 없을 경우 두 구조 사이의 평형은 T형에 기울어져 있다. 기질 농도가 증가함에 따라 점점 더 많은 기질 분자가 R형 효소에 결합하여 평형은 R형으로 기울어진다. **협동적 결합(cooperative binding)**이라는 용어는 기질 결합 과정과 반응성을 설명할 경우에도 유용하다.

MWC 모델을 이용하면 양성 작동인자와 음성 작동인자의 작용도 설명할 수 있다. 양성 작동인자는 R형 효소 분자에 우선적으로 결합함으로써 더 많은 T형 분자를 R형 분자로 전환시킨다. 바꾸어 말하면 작동인자는 R형의 생성을 증가시키고 안정화시킨다. 음성 작동인자는 T형 효소 분자에 우선적으로 결합하여 활성이 낮은 효소로의 전환을 증가시킨다.

순차모델 알로스테릭작용의 위의 모델을 대체하는 **순차모델(sequential model)**이 버클리 소재 캘리포니아 대학교의 다니엘 코쉬랜드(Daniel Koshland, Jr.)에 의해 1966년에 제안되었다. 순차모델에 따르면 효소 분자의 각 단위체가 개별적으로 입체 구조를 변화하여 RT 이량체 형성이 가능하다(그림 6.6). 기질 분자가 활성부위에 결합할 때 결합하는 단위체만 R형으로 전환된다. 기질 분자의 결합은 남아 있는 T 단위체가 R형으로 전환될 가능성을 높여 준다. 이와 같은 순차적인 입체 구조적 변화는 기질의 처음 결합이 다음 기질의 결합 능력을 향상시킨다.

순차모델은 MWC 협조모델과 다음과 같은 여러 가지 차이점을 갖는다. (1) 순차모델에서는 R과 T 구조는 초기에 평형 상태에 있는 것이 아니라, R형으로의 전환이 기질의 결합에 의하여 유도된다. (2) 순차모델에서는 RT 혼합형이 존재하지만 협조 모델에서는 단일 구조만이 나타난다. 대부분 알로스테릭 효소의 활성은 이와 같은 두 가지 모델 중 하나에 의해 설명된다. 하지만 두 가지 모델 중 한 가지만으로는 알로스테릭효소의 모든 알려진 특성과 실험 결과를 설명할 수 없다. 알로스테릭효소로부터 관찰한 다양한 특징 때문에 모든 것을 설명할 수 있는 단일 모델을 개발할 수는 없을 것 같다.

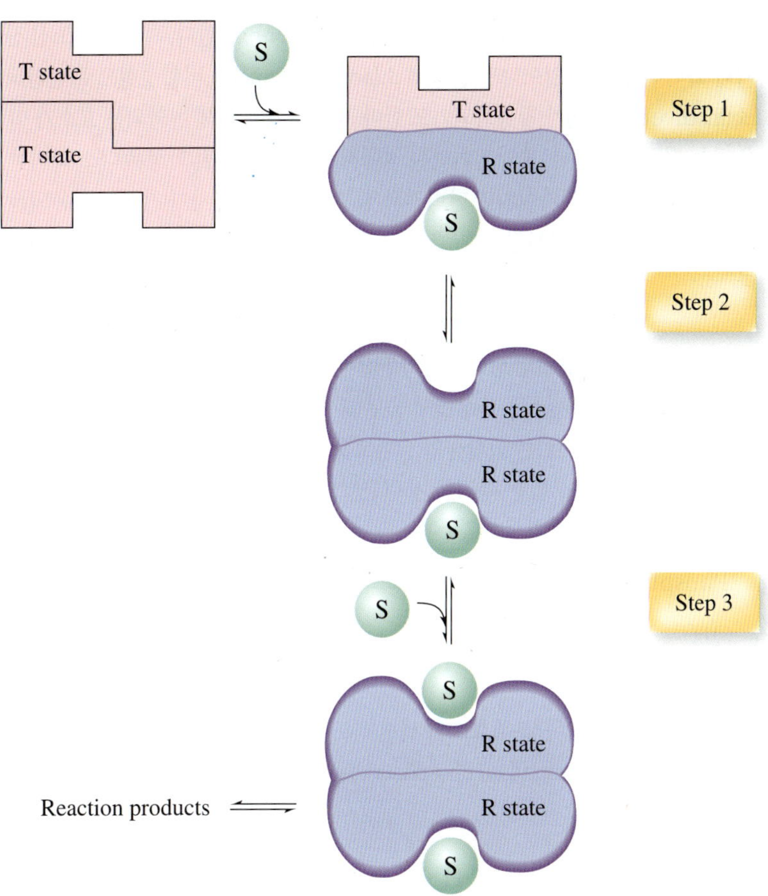

그림 6.6 알로스테릭효소의 작용을 설명하기 위한 순차모델(sequential model). 기질이 T형의 단위체에 쉽게 결합할 수 없다. 1 단계: 기질 분자가 결합할 때 해당 단위체만 R형으로 전환된다. 2 단계: 이러한 입체 구조적 변화는 남아 있는 단위체가 좀 더 활성 있는 R형으로 전환될 가능성을 높인다. 3 단계: 기질 분자는 R형 단위체에 쉽게 결합할 수 있다. 이 모델에서는 혼성 이량체인 RT형이 가능하다.

복습 문제

1. 알로스테릭효소에는 분자가 결합할 수 있는 두 종류의 자리가 있다. 아래의 효소 결합자리를 정의하고 결합 가능한 분자의 종류에 대해 설명하시오. 각 자리에 중요한 결합의 종류를 설명하시오.
   a. 촉매부위　　　b. 조절부위

6.3 세포에서의 효소 조절

학습 목표

세포가 효소 활성을 조절하기 위해서 이용하는 방법을 학습한다.

조절효소의 공유결합적 변형

앞의 절에서 우리는 작동인자(effector)라고 하는 작은 분자의 **가역적이고 비공유적인** 결합에 의해 활성이 증가되거나 감소되는 알로스테릭효소(allosteric enzyme)에 대하여 공부했다. 또 다른 중요한 종류의 조절 과정은 특정 아미노산 곁사슬 작용기의 **가역적이고 공유결합**적인 변화에 의해 효소의 촉매활성이 변하는 것이다. 효소의 활성 변화에 공통적으로 이용되는 화학적 변형에는 다음과 같은 것이 있다.

1. 세린, 트레오닌, 티로신의 히드록실기(hydroxyl group)의 인산화(phosphorylation).
2. 히드록실기에 아데노실일인산(adenosyl monophosphate)의 결합.
3. 시스테인 이황화결합(disulfide bond)의 환원.

아미노산 잔기의 이와 같은 화학적 변화는 다른 효소들이 촉매작용을 한다. 특정 아미노산 잔기에 화합물이 결합하거나 화학적 변화가 일어나면 활성 효소(active enzyme)가 비활성형으로 전환되거나 반대로 비활성 효소(inactive enzyme)가 활성화되기도 한다. 공유결합에 의해 변환되는 효소가 이 변환 반응의 촉매작용을 하는 다른 효소의 실제 기질이라는 점에서 이와 같은 조절 과정은 다소 특이한 것처럼 보인다. 많은 효소의 기질이 작은 분자이지만 단백질과 핵산과 같은 큰 분자가 기질로 이용되는 몇몇 예를 보게 될 것이다. 예상할 수 있는 것처럼 다른 효소의 화학적 변화를 촉진하는 효소 자신이 매우 엄격한 조절을 받는다.

글리코겐가인산분해효소 조절효소인 글리코겐가인산분해효소(glycogen phosphorylase)의 조절은 공유결합적 변형의 훌륭한 예다(그림 6.7). 15장에서 공부하게 될 이 효소는 저장 탄수화물(글리코겐)을 에너지를 얻기 위해 쉽게 분해할 수 있는 화합물인 글루코오스로 전환하는 중요 반응의 촉매작용을 한다. 이량체인 이 효소의 각 단위체에 있는 특정한 세린 잔기가 가인산분해효소 키나아제(phosphorylase kinase)에 의해 인산화되면서 최대 활성을 갖는다.

$$\underset{\text{Less active form}}{\underset{\text{OH}\qquad\qquad\text{OH}}{\text{Phosphorylase}}} + 2\,\text{ATP} \rightleftharpoons \underset{\text{More active form}}{\underset{\text{OPO}_3^{2-}\qquad\text{OPO}_3^{2-}}{\text{Phosphorylase}}} + 2\,\text{ADP}$$

인산기가 ATP에서 글리코겐가인산분해효소의 세린 히드록실기에 전달된다. 또 다른 효소인 가인산분해효소 인산가수분해효소(phosphorylase phosphatase)는 가수분해에 의해 무기 인산(P_i)의 제거를 촉진한다.

$$\underset{\text{More active form}}{\underset{\text{OPO}_3^{2-}\qquad\text{OPO}_3^{2-}}{\text{Phosphorylase}}} + 2\,\text{H}_2\text{O} \rightleftharpoons \underset{\text{Less active form}}{\underset{\text{OH}\qquad\qquad\text{OH}}{\text{Phosphorylase}}} + 2\,\text{P}_i$$

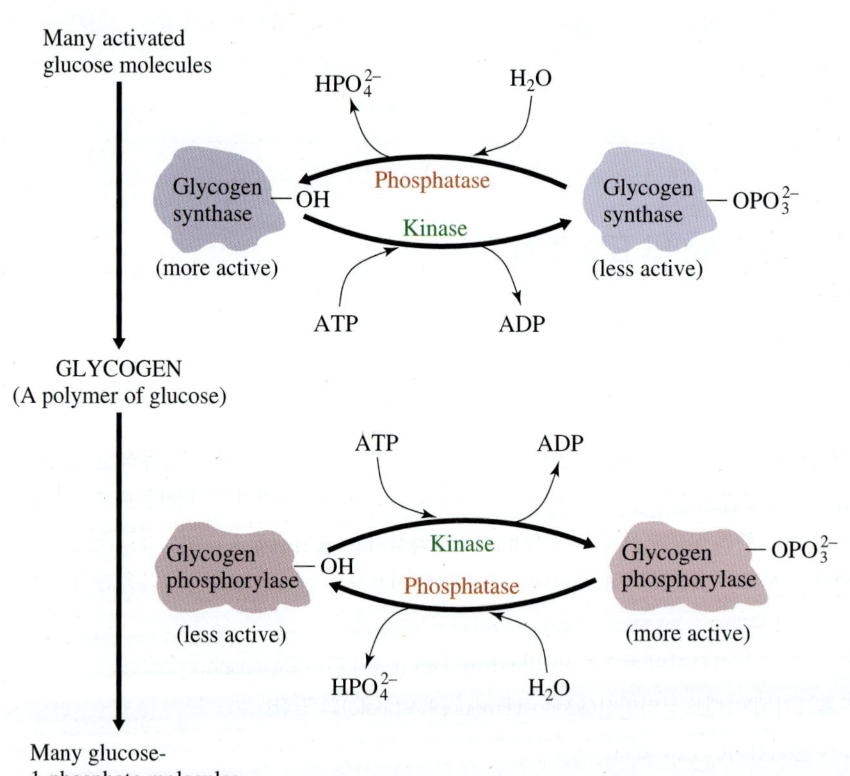

그림 6.7 단백질 인산화에 의한 글리코겐 물질대사의 조절. 두 개의 효소, 키나아제와 인산가수분해효소가 글리코겐생성효소와 글리코겐가인산분해효소의 활성을 조절하여 글리코겐 물질대사를 조절한다. 글리코겐생성효소는 활성화된 글루코오스(activated glucose)로부터 글리코겐을 생산한다. 글리코겐가인산분해효소는 글리코겐을 글루코오스-1-인산(glucose-1-phosphate)으로 분해한다.

글리코겐가인산분해효소의 주된 조절 방식은 공유결합적 변형이지만 알로스테릭 조절과 호르몬 조절을 포함하는 다른 조절 방식 또한 효과를 발휘한다. 여러 가지 작은 분자가 이 효소의 알로스테릭 조절인자(allosteric modulator)로 작용한다. 조절 과정을 자세하게 공부할 때 글리코겐가인산분해효소와 같이 물질대사의 교차점에 있는 효소들이 세포의 여러 대사 단계에서 조절된다는 것을 배울 것이다. 글리코겐생성효소(glycogen synthase)는 글리코겐가인산분해효소와 반대로 조절된다.

복습 문제

1. 세포에 존재하는 글리코겐가인산분해효소의 형태(인산형 또는 비인산형)는 생물체의 물질 수급에 의해 결정된다. 어떤 사람이 탄수화물이 많은 음식을 섭취한 후 휴식하고 있을 때 이 효소의 어떤 형태가 근육세포에 더 많은지 예상해 보시오.

글루타민합성효소 비슷한 공유결합적 변형 반응이 글루타민합성효소(glutamine synthetase)에서 일어난다. 이 효소는 세균에 존재하며 질소 대사에서 중요한 역할을 한다(19.2절 참조). ATP로부터 AMP(아데노신일인산)가 글루타민합성효소의 특정 티로신 잔기의 히드록실기에 전달되면서 피로인산(pyrophosphate)인 PP_i가 방출된다. 이 효소의 아데닐릴화 형태(adenylylated form)는 활성이 없다.

$$\underset{\text{Active form}}{\underset{\text{OH}}{\text{Enzyme}}} + \text{ATP} \rightleftharpoons \underset{\text{Inactive form}}{\underset{\text{O}-\text{AMP}}{\text{Enzyme}}} + PP_i$$

이황화결합과 조절 식물에서 광범위하게 일어나는 흥미로운 공유결합적 변형의 형태는 AH_2로 표시된 환원제에 의한 시스테인 이황화결합(disulfide bond)의 가역적 환원이다.

$$\underset{\text{Active form}}{\underset{\text{S}-\text{S}}{\text{Enzyme}}} + AH_2 \rightleftharpoons \underset{\text{Inactive form}}{\underset{\text{SH}\quad\text{SH}}{\text{Enzyme}}} + \text{A}$$

햇빛에 의해 유도되는 식물의 많은 탄수화물 합성과 분해 반응은 가역적 이황화결합 환원에 의해 조절되는 효소에 의해 촉진된다. 식물의 해당과정 효소인 글리세르알데히드-3-인산탈수소효소(glyceraldehyde-3-phosphate dehydrogenase)는 이황화결합 환원에 의해 활성을 잃는다.

단백질분해에 의한 활성화

어떤 효소는 처음에 비활성형으로 합성된 후 완전한 효소 활성을 얻기 위해 공유결합적 변형을 필요로 한다. **효소원(zymogen)**이라 하는 비활성의 전구체 효소는 활성형이 되기 위해 한군데 이상에서 분해된다. 단백질분해는 이전 절에서 논의한 공유결합적 변형과 유사한 조절 방법인 것처럼 보이지만, 비가역 과정이고 해당되는 효소 분자의 일생 동안 한 번만 일어난다. 공유 변형에서 효소는 일련의 조절 효소들에 의해 가역적으로 변형되고 이 과정은 여러 번 반복될 수 있다.

여러 가지 중요한 생물학적 과정이 단백질분해(proteolytic cleavage)에 의해 조절된다. 위와 췌장(이자)의 키모트립신(chymotrypsin), 펩신(pepsin), 카르복시펩티드가수분해효소(carboxypeptidase)를 포

표 6.3
효소원(zymogen)으로 존재하는 소화 효소(펩티드가수분해효소)

Active Enzyme	Zymogen Form	Site of Zymogen Synthesis
π- or α-Chymotrypsin	Chymotrypsinogen	Pancreas
Pepsin	Pepsinogen	Stomach
Trypsin	Trypsinogen	Pancreas
Carboxypeptidase	Procarboxypeptidase	Pancreas
Elastase	Proelastase	Pancreas

함하는 많은 소화 과정에 작용하는 펩티드가수분해효소(peptidase, 단백질분해효소)는 이와 같은 메커니즘에 의해 조절된다(표 6.3). 혈액 응고 과정은 단백질분해에 의해 시작되는 순차적인 활성 단계를 거친다. 인슐린 같은 단백질 호르몬은 효소원(프로인슐린, proinsulin)으로 생산되어 짧은 펩티드가 제거된 다음 활성화된다.

이 절에서 키모트립신 활성화의 자세한 메커니즘을 공부하기로 한다. 이 효소는 소장에서 음식의 단백질분해를 돕는다. 키모트립신은 페닐알라닌, 티로신, 루신과 같은 커다란 소수성 아미노산 잔기의 펩티드결합을 카르복실말단에서 가수분해한다(3.5절 참조). 효소원인 키모트립시노겐은 췌장에서 합성되어 소장에서 분비된다. **키모트립시노겐(chymotrypsinogen)**은 245개의 아미노산 잔기를 갖는 단일 폴리펩티드 사슬이고 사슬 내 5개의 이황화 교차결합을 가지고 있다. 키모트립신의 효소원은 트립신(trypsin)의 작용에 의해 15번 아르기닌과 16번 이소루신 사이의 펩티드결합이 가수분해되어 활성화된다(그림 6.8). 가수분해에 의해 생기는 π-키모트립신(π-chymotrypsin)이라 불리는 산물은 완전한 효소 활성을 갖지만 다른 π-키모트립신 분자에 의한 공격을 받을 수 있기 때문에 오래 존재할 수가 없다. 다음 분해 과정에서 두 개의 디펩티드 조각(Ser-Arg, Thr-Asn)이 제거되면서 활성을 갖는 α-키모트립신(α-chymotrypsin)이 된다. α효소의 최종 형태는 두 개의 사슬 간 이황화결합에 의해 붙어 있는 세 개의 폴리펩티드로 구성된다. 그림 6.8에 요약된 특정 자리의 분해가 3차구조의 변화를 일으킨다. 이러한 입체 구조적 변화에 의해 효소원 형에서는 묻혀 있던 α-키모트립신과 π-키모트립신의 활성부위의 아미노산 잔기가 노출되게 된다.

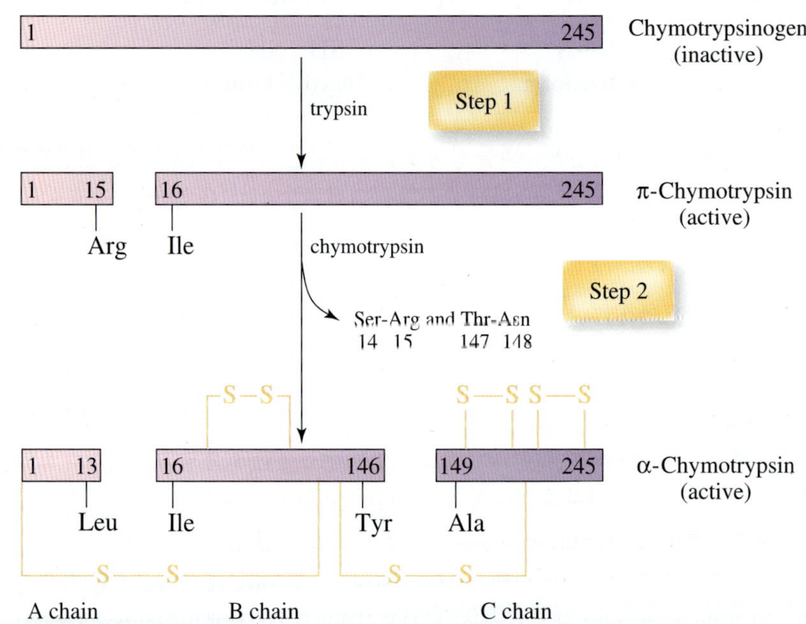

그림 6.8 효소원인 키모트립시노겐의 단백질분해에 의한 활성화. 1 단계: 폴리펩티드 사슬의 초기 분해가 Arg에서 일어나 π-키모트립신을 생산한다. 2 단계: 마지막 가장 안정한 형태의 α-키모트립신은 π-키모트립신으로부터 두 개의 디펩티드 조각의 제거에 의해 생성된다. 활성형 α-키모트립신에서 3개의 폴리펩티드가 이황화 결합(노란색)으로 연결된 것을 주목하시오.

동위효소에 의한 조절

어떤 대사 과정은 서로 다른 분자 형태로 존재하는 효소에 의해 조절된다. **동위효소(isoenzyme 또는 isozyme)**라고 하는 이와 같은 다형태의 효소는 비슷하지만 서로 다른 아미노산서열을 갖는다. 모든 동위효소가 효소 활성을 가지며 같은 생화학 반응을 촉진하지만 이들은 반응속도론(K_M과 V_{max}의 값), 조절의 특성(작동인자의 종류), 선호하는 조효소, 심지어는 세포 내 분포도 다를 수 있다.

락트산탈수소효소 동위효소로 처음 발견된 가장 잘 알려진 효소가 락트산탈수소효소(lactate dehydrogenase, LDH)이다. 이 효소는 근육에서 일어나는 물질대사의 중요 반응인 피루브산(pyruvate)과 락트산(lactate)의 가역적 전환을 촉진한다(15, 16장 참조). LDH는 두 가지 형태의 단위체 M과 H로 구성된 사량체이다. 두 개의 개별 유전자에서 만들어지는 두 개의 폴리펩티드 사슬은 아미노산서열이 비슷하지만 전기영동에 의해 분리할 수 있다(그림 6.9, 표 6.4). LDH를 비롯한 동위효소의 존재에 대한 생화학적 이유를 완전하게 알 수 없지만 이들은 대단히 서로 다른 반응속도론과 조절의 특성을 보인다. 예를 들어 LDH의 동위효소인 M_4는 기질인 피루브산에 더 큰 친화력을 나타내지만 H_4는 락트산에 더 큰 친화력을 가지고 있다. 여러 가지 동위효소가 서로 다른 조절의 특성을 보이도록 설계된 것으로 예상된다. 이와 같은 형태의 조절로 인해 여러 기관에서 서로 다른 형태의 물질대사가 작동하게 된다.

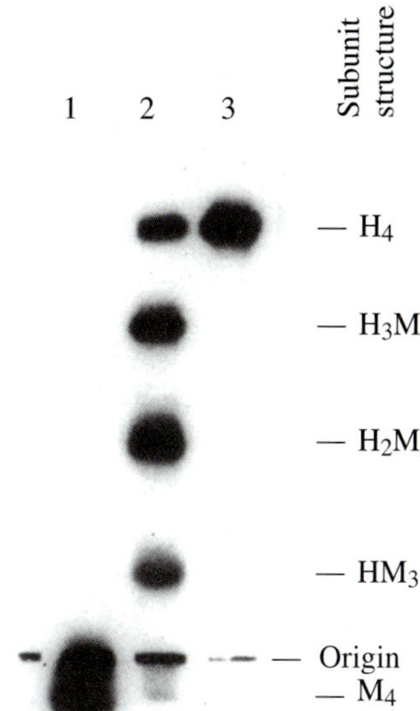

그림 6.9 락트산탈수소효소(LDH) 동위효소의 전기영동. 생체의 조직과 액체를 분석하여 존재하는 LDH의 동위효소 형을 결정할 수 있다. 1번 위치는 M_4, 2번 위치는 M과 H의 혼합물로 구성된 모든 동위효소 시료, 3번 위치는 H_4에 해당한다.

표 6.4
락트산탈수소효소 동위효소의 단위체 구성과 이들이 발견되는 주요 기관

Isoenzyme	Subunit Structure	Major Locations
LDH_1	H_4	Heart and red blood cells
LDH_2	H_3M	Heart and red blood cells
LDH_3	H_2M_2	Brain and kidney
LDH_4	HM_3	?
LDH_5	M_4	Liver and skeletal muscle

LDH와 질병 상태 혈액 속의 LDH 동위효소의 전기영동 분석은 몇 가지 질병 상태의 진단과 치료에 도움을 준다. 심근경색(심장마비), 감염성 간염(간 질환) 또는 골격 근육 질환이 있으면 세포가 손상되어 LDH를 포함하는 효소들이 혈액으로 누출된다. 혈액 속의 LDH 동위효소 분포를 분석하면 어떤 조직이 손상되었는지 알 수 있다. 그림 6.10은 심장마비 후에 여러 시간 간격에서 LDH 동위효소의 변화를 보여준다.

복습 문제

1. 키모트립시노겐이 π-키모트립신으로 전환될 때 절단되는 Arg-15와 Ile-16 사이의 펩티드결합의 구조를 그려보시오.

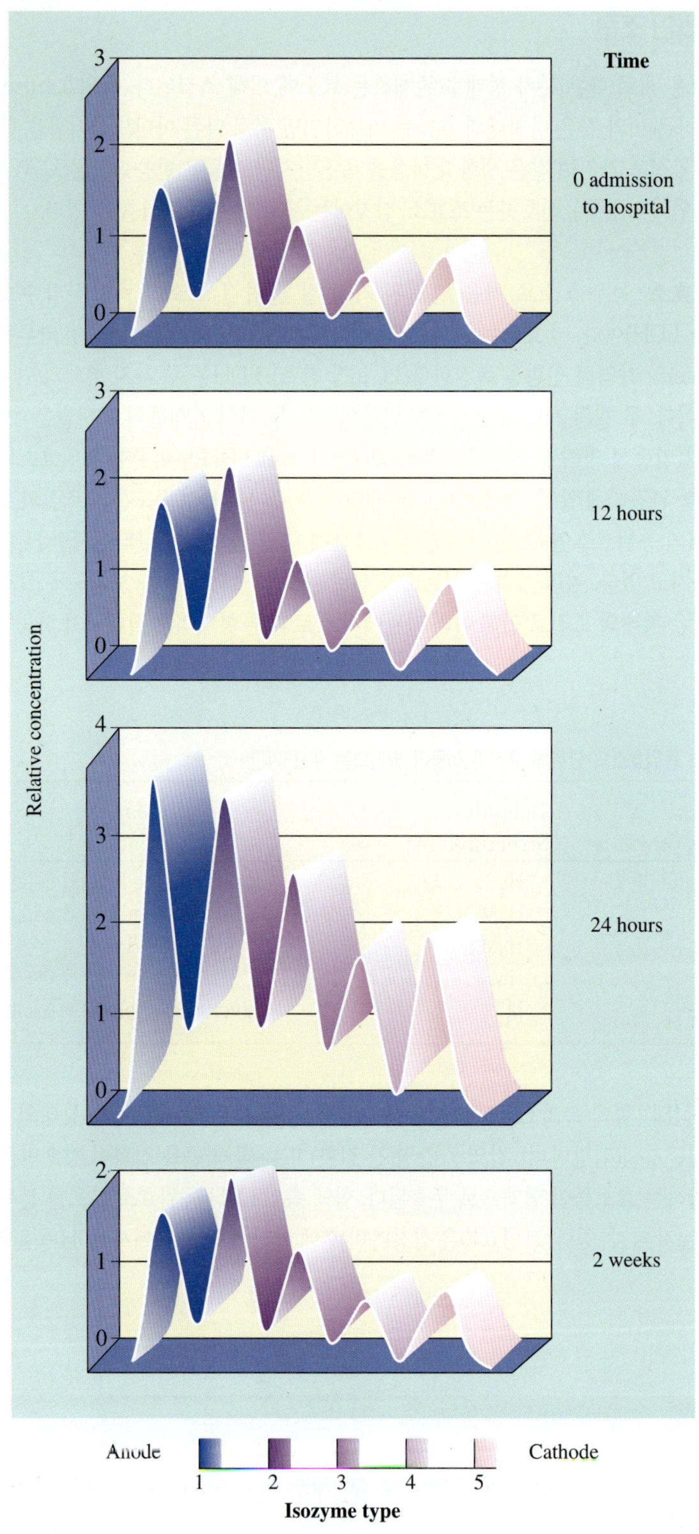

그림 6.10 심장마비 후에 여러 시간 간격에서 혈액의 LDH 동위효소의 농도 변화. LDH 전체 농도가 24시간 까지 증가하고 LDH_1이 LDH_2보다 더 높아지는 것을 주목하시오. 정상상태(2주 후)에서는 LDH_2 동위효소 농도가 LDH_1 동위효소 농도보다 더 높다. LDH_5의 증가는 간 또는 근육 질병의 징후이다. 동위효소는 아가로오스 전기영동으로 분리하였고 효소 활성은 각각의 동위효소에 대해 측정하였다. 각 동위효소의 활성은 농도와 연관되어 있다.

6.4 새로운 효소의 설계

학습 목표

효소 작용을 학습하기 위해서 부위 특이적 돌연변이유발의 사용에 대해 이해한다.

1981년까지 자연에 존재하는 단백질만이 생화학 반응의 촉매 역할을 한다고 생각하였다. 이후의 중요한 발견은 생화학 촉매의 새로운 영역을 열었다.

1. **부위 특이적 돌연변이유발(site-directed mutagenesis)**이라는 기술을 이용하여 과학자들은 여러 가지 효소의 아미노산서열을 바꾸어 반응성, 특이성, 심지어는 입체적 구조도 변화시켰다. 실제로 지금은 어떤 아미노산 성분이나 서열을 갖는 단백질도 만들어 낼 수 있다.
2. 항원으로 천이상태유사체(transition-state analog)를 이용함으로써 생물학적 촉매로 작용하는 단백질 항체를 만들 수 있기 때문에 이들을 **촉매항체(catalytic antibody)** 또는 **항체효소(abzyme)**라고 한다.
3. 생화학자는 또한 어떤 효소는 한 종류 이상의 반응에 대한 촉매작용을 한다는 사실을 알아내고 있다.

새로운 단백질 항체의 설계는 생물공학 산업, 의학, 기초 연구를 위한 새로운 종류의 촉매 개발을 이끌었다. 이제부터 이 절과 13장에서 이에 대하여 좀 더 자세하게 논의해 보자.

부위 특이적 돌연변이유발

효소의 구조와 활성을 연구할 때 한 아미노산 잔기를 다른 것으로 대체하거나 존재하는 아미노산의 구조를 바꿀 수 있다는 것은 대단히 중요한 가치를 갖는다. 예를 들어 특정 세린 잔기의 히드록실기가 한 효소의 촉매작용에 필요하다고 추측하면 이 세린을 알라닌으로 대체할 수 있다. 변형된 단백질의 활성을 분석하여 세린의 중요성을 판단할 수 있다. 최근에 과학자들은 단백질의 아미노산서열을 바꿀 수 있는 여러 가지 방법을 개발하였다. 초기 방법에는 (1) 아미노산 곁사슬을 변형시키는 화합물로 단백질을 처리 (2) 방사능 물질, 자외선, 돌연변이원 화합물에 의한 생물체 의 돌연변이유발이 있다. 이 두 가지 방법은 모두 효과적이지 않은데, 그 이유는 첫째, 원하는 한 두 개의 아미노산뿐만 아니라 단백질의 모든 아미노산이 변형된다는 것이다. 둘째는 원하는 유전자뿐만 아니라 모든 유전자가 돌연변이될 수 있는 무작위적 방법이라는 것이다.

지금은 DNA의 특정 위치에 있는 유전자를 바꿀 수 있는 새로운 재조합DNA(recombinant DNA) 기술을 이용할 수 있다(13장). DNA의 합성, 분해, 결합을 촉진하는 효소를 이용하여 유전자 정보를 바꾸면 발현되는 단백질 산물의 아미노산서열이 변화된다. DNA의 변형은 선택된 뉴클레오티드염기 위치에서의 첨가, 제거, 재배열, 치환 등으로 이루어진다. 화학적 또는 생물학적 방법으로 제조된 변형 유전자를 숙주세포에 도입하여 발현시키면 앞으로의 연구에 충분한 양의 단백질을 얻을 수 있다. 유전자를 합성하여 어떠한 아미노산서열을 갖는 단백질도 생산할 수 있다. 이와 같은 방법을 이용할 경우 어떠한 구조와 촉매적 특성을 갖는 단백질도 조작해 낼 수 있다. 한 두 개의 아미노산을 치환하여 어떤 아미노산이 촉매활성이나 또는 원래입체구조(native conformation)로의 단백질접힘에 필수적인지를 알아낼 수 있다. 뿐만 아니라 천연의 단백질에는 존재하지 않지만 원하는 특성을 갖는 완전히 새로운 단백질을 설계할 수 있다. 새로운 단백질은 기초 연구와 의학 및 산업적 응용에 중요하게 이용될 수 있다.

항체효소

혈액 속의 단백질 항체(면역글로불린)는 세포와 생물체에 해를 끼칠 수 있는 외부 물질과 강하게 결합하여 없애는 보호 분자로서 기능을 한다(특별주제 II). 항체는 **항원(antigen)**이라 불리는 외부 분자에 반응하여 고등동물의 혈액 속에서 생산된다. 여러 해 전에 라이너스 폴링(Linus Pauling)은 효소는 **반응의 천이상태에 있는 기질 분자와 선택적으로 결합하지만 항체는 안정된 에너지 상태의** 항원 분자와 결합한다는 점에서 근본적인 차이가 있다고 하였다. 그렇다면 천이상태유사체를 항원으로서 이용한다면 효소와 마찬가지로 촉매활성을 갖는 항체를 생산할 수 있지 않을까? 이 생각이 옳다면 분자와 결합할 뿐만 아니라 원하는 화학 반응을 일으키는 선택적 촉매로 이용할 수 있는 항체를 만들 수 있을 것이다.

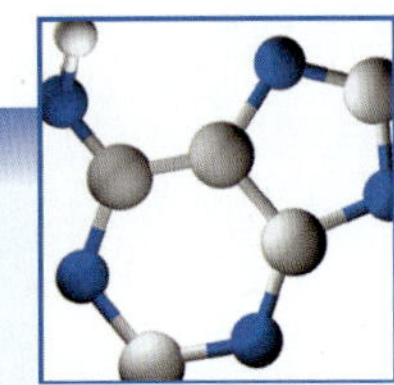

6-2

생화학 들여다보기

여러 가지 기능을 갖는 효소

"한 가지 효소에 한 가지 촉매 역할"은 생화학에서 교리와 같은 개념이었다. 5, 6장에서 효소는 효율적이며 **특이적인(specific)** 촉매라는 것을 강조했다. 이와 같은 논의로부터 판단할 때 효소 활성부위는 특정한 구조의 기질분자(많지는 않겠지만 구조적으로 관련된 화합물을 포함해서)를 결합하고 이 기질에 대해 한 가지 종류의 촉매반응을 하도록 진화해 왔다고 생각할 수 있다. 하지만 지금 생화학자들은 "기존" 반응뿐만 아니라 다른 종류의 반응을 촉진하는 많은 효소를 발견하고 있다. 원래 반응 이외에 "새롭게 발견된" 반응을 촉진하는 효소는 새로운 반응과 같은 반응을 촉진하는 다른 효소와 대개 구조적으로 관련되어 있다. 이 두 개의 서로 다른 효소는 종종 많은 서열 유사성(아미노산서열 유사성)을 보이며 유사한 진화 단계를 공유한다.

예를 들어 혈액의 완충작용을 위해 이산화탄소의 수화를 촉진하는 (생화학 들여다보기 2-1) 소의 탄산무수화효소(bovine carbonic anhydrase) II는 인산 에스테르의 가수분해도 촉진할 수 있다. 따라서 이 효소는 포스포에스테르가수분해효소(phosphoesterase) 활성을 갖는다.

탄산무수화효소 II의 정상 촉매반응은

$$CO_2 + H_2O \rightleftharpoons H_2CO_3$$

탄산무수화효소 II의 다른 촉매반응은

$$RO-\overset{\overset{\displaystyle O}{\|}}{\underset{\underset{\displaystyle OR'}{|}}{P}}-OR'' + H_2O \rightleftharpoons RO-\overset{\overset{\displaystyle O}{\|}}{\underset{\underset{\displaystyle OR'}{|}}{P}}-OH + R''OH$$

위와 소장에서 단백질을 분해하는 역할을(그림 3.17) 하는 것으로 잘 알려진 펩티드가수분해효소인 키모트립신도 포스포에스테르가수분해효소 기능을 갖고 있다. 키모트립신과 탄산무수화효소 II의 포스포에스테르가수분해효소의 촉매 속도는 일반적인 에스테르가수분해효소(esterase)보다 낮지만 무시할 수 없을 정도로 충분히 높은 활성을 갖고 있다.

어떤 효소가 여러 가지 활성을 갖는 것이 놀라운 것일 수 있지만 효소 활성부위에는 산, 염기, 친핵성 작용기, 금속이온과 산화-환원 반응을 할 수 있는 작용기와 같은 잠재적인 촉매활성을 갖는 작용기가 포진하고 있다. 효소는 활성부위에 다른 아미노산 작용기를 도입하여 입체 구조를 바꾼다면 다른 활성을 갖게 할 수 있다.

생화학자들은 이제 왜 어떤 효소는 여러 가지 활성을 갖고 있으며, 이의 생화학적인 목적이 무엇인지에 대한 질문을 던지고 있다. 몇몇 생화학자는 효소의 원래 활성과 다른 활성은 새로운 활성을 갖는 효소로 진화하기 위한 출발점이 될 수 있다고 한다. 예를 들어 정상적으로 반응 A를 촉진하지만 다른 반응 B를 느리게 촉진할 수 있는 효소 A를 생각해 보자. 작은 진화적인 변화로 효소 A는 정상적인 반응으로 반응 B를 촉진할 수 있는 효소 B로 발전할 수 있는 "분기점" 역할을 할 수 있을 것이다. 효소 A와 B는 매우 유사한 구조를 가질 것으로 기대된다. 어떤 생화학자들은 효소의 여러 가지 활성의 원인으로 조절 역할을 제시한다. 효소의 여러 가지 활성에 대한 이유가 무엇이든지 간에, 효소 활성 다양성에 대한 생리적인 역할이 있는가, 새로운 반응을 진행하기 위해서 활성부위의 아미노산이 얼마나 많이 변화되어야 하는가, 여러 가지 반응을 하는 효소에 대한 실용성이 있는가, 등에 대한 질문에 답할 수 있는 연구를 필요로 한다.

일리노이 대학교(University of Illinois)에서의 연구는 효소 촉매활성의 변화가 비교적 쉽다는 것을 보여 주었다. 부위 특이적 돌연변이유발 방법을 이용하여 효소 활성부위에 있는 아미노산 한 개를 바꾸어 촉진되는 반응의 종류를 변화할 수 있다는 것을 보여주었다. 이것은 진화 과정 동안 효소의 활성을 변화시키거나 세밀하게 조절하는 것이 단순할 수 있다는 것을 의미한다. 뿐만 아니라 치료용 의약품이나 화합물 시약의 제조에 응용하기 위해서 의약과 화학 산업에 종사하는 과학자들이 촉매활성을 갖는 새로운 효소를 설계할 수 있다는 것을 의미한다 (6.6절 참조).

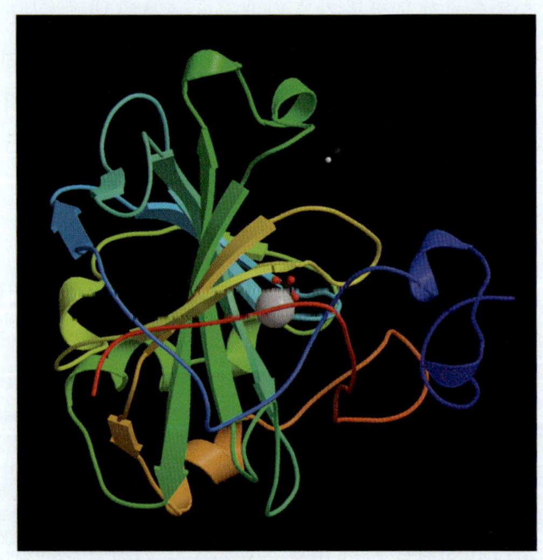

인간 적혈구 세포의 탄산무수화효소 II.

O_2N—⟨벤젠고리⟩—C(=O)—OCH_3 $\xrightarrow{H_2O}$ [O_2N—⟨벤젠고리⟩—C(O^-)(OCH_3)—O^+H_2]

Presumed tetrahedral transition state

(a)

O_2N—⟨벤젠고리⟩—O—P(O^-)(=O)—$CH_2CH_2CH_2CH_2COO^-$

Transition-state analog used as antigen to prepare catalytic antibodies

(b)

그림 6.11 항체효소(abzyme)의 설계. (a)메틸-*p*-니트로벤조산 가수분해의 천이상태. (b)메틸-*p*-니트로벤조산의 가수분해를 촉진하는 항체를 만들기 위해 항원으로 이용된 천이상태유사체. 예상된 사면체 천이상태와 천이상태유사체 부분은 붉은 색 음영으로 표시하였다.

촉매항체 촉매항체의 유용성을 증명하는 최초의 실험 결과는 1986년 샌디에고(San Diego)에 위치한 스크립스 연구소(Scribbs Institute)의 피터 슐츠(Peter Schultz)와 리처드 러너(Richard Lerner)에 의해 발표되었다. 이 초기 항체효소(abzyme)는 에스테르(ester)와 탄산(carbonate)의 가수분해를 촉진하도록 설계되었다. 다음 예는 에스테르가수분해효소(esterase) 활성을 갖는 항체를 만들기 위해 항원으로 선택한 천이상태유사체에 대한 설명이다. 연구 목표가 된 반응은 *p*-니트로벤조산 메틸 에스테르(*p*-nitrobenzoate methyl ester)의 가수분해였다(그림 6.11). 이 반응의 예상된 천이상태 구조가 그림 6.11에 있다. 가수분해는 천이상태의 사면체 중심을 형성하는 에스테르의 카르보닐 탄소에 친핵체인 H_2O의 공격에 의해 시작된다. 이 연구의 목표는 이 예상된 천이상태를 특별히 결합하는 항체를 생산하는 것이다. 이와 같은 구조를 갖는 탄소 화합물은 매우 불안정하기 때문에 원하는 항체를 생산하기 위한 항원으로 분리하여 이용할 수가 없다. 하지만 그림 6.11에서 볼 수 있는 유사한 구조의 사면체인 포스폰산(phosphonate) 화합물은 쉽게 합성하여 항체 형성을 위한 동물에 주사할 수 있다. 이렇게 생산된 항체는 목표 에스테르 화합물인 *p*-니트로벤조산 메틸 에스테르의 가수분해를 크게 향상시키는 것으로 확인되었다. 항원인 포스폰산을 항체-에스테르 반응 혼합물에 첨가하였을 때 효과적인 경쟁적 억제제로 기능하였다. 이 항체 촉매반응 및 다른 여러 반응이 미카엘리스-멘텐 반응속도론을 따르는 것으로 확인되었다. 항체 촉매반응에서는 촉매 없는 반응에 비해 10^3~10^6의 속도 증가가 관찰되었고 K_M, V_{max}는 일반 효소와 비슷한 값을 보였다.

맞춤 촉매로서 항체의 가능한 용도는 무한하며 이의 잠재력은 이제야 검증되기 시작하였다. 항체는 존재하거나 합성된 다량의 항원을 이용하여 만들어진 후 자연에 존재하는 효소로는 가능하지 않은 반응을 촉진할 수 있다. 항체를 기존의 화학 물질로는 가능하지 않거나 비효율적인 반응의 촉매로 이용하여 키랄 의약품과 다른 값비싼 화합물을 합성할 수 있도록 설계할 수 있다. 앞으로의 연구 목표로는 (1) 선택적으로 단백질과 핵산을 분해하여 서열 분석에 이용할 수 있는 항체와 (2) 바이러스 및 암세포의 단백질과 탄수화물 외피를 분해하는 항체의 개발을 들 수 있다. 기초 연구에서의 촉매항체의 중요성 또한 강조되어야 한다. 촉매항체 연구에서 얻은 실험 자료는 효소 활성에서 천이상태 안정화 개념을 뒷받침하고 효소의 기본적 기능에 대한 근본적인 지식을 제공했다(6.6절 참조).

6.5 리보자임

학습 목표

RNA 효소인 리보자임의 구조와 촉매작용을 이해한다.

1981년 이전에 생화학 전공의 학생들은 "모든 효소가 단백질이지만 모든 단백질이 효소는 아니다"라는 말을 교과서와 강의 시간을 통해 배웠다. 생물학적 촉매의 연구는 당의 물질대사 연구와 함께 1800년대 중반에서 말까지 활발했다. 이 시기 동안 촉매는 "발효(ferment)"라고 불렸고 이들의 화학적 특성에 대해서는 알 수가 없었다. 1920년대에 요소가수분해효소(urease)(5.1절 참조)라는 효소가 분리, 정제되었으며 화학적 분석에 의해 대부분 단백질로 구성되었음을 알게 되었다. 이후로 1980년 초까지 분리, 분석된 모든 효소가 단백질임이 확인되었다. 이때부터 모든 효소가 단백질이라는 것이 정설이 되었다.

1981년과 1982년 두 개의 독립된 연구진에 의해 효소처럼 작용하는 RNA 분자가 발견됨으로써 생화학에서의 혁명이 시작되었다. **촉매RNA(catalytic RNA)**에 대한 연구 결과가 처음으로 발표되었을 때 많은 생화학자들은 회의적이었다. 그러나 RNA 효소를 입증하는 실험적 증거가 제시되고 여러 생물체에서 여러 가지 다른 종류의 증거가 발견되었을 때 가장 회의적이었던 사람들도 확신하게 되었다. 어떤 형태의 RNA가 생물학적 촉매로 이용될 수 있다는 발견의 중요성은 이 독특한 촉매의 발견자인 시드니 알트만(Sidney Altman, 예일 대학)과 토마스 첵(Thomas Cech, 콜로라도 대학)에게 1989년 노벨상이 수여됨으로써 인정되었다. 이제는 RNA 효소를 **리보자임(ribozyme)**이라는 용어를 사용하여 부른다. 이 절에서는 촉매RNA 분자의 두 가지 예, 즉 (1) 세균의 효소인 리보핵산가수분해효소 P(ribonuclease P)의 RNA 단위체와 (2) 자가이어맞춤RNA인트론(self-splicing RNA intron)을 보여 줄 것이다.

리보핵산가수분해효소 P

촉매RNA의 최초 증거는 모든 생물체에서 발견되는 효소인 **리보핵산가수분해효소 P(ribonu-clease P)**에 대한 연구로부터 나왔다. 이 효소의 기질은 그림 6.12에 나타난 일련의 비활성 전구체인 tRNA 분자들이다. 기능을 갖는 완전한 tRNA가 되기 위해 포스포디에스테르결합(phosphodiester bond)이 가수분해하여 일부 리보뉴클레오티드 조각이 제거된다. 이 과정에 의해 단백질합성을 위한 아미노산 선택

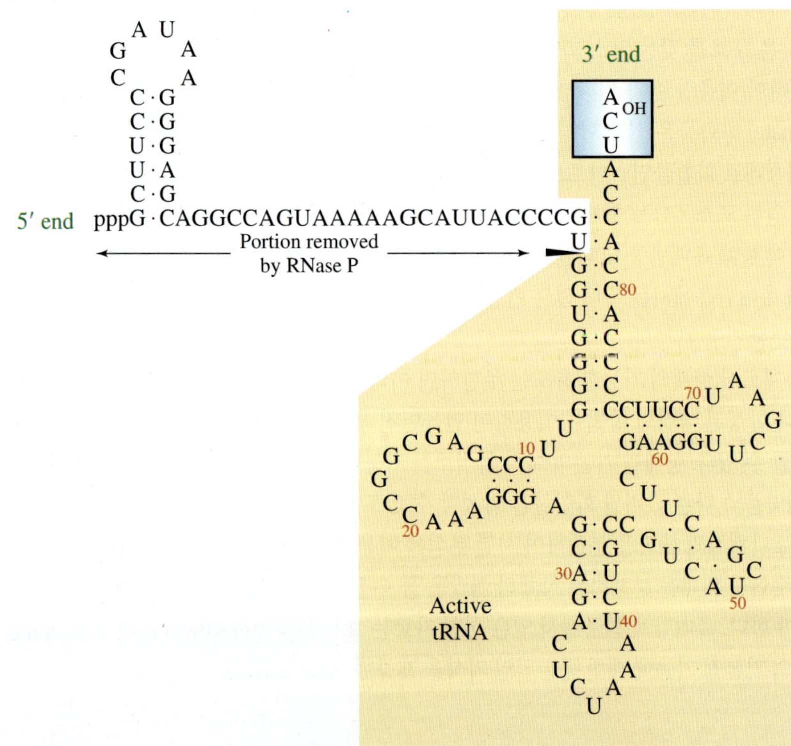

그림 6.12 리보핵산가수분해효소 P(RNase P)의 기질. tRNA 전구체 분자는 화살표로 표시된 포스포디에스테르결합에서 가수분해되어 활성 tRNA와 리보뉴클레오티드 조각이 된다. 리보뉴클레오티드염기: A = 아데닌, C = 시토신, U = 우라실, G = 구아닌, ppp = 삼인산 5' 말단.

과 활성화에 이용되는 tRNA의 친숙한 클로버 잎 구조로 바뀐다. 리보핵산가수분해효소 P는 최소한 60개의 서로 다른 tRNA 전구체를 인식하고 분해할 수 있다. 정제와 전기영동 분석으로 이 효소는 다음과 같은 두 성분임을 알게 되었다. (1) 분자량 14,000의 비교적 작은 크기의 단백질 단위체(protein subunit) (2) 단일 사슬로 연결된 377개 뉴클레오티드의 RNA 성분. 이 효소 성분을 처음으로 발견하였을 때 활성 부위가 단백질 단위체에 존재하고 RNA는 기질인 tRNA와 결합하는 것을 돕는 "보조인자"로 이용될 것으로 예상하였다. 하지만 알트만과 동료 연구자들은 분리된 성분을 이용한 연구에서 단백질 성분 없이 RNA 단위체만으로 마그네슘 이온의 존재 하에서 tRNA 전구체를 가수분해할 수 있다는 것을 발견하였다. 이 RNA 성분은 실제 효소처럼 미카엘리스-멘텐 반응속도론을 따르고, 소량만이 촉매활성에 필요하며, 본래의 3차원 구조를 유지해야만 활성을 나타내고, 반응 과정 중에 구조가 변하지 않는다.

자가이어맞춤RNA인트론

비슷한 시기에 또 다른 실험실에서 RNA의 다른 놀라운 특성을 발견하였다. 첵과 그의 동료 연구자들은 번역을 위하여 RNA의 구조를 변형시키는 생화학적 **자가이어맞추기(self-splicing)** 반응을 연구하고 있었다. 이들은 특히 인트론(intron)으로 불리는 개재 서열(비암호화 서열)이 어떻게 RNA에서 분리되고 엑손(exon)이 어떻게 함께 연결되는지에 관심이 있었다. (RNA변형의 세부 사항에 대해서는 11장 참조). 연구된 생물체 중 적어도 한 생물체(섬모충류의 원생동물인 *Tetrahymena thermophila*)에서 첵과 동료 연구자들은 rRNA 전구체(pre-rRNA)에서의 인트론의 자가이어맞추기는 자기촉매작용(autocatalysis)에 의해 일어났다는 것을 발견하였다. 즉 RNA는 단백질 촉매의 도움 없이 스스로를 분해한 것이다. 이 이어맞추기 과정은 414개의 뉴클레오티드염기로 구성된 인트론을 잘라 내었다. 이 인트론은 후에 변형되어 L-19 IVS RNA라는 산물이 되었다. 이 최종 산물은 19개의 뉴클레오티드가 결손된 본래의 인트론(개재 서열, IVS)이다. 이어맞추기는 그림 6.13에서 보는 바와 같이 에스테르전달반응(transesterification)에 의해 일어난다. RNA가 스스로를 변형시킨다는 것은 놀라운 일이지만 이어맞추

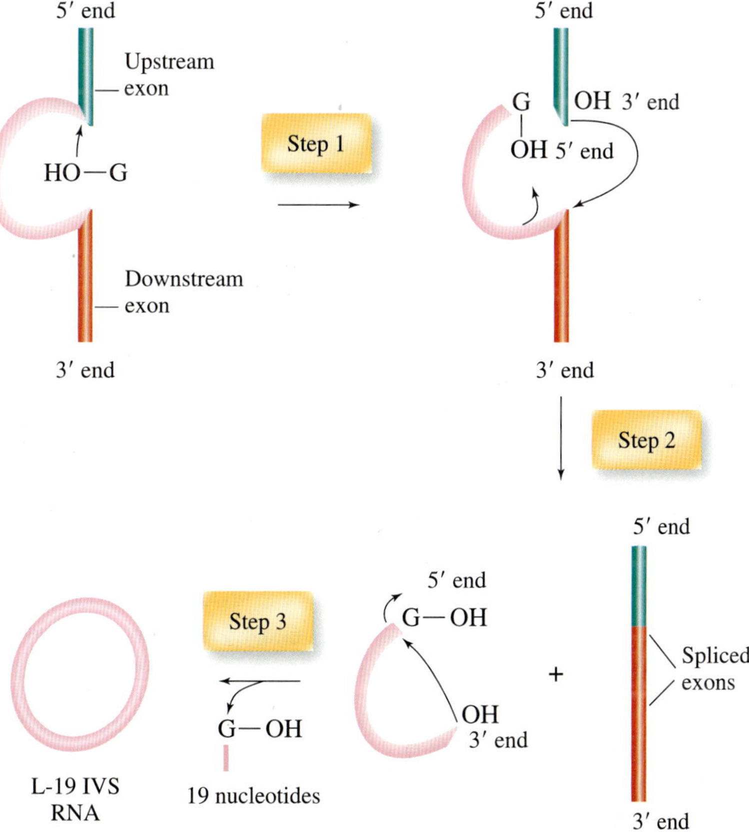

그림 6.13 테트라히메나(*Tetrahymena*)의 rRNA 전구체의 자가이어맞추기(self-splicing). 414개의 뉴클레오티드염기로 구성된 인트론(분홍색)이 RNA로부터 잘려 나간다. 1 단계: 구아닌 뉴클레오티드(G—OH)가 보조인자로 작용하여 인트론의 5′ 말단을 절단한다. 2 단계: 두 개의 엑손(붉은색과 초록색)을 연결한다. 3 단계: 인트론은 19개 잔기의 작은 리보뉴클레오티드 조각으로 방출된 후 고리화 반응을 거친다.

기 과정 동안에 다수의 전환 반응을 보이지 않고 하나의 기질에만 작용했기 때문에 진짜 효소로 인정될 수는 없었다.

하지만 L-19 IVS RNA에 대한 계속된 연구에서 좀 더 놀라운 발견들이 이루어졌다. 이와 같은 형태의 RNA가 다른 RNA 분자, DNA, 그리고 다른 생체분자에서도 반응을 진행시켰다. 촉매RNA의 활성 범위는 다음과 같이 점차 증가하고 있다.

- 올리고뉴클레오티드(oligonucleotide) 기질의 분해와 연결
- DNA 포스포디에스테르결합의 분해
- RNA의 서열 특이적 분해
- 에스테르 가수분해
- 아미노산 사이의 펩티드결합 형성
- 대사물질의 존재에 따른 RNA의 절단 및 이를 통한 유전자발현 조절(12.4절)

리보자임이 보여주는 반응속도의 변수와 최적 반응 조건은 단백질 촉매작용에서 나타나는 값과 유사하다. RNA 분자가 활성을 보이기 위해서는 단백질 효소와 마찬가지로 원래의 2차와 3차구조를 유지하는 것이 필수적이다.

리보자임의 중요성

다른 형태의 촉매RNA가 계속 발견되고 연구되고 있다. 식물 RNA 바이러스의 구성 성분으로서 작은 리보자임이 발견되었다. 이 RNA의 촉매활성 부위는 19~30개만의 뉴클레오티드로 구성되어 있고 특징적인 모양과 분해 작용 때문에 망치머리형 리보자임(hammerhead ribozyme)으로 명명되었다. 망치머리형 리보자임보다 더 작은 RNA 분자도 촉매활성을 갖는다(생화학 들여다보기 6-3 참조).

촉매RNA의 발견은 매우 흥미로운 진화와의 연결 고리를 찾아냈다. 정보 분자와 촉매로서의 두 가지 기능을 갖는 RNA는 최초의 거대 생체분자 중의 하나이고 진화 초기 단계에서 주된 역할을 하였을 것이다. 단백질합성 과정에서 아미노산을 연결하는 리보솜 효소인 펩티딜기전달효소(peptidyl transferase)는 생명 기원에서의 최초의 촉매 중 하나였다. 이 효소는 리보자임으로 밝혀졌다. 진화 과정 동안 RNA의 촉매 기능은 좀 더 효율적이고 다양한 촉매인 단백질이 대신하게 되었을 것이다. RNA의

6 - 3

생화학 들여다보기

가장 작은 리보자임은?

단백질처럼 리보자임도 크기가 서로 다르다. 원핵세포 단백질합성에 관여하는 50S와 30S 리보솜 단위체(12장 참조)는 가장 큰 촉매RNA로 알려져 있으며 각각 3000개와 1500개의 뉴클레오티드를 포함하고 있다. 테트라히메나 테르모필라(*Tetrahymena thermophila*)의 자가이어맞춤인트론과 tRNA를 합성하는 리보핵산가수분해효소 P는 각각 약 400개의 뉴클레오티드를 포함하고 있다. 식물성 바이러스에 있는 작은 RNA 분자인 망치머리형 리보자임은 다른 RNA의 분해를 촉진하며 20개의 적은 숫자의 뉴클레오티드를 포함하고 있다. 촉매활성을 보유하면서 가장 작은 리보자임은 몇 개의 뉴클레오티드를 포함하고 있을까?

이것은 가장 작은 리보자임을 만들 수 있는 최초의 사람은 누구인가와 같은 단순한 과학적 경쟁 과제가 아니다. 이 정보는 진화의 초기 단계에 존재했던 생명의 기원이 되는 분자와 관련이 있다. 많은 과학지들이 초기 생명이 생성되는 시기에 RNA 분자가 유전자 암호 기능과 촉매 기능의 중요한 두 가지 역할을 했다고 생각하고 있다. 지구의 초기 생명은 "RNA 세계"에 속했었다. 생명체의 유전적 알파벳은 2개의 염기쌍(DNA에서는 AT와 GC RNA에서는 AU와 GC)을 만들 수 있는 4개의 문자로 되어있다. 하지만 2개의 염기(1쌍의 염기쌍)로만 구성된 리보자임이 촉매 기능을 가질 수 있을까? 이론적으로 보면 지구의 초기 진화역사에서 2개의 문자로 구성된 유전자 암호가 더 효율적일 수 있었을 것이다.

정보적 기능은 화학적으로 좀 더 안정한 DNA가 맡게 되었을 것이다.

리보자임은 RNA의 특정 지역 분해를 위한 도구로서 뿐만 아니라 생물의학적으로도 응용 가능성이 많다. 많은 병원성 바이러스가 RNA를 포함하고 있는데 이의 분해를 목표로 잘 설계된 리보자임을 이용할 수 있다. 리보자임을 조작하여 RNA와 DNA의 특정한 뉴클레오티드 서열만을 분해하도록 할 수 있을 것이다. 이런 처리를 통하여 감염성 포유동물 바이러스, 레트로바이러스 또는 이들에 의해 형질전환된 세포의 상태를 유지하는 데 관여하는 mRNA를 비활성화시킬 수 있다. 시험관 내(*in vitro*)에서 에이즈의 원인 바이러스인 사람면역결핍바이러스(human immunodeficiency virus, HIV)의 RNA를 분해할 수 있는 리보자임이 고안되었다. 이와 같은 리보자임을 사람 대상의 임상 실험에 사용할 수 있도록 승인되었다.

6.6 미래의 생물학적 촉매제

학습 목표

화학 및 제약 산업에서 이용되는 효소의 상업적 용도를 평가한다.

인간 문명은 수세기 동안 생물학적 촉매제(생체촉매)를 이용하여 왔다. 과일 주스의 발효(예를 들어 포도에서 와인을 제조)와 제빵은 효소를 매일 이용하는 두 가지 중요한 예이다. 상업적인 공정에서의 생체촉매(biocatalyst) 이용은 미래에도 계속 중요한 활동이 될 것이다. 하지만 효소를 시약으로 이용하기 전에 우리는 많은 것을 배워야 한다. 효소의 구조와 작용에 대해 100년간 철저히 연구해 왔지만 아직도 효소학에서 풀리지 않은 많은 문제가 있다.

- 생화학자는 효소가 어떻게 작용하는 지에 대해 많은 것을 알아내고 있지만 효소가 반응을 어떻게 빠르게 하는가에 대해서는 아직도 지식이 부족하다.
- 효소가 세포에서 어떻게 작용하는지에 관한 정확하고 좋은 정보를 얻기 위해서 생물학자는 생리적인 조건에서 일어나는 전체 생화학 경로에 대한 연구를 시도하고 있다(지금까지는 분리한 단일 효소를 이용하여 시험관 조건에서 연구).
- 산업계의 과학자들은 비효율적이고 정교하지 않은 전통적인 화학 촉매를 대체하기 위해 산업적 응용성이 있는 생체촉매를 이용하는 방법을 조사하고 있다(생화학 들여다보기 5-1 참조).

이 절에서 우리는 기초 과학과 응용 기술에서 발전하고 있는 단백질과 RNA 효소의 몇 가지 최첨단 영역을 설명할 것이다.

캘리포니아에 있는 스크립스 연구소(Scripps Research Institute)의 존 리더(John Reader)와 제랄드 조이스(Gerald Joyce)는 피리미딘과 퓨린(우라실과 2,6-디아미노퓨린)으로 구성된 1쌍의 염기가 리보자임 화학에서 일반적인 반응인 3',5'-포스포디에스테르 연결 반응을 촉진하여 두 개의 RNA 분자를 연결할 수 있다는 것을 보여주었다. 연결 반응에 대한 촉매 속도는 촉매가 없을 때와 비교해서 36,000배가 빨랐다. 이 속도는 같은 반응을 촉진하는 자연에 있는 효소인 RNA중합효소가 세포에서 일으키는 반응과 비교하면 대단히 느린 것이다. 이 중요한 연구 결과는 생명체의 유전자 암호가 두 문자로 시작했다는 증거가 되지는 않지만 가능하다는 것을 보여주었다.

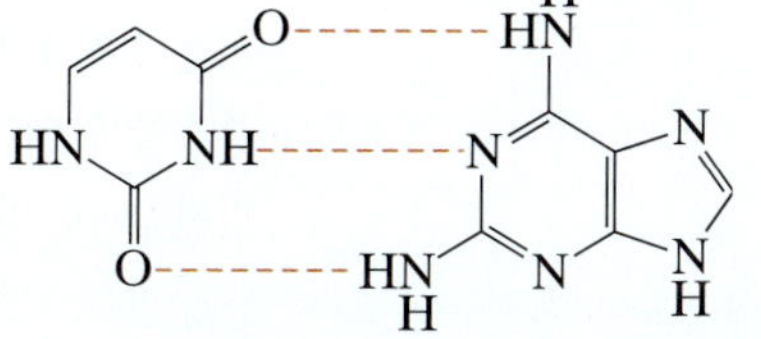

우라실(왼쪽)과 2,6-디아미노퓨린(오른쪽) 사이의 염기쌍이 RNA중합효소 활성을 갖는다. 수소결합은 점선(붉은색)으로 나타내었다.

효소의 구조와 작용

효소가 어떻게 작용하는지를 밝힌 초기 생화학 연구 성과는 대부분 활성부위 주변의 아미노산서열을 알아내고 이들을 부위 특이적 돌연변이유발 기술(6.4절)을 적용하여 얻은 정보에 의존했다. 지금은 단백질과 DNA 서열분석, X선결정학, NMR 분광학 등의 새로운 기술을 결합하여 수천가지 효소의 아미노산서열, 3차구조, 활성부위 구조를 알 수 있다. 뿐만 아니라 새로운 X선결정학 기술과 정교한 컴퓨터 프로그램을 이용하여 2일 이내에 효소의 결정 구조를 밝힐 수 있다. 따라서 가까운 장래에 수 천 가지의 새로운 효소 구조를 이용할 수 있을 것이다. 이때쯤이면 생화학자는 활성부위에 존재하는 아미노산과 아미노산서열 정보만을 가지고 이 효소의 특정한 화학 반응성을 알아낼 수 있을 것이다. 활성부위에 존재하는 아미노산 잔기(영역)의 배열을 아는 것만으로도 효소의 촉매반응 종류를 예측할 수 있을 것이다. 이와 같은 연구 분야는 생화학자들이 천이상태 구조를 정확하게 예측하여 효소 작용의 천이상태 모델이 올바른 지를 시험할 수 있게 할 것이다(5.3절).

세포에서의 효소작용

전통적인 효소학에서는 시험관의 완충용액에 분리 정제된 효소를 첨가하여 일어나는 반응에 대해 연구하였다. 실험은 대개 분리한 효소의 V_{max}, K_M, k_3 및 억제 특징을 평형 조건에서 측정하는 것에 중점을 두었다. 하지만 현대의 효소학자는 한 효소의 기질과 생성물 분자뿐만 아니라 같은 대사경로에 있는 다른 효소와 이의 기질, 생성물 및 용매(물) 분자와 상호 작용하는 자연 상태의 세포에서의 효소에 대한 연구를 해야 한다. 세포 내의 복잡한 비평형 열역학 조건에 있는 효소에 대한 특성을 알아내고 연구할 필요가 있는 것이다. 효소학자는 "효소-기질 쌍의 K_M과 V_{max}가 무엇인가?"와 같은 단순하고 변화 없는 상태에 대한 질문보다는 "효소분자가 특정한 시간에 활성 입체구조로 존재할 확률이 어느 정도인가?"와 같은 확률적인(우연적 또는 무작위적인 것을 포함하는) 성질에 질문하고 답할 수 있어야 한다. 이와 같은 종류의 실험은 세포 내의 변화 많고 복잡한 조건에서 효소 반응과 반응속도론의 특성 파악에 도움을 줄 것이다. 이와 같은 새로운 반응속도론적인 접근은 용매와 세포 내의 다른 분자와 지속적인 충돌로 야기된 효소분자의 변화에 대해 설명할 수 있을 것이다.

세포에서의 효소 작용에 대한 연구의 또 다른 접근 방법은 특정한 대사경로의 생화학 반응을 효소의 3차원 구조와 연관시키는 것이다. 특정한 생화학 경로에서 일어나는 생화학 반응들과 참여하는 효소의 3차원 구조를 제공함으로써 단일 대사경로에 참여하는 효소들의 구조의 유사성과 차이를 알 수 있게 한다.

리보자임

촉매활성을 갖는 RNA 분자의 발견은 효소학에서 새로운 장을 열어 놓았다. 리보자임의 2차 및 3차구조에 대해서는 아직 밝혀야 할 것이 많으며 최근에 와서야 리보자임의 X선결정 구조가 발표되었다. 단백질과 마찬가지로 촉매RNA 분자의 구조도 구성하는 단량체인 뉴클레오티드 서열에 좌우되며 종류별로 각각의 독특한 원래입체구조를 이룰 것으로 예상한다. 상보적 염기쌍 형성이 리보자임의 구조적 접힘을 결정하는 중요한 인자가 될 것이다.

리보자임은 촉진하는 화학 반응의 종류가 단백질보다 다양하지 않을 것으로 예상한다. 리보자임에서는 단지 4개의 뉴클레오티드가 기질 결합과 촉매작용에 참여한다. 이는 단백질 효소의 활성부위에 존재할 수 있는 20개의 서로 다른 아미노산과 비교된다. 리보자임에는 다음과 같은 3개의 잠재적인 기질결합자리 및 촉매부위가 있다(그림 6.14).

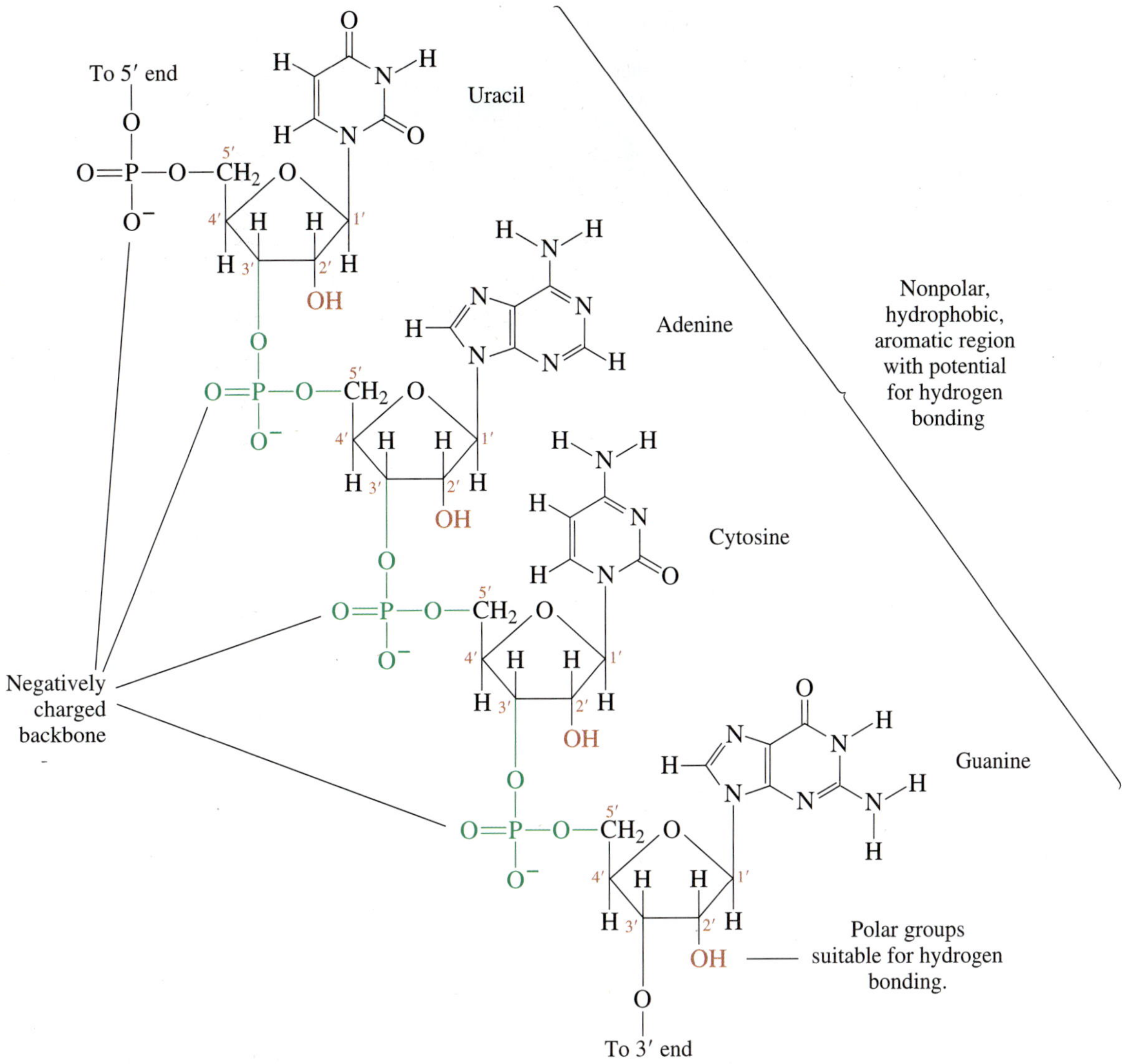

그림 6.14 기질과 결합할 수 있는 3개의 지역을 보여주는 짧은 RNA 뉴클레오티드(리보자임). 붉은색의 OH기는 극성인 친수성 지역을 나타낸다.

1. 기질과 리보자임 사이의 강한 정전기적 상호작용을 일으키는 음이온성 포스포디에스테르 골격구조. 이는 다소 약한 중성의 펩티드 골격구조를 갖고 있는 단백질과는 상당히 다른 반응성을 보여줄 것이다.
2. 많은 수소결합을 할 수 있는 극성의 친수성 리보오스 잔기.
3. 비극성의 소수성 성질을 갖고 있으며 수소결합에 참여할 수 있는 뉴클레오티드염기.

효소의 실용적 이용

효소의 작용은 생물 세포 내의 대사적 반응의 촉매작용에만 국한되어 있지 않다. 특이적이고 일관된 특성으로 인해 효소는 의학, 식품과 의복의 가공, 산업에서의 화학/제약용 시약의 생산에 이르기까지 더할 나위 없이 이상적인 약품으로 쓰인다. 대량으로 이용되는 효소의 백분율을 보면 상업적인 효소가 대단히 다양하게 이용되고 있음을 알 수 있다(그림 6.15).

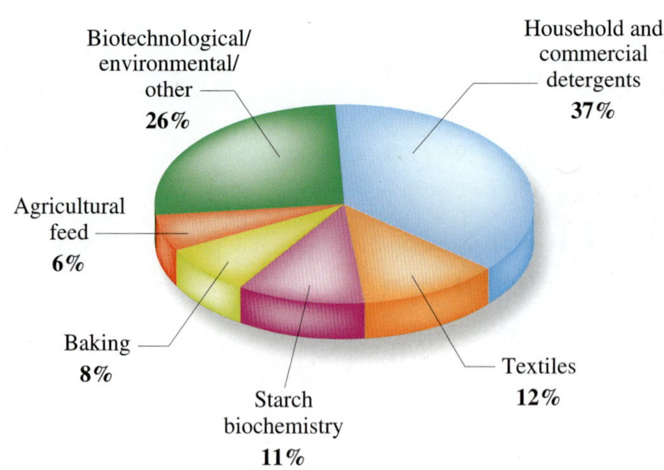

그림 6.15 상업적 효소 이용의 백분율 비율.

의약품 생명공학(biotechnology) 산업은 치료 목적으로 몇 가지 효소를 개발하였다. **디옥시리보핵산가수분해효소(deoxyribonuclease, DNase)**는 최근에 낭포성섬유증(cystic fibrosis, CF) 치료제로 승인 받았다. CF 환자가 겪는 주요 임상 증상은 폐와 기관지에 아주 점도가 높은 점액이 많은 양으로 생긴다는 것이다. 이것은 종종 호흡 장애를 일으키는데 CF 환자의 주요 사망 원인으로 작용한다. 이 점액에는 만성적 폐 감염을 일으키는 세균과 감염에 대항하는 수많은 백혈구 세포가 포함되어 있다. 혈액 세포와 세균이 죽으면 DNA를 방출하는데 이것들이 점액의 점도를 높인다. 사람의 DNase는 **풀모자임(Pulmozyme)**이란 약품명으로 제넨텍 사(Genentech Company)에서 유전자 재조합 방법으로 만들었으며 입자를 분무하여 흡입하는 방법으로 투약된다. 이 효소는 커다란 DNA 분자들을 작은 핵산 조각으로 가수분해하여 DNA 용액의 점도를 낮춘다. 이 효소는 또 기관지염, 폐렴 및 폐기종 환자들의 감염된 점액을 묽게 하는 데도 효과적이다(임상 생화학 10 참조).

식품과 의복 음식물에도 효소의 천연 기질이 포함되어 있기 때문에 농산물의 가공에 효소를 이용하는 것도 논리적인 생각이다. 녹말을 분해하는 효소인 **아밀라아제(amylase)**는 현재 저칼로리 맥주, 포도주 및 과일 주스 등의 생산 공정에 이용하고 있다. 천연 음료의 혼탁도는 주로 녹말이나 셀룰로오스가 물에 녹기에는 너무 큰 분자이기 때문에 생기는 현상이다. 아밀라아제를 첨가하면 녹말이 가수분해되어 물에 용해하기 쉬운 작은 크기의 다당류 및 글루코오스로 변한다. 주스에 **섬유소분해효소(cellulase)** 효소를 첨가하면 물에 녹지 않는 셀룰로오스가 글루코오스로 분해된다.

효소는 새로 산 청바지가 "10년은 입은 것 같이 보이도록" 하는 데도 이용된다. "돌로 두들겨 씻은 청바지" 용 데님 천의 질감을 위해 처음에는 자연 광석인 경석(pumice, 화산암)으로 처리하여 만들었다. 경석을 이용한 마찰력은 데님의 첫 겹을 벗겨 내고 푸른색의 염색이 스미게 하여 오래된 청바지 같이 보이게 한다. 채광과 경석 제조와 관련된 환경 문제로 인해서 청바지 제조 회사들은 생명공학 방법을 선택하였다. 면직물인 데님은 효소인 섬유소분해효소로 잠깐 처리한다. 이 효소는 면의 표면에 있는 셀룰로오스를 가수분해한다. 이 작용은 면의 첫 겹을 느슨하게 하고 공정 중에 푸른색의 염색이 스미게 해서 오래 입은 청바지 같이 만든다.

세제 세균의 단백질분해효소인 **서브틸리신(subtilisin)**은 가정용 및 세탁소용 세제의 주 첨가물이다. 이 효소는 풀, 피, 점액, 배설물, 또는 계란이나 고깃국물과 같은 음식물로부터 생기는 단백질 계통의 얼룩을 제거한다. 이런 단백질로 인한 얼룩은 물에 녹지 않고 섬유 표면에 달라붙는다. 서브틸리신은 얼룩에 있는 단백질의 아미드결합을 가수분해하여 빨랫물에 쉽게 용해되는 크기가 작은 펩티드로 만든다.

세탁용 분말로 이용하는 서브틸리신은 유전자조작하여 세탁기 내의 고온과 높은 pH에도 활성을 유지한다. 고깃국과 지방이 많은 음식에서 생긴 얼룩을 제거하기 위해서 때로는 지질과 지방을 분해하는 효소인 지질가수분해효소(lipase)를 이용한다.

호극한성 생물에 존재하는 효소가 고온, 고압 등에 어떻게 견딜 수 있는지에 대한 원인을 알아내기 위해서는 많은 연구가 필요하다(생화학 들여다보기 1-1). 예로서 두 개의 효소 **온천세균중합효소(*Taq* polymerase**, 중합효소연쇄반응에 이용, 13.3절)와 **카탈라아제(catalase**, 생화학 들여다보기 5-1)를 옐로스톤 국립공원의 온천에 사는 미생물에서 분리하였다. 쉽게 변성되지 않는 이 효소들이 일반 효소와 다른 구조적인 특징은 무엇인가? 이 질문에 대한 답은 혹독한 조건에서 이용할 수 있는 유전자조작 효소의 설계를 위해서 더할 나위 없이 중요할 것이다. 한 효소의 반응성을 바꾸기 위한 실험 방법에는 재조합DNA 기술뿐만 아니라 유전자에 암호화된 20개 아미노산과는 다른 아미노산을 단백질에 도입하는 방법이 있다. 예를 들어 페닐알라닌을 *p*-클로로페닐알라닌(*p*-chlorophenylalanine) 또는 *p*-브로모페닐알라닌(*p*-bromophenylalanine)으로 교환할 경우 효소의 반응성과 특이성에 어떠한 영향을 주는지를 밝히기 위한 실험이 시도되고 있지만 이에 대한 결과는 아직 발표되지 않았다.

의약품과 화합물의 합성 효소는 산업용 시약, 의약품, 아미노산, 비타민, 새로운 고분자, 전통적인 화학 촉매로는 쉽게 만들 수 없는 화합물을 만드는 데에도 대단히 중요할 것이다. 거울상 이성질체(enantiomer, D/L 쌍)로 존재하는 키랄(chiral, 탄소 주위에 4개의 서로 다른 치환기를 갖는) 화합물을 합성할 때에도 효소의 이용 가치가 높다. 거울상 이성질체는 물리화학적 성질이 같지만 편광을 회전시키는 정도가 다르며 생리적인 영향에서 차이가 있다. 많은 의약품이 키랄 화합물이고 두개의 거울상 이성질체가 수용체와 상호 작용할 때 차이를 보인다는 점에서 약학에서 키랄 의약품이 점차 중요해 지고 있다. 키랄 의약품의 경우 한 개의 거울상 이성질체가 원하는 효과를 줄 수 있는 반면 다른 거울상 이성질체는 독성을 보일 수 있다. 효소도 키랄분자이기 때문에 키랄 의약품 중에서 원하는 거울상 이성질체만을 합성하는데 효소를 이용할 수 있다. 약효 있는 한 개의 거울상 이성질체만을 이용해야 하는 것이 얼마나 중요한지에 대한 예로서 키랄 의약품인 탈리도미드(thalidomide)를 들 수 있다. 의약품인 탈리도미드는 1950년대 말에서 1960년대 초까지 특히 임산부를 위한 안정제와 진정제로 유럽에서 널리 이용하였다. 이 약의 최초 성분은 두개의 거울상 이성질체를 포함하는 라세미혼합물(racemic mixture)이었다. 탈리도미드를 복용한 수 천 명의 임산부가 기형아를 출산하였다. 지금은 탈리도미드 거울상 이성질체 중 하나만이 안정제 효과를 준다는 것을 알고 있다. 둘 중의 다른 한 거울상 이성질체는 태아 분화를 방해하여 기형을 일으키는 물질이다.

인공감미료인 아스파르탐(aspartame)은 저칼로리 식품 첨가제로 널리 이용하고 있다(3.2절 참조). 디펩티드인 산업용 아스파르틸페닐알라닌메틸에스테르(aspartylphenylalanine methyl ester)는 아미노산인 L-페닐알라닌과 L-아스파르트산을 화학적으로 결합하여 생산한다. L-페닐알라닌 거울상 이성질체는 계피산(cinnamic acid)에 암모니아를 첨가하는 효소인 페닐알라닌 암모니아 분해효소(phenylalanine ammonia lyase)를 이용하여 생산한다.

$$\underset{\text{Cinnamic acid}}{C_6H_5-CH=CH-COOH} + NH_3 \xrightleftharpoons{\text{Phenylalanine ammonia lyase}} \underset{\text{L-Phe}}{C_6H_5-CH_2-CH(NH_3^+)-COO^-}$$

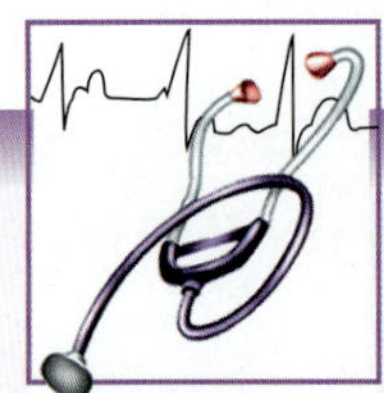

6-1 임상생화학

탄저균을 죽이는 바이러스 효소

탄저병(anthrax)은 포자를 형성하는 세균인 탄저균(*Bacillus anthracis*)의 감염에 의해 온혈동물(소와 양)에 발생하는 질병이다. 이 병은 중세에 발병했던 "전염병" 중 하나로 인간에 전염되며 폐 손상과 피부 궤양성 혹 발생의 증상을 보인다. 세균의 포자는 세균전의 강력한 매개물이기 때문에 다시 뉴스에 등장하고 있다. 탄저균 자체는 항생제를 이용하여 제거할 수 있지만 항생제에 의해 영향을 받지 않는 독소는 감염을 확인할 때쯤이면 농도가 이미 높아져 사망에 이르기 때문에 이 병은 대단히 위험한 질병이다. 뿐만 아니라 항생제 저항성 변이균이 개발되어 퍼질 수 있기 때문에 세간의 관심을 끌고 있다.

록펠러 대학교(Rockefeller University)의 연구자들은 세균 감염에 대응하기 위해서 현대적 기술이 가미된 옛날 방식의 도입을 시도하고 있다. 항생제를 개발하기 전인 20세기 초에는 세균 감염은 바이러스 요법으로 치료하였다. 세균의 천적인 바이러스는 세포벽을 분해하여 세균을 죽인다. 현대의 좀 더 정교한 방법은 세포벽을 분해하는 특정한 바이러스 효소를 분리하여 약물로 이용하는 것이다.

탄저균 및 유사 세균의 천적 바이러스인 박테리오파아지(bacteriophage) γ는 세포벽을 분해하는 **플라이지 리신(PlyG lysin)**이라는 효소를 생산한다. 이 효소는 탄저균 세포벽을 구성하는 탄수화물 결합을 가수분해하여 세포 내 물질을 방출시키는 과정으로 탄저균을 사멸한다(그림 참조). 이 효소는 탄저병 유발과 관련된 모든 균주의 세포벽에 존재하는 필수적인 특정 생화학 성분을 공격한다. 이 효소는 관련되지 않은 균주에는 해가 없다. PlyG 리신의 작용에 저항하도록 탄저균이 유전자 조작될 가능성은 높지 않다. PlyG 리신을 이용한 동물 임상실험이 진행 중에 있다. 초기 실험에서는 탄저균에 감염된 생쥐의 75%가 생존했다.

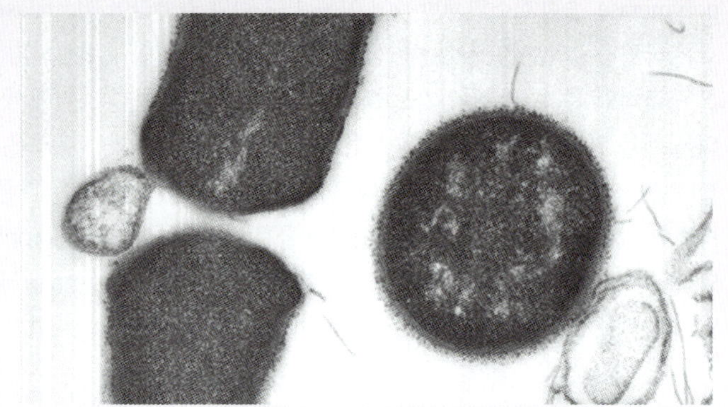

PlyG 리신에 의해 세균(*B. cereus*)의 세포벽이 터지고 있다.

학습 문제

1. PlyG 리신은 어떤 효소로 분류되는가? 5.1절을 참고하시오.
2. 전형적인 세포벽의 생화학 성분은 무엇인가? 1.3 및 1.4절을 참고하시오.

참고 문헌

Ember, L., 2002. Something old is new again. *Chem. Eng. News* Sept. 2:22-23.

Schuch, R., Nelson, D., and Fischetti, V., 2002. A bacteriolytic agent that detects and kills *Bacillus anthracis*. *Nature* 418:884-889.

요약

■ 효소의 촉매활성은 알로스테릭 상호작용(allosteric interaction), 공유결합적 변형(covalent modification), 단백질분해(proteolytic cleavage), 동위효소(isoenzyme) 생성, 조효소(coenzyme)의 존재를 포함하는 세포 활성에 의해 크게 영향을 받는다.

■ 알로스테릭효소(allosteric enzyme)는 양성 작동인자와 음성 작동인자라 하는 신호전달 분자의 가역적 비공유결합에 의해 영향을 받는다. 알로스테릭효소의 작용은 두 개의 이론 모델, **모노-와이만-샹조 모델**과 코쉬랜드에 의해 정의된 **순차모델**로 설명된다.

■ 어떤 효소의 활성은 아미노산 히드록실기의 인산화(phosphorylation)와 이황화결합의 환원 등과 같은 공유결합적 변화(covalent modification)에 의해 조절된다

■ 화학 반응의 촉매로 이용하기 위해 촉매항체(항체효소, abzyme)를 고안할 수 있다.

■ 어떤 형태의 RNA는 효소의 활성을 가지고 있다. 리보자임(ribozyme)의 한 예는 기질인 tRNA에 작용하는 리보핵산가수분해효소 P이다.

연습 문제

용어 이해

6.1 다음 용어를 우리말로 번역하고 25 단어 이내로 정의하시오.

a. vitamin
b. niacin
c. coenzyme
d. prosthetic group
e. micronutrient
f. negative effector
g. regulatory site
h. cooperativity
i. isoenzyme
j. covalent modification
k. zymogen
l. site-directed mutagenesis
m. catalytic antibody
n. ribozyme
o. $[S]_{0.5}$
p. ascorbic acid
q. choline
r. transition-state analog
s. kinase

개념 복습

6.2 헤모글로빈은 효소가 아니지만 산소와 작동인자와의 결합을 알로스테릭 용어를 이용하여 설명할 수 있다. 아래의 과정 a와 b의 특징을 설명하기 위해서 다음 용어들 중에서 어느 것이 이용될 수 있는가?

음성 협동성(negative cooperativity)
양성 협동성(positive cooperativity)
동형(homotropic)
이형(heterotropic)
음성 작동인자(negative effector)
양성 작동인자(positive effector)

a. 헤모글로빈 + $4O_2$ $\rightleftharpoons$
b. 헤모글로빈 + $4O_2$ + 2,3-비스포스포글리세르산 $\rightleftharpoons$

6.3 다음 각각의 효소 촉매반응에 요구되는 조효소를 예측하시오.

a. $CH_3CH_2OH \rightleftharpoons CH_3-C(=O)H$

효소: 알코올탈수소효소(alcohol dehydrogenase)

b. $CH_3C(=O)COO^- + CO_2 + ATP \rightleftharpoons {}^-OOCCH_2C(=O)COO^- + ADP + P_i$
(Pyruvate → Oxaloacetate)

효소: 피루브산카르복실화효소(pyruvate carboxylase)

c. $RCOOH \rightleftharpoons CoA-C(=O)R$

효소: 아실-CoA합성효소(acyl-CoA synthetase)

d. $CH_3C(=O)COO^- \rightleftharpoons CH_3C(OH)(H)COO^-$
(Pyruvate → Lactate)

효소: 락트산탈수소효소(lactate dehydrogenase)
***힌트:** 표 6.1의 내용 참조*

6.4 다음 반응속도론적 상황에 대한 그림을 그리시오.

a. v_0 대 [E]의 도식
b. 미카엘리스-멘텐식을 따르는 효소의 v_0 대 [S]의 도식
c. 알로스테릭효소의 v_0 대 [S] 도식

6.5 알로스테릭효소의 촉매부위와 조절부위의 차이점을 설명하시오.

6.6 이 장에서 설명된 네 가지 형태의 효소 조절의 특징을 비교하고 대조하시오.: 알로스테릭 조절, 공유결합적 변형, 단백질분해, 동위효소.

6.7 아래의 설명 중에서 동위효소에 대하여 맞는 것은?

a. 같은 화학 반응을 촉진한다.
b. 같은 4차구조를 가진다.
c. 기관과 조직에서 같은 분포를 보인다.
d. 같은 효소 분류 명과 번호를 가진다.

6.8 다음 조효소를 필요로 하는 생화학 반응의 일반적인 형태에 대하여 설명하시오.

a. 티아민피로인산(thiamine pyrophosphate)
b. 피리독살인산(pyridoxal phosphate)
c. 니코틴아미드아데닌디뉴클레오티드(nicotinamide adenine dinucleotide)

6.9 알로스테릭효소의 MWC 협조모델에 대한 다음 설명 중에서 옳지 않은 것은?

a. 알로스테릭효소는 가역적 전환이 가능한 R과 T의 두 가지 상태로 존재한다.
b. 이량체 알로스테릭효소는 RR로 존재할 수 있다.
c. 이량체 알로스테릭효소는 TR로 존재할 수 있다.
d. 기질은 RR 상태에 더 강한 친화력을 가지고 결합한다.
e. 기질은 RT 상태에 더 강한 친화력을 가지고 결합한다.
f. 양성 작동인자는 R 상태를 선호하여 결합한다.

6.10 알로스테릭효소의 순차모델에 대한 다음 설명 중에서 옳지 않은 것은?

a. 알로스테릭효소는 가역적 전환이 가능한 R과 T의 두 가지 상태로 존재한다.
b. 이량체 알로스테릭효소는 RT 상태로 존재할 수 없다.
c. T 상태에서 R 상태로의 단위체의 변화는 기질 결합으로 유도된다.

6.11 다음 각 효소에 의해서 촉진되는 반응을 쓰시오.

a. 가인산분해효소 키나아제(phosphorylase kinase)
b. 가인산분해효소 인산가수분해효소(phosphorylase phosphatase)

6.12 조효소와 보결분자단 사이의 용어의 차이를 설명하시오.

6.13 아미노산의 공유결합적 변형에 의한 조절 양상을 나타내는 다음 각 반응을 완결하시오. 보인 아미노산들은 조절효소의 내부의 잔기라고 가정하시오.

a. $-NH-CH(CH_2OH)-C(=O)- + ATP \xrightleftharpoons{\text{kinase}}$

b. $-NH-CH-C(=O)-$ / $CH_2-S-S-CH_2$ / $-NH-CH-C(=O)-$ $+ AH_2 \xrightleftharpoons{\text{reductase}}$

c. $-NH-CH(CH_2-C_6H_4-OH)-C(=O)- + ATP \xrightleftharpoons{\text{kinase}}$

d. $-NH-CH(CH_2-O-PO_3^{2-})-C(=O)$ (${}^-O-P(=O)(O^-)-O-$) $+ H_2O \xrightleftharpoons{\text{phosphatase}}$

6.14 표의 첫째 칸에 나열된 각각의 비타민을 둘째 칸의 관련 조효소와 연결하시오.

비타민	조효소
리보플라빈(비타민B_2)	피리독살인산
비타민B_6	NAD^+
니아신	FAD
엽산(folic acid)	조효소A
비타민B_1	테트라히드로엽산
	티아민피로인산
	비오틴

6.15 문제 6.27의 각 반응에 대한 효소의 일반명을 제안하시오.

6.16 아래 목록에서 적당한 성장과 발생을 위해 유용하고 경우에 따라서는 필수적이라고 취급되는 금속이온을 고르시오.

Fe^{2+}	Mg^{2+}	Mo^{6+}	Co^{3+}
Na^+	Hg^{2+}	Ni^{2+}	
Pb^{2+}	Cu^{2+}	Rn	

힌트: *그림 1.3을 이용하시오.*

활용 문제

6.17 왜 일련의 연속된 대사 반응에서 첫째 단계가 주된 조절 단계라고 생각하는 것이 논리적인가?

6.18 단백질분해에 의한 조절이 공유결합적 변형으로 취급되지 않는 이유를 설명하시오.

6.19 췌장과 위에서 생산된 단백질분해효소가 왜 비활성형으로 합성되어야 하는가?

6.20 아래의 에스테르 가수분해를 촉진하는 항체를 만들기 위해서 이용될 수 있는 분자(항원)를 고안하시오.

$$CH_3C(=O)-C_6H_4-C(=O)-O-CH_2CH_2N^+(CH_3)_2-CH_3$$

6.21 가슴 통증이 있는 개인이 지방 병원 응급실에 치료를 위해 갔다. 환자의 혈액 분석에 의해 락트산탈수소효소(LDH)의 농도가 높고 대부분 H_4 동위효소임을 알게 되었다. 증가된 LDH 농도에 대하여 가능한 이유를 한 가지 설명해 보시오. 의학적 진단에 대한 생화학 근거를 설명하시오.

6.22 리보핵산가수분해효소 P의 반응 혼합물에 6 *M* 요소를 첨가하면 반응 속도가 50% 줄어든다. 요소의 작용에 대하여 설명하시오.
힌트: *요소는 강한 수소결합을 형성할 수 있다.*

6.23 한 효소의 촉매작용은 기질이 결합한 활성부위에서 생긴다. 활성부위에서 멀리 있는 자리에 다른 화합물이 결합하는 것이 어떻게 촉매활성에 영향을 미칠 수 있는가?

6.24 효소 활성부위에 있는 아미노산 잔기가 1차 아미노산서열상에서 가까울 필요가 있는가? 이유를 설명하시오.

6.25 리보핵산가수분해효소 P에서 RNA 성분의 역할은 무엇인가?

6.26 다음은 동물에서의 콜레스테롤 합성 경로이다. 많은 중간체와 효소 중에서 일부만 나타내었다. 어느 반응이 콜레스테롤 합성에서 속도 결정 단계인지 효소 조절 원리를 이용하여 예측하시오. 속도 결정 단계에 있는 효소가 조절효소라고 예상하는가?

HMG-CoA $\xrightarrow{1}$ 메발론산(mevalonate) $\xrightarrow{2}$
이소프렌(isoprene)중간체 $\xrightarrow{3}$ 스쿠알렌(squalene)
라노스테롤(lanosterol) $\xrightarrow{4}$ 콜레스테롤(cholesterol)

6.27 기질로부터 유도된 모든 유기 생성물의 구조를 그려서 다음 대사 반응을 완성하시오. 각 반응은 적절한 효소에 의해 촉진된다고 가정하시오.

a. $CH_3CH_2OH + NAD^+ \rightleftharpoons$

b. $HOOC(H)C=C(H)COOH + FADH_2 \rightleftharpoons$

c. $CH_3\underset{\underset{O}{\|}}{C}COOH + CO_2 + ATP \rightleftharpoons$

6.28 아래 반응은 프로인슐린(비활성)을 활성이 있는 인슐린으로 전환하는 데 중요하다. 중요 생성물을 써서 반응을 완성하시오.

$$\underset{\text{Proinsulin}}{\text{-Ala-Arg-}} + H_2O \xrightleftharpoons{\text{peptidase}}$$

6.29 문제 6.27의 각 반응에서 일어나는 화학적 과정을 설명하는 용어를 아래에서 고르시오.

탈아미노화(deamination) 산화환원(oxidation-reduction)
가수분해(hydrolysis) 카르복실화(carboxylation)

6.30 아래에 있는 금속이온을 구조의 일부로서 포함하는 생체분자의 이름을 적으시오.

a. Mg^{2+} **b.** Fe^{3+} **c.** Co^{3+}

6.31 S자형 반응속도론을 보이는 알로스테릭효소의 작용에 관한 다음 설명 중 맞는 것은?

a. 첫 번째 기질분자의 결합이 두 번째 기질분자의 결합을 쉽게 한다.
b. 낮은 농도의 경쟁적 억제제는 활성인자로 작용할 것이다.
c. 효소는 4차구조를 갖는다.

활용 문제

6.32 잘 알려진 조효소인 알파 리포산(α-lipoic acid, 표 6.1 참조)이 최근에 독특한 항산화제(antioxidant)로 관심을 끌고 있다. 몇몇 연구자와 영양학자들은 균형 식사를 하는 중에도 보충 성분으로 섭취할 것을 권고하고 있다. 리포산에 대한 논문을 도서관이나 인터넷에서 찾아보시오. 이 책과 기타 참고문헌의 정보를 이용하여 6장에 포함하기에 적당한 "생화학 들여다보기"를 써 보시오. 200~300 단어로 써야 하고 기초 생화학과 여러분의 생활에 영향을 미치는 점을 모두 포함시키시오.

6.33 여러분이 다니는 학교의 대학 신문 편집장이 생화학에 대한 최근 주제에 대하여 간단한 기사를 써 달라고 요청하였다. 신문은 일반인을 위한 것이기 때문에 과학 전공자가 아닌 학생이 읽고 이해할 수 있도록 기사가 작성되어야 한다. 당신은 호모시스테인에 대해서 쓰기로 결정하였다. 이 주제에 관한 웹사이트를 찾아보고 200~300 단어의 신문 기사를 작성하시오. 원한다면 도서관에서 좀 더 최근의 자료를 찾을 수 있다.

6.34 항체와 효소는 모두 단백질로 분류되지만 생물학적 기능과 작용 방법에서 이들은 대단히 다르다. 과학자들은 이제 이 두 가지 형태의 단백질에서 몇 가지 공통적인 특징을 발견하였다. 이 분자들의 기능과 작용 방법을 비교하고 대조하시오. 항체가 이제 어떻게 생물학적 촉매로서 이용되고 있는지 설명하시오. 당신은 효소를 항체로 이용하는 것이 가능하다고 생각하는가?

6.35 단백질합성을 촉진하는 리보솜 효소인 펩티딜기전달효소(peptidyl transferase)는 이제 리보자임으로 알려지고 있다. 이 발견은 생명의 기원과 과거에 존재했던 초기 분자에 대하여 우리가 어떻게 생각해야 하는가에 대하여 큰 영향을 미치고 있다. RNA가 단백질 보다 먼저 존재하였을 것이라고 생각하는 것이 논리적인가?

참고문헌

Blusztajn, J., 1998. Choline, a vital amine. *Science* 281:794–795.
Bugg, C., Carson, W., and Montgomery, J., 1993. Drugs by design. *Sci. Am.* 269(6):92–98.
Butcher, S., 2001. Structure and function of the small ribozymes. *Curr. Opin. Struct. Biol.* 11:315–320.
Cech, T., 1988. Ribozymes and their medical implications. *J. Am. Med. Assoc.* 260:3030–3034.
Danishefsky, S., 1993. Catalytic antibodies. *Science* 259:469–470.
DeRose, V., 2002. Two decades of RNA catalysis. *Chem. Biol.* 9:961–969.
Erlandsen, H., 2000. Combining structural genomics and enzymology: completing the picture in metabolic pathways and enzyme active sites. *Curr. Opin. Struct. Biol.* 10:719–730.
Freemantle, M., 2004. Biocatalysis in polymer science. *Chem. Eng. News* Feb. 9:25–29.
Frey, P., 2002. Surprises and revelations in biochemistry: 1950–2000. *Biochem. Mol. Biol. Educ.* 30:152–162.
Gerlt, J., 1994. Protein engineering to study enzyme catalytic mechanisms. *Curr. Opin. Struct. Biol.* 4:593–600.
Gesteland, R., Cech, T., and Atkins, J., 1999. *The RNA World.* Cold Spring Harbor, NY: Cold Spring Harbor Press.
Hashim, O. and Adnan, N., 1994. Coenzyme, cofactor and prosthetic groups—ambiguous biochemical jargon. *Biochem. Educ.* 22:93–94.
Lilley, D., 2003. The origins of RNA catalysis in ribozymes. *Trends Biochem. Sci.* 28:495–501.
Martin, A. and Schultz, P., 1999. Opportunities at the interface of chemistry and biology (catalytic antibodies). *Trends Biochem. Sci.* 24(12):M24–M28.
O'Brien, P. and Herschlag, D., 1999. Catalytic promiscuity and the evolution of new enzymatic activities. *Chem. Biol.* 6:R91–R105.
Pizzi, R., 2000. The discovery of vitamins. *Modern Drug Discovery* 3(7):83–87.
Reader, J. and Joyce, G., 2002. A ribozyme composed of only two different nucleotides. *Nature* 420:841–844.
Schultz, P. and Lerner, R., 1995. From molecular diversity to catalysis: Lessons from the immune system. *Science* 269:1835–1842.
Yarnell, A., 2003. The power of enzyme promiscuity. *Chem. Eng. News* Dec. 8:33–35.
Yarnell, A., 2004. New ribozyme makes the cut. *Chem. Eng. News* Mar. 22:6.
Yarnell, A., 2003. Catalytic versatility may be easy for shape-shifting enzymes. *http://www.cen-online.org*
http://www.brenda.uni-koeln.de/
The Brenda enzyme database.
www.bio.org/er/enzymes.asp
The Biotechnology Industry Organization, contains an extensive list of commercial enzymes and their applications.
www.hut.fi/Units/Biotechnology/Kem-70.415
See article, "Industrial Use of Enzymes."

CHAPTER

7

수용성 용액인 혈액은 세포, 단백질, 영양소, 기체, 그리고 기타 많은 생물학적 물질들을 생물체를 통하여 분배시키는 데 있어서 필수적인 역할을 한다. 우리 몸에는 이러한 복잡한 용액 5~6리터가 동맥과 정맥을 통해 세차게 흐르고 있다. 혈액은 원심분리에 의해 두 부분으로 분리될 수 있다. 침전물은 적혈구, 백혈구, 혈소판의 세 가지 형태의 혈액 세포로 구성되어 있다. 혈장이라고 불리는 상층액은 약 90%의 수분과 혈장 단백질, 글루코오스, 호르몬, 콜레스테롤, 비타민, 무기이온, 그리고 기타 많은 생체분자들로 이루어진 10%의 용질로 구성된다. 개인의 혈액 표본 채취 및 생화학적 구성요소 변화의 임상적 분석은 질병 진단의 가장 유용한 방법이다.

탄수화물의 구조와 생물학적 기능

7.1 단당류
- 알도오스
- 케토오스

7.2 고리 구조의 탄수화물
- 헤미아세탈과 헤미케탈
- 아노머와 하워드 구조
- 단당류의 의자형 입체구조 표현

7.3 단당류의 반응
- 산화-환원반응
- 에스테르화반응
- 아미노 유도체
- 글리코시드의 생성

7.4 다당류
- 저장 다당류
- 구조 다당류
- 구조 펩티도글리칸

7.5 당단백질
- 당단백질의 구조
- 당단백질의 기능
- 당단백질 의약품
- 렉틴 – 탄수화물을 인식하는 단백질

곡물은 탄수화물 특히 전분의 주요 저장소이다.

글루코오스(glucose, 포도당), 프룩토오스(fructose, 과당), 수크로오스(sucrose, 설탕), 녹말(starch), 셀룰로오스(cellulose)와 같은 화학 명은 우리가 매일 이용하는 흔한 단어이다. 이들은 생체분자 중에서 가장 풍부한 **탄수화물(carbohydrate)**이라는 구성원에 속한다. 생물학자들은 탄수화물이 다른 어떤 종류의 생체분자 보다도 더 많은 양의 생체량(biomass)을 포함한다고 믿고 있다. 탄수화물은 작용기로 알데히드기(aldehyde group), 케톤기(ketone group) 및 많은 히드록실기(hydroxyl group)를 포함하는 화합물로 정의한다. 탄소, 수소, 산소뿐만 아니라 어떤 탄수화물은 황, 질소 또는 인을 포함하기도 한다. 다른 주요 생체분자(단백질, 핵산, 지질)와 같이 탄수화물은 모든 생물체에서 발견되고 다음과 같이 많은 다양한 기능을 가지고 있다.

- 탄수화물은 아마도 에너지 대사(energy metabolism)에서의 역할로 가장 잘 알려져 있다. 예를 들어 **단당류(monosaccharide)**인 글루코오스와 프룩토오스는 생물체에 의해 직접적인 에너지원으로 이용되지만, 녹말과 글리코겐 같은 **다당류(polysaccharide)**는 식물과 동물에서 미래의 에너지 요구에 대비한 화학적 저장 물질로 작용한다.
- 단백질과 마찬가지로 어떤 탄수화물은 세균과 식물의 세포벽(cell wall)의 지지대, 동물의 연골(cartilage)같은 연결 조직(connective tissue), 절지동물의 외골격(exoskeleton)과 같은 구조적 기능을 담당한다.
- 단당류인 리보오스(ribose)와 디옥시리보오스(deoxyribose)는 핵산의 성분으로서 화학적 구조의 역할(RNA와 DNA) 및 촉매 과정에서 극성 부위로서의 역할(RNA, 리보자임)을 맡는다.
- 탄수화물은 단백질 및 복합 지질(complex lipid)과 공유결합으로 연결되어 세포 표면에서 분자 인식을 위한 정보전달 표지물로서 작용한다. 당단백질(glycoprotein)과 당지질(glycolipid)은 세포간 인식과정과 신호전달에서 중요한 역할을 한다(특별주제 I).

이 장에서는 생물학적으로 중요한 탄수화물의 독특한 구조와 반응을 소개한 다음, 단백질에 포함된 탄수화물 및 탄수화물이 관여하는 생물학적 과정 등에 대하여 설명할 것이다.

7.1 단당류

학습 목표

단당류의 기본 구조, 분류법 및 입체화학에 대해 이해한다.

가장 단순한 탄수화물을 **단당류(monosaccharide)**라고 하는데, 실험식이 $(CH_2O)_n$이고 하나의 알데히드기 또는 케톤기와 여러 개의 히드록실기를 갖는 화합물이다. 자연에 있는 대부분의 단당류는 n이 3에서 7까지의 범위이다. 한 개 또는 두 개의 탄소를 갖는($n = 1$ 또는 2) 화합물은 탄수화물이 아니지만(그림 7.1) 잠시 관심을 가져 보자. n이 1인 경우 화합물은 포름알데히드(formaldehyde)이고 탄수화물과는 공

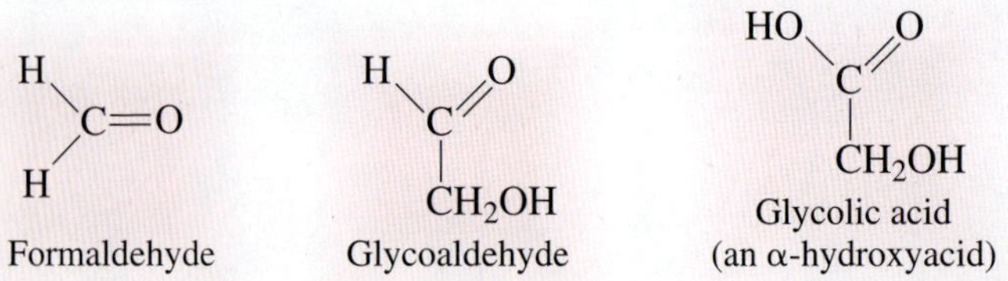

그림 7.1 포름알데히드, 글리코알데히드 및 글리콜산. 이 화합물들은 탄수화물과 유사한 분자식과 특성을 갖지만 일반적으로 탄수화물로 분류하지 않는다. 이 두 화합물은 특히 식물과 미생물에 존재한다.

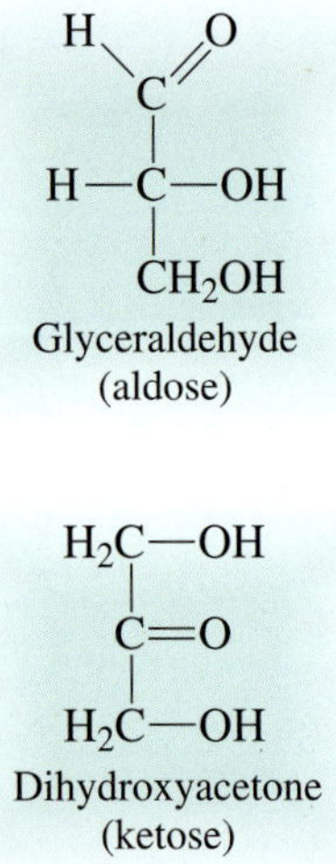

Formaldehyde Glycoaldehyde Glycolic acid (an α-hydroxyacid)

Glyceraldehyde (aldose)

Dihydroxyacetone (ketose)

그림 7.2 탄소 원자 3개를 포함하는 단당류. 알도오스인 글리세르알데히드와 케토오스인 디히드록시아세톤. 둘 다 3탄당(triose)이다.

통성이 없는 특성을 보이는 독성 기체이다. n이 2일 경우 이 화합물은 **글리코알데히드(glycoaldehyde)**가 된다(그림 7.1). 이 화합물의 생물학적 중요성은 아직 알려져 있지 않지만 이 화합물의 유도체인 **글리콜산(glycolic acid)**은 식물과 미생물의 물질대사의 중간체이다. 글리콜산은 또한 피부 크림에 들어가는 중요한 α-히드록시산(α-hydroxyacid)이다.

중요한 자연의 탄수화물로 인정되는 가장 작은 화합물인 **3탄당(triose, $n = 3$)**에는 **글리세르알데히드(glyceraldehyde)**와 **디히드록시아세톤(dihydroxyacetone)**이 있다(그림 7.2). 글리세르알데히드처럼 알데히드 구조에 기초한 단당류를 **알도오스(aldose)**라 하고, 디히드록시아세톤과 같이 케톤 구조에 기초한 단당류를 **케토오스(ketose)**라고 한다. 대부분의 단당류는 카르보닐기(알데히드 또는 케톤)를 갖는 한 개의 탄소를 제외하고 각 탄소 원자에 하나의 히드록실기(hydroxyl group)를 갖는다.

2번 탄소의 주위에 4개의 서로 다른 치환기를 갖는 글리세르알데히드는 키랄중심(chiral center)을 갖는다. 그러므로 그림 7.3에 나타낸 것처럼 두 개의 입체이성질체(**거울상 이성질체, enantiomer**)로 존재할 수 있다. 접두어 D와 L은 이 두 구조를 구별할 때 이용한다. (디히드록시아세톤에는 얼마나 많은 키랄중심이 있는가?) 문자 D와 L은 원래 각 거울상 이성질체의 용액을 투과한 편광의 회전 방향(우회전과 좌회전)을 정의하기 위해서 이용되었지만 지금은 각 이성질체의 절대적 입체배치(configuration)를 나타내기 위해 이용한다. 자연에서 발견되는 글리세르알데히드는 D형의 입체배치를 보인다. 탄수화물의 구조를 그리기 위해서 우리는 **피셔투영식(Fisher projection)**을 이용할 것이다(그림 7.3a). 이 방식에서 사면체 중심의 탄소 원자는 서로 교차하는 두 개의 선으로 나타내는데, 탄소 원자는 두 선이 만나는 점에 있다고 가정한다. 비대칭 탄소원자에 대하여 수평적 결합은 종이의 평면으로부터 여러분 쪽으로 나온 결합을 나타내고, 수직적 결합은 종이의 평면으로부터 멀어지는 쪽으로 가는 결합을 나타낸다.

n이 4인 **4탄당(tetrose)**에는 세 개의 구조가 있는데 알도오스인 에리트로오스(erythrose)와 트레오스(threose), 케토오스인 에리트룰로오스(erythrulose)가 있다(그림 7.4). 여기에서는 우선 알도오스에 대하여 설명하고 후에 케토오스를 다룰 것이다.

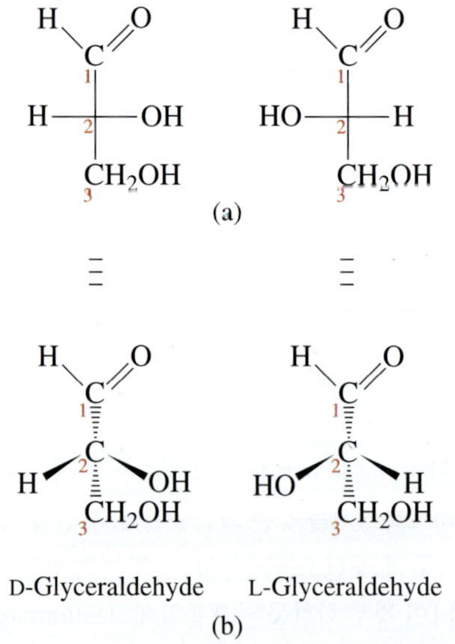

그림 7.3 (a) 탄수화물의 입체화학(stereochemistry)을 보여주기 위한 피셔투영식. 글리세르알데히드는 2번 탄소 원자(C2)가 키랄중심(chiral center)이기 때문에 D 형과 L 형 두 개의 거울상 이성질체(enantiomer)로 존재한다. 수평선의 결합은 종이 평면의 앞쪽, 수직선의 결합은 뒤쪽을 향한 결합을 의미한다. (b) 입체화학 구조를 나타내기 위해 이용하는 또 다른 표현 방법. 여기서 점선 쐐기는 키랄탄소 원자의 평면 뒤로 향하는 결합을 나타내고 굵은 쐐기는 앞으로 향한 결합을 나타낸다.

(a)

D-Glyceraldehyde L-Glyceraldehyde

(b)

H–C(=O) (1) / H–C2–OH / H–C3–OH / CH_2OH (4)
D-Erythrose

H–C(=O) (1) / HO–C2–H / H–C3–OH / CH_2OH (4)
D-Threose

CH_2OH (1) / C=O (2) / H–C3–OH / CH_2OH (4)
D-Erythrulose

그림 7.4 4개의 탄소 원자를 포함하는 단당류. 입체화학적 배열(D 또는 L)은 카르보닐 탄소 원자에서 가장 멀리 있는 탄소 원자인 3번 탄소 원자(C3)에서 결정된다. 세 개의 D-4탄당(D-tetrose) 모두 3번 탄소 원자에서 같은 절대 입체배치를 갖는다.

알도오스

그림 7.4의 알도테트로오스(aldotetrose)를 보면 2번과 3번 탄소 원자에 하나씩 두 개의 키랄중심이 있음을 알 수 있다. 두 개의 키랄중심을 갖는 분자는 4개의 입체이성질체(stereoisomer) 구조가 가능하다(키랄중심 n개 일 경우 2^n 개의 이성질체). 이것은 4탄당의 구조 분석을 더욱 복잡하게 한다. 관습적으로 **카르보닐기의 탄소 원자에서 가장 멀리 있는 키랄탄소 원자**의 입체화학적 방향에 D와 L 구조를 할당한다. 4탄당의 경우 3번 탄소 원자가 이에 해당한다. 따라서 D-글리세르알데히드가 2번 탄소 원자에서 절대적 입체배치를 가지는 것과 마찬가지로, D-에리트로오스와 D-트레오스는 3번 탄소 원자에서 절대적 입체배치를 가지게 된다. D-트레오스와 D-에리트로오스는 2번 탄소 원자에서 반대의 입체화학적 구조를 갖는다.

복습 문제

1. 다음 각각의 화합물에는 몇 개의 키랄중심이 있는가? 각 키랄탄소원자의 번호를 붙여서 확인하시오.
   a. 글리세르알데히드

   풀이: H–C(=O) / HO–C*–H / CH_2OH

   2번 탄소가 키랄중심이다.

   b. 글리콜산
   c. 글리코알데히드
   d. 디히드록시아세톤
   e. 트레오스
   f. 에리트룰로오스

2. 위의 화합물 중 어느 것이 알데히드 또는 케톤 작용기를 갖고 있는가?

n이 5, 6, 7인 단당류를 각각 **5탄당(pentose), 6탄당(hexose), 7탄당(heptose)**라고 한다. 크기가 작은 단당류에서와 마찬가지로 큰 탄수화물에도 알도오스와 케토오스가 있다. 탄소 원자의 수가 증가함에 따라 이성질체의 숫자는 증가한다. $n = 3$에서 $n = 6$까지의 알도오스 사이의 입체화학적 관계를 그림 7.5에 나타내었다. D와 L 이성질체를 나타내는 똑같은 방식이 작거나 큰 탄수화물에 관계없이 모두 이용된다. 5개의 탄소 원자를 갖는 **D-리보오스(D-ribose**, 알도펜토오스)는 RNA의 성분이다. 흔한 당인 **D-글루코오스(D-glucose**, 알도헥소오스)는 D-글리세르알데히드의 C2와 같은 입체화학적 방향을 C5(카르보닐기 탄소 원자에서 가장 멀리 있는 키랄중심)에 가지게 된다. 여러 가지 중요한 단당류가 D-알도오스에 속한다. 알도헥소오스 중에서 D-글루코오스, D-만노오스(D-mannose), D-갈락토오스(D-galactose)가 가장 많다. D-만노오스와 D-갈락토오스는 D-글루코오스와 하나의 키랄중심에서만 입체화학적 구조가 다르다(만노오스는 C2, 갈락토오스는 C4에서). 만노오스와 갈락토오스는 글루코오스의 **에피머(epimer)**이다.

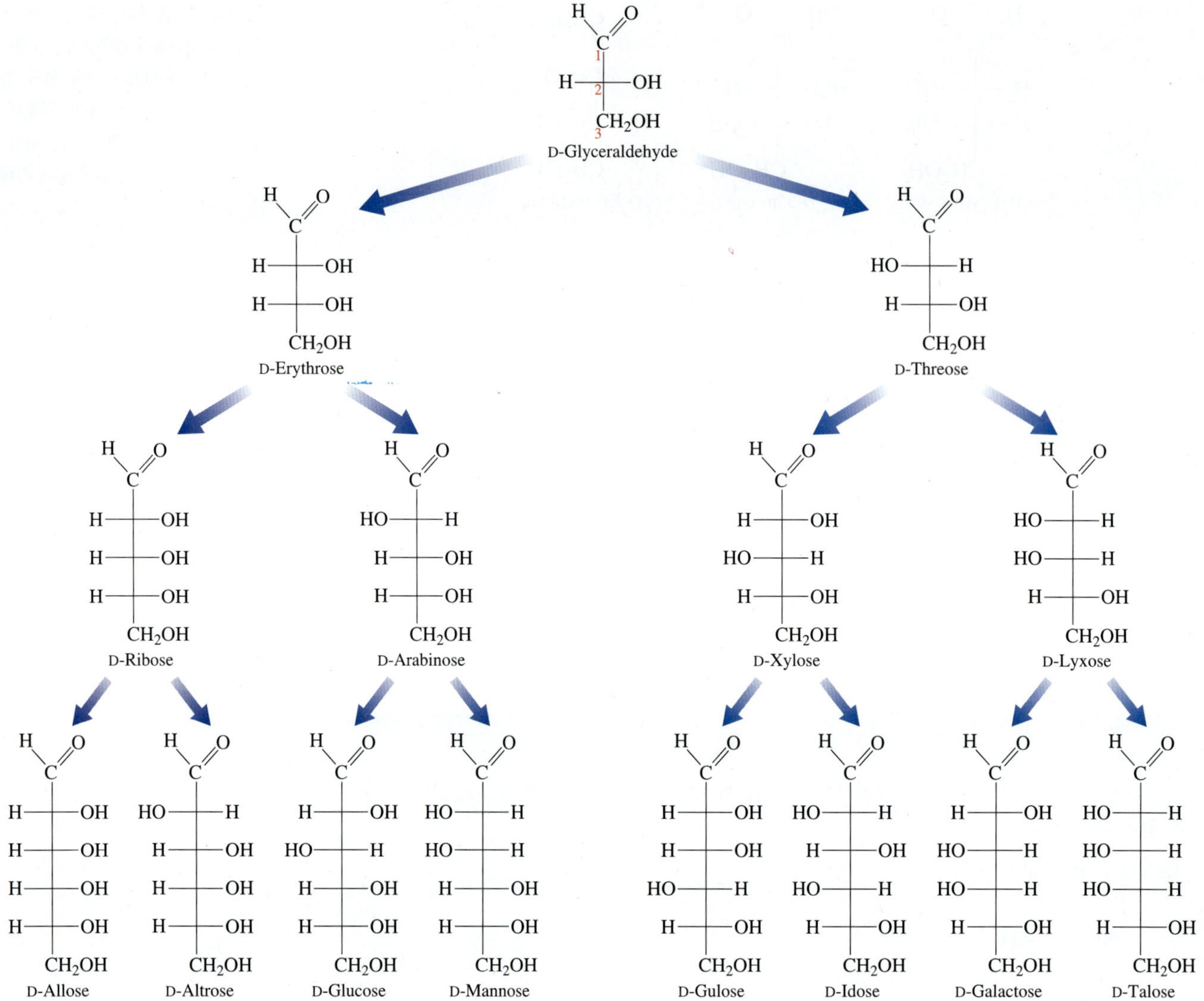

그림 7.5 3개에서 6개까지의 탄소 원자를 포함하는 D-알도오스(D-aldose)의 단당류. 여기에 나타난 모든 알도오스는 D-글리세르알데히드의 2번 탄소 원자와 마찬가지로 카르보닐기에서 가장 멀리 있는 키랄탄소 원자에서 같은 절대 입체 배치를 갖는다.

케토오스

자연에 존재하는 D형 케토오스 사이의 입체화학적 관계가 그림 7.6a에 있다. 이 화합물들은 모두 2번 탄소 원자에 카르보닐기 산소가 있고 다른 탄소 원자 각각에 한 개씩 히드록실기가 있다. 자연에 있는 가장 풍부한 케토오스는 **D-프룩토오스(D-fructose)**이다. n이 7인 가장 흔한 케토오스는 **D-세도헵툴로오스(D-sedoheptulose)**이다(그림 7.6b). 그림 7.6a의 D-케토오스 중에서 세 개가 해당 D-알도오스의 이름에 -울(-*ul*)을 첨가하여 명명한 것을 주목하시오. 예를 들어 5개의 탄소 원자로 된 알도오스는 **D-리보오스(D-ribose)**이지만 해당하는 케토오스는 **D-리불로오스(D-ribulose)**이다.

자연에 존재하는 흔한 단당류의 이름과 분류를 표 7.1에 실었다.

표 7.1
대표적 단당류의 이름과 분류

Monosaccharide	Class	Monosacchride	Class
Glyceraldehyde	Aldotriose	Glucose	Aldohexose
Dihydroxyacetone	Ketotriose	Mannose	Aldohexose
Erythrose	Aldotetrose	Galactose	Aldohexose
Erythrulose	Ketotetrose	Fructose	Ketohexose
Ribose	Aldopentose	Sedoheptulose	Ketoheptose
Ribulose	Ketopentose		

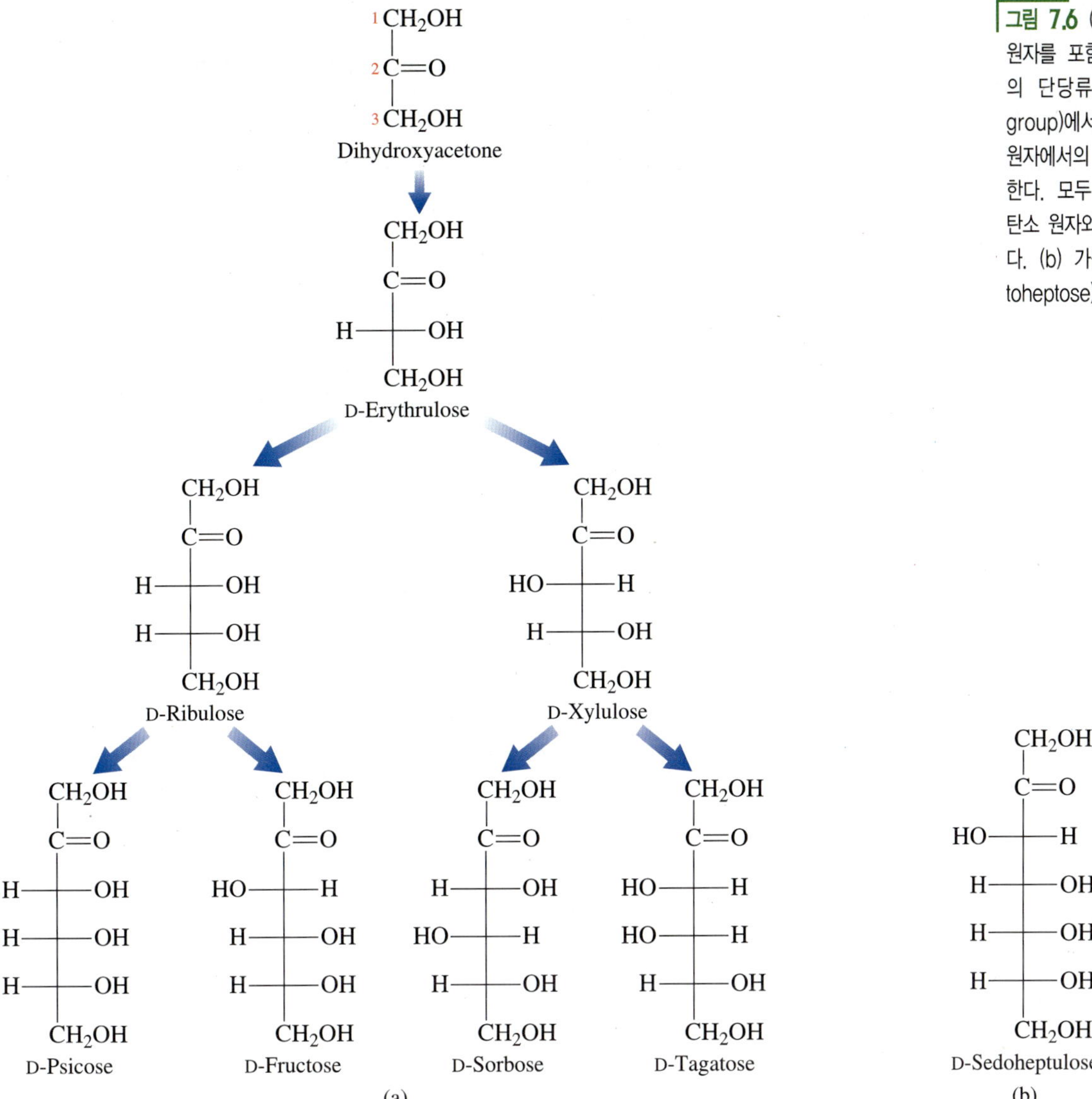

그림 7.6 (a) 3개에서 6개까지의 탄소 원자를 포함하는 D-케토오스(D-ketose)의 단당류. D 명칭은 케톤기(keto group)에서 가장 멀리 있는 키랄중심 원자에서의 절대 입체화학 구조를 의미한다. 모두 D-글리세르알데히드의 2번 탄소 원자와 같은 절대 입체배치를 갖는다. (b) 가장 중요한 케토헵토오스(ketoheptose)는 D-세도헵툴로오스이다.

7.2 고리 구조의 탄수화물

학습 목표

단당류를 고리화하여 헤미아세탈과 헤미케탈이 되는 것을 보여준다.

그림 7.1에서부터 그림 7.6까지 우리는 탄수화물의 구조를 직선 또는 **피셔투영식(Fischer projection)**으로 그렸다. 이와 같은 구조의 표현은 어떤 탄수화물들에 대하여는 적합하다. 하지만 5개 이상의 탄소 원자를 갖는 단당류는 용액 속에서 대부분 고리 구조로 존재한다.

헤미아세탈과 헤미케탈

알데히드의 카르보닐기와 히드록실기(알코올)는 첨가반응에 의해 **헤미아세탈(hemiacetal)**을 형성한다.

$$\underset{\text{Aldehyde}}{R-C(=O)H} + \underset{\text{Alcohol}}{R'OH} \rightleftharpoons \underset{\text{Hemiacetal}}{R-C(OH)(H)-OR'}$$

헤미아세탈 작용기는 중심탄소에 결합된 R 기, 수소원자, —OH 기, —OR' 기로 구성되어있다.

케톤의 카르보닐기는 비슷한 방법으로 —OH 기와 반응하여 **헤미케탈(hemiketal)**을 형성한다.

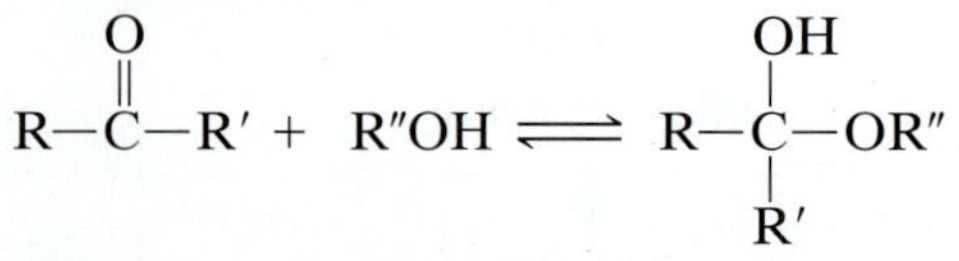

$$\underset{\text{Ketone}}{R-\overset{\overset{\displaystyle O}{\|}}{C}-R'} + \underset{\text{Alcohol}}{R''OH} \rightleftharpoons \underset{\text{Hemiketal}}{R-\overset{\overset{\displaystyle OH}{|}}{\underset{\underset{\displaystyle R'}{|}}{C}}-OR''}$$

헤미케탈 작용기는 중심탄소에 결합된 R 기, —OH 기, —OR'' 기로 구성되어있다.

복습 문제

1. 헤미아세탈과 헤미케탈의 차이점은 무엇인가?

5개 이상의 탄소로 구성된 탄수화물에서 분자의 한쪽 끝에 있는 알데히드 또는 케톤의 카르보닐기는 반대쪽 끝 근처에 있는 히드록실기와 반응한다. 이 반응은 같은 분자 내의 카르보닐기와 히드록실기가 반응하는 분자내(intramolecular) 반응이다. 이 반응에 의해 고리형 헤미아세탈 또는 헤미케탈이 생성된다. 열린 사슬의 리보오스에 이 반응이 일어날 때 형성되는 고리 아세탈 구조를 그림 7.7a에 보여주고 있다. 5각형의 고리는 헤테로고리(heterocyclic) 화합물인 푸란(furan)과 구조가 유사하기 때문에 **푸라노오스(furanose)**라 명명한다(그림 7.7b). 같은 반응을 D-글루코오스에 적용하면 피란(pyran)과 구조가 유사하여 **피라노오스(pyranose)**라고 명명한 6각형 고리를 형성한다(그림 7.8). 케토헥소오스

그림 7.7 열린 사슬형 D-리보오스의 고리화반응. (a) D-리보오스의 카르보닐기가 C4의 히드록실기와 반응하여 헤미아세탈을 형성한다. 생성물은 두 가지 아세탈 화합물인 β-D-리보푸라노오스와 α-D-리보푸라노오스의 혼합물이다. 고리형 하워드투영식으로 그린 두 가지 화합물은 C1의 입체화학 구조가 다르다. (b) 리보오스로부터 나온 헤미아세탈 화합물은 푸란과 유사하여 푸라노오스(furanose)로 불린다.

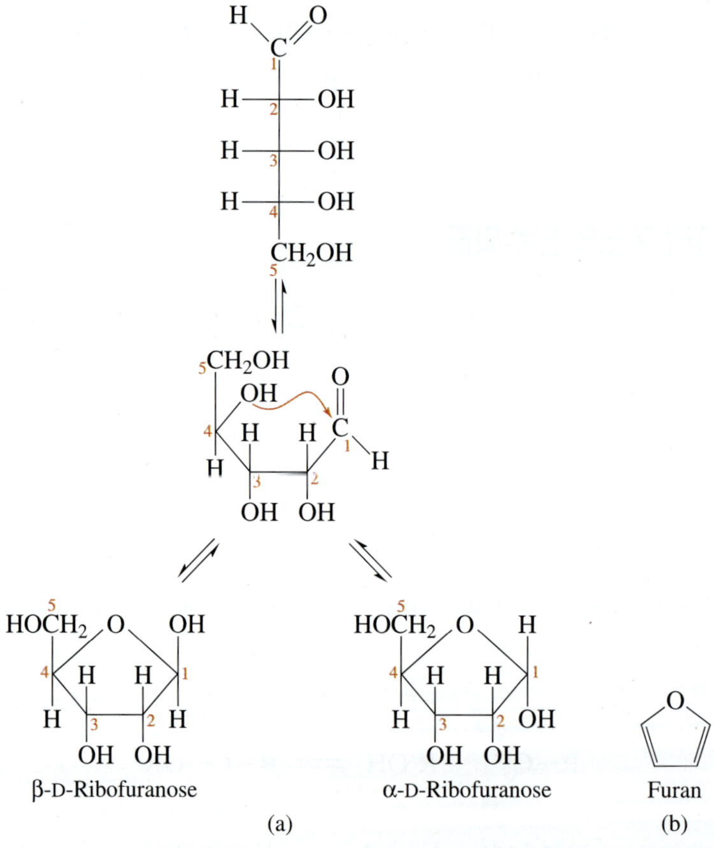

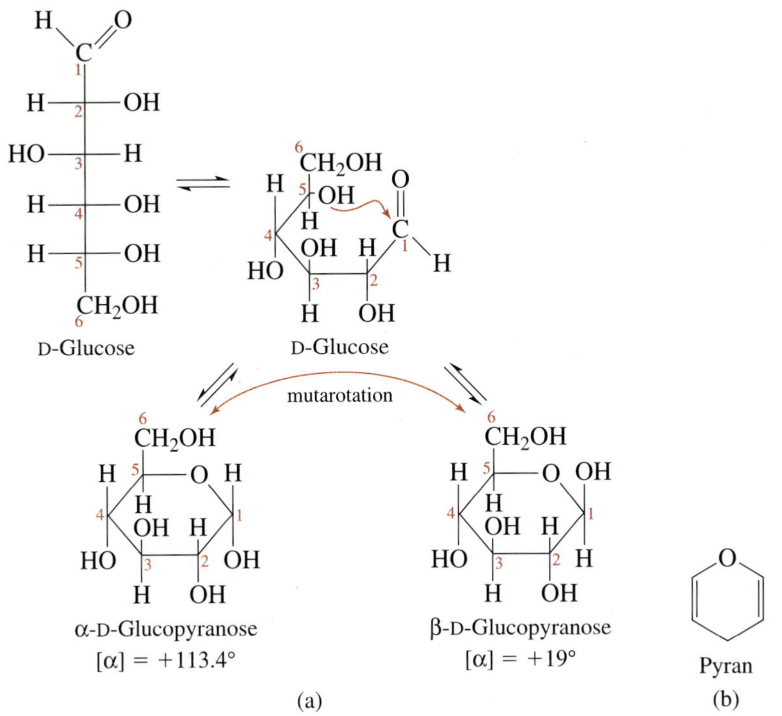

그림 7.8 (a) 글루코오스의 고리화반응에 의해 생성된 두 가지의 고리형 헤미아세탈. 하워드투영식으로 그린 두 가지 헤미아세탈은 α-D-글루코피라노오스와 β-D-글루코피라노오스이다. 이 6각형의 고리는 피란과 유사하다. 이 그림은 변선광에 의한 α와 β아노머(anomer)의 상호 전환도 보여준다. 고리형 헤미아세탈은 유리 알데히드 형으로 열렸다가 다시 고리화되어 C1에서 재배열이 일어날 수 있다. (b) 글루코오스로부터 나온 피란과 유사한 헤미아세탈 생성물은 피라노오스(pyranose)로 불린다.

(ketohexose)인 D-프룩토오스의 경우 C2의 카르보닐기가 C5의 히드록실기와 반응하여 고리 구조의 케탈(ketal)을 형성한다(그림 7.9).

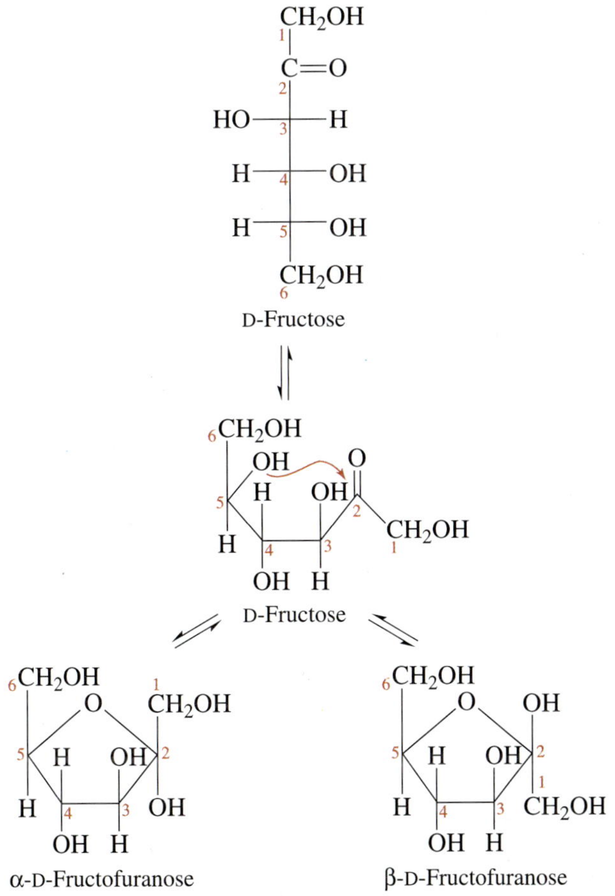

그림 7.9 D-프룩토오스의 고리화에 의해 형성된 두 가지 고리형 헤미케탈인 β-D-프룩토푸라노오스와 α-D-프룩토푸라노오스가 하워드투영식으로 그려져 있다. 두 가지 화합물은 C2에서의 입체화학 구조만 다르다.

아노머와 하워드 구조

각 단당류의 고리가 닫힐 때 카르보닐기의 탄소 원자(알데히드 또는 케톤)는 키랄중심(4개의 서로 다른 치환기를 갖는 탄소 중심; 3.1절 참조)이 된다. 따라서 두 개의 입체이성질체 구조가 가능하다. 한 구조에서 1번 탄소 원자(알도오스의 경우) 또는 2번 탄소 원자(케토오스의 경우)의 히드록실기는 고리 평면의 아래에 있고(**α 입체배치**), 또 다른 구조에서는 히드록실기가 고리 평면의 위쪽에 존재한다(**β 입체배치**). 이들은 아노머성 탄소 원자(anomeric carbon atom, 리보오스와 글루코오스의 C1, 프룩토오스의 C2)에서만 입체화학적 구조가 다르기 때문에 당의 α와 β형을 **아노머(anomer)**라 한다. α와 β형 모두 아노머 탄소 이외의 다른 탄소는 입체배치가 같은 상태를 유지함을 주시하기 바란다. 위의 3개의 고리형 단당류에 대한 완전한 이름은 α- 또는 β-D-리보푸라노오스(α- or β-D-ribofuranose), α- 또는 β-D-프룩토푸라노오스 (α- or β-D-fructofuranose), α- 또는 β-D-글루코피라노오스(α- or β-D-glucopyranose)이다. 리보오스, 글루코오스, 프룩토오스의 고리 구조는 **하워드투영식(Haworth projection form)**으로 그린다(그림 7.7에서 7.9까지 참조). 이 방법에서는 모든 히드록실기와 수소를 그리지만 고리에 있는 탄소 원자는 보여주지 않는다. 고리 평면은 종이의 면과 평행한 것으로 가정하고 작용기는 고리 평면의 위와 아래에 나타낸다.

수용액에 용해되었을 때 단당류의 고리형은 열린 사슬 구조와 평형을 유지한다. 그림 7.8에 보이는 것처럼 글루코오스의 α형은 β형으로 쉽게 전환된다. 순수한 β-D-글루코피라노오스는 수용액에서 편광기로 측정할 때 +19° 초기 비선광도(specific rotation)를 보인다. β아노머 용액을 여러 시간 방치하면 비선광도가 천천히 변하여 최종적으로 +52.2° 보인다. α-D-글루코피라노오스는 +113.4° 초기 비선광도를 보이지만 여러 시간 후에 β아노머처럼 +52.2° 변한다. 이는 각 경우에 α-D-와 β-D-글루코오스의 평형 혼합물이 생성되었기 때문이다. 이와 같은 상호 전환을 **변선광(mutarotation)**이라 하는데, 입체이성질체의 오각형 또는 육각형 고리를 쉽게 형성하는 많은 탄수화물의 수용액에서 관찰된다(그림 7.8 참조). D-글루코오스 용액의 평형 혼합물은 대략 33%의 α아노머, 66%의 β아노머(3개 중 가장 안정한 구조), 1%의 열린 알데히드 사슬로 구성된 세 가지 형태의 당을 포함한다.

단당류의 의자형 입체구조 표현

하워드 구조 표현법은 단당류의 고리형 구조와 아노머의 차이를 보여줄 수 있는 유용한 방법이다. 하지만 이와 같은 표현법은 고리 구조를 평면으로 보여줌으로써 탄수화물의 실제 구조를 잘못 나타낼 수 있다. 탄수화물 고리 구조에 대한 좀 더 정확한 표현은 시클로알칸(cycloalkane)의 고리 표현을 따르는 것이다. 글루코오스와 같은 피라노오스는 시클로헥산(cyclohexane)의 의자형 또는 보트형 입체구조로 나타내면 좀 더 정확하게 표현된다(그림 7.10a). 6각형 고리 구조의 치환체는 두 가지 종류의 결합 위치를 차지한다. 하나는 **축방향(axial position**, 고리 평면의 위 또는 아래로 향한 결합)이고 약자로 a로 표시이며, 다른 하나는 **수평방향(equatorial position**, 고리 바깥쪽으로 향한 결합)으로 약자는 e로 표시한다. 글루코오스의 가장 안정한 구조로서 대부분을 차지하는 구조는 의자형 입체구조로서, 수소원자는 축방향을 차지하며 좀 더 큰 치환체(—OH와 —CH_2OH)는 다른 치환체와 입체 장애를 받지 않는 수평방향을 차지한다(그림 7.10b). 하지만 의자형 입체구조보다는 하워드 구조를 이용하는 것이 반응을 설명하고 그리기 쉽기 때문에 이 책의 나머지 부분에서는 탄수화물 구조의 표기는 하워드 구조를 이용할 것이다.

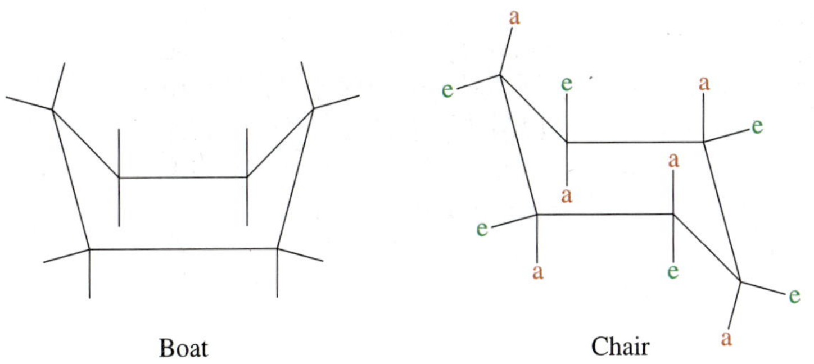

Boat

Chair

(a) Cyclohexane

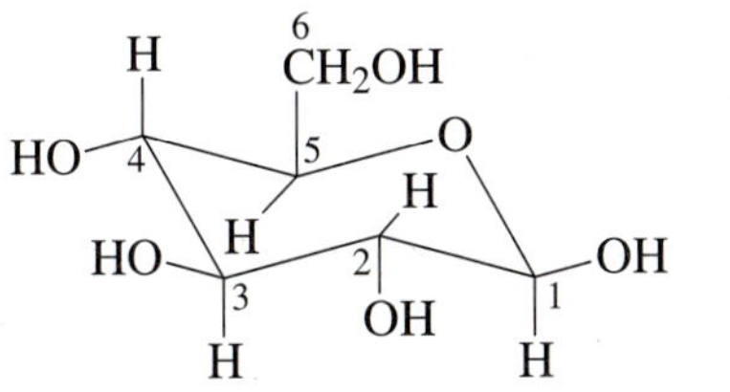

(b) Glucose

그림 7.10 고리 화합물의 의자형과 보트형 입체구조. (a) 시클로헥산(cyclohexane). 축방향 원자는 a(붉은색)로 표시하였고 수평방향 원자는 e(초록색)로 표시하였다. (b) 글루코오스의 가장 안정한 의자형 입체구조. 큰 치환체가 수평방향을 차지한다.

복습 문제

1. 아래에 나열한 탄수화물을 고리형 헤미아세탈 또는 헤미케탈 구조로 그려보시오.

 a. D-글루코오스

 풀이:

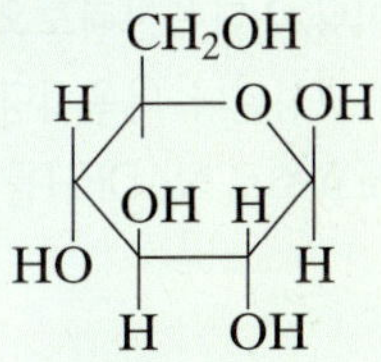

 b. D-크실로오스(D-Xylose)
 c. D-갈락토오스
 d. D-리불로오스
 e. D-세도헵툴로오스
 f. L-갈락토오스
 g. D-트레오스
 h. D-프시코오스(D-Psicose)

7.3 단당류의 반응

학습 목표

단당류와 이당류의 기본 반응과 유도체를 파악한다.

탄수화물 수용액에 존재하는 여러 가지 종류의 작용기(히드록실기, 헤미아세탈기 또는 헤미케탈기, 알데히드기 또는 케톤기)로부터 우리는 다양한 화학 반응과 특이한 반응 산물을 예상할 수 있다. 여기서는 생물학적으로 중요성을 갖거나 탄수화물의 확인과 분석에 이용하는 반응에 초점을 맞추고자 한다.

산화-환원반응

글루코오스가 대사적으로 CO_2와 H_2O로 완전히 분해되는 과정은 15장에서 자세하게 학습할 여러 단계의 산화반응(oxidation)을 포함한다. 탄수화물의 산화반응은 서로 평형 상태에 있는 열린 사슬이나 고리 구조를 가지고 설명할 수 있다. 열린 사슬의 경우 가장 산화하기 쉬운 작용기가 알데히드기이기 때문에 반응이 더 간단한데, 다음과 같이 산화반응에 의해 카르복실기로 산화한다.

$$\underset{\text{Aldehyde}}{R-C(=O)H} \xrightarrow{[O]} \underset{\text{Carboxylic acid}}{R-C(=O)OH}$$

암모니아은[silver ammonia, $Ag(NH_3)_2^+$] 복합체인 톨렌시약(Tollen's reagent)이나 2가 구리이온(Cu^{2+})을 포함하는 많은 산화제가 환원당의 존재를 확인하기 위해 이용된다. **환원당(ruducing sugar)**은 용액의 금속이온을 환원시킬 수 있는 유리 알데히드기(free aldehyde group)를 포함하는 당이다. 알데히드를 포함하는 열린 사슬 구조가 환원제(reducing agent)로 작용한다. 그림 7.11은 조효소 $NADP^+$를 갖는 효소에 의해 촉진되는 반응을 비롯하여 탄수화물의 세 가지 중요한 산화반응을 보여준다. 고리 구조(아세탈)의 산화로 카르복실산(carboxyl acid)이 형성되지만, 이는 당의 히드록실기 중의 하나와 반응하여 고리형 에스테르(cyclic ester)인 **락톤(lactone)**을 형성한다(그림 7.11c).

탄수화물의 알데히드 또는 케톤의 환원(reduction)도 생물학적인 중요성을 갖는다. 글루코오스에 있는 알데히드의 환원으로 감미료인 소르비톨(sorbitol)이 생성된다(그림 7.12). 세포에서 산화환원반응을 촉진하는 효소는 탄수화물의 환원 반응을 수행하기 위한 조효소로 NADH 또는 NADPH를 이용한다. 환원된 탄수화물의 또 다른 형태는 히드록실기가 부족한 탄수화물인 **디옥시당(deoxy sugar)**이다. 가장 중요한 디옥시당은 DNA 성분인 **2-디옥시리보오스(2-deoxyribose)**이다. 2-디옥시리보오스는 리보오스 C2 히드록실기가 제거되고 수소가 이를 대체하는 환원 과정에 의해 생성된다. 디옥시당은 흔히 **탈수소효소(dehydrogenase)**라 불리는 산화환원효소(oxidoreductase)가 조효소로 NADPH를 이용하여 환원시킴으로써 세포 안에서 합성된다.

(a) $HOCH_2-CH(OH)-CHO \xrightarrow{\text{Tollens' reagent}} HOCH_2-CH(OH)-COO^- + Ag\downarrow$

(b) Threose $\xrightarrow{2\,Cu^{2+}}$ $HOCH_2-CH(OH)-CH(OH)-COO^- + Cu_2O\downarrow$

(c) Glucose $+ NADP^+ \underset{}{\xrightleftharpoons{\text{dehydrogenase}}}$ A lactone $+ NADPH + H^+$

그림 7.11 탄수화물의 산화 반응. (a) 톨렌시약(염기성 암모니아은)에 의한 글리세르알데히드의 산화. 양성 반응의 결과는 은거울(Ag)의 형성에 의해 나타난다. (b) 구리이온에 의한 트레오스의 산화. 양성 반응의 결과는 Cu_2O의 붉은 침전물 형성에 의해 나타난다. (c) 조효소인 $NADP^+$의 도움을 받는 탈수소효소(dehydrogenase)의 촉매반응에 의한 글루코오스 산화. 글루코오스는 환원제로 작용하고 $NADP^+$는 산화제로 작용한다. 글루코오스의 산화 생성물은 고리형 에스테르인 락톤(lactone)이다.

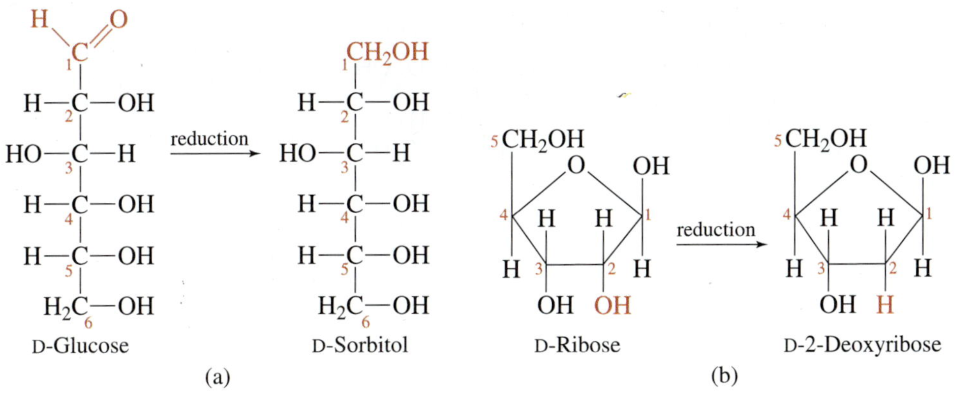

그림 7.12 탄수화물의 환원 반응. (a) 글루코오스가 소르비톨로 환원됨. 알데히드기가 알코올로 환원된다. (b) RNA의 구성 성분인 D-리보오스가 DNA의 구성 성분인 D-2-디옥시리보오스로 전환됨.

(a) D-Glucose —reduction→ D-Sorbitol

(b) D-Ribose —reduction→ D-2-Deoxyribose

에스테르화반응

에스테르(ester)는 다음과 같이 히드록실기(알코올)와 산의 반응에 의해 형성된 화합물이다.

$$\underset{\text{Alcohol}}{\text{ROH}} + \underset{\text{Acid}}{\text{HOOCR}'} \longrightarrow \underset{\text{Ester}}{\text{R—O—}\overset{\text{O}}{\overset{\|}{\text{C}}}\text{—R}'} + H_2O$$

탄수화물의 히드록실기 역시 산과 반응하여 에스테르를 형성한다. 탄수화물의 생물학적 에스테르 중 가장 중요한 것은 인산 에스테르(phosphate ester)로서 실험실에서 다음과 같이 인산과 반응하여 합성할 수 있다.

$$\underset{\text{Alcohol}}{\text{ROH}} + \underset{\text{Phosphoric acid}}{\text{HO—P(=O)(OH)—OH}} \longrightarrow \underset{\text{Phosphate ester}}{\text{HO—P(=O)(OH)—O—R}} + H_2O$$

세포에서 인산 에스테르 합성은 강산인 인산(phosphoric acid)을 이용하지 않는다. 대신에 **키나아제(kinase)**라 불리는 효소가 아데노신삼인산(ATP)의 **인산기(phosphoryl group)** $-\text{P(=O)(OH)}-\text{OH}$를 탄수화물의 히드록실기로 전달하여 생성된다.

$$\text{D-glucose} + \text{ATP} \xrightleftharpoons{\text{hexokinase}} \text{D-glucose-6-phosphate} + \text{ADP}$$

이 반응은 글루코오스의 산화로부터 세포의 에너지를 만들어 내는 일련의 물질대사인 **해당과정(glycolysis)**의 첫 단계이다(15장). 또 다른 중요한 인산 에스테르에는 D-글리세르알데히드-3-인산(D-glyceraldehyde-3-phosphate), D-리보오스-5-인산(D-ribose-5-phosphate), D-디옥시리보오스-5-인산(D-deoxyribose-5-phosphate)이 있다(그림 7.13). 뒤의 두 화합물은 각각 RNA와 DNA의 중요한 전구물질이다.

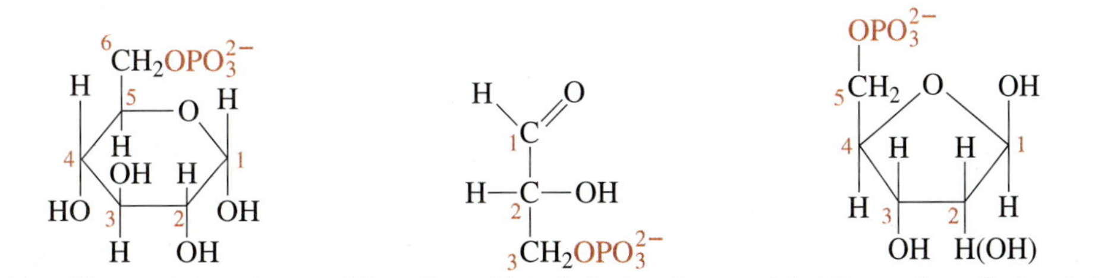

(a) D-Glucose-6-phosphate (b) D-Glyceraldehyde-3-phosphate (c) D-Deoxyribose-5-phosphate (D-Ribose-5-phosphate)

그림 7.13 탄수화물의 중요한 인산 에스테르(phosphate ester). (a) D-글루코오스-6-인산, (b) D-글리세르알데히드-3-인산, (c) D-디옥시리보오스-5-인산(또는 D-리보오스-5-인산).

그림 7.14 탄수화물의 중요한 아미노 유도체(amino derivative). 이 화합물들은 히드록실기가 아미노기로 치환되어 생긴다. 가장 흔한 치환 위치는 탄수화물의 C2 탄소 원자다. (a) 두 가지 중요한 아미노당은 글루코사민과 갈락토사민이다. (b) 어떤 아미노당에서는 아미노기가 아세틸화되어 아미드기로 전환된다. 두 가지 흔한 아세틸화된 아미노당은 *N*-아세틸글루코사민과 *N*-아세틸무람산이다.

β-D-2-Aminoglucose (glucosamine)

β-D-2-Aminogalactose (galactosamine)

(a)

N-Acetylglucosamine

N-Acetylmuramic acid

(R = —CH(CH_3)—COO^-)

(b)

아미노 유도체

탄수화물의 히드록실기를 아미노기(amino group)로 바꿀 경우 특이한 종류의 화합물인 **아미노당(amino sugar)**이 된다. 그림 7.14a는 자연에 널리 존재하는 아미노당으로 D-2-아미노글루코오스[D-2-aminoglucose, 또는 **글루코사민(glucosamine)**]와 D-2-아미노갈락토오스[D-2-aminogalactose, 또는 **갈락토사민(galactosamine)**] 두 가지를 보여주고 있다. 글루코사민과 이의 아세틸화(acetylated) 유도체인 ***N*-아세틸글루코사민(*N*-acetylglucosamine)**과 ***N*-아세틸무람산(*N*-acetylmuramic acid)**은 세균 세포벽의 구성 성분에서 발견되었다. 그림 7.14b에서 볼 수 있는 것처럼 아세틸기가 아미드결합으로 글루코사민에 연결되어 있다. 이외에도 *N*-아세틸무람산은 3-히드록실기에 에스테르결합으로 연결된 3탄소 원

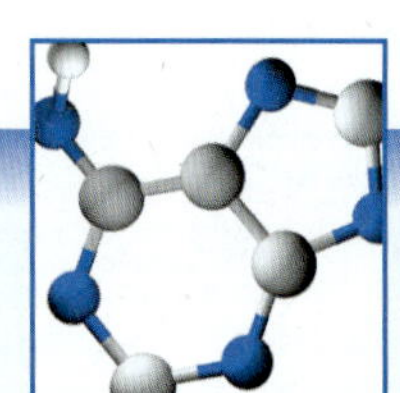

7 - 1

생화학 들여다보기

플라스틱을 곁들인 프렌치프라이

스웨덴 과학자들은 높은 온도에서 튀기거나 구운 프렌치프라이와 감자칩 같은 탄수화물 식품에 산업용 화합물로 널리 이용하는 **아크릴아미드(acrylamide)**가 포함되어 있다는 경악할만한 발견을 하였다. 식품에서 발견된 이 화합물의 농도는 미국 환경보호국과 세계 보건기구가 식수에서 허용하고 있는 농도보다 훨씬 높았다. 이 화합물은 조리하지 않거나 끓인 음식에는 존재하지 않는다. 플라스틱을 만들기 위한 단량체로서 그리고 생화학 실험실에서 전기영동을 하기 위한 폴리아크릴아미드를 제조하기 위해 이용하는 아크릴아미드는 신경독성 물질로 알려져 있고 발암성이 의심되는 화합물이다. 전 세계 과학자에게 당면한 즉각적인 질문은 어떻게 아크릴아미드가 식품에 포함되었는가 하는 점이다.

이 의문점을 풀만한 최초의 단서가 발표되었는데 그것은 글루코오스와 몇몇 아미노산 특히 아스파라긴(asparagine)을 120℃ 까지 가열할 때 아크릴아미드가 생산된다는 것이다. 온도가 높을수록 아크릴아미드 농도는 더 높아진다. 글루코오스와 아스파라긴은 모두 감자를 비롯한 채소류 및 몇 가지 곡류에 풍부하다. 아크릴아미드는 식품 화학에서 잘 알려진 메일라드 반응(Maillard reaction)에 의해서 생성되는 것으로 보인다. 식품을 제조할 때 선호되는 이 반응에서는 당이 아미노산과 반응한다. 중간 온도 이하에서는 메일라드 반응에 의해 새로 구운 빵의 갈색 겉껍질이 만들어지고 맛과 향이 제공된다. 메일라드 반응에 의해 높은 온도에서 아크릴아미드가 생성되는 과정을 오른쪽에 나타냈다.

식품에서 아크릴아미드의 농도를 낮추는 방법을 찾기 위해서 이 화합물이 생성되는 자세한 과정을 알기 위한 연구가 계속되고 있다. 미국 식품의약국은 다음과 같은 아크릴아미드 **사업계획**(Acrylamide Action Plan)의 목표를 발표하였다. (1) 사람 음식물의 아크릴아미드 오염 정도를 측정한다. (2) 이 화합물의 독성에 대해 연구한다. (3) 음식에서 아크릴아미드 농도를 낮추기 위해서 이용하고 있는 식품 가공 기술을 바꾸고 새로운 조리 방법을 개발한다.

자의 카르복실산(락트산)을 가지고 있다. *N*-아세틸글루코사민은 곤충과 갑각류의 외골격에서 발견되는 중합체인 **키틴(chitin)**의 한 성분이다. *N*-아세틸-4-황산갈락토사민(*N*-acetylgalactosamine-4-sulfate)은 연골의 중합체 성분인 콘드로이틴황산(chondroitin sulfate)의 중요 구조단위이다. 탄수화물인 람노오스(rhamnose)로부터 유도된 산성의 아미노당인 *N*-아세틸누라민산[*N*-acetylneuraminic acid 또는 시알산(sialic acid)]은 당단백질(7.5절 참조)과 당지질(8.3절 참조)의 한 성분이다. 생화학 들여다보기 7-1에는 아미노산의 아민과 탄수화물 사이의 여러 가지 반응 예가 설명되어 있다.

글리코시드의 생성

탄수화물이 무수, 약산 조건에서 히드록실기와 반응할 때 새로운 결합인 *O*-글리코시드결합(*O*-glycosidic bond)이 생성된다(그림 7.15). 알코올(ROH)이 아노머성 히드록실기(anomeric hydroxyl group, C1 또는 C2)와 반응하여 글리코시드결합을 만든다. 예로서 알코올이 메탄올(CH_3OH)

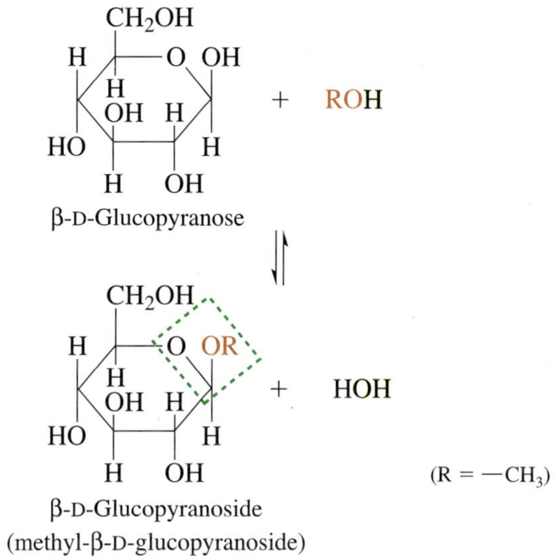

β-D-Glucopyranose + ROH ⇌ β-D-Glucopyranoside (methyl-β-D-glucopyranoside) + HOH

(R = $-CH_3$)

그림 7.15 단당류인 β-D-글루코피라노오스는 알코올과 반응하여 글리코시드를 형성한다. 글리코시드결합에 포함된 원자가 점선으로 표시되어 있다. 알코올이 메탄올이면 글리코시드 생성물은 메틸-β-글루코피라노시드이다.

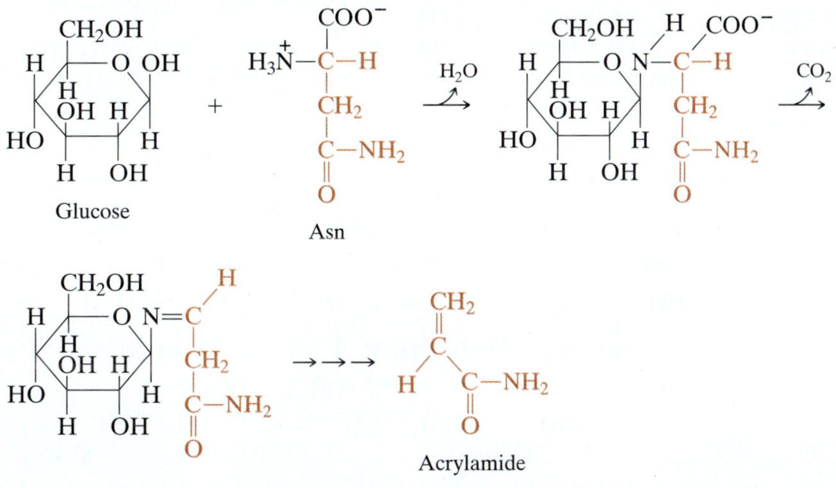

Glucose + Asn $\xrightarrow{-H_2O}$ $\xrightarrow{-CO_2}$ →→→ Acrylamide

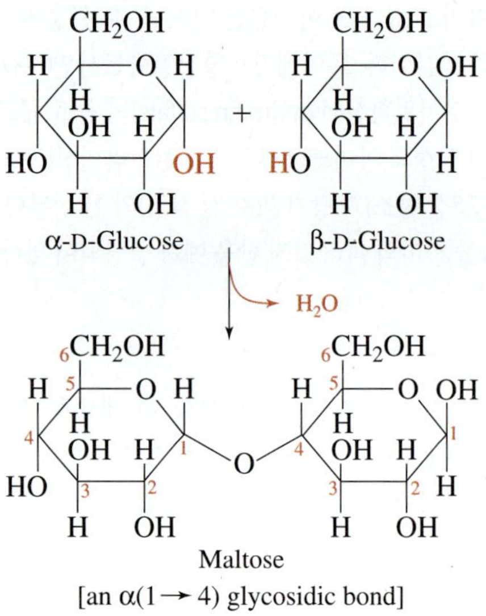

그림 7.16 단당류인 두 개의 D-글루코오스 분자를 글리코시드결합으로 연결하여 생성되는 이당류인 말토오스. 글리코시드결합이 *α*형 글루코오스의 C1과 다른 글루코오스의 C4 사이의 결합이기 때문에 이 결합은 *α*(1→4) 이다.

이면 메틸-*β*-글루코피라노시드(methyl-*β*-glucopyranoside)라는 글리코시드(glycoside)가 생성물이 된다.

알코올 대신 또 다른 탄수화물 분자의 히드록실기가 반응하면 두 개의 단당류가 함께 연결된다(그림 7.16). 이 글리코시드 생성물에서는 한 글루코오스의 아노머성 히드록실기(C1에 있는)를 통해서 둘째 글루코오스의 C4에 있는 히드록실기에 연결된다. 아노머의 입체배치 구조는 *α*이고 연결된 히드록실기는 글루코오스 잔기의 1, 4번 탄소 원자에 있기 때문에 새로운 결합은 *α*(1→4) 글리코시드결합이라 한다. 이 화합물이 **말토오스(maltose)**이다. C1에 글리코시드결합으로 연결된 글루코오스 단위의 아노머 입체배치가 *β*이면 새로운 결합은 *β*(1→4)로 분류된다. 이 방식으로 두 개의 글루코오스 단위가 연결되면 셀룰로오스의 구조 단위인 **셀로비오스(cellobiose)**(그림 7.17)가 된다. 말토오스와 셀로비오스에 있는 글리코시드결합은 탄수화물의 헤미아세탈 중심과는 달리 상호 전환되지 않는다. 그러므로 알파와 베타 입체배치는 고정되어 있다.

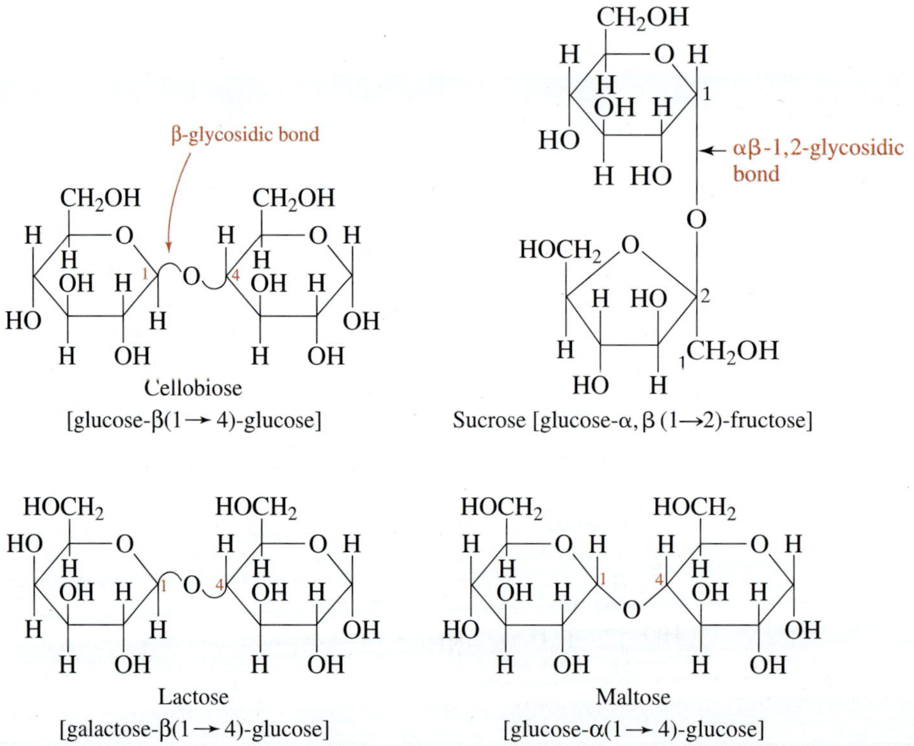

그림 7.17 단당류를 *O*-글리코시드결합으로 연결하여 생성되는 중요 이당류. 셀로비오스는 *β*(1→4) 글리코시드결합으로 연결된 두 개의 글루코오스 잔기로 구성된 이당류이다. 수크로오스는 *α*, *β* (1→2) 글리코시드결합으로 연결된 글루코오스와 프룩토오스로 구성된 이당류이다. 락토오스는 *β*(1→4) 글리코시드결합으로 연결된 갈락토오스와 글루코오스로 구성된 이당류이다. 말토오스는 *α*(1→4) 글리코시드결합으로 연결된 두 개의 글루코오스 잔기로 구성된 이당류이다.

O-글리코시드결합은 탄수화물(단당류)을 연결하여 더 큰 탄수화물인 **이당류(disaccharide)**와 **다당류(polysaccharide)**로 될 때의 기본 결합이다. 좀 더 복잡한 탄수화물의 형성에서 여러 가지 다양한 *O*-글리코시드결합이 생성된다. α와 $\beta(1\rightarrow4)$ 결합 이외에도 α또는 $\beta(1\rightarrow6)$, α또는 $\beta(1\rightarrow2)$, 심지어는 $\alpha\alpha$또는 $\beta\beta(1\rightarrow1)$도 가능하다. 그림 7.17에서 이와 같은 다양한 글리코시드결합으로 연결된 몇 가지 이당류를 볼 수 있다. 이 그림에 나타낸 이당류는 자연에서 가장 풍부한 것들이다. 녹말의 가수분해 산물인 말토오스는 셀룰로오스의 가수분해 산물인 셀로비오스와 유사하다. 말토오스와 셀로비오스의 구조를 보면 다당류인 녹말과 셀룰로오스를 연결하는 화학 결합이 어떠할지를 예견할 수 있다. 사람들은 $\alpha(1\rightarrow4)$ 글리코시드결합의 가수분해를 촉진하는 효소의 도움으로 이당류인 말토오스를 쉽게 소화한다. 이와는 대조적으로 글루코오스 잔기 사이의 $\beta(1\rightarrow4)$ 글리코시드결합을 가수분해할 수 있는 효소는 결핍되어 있기 때문에 셀로비오스를 소화할 수 없다. 이당류인 **락토오스(lactose)**는 $\beta(1\rightarrow4)$ 결합으로 연결된 갈락토오스(글루코오스의 C4 에피머)와 글루코오스로 구성되어 있다. 갈락토오스는 C1의 아노머성 히드록실기를 제공하고 글루코오스는 C4의 히드록실기를 제공하여 글리코시드결합이 생성된 것을 주목하시오. 락토오스의 공식 이름인 갈락토오스-$\beta(1\rightarrow4)$-글루코오스[galactose-$\beta(1\rightarrow4)$-glucose]는 단당류가 어떻게 함께 연결되는지를 잘 보여준다. 유당(milk sugar)이라고도 불리는 이당류인 락토오스는 낙농제품에서만 발견된다(임상생화학 7-1 참조). 락토오스가 사람 음식물로 이용되면 락타아제[lactase, β-갈락토오스가수분해효소(β-galactosidase)라고도 함]에 의해 가수분해되어 다음과 같이 단당류인 글루코오스와 갈락토오스가 된다.

$$\text{lactose} + H_2O \xrightleftharpoons{\text{lactase}} \text{galactose} + \text{glucose}$$

설탕(table sugar)인 **수크로오스(sucrose)**는 글루코오스와 프룩토오스가 $\alpha, \beta(1\rightarrow2)$ 글리코시드결합으로 연결된 이당류이다(그림 7.17). 수크로오스의 경우 글리코시드결합을 나타내기 위해서는 α와 β 둘 다 필요한데, α입체배치의 글루코오스의 아노머성 탄소 원자(C1)가 β입체배치의 프룩토오스의 아노머성 탄소 원자(C2)에 연결되어 있기 때문이다. 아노머성 탄소 원자 모두가 글리코시드결합으로 연결되어 있기 때문에 유리 알데히드 또는 케톤을 포함하는 열린 사슬을 형성할 수 없다. 따라서 수크로오스는 비환원당(nonreducing sugar)이다. 사람의 음식으로 섭취하면 수크로오스는 글루코오스와 프룩토오스로 가수분해된다. 평균적 미국인의 음식으로 많은 양의 수크로오스가 섭취된다. 과잉의 수크로오스 섭취로 생기는 잠재적인 건강 문제와 증가된 칼로리 섭취량 때문에 다른 감미료가 이용되고 있다(생화학 들여다보기 7-2 참조). 청량음료에는 프룩토오스 또는 프룩토오스와 글루코오스의 혼합물(전화당, invert sugar)이 대규모로 첨가된다. 프룩토오스는 수크로오스 보다 단맛이 강하기 때문에 감미료로 더 적은 양을 이용할 수 있다. 중요한 이당류인 말토오스, 셀로비오스, 락토오스, 수크로오스의 이름과 구조적 특징을 표 7.2에 실었다.

표 7.2
대표적 이당류와 구조적 특성

Name	Monosaccharide components	Type of Glycosidic Linkage
Maltose	Glucose, glucose	$\alpha(1\rightarrow4)$
Cellobiose	Glucose, glucose	$\beta(1\rightarrow4)$
Lactose	Galactose, glucose	$\beta(1\rightarrow4)$
Sucrose	Glucose, fructose	$\alpha,\beta(1\rightarrow2)$

***N*-글리코시드** 아민의 N-H기는 히드록실기를 대신하여 탄수화물의 아노머성 탄소 원자와 반응할 수 있다(그림 7.18a). 이 새로운 결합을 ***N*-글리코시드결합(*N*-glycosidic bond)**이라 한다. 이와 같은 형태

그림 7.18 (a) *β*-D-글루코오스와 아민 사이의 *N*-글리코시드결합의 형성. 점선으로 그린 직사각형 안의 원자들이 글리코시드결합을 구성한다. (b) ATP의 일부분인 아데노신의 구조. 아데닌의 질소 원자와 단당류인 리보오스의 아노머성 탄소 원자 사이의 *N*-글리코시드결합을 주목하시오.

β-D-Glucose + RNH_2 (Amine) ⇌ *N*-Glycoside + H_2O

(a)

N-glycosidic bond

Adenosine

(b)

의 결합은 ATP와 같은 뉴클레오티드와 핵산인 RNA와 DNA의 합성에 대단히 중요하다. 이 경우에 아민 작용기는 헤테로고리 화합물인 퓨린(purine)과 피리미딘(pyrimidine) 염기의 질소 원자이다. 그림 7.18b에 퓨린 염기와 탄수화물인 리보오스가 결합하여 생기는 *N*-글리코시드결합을 보여준다.

복습 문제

1. 그림 7.18b에 나온 *N*-글리코시드결합은 *α*입체배열인가 *β*입체배열인가?

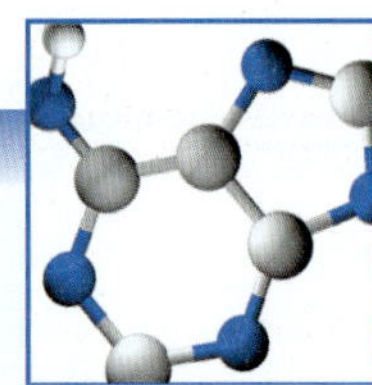

7 - 2

생화학 들여다보기

설탕보다 더 달고 칼로리 없는 감미료

설탕으로 이용하는 수크로오스가 일상적인 음식으로 많은 양이 섭취되고 있다. 과잉의 수크로오스 섭취로 생기는 잠재적인 건강 문제와 증가된 칼로리 섭취량 때문에 칼로리 없는 감미료가 개발되어 시장에 나오고 있다. 초기에 개발된 무칼로리 감미료인 사카린(saccharin)과 시클람산(cyclamate)은 아직 이용되고 있지만 실험동물에서 암을 유발하는 것이 알려진 이후로 그렇게 많이 사용되지 않는다. 합성 디펩티드인 **아스파르틸페닐알라닌 메틸에스테르[aspartylphenylalanine methyl ester**, 아스파르탐(aspartame) 또는 뉴트라스위트(NutraSweet); 그림 3.11 및 아래 참조]는 1981년에 미국 식품의약국이 판매를 허가하였으며 청량음료에 널리 이용되고 있다. 뉴트라스위트는 설탕보다 200배 정도 달지만 한 찻숟가락이 1칼로리 정도밖에 되지 않는다(설탕은 한 찻숟가락이 16칼로리이다). 하지만 뉴트라스위트는 고온에서 불안정하고 분해되는 단점이 있어서 제빵용으로는 이용할 수 없다. 뿐만 아니라 페닐알라닌을 대사할 수 없는 페닐케톤뇨증(phenylketonuria, PKU) 환자는 이 감미료를 이용할 수 없다(18.3절 참조).

2002년에 미국 식품의약국은 뉴트라스위트 유도체인 **네오탐(neotame)**을 감미료로 이용할 수 있도록 허가하였다(그림 참조). 네오탐은 설탕보다 10,000배 정도 달며 설탕과 제빵용으로 이용할 수 있다. 100명 이상의 사람과 동물에 대한 실험 결과 네오탐은 암을 유발하지 않으며 생식계와 신경계에 영향을 미치지 않음이 밝혀졌다. 하지만 네오탐은 아스파르탐과 마찬가지로 인체에서 분해되어 페닐알라닌이 되므로 PKU 환자는 이용할 수 없다. 아스파르탐과 네오탐은 칼로리가 적고 다른 감미료보다 좀 더 천연적이기 때문에 널리 인정되고 있다.

1999년에 미국 식품의약국이 허가하고 1999년과 2000년 사이에 40개국 정도에서 이용하였던 또 다른 합성 감미료인 **수크라로오스(sucralose)**에 대해서는 많은 논쟁이 벌어지고 있다. 수크라로오스는 수크로오스를 염소화하여 합성한 유도체이다. 합성반응은 3개의 히드록실기를 염소로 치환하고 글루코오스 4번 탄소를 전도(inversion)하여 갈락토오스로 전환하는 과정을 거친다(그림 참조). 이 화합물의 정식이름은 1',4',6'-트리클로로갈락토수크로오스(1',4',6'-trichloroga-

7.4 다당류

학습 목표

다당류의 구조와 기능을 이해한다.

단량체(monomer)로 이용되는 단당류 및 그 유도체는 함께 연결되어 여러 가지 생물학적 역할을 하는 다양한 종류의 다당류(polysaccharide)를 형성한다. *O*-글리코시드결합의 안정성과 다양성은 단당류가 결합하여 구조적으로 독특하고 생물학적으로 유용한 중합체를 형성할 수 있게 한다. 다당류의 구조를 밝히기 위해서는 다음과 같은 여러 가지 구조적 특징들을 알아내야 한다.

1. 단량체의 종류
2. 단당류 잔기의 순서(두 종류 이상의 단당류가 존재하는 경우)
3. 단당류를 연결하는 글리코시드결합의 종류
4. 대략적인 사슬의 길이(단당류의 대략적인 수)
5. 분지(branching)한 정도

동질다당류(homopolysaccharide)는 단일 종류의 단당류로 구성되고, 이질다당류(heteropolysaccharide)는 두 가지 이상의 다른 단당류를 포함한다. **올리고당류(oligosaccharide)**라는 용어는 적은 숫자의 단당류로 이루어진 다당류를 나타내기 위해서 사용한다(대개 10개미만의 단당류로 구성). 글루코오스 및 그 유도체가 가장 흔한 단당류이지만 프룩토오스, 갈락토오스 및 이들의 유도체를 비롯한 다른 종류의 단당류도 자연의 다당류에서 발견된다. 다당류는 다양한 크기로 존재한다는 점에서 단백질과 다르다. 다당류는 다양한 길이를 갖는 중합체의 혼합물이므로 분자량이 일정하지 않다. 하지만 특정한 아미노산 순서와 성분으로 구성된 단백질은 명확한 분자량을 갖는다. 다당류가 수행하는 에너지 저장과 생물학적 구조의 역할을 위해서 다당류가 복제 가능하고 명확한 크기를 갖는 분자일 필요는 없다.

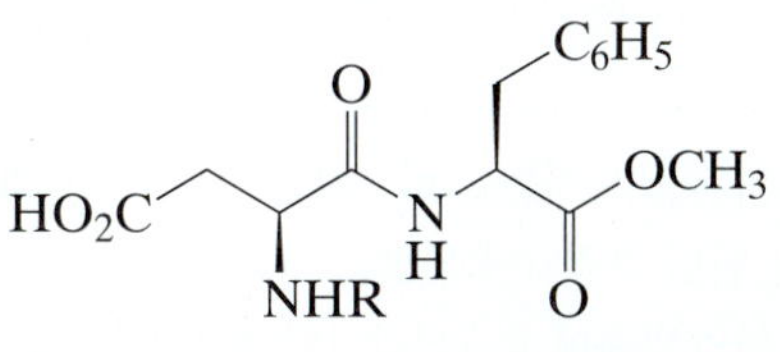

C_6H_5, O, OCH_3, HO_2C, N, H, NHR, O

Aspartame (R=H)
Neotame [R=$CH_2CH_2C(CH_3)_3$]

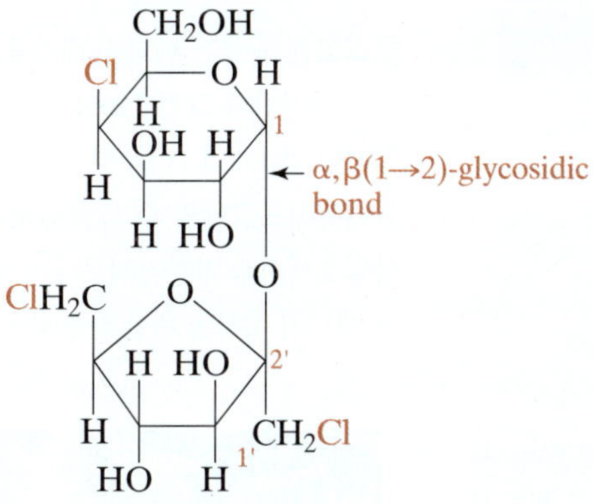

CH_2OH, Cl, O, H, H, OH, H, 1, H, H, HO, O, ClH_2C, O, H, HO, 2', H, CH_2Cl, 1', HO, H

← α,β(1→2)-glycosidic bond

Sucralose

lactosucrose)이다. 이 화합물은 수크로오스보다 600배 달고 미국에서 스플렌다(Splenda)라는 상품명으로 팔리고 있다. 제조업자는 수크라로오스가 칼로리가 없고 대사 없이 몸 밖으로 배설된다고 주장하지만 연구 결과에 따르면 부분적으로 흡수되어 대사된다는 것으로 나타났다. 인간에 대한 연구 결과, 섭취된 수크라로오스의 11~27%가 흡수되고 나머지는 변화하지 않고 배설되는 것으로 밝혀졌다. 흡수된 수크라로오스의 대사경로는 알려져 있지 않지만 글리코시드결합의 가수분해에 의해 4-클로로-4-디옥시갈락토오스(4-chloro-4-deoxygalactose)와 1,6-디클로로-1,6-디디옥시프룩토오스(1,6-dichloro-1,6-dideoxyfructose)로 전환될 가능성이 있다. 장기간의 수크라로오스 섭취가 사람에 미치는 영향에 대한 연구는 계속되고 있다.

어떤 다당류에서는 개별 사슬들이 짧은 펩티드에 의해 교차결합되어 있다. **펩티도글리칸(peptidoglycan)**이라고 하는 이 화합물은 세균의 세포벽 성분이다. 이 절에서는 우선 저장물질로서의 다당류의 생물학적 기능을 다루고, 다음으로 구조적 역할을 하는 다당류를 다룬다.

저장 다당류

식물과 동물은 에너지 분자인 글루코오스를 각각 **녹말(starch)**과 **글리코겐(glycogen)**으로 저장한다. 이 다당류는 과립(granule)이라고 불리는 세포질의 덩어리 형태로 세포에 저장된다(그림 7.19). 녹말은 식물세포의 엽록체에 존재하는데 이곳에서 광합성 에너지를 이용하여 생산된다(17장 참조). 녹말은 감자, 옥수수, 밀 등에 특히 풍부하다. 글리코겐의 과립은 주로 동물의 간과 근육 세포에 존재한다. 이 두 가지 다당류에 있는 수많은 히드록실기 때문에 많은 물이 수소결합으로 연결되어 있다. 실제로 간 또는 근육 조직에 저장된 글리코겐 1 그램 당 2 그램의 물이 수화되어 있다.

녹말 녹말은 두 가지 형태의 글루코오스 중합체인 아밀로오스(amylose)와 아밀로펙틴(amylopectin)의 혼합물이다. 아밀로오스는 D-글루코오스가 $\alpha(1\rightarrow4)$ *O*-글리코시드결합으로 연결된 선형의 비분지성(unbranched) 사슬이다(그림 7.20a). 결합의 특성 때문에 중합체의 서로 다른 말단이 존재하는데 하나는 비환원말단(nonreducing end)으로서 끝에 있는 글루코오스가 C4에 유리 히드록실기를 가지고 있고, 다른 하나는 환원말단(reducing end)으로서 끝의 글루코오스가 열린 알데히드 사슬과 평형 관계에 있는 아노머성 탄소 원자를 갖는다. 아밀로오스 사슬의 분자량은 수천에서부터 오십 만까지 달한다. 아밀로펙틴은 두 가지 중요한 구조적 특징을 갖는다. (1) 주 골격이 $\alpha(1\rightarrow4)$ 글리코시드결합으로 연결된 글루코오스로 구성되어 있고(아밀로오스와 같음) (2) 가지가 $\alpha(1\rightarrow6)$ 글리코시드결합으로 주 골격과 연결되어 있다(그림 7.20b). 가지 분기점은 평균 25개의 글루코오스 잔기마다 생긴다. 아밀로펙틴의 평균 분자량은 약 백만이다. 아밀로펙틴은 가지가 많아서 한 개의 환원말단과 많은 수의 비환원말단을 갖는 중합체 구조이다.

우리가 녹말을 음식으로 섭취하면 입에서부터 분해가 시작된다. 타액에 있는 α-아밀라아제(α-amylase)는 *O*-글리코시드결합의 가수분해를 촉진하여 이당류인 말토오스와 올리고당류를 생성한다(녹말 대사의 세부 사항은 15장 참조).

글리코겐 동물은 에너지 대사를 위해 분지의 정도가 높은 중합체인 글리코겐(glycogen)으로 글루코오스를 저장한다(그림 7.20b). 이 중합체는 $\alpha(1\rightarrow6)$ 가지의 수가 더 많고(주 사슬에 있는 10개 글루코오스 잔기당 약 1개의 가지) 평균 분자량이 더 크다는 점(몇 백만)을 제외하고는 아밀로펙틴과 같다. $\alpha(1\rightarrow4)$ 글리코시드결합의 주 사슬과 $\alpha(1\rightarrow6)$ 가지를 보이는 그림 7.21은 아밀로펙틴과 글리코겐을 나타낸다. 아밀로펙틴과 마찬가지로 글리코겐은 단일 환원말단과 많은 비환원말단으로 구성되어 있다. 이 구조는 에너지 대사를 위한 글루코오스 단위의 방출에 중요하다. 15장에서 알 수 있듯이 글리코겐가인산분

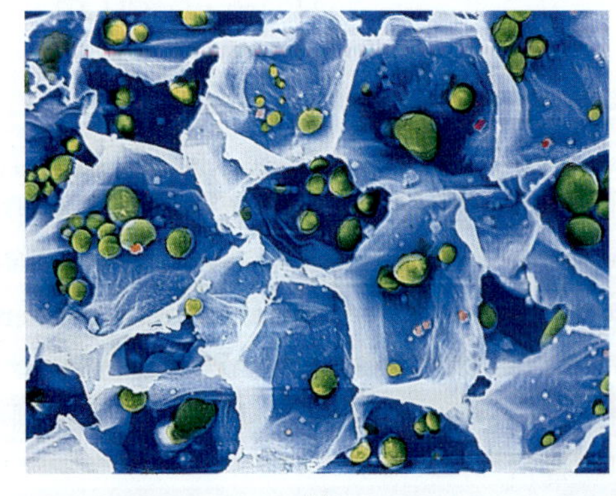

(a)

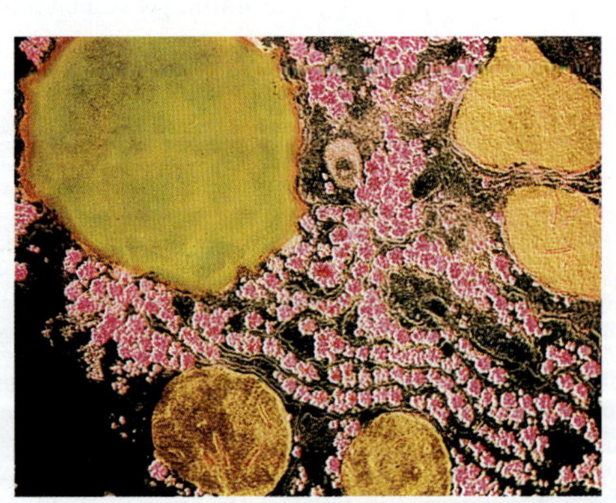

(b)

그림 7.19 저장 다당류를 포함하는 세포질의 과립을 전자현미경으로 찍은 사진 (a) 식물세포의 엽록체에 있는 녹말 과립(초록색) (b) 간세포의 글리코겐 과립(핑크색)

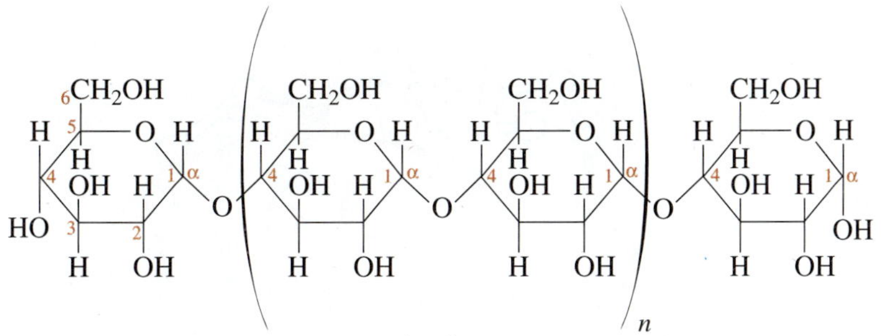

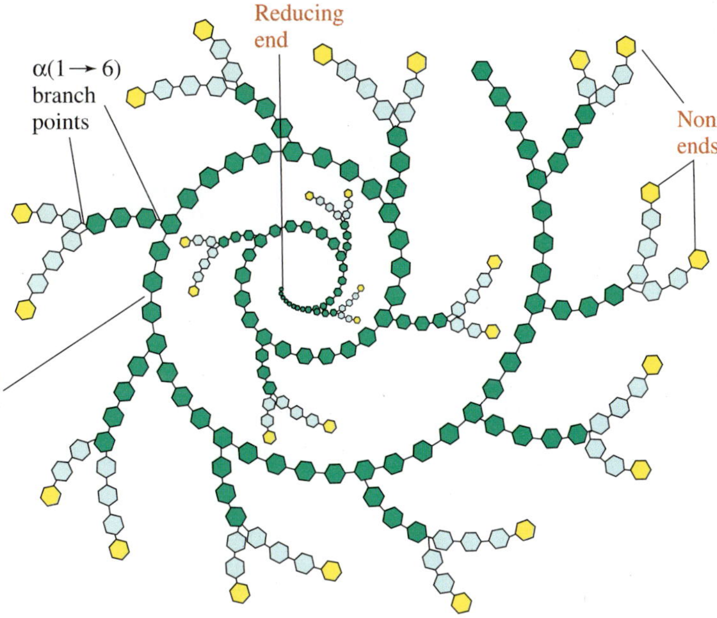

Amylose
(a)

Amylopectin or glycogen
(b)

그림 7.20 (a) 비분지성(unbranched) 글루코오스 중합체인 아밀로오스의 구조. 글루코오스 단위체가 $\alpha(1\rightarrow4)$ 글리코시드결합으로 연결되어 있다. 각 아밀로오스 분자는 비환원말단(C4에 유리 히드록실기가 있는 글루코오스)과 환원말단(C1에 유리 히드록실기가 있는 글루코오스)의 두 개의 뚜렷한 말단을 가지고 있다. (b) 분지성(branched) 글루코오스 중합체인 아밀로펙틴과 글리코겐의 구조. 각 육각형은 글루코오스 잔기를 나타낸다. 글루코오스 단위체의 주 사슬은 $\alpha(1\rightarrow4)$ 글리코시드결합으로 연결되어 있다. 주 사슬에서 뻗은 가지는 $\alpha(1\rightarrow6)$ 글리코시드결합으로 연결된다. 아밀로펙틴은 약 25개의 글루코오스 마다 가지를 가지고 있고 글리코겐은 약 10개 글루코오스 마다 가지를 갖는다. 여러 개의 비환원말단(초록색)에 한 개의 환원말단이 존재함을 주목하시오.

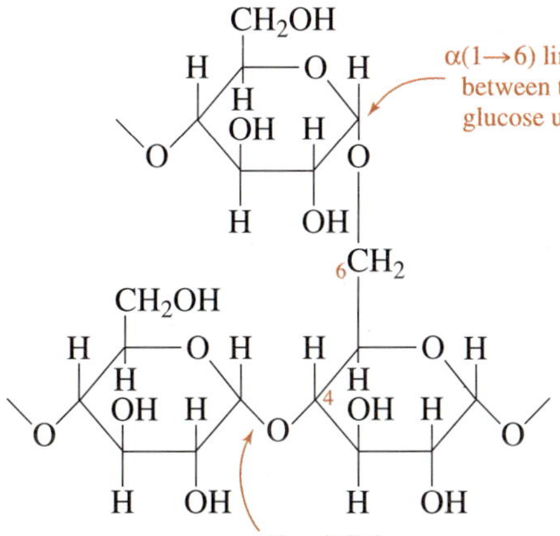

그림 7.21 동물의 저장 다당류인 글리코겐과 분지성 식물 다당류인 아밀로펙틴의 화학 구조. 주 사슬은 $\alpha(1\rightarrow4)$ 글리코시드결합으로 연결된 글루코오스로 구성된다. 가지는 $\alpha(1\rightarrow6)$ 글리코시드결합으로 연결된다. 아밀로펙틴은 주 사슬에서 25개 글루코오스 단위체마다 $\alpha(1\rightarrow6)$ 가지를 갖는다. 글리코겐은 가지가 좀 더 많아서 10개 글루코오스 잔기마다 $\alpha(1\rightarrow6)$ 글리코시드결합을 갖는다.

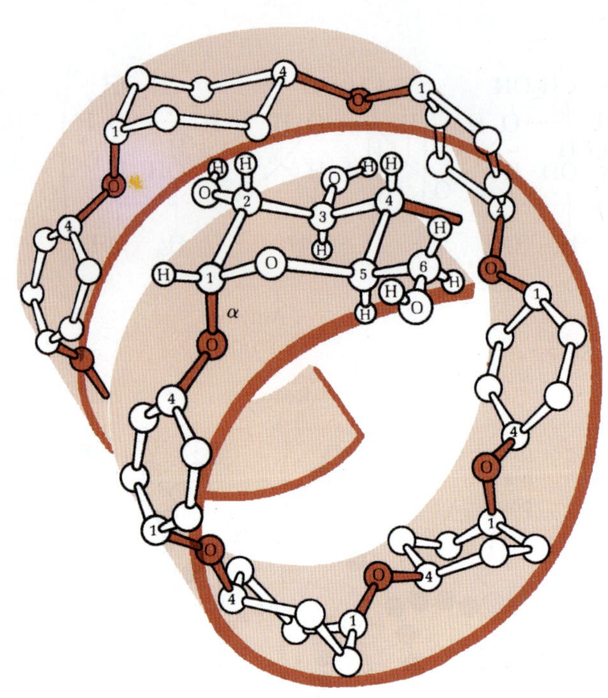

그림 7.22 α(1→4) 글리코시드결합으로 연결된 아밀로오스, 아밀로펙틴, 글리코겐의 주 골격 사슬은 나선형 배열로 접힌다. 나선의 한 번 회전은 6개의 글루코오스 단위체로 구성된다.

해효소(glycogen phosphorylase)는 무수한 비환원말단으로부터 글루코오스 잔기를 제거하여, 필요할 경우 많은 글루코오스를 공급한다. 글리코겐은 간과 근육 세포 모두에 존재하지만 주로 간세포에 풍부하여 젖은 무게 기준으로 약 10% 이상을 차지한다. 근육 세포에는 무게 비로 약 1%만이 글리코겐이다.

아밀로오스, 아밀로펙틴 및 글리코겐은 펼쳐진 사슬 구조와 α(1→4) 글리코시드결합의 각도로 인해 그림 7.22에서 보는 바와 같이 빽빽이 감긴 나선 구조로 접히게 된다. 대략 6개의 글루코오스 잔기가 나선의 한 회전을 만든다.

복습 문제

1. 아밀로오스 나선에 있는 글루코오스 잔기의 수와 단백질의 α-나선 한 회전에 있는 아미노산 잔기의 수를 비교하시오.

자연에는 양은 많지 않으나 또 다른 형태의 저장 다당류가 존재한다. 효모와 세균에서 발견되는 **덱스트란(dextran)**은 글루코오스 잔기들이 α(1→6) 글리코시드결합으로 연결된 주 사슬과 α(1→2), α(1→3), α(1→4) 결합으로 연결된 가지 사슬로 구성되어 있다. 치아에 서식하는 세균의 세포외 분비물인 덱스트란은 누적되어 치석 성분이 된다. β(2→1) 글리코시드결합으로 연결된 프룩토오스 동질중합체(homopolymer)인 **이눌린(inulin)**은 엉겅퀴(artichoke)를 비롯한 채소에서 발견된다.

구조 다당류

셀룰로오스(cellulose), 키틴(chitin), 점액성 다당류(mucopolysaccharide)와 같은 다당류는 세포 내에서 합성되지만 외부로 분비되어 세포의 보호벽 또는 윤활 작용을 하는 외피 등을 구성한다. **셀룰로오스(cellulose)**는 목재와 식물 섬유의 주요 구조 성분이다. 글루코오스의 동질중합체인 셀룰로오스는 자연에 대단히 풍부하게 존재하여 지구 유기 물질의 50%이상이나 차지한다. 셀룰로오스는 글루코오스가 β(1→4) 글리코시드결합으로 연결된 비분지성 중합체이다(그림 7.23). 평균적인 셀룰로오스 분자는

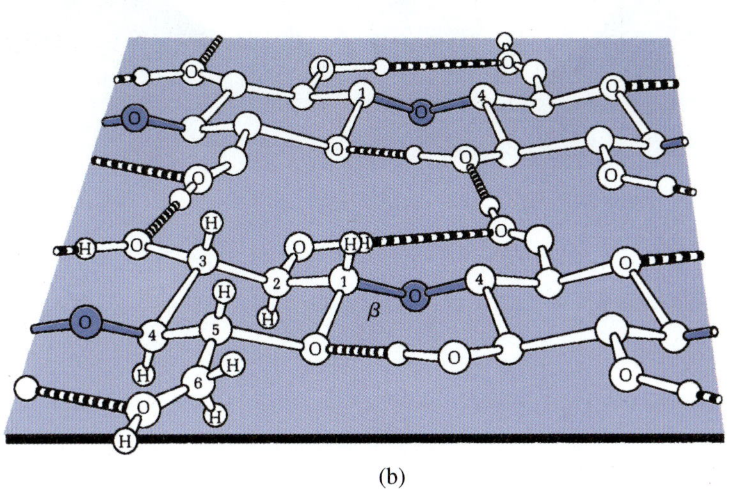

그림 7.23 셀룰로오스의 화학 구조와 3차원적 구조. (a) 글루코오스 단위체는 $\beta(1\rightarrow4)$ 글리코시드결합으로 연결된다. $\beta(1\rightarrow4)$ 결합 주변에서의 회전으로 글루코오스 작용기들이 가까워져서 수소결합(붉은색 점선)이 쉬워지는 것을 주목하시오. (b) 수소결합으로 교차된 두 개의 평행한 셀룰로오스 사슬을 보여준다. 이 강하고 견고한 망조직이 식물 세포벽의 골격이 된다.

10,000에서 15,000개 사이의 글루코오스 잔기를 포함하고 있다. 글리코시드결합의 β입체 배치로 인해 셀룰로오스는 녹말과 글리코겐의 나선 코일 구조와는 달리 매우 긴 직선의 사슬을 형성한다. 셀룰로오스의 펼쳐진 사슬들은 서로 뭉쳐서 섬유(fibril)라고 하는 평행한 사슬들의 묶음이 된다. 식물 세포벽의 골격이 되는 이 강하고 견고한 망조직은 분자 내 및 분자 사이의 수소결합에 의해 함께 결합된다. 셀룰로오스는 강하고, 안정하고, 박판 같은 구조 때문에 의복, 종이, 마분지, 건축 재료로 유용하게 이용된다.

우리 음식의 일부분은 셀룰로오스를 포함하는 채소와 과일이지만 이 글루코오스 중합체에서 에너지를 얻을 수 없다. 동물은 셀룰로오스의 글루코오스 잔기 사이의 $\beta(1\rightarrow4)$ 글리코시드결합을 가수분해할 수 있는 효소를 만들지 않는다. 목재 부패균 곰팡이와 어떤 종류의 세균들은 셀룰로오스의 $\beta(1\rightarrow4)$ 글리코시드결합을 가수분해할 수 있는 효소(섬유소분해효소, cellulase)를 합성, 분비하여 영양분인 글루코오스를 얻는다. 이 미생물들이 삼림의 죽은 나무를 썩게 하는 원인이다. 둘째 위에서 섬유소분해효소를 분비하는 세균을 포함하고 있는 반추동물(소, 양, 염소, 낙타, 기린)은 셀룰로오스를 영양분으로 이용할 수 있다. 이와 유사하게 흰개미(termite)는 섬유소분해효소를 생산하는 공생 미생물인 트리코님파(*Trichonympha*)를 장에 포함하고 있기 때문에 나무의 셀룰로오스를 소화할 수 있다. 하지만 셀룰로오스와 그 유도체는 영양분의 흡수와 소화를 돕는 섬유질(roughage)로서 동물 음식에서 필수적인 역할을 수행한다.

식물 세포벽의 또 다른 중요한 다당류 성분은 **펙틴(pectin)**이다. 펙틴은 글루코오스 유도체인 D-글루쿠론산(D-glucuronic acid)의 C4 에피머(epimer)인 **D-갈락투론산(D-galacturonic acid**, 그림 7.24)의 중합체이다. 갈락투론산은 갈락토오스의 C6에 있는 CH_2OH가 카르복실산($-COOH$)으로 산화된 것이다. 식물에서 추출한 펙틴은 잼과 젤리를 제조할 때 겔화 보조제로 이용한다.

곤충, 게, 가재 등 절지동물(arthropod)의 외부를 보호하는 외골격(exoskeleton)은 주로 비분지성 동질다당류인 **키틴(chitin)**으로 구성된다. 이 중합체는 효모, 곰팡이 및 조류(algae)의 세포벽에서도 소량 발견된다. 키틴을 구성하는 단량체는 글루코오스 유도체인 *N*-아세틸글루코사민(그림 7.25)으로서 $\beta(1\rightarrow4)$ 글리코시드결합으로 연결되어 있다. 키틴도 셀룰로오스처럼 펼쳐진 사슬로 되어 있고, 분자 내 및

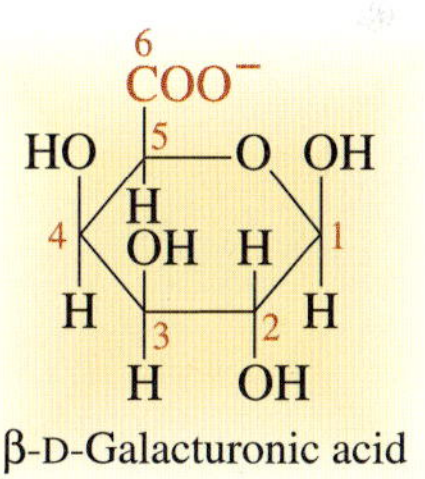

그림 7.24 식물 세포벽의 다당류인 펙틴의 단량체 D-갈락투론산의 구조

키틴은 달랑게(*Ocypode quadrata*)의 외골격(exoskeleton)을 구성하는 주요한 구조 다당류이다.

분자 간 수소결합에 의해 섬유로 뭉쳐져 있다. 사람은 $\beta(1\rightarrow4)$ 결합을 가수분해하는 효소가 없기 때문에 키틴을 소화할 수 없다.

그림 7.25 *N*-아세틸글루코사민의 중합체인 키틴의 구조. 단당류가 $\beta(1\rightarrow4)$ 글리코시드결합으로 연결된다.

편광을 받은 키티나아제 결정. 이 효소는 무척추동물 외골격을 구성하는 다당류인 키틴을 가수분해한다.

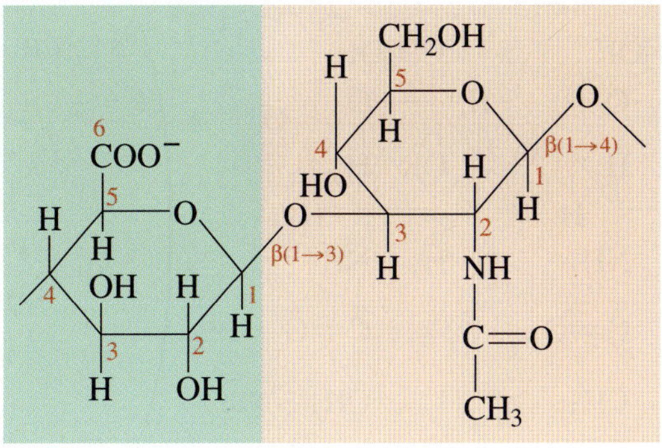

그림 7.26 *N*-아세틸글루코사민(오렌지색 음영)과 D-글루쿠론산(초록색 음영)이 반복되는 중합체인 히알루론산(hyaluronic acid)의 구조 단위. β(1→3)와 β(1→4) 글루코시드결합이 반복된다.

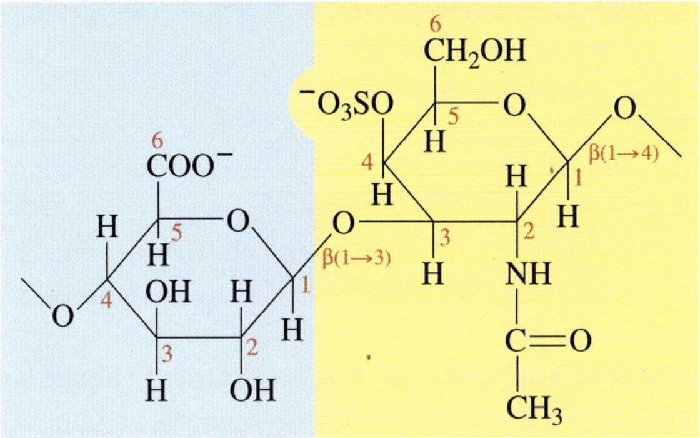

그림 7.27 세포외 기질(extracellular matrix)의 성분인 콘드로이틴황산의 구조. *N*-아세틸-4-황산갈락토사민(노란색 음영)과 글루쿠론산(파란색 음영)의 반복 중합체로서 β(1→4)와 β(1→3) 글루코시드결합이 반복되어 연결된다.

어떤 구조 다당류는 고등동물의 결합 조직(연골, 힘줄)과 세포 밖 기질(기반 물질)에서 발견된다. 세포 밖 기질은 세포들을 서로 붙이는 아교 역할을 하는 겔 같은 물질이다. **점액성 다당류(mucopolysaccharide)**라고 하는 한 무리의 중합체는 세포의 표면을 입히는 얇고 끈적끈적한 젤리 같은 물질이다. 이에 속하는 가장 풍부한 다당류가 히알루론산(hyaluronic acid)이다. 히알루론산은 *N*-아세틸글루코사민과 D-글루쿠론산 단량체가 반복으로 연결되어 있다. 이 산성 중합체에서는 각 글루코오스 유도체의 C6이 $-CH_2OH$(알코올)에서 $-COOH$로 산화되어 있다. 이 두 단량체 사이는 β(1→4)와 β(1→3) 글리코시드결합이 반복되어 연결된다(그림 7.26). 히알루론산은 관절 활액(synovial fluid) 내의 윤활제로 작용하고 또한 연결 조직의 세포 밖 기질에서 발견된다. 세포 밖 기질의 또 다른 성분은 이질중합체(heteropolymer)의 점액성 다당류인 콘드로이틴황산(chondroitin sulfate)이다. 히알루론산과 마찬가지로 콘드로이틴황산은 *N*-아세틸황산갈락토사민과 D-글루쿠론산이 단량체로서 번갈아 연결되어 있다. 이들 단량체가 β(1→3)와 β(1→4) 글리코시드결합으로 번갈아 연결된다(그림 7.27). 갈락토오스에서 유도된 *N*-아세틸황산갈락토사민은 황산기($-SO_3^{2-}$)가 *N*-아세틸갈락토사민(*N*-아세틸글루코사민과 유사)의 C4 히드록실기에 에스테르결합으로 연결되어 있다.

구조 펩티도글리칸

물리적인 보호 역할을 하는 세균의 견고한 세포벽은 주로 *N*-아세틸글루코사민과 *N*-아세틸무람산이 번갈아 연결된 비분지성의 이질중합체이다. 단량체들이 β(1→4) 글리코시드결합으로 연결되어 펼쳐진 골격을 형성한다. 세균의 세포벽이 가지고 있는 견고함과 강인함은 선형의 다당류 사슬 사이의 펩티드 교차결합(peptide crosslink)의 연결망 때문이다. 교차결합하는 펩티드의 아미노산 성분과 서열은 세균의 종류에 따라 다르다. 그람양성(gram positive) 세균인 스타필로코쿠스 아우레우스(*Staphylococcus aureus*)는 테트라펩티드(tetrapeptide)와 다섯 개의 글리신 잔기로 구성된 펜타펩티드(pentapeptide)의 두 종류 펩티드가 교차결합을 형성한다(그림 7.28).

그림 7.28 세균의 세포벽을 형성하는 펩티도글리칸. *N*-아세틸글루코사민(오렌지색 음영)과 *N*-아세틸무람산(파란색 음영)이 반복하며 $\beta(1\rightarrow4)$ 글루코시드결합으로 연결되어 있는 구조이다. 다당류 사슬 사이의 교차결합은 글리신 잔기로 구성된 펜타펩티드와 테트라펩티드에 의해 형성된다.

표 7.3은 이 절에서 소개한 다당류의 성분과 생물학적 역할을 요약한 것이다.

표 7.3
대표적 다당류의 구조와 특성

Name	Type	Components and Linkage	Biological Function
Starch			
Amylose	Homopolymeric	Glucose, $\alpha(1\rightarrow4)$	Nutrient storage (plants)
Amylopectin	Homopolymeric	Glucose, $\alpha(1\rightarrow4)$ with $\alpha(1\rightarrow6)$ branches	Nutrient storage (plants)
Glycogen	Homopolymeric	Glucose, $\alpha(1\rightarrow4)$ with $\alpha(1\rightarrow6)$ branches	Nutrient storage (animals)
Dextran	Homopolymeric	Glucose, $\alpha(1\rightarrow6)$ with $\alpha(1\rightarrow2)$, $\alpha(1\rightarrow3)$, and $\alpha(1\rightarrow4)$ branches	Nutrient storage (yeast and bacteria)
Inulin	Homopolymeric	Fructose, $\beta(2\rightarrow1)$	Nutrient storage (plants)
Cellulose	Homopolymeric	Glucose, $\beta(1\rightarrow4)$	Structural function in plants
Pectin	Homopolymeric	Galacturonic acid	Structural rigidity in plants
Chitin	Homopolymeric	*N*-Acetylglucosamine, $\beta(1\rightarrow4)$	Structural function in exoskeletons
Hyaluronic acid	Heteropolymeric	*N*-Acetylglucosamine; glucuronic acid; $\beta(1\rightarrow4)$ and $\beta(1\rightarrow3)$	Lubricant in synovial fluid, extracellular matrix
Chondroitin sulfate	Heteropolymeric	*N*-Acetylgalactosamine sulfate; glucuronic acid; $\beta(1\rightarrow3)$ and $\beta(1\rightarrow4)$	Lubricant in synovial fluid, extracellular matrix
Peptidoglycans	Heteropolymeric, with peptide cross-links	*N*-Acetylglucosamine; *N*-acetylmuramic acid; $\beta(1\rightarrow4)$	Structural function in bacterial cell walls

7.5 당단백질

학습 목표
당단백질의 구조와 기능을 이해한다.

탄수화물 구조가 공유결합으로 연결되어 있는 단백질을 **당단백질(glycoprotein)**이라 한다. 이 단백질들은 면역 작용에 의한 보호, 세포 사이의 인식, 혈액 응고, 신호전달 과정, 숙주-병원체 상호작용을 포함하는 많은 생물학적 기능을 갖고 있다. 이 외에도 9장에서 세포막 구조에 포함된 많은 단백질이 당단백질이라는 것을 알게 될 것이다.

당단백질의 구조

당단백질의 탄수화물 부분은 대개 전체 무게의 1~30%를 차지하지만 어떤 단백질은 50~60%의 탄수화물을 포함하기도 한다. 당단백질에서 발견되는 가장 흔한 단당류에는 글루코오스, 만노오스, 갈락토오스, 푸코오스(fucose), *N*-아세틸갈락토사민, *N*-아세틸글루코사민, 시알산(*N*-아세틸누라민산) 등이 있다. 이들 단당류의 구조가 그림 7.29에 나와 있다. 당단백질에 붙어있는 당은 대개 15개 미만의 탄수화물

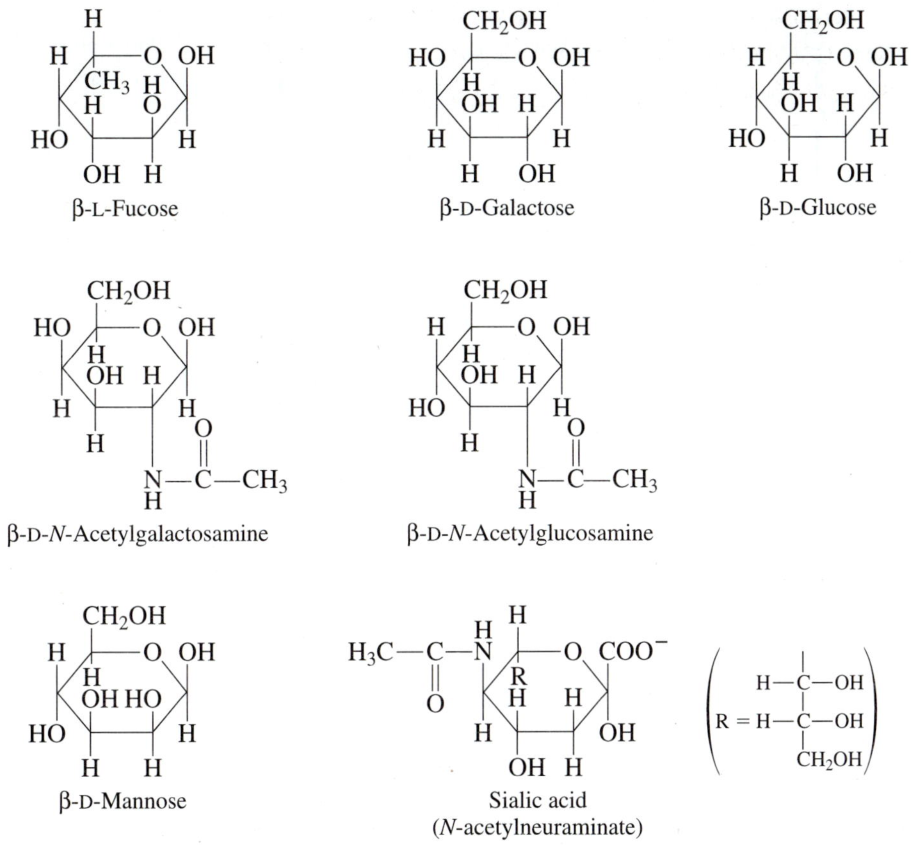

β-L-Fucose

β-D-Galactose

β-D-Glucose

β-D-*N*-Acetylgalactosamine

β-D-*N*-Acetylglucosamine

β-D-Mannose

Sialic acid
(*N*-acetylneuraminate)

그림 7.29 당단백질에서 가장 흔하게 발견되는 단당류. 이들은 *N*- 또는 *O*-글리코시드결합에 의해 아미노산 곁사슬과 연결된다.

잔기가 가지를 형성하고 있는 올리고당류의 형태로 단백질에 붙어 있다.

당이 단백질에 연결되는 두 가지 중요한 결합 형태가 있다. 즉 (1) 단백질의 세린과 트레오닌 잔기의 히드록실기가 탄수화물과 반응한 *O*-글리코시드결합과 (2)아스파라긴 잔기 곁사슬의 아미드 질소와 탄수화물의 *N*-글리코시드결합이다. 많이 나타나는 *O*-, *N*-결합 탄수화물 구조의 예가 그림 7.30에 있다. 추가적인 탄수화물은 보통 처음 결합된 단당류에 첨가된다. 그림 7.31은 당단백질에서 흔히 나타나는 올리고당류의 두 가지 예를 보여준다.

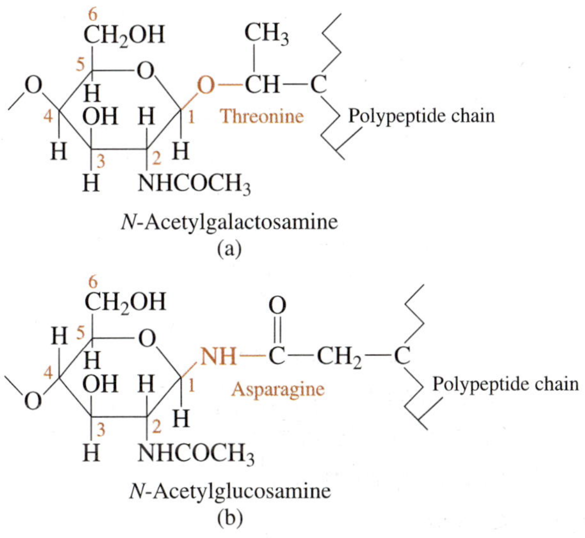

Threonine

Polypeptide chain

N-Acetylgalactosamine
(a)

Asparagine

Polypeptide chain

N-Acetylglucosamine
(b)

그림 7.30 탄수화물이 단백질에 결합되는 두 가지 형태의 연결(붉은색) 방법. (a) 탄수화물의 아노머성 탄소 원자(C1)에 있는 히드록실기와 단백질의 세린 또는 트레오닌 잔기의 히드록실 곁사슬 사이의 *O*-글리코시드결합. (b) 탄수화물의 아노머성 탄소 원자(C1)에 있는 히드록실기와 단백질의 아스파라긴 잔기의 아미드 질소 사이의 *N*-글리코시드결합.

(a) *O*-Glycosidic bonds

(b) *N*-Glycosidic bonds

그림 7.31 당단백질의 올리고당류 구조의 예. 첫째 단당류가 붙는 단백질의 아미노산 잔기를 그림에 나타냈고 첨가된 탄수화물의 글리코시드결합의 형태를 표시하였다. GalNAc = *N*-아세틸갈락토사민, Gal = 갈락토오스, Sia = 시알산(*N*-아세틸누라민산), GlcNAc = *N*-아세틸글루코사민, Man = 만노오스. (a) 단백질과 당 사이의 *O*-글리코시드결합. (b) 단백질과 당 사이의 *N*-글리코시드결합. 이것은 고농도 만노오스 형의 올리고당류 구조를 나타낸다.

복습 문제

1. 당단백질에서 흔하게 발견할 수 있는 다음 구조를 그리시오.
   a. 갈락토오스의 아노머 탄소와 단백질 세린 잔기의 히드록실기 사이의 *O*-글리코시드결합.
   b. *N*-아세틸글루코사민의 아노머성 탄소와 단백질 아스파라긴 잔기의 아미드기 사이의 *N*-글리코시드결합.

당단백질의 기능

식물과 동물에서 발견할 수 있는 당단백질에는 매우 다양한 종류의 올리고당류가 부착되어 있다. 한때 생물학자들은 부착된 당은 활성이 없고 단백질 기능에서 어떤 역할도 하지 않는다고 생각하였다. 올리고당류의 탐지와 분석을 위한 실험 방법이 개선됨에 따라 다양한 생물학적 과정에 참여하는 더 많은 단백질이 당단백질인 것으로 확인되었다. 당단백질의 기능은 많이 알려져 있지만, 당단백질에 부착된 올리고당류의 구체적인 역할은 대개 알려지지 않았다. 당단백질에 부착된 올리고당류가 세포와 세포 사이, 세포와 분자 사이의 인식에 많이 관련된다는 사실이 계속 밝혀지고 있다. 특이한 올리고당류 성분과 서열을 갖는 당단백질은 "정보가 풍부하다"고 표현한다. 이들은 흔히 세포의 표면에서 발견되며, 특정한 형태의 세포를 확인하는 표지로 이용한다. 혈액형 결정(생화학 들여다보기 7-3 참조), 항체 작용(특별

주제 II), 암 유발, 노화 단백질의 교체, 바이러스 성장과 같은 다양한 과정에 이 올리고당류가 관련된다. 약용 단백질에 당 꼬리를 부착할 경우 단백질의 치료 효과(의약품으로 이용되는 당단백질에 대해서는 225쪽 참조)가 증가한다는 사실도 밝혀지고 있다. 영하의 바다에 사는 북극의 물고기 혈액에서 부동액 역할을 하는 단백질의 연구로부터 당단백질의 구조와 작용에 대한 많은 새로운 발견이 이루어지고 있다.

당단백질과 암 세포가 정상 상태에서 악성 상태(malignant state)로 바뀔 때 세포 표면에 있는 당단백질의 변화가 일어난다. 암세포에서 일어나는 이와 같은 변화는 대개 막단백질에 *O*-와 *N*-글리코시드결합을 형성하는 **글리코실기전달효소(glycosyltransferase)**가 결핍되기 때문이다. 정상 세포는 **접촉 방해(contact inhibition)**라고 하는 현상 때문에 표면끼리 접촉할 때 보통 성장을 멈추지만, 암세포의 표면은 변화되어 있기 때문에 성장을 멈추라는 신호를 인식하지 못한다.

단백질 교체 올리고당류는 또한 오래된 단백질을 표지하는 데도 이용된다. 혈장의 오래된 당단백질은 새로이 합성된 단백질로 끊임없이 교체된다(그림 7.32). 새로 만들어진 혈장 당단백질은 대개 탄수화물 구조의 말단에 시알산 잔기를 포함한다. 예를 들어 철이온의 산화($Fe^{2+} \rightarrow Fe^{3+}$)를 촉진하고 혈장의 구리를 이동시키는 혈액 단백질인 세룰로플라스민(ceruloplasmin)은 10개의 시알산 말단 잔기를 갖는다. 이 중에서 두 개만 제거해도 세룰로플라스민의 혈장 내 반감기는 54시간에서 5분으로 줄어든다. 이러한 과정은 오래된 혈장 단백질을 제거하는 공통 경로인 것으로 보인다. 일반적으로 당단백질로부터 탄수화물 구조가 제거되면 거의 언제나 단백질의 분해 정도가 증가한다. 간세포의 표면에는 수용체단백질(receptor protein)들이 있어 시알산이 결핍된 오래된 당단백질을 인식한다. 이와 같은 당단백질은 간세포에 흡수되어 단백질분해효소에 의해 아미노산으로 분해된다.

바이러스 성장 단순포진(herpes simplex), B형 간염, 독감, 에이즈 등을 일으키는 바이러스를 비롯한 많은 바이러스의 표면에는 올리고당류가 결합할 수 있는 잠재적 부위를 지닌 단백질들이 존재한다. 숙주세포의 효소를 이용하여 이 단백질에 탄수화물을 연결하면 숙주세포에 있는 당단백질과 분간할 수 없는 당단백질을 생산할 수 있다. 이와 같은 방법으로 숙주세포의 면역 체계를 피하고 숙주세포의 수용체에 붙어서 침입할 수 있기 때문에 바이러스가 살 수 있게 된다. 예를 들어 HIV 바이러스의 표피 단백질

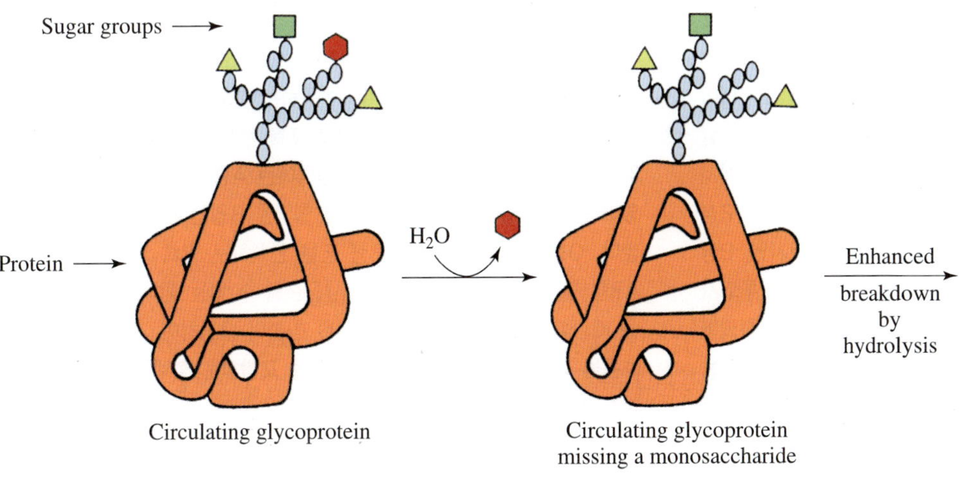

그림 7.32 혈청 단백질의 교체는 가수분해에 의한 탄수화물 잔기의 제거에 의해 시작된다.

인 gp 120에는 *N*-글리코시드결합으로 올리고당류가 붙을 수 있는 잠재적 부위인 아스파라긴 잔기가 20~25개 정도 존재한다. 미래에는 HIV 바이러스의 성장을 제어하기 위해서 이 부위에 탄수화물이 결합하는 데 영향을 미치는 의약품을 개발할 수도 있을 것이다.

부동액 당단백질 남극과 북극의 영하의 해수에서 사는 물고기는 혈액에 존재하는 부동액 당단백질(antifreeze glycoprotein, AFGP) 때문에 얼지 않는다. 북극 대구와 같은 해양 경골어류(teleost)에서 발견되는 이 당단백질은 물의 어는 온도를 낮춘다. 부동액 작용은 이 단백질에 결합되어 있는 여러 개의 2당류에 의해서 나타난다. AFGP는 트리펩티드 Ala-Thr-Ala로 구성된 많은 수의 반복 단위를 갖고 있다. 2당류는 대부분 *β*-D-갈락토실-(1→3)-*α*-*N*-아세틸-D-갈락토사민(*β*-D-galactosyl-(1→3)-*α*-N-acetyl-D-galactosamine)으로 트레오닌의 히드록실기에 *O*-글리코시드결합으로 연결되어 있다. 자연의 당단백질은 여러 개의 트리펩티드-2당류 반복 단위를 포함하지만 일본의 생화학자들은 2당류와 결합된 단일 트리펩티드결합만을 갖는 단백질도 물의 어는 온도를 낮출 수 있다는 것을 발견하였다. 이들은 당단백질의 극성 친수성 부분(탄수화물이 부착된)이 얼음 결정과 강하게 상호 작용하여 어는 온도를 낮춘다는 것을 NMR 분광학을 이용하여 보여주었다. AFGP는 얼음 결정의 성장을 억제하는 작용이 있는 것처럼 보인다.

AFGP는 산업과 의학에 응용 가능성이 있다. 식품첨가제로서, 그리고 세포와 조직의 냉동과 저온 저장에 이용할 수 있을 것이다.

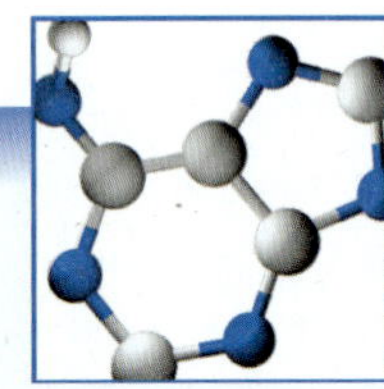

7-3 생화학 들여다보기

안전한 수혈은 올바른 탄수화물 혼합에 달려 있다

사람의 ABO식 혈액형은 탄수화물의 생물정보 전달 기능을 설명하는 중요한 예이다. 혈액형에는 A, B, AB 및 O형의 4가지가 있다. 혈액형의 차이는 100여 년 전 오스트리아 내과 의사인 카를 란트스타이너(Karl Landsteiner)가 처음으로 구별하였다. 란트스타이너는 혈액 표본을 섞었을 때의 응집 여부를 근거로 4개의 집단을 구별하였다. 많은 연구가 이루어진 오늘날에는 적혈구 세포 표면에 부착된 특정한 탄수화물의 존재 유무에 따라 혈액형을 구별한다. 탄수화물은 적혈구 세포의 막단백질(당단백질)과 막지질(당지질, 9장)에 붙어있다. 따라서 적혈구 세포는 독특한 비환원말단을 포함하는 특정 올리고당류로 표지되어 있는 것이다(그림 참조). ABO식 혈액형을 구별하는 올리고당류는 적혈구에 부착된 H 항원의 결정인자 역할을 한다. 4개의 혈액형 집단에서 공통적인 3당류는 *N*-아세틸글루코사민, 갈락토오스, 푸코오스로 구성된다. 말단의 비환원당은 A형 적혈구의 경우 *N*-아세틸글루코사민, B형 적혈구는 갈락토오스, AB형 적혈구는 갈락토오스와 *N*-아세틸글루코사민이 부착되어 있으며, O형 적혈구에는 여분의 탄수화물이 부착되어 있지 않다(그림 참조). 말단 탄수화물의 존재 유무는 특정한 효소 작용에 의해 유전적으로 결정된다. A형 사람은 H 항원에 *N*-아세틸갈락토사민을 부착하는 효소인 *N*-아세틸갈락토실아미닐기전달효소(*N*-acetylgalactosylaminyltrnasferase, GTA)를 보유하고 있다. B형 사람은 갈락토오스를 전달하는 효소인 갈락토실기전달효소(galactosyltransferase, GTB)를 보유하고 있다. AB형 사람은 두 효소 모두를 보유하고 있으며 O형 사람은 두 효소 모두 갖고 있지 않다. GTA와 GTB는 서로 다른 촉매 특징을 보이지만 거의 같은 아미노산서열을 갖고 있다. 354개 아미노산서열 중 단지 4개의 아미노산만 다르다.

혈액형을 이해하는 것은 수혈에서 실용적으로 대단히 중요하다. 혈장에는 다른 사람의 혈액 항원에 반응하는 항체가 존재한다. 수혈을 받을 때 항체는 다른 혈액형의 혈액 세포를 응집한다. 예를 들어 A형 혈액에는 B형 당을 인식하고, B형 혈액에는 A형 당을 인식하는 항체가 있어 응집이 일어난다. 따라서 A형 혈액을 B형인 사람에게 수혈할 수 없다. O형 혈액에는 A형과 B형 당을 인식하는 항체 모두가 존재하며 AB형 혈액에는 어떤 항체도 없다. 공존할 수 없는 혈액형의 혈액을 섞을 때 적혈구 간의 교차결합에 의한 침전이 발생하여 기관에서의 혈액 흐름을 막는다. 수혈할 때 잘못된 당을 포함하는 혈액을 섞는 것은 목숨을 좌우할 수 있다.

복습 문제

1. 지구 극지방의 얼어 있는 바다에 사는 북극 대구를 비롯한 물고기들은 혈장이 어는 것을 막기 위해서 혈액에 부동액 당단백질(AFGP)을 갖고 있다. 전형적인 AFGP는 *β*-D-갈락토실-(1→3)-*α*-*N*-아세틸-D-갈락토사민이 트레오닌 히드록실기에 *O*-글리코시드결합으로 연결된 2당류와 Ala-Thr-Ala의 반복 단위를 여러 개 갖고 있다. 세 개의 아미노산 잔기와 2당류를 포함하는 반복 단위의 구조를 그려보시오.

당단백질 의약품

당단백질은 세포 정보교환, 조절, 면역을 포함하는 많은 과정에 관여하여 영향을 주기 때문에 이들을 치료제로 개발하기 위한 실험을 한다는 것은 바람직한 일이다. 인슐린 같이 당이 없는 단순한 치료용 단백질은 유전적으로 변형된 미생물을 이용하여 발효조에서 비교적 쉽게 생산할 수 있다(13장). 하지만 미생물은 포유동물 단백질에 붙어있는 조성과 서열을 갖는 당 분자를 합성하기 위해 필요한 효소 체계를 갖고 있지 않다. 따라서 생물공학 회사는 올바른 조성과 서열의 올리고당류를 갖는 당단백질을 만들기 위해서 포유동물 세포(유전적으로 변형된 햄스터 난소세포를 자주 이용함)를 이용하여 배양해야 한다. 포유동물의 세포 배양은 비용과 시간이 많이 들고, 많은 노동을 필요로 한다. 이와 같은 이유 때문에 몇

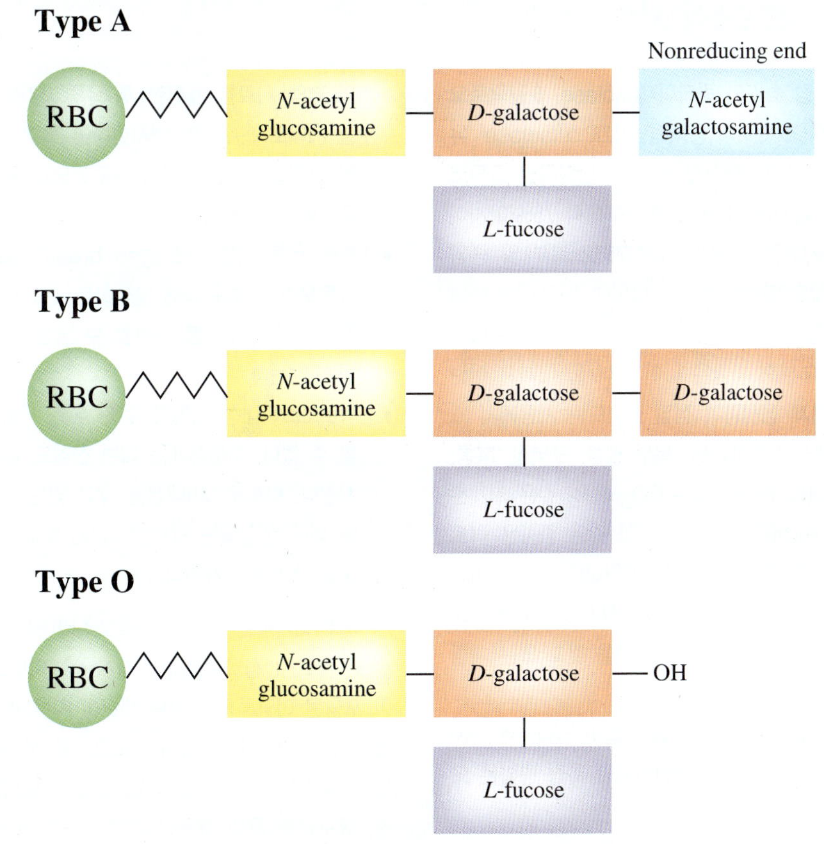

몇 생물공학 회사는 필요한 당을 붙일 수 있도록 변형된 효모균을 이용하여 치료용 당단백질을 만들고 있다.

렉틴—탄수화물을 인식하는 단백질

당단백질을 동정하고 그 특징을 분석하는 일이 **렉틴(lectin)**이라고 하는 단백질 때문에 대단히 쉬워졌다. 렉틴은 당단백질의 특정한 탄수화물(하나 또는 여러 개 단위로)과 높은 친화력을 가지고 가역적으로 결합할 수 있다(그림 7.33). 예를 들어 작두콩(jack bean)에서 나온 렉틴의 일종인 **콘카나발린 A(concanavalin A)**는 만노오스에 높은 친화력을 갖지만 C2 에피머인 글루코오스와는 결합하지 않는다. 렉틴에 의해 인식되는 만노오스는 단백질에 연결된 비환원말단 잔기일 수도 있고 올리고당류 사슬의 중간에 있는 잔기일 수도 있다. 또 다른 렉틴 종류인 맥아(wheat germ)의 응집소(agglutinin)는 *N*-아세틸글루코사민의 3탄당(GlcNAc-GlcNAc-GlcNAc)을 인식하여 결합할 수 있다. 단백질과 탄수화물 사이의 이러한 상호작용은 주로 탄수화물의 히드록실기와 아미노산 잔기의 극성 작용기 사이의 수소결합에 의한다.

식물과 동물 그리고 세균으로부터 유래된 수백 가지의 렉틴이 지금까지 분리되고 그 특징이 분석되

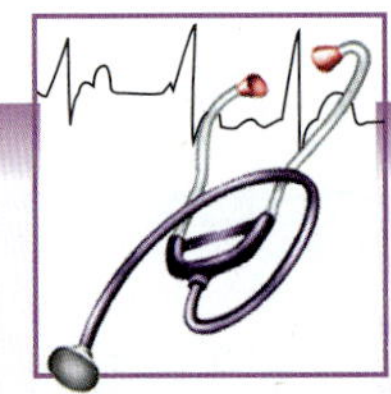

7 - 1

임상생화학

당신은 락토오스에 내성이 있는가?

대부분의 유아와 어린이들은 장 효소인 **락타아제(lactase, β-갈락토오스가수분해효소)**를 풍부히 가지고 있어서 음식의 락토오스(lactose, 유당)를 분해하여 장에서 쉽게 흡수 및 대사할 수 있는 단당류인 글루코오스와 갈락토오스로 만든다. 하지만 전 세계 성인의 대략 75%(아시아계와 아프리카계의 90%, 멕시코인과 유태인계의 75%, 북부 및 중앙 유럽인계의 10~20%)에서 락타아제의 농도는 나이에 따라 감소하여 점진적으로 락토오스를 소화할 수 없게 된다. 약 2살 이후부터 락타아제의 생산량은 줄어들지만 대부분의 사람은 나이가 더 들 때까지 이런 증상을 깨닫지 못한다. 락타아제 생산량이 점점 줄어드는 사람에서 소장에 남아있는 락토오스는 세균이 분해하여, 복부 팽창, 구역질, 복통, 설사 등을 포함하는 위장 장애의 원인이 되는 CO_2,와 H_2 같은 기체뿐만 아니라 유기산(organic acid)을 발생한다. 이와 같은 증상은 락토오스를 포함하는 음식을 섭취한 후 30분에서 2시간이내에 나타난다. 이와 같은 건강 상태를 의학 용어로 **락토오스비내성(lactose intolerance)**이라 한다. 미국 인구 중에서 락토오스비내성을 갖고 있는 사람은 3천만에서 4천만 명 정도인 것으로 추정한다.

락토오스비내성 진단에는 세 가지 임상 시험 방법이 있다. 세 가지 모두 소화기 계통의 락토오스 흡수 정도를 진단하지만 측정 방법은 모두 다르다.

- **락토오스비내성 시험(lactose tolerance test)**은 금식 환자에게 락토오스 용액을 마시게 하는 것으로 시작한다. 2시간 동안 여러 번의 혈액 시료를 채취한 후 글루코오스 함량을 측정한다. 락토오스를 제대로 흡수하여 대사한다면 혈액 글루코오스 농도는 2시간 동안 증가할 것이다. 혈액 글루코오스 농도가 증가하지 않으면 락토오스비내성으로 진단한다.
- **수소 호흡 시험(hydrogen breath test)**에서는 장내 세균에 의한 락토오스 발효에 의해 발생하는 수소기체가 날숨에 포함된 양을 측정한다. 락토오스를 소화할 수 있는 사람에서는 수소가 거의 발생하지 않는다.
- 락토오스비내성 시험과 수소 호흡 시험은 어린이나 유아에게 실시할 수 없다. 이들에게는 **대변 산성도 검사(stool acidity test)**를 실시한다. 락토오스비내성을 갖고 있는 유아는 락토오스의 세균 분해에 의해 생성되는 락트산(lactic acid)을 비롯한 유기산이 높은 농도로 대변에 존재한다.

내과 의사들은 대부분 락토오스비내성을 가진 사람에게 우유, 요구르트, 치즈, 산성 크림(sour cream), 아이스크림 등의 낙농 제품에 많이 포함된 이당류의 섭취를 제한할 것을 추천한다. 지금은 낙농 제품을 좋아하는 사람들을 위하여 락토오스를 저 농도로 포함하는 새로운 제품을 개발하였다. 저 농도 락토오스를 포함하는 우유, 아이스크림, 연 치즈, 요구르트 등의 제품은 락토오스에 있는 β(1→4) 글리코시드결합의 가수분해를 촉진하는 효소인 β-갈락토오스가수분해효소(β-galactosidase)를 이용하여 제조한다. 효모의 일종인 사카로미세스 락티스

었다. 많은 수의 렉틴이 탄수화물에 대하여 독특한 특이성을 나타내기 때문에 당단백질, 세포 표면, 조직의 탄수화물 성분을 평가할 수 있게 되었다. 예를 들어 렉틴은 세포가 종양 세포로 변할 때 세포 표면에서 일어나는 변화를 진단하는 도구로서 임상적으로 이용된다. **셀렉틴(selectin)**이라고 하는 포유동물의 렉틴은 백혈구 세포의 바깥 표면에 존재하는 부착단백질(adhesion protein)이다. 이 렉틴은 내피세포(endothelial cell)의 당단백질 리간드에 결합하여 염증 반응계를 조절하는 데 관여한다.

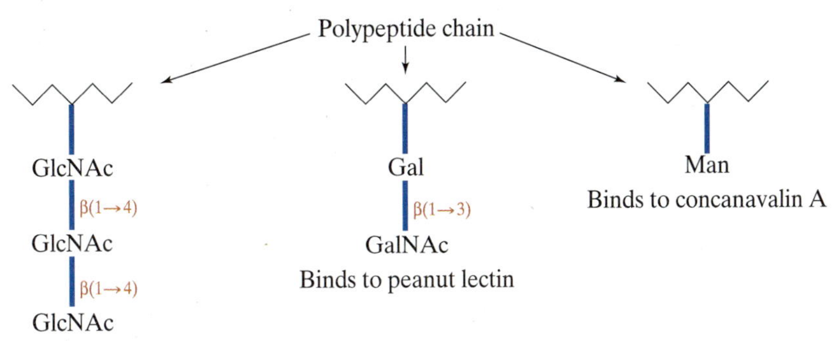

그림 7.33 당단백질의 렉틴 결합 부위.

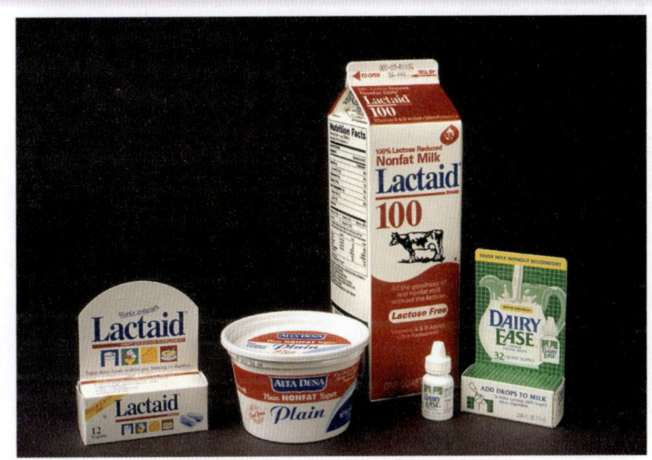

낙농 제품의 락토오스 농도는 β-갈락토오스가수분해효소를 첨가하여 낮출 수 있다.

(*Saccharomyces lactis*)의 배양액에서 추출한 β-갈락토오스가수분해효소를 가장 많이 이용한다. 이 특별한 효소는 낮은 온도(4℃)에서도 활성이 있기 때문에 특히 유용하다. 따라서 이 효소는 저온에서 하룻밤 저장하거나 운반하는 도중에 우유에 첨가할 수 있다. 이 효소에 의한 락토오스의 분해는 치즈, 요구르트, 아이스크림의 생산도 촉진한다. 락토오스는 용해도가 높지 않기 때문에 특히 낮은 온도에서는 농도를 낮추지 않으면 용액에서 결정이 되기 쉽다. 그런데 효모의 β-갈락토오스가수분해효소는 다른 효소와 비교하여 한 가지 중요한 단점이 있다. 분해되어 생산되는 갈락토오스에 의해 이 효소의 활성이 억제되기 때문에 포함된 모든 락토오스를 완전히 가수분해하기가 불가능하다.

만약에 여러분이 락토오스비내성을 가지고 있는데 미리 만들어진 저농도의 락토오스 제품을 구매하기 위해 추가 비용을 지불하고 싶지 않다면 대안이 있다. 예를 들어 살아 있는 세균의 "활성 배양액"을 포함하는 요구르트를 구매할 수 있다. 이 세균은 소화계 내에서 β-갈락토오스가수분해효소를 생산하여 락토오스의 분해를 돕는다. 또는 가정용 β-갈락토오스가수분해효소 정제(*Aspergillus niger* 또는 효모에서 얻음)를 이용할 수 있다. 이들을 낙농 제품과 섞거나 낙농 제품의 섭취 전에 복용하면 된다.

학습 문제

1. 분자 구조를 이용하여 락타아제의 촉매반응을 그려보시오.
2. 락타아제는 어떤 효소로 분류되는가? 5.1절을 참고하시오.
3. 갈락토오스는 효모의 β-갈락토오스가수분해효소를 억제한다. 억제가 경쟁적, 비경쟁적, 또는 무경쟁적인지를 예상해 보라.
4. 갓난 새끼 고양이는 어미젖을 먹고 자란다. 왜 다 자란 고양이가 우유를 먹으면 설사하는 지를 설명하시오.

참고 문헌

Ryan, M., 1998. Living with lactose intolerance. Today's Chemist At Work, Dec.:49-52.

The U.S. National Institute of Health. 락토오스비내성에 대한 정보. *http://digestive.niddk.nih.gov/ddiseases/pubs/lactoseintolerance/index.htm*

 요약

■ 자연에서 생성되는 화합물인 탄수화물(carbohydrate)은 알데히드 또는 케톤 작용기 그리고 여러 개의 히드록실기를 가지고 있다. 이들은 에너지 대사, 구조적 역할, 세포 상호작용을 포함하는 여러 가지 기능을 담당한다.

■ 수용액 속의 탄수화물은 히드록실기와 알데히드 또는 케톤 사이의 반응에 의해 오각형 또는 육각형 고리 구조의 헤미아세탈(hemiacetal) 또는 헤미케탈(hemiketal)을 형성한다.

■ 단당류(monosaccharide)는 *O*-글리코시드결합(*O*-glycosidic bond)으로 연결되어 이당류(disaccharide)와 다당류(polysaccharide)를 형성할 수 있다.

■ 자연에 가장 풍부한 탄수화물은 다당류인 녹말, 글리코겐, 셀룰로오스이다.

■ 당단백질(glycoprotein)에서 탄수화물은 두 가지 형태의 공유결합에 의해 단백질에 연결된다. (1) 세린과 트레오닌의 히드록실기를 이용한 *O*-글리코시드결합. (2) 아스파라긴의 곁사슬 아미드를 이용한 *N*-글리코시드결합. 당단백질은 면역에 의한 보호, 세포 사이의 인식, 숙주 병원균과의 상호작용을 포함하는 많은 생물학적 기능과 관련되어 있다.

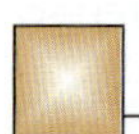 연습 문제

용어 이해

7.1 다음 용어를 우리말로 번역하고 25 단어 이내로 정의하시오. 필요하면 화학 구조를 이용하시오.

a. monosaccharide
b. aldose
c. glyceraldehyde
d. chiral center
e. diastereoisomer
f. ketohexose
g. furanose
h. cyclic hemiacetal
i. anomeric center
j. reducing sugar
k. chitin
l. glycoside
m. lactose intolerance
n. homopolysaccharide
o. glycogen granule
p. mucopolysaccharide
q. lectin
r. *O*-glycosidic bond
s. glycoprotein
t. sialic acid

개념 복습

7.2 단당류 중에서 3탄당에 속하는 화합물에 대해 가능한 구조를 모두 그리시오.

7.3 다음 각 단당류에는 얼마나 많은 키랄중심 있는가?

a. 디히드록시아세톤
b. 리보오스
c. 에리트로오스
d. 글루코사민
e. 프룩토오스
f. 세도헵툴로오스
g. 2-디옥시리보오스
h. 6-디옥시글루코오스
i. *N*-아세틸글루코사민
j. 시알산

7.4 다음 각 단당류를 피셔투영식으로 그리시오.

a. D-글리세르알데히드
b. L-리보오스
c. D-만노오스

7.5 피셔투영식을 이용하여 D와 L형의 거울상 이성질체(enantiomer)를 그리시오.

7.6 펠링반응(Fehling's reaction)은 환원당의 존재를 분석하기 위해 이용하는 실험 방법이다. 분석을 완결하기 위해서 미지의 당을 구리염 Cu^{2+}로 처리한다. 환원당에 대한 양성 결과는 붉은 색의 Cu_2O 침전물의 생성이다. 다음 탄수화물 중에서 어느 것이 양성 결과를 나타내겠는가?

a. 글루코오스
b. 리보오스-5-인산
c. 트레할로오스
d. 락토오스
e. 수크로오스
f. 말토오스

7.7 아래에 있는 화합물의 구조를 검토하여 각 분자에 존재하는 유기 작용기를 모두 나열하시오.

a. 글리세르알데히드
b. 글루코오스(피셔 투영)
c. 글루코오스(하워드 투영)
d. *N*-아세틸글루코사민(그림 7.14)
e. D-갈락투론산(그림 7.24)

7.8 다음 형태의 *O*-글리코시드결합을 최소한 한 개 이상 갖는 이당류나 다당류의 이름을 쓰고 구조를 그리시오. 모든 종류의 단당류를 이용하시오.

a. $\beta(1\rightarrow4)\beta$ **b.** $\alpha(1\rightarrow4)$ **c.** $\alpha(1\rightarrow6)$

7.9 단백질에 있는 다음 아미노산 잔기 중에서 어느 것이 올리고당류의 연결을 위한 잠재적인 *O*-글리코실화반응(glycosylation)의 자리가 될 수 있는가?

a. 글리신
b. 4-히드록시프롤린
c. 아스파라긴
d. 발린
e. 세린
f. 5-히드록시리신
g. 트레오닌
h. 시스테인

7.10 글리코실화반응의 자리로 이용될 수 있는 단백질의 작용기 이름을 적으시오.

7.11 다음 각 단당류의 아노머성 탄소 원자(anomeric carbon atom)의 번호는? (탄소 원자의 번호를 정하는 방법은 표준 방법에 따름)

a. 글루코오스
b. 리보오스
c. 갈락토오스
d. 프룩토오스
e. 세도헵툴로오스

7.12 β-D-프룩토푸라노오스의 다음 각 탄소 원자에 있는 작용기를 적으시오.

a. C1 **b.** C2 **c.** C3

7.13 다음 각 부류에 속하는 특정 생체분자의 이름을 적으시오.

a. 단당류
b. 이당류
c. 다당류
d. 동질다당류
e. 이질다당류

7.14 다음 특징에 대하여 아밀로오스와 글리코겐을 비교하시오.

a. 합성하는 생물체의 종류
b. 생물학적 역할
c. 단당류, 이당류 또는 다당류 등 탄수화물의 형태
d. 화학 구조
e. 단당류 사이의 연결 형태
f. 가지의 형태

7.15 당단백질에 흔한 다섯 개의 단당류 이름을 적으시오.

7.16 당단백질의 두 가지 중요한 기능을 간단히 설명하시오.

활용 문제

7.17 아래에 나열한 화합물 쌍 사이의 관계는 무엇인가?

a. D-글리세르알데히드와 디히드록시아세톤
b. D-글루코오스와 D-프룩토오스
c. D-글루코오스와 D-만노오스
d. D-트레오스와 D-에리트로오스
e. D-2-글루코사민과 D-2-갈락토사민
f. α-D-글루코오스와 β-D-글루코오스
g. D-글루코오스와 L-글루코오스

힌트: *아노머, 에피머, 거울상 이성질체, 알도오스-케토오스 쌍 사이에서 선택하시오.*

7.18 리보오스는 고리 구조이지만 글리세르알데히드와 에리트로오스는 고리 아세탈 구조로 존재하는 않는 이유는?

7.19 다음 단당류를 하워드투영식으로 그리시오.

a. α-D-만노오스
b. α-D-글루코오스-6-인산
c. α-D-디옥시리보오스

7.20 이당류인 트레할로오스는 곤충 순환 액인 헤모림프의 주요 성분이고 버섯과 곰팡이에 풍부하다. 트레할로오스는 두 개의 글루코오스 단위가 $\alpha\alpha$ (1→1) 글리코시드결합으로 연결되어 있다. 이의 구조를 그리시오. 트레할로오스는 환원당인가?

7.21 다음 탄수화물의 반응에서 생성되는 모든 유기화합물의 구조를 그려서 반응을 완성하시오.

a. 글리세르알데히드 + $2\,CH_3\overset{O}{\overset{\|}{C}}-O-\overset{O}{\overset{\|}{C}}CH_3 \rightarrow$
b. 디히드록시아세톤 + $LiAlH_4$
c. 에리트로오스 + Cu^{2+}
d. α-D-글루코오스 + CH_3OH

7.22 1-헥사놀과 D-글루코오스 중에서 어느 화합물이 물에 더 잘 녹는가? 이유를 설명하시오.

7.23 그림 7.11의 반응 (c)는 왜 산화환원반응으로 분류되는가?

7.24 다음 효소에 의한 촉매반응을 적으시오.

a. 섬유소분해효소
b. α-아밀라아제
c. 락타아제
d. 세룰로플라스민

7.25 왜 모든 단당류와 이당류는 물에 녹는가?

7.26 다음 반응의 화학 작용을 나타내기 위하여 화합물의 구조를 그리시오.

a. D-글루코오스 + ATP $\rightleftharpoons$ 글루코오스-1-인산 + ADP
b. 락토오스 + H_2O $\rightleftharpoons$ 갈락토오스 + 글루코오스
c. 글리세르알데히드-3-인산 $\rightleftharpoons$ 디히드록시아세톤인산
d. 글루코오스 + NADH + H^+ $\rightleftharpoons$ 소르비톨 + NAD^+

7.27 아래 용어 중 한 가지를 이용하여 문제 7.26의 a-d에서 일어나는 화학 반응을 설명하시오.

산화환원반응　　인산화반응
가수분해반응　　이성질화반응

7.28 문제 7.26의 각 반응의 촉매작용을 하는 효소의 일반명을 적으시오.

7.29 락토오스비내성의 치료법을 제안하시오.

7.30 다음 조건에서 D-갈락투론산의 구조를 그리시오.

a. pH 1.0에서
b. pH 7.0에서
c. pH 12.0에서

7.31 땅콩의 렉틴은 이당류인 갈락토오스 *N*-아세틸갈락토사민에 특이하게 결합한다. 두 개의 단당류는 β(1→3) 글리코시드결합으로 연결된다. 이 이당류의 구조를 그리시오.

힌트: *환원말단이 갈락토오스이다.*

7.32 렉틴이 탄수화물에 결합하는 모델을 만들어 보시오. 글루코오스와 아미노산인 세린 사이에 형성될 수 있는 결합을 보여 주는 분자 구조를 이용하시오.

7.33 세린과 글루코오스 C-1 사이의 *O*-글리코시드결합을 보이는 분자 구조를 그리시오.

7.34 글루코오스 C-1과 아미노산인 아스파라긴 사이의 *N*-글리코시드결합을 보이는 분자 구조를 그리시오.

7.35 셀룰로오스에 대한 다음 설명 중 틀린 것은?

a. D-글루코오스 단위의 동질중합체
b. β(1→4) 글리코시드결합으로 연결
c. 셀룰로오스 구조는 분자 내 수소결합에 의해 안정화 됨
d. 동물은 에너지 분자로 이용하기 위해 셀룰로오스를 저장함

생화학 작문

7.36 Science, Nature, Scientific American 등의 잡지를 참고하여 렉틴과 셀렉틴의 일반적인 주제에 관한 최근 논문을 조사하고, 이 장에서 배운 개념을 강조하는 500 단어 정도의 논문을 작성하시오.

7.37 8장 강의가 끝난 직후 2분 동안에 다음에 관한 논문을 작성하시오. (1) 가장 중요한 개념 두세 가지는 무엇인가? (2) 어떤 개념이 유기 화학에 대한 복습이었는가? (3) 특별히 혼란스러운 개념이 있었는가?

7.38 렉틴과 리신(ricin)에서 그 예를 볼 수 있는 것처럼 갈락토오스와 만노오스 같은 탄수화물은 종종 분자인식 과정에 관련된다. 이러한 인식 과정은 단백질과 탄수화물 사이의 유리한 비공유결합성 상호작용의 형성에 의존한다. 단당류의 구조를 그리고 단백질의 아미노산과 비공유결합성 상호작용을 할 수 있는 작용기를 표시하시오. 상호작용의 형태(수소결합, 이온성, 소수성 중에서 선택)를 지적하고 결합에 참여할 수 있는 아미노산을 고르시오.

참고문헌

Bentley, R., 1998. The transformation of linear to cyclic monosaccharide structures. *Biochem. Educ.* 26:205–210.

Boyer, R., 2000. Glycoproteins. In *Modern Experimental Biochemistry*, 3rd ed., pp. 321–331. San Francisco: Benjamin/Cummings.

Cole, C. and Smith, C., 1989. Glycoprotein biochemistry (structure and function). *Biochem. Educ.* 17:179–189.

Cole, C. and Smith, C., 1990. Glycoprotein biochemistry (biosynthesis). *Biochem. Educ.* 18:110–122.

Davies, P. and Sykes, B., 1997. Antifreeze proteins. *Curr. Opin. Struct. Biol.* 7:828–834.

Gahmberg, C. and Tolavanen, M., 1996. Why mammalian cell surface proteins are glycoproteins. *Trends Biochem. Sci.* 21:308–311.

Gibbs, W., 2003. Sugar added. *Sci Am.* 289(7):23.

Gilman, V., 2004. Artificial sweeteners. *Chem. Eng. News* June 2:43.

Jia, Z. and Davies, P., 2002. Antifreeze proteins: an unusual receptor–ligand interaction. *Trends Biochem. Sci.* 27:101–106.

Maeder, T., 2002. Sweet medicines. *Sci. Am.* 287(1):40–47.

May, M., 2002. Adding sugar to bioscience. *Sci. Am.* 287(9):38–40.

Ruiz-Chica, A., et al., 1999. Stereochemistry of carbohydrates. *Biochem. Educ.* 27:7–8.

Sanchez, M. and Cabezas, J., 1998. Lectins in the laboratory. *Biochem. Educ.* 26:309–312.

Sharon, N. and Lis, H., 1993. Carbohydrates in cell recognition. *Sci. Am.* 268(1):82–89.

Smith, C., Gaffney, J., Seal, L., Nicholas, G., and Fremont, A., 1991. Glycoprotein biochemistry—clinical aspects. *Biochem. Educ.* 19:106–116.

Wilson, E., 2004. How arctic fish avoid freezing. *Chem. Eng. News* Feb. 16:13.

Yarnell, A., 2002. Acrylamide mystery solved. *Chem. Eng. News* Oct. 7:7.

Yarnell, A., 2003. Understanding blood types. *Chem. Eng. News* Mar. 10:42–43.

Zatta, P. and Cummings, R., 1992. Lectins. *Biochem. Educ.* 20:2–9.

The U.S. Food and Drug Administration, *http://www.cfsan.fda.gov/~dms/acryplan.html* The Acrylamide Action Plan.

CHAPTER

8

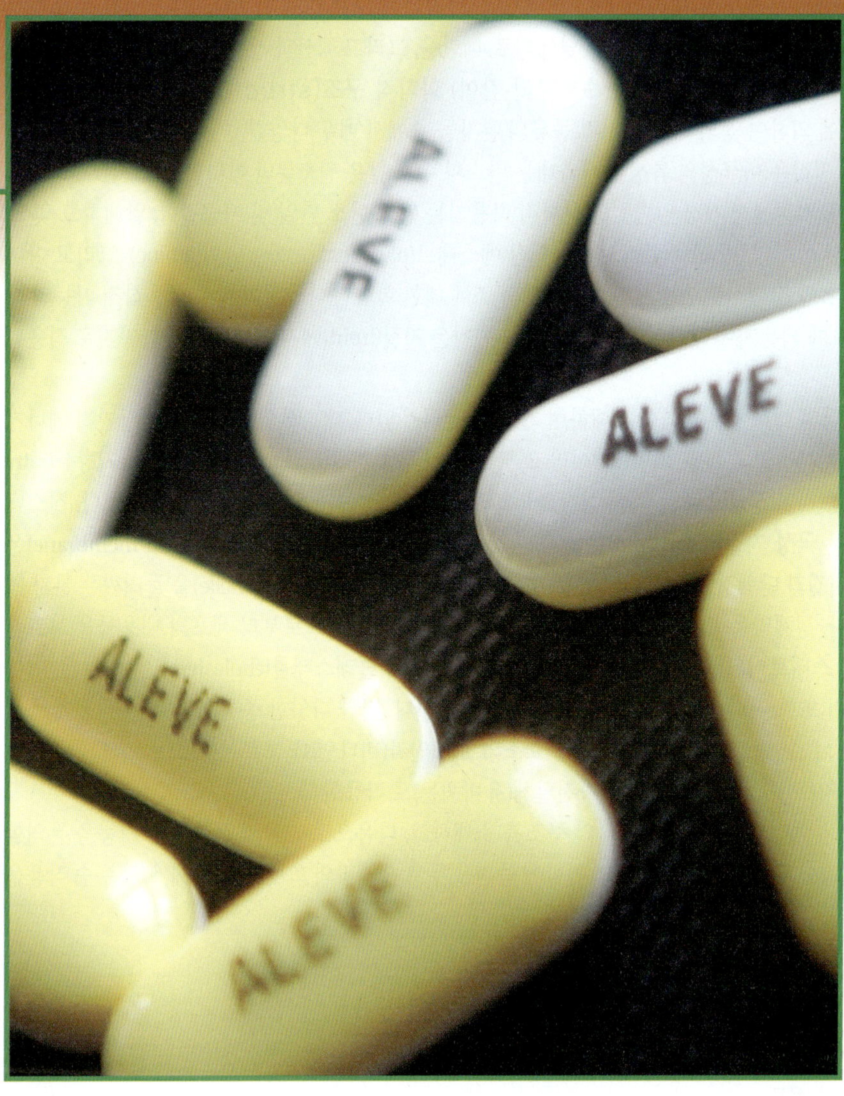

어떤 약품들은 약리적 작용에 있어서 다양성과 예상 밖의 효과를 나타낸다. 이런 약품들은 원래 치료될 것으로 기대하지 않았던 질병들에 대해 치료 효과를 나타낸다. 항염증제(anti-inflammatory drug)인 셀레브렉스(Celebrex), 나프록센(naproxen, Aleve), 비옥스(Vioxx) 등을 비롯한 약품들은 류마티스성 관절염, 골관절염 및 그 밖의 다른 관련된 질병이 있는 환자들의 통증을 완화하는 데 매우 효과적이다. 염증을 일으키는 과정은 프로스타글란딘(prostaglandin)이라고 하는 지질의 생산에 의하여 개시된다. 항염증제는 프로스타글란딘의 생성을 억제한다. 직접적인 임상 증거는 아직 없지만, 의학 연구자들은 염증 과정이 알츠하이머병 환자의 뇌세포 파괴를 초래하는 것으로 추측해왔다. 과연 항염증제가 알츠하이머병을 예방하거나 그 증상을 완화시킬 수 있을까? 미국 국립보건원의 국제노화연구소는 최근 70세 이상 노인 2500명을 대상으로 그와 같은 연구를 수행하였다. 연구 대상자들은 셀레브렉스, 나프록센, 또는 위약(placebo)을 각각 복용시키기 위하여 세 그룹으로 나누어졌다. 이 연구의 목적은 항염증제가 알츠하이머병의 위험을 경감시키는지를 결정하는 것이다. 3년 후 이러한 시도는 중단되었다. 왜냐하면 나프록센을 복용한 상당수의 사람들이 심장마비나 뇌졸중으로 고통을 받았기 때문이다. 이러한 시도는 중단되어야 했지만, 알츠하이머의 발병이 감소되는지를 알기 위해서 향후 연구대상자들은 지속적으로 관찰될 것이다.

지질의 구조와 생물학적 기능

지질(lipid)은 용해도에 대하여 독특한 특성을 가지는 생체분자의 한 종류이다. 지질은 소수성(hydrophobic)이므로 물보다 디에틸에테르, 메탄올, 그리고 헥산과 같은 비극성 용매에 더 잘 녹는다. 이들 지질은 (아미노산이나 탄수화물과 같이) 화학적 **구조(structure)**보다 물리적 **작용(behavior)**에 의하여 정의되므로, 지질 종류의 분자들 중에서 매우 다양한 종류의 화학적 구조를 볼 수 있게 된다. 지질은 비극성의 특성을 나타내는 탄소와 수소 같은 원소뿐만 아니라 산소, 질소, 그리고 인을 포함한다. 지질에서 가장 일반적인 화학적 작용기는 탄소-탄소 단일 및 이중결합, 알데히드 및 케톤, 카르복실산 에스테르(carboxylate ester), 인산 에스테르(phosphate ester), 아민(amine), 그리고 아미드(amide)이다. 앞 장에서는 어떻게 생체분자의 구조에 대한 화학적 다양성이 항상 생물학적 기능의 다양성을 가져오게 되는지에 대하여 논의하였다. 이 원칙은 **지질(lipid)**에 대하여서도 마찬가지로 적용된다.

지질은 에너지 대사에서의 역할에 대하여 가장 잘 알려져 있다. 대부분의 생물체에서 장기적 에너지 저장을 위한 기본적인 분자는 **지방(fat)**이라고 부르는 **비극성 지질(nonpolar lipid)**이다. **지방산(fatty acid)**은 비극성 지질 성분으로서, 특히 심장, 뇌, 그리고 지방조직에서 중요한 에너지 분자이다. 질소나 인을 포함하는 **극성 지질(polar lipid)**은 생체막의 중요한 성분이다. **생체막(biological membrane)**은 기본적으로 지질과 단백질로 구성되어 있으며, 모든 세포 및 세포소기관(organelle)을 둘러싸는 분자 경계를 형성한다. 생체막은 세포의 모양과 형태를 유지하고 외부 환경으로부터 세포의 내용물을 보호한다(9장 참조). **스테로이드(steroid)** 종류의 지질은 대표적으로 **콜레스테롤(cholesterol)**이 있는데, 이는 막에 존재하며 또한 여러 가지 호르몬의 전구체 역할을 한다. 기타 다양한 종류의 지질이 세포에 소량 존재하면서 광흡수 색소(β-카로틴, 레티날), 효소의 보조인자(비타민K), 호르몬(에스트로겐, 테스토스테론), 신호분자(프로스타글란딘) 및 전자전달체(유비퀴논)로 작용한다.

이 장에서는 여러 가지 종류의 지질의 구조를 소개하고, 다음으로 그들의 생물학적 기능을 논의할 것이다. 다음 장에서는 지질과 단백질의 역할에 중점을 두고 생체막의 화학적 구조 체계 및 수송 작용을 다루고자 한다.

8.1 지방산

학습 목표

자연에 존재하는 지방산의 화학 구조를 알고 생물학적 중요성을 이해한다.

지방산의 구조

지방산(fatty acid)은 가지가 없는 지방족(aliphatic) 사슬에 (극성의) 카르복실 작용기(—COOH)가 연결되어 있는 생체분자이다(그림 8.1). 이러한 구조적인 특징으로 인해 지방산은 이중적 특성을 나타낸다. 한쪽 끝은 극성 또는 이온(카르복실기)이고, 반대쪽 끝(탄화수소 사슬)은 비극성을 나타낸다. [2.2절에서 이런 분자를 **양친매성(amphiphilic)**이라고 불렀다.] 지방산은 세포 및 조직 내에서 거의 유리된(free) 형태로 찾아볼 수 없으며, 대부분 지방(트리아실글리세롤 및 다른 지질)에 결합되어 있다. 지방산은 4개(버터에 존재)~36개(뇌에 존재)의 탄소 원자 수를 가진다. 그러나 자연에 존재하는 대부분의 지방산은 12개~24개의 탄소 원자를 포함하며, 그 중에서 16개와 18개의 탄소 원자를 포함하는 지방산이 가장 많다. 표 8.1에서 자연에 가장 흔하게 존재하는 지방산의 명칭과 구조를 나타내었다.

지방산의 세포 구성에 대하여 몇 가지의 규칙이 있다(표 8.2). 지방산은 아세트산(CH_3COOH)의 C_2 단위가 결합하여 합성되므로 거의 대부분 짝수 개의 탄소 수를 포함한다. 탄화수소 사슬(hydrocarbon chain)은 거의 모두 가지가 없으며, 탄소-탄소 단일결합(**포화지방산, saturated fatty acid**) 또는 하나 이상의 탄소-탄소 이중결합(**불포화지방산, unsaturated fatty acid**)으로 구성되어 있다(그림 8.1 참조). 단일 불포화지방산(monounsaturated fatty acid)에서 이중결합은 보통 모두 9번과 10번 탄소 사이에 있다(C1은 카르복실기 탄소가임). 이중불포화지방산에서 둘째 이중결합은 거의 대부분 12번과 13번 탄소

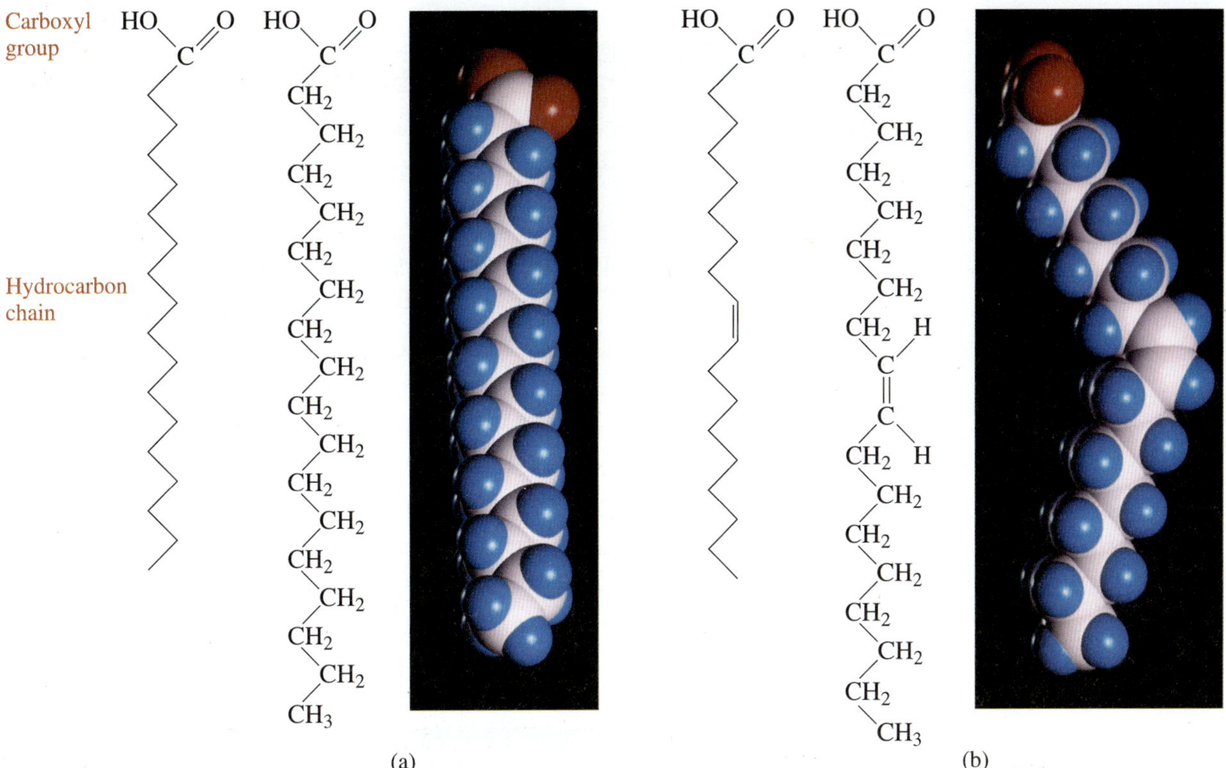

그림 8.1 지방산의 구조. (a) 옥타데칸산(octadecanoic acid), 포화지방산. (b) 9-옥타데센산(9-octadecenoic acid), 불포화지방산. 지방산이 세 가지 방법으로 표시된다. 왼쪽, 지그재그 선으로 사슬을 나타내는 간략화 된 구조. 가운데, 모든 탄소와 수소 원자를 나타낸 구조. 오른쪽, 각 분자의 실제 모양을 나타내는 공간 채움 모형(space-filling model).

표 8.1

자연에 존재하는 대표적 지방산의 구조와 이름

Number of Carbons[a]	Common Name	Systematic Name	Abbreviated Symbol[b]	Structure[c]
12	Lauric acid	*n*-Dodecanoic acid	12:0	$CH_3(CH_2)_{10}COOH$
14	Myristic acid	*n*-Tetradecanoic acid	14:0	$CH_3(CH_2)_{12}COOH$
16	Palmitic acid	*n*-Hexadecanoic acid	16:0	$CH_3(CH_2)_{14}COOH$
16	Palmitoleic acid	*n*-Hexadecenoic acid	$16{:}1^{\Delta 9}$	$CH_3(CH_2)_5CH{=}CH(CH_2)_7COOH$
18	Stearic acid	*n*-Octadecanoic acid	18:0	$CH_3(CH_2)_{16}COOH$
18	Oleic acid	*n*-Octadecenoic acid	$18{:}1^{\Delta 9}$	$CH_3(CH_2)_7CH{=}CH(CH_2)_7COOH$
18	Linoleic acid	—	$18{:}2^{\Delta 9,12}$	$CH_3(CH_2)_4CH{=}CHCH_2CH{=}CH(CH_2)_7COOH$
18	Linolenic acid	—	$18{:}3^{\Delta 9,12,15}$	$CH_3CH_2CH{=}CHCH_2CH{=}CHCH_2CH{=}CH(CH_2)_7COOH$
20	Arachidonic acid	—	$20{:}4^{\Delta 5,8,11,14}$	$CH_3(CH_2)_4CH{=}CHCH_2CH{=}CHCH_2CH{=}CHCH_2CH{=}$ $CH(CH_2)_3COOH$
20	EPA	Eicosapentaenoic acid	$20{:}5^{\Delta 5,8,11,14,17}$	
22	DHA	Docosahexaenoic acid	$22{:}6^{\Delta 4,7,10,13,16,19}$	

[a] Note that all have an even number of carbons.
[b] Indicates the number of carbon atoms and the "carbons" position of the carbon–carbon double bonds.
[c] All double bonds are cis.

사이에 있다. 표 8.2에서 보면 여러 개의 이중결합이 단일결합과 교대로 배열되어 있지 않고(—CH=CH—CH=CH—) 하나의 메틸렌(methylene)기에 의하여 분리되어 있다(—CH=CH—CH_2—CH=CH—). 두 개 이상의 이중결합을 가지고 있는 지방산은 **다중불포화(polyunsaturated)** 되었다고 한다. 자연에 존재하는 지방산의 이중결합은 거의 모두 시스형 입체 배열(cis configuration)로 되어 있다.

표 8.2

자연에 존재하는 지방산의 구조에 대한 일반적 규칙

1. 대부분의 지방산은 짝수 개의 탄소를 가진다.
2. 탄화수소 사슬은 거의 항상 가지가 없다.
3. 대부분의 탄소-탄소 결합은 단일이다. 그러나 하나, 둘, 또는 그 이상의 탄소-탄소 이중결합을 포함하기도 한다.
4. 이중결합은 거의 시스(cis) 배열이다.
5. 단일 불포화지방산에서 이중결합은 보통 9번과 10번 탄소 사이에 있다.
6. 두 개 이상의 탄소-탄소 이중결합이 존재하는 경우 이들은 교대로 배열되지 않고 메틸렌(methylene) 단위에 의하여 분리되어 있다.

자연에 존재하는 지방산의 종류가 매우 다양하기 때문에 특별히 간략한 명명법 체계가 개발되었다. 이 체계는 탄소 원자의 수, 탄소-탄소 이중결합의 수와 위치를 나타낸다. 지방산은 또한 일반명을 가지고 있으며, 이 명칭은 지방산의 계통 명보다 더 자주 사용된다. 12개의 탄소를 가지며 탄소-탄소 이중결합이 없는 **라우르산(lauric acid**, 도데칸산)은 12:0과 같은 간략한 형식으로 표기된다. 18개의 탄소와 두 개의 이중결합(C9 – C10과 C12 – C13)을 가지고 있는 **리놀레산(linoleic acid)**은 $18{:}2^{\Delta 9,12}$로 표기한다. [18:2 델타(Δ)9,12라고 읽는다.] 이 명명법은 표 8.1에 있는 각 지방산을 표기하기 위하여 사용된다.

복습 문제

1. 그림 8.1과 표 8.1 및 8.2를 복습하고 다음 질문에 답하시오.
   a. 다음 지방산들을 그림 8.1에 나타낸 2가지 방법으로 그리시오.
      미리스트산
      리놀레산
      아라키돈산
   b. 리놀레산의 체계명은 9,12-옥타데카디엔산(9,12-octadecadienoic acid)이다. 리놀렌산의 체계명은 무엇인가?
   c. 20개 탄소를 가지는 포화지방산의 일반명은 아라키돈산(arachidic acid)이다. 체계명은 무엇인가? 간략한 표기를 써라.
   d. 지방산 EPA의 구조를 그리시오.
   e. 20 개 탄소원자를 가지는 단일불포화지방산에 대한 간략한 표기를 써라. 인간에게서 찾아볼 수 있는 산에 대한 이중결합의 가능한 위치는 어디인가?

지방산의 물리적 및 화학적 성질

지방산의 물리적 성질은 이들의 구조로부터 예측된다. 지방산은 알코올, 헥산 및 디에틸에테르와 같은 유기 용매에 모두 가용성이다. 탄소 사슬이 짧은 아세트산(acetic acid, 2:0), 프로판산(propanoic acid, 3:0) 및 부탄산(butanoic acid, 4:0)은 물에 무한정 녹는다. 그러나 탄소 사슬의 길이가 증가할수록 용해도는 감소한다. 라우르산(12:0)은 물 1그램당 0.06그램 정도로 녹는다. 12:0보다 긴 지방산은 점차적으로 비수용성이 된다. 10개 이상의 탄소를 가지고 있는 포화지방산은 실온에서 왁스(wax)와 같은 고체이다. 10개보다 적은 포화지방산과 모든 불포화지방산은 실온에서 기름(oil)과 같은 액체이다. 이중결합은 불포화지방산의 탄화수소 사슬에 비틀림(kink)을 유발한다(그림 8.1b 참조). 이런 분자들은 포화지방산처

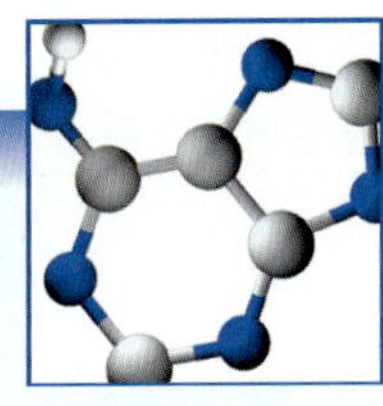

8 – 1

생화학 들여다보기

아난드아미드: 통증 완화와 초콜릿에 대한 욕구

아라키돈산(20:4$^{\Delta 5,8,11,14}$)은 최근 뇌 화학과의 관련성에 대해 주목을 받고 있다. **아난드아미드(anandamide)**는 아라키돈산 대사의 생성물로서 인간, 돼지, 그리고 다른 동물들의 뇌에서 발견되었다. 이 물질은 또한 코코아 가루와 초콜릿 제품으로부터 분리되었다. 이 새로운 분자의 명칭은 산스크리트어 ananda에서 유래되며, 이는 내부의 행복을 의미한다. 아난드아미드는 아라키돈산과 에탄올아민이 결합하여 생성되며(구조 참조), 통증의 억제 및 운동의 조절에 관여하는 신경전달물질이다. 연구자들은 배면 선조체(dorsal striatum) 부위에 있는 신경 세포가 자극을 받으면 아난드아미드가 방출된다는 것을 밝혔다. 새로 발견된 이 신호분자는 칸나비노이드(cannabinoid, 대마 성분의 총칭) 수용체인 CB-1에 대한 천연 리간드(ligand)로 작용한다. CB-1 수용체는 운동 효과가 전달되는 소뇌(cerebellum)와 뇌 기저핵(basal ganglia), 그리고 기억, 기분, 인식, 협조, 수면, 그리고 식욕을 조절하는 해마(hippocampus)에 고농도로 존재한다. 예를 들어 신체가 통증을 느낄 때 아난드아미드가 방출되며, 이는 통증을 억제하기 위한 메시지를 보내는 CB-1 수용체에 결합한다. CB-1 수용체는 신호전달에 관여하는 G-단백질 수용체 계의 일부이다(특별주제 I). 통증이 가라앉으면 아난드아미드는 더 이상 필요하지 않게 되며, 지방산 아미드 가수분해효소에 의하여 아라키돈산과 에탄올아민으로 가수분해된다. 이 효소를 억제하여 아난드아미드의 본래의 통증 완화작용을 지속시키는 화학물질은 강력한 진통제가 될 수 있다. CB-1은 또한 칸나비노이드, 특히 마리화나의 활성 물질인 Δ^9-테트라히드로칸나비놀(Δ^9-tetrahydrocannabinol, THC)과 결합하여 중추신경계(central nervous system, CNS) 효과를 전달하는 단백질 수용체이다. 코코아 가루 중의 아난드아미드 및 유사물질의 발견은 많은 사람들이 경험하는 초콜릿에 대한 욕구를 설명해 준다. 초콜릿 내의 이 화학물질들은 마리화나처럼 뇌에 있는 같은 수용체를 작동시킨다. 아난드아미드와 그 수용체의 생화학에 대한 연구는 궁극적으로 통증 완화, 기분과 정신장애(우울증), 그리고 수면장애를 위한 새롭고 더욱 개선된 치료로 이어질 것이다. 마리화나가 합법적으로나 불법적으로 이들 상태의 치료를 위하여 사용되고 있으나 많은 부작용이 따르고 있다. 파킨슨병(Parkinson's disease)과 투렛증후군(Tourette's syndrome) 같은 운동 장애의 치료를 위한 약품 또한 이와 같은 연구로부터 발견되었다.

Arachidonic acid residue

Amide bond

Ethanolamine residue

or

럼 결정형의 배열로 나란히 채워지기 위한 완전히 뻗은 형태로 배열될 수 없다. 긴 사슬의 지방산은 물에는 불용성이나 묽은 NaOH 또는 KOH 수용액에는 용해되는 것으로 보인다. 이는 산-염기 반응(acid–base reaction)이 일어나서 지방산의 Na^+ 또는 K^+ 염(salt)을 형성하기 때문이다.

$$\underset{\text{Lauric acid}}{CH_3(CH_2)_{10}COOH} + NaOH \longrightarrow \underset{\text{Sodium laurate (a soap)}}{CH_3(CH_2)_{10}COO^-Na^+} + H_2O$$

지방산의 Na^+ 또는 K^+ 염을 **비누(soap)**라고 부른다. 비누는 물에 용해되는 것같이 보이지만 완전한 용액을 형성하지 않는다. 양친매성 분자들은 **미셀(micelle)**이라고 부르는 분자 배열로 응집한다(2.2절 참조). 비누는 소수성 꼬리로 기름 성분을 둘러싸는 동시에 이온 성 염이 물을 향하여 뻗어서 직물과 피부의 기름 및 다른 오염 물질을 제거할 수 있다. 생리적 조건 하에서 유리 지방산은 pK_a 값이 4와 5 사이에 있으므로 카르복실 염(이온)으로 존재한다. 그러므로 생리적 조건 하에서 지방산의 명칭은 라우르산염, 미리스트산염, 올레산염 등과 같이 **-염(-ate)**으로 끝나야 한다.

지방산 탄화수소 사슬의 화학 반응성은 불포화도에 의해 결정된다. 지방산의 포화 사슬은 비교적 반응성이 없다. 불포화 사슬은 탄소-탄소 이중결합의 일반적인 반응성을 나타낸다. 예를 들어 다음과 같이 할로겐(halogen)원자 또는 수소 원자들이 첨가될 수 있다.

$$\mathrm{HC{=}CH} + \underset{(I_2)}{H_2} \rightleftharpoons -\underset{\substack{|\\H\\(I)}}{\overset{\substack{H\\|}}{C}}-\underset{\substack{|\\H\\(I)}}{\overset{\substack{H\\|}}{C}}-$$

수소화반응(hydrogenation)은 액체의 기름으로부터 고체의 지방을 생성하기 위하여 이용되며, 요오드 첨가 반응은 지방산 시료 내의 이중결합의 수를 실험적으로 측정하기 위하여 이용된다. 불포화지방산의 이중결합은 또한 산소에 의해 공격을 받는다. 이 과정을 **자가산화(autooxidation)**라고 부르며, 불포화 탄화수소사슬이 분해되어 크기가 더 작고 냄새가 나는 알데히드 및 산과 같은 복잡한 노란색의 생성물이 형성된다.

8.2 비극성 지질 – 트리아실글리세롤

학습 목표

비극성 지질인 트리아실글리세롤의 화학 구조를 알고 생물학적 기능을 이해한다.

트리아실글리세롤의 구조

지방산의 일차적인 생물학적 역할은 세포를 위한 대사 연료로서의 작용이다. 지방산은 소화되어 향후의 에너지 사용을 위하여 **트리아실글리세롤(triacylglycerol)**로 저장된다. 에너지가 필요할 때 지방산은 효소의 가수분해반응에 의하여 유리 지방산의 형태로 방출되고, 혈액 내의 혈청 알부민에 결합하여 생물체 전체를 통하여 순환된다. 화석 연료와 비슷한 탄화수소 구조를 가지고 있는 지방산은 심장과 골격근육에서 많은 양의 에너지를 방출하면서 CO_2와 H_2O로 산화된다. 저장된 지방산은 탄화수소 사슬이 높은 환원 상태에 있기 때문에 에너지 생성에 특히 효율적이다. 15장 및 18장에서 보는 바와 같이 지방산의 완전한 산화 대사는 탄수화물보다 그램 당 두 배의 에너지를 생성한다.

자연에 존재하는 거의 모든 지방산은 **트리아실글리세롤**이라고 부르는 **비극성 지질(nonpolar lipids)**의 성분으로 볼 수 있다. 트리아실글리세롤의 기본적인 기초 분자는 트리히드록실(trihydroxyl) 화합물인 **글리세롤(glycerol)**이다. 각 히드록실기는 에스테르화 반응(esterification)에 의하여 지방산에 연결되어 있다(그림 8.2). 에스테르화 과정은 단계별 방식으로 일어나서 모노아실글리세롤(monoacylglycerol)과 디아실글리세롤(diacylglycerol, 1,2- 또는 1,3-)의 중간체를 생성한다. 자연에 거의 없는 단순 트리아실글리세롤은 3개의 동일한 지방산을 가지는 반면, 흔하게 존재하는 혼합 트리아실글리세롤은 2개 또는 3개의 서로 다른 지방산을 포함한다. 글리세롤의 극성 히드록실기와 각 지방산의 극성(또는 이온 형) 카르복실기는 중성의 에스테르결합으로 연결되어 있으며, 이로써 트리아실글리세롤은 비극성의 소수성 분자이다. 구조로부터 예측할 수 있는 바와 같이, 트리아실글리세롤은 물에 불용성이나 비극성의 유기 용매에 가용성이다. [기름과 식초로 된 샐러드드레싱이 두개의 층, 즉 아래층의 식초(4% 아세트산 수용액)와 위층의 식물성 기름(트리아실글리세롤의 혼합물)으로 분리됨을 상기하시오.] 트리아실글리세롤은 클로로포름-메탄올 및 헥산-이소프로판올 혼합물과 같은 용매 계를 이용하여 식물 및 동물 조직으로부터 추출된다. 동물 조직으로부터 분리된 트리아실글리세롤은 **지방(fat)**이라고 부르며 포화지방산을 더 많이 포함하므로 실온에서 고체이다. 식물 씨앗 중의 트리아실글리세롤 혼합물은 **기름(oil)**이라고 하며, 주로 불포화지방산을 포함한다. 몇 가지 종류의 식물 및 동물 트리아실글리세롤 혼합물의 지방산 함량은 표 8.3에서 비교하였다. 육두구(nutmeg)유는 트리미리스틴(trimyristin, 세 분자의 미리스트산 14:0을 포함한다)의 공급원이며, 이 화합물은 자연에서 볼 수 있는 극소수의 단순 트리아실글리세롤 중의 하나이다.

카놀라(canola) 식물의 기름에는 다중불포화 지방산이 풍부하게 포함되어 있다.

$$\begin{array}{l}CH_2OH\\|\\CHOH\\|\\CH_2OH\end{array} + RCOOH \longrightarrow \begin{array}{l}CH_2O\overset{O}{\overset{\|}{C}}R\\|\\CHOH\\|\\CH_2OH\end{array} + H_2O$$

Glycerol　　Fatty acid　　Monoacylglycerol

$$\text{Monoacylglycerol} + R'COOH \longrightarrow \begin{array}{l}CH_2O\overset{O}{\overset{\|}{C}}R\\|\\CHO\underset{\underset{O}{\|}}{C}R'\\|\\CH_2OH\end{array} + H_2O$$

1,2-Diacylglycerol

$$\text{1,2-Diacylglycerol} + R''COOH \longrightarrow \begin{array}{l}CH_2O\overset{O}{\overset{\|}{C}}R\\|\\CHO\underset{\underset{O}{\|}}{C}R'\\|\\CH_2O\underset{\underset{O}{\|}}{C}R''\end{array} + H_2O$$

Triacylglycerol

그림 8.2 글리세롤의 단계별 지방산 첨가반응에 의한 트리아실글리세롤의 형성. 아실기는 에스테르결합(ester bond)에 의해 글리세롤 골격에 결합된다. R, R', R"은 포화된 또는 불포화된 다양한 길이의 지방족 탄화수소 사슬(aliphatic hydrocarbon chain)이다.

표 8.3

일반적인 기름과 지방의 지방산 함량. 지방산은 트리아실글리세롤의 형태로 존재한다. 숫자는 각 지방산의 퍼센트를 나타낸다.

	Fatty Acids				
	Saturated				*Unsaturated*
Source	C_4–C_{12}	C_{14}	C_{16}	C_{18}	$C_{16}+C_{18}$
Canola oil	—	—	5	1	94
Olive oil	2	2	13	3	80
Butter	10	11	29	10	40
Beef fat	2	2	29	21	46
Coconut oil	60	18	11	2	8
Corn oil	—	2	10	3	85
Palm oil	—	2	40	6	52
Nutmeg oil	7	90	3	—	—
Peanut oil	—	5	8	3	84
Soybean oil	—	2	10	3	85
Sunflower oil	—	—	6	3	91

복습 문제

1. 다음 지방산을 포함하는 트리아실글리세롤의 구조를 그리시오.

   C1 위치에 올레산
   C2 위치에 미리스트산
   C3 위치에 팔미트산

밀랍(beeswax)의 기본적인 성분은 팔미트산(palmitic acid)의 비극성 에스테르이다.

트리아실글리세롤의 반응성

에스테르 가수분해 트리아실글리세롤의 화학적 작용은 주로 에스테르결합의 반응성에 의해 결정된다. 비누화(saponification)라고 부르는 중요한 상업적 공정에서 각 에스테르는 NaOH 촉매에 의해 가수분해되어 글리세롤과 비누를 생성한다.

$$\underset{\text{Triacylglycerols}}{\begin{array}{l} CH_2OC(=O)R \\ CHOC(=O)R' \\ CH_2OC(=O)R'' \end{array}} + 3\,H_2O \xrightarrow[\Delta]{NaOH} \underset{\text{Glycerol}}{\begin{array}{l} CH_2OH \\ CHOH \\ CH_2OH \end{array}} + \underset{\text{Soaps (Na}^+\text{ salts of fatty acids)}}{\begin{array}{l} RCOO^-Na^+ \\ R'COO^-Na^+ \\ R''COO^-Na^+ \end{array}}$$

오랜 옛날에 비누는 동물 지방과 양잿물(NaOH)을 포함하는 나무 재를 함께 끓여서 제조되었다. 비누는 대부분 도데실황산나트륨(sodium dodecyl sulfate, SDS; 3.5절 참조)과 같은 합성 세제로 대체되었으며, 이들 세제는 경수(hard water)에서 지방산의 나트륨 염처럼 침전물이나 욕조의 둥근 흔적을 형성하지 않는다.

트리아실글리세롤의 가수분해는 생리적 조건 하에서도 일어난다. 그러나 이 반응의 촉매는 **지질가수분해효소(lipase)**라고 부르는 효소이다. 이들 효소는 장과 지방세포(adipocyte)에 존재하며 에너지 대사를 위하여 지방산을 방출한다. 이에 대한 중요한 세포 반응은 18장에서 자세하게 다루기로 한다.

$$\begin{array}{l} CH_2OC(=O)R \\ CHOC(=O)R' \\ CH_2OC(=O)R'' \end{array} + 3\,H_2O \underset{}{\overset{\text{lipases}}{\rightleftharpoons}} \begin{array}{l} CH_2OH \\ CHOH \\ CH_2OH \end{array} + \begin{array}{l} RCOOH \\ R'COOH \\ R''COOH \end{array}$$

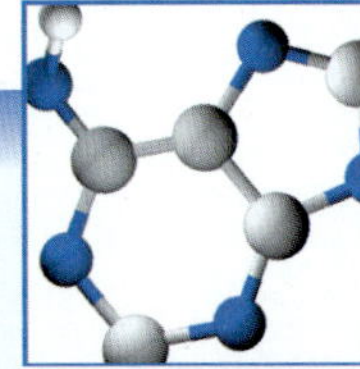

8-2

생화학 들여다보기

여러분의 음식물 내에 얼마나 많은 트랜스지방이 있을까?

식품가공업자들은 흔히 식물성 기름을 더 바르기 쉽게 만들고 부패를 억제하기 위하여 부분 수소화반응의 화학 공정을 사용한다. 그러나 수소화반응은 트리아실글리세롤에서 **트랜스지방산(trans fatty acid)** 또는 **트랜스지방(trans fat)**의 형성을 유발한다(그림 8.3 참조). 예를 들면 올레산(oleic acid)은 자연 상태에서 기본적으로 시스(cis) 입체배열로 존재하지만 수소화반응에 의하여 트랜스지방산인 트랜스-올레산(*trans*-oleic acid)으로 변형될 수 있다(그림 참조). 체내에서 기름과 지방이 소화될 때, 포화지방산, 시스-불포화지방산 및 트랜스-불포화지방산을 포함하는 모든 지방산이 트리아실글리세롤로부터 유리된다. 유리된 지방산은 혈류를 따라 이동하여 에너지 대사를 위하여 세포에 분포된다(18장).

트랜스지방산의 식이 소비가 서양, 특히 미국에서 유행성 관상동맥 심장병을 유발한다는 새로운 의학적 증거가 있다. 실제로 하버드 대학교의 유행병 연구는 트랜스지방의 소비로 인해 매년 최소 30,000명이 관상동맥 심장 질환으로 사망할 수 있다는 실험 결과를 제시하였다. 대사 연구에 따르면 트랜스지방은 특히 혈액의 지질 함량에 해로운 영향을 주는 것으로 밝혀졌다. 음식물 중의 트랜스 지방은 해로운 저밀도지방단백질(low density lipoprotein, LDL)의 콜레스테롤을 증가시키고, 이로운 고밀도지방단백질(high density lipoprotein, HDL)의 콜

HO_2C — H H

cis-Oleic acid

HO_2C — H H

trans-Oleic acid

탄소-탄소 결합의 반응 트리아실글리세롤의 반응은 에스테르결합만을 포함하지 않는다. 트리아실글리세롤 내의 불포화지방산의 이중결합은 산소에 의하여 공격을 받거나(자가산화, 236쪽 참조), 유리지방산에서 보았던 바와 같이 수소 또는 할로겐과 반응한다(236쪽 참조).

자가산화 고도로 정제된 식물성 기름은 투명하고 무색이며, 실질적으로 냄새가 없다. 오래되거나 산패한 지방 및 기름이 노란색을 띠고 강한 냄새가 나는 것은 트리아실글리세롤 내의 불포화지방산이 자가산화하기 때문이다. 기름의 품질 저하 속도는 두 가지 과정에 의해 지연될 수 있는데, 부분 수소화반응(partial hydrogenation, 뒷부분 참조)에 의해 불포화지방산의 수를 감소시키거나, 디부틸히드록시톨루엔(butylated hydroxytoluene, BHT)과 같은 화학 방부제를 첨가하는 것이다. BHT는 O_2와의 반응에 의해 탄소-탄소 이중결합이 파괴됨으로써 생성되는 자유라디칼 중간체(free radical intermediate)를 포획하여 산화를 늦춘다.

부분 수소화반응 올레오마가린(oleomargarine, 다중불포화지방산의 함량이 높고 버터보다 더 바르기 쉬운 버터 대용물)의 제조 과정에는 액상의 식물성 기름, 주로 옥수수기름의 **부분 수소화반응(partial hydrogenation)**이 포함된다. 식품가공업자들에 의해 수행되는 상업적 수소화 과정은 수소기체와 금속, 주로 니켈 촉매의 존재 하에서 기름을 가열함으로써 이루어진다. 부분 수소화반응은 두 가지 기본적인 이유에 의해 이용된다.

1. 지방산 내의 이중결합의 수를 감소시키고 기름의 녹는점을 증가시킨다. 이 반응은 기름을 마가린과 쇼트닝같이 견고하면서도 바르기 쉬운 고체로 변환시킨다.
2. 수소화반응은 이중결합의 수를 감소시키고 자가산화의 속도를 낮추며, 따라서 산패를 억제한다. 리놀렌산($18{:}3^{\Delta 9,12,15}$)과 리놀레산($18{:}2^{\Delta 9,12}$)같은 지방산은 특히 산소와 반응하기 쉽다.

그러나 부분 수소화 과정은 반응이 진행되는 동안 본래의 시스 탄소-탄소 이중결합을 트랜스 이중결합으로 재배열하는 큰 문제점을 나타낸다(그림 8.3). 새로운 의학 연구에 의해 반응 생성물인 **트랜스 지방산(trans fatty acid)** 또는 **트랜스지방(trans fat)**이 혈장의 콜레스테롤 함량에 심각한 영향을 주게 되

레스테롤을 감소시킨다(18.5절 참조). 양적으로 보아 트랜스지방의 해로운 효과는 "건강에 좋지 않은" 포화지방의 최소 두 배이다.

트랜스지방의 해로운 영향에 대한 증거가 늘어나자 미국 식품의약국(FDA)은 1999년에 트랜스 지방의 소비를 피하는 것이 좋은 식이 습관이라고 추천하였다. 그러나 당시에는 제품에 포함된 트랜스지방의 양을 별도의 표로 제시한 식품 가공회사들은 거의 없었다. 트랜스지방의 양은 보통 "포화지방"의 일부로 포함되었다. 트랜스 지방을 흔히 포함하는 식품들은 감자튀김, 도넛, 과자, 크래커, 연성 마가린, 그리고 성분으로 "부분적으로 수소화된 식물성 기름"이라고 표시된 가공 식품들이다. FDA의 규정에 따라 식품가공업자들은 2006년 1월 1일을 기준으로 표준 영양분석표(Nutrition Facts)에 전체 지방(포화 및 불포화)의 함량과는 별도로 트랜스지방의 함량을 표시해야 한다. 어떤 회사들은 일찍부터 자발적으로 이와 같은 분석표를 부착하였다(그림 참조).

되고 관상동맥 심장병의 증가와 연관되는 것으로 알려져 있다(생화학 들여다보기 8-2 참조).

그림 8.3 식물성 기름의 수소화는 종종 트랜스지방산을 유발한다.

Glycerol
O O O
Cis Cis Cis
Cis Cis
H_2
Catalyst
and/or
pressure
Liquid cis-fat

Glycerol
O O O
Trans
Cis
Solid trans-fat

트리아실글리세롤의 생물학적 성질

트리아실글리세롤의 두 가지 기본적인 생물학적 역할은 에너지 대사와 온도 단열(insulation)이다. 이 화합물은 중요한 연료 분자인 지방산을 저장하기 위한 분자 형태로 작용한다. (이와 비교해서, 글루코오스 연료 분자는 식물과 동물에서 각각 녹말과 글리코겐의 형태로 저장된다.) 트리아실글리세롤은 식물과 동물세포의 세포질에 기름방울로 존재한다. **지방세포(adipocyte)**는 지방을 저장하기 위해 특수화된 동물세포이다(그림8.4). 각 세포의 거의 전체 용적이 하나의 지방 방울로 채워져 있다. 이들 세포는 대사 연료의 저장소로 작용한다. **지질가수분해효소(lipase)**라고 부르는 효소는 지방세포에 존재하면서 지방산의 방출을 촉매한다. 트리아실글리세롤은 또한 극한온도에 대해서 단열하기 위하여 특히 극지방에 사는 동물의 피하에 존재한다.

그림 8.4 지방세포(붉은색)의 주사전자현미경 사진. 지방세포는 특수화된 지방 저장세포이다.

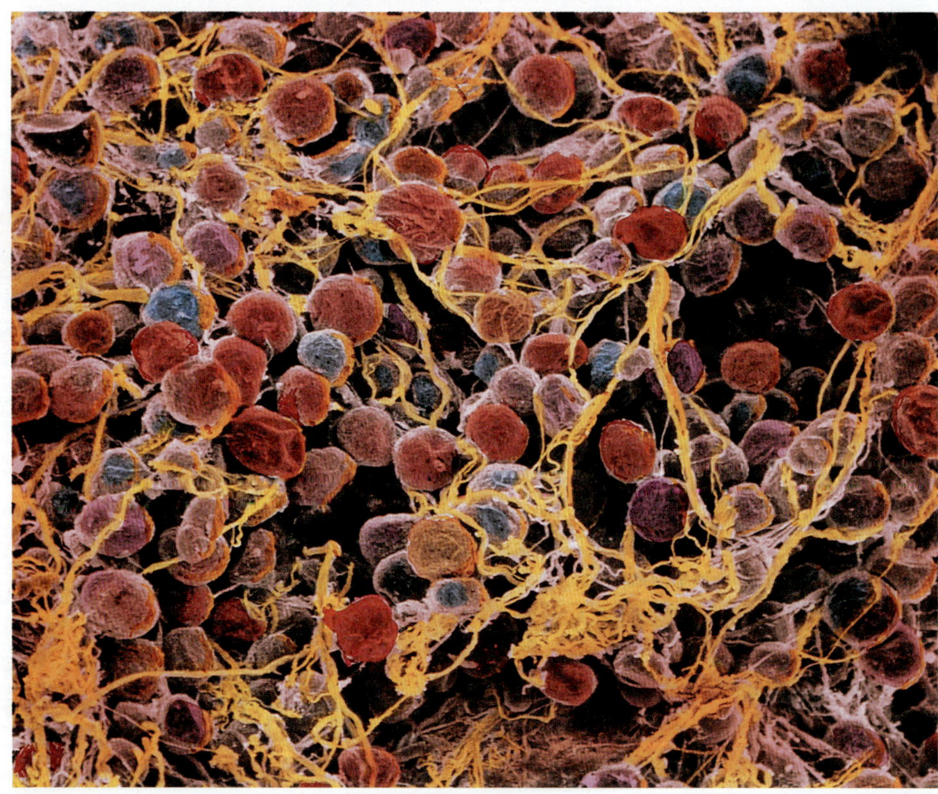

$$\underbrace{CH_3(CH_2)_{14}-\overset{\overset{\Large O}{\|}}{C}}_{\text{From palmitic acid}}-\underbrace{O-CH_2-(CH_2)_{28}-CH_3}_{\text{From triacontanol}}$$

그림 8.5 지방산의 중요한 유도체인 밀랍(beeswax)은 알코올인 트리아콘탄올과 팔미트산이 에스테르결합에 의하여 결합하여 구성된 비극성 지질이다.

지방산은 트리아실글리세롤 이외에 다른 유도체 형태에도 존재한다. 화학적으로 트리아실글리세롤과 연관이 있는 **왁스(wax)**는 비극성의 지질로서, 식물 잎의 보호막, 피부의 윤활 및 물새의 깃털에서의 방수와 같은 많은 생물학적 역할을 한다. 왁스의 대표적 예는 밀랍(beeswax)으로서 팔미트산(16:0) 및 30개 탄소의 비분지성 포화사슬을 포함하는 알코올인 트리아콘탄올(triacontanol)로 구성된 에스테르이다(그림 8.5).

8.3 극성 지질

학습 목표

극성 지질의 화학 성분, 화학적 특성 및 생물학적 기능을 이해한다.

매우 비극성인 트리아실글리세롤로 대표되고 있는 비극성 종류의 지질은 대사 연료를 위한 저장 분자의 기능을 한다. **극성 지질(polar lipid)**은 비극성의 트리아실글리세롤과 유사한 화학 구조를 가지나, 극성 또는 이온의 특성을 가지고 있으므로 생물학적 기능이 매우 다른 지질의 한 종류이다. 극성 지질의 특수한 기능은 **양친매성(amphiphilic)** 특성에 기인한다. 이 분자들은 비극성과 극성의 구조적 특징을 모두 가지고 있다. 이와 같은 이중성으로 인하여 극성 지질 분자들은 단백질과 결합하여 세포와 세포소기관을 둘러싸는 보호물로서의 생체막(biological mem-brane)을 구성한다. 막은 어떤 분자를 선택적으로 통과시키고 다른 물질을 통과시키지 못하는 투과성 장벽을 형성한다. 극성 지질은 거의 절대적으로 막에서 발견되고 트리아실글리세롤과 같이 에너지 분자로서 지방세포에 저장되지 않는다.

이 절에서는 극성 지질의 화학 구조와 이들을 막 구성에 적합하게 하는 특성을 다룬다. 이 절의 개요로서, 그림 8.6에 비극성 지질(트리아실글리세롤)과 막에서 볼 수 있는 극성 지질의 구조적 특징을 비교하여 나타내었다. 두 가지 유형의 극성지질, **글리세로인지질(glycerophospholipid)**과 **스핑고지질(sphingolipid)**이 소개되어 있다(스테로이드인 콜레스테롤 또한 지질로서 막에 존재하나 매우 다른 화학구조와 부가적인 생물학적 특성을 가지므로 다른 절에서 언급하기로 한다).

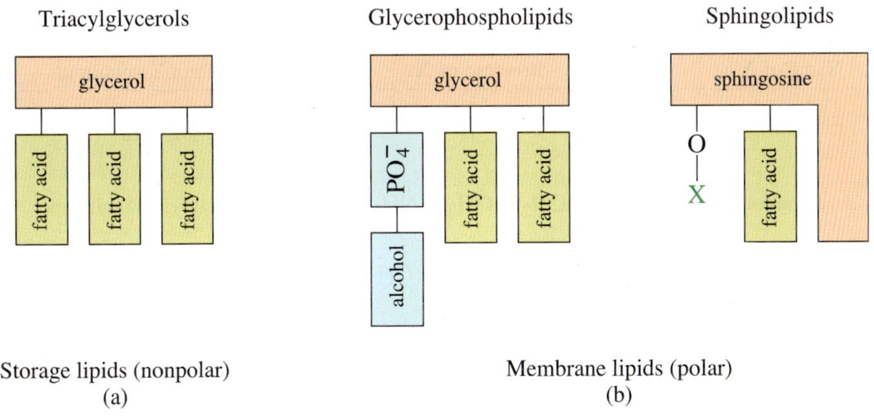

그림 8.6 저장 지질(storage lipid)과 막지질(membrane lipid)의 구조적 특징. (a) 저장 지질은 비극성인 트리아실글리세롤로 구성되어 있다. (b) 막지질은 글리세로인지질과 스핑고지질로 구성되어 있으며, 이들은 극성과 비극성 부위를 가지고 있다. 극성 지질 종류의 특정한 화합물들은 다양한 X 치환기를 가지는데 그림 9.7과 9.8에서 보여주고 있다.

글리세로인지질

글리세로인지질의 기초 분자는 **1,2-디아실글리세롤-3-인산(1,2-diacylglycerol-3-phosphate)**이며 이 화합물은 **포스파티드산(phosphatidic acid)**이라고 하는 일반 명칭을 가진다(그림 8.7a). 글리세롤 분자에 에스테르결합으로 연결된 지방산은 트리아실글리세롤에서 볼 수 있는 것처럼 다양하다. 16개와 18개의 탄소를 가지는 지방산이 가장 많다. 포화 및 불포화 탄화수소 사슬이 모두 발견되지만, 많은 종류의 글리세로인지질의 분석에 의하여 주로 1번 위치에 포화지방산, 그리고 2번 위치에 불포화지방산을 가지고 있음이 밝혀졌다. (포스파티드산이라고 하는 명칭은 실제로 두 개의 지방산의 종류가 서로 다른 많은 분자들을 의미한다는 것을 주목하기 바란다.)

글리세롤의 셋째 히드록실기는 인산(phosphoric acid)으로 에스테르화되어 있다. 인산은 삼양성자성(triprotic)이므로 3개의 알코올 성분과 반응하여 모노, 디, 트리에스테르를 형성할 수 있다. 글리세로인지질에서 둘째 알코올이 인산에 에스테르화되어 있다. 알코올은 보통 **에탄올아민(ethanolamine)**이

그림 8.7 포스파티드산은 글리세로인지질의 기초 분자이다. 이는 글리세롤의 1번과 2번 탄소(C1, C2)에 에스테르결합으로 연결된 두 개의 지방산과 3번 탄소(C3)에 에스테르결합으로 연결된 인산을 포함하고 있다. (a) 포스파티드산에서 X 성분은 H이다. 다양한 종류의 포화 및 불포화지방산이 존재할 수 있다. 네 종류의 주요 글리세로인지질은 (b) 포스파티딜에탄올아민, (c) 포스파티딜콜린, (d) 포스파티딜세린, 그리고 (e) 포스파티딜이노시톨이다.

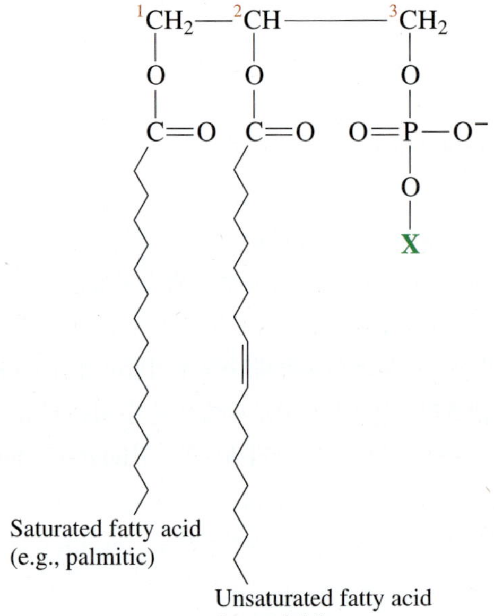

Name of X	Structure of X	Name of Glycerophospholipids
(a) Hydrogen	—H	Phosphatidic acid
(b) Ethanolamine	$-CH_2-CH_2-\overset{+}{N}H_3$	Phosphatidylethanolamine
(c) Choline	$-CH_2-CH_2-\overset{+}{N}(CH_3)_3$	Phosphatidylcholine
(d) Serine	$-CH_2-CH(COO^-)-\overset{+}{N}H_3$	Phosphatidylserine
(e) Inositol	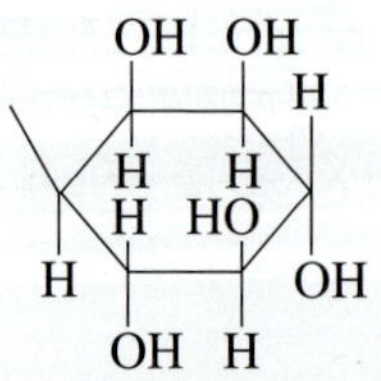 (inositol ring: OH OH H H H H HO H OH OH H)	Phosphatidylinositol

나 **콜린(choline)**과 같은 아미노알코올(aminoalcohol), 아미노산인 **세린(serine)** 또는 폴리히드록실(polyhydroxyl) 화합물인 이노시톨(inositiol) 중의 하나이다(그림 8.7b-e). 결과적으로 형성되는 네 개의 극성 지질은 "포스파티딜(phosphatidyl)"에 알코올 명칭을 붙여서 **포스파티딜에탄올아민(phosphatidylethanolamine)** 등으로 명명한다. 이노시톨을 제외하고 모든 알코올은 아미노기나 또는 생리적 pH에서 이온화되는 다른 작용기를 가진다. 포스파티딜에탄올아민과 포스파티딜콜린(phosphatidylcholine)을 제외하고 모든 글리세로인지질은 세포의 pH에서 전기적으로 하전 되어 있다. 트리아실글리세롤과 글리세로인지질을 비교하여 주요 구조적 차이를 보면 트리아실글리세롤은 비극성이고 소수성이다. 반면, 글리세로인지질은 비극성 부위 뿐 아니라 매우 극성이며 때로는 전기적으로 하전 된 부위를 가지고 있다. 따라서 글리세로인지질은 두 가지 구조적 특징인 극성 머리와 비극성 꼬리로 구별된다. 이러한 특성은 막 구조에 필수적이다.

스핑고지질

막에서 볼 수 있는 또 다른 종류의 극성 지질은 **스핑고지질(sphingolipid)**이다. 이 지질의 주요 종류는 **세라미드(ceramide)**, **스핑고미엘린(sphingomyelin)**, 그리고 **글리코스핑고지질(glycosphingolipid)**에 의하여 대표된다. 이들의 기초 분자는 단순한 글리세롤 분자가 아닌 18개 탄소의 아미노알코올인 **스핑고신(sphongosine)**이다(그림 8.8a). 스핑고신은 화학적으로 다양하게 변형될 수 있는 두 개의 작용기(아미노기와 히드록실기)를 가지고 있다.

스핑고신의 C2에 있는 아미노기는 아미드결합에 의하여 지방산과 연결되어 있다. 이렇게 형성된 분자는 세라미드라고 부르며 극성 머리(스핑고신의 C1에 있는 히드록실기)와 두 개의 비극성 꼬리를 가진다(그림 8.8b). 스핑고지질의 다른 한 종류는 아미노기 및 히드록실기에 부가적인 구조가 연결된다. 유일하게 인산을 함유하는 스핑고지질인 **스핑고미엘린(sphingomyelin)**은 아미노기에 결합된 지방산과(세라미드와 같이) 히드록실기에 에스테르화된 포스포콜린(phosphocholine) 구조를 가지고 있다(그림 8.6 및 8.8c 참조). 결과적으로 글리세로인지질과 유사하게 극성 머리(실제는 이온형)와 두 개의 비극성 꼬리를 가지는 분자가 형성된다. 스핑고미엘린은 원형질막에서도 볼 수 있지만, 신경세포의 축색(axon)을 절연시키는 수초(myelin sheath)에 존재하는 것으로 가장 잘 알려져 있으며 이에 유래하여 명명하게 되었다.

스핑고지질의 셋째 종류는 **글리코스핑고지질(glycosphingolipid)**이다. 이들은 탄수화물을 함유하며 기초 분자로 세라미드를 포함한다. **세레브로시드(cerebroside)**는 스핑고신의 C1 히드록실기에 단당류가 글리코시드결합으로 연결되어 있는 세라미드로 구성되어 있다(그림 8.8d). 일반적으로 볼 수 있는 탄수화물은 글루코오스, 갈락토오스, 그리고 *N*-아세틸갈락토사민이다(7.3절 참조). 세레브로시드는 이름이 함축하는바와 같이 뇌와 신경계의 막에 풍부하게 존재한다. 가장 복잡한 당 함유 지질은 **강글리오시드(ganglioside)**로서, 글리코시드결합에 의해 연결되어 있는 몇 개의 당 단위로 구성된 극성 머리를 가진다(그림 8.8e). 세레브로시드와 같이 이들은 뇌와 신경막에 풍부하다. 글리코스핑고지질은 생체막 구조에서의 역할과 더불어 세포 표면에서의 인식 과정(7.5절의 당단백질 참조), 세포 회합의 조직 특이성, 그리고 신경 흥분의 전달을 포함해서 다른 특수화된 세포 기능에도 관여한다. 이러한 중요한 기능은 글리코스핑고지질의 비정상적인 대사로 인한 주요 의학적 및 임상학적 결과를 설명해 준다. 예를 들어 **타이-작스병(Tay-Sachs disease)**은 특정한 강글리오시드가 이를 분해시키는 효소의 결핍으로 분해되지 못하고 뇌와 비장에 축적되어 생기는 질병이다. 이러한 유전적 질환은 발육 장애, 마비, 실명을 초래하며, 결국 3~4세 정도에 사망에 이르게 한다.

극성 지질과 막

지금까지 글리코인지질과 스핑고지질이라고 부르는 극성 지질의 다양한 화학 구조를 다루었다. 화학적 차이에도 불구하고 이들 분자는 막의 구조적 단위로서의 유사한 생물학적 역할을 가진다. 이들 지질

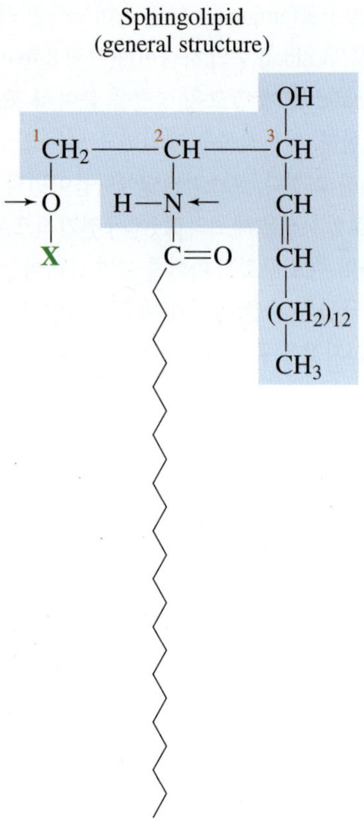

그림 8.8 스핑고지질의 기초 분자는 스핑고신이며, 이는 C2에 있는 아미노기에 지방산이 결합되어 있고 C1에 있는 히드록실기에 X 치환기가 결합되어 있다. (a) 화살표는 스핑고지질을 만들기 위하여 유도된 스핑고신의 아미노기와 히드록실기를 가리킨다. 네 종류의 주요 스핑고지질은 (b) 세라미드, (c) 스핑고미엘린, (d) 세레브로시드, 그리고 (e) 강글리오시드. NAN = *N*-아세틸누라민산(시알산)

Sphingolipid
(general structure)

OH
$^1CH_2$—^2CH—^3CH
→O H—N← CH
X C=O CH
$(CH_2)_{12}$
CH_3

(a)

Name of **X**	Structure of **X**	Name of Sphingolipid
(b) Hydrogen	—H	Ceramide
(c) Phosphocholine	$-\overset{O}{\overset{\Vert}{P}}(O^-)-O-CH_2CH_2\overset{+}{N}(CH_3)_3$	Sphingomyelin
(d) Glucose	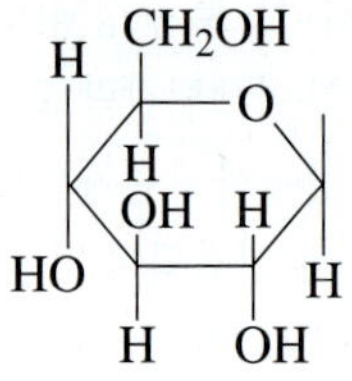 CH_2OH, H, O, H, OH, H, HO, H, H, OH	Glucosylcerebroside
(e) Complex oligosaccharide	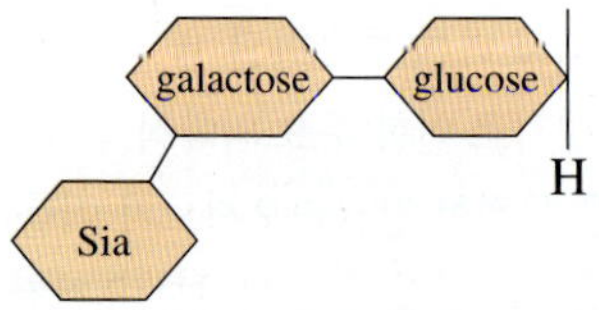 galactose — glucose — H; Sia	Ganglioside

의 유사한 특징인 극성 부위와 비극성 부위로 인하여 공통적인 생물학적 특성을 나타낸다. 극성(이온형) 머리와 하나의 비극성 꼬리를 가지는 지방산의 염이 자발적으로 **미셀(micelle)**이라고 부르는 구형 구조를 형성한다는 것을 앞에서 언급하였다. 글리세로인지질 및 스핑고지질과 같은 극성지질은 각각 극성(때로는 이온형) 머리와 **두 개의** 비극성 꼬리를 가진다. 두 개의 비극성 꼬리가 차지하는 추가적 공

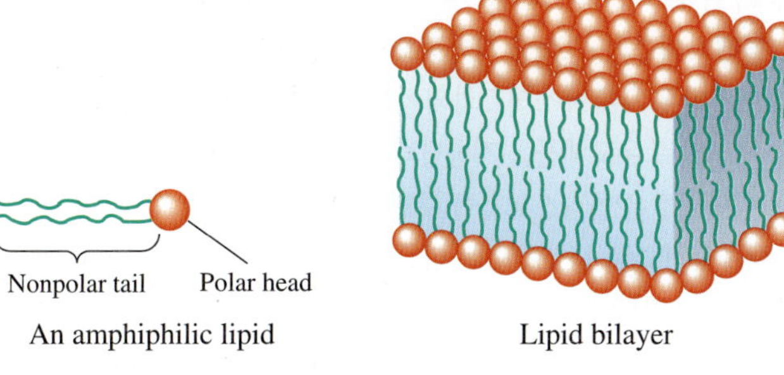

그림 8.9 이온형 머리와 비극성 꼬리를 가진 극성 지질의 이중층 판 형성. 이중층의 내부에 비극성 꼬리들이 뭉쳐 있다. 소수성 상호작용(hydrophobic interaction)이 이중층을 함께 붙들기 위한 안정화에너지를 공급한다.

간 때문에 이들 지질은 미셀을 형성할 수 없다. 대신 이들 지질은 두 개의 극성 지질 단층(monolayer)으로 구성된 **이중층(bilayer)**을 형성한다(그림 8.9). 각 단층의 비극성 면끼리는 소수성 상호작용으로 결합하여 이중층의 중심 부위에서 물을 배제시킨다. 이중층은 막의 조립을 위한 구조적 골격의 기능을 한다.

8.4 스테로이드 및 기타 지질

학습 목표

스테로이드 및 기타 지질의 화학 구조를 알고 생물학적 특성을 이해한다.

앞에서 다룬 두 가지 종류의 지질, 즉 트리아실글리세롤과 극성 지질은 각각 에너지 저장과 생체막 구성으로서의 기능을 수행한다. 이들 두 종류와 더불어 더 많은 종류의 지질이 세포와 조직으로부터 추출된다. 이 절에서는 여러 종류의 지질과 이들의 기능을 살펴본다.

스테로이드

동물성 스테로이드 — 콜레스테롤 가장 잘 알려져 있고 많이 연구되어 있는 지질 종류 중의 하나가 스테로이드(steroid) 종류이다. 스테로이드는 모두 A, B, C로 표기된 3개의 6 원자 고리와 D라고 부르는 한 개의 5 원자 고리의 접합 고리로 구성되어 있다(그림 8.10a). 케톤, 알코올, 이중결합 및 탄화수소 사슬이 고리 계에 결합되어 다양한 종류의 스테로이드를 형성한다. 콜레스테롤(cholesterol)은 가장 잘 알려져 있는 스테로이드로서 A 고리에 히드록실기를 가지며, B 고리에 이중결합, 그리고 탄화수소가 몇 개의 위치에 결합되어 있다(그림 8.10b). 이들의 화학 구조는 앞에서 공부한 지질과 매우 다르나, 콜레스테롤 분자는 극성 머리(—OH 기)와 광범위한 비극성 부위(접합 고리와 탄화수소 꼬리)를 가지고 있는 양친

(a) (b) (c)

그림 8.10 (a) 모든 스테로이드에 공통적인 분자 구조. 4개의 고리 A, B, C 및 D가 접합한 구조이다. (b) 콜레스테롤은 극성 머리(히드록실기)와 비극성 꼬리(탄화수소 골격)를 가진다. (c) 콜레스테롤의 히드록실기와 긴 지방족 곁사슬 R 사이에 형성된 콜레스테롤에스테르(cholesteryl ester).

매성 분자이다. 실제로, 콜레스테롤과 그 유도체들 중의 일부는 글리세로인지질 및 스핑고지질과 함께 생체막에 존재한다. 콜레스테롤의 구조 중 화학적으로 가장 반응성이 큰 부위는 히드록실기이다. 생리적 조건 하에서 지방산이 이 위치에 에스테르화되어 있는 것이 일반적이다(그림 8.10c).

콜레스테롤과 그 에스테르 유도체들은 **지방단백질(lipoprotein)**이라고 부르는 혈장 단백질에 풍부하게 존재하며, 이 지방단백질은 콜레스테롤을 주변 조직으로 수송하여 생체막을 구성하거나 또는 스테로이드호르몬 및 생물학적으로 활성이 있는 다른 물질들의 생합성 전구체로 이용하게 한다. **죽상동맥경화증(atherosclerosis)**의 발달에서 콜레스테롤과 지방단백질의 역할은 18장에서 다루기로 한다. 거의 절대적으로 동물 조직에서만 볼 수 있는 콜레스테롤 분자는 **이소프렌(isoprene**, 2-메틸-1,3-부타디엔, 그림 8.11a)이라고 부르는 다섯 개 탄소 단위로부터 유도된다. 여러 개의 C_5 구성단위가 결합하여 특유의 접합 고리계의 스테로이드를 합성하기 위한 10, 15, 그리고 결과적으로 30 탄소의 화합물들을 형성한다. 콜레스테롤은 스테로이드호르몬과 담즙산의 생합성을 위한 출발 물질이다. 에스트라디올(estradiol, 여성 호르몬), 테스토스테론(testosterone, 남성 호르몬) 및 코르티솔(cortisol, 글루코오스 대사의 조절물질)을 포함하는 몇 개의 스테로이드호르몬을 그림 8.11b–d에서 보여주고 있다. 콜레스테롤 고리계에서의 효소 촉매의 산화 반응에 의하여 담즙산(bile acid)이 형성된다(그림 8.11e,f). 사람이 가지고 있는 두 개의 중요한 담즙산은 **콜산(cholic acid)**과 이의 글리신 유도체인 **글리코콜산(glycocholic acid)**이다. 이들 화합물들은 산성의 작용기를 가지고 있어서 생리적 pH에서 양성자가 해리되어 **담즙염(bile salt)**이라고 부르는 이온 구조를 생성하는 것을 주목하시오. 담즙염은 쓸개에 저장되고 식이 지방의 용해, 소화 및 흡수를 돕기 위하여 장으로 분비된다.

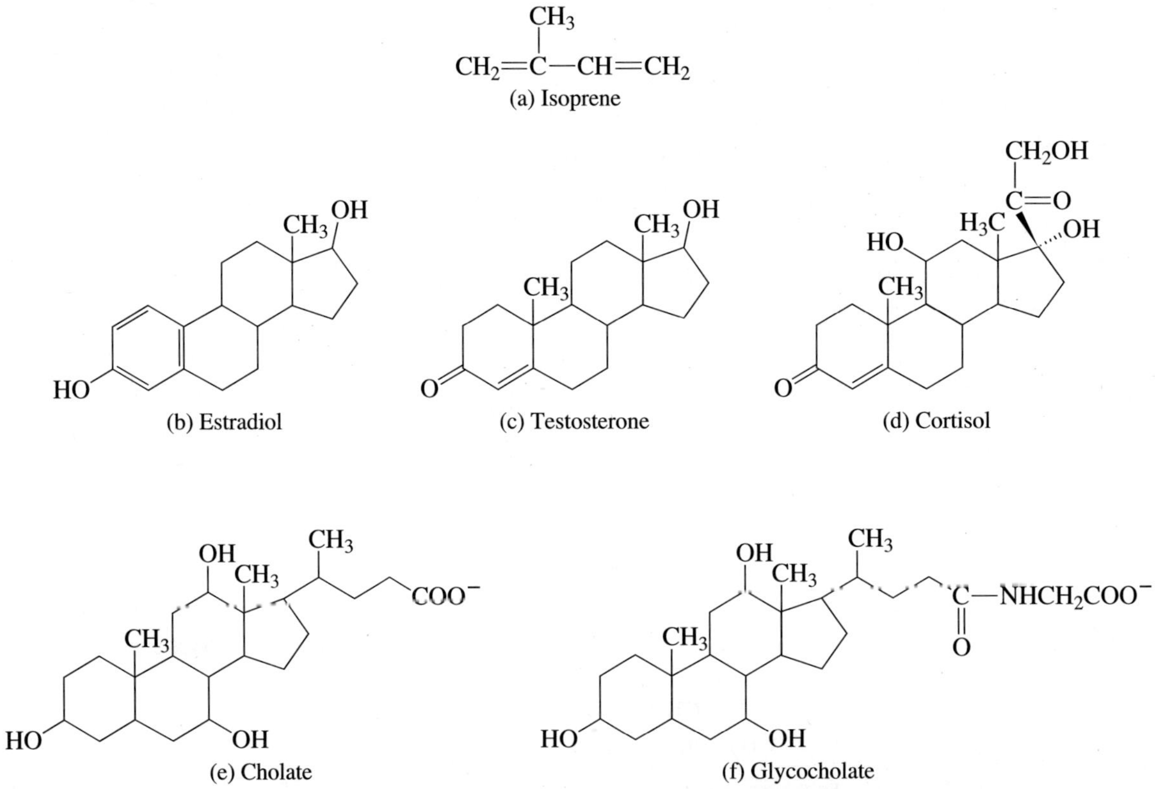

(a) Isoprene

(b) Estradiol

(c) Testosterone

(d) Cortisol

(e) Cholate

(f) Glycocholate

그림 8.11 이소프렌(isoprene) 단위 및 콜레스테롤로부터 형성된 생체 활성 물질. (a) 스테로이드 고리계 및 기타 테르펜의 구성단위인 이소프렌의 구조. 2-메틸-1,3-부타디엔(2-methyl-1,3-butadiene). (b) 에스트라디올, 여성 호르몬 (c) 테스토스테론, 남성 호르몬 (d) 코르티솔, 글루코오스 대사의 조절인자 (e) 콜산염(cholate), 콜산(cholic acid)으로부터 유도된 담즙염 (f) 글리코콜산염(glycocholate), 글리코콜산(glycocholic acid)으로부터 유도된 담즙염

복습 문제

1. 생리적 조건 하에서 콜레스테롤의 히드록실기는 종종 지방산으로 에스테르화되어 있다. 이 유도체를 콜레스테롤에스테르라고 한다. 콜레스테롤과 팔미트산 사이에 형성된 에스테르의 구조를 그리시오. (힌트: 그림 8.10c 참조)

2. 담즙염인 콜산염과 글리코콜산염의 구조를 복습하고(그림 8.11) 이들이 어떻게 식이지방의 용해를 돕는지 설명하시오.

피토스테롤 한 때는 스테로이드가 동물에만 존재하는 것으로 추정되었으나, 콜레스테롤과 유사한 구조를 가지는 스테롤이 식물로부터 분리되었는데 이들을 피토스테롤(phytosterol)이라고 한다. 식물 스테로이드는 콜레스테롤과 마찬가지로 이소프렌으로부터 유도되었으며(18.4절), 이들은 식물 막 구조에 필수성분이다.

세 가지 종류의 주요 피토스테롤이 확인되었는데, **스티그마스테롤(stigmasterol)**, ***β*-시토스테롤(*β*-sitosterol)**, 그리고 **캄페스테롤(campeterol)**이 그것이다(그림 8.12). 이들은 메틸기와 에틸기의 위치, 그리고 곁사슬의 불포화도에서 콜레스테롤과 다르다. 피토스테롤은 특히 옥수수기름, 쌀겨, 맥아, 콩, 그리고 기타 채소류에 풍부하다. 이러한 식품들은 전통적인 영양 가치를 능가해서 건강상 이익을 주므로 종종 "건강식" 또는 "기능성 식품"으로 알려져 있다. 예를 들어 피토스테롤은 건강에 상당한 이득을 주어 유럽에서 오랜 기간 동안 치료제로 사용되어 왔다. 의학적 연구들에서 피토스테롤이 혈액 내의 LDL 콜레스테롤의 수치를 감소시킨다는 것이 입증되었다. 특수화된 마가린인 베네콜(Benecol)과 테이크 콘트롤(Take Control)을 몇 개월 동안 매일 섭취(약 3 식탁용 스푼; 4~5 g의 피토스테롤)한 후에 혈장 콜레스테롤이 10~15% 감소되었다. *β*-시토스테롤은 또한 양성 전립선 비대증(benign prostatic hyperplasia, BPH) 환자에게 도움을 주는 것으로 알려져 있다. 최근의 연구를 통하여 *β*-시토스테롤이 인간의 전립선

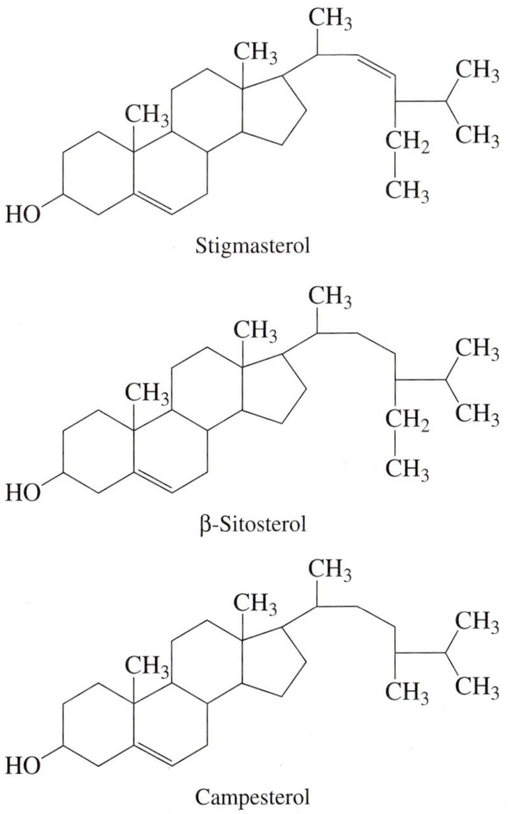

그림 8.12 식물 막의 주요스테로이드 성분

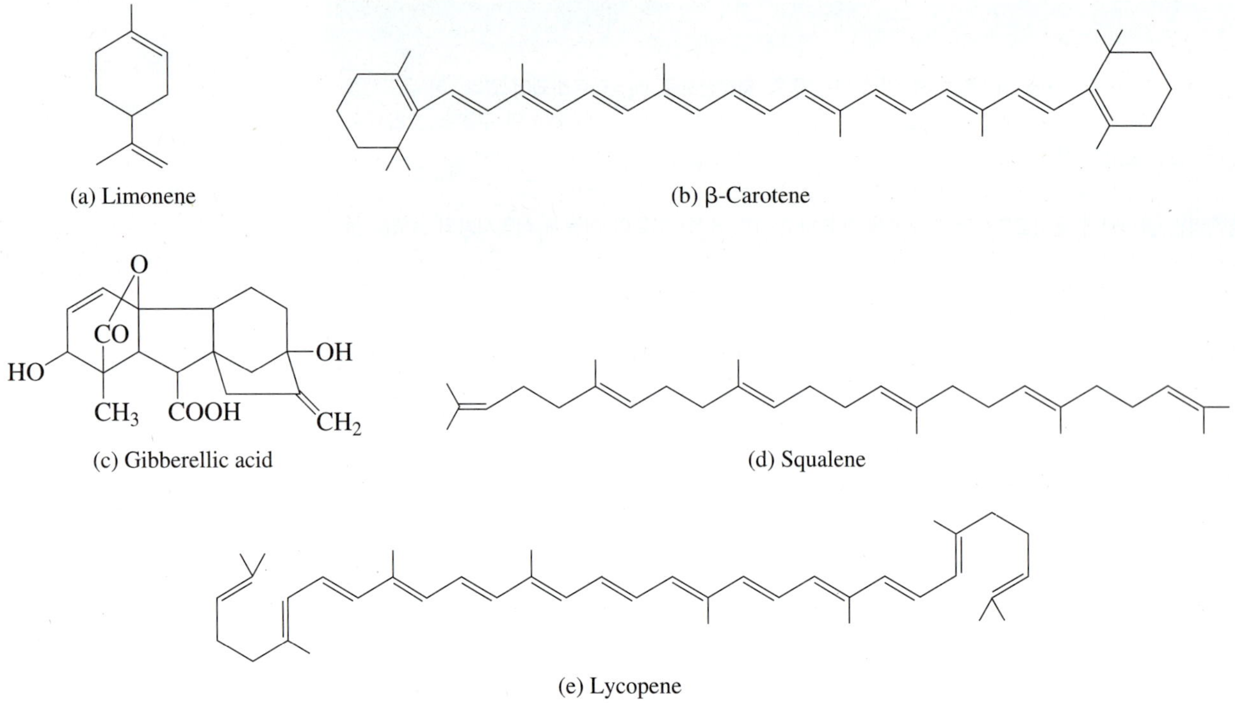

(a) Limonene

(b) β-Carotene

(c) Gibberellic acid

(d) Squalene

(e) Lycopene

그림 8.13 식물과 동물에서 볼 수 있는 중요한 테르펜. (a) 리모넨, 과일에서 볼 수 있으며, 독특한 향기를 준다. (b) *β*-카로틴, 당근의 주황색의 근원(비타민A의 전구체) (c) 지베렐산, 식물성장호르몬 (d) 스쿠알렌, 콜레스테롤 합성의 중간체 (e) 리코펜, 토마토 표피의 빨간색 색소.

암세포의 성장을 억제할 수도 있다는 것이 입증되었다. 피토스테롤의 치료적 사용에 대한 더 이상의 정보는 생화학 들여다보기 18-2를 참조하기 바란다.

테르펜

테르펜(terpene) 이라고 하는 지질 종류는 이소프렌으로부터 생합성되는 모든 분자들을 포함한다. (이 정의에 따르면, 콜레스테롤과 그의 유도체도 이 종류에 속한다.) 식물과 동물에서의 중요한 테르펜은 **리모넨(limonene), *β*-카로틴(carotene), 지베렐산(gibberellic acid), 스쿠알렌(squalene),** 그리고 **리코펜 (lycopene)** 등이 있다(그림 8.13). 이들 화합물 중의 많은 물질이 식물에 관련된 색과 냄새를 제공한다. 스쿠알렌은 식물과 동물 스테로이드의 생합성에서의 중간체이다(18.4절 참조).

에이코사노이드

에이코사노이드(eicosanoid)는 국지적으로 존재하며 짧은 수명의 호르몬과 유사한 활성을 가지고 (이들은 보통 단지 몇 초 동안 작용한다), 매우 낮은 세포 내 농도의 특성을 나타내는 지질의 한 종류이다. 아드레날린과 인슐린 같은 잘 알려진 호르몬은 내분비선에서 합성되며, 혈액을 통하여 신체 전체에 걸쳐 있는 표적의 조직으로 수송된다. 이들 호르몬은 원형질막의 단백질 수용체에 결합하여 신호전달과정(특별주제 I)에 의하여 세포 내부에 신호를 전달하면서 세포 대사에 영향을 미친다. 이와 대조적으로 에이코사노이드는 합성된 세포 내에서 작용한다. 그러나 에이코사노이드의 작용은 일반적인 호르몬처럼 신호전달에 의하여 개시된다. 에이코사노이드에 대한 생물학적 기능과 활성은 매우 많으며 다양하다(표 8.4). 에이코사노이드의 작용에 대한 초기 발견과 그 이후의 많은 연구들이 세 명의 스웨덴 생화학자, 폰오일러(Ulf von Euler), 배리스트룸(Sune Bergstrom) 그리고 사뮤엘손(Bengt Samuelsson)에 의하여 수행되었다.

표 8.4
에이코사노이드의 생물학적 작용

1. 상처(벤 자국, 긁힌 자국, 물집 등) 및 질병(골관절염, 류마티스성 관절염)과 관련된 염증 반응, 통증, 그리고 발열의 개시
2. 혈액응고 과정(응혈)의 촉진 및 혈압 조절(프로스타글란딘은 혈관확장제이다)
3. 분만 유도 등의 생식 기능 조절 및 남성 불임에서의 역할
4. 동물에서 온도와 수면/기상 순환 조절
5. 평활근의 수축 촉진

에이코사노이드에는 **프로스타글란딘(prostaglandin), 트롬복산(thromboxane)**, 그리고 **루코트리엔(leukotriene)**의 세 종류가 있다. 세 종류 모두 20개 탄소의 다중불포화지방산인 아라키돈산(arachidonic acid, $20{:}4^{\Delta 5,8,11,14}$)으로부터 유도되나, 각각의 분자들은 특유의 화학 구조를 가진다(그림 8.14). 프로스타글란딘은 전립선(prostate gland)으로부터 처음 분리되었으며, 두 개의 곁사슬 및 카르복실산, 히드록실기, 케톤 그리고 탄소-탄소 이중결합을 포함한 작용기들로 치환된 5원자 고리를 가지고 있다.

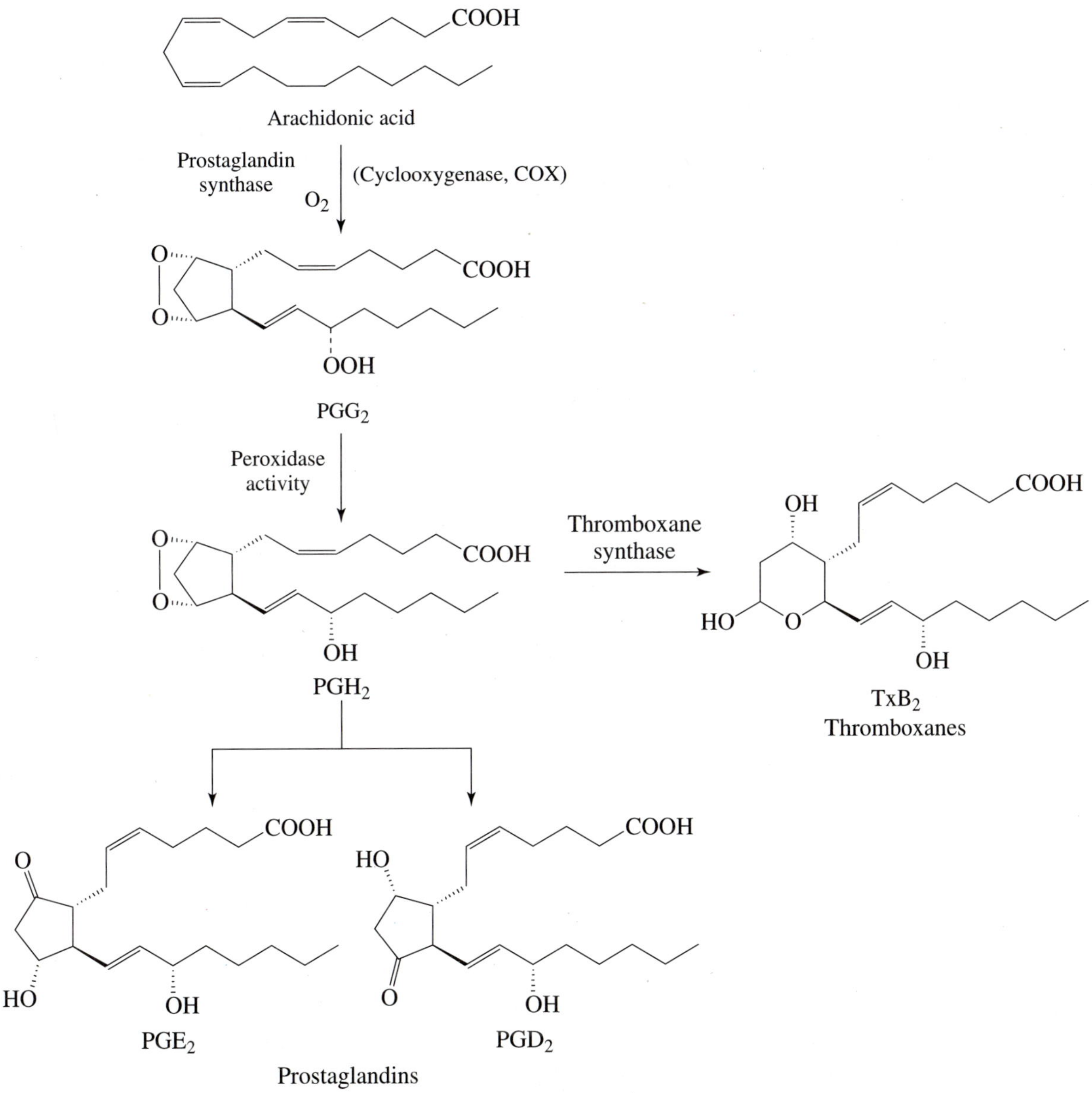

COOH
Arachidonic acid
Prostaglandin synthase
O_2
(Cyclooxygenase, COX)
COOH
OOH
PGG_2
Peroxidase activity
COOH
OH
PGH_2
Thromboxane synthase
OH
COOH
HO
O
OH
TxB_2
Thromboxanes
COOH
O
HO
OH
PGE_2
COOH
HO
O
OH
PGD_2
Prostaglandins

그림 8.14 아라키돈산으로부터 고리형 경로에 의한 프로스타글란딘과 트롬복산의 합성.

에이코사노이드는 실제로 모든 포유동물의 조직과 기관에서 생성된다. 프로스타글란딘과 트롬복산은 아라키돈산 대사의 **고리형 경로(cyclic pathway)**에 의하여 합성되며(그림 8.14), 반면 루코트리엔은 아라키돈산 대사의 **선형 경로(linear pathway)**에 의하여 생성된다. 고리형 경로는 아라키돈산과 산소의 반응에 의하여 시작되며, 이 반응은 산소화효소(oxidase)와 과산화효소(peroxidase) 두 가지의 촉매활성을 가지는 효소인 **프로스타글란딘 합성효소(prostaglandin synthase)**에 의해 일어난다. 이 효소는 5원자 고리구조를 형성하므로 **고리산소화효소(cyclooxygenase, COX)**라고도 부른다. 첫째로 중요한 중간대사물질인 프로스타글란딘 $H_2(PGH_2)$는 다른 프로스타글란딘과 트롬복산의 전구물질이다. 각 조직은 고유한 에이코사노이드를 가지고 있다. PGE_2와 PGD_2 화합물(그림 8.14)은 최근에 사람을 비롯한 포유동물의 뇌에서 발견되었다. 이 화합물들은 특히 시각전구역(preoptic area)과 뇌의 수면 중심(sleep center)에 풍부하게 존재한다. 쥐, 원숭이, 그리고 사람에 대한 실험을 통하여 PGD2는 생리적 수면을 촉진하고 PGE_2는 불면을 유발하는 것으로 나타났다.

COX 효소 몇몇 동위효소 형태의 COX가 사람 및 다른 동물들에서 확인되었다. 구성적 효소(constitutive enzyme)인 **COX-1**은 대부분의 조직에서 항상 발현된다. COX-1은 세포 유지에 필요하며, 특히 위와 위장관에서 일반적인 관리 업무를 담당한다.

COX-2는 상처 또는 질병과 같은 염증 자극에 대응하여 합성되는 유도성 효소(induced enzyme)이다. COX-2의 유도는 염증 반응과 관련된 통증 및 종기를 유발하는 프로스타글란딘의 양을 증가시킨다. 이런 통증은 진통제, 해열제, 그리고 항염증제로 작용하는 아스피린을 복용함으로써 완화된다. 아스피린(aspirin), 이부프로펜(ibuprofen), 나프록센(naproxen) 및 인도메타신(indomethacin)과 같이 일반적이고 처방전이 필요 없는 **비스테로이드성 항염증제(nonsteroidal anti-inflammatory drug, NSAID)**(그림 8.15a)는 COX-1과 COX-2를 억제하고 따라서 프로스타글란딘의 생성을 감소시키는 역할을 한다(그림 8.14).

그러나 NSAID는 위궤양 및 위출혈과 같은 부작용을 일으킨다. 요즈음의 COX 억제제들은 잘 고안되어 COX-2에 대하여 더 선택적으로 작용한다. COX-2를 억제하면서 COX-1에 대하여 작용하지 않는 벡스트라(Bextra), 셀레브렉스(Celebrex) 및 비옥스(Vioxx) 등 세 종류의 진통제가 미국 식품의약국에 의해 승인되었다(그림 8,15b). COX-2 억제제들은 1990년대 중반 이후 비특이적인 NDAID의 부작용이 없이 류마티스성 관절염, 골관절염 및 극심한 통증의 치료를 위해 수백만 명의 환자들에게 처방되었다. 현재 이들 세 종류의 약품 모두 심장마비와 뇌졸중의 위험성을 증가시킬 수 있다는 최근의 연구들로 인하여 식품의약국의 엄밀한 감시 하에 있다.

COX-1과 COX-2 억제제들에 대한 역학적 연구에서 이 약품들이 암과 알츠하이머병을 비롯한 다른 질병들을 예방할 수 있다는 놀라운 증거가 얻어졌다. 유도된 COX-2는 정상세포에 비하여 암세포에서 과다발현 된다고 밝혀졌다. 이는 종양 형성 및 세포 증식을 촉진하는 것으로 알려진 프로스타글란딘을 과다하게 생성시킨다. COX 억제제들에 의한 직장암의 치료에 있어서 우수한 기초적 임상결과들을 찾아볼 수 있다. 또한 알츠하이머병 환자의 뇌세포 손상이 염증 과정에 기인한다는 증거도 있으며, 이로 인해 이 병을 치료하기 위한 COX 억제제 연구가 이루어졌다. 셀레브렉스와 나프록센(Aleve)에 의한 알츠하이머병 예방을 시험하는 임상 시도는 심장마비와 뇌졸중의 발병 증가로 인하여 중단되었다. 또 다른 동위효소인 **COX-3**이 2002년에 보고되었다. 이 효소는 진통제와 해열제로 광범위하게 사용되는 **아세트아미노펜(acetaminophen)**에 의해 억제되는 것으로 추정된다. 아세트아미노펜은 COX-1이나 COX-2를 억제하지 않으므로 항염증 작용을 나타내지 않는다.

트롬복산과 루코트리엔 고리형 경로로부터 또한 유도되는 **트롬복산(thromboxane)**은 산소를 포함하는 6원자 고리계로 밝혀졌다(그림 8.14). 트롬복산은 혈소판(thrombocyte)으로부터 처음 분리되었으며 응혈 형성을 촉진하는 것으로 생각된다. 혈액을 맑게 하고 심장마비 및 뇌졸중을 예방하는 아스피린의

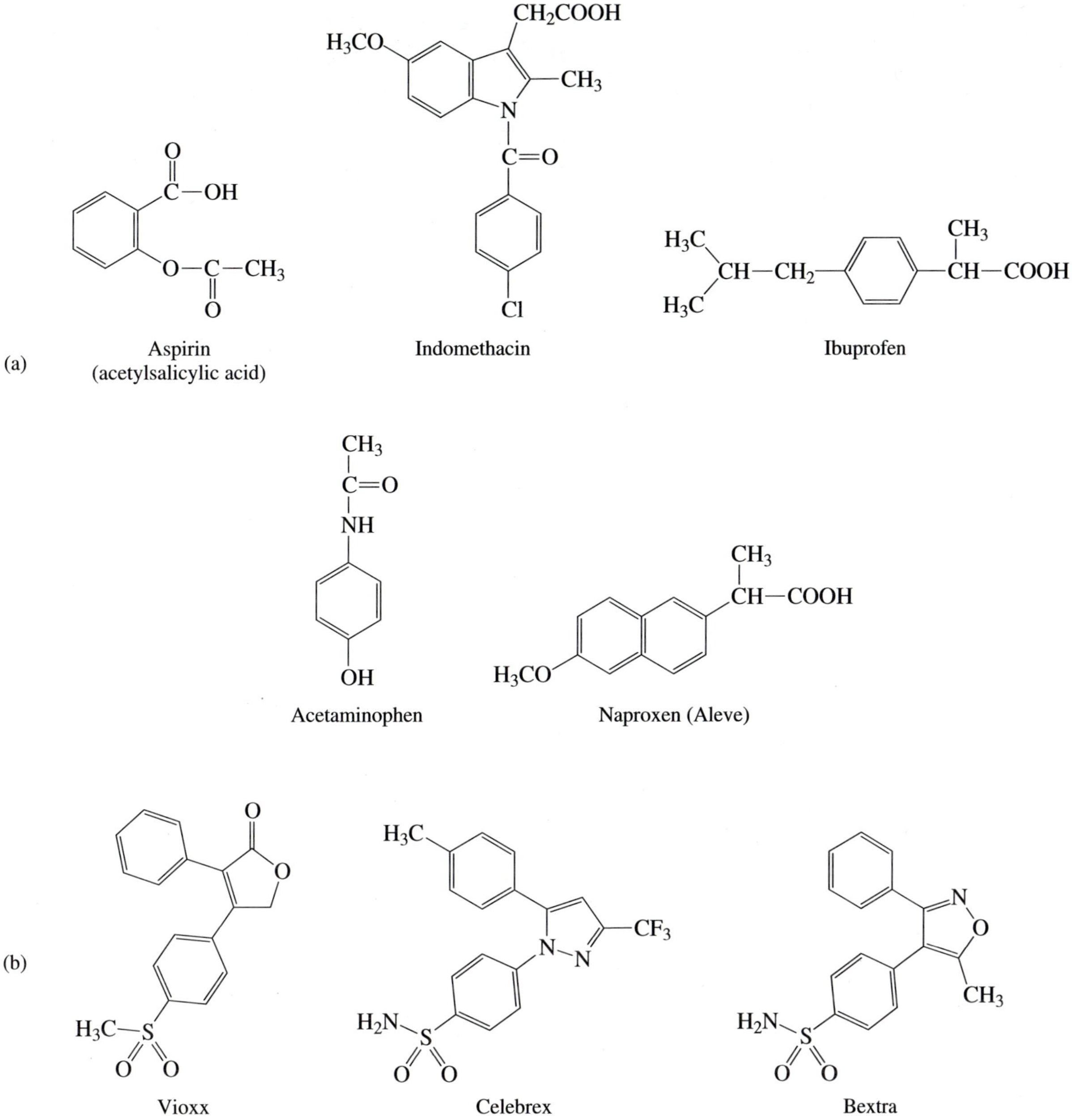

(a) Aspirin (acetylsalicylic acid) Indomethacin Ibuprofen

Acetaminophen Naproxen (Aleve)

(b) Vioxx Celebrex Bextra

그림 8.15 진통제 (a) 비스테로이성 항염증제(NSAID). COX-1과 COX-2를 억제하여 통증을 완화시킨다(COX-3을 억제하는 아세트아미노펜은 예외). (b) COX-2 억제제로 작용하는 항염증제.

작용은 COX의 부분적인 억제와 이로 인한 트롬복산 및 프로스타글란딘의 농도 감소에 의한 것으로 보인다.

루코트리엔(leukotriene)은 그림 8.16의 아라키돈산 경로에 의하여 생성된다. 아라키돈산 경로는 **지질산소화효소(lipoxygenase)**에 의한 아라키돈산의 산소화반응(고리화가 아닌)으로부터 시작된다. 루코트리엔은 처음 추출된 백혈구세포(leucocyte)를 따라 명명되었다. 다른 에이코사노이드로부터 루코트리엔을 구분하는 구조적인 특성은 선형 사슬(고리가 아닌) 및 교대로 존재하는(conjugated) 3개의 이중결합이다. 루코트리엔은 특히 폐에서 평활근의 수축을 유발한다. 천식의 발생과 알레르기 반응은 루코트리엔의 과다 생성으로 인해 유발된다.

그림 8.16 아라키돈산으로부터 선형 경로에 의한 루코트리엔의 합성.

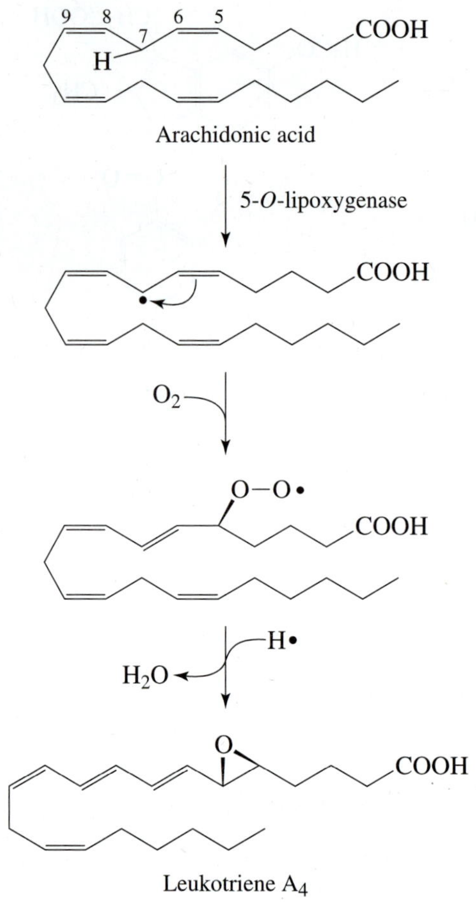

지용성 비타민

6.1절에서 두 종류의 비타민, 즉 수용성 비타민과 지용성 비타민을 다루었다. 이 절에서는 지용성 비타민의 생물학적 특성만을 간략하게 설명하고 뒷장에서 영양과 대사에서의 비타민의 역할을 다루기로 한다. 이 지용성 비타민은 테르펜(이소프렌으로부터 유도됨)으로 분류되나, 인간의 건강 면에서 이 분자들의 중요성 때문에 일반적으로 지질의 독립적인 범주로 분류된다. 여기서 다루어지는 가장 중요한 화합물은 비타민A, D, E 및 K이다. 표 8.5에서 지용성 비타민의 명칭, 화학 구조, 그리고 가장 중요한 생물학적 기능을 보여주고 있다.

표 8.5
일반적인 지용성 비타민과 그 생물학적 기능

비타민	일반명	화학적 특징	생물학적 기능
A	레티놀(retinol)	20개의 탄소로 구성된 테르펜(terpene)	시각에서의 빛의 흡수
D	여러 가지 형태가 있으며 그 중 하나가 D3-콜레칼시페롤(D3-cholecalciferol)	자외선 조사에 의해 콜레스테롤로부터 생성됨	칼슘 및 인 대사의 조절
E	α-토코페롤(α-tocopherol)	긴 탄화수소 사슬을 가진 방향족 고리	항산화제(antioxidant). 산화에 의한 생체막의 손상 억제
K	비타민K	긴 탄화수소 사슬을 가지며 두 개의 고리가 접합된 구조	혈액 응고 조절, 뼈의 형성

페로몬

어떤 생명개체들은 그들이 반응하게 되는 같은 종(species)의 다른 개체들 또는 어떤 생명개체들의 행동을 변화시키는 화학 물질을 환경으로 분비한다. 이런 행동은 거의 대부분 성적 유인(sexual attraction)과 연관이 있으며, 그 외에 흔적의 표시 및 방어 경보(천연 퇴치제, natural repellant) 들을 포함한다. 호르몬 같은 이러한 물질을 **페로몬(pheromone)**이라고 부른다. 사람을 비롯한 모든 생물체들이 페로몬을 분비하고 또 이에 대응하지만, 가장 잘 연구된 것은 곤충의 페로몬이다. 긴 사슬의 탄화수소 화합물인 파리의 성 유인 물질(**muscalure**, 그림 8.17a)은 수컷 짝을 유인하기 위하여 암컷에 의해 분비된다. 여왕벌이 교접 비행에서 분비하는 성 유인 물질은 **9-케토데케노산(9-ketodecenoic acid**, 그림 8.17b)이다.

식물도 또한 서로 그들끼리 그리고 다른 종(species)들과 교신하기 위하여 화학신호분자를 사용한다. 주로 나뭇잎, 꽃, 그리고 과일로부터 분비되는 식물페로몬은 식물 발달과 생존에 중요한 역할을 한다. 세 가지 유형의 식물 대 식물 교신이 확인되었다.

- **종내(intraspecific)** 같은 종의 식물들과의 상호작용
- **종간(interspecific)** 다른 종의 식물들과의 상호작용
- **자동신호(autosignaling)** 즉 자기 자신과의 식물 교신

거미가 들끓는 잠두는 이런 반응의 한 예를 설명해준다. 이런 식물은 휘발성의 유기화합물을 방출하는데 같은 식물의 잎들 및 같은 지역 내의 다른 잠두 식물체에 퍼지게 된다.

가장 흔한 식물의 화학신호분자로는 에틸렌, 메틸살리실산 및 메틸자스몬산 등이 있다(그림 8.17). **에틸렌(ethylene)**은 인접한 담배 식물체 위로 성장하는 담배들의 번식을 느리게 함으로써 담배 식물체

매미나방 암컷은 수컷을 유인하기 위하여 페로몬이라고 부르는 화학물질을 분비한다.

$CH_3(CH_2)_7(H)C{=}C(H)(CH_2)_{12}CH_3$

(a) Muscalure

$CH_3C(=O)(CH_2)_5(H)C{=}C(H)COOH$

(b) 9-Keto-*trans*-2-decenoic acid

$H_2C{=}CH_2$

(c) Ethylene

(d) Methyl salicylate

(e) Methyl jasmonate

그림 8.17 곤충 및 식물 페로몬의 분자 구조: (a) 파리 유인물질(muscalure); (b) 꿀벌의 9-케토-트랜스-2-데케노산(9-keto-trans-2-decenoic acid); (c) 에틸렌; (d) 메틸살리실산; (e) 메틸자스모산.

의 성장을 조절하는 역할을 한다. 동록유(wintergreen oil)의 주요 방향 성분인 **메틸살리실산(methyl salicylate)**은 담배모자이크바이러스(tobacco mosaic virus, TMV)로 감염된 담배에 의해 방출된다. 이 화학물질은 인접한 식물들에게 TMV 면역성을 제공한다. **메틸자스몬산(methyl jasmonate)**은 자스민유(jasmine oil)의 주요 방향성 화학 물질이며, 다른 식물 종에 의해서도 생성된다. 자스민유는 홍차에 첨가하여 향기 있는 자스민 맛을 내게 한다. 메틸자스몬산은 두 개의 키랄탄소중심을 가지고 있어 이로 인해 4개의 이성질체가 만들어지나 이 중 한 개만이 자스민의 특징적인 강한 향기를 가지고 있다. 메틸자스몬산은 식물의 잎과 꽃에서 리놀렌산($18:3^{\Delta 9,12,15}$)으로부터 생합성 된다. 곤충의 침입을 받은 어떤 식물들은 다량의 메틸자스몬산을 생성하여 곤충의 퇴치제로 작용하는 효소 및 다른 단백질들의 합성을 촉진한다.

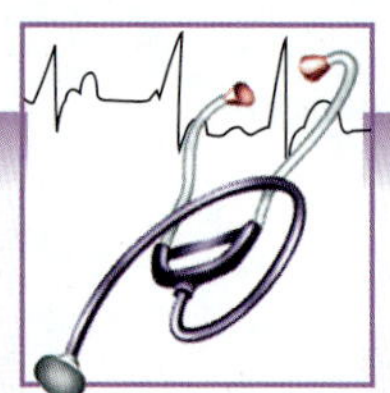

8-1

임상생화학

어유 – 건강한 심장과 그 이상을 위한 오메가-3지방산

세계의 많은 정부와 사설 보건 기구들은 사람들에게 식이 지방의 섭취량을 줄이고 가능하면 포화지방보다 불포화된 식물성 기름을 섭취할 것을 권장하고 있다. 의사와 과학자들에 의한 광범위한 연구에 의하여 식품 중의 불포화지방산을 선호하는 사람들에게 죽상동맥경화증, 심장 질환, 암, 당뇨병 등을 비롯한 심각한 질병의 발생이 감소한다는 것이 입증되었다. 표 8.3에서의 연구로부터 식물성 기름이 동물성 지방보다 더 많은 불포화지방산을 포함하고 있다는 일반적인 결론에 도달하였다. (코코넛기름은 이러한 일반성에서 제외된다.) 그러나 리놀레산(linoleic acid), 리놀렌산(linolenic acid) 및 아라키돈산(arachidonic acid)은 필수지방산으로서 적당한 성장과 발달을 위하여 필요하기 때문에 음식물로부터 지방을 완전히 배제할 수는 없다(8.4절과 18.4절 참조).

현재 영양학자들은 이보다도 더 큰 건강상의 이익을 주는 것으로 특별한 종류의 고도로 불포화된 지방산인 오메가-3(ω-3) 지방산을 제안하고 있다. ω-3 지방산은 탄화수소 사슬 내에서 메틸 말단으로부터 세 번째 탄소의 이중결합과 몇 개의 더 많은 이중결합을 가지고 있다. 이들 지방산은 해산물, 특히 연어, 참치, 송어, 그리고 고등어와 같은 저온수(cold water)의 물고기에 존재한다. 이들 물고기로부터의 지방산 중 85% 이상이 16개 이상의 탄소를 가지고 있으며 불포화되어 있으나, 주된 그리고 잠재적으로 가장 건강에 유익한 지방산은 에이코사펜타엔산(EPA, $20:5^{\Delta 5,8,11,14,17}$)과 도코사헥사엔산(DHA, $22:6^{\Delta 4,7,10,13,16,19}$)이다. EPA와 DHA의 양은 캐나다 참치, 애틀랜타 고등어, 치누크 연어 등을 비롯한 저온수 물고기의 기름에 있는 전체 지방의 약 30%를 차지한다. 물고기는 이들 지방산을 합성하지 못하나 기본적인 먹이원인 플랑크톤으로부터 얻는다. 그러므로 먹이에 필수지방산을 보충해서 상업적으로 양식한 물고기의 ω-3 지방산을 증가시킬 수 있다. 양식 연어와 송어는 야생형과 대략 같은 양의 EPA와 DHA를 가지고 있다. 그러나 양식된 매기는 야생 매기보다 약간 적은 양의 EPA와 DHA를 함유한다. ω-3 지방산은 자연의 목초, 특히 아마(flax)를 먹고 자란 동물(소, 들소, 닭)에서 낮은 농도로 발견된다.

그린랜드, 일본, 그리고 알래스카 등의 해양 문화권 사람들은 고지방의 음식을 섭취하며 높은 농도의 혈청 콜레스테롤을 가짐에도 불구하고 심장 질환의 발생률이 비교적 낮다는 사실이 오래전부터 알려져 있었다. 이후에 그들의 음식물에 포화 지방은 적게 포함되어 있고 대신 오메가-3의 다중불포화지방산인 EPA와 DHA의 함량이 높은 것으로 밝혀졌다. 영양학자들은 그 후 오메가-3지방산의 섭취(물고기 식사)와 보충(어유 정제)으로부터 많은 건강상의 이익이 얻어진다는 것을 밝혔다. 그 이익으로는 다음과 같은 것들이 있다.

- 혈장의 트리아실글리세롤과 LDL 콜레스테롤의 양을 감소시키고, 협심증(가슴통증)을 경감시키며, 혈압을 저하시키고, 심장박동률을 감소시킴으로써 심장 혈관 질환(심장마비와 뇌졸중)을 예방한다. 어유가 풍부한 음식물은 갑작스러운 심장병 사망률을 45%까지 감소시킨다. 동맥상의 혜택은 새로운 플라그(plaque)의 형성 감소 및 혈소판 형성의 억제 때문이라고 생각되는데 후자의 경우 혈액을 묽게 하고 따라서 혈액 응고의 위험을 감소시키는 효과를 갖는다. 고도로 불포화된 ω-3 지방산은 혈액 응고를 촉진하는 프로스타글란딘의 합성을 억제하는 것으로 알려져 있다(8.4절 참조).
- 결장암, 유방암 및 전립선암 등의 예방
- 류마티스성 관절염에 의해 유발되는 관절의 경직과 종기의 치료
- 우울증 등의 정신 장애 완화
- 65~75세 사람들의 인식 기능(배우고, 생각하고, 그리고 기억하는 능력) 유지 가능성. ω-3 지방산은 세포막을 굳게 하는 경향이 있는 포화지방보다 뇌세포 막을 더욱 유동적으로 유지하는 것을 돕는다.

식이성 어유의 매우 긍정적인 효과로 인하여 미국심장협회(American Heart Association)는 현재 심장 질환이 없는 사람들에게 1주일에 2번 이상 물고기를 먹거나(1~1.5 g의 EPA 및 DHA), 최소한 매일

전자운반체

이 절에서 논의되는 지질의 마지막 종류는 에너지 대사에서 산화환원반응의 전자운반체(electron carrier)로 작용하는 물질들이다. **유비퀴논(ubiquinone, 조효소Q)**은 동물 내의 미토콘드리아 전자전달계의 기본적인 성분이며 세포에 산재한다는(ubiquitous) 뜻에서 이름을 붙였다. **플라스토퀴논(plastoquinone)**은 식물의 엽록체에 있는 화합물로 빛의 흡수에 의한 아데노신삼인산(ATP)의 생성(광합성)에 관여하는 전자운반체이다. **메나퀴논(menaquinone)**은 세균의 기본적인 전자운반체이다. 이러한 모든 화합물은 하나의 생체분자로부터 다른 분자로 전자를 주고받아 산화상태와 환원상태 사이를 순환하면서 산화환원의 보조인자로서 작용한다(18장 참조).

캡슐 형태로 300~500 mg의 EPA 와 DHA를 섭취할 것을 권장하고 있다. 혈액 내에 LDL 콜레스테롤 및 트리아실글리세롤의 농도가 높은 심장 질환자들은 매일 1 g의 어유를 섭취해야 한다고 제안하고 있다. 사람들은 어떠한 치료를 시작하기 전에 항상 주치의와 상의해야 하고, 치료 기간 중에 주치의의 주의를 받아야 한다. 식이성 물고기에 대한 미국 식품의약국과 심장협회의 권장에는 최소한 다음과 같은 두 가지의 경고성 문장이 포함된다. (1) 매일 3 g 이상의 어유 섭취는 출혈을 유발할 수 있다. (2) 어떤 종류의 물고기는 다량의 수은을 포함할 수도 있다. 임신부와 임신을 계획하는 여성들은 수은이 오염되어 있을 수도 있는 상어, 황새치, 고등어 등의 물고기를 먹는 것을 피해야 한다.

학습 문제

1. 다음 지방산의 구조를 그리시오.
   a. EPA b. DHA
2. 수은의 독성 효과의 일부는 단백질의 특정 아미노산 잔기와의 반응에 기인한다. 아미노산 잔기의 이름을 쓰고 Hg^{+}을 이용하여 반응식을 나타내시오.
3. 옥수수만으로 구성된 사료를 먹인 돼지고기에 EPA와 DHA가 존재한다고 예측할 수 있는가? (힌트: 표 8.3 참조)

참고 문헌

Dalton, L., 2004. Methylmercury toxicology probed, *Chem. Eng.* News Jan. 19:70–71.

Din, J., Newby, D., and Flapan, A., 2004. Omega 3 fatty acids and cardiovascular disease – fishing for a natural treatment. *Br. Med. J.* 328:30–35.

Kris-Etherton, P., Harris, W., and Appell, L., 2002. Fish consumption, fish oil, omega 3-fatty acids, and cardiovascular disease. *Circulation* 106:2747. *http://www.circulationaha.org*

요약

■ 지질(lipid)은 헥산, 메탄올 및 디에틸에테르와 같은 유기 용매를 이용하여 세포로부터 추출되는 생체분자이다.

■ 지질의 가장 풍부한 성분은 지방산(fatty acid)이다. 대부분의 지방산은 포화 또는 불포화되어 있는 12개~24개의 탄소 원자를 포함하며, 지방세포 내에서 트리아실글리세롤로 존재한다. 트리아실글리세롤은 글리세롤(glycerol)의 3개의 히드록실기에 에스테르(ester) 결합으로 연결된 지방산으로 구성되어 있다. 지방산의 기본적인 생물학적 역할은 대사 연료(metabolic fuel)로 작용하는 것이다.

■ 글리세로인지질(glycerophospholipid)과 스핑고지질(sphingolipid)을 포함하는 극성 지질(polar lipid)은 단백질과 결합하여 생체막(biological membrane)을 구성한다.

■ 지질의 특정한 종류인 스테로이드(steroid)는 모두 접합 고리계의 특성을 가지고 있다. 가장 잘 알려진 스테로이드인 콜레스테롤(cholesterol)은 막에 풍부하지만, 또한 스테로이드호르몬, 담즙염, 그리고 다른 생체분자들의 생합성을 위한 중요한 전구체이다.

■ 기타 중요한 지질로서 에이코사노이드, 광흡수 색소, 효소 보조인자, 비타민, 신호분자, 그리고 전자전달체 등이 있다.

연습 문제

용어 이해

8.1 다음의 각 용어를 번역하고 간략히 정의하시오.

a. polyunsaturated fatty acid
b. micelle
c. lipid bilayer
d. inositol
e. ganglioside
f. Tay-Sachs disease
g. atherosclerosis
h. isoprene
i. eicosanoid
j. plastoquinone
k. omega-3 fatty acid
l. soap
m. triacylglycerol
n. saturated fat
o. prostaglandin
p. phytosteroid
q. trans fatty acid
r. partial hydrogenation
s. pheromone
t. Cox enzymes
u. NSAID

개념 복습

8.2 다음 중 지질 계열의 화합물은 어느 것인가?

a. 1-데칸올
b. 알라닌
c. 프룩토오스
d. 팔미트산
e. 트리미리스틴
f. 글리세롤
g. 아데닌
h. β-카로틴
i. 아스파르탐
j. 인슐린
k. 유비퀴논
l. 에탄올
m. 스티그마스테롤

8.3 다음 각 지방산의 속기 명을 기술하시오. 첫 문제는 예로 제시되었다.

a. $CH_3(CH_2)_5CH{=}CH(CH_2)_7COOH$(속기 명: $16{:}1^{9}$)
b. $CH_3(CH_2)_5CH{=}CHCH_2CH{=}CH(CH_2)_4COOH$
c. $CH_3(CH_2)_4CH{=}CHCH_2CH{=}CHCH_2CH{=}CHCH_2CH{=}$
$CH(CH_2)_3COOH$

8.4 다음 지방산의 화학 구조를 그리시오.

a. $10{:}1^{\Delta 4}$ **b.** $18{:}2^{\Delta 9,12}$ **c.** $18{:}3^{\Delta 9,12,15}$

8.5 어떤 과학자와 의사가 심장 질환에 대한 위험을 줄이기 위해 어유(fish oil)의 섭취를 권하고 있다. 어유 캡슐의 두 주요 지방산이 아래에 제시되었다. 이들 지방산의 구조를 그리시오.

a. 에이코사펜타엔산($20{:}5^{\Delta 5,8,11,14,17}$)
b. 도코사헥사엔산($22{:}6^{\Delta 4,7,10,13,16,19}$)

8.6 다음 반응식을 완결하시오.

a. $CH_3(CH_2)_5CH{=}CH(CH_2)_7COOH + Br_2 \longrightarrow$

b.
$$\begin{array}{l} CH_2OC(=O)R \\ CHOC(=O)R' \\ CH_2OC(=O)R'' \end{array} + H_2O \xrightarrow[NaOH]{\Delta}$$

c.
$$CH_3(CH_2)_{14}{-}C(=O)OCH_2(CH_2)_{28}CH_3 + H_2O \xrightarrow[NaOH]{\Delta}$$

d. HO — Cholesterol $+ I_2 \longrightarrow$

Cholesterol

e.
$$\begin{array}{l} CH_2OC(=O)(CH_2)_7CH{=}CH(CH_2)_3CH_3 \\ CHOC(=O)(CH_2)_7CH{=}CHCH_2CH{=}CH(CH_2)_4CH_3 \\ CH_2OC(=O)(CH_2)_7CH{=}CHCH_2CH{=}CH(CH_2)_4CH_3 \end{array} + I_2 \longrightarrow$$

8.7 비누가 수용액에서 미셀 구조를 형성하는 이유를 설명하시오.

8.8 담즙염이 지질의 소화를 돕기 위하여 어떻게 작용하는가?

8.9 다음 각 효소의 촉매반응을 쓰거나 효소 작용을 기술하시오.

a. 지질가수분해효소
b. 프로스타글란딘 생성효소(COX)
c. 지방질 산소화효소

8.10 다음의 각 조건에서 존재하는 부탄산(butanoic acid)의 구조를 그리시오.

a. pH 1.0 **b.** pH 7.0 **c.** pH 12.0

8.11 무좀을 치료하기 위한 많은 연고의 주요 성분이 운데실렌산(undecylenic acid, $11{:}1^{\Delta 10}$)의 아연염이다. 이 강력한 살균제의 구조를 그리시오. 이 지방산이 식물이나 동물에서 자연적으로 생성될 것으로 예측되는가?

8.12 프로스타글란딘과 루코트리엔의 화학 구조가 어떻게 다른가?

활용 문제

8.13 왜 카놀라유와 올리브유 같은 요리용 기름이 고체 쇼트닝보다 빨리 산패하는가?

8.14 다음 네 가지의 화합물을 물에 대한 용해도가 증가하는 순으로 배열하시오. 아실기가 모두 같다고 가정하시오.

글리세롤
1,3-디아실글리세롤
2-모노아실글리세롤
1,2,3-트리아실글리세롤

8.15 수소화반응의 화학적 과정은 액체 기름을 고체로 전환하는 데 사용된다. 아래의 반응은 어떻게 수소화가 일어나는지를 보여준다. 주요 유기 생성물의 구조를 그려서 반응을 완성하시오.

$$CH_3CH{=}CHCH_2CH{=}CHCH_2COOH + 2\,H_2 \xrightarrow{\text{Pt catalyst}}$$

8.16 아래에 있는 반응들은 지질의 중요한 화학 반응이다. 각 생성물의 구조를 그려서 반응을 완성하시오.

a. $CH_3(CH_2)_{10}COOH + NaOH \longrightarrow$

b $CH_3(CH_2)_{10}\overset{\overset{\displaystyle O}{\|}}{C}OCH_2CH_3 + H_2O \xrightarrow[\Delta]{NaOH}$

c. 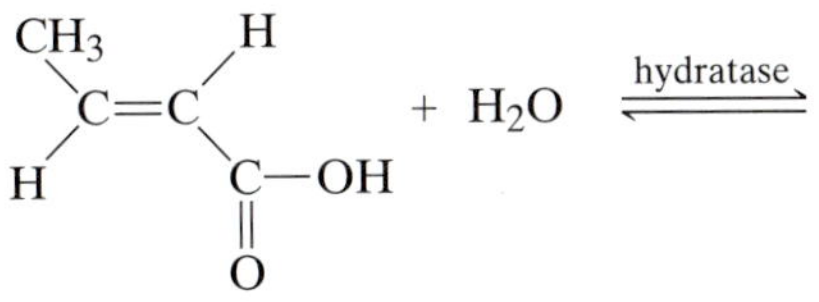 $(CH_3)(H)C{=}C(H)(COOH) + H_2O \xrightleftharpoons{\text{hydratase}}$

(CH₃와 H가 한 탄소에, H와 C(=O)—OH가 다른 탄소에 결합한 구조)

d. 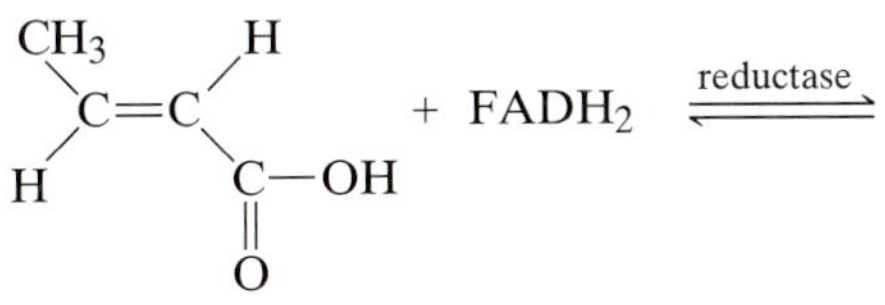 $(CH_3)(H)C{=}C(H)(COOH) + FADH_2 \xrightleftharpoons{\text{reductase}}$

8.17 막 지질은 극성 머리와 비극성 꼬리(들)를 가지고 있다고 한다. 다음 각 분자에 두 영역을 표시하시오.

a. 콜레스테롤
b. 포스파티딜콜린
c. 스핑고미엘린
d. 세레브로시드
e. β-시토스테롤

8.18 아스피린은 COX 효소의 억제제이다. 아스피린은 프로스타글란딘의 세포 농도에 어떤 영향을 미치는가? 어떻게 아스피린이 염증성의 통증을 감소시키고 혈액을 맑게 하는가?

8.19 포스파티딜세린, 포스파티딜에탄올아민, 포스파티딜콜린, 그리고 포스파티딜이노시톨의 구조에서 공통적 특징은 무엇인가?

8.20 아래에 나열된 각 조의 지방산을 포함하는 트리아실글리세롤이 있다고 가정하시오. 실온에서 각 시료가 액체(기름)인가 또는 고체(지방)인가?

a. 팔미트산, 스테아르산, 팔미트산
b. 올레산, 리놀레산, 아라키돈산
c. 올레산, 올레산, 올레산
d. 미리스트산, 미리스트산, 미리스트산

8.21 식물 조직으로부터 테르펜을 추출하기 위하여 가장 효과적인 용매는 무엇인가?

힌트: *물, 디에틸에테르, 클로로포름, 헥산, 메탄올, 그리고 염 수용액 중에서 선택하시오.*

8.22 자연에 가장 많이 존재하는 지방산은 왜 짝수 개의 탄소를 포함하는가?

8.23 지용성 비타민은 왜 소변으로 배출되지 않고 세포에 축적되는 경향이 있는가?

8.24 아래의 목록 중 포화지방산을 고르시오.

a. 스테아르산
b. 올레산
c. 미리스트산
d. 팔미트산
e. 아라키돈산
f. 리놀레산

8.25 아래의 목록 중 단일불포화지방산을 고르시오.

a. 올레산
b. 아라키돈산
c. 미리스트산
d. 리놀레산

8.26 아래의 목록 중 4개의 탄소-탄소 이중결합을 갖는 지방산을 고르시오.

a. 올레산
b. 스테아르산
c. 아라키돈산
d. EPA

8.27 아래에 열거된 내용 중 트리아실글리세롤인 트리올레인(triolein)의 특징을 고르시오.

a. 극성 머리와 비극성 꼬리를 가진다.
b. 수용성이다.
c. 디에틸에테르에 가용성이다.
d. 인산기를 가진다.

8.28 다음 중 왁스의 성분을 설명하는 것은 어느 것인가?

a. 긴 사슬의 지방산만 포함한다.
b. 긴 사슬의 알코올과 긴 사슬의 지방산을 포함하는 에스테르이다.
c. 긴 사슬의 알코올만 포함한다.

8.29 다음 중 테르펜을 가장 잘 설명한 문장은 어느 것인가?

a. 중요한 에너지 분자이다.
b. 글리세롤과 3개의 지방산을 포함한다.
c. 10개의 탄소를 포함하며 이소프렌으로부터 합성된다.
d. 긴 사슬의 알코올과 긴 사슬의 지방산의 에스테르이다.

8.30 에너지 대사에서 중요한 분자는 어느 것인가?

a. 트리아실글리세롤
b. 테르펜
c. 글리세로인지질
d. 세레브로시드

8.31 식물 내의 피토스테롤에 대한 기능을 예측하시오.

8.32 처방전이 필요 없는 진통제인 아세트아미노펜은 항염증작용을 나타내지 않는다. 그 이유를 설명하시오.

8.33 다음의 각 트랜스지방의 분자구조를 그리시오.

a. 트랜스-팔미톨레산
b. 트랜스-올레산

8.34 표 8.3을 이용하여 여러분의 음식물 내에서 가장 건강에 좋은 세 종류의 기름을 예측하시오.

생화학 작문

8.35 이 장의 간략한 요약을 문단의 형태로 기술하시오. 요약은 100~200 단어로 작성하시오. 기존의 요약을 참조하되 다르게 작성해야 함.

8.36 식물 스테로이드의 생화학은 빠르게 발전하고 있다. 도서관이나 인터넷을 이용하여 β-시토스테롤이나 스티그마스테롤(그림 8.12)에 대한 최근 논문을 찾아서 200 단어 정도의 요약을 작성하시오.

참고문헌

Agosta, W., 1994. Using chemicals to communicate. *J. Chem. Educ.* 71:242–246.

Boyer, R., 2000. Purification and characterization of triacylglycerols. In *Modern Experimental Biochemistry*, 3rd ed., pp. 303–319. San Francisco: Benjamin/Cummings.

Fox, D., 2003. The speed of life. *New Scientist* Nov. 1:42–45.

Guterman, L., 1999. The joy of soy. *Modern Drug Discovery* Nov./Dec.:69–73.

Hanahan, D., 1997. *A Guide to Phospholipid Chemistry*. New York: Oxford University Press.

Henry, C., 2002. COX-3 found. *Chem. Eng. News* Sept. 23:16.

Lewis, R., 2002. COX-2 inhibitors tackle cancer. *The Scientist* Sept. 30:28–29.

Ritter, S., 1999. Anabolic steroids. *Chem. Eng. News* Sept. 6:42–52.

Weissman, G., 1991. Aspirin. *Sci. Am.* 264(1):84–90.

Wilkinson, S., 2003. The skinny on trans fatty acids. *Chem. Eng. News* Sept. 22:33. *http://www.cen-online.org.*

Yarnell, A., 2002. Soothing pain the natural way. *Chem. Eng. News* Dec. 16:32.

Zurer, P., 1996. Chocolate may mimic marijuana in brain. *Chem. Eng. News* Sept. 2:31–32.

http://antoine.frostburg.edu/chem/senese/101/features/anandamide.shtml Website on anandamide.

http://www.hsph.harvard.edu/reviews/transfats.html *Trans* Fatty Acids and Coronary Heart Disease, a report from Harvard University.

http://www.chm.bris.ac.uk/motm/jasmine/jasmineh.htm A report on methyl jasmonate.

http://www.americanheart.org/Scientific/statements/1997/069702.html Phytochemicals and Cardiovascular Disease, a report from the American Heart Association.

http://www.oilofpisces.com/fishnews.html International health news on fish oil.

CHAPTER

디지털리스 푸르푸레아(*Digitalis purpurea*, 사진)의 건조된 잎으로 만든 약품인 **디지털리스(digitalis)**는 200년 이상 울혈성 심장 질환 치료제로 사용되고 있다. 디지털리스 추출액은 이미 수 세기 동안 유럽에서 수증(dropsy)의 치료제로서 사용되었지만 심장병 치료 효과가 발견된 것은 1785년에 이르러서이다. 디지털리스의 주요 활성 성분은 강심성 배당체(cardiac glycoside)인 **디기톡신(digitoxin)**으로 밝혀져 있다. 디지털리스는 현재 가장 일반적으로 처방되는 심장약이다. 이 약은 심장박동수를 증가시키지 않으면서 심근의 수축력을 강화시킨다. 분자 수준에서 디지털리스는 세포의 나트륨과 칼륨의 양을 조절하는 막 효소인 나트륨-칼륨 ATP가수분해효소(sodium-potassium ATPase)를 억제한다. 효소의 활성이 억제되면 세포내 나트륨이온의 농도가 높아지고 이는 심장의 수축력을 증가시킨다. 동아프리카의 와비오(ouabio) 나무에서 발견된 강심성 배당체인 **와베인(ouabain)**은 원주민들에 의해 사냥용 화살촉의 독으로 사용되고 있다.

생체막 및 세포 수송

9.1 생체막

- 막의 생물학적 역할
- 막의 성분과 구조
- 막단백질
- 막의 유동모자이크모형

9.2 막 수송

- 수동수송: 단순확산 및 촉진확산
- 능동수송: 이온펌핑

9.3 막 수송의 예

- 아쿠아포린
- 적혈구 막의 글리코포린A
- 적혈구 막의 글루코오스투과효소
- 나트륨-칼륨 ATP가수분해효소펌프
- 이온통로와 패치고정

모든 생물체의 세포들은 기본적으로 주로 단백질과 극성 지질에 탄수화물을 포함하는 **원형질막(plasma membrane)**이라고 부르는 경계층에 의하여 둘러싸여 있다. (핵, 미토콘드리아, 그리고 엽록체와 같은 진핵세포의 세포소기관도 원형질막의 구조 및 기능과 유사한 자기 자신의 막계를 가지고 있다.) 막에 가장 풍부하게 존재하는 극성 지질은 스핑고미엘린(sphingomyelin), 포스파디딜콜린(phosphatidylcholine), 포스파디딜에탄올아민(phosphatidylethanolamine), 포스파티딜세린(phosphatidylserine), 콜레스테롤(cholesterol) 등이다. 생체막은 세포의 모양과 형태를 결정하고 외부환경으로부터 세포의 내용물을 보호한다. 막의 일부 단백질 분자들은 세포를 출입하는 생체물질의 수송을 조절하는 통로(channel)나 문(gate)으로 작용한다. 이 장에서는 막의 화학적 구성물과 구조를 살펴보고 막에 의한 수송 활동을 논의할 것이다.

9.1 생체막

학습 목표

세포막의 분자 조성, 구조, 생물학적 기능을 이해한다.

막의 생물학적 역할

단백질, 지질, 탄수화물이 막 구조를 구성함으로써 독특하고 복잡한 생리적 특성을 가지는 특수한 물리적 배열을 가지게 된다. 언뜻 볼 때, 막의 경계는 단지 세포와 세포소기관의 민감한 내부를 외부 환경으로부터 격리하기 위한 보호막으로만 생각된다. 막의 이런 역할도 중요하지만, 이들 막은 세포의 생명 현상 유지에 결정적인 다른 기능들을 수행한다. 막은 물리적 경계로서 세포의 모양과 형태를 결정하고, 세포의 성분들을 한데 묶어 놓으며, 세포의 구조적 통합성을 유지한다. 막 구조는 조직과 세포 내의 생화학적 활성을 조직화하고 구획화한다. 그러나 세포는 완전히 격리된 상태에서는 생명을 유지할 수 없다. 막은 또한 세포의 성장과 발달에 필요한 영양물을 흡수하고 대사의 노폐물을 방출하기 위한 선택적 여과 기능을 해야 한다. 막수송의 선택성은 단백질 통로, 펌프, 그리고 문 등에 의하여 이루어지며, 생체분자의 이동과 세포 주위의 이온 조성을 조절한다.

세포는 또한 그 주위 환경과 교류해야 한다. 원형질막 바깥쪽에 박혀 있는 단백질은 아드레날린이나 인슐린과 같은 호르몬과 결합하여 대사 과정을 조절하는 화학 신호를 세포의 내부로 보내 주는 수용체이다(신호전달, 특별 주제 I). 따라서 세포 외부의 화학적 자극은 세포 내부의 생화학적 현상에 영향을 미칠 수 있다.

마지막으로, 특수화된 어떤 막은 **에너지전환계(energy transduction system)**로 작용하는 단백질 집합체를 가진다. 미토콘드리아 막은 지방과 탄수화물의 산화에 의해 방출된 에너지를 화학적 형태의 ATP로 전환하는 효소를 비롯한 단백질들을 가지고 있다. 광합성 생물체에서 빛 에너지가 색소에 의하여 포획되어 엽록체막에 있는 단백질들에 의하여 (글루코오스를 합성하기 위한) 화학 에너지로 전환된다. 이와 같은 중요하고 흥미로운 막 과정들의 세부 내용은 뒷장으로 미루기로 한다. 먼저 그러한 막 과정들을 가능하게 하는 생체막의 성분, 구조, 그리고 동역학적(dynamic) 특성을 나루기로 한다.

막의 성분과 구조

생체막(biological membrane)은 지질, 단백질, 그리고 탄수화물로 이루어진 초분자적 집합체(supramolecular assembly)이다. 이들의 조성 비율은 막의 종류에 따라 다르다. 각 종류의 세포와 세포소기관은 그들 막의 특성에 의존하는 특유의 기능을 가진다. 다양한 막 조성으로 인해 각각의 세포에 필요한 특유한 막의 기능이 생기게 된다. 표 9.1에 몇몇 다른 종류의 막의 조성을 비교하여 나타내었다. 막이 다양한 범위의 단백질 및 지질의 조성을 가진다는 것을 분명히 알 수 있다. 단백질과 지질의 비율은

80:20에서부터 20:80의 범위에 걸쳐 있다. 놀랍게도 막은 그 조성이 매우 다양하지만 서로 공통적인 특성을 많이 가지고 있다. 유리된 탄수화물은 막에 존재하지 않는다. 막에 있는 탄수화물은 지질과 단백질 분자에 결합되어 있다. 탄수화물의 함량은 보통 5% 이하이며 당지질(glycolipid, 8.3절 참조)과 당단백질(glycoprotein)로 존재한다. 탄수화물의 꼬리는 세포의 인식 부위와 같은 중요한 기능을 수행한다(7장 7.5절 참조).

표 9.1

여러 종류의 막의 지질 및 단백질 조성의 비교. 합계가 100% 이하인 경우 나머지는 탄수화물이다.

	Percentage by Weight	
Membrane Source	Lipid	Protein
Myelin	80	18
Mouse liver	52	45
Human erythrocyte (plasma)	43	49
Corn leaf	45	47
Mitochondria (outer)	48	52
Mitochondria (inner)	24	76
Escherichia coli	25	75

지질 이중층 막의 기본적 구조 골격은 지질 이중층(lipid bilayer)에 의해 이루어진다(그림 9.1a). 막 지질이 가지고 있는 공통적인 구조적 특징으로 인해 이들은 수용성 환경에서 비공유결합성의 소수성 상호작용에 의하여 유지되는 안정한 이중층의 배열로 조립되는 것을 선호하게 된다. 실제로 1925년에 제안된 최초의 생체막은 두 개의 지질 단일 층이 이중층으로 결합된 구조였다. 이 모델은 그 당시 막에 대

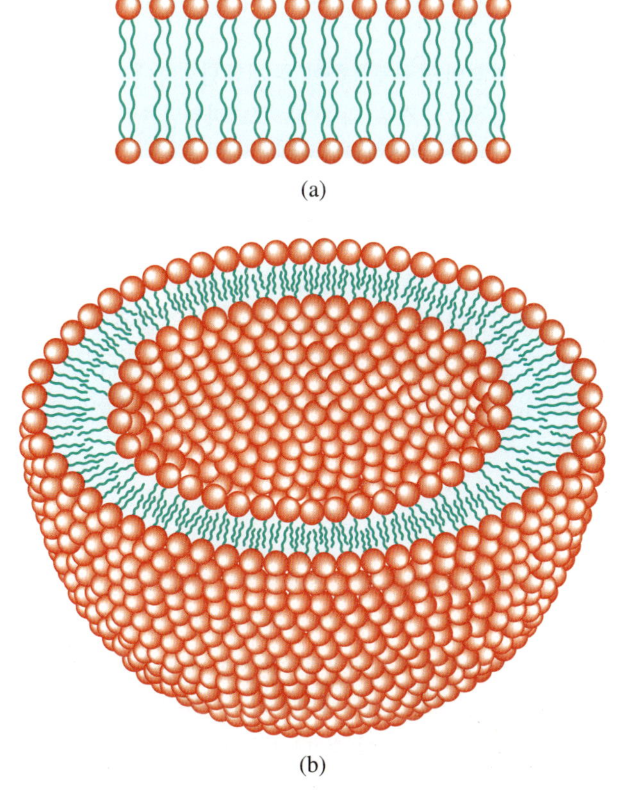

그림 9.1 닫힌 구형 소포(closed spherical vesicle)로 접힌 지방 이중층. (a) 막의 비극성 성분은 이중층을 형성하여 물에 대한 노출을 최소화한다. 지질의 비극성 꼬리는 비극성 부위로 뭉치고 지질의 친수성 머리는 이중층의 양쪽 면에서 물과 접한다. (b) 이중층은 닫혀서 소포를 형성하고, 소포 내의 액체를 소포 바깥의 액체와 격리시킨다.

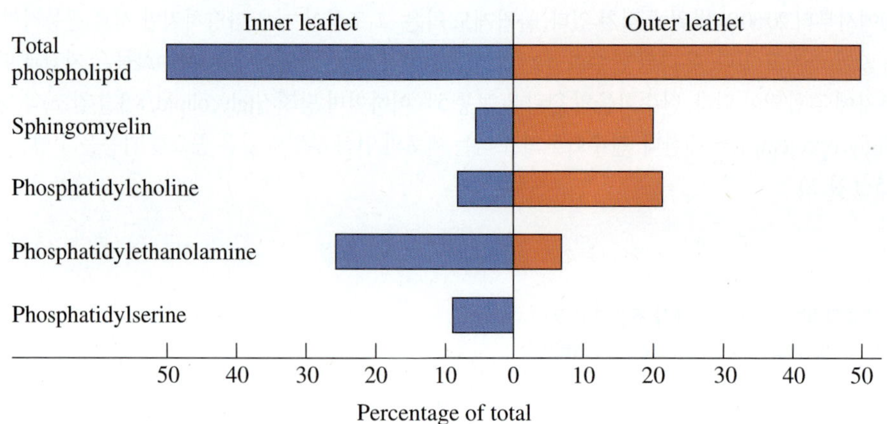

그림 9.2 사람 적혈구세포의 두 개의 단일 층(monolayer)에서의 지질의 분포.

하여 알려진 많은 특성을 설명하였다. 극성 지질의 이중층은 자발적 과정으로 형성되는데 따라서 이 과정은 낮은 자유에너지 배열을 나타냄이 틀림없다.

계속된 연구에서, 이 이중층은 물 속에서 닫힌 구형 소포(closed spherical vesicle)로 접히고 그래서 "가장자리(edge)"를 닫아 물에 대한 노출을 감소시킨다는 것을 알았다(그림 9.1b). 이러한 소포는 막의 구조와 기능을 연구하기 위하여 오랫동안 이용되었다. 이 소포들은 막의 두 가지 중요한 특징, 즉 독특한 수송적 특성과 유동성을 나타낸다. 극성 지질로 이루어진 닫힌 구형 소포를 이용하여 수송에 대한 연구를 한 결과, CO_2와 탄화수소를 비롯한 작은 비극성 분자들은 이중층을 통하여 확산되고, 아미노산, 당, 단백질 및 핵산과 같은 대부분의 극성 생체분자들은 단순 확산에 의하여 수송되지 못한다는 것을 알았다. 따라서 막 이중층의 한 가지 기능은 분자의 수송을 위한 선택적 투과성 경계로서 작용하는 것이다. 막 구조에 중요한 이중층 소포의 다른 특징은 유동성이다. 이중층은 식물성 기름 정도의 밀도를 갖는 액체이다. 방사성으로 표지된 지질을 이용해서 밝혀진 바로는 소포와 생체막의 극성 지질이 유동적이며 빠른 측면 운동을 할 수 있으나, 하나의 단일층에 있는 극성 지질이 다른 단일층의 지질과 거의 교체되지 않는다.

막의 지질 이중층에 대한 세부적인 연구를 통하여, 두 개의 단일층에서의 지질의 분포가 무작위적이 아님을 확인하였다. 적혈구 원형질막의 경우, 외층에는 포스파티딜콜린과 스핑고미엘린이 주로 많은 반면에 반대쪽 단일층(세포질 쪽)에는 포스파티딜에탄올아민, 포스파티딜세린, 포스파티딜이노시톨, 그리고 당지질이 더 많다. 이러한 독특한 두 면이 막 구조에 있어서 비대칭성의 요소들을 나타내며(그림 9.2) 또한 두 면에서 다른 생물학적 기능을 나타낸다.

다른 막지질들과 매우 다른 화학 구조를 갖는 콜레스테롤은 동물 막에 큰 영향을 미친다. 막 지질 중의 콜레스테롤 함량은 미토콘드리아 막에서 나타나는 3%의 낮은 값에서부터 전형적인 원형질막의 38%의 높은 값까지 다양하다. 콜레스테롤 분자는 경직되어 있으며 다른 극성 지질보다 더 견고하여 콜레스테롤 함량이 높은 막의 유동성을 감소시킨다. 식물의 막은 콜레스테롤이 없으나 다른 종류의 스테로이드를 포함한다(8.4절).

막단백질

극성 지질로부터 형성된 구형의 닫힌 소포가 막 구조의 모델로 작용하기는 하나, 더 동적인 막의 작용과 독특한 특성을 설명하기에는 부족하다. 만약에 생체막이 지질만으로 구성되어 있다면 매우 작은 분자와 비극성 분자만 수송될 수 있을 것이며 모든 원형질막은 서로 매우 유사한 생물학적 특성을 가질 것이다. 뿐만 아니라 서로 다른 종류의 조직과 기관들의 세포가 다양하고 독특한 기능을 나타낼 수 없다. 원형질막의 동적인 활성은 막단백질에 의하여 수행된다. 막단백질은 효소, 수용체단백질(receptor protein), 그리고 수송단백질(transport protein)을 포함한 몇 가지 다른 기능적 형태를 갖는다.

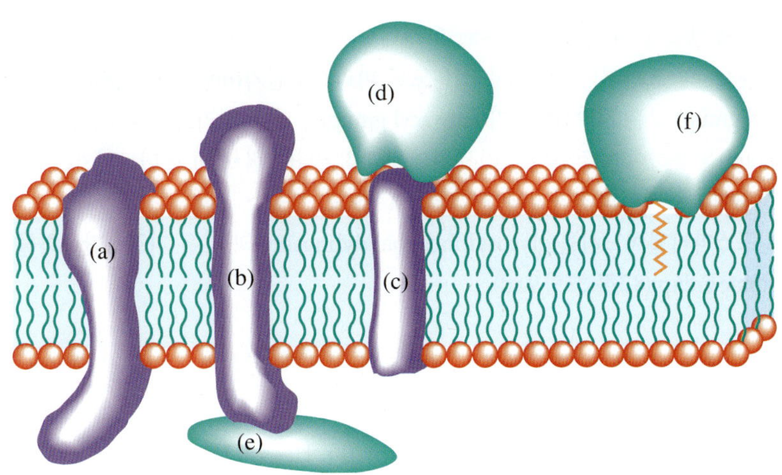

그림 9.3 두 종류의 막 단백질의 예. (a–c) 내재성 단백질. (d, e) 표재성 단백질. (f) 지질 연결 단백질.

일반적으로 막단백질은 막으로부터의 추출 방법에 따라 두 종류로 나누어진다(그림 9.3). 막으로부터의 단백질 제거 방법은 단백질의 극성 또는 비극성의 특성에 따라 결정된다. 어떤 단백질은 낮은 농도의 염 수용액(1 *M* NaCl)으로 막을 처리하면 간단하게 제거된다. 이들 단백질의 제거 반응이 쉽게 일어나므로 이들은 막의 표면에 있으며 비교적 극성이고 물에 잘 녹을 것으로 추정된다. 이러한 단백질을 **표재성 단백질(pheripheral protein)**이라고 한다. 다른 종류의 막단백질은 막을 더 강하게 처리하여야 막으로부터 제거된다. 막을 SDS(3장의 3.5절 참조)와 같은 수용성 계면활성제로 추출하면 막의 내부에 묻혀 있는 **내재성 단백질(integral protein)**이 방출된다. 이들 단백질은 지질 이중층을 파괴시키거나 단백질과 지질 사이의 소수성 상호작용을 방해해야만 방출될 수 있다.

표재성 단백질은 보통 이들의 아미노산과 내재성 단백질에서 막의 표면에 노출되어 있는 상보적 아미노산과의 비공유결합성 이온결합 및 수소결합으로 막에 결합되어 있다. 대부분의 표재성 단백질들은 아마도 수용체와 효소로서 작용하는 것으로 여겨진다. 막은 또한 안쪽과 바깥쪽에 서로 다른 표재성 단백질이 위치하기 때문에 단백질의 위치에 대한 비대칭성을 나타낸다. 이로 인하여 세포는 막의 외부와 세포질 쪽의 각 면에 있어서 독특한 생물학적 활성을 가진다.

내재성 단백질은 넓은 영역에 걸쳐 소수성 아미노산 잔기를 포함하며 이들 아미노산은 지질 이중층의 비극성 지역에 묻힐 수 있다. 이들 단백질은 보통 막횡단성(막통과)이기 때문에 기본적으로 수송단백질로서의 기능을 하며 막의 한쪽 면에서 다른 쪽 면으로 용질 분자의 수송을 촉진한다. 단백질의 대부분의 부위는 막 안에 있으며, 통로나 문으로 작용한다. 내재성 단백질은 신호전달 과정에도 작용한다(특별 주제 I).

내재성 단백질은 소수성 부위를 통하여 막의 지질 이중층을 관통할 수 있는데, 이 부위는 보통 α-나선(α-helix)이나 β-바렐(β-barrel) 등의 독특한 2차구조의 배열을 하고 있다. 로돕신(rhodopsin)의 경우처럼 하나 이상의 α-나선 부위가 소수성 부위에 형성될 수 있다(4.5절; 그림 4.28). 막 이중층은 두께가 보통 약 5~8 nm(50~80 Å)로서 이를 관통하기 위해서는 약 20개의 아미노산으로 구성된 소수성 부위가 필요하다. 일부 내재성 단백질들은 몇 개의 β-시트가 합쳐진 β-바렐 구조를 통하여 막을 관통한다(그림 9.4).

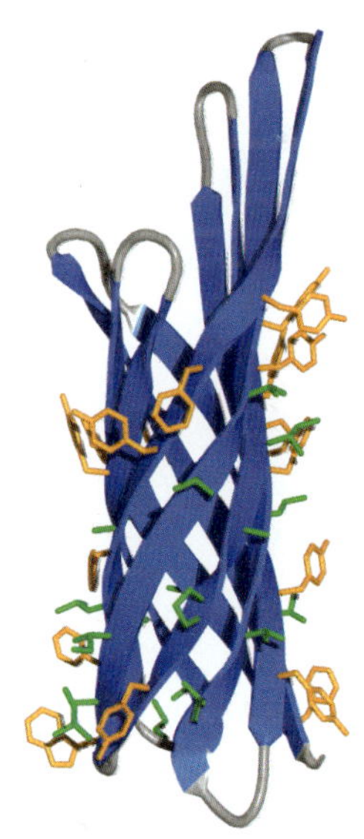

그림 9.3 막관통 β-바렐의 구조. 단백질 사슬의 여덟 부분이 β-시트 형태로 접혀 있다. 푸른색은 단백질 사슬을 나타내고, 녹색은 소수성 아미노산 잔기, 노란색은 방향족 아미노산 잔기를 나타낸다.

지질에 결합된 막단백질 막의 표면에 위치한 일부 수용성 단백질들은 비극성의 지질 구성원을 통하여 막에 고정된다(그림 9.3f). 몇 가지 종류의 지질이 단백질에 부착된다.

- 이소프렌(isoprene, C_5)의 중합에 의하여 유도된 **파르네실기(farnesyl group, C_{15})**나 **게라닐게라닐기(geranylgeranyl group, C_{20})**와 같은 **프레닐기(prenyl group)**(8.4절 및 18.4절)는 보통 티오에테르 결합(thioether bond)을 통하여 단백질 C-말단 시스테인 잔기의 곁가지에 부착된다. 시스테인의 카르

복실기는 종종 메틸에스테르(methyl ester)의 형태로 존재한다(그림 9.5a).

- 각각 C_{14}과 C_{16}의 포화지방산으로부터 유도된 **미리스토일기(myristoyl group)**와 **팔미토일기(palmitoyl group)** 같은 **지방산아실기(fatty acyl group)**가 있다. 미리스토일기는 보통 아미드 결합(amide bond)을 통하여 N-말단의 글리신 잔기에 부착된다(그림 9.5b). 팔미토일기는 티오에스테르 결합을 통하여 시스테인의 곁가지에 결합한다(그림 9.5c).
- **글리코실포스파티딜이노시톨(glycosylphosphatidylinositol)**과 같은 **지질－탄수화물기(lipid－carbohydrate group)**(8.3절, 그림 9.5d).

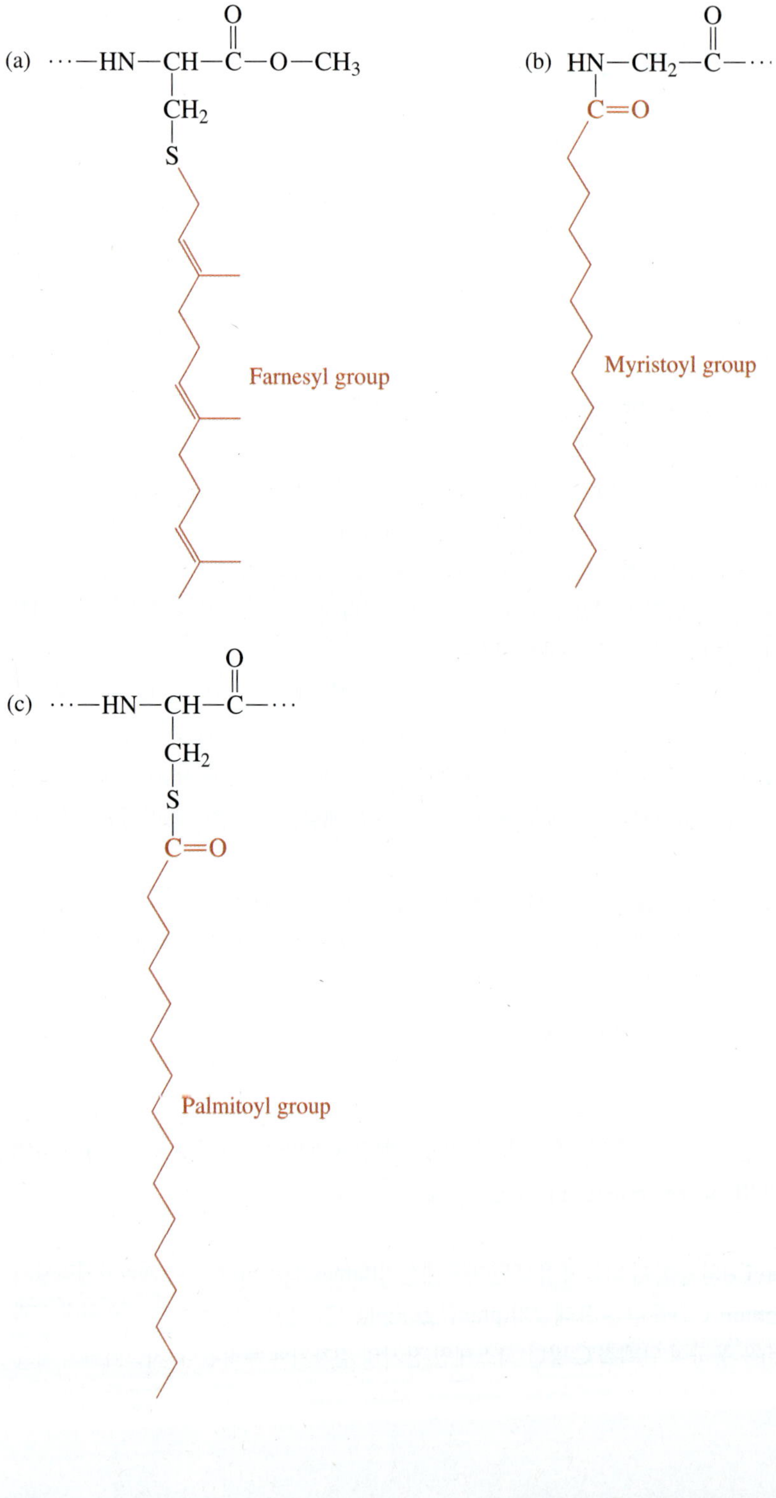

그림 9.5 지질과 연결된 단백질의 네 가지 형태. 단백질 사슬은 검은색으로, 지질 부분은 붉은색으로 표시하였다. (a) 프레닐화 단백질. C_{15}의 파르네실기와 결합하여 있다. 파르네실기는 티오에테르결합으로 단백질에 연결되어 있다. (b) N-말단의 글리신과 아미드결합으로 연결된 미리스토일 지방산아실기를 가진 단백질. (c) 티오에스테르결합으로 시스테인의 곁가지와 연결된 팔미토일기를 가진 단백질. (d) 글리코실포스파티딜이노시톨기를 가진 단백질. 6각형의 고리는 단당류이다.

(a) ···—HN—CH—C(=O)—O—CH_3; CH 아래 CH_2—S—

Farnesyl group

(b) HN—CH_2—C(=O)—···; HN 아래 C=O

Myristoyl group

(c) ···—HN—CH—C(=O)—···; CH 아래 CH_2—S—C=O

Palmitoyl group

(d)

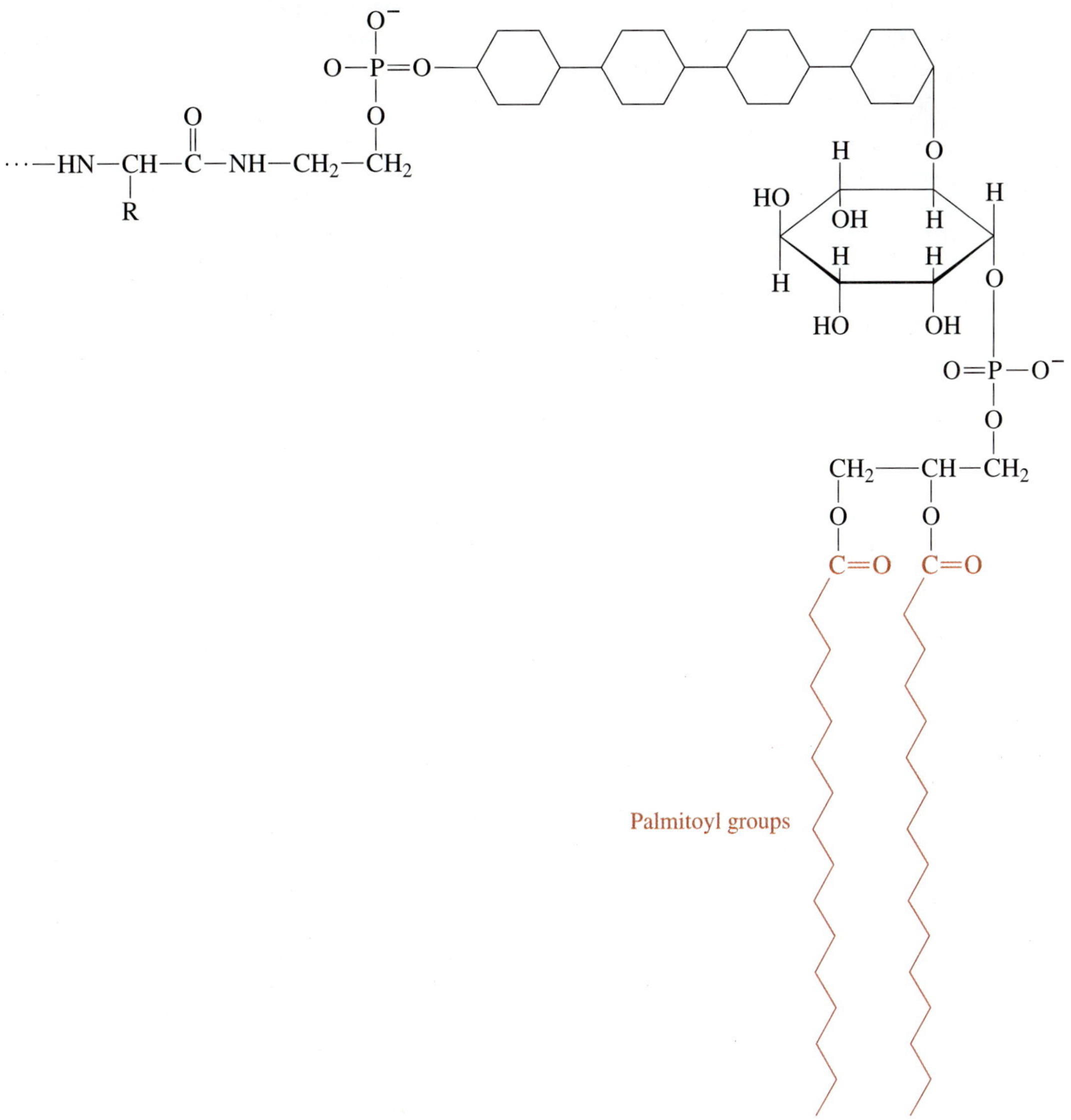

Palmitoyl groups

복습 문제

1. 지질과 연결된 단백질을 막에 고정시키는 결합의 종류를 기술하시오.

막의 유동모자이크모형

막의 화학적 구조와 생물학적 기능에 대하여 가장 잘 나타낸 그림이 **유동모자이크모형(fluid-mosaic model)**이다(그림 9.6). 싱어(S. Jonathan Singer)와 니콜슨(Garth Nicholson)이 1972년에 제안한 이 모델은 지질 이중층(lipid bilayer)에 단백질들이 박혀 있는 구조로 되어 있으며, 단백질은 막 표면에 있는 단백질(표재성)과 전체 이중층을 통과하는 단백질(내재성)로 구성되어 있다. 이 모델은 지질과 단백질 사이의 밀접한 접촉을 가정으로 한다. 단백질들은 모자이크 형태를 이루면서 이중층의 내부와 표면에 자유롭게 떠 있다. 싱어-니콜슨 모델은 X선회절 실험 결과로부터 입증되었는데, 이 결과는 이중층의 두 면

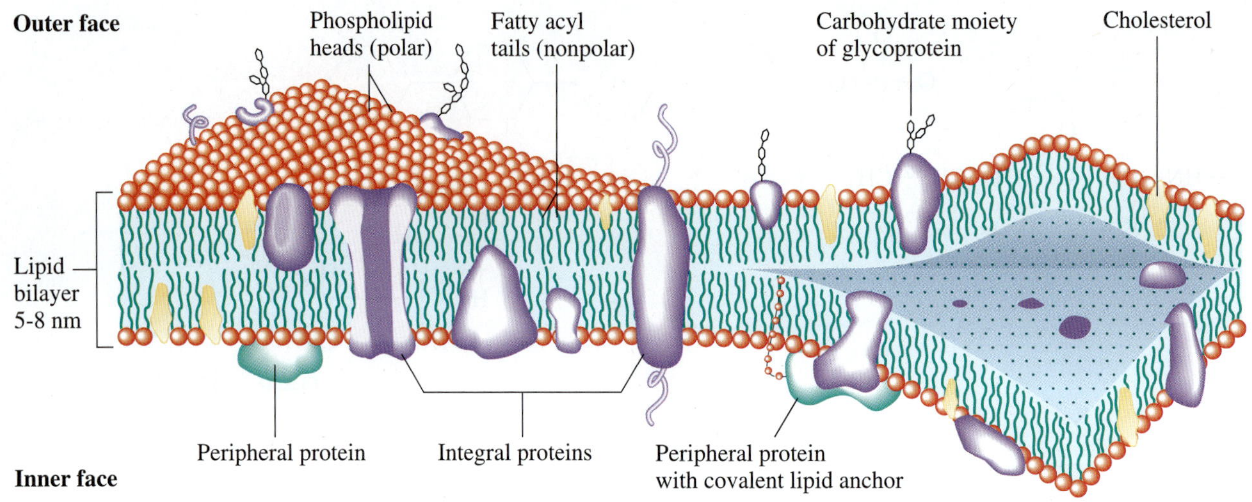

그림 9.6 생체막의 유동모자이크모형. 이 모델은 지질 이중층(lipid bilayer)에 내재성 단백질(integral protein)과 표재성 단백질(peripheral protein)이 박혀 있는 구조로 되어 있다. 지질은 구조적인 골격을 유지하며, 단백질은 효소와 수송단백질의 기능을 갖는다. 표재성 단백질은 보통 친수성인 반면, 내재성 단백질은 지질 이중층에 이 단백질을 고정시키는 소수성 영역을 포함한다. 어떤 내재성 단백질은 용질의 수송을 위한 통로를 형성한다. 막에 있는 당은 보통 지질과 단백질에 공유결합으로 연결되어 있다.

에 의해 나타나는 고전자밀도의 두 지역과 지질의 소수성 꼬리에 의해 나타나는 저전자밀도의 중심 지역을 보여준다. 동적 수송의 특성 또한 이 모델로 설명될 수 있다. 비극성 분자들은 중심 지역의 소수성으로 인하여 막을 통하여 확산되는 것으로 추정된다. 극성의 친수성 분자들은 막에 있는 특정 단백질에 의하여 수송된다. 유동모자이크모형은 또한 막화합물이 비대칭적으로 위치하고 있다는 실험적 관찰과 일치한다. 즉 어떤 표재성 단백질들은 막의 외부 표면에 위치하는 반면, 다른 단백질들은 내부 표면에 있다. 생화학적으로 보면, 이러한 비대칭성으로 인해 일방적인(unidirectional) 즉 방향성(vectorial)의 과정이 막에 초래되는데, 예를 들어 어떤 영양물과 이온들이 세포의 바깥쪽으로부터 안쪽으로 수송되고, 그 반대의 과정은 일어나지 않는 것과 같은 것이다. 유동모자이크모형은 다소 정적인 상태의 그림을 묘사하지만, 실제로는 더 복잡하고 동적이다. 막은 유동적(fluid)이며 단백질과 지질의 측면 운동에 의해 끊임없이 변화한다.

9.2 막 수송

학습 목표

수동적 세포 수송과 능동적 세포 수송을 구분하는 물리적 및 생화학적 특징을 살펴본다.

생명을 유지하기 위하여 세포에는 끊임없이 영양물이 공급되어야 하며 대사 노폐물은 제거되어야 한다. 세포로 들어가거나 세포로부터 나오는 생체분자들은 모두 원형질막의 장벽과 만난다. (세포소기관의 막을 통한 생체분자들의 출입에서도 비슷한 상황이 진행된다.) 작고 비극성인 어떤 분자들은 막을 통하여 쉽게 확산된다. 다른 분자들, 그 중에서도 크고 극성인 것들은 수송되기 위하여 단백질로 이루어진 통로(channel), 운반체(carrier), 문(gate), 그리고 펌프(pump)의 도움을 필요로 한다. 막단백질, 특히 내재성 단백질들이 분자 수송의 흐름을 조절한다.

모든 형태의 막 수송(membrane transport)은 **수동수송(passive transport)** 또는 **능동수송(active transport)**으로 분류된다. 이들의 가장 중요한 차이점은 에너지 의존성이다. 수동수송의 경우 생체분자

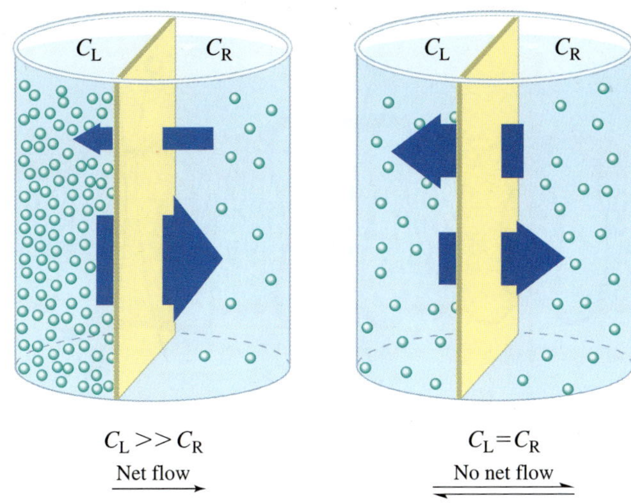

그림 9.7 투과성 막을 통한 용질 분자의 수동수송. C_L과 C_R은 막의 왼쪽과 오른쪽의 용질 농도를 의미한다. 투과성 막을 통한 용질의 이동에 대한 순속도(net rate)는 두 쪽(C_L과 C_R)에 있는 용질의 상대적 농도에 좌우된다. $C_L >> C_R$일 때, 분자들의 순확산은 왼쪽에서 오른쪽으로 진행된다. $C_L = C_R$일 때 용질 분자는 양쪽으로 계속 확산하나, 순이동(net flow)은 없다.

(용질)는 투과성 경계를 통하여 고농도의 지역으로부터 저농도의 지역으로 이동한다. 이 반응은 열역학적으로 유리하기 때문에(엔트로피의 증가) 에너지가 소모되지 않는다(그림 9.7). 이 절에서 두 종류의 수동수송인 **단순확산(simple diffusion)**과 **촉진확산(facilitated diffusion**, 단백질 매개에 의한 수송)의 특징을 소개한다. 용질 수송의 둘째 형태인 능동수송에서는 용질이 투과성 경계를 통하여 저농도에서 고농도로 이동하기 때문에 세포는 에너지를 필요로 한다. 이로 인해 막의 한쪽 면에 용질이 축적되는데 이는 에너지 의존성 과정(엔트로피의 감소)이다. 극성의 생체물질이나 아미노산, 탄수화물, Na^+, K^+ 및 Ca^{2+} 같은 이온의 수송은 보통 에너지원을 필요로 한다. 능동수송에 필요한 에너지원은 다양하지만, 가장 흔한 방법은 화학 반응(ATP의 분해) 또는 빛 흡수와 같은 에너지 생성계와 짝지어 일어나는 것이다. 논의되는 능동수송의 형태는 이온펌핑(pumping, ATP 의존성)과 공동수송을 포함한다.

복습 문제

1. 수동수송과 능동수송의 차이를 표로 만들어 보시오. 에너지 필요성의 유무, 수송하는 분자나 이온의 종류, 막 단백질의 관여 여부 등의 특징들을 비교하시오.

수동수송: 단순확산 및 촉진확산

단순확산(simple diffusion)의 과정은 그림 9.7에서 보이고 있다. 두 개의 구획이 투과성 경계(막)에 의해 나누어져 있고 서로 다른 농도의 용질, C_L 과 C_R을 포함하고 있다고 상상해 보자. C_L은 왼쪽의 용질 농도를, C_R은 오른쪽의 농도를 의미한다. 전체적으로 용질 분자는 장벽을 통하여 C_L에서 C_R의 방향으로 이동한다. 어떤 분자들은 C_R에서 C_L로 확산하겠지만 더 많은 분자가 반대 방향으로 이동한다. 이런 이동의 경향은 용질 분자의 농도가 양쪽에서 같아질 때까지 계속된다. 농도가 같아지는 시점에서도 분자들의 확산은 계속되나 단지 순이동(net flow)이 없을 뿐이다. 즉 같은 수의 용질 분자가 서로 반대 방향으로 이동한다(평형에 도달해 있다). 단순확산의 과정은 분자가 에너지 척도 상에서 내리막으로 이동하기 때문에 에너지를 소모하지 않는다.

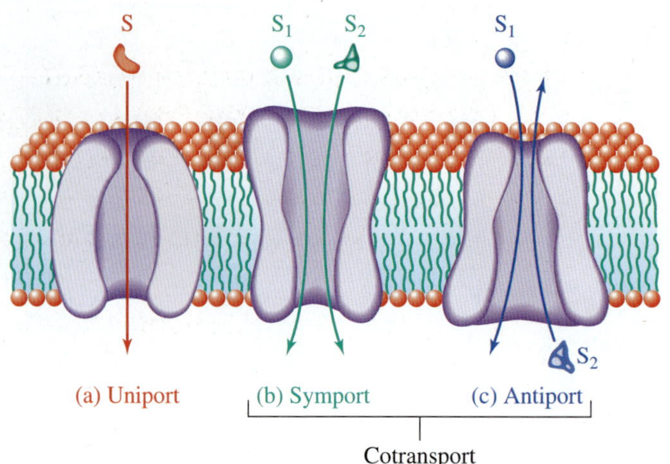

그림 9.8 용질 분자의 수와 순이동의 방향을 근거로 한 세 종류의 막 수송. (a) 단일수송(uniport): 단 한 종류의 용질 분자 S가 수송된다. (b) 동향수송(symport): 두 종류의 용질 분자 S_1과 S_2가 같은 방향으로 수송된다. (c) 역수송(antiport): 두 종류의 용질 분자 S_1과 S_2가 서로 반대 방향으로 수송된다. 공동수송(cotransport)은 두 종류의 용질이 수송되는 것을 의미한다. 수송 과정을 이들 중의 하나로 분류하는 것은 이 수송 과정이 수동이나 능동인지를 의미하지는 않는다. 수동과 능동수송은 단지 에너지의 필요에 따라 결정된다.

단순확산에 의하여 막을 통해 이동하는 분자들의 생물학적 예로서 지방산과 CO_2, N_2, O_2 및 CH_4와 같은 중요한 기체들이 있다. 이러한 작은 분자들의 생체막을 통한 수송 메커니즘은 완전히 밝혀지지 않았지만, 이 분자들이 작거나 또는 비극성이기 때문에 지질 이중층을 통과하는 것으로 추측된다. 한 때는 물 분자들이 단순확산에 의하여 수송되는 것으로 받아 들여졌다. 그러나 최근의 연구를 통하여 **아쿠아포린(aquaporin)**이라고 부르는 막단백질이 관여하는 것으로 알려졌다. 몇 가지의 물 수송계가 사람의 세포, 특히 콩팥에서 발견되었다(9.3절).

당과 아미노산 같은 어떤 용질 분자들은 단순확산에 의해 지질 이중층을 통과하기에는 너무 크고 극성이다. 이들 분자들의 수송은 특정한 막단백질에 의하여 이루어진다. 이를 **촉진확산(facilitated diffusion)**이라고 부른다. 이 확산은 에너지를 필요로 하지 않아서 수동수송으로 분류된다. 때때로 운반체(carrier) 또는 수송단백질(transport protein)이라고 불리는 막단백질들이 막횡단 통로(transmembrane channel)를 형성하거나, 아마도 용질 분자와 결합하여 이를 운반하면서 수송을 돕는다. 어떤 단백질들은 α-나선의 형태로 접혀서 막횡단 통로를 형성한다. 이들 단백질은 막을 관통하는 내재성 단백질일 것으로 예측된다. 분자들과 결합하여 이들의 수송을 촉진하는 단백질을 그 작용이 효소와 유사하기 때문에 **투과효소(permease)**라고도 부른다. 단지 용질들의 수송이 촉진되기 때문에 분자들이 에너지의 유입 없이 저농도의 지역에서 고농도의 지역으로 이동하는 것으로 추측해서는 안 된다. 단순 확산에 적용한 열역학적 규칙이 여기서도 똑 같이 적용된다. 즉 용질 분자는 전체적으로 고농도의 지역에서 저농도의 지역으로 이동한다. 9.3절에서 촉진확산의 중요한 예로서 적혈구 막을 통한 글루코오스의 수송을 설명하기로 한다. 이 수송은 단백질이 단 한 종류의 분자만을 수송하는 **단일수송(uniport)**계로 분류된다(그림 9.8).

촉진확산은 때로 두 가지의 용질 분자를 수송하기도 한다(공동수송, cotransport). 공동수송에 의한 촉진확산에는 두 종류가 있는데, 수송되는 두 개의 용질 분자가 같은 방향으로 이동하는 **동향수송(symport)**과 두 개의 용질 분자가 서로 반대 방향으로 이동하는 **역수송(antiport)**이 그 것이다(그림 9.8). 아미노산과 나트륨이온(Na^+)은 동향수송 과정에 의하여 장과 콩팥의 막을 통하여 수송된다. 역수송의 예로서는 적혈구 막의 단백질에 의한 염소이온(Cl^-)과 탄산수소염(HCO_3^-)의 교환이 있다.

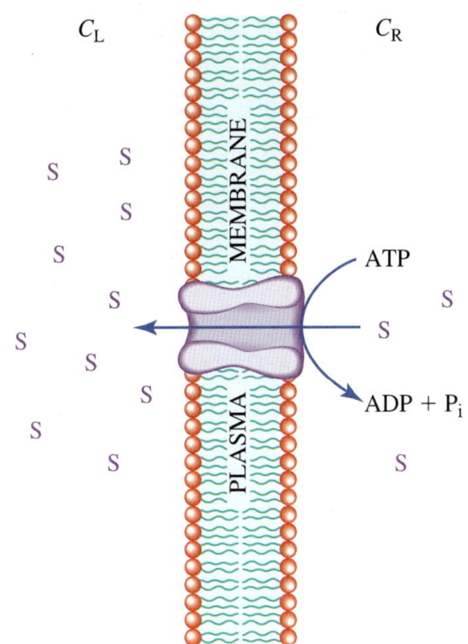

그림 9.9 용질의 능동수송. 용질 분자(S)는 낮은 농도의 C_R 에서 높은 농도의 C_L로 이동한다. 이런 순이동은 농도 기울기에 역행하기 때문에 에너지를 필요로 한다. 에너지는 종종 ATP의 인산무수결합의 분해로부터 제공된다. 이 반응에서 ATP는 에너지를 방출하며 ADP와 P_i로 분해되고, 이 에너지에 의해 S 분자의 수송과 짝지어진다.

능동수송: 이온펌핑

능동수송의 경우에는 에너지가 소모되므로 용질은 투과성 막의 한 쪽에 순축적(net accumulation)될 수 있다. 비록 $C_L >> C_R$ 이지만 용질 분자는 저농도의 지역에서 고농도의 지역으로 수송된다(그림 9.9). 물을 오르막으로 펌핑하는 것과 비슷하기 때문에 이러한 막계를 수송 펌프(transport pump)라고 부른다. 물을 오르막으로 펌핑하는 데 에너지원(전기, 가스 등)이 필요한 것과 마찬가지로, 용질 분자의 능동수송에도 에너지가 공급되어야 한다. 대부분의 능동수송 과정은 화학 반응 또는 빛의 흡수에 의하여 유도된다. 능동수송 과정은 생물체들의 생명 유지에 결정적인 역할을 한다. 대장균(*Escherichia coli*) 세포 내로의 영양물 유입은 공동수송에 의하여 작용하는 막 투과효소에 의하여 일어난다. 예를 들어서, 이당류인 락토오스(lactose)와 같은 당은 양성자가 동시에 들어가는 동향수송 과정에 의하여 수송된다. 고등식물의 세포에서 K^+와 H^+는 역수송 과정에 의하여 능동적으로 수송된다. **나트륨-칼륨 ATP가수분해효소펌프(Na^+-K^+ ATPase pump)**에 의한 Na^+ 및 K^+의 능동수송은 실제로 모든 동물세포의 원형질막에 존재하며, 다음 절에서 설명하기로 한다.

9.3 막 수송의 예

학습 목표

막 수송단백질들의 여러 가지 작용 메커니즘을 이해한다.

이 절에서는 몇 가지 중요한 막 단백질의 구조와 기능을 소개한다.

아쿠아포린

수십 년 동안 생화학과 생물학 교재들은 물 분자가 **삼투(osmosis)**를 통하여 세포를 출입한다고 설명하였다. 삼투는 지질 이중층의 막을 통한 물 분자의 단순확산이다. 지난 수 년 동안 몇몇 용감한 과학자들은 세포를 출입하는 물 분자의 수송 속도가 빠르고 양이 많기 때문에, 물의 수송을 위한 막 단백질 펌프나 통로가 있을 것이라고 제안하였다. 그러나 그러한 수송 기구에 대한 증거는 천천히 얻어졌다. 1991년 존스 홉킨스 대학교(Johns Hopkins University)의 피터 에이거(Peter Agre, 2003년에 노벨상 수상)는 사람의 적혈구에서 처음으로 물을 수송하는 막단백질을 분리하였다. 그 이후에 지금은 **아쿠아포린**

그림 9.10 아쿠아포린의 예상 구조. 막에서 아쿠아포린을 구성하는 단백질들은 사량체로 연합되어 있고, 따라서 4개의 통로를 형성한다. 이 그림은 4개의 통로를 위에서 본 것이며, 각각의 통로에 한 분자의 물이 결합되어 있다.

(aquaporin)이라고 불리는 단백질들이 세균, 식물 및 동물들에서 분리되었다. 아쿠아포린은 사람의 적혈구, 신장, 침샘, 눈물샘 등 생물학적 기능을 위하여 물의 이동이 필요한 많은 조직에서 발견되었다.

적혈구를 비롯한 여러 조직의 아쿠아포린의 입체 구조가 밝혀졌다(그림 9.10). 자연 상태의 막에서는 사량체(tetramer)로 존재하며 막을 완전히 관통한다. 각 단위체는 모래시계 모양이며, 약 28 Å 길이의 통로가 있다. 그러므로 단백질 분자 당 4개의 통로가 있다. 통로의 폭은 물 분자들이 통과하기에 딱 적합한 정도이다. 물이 수송될 때에는 약 9개의 물 분자가 일렬종대로 통로를 통과하는 것으로 보인다. 이들 분자들은 막의 양쪽에 있는 물로 가득 찬 두 개의 방을 연결하는 것으로 보인다. 통로의 내부는 소수성이지만 8개의 카르보닐기 산소 원자(아미노산 잔기로부터)가 배열되어 있고, 물은 이 산소 원자들과의 수소결합을 통하여 통로를 통과하는 것으로 보인다. 통로의 한 부위에서 폭이 3 Å 정도로 좁아지는데(물 분자의 지름은 2.8 Å) 이곳은 물은 통과시키고 양성자(H_3O^+)를 비롯한 모든 이온과 분자들의 통과를 막는 선택적 여과지처럼 작용한다. 수화된 이온과 분자들은 이 여과지를 통과하기 위하여 물 분자를 떼어 버려야 한다. X선회절 증거에 의하면 물보다 큰 분자들은 이곳에서 한 쌍의 아스파라긴 잔기에 의해 붙잡힌다. 양이온과 양성자들도 이 부위에서 양전하를 가진 아르기닌 잔기에 의해 방해 받는 것으로 보인다. 아쿠아포린은 신경 작용, 근육수축, 오줌 생산을 비롯한 신장의 여러 기능을 포함한 많은 종류의 생리적 작용에 관여한다. 아쿠아포린의 기능이 손상되면 신경 질환, 심장 질환, 백내장, 당뇨 등의 질병이 초래될 수 있다.

적혈구 막의 글리코포린A

가장 많이 연구되고 잘 알려진 막계 중의 하나가 적혈구세포의 막이다(그림 9.11). 글리코포린(glycophorin)은 일단의 당단백질로서 계면활성제의 처리에 의하여 적혈구 막으로부터 추출된다. **글리코포린A(glycophorin A)**는 이 중의 하나인데 131개의 아미노산 잔기 및 전체적으로 100개에 달하는 단당류를 포함하는 16개의 올리고당 구조로 이루어져 있다. (단백질 질량의 약 60%가 탄수화물이며, 시알산이 풍부하게 존재한다.)

글리코포린A는 분자의 일부분이 원형질막의 바깥쪽에, 일부분은 세포질 쪽에 있는 내재성 단백질이다(그림 9.12). 이러한 배열을 하기 위해서는 단백질이 막에 걸쳐 있어야 한다. 즉 이 단백질은 지질 이중층을 관통하여야 하며, 막의 양쪽으로 뻗쳐 있는 친수성 말단 이외에 소수성의 영역을 포함하고 있다. 실제로 글리코포린A의 아미노산서열결정에 의하여 단백질을 막에 부착시키는 약 30개의 소수성 아미노산 부위가 밝혀졌다. 더욱이 기하학적 조건 및 아미노산서열로부터 이 소수성 영역이 막을 관통하는

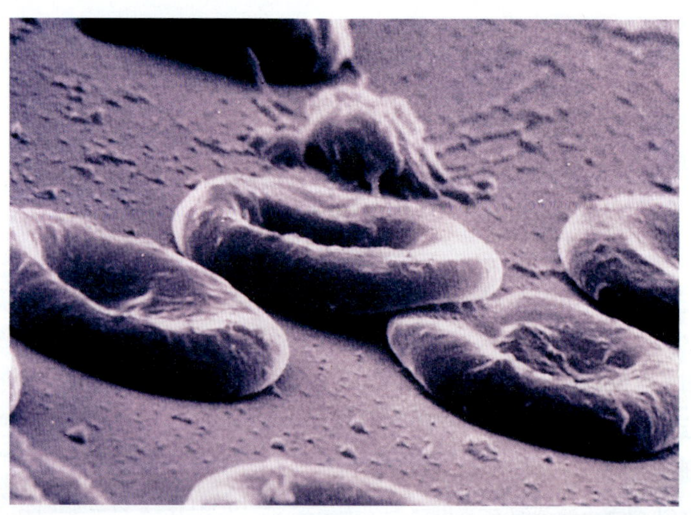

그림 9.11 사람 적혈구의 주사 전자현미경 사진. 글리코포린은 적혈구 막에 있는 단백질 중의 한 종류이다.

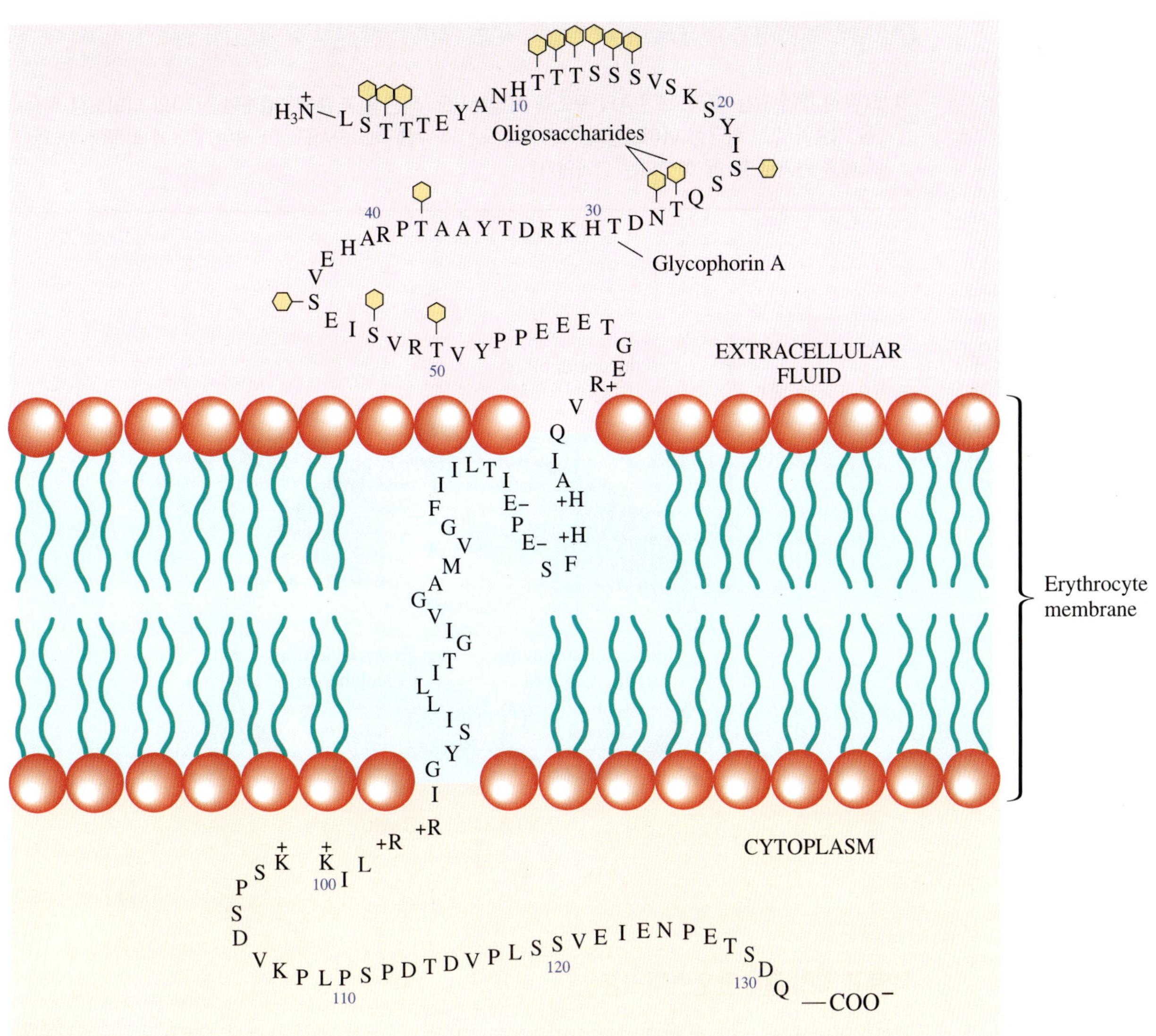

그림 9.12 적혈구 막에서 글리코포린A가 배열하는 모습을 제안한 그림. 30개 아미노산으로 구성된 단백질의 비극성 부위가 막을 걸친다. 비교적 극성인 부위는 막의 안쪽과 바깥쪽에 있다. 육각형 고리는 공유결합으로 연결된 탄수화물을 나타낸다. Q, 글루타민; I, 이소루신; A, 알라닌; H, 히스티딘; F, 페닐알라닌; S, 세린; E, 글루탐산; P, 프롤린; T, 트레오닌; L, 루신; G, 글리신; V, 발린; M, 메티오닌; Y, 티로신; R, 아르기닌; D, 아스파르트산; C, 시스테인; K, 리신; W, 트립토판

α-나선 구조로 접히기에 적합한 것을 알 수 있다. 그림 9.12는 적혈구 막에 있는 글리코포린A의 제안된 위치를 보여준다. 단백질의 거의 절반(N말단 쪽)이 막 외부의 세포 외액(extracellular fluid)에 있다는 것을 주목하라.

이 단백질의 1차와 2차구조 및 막에서의 위치가 많이 알려진 것에 비해 놀랍게도 그 생물학적 기능은 아직 밝혀지지 않았다. 그러나 글리코포린에 대한 연구로부터 많은 것을 알게 되었다. 용질의 수송을 위한 통로로서 α-나선 구조의 막관통 부위를 가지고 있는 막횡단 계가 몇 가지 알려져 있다. 가장 잘 알려져 있는 것이 이전에 언급한 염소–탄산수소염(chloride–bicarbonate) 역수송 과정이다. 4.5절에서 할로박테리움(*Halobacterium*)의 보라색 막에 있는 또 하나의 내재성 단백질인 박테리오로돕신(bacteriorhodopsin)을 소개하였는데, 이 단백질은 7개의 소수성 α-나선 부위로 지질 이중층을 횡단하며, 막을 통하여 양성자를 펌핑한다.

복습 문제

1. 그림 9.12에 있는 글리코포린A의 구조를 복습하시오. 막관통 부위(약 30개의 잔기)의 아미노산 특성을 기술하시오. 비극성 아미노산과 극성 아미노산의 수를 비교하시오. 이 부위가 막에 파묻혀 있다는 사실을 근거로 할 때 예상되는 결과인가?

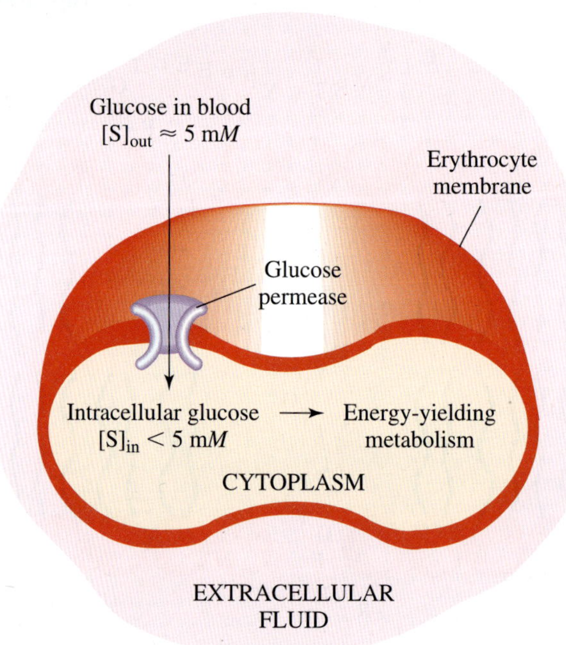

그림 9.13 적혈구 막의 글루코오스투과효소. 이 수송단백질은 막을 관통하는 단일 폴리펩티드 사슬이다. 투과효소는 세포 외액으로부터 글루코오스를 받아들이고 막을 통한 글루코오스의 수송을 돕는다. 그래서 이 과정은 수동의 촉진확산 과정이다. 세포질의 글루코오스 농도는 절대 외부의 글루코오스 농도(약 5 mM)를 초과할 수 없다.

적혈구 막의 글루코오스투과효소

적혈구세포의 물질대사를 위한 기본적인 연료 분자는 글루코오스이다. 혈액의 글루코오스는 **글루코오스투과효소(glucose permease,** 그림 9.13)라고 부르는 특정한 글루코오스 수송단백질에 의해 수행된 촉진확산 과정에 의해서 적혈구로 공급된다. 이 투과효소는 막에 걸쳐 있는 12개의 소수성 영역을 가지며 약 500개의 아미노산으로 구성된 단일 폴리펩티드 사슬이다.

수송 메커니즘은 효소의 작용과 유사한 특성을 많이 가지고 있다. 외부의 글루코오스 농도에 대한 글루코오스 유입의 초기속도 그래프는 효소 촉매작용의 미카엘리스-멘텐 곡선과 유사하다(그림 9.14). 외견상 글루코오스의 농도가 높을 때 모든 투과효소 분자는 포화된다. 유입의 최고 속도(V_{max})는 이 시점에서 일어나며, 그래프에 의하여 결정될 수 있다. $1/2\ V_{max}$의 유입 속도를 나타내는 외부의 글루코오스 농도는 $K_{수송}$(효소에 대한 K_M 대신 K_t)으로 표기된다. 투과효소와 효소의 또 하나의 유사성은 기질 특이성(substrate specificity)이다. 투과효소는 글루코오스에 대하여 가장 높은 수송 속도를 보여주고 있다. 글루코오스의 에피머(epimer)인 갈락토오스와 만노오스는 투과효소에 의하여 대략 글루코오스의 20%의 속도로 수송된다. 글루코오스의 수송은 글루코오스 유사체에 의하여 경쟁적으로 억제된다. 글루코오스의 수송 과정은 다음과 같은 단계로 이루어진다.

1. 수송단백질의 세포 외액 쪽에 있는 특정 부위에 대한 글루코오스의 결합
2. 막을 통한, 아마도 투과효소의 α-나선 영역에 의해 형성된 통로를 통한 글루코오스의 통과
3. 세포질 쪽에서의 글루코오스의 방출

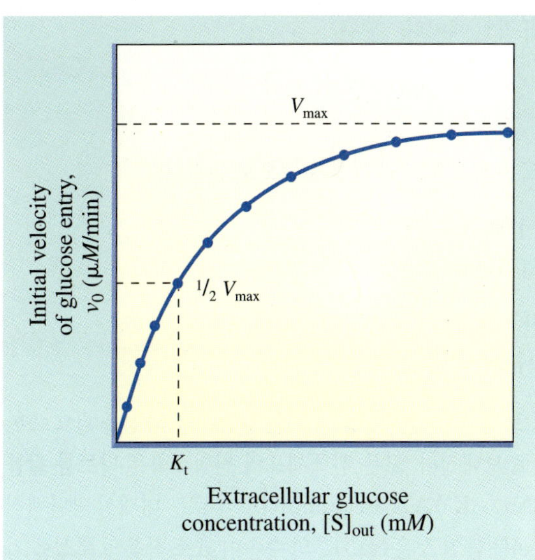

그림 9.14 투과효소에 의한 적혈구 막에서의 글루코오스의 수송. 글루코오스 유입의 초기속도 대 외부의 글루코오스 농도의 그래프로부터 V_{max}와 K_t가 결정된다. 수송 과정의 반응속도론은 효소 작용의 반응속도론과 비슷하다.

사람 적혈구세포의 글루코오스투과효소의 아미노산서열이 결정되었다. 492개의 아미노산이 25개의 영역(domain)으로 배열되어 있는데, 12개의 소수성 영역과 13개의 친수성 영역으로 되어 있다. 극성과 비극성의 부위가 서로 교대로 배열되어 있다. 막에서의 투과효소에 대한 묘사는 그림 9.15에서 보여주고 있다. 이 투과효소는 최소한 12번 막을 가로 질러서 왕복한다. 이 단백질은 나선 배열로 접혀서 중앙 통로를 만드는 것으로 제안되었다. 용질의 특이성, 포화 반응속도와 억제의 특성을 가지는 글루코오

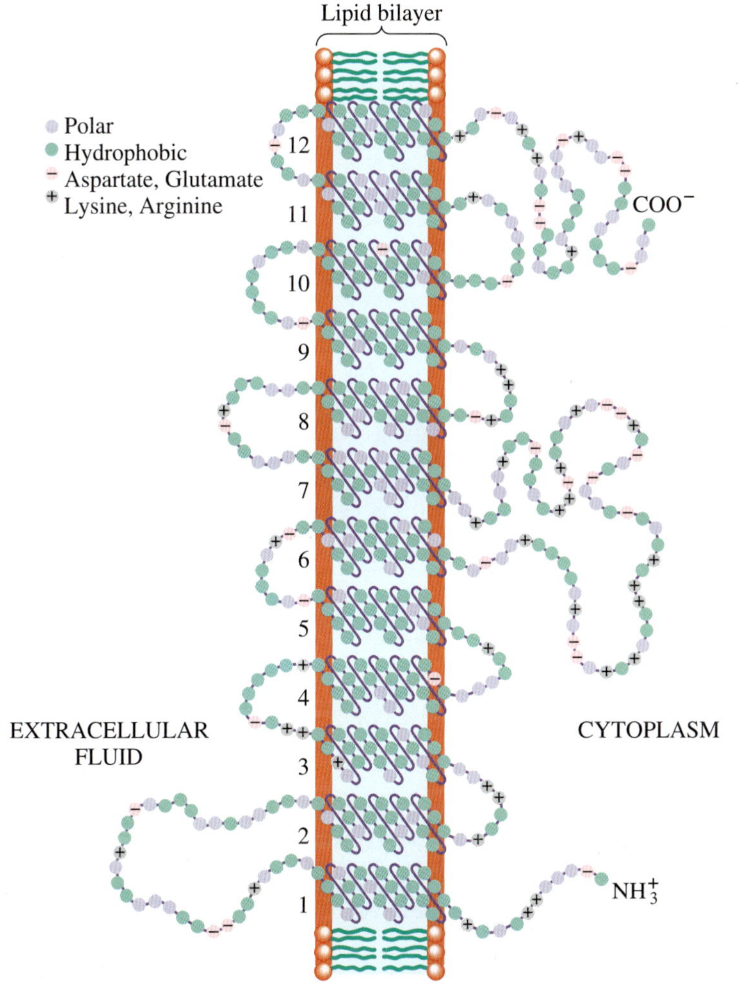

그림 9.15 적혈구 막에 글루코오스투과효소가 배열하는 모습을 제안한 그림. 492개의 아미노산이 12개의 소수성 부위와 13개의 친수성 부위의 단편으로 접혀 있다. 막에 걸쳐 있는 각 소수성 부위는 α-나선으로 감겨 있으면서 글루코오스의 수송을 위한 통로를 제공한다.

브라질의 정글에 사는 야노마미(Yanomami) 인디언이 독화살로 사냥을 하고 있다.

스투과효소는 다른 막에서의 촉진확산계의 대표적인 예이다.

나트륨-칼륨 ATP가수분해효소펌프

진핵세포 내부의 나트륨이온과 칼륨이온의 농도는 세포 외액과 다른 수준으로 유지된다.

$$[Na^+]_{내부} > [Na^+]_{외부}$$
$$12\,mM \qquad 145\,mM$$

$$[K^+]_{내부} < [K^+]_{외부}$$
$$140\,mM \quad 4\,mM$$

이온들의 균형적 이동(역수송)은 Na^+을 외부로 보내고 K^+을 내부로 보내는 능동수송 과정을 필요로 한다. 각각은 농도가 낮은 지역에서 높은 지역으로 보내진다. 모든 진핵세포의 원형질막은 **나트륨-칼륨 ATP가수분해효소펌프[sodium – potassium(Na^+ – K^+) ATPase pump]**라고 부르는 내재성 막단백질을 포함하고 있다. 효소 이름의 어미인 -아제(-ase)를 붙인 것은 Na^+-K^+의 수송이 효소 작용의 특성을 가지고 있고 ATP의 인산무수결합의 화학적 분해와 직접적으로 짝지어져 있기 때문이다. (짝지어졌다는 것은 Na^+ – K^+의 수송과 ATP의 분해가 서로 연결되어 있다는 것을 의미한다.) ATP가수분해효소는 두 개의 단위체로 구성되어 있는데, 둘 모두 원형질막에 걸쳐 있으며 이온 수송과 ATP의 분해에 관여한다.

ATP가수분해효소 작용의 세부적인 메커니즘은 완전히 알려지지 않았으나, 전체 과정에 대한 개요는 그림 9.16에서 보여주고 있다. 세 개의 Na^+이 세포 밖으로 수송되고 두 개의 K^+이 안쪽으로 이동한다. 이것은 막을 가로 지르는 순전위의 차이를 초래한다(음으로 하전된 안쪽, 양으로 하전된 바깥쪽). 신경세포의 경우 이러한 전위 차이는 신경 자극의 발생에 결정적이다. 사람에 의해 생성된 ATP의 25%~30%가 나트륨-칼륨 ATP가수분해효소의 유지에 사용되는 것으로 추정되는데 이는 이들 이온의 능동수송의 중요성이 어느 정도인지를 말하고 있다. 와베인(ouabain)은 정글 식물의 씨앗에서 발견되는 천연 스테로이드로서 사냥 화살촉의 독소로 이용되는데 나트륨 – 칼륨 ATP가수분해효소의 강력한 억제제이다. 디지털리스에서 추출한 심장약도 나트륨 – 칼륨 ATP가수분해효소를 억제함으로써 작용한다.

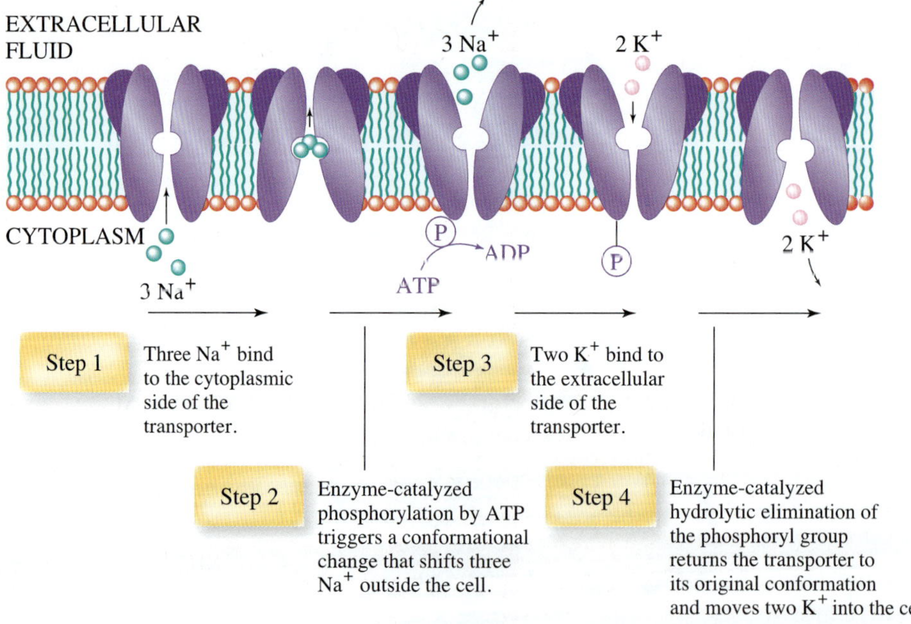

그림 9.16 원형질막의 나트륨-칼륨 ATP가수분해효소펌프에 의한 나트륨 이온과 칼륨 이온의 수송. 세 개의 Na^+이 세포 밖으로 수송되고 두 개의 K^+이 내부로 이동한다. 이는 능동수송 과정이므로 에너지를 필요로 한다. 에너지의 공급원은 ATP가 ADP와 Pi로 분해될 때 방출되는 에너지이다.

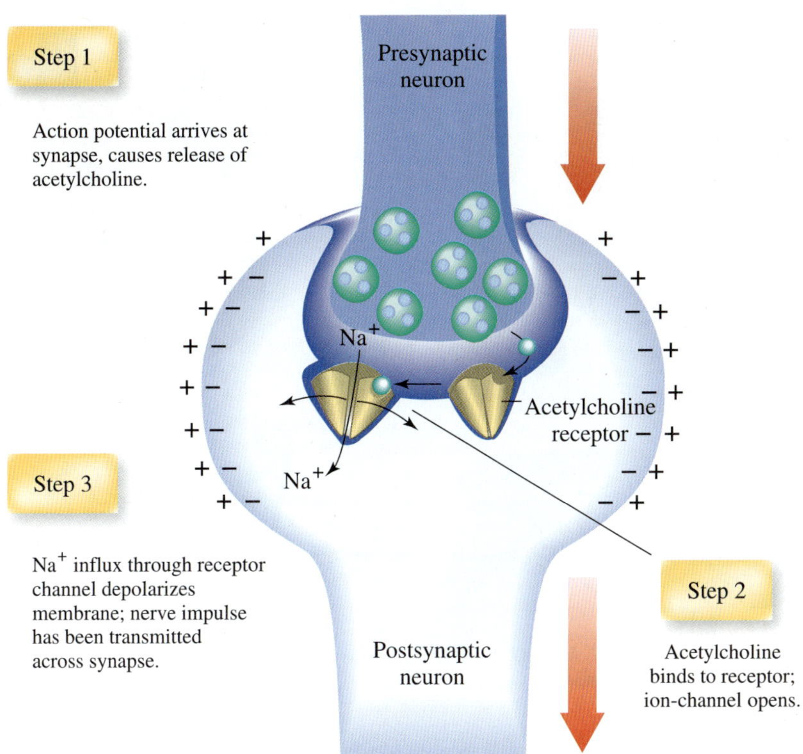

그림 9.17 시냅스의 아세틸콜린 수용체. 신경세포로 신경 자극이 전달되면 아세틸콜린이 시냅스로 방출된다(1 단계). 아세틸콜린이 인접한 신경세포의 특정 수용체단백질에 결합하여 이온통로가 열린다(2 단계). 나트륨이온은 이온통로를 통하여 인접한 신경세포로 이동하고, 세포를 탈분극화 시키고 신경 자극을 계속한다(3 단계).

이온통로와 패치고정

세포 간 교류의 중요한 방법 중 하나가 문과 같이 열리고 닫히는 막횡단 단백질 내의 구멍인 **이온통로(ion-channel)**를 통한 화학 신호의 전달이다. 이온통로는 신경세포(neuron)와 근육세포의 원형질막을 포함해서 모든 종류의 세포막에 존재한다. 개폐 통로에 대해서 가장 잘 연구된 예로서 시냅스(synapse)에 있는 아세틸콜린 수용체(acetylcholine receptor)를 들 수 있다(그림 9.17). 신경세포로 신경 자극이 전달되면 아세틸콜린이 시냅스로 방출된다. 아세틸콜린은 시냅스의 연접 틈새를 통하여 확산되어 인접한 신경세포의 특정 수용체단백질에 결합한다. 이 결합은 수용체의 형태 변화를 유발하고, 이로 인해 인접한 단백질 내의 이온통로가 열리게 된다. 나트륨이온은 시냅스로부터 이온통로를 통하여 인접한 신경세포로 이동하고, 그 결과 그 세포를 탈분극화 시키고 신경 자극을 계속하게 된다.

통로의 개폐를 위하여 탈분극 전압의 변화를 어떻게 감지하는지에 대해서는 의견이 분분하다. 초기에는 감지부위가 α-나선의 소수성이며 양전하를 가진 단백질들이며, 이들이 마치 나사못처럼 통로를 미끄러지거나 회전한다고 생각하였다(그림 9.18a). 단백질의 움직임이 통로를 열고 닫았다. 지금은 록펠러 대학교의 맥키논(Roderick MacKinnon, 2003년 노벨화학상 수상)에 의해 감지단백질이 바퀴의 노 형태를 하고 있는 것으로 알려져 있다. 노의 회전에 의해 통로의 개폐가 이루어지는 것으로 보인다(그림 9.18b).

신경전달과 이온통로에 대한 현재의 많은 지식은 개개의 이온통로를 분리하고 연구할 수 있는 비교적 간단한 방법을 사용함으로써 얻어졌다. 이온통로를 연구하기 위한 **패치고정기술(patch clamp technique)**의 개발자인 독일의 네이어(Erwin Neher)와 자크만(Bert Sakmann)은 1991년에 생리 의학 분야에서 노벨상을 수상하였다. 그림 9.19에서 보는 바와 같이, 효소를 처리한 막 표면에 가늘고 특수한 모양의 유리 피펫을 직접 눌러서 이온통로를 분리할 수 있다. 피펫을 부드럽게 빨아들이면 막과 피펫 사이에 단단한 압력이 형성된다. 화학적 자극이 막에 주입될 수 있으며 그 결과 나타나는 화학적 및 물리적 변화는 피펫을 통해 확인할 수 있다.

유전병인 낭포성섬유증(cystic fibrosis)은 이온통로의 결함에 기인한다(생화학 들여다보기 9-1 및 임상 생화학 10).

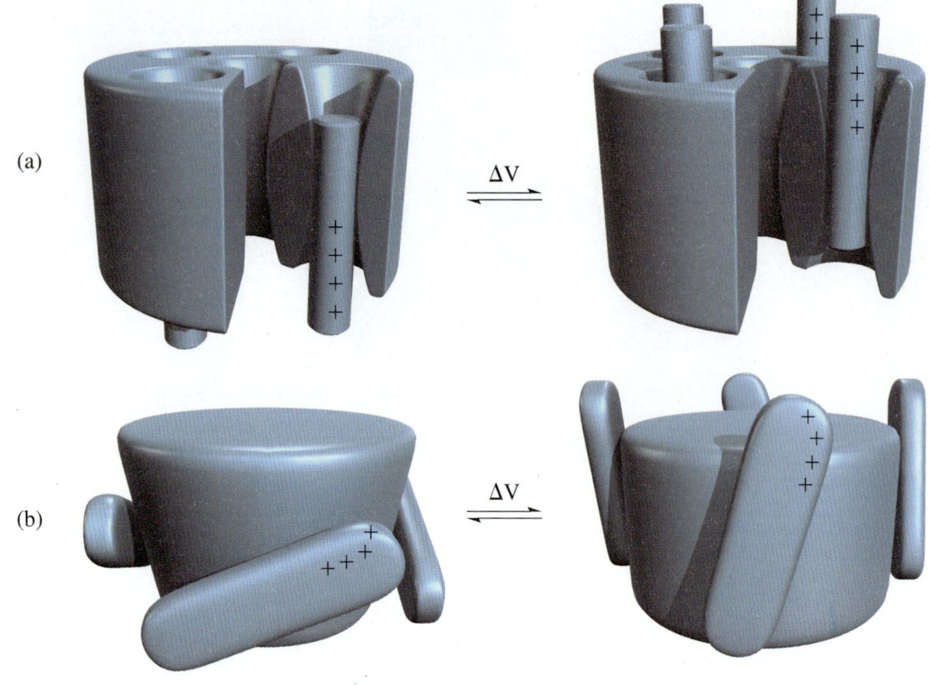

그림 9.18 막 전압의 변화(ΔV)에 대한 이온통로의 작용. (a) 예전 모델에 의하면 양전하를 가진 α-나선 구조의 단백질이 나사못처럼 작용하여 이온통로를 연다. (b) 맥키논에 의해 제안된 새로운 모델에서는 양전하를 띤 노 형태의 단백질이 통로를 열고 닫는다.

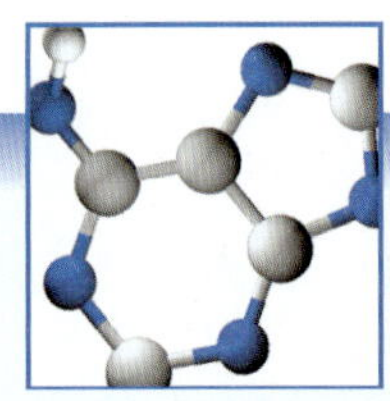

9 - 1

생화학 들여다보기

낭포성섬유증의 원인은 이온통로의 결함이다

낭포성섬유증(CF, cystic fibrosis)은 매우 심각한 유전병으로서, 미국에서만 약 3만 명의 아동과 성인들이 고생하고 있다. 그리고 미국에서 매년 1,000명의 환자가 새로 발생한다. CF 환자의 평균 수명은 약 32년이다. 이 질병의 원인은 유전자 결함으로 인해 두텁고 점성이 높은 점액(mucus)이 생산되고, 이것이 폐를 틀어막고 세균 감염의 잠재력을 증가시키는 때문이다(CF에 대한 추가 정보는 생화학 들여다보기 4-1, 임상생화학 10에 있다).

CF 유전자는 **낭포성섬유증유발 세포막단백질(CFTR, cystic fibrosis transmembrane regulator protein)**을 암호화한다. 이 단백질은 폐를 비롯한 우리 몸의 기관에서 아주 중요한 수용체와 수송 기능을 담당한다. CF를 유발하는 400여 개의 돌연변이가 발견되었다. 약 70%의 환자에서 나타나는 가장 흔한 유전적 돌연변이는 508번 위치의 페닐알라닌이 결핍된 것이다. CFTR은 1480개의 아미노산 잔기로 구성되며 12개의 막관통 나선 구조를 가지는 당단백질로서, 상피세포의 원형질막의 나트륨/염소와 물의 수송을 조절하는 이온특이적 통로로 작용한다(그림 참조). 그림에는 또한 당단백질의 올리고당(oligosaccharide) 단위와 결핍되는 508번 페닐알라닌 잔기를 볼 수 있다. 돌연변이 단백질은 바르게 접히지 않고, 따라서 막에 정확하게 위치할 수 없다. 이온통로의 결함으로 인해 수화가 제대로 되지 않은 두터운 점액이 폐의 작은 기도로 분비된다. 소화관과 이자, 쓸개관 같은 외분비샘도 영향을 받는다(임상생화학 10 참조).

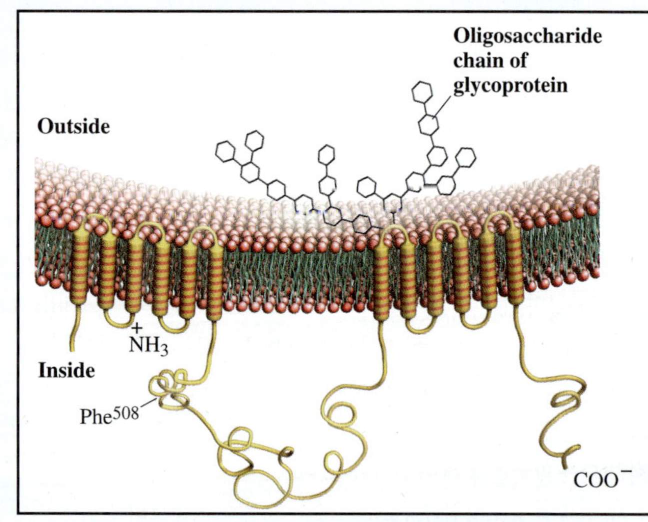

그림 9.19 패치고정기술. 특수한 유리 피펫으로 막에 압력을 가하여 전기적으로 화학적 및 물리학적 변화를 측정한다. 상세한 내용은 본문 참조.

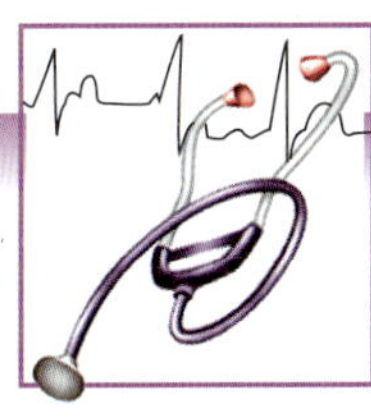

9 – 1

임상생화학

막 펌프가 세균과 사람의 약물내성의 원인일 수 있다

항생제와 기타 약물에 대한 세균의 내성이 점점 심각한 건강 문제가 되고 있다. 예전에는 페니실린, 테트라사이클린, 반코마이신 등 주요 항생제로 제어가 가능했던 세균 균주들이 새롭고 더 공격적인 형태로 다시 출현하고 있다. 세균은 주로 약물을 분해시키는 효소들을 유도시킴으로써 페니실린과 같은 항생제에 대하여 대항하였다. 그러나 지금은 새로운 전략을 발달시켰다. 즉 새로운 균주들은 모든 형태의 유기화합물, 특히 외부의 침입자들을 세포로부터 추방시키는 막 펌프로 자신의 막을 무장시켜 놓았다. 배출되는 화합물은 펩티드, 항생제, 기타 약물들을 포함하는 다양한 종류의 분자들이다. 이 무차별적인 펌프 단백질은 **다중약물수송체(multidrug transporter)**라고 불리는 수송단백질 종류의 일종이며, **다중약물내성(multidrug resistance)**이라고 하는 현상의 근원이다.

많이 연구된 다중약물수송체는 대장균의 막을 관통하는 단백질인 AcrB이다. 캘리포니아 대학교 버클리 캠퍼스의 코쉬랜드(Daniel Koshland)와 그 동료들은 4가지 다른 종류의 리간드, 즉 로다민 염색제, 에티디움(ethidium), 그리고 시프로플록사신(ciprofloxacin), 데쿠알리늄(dequalinium)등 약물과 결합한 이 단백질의 고해상 X선회절 사진을 촬영하였다. 4장의 사진 각각에서는 단백질 내의 커다란 공간에 여러 개의 리간드 분자가 각기 다른 내부 장소에 각기 다른 아미노산 조합을 이용하여 결합하여 있는 것을 볼 수 있다(사진 참조). 이 단백질의 내부 공간 안에는 유기 리간드와 비특이적(nonspecific)이며 저친화성(low-affinity) 결합을 하는 많은 결합 부위가 있는 것으로 보인다. 결합의 종류는 소수성 상호작용과 반데르발스힘으로 생각된다. ArcB는 리간드와 결합하면서 약간의 구조적인 변형이 일어난다.

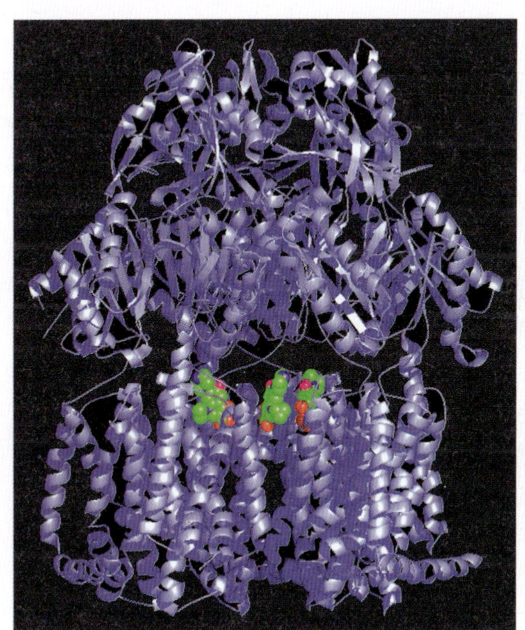

대장균의 다중약물수송체의 X선회절 사진. 약물과 결합하는 커다란 공간이 있다.

막의 바깥쪽에 위치한 다른 단백질인 AcrA와 TolC가 AcrB의 펌핑 작용을 도와준다. AcrB는 세포 내부의 유기분자를 잡아서, 마치 승강기처럼 이를 들어올려 AcrA 단백질에 전달하고 AcrA는 다시 이 분자를 TolC에게 전달하여 세포 밖으로 배출하는 것으로 생각된다. 이동은 아마도 전형적인 촉진확산에 의해 이루어질 것이다. AcrB 단백질이 과다하게 발현되면 세포의 필수 분자들까지 제거될 것이기 때문에 세포의

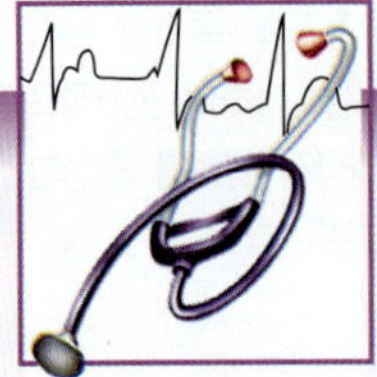

9-1 계속

임상생화학

막 펌프가 세균과 사람의 약물내성의 원인일 수 있다

사멸이 초래될 것으로 예상할 수 있을 것이다. 이는 실제로 사실로 판명되었다.

다중약물 단백질 펌프는 세균에 특이한 것은 아니며 사람의 세포막에서도 발견된다. 특히 항암제와 같은 치료제가 효과가 없거나 아니면 시간이 지남에 따라 효력이 감소하는 주요 원인이 이들 펌프 때문인 것으로 생각된다. 계속적인 약물 사용으로 세포들이 내성을 획득하는 것으로 보인다. 약물을 비롯한 외부 유기분자들이 세포로 하여금 높은 농도로 분자 수송단백질을 발현하도록 유도한다. 이러한 단백질의 예가 진핵생물의 원형질막에 있는 **P-당단백질(P-glycoprotein**, MDR ATP 가수분해효소라고도 함)이다. 이 단백질계는 약물 등의 외부 물질들을 제거하기 위하여 ATP의 가수분해에서 얻어진 에너지를 사용하는 능동수송 과정을 나타낸다. 세균과 사람의 다중약물수송체에 대한 이러한 연구가 펌프의 작용을 불가능하게 하는 약물을 고안하거나, 발견되지 않고 세포 내로 침투할 수 있는 치료제의 개발로 이어지기를 희망하고 있다.

학습 문제

1. 다중약물내성과 다중약물수송체의 용어를 정의하시오.
2. AcrB 단백질의 저친화성 결합 부위와 결합하는 일부 약물은 소수성이고 방향족 화합물이다. 이 결합 부위에 있을 것으로 생각되는 아미노산 잔기의 이름을 말해보시오.
3. 약물을 비롯한 외부 분자들을 세포로부터 펌프해 내보내는 막 단백질은 "유도"되는 것으로 보인다. 이것은 무슨 뜻인가?

참고 문헌

Henry, C., 2000. Antibiotic resistance. *Chem. Eng. News* March 6:41–58.

Rouhi, M., 2003. A look inside a promiscuous pump. *Chem. Eng. News* May 12:7.

Yarnell, A., 2003. One more way to evade antibiotics. *Chem. Eng. News* Sept. 15:4.

요약

- 모든 세포들은 원형질막(plasma membrane)이라고 부르는 경계층에 의해서 둘러싸여 있다. 이는 단백질(일부 당단백질)과 극성 지질의 이중층으로 구성되어 있다. 지질은 구조적 골격을 제공하고 단백질은 막의 동적 활성을 유지한다.
- **유동모자이크모형(fluid-mosaic model)**은 막의 모습을 가장 잘 묘사해 준다.
- 막 수송(membrane transport)의 과정은 에너지 필요성에 따라 수동수송 또는 능동수송으로 분류된다.
- 막을 통하여 분자들을 이동시키는 단백질의 예로서 투과효소, 아쿠아포린, ATP가수분해효소 펌프, 이온통로 등이 있다.

연습 문제

용어 이해

9.1 다음의 각 용어를 번역하고 간략히 정의하시오.

a. lipid bilayer
b. plasma membrane
c. integral protein
d. peripheral protein
e. fluid-mosaic model
f. prenylation
g. passive transport
h. active transport
i. facilitated diffusion
j. antiport
k. aquaporin
l. glucose permease
m. multidrug resistance
n. lipid-linked protein
o. CFTR protein
p. ouabain
q. sodium–potassium ATPase pump
r. digitalis

개념 복습

9.2 다음 중 막에 존재하는 지질은 어느 것인가?

a. 콜레스테롤
b. 스핑고지질
c. 강글리오시드
d. 콜레스테롤에스테르
e. 포스파티딜콜린
f. 트리아실글리세롤
g. 포스파티딜이노시톨

9.3 지질 이중층은 생체막의 초기 모델이다. 지질 이중층이 유동모자이크 모형에 의해 제시된 막과 어떻게 다른지 설명하시오.

9.4 패치고정기술을 설명하고 이것이 이온선택성 통로를 연구하는 데 어떻게 이용되는지를 설명하시오.

9.5 다음 중 나트륨-칼륨 ATP가수분해효소펌프의 특징은?

a. 능동수송
b. 촉진확산
c. 세포내(세포질)의 칼륨 이온의 농도를 비교적 높게, 나트륨 이온의 농도를 비교적 낮게 유지함
d. 세포내의 나트륨 이온의 농도를 비교적 높게, 칼륨 이온의 농도를 비교적 낮게 유지함
e. 식물의 독소인 와베인에 의해 억제됨
f. 디지털리스에 의해 억제됨

9.6 효소반응속도론에서 K_m은 기질의 결합에 대한 중요한 상수인 반면, 수송에서 K_t는 수송 과정을 정의하기 위하여 사용된다. K_m과 K_t가 어떻게 유사하며 어떻게 다른가?

9.7 촉진확산과 단순확산의 차이를 설명하시오.

9.8 각 층에 세 분자의 포스파티딜에탄올아민을 포함하는 이중층의 그림을 그리시오.

개념 복습

9.9 막 지질은 극성의 머리 부분과 비극성의 꼬리를 가지고 있다고 말한다. 다음 분자에서 어느 부분이 머리와 꼬리에 해당하는가?

a. 콜레스테롤
b. 포스파티딜콜린
c. 스핑고미엘린
d. 세레브로시드
e. β-시토스테롤
f. 글리코실포스파티딜이노시톨

9.10 적혈구세포의 원형질막을 통하여 다음 각 분자들이 수송되는 모델을 예측하시오.

a. 페닐알라닌
b. 락토오스
c. H_2O
d. CO_2
e. Cl^-
f. K^+
g. 글루코오스
h. 갈락토오스

***힌트:** 단순확산, 촉진확산 또는 능동수송 중에서 선택하시오.*

9.11 어떤 용질이 막을 통하여 단순확산에 의하여 수송되는지 또는 촉진확산에 의하여 수송되는지를 결정할 수 있는 실험 방법은? 다음 중에서 고르시오.

a. 용질 수송의 초기속도 대 막의 단백질 농도의 그래프를 작성한다.
b. 시작과 한 시간 후에 막의 양쪽에서의 용질의 농도를 측정한다.
c. 용질 수송의 초기속도 대 용질의 초기 농도의 그래프를 작성한다.
d. 실험적으로 두 과정을 구분하는 것은 불가능하다.

9.12 9.11번 문제의 답은 c이다. 단순확산에 의한 수송일 경우, 용질 수송의 초기속도(y축) 대 용질의 초기 농도 [Sol]의 그래프의 형태를 예상하시오.

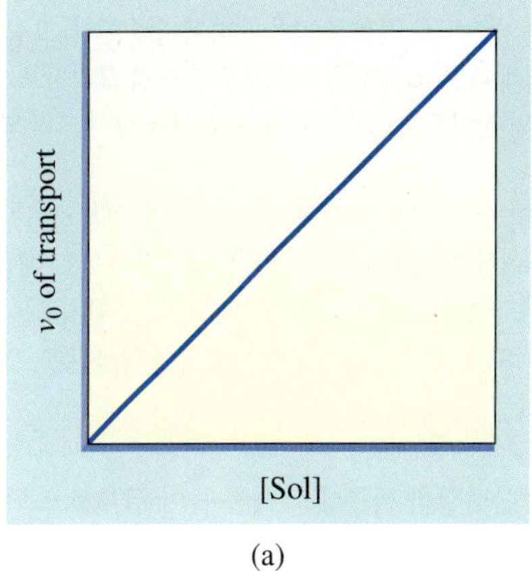

(a)

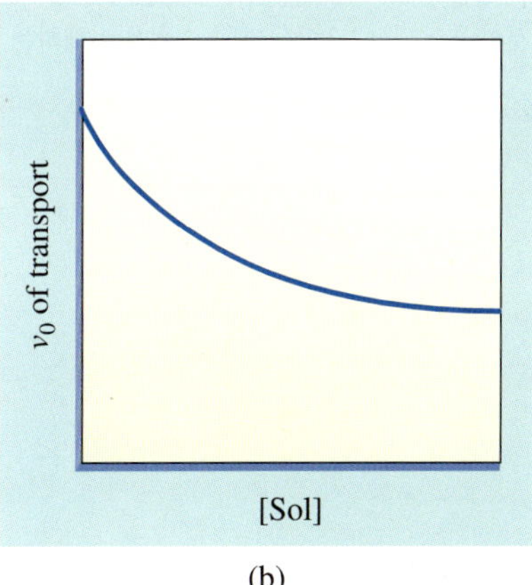

(b)

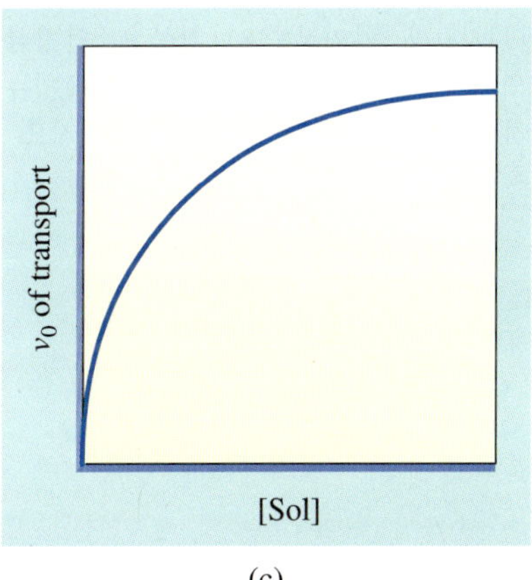

(c)

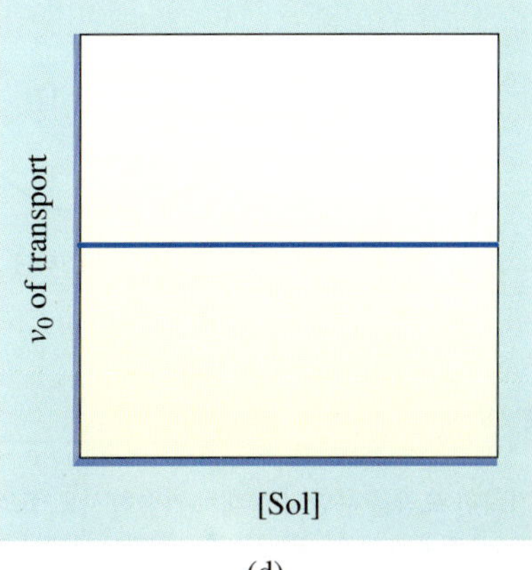

(d)

9.13 단당류인 갈락토오스는 글루코오스투과효소에 의해 글루코오스 수송 때의 약 20%의 속도로 적혈구 막을 통하여 수송된다. 그림 9.14처럼 단당류의 초기 농도에 대한 초기 유입 속도의 그래프를 그리시오. 하나의 그래프에 글루코오스와 갈락토오스에 대한 속도 곡선을 같이 그려 넣으시오.

9.14 4.5절에서 막 단백질인 박테리오로돕신을 공부하였다. 막 단백질의 특성에 대한 용어들을 이용하여 이 단백질을 기술하시오. 예를 들어 이 단백질은 몇 번 막을 관통하는가? 이 단백질의 크기는? 단위체는 몇 개인가? 막 관통 부위에 있는 아미노산은? 이 단백질에 의해 형성된 통로에 의해 운반되는 분자의 종류는?

9.15 막 수송단백질의 이름에는 예를 들어 글루코오스투과효소(permease)처럼 효소 이름에 붙는 -ase가 종종 붙어 있다. 수송단백질에 효소의 이름을 붙이는 이러한 방식이 생화학적으로 옳은 것인가? 수송단백질을 효소로 생각하는 것이 혼동되는가? 아니면 막 수송을 이해하는 데 도움이 되는가?

9.16 연구 과제에서의 목적이 글루코오스가 적혈구세포의 막을 통하여 수송되는 데 대한 $K_{수송}$ 값을 결정하는 것이다. 다음의 실험 결과를 얻었다.

[글루코오스]$_{외부}$ (mM)	글루코오스의 유입 속도 (μM/min)
0	0
0.5	7
1.0	14
2.0	26
3.0	35
4.0	37
5.0	38

$K_{수송}$의 실험치를 계산하시오. $K_{수송}$의 적당한 단위는 무엇인가?

힌트: *[글루코오스]$_{외부}$ 대 글루코오스의 유입 속도의 그래프 또는 1/[글루코오스] 대 1/유입 속도의 플롯을 그려보시오(6장의 6.2절 참조).*

9.17 원형질막의 수송에 대한 다음의 관찰 결과를 설명하시오.

a. H_2O는 단순확산에 의하여 수송된다. 왜 Na^+는 안 되는가?
b. CO_2는 단순확산에 의하여 막을 통과한다. HCO_3^-(탄산수소염)은 할 수 없다.
c. 산화질소(NO)는 단순 확산에 의하여 수송된다. 아질산이온(NO_2^-)은 능동수송에 의하여 수송된다.
d. 글루코오스는 촉진확산에 의하여 수송된다. 글루코오스-6-인산은 수송될 수 없다.

9.18 심장약인 디지털리스의 가장 중요한 활성 요소인 강심성 배당체 디기톡신(digitoxin)의 화학 구조이다. 구조를 보고 분자 내에 있는 화합물의 종류에 대하여 설명하시오. 왜 배당체라고 부르는지 설명하시오.

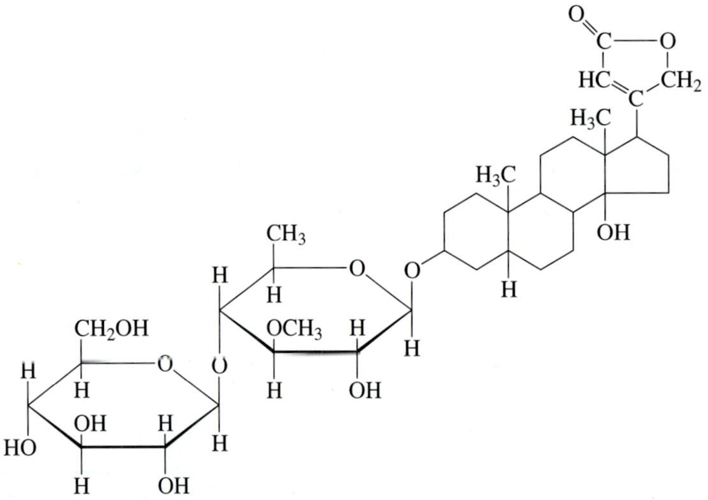

Digitoxin

생화학 작문

9.19 이 장의 간략한 요약을 문단의 형태로 기술하시오. 요약은 100~200 단어로 작성하시오. 기존의 요약을 참조하되 다르게 작성해야 한다.

9.20 2002년 사이언스(Science)지 296권 838-839쪽에 있는 J. Alper의 글을 읽고 200자 이내로 "생화학 들여다보기" 형식으로 요약하시오.

참고문헌

Alper, J., 2002. Drug delivery: Breaching the membrane. *Science* 296: 838–839.

Bayley, H., 1997. Building doors into cells. *Sci. Am.* 277(3):62–67.

Changeux, J., 1993. Chemical signaling in the brain. *Sci. Am.* 269(5):58–62.

Chin, C. et al., 2002. Membrane proteins. *Trends Biochem. Sci.* 27:231–234.

Costa, M., 1999. The natural nature of biomembrane lipids. *Biochem. Educ.* 27:207–208.

Gorovits, N. and Charron, M., 2003. What we know about facilitative glucose transporters. *Biochem. Mol. Biol. Educ.* 31:163–172.

Jacobson, K., Sheets, E., and Simson, R., 1995. Revisiting the fluid mosaic model of membranes. *Science* 268:1441–1442.

Lienhard, G., Slot, J., James, D., and Mueckler, M., 1992. How cells absorb glucose. *Sci. Am.* 266(1):86–91.

Neher, E. and Sakmann, B., 1992. The patch clamp technique. *Sci. Am.* 266(3):44–51.

Scott, L., 2002. Modeling the lipid component of membrane, *Curr. Opin. Struct. Biol.* 12:495–502.

Torres, J. et al., 2003. Membrane proteins. *Trends Biochem. Sci.* 28:137–144.

Yarnell, A., 2003. Chemistry prize for cell channels. *Chem. Eng. News* Oct. 13:11 and Nov. 3:35–38.

Yarnell, A., 2003. How charge changes the channel. *Chem. Eng. News* June 9:37.

Yarnell, A., 2004. Aquaporins: Blockade in the cell's waterway. *Chem. Eng. News* Jan. 26:44.

Yarnell, A., 2004. Charges fly in channel field. *Chem. Eng. News* March 22:35–36.

Zeuthen, T., 2001. How water molecules pass through aquaporins. *Trends Biochem. Sci.* 26:77–79.

www.cff.org
The Cystic Fibrosis Foundation

CHAPTER

10

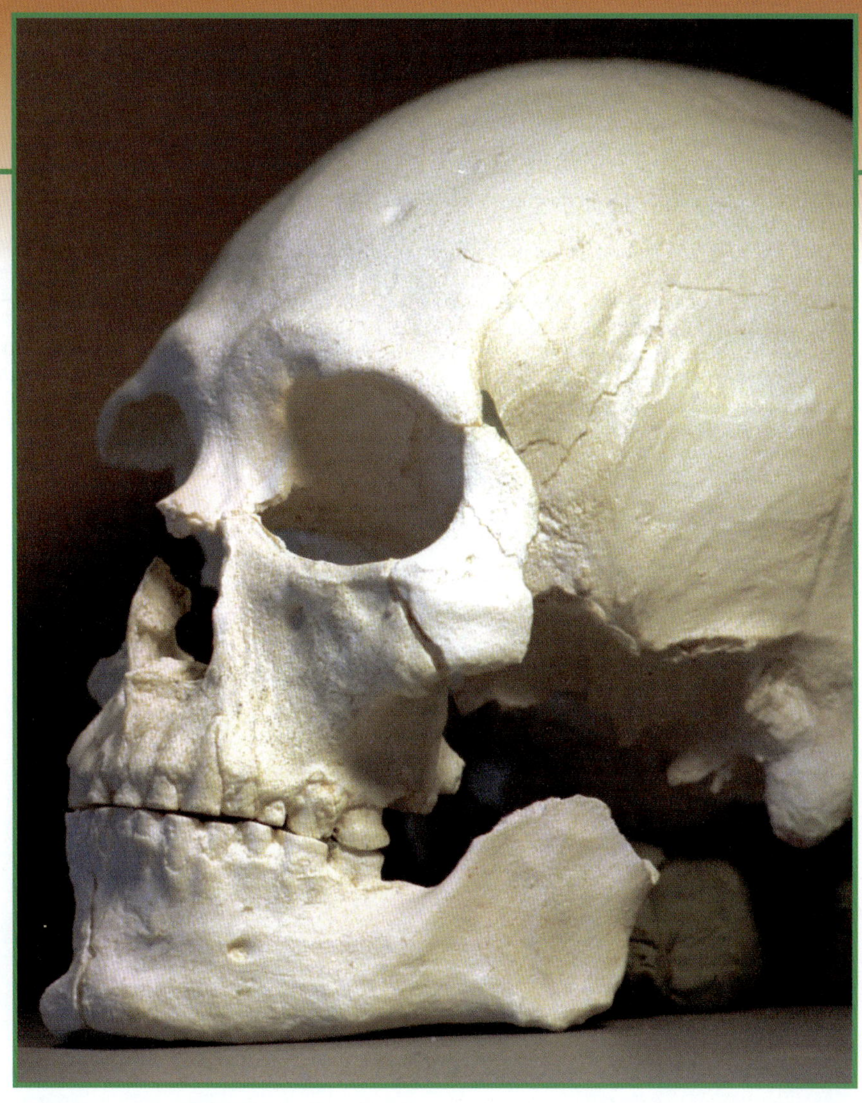

하나의 세포를 위한 모든 유전정보를 **유전체(genome)**라 하며 기다란 코일형의 거대분자인 DNA에 위치한다. 왜 DNA가 이러한 필수적인 역할을 위하여 선택되었는가? 왜 RNA나 단백질은 아닌가? DNA 분자는 특히 생물체에서 발견되는 조건 하에서 우수한 화학적 안정성을 갖고 있음이 발견되었다. 더욱이 세포들은 중요한 정보와 DNA 분자들을 안정적으로 유지하기 위한 복잡한 DNA 수선 체계를 갖고 있다(11.3절). DNA의 안정성을 지지하는 증거는 고고학 분야에서 나온다. 생화학자들과 분자생물학자들은 수백 만 년 된 화석으로부터 DNA가 추출될 수 있다는 것을 발견하였다(생화학 들여다보기 13-1). 진화 과정과 문화적 유산에 관한 정보를 얻기 위하여 이러한 "고대" DNA를 분석하고 "현대" DNA와 비교한다. 최근에 각광받는 표본은 미국 워싱턴 주 콜롬비아 강의 강둑을 따라 발견된 "케네윅인(Kennewick man)"의 9,000년 된 두개골이다(그림 참조). 이 두개골은 미국 인디안이나 유럽인과는 뚜렷이 구별된다. 이 연구의 과학자들은 케네윅인의 조상이 아마도 동남아시아, 일본 혹은 폴리네시아로부터 왔다고 제안한다. 이 두개골에 대한 추가 분석을 통하여 인간이 처음 어떻게 아메리카 대륙에 왔는지에 대한 실마리를 얻을 수 있을 것이다.

DNA와 RNA의 구조 및 기능

3부에서 우리는 유전정보(genetic information)의 저장(storage), 전달(transfer) 및 발현(expression)에 있어서 중요한 역할을 하는 생체분자인 **핵산(nucleic acid)**에 초점을 맞추려 한다. 핵산의 두 가지 기본형인 (1) **디옥시리보핵산(deoxyribonucleic acid, DNA)**과 (2) **리보핵산(ribonucleic acid, RNA)**은 유전 분자로서 관여한다. DNA는 일차적으로 세포핵 내의 염색체 형태로 발견되며, 유전정보의 창고로 작용한다. 일부 DNA는 미토콘드리아와 엽록체 내에서 기능을 수행한다. 세포 구성 성분의 합성을 위한 명령은 그 세포의 DNA에 위치한다. RNA는 리보솜RNA(ribosomal RNA), 전령RNA(messenger RNA) 및 운반RNA(transfer RNA)라는 세 가지 중요한 형태로 존재한다. 이 세 가지 형태의 RNA는 DNA에 존재하는 유전정보를 발현하는 데 있어서 각각 고유한 역할을 담당하고 있다. 어떤 RNA(예를 들면, 리보자임)는 RNA를 변형(processing)하는 데 있어서 이어맞추기(splicing)를 촉매한다(6장 6.5절 참조). 1장을 보면 생명 정보의 흐름이 DNA → RNA → 단백질 → 세포의 구조와 기능의 순서로 되어 있음을 알 수 있다(그림 1.14).

10장에는 DNA와 RNA의 화학적 및 생물학적 특성에 대해서 설명되어 있다. 앞으로 핵산의 분자적 특징을 공부하면서 단백질과 유사점들이 있는 것을 알게 될 것이다. 단백질은 20가지의 아미노산으로 구성된 직선형의 중합체(polymer)이다. 핵산 역시 직선형 중합체로 **뉴클레오티드(nucleotide)**라고 불리는 서로 다른 네 가지의 단량체(monomer)로 이루어진다. 우리는 이미 3장과 4장에서, 어떻게 단백질이 2차, 3차, 4차구조로 접히도록 하는지, 그리고 어떻게 단백질이 생물학적 기능을 수행하는지에 대한 지시가 단백질 내에 있는 아미노산의 서열에 포함되어 있음을 배웠다. 이와 유사한 방식으로, 핵산 내의 뉴클레오티드의 서열은 3차원 구조와 세포 기능에 대한 중요한 정보를 담고 있다. 우리는 먼저 RNA와 DNA의 1차, 2차, 3차구조의 관점에서 이들의 분자적 특징들을 공부하게 될 것이다. 또한 핵산의 화학적 및 물리적 특성들을 알아본 후에, 단백질과 핵산의 기능적 조합에 대하여 공부함으로써 이 장을 끝마치게 될 것이다.

10.1 DNA와 RNA의 화학적 구조

학습 목표

핵산과 그 구성 성분에 대한 일반적 구조적 특징을 알아본다.

뉴클레오티드의 구성 성분

1장에서 핵산은 **뉴클레오티드(nucleotide)**라는 단량체로 이루어진 서열 가변성의 선형 중합체로서 설명되었다. 뉴클레오티드는 다음의 세 가지 화학 성분으로 구성된다.

1. 탄소 원자, 수소 원자, 질소 원자 그리고 경우에 따라 산소 원자를 포함하는 방향족 고리형 화합물. 이들의 화학적 특성 및 반응성 때문에 이 화합물들을 **질소염기(nitrogenous base)**라고 부른다.
2. 5탄소 탄수화물(알도펜토오스)
3. 하나, 둘, 또는 세 개의 인산기

뉴클레오티드의 일반적인 구조는 그림 10.1에 나타나 있다. DNA와 RNA에 존재하는 모든 질소염기는 **퓨린(purine)**과 **피리미딘(pyrimidine)**이라는 두 종류의 헤테로고리형(heterocyclic) 화합물의 유도체이다. DNA의 퓨린은 **아데닌(A, adenine)**과 **구아닌(G, guanine)**이며, DNA의 피리미딘은 **티민(T, thymine)**과 **시토신(C, cytosine)**이다. 마찬가지로 RNA의 퓨린은 아데닌과 구아닌이지만, RNA의 피리

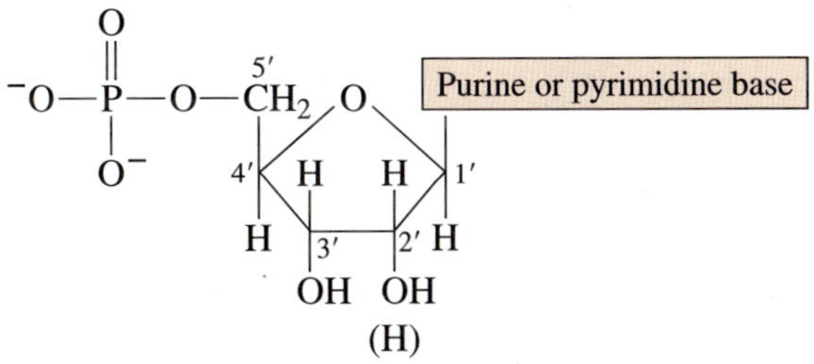

그림 10.1 뉴클레오티드의 일반 구조. 퓨린이나 피리미딘의 질소염기, 알도펜토오스(리보오스나 디옥시리보오스) 및 인산의 세 가지 기본적인 단위로 구성된다.

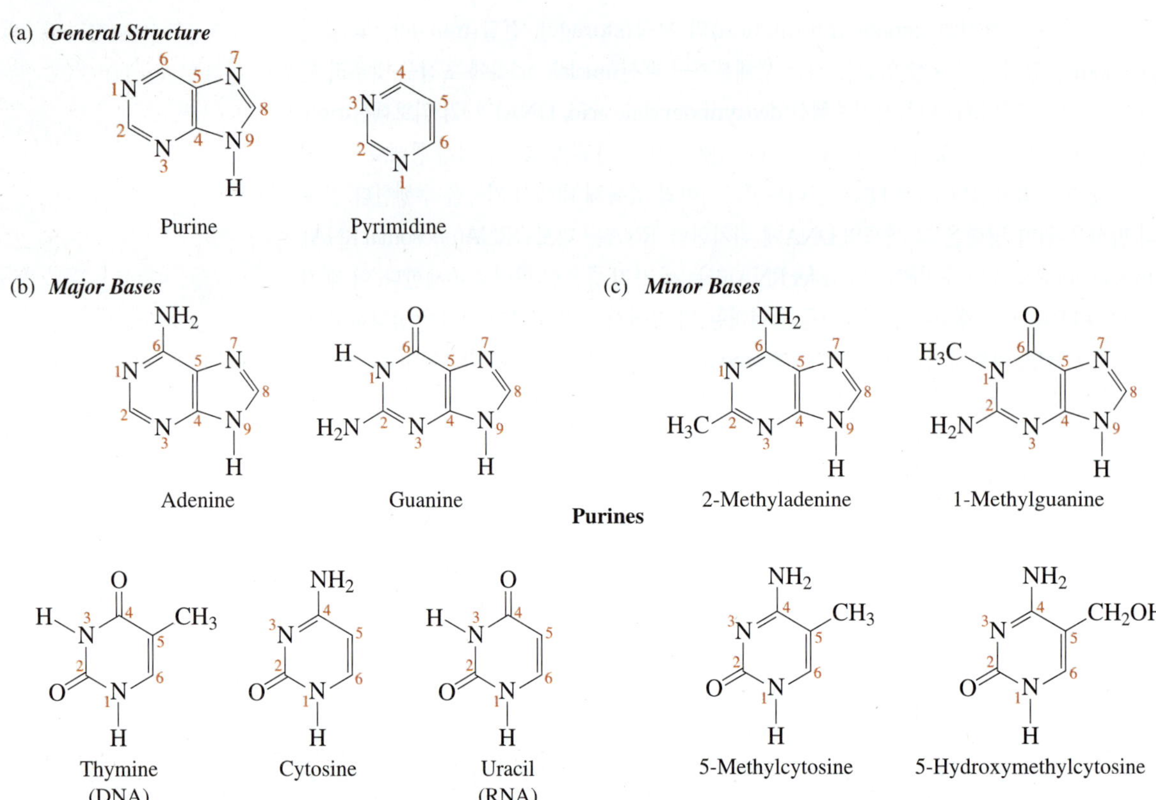

그림 10.2 DNA와 RNA의 주요 헤테로고리형 염기들과 기타 염기들. 기본적인 퓨린과 피리미딘고리들도 나타냈다.

미딘은 시토신과 **우라실(U, uracil)**이다. 헤테로고리형 염기의 구조와 공인된 번호 매김 체계는 그림 10.2에 나타나 있다. 핵산 중에서도 특히 RNA는 약간의 메틸화된 염기를 갖는데, 5-메틸시토신, 5-히드록시메틸시토신, 2-메틸아데닌과 1-메틸구아닌이 그것이다. 이러한 염기들은 대개 염기 자체 상태로 핵산에 통합된 후 변형된다.

뉴클레오시드 핵산에는 두 가지의 알도펜토오스(aldopentose)가 있다. **리보오스(ribose)**는 RNA에 있으며 **2-디옥시리보오스(2-deoxyribose)**는 DNA에 있다(그림 10.3). 리보오스의 유도체인 2-디옥시리보오스는 C2에 산소 원자가 결여되어 있다(5탄당의 화학적 및 생물학적 특징은 7장에 설명되어 있다). 질소염기와 알도펜토오스의 결합은 *N*-글리코시드결합을 통하여 이루어지며, 그 결과 **뉴클레오시드(nucleoside)**를 만든다. 탈수에 의한 이러한 형태의 공유결합은 퓨린의 N9나 피리미딘의 N1이 2-디옥시리보오스(또는 리보오스)의 아노머성 탄소인 C1 사이에 형성된다(그림 10.4). 이 *β*-입체배치는 자연에 존재하는 모든 뉴클레오시드 내의 *N*-글리코시드결합에서 발견된다.

그림 10.3 RNA와 DNA에 존재하는 알도펜토오스. (a) *β*-D-리보오스, (b) *β*-D-2-디옥시리보오스

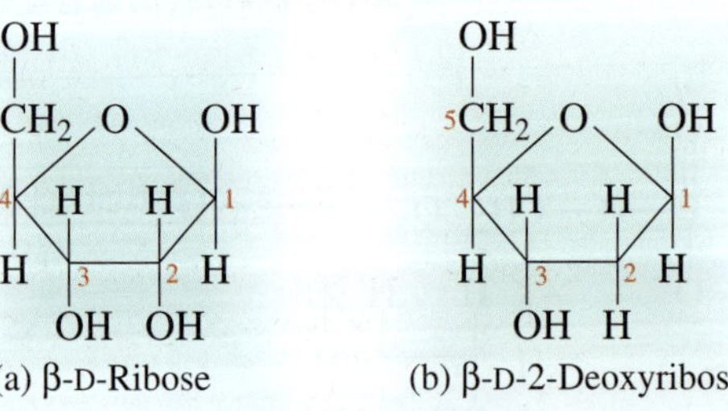

Purine nucleoside

Pyrimidine nucleoside

그림 10.4 뉴클레오시드는 퓨린 염기나 피리미딘 염기가 *N*-글리코시드결합에 의하여 당(리보오스나 디옥시리보오스)과 결합되어 만들어진다. 두 개의 고리를 구별하기 위하여 두 가지의 번호 체계(프라임이 있는 것과 없는 것)가 필요하다.

뉴클레오시드의 고리에 있는 탄소 원자와 질소 원자를 구별하는 데 있어서 두 가지의 번호 체계가 꼭 필요하다는 것을 주의하기 바란다. 프라임 숫자(1', 2', 기타 등등)는 5탄당 고리에서 사용된다. 그리고 뉴클레오시드의 명명법은 표 10.1에 있다. 많은 종류의 합성 뉴클레오시드가 생리적 활성을 가지며 암 및 기타 질병의 치료에 이용되고 있다. 예를 들면 그림 10.5에서 보는 것처럼 뉴클레오시드인 AZT(3'-아지도디옥시티미딘)과 DDI(2',3'-디디옥시이노신)는 후천성면역결핍증(AIDS) 환자를 치료하는 중요한 약이다.

(a) AZT

(b) DDI

그림 10.5 (a) 3'-아지도디옥시티미딘(AZT)과 (b) 2',3'-디디옥시이노신(DDI)의 구조. 이 화합물들은 에이즈(AIDS) 치료에 사용된다(임상생화학 5 참조).

표 10.1
DNA와 RNA의 뉴클레오시드와 뉴클레오티드의 명명법

Base	Nucleoside	Nucleotide (Abbreviation)	Nucleic Acid
Purine			
Adenine	Adenosine	Adenosine 5′-monophosphate (5′-AMP)	RNA
	Deoxyadenosine	Deoxyadenosine 5′-monophosphate (5′-dAMP)	DNA
Guanine	Guanosine	Guanosine 5′-monophosphate (5′-GMP)	RNA
	Deoxyguanosine	Deoxyguanosine 5′-monophosphate (5′-dGMP)	DNA
Pyrimidine			
Cytosine	Cytidine	Cytidine 5′-monophosphate (5′-CMP)	RNA
	Deoxycytidine	Deoxycytidine 5′-monophosphate (5′-dCMP)	DNA
Thymine	Deoxythymidine	Deoxythymidine 5′-monophosphate (5′-dTMP)	DNA
Uracil	Uridine	Uridine 5′-monophosphate (5′-UMP)	RNA

뉴클레오티드 **뉴클레오티드(nucleotide)**는 인산기(phosphoryl group, $—PO_4^{2-}$)가 뉴클레오시드의 당에 있는 히드록실기(hydroxyl group)에 결합할 때 생성된다. 이 에스테르화(esterification)를 위하여 리보오스에는 세 개의 히드록실기 그리고 디옥시리보오스에는 두 개의 히드록실기가 이용 가능하지만, 에스테르결합을 위한 일반적인 부위는 5탄당의 5' 탄소에 있는 히드록실기이다(그림 10.6). 결과적으로

그림 10.6 세 가지 형태의 뉴클레오티드의 구조. 질소염기, 5탄당, 그리고 하나, 둘, 또는 세 개의 인산으로 구성되어 있다. (a) AMP, (b) ADP, (c) ATP

Adenosine 5′-monophosphate
(a) AMP
Adenosine 5′-diphosphate
(b) ADP
Adenosine 5′-triphosphate
(c) ATP

만들어지는 생성물은 **뉴클레오시드-5'-일인산(nucleoside-5'-monophosphate)**이나 보통은 하나의 인산이 존재함을 의미하는 **5'-모노뉴클레오티드(5'-mononucleotide)**라고 부른다. 세포 내에서 가장 중요하고도 풍부한 모노뉴클레오티드는 아데노신-5'-일인산(5'-AMP)이다. AMP 및 다른 5'-모노뉴클레오티드에 또 다른 인산기를 더하게 되면 뉴클레오시드이인산과 뉴클레오시드삼인산이 만들어진다. 인산

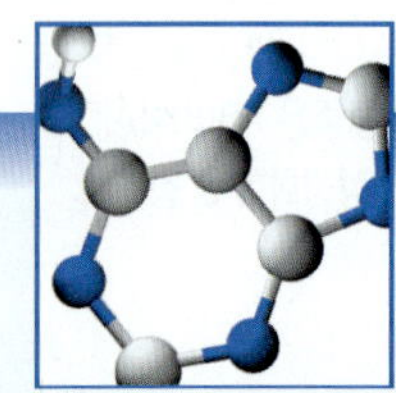

10 - 1

생화학 들여다보기

생리적 활성을 갖는 퓨린과 피리미딘

10장의 10.1절은 뉴클레오티드의 화학적 구성요소와 핵산 생화학에 있어서의 중요성을 설명하고 있다. 이 단원에서는 천연의 DNA와 RNA에 존재하는 뉴클레오시드와 뉴클레오티드, 그리고 약으로 사용되는 몇 개의 합성 뉴클레오시드(AZT, DDI)를 강조했다. 리보오스와 인산기가 없는 퓨린 유도체와 피리미딘 유도체들도 많이 있는데 이들 역시 생리적 활성을 갖고 있다.

대중적인 자극제인 **카페인(caffeine)**은 기본적인 퓨린 고리에 세 개의 메틸기가 결합된 유도체이다. 카페인은 아라비아커피나무(*Coffea arabica*), 차나무(*Camellia thea*), 콜라나무 종류(*Cola acuminata, Cola nitida*) 등의 식물에 자연적으로 존재한다. 이 식물들의 종자로부터 만들어지는 음료는 식이 카페인의 대부분을 차지하고 있다. 전형적인 6온스 분량의 커피, 홍차 및 콜라에는 각각 100 mg, 70 mg 및 25 mg의 카페인이 들어 있다. 카페인의 자극 효과는 신경세포에 있는 아데노신 A_{2A} 수용체와 상호작용함으로써 일어나는 것이다. 카페인의 이러한 결합은 자발적인 움직임을 조절하는 역할을 하는 수용체에 본래의 리간드가 결합하는 것을 방해한다. 이 특이 수용체는 신경전달물질, 호르몬, 그리고 성장인자 등의 작용에 있어서 중추적인 역할을 하는 단백질키나아제A가 포함되는 신호전달 과정에 필수적인 요소이다(특별주제 I 참조). 단백질키나아제A(단백질에 있는 Ser와 Thr 잔기를

Caffeine

6-MP

인산화시킴)의 활성은 카페인이 이 수용체에 결합될 때 억제된다. 또한 초기 단계의 연구에서 카페인의 작용은 신경세포의 자극 효과를 증강시키는 되먹임 루프에 의해 강화되는 것으로 알려졌다.

암 치료제인 **6-메르캅토퓨린(6-mercaptopurine**, 6-MP, 또는 퓨린톨)은 뉴클레오시드와 뉴클레오티드의 유사체로서 이들의 정상적인 생화학 반응을 방해한다. 6-MP의 일차적인 작용은 핵산의 합성을 억제하는 것이다. 이 약은 특히 백혈병 치료에 특효가 있는데, 백혈구 증식과

기의 공급원이 -2가의 단수소인산(HPO_4^{2-})일 때, 에스테르결합을 형성하기 위하여 한 개의 물 분자가 제거됨에 주의하라.

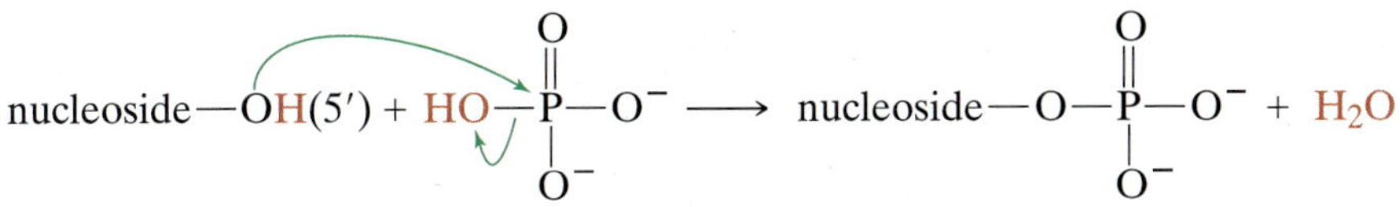

$$\text{nucleoside}-OH(5') + HO-\overset{\overset{O}{\|}}{\underset{\underset{O^-}{|}}{P}}-O^- \longrightarrow \text{nucleoside}-O-\overset{\overset{O}{\|}}{\underset{\underset{O^-}{|}}{P}}-O^- + H_2O$$

14장에서 공부하겠지만 인산기는 또한 다른 인산화 화합물로부터 전달될 수 있다. 표 10.1은 질소염기로부터 유도된 중요한 뉴클레오티드들의 이름을 나열하고 있다.

첫째로 첨가된 인산기(그림 10.6의 α)는 인산에스테르결합(phosphate ester linkage)을 형성하며, 계속해서 첨가되는 β와 γ인산기는 그림 10.6에서 보는 것처럼 인산무수결합(phosphoanhydride linkage)에 의한 것이다. 인산에스테르결합과 인산무수결합의 차이는 14장에서 논의될 것이다. 아데노신-5'-이인산(ADP)과 아데노신-5'-삼인산(ATP)은 AMP로부터 생겨나는 화합물들이다. ATP는 세포 내에서 가장 중요한 화학 에너지의 운반체이다. ADP와 ATP사이의 상호 변환은 대사에 있어서 에너지 전이와 관련이 있다. P_i는 무기인산(inorganic phosphate, HPO_4^{2-})을 의미한다. 이를 정리하면 다음과 같다.

$$ATP + H_2O \rightleftharpoons ADP + P_i + \text{에너지}$$

Acyclovir

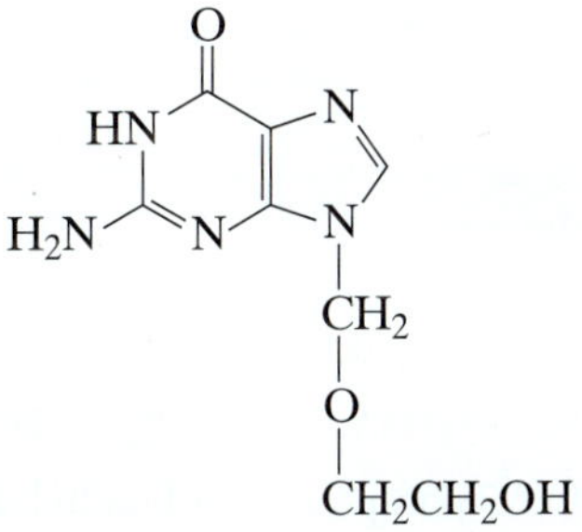

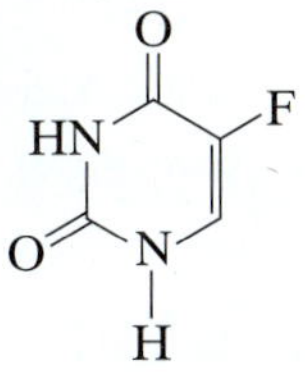

5-FU

관련된 제어 불능의 DNA복제를 억제한다. 6-MP는 정상 세포와 암세포를 구분하지 못하지만, 정상 세포보다 더 빨리 증식하는 암세포는 이 약을 더 빨리 흡수해 더 많은 영향을 받는다.

아시클로비르(Acyclovir, 조비락스)는 대표적인 항바이러스제(antiviral agent)이다. 이 약은 현재 헤르페스 바이러스(herpes virus)의 피부, 입술 및 성기 감염을 치료하기 위하여 사용되고 있다. 이 약의 주 작용은 성기 헤르페스(herpes genitalis), 대상포진(herpes zoster) 및 단순포진(herpes simplex) 바이러스의 DNA중합효소를 억제하는 것이다. 아시클로비르는 곁사슬에 있는 히드록실기가 세포 내에서 키나아제(kinase)에 의해서 인산화된 후 활성적인 형태가 된다.

생물학적 활성을 갖는 피리미딘으로는 **5-브로모우라실(5-bromouracil, 5-BU)**과 **5-플루오르우라실(5-fluorouracil, 5-FU)**이 있다. 5-BU는 11장 11.2절에서 논의될 것이다. 5-FU(아드루실)은 탄소-불소 결합을 약품에 잘 이용한 예이다. C—F결합은 천연 화합물에는 극히 드물지만 약을 만드는 데 매우 가치가 있는 구조이다. 왜냐하면 (1) 불소 원자는 그 크기가 아주 작아 공간적 요소의 변화 없이 수소 원자를 대체할 수 있으며, (2) 불소 원자는 전기음성도가 매우 강해 C—F결합에 약간의 극성을 만들어 준다. 또한 (3) C—F결합은 매우 안정적이며 무반응성이어서 세포 내 조건 하에서 불변이다. 티민의 유사체인 5-FU는 DNA합성을 강력히 억제하기 때문에 암 치료에 널리 사용되고 있다. 이것은 티미딜산생성효소(thymidylate synthase)를 억제한다(19.5절 참조).

다른 뉴클레오시드삼인산, 즉 구아노신삼인산(GTP), 우리딘삼인산(UTP), 디옥시구아노신삼인산(dGTP), 그리고 디옥시우리딘삼인산(dUTP) 등은 에너지 대사에서는 별로 쓰이지 않지만 이들은 핵산 합성을 비롯한 생합성 과정에 있어서 매우 중요하다. 또한 뉴클레오시드 인산들은 세포와 세포 사이의 통신에 관여하는 신호분자로서 중요하다. 특히 GTP, 고리형AMP(cAMP) 및 고리형GMP는 세포막을 통한 신호전달 메커니즘에서 신호를 전달하는 일시적 중간체이기도 하다(특별주제 I 참조). 뉴클레오티드는 또한 중요한 조효소인 **조효소A(CoA), 플라빈아데닌디뉴클레오티드(flavin adenine dinucleotide, FAD)** 및 **니코틴아미드아데닌디뉴클레오티드(nicotinamide adenine dinucleotide, NAD^+와 $NADP^+$)** 등의 구성요소이다(6.1절 참조).

인산기의 양성자는 비교적 산성을 나타내는 화합물로 pK_a 값이 2~6 정도이다. 생리적 pH에서 제일 많이 존재하는 뉴클레오티드 구조는 모든 양성자가 인산기로부터 해리되어 몇 개의 음전하를 띠는 화합물이 된다(그림 10.6). 특히 ATP가 −4가의 순전하를 가짐을 주목하기 바란다. 세포 내의 뉴클레오티드에는 전하를 중화시키기 위하여 Mg^{2+}이나 Mn^{2+} 같은 금속이온이 결합되어 있다.

복습 문제

1. 아래에 나열된 각 화합물의 구조를 그리고 (다른 이름이 있으면) 다른 이름을 붙이시오. 첫 번째 문제는 예로서 제시되었다.

a. 아데닌 구조: NH_2 (1N, 2, N3, 4, 5, 6, N7, 8, N9, H) 다른 이름: 6-아미노퓨린

b. 2-메틸아데닌
c. 2,6-디아미노퓨린
d. 4-아미노피리미딘
e. 5-브로모우라실
f. 카페인
g. 아데노신-5'-이인산
h. 우리딘

핵산

뉴클레오티드들은 인산기를 통하여 서로 결합하여 핵산(nucleic acid)이 된다. 구체적으로 말하면 선행하는 뉴클레오티드의 3'-히드록실기가 다음에 오는 뉴클레오티드의 5'-인산기와 연결된다. 각 뉴클레오티드 사이의 결합을 **3',5'-포스포디에스테르결합(3',5'-phosphodiester bond)라 한다**(그림 10.7). 핵산에 있어서 공유결합성 결합을 이루는 1차적인 구조는 다음의 몇 가지 중요한 특징을 가지고 있다. DNA(와 RNA)의 공유결합성 골격은 번갈아 나타나는 디옥시리보오스(또는 리보오스)와 인산기로 이루어진다. 이것은 모든 핵산에서 **공통으로 나타나는 불변의 지역**이다. DNA의 이 부분은 DNA 분자 전체에 걸쳐서 동일하며, 중요한 구조적 역할을 담당하고 있다.

이 공유결합성 골격의 또 다른 중요한 특징은 방향성이다. 사슬의 한 말단은 3'-히드록실기를 가지며 다른 말단은 5'-인산기를 갖는다. (우리는 N말단 아미노 잔기와 C말단 카르복실 잔기를 갖는 단백질의 방향성에 대해서 공부한 바 있다.) 공유결합성 골격에 *N*-글리코시드결합으로 연결된 헤테로고리형 염기들은 골격으로부터 튀어나와 있다. 이러한 구조적 특징은 DNA와 RNA의 **가변성 지역**을 보여 준다. 서로 다른 네 가지의 염기로 된 서열(DNA에 있어서 A, G, C, T; RNA에 있어서 A, G, C, U)이 특정한 방법으로 유전정보를 지니게 된다. 질소염기의 서열이 분자마다 서로 다른 특별한 순서를 지정하는 주형으로서 역할을 한다. 11장에서 우리는 DNA와 RNA에 있는 염기서열을 분석하는 방법을 알아보게 될 것이다.

To 5′ end
Thymine
Adenine
Cytosine
Guanine
To 3′ end

그림 10.7 핵산을 구성하는 모노뉴클레오티드들을 연결하는 포스포디에스테르결합(phosphodiester bond). 포스포디에스테르결합은 한 뉴클레오티드의 3' 탄소와 다음 뉴클레오티드의 5' 탄소 사이에 형성된다. 이로 인해 핵산은 방향성을 갖게 된다. 한쪽 말단은 유리된 5' 인산기를, 다른 말단은 유리된 3' OH를 갖는다. 3',5'-포스포디에스테르결합은 녹색으로 표시되어 있다.

그림 10.7에서 본 것 같은 핵산의 모습을 그리는 것은 매우 성가시기만 하다. 만일 수직선으로 당을 나타내고 문자로 염기를 표시한다면, 우리는 간단하게 뉴클레오시드를 표현할 수 있다.

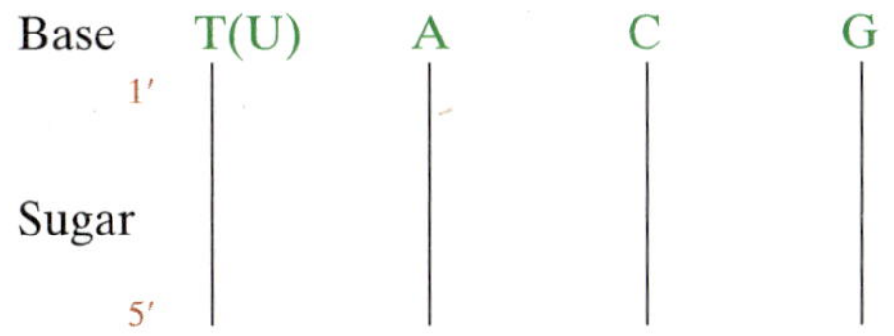

즉 선의 윗부분은 염기가 *N*-글리코시드결합으로 연결된 당의 C1'을 나타내며, 선아래 부분은 C5'가 될 것이다. 여기에 인산기는 ⓟ로써 삽입되며 3',5'-포스포디에스테르결합은 연결선(사선)으로 나타내질 수 있다.

T(U) A C G
5′ end Ⓟ Ⓟ Ⓟ Ⓟ OH 3′ end

이러한 구조는 짧은 서열을 갖는 **올리고뉴클레오티드(oligonucleotide)**를 나타낸다. 올리고뉴클레오티드를 그리기 위한 표준 방식은 왼쪽에서 5' 말단으로부터 시작한다. 더 간단한 방법은 AGCT(U)로 쓰는 것이며, 이는 DNA(또는 RNA)의 염기서열을 의미하는 것이다.

복습 문제

1. 올리고뉴클레오티드 5'AACTCGAT의 구조를 앞에서 기술한 수직선을 이용하는 간략화 방법으로 그리시오.

DNA와 RNA의 구조와 결합

DNA 자연 상태의 DNA에서는 많은 수의 뉴클레오티드가 함께 연결되어, 생물 종에 따라 일정한 크기와 서열을 갖는 매우 기다란 분자를 형성한다. 한 개의 염색체를 갖는 대장균(*Escherichia coli*) 같은 간단한 원핵세포의 DNA는 26억 달톤의 분자질량과 470만개 염기쌍으로 이루어진 거대한 분자이다. 이 DNA의 길이는 약 1.4 mm이다. 진핵세포의 경우 사람을 예를 들면, 사람의 DNA는 대략 30억개의 염기쌍으로 구성되고 접혀지지 않은 상태에서의 길이는 적어도 100만~200만 μm(1~2미터)에 이른다. 진핵세포의 DNA는 핵내에서 **히스톤(histone)**이라 불리는 염기성 단백질(basic protein)과 함께 결합되어 있다(10장 10.5절 참조). 세포에서 DNA를 추출하는 방법이 거칠기 때문에 원래 그대로의 DNA를 분리하기란 쉽지 않다. 여러 가지 생물 종으로부터 분리한 DNA의 물리적 특성이 표 10.2에 비교되어 있다.

표 10.2
여러 가지 생물 종의 DNA 비교

Organism	Number of Base Pairs	Length (μm)	Conformation
Viruses			
SV40	5,100	1.7	Circular
Adenovirus	36,000	12	Linear
λ phage	48,600	17	Circular
Bacteria			
E. coli	4,700,000	1400	Circular
Eukaryotes			
Yeast	13,500,000	4600	Linear
Fruit fly	165,000,000	56,000	Linear
Human	3,000,000,000	$1\sim2 \times 10^6$	Linear

RNA RNA는 세포 총 중량의 5%에서 10%를 차지하고 있다(DNA는 약 1%). RNA 분자는 DNA만큼 균일하지 않으며 세 가지의 형으로 존재한다. RNA의 각 유형은 특징적인 염기 조성과 분자 크기를 갖는다. 이들은 표 10.3에 비교되어 있다. 가장 많이 존재하는 형태인 **리보솜RNA(ribosomal RNA, rRNA)**는 단백질합성 세포소기관인 **리보솜(ribosome)**의 구성요소이다. 원핵세포에서 발견되는 세 가지 rRNA는 5S rRNA, 16S rRNA와 23S rRNA인데 이들은 원심분리법(centrifugation)을 이용하면 분리될 수 있다. S는 **svedberg**를 의미하며, 분자의 침강 계수(sedimentation coefficient)를 나타내는 기본 단위이다. 침강 계수는 입자나 분자를 원심분리할 때 침강하는 비율로 정의된다. 일반적으로 S 값이 클수록 큰 분자이다. **전령RNA(messenger RNA, mRNA)**는 핵 DNA에서 리보솜으로 단백질합성을 위한 일시적인 정보를 운반한다. mRNA의 각 분자는 한 개의 유전자에 대한 설명서를 운반하는데, 이는 보통 한 개의 폴리펩티드를 만들기 위한 암호문이다. 따라서 한 세포에는 상이한 염기서열을 지니는 수많은 mRNA 분자들이 존재한다. **운반RNA(transfer RNA, tRNA)**는 가장 작은 핵산(74개~93개의 뉴클레오티드)으로서 단백질합성에 사용될 특정 아미노산과 에스테르를 형성하고 있다. 아미노산을 선택하고 활성화시키는 여러 가지 형태의 tRNA 분자가 존재한다.

극성과 비극성 DNA 및 RNA의 2차구조와 3차구조를 논하기 전에, 핵산의 구조와 기능에 영향을 미치

표 10.3
대장균(*E. coli*)의 RNA 분자. S 값은 침강계수로 분자의 크기와 관련이 있다.

Type	Relative Amount (%)	S Value	Molecular Mass (Daltons)	Average Number of Nucleotides
Ribosomal RNA (rRNA)	80	23S	1.2×10^6	2904
		16S	0.55×10^6	1542
		5S	36,000	120
Transfer RNA (tRNA)	15	4S	25,000	74~93
Messener RNA (mRNA)	5	4S	Heterogeneous mixture	

는 공유결합성 구조(1차구조)에 대한 중요한 화학적 특징을 알아야 한다. 핵산은 산성 영역과 염기성 영역을 가지고 있다. 인산으로부터 유도된 골격의 인산기는 생리적 pH에서 양성자가 해리되기 때문에 음전하를 띤다. 많은 음전하의 이온적 특성과 극성의 당 성분은 물과 쉽게 상호작용하는 친수성 영역(공유결합성 골격)을 형성한다. 이와는 반대로 퓨린과 피리미딘 염기로 이루어지는 가변부 영역은 소수성이다. 또한 약염기성의 질소 원자와 아미노기는 양성자화되지 않으며 생리적 pH에서 전하를 띄지 않는다. 골격의 영역과 염기들 사이에 존재하는 이러한 극성의 차이는 DNA와 RNA가 3차원적 구조로 접히는 데 중요한 역할을 한다. 수용액 상태인 세포에서 극성의 골격은 DNA의 표면이 되며, 비극성 염기들은 염기들 사이에 소수성 상호작용(hydrophobic interaction)이 허락되는 내부로 움직인다. 즉 비극성인 염기들은 DNA 분자 구조의 안쪽으로 감추어지면서 거의 물과 접촉하지 않고 대신에 서로 상호작용하게 된다.

수소결합 또 다른 중요한 상호작용들이 핵산의 접힘 과정에 영향을 끼친다. 질소염기에 존재하는 몇 가지 작용기는 수소결합(hydrogen bond)을 형성하게 된다. 염기의 고리에 있는 N—H 기와 아미노기(—NH_2)는 잠재적인 수소결합의 공여체이다. 카르보닐기(C=O)와 고리의 질소 원자(=N—)는 잠재적인 수소결합 수용체이다. 특수한 수소결합이 한쪽 가닥의 질소염기와 다른 쪽 가닥의 염기 사이에 형성된다. 따라서 디옥시리보핵산의 두 가닥은 왓슨과 크릭에 의해서 제안된 그 유명한 DNA 이중나선(double helix)의 구조를 가지게 되는 것이다. 염기쌍 사이의 이 수소결합들은 단일가닥의 RNA 분자가 접히는 데 있어서도 중요한 역할을 한다.

10.2 DNA의 구조적 요소

학습 목표
DNA 이중나선의 기초적인 구조적 특징을 설명한다.

DNA는 이미 1868년에 생물체로부터 처음 추출되었으나, DNA가 유전정보의 전달에 관여한다는 것이 인정되고 증명된 것은 1940년대 중반에 이르러서였다(표 10.4). 그 당시 DNA는 수많은 물리적, 화학적 및 생물학적 연구의 대상이었다. DNA를 이해하는 데 있어서 특별한 의미를 갖는 획기적인 발견은 DNA의 규칙적인 3차원적 구조(2차구조)에 대한 규명으로서, 1953년에 제임스 왓슨(James Watson)과 프란시스 크릭(Francis Crick)에 의해서 이루어졌다. 이 구조는 이중나선으로 접혀진 두 개의 폴리뉴클레오티드 가닥으로 이루어져 있다. 왓슨과 크릭에 의해서 주창된 이러한 **이중나선(double helix)**은 생체 내에 존재하는 DNA의 가장 유력한 구조적 형태로 인식되고 있다.

표 10.4
초창기 DNA 연구에 있어서 역사적인 발견들

연도	과학자	발견 내용
1868	미셔(Friedrich Miescher)	연어의 정자 세포 및 세포핵에서 인 함유 물질을 분리하고 연구함. 미셔는 이 물질을 "뉴클레인(nuclein)"이라고 명명. 세포의 유전과 관련이 있는 것으로 추측함.
1928	그리피스(Frederick Griffith)	폐렴균에 있어서 "형질전환의 원리(transforming principle)"를 규명.
1929	레바인(Phoebus Levine)	DNA의 중요한 구성 성분인 염기의 4가지 종류(A,T,G,C)를 결정하기 위한 화학적 분석을 함.
1944	에이버리(Oswald Avery) 머클라우드(Colin MacLeod) 머카티(Maclyn McCarty)	그리피스의 형질전환 인자가 단백질이 아니라 DNA임을 보여줌. 이들은 DNA가 염색체의 성분이며, 유전정보의 전달에 있어서 중요한 요인으로 관여한다는 3가지 실험 증거를 발표.
1950	허쉬(Alfred Hershey) 체이스(Martha Chase)	바이러스를 이용한 실험에서 DNA가 유전물질임을 확인함.
1952	샤가프(Erwin Chargaff)	여러 가지 생물 종에 존재하는 DNA의 조성을 연구하고, 아데닌과 티민의 비율 및 구아닌과 시토신의 비율이 각각 1.0임을 발견.
1952	프랭클린(Rosalin Franklin) 윌킨스(Marice Wilkins)	DNA 결정의 X선회절을 연구하고 DNA에 있어 반복적인 구조적 단위를 의미하는 주기적인 무늬를 발견.
1953	왓슨(James Watson) 크릭(Francis Crick)	X선회절 결과와 A-T, G-C 등가의 결과를 설명한 DNA의 3차원 구조(이중나선)를 제안.

핵산 구조는 단백질 구조에 대한 일반적 개념을 도입함으로써 가장 잘 이해될 수 있다. 불변의 공유결합성 골격 및 서열 가변성 질소염기로 구성되는 DNA와 RNA의 **1차구조**는 10.1절에 기술되어 있다. 핵산의 **2차구조**는 폴리뉴클레오티드 가닥의 규칙적이며 주기적인 배열을 나타내고 있다. 이 단원에서 우리는 DNA의 3차원적인 구조의 특징을 다루게 될 것이다.

DNA 이중나선

이중나선의 역사 DNA의 이중나선 구조는 왓슨과 크릭 두 사람을 빼고는 생각조차 할 수 없지만, 다른 많은 과학자들 또한 생물학에 있어서의 이 기념비적인 발견에 있어서 크나큰 공헌을 하였다. 왓슨과 크릭은 DNA 구조에 대한 실제적인 연구를 거의 하지 않았다. 실제로 그들은 영국의 캠브리지 대학교에서 다른 연구 과제에 관여하고 있었다. 그러나 그들은 DNA 구조에 대한 중요한 정보를 접하고 여가 시간에 DNA 구조를 깊이 생각하면서, DNA의 수수께끼를 푸는데 있어서 영국의 많은 과학자들과 미국에 있는 캘리포니아 공과대학교의 라이너스 폴링(Linus Pauling)을 이기는 꿈을 꾸고 있었다. 왓슨과 크릭은 다음과 같은 세 가지 중요한 실험 정보를 이용하여 DNA 구조의 모델을 만들었다(표 10.4 참조).

- DNA의 X선결정 자료(Rosalind Franklin, Maurice Wilkins)는 DNA가 규칙적이며 반복적인 구조적 단위임을 가르쳐 주고 있었고 또한 분자 내 원자들의 공간적 배치를 명확하게 결정해주었다.
- A, T, G, C 함량에 대한 화학적 분석(Levine)과 A:T와 G:C의 상대적 농도의 비율에 대한 계산(Chargaff)은 염기쌍의 가능성을 나타냈다.

- 유기화학자들이 염기들이 케토(keto)형 호변이성질체(tautomer)로 존재하여 A와 T사이에 그리고 G와 C사이에 적어도 두 개의 수소결합이 형성될 수 있는 가능성을 인식하였다.

왓슨과 크릭은 모든 실험적 결과를 종합하여 900단어로 된 짧은 보고서(*Nature* 171:737~738, 1953)에서 DNA 분자의 독특한 이중가닥 나선 구조를 주장하였다.

이중나선의 특징 간략하게 말하면 이중나선은 원형의 계단 구조를 형성하기 위하여 꼬여진 두 개의 상보적인 폴리뉴클레오티드 사슬로 구성된다는 것이다. DNA 이중나선의 구체인 특징들은 그림 10.8a와 같다.

1. 두 개의 오른손감기(right-handed) 나선인 폴리뉴클레오티드 사슬이 중심축을 주위로 서로 감겨서 이중나선을 형성한다. 두 개의 특징적인 공간 구조인 넓은 홈(major groove)과 좁은 홈(minor groove)이 만들어지는데 이들은 매우 조직적인 배열을 하고 있다.
2. 두 사슬은 서로 반대 방향으로 뻗어 가는 역평행(antiparallel)이다. 즉 3',5'-포스포디에 스테르결합(3',5'-phosphodiester bridge)이 서로 반대 방향으로 뻗는다.
3. 디옥시리보오스와 인산기가 교차하면서 이루어지는 공유결합성 골격은 수용액 환경에서 극성이며 전하를 띤다. 이 공유결합성 골격은 나선의 바깥쪽에 존재하여 물과의 상호작용이 용이하다. 소수성의 퓨린과 피리미딘 염기는 구조의 안쪽을 향함으로써 물과의 접촉을 피하고 있다.

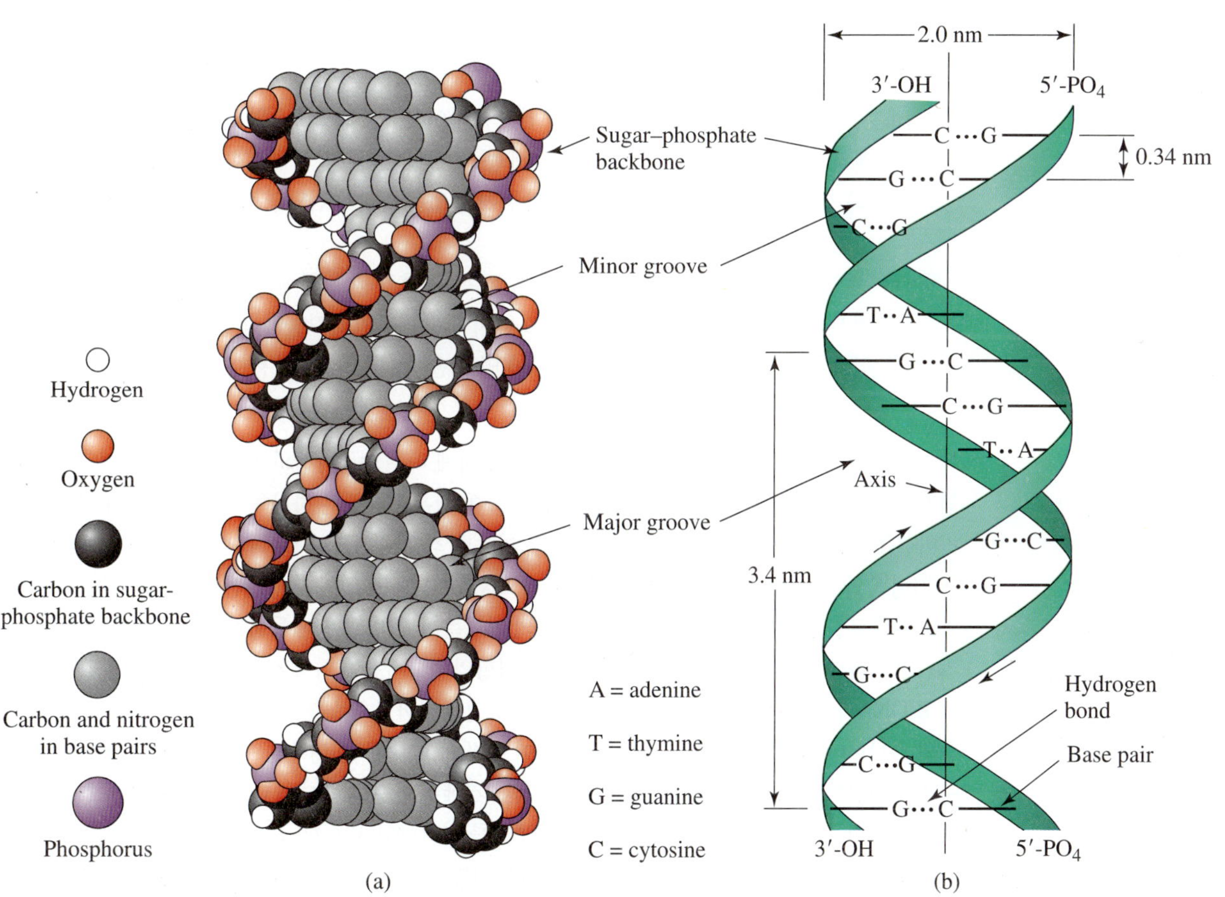

그림 10.8 (a) 왓슨과 크릭의 이중나선. (b) DNA 이중나선에 있는 A-T와 G-C 염기쌍. 염기쌍 사이에 많은 수소결합이 형성된다.

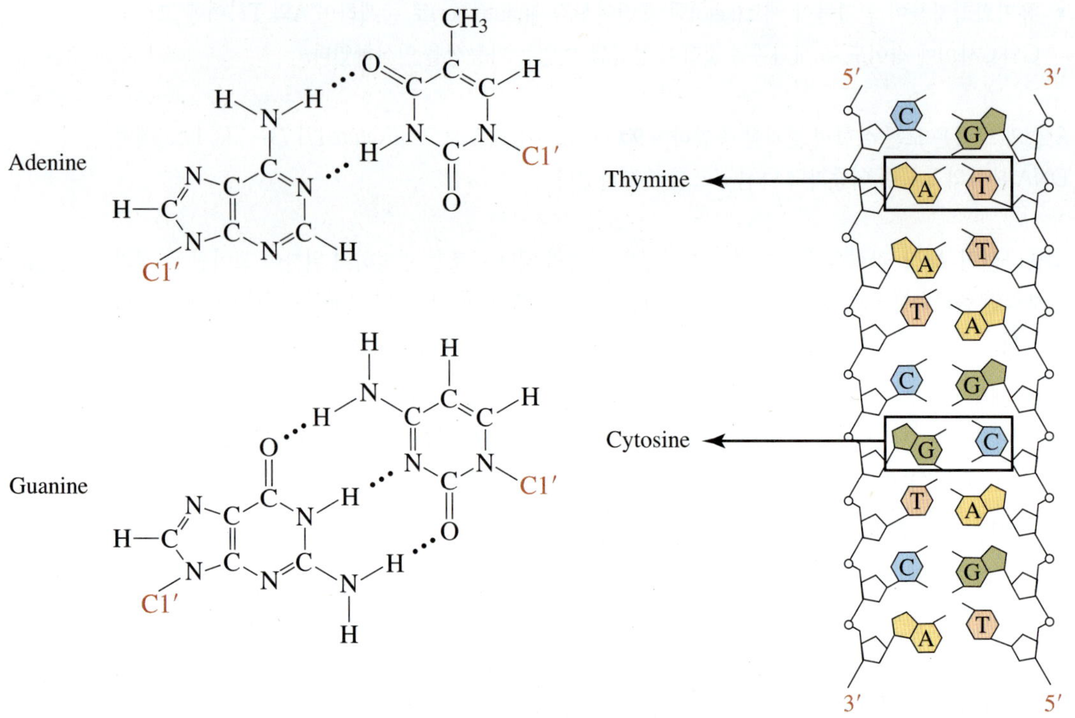

그림 10.9 DNA 염기쌍 사이의 수소결합. 염기의 케토형 호변이성질체가 있음을 주목할 것.

4. 이중나선은 다음의 두 가지 형태의 힘에 의해서 안정화된다.

   a. 서로 다른 가닥에 존재하는 상보적 염기쌍 사이의 수소결합(A-T와 G-C). A와 T 사이에는 두 개의 수소결합이, 그리고 G와 C 사이에는 세 개의 수소결합이 존재한다(그림 10.8b와 10.9 참조). 한 가닥에 있는 각 염기는 바로 마주 보고 있는 다른쪽 가닥의 상보적인 염기와 특정한 결합을 할 수 있다.

   b. "쌓인 염기들" 사이의 반데르발스힘과 소수성 상호작용. 뉴클레오티드염기의 평면은 중심축에 대하여 거의 직각을 이룬다. 그리고 마치 원형 계단의 계단들처럼 쌓아 올려진 배열을 하고 있다. 염기들은 π궤도 내의 전자 사이에 인력(반데르발스 상호작용)이 형성될 수 있을 정도로 서로 아주 가깝게 있다.

아마도 유전정보의 저장과 전달이라는 기능을 가능하게 하는 이중나선의 가장 큰 특징은 바로 **상보적 염기쌍(complementary base pairing)**의 형성이다. 이 경우 염기쌍은 하나의 퓨린(A나 G)과 하나의 피리미딘(T나 C)으로 이루어진다. 이러한 조합은 가능한 최대 수의 수소결합을 형성하게 하여 염기쌍에게 최대의 안정성을 부여한다. 또한 폴리뉴클레오티드 가닥 사이의 내부 공간은 퓨린-피리미딘 쌍이 위치할 정도로만 충분한 공간이다. 두 가닥 사이의 거리는 두 개의 퓨린이 들어가기에는 짧고, 두 개의 피리미딘은 너무 멀리 떨어져 있게 되어 강한 수소결합의 상호작용이 형성되지 못한다.

B-DNA라고 불리는 왓슨과 크릭의 이중나선 모델은 실험적으로 관찰되는 여러 가지 구조적 변이체 중의 하나이다. B-DNA는 물로부터 결정화되어 결정 구조 내에 물 분자를 포함하고 있는 핵산 형태의 구조를 말한다. 생화학자들은 B-DNA가 생리적 조건에서 가장 유력한 형태라고 믿고 있다. 결정을 탈수시키는 반응 시약이나 조건으로 B-형태의 DNA를 처리하면, 비슷한 구조의 **A-DNA** 형태로 재배열된다. 이 A-형태의 DNA는 나선 회전 당 11개의 염기를 갖게 되며 따라서 더욱 압축되어 길이가 짧아지고, 직경은 26 Å으로 넓어진다(B-DNA는 1회전 당 10.5개의 염기와 20 Å의 직경을 갖는다). B-DNA와 A-DNA에 공통적인 구조적 특징은 오른손감기 나선이며, 역평행 가닥이고, 염기 상보성(A-T; G-C)이라는 점이다. 그림 10.10은 여러 가지 DNA 형태들을 보여주고 있다.

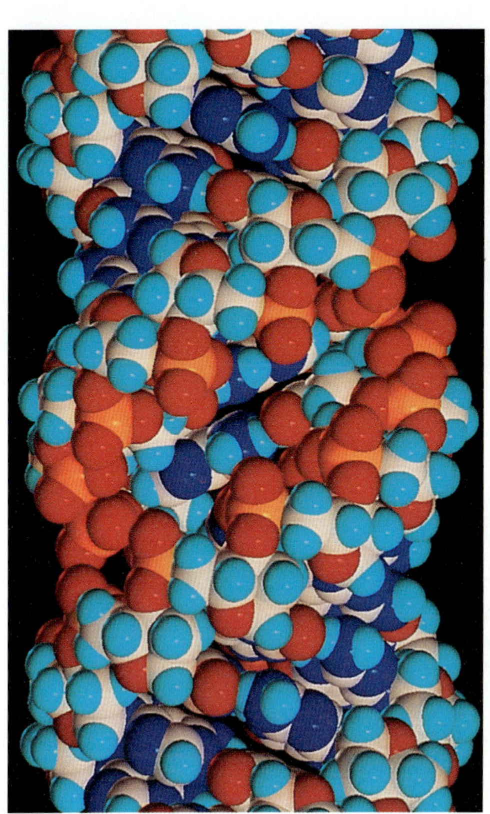
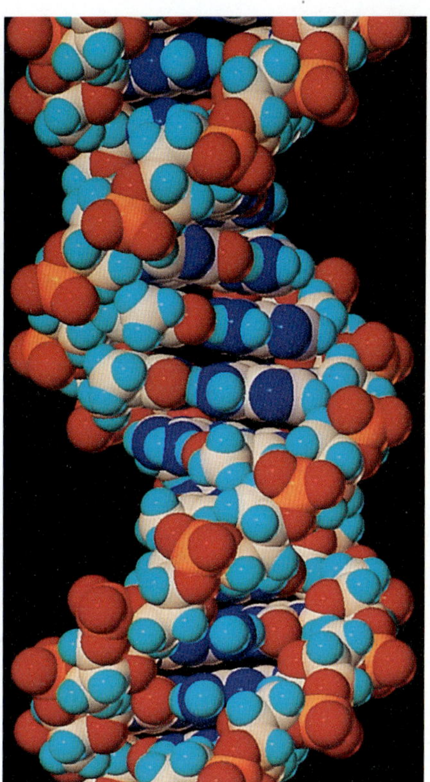
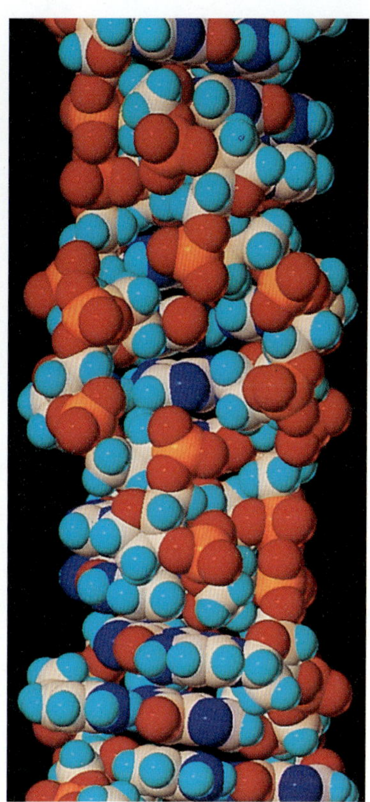

그림 10.10 A-DNA, B-DNA 및 Z-DNA의 2차구조 비교.

새로운 구조 형태인 **Z-DNA**는 짧은 가닥의 합성 DNA에서 발견되었다. 이것은 A-DNA나 B-DNA와는 상당히 다르다. Z 형은 왼손감기 나선으로, 나사 회전 당 12개 염기와 18 Å 의 직경을 갖는다. 공유결합성 골격이 지그재그 배열로 되어 있기 때문에 Z라고 부른다. 이 Z 형은 또한 천연의 DNA에서도 짧은 구간에 걸쳐 발견된다. 이 부분은 유전자발현의 조절에 있어서 역할을 담당하는 것으로 여겨진다.

이중나선의 물리적 및 생물학적 특성

DNA 이중나선의 구조를 자세히 보면, 복제(replication) 및 정보의 전달(expression, 발현)을 설명할 수 있는 메커니즘이 바로 분명해진다. 수소결합과 반데르발스 상호작용이 파괴되면 두 가닥이 서로 분리되어 두 개의 단일 폴리뉴클레오티드 사슬이 되며, 각각은 새로운 DNA합성을 위한 주형으로 사용될 수 있다(그림 10.11). 사실 왓슨과 크릭은 이러한 메커니즘에 대한 중요성을 놓치지 않았다. 왓슨과 크릭이 1953년에 발표한 논문에는 이중나선의 유전적 의미가 다음과 같이 묘사되어 있다.

> 지금 DNA에 대한 우리의 모델은 정확히 말하자면, **한 쌍**의 주형으로서 이들은 각각 서로에 대해서 상보적이다. 우리의 생각으로는 복제 전에 수소결합이 끊어지고 두 사슬이 풀리면서 분리된다. 이 때 각 사슬은 자기 자신에 대한 새로운 동반 사슬을 형성하기 위한 주형으로서 작용한다. 그래서 결국 이전에는 단한 쌍만이 있었지만 이젠 두 쌍의 사슬이 존재하게 될 것이다. 더욱이 그 염기쌍의 서열은 정확하게 복제될 것이다(*Nature* 171:964~967, 1953).

DNA 풀림 DNA복제와 발현에 대한 그러한 과정은 고려할 만한 타당성이 있는가? 또 DNA 이중나선은 공유결합성 1차구조에 손상을 주지 않으면서 풀리는가(수소결합은 쉽게 파괴되는가)? 이중나선의 DNA 분자들은 비교적 용이한 조건들, 예를 들면, 열, 산, 염기 또는 유기 용매로 처리할 때 두 가닥은 분리된다(그림 10.12). 즉 이중나선은 **변성(denaturation)**된다. 아주 작은 온도 범위(대부분의 DNA 경우, 85℃~90℃) 내에서 그러한 변화가 일어나기 때문에, 온도의 상승이 변성의 요인일 때 그 과정은 융해(melting)라고 부른다.

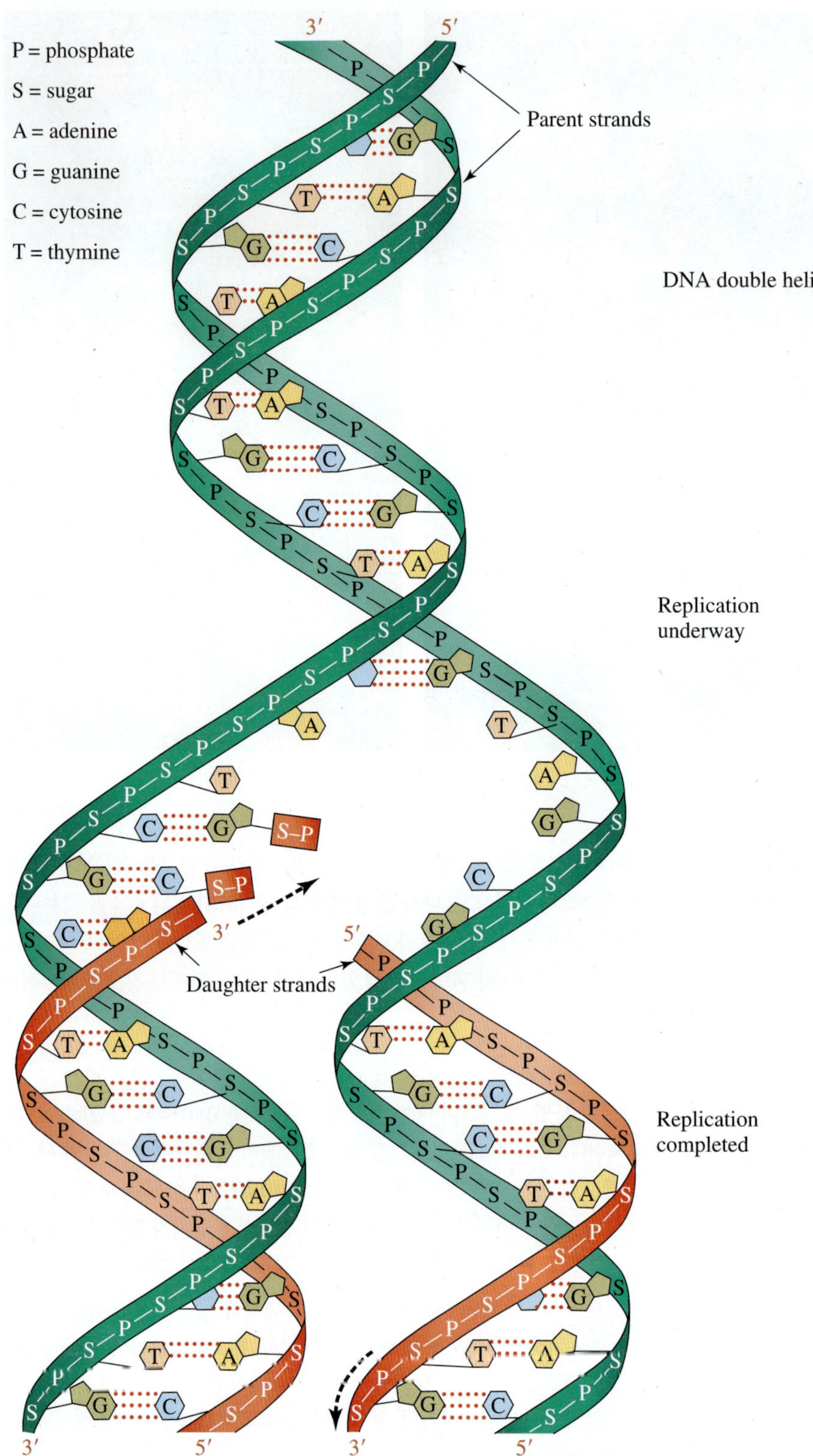

그림 10.11 DNA 이중나선의 복제(replication)를 설명하기 위한 모식도. 왓슨과 크릭은 이중나선의 각 가닥(어버이 가닥)이 상보적인 딸 가닥을 만들기 위한 주형으로 사용된다고 제안하였다. DNA에 대한 이러한 일반적 생각은 후에 정확한 것임이 확인되었다.

한편 DNA가 융해됨에 따라 자외선(UV)의 흡수율은 크게 증가된다. 이러한 사실은 DNA 변성을 정량적으로 측정하는 실험 기술의 실마리가 되며, 염기쌍 사이에 존재하는 수소결합과 쌓기(stacking) 상호작용의 세기에 대한 중요한 정보를 제공한다. 몇 가지 DNA 분자에 대한 융해 곡선(melting curve)이

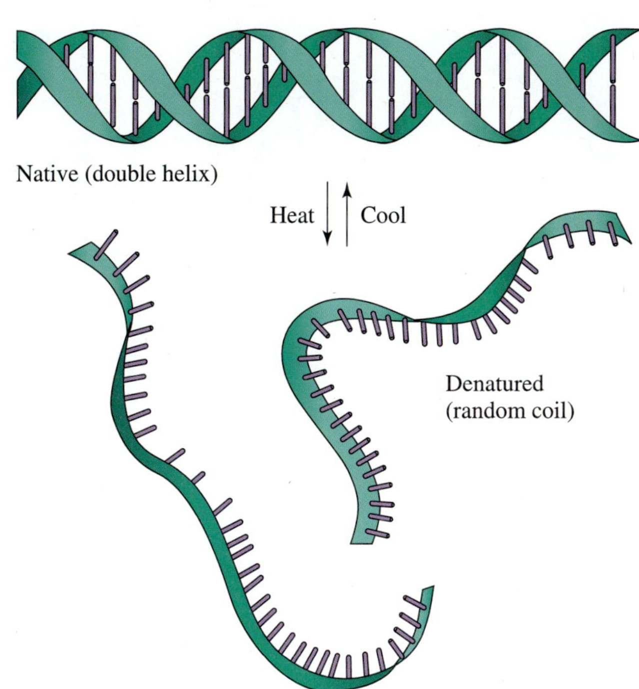

그림 10.12 DNA의 변성(denaturation)과 재생(renaturation).

그림 10.13에 나타나 있다. **흡광증가효과(hyperchromic effect)**라고 부르는 이러한 자외선 흡수 증가의 원인은 잘 알려져 있다. 흡수의 변화는 잘 정렬된 이중나선의 DNA 구조가 변성 상태 즉 무작위적이며 쌍을 이루지 못한(random, unpaired) DNA 가닥으로 전환된 결과로서 일어난다. 자연 그대로의 DNA는 수용액에서 각 가닥에 있는 상보적 염기쌍 사이의 수소결합에 의하여 일차적으로 유지되는 이중나선의 상태로 존재한다. 염기쌍 사이의 소수성 상호작용 및 쌓기 상호작용 역시 이중나선의 구조를 강화시킨다. 수소결합, 소수성 상호작용 및 쌓기 상호작용 등의 힘을 파괴하는 요인들은 이중나선 구조의 해리나 풀림을 유발한다. 무작위 코일(random coil)의 배열 상태에서 염기-염기 쌓기 상호작용은 최소가 되고, 염기의 방향족 고리에 있는 가전자[valence (π)electron]의 배열을 변화시킴으로써 자외선의 흡수를 증가시키게 된다.

만일 열변성된 DNA 용액을 천천히 식힌다면, 두 개의 유리된 단일가닥이 자연 그대로의 이중나선으로 재결합되는 것을 관찰할 수 있다. 이러한 과정을 **복원(annealing)** 또는 재생(renaturation)이라고 한다(그림 10.12). 가역적인 해리 과정을 보여주는 DNA융해 실험은 전반적인 DNA복제 과정에 대한 왓슨과 크릭의 주장을 지지하고 있다. 그러나 왓슨과 크릭의 일반적인 생각은 옳았지만 구체적인 사항들은 그렇지 않았다.

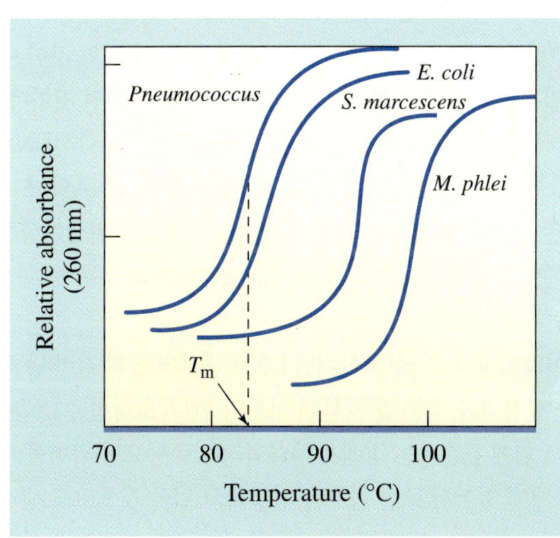

그림 10.13 여러 가지 세균 DNA 분자의 융해 곡선. 이러한 결과는 DNA 용액을 가열하고 260 nm에서 흡광 변화를 측정함으로써 얻어진 것이다. DNA가 변성될 때 더 많은 빛이 흡수된다. 정확한 융점(T_m)은 각 곡선의 중간점에서 측정한다. 폐렴쌍구균(*Pneumococcus*)의 T_m은 약 83℃이다.

그림 10.14 DNA의 3차구조. (a) 이완된 형태, (b) 초나선 형태. 초나선 형은 이완된 형보다 덜 안정적이다. 세포 내에 존재하는 위상이성질화효소(topoisomerase)는 이완형 DNA와 초나선 DNA의 상호 변환을 촉매한다.

DNA의 3차구조

초나선DNA DNA의 2차구조는 이중나선으로 설명된다. 마치 우리가 단백질의 3차구조에서 보아 왔던 것처럼 이미 고도로 조직화된 구조가 더 복잡한 배열 구조로 꼬인다는 것이 정말로 가능한 일일까? 자연 상태의 완전한 DNA에 대한 유전학적 연구와 전자현미경적 연구로부터 DNA에는 두 가지 뚜렷이 구분되는 형태, 즉 선형의 DNA(linear DNA)와 고리형의 DNA(circular DNA)가 있다는 것을 알게 되었다. DNA에 대한 많은 그림들을 보면 DNA는 선형의 이중나선이고, 두 개의 말단을 갖는 기다란 막대기 형태임을 암시하고 있다. 그러나 많은 미생물들에서 관찰된 염색체 DNA의 모습은 선형의 이중나선의 두 끝이 공유결합에 의해 합쳐진 결과로서 생겨난 폐쇄된 고리형이다. 고리형 DNA는 SV40(원숭이 바이러스), 박테리오파아지(예; ΦX174), 세균(예; 대장균) 및 몇 종류의 동물에서 발견된다. 그렇지만 바이러스인 T2 파아지의 DNA는 선형이며, 또 다른 바이러스인 λ파아지의 DNA는 그들의 생활환의 시간에 따라 각각 선형과 고리형의 구조로 존재한다.

폐쇄된 고리형의 이중가닥 DNA는 독특한 구조적 특징을 갖는데, 즉 **초나선DNA(supercoiled DNA)**라는 새로운 형태로 꼬여진 채 발견된다. 그림 10.14는 이완형 DNA(relaxed DNA)와 고도로 꼬인 초나선DNA를 보여주고 있다. 초나선 형태는 단순히 공유결합성의 고리형 DNA가 꼬인 것이 아니라, 두 개의 이중가닥이 공유결합에 의해 연결되기 직전에 선형의 이중 사슬이 한 번 더 꼬인 것이다. 이러한 초나선DNA는 이완형 DNA보다 비교적 덜 안정적이다. 그렇지만 생체 내에서는 초나선DNA가 존재한다는 것을 뒷받침 해주는 많은 증거들이 있다. 가장 신빙성 있는 증거는 이완형 DNA와 초나선 DNA의 상호 변환을 촉매하는 몇 가지 단백질을 분리하고 동정한 것이다. 이들 단백질을 **위상이성질화효소(topoisomerase)**라고 부르는데, 그 이유는 DNA의 3차원적 위상(topology)의 변화를 촉매하기 때문이다.

초나선 형성의 원인은 아직도 완벽하게 이해되지 않고 있다. 하지만 DNA 나선의 단위 길이 당 표준 수보다 더 많은 염기가 존재하여 DNA 분자에 장력을 주는 것 때문이 아닌가 한다. 초나선은 DNA 분자를 더욱 촘촘하게 만들어 세포 내 저장을 더 쉽게 해준다는 점에서 생물학적으로 중요한 의미를 가질지도 모른다. 초나선의 형성은 또한 DNA복제에 있어서 조절 작용을 담당하고 있을 것으로도 생각된다.

(a) 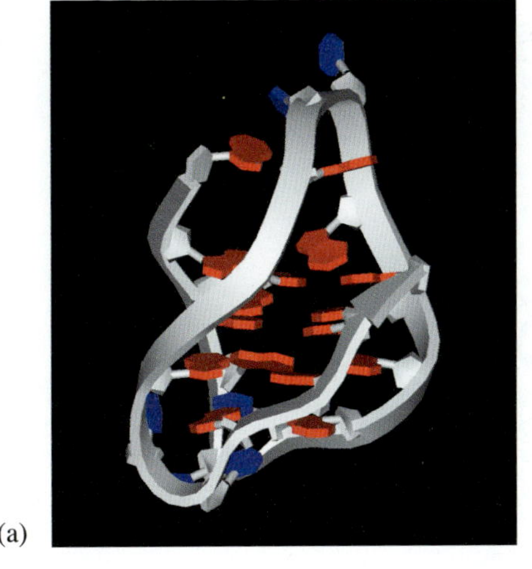

(b) 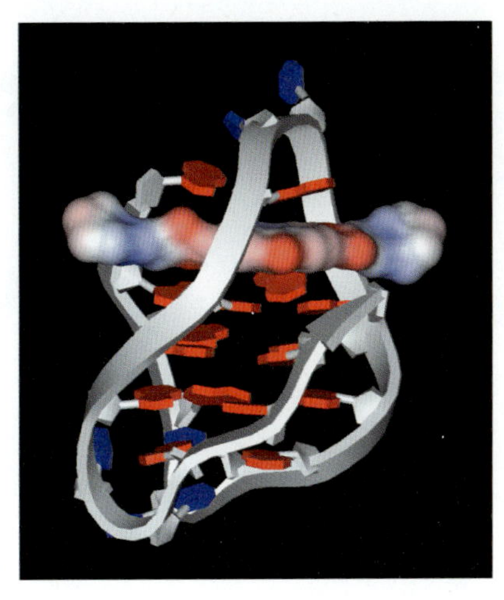

그림 10.15 사중구조 DNA. (A) G-사중구조 모델. (B) 안트라퀴논과 결합한 모양.

4중구조 DNA 네 가닥 형태의 DNA(4중구조 DNA, quadruplex DNA)의 존재에 대한 실험적 증거가 얻어졌다. 몇 년 전 유전자의 기능이 서로 접혀서 4가닥 구조를 형성하는 DNA의 2개의 이중나선 영역에 의하여 조절될지 모른다는 주장이 있었다. X선결정법과 NMR 분광법을 이용하여 인간의 암유전자(oncogene), 말단소체(telomere) 및 원생동물 DNA에서 이러한 형태의 구조를 확인하였다. 이러한 독특한 DNA 구조는 가끔 의자 형태 구조로서 혹은 속이 빈 상자구조로서 묘사되며(그림 10.15a), 이들은 DNA에 있어서 구아닌이 풍부한 영역에서 가장 빈번히 일어나기 때문에 G-사중구조(G-quadruplex)라고 불린다. 이러한 구조는 세포에서 자연적으로 형성되며, 말단소체(염색체 말단, 11.2절)를 조절하고 안정화시키는 역할과 유전자발현의 조절 역할을 할 가능성이 제기되었다(그림 10.15b). 포르피린(porphyrin)과 안트라퀴논(anthraquinone) 같은 작은 분자들이 이 구조의 내부 공간에 결합하여 구조를 안정시킨다. 이러한 분자들은 아마도 지속적으로 신장되는 염색체 말단에서 말단소체복원효소(telomerase)의 기능을 억제할 수 있으며 따라서 암을 제어할 가능성이 있다(11.1절).

10.3 RNA의 구조적 요소

학습 목표

RNA의 기초적인 구조적 특징을 설명한다.

우리는 이제 또 다른 핵산인 RNA의 구조에 대하여 자세히 알아보려고 한다. 생물학적 기능에 따라 몇 가지 RNA의 종류가 정해지기 때문에 화학적 구조에서도 다양성을 나타낼 것으로 기대한다. RNA와 DNA는 둘 다 뉴클레오티드 단량체로 구성된, 길이가 길고 가지가 없는 중합체임을 상기하기 바란다.

RNA와 DNA의 공유결합성 1차구조에는 두 가지 근본적인 차이가 있다. (1) RNA는 DNA에 있는 2-디옥시리보오스(2-deoxyribose)가 아닌 보통의 리보오스(ribose)를 가지며, (2) DNA에서 발견되는 티민(T) 대신에 RNA에는 우라실(U)이 주된 염기의 하나로 존재한다. RNA에 추가적으로 존재하는 히드록실기(3'-포스포디에스테르결합 옆의 2' 탄소에 있는)로 인해 RNA는 DNA보다 가수분해가 더 잘된다. 이는 구조적으로 더 안정적인 DNA가 궁극적인 유전정보의 저장소가 되는 가장 중요한 이유이다. RNA와 DNA의 1차구조에 있어서의 이러한 차이들 때문에 2차구조와 3차구조의 특징에 있어서 커다란 차이가 나타난다.

모두는 아니지만 세포 내에 있는 대부분의 DNA는 앞에서 설명한 것처럼 이중가닥이며 왓슨-크릭의 나선 구조로 접힌다. 이에 비해 모든 종류의 RNA는 크기나 생물학적 기능이 서로 다르지만 모두 단일가닥의 분자로 이루어진다. RNA의 1차구조는 리보오스와 인산이 교차하면서 형성된 포스포디에스테르 골격과 DNA 주형에 상보적인(DNA의 A, G, C, T는 RNA의 U, C, G, A와 짝지음) 곁가지의 질소염기로 이루어진다. RNA 분자는 DNA에서처럼 긴 구간에 걸쳐서 주기적인 2차구조의 배열을 취하지는 않지만 RNA라고 해서 그러한 규칙적인 구조가 전혀 없는 것은 아니다. 단일가닥의 RNA는 DNA

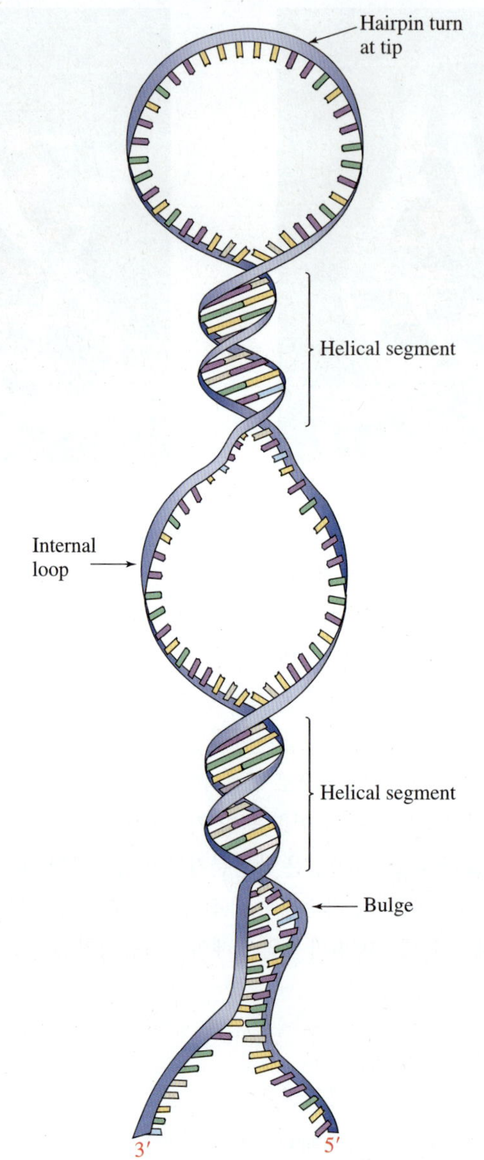

그림 10.16 RNA의 2차구조 및 3차구조의 일반적 특징. 단일가닥 RNA의 중요한 구조적 요소들은 머리핀 회전, 오른손감기 이중나선과 루프 등이다. 이중나선은 A-U와 G-C 사이의 상보적인 염기쌍에 의해서 만들어진다. RNA의 이중나선 지역에서 가닥들이 서로 역평행하고 있음을 주목할 것.

에서처럼 균일하게 주기적인 모양으로 접혀지기보다는 오히려 여러 가지 다른 구조적 요소들을 포함하는 형태로 되어 있다. 주기적 구조의 요소들은 RNA 분자 전체를 통하여 여기저기 흩어져 있다. 가장 중요한 구조적 요소들은 그림 10.16에 나타나 있으며 다음과 같이 설명된다.

1. **머리핀 회전(hairpin turn)**은 단일 사슬에 형성되는 루프(loop)로서, 서로 상보적인 부위를 가깝게 끌어 당겨 염기쌍을 형성하게 한다. RNA 내의 이러한 염기서열은 종종 충분히 길기 때문에 A-DNA 구조에 있는 것과 유사한 이중나선 지역을 형성한다.
2. RNA 내의 오른손감기 **이중나선(right-handed double helix)**은 사슬 내 접힘 과정의 결과이다. 머리핀 회전이 이중나선 지역을 형성하는 시발점의 역할을 하지만 다른 구조적 특징들도 이에 기여한다. RNA 내의 이중나선 지역은 역평행하며, DNA에서와 마찬가지로 여러가지 상호작용에 의해 안정화된다. 상보적인 수소결합과 쌓기 상호작용은 이중나선 구조를 서로 붙잡아 둔다. DNA의 염기쌍에 대한 동일한 규칙이 티민이 우라실로 대체된 RNA에 있어서도 효력이 있다(A-U; G-C)(그림 10.17). 하지만 부가적인 히드록실기의 공간적 간섭 때문에 RNA의 단일가닥은 유사한 B-DNA 배열처럼 접힐 수 없다. RNA 내의 염기쌍 사이의 상호작용과 이중나선 형성의 정도는 RNA 종류에 따라 다르다.

그림 10.17 RNA 내의 A-U 염기쌍.

3. RNA 분자 내에서 비교적 흔히 볼 수 있는 **내부 루프(internal loop)**와 **돌출부(bulge)**는 지속적인 이중나선 지역의 형성을 방해하는 구조들이다(그림 10.16).

tRNA와 rRNA를 포함하여, 각 종류의 RNA 내에는 공통적인 특징들이 있다. 그러나 한 유전자의 정보를 전달하는 각 mRNA 분자는 일정한 크기를 갖지만 구조가 불안정하고 또한 일시적으로 존재하는 특징 때문에 이들의 3차원적 구조에 대해서는 알고 있는 것이 별로 없는 실정이다.

tRNA의 구조

RNA 중에서 가장 작은 형태는 고도로 구조화된 tRNA 분자이다. tRNA는 단백질합성에 사용되는 각각의 아미노산을 운반하는 전달체이다. 20가지의 아미노산 각각은 적어도 상응하는 하나의 tRNA를 갖는다. 모든 tRNA는 단일가닥이며 74개~93개의 뉴클레오티드로 이루어진다. tRNA는 종종 몇 가지의 비정상적인 퓨린 염기와 피리미딘 염기를 포함하는데 이들은 네 가지 염기의 화학적 유도체들이다. tRNA를 결정화하여 그 구조가 X선 분석법으로 확인되었다. 모든 tRNA 분자는 그림 10.18과 그림 10.19

그림 10.18 tRNA 분자의 클로버 잎 구조. 구조적 요소는 머리핀 회전에 의해 형성된 세 개의 루프와 상보적인 염기 사이의 수소결합에 의해 안정화된 이중나선 지역을 포함하고 있다. 변형된 뉴클레오티드는 약자로 나타나 있다. 메틸구아노신(methylguanosine, m^1G), 디메틸구아노신(dimethylguanosine, m^2G), 이노신(inosine, I), 메틸이노신(methylinosine, m^1I), 디히드로우리딘(dihydrouridine, D), 슈도우리딘(pseudouridine, Ψ)

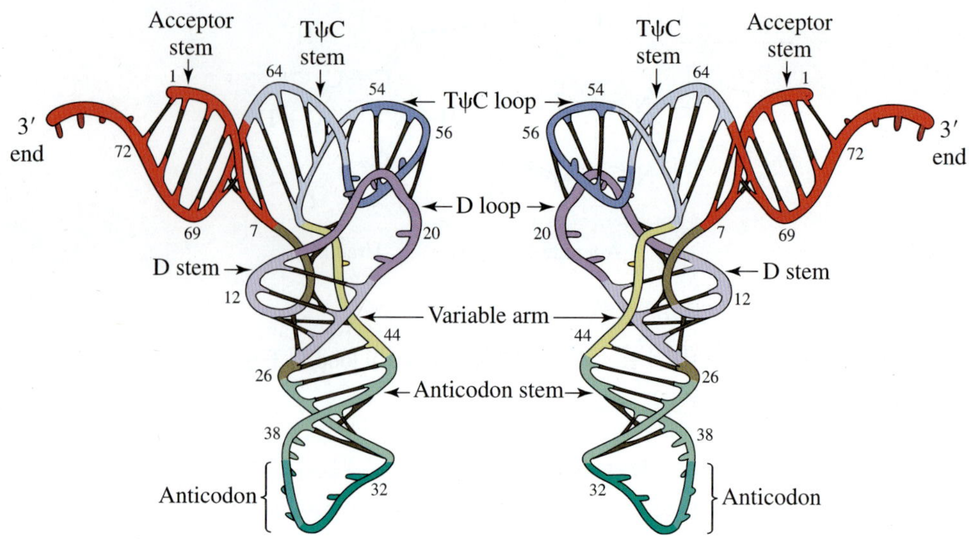

그림 10.19 효모의 페닐알라닌 tRNA의 3차원적 구조. 두 방향에서 본 모습.

에서 보는 바와 같은 공통적인 2차구조와 3차구조를 가지고 있다. 기본적인 형태는 클로버 잎 모양이며, 구조적 특징은 머리핀 회전, 이중나선 지역 및 루프들이다(그림 10.16). 그림 10.19는 아미노산인 페닐알라닌에 대한 특정 tRNA의 3차원적 구조를 보여주고 있다.

rRNA의 구조

rRNA 분자의 2차구조와 3차구조는 tRNA에서와 같은 요소를 많이 가지고 있으나 크기는 훨씬 더 크다. 대부분의 rRNA 분자 내에는 이중나선 지역이 광범위하며 많이 존재한다. 원핵세포에 있는 rRNA의 세 가지 종류(5S, 16S 및 23S) 중에서 16S의 구조가 가장 많이 밝혀져 있다. 대장균(*E. coli*)의 16S rRNA의 2차구조는 그림 10.20에 나타나 있다. X선회절 결정법에 의한 최근 연구 증거에 의하면 여러 가지 생물종의 16S rRNA가 대장균의 16S rRNA와 비슷한 2차구조와 3차구조를 가지는 것으로 밝혀졌다. RNA 구조와 기능 사이의 관계는 11장과 12장에서 더 자세하게 설명한다.

그림 10.20 대장균 16S rRNA의 2차 구조. 이중나선 지역, 루프 그리고 머리핀 회전 등의 구조를 보여 준다.

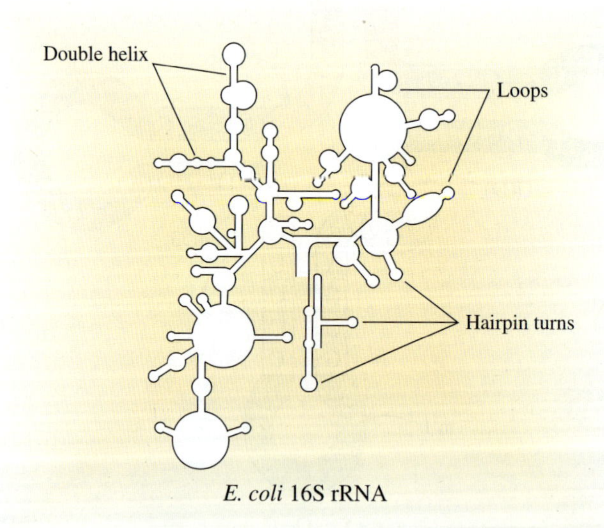

10.4 핵산가수분해효소에 의한 DNA와 RNA의 절단

학습 목표

제한효소 및 다른 핵산가수분해효소의 작용과 응용성을 설명한다.

핵산가수분해효소

핵산의 구조와 기능을 알아내는 데 있어서 종종 길고 복잡한 분자를 분석하기 위하여 더 짧은 조각으로 부수는 것이 필수적이다. 이런 과정은 (1) DNA와 RNA의 분석을 목적으로, (2) 재조합DNA 조작을 목적으로 특정한 부위를 절단하기 위하여 특히 중요하다(13장 참조). 역사적으로 핵산의 단편을 만들기 위해 사용된 가장 중요한 방법에는 산, 염기 및 효소에 의해 촉매되는 가수분해반응이 있다. RNA는 희석된 산의 처리에 잘 견디나, DNA는 1 *M* HCl 용액 내에서 퓨린 염기가 제거되면서 분해된다. 한편 DNA는 알칼리 가수분해에는 비교적 잘 견디지만 RNA는 쉽게 가수분해된다. 염기성 조건에서 RNA는 폴리뉴클레오티드 사슬에 있는 포스포디에스테르결합이 무작위로 가수분해되어 다양한 길이의 폴리뉴클레오티드 조각으로 된다. 핵산 구조에 대한 보다 더 주의 깊은 연구를 위해서, 선택적이고, 예측 가능하며, 그리고 반복하여 사슬을 잘라 낼 수 있는 알맞은 절단 방법이 요구된다.

핵산말단가수분해효소와 핵산내부가수분해효소 모든 세포들은 **핵산가수분해효소(nuclease)**라고 불리는 효소를 가지고 있는데 이 효소는 포스포디에스테르결합의 가수분해를 촉매한다. 이 효소의 정상적인 생화학적 역할은 세포 내의 '집안일 돌보기'같은 그러한 일련의 작업을 통해서 낡고 손상된 핵산의 분해를 촉매하는 것이다. 많은 종류의 핵산가수분해효소가 세포로부터 분리되어 실험실 조건 하에서 특별한 목적으로 핵산의 단편을 만드는 데 사용되고 있다. 핵산가수분해효소의 작용을 이해하기 위하여 필요한 몇 가지 용어를 정리하고자 한다. 어떤 효소들은 RNA와 DNA를 모두 기질로 사용하는 반면에 어떤 것들은 기질 특이성을 갖는다. **디옥시리보핵산가수분해효소(deoxyribonuclease, DNase)**는 DNA에 선택적으로 작용하며, RNA에 작용하는 효소는 **리보핵산가수분해효소(ribonuclease, RNase)**라고 한다. **핵산말단가수분해효소(exonuclease)**는 핵산의 말단에 있는 뉴클레오티드를 가수분해하여 제거한다(그림 10.21). 핵산말단가수분해효소는 작용 부위에 따라서 5'-핵산말단가수분해효소와 3'-핵산말단가수분해효소의 두 가지 종류로 나눈다. **핵산내부가수분해효소(endonuclease)**는 **내부의** 포스포디에스테르결합을 가수분해에 의해 절단한다. 포스포디에스테르결합의 구조를 면밀히 조사해 보면 다음과 같은 두 개의 서로 다른 형태의 에스테르결합이 있음을 알 수가 있다. 즉 (1) 뉴클레오티드의 3'-히드록실기와 인을 연결한 것(a 형이라고 부름)과 (2) 뉴클레오티드의 5'-히드록실기와 인을 연결한 것(b 형이라고 부름). 뉴클레오티드 사이의 모든 포스포디에스테르결합은 한 개의 a 형 에스테르결합과 한 개의 b 형 에스테르결합으로 이루어진다.

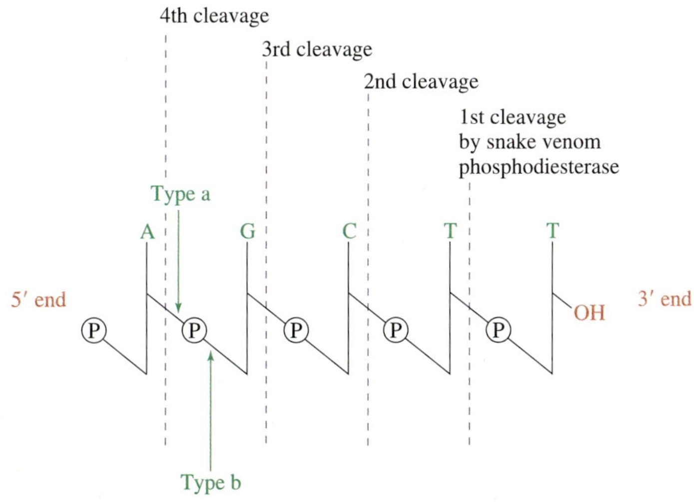

그림 10.21 뱀독의 포스포디에스테르가수분해효소의 특이성. 이 효소는 DNA와 RNA의 포스포디에스테르결합 중 a 형 결합의 가수분해 촉매작용을 한다. 점선은 가수분해에 의해 끊어지는 결합을 나타낸다. 가수분해는 3' 말단에서 시작된다.

방울뱀의 독은 RNA 및 DNA 핵산가수분해효소를 포함하고 있다.

가장 많이 연구되어 잘 알려져 있는 핵산가수분해효소로서는 방울뱀 독의 포스포디에스테르가수분해효소(phosphodiesterase), 비장 포스포디에스테르가수분해효소, 췌장 리보핵산가수분해효소 A 및 비장 디옥시리보핵산가수분해효소 Ⅱ 등을 들 수 있다. 이 효소들의 특성은 표 10.5에 비교되어 있다. 이 효소들은 DNA나 RNA를 쉽게 다룰 수 있는 크기로 절단하는 데는 유용하지만, 염기의 성분이나 염기서열에 의해 결정되는 고도의 부위 특이성을 갖지는 않는다. 즉 각각의 포스포디에스테르결합은 거의 똑같은 확률로 가수분해 작용을 받는다. 한편 리보핵산가수분해효소는 현재 항암제로서 활발히 연구되고 있다(생화학 들여다보기 10-2).

표 10.5
핵산가수분해효소의 특성

Enzyme	Substrate	Type	Specificity
Standard Nucleases			
Rattlesnake venom Phosphodiesterase	DNA, RNA	exo(a)	Begins at 3′ end; no base specificity
Spleen phosphodiesterase	DNA, RNA	exo(b)	Begins at 5′ end; no base specificity
Pancreatic ribonuclease A	RNA	endo(b)	Preference for pyrimidine on 3′ side
Spleen deoxyribonuclease Ⅱ	DNA	endo(b)	Internal ester bonds; on base specificity
Restriction Endonucleases			
*Eco*R I	DNA	endo(a)	5′ G↓AATTC[a]
Bal I	DNA	endo(a)	5′ TGG↓CCA
Taq I	DNA	endo(a)	5′ T↓CGA
Hinf I	DNA	endo(a)	5′ G↓ANTC

[a]The recognition sequence for each restriction endonuclease is shown with a red arrow denoting the actual site of cleavage.

DNA제한효소

DNA 절단에 이용되는 가장 특이적인 효소는 **제한핵산내부가수분해효소(restriction endonuclease)** 또는 **제한효소(restriction enzyme)**라고도 불리는 효소들로서 1970년대 초반에 발견되었다. 세균은 자신의 세포 내에 있는 외부의 DNA 분자를 분해하는, 즉 "제한"하는 작용을 하는 효소들을 생산한다. 제한효소는 이중가닥의 DNA에 있는 특정한 염기서열을 인식하고 그 특정 지역의 내부나 근처를 가수분해에 의해 절단한다. 숙주의 DNA는 가수분해 작용으로부터 보호를 받는데, 그 이유는 절단부위 근처에 존재하는 몇 개의 염기들이 메틸화되어 있기 때문이다.

지금까지 수 백 종의 제한효소가 분리되고 동정되었다. 이들에 대한 명명법은 출처인 세균을 표시하는 세 글자 약어, 변종(strain)을 표시하는 한 글자, 그리고 발견 순서를 지정하는 로마 숫자의 세 부분으로 구성된다. *Eco*RI은 대장균인 *E. coli*의 R 변종에서 분리된 첫째 제한효소이다. *Eco*RI의 절단에 대한 특이성은 다음의 반응에 나타나 있다.

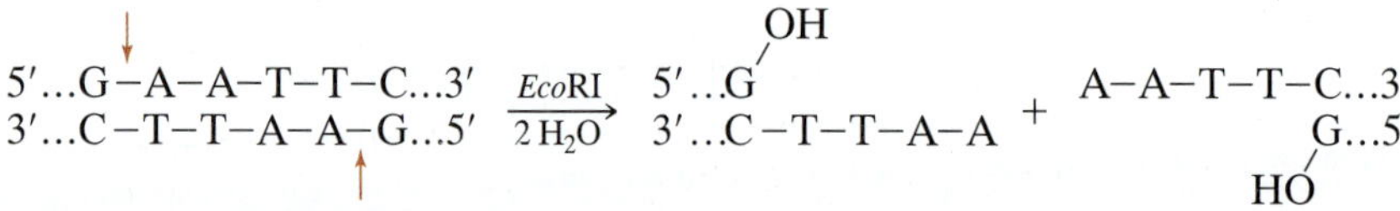

*Eco*RI의 작용 부위는 특정한 헥사뉴클레오티드(hexanucleotide) 서열이다. 두 개의 포스포디에스테르

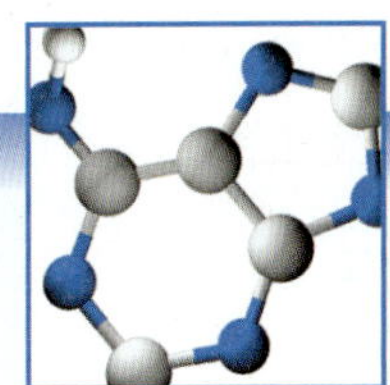

10 - 2

생화학 들여다보기

온코나아제(onconase) – 항암 활성을 갖는 새로운 리보핵산가수분해효소

췌장의 **리보핵산가수분해효소A(RNase A)**는 종종 20세기에 가장 철저하게 연구된 효소로 언급된다. 췌장에서 생산되는 이 효소는 세포의 소포체로 분비되어 세포의 RNA 대사회전(turnover) 기능을 담당하며, 또한 소장으로 운반되어 음식물의 소화에 있어서 주요 작용을 한다. RNase A는 엔도 b 형의 핵산가수분해효소이다(표 10.5). 사람의 리보핵산가수분해효소A는 항암 작용과 항바이러스 작용이 거의 없다.

표범개구리(*Rana pipiens*)에서 인간의 리보핵산가수분해효소와 매우 유사한 염기서열을 갖는 새로운 리보핵산가수분해효소가 발견되었는데 이 효소는 시험관 내에서 종양세포에 선택적 독성을 갖는 강한 항암 효과를 보인다(그림 참조). 현재 온코나아제(Onconase, 란피르나아제, 알파셀 주식회사)라 불리는 이 개구리의 효소는 항암제로서 가장 유용하게 사용될 수 있는 방법을 찾기 위하여 고도의 전임상시험과 임상시험이 진행되고 있다. 현재 가장 바람직한 결과가 석면에 의해 발병된 허파와 복부의 내막암인 악성 중피종(malignant mesothelioma)이 심하게 진행된 환자를 대상으로 한 임상 2기 및 임상 3기 시험으로부터 나왔다. 악성 중피종은 현재 의존할 만한 치료법이 없으며, 환자의 평균 생존율은 진단 후 1년~2년 정도이다. 악성 중피종은 미국에서만 매년 2,500~3,000명의 새로운 환자가 나타나 괴로움을 주고 있다. 온코나아제는 다른 암치료제인 독소루비신(doxorubicin, 아드리아마이신)에 비하여 악성 중피종과 관련된 종양의 성장을 제어하는 효과가 좀 더 우수하다고 확인되었으며, 또한 더 독한 독소루비신에 비해 피로, 독감 증상 및 탈모 등의 부작용이 적은 것으로 알려졌다. 수 천 번의 온코나아제가 처방되었으나 이 약에 의한 사망이 보고된 적이 없었으며, 현재에는 온코나아제와 독소루비신의 조합제의 효과에 대한 임상 시험이 진행 중에 있다.

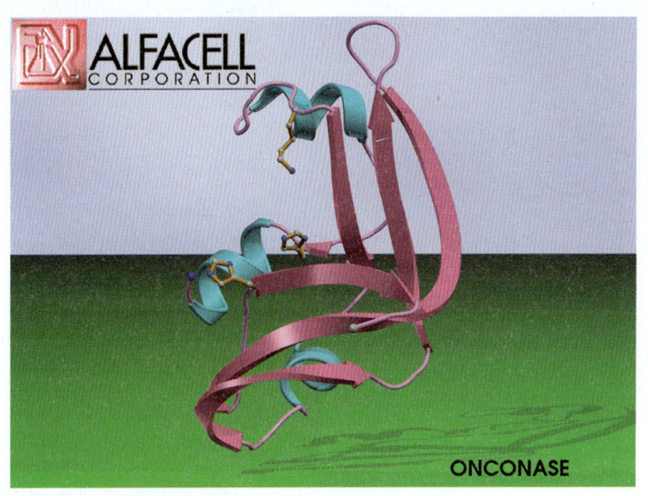

결정학적 3차원 구조에 의거한 온코나아제의 리본모형.

온코나아제의 가벼운 부작용은 아마도 개구리 효소와 인간의 효소 간의 유사성일 것이다. 또 다른 장점은 온코나아제의 탁월한 안정성이다. 이 효소는 단백질분해에 대하여 특히 저항성이 있는데, 이는 생체내(*in vivo*) 조건에서 천천히 분해된다는 것을 의미한다. 한편 온코나아제의 세포독성은 핵산가수분해효소 활성에 기인하는 것이 아니라는 실험적 증거가 제시되었는데, RNA분해효소의 활성을 갖지 않는 변형된 단백질도 강한 항암능력을 유지한다는 것이다. 온코나아제에 대한 이러한 괄목할만한 임상 결과와 안정성에 대한 기록들은 생산자인 알파셀 주식회사로 하여금 이 신약이 전혀 새로운 종류의 치료제의 개발로 이어질 수 있다는 확신을 가지게 하였다.

결합이 가수분해되어(빨간 화살표 참조) 이중나선 DNA의 두 가닥이 모두 잘리게 된다. 인식 부위에 있는 회전성 대칭 관계, 그리고 상보성 염기로 이루어지는 말단의 형성에 주목하기 바란다. 네 개의 염기(점성 말단) 사이에 형성되는 약한 결합은 생성된 두 개의 단편을 붙들기에 충분치 않다. 표 10.5는 몇 가지 제한효소와 절단 인식 부위를 나열한 것이다.

제한효소의 이용 제한효소는 핵산 화학의 연구에 폭넓게 사용되고 있다. 이 효소들은 큰 DNA 분자를 더 쉽게 분석할 수 있는 작은 단편으로 절단하고자 할 때 특별히 유용하다. 예를 들면 λ파아지의 선형의 이중가닥 DNA는 48,502개의 염기쌍(분자질량 31×10^6 달톤)으로 이루어져 있는데 *Eco*RI으로 처리하면 여섯 조각으로 가수분해되며, *Hpa*I(*Haemophilus parainfluenzae*)으로 처리하면 15 조각으로 가수분해된다(그림 10.22 참조). 제한효소에 의해 인식되는 염기서열은 한 DNA 분자에 몇 군데 밖에 되지 않는다. 따라서 DNA 분자가 작을수록 효소가 인식하는 특정 부위의 수는 적다. λ파아지DNA는 사용하는

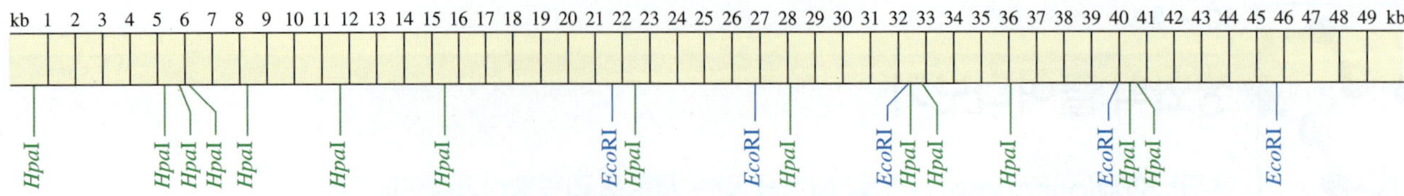

그림 10.22 λ파아지DNA의 제한효소 절단부위. DNA는 위쪽에 킬로 염기쌍(kilobase pair, kb)으로 표시되어 있다. 두 제한효소, *EcoRI*과 *HpaI*의 작용 부위가 표시되어 있다.

제한효소의 종류에 따라 두 개 또는 그 이상의 단편으로 잘리는 반면, 보다 더 큰 세균의 DNA나 동물세포의 DNA는 많은 수의 인식 부위를 가지며 수백 개의 단편으로 잘리게 된다. 그러므로 크기가 작은 DNA 분자는 특정 제한효소의 처리에 의해 일련의 단편으로 구성된 독특한 조합을 만들 수 있는 가능성이 높다. 서로 다른 두 개의 DNA 분자가 똑 같은 DNA 단편의 조합을 가지는 것은 쉽지 않다. 따라서 이러한 단편화 양상은 DNA 기질에 따라 매우 독특하며 그 DNA의 "지문(fingerprint)"으로 여길 수 있다. 이 단편들은 아가로오스(agarose) 겔전기영동법으로 쉽게 분리되며 그 크기를 알 수 있다. 이러한 제한효소 절단법은 범죄 장소에 남아 있는 체액에서 발견된 DNA의 분석(DNA지문법)을 위해 널리 사용되는 기술이 되었다(13장 13.3절 참조).

예측 가능한 부위를 절단함으로써 RNA를 단편으로 만드는 효소는 아직 발견된 적이 없다. 그러나 리보자임(촉매RNA)은 이제 RNA 제한효소의 작용을 갖도록 실험실에서 설계되고 있다(6.5절 참조). 이러한 특이적 촉매제의 이용 가능성은 RNA의 구조와 기능을 밝혀내는 데 매우 큰 도움이 되며, 더 나아가 바이러스 및 세균의 감염을 통제할 수 있는 새로운 의약품을 제공할지 모른다.

복습 문제

1. 방울뱀 독의 포스포디에스테르가수분해효소에 의하여 그림 10.21에 있는 올리고뉴클레오티드의 가수분해로부터 얻어지는 뉴클레오티드와 뉴클레오시드를 나열하시오.
2. 다음 올리고뉴클레오티드에 있어서 췌장 리보핵산가수분해효소 A의 작용을 예측하시오.

   5' AGGGCAA

3. 다음 올리고뉴클레오티드에 있어서 제한효소 EcoRI의 작용을 예측하여라.

   5' TGGCCATCGA
   3' ACCGGTAGCT

10.5 핵산-단백질복합체

학습 목표

바이러스, 염색체, snRNP, 리보솜 및 리보핵산단백질효소 등의 핵산-단백질복합체의 중요한 구조적 특징을 이해한다.

우리는 생화학적 기능을 갖는 거대분자(macromolecule)끼리의 조직화된 구조를 설명하면서 "초분자적 집합체(supramolecular assembly)"라는 용어를 이미 소개하였다(1장 1.4절 참조). 이러한 고도의 조직화에 대한 대표적인 예가 **핵단백질(nucleoprotein)**로서, 이는 핵산과 단백질의 복합체이다. 핵산과 단백질이 조합된 이 집합체는 그들 각각의 구성 단위체에서 관찰되지 않던 복잡한 구조와 생물학적 활성을 갖는다. 중요한 생물학적 활성을 갖는 몇 가지의 예가 이 단원에서 소개된다.

바이러스

바이러스(virus)는 안정한 감염성의 입자로서, RNA나 DNA 중 하나의 핵산과 단백질의 단위체로 구성된다. 기본적인 바이러스 입자의 경우, 단백질 분자는 중심부의 핵산을 둘러싸는 보호막 껍질을 형성한다. 크기가 크고 더 복잡한 바이러스의 경우 단백질 껍질은 당단백질(7.5절 참조)과 막지질(8.3절 참조)로 구성된 피막(envelope)으로 덮여 있다. 바이러스는 스스로 존재할 수 없기 때문에 보통은 생물체로 여기지 않는다. 오히려 바이러스는 기생체로 간주된다. 왜냐하면 바이러스는 숙주세포를 감염함으로써 살아갈 수 있는데, 이 때 새로운 바이러스 입자에 필요한 분자 구조물을 합성하기 위하여 숙주세포의 대사 기관을 사용하기 때문이다. 현재 많은 종류의 바이러스들이 분리되고 연구되었다. 바이러스는 크기, 모양 및 화학적 조성이 매우 다양하다(그림 1.7 참조). 바이러스는 평균 길이가 100 nm 정도이며, 바이러스의 형태는 보통 숙주세포의 종류에 따라 다르다. 세균, 식물세포 및 동물세포에 선택적으로 감염하는 바이러스들이 발견되고 동정되었다.

박테리오파아지 세균에 특이적인 바이러스는 박테리오파아지(bacteriophage) 또는 그냥 짧게 **파아지(phage)**라고 부른다. 대부분의 파아지는 DNA 바이러스로서, 유전체가 DNA로 이루어져 있다. 상세하게 연구된 파아지 중 하나가 *E. coli*를 감염시키는 ΦX174이다. ΦX174의 DNA 유전체는 비교적 작으며, 단일가닥의 고리형 분자로 5,386개의 뉴클레오티드로 구성되어 있다.

식물 바이러스 가장 잘 알려진 식물 바이러스는 담배모자이크바이러스(TMV)로서 식물의 잎을 감염시킨다. TMV는 단일가닥의 RNA 유전체를 가지며, 그 크기는 6,390개의 뉴클레오티드이고 네 개의 폴리펩티드를 위한 정보를 가지고 있다. 몇몇의 RNA 바이러스, 예를 들어 TMV는 RNA-지시성 RNA중합효소(RNA-directed RNA polymerase)의 작용에 의해 숙주세포 내에서 복제한다. RNA 주형은 RNA 중합효소에 의해 상보적인 RNA를 합성하기 위한 명령을 가지고 있다.

동물 바이러스 동물세포를 감염시키는 바이러스들도 분리되고 동정되었다. 어떤 종류는 인간에게 매우 강한 병원성을 나타내는데 독감, 감기, 암, 소아마비, 포진(헤르페스) 및 AIDS 등을 일으키는 바이러스들이 그들이다. 이들 바이러스는 RNA로 된 유전정보를 해독하는 특별한 효소를 필요로 하기 때문에 레트로바이러스(retrovirus)라고 불린다. 이 레트로바이러스는 숙주세포에게 역전사효소(reverse transcriptase)를 만들도록 지시하며, 이 효소는 RNA 유전체에 상보적인 DNA를 합성하도록 촉매한다. 종양을 일으키는 라우스 육종 바이러스(Rous sarcoma virus)는 그 중에서 잘 알려져 있는 종류이다. 현재 우리가 가장 큰 관심을 갖는 바이러스는 사람에게 후천성면역결핍증(AIDS)을 일으키는 **사람면역결핍바이러스(human immunodeficiency virus, HIV)**인데, 그림 10.23에 나타나 있다. 레트로바이러스인 HIV의 핵(core) 부위에는 두 개의 동일한 단일가닥의 RNA 유전체가 있다. 각 RNA 분자는 9,700개의 뉴클레오티드로 구성되며, 역전사효소에 의해서 이중가닥의 DNA로 복제되어 숙주세포의 염색체에 통합된다. 중앙의 핵은 특별한 당단백질 종류인 gp41과 gp121을 포함하는 지질 이중막(lipid bilayer membrane)으로 둘러싸여 있다. HIV의 공격으로 파괴되는 인간의 숙주세포는 바로 도움T세포(helper T cell, TH)이다. 이 세포가 HIV에 의해 없어지면 희생자의 면역 체계는 엄청나게 약해지게 된다(특별주제 II 참조). 따라서 아주 미미한 감염일지라도 죽음을 초래하게 된다. AIDS 백신을 개발한다는 것은 엄청난 도전일 것이다. 왜냐하면, 이 바이러스는 막에 존재하는 gp41과 gp121 단백질의 아미노산서열을 끊임없이 변화시키기 때문이다. 이 바이러스와 싸우는 또 다른 방법 중의 하나는 HIV의 성숙 과정에 중요한 역할을 담당하는 **HIV-1 단백질가수분해효소(HIV-1 protease)**와 **RNase H**의 두 효소를 억제하는 약을 만들어 내는 것이다(임상생화학 5 참조). 의약품인 DDI와 AZT(그림 10.5 참조)는 HIV의 역전사효소를 억제함으로써 바이러스의 증식 속도를 늦춘다.

염색체

진핵세포의 핵에 있는 유전체 DNA는 **염색체(chromosome)**라고 부르는 기능적 단위로 포장되어 있다.

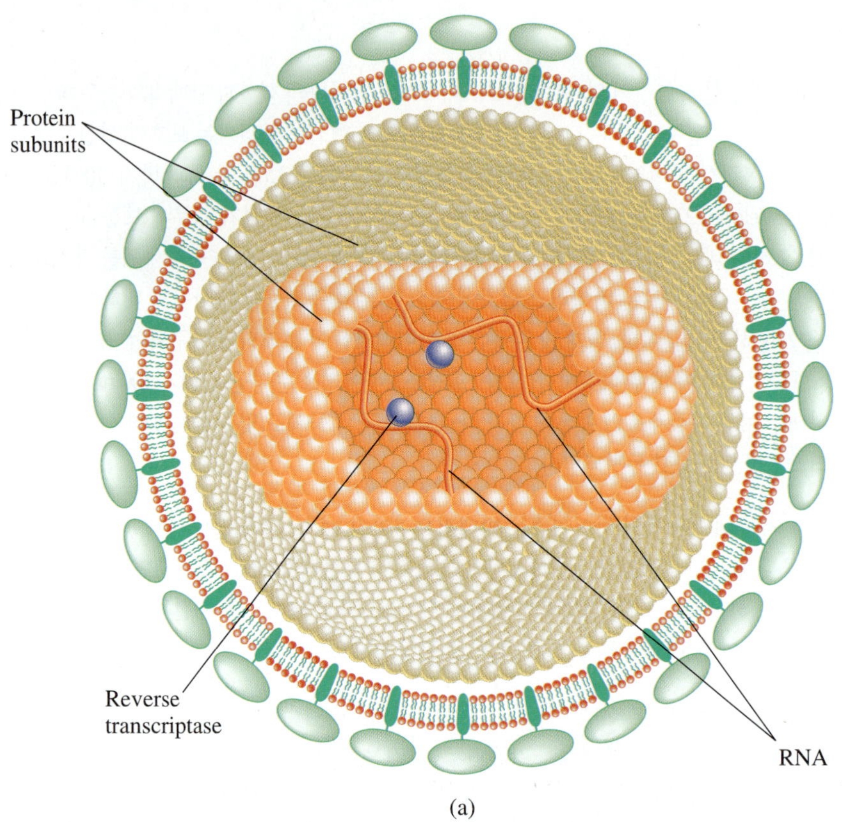

(a)

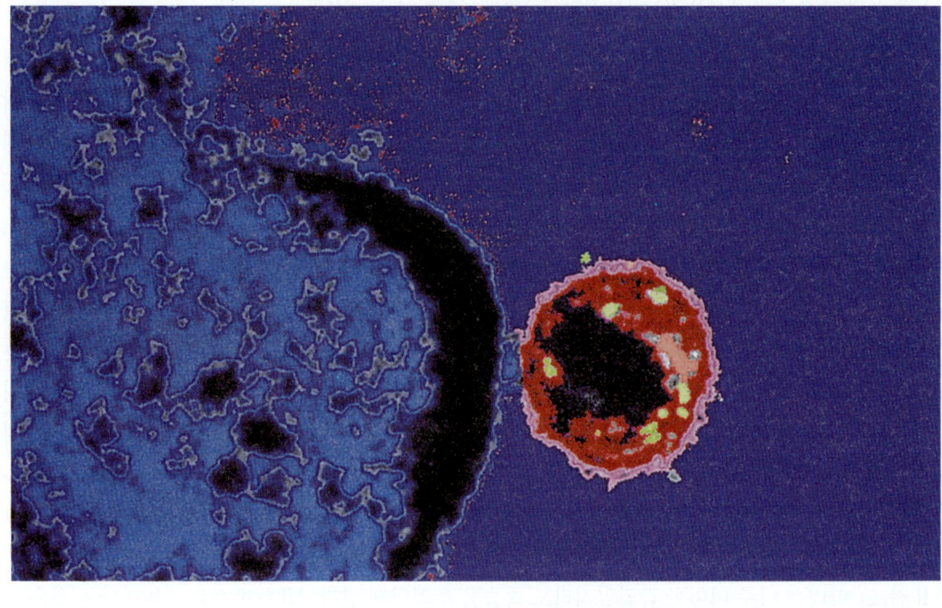

(b)

그림 10.23 사람면역결핍바이러스(HIV). (a) 개략적인 모식도, (b) 전자현미경으로 본 모습. (a)에서, 막의 당단백질인 gp41과 gp121은 두 가지 색조의 녹색으로 나타나 있다. 바이러스의 핵은 황갈색과 오렌지색으로 보이는 두 종류의 단백질 단위체를 포함하고 있다. RNA 유전체는 빨간색, 역전사효소(reverse transcriptase)는 파란색으로 나타나 있다.

염색체 수는 생물 종마다 다르다. 초파리는 세포 당 8개의 염색체를 갖는 반면 사람은 세포 당 46개의 염색체를 가지고 있다. 진핵세포의 염색체는 DNA와 단백질로 이루어진 꾸러미다. 꾸러미를 만드는 포장 과정은 엄청난 크기의 DNA 분자가 세포핵 내에 꼭 차도록 고도로 정돈되고 압축되어 있어야만 한다. 사람 세포 내의 DNA의 총 길이는 대략 1~2미터 정도인데 비해 모든 DNA를 담아야 하는 세포의 핵은 직경이 단지 5 μm일 뿐이다.

진핵세포의 핵 내에 있는 핵단백질복합체는 **염색질(chromatin)**이라고 부른다. 염색질의 일차적인 생화학적 조성은 DNA 분자와 두 종류의 단백질, 즉 **히스톤(histone)**과 비히스톤성 염색체 단백질이다.

히스톤은 크기가 작은 일단의 단백질로서 비교적 많은 수의 염기성 아미노산 잔기인 아르기닌과 리신을 함유하고 있다. 5종의 히스톤 단백질이 확인되었는데 이들은 분자의 크기(10,000~20,000 달톤)와 Lys/Arg의 비가 서로 다르다. 비히스톤성 단백질의 수는 비교적 적다.

유전체를 구성하는 재료가 세포핵 내에 들어갈 수 있을 정도로 작게 포장하기 위해서 DNA 분자는 잘 조직화되고 압축되어야만 한다(그림 10.24). 이러한 포장 과정은 DNA-히스톤 복합체의 형성으로부터 시작된다. 8개의 단백질 분자로 이루어진 히스톤 핵은 DNA로 촘촘히 감겨 있다. 이 실패와 같은 복합체를 **뉴클레오솜(nucleosome)**이라고 하는데 양전하를 띄는 아르기닌 잔기 및 리신 잔기와 음전하를 띄는 DNA 골격의 인산기 사이의 이온결합에 의해 함께 묶여 있다. DNA를 감기 위해서 사람의 각 염색체는 약 100만개의 뉴클레오솜을 필요로 한다. 이 단계에서의 구조는 마치 염주와 같은 모습을 나타낸다. 히스톤 다발(염주알)이 DNA 분자(끈)에 일렬로 정렬되어 있다. 이후 뉴클레오솜은 가는 실이나 섬유(염색질 섬유라고 함)를 연상시키는 구조로 촘촘하게 감기를 계속한다. 포장 과정은 루프 덩어리의 형성과 더불어 염색분체(chromatid)가 만들어질 때까지 계속된다. 사람의 세포에 있어서 이러한 전체

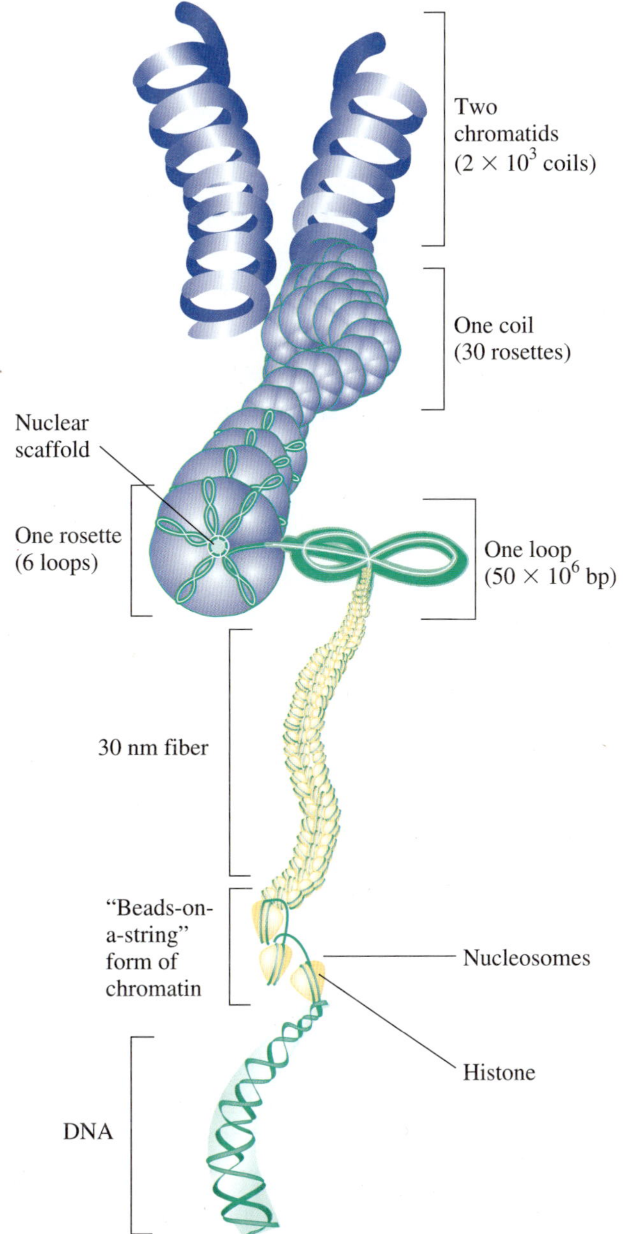

그림 10.24 진핵세포의 DNA가 염색체로 포장되어 가는 과정.

과정은 10^5의 압축률을 나타낸다. 염색체의 생화학적 기능은 11장에서 소개될 것이다.

snRNP

생화학자와 분자생물학자들은 RNA 변형(RNA processing)의 역할을 담당하는 새로운 종류의 리보핵산단백질복합체(ribonucleoprotein complex)들을 최근에 발견하였다. **소형 핵리보단백질 입자(small nuclear ribonucleoprotein particle, snRNP,** "스너프"라고 발음됨)라고 불리는 이들 활성적 복합체는 소형 핵리보핵산(small nuclear ribonucleic acid, snRNA)과 단백질로 구성된다. 세포질에서 발견되는 유사한 입자는 scRNP(스커프)라고 한다. 이들 RNA 분자들은 tRNA와 작은 5S rRNA의 중간 크기 정도로 비교적 작은 크기이며 약 100개에서 200개의 뉴클레오티드염기로 구성된다. 이 안정성 있는 리보핵산단백질복합체들은 진핵세포에서만 발견된다. snRNP는 mRNA를 준비하는 단계(변형)에서 매우 중요한 역할을 한다. 이들은 유전자의 전사물(핵내 이질성 RNA, heterogenous nuclear RNA)이 핵으로부터 세포질에 있는 리보솜으로 운반되기 전에 최종적인 mRNA의 형태로 변형되는 이어맞추기(splicing) 반응을 촉매한다. 구체적으로, 이 RNA전사물에서 끼어든 염기서열 부분(**인트론, intron**)이 제거되고

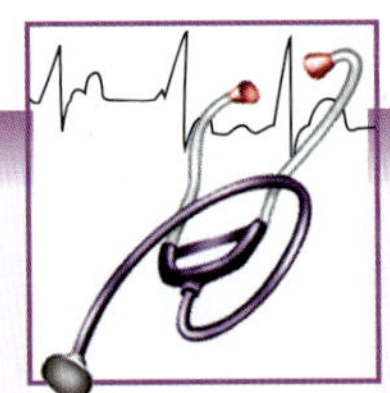

10-1 임상생화학

인간의 디옥시리보핵산가수분해효소는 낭포성섬유증의 증상을 완화시킨다

낭포성섬유증(cystic fibrosis)은 백인들에게 가장 흔한 열성 유전병이다. 이 병의 발병률은 2,000~3,000명의 신생아에 한 명 꼴이다. 이 병은 생명을 위협하며 환자의 예상 수명은 겨우 32년이다. 미국에만 약 1,000만 명의 "무증상 보균자"(결함이 있는 유전자를 1개만 가짐)가 있다. 이 병이 나타나려면 부모로부터 한 개씩의 결함 낭포성섬유증 유전자(따라서 2개)를 물려받아야 한다. 두 명의 보균자가 결혼하여 임신할 때 그들의 자식이 이 병을 갖게 될 확률은 25%이며(2개의 결함 유전자를 가짐), 보균자가 될 확률은 50%이고(1개의 결함 유전자를 가짐), 25%는 정상이다(보균자도 아님).

이 질병의 가장 흔한 유전적 돌연변이는 **낭포성섬유증유발 세포막단백질**(CFTR, cystic fibrosis transmembrane regulator protein)의 결함을 유발한다(Phe 508 결실). 이 단백질은 폐를 비롯한 기관에서 아주 중요한 수용체와 수송 기능을 담당한다. 비정상적이며 무기능성 단백질은 수화가 적절히 되지 않은 점액을 생산하게 된다. 점도가 매우 높고 끈끈한 점액은 허파의 기도를 막게 되며 따라서 호흡 곤란을 일으킨다. 이 점액은 또한 췌장관을 막아 췌장에서 만들어지는 소화효소가 소장으로 분비되지 못하게 하여 소화 장애를 일으킨다(이 단백질에 대해서 더 자세한 것은 생화학 들여다보기 4-1과 9-1 참조).

증상과 진단

이 질병의 많은 증상들은 생후 몇 달 동안 또는 유년 시절 초기에 나타난다.

- 호흡 장애: 호흡 곤란, 지속적인 기침, 쌕쌕거림, 만성적 폐 감염.
- 소화 장애: 소장 폐색으로 인한 불규칙적 장운동, 설사, 저조한 양분 흡수로 인한 성장 지체.
- 기타 증상: 매우 짠 맛의 땀, 2차 감염, 곤봉 모양의 손가락, 코 내피 세포의 성장.

이러한 증상들이 관찰되면 의사는 땀 테스트를 지시하는데, 이 테스트는 피부 표면의 땀에 존재하는 Na^+와 Cl^-의 양을 측정하는 것이다. 낭포성섬유증 환자의 염분 농도는 정상인보다 2~5배나 높다.

치료 방법

낭포성섬유증은 치료되지 않는다. 이 병은 환자를 편하게 해주는 증상 완화 방법으로 조절되고 있다. 치료법은 다음과 같다.

- 허파의 호흡 기도를 열어준다: 기관지 확장제, 항콜린제(anticholinergics)
- 감염 치료: 시프롤(Ciprol)이나 토브라마이신(tobramycin) 등의 항생제.
- 점액의 양과 점성의 조절: 디옥시리보핵산가수분해효소(풀모자임, 아래 참조).
- 염증의 완화: 이뷰프로펜 같은 NSAID(모트린, 애드빌)
- 소화 효소의 대체: 췌장효소(지방질 음식 소화를 도와주는 지질가수분해효소)

낭포성섬유증 환자의 90%는 폐에 아주 점도가 높은 점액이 많은 양으로 축적되면서 호흡 부족으로 사망하게 된다. 이 점액에는 만성적 폐 감염을 일으키는 세균과 감염에 대항하는 수많은 백혈구 세포가 포함되어 있다. 혈액 세포와 세균이 죽으면 DNA를 방출하는데 이것들이 점액의 점도를 높인다. 사람의 **디옥시리보핵산가수분해효소(DNase)**가 이 낭포성섬유증의 치료를 위해서 허가를 받았다. **풀모자임(Pulmozyme)**

암호화하는 염기서열 부분(**엑손, exon**)은 활성형의 mRNA로 이어져 붙여진다(1.4절, 6.5절 및 11.5절 참조).

리보솜

리보솜(ribosome)은 RNA와 단백질의 초분자적 집합체로서 단백질합성(RNA의 번역)이 일어나는 세포내 장소로서 작용한다. 리보솜은 약 65%의 RNA와 35%의 단백질로 구성되어 있다. 리보솜은 두 개의 단위체로 구성되어 있는데 번역 과정 중에 서로 분리된다. 리보솜의 자세한 구조와 기능은 12장의 12.1절과 12.2절에서 논의한다.

리보핵산단백질효소

단백질과 핵산으로 구성된 중요한 효소들은 리보핵산가수분해효소 P(6.5절 참조), 말단소체복원효소(11.2절 참조) 및 펩티딜기전달효소(12.2절) 등이다.

이란 약품명으로 제넨텍 사(Genentech Company)에서 유전자 재조합 방법으로 만들었으며 입자를 분무하여 흡입하는 방법으로 투약된다(그림 참조). 이 효소는 커다란 DNA 분자들을 작은 핵산 조각으로 가수분해하여 DNA 용액의 점도를 낮춘다.

미래의 낭포성섬유증

최근 낭포성섬유증을 더 나은 그리고 가능성 있게 치료하기 위한 다양한 접근법이 시도되고 있다. 주요한 연구 방법은 환자에게 정상 유전자를 전달할 수 있는 바이러스 벡터 혹은 비바이러스성 벡터를 사용한 유전자치료법이다.

또 다른 흥미 있는 연구에서, 미국 예일 대학교 의과대학의 연구진은 쿠르쿠민 화합물(향신료인 심황 뿌리의 성분)이 생쥐의 낭포성섬유증을 완화할 수 있음을 알아냈다(생화학 들여다보기 5-3 참조). 낭포성섬유증 생쥐에게 이 화합물을 먹이면 대부분의 증상이 사라졌으며, 먹이지 않은 생쥐는 60%가 죽는데 비해 오직 10%만이 10주 내에 죽었다.

학습 문제

1. 막의 내부와 외부에서 CFTR 단백질의 접힘을 설명하시오. (힌트: 생화학 들여다보기 9-1)
2. DNA를 더 작은 단편으로 부수는 풀모자임의 작용을 보여주는 화학 반응을 쓰시오. DNA의 어떤 종류의 결합이 가수분해되는가?
3. 의사들은 종종 낭포성섬유증 환자들에게 NSAID라고 부르는 항염제를 처방하는데 이 약은 무엇이며 어떻게 염증을 치료하는 것일까?

유전자 재조합 디옥시리보핵산가수분해효소인 풀모자임을 흡입하는 낭포성섬유증 환자.

4. 이 글에서 언급된 향신료인 심황 뿌리와 겨자에서 발견되는 쿠르쿠민 화합물로 치료되는 모든 질병을 적어보시오.

참고 문헌

Collins, F., 1992. Cystic fibrosis: molecular biology and therapeutic implications. Science 256:774-779.

Quinton, P., 1999. Physiological basis of cystic fibrosis: a historical perspective. Physiol. Rev. 79(Suppl. 1)S3-S22.

http://www.gene.com/gene/products/information/opportunistic/pulmozyme/index.jsp
낭포성섬유증과 풀모자임에 대한 제네텍 사의 웹사이트.

http://www.cff.org
낭포성섬유증재단.

요약

■ 핵산의 두 가지 형태 DNA와 RNA는 유전정보(genetic information)의 저장과 발현에 중요한 역할을 한다. DNA와 RNA 모두 뉴클레오티드(nucleotide)의 중합체이다. 뉴클레오티드는 질소염기, 5탄당 및 인산기로 이루어진다.

■ 1953년에 왓슨과 크릭은 DNA 분자가 이중나선(double helix)임을 발견했다. 이중나선의 DNA는 원형의 계단과 같은 구조를 형성하며 서로 꼬여진 두 개의 상보적인(complementary) 폴리뉴클레오티드 사슬로 이루어져 있다. 두 사슬은 A-T와 G-C라는 상보적인 염기쌍 사이의 수소결합에 의해 서로 묶여져 있다.

■ RNA는 rRNA, mRNA 및 tRNA의 세 가지 형태로 존재한다.

■ 크기가 크고 복잡한 DNA 분자는 효소 처리에 의해 조그만 단편으로 잘려져서 그 서열을 분석할 수 있게 된다. 가장 중요한 효소는 특정 뉴클레오티드의 염기서열을 인식하는 제한핵산내부가수분해효소(restriction endonuclease)이다.

■ 바이러스(virus)는 무생물이지만 핵산(DNA 또는 RNA)과 단백질 단위체로 구성된 감염성 입자이다.

연습 문제

용어 이해

10.1 다음의 용어를 우리말로 번역하고 25자 이내로 정의하시오.

a. purine base
b. pyrimidine base
c. nucleoside
d. oligonucleotide
e. complementary base pair
f. B form of DNA
g. denaturation of DNA
h. supercoiled DNA
i. hairpin turn
j. restriction endonuclease
k. bacteriophage
l. histone
m. snRNP
n. chromatin
o. caffeine
p. 6-mercaptopurine
q. chemical mutagen
r. topoisomerase
s. nuclease

개념 복습

10.2 다음 화합물의 분자 구조를 그리시오. 생리적 pH에서 존재하는 구조를 그리시오.

a. 2'-디옥시티미딘-5'-일인산
b. 구아노신
c. 우리딘-5'-이인산
d. 3', 5'-고리형AMP

10.3 다음 뉴클레오시드와 뉴클레오티드의 이름을 말해 보시오.

a. A, OH 3′, HO, 5′

b. A, OH 2′, OH 3′, HO, 5′

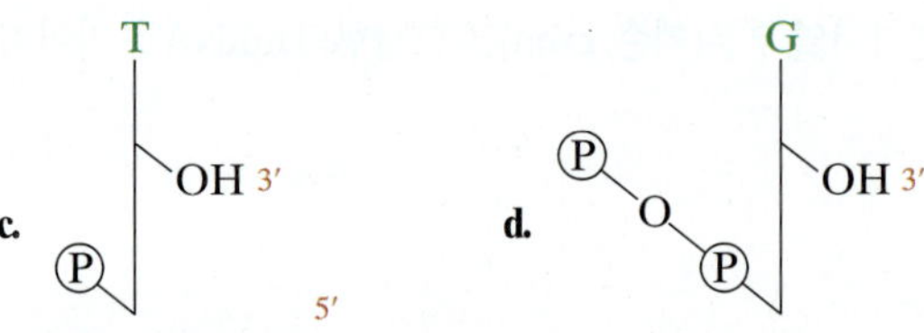

10.4 다음의 짧은 폴리뉴클레오티드 가닥은 각각 DNA와 RNA의 일부분이다. 각각의 상보적인 가닥을 그려 보시오.

a. 5' AGCTTACGTCC
b. 5' UAGGUACUUCC

10.5 다음 DNA 가닥에 의해 전사될 mRNA의 구조를 그리시오.

5' ATGTACCGATA

10.6 다음 핵산가수분해효소에 의해 절단되는 결합을 화살표로 사용하여 나타내시오.

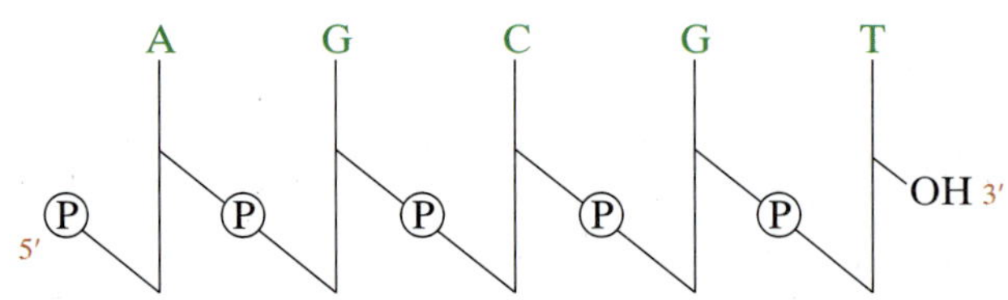

a. 방울뱀 독의 포스포디에스테르가수분해효소
b. 비장 디옥시리보핵산가수분해효소 II

10.7 pH 7에서 AMP의 하전된 모습의 구조를 그리시오. 마그네슘이온(Mg^{2+})이 어떻게 AMP에 결합할 수 있는지를 보이시오.

10.8 다음 표를 이용하여 DNA의 세 가지 구조적 형태(A, B 및 Z 형)를 비교하시오.

유형	나선의 방향성	나선 회전당 염기쌍의 수	직경
A			
B			
Z			

10.9 DNA와 RNA의 차이를 나열하시오.

10.10 다음 퓨린과 피리미딘의 구조를 그리시오. 이들 중 몇 가지는 다음 장에 소개된다.

a. 5-브로모우라실
b. 5-메틸우라실(이 물질의 다른 이름은 무엇인가?)
c. 2-아미노퓨린
d. 2,6-디아미노퓨린

10.11 10개의 뉴클레오티드 단위로 구성된 폴리뉴클레오티드에 있는 포스포디에스테르결합은 몇 개인가?

10.12 다음 염기서열 중 제한핵산내부가수분해효소에 의해 절단되는 인식 부위가 될 수 없는 것은?

a. 5' GAATTC 3'
b. 5' CATTAG 3'
c. 5' GATATG 3'
d. 5' CAATTG 3'

10.13 아래에 나열된 탄수화물의 피셔투영식을 그리시오.

a. D-리보오스 **b.** D-디옥시리보오스 **c.** D-글루코오스

10.14 문제 10.13의 탄수화물의 하워드투영식을 그리시오.

10.15 구조 내에 뉴클레오티드를 가지고 있는 조효소 세 가지를 적으시오.

10.16 아래의 용어들은 포유동물의 유전 물질과 관련된 것들이다. 복잡성이 증가하는 순서(그리고 크기가 증가하는 순서)대로 용어를 나열하시오.

질소염기, 뉴클레오티드, 이중가닥 DNA,
유전체, 뉴클레오시드, 염색체, 유전자

힌트: *질소염기부터 시작하시오. 질소염기<.... 등등*

10.17 에이즈를 치료하는 중요한 시약인 AZT의 완전한 이름은 3'-아지도-2',3'-디디옥시티미딘이다. 이 물질의 구조를 그리시오.

힌트: *아지도기(azido group)는 N_3이다.*

10.18 에이즈를 치료하는 또 다른 약은 2',3'-디디옥시시티딘(DDC)이다. 이 물질의 구조를 그리시오.

10.19 DNA에 있는 요소들과 결합을 고르시오.

a. 질소염기; 디옥시리보오스; 인산에스테르결합
b. 질소염기; 리보오스; 인산에스테르결합
c. 질소염기; 디옥시리보오스; 아미드결합
d. 질소염기; 리보오스; *N*-글리코시드결합

10.20 RNA에 있는 요소들과 결합을 고르시오.

a. 질소염기; 디옥시리보오스; 인산에스테르결합
b. 질소염기; 리보오스; 인산에스테르결합
c. 질소염기; 디옥시리보오스; *N*-글리코시드결합
d. 질소염기; 리보오스; 아미드결합

10.21 DNA의 어떤 화학적 구성요소가 260 nm 파장의 빛을 흡수하는가?

a. 디옥시리보오스 **c.** 인산에스테르결합
b. 질소염기 **d.** *N*-글리코시드결합

10.22 샤가프가 DNA의 염기 농도를 조사하였을 때 발견한 것은?

a. A=T; G=C **c.** A+C=T
b. A=G; T=C **d.** A=T=C=G

10.23 왓슨과 크릭에 의해서 결정된 이중나선은 무엇으로 구성되는가?

a. 2개의 평행한 상보적인 가닥
b. 2개의 역평행한 상보적인 가닥
c. 인산에스테르결합으로 연결된 1개의 가닥
d. α-나선 형태의 2 가닥

10.24 아래의 올리고뉴클레오티드의 구조를 보고 다음의 질문에 답하시오.

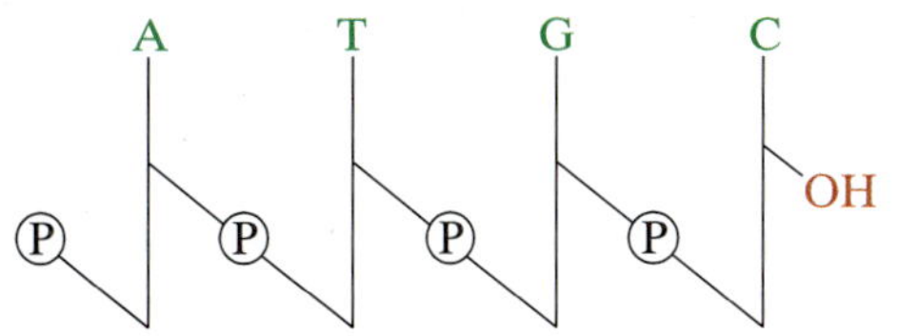

a. 5' 말단의 질소염기는 무엇인가?
b. 이것은 RNA인가 DNA인가?
c. 이것과 상보적인 올리고뉴클레오티드의 구조를 그리시오.

활용 문제

10.25 시티딘-4'-일인산의 구조를 그리시오. 4'-일인산 뉴클레오티드가 자연에서 발견될 수 있는가? 그 이유는?

10.26 다음 DNA 가닥에 제한효소 TaqI을 처리하면 몇 조각의 DNA가 만들어지는가?

5' ACCTCGATTCTCGAACCG

힌트: *먼저 이 가닥과 상보적인 가닥의 염기서열을 쓴 후 문제를 풀어야 한다.*

10.27 짧은 가닥의 DNA의 공유결합성 골격을 그리시오. 그리고 히스톤의 아르기닌과 리신 잔기와 어떻게 이온결합에 의해 상호작용할 수 있는지를 보이시오.

10.28 핵산에서 발견되는 질소염기는 호변이성질체 형태(tautomeric form, 케토 및 에놀)로 존재할 수 있다. 이 화학적으로 특이한 형태는 양성자의 재배열에 의해 만들어진다. 아래에 있는 우라실은 몇 개의 호변이성질체 형태로 존재한다. 각각의 호변이성질체 형태 내의 수소결합 공여체와 수용체로 작용하는 작용기를 확인하시오.

염기쌍에 있어서 호변이성질화반응(tautomerization)의 효과는 무엇인가?

10.29 아래에 그려진 RNA의 구조는 바이러스 유전체의 일부라고 가정하시오. 이 RNA를 주형으로 역전사효소에 의해 만들어지는 이중가닥의 DNA의 구조를 그리시오.

5' AGGGCUAACUCUAAG

10.30 다음의 효소들은 10장에서 설명한 것들이다. 각각에 의해 촉매되는 반응을 적거나 또는 글로 이들의 작용을 설명하시오.

a. 위상이성질화효소(topoisomerase)
b. 리보핵산가수분해효소 **c.** HinfI

10.31 G-C 염기쌍 함량이 많은 DNA는 A-T 염기쌍 함량이 많은 DNA보다 더 높은 융점(T_m)을 갖는다. 왜 그런지 설명하시오.

10.32 다음의 시약이나 조건 중에서 이중가닥의 DNA를 변성시키는 것은 무엇인가?

a. 열
b. 요소
c. 극단적인 pH의 변화
d. 에탄올

10.33 박테리오파아지 ΦX174는 방울뱀 독의 포스포디에스테르가수분해효소에 의해 분해될 수 없다. 왜 그럴까?

10.34 문제 10.2에서 그린 구조를 살펴보고 아래의 지시에 따르시오.

a. a, b, c 및 d 각각에 있는 *N*-글리코시드결합을 확인하시오.
b. a, b, c 및 d에 있는 포스포디에스테르결합을 확인하시오.
c. a, b, c 또는 d에 있는 고리형 에스테르결합을 확인하시오.

10.35 DNA와 RNA는 종종 "정보가 풍부한 분자"로 묘사한다. 이의 의미를 설명하시오.

10.36 AZT와 DDC가 어떻게 HIV의 증식을 억제하는지 간단히 설명하시오.

10.37 올리고뉴클레오티드 5'-pApGpGpA에 있어서 방울뱀 독의 포스포디에스테르가수분해효소의 효소작용을 예측하시오. 또한 첫째 가수분해 과정 이후의 산물은 무엇인가?

***힌트:** 표 10.5 참조.*

a. pA + pGpGpA
b. pApG + pGpA
c. pApGpG + pA
d. 무반응

생화학 작문

10.38 여러분들의 교수는 이 장에 대하여 한 두 시간 강의하는 도중 여러 가지 자료를 보여줄 것이다. 모든 개념의 소개가 끝나는 즉시 다음의 질문에 대해서 100단어 정도로 정리하시오. (1) 어떠한 개념이 복습되었는가? (2) 어떠한 개념이 새로웠는가? (3) 어떠한 개념이 혼돈스러웠는가?

10.39 세균의 세포에서 발견되는 제한효소의 기능을 설명해 보시오.

10.40 웹사이트에 있는 "생화학의 중심원리"를 공부하시오. "생화학의 중심원리"란 구절이 의미하는 것이 무엇인지 글을 지어보시오. 또 한 가지 종류의 분자(DNA)가 탄수화물의 합성과 같은 세포 작용을 지시하는 데 어떻게 관여할 수 있는가를 설명해 보시오.

참고문헌

Bartel, D. and Unrau, P., 1999. Constructing an RNA world. *Trends Biochem. Sci.* 24:M9–M12.

Borman, S., 2002. Quadruplex DNA seen in human cells. *Chem. Eng. News* Sept. 2:9; and Quadruplex proposals. *Chem. Eng. News* June 24:36–37.

Boyer, R., 2000. DNA structure and function. In *Modern Experimental Biochemistry*, 3rd ed., pp. 399–414. San Francisco: Benjamin/Cummings.

Boyle, J., 2002. Using the human genome. *Biochem. Mol. Biol. Educ.* 30:368–371.

Breo, D., 1993. The double helix—Watson & Crick's 'freak find' of how like begets like. *J. Am. Med. Assoc.* 269:1040–1045.

Crick, F., 1974. The double helix: A personal view. *Nature* 248:766–769.

Frey, P., 2002. Surprises and revelations in biochemistry: 1950–2000. *Biochem. Mol. Biol. Educ.* 30:152–162.

Henry, C., 2004. Looking for answers in ancient DNA. *Chem. Eng. News* March 29:34–35. *http://www.cen-online.org*.

Henry, C., 2003. The chemical side of the double helix. *Chem. Eng. News* March 10:49–60.

Notomista, E., *et al.*, 2000. Onconase: an unusually stable protein. *Biochemistry* 39:8711–8718.

Palladino, M., 2002. *Understanding the Human Genome Project*. San Francisco: Benjamin/Cummings.

Piper, A., 1998. Light on a dark lady: Rosiland Franklin. *Trends Biochem. Sci.* 23:151–154.

Rennie, J., 1993. DNA's new twists. *Sci. Am.* 266(3):88–96.

Watson, J., 1968. *The double helix*. New York: Atheneum Publishers.

Wilson, H., 2001. Connections. *Trends Biochem. Sci.* 26:334–337.

http://www.nature.com/nsu/dna50/
Nature magazine's celebration of the 50-year anniversary of Watson and Crick's paper on the structure of DNA. A complete history of the discovery is reviewed.

http://www.alfacell.com
Website for the company that produces the cancer drug Onconase.

http://www.chemsoc.org/exemplarchem/entries/2003/imperial_Burgoine/FightCancer.txt.html
Research report on the folding of telomeric DNA into quadruplex structures and the inhibition of telomerase activity.

CHAPTER

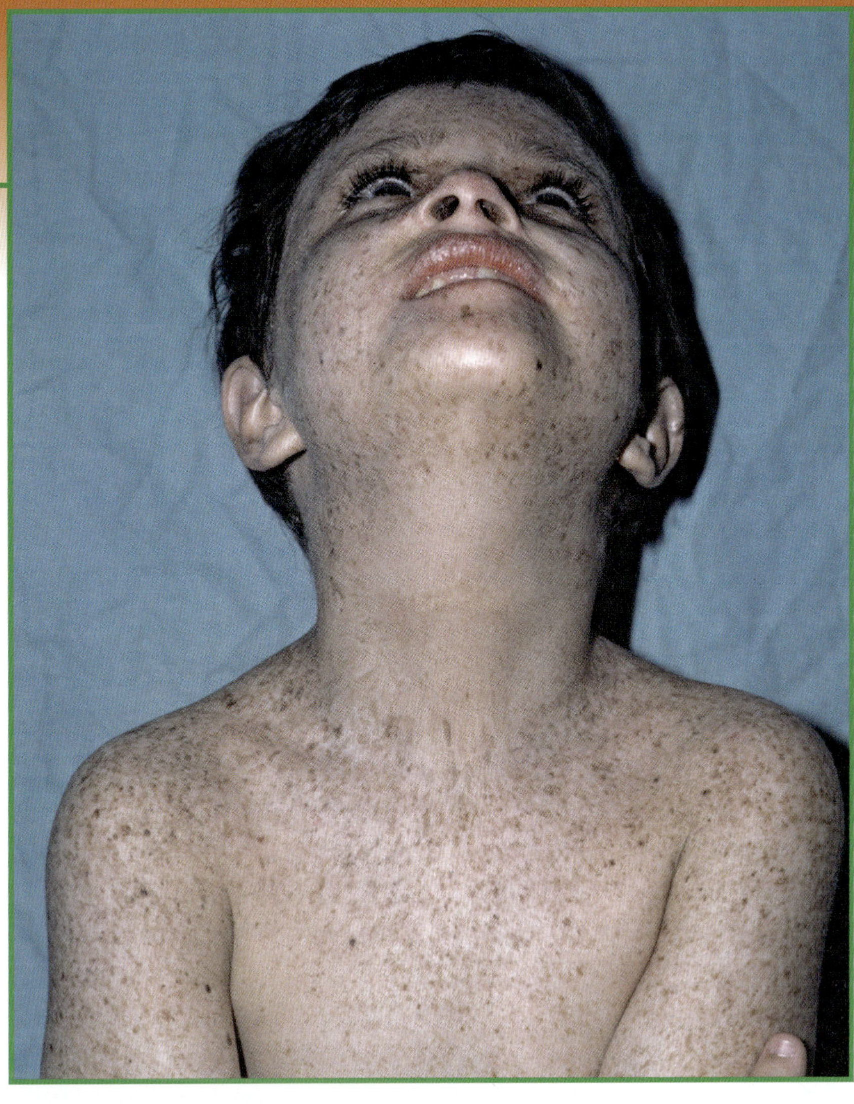

색소건피증(xeroderma pigmentosum, XP)은 극도의 광감수성을 보이며 빠르게 피부암을 일으키는 드문 유전적 질환이다. 미국과 유럽에서 이 병의 발병률은 대략 250,000명 중 한 명으로 이 병으로 진단되는 사람들은 여러 가지 증상을 보인다.

- 최소한의 빛 노출로도 죽은 깨, 수포, 궤양형성이 유발되며, 궁극적으로 피부암으로 발전하게 된다(사진 참조). 피부암은 치명적이며 매우 심각하다.
- 특히 입술, 눈, 입 및 혀 주변의 피부가 조기 노화 현상을 보인다.
- 많은 경우에 발육 장애 및 정신 지체 같은 신경 이상 증상을 나타낸다.

색소건피증은 자외선에 의하여 손상된 DNA를 수리하는 데 필요한 효소가 돌연변이 됨으로써 일어난다. 특히 피리미딘 이량체 같은 손상된 뉴클레오티드의 절단에 관여하는 효소들이 돌연변이 될 때 더욱 그러하다(임상생화학 11 참조). 색소건피증을 치료하는 방법은 없다. 환자들은 반드시 태양 빛이 차단된 실내에 거주하거나 선글라스나 선스크린 로션을 사용함으로써 자외선에 대한 노출을 최소화해야 한다. 하지만 색소건피증에 걸린 생쥐에 정상적인 유전자를 주입한 유전자치료 실험은 장래에 희망을 주고 있다.

DNA의 복제와 전사: DNA와 RNA의 생합성

DNA 2차구조에 대한 왓슨과 크릭의 제안이 발표되고 얼마 안 된 1950년대 초반까지, 한 세대로부터 다음 세대로 유전 형질이 어떻게 전달되어 내려가는가에 관한 분자 수준의 이해는 다음 두 가지의 포괄적인 내용으로 요약될 수 있었다.

- DNA는 유전정보(genetic information)의 저장과 전달을 책임지는 궁극적인 생체분자이다.
- DNA 분자의 구조는 상보적인 염기쌍에 의해 형성된 두 개의 폴리뉴클레오티드 가닥으로 이루어지는 이중나선이다.

이 두 가지의 언급 모두 생화학과 유전학에 있어서 혁명적인 충격을 가져다주었다. 과학에 있어서 흔히 그런 것처럼, 상기한 두 가지 중요한 발견으로 꼭 풀어야 할 새로운 의문점들이 생겨났다. 특히 왓슨과 크릭의 DNA 구조에 대한 규명으로 인해, 유전정보의 전달을 분자 수준에서 더 잘 설명할 수 있는 실험의 설계에 많은 관심을 갖게 되었다.

1. 세포가 한 세대에서 다음 세대로 갈 때 DNA에 근간을 둔 정보의 전달에 대한 분자적 메커니즘은 무엇인가? DNA는 복사되어야 하며 그 복사물은 세포의 영속성을 위하여 딸세포로 전달되어야 한다. 한 생물의 종이 살아 있는 형태를 계속 유지하기 위해서 그러한 DNA의 복제 과정은 정확하고 재현성이 있어야 한다.

2. 세포의 구조와 기능을 유지할 단백질을 만들기 위하여 DNA에 있는 염기서열은 어떠한 방법으로 해독되는가? DNA 언어(뉴클레오티드염기서열)로 쓰인 생물정보는 반드시 단백질언어(아미노산서열)로 번역되어야 한다.

1장과 10장에서 이 질문들에 대한 대략적인 답을 살펴보았지만 핵산의 기능에 대해서 생화학적으로 더 깊고 넓게 이해할 필요가 있다. 이 장과 다음 장에서는 우리의 초점을 구조적인 측면으로부터 핵산의 기능에 대한 설명으로 옮겨갈 것이다. 유전정보의 전달은 정보에 대한 충실한 복사 과정이 필수적인데 이 과정을 **복제(replication)**라고 한다. 우리에게 DNA 구조에 대한 이해의 폭을 넓혀 준 이중나선에 대한 개념은 그럴듯한 복제 과정을 제시하였다. 이중나선이 풀린다는 것은 **주형(template)**, 즉 복사를 하기 위한 "원본"으로서 사용될 단일가닥 폴리뉴클레오티드 사슬을 만드는 것이다. DNA가 복제될 때 딸세포를 위한 새로운 DNA 복사물은 어버이 DNA와 정확히 일치해야 한다. 그러나 복잡한 복제 과정은 언제나 100퍼센트 완벽한 것이 아니며 아주 드물게 잘못이 발생하게 된다. 더욱이 위험한 화학약품과 극단적인 환경 조건은 세포에 존재하는 DNA의 염기서열을 변화시킬 수 있다. 만일 그러한 잘못이 RNA로 전사되어 번역된다면, 생성물인 단백질은 아미노산서열이 변화되어 그 특성이 달라져 버린다. 일련의 특별한 효소 체계는 이러한 DNA 염기서열상의 잘못을 인식하고 바로 잡는 촉매작용을 한다.

그 다음에 우리는 DNA의 **전사(transcription)**과정 즉 RNA의 생합성 과정에 대하여 논의할 것이다. 새로이 만들어진 RNA는 생물학적으로 활성화되기 전에 생화학적으로 변형되어야만 한다. 이러한 RNA의 전사후변형(post-transcriptional modification)은 여러 가지 효소와 리보자임에 의해서 수행된다.

그리고 DNA와 RNA의 염기서열을 연구하기 위한 몇 가지 실험 방법을 설명함으로써 이 장을 끝낼 것이다. 실험실에서의 많은 연구의 결과는 우리에게 다음의 질문에 대한 해답을 줄 것이다. 즉 새로 만들어진 DNA와 RNA 분자가 주형에 대한 상보적인 염기서열을 가지고 있다는 것을 어떻게 알 수 있는가?

11.1 DNA의 복제

학습 목표

DNA복제의 일반적인 개념을 설명한다.

언뜻 보면 DNA의 견고한 이중나선 형태는 정적이며 불변의 구조인 것 같은 인상을 준다. 반면에, 적어도 세 가지 형태의 2차적 구조(A, B, Z)와 3차구조(초나선)가 있다는 것은 DNA가 여러 가지 배열이 가능한 동적인 구조를 가지고 있음을 말해 준다. 복제와 전사의 과정 중에, DNA 이중나선은 초나선 상태로 감겨 있다가 두 개의 단일가닥 풀리고, 암호의 해독을 위하여 포크(fork) 모양으로 구부러지는 것을 관찰할 수 있다. 이러한 과정들은 정확하고, 정밀하고, 부드러우며 조심스럽게 일어나야 하는데, 왜냐하면 DNA 1차구조에 어떤 변화라도 일어나면 부정확한 정보가 다음 세대로 전달되기 때문이다. 이 장과 다음 장을 통하여 설명하고자 하는 개념은, 모든 단계를 거쳐서 유전정보가 충실히 전달되도록 하는 것에 관한 것이다.

물론 몇 가지 예외는 있지만, 천연적으로 발견되는 DNA의 대부분은 고리형 또는 선형으로 존재하는 이중가닥의 나선이다. 원핵세포, 특히 대장균에서 일어나는 DNA의 복제와 전사 과정은 비교적 완전하게 이해되고 있다. 진핵세포에서의 복제에 대한 이해는 아직 불완전하다. 따라서 DNA 대사에 대한 우리의 설명은 대장균의 고리형 이중가닥 DNA에 초점을 맞추고자 한다. 진핵세포의 경우 DNA의 구조가 좀 더 복잡하고 선형이라는 점과 더 많은 수의 효소와 단백질이 필요하다는 점을 제외하면 복제와 전사의 기본적인 면은 원핵세포와 유사하다.

복제 과정의 특징

DNA 이중나선에 대한 왓슨과 크릭의 모델은 복제에 관한 많은 실험 결과를 해석하는 데 도움이 되었다. DNA복제에 관한 초기 연구의 결과, 연구 대상의 모든 생물들에 보편적으로 나타나는 기본적 특징들이 발견되었다. 이러한 특징들을 먼저 살펴보는 것으로써 복제에 대한 공부를 시작하고자 한다.

DNA복제는 반보존적이다 만일 복제에 대한 왓슨과 크릭의 가설이 사실이라면, 원래 DNA의 각 가닥은 새로운 가닥의 합성을 위한 주형으로 사용된다. 그들이 주장한 **반보존적 복제(semiconservative replication)** 모델에 따르면 "새로운" DNA는 혼성체(hybrid)가 될 것이다. 즉 새로운 DNA 분자는 각각 원래의 DNA 가닥과 새로운 가닥으로 구성되어야 한다(그림 11.1). 보존적 복제(conservative replication)라고 부르는 다른 모델에서는, DNA의 각 가닥이 복제된 후, 새로 합성된 가닥들끼리 합쳐서 하나의 DNA 분자를 만들고 원래의 가닥들은 서로 재결합하여 또 다른 DNA 분자를 형성한다.

반보존적 모델을 지지하는 증거는 1957~1958년에 하버드 대학교의 매튜 메셀슨(Matthew Meselson)과 프랭클린 스탈(Franklin Stahl)에 의하여 얻어졌다. 그들은 가벼운 동위원소인 ^{14}N 대신에 무거운 동위원소인 ^{15}N로 표지된 NH_4Cl(염화암모늄)을 첨가한 배지에서 대장균을 수 세대 동안 배양하였다. 그 결과 세포에서 합성된 질소 포함 생체분자와 DNA는 ^{14}N 대신에 무거운 동위원소인 ^{15}N를 가지게 되었다. ^{15}N를 함유하는 DNA는 ^{14}N-DNA보다 무겁다. 그 후 메셀슨과 스탈은 ^{15}N-DNA를 가지는 대장균 일부를 ^{14}N으로 표지된 NH_4Cl이 첨가된 새 배지로 옮겨 배양하였다. 한 세대와 두 세대(각 세대마다 세포의 양은 두 배가 됨) 동안 배양한 후, 그들은 대장균 세포에서 DNA를 분리하고 밀도기울기 원심분리법(density gradient centrifugation, 생화학 들여다보기 1-2)으로 DNA를 분석하였다. 이 실험

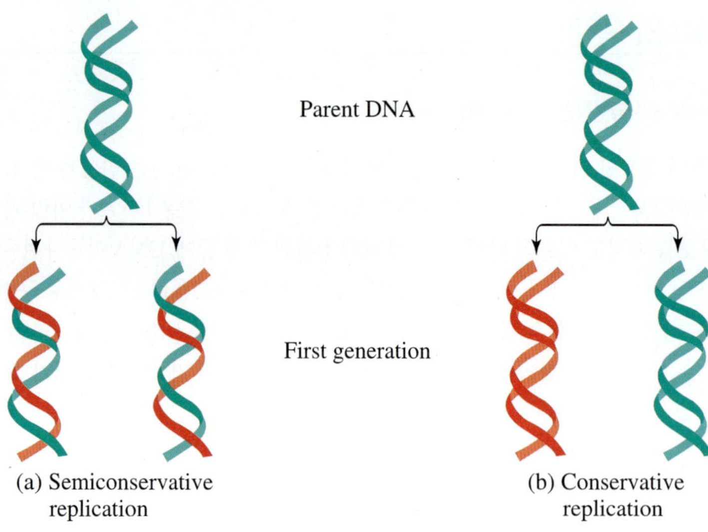

그림 11.1 DNA복제에 대한 두 가지 모델. (a) 반보존적 복제에서 1세대의 DNA는 각각 하나의 어버이 가닥(녹색)과 새 가닥(빨간색)을 갖게 될 것이다. (b) 보존적 복제에서 두 개의 어버이 가닥은 함께 남아 있고(녹색), 1세대의 딸 DNA는 두 개의 새 가닥을 갖게 된다(빨간색).

방법을 통하여 그들은 세 가지 종류의 DNA를 분리하고, 확인하고, 동정할 수 있었다. 즉 (1) 원래의 표지 실험에서 얻어진 두 가닥의 ^{15}N-DNA를 갖는 "무거운" DNA (2) 두 가닥의 ^{14}N-DNA를 갖는 "가벼운" DNA, 그리고 (3) 한 가닥은 ^{15}N, 다른 가닥은 ^{14}N를 갖는 "혼성체" DNA(그림11.2)가 그것이다. 이 실험 결과에 의하면, 대장균에 있어서 DNA복제는 반보존적 모델을 지지하였다. 이 후 메셀슨과 스탈이 했던 것과 유사한 실험들이 다른 원핵세포와 진핵세포(식물 포함)를 사용하여 반복되었는데, 모두가

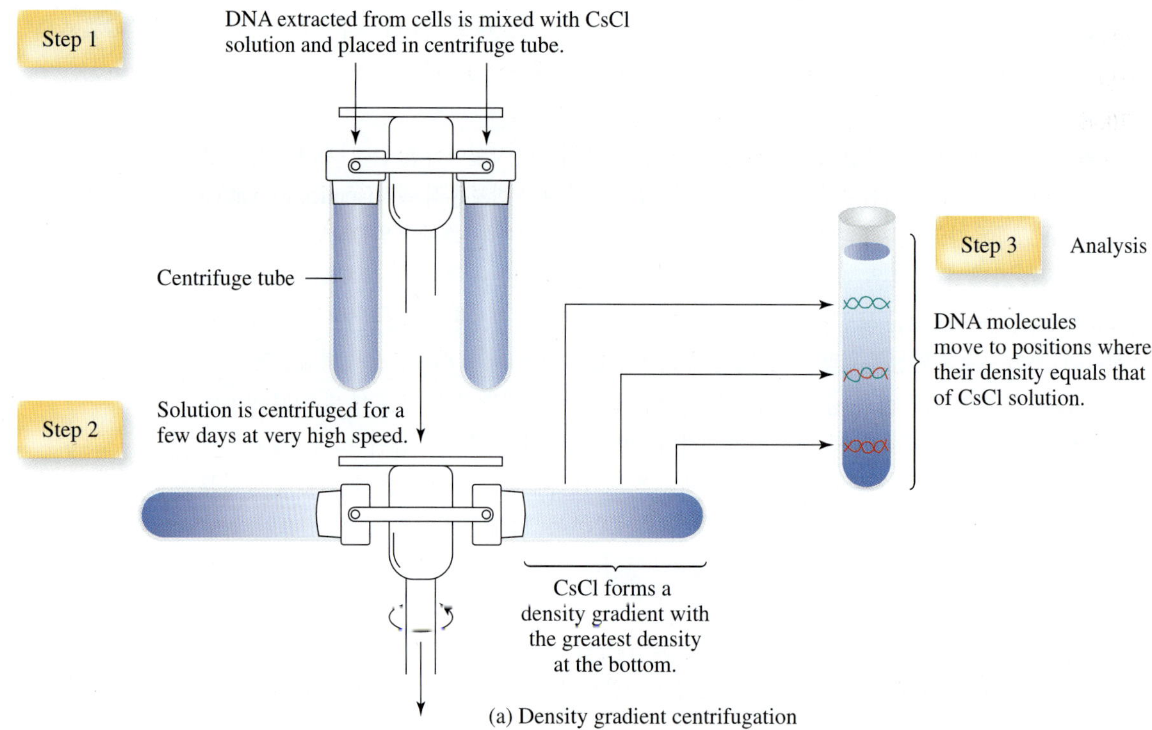

그림 11.2 (a) DNA복제를 연구하기 위하여 사용된 밀도기울기원심분리법. 메셀슨-스탈의 실험은 DNA의 보존적 복제와 반보존적 복제를 구별하기 위하여 고안되었다. (b) ^{15}N(빨간색) 배지에서 길러 낸 원래의 어버이 DNA 분자는 밀도구배 중 거의 밑바닥에 침강하며(파랗게 보임) 반면 [^{14}N]DNA(녹색)는 밀도구배 중 거의 상층부에 놓인다. (c) 1세대의 딸 분자는 혼성체 DNA의 단일 밴드로 구성된 무거운 DNA를 함유한다. 이 때 각각 한 개의 가닥은 ^{15}N(빨갛게 보임)를 함유하고 또 다른 가닥은 ^{14}N(녹색으로 보임)를 함유하고 있다. 2세대의 딸 DNA는 두 가지 유형의 DNA로 구성된다. 그 중 하나의 DNA 분자는 가벼운 DNA(녹색)와 동등한 밀도를 갖게 되었으며, 또 다른 DNA 분자는 혼성체 DNA와 동등한 밀도를 갖게 되었다(녹색과 빨간색으로 보임).

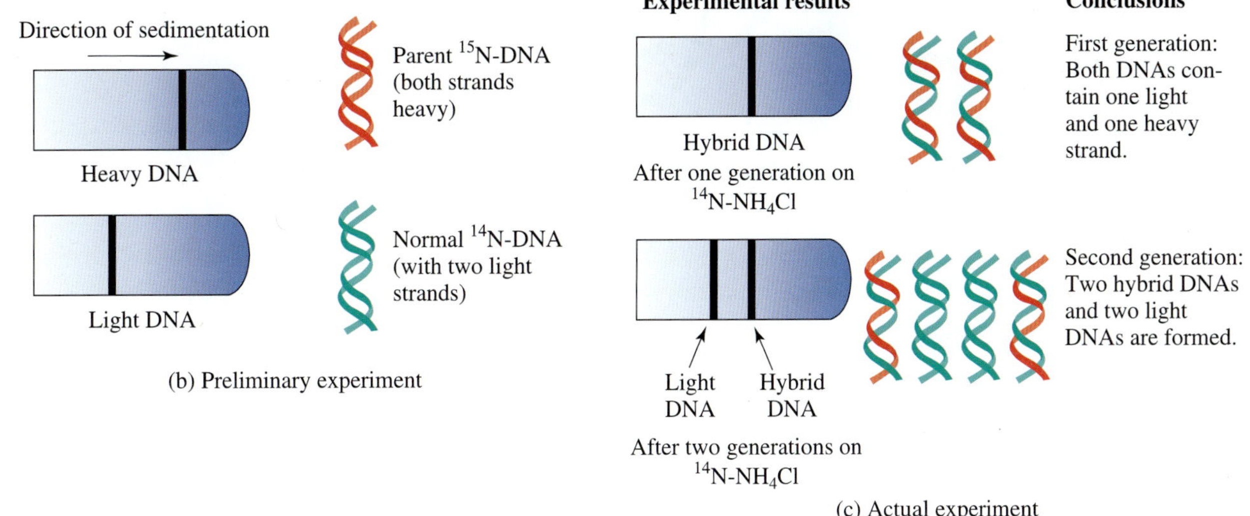

그림 11.2 (계속)

DNA복제에 있어서 반보존적인 복제가 보편적임을 보여주었다.

복제는 DNA 상의 특정 지점에서 시작된다 DNA복제 과정은 1950년대 말에 존 케언스(John Cairns)에 의하여 처음으로 가시화되었다. 그는 방사능으로 표지된 뉴클레오시드인 ³H-티미딘(³H-thymidine)을 첨가한 배지에서 대장균을 배양하였다. 이 ³H-표지 염기는 새로이 합성되는 DNA에 도입되었다. 그런 다음 이 방사능을 지니는 대장균 DNA를 분리한 후 자가방사법(autoradiography)으로 분석하였다. 사진 영상을 얻기 위하여 DNA를 감광유제판 위에 펼쳐 놓았다(그림 11.3). 그 결과 케언스는 포크(fork) 모양의 구조 또는 루프(loop)를 관찰할 수 있었는데 그는 이를 복제 중에 있는 DNA라고 해석하였다. 그리고 이러한 구조를 **복제분기점(replication fork)**이라고 명명하였다. 고리형 DNA 분자에 있어서의 복제는 개시점(origin)이라고 불리는 특정 지점에서 시작되어, 양쪽 방향으로 진행하면서 각각 폴리뉴클레오티드 가닥을 복사하는 것으로 관찰되었다. 이러한 케언스의 관찰에 바탕을 둔 다른 실험들 역시 DNA 분자 내에 두 개의 복제분기점이 존재하고 있음을 보여 주었다.

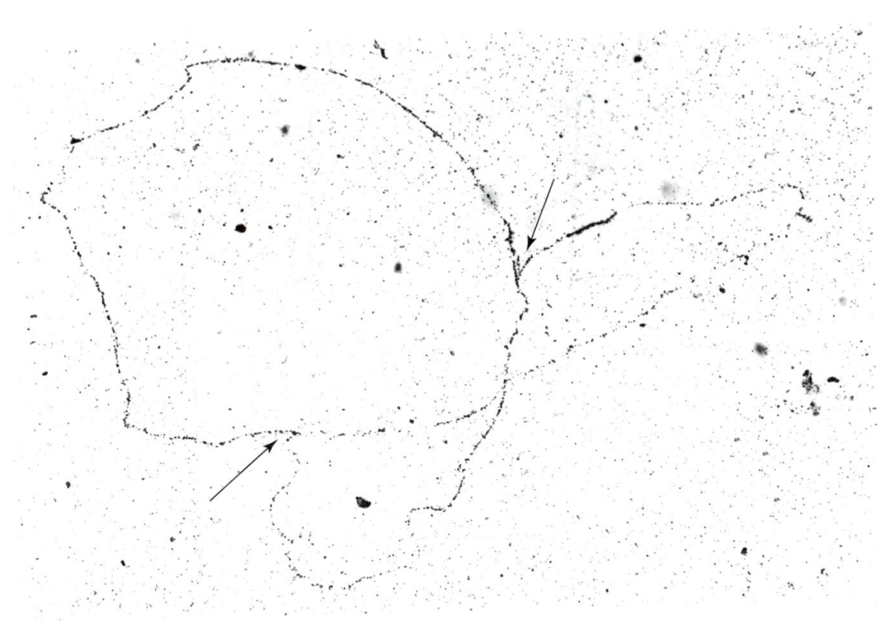

그림 11.3 복제 중에 있는 대장균 염색체의 사진(자가방사법). DNA는 ³H로 표지된 티미딘을 함유하고 있다. 두 개의 복제분기점(화살표)이 있음을 주의할 것.

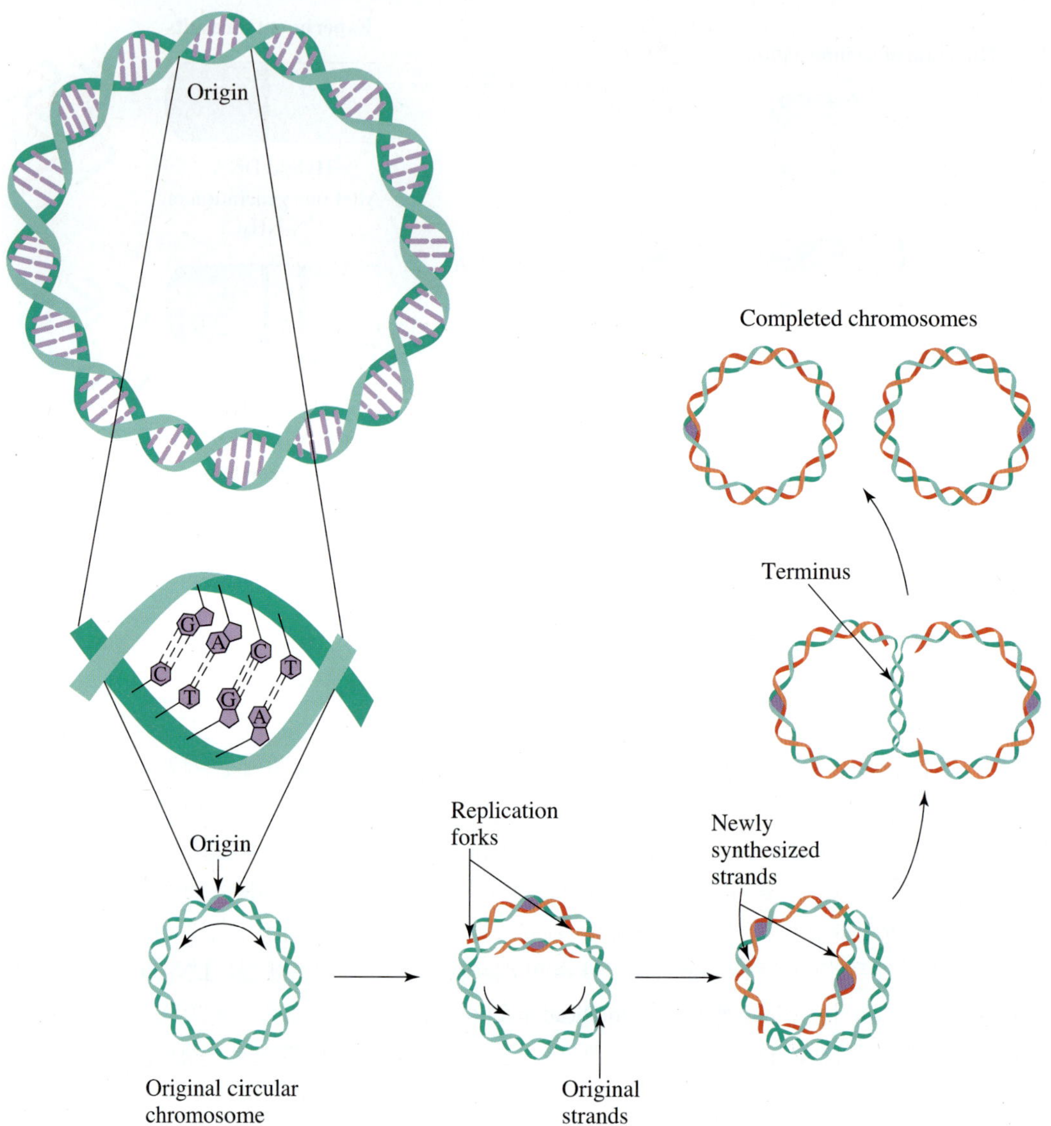

그림 11.4 고리형 DNA복제의 세타(θ) 모델. DNA의 구조가 그리스 문자 θ(세타)와 비슷함을 주의한다. 두 개의 복제분기점이 서로 반대 방향으로 발달하고 있다.

우리가 지금 이해하고 있는 복제 과정의 전반적인 모습이 그림 11.4에 개략적으로 도식화되어 있다. 두 개의 복제분기점이 형성됨으로써, 복제 과정이 진행됨에 따라서 그 크기가 커지는 복제방울(replication bubble)이 발달하게 된다. 복제분기점은 서로 반대 방향으로 발달해 가다가, 고리형 DNA의 반대쪽에서 만나게 됨으로써 종결된다. 이러한 복제 메커니즘은 종종 세타(θ) 모델이라고 부르는데 그 이유는 그림에서 보듯이 그 중간체들이 그리스 문자 θ(세타)와 비슷하기 때문이다.

선형인 진핵세포 DNA도 이와 유사한 방식으로 복제된다(그림 11.5). 가장 큰 차이점은 복제개시점이 여러 군데 존재하는 것으로, 이는 여러 개의 복제방울을 만들어 궁극적으로 분리될 두 개의 이중가닥 DNA를 형성한다.

메셀슨과 스탈, 케언스 및 여러 사람들의 실험은 DNA복제에 대하여 일반적이며, 설명적인 원리를 제공하긴 하였으나 분자 수준에서의 정보는 거의 밝히지 못하였다. 그 때까지 풀리지 않은 채로 남아 있던 의문들은 다음과 같다. 즉 DNA합성 방향은 무엇인가(5' → 3' 또는 3' → 5')? DNA에 도입되기 위하여 어떻게 뉴클레오티드가 선택되는가? 모노뉴클레오티드 사이의 포스포디에스테르결합은 어떻게 형성되는가? 복제에 필요한 효소들을 비롯하여 기타 분자들에 대한 생화학적 연구가 완성되면서 이러한 질문들에 대한 해답이 가능해졌다.

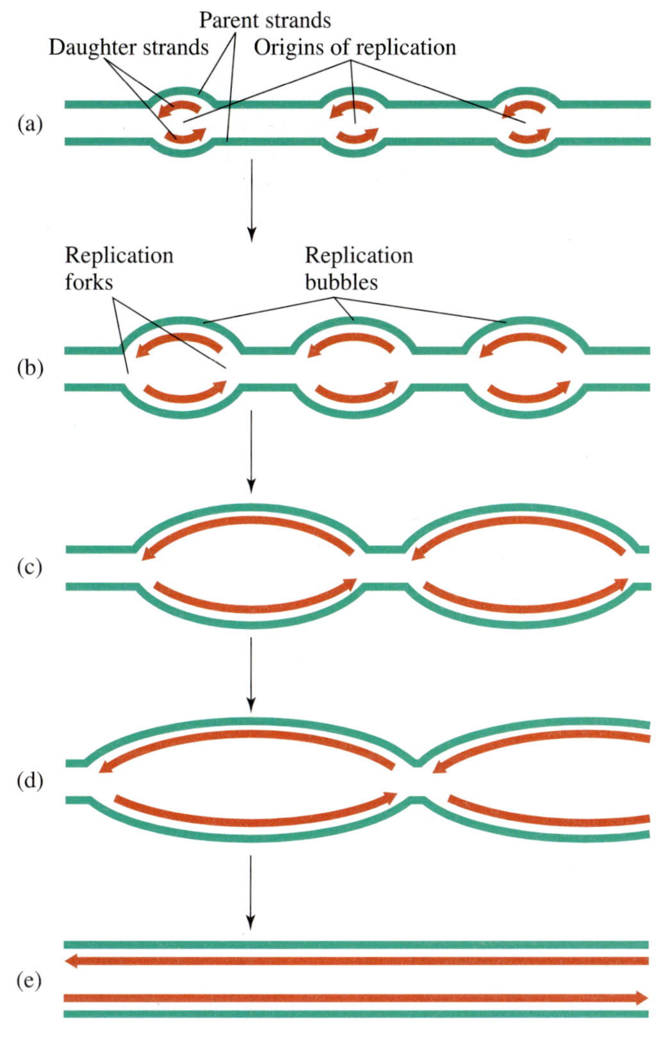

그림 11.5 진핵세포 DNA의 복제 과정 모델. 여러 곳의 복제개시점(a)이 있고 각 개시점마다 한 쌍의 복제분기점(b)이 형성되는 것을 보여준다. 복제분기점이 점점 반대 방향으로 진행함에 따라, 복제방울들은 합쳐져서 두 개의 이중가닥 DNA 분자가 형성된다(c, d, e).

11.2 DNA중합효소의 작용

학습 목표

DNA중합효소의 작용을 포함하여 DNA복제 과정과 이에 관련된 분자 요소들을 이해한다.

DNA중합효소 I

DNA합성을 촉매할 수 있는 효소 중에서 최초로 발견된 것은 현재 **DNA중합효소I(DNA polymerase I)**이라고 불리는 것으로, 1957년에 아더 콘버그(Arthur Kornberg) 및 동료 과학자들에 의해서 대장균에서 분리되어 정제되고 그 특징이 밝혀졌다. 이 효소에 의해 촉매되는 일반적인 반응은 다음과 같다.

$$\text{dNTP} + (\text{dNMP})_n \rightarrow (\text{dNMP})_{n+1} + \text{PP}_\text{i}$$

dNTP = 디옥시리보뉴클레오시드삼인산, dATP, dGTP, dCTP, dTTP

(dNMP) = n 또는 n+1개의 모노뉴클레오티드를 갖는 기존의 DNA

$$\text{PP}_\text{i} = \text{피로인산} \quad {}^{-}\text{O}-\overset{\overset{\text{O}}{\|}}{\underset{\underset{\text{O}^-}{|}}{\text{P}}}-\text{O}-\overset{\overset{\text{O}}{\|}}{\underset{\underset{\text{O}^-}{|}}{\text{P}}}-\text{O}^{-}$$

이 반응 과정에 특별히 필요한 것은 뉴클레오티드들의 결합을 위한 마그네슘이온(Mg^{2+})과 두 가지 종류의 "기존의 DNA"인데 이 두 가지 DNA는 서로 다른 목적으로 사용된다(그림 11.6). 첫째, 한 종류의 DNA는 복사될 정보를 담고 있는 **주형(template)**으로 작용한다. 이 정보는 왓슨-크릭의 염기쌍 법칙에

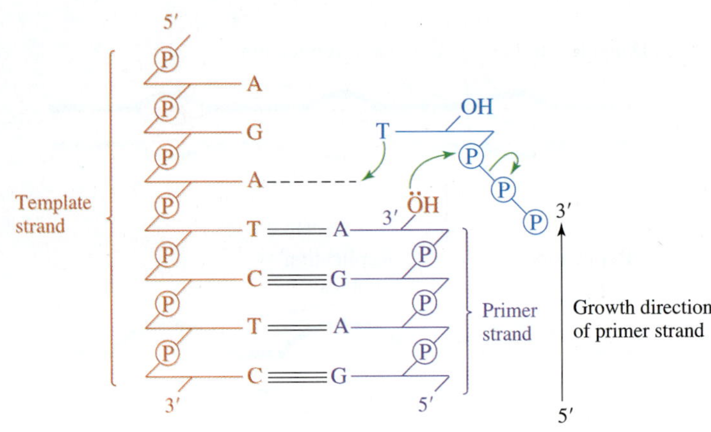

그림 11.6 DNA중합효소 I 의 작용. 기존의 DNA는 두 가지 역할을 수행한다. 하나는 복사될 정보를 가지고 있는 주형(빨간색)으로서, 또 다른 하나는 첨가되는 뉴클레오티드를 붙이기 위한 프라이머(보라색)로서 작용한다. 첨가되는 디옥시티미딘 삼인산(dTTP, 파란색)은 주형 가닥의 아데닌과 상보적인 수소결합에 의해 자리 잡게 된다. 신장하는 가닥의 3' 말단에 염기가 첨가되며 새로운 포스포디에스테르결합이 형성된다. 부가적인 에너지가 피로인산의 가수분해에 의해 공급된다.

따라 읽힌다(주형의 아데닌에 대하여 새로운 가닥에 티민이 첨가됨 등등). 둘째, 또 다른 DNA는 유리 3'-히드록실기를 갖는 **프라이머(primer)** 부위를 포함하여야 한다. 이 부위는 새로 들어오는 뉴클레오티드와 공유결합을 하는 자리이다. DNA중합효소 I 은 이러한 프라이머 없이는 새로운 폴리뉴클레오티드 사슬의 합성을 시작할 수 없다. 화학적 용어로 설명하면, 이 반응은 들어오는 뉴클레오티드에 대한 유리 3'-히드록실기의 친핵성 공격(nucleophilic attack)으로 시작되는데, 이 뉴클레오티드는 특수한 염기쌍 형성 과정에 의해 선택되고 자리를 잡게 된다. 그래서 3' 말단에서 신장이 일어나고 DNA합성은 5' → 3' 방향으로 진행된다. 두 사슬은 역평행하기 때문에 DNA 주형에 존재하는 정보는 3' → 5' 방향으로 읽힌다. 반응에 필요한 에너지는 피로인산의 방출에 의해서 제공되는데, 반응성이 강한 분자인 피로인산 PP_i는 에너지방출과 함께 쉽게 가수분해되어 두 분자의 오르토인산(orthophosphate) P_i가 된다($PP_i + H_2O \rightarrow 2\,P_i$). 그림 11.7은 DNA중합효소 I 의 3차원적 구조이다.

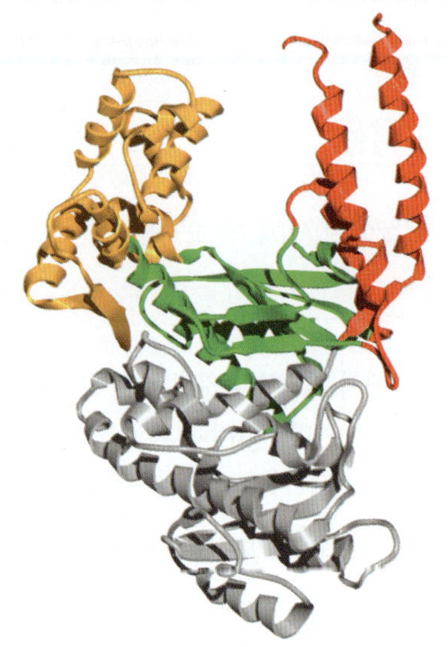

그림 11.7 대장균 DNA중합효소의 구조. DNA중합효소I의 클레노브(Klenow) 절편(324–928 잔기)이다.

DNA중합효소 II 와 DNA중합효소 III

대장균의 돌연변이 세포를 이용한 연구를 통하여 **DNA중합효소 II (DNA polymerase II)**와 **DNA중합효소 III (DNA polymerase III)**라고 불리는 두 가지의 DNA중합효소가 추가로 발견되었다. 이 효소들 역시 DNA중합효소 I 에서 설명한 많은 반응 조건들을 요구하였다. 이들 세 가지 중합효소를 표 11.1에서 비교하였다.

모든 대장균 세포에서 주된 복제효소는 DNA중합효소 III 으로 여겨진다. 표 11.1에서 보는 바와 같이

표 11.1
대장균 DNA중합효소의 비교

DNA Polymerase Characteristic	I	II	III
Molecular mass (daltons)	103,000	88,000	900,000
Polypeptide subunits[a]	1	4	10
Polymerization rate (nucleotides added per second)	16~20	7	250~1000
3′ → 5′ Exonuclease activity	Yes	Yes	Yes
5′ → 3′ Exonuclease activity	Yes	No	No

[a] The number of polypeptide subunits defines the quaternary structure.

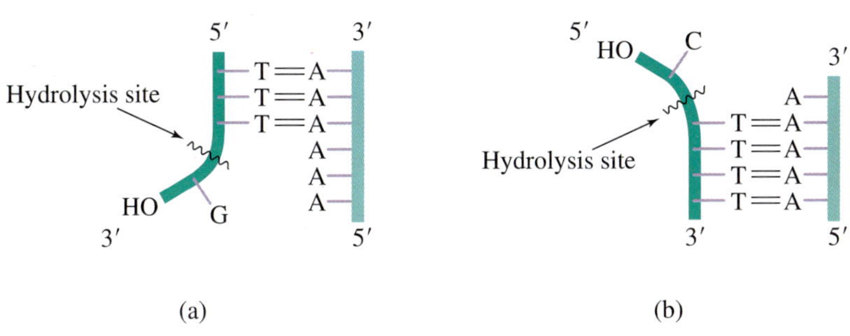

그림 11.8 DNA중합효소 I 의 핵산말단가수분해효소 작용. (a) 3′ → 5′ 핵산말단가수분해효소, (b) 5′ → 3′ 핵산말단가수분해효소. DNA중합효소 I 은 잘못 짝지어진 염기를 가수분해하여 제거함으로써 교정 및 수리 효소로서 작용 한다.

DNA중합효소 Ⅲ 은 아주 빠른 중합 속도를 보이지만, 10개의 폴리펩티드 단위체와 약 900,000달톤의 분자질량을 지닌 매우 복잡한 구조를 가지고 있다. 그렇다면 DNA중합효소 I 과 DNA중합효소 Ⅱ 의 기능은 무엇일까? 이 효소들은 아마도 DNA합성의 신뢰성을 보장하기 위한 교정(proofreading)이나 수리(repair)와 같은 편집 기능을 담당하는 것으로 생각된다. 구체적으로 이 효소들은 포스포디에스테르결합의 가수분해를 촉매하는 핵산가수분해효소로서 작용한다. DNA중합효소 I 은 3′ → 5′ 핵산말단가수분해효소(exonuclease, 10장 10.4절)이다. 이들의 가수분해 작용은 그림 11.8에 나타나 있다. DNA중합효소 I 은 또한 5′ 말단에서 DNA의 가수분해를 촉매할 수 있기 때문에 DNA중합효소 I 은 5′ → 3′ 핵산말단가수분해효소이기도 하다. 그러므로 DNA중합효소 I 은 단일가닥 폴리펩티드 사슬로 구성되어 크기는 약간 작지만, 다음의 세 가지 촉매작용이 하나의 폴리펩티드 사슬과 연관되어 있다. (1) DNA중합효소, (2) 3′ → 5′ 핵산말단가수분해효소, (3) 5′ → 3′ 핵산말단가수분해효소. DNA중합효소 I 의 5′ → 3′ 핵산말단가수분해효소 활성은 복제 과정에 있어서 중요한 기능을 담당한다.

오카자키단편

알려진 DNA중합효소들은 모두 5′ → 3′ 방향으로 사슬 신장(chain elongation)을 촉매한다. 복제분기점의 확대된 그림을 보면 어버이 DNA의 두 가닥이 모두 새로운 DNA합성을 위한 주형으로 작용하는 것을 알 수 있다(그림 11.9). 두 개의 주형가닥들은 서로 역평행 방식으로 위치해 있으며, 따라서 DNA중합

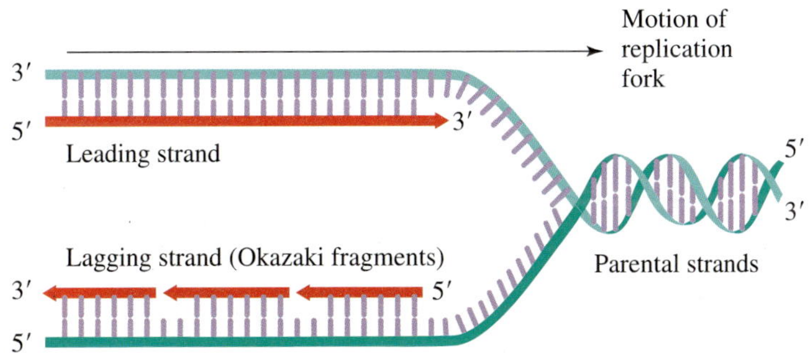

그림 11.9 연속적인 선도가닥과 불연속적인 지연가닥(오카자키단편)의 시작을 보여주는 복제분기점의 확대 모습.

효소는 오직 3' → 5' 방향의 어버이 DNA 가닥만 연속적으로 읽어 가며 뉴클레오티드를 첨가할 수 있다. 그 결과 새로 만들어지는 상보적인 가닥은 5' → 3' 방향으로 합성된다. 만일 DNA합성이 오로지 5' → 3' 방향으로만 진행된다면, 5' → 3' 방향으로 있는 어버이 가닥에서는 어떻게 새로운 가닥이 합성되는 것일까? 이러한 의문은 5' → 3' 어버이 가닥이 짧은 불연속적인 단편으로 복제되고 있음을 발견하고서부터 풀려졌다. 복제분기점에서 길어지고 있는 두 가닥은 서로 다른 방향으로 신장되며, 각각 선도가닥(leading strand, 5' → 3' 방향으로 연속적으로 신장하는 새 가닥)과 지연가닥(lagging strand, 선도가닥의 반대 방향으로 짧은 DNA 조각을 만들어 내는 쪽의 가닥)으로 정의된다. 그러나 DNA중합효소가 실제로 진행하는 방향은 항상 5' → 3' 방향임을 주목하여야 한다. 불연속적 복제의 개념에 대한 실험적 증거는 DNA복제 중에 짧은 DNA 단편(1,000개~2,000개 뉴클레오티드의 크기)을 발견한 레이지 오카자키(Reiji Okazaki)와 그의 동료들에 의해 제공되었다. 이 불연속성의 **오카자키단편(Okazaki fragment)**은 복제의 나중 단계에서 공유결합으로 연결되어 하나의 완전한 딸 가닥이 된다.

진핵세포에서도 여러 가지의 DNA중합효소들이 발견되어 그 특징이 규명되었다. 세포핵 내에서만 발견되는 DNA중합효소 α(DNA polymerase α)는 원핵세포의 DNA중합효소들과 반응의 특징이 같으며, DNA 주형 및 프라이머를 필요로 하고 5' → 3' 방향으로 합성을 진행한다. 또 다른 DNA중합효소 β, δ 및 ε은 핵에서, γ는 미토콘드리아에서 발견된다.

DNA복제 과정

이제 원핵세포 DNA복제의 생화학적 반응과 기구를 어느 정도 이해하였으므로 그 복잡한 과정을 자세히 살펴보기로 하자. 복제를 위한 DNA 기질을 준비하는 첫 번째 과정은 초나선의 변환이다(10장 10.2절 참조). **위상이성질화효소(topoisomerase)**라고 불리는 효소가 DNA 분자의 위상을 변화시키는 촉매 작용을 한다. 이러한 변화의 목적은 초나선의 강도를 줄여주며 꼬여진 이중나선의 긴장도를 완화시켜 복제 과정을 수행하는 단백질들이 보다 더 쉽게 DNA에 접근하도록 해 주는 것이다. 다음의 연속적인 단계는 그림 11.10에 요약된 것처럼 헬리카아제에 의해 어버이 가닥이 풀림으로써 시작되고 불연속성의 오카자키단편들이 공유결합으로 결합되면서 끝난다. 대장균의 DNA복제를 위해 필요한 주요 단백질들을 표 11.2에 나타냈다. 대장균에서의 DNA복제 과정은 다음과 같다.

1. **헬리카아제(helicase)**[풀림단백질 또는 렙(rep)단백질로 불리기도 한다]는 복제개시점을 인식하고 결합한다. 이 효소는 염기쌍 사이의 수소결합을 파괴함으로써 두 개의 DNA 가닥이 분리되도록 촉매한다(그림 11.10a). 이러한 자유에너지증가 반응은 ATP의 분해(ATP + H_2O → ADP + P_i + 에너지)와 짝지어져 있다. 위상이성질화효소(topoisomerase)의 한 종류인 **DNA선회효소(DNA gyrase)**는 초나선의 형성을 유도하며 DNA 사슬이 풀리는 것을 도와준다. 이러한 일련의 과정의 결과 복제분기점이 형성된다.

표 11.2
대장균의 DNA복제에 필요한 단백질

단백질	기능
헬리카아제(helicase)	DNA의 이중나선의 풀림을 개시함
DNA선회효소(DNA gyrase)	DNA의 풀림을 도움
SSB단백질	단일가닥 DNA를 안정화시킴
프리마아제(primase)	RNA프라이머를 합성함
DNA중합효소 Ⅲ	DNA를 합성하여 사슬을 신장시킴
DNA중합효소 Ⅰ	RNA프라이머를 제거하고 DNA로 간격을 채움
DNA연결효소(DNA ligase)	마지막 포스포디에스테르 간격을 메움

2. 노출된 단일가닥 DNA는 포스포디에스테르결합이 가수분해에 의해 끊기지 않도록 안정하게 보호되어야 하는데, 이러한 보호 역할을 담당하는 단백질을 **단일가닥 DNA결합단백질(single-stranded DNA binding protein, SSB단백질)**이라고 한다. 이제 분리된 폴리뉴클레오티드 가닥은 상보적인 가닥의 합성을 위한 주형으로 사용된다(그림11.10b).

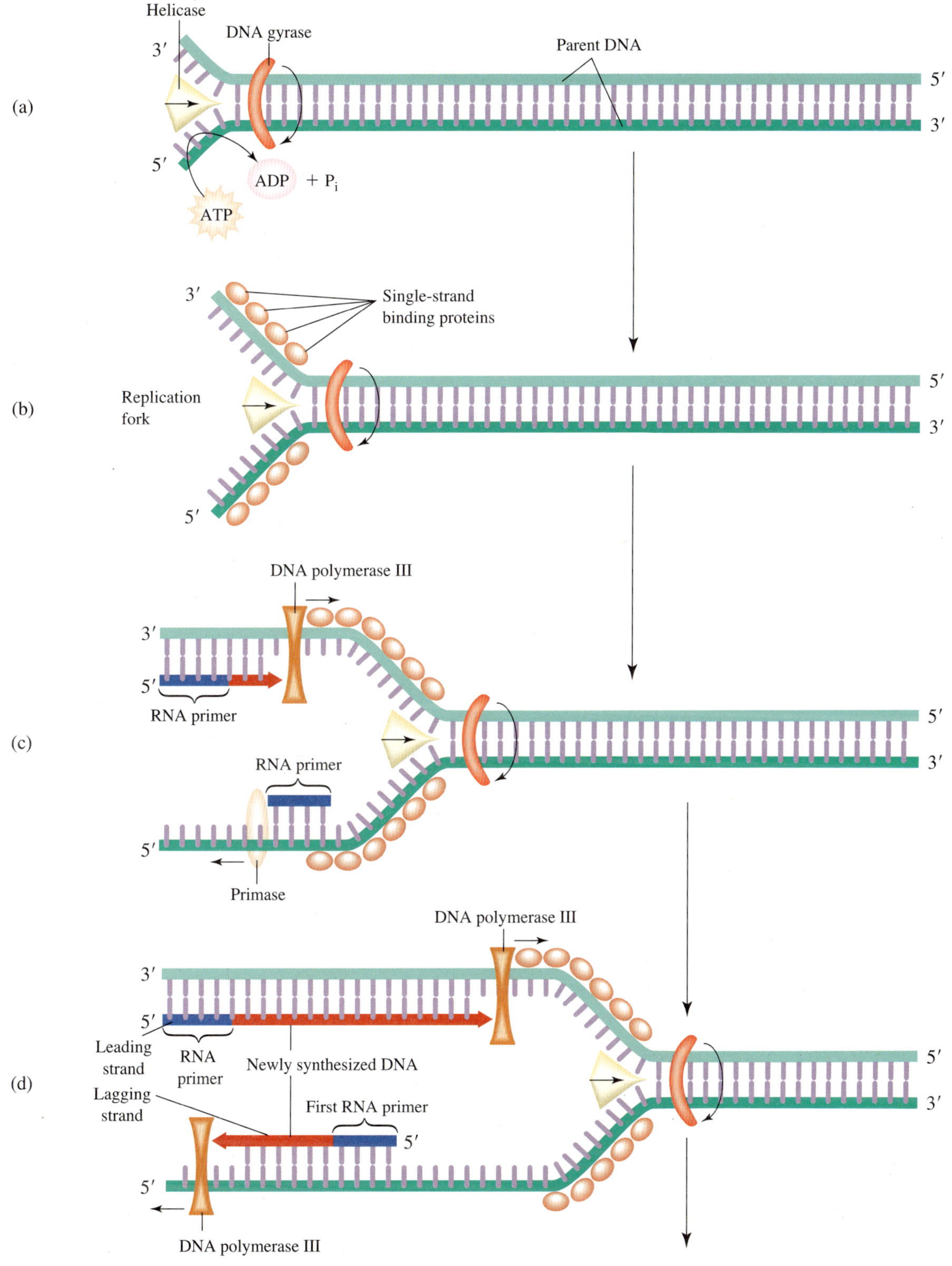

그림 11.10 복제 과정의 전 단계를 보여주는 모식도. 각 단계의 상세 설명은 본문에 기술되어 있다.

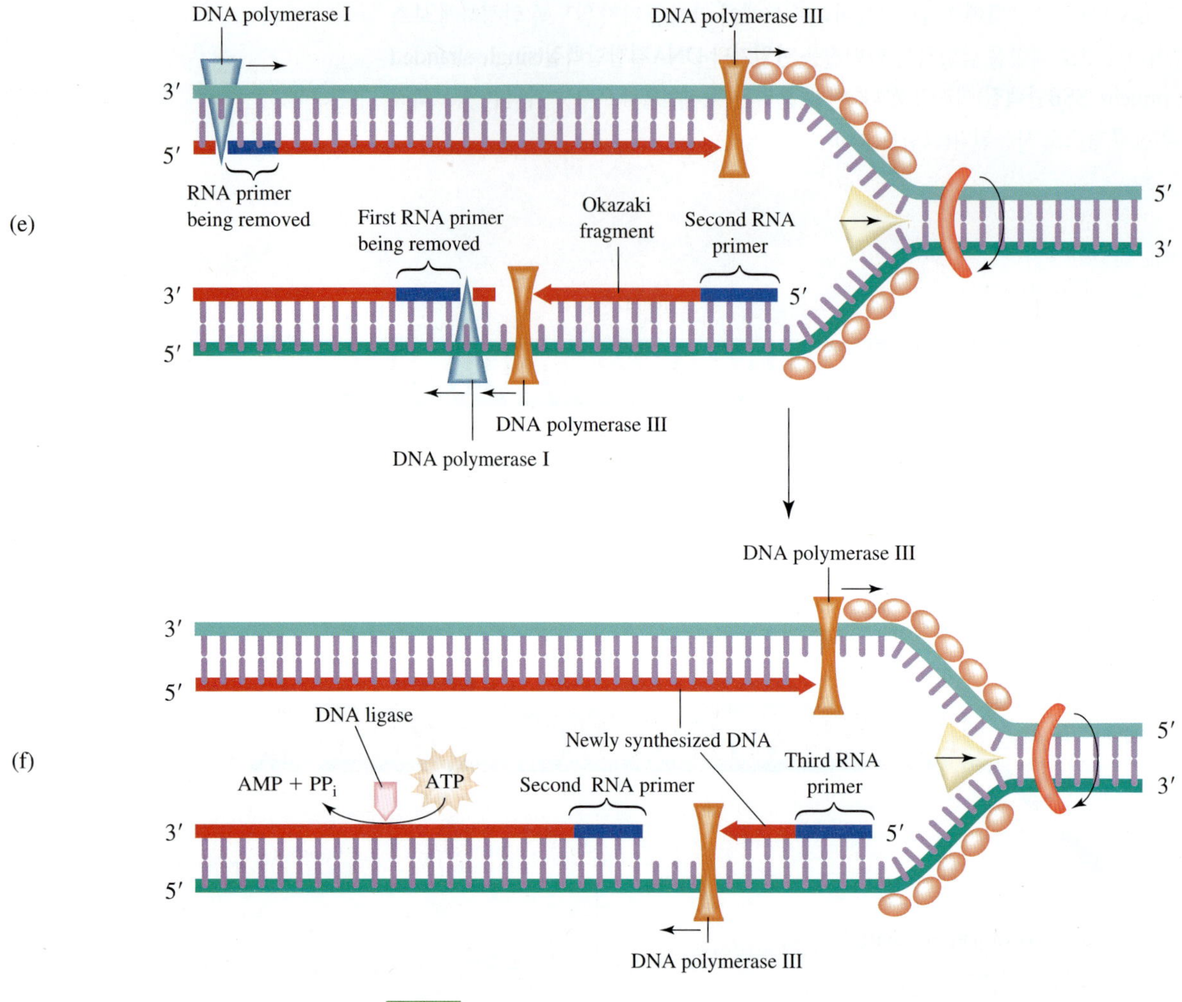

그림 11.10 (계속)

3. 다음은 DNA합성의 개시(initiation) 과정으로, DNA중합효소Ⅲ이 작용하기 위한 새로운 꼬임이 만들어진다. DNA중합효소Ⅲ을 비롯한 모든 DNA중합효소의 작용은 유리 3'-히드록실기 말단을 갖는 프라이머(primer)를 필요로 한다. 이 프라이머는 복제분기점에 존재해 있지 않기 때문에 DNA합성은 즉각적으로 시작될 수 없다. 이러한 문제는 DNA 주형과 상보적인 짧은 가닥(4개~10개의 뉴클레오티드)의 RNA를 합성함으로써 해결된다. 이 때 RNA의 합성은 **프리마아제(primase)**라는 효소에 의해서 촉매된다(그림 11.10c). DNA 선도 가닥의 개시 과정에는 프리마아제의 작용이 단 한 번만 있으면 된다. 그러나 지연가닥의 경우 각각의 오카자키단편이 프리마아제의 작용에 의해서 개시되어야 한다. 몇 개의 리보뉴클레오티드가 연결되면, DNA중합효소Ⅲ의 촉매작용에 의해 3'-히드록실기로부터 DNA합성이 시작된다. 나중에 이 RNA는 5' → 3' 핵산가수분해효소의 작용을 하는 DNA 중합효소 I 과 **리보핵산가수분해효소 H(RNase H)**에 의해서 DNA로부터 제거된다.
4. 유리 3'-히드록실기의 이용이 가능해짐에 따라, DNA중합효소Ⅲ의 촉매작용에 의해 DNA의 합성이 시작된다. 선도가닥과 지연가닥 모두 이 방법으로 신장된다. 선도가닥은 복제분기점이 전진하는 방향으로 나아간다. 지연가닥의 합성은 그 반대 방향이며, 먼저 합성된 DNA 단편을 만날 때까지 계속된다(그림 11.10d).

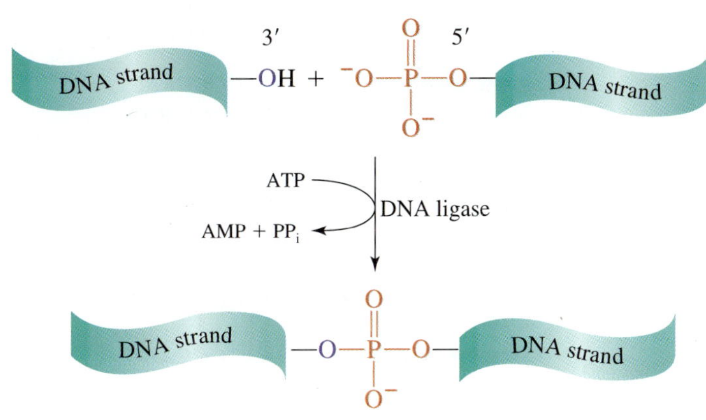

그림 11.11 새로 만들어진 DNA에 있어서 최종 포스포디에스테르결합을 이어주는 DNA연결효소의 촉매작용. 에너지원으로 ATP가 필요하다.

5. 이때 RNA프라이머는 DNA중합효소 I 의 5' → 3' 핵산가수분해효소 작용에 의해 제거된다. 이 과정에서 남게 되는 작은 간격은 DNA중합효소 I 의 합성 작용에 의해서 채워진다(그림 11.10e).
6. DNA중합효소의 작용은 간격을 채우는 데 필요한 모든 디옥시리보뉴클레오티드염기를 가지고 오는 것이다. 그러나 마지막 간격을 완전하게 연결하는 최종 포스포디에스테르결합은 또 다른 효소인 **DNA연결효소(DNA ligase)**에 의해 형성된다. 이 효소는 한 단편의 3' 말단에 있는 자유 히드록실기와 다른 단편의 5' 말단에 있는 인산기 사이에 ATP 의존성 인산에스테르결합의 형성을 촉매한다(그림 11.10f와 그림 11.11). 두 개의 복제분기점이 대장균의 고리형 염색체 상에서 서로 마주칠 때 복제 과정은 종결(termination)된다(그림 11.4 참조).

복습 문제

1. 다음 올리고뉴클레오티드의 복제 산물은 무엇이 되겠는가?

3' TTGAACCT

진핵세포의 염색체, 말단소체 및 말단소체복원효소

위에서 본 것처럼 원핵세포의 DNA복제 과정은 잘 알려져 있는 편이다. 그러나 진핵세포에서의 복제 과정은 더 복잡하여 아직 이해하지 못하는 부분이 많다. 원핵세포의 DNA(대부분 환형)와 진핵세포의 DNA(선형) 사이의 가장 큰 차이점 중의 하나는 진핵세포의 DNA에만 **말단소체(telomere**, 웹사이트 Cutting Edge article with animation. "Telomerers, eternal life, and cancer", *http://www.wiley.com/college/boyer* 참조)라고 부르는 특별한 말단이 존재한다는 점이다. 이 말단의 염기서열을 분석한 결과 G가 풍부한 헥사뉴클레오티드(hexanucleotide) 서열이 수백 번 반복하여 나타나는 것으로 밝혀졌다. 섬모충인 테트라히메나(*Tetrahymena*)의 반복 서열은 TTGGGG이며, 인간을 포함하는 척추동물의 반복 서열은 TTAGGG이다. 정상적으로 DNA를 합성하는 DNA중합효소는 염색체의 3' 말단을 연장하는 기능이 없다. 왜냐하면 이 효소는 오로지 5' → 3' 방향으로만 DNA를 합성할 수 있기 때문이다(그림 11.12). 1985년 엘리자베스 블랙번(Elizabeth Blackburn)과 캐롤 그라이더(Carol Greider)는 염색체 DNA의 3' 말단에 염기를 첨가할 수 있는 새로운 효소를 분리하고 동정하였다. 그들은 이 효소를 **말단소체복원효소(telomerase)**라고 명명하였다.

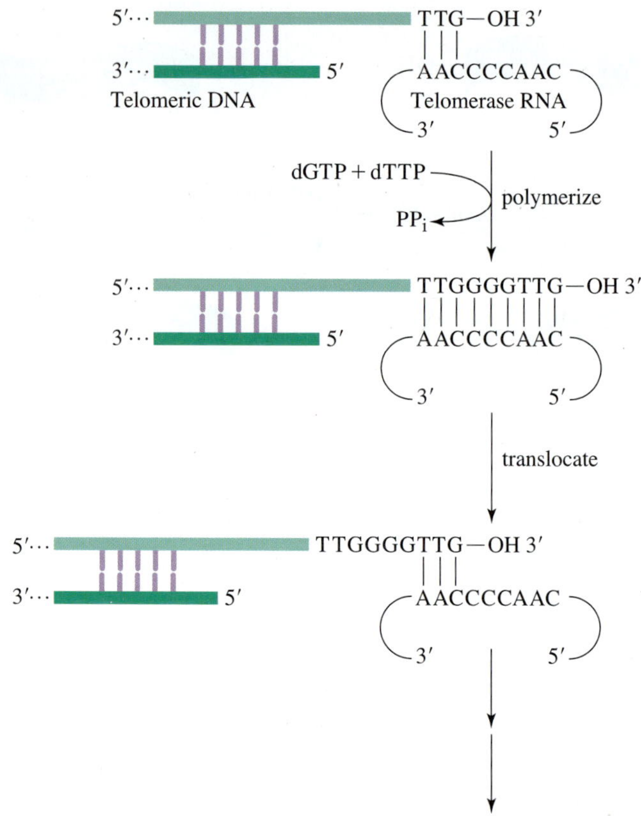

그림 11.12 테트라히메나(*Tetrahymena*) 말단소체복원효소의 작용 메커니즘. 효소의 일부분인 RNA가 역전사효소의 주형으로 작용한다.

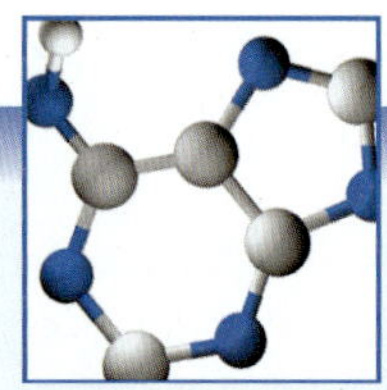

11 - 1

생화학 들여다보기

말단소체복원효소(telomerase)의 억제 작용 – 암 치료제?

암세포의 두 가지 큰 특징은 제어할 수 없는 증식과 불멸이며 이는 말단소체복원효소의 작용에 의해 촉진될 수 있다. 대부분의 암세포에서는 활성화 되어 있지만 정상 세포에서는 기능이 정지되어 있는 말단소체복원효소는 정상적인 복제 과정에서 크기가 줄어드는 말단소체(telomere)를 복원시키기 때문에, 세포는 탄생, 발생 및 사멸 등의 정상적 주기를 진행할 수 없다. 말단소체복원효소의 작용은 세포를 죽지 않게 하는 것으로 보인다. 현재 많은 과학자들은 말단소체복원효소의 기능을 억제하는 화학물질이 아마도 강력한 항암제가 될 수 있는 가설을 연구하고 있다.

말단소체복원효소 억제제의 개발은 다음의 가능성 있는 몇 가지 명백한 방법에 의거하고 있다.

- 이 효소의 구성 성분을 만드는 정보를 지닌 유전자들의 침묵(gene silencing).
- 단백질 촉매단위체인 TERT의 억제.
- 필수적인 단백질 인자 TRF1 및 TRF2의 방해.
- RNA 주형인 TR의 작용 방해.

전 세계의 많은 실험실에서 효소억제라는 보편적인 접근 방법을 취하고 있지만 새롭고 참신한 생각이 점차로 일반화되고 있다. 즉 염색체의 DNA 기질(말단소체 가닥)을 차단함으로써 이 효소계가 즉각적으로 말단소체 가닥을 이용할 수 없도록 하는 방법이 그것이다.

말단소체복원효소 효소 복합체는 단지 단일가닥으로 존재하거나 적어도 일부분이 풀려 있는 말단소체 말단에 작용한다. X선결정법과 NMR법을 통한 연구 결과는 말단소체의 G-풍부 영역이 스스로 다시 접혀서 4중구조 형태를 형성하는 자연적 경향이 있다는 것을 보여 주었다(10.2절, 그림 10.15). 이렇게 자발적으로 형성되는 구조는 하나나 두 개의 말단소체가 자신에게 접혀 루프를 만들거나 또는 4개의 각각 분리된 가닥이 관여할 수 있다. G-4중구조체는 말단소체의 말단을 차단하여 말단소체복원효소 복합체가 접근할 수 없게 만든다. 현재 생화학자들은 텔로메라제의 억제제로서 말단소체 기질의 4중구조 말단에 결합하여 이를 안정화시킬 수 있는 화학약품을 찾는 중이다. G-풍부 영역에서 복합체를 형성하여 G-4중구조로 고정시킬 수 있는 몇 가지 화합물이 발견되었다. 이러한 4차구조를 형성하는데 있어서나 말단소체복원효소의 작용을 억제하는데 있어서 가장 효과적인 화합물들은 안트라퀴논(anthraquinone), 아크리딘(acridine), 그리고 포르피린(porphyrin) 특히 테트라*N*-메틸피리딜포르피린[tetra (*N*-methyl-

말단소체복원효소는 리보핵산단백질이다 인간의 말단소체복원효소는 구조와 기능에 있어서 복합형 효소이다. 이 효소의 필수적 구조 요소들은 다음과 같다.

1. **TERT**라고 불리는 단백질 촉매단위체는 RNA를 DNA로 복사하는 효소인 역전사효소이다.
2. **TR**이라고 불리는 RNA 단위체는 역전사효소의 주형으로 작용하며 3' 말단에서 DNA를 연장하는 신호를 갖는다. 인간의 TR은 약 450개의 뉴클레오티드로 구성된다.
3. 이외에 상호작용하는 단백질로서 **TRF1, TRF2** 등이 있다.

말단소체복원효소, 암 그리고 노화 말단소체복원효소는 활성이 변하면서 세포분열을 조절하는 것으로 생각되며, 따라서 세포의 노화에 영향을 미친다. 정상적인 세포 주기(cell cycle) 동안에 말단소체는 매번 그 길이가 짧아진다. 만일 말단소체가 너무 짧아진다면(말단소체복원효소가 불활성임), 염색체(DNA 분자)는 불안정해지기 시작하며 세포 분열이 억제되면서 **세포자살(apoptosis)**이 일어난다. 자연적으로 지속적으로 줄어드는 말단소체는 아마도 세포가 복제될 수 있는 횟수를 제한하는 생체시계(biological clock)로서 작용하는 것 같다. 새로운 연구의 결과 말단소체복원효소가 인간의 암세포에서 활성화되는 것으로 밝혀졌다. 말기 난소암 환자의 정상 체세포에서는 말단소체복원효소의 활성이 나타나지 않으나, 같은 환자의 암세포에서는 활성이 있는 것으로 나타났다. 또한 어떤 종류의 유방암에 있어서 병증상의 악화는 증가하는 말단소체복원효소 활성과 직접적인 상관 관계가 있음이 알려졌다. 많은 수의 종양세포들을 대상으로 연구한 결과 이들 중 80~90% 이상이 말단소체복원효소의 활성을 보였다. 정충세포를 제외한 정상 조직으로 행한 유사한 연구에서는 이들 세포들이 매우 낮은 말단소체복원효소 활성을 보이든가 전혀 보이지 않는 것으로 나타났다. 이러한 연구 결과는 말단소체복원효소의 억제제가 효과적인 항암제로 작용할 수 있음을 의미하고 있는데, 이러한 생각은 전 세계적으로 많은 연구소에서 연구되고 있다(생화학 들여다보기 11-1 참조).

pyridyl) porphyrin, TMPyP4] 등 이다(아래의 화학 구조와 그림 10.15 참조). 이에 대한 광범위한 연구와 임상 연구가 행해져야 하겠지만 이러한 접근 방법은 암의 진행을 늦출 수 있는 말단소체복원효소 억제제 개발에 있어서 매우 유망한 것으로 보인다.

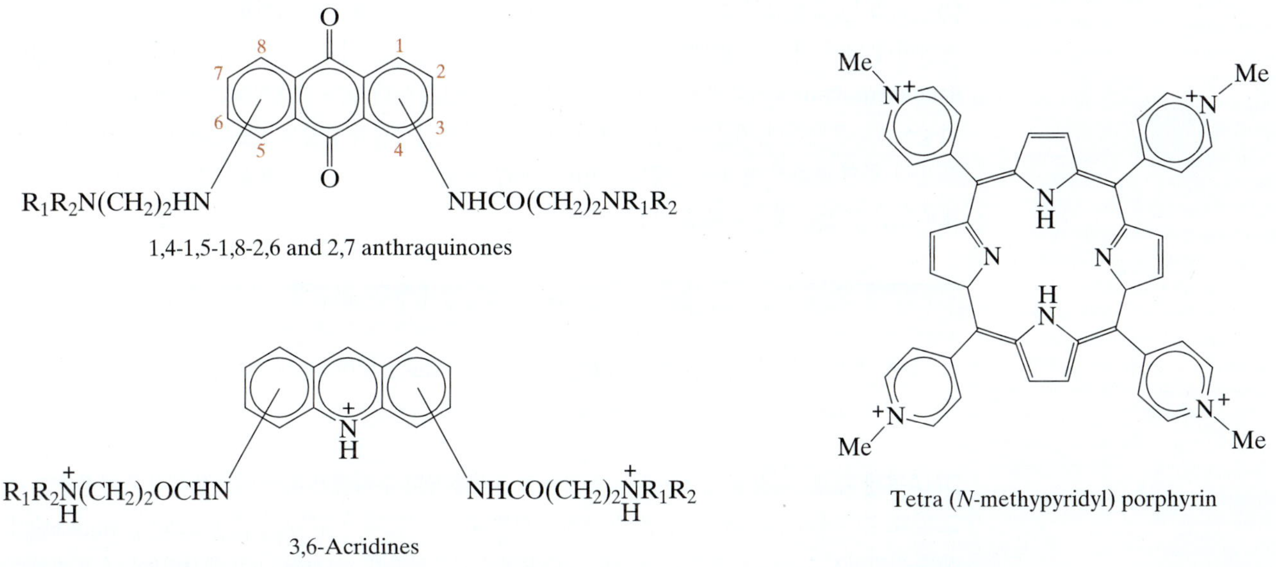
R1R2N(CH2)2HN
NHCO(CH2)2NR1R2
1,4-1,5-1,8-2,6 and 2,7 anthraquinones
R1R2N(CH2)2OCHN
NHCO(CH2)2NR1R2
3,6-Acridines
Tetra (N-methypyridyl) porphyrin

G-4중구조의 말단소체복원효소 억제제.

11.3 DNA 손상과 수리

학습 목표

DNA 돌연변이의 원인과 효과에 대해서 알아본다.

DNA는 세포를 위한 안내서이다. DNA는 세포의 정상적인 기능을 수행하는 단백질을 만들기 위해서 필요한 모든 정보를 가지고 있다. 그러므로 세포는 DNA의 완전무결성을 유지해야만 한다. DNA복제 시 일어난 잘못은 바로 잡아야 하며, 그래야만 그러한 잘못이 다음 세대로 전달되지 않을 것이다. 더구나 DNA가 극한적인 환경에서 손상되었을 경우, DNA는 원래의 모습으로 회복되어야 한다. DNA 염기서열의 변화를 **돌연변이(mutation)**라고 한다. 돌연변이가 일어난 유전자는 변화된 아미노산서열을 갖는 단백질을 생산하여, 더 이상 자신의 정상적인 기능을 수행하지 못하거나 또는 비정상적인 작용에 관여하게 될 수도 있다. 대부분의 돌연변이 단백질은 생물학적 기능을 상실한다. 세포의 DNA 수리 체계(DNA repair system)는 후대의 세포에게 영구적인 변화를 유발할 수도 있는 돌연변이가 그대로 복제되어 딸세포로 전달되는 것을 방지한다. 대부분의 돌연변이는 세포에게 해를 주거나 또한 치명적일 수도 있다. **잠재성 돌연변이(silent mutation)**는 생성물인 단백질의 기능에 영향을 끼치지 않는 DNA 염기서열의 변화를 말한다.

돌연변이는 손상의 메커니즘에 따라서 두 가지로 나뉜다. 즉 돌연변이는 자발적인 현상으로 발생하거나 또는 유도되어 발생한다.

자연발생돌연변이

자연발생돌연변이(spontaneous mutation)는 세포가 정상적인 유전적 대사 반응을 하는 동안에 일어나는 변화를 말한다. 자연발생돌연변이의 두 가지 주요 형태는 (1) DNA복제 중 디옥시리보뉴클레오티드가 잘못 도입되는 경우(염기쌍의 잘못된 짝짓기)와 (2) 가수분해반응에 의한 염기의 변형이다. 대장균의 경우 이러한 잘못은 최종적으로 100억 개의 염기쌍이 만들어지는 동안에 한 번 정도 일어나는 것으로 극히 드물다. 복제할 때 염기가 **잘못 도입되는 실제 비율**은 만 십만 개의 염기에 한 번 정도로 높은 편이지만, 쌍을 잘못 이룬 염기는 대부분 수리 체계에 의해 올바로 복구된다. 대부분의 돌연변이는 유전자에 있어서 바람직하지 않은 변화를 초래하지만 가끔 이러한 자발적인 변화가 생물체에 선택적인 이득을 주는 경우도 있다. 아마도 이러한 변화가 진화 과정의 원인이 되는 것으로 여겨진다.

한편 복제 시 일어나는 잘못에는 세 가지 유형이 있다. (1) 한 개의 염기가 치환(substitu-tion)되는 경우(점돌연변이, point mutation), (2) 하나 또는 그 이상의 염기쌍이 추가로 삽입(insertion)되는 경우 및 (3) 하나 또는 그 이상의 염기쌍이 제거(deletion)되는 경우가 그것이다. 치환형 돌연변이는 자연발생돌연변이에 있어 가장 흔한 형태이다. 염기 치환은 종종 질소염기의 양성자 재배열인 **호변이성질화(tautomerization)**에 의하여 일어난다. 예를 들면 우라실은 여러 가지 형태의 케토-에놀(keto-enol) 호변이성질체로 존재한다(10장의 연습 문제 10.28 참조). 호변이성질화 현상은 비표준적인 염기쌍을 형성할 수 있다. 한편 표준적 염기는 일생의 약 0.01%에 해당하는 시간 동안 비교적 불안정한 호변이성질체 형태로 있을 수 있는 것으로 추정된다.

복습 문제

1. 퓨린 염기인 구아닌은 케토형과 에놀형이라는 두 가지의 호변이성질체 형태로 존재할 수 있다. 이 두 가지 형태의 화학 구조를 그리시오.

DNA복제 체계 대장균 세포는 잘못 짝지어진 염기를 찾고 수리하기 위한 비교적 복잡한 체계를 가지고 있다. 일반적인 수리 메커니즘은 네 단계로 진행된다. 즉 (1) 핵산내부가수분해효소(endonuclease)가 잘못 짝지어진 뉴클레오티드와 연결된 포스포에스테르결합을 절단하며, (2) 핵산말단가수분해효소(exonuclease)는 잘못 짝지어진 염기를 제거하며, (3) DNA중합효소 I 과 III에 의해서 올바른 염기가 도

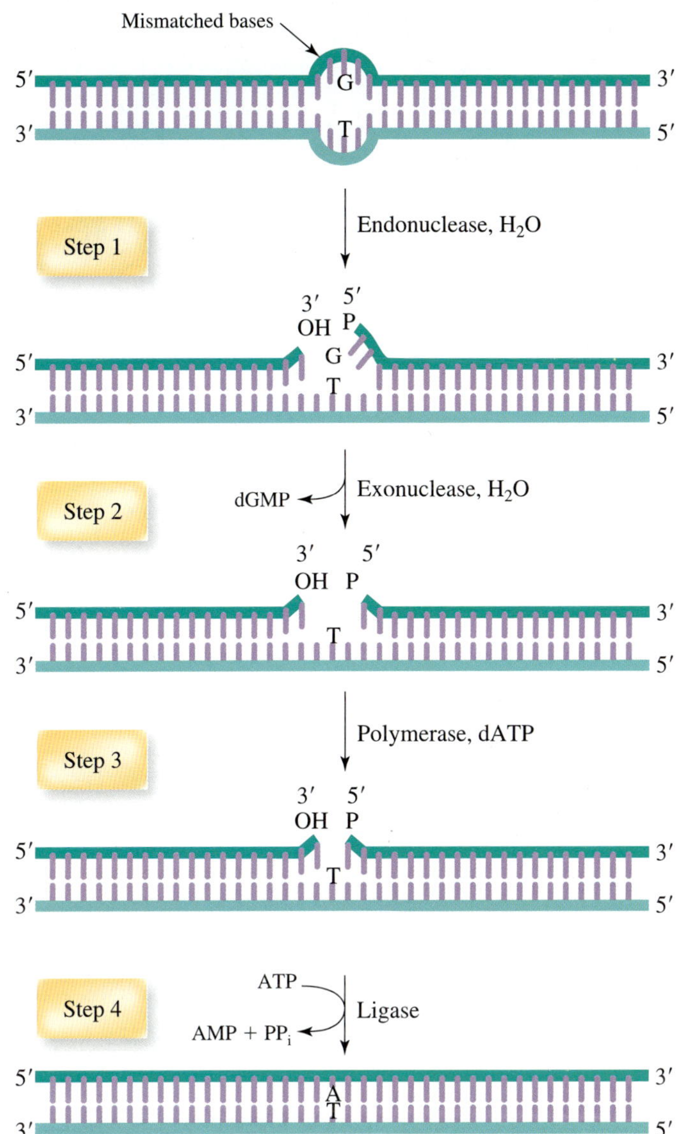

그림 11.13 대장균에 있어서 잘못 짝지어진 염기쌍을 제거하기 위한 기본적 수리 과정. (a) 핵산내부가수분해효소가 잘못 짝지어진 염기의 포스포에스테르결합을 가수분해한다. (b) 핵산말단가수분해효소에 의해 dGMP가 가수분해되어 제거된다. (c) DNA중합효소가 유리 3′-히드록실기에 올바른 뉴클레오티드를 첨가한다. (d) 최종 간격은 DNA연결효소에 의해서 메워진다.

입된 후, (4) DNA연결효소가 최종 공백을 메운다(그림 11.13).

DNA에서 흔히 나타나는 자발적 손상의 또 다른 유형은 가수분해이다. 퓨린 염기를 갖는 뉴클레오티드는 *N*-글리코시드결합의 위치에서 퓨린 고리가 제거되는 자발적인 가수분해가 일어날 수 있다(그림 11.14a). 정상적인 사람의 세포는 하루에 약 10,000개의 퓨린 염기가 가수분해에 의해서 없어지는 것으로 알려져 있다. 또한 헤테로고리형 염기는 가수분해반응에 의해서 탈아민화(deamination) 될 수 있다. 가장 보편적인 탈아민화 반응은 시토신이 우라실로 변환되는 것이다(그림 11.14b). 사람의 세포에 있어서 하루에 100개의 염기가 탈아민화되는 것은 흔한 일이라 할 수 있다. 염기의 탈아민화에 의한 손상은 **DNA글리코시드가수분해효소(DNA glycosidase)**라는 효소에 의해 복구된다. 이 효소는 디옥시리보오스에 있는 *N*-글리코시드결합을 가수분해하여 손상된 염기를 제거하는 반응을 촉매한다. 이 후 핵산내부가수분해효소는 양쪽의 포스포디에스테르결합을 절단함으로써 당을 제거한다. DNA중합효소 I 이 올바른 뉴클레오티드를 도입하면, 최종 간격은 DNA연결효소가 메우게 된다.

자연발생돌연변이는 또한 정상적 대사 과정에서 생기는 반응성 중간산물에 의하여 발생할 수도 있다. 예를 들면 과산화이온(superoxide ion, O_2^-), 과산화수소(H_2O_2) 등의 **활성산소종(reactive oxygen species, ROS)**은 정상 대사 작용 중에 산소(O_2)로부터 생성된다(다음 절의 구아닌의 산화 참조).

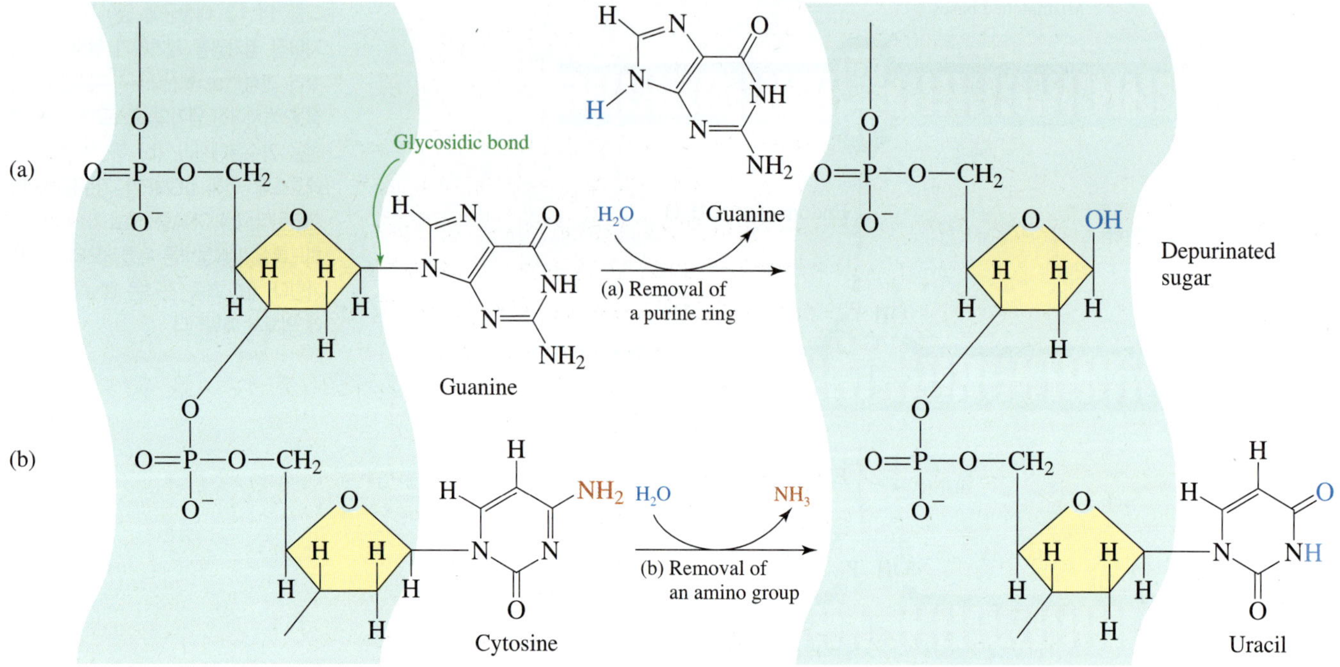

그림 11.14 자연발생돌연변이에 의한 DNA의 손상. (a) *N*-글리코시드결합의 가수분해에 의한 퓨린 염기의 제거. (b) 가수분해에 의한 아미노기의 제거. (b)에서 시토신이 우라실로 변환되었다.

복습 문제

1. 자연발생돌연변이 중에서 많이 나타나는 형태는 시토신이 가수분해에 되어 우라실이 되는 것이다(그림 11.14b 참조). 이러한 화학적 변환이 복제 과정 중에 첨가되는 염기에게 어떠한 영향을 미치는지 알아보시오.

유도돌연변이

생물체는 종종 돌연변이를 일으키는 환경 요인과 접촉하게 된다. 이러한 요인들을 **돌연변이원(mutagen)**이라고 한다. 잘 알려진 돌연변이원으로서는 이온화 방사선, 몇몇 화학약품들 및 자외선을 들 수 있다(임상생화학 11 참조).

이온화 방사선 이온화 방사선(ionizing radiation)의 자연적인 출처는 우주로부터 오는 우주선(cosmic rays)과 지표면에서 방출되는 방사능(radioactivity)이다. 인간을 비롯한 생물체들은 수백만 년 동안 천연적으로 존재하는 일정 수준의 방사선에 노출되어 왔다. 사실 이러한 노출은 진화 과정에 중요한 역할을 하였을 것이다. 그러나 핵무기 실험, 핵발전소, 잦은 비행기 여행과 의료계의 X선 사용 증가 등에 의해, 우리는 보다 더 많은 방사선에 노출되고 있다.

DNA가 이온화 방사선에 노출될 때 일어나는 분자적 변화를 이해하기 위하여 많은 연구가 행해졌다. 이온화 방사선의 충격을 받으면 분자들은 즉시 해리되어 이온 및 고반응성 자유라디칼(free radical)을 생성한다. 이후 2차반응에서 자유라디칼 생성물은 DNA를 공격한다(그림 11.15). 예를 들면, 이온화 방사선은 물 분자를 수소 원자(H·)와 히드록실 라디칼(·OH)로 쪼갤 수 있다. 세포에는 물이 풍부하기 때문에 히드록실 라디칼이 쉽게 생성된다. 만일 히드록실 라디칼이 DNA 분자와 반응하면, 수소 원자가 제거되어 물이 다시 만들어 질 수 있다(H· + OH· → H_2O). 그러나 2차 생성물 즉 DNA 분자 상의 자유라디칼은 연쇄 반응을 일으켜 DNA 가닥이 절단되는 결과를 초래한다. 이러한 DNA 가닥의 절단은 ·OH의 공격이 있은 후 100만분의 1초 사이에 일어난다고 추정된다.

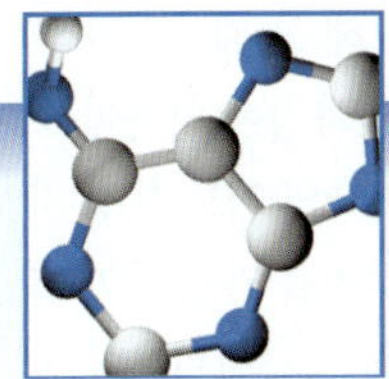

11 - 2

생화학 들여다보기

몇 가지 종양억제단백질은 손상된 DNA를 수리하는 기능이 있다

종양억제유전자들은 제어되지 않는 세포 증식을 억제하는 단백질을 만드는 정보를 가짐으로써 몇 가지 암의 성장을 억제한다. 이 유전자들의 번역 생성물은 **종양억제단백질(tumor suppressor protein, TSP)**이라고 불린다. 돌연변이 형태의 TSP는 종종 암을 유발한다. 아마도 가장 잘 알려진 TSP는 p53 단백질인데, 알려진 암의 50% 정도가 이 단백질의 돌연변이와 관련이 있다. 돌연변이된 종양억제유전자는 더 이상 종양 억제 기능을 하지 못하는 변형된 단백질을 만들 수 있다. 예를 들어 가장 잘 알려진 유전적 질환인 유방암은 **BRCA1**과 **BRCA2**라고 불리는 TSP가 돌연변이된 결과이다. 이 두 가지 단백질은 BRCA 억제 유전자로부터 만들어진다. 돌연변이된 BRCA 단백질을 갖는 여성의 70~80%가 일생에 한 번쯤은 유방암에 걸리게 된다. 현재 왜 정상적인 BRCA 단백질이 결여된 세포들이 암 세포로 발전하는지에 대하여 많은 연구가 진행 중이다.

1,863개의 아미노산으로 구성된 BRCA1은 DNA에 작용하는 수리 단백질로 작용하는 것 같다. BRCA1이 키나아제에 의하여 인산화되면 끊어진 이중가닥 DNA를 수리하는 활성형 단백질이 된다. 이 단백질의 정확한 기능에 대해서는 아직 아는바가 없다.

X선결정법을 이용하여 BRCA2 단백질의 구조가 최근 규명되었는데 DNA와 결합할 수 있는 2개의 영역을 갖고 있는 것으로 밝혀졌다. 하나의 영역은 이중가닥을 선호하고 다른 하나는 단일가닥을 선호한다(그림 참조). 3,000개가 넘는 아미노산 잔기로 구성된 이 거대한 단백질 또한 DNA 수리에 관여하는 것으로 보인다. 시험관 내(*in vitro*) 실험에서 실제로 BRCA2가 DNA의 이중가닥 파손을 수리할 수 있는 것이 확인되었다.

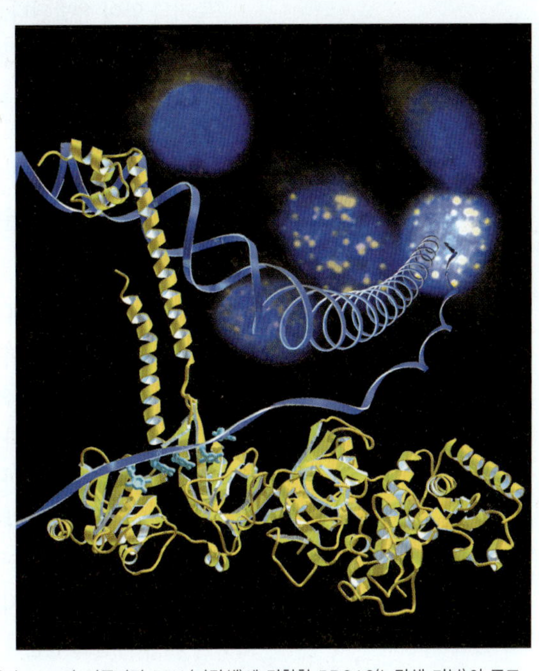

단일가닥 DNA와 이중가닥 DNA(파란색)에 결합한 BRCA2(노란색 리본)의 구조.

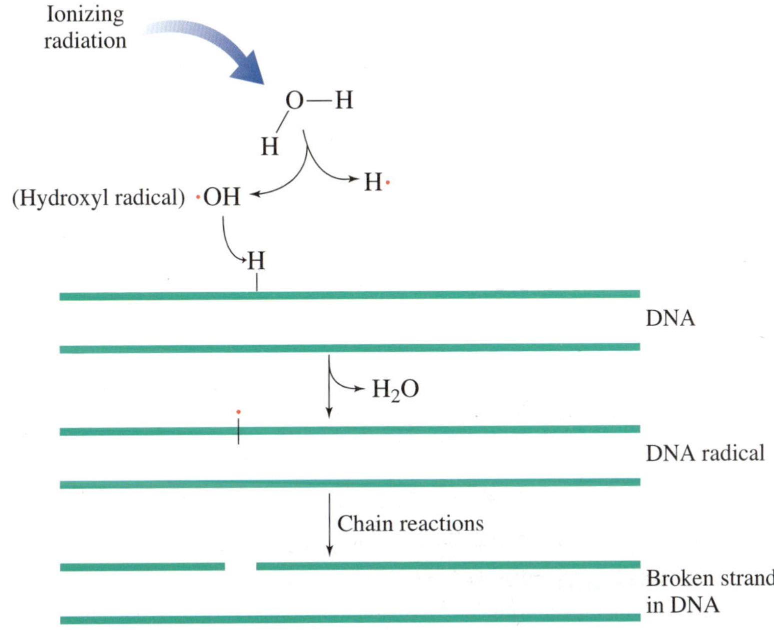

그림 11.15 DNA에 있어서 히드록시 라디칼(·OH)에 의해 야기된 2차적 또는 간접적 손상. ·OH는 H_2O와 이온화 방사선의 작용에 의해 형성된다. ·OH는 DNA에서 수소 원자를 제거하며 H_2O 및 반응성 DNA 라디칼을 만든다. 그 결과 DNA 가닥이 끊어지게 된다.

이러한 종류의 DNA 손상은 방사선이 DNA에 미치는 "직접적" 상호작용과 비교해 볼 때 "간접적" 과정이라고 할 수 있다. 대부분의 방사선 요인의 경우, DNA 손상의 80%까지 간접적 과정에 의하여 초래된다. 현재 주목을 받는 중요한 이온화 방사선원은 라돈(radon) 기체인데, 이는 미국의 어느 특정 지역에서 토양으로부터 방출되어 집과 사무실에 축적되고 있다. 라돈은 아주 높은 에너지를 가진 알파 입자를 방출하며, DNA의 손상이 주로 직접적인 과정에 의해서 일어나기 때문에 다른 방사선원보다 더 심한 손상을 일으킨다.

대부분의 세포들은 저준위 이온화 방사선에 의한 손상을 수리할 수 있다. DNA의 단일가닥에 대한 손상은 쉽게 수리된다. 그러나 두 가닥이 동시에 손상된 DNA는 수리하기가 더 어렵기 때문에 세포가 죽거나 암이 유발된다. 식물과 동물의 DNA는 초나선 상태의 루프(뉴클레오솜, 10.5절 참조)로 존재하기 때문에 더 열려져 있는 세균의 DNA보다 이온화 방사선으로부터 보호가 더 잘되는 것으로 보인다.

화학약품 현재 수많은 화학약품이 유전적 돌연변이를 유발한다고 알려져 있으며, 더 많은 화학약품들이 앞으로도 돌연변이원으로 밝혀질 것이다. 화학적 돌연변이원(chemical mutagen)은 작용 방식에 따라 다음과 같이 분류된다. 화학적 돌연변이원의 몇 가지 종류와 예가 그림 11.16부터 그림 11.18에 나타나 있다.

1. 헤테로고리형 염기유사체(heterocyclic base analog)는 복제되는 DNA로 도입될 수 있으며, 염기쌍 형성의 특징을 변화시켜 돌연변이를 유발한다. 티민의 유사체인 5-브로모우라실(5- bromouracil, 그림 11.16)은 DNA의 티민 자리에 대신 도입된다. 5-브로모우라실의 케토형호변이성질체(keto tautomer)는 티민과 마찬가지로 아데닌과 쌍을 이룬다. 그러나 훨씬 더 많이 존재하는 5-브로모우라실의 에놀형은 구아닌과 쌍을 이룬다. 따라서 5-브로모우라실은 A-T 쌍을 G-C 쌍으로 만드는 치환형 돌연변이를 유발한다.
2. 반응성 화학적 돌연변이원(reactive chemical mutagen)은 DNA 염기에 존재하는 작용기를 화학적으로 변화시키는 시약들이다. 예를 들면, 아질산(nitrous acid, HNO_2)은 시토신 잔기를 탈아민화 시켜 우라실로 만든다. 일반적으로 구아닌과 수소결합을 형성하는 시토신 잔기는 우라실로 변해 아데닌과 쌍을 이루게 된다. 알킬화제(alkylating agent)는 염기 잔기에 메틸기나 에틸기를 첨가하여 DNA의 염기쌍 형성의 특징을 변화시키기 때문에 돌연변이원이 될 수 있다(그림 11.17a). 잘 알려진 알킬화제는 니트로사민(nitrosamine), 니트로소구아니딘(nitrosoguanidine) 및 알킬황산염(예; 디메틸황산염) 등이 있다. 알킬화제에 의한 전형적인 반응은 구아닌의 메틸화이다. O^6-메틸구아닌(O^6-methylguanine)은 티민과 안정성 있는 염기쌍을 이룬다(그림 11.17b).
3. **삽입제(intercalating agent)**는 대개 평편한 소수성의 방향성 분자들로 DNA 내 쌓여진 염기쌍 사이에 삽입된다(그림 11.18과 그림 11.19). 이러한 상호작용은 염기 사이의 거리를 증가시키고, 염기의 삽입이나 결실을 통해서 돌연변이를 일으킨다. 잘 알려진 삽입제는 브롬화에티듐(ethidium bromide)과 아크리딘오렌지(acridine orange)가 있다. 브롬화에티듐이 이중가닥 DNA 내에 삽입되면 독특한 형광을 증가시키는 특징이 있다. 이러한 상호작용은 매우 아름다운 주황색을 만들어 내는데, 브롬화에티듐은 전기영동에서 아주 적은 양의 DNA를 검출하기 위한 형광 염색세로 많이 이용되는 시약이다.

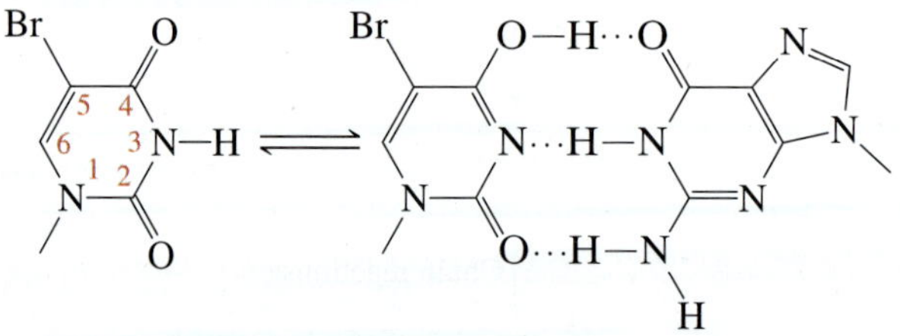

그림 11.16 염기쌍 특성을 변화시키는 화학적 돌연변이원인 5-브로모우라실. 가장 흔한 케토형 호변이성질체는 아데닌과 염기쌍을 이룬다. 에놀형 호변이성질체는 구아닌과 염기쌍을 이룬다.

5-Bomouracil (5-BU)
(keto tautomer, pairs with A)

(5-BU)
(enol tautomer, pairs with G)

Guanine

(a) Dimethyl nitrosamine　Dimethyl sulfate　*N*-methyl-*N'*-nitro-*N*-nitrosoguanidine

(b) Guanine → methylating agent → O^6-Methylguanine

그림 11.17 화학적 돌연변이원으로서의 알킬화제(alkylating agent). 반응성 화학적 돌연변이원은 DNA의 표준 염기 내에 있는 작용기를 변화시킨다. 여기에 나타나 있는 반응성 메틸화제들은 구아닌(시토신과 쌍을 이룸)을 O^6-메틸구아닌(티민과 쌍을 이룸)으로 변환시킬 수 있다.

(a) Ethidium bromide　(b) Acridine orange

그림 11.18 화학적 돌연변이원으로서의 삽입제(intercalating agent). (a) 브롬화에티듐 및 (b) 아크리딘오렌지는 DNA의 이웃한 염기쌍 사이에 삽입된다.

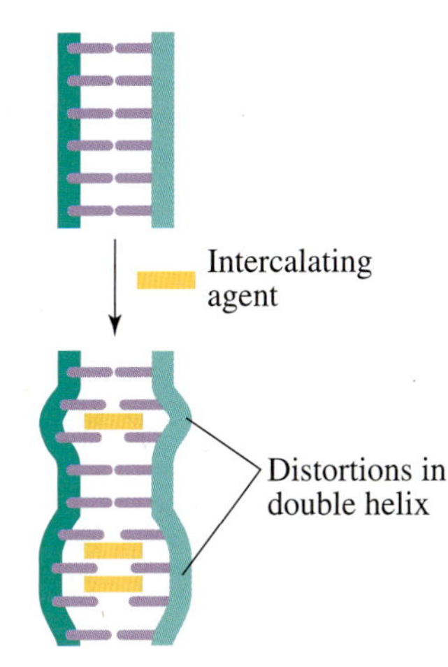

그림 11.19 삽입제가 DNA에 결합하여 그 구조를 왜곡시키는 모습

구아닌의 산화적 손상

앞에서 보았듯이 DNA의 질소염기는 자발적인 변화나 유도돌연변이(화학적 돌연변이원, 이온화 방사선 등등)에 의해 화학적으로 변형될 수 있다(시토신에서 우라실로 가수분해됨, 그림 11.14). 가장 잘 이해되고 널리 알려진 돌연변이 중의 하나는 구아닌이 8-옥소구아닌(8-oxoguanine, 8-OG; 그림 11.20)으로 산화되는 과정이다. 8-OG의 생성은 비교적 흔한데 그 이유는 이 화합물이 자연발생돌연변이와 유도돌연변이 모두에 의하여 일어나기 때문이다. 8-OG는 일상의 대사 작용에서 생기는 **활성산소종(reactive oxygen species)**에 의하여 구아닌으로부터 생성된다(과산화이온, 과산화수소, 그리고 자외선과 이온화 방사선에 의하여 생성되는 히드록시 라디칼 등). 구아닌은 유리 뉴클레오티드 형태인 dGTP나 또는 DNA에 통합된 후에 산화되는 것으로 생각된다. 8-OG는 여분의 산소 원자로 인해 아데닌과 쌍

Guanine → oxidation → 8-Oxoguanine

그림 11.20 구아닌 염기가 8-옥소구아닌으로 산화되는 반응.

을 이루게 된다(구아닌의 일반적인 짝인 시토신 대신에). DNA가 복제될 때 DNA중합효소는 8-OG를 아데닌과 짝을 이룬다. 만일 이러한 짝지음이 교정되지 않는다면(만일 8-OG가 제거되지 않는다면) 궁극적으로는 원래의 G-C 염기쌍 대신에 새로운 T-A 염기쌍이 형성되는 것이다.

이러한 돌연변이가 나타낼 수 있는 잠재적 독성 효과 때문에 세포는 DNA로부터 8-OG를 찾아내어 제거할 수 있는 수리 체계를 발전시켰다. 이 수리 체계는 이미 형성된 산화 dGTP를 **Mth1**이라는 효소가 제거하는 예방 유지 단계로 시작한다. 이 과정은 복제 중에 DNA에 이미 들어가 있는 8-OG를 환원시킨다. 한편 이미 존재하는 **8-OG는 8-옥소구아닌 DNA 글리코실라아제/분해효소(8-oxoguanine DNA glycosylase/lyase, Ogg1)**의 작용에 의해서 제거된다.

에임스검사 이러한 돌연변이원을 인간이나 다른 동물세포에 노출시키면, 종양을 일으키거나 암세포의 형성을 유발한다. 실제로 돌연변이원에의 노출과 암 사이에는 강한 상관관계가 있다. 그러므로 돌연변이원이 될지도 모르는 화학약품들을 찾아내어 그 사용을 제한하는 것이 매우 중요하다. 캘리포니아 대학교 버클리 캠퍼스(University of California at Berkeley)의 브루스 에임스(Bruce Ames)는 화학적 돌연변이원을 아주 간단하고 민감하며 신속하게 찾아내는 시험법을 발명하였다. 이 **에임스검사(Ames test)**는 히스티딘 없이는 자랄 수 없는 살모넬라(*Salmonella*)의 돌연변이체를 이용한다. 이 세균을 기르기 위한 배양 접시에 히스티딘을 첨가하지 않은 상태로 돌연변이 시약을 점점이 찍어 놓게 되면, 많은 수의 새로운 돌연변이 세포들이 자라나게 된다. 아주 적지만 그래도 측정할 수 있을 만큼의 돌연변이체들이 히스티딘을 합성할 수 있는 돌연변이체로 되돌아온다. 따라서 이 세포들은 히스티딘이 결핍된 배양 접시에서 자랄 수 있는 것이다. 돌연변이체의 생장 정도는 시험한 화학약품들이 돌연변이원으로서 어느 정도의 가능성이 있는지를 나타낸다. 만일 동물을 이용하여 돌연변이원의 활성 정도를 시험하려면 몇 개월에서 몇 년이 소요되지만 이 시험법은 2일 이내로 끝난다. 에임스검사로 조사한 수천 가지의 화합물 중에서, 시험 결과 양성 반응을 보이는 화합물(돌연변이원)의 약 90%는 동물 시험에서 암을 유발하는 발암 물질(carcinogen)로 판명되고 있다.

11.4 RNA의 합성

학습 목표

RNA합성의 세포 및 분자 메커니즘을 이해한다.

모든 세포에 있어서 생명의 청사진이라고 할 수 있는 DNA는 대장균의 경우 3,000~4,000 종류의 단백질을 그리고 사람은 수 만 가지의 단백질을 만들 수 있는 정보를 간직하고 있다. 그러나 이 과정에서 DNA 언어(A, G, C, T)로 된 유전정보를 해독하여 단백질 언어(아미노산)로 번역하여야 한다. RNA는 단백질 합성을 위하여 DNA의 유전정보를 전달하는 분자 운반체이다. 세포 내에서의 RNA의 역할(1.2절과 1.3절)과 세 가지 형태의 분자 구조(tRNA, mRNA 및 rRNA, 10장 10.3절 참조)에 대해서는 이미 설명하였다. RNA의 촉매 역할에 대해서도 역시 6장 6.5절에서 공부한 바 있다. RNA 바이러스를 제외하고, 모든 생물은 DNA를 주형으로 이용하여 상보적인 RNA를 합성한다(전사 과정). 새로이 합성되는 RNA는 특정한 세포 기능을 수행할 수 있는 활성형 분자를 만들기 위하여 생화학적으로 변형된다.

전사(transcription)에 대하여 상세히 살펴보기 전에, 유전정보의 흐름을 설명하는 데 필요한 일반적 용어들을 먼저 정리하여 보자(그림 11.21). 이중가닥의 DNA 중 RNA합성의 주형으로 사용되는 가닥을 **주형가닥(template strand)** 또는 **전사가닥(sense strand)**이라고 부르는데, 이 사슬은 3' → 5' 방향으로 읽힌다. 따라서 **전사물(transcript)**이라고 불리는 RNA 분자는 5' → 3' 방향으로 합성되며 주형가닥에 상보적인 염기서열을 갖는다. 복사되지 않는 쪽의 DNA 사슬을 **암호가닥(coding strand)**이라고 부르는데, 왜냐하면 이들은 T와 U가 서로 바뀐 것 말고는 RNA전사물과 똑같은 염기서열을 갖기 때문이다. 전사되는 유전자는 관행에 따라 전사가 시작되는 곳의 질소염기부터 번호를 정하기 시작한다. 시작 염기를 +1로 정하고 오른쪽으로 계속되는 염기들은 +2, +3, 기타 등등이 된다. +1의 바로 왼쪽에 있는 염기는 -1

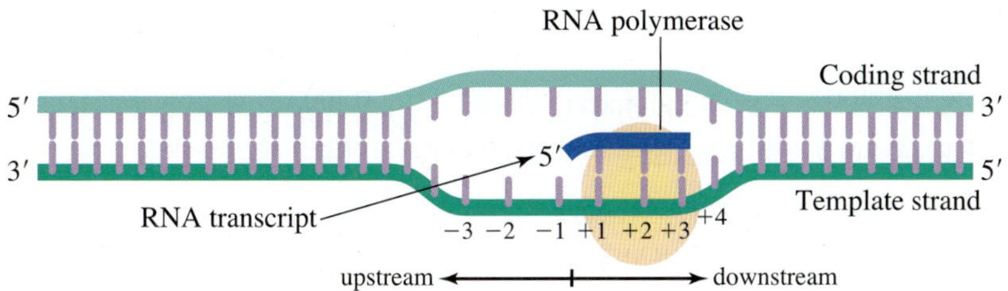

그림 11.21 DNA에서 RNA로 가는 정보의 흐름(전사)을 설명하기 위하여 사용되는 일반적 용어들. DNA의 주형가닥(template strand)은 RNA합성을 위해 사용된다. 이는 3' → 5' 방향으로 읽힌다. RNA전사물(RNA transcript)은 주형에 상보적인 염기서열을 가지며 DNA의 암호가닥(coding strand)과 일치한다. 주형가닥에 있는 유전자 부위는 염기 +1로 시작하며 하류(downstream)로 진행된다(+ 수의 증가). RNA중합효소(RNA polymerase)는 RNA전사물의 합성을 촉매한다.

로 번호가 정해진다. 이러한 번호 체계에는 0이 없다. 음수는 시작점으로부터 상류(upstream)에 있는 염기를 나타내며, 양수는 하류(downstream)를 나타낸다. 대장균에서의 전사 과정에 대해서 먼저 공부하고 그런 다음 원핵세포와 진핵세포의 전사를 비교할 것이다. 또한 가장 보편적인 방식인 DNA-지시성 RNA합성과 더불어 RNA 바이러스에서 나타나는 RNA-지시성 RNA합성도 설명할 것이다. 원핵세포에서는 전사가 세포질에서 일어나지만 진핵세포의 전사에 필요한 기구들은 핵 내에 존재한다.

DNA-지시성 RNA합성

원핵생물들은 전사 과정에서의 모든 생화학적 단계들을 지시하고 촉매하는 DNA-지시성 RNA중합효소[DNA-directed RNA polymerase, **RNA중합효소(RNA polymerase)**]라는 효소를 가지고 있다. RNA합성은 개시(initiation), 신장(elongation) 및 종결(termination)이라는 세 단계로 진행된다. 전사 과정을 간략히 살펴본다면, RNA중합효소는 DNA 주형에 있는 유전자 개시 부위를 찾아서 결합한다. 이중나선의 짧은 구간이 풀어지고 주형가닥은 RNA전사물에 상보적이다. RNA중합효소는 적당한 리보뉴클레오시드삼인산(ribonucleoside triphosphate)을 가지고 들어와 인접한 리보뉴클레오티드에 포스포에스테르결합으로 연결한다. 신장 과정은 전체 유전자가 전사될 때까지 계속된다. 이 때 RNA중합효소는 DNA 주형에 있는 종결 부위를 찾아 합성 과정을 중지하고, 전사물을 방출시킨다. RNA중합효소에 의한 신장 반응은 다음과 같이 진행된다.

$$\underset{}{\text{NTP}} + \underset{\text{RNA}}{(\text{NMP})_n} \xrightarrow{\text{DNA template}} \underset{\text{Lengthened RNA}}{(\text{NMP})_{n+1}} + \text{PP}_i$$

NTP = 리보뉴클레오시드삼인산, ATP, GTP, CTP, UTP
(NMP) = n 또는 n+1개의 모노뉴클레오티드를 갖는 길어진 기존의 RNA

이 반응을 위해 필요한 성분은 (1) 네 가지의 리보뉴클레오시드삼인산, (2) DNA 주형, (3) Mg^{2+} 등이다. 첨가될 리보뉴클레오시드삼인산의 α-인산에 대한 신장 RNA 사슬의 3'-히드록실기의 친핵성 공격에 의해 새로운 포스포디에스테르결합이 형성된다. 생성물인 PPi는 반응성이 높은 무수물이기 때문에 쉽게 가수분해되고 축적되지 않는다($PP_i + H_2O \rightarrow 2\ P_i$). DNA복제 과정에서 이와 유사한 화학 반응을 이미 공부한 바 있다(그림 11.6 참조).

대장균의 RNA중합효소는 네 가지 다른 종류의 단위체로 구성된 매우 큰 효소 복합체(465,000 달톤)이다. $\alpha_2\beta\beta'\sigma$ 단위체로 이루어진 **홀로효소(holoenzyme)**가 RNA합성을 시작하지만 일단 전사가 시작되면 σ단위체는 해리되어 떨어져 나가고, 촉매부위와 기질 결합자리를 가지고 있는 핵심 효소($\alpha_2\beta\beta'$)는 남아 있게 된다.

대장균의 전사 단계는 다음 설명과 같으며 그림 11.22에 나타내었다.

1 단계 유전자의 전사는 프로모터(promoter) 부위를 인식하고 RNA의 합성이 개시됨으로써 시작된다. RNA중합효소의 홀로효소는 주형 DNA의 대부분의 부위에 결합한다. 그러나 상호작용의 정도는 **프로모터부위(promoter region)**라고 부르는 특정 지역에서 증가한다(그림 11.22). 이 부위는 DNA 상의 짧은 구간(20개~200개의 염기쌍, 평균 40개의 염기쌍)으로서 개시 자리(+1)

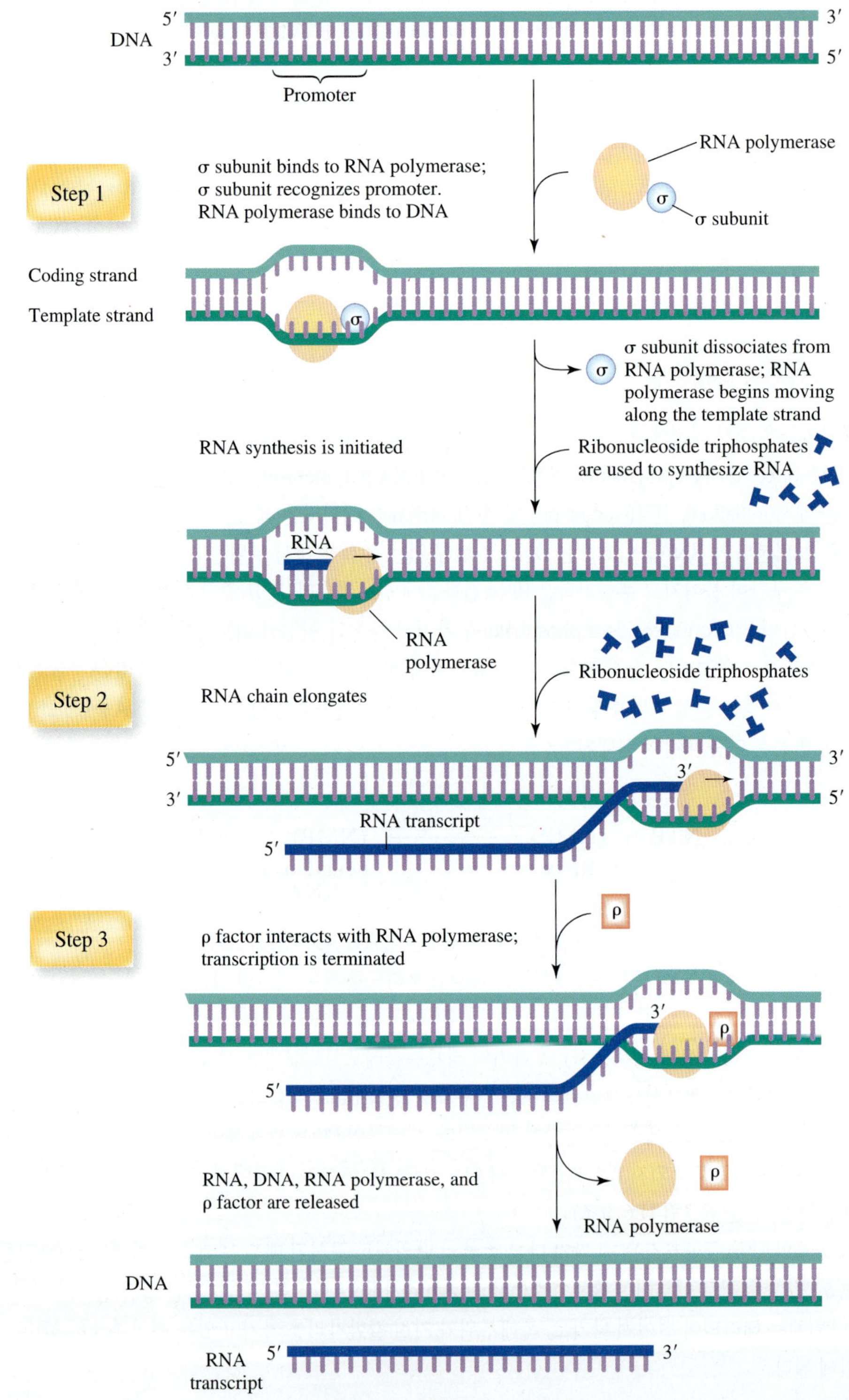

그림 11.22 대장균에 있어서 포스포에스테르결합의 형성을 위한 DNA-지시성 RNA중합효소의 작용 메커니즘. 1 단계: 전사개시. 2 단계: 전사 중 RNA의 신장. 3 단계: 전사종결.

의 상류 쪽으로 존재한다. 총 4.7×10^6개의 염기쌍으로 구성된 대장균의 DNA는 2,000개의 프로모터부위를 가지고 있다. 이 프로모터부위에는 모든 원핵세포의 DNA에서 발견되는 두 개의 부분이 존재한다. 즉 (1) TATAAT의 공통적인 염기서열을 갖는 -10 부위[프리브노상자(Pribnow box)라고 부르기도 함] 및 (2) TTGACA의 염기서열을 갖는 -35 부위 등이다. RNA중합효소의 홀로효소 부분은 DNA 주형에 비특이적으로 결합하여 프로모터부위를 인식할 때까지 하류로 이동한다(주형가닥의 3'→5' 방향으로). 프로모터의 염기서열, 특히 -10 부위에서는 RNA중합효소가 더 강하게 결합하고, 이동 속도가 느려지면서 DNA의 이중나선을 풀게 된다. 이 때 대략 12개에서 15개의 염기쌍이 분리되며, 전사방울(transcription bubble)의 형성이 유도된다. RNA중합효소의 활성부위에 첫째로 선택된 리보뉴클레오티드가 들어옴으로써 RNA합성이 시작된다. 첫째 염기는 DNA의 +1 염기에 상보적이다. 같은 방식으로 +2 염기에 상보적인 다음 뉴클레오티드가 들어온다. RNA중합효소는 처음 두 개의 리보뉴클레오티드 사이에 포스포디에스테르결합을 형성한다. 이 과정에는 다음의 두 가지 중요한 특징이 있다. (1) DNA합성 시에 필요한 RNA프라이머(primer)가 없으며, (2) 첫째 리보뉴클레오티드에 5'-삼인산 꼬리가 남아 있다. 이화물질유전자활성인자단백질(catabolite gene activator protein, CAP)과 단백질 억제인자에 의한 개시과정의 조절은 12장 12.4절에서 논의하게 될 것이다.

2 단계 RNA 사슬의 신장은 5'→3' 방향으로 진행된다. RNA중합효소는 길어지는 RNA 사슬에 리보뉴클레오티드를 첨가하면서 DNA 주형을 따라서 이동을 계속한다. 대략 10개의 염기가 첨가된 후, RNA중합효소의 σ단위체는 해리되어 핵심 효소로부터 떨어져 나온다. σ단위체는 프로모터부위의 인식과 합성의 개시에 필요하지만 RNA 사슬의 신장에는 필수적이지 않은 것으로 보인다. 핵심 RNA중합효소에 의해서 신장이 계속됨에 따라 DNA 주형가닥에 상보적인 RNA전사물도 계속 만들어진다. 짧은 구간에 걸친 일시적 DNA-RNA혼성체가 이 시기의 특징이다(그림 11.22). RNA중합효소는 고도의 정확성을 가지고 사슬의 신장을 촉매한다. 잘못 짝지어진 염기가 삽입될 확률은 10^4에서 10^5분의 1이다. DNA중합효소와는 다르게 RNA중합효소는 잘못을 인식하거나 교정할 수 없다. 오직 하나의 복사물이 만들어지는 DNA복제의 경우와 비교하면, RNA의 경우에는 다수의 복사물이 만들어지기 때문에 잘못의 영향은 DNA처럼 심각하지 않다.

3 단계 RNA합성의 종결은 특별한 DNA 염기서열에 의해서 조절된다. RNA중합효소의 핵심효소는 종결을 알리는 염기서열을 만날 때까지 DNA 주형을 따라서 움직이기를 계속한다(그림 11.22). 대장균에서는 두 가지 종결 방법이 알려져 있다. 하나는 ρ(로, rho)단백질이라고 불리는 보조 종결인자(accessory termination factor)를 필요로 하는 방법이고, 다른 방법은 ρ단백질이 필요 없는 방법이다. 후자의 경우는 특별한 DNA 염기서열에 의존하게 되는데, 안정된 머리핀 구조를 형성하며 RNA전사물의 합성이 끝나게 된다. DNA에 있는 이 전사종결 신호는 GC가 풍부한 부위로 시작하며, 그 다음에 AT가 풍부한 부위와 poly A 부위가 있다. 전사물에 존재하는 자기 상보적인 잔기들이 머리핀 루프로 접혀지며, 3' 말단은 poly U의 염기서열로 끝나게 된다(그림 11.23). ρ단백질은 DNA-RNA 혼성체의 형성을 방해하고, 따라서 주형으로부터 전사물을 해리시키고 합성을 종결한다.

진핵세포에서의 전사 과정은 세 가지의 RNA중합효소가 관여한다는 점이 원핵세포와 다르다. 진핵세포의 RNA중합효소(Ⅰ, Ⅱ, Ⅲ으로 명명됨)는 RNA합성에서 각각 특정한 역할을 담당하고 있다. 즉 RNA중합효소Ⅰ은 크기가 큰 rRNA 유전자를 전사하며, RNA중합효소Ⅱ는 단백질을 암호화한 유전자를 전사하고(mRNA가 만들어짐), RNA중합효소Ⅲ은 tRNA와 5S rRNA를 포함하는 작은 RNA를 합성한다. 진핵세포의 전사개시에는 또한 **전사인자(transcription factor)**라고 불리는 단백질이 필요하다. 이 전사인자들은 TFIIA, TFIIB, TFIID, TFIIE, TFIIF 그리고 TFIIH 등으로 TATA 상자 및 전사되는 DNA 조각을 인식하는데 필요하다.

그림 11.23 RNA합성의 종결을 위하여 RNA전사물이 머리핀 루프 구조로 접힘.

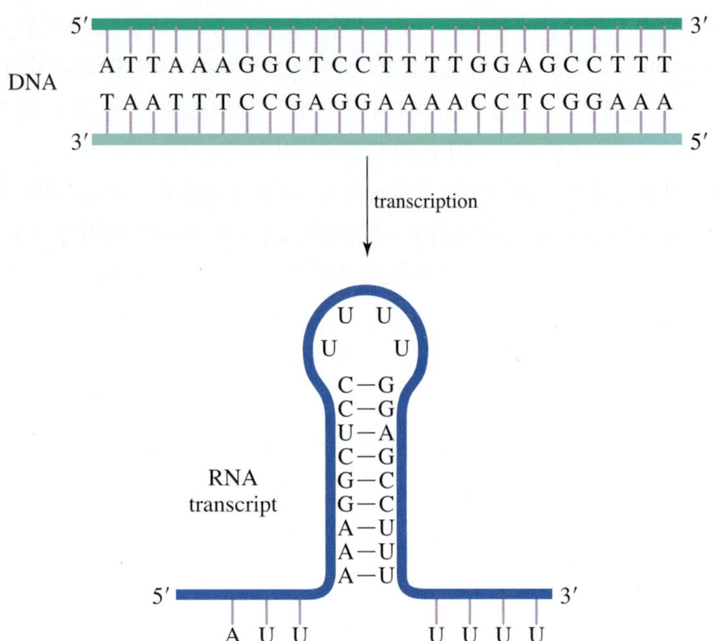

전사에 대한 자세한 메커니즘은 특별한 억제제들(그림 11.24)을 사용함으로써 알려졌다. 스트렙토미세스(*Streptomyces*)의 일종으로부터 추출된 항생제인 **악티노마이신 D (actinomycin D)**는 DNA 주형에 삽입되어 전사를 방해함으로써 원핵세포와 진핵세포의 RNA 신장을 억제한다. 동물세포에서의 RNA합성은 **α-아마니틴(α-amanitin)**에 의해서 억제된다. α-아마니틴은 아마니타(*Amanita*) 버섯에 있는 독성 화합물로서 매년 약 100명이 이로 인해 사망한다. α-아마니틴은 RNA중합효소 II 에 결합하여 mRNA의 합성을 방해한다.

그림 11.24 전사의 억제제. (a) 악티노마이신 D는 DNA에 삽입됨으로써 신장을 억제한다. (b) 버섯의 독인 α-아마니틴은 mRNA의 형성을 억제한다.

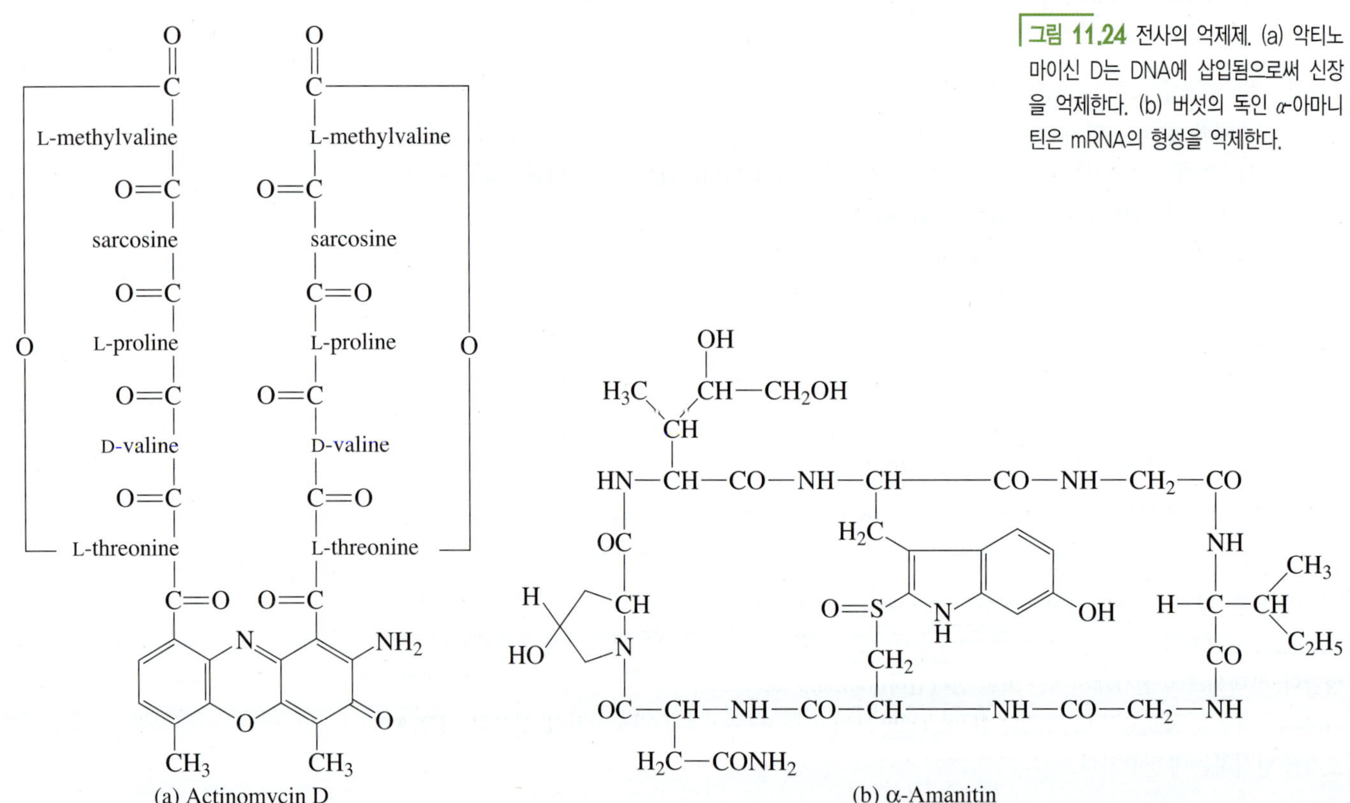

(a) Actinomycin D

(b) α-Amanitin

그림 11.25 RNA-지시성 RNA중합효소의 메커니즘. 새로운 포스포에스테르 결합을 만들기 위해서, RNA프라이머 가닥의 3'-히드록실기(빨간색)는 첨가되는 리보뉴클레오티드삼인산의 α-인산을 공격한다. 인산무수결합의 절단에 의해 피로인산(녹색)이 만들어진다.

RNA-지시성 RNA합성

RNA 유전체를 갖는 RNA 바이러스(RNA virus)에서는 다른 방식의 RNA합성이 발견된다. 많이 연구된 RNA 바이러스로는 대장균 박테리오파아지들과 Qβ, MS2, TMV 및 R17 등이 있다. 이 바이러스들은 숙주세포 내에서 RNA-지시성 RNA중합효소[RNA-directed RNA polymerase, **RNA복제효소(RNA replicase)**]의 생성을 유도한다. RNA복제효소에 의해 촉매되는 반응은 DNA-지시성 RNA중합효소에 의해 촉매되는 반응과 유사한 특징을 갖는다.

1. 합성의 방향이 5' → 3'이다.
2. 합성은 첨가되는 리보뉴클레오시드삼인산에 대한 3'-히드록실기의 친핵성 공격으로 시작되며 피로인산을 방출한다(그림 11.25).
3. RNA전사물은 RNA 주형에 상보적이다.
4. RNA복제효소는 편집, 교정이나 수리 작용이 없다.

DNA-지시성 RNA합성과 RNA-지시성 RNA합성 사이의 큰 차이점은 RNA복제효소가 단일가닥 RNA 주형을 필요로 한다는 것이다.

11.5 RNA의 전사후변형

학습 목표

RNA의 전사후변형에 있어서 일어나는 중요한 분자적 과정을 이해한다.

새로이 합성된 RNA 분자들은 **1차전사물(primary transcript)**이라고 불리는데 대체로 생물학적으로 불활성이다. 이들은 생물학적으로 기능이 있는 성숙한 형태로 변형되어야 한다. 이러한 1차전사물의 전사후변형(post-transcriptional modification) 과정은 실제로 필요한 단계는 세포와 RNA의 종류에 따라 서로 다르다.

아마니타 버섯(*Amanita muscaria var. Formosa*)은 α-아마니틴 독을 함유하고 있다.

tRNA 및 rRNA의 변형

효모와 같은 진핵세포의 tRNA 분자는 생화학적으로 다음의 네 가지 과정을 거쳐서 변형된다. (1) 포스포에스테르결합의 절단에 의한 말단부위의 제거, (2) 이어맞추기(splicing)에 의한 인트론의 제거, (3) 말단 서열의 첨가 및 (4) 헤테로고리형 염기의 변형, 주로 메틸화반응 등이다. 원핵세포의 tRNA는 이들 중 일부의 단계를 거친다. 어떤 tRNA는 인트론이 제거되고, 어떤 tRNA는 말단 염기서열이 첨가되며, 어

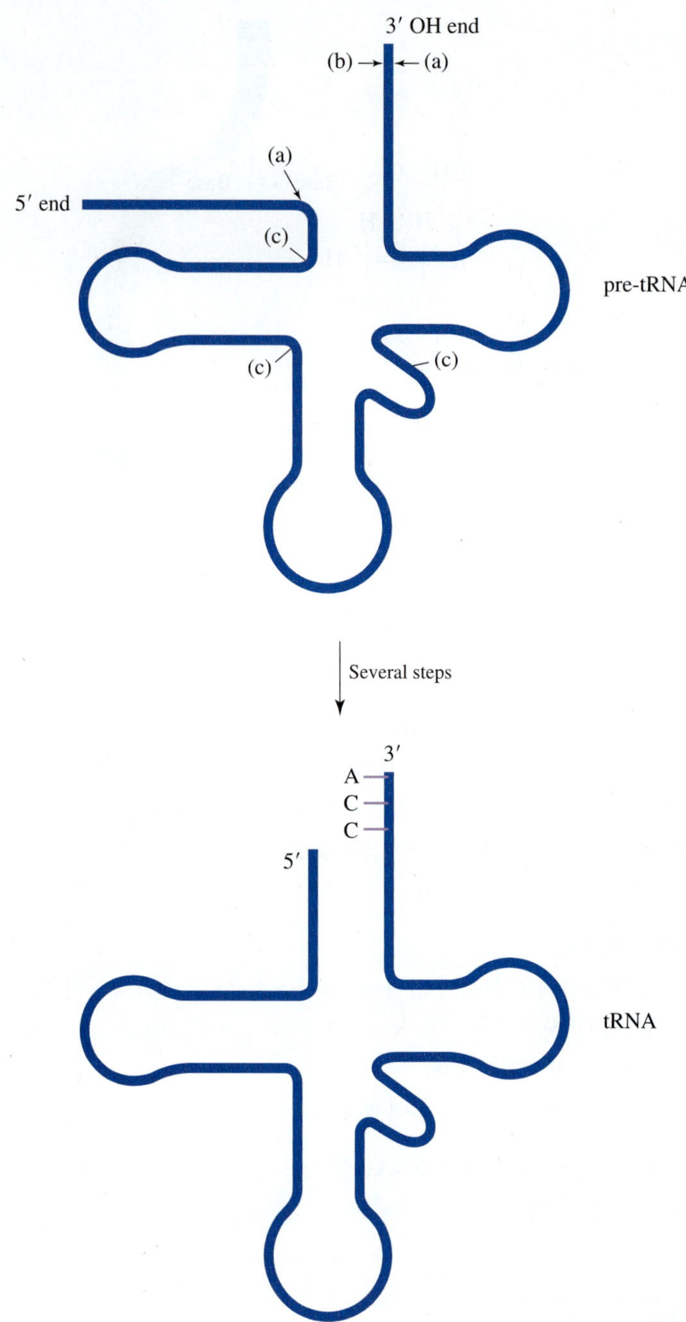

그림 11.26 대장균 tRNA의 전사후변형. (a) 리보핵산가수분해효소 P가 tRNA의 5' 말단 근처를 가수분해한다. 그 결과 작은 단편의 RNA가 방출된다. 핵산내부가수분해효소가 tRNA의 3' 말단에서 작은 단편을 제거한다. (b) CCA가 3' 말단에 첨가된다. (c) 몇몇 염기가 화학적으로 변형된다.

떤 경우엔 헤테로고리와 리보오스 고리가 변형되기도 한다. 대장균의 경우, **리보핵산가수분해효소 P(ribonuclease P)**라고 부르는 핵산내부가수분해효소는 촉매작용이 있는 RNA 분자를 가지고 있는데(6장 6.5절 참조), 가수분해에 의해 tRNA 전구체(pre-tRNA)의 5' 말단 일부를 제거한다(그림 11.26).

원핵세포와 진핵세포의 rRNA 분자의 경우 구조의 일부분이 제거되고 염기가 메틸화되는 변형 과정을 거친다.

mRNA의 변형

원핵세포의 경우 대부분의 mRNA는 단백질로 번역되기 전에 거의 또는 전혀 전사후변형을 하지 않는다. 왜냐하면 원핵세포에서는 전사가 진행되는 중에 번역이 동시에 일어나기 때문이다. 반면 진핵세포의 mRNA 분자는 번역을 위하여 세포질에 있는 리보솜으로 이동하여야 하는데, 그 전에 핵 내에서 화학적으로 변형된다. 진핵세포에서 대부분의 1차 mRNA전사물(pre-mRNA라고도 함)은 세 가지의 생

그림 11.27 mRNA의 전사후변형에 있어 중요한 캡핑(capping) 반응. 두 가지의 캡핑 과정이 일어난다. (1) 5' 말단에서의 GMP 잔기의 결합. (2) 구아닌의 N7(빨간색)과 리보오스의 2' 히드록실기의 메틸화

화학 과정을 거치게 된다. 이러한 효소 촉매성 변화는 5' 말단의 캡핑(capping), 3' 말단의 폴리아데닐산 꼬리의 첨가 및 이어맞추기(splicing)이다.

캡핑 mRNA는 합성되는 것과 거의 동시에 5' 말단에 있는 삼인산 작용기 중 하나의 인산을 가수분해에 의해 제거하며 변형된다. 다음에 구아노신삼인산(guanosine triphosphate, GTP)을 이용하여 5' 말단에 GMP 잔기가 결합되면서 비정상적인 5'-5'-삼인산 공유결합이 형성된다(그림 11.27). 끝에 있는 구아닌 잔기의 N7 위치에 메틸화가 이루어지면서 5' 캡(5' cap)이 완성된다. 리보오스의 히드록실기가 메틸화되는 부가적인 캡핑 반응이 일어나기도 한다. 캡핑은 아마도 완성된 mRNA임을 표시하고, 핵산말단가수분해효소에 의한 절단으로부터 보호하기 위하여 필요한 것으로 생각된다.

폴리A 첨가 mRNA의 3' 말단은 폴리아데닐산(poly A) 꼬리의 첨가에 의해서 변형된다. 대부분의 mRNA 분자는 20개에서 250개 뉴클레오티드 길이의 3' 폴리A 꼬리(poly A tail)를 갖는다. 폴리A 꼬리가 첨가되기 전에 핵산내부가수분해효소는 전사물로부터 몇 개의 3' 염기 잔기를 제거한다. 아데닌 잔기의 첨가는 폴리아데닐산 중합효소(polyadenylate polymerase)에 의해 촉매된다. 폴리A 꼬리는 핵산가수분해효소에 대한 세포의 저항성을 증가시킴으로써 mRNA를 안정화시킨다고 생각된다.

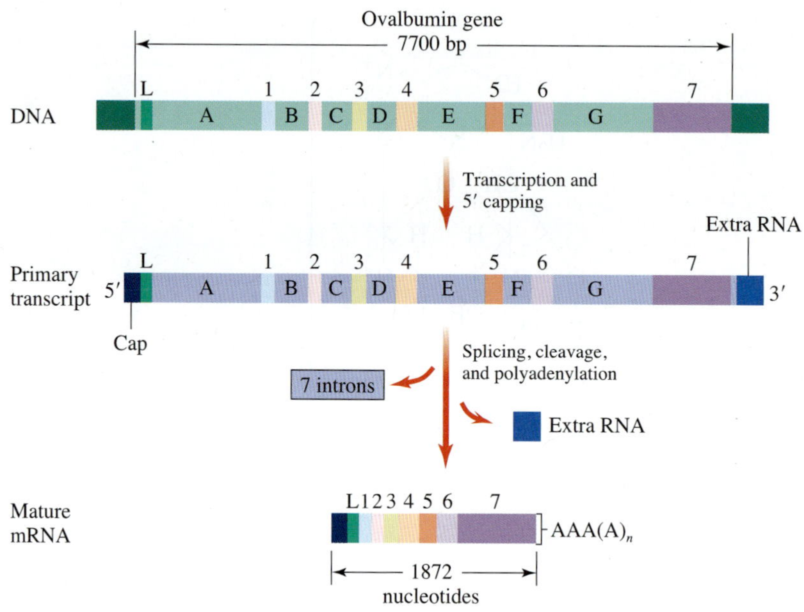

그림 11.28 병아리의 오발부민 유전자 전사물의 변형. 1차전사물의 변형은 5' 말단이 캡핑되면서 시작된다. 3' 말단에서는 RNA의 일부분이 절단되며, poly A 꼬리가 첨가된다. 이어맞추기 과정은 인트론(A–G)을 제거하고 엑손(1–7)을 연결시켜 성숙한 mRNA를 만든다. L은 번역되지 않는 선도서열(leader sequence)이다.

암호화 서열의 이어맞추기 이 책의 첫 부분에서 진핵세포의 불연속적인 유전자의 개념을 설명한 적이 있다. **엑손(exon)**이라고 부르는 유전자의 암호화 부위(coding region)는 그 사이에 끼어 있는 서열 즉 **인트론(intron)**이라고 부르는 비암호화 부위(noncoding region)에 의해 끊겨져 있다. 번역에 사용되는 mRNA의 최종 형태는 **이어맞추기(splicing)**라고 부르는 광범위하고도 복잡한 화학적 처리 과정의 결과물이다. 유전자로부터 인트론은 제거되고 엑손 조각들이 서로 이어져서 기능이 있는 최종 형태의 mRNA가 만들어진다. 화학적 관점에서, 이러한 처리 과정은 포스포디에스테르결합의 절단과 재형성(에스테르전달반응, transesterification)을 필요로 한다.

그림 11.28에는 병아리의 오발부민(ovalbumin) 유전자를 이용한 mRNA변형(mRNA processing)이 요약되어 있다. 오발부민 유전자의 DNA는 약 7,700개의 염기쌍으로 이루어져 있다. 같은 크기를 갖는 1차전사물은 먼저 5' 말단이 캡핑된다. 3' 말단에서 짧은 길이의 "불필요한 RNA" 조각이 잘려져 나간 후 폴리A 꼬리가 첨가된다. 포스포에스테르결합의 절단에 의한 인트론의 제거와 엑손의 이어맞추기로 성숙한 mRNA가 만들어지는데, poly A 꼬리를 제외하면 오직 1,872개의 염기쌍으로 이루어지게 된다. 성숙한 mRNA는 단지 600개가 약간 넘는 아미노산으로 이루어진 오발부민을 암호화하는 것이다.

mRNA의 전사후변형에서의 이어맞추기 과정에는 복잡한 화학 반응들이 관여하고 있는데 이들은 최근 몇 년간 생화학에 있어 전혀 새로운 차원을 추가하였다고 할 수 있다. 엑손-인트론 부위에 존재하는 포스포에스테르결합을 절단하기 위한 많은 효소들은 보통의 단백질 형태이다. 하지만 이 반응의 일부분은 자가촉매성(autocatalytic) 또는 자가이어맞추기(self-splicing) 과정이 관여한다. 즉 어떤 RNA 분자들은 단백질의 도움 없이도 자신의 변형(이어맞추기) 과정을 촉매할 수 있는 것이다. 이러한 **촉매 RNA(catalytic RNA)** 분자를 **리보자임(ribozyme)**이라고 부르는데, 이미 6장에서 소개된 바 있다. 그림 6.12는 섬모충류의 원생동물인 테트라히메나(*Tetrahymena*)의 자가촉매적인 변형을 대략적으로 나타낸 것이다. **소형 핵RNA(snRNA)** 분자는 특별한 단백질들과 결합하여 핵 내에서 몇 가지 이어맞추기 반응을 촉매하는 **snRNP**(10장 10.5절 참조)를 형성한다.

RNA간섭에 의한 유전자침묵

비암호화RNA가 유전자발현을 조절할 수도 있다는 것이 알려졌다. 한 생물체의 특정 유전자들이 어떤 형태의 이중가닥 RNA에 의하여 침묵될 수 있다(유전자제거). **RNA간섭(RNA interference, RNAi)**이라고 불리는 유전자침묵(gene silencing) 과정은 다음 장의 유전자발현의 조절 단원(12.4절)에 자세히 설명되어 있다.

11.6 DNA의 염기서열

학습 목표

DNA 서열결정을 위한 생어의 사슬종결법의 기본 원리를 이해한다.

1950년대 DNA의 유전정보가 뉴클레오티드염기서열의 형태로 암호화되어 있다는 것이 발견되고 나서, 연구의 주된 초점은 DNA의 염기 순서를 결정하는 실험 방법의 개발로 옮겨졌다. 초기의 핵산 서열 분석 방법은 산-, 염기- 및 핵산가수분해효소의 촉매작용에 의한 가수분해 방법을 사용하였다(10장 10.4절 참조). 이 방법은 비교적 짧은 폴리뉴클레오티드에 적용되었음에도 불구하고 매우 복잡하며, 노동 집약적이고 반복하기가 어려웠다. 본질적으로 복제와 전사에 관한 모든 실험은 기존에 알려진 DNA와 RNA의 서열에 의존하고 있었기 때문에 비교적 빠르고 정확한 서열결정 방법을 개발하는 것이 절실히 필요하게 되었다. 현재는 실험 절차가 비교적 간단하고 저렴한 장비를 이용한 두 가지의 방법이 개발되어 있다. 두 방법 모두 다음 두 분야의 발전에 기인한다.

1. 예측 가능한 여러 가지 크기의 조각을 만들어 내는 핵산의 새로운 화학적 절단법과 효소반응의 개발
2. 여러 가지 크기의 핵산 조각을 단 한 개의 뉴클레오티드 차이로 분리하는 새로운 전기영동법 기술의 발견

DNA 서열결정을 위한 맥섬-길버트(Maxam-Gilbert)의 화학적 절단 방법은 하버드 대학교에서 개발하였다. 표적 DNA에 있는 특정 염기들을 화학적으로 변형시켜서 선택된 포스포디에스테르결합이 절단되는 것을 쉽게 만든다. 똑같은 말단을 가지며 여러 가지 길이로 절단된 생성물들은 폴리아크릴아미드 겔전기영동법에 의해 분석된다(생화학 들여다보기 1-2 참조).

생어의 사슬종결 서열결정법(chain-termination sequencing method)은 캠브리지 대학교의 프레데릭 생어(Frederick Sanger)가 개발하였다. 이 사람은 3장 3.6절에서 언급한 단백질 서열결정법을 개발한 사람이기도 하다. 생어의 서열결정법은 DNA의 서열을 결정하기 위하여 가장 많이 사용되고 있는 방법이다. 이 방법은 다음 네 가지 요소의 사용을 필요로 한다.

1. 기존의 DNA 주형(서열결정을 할 사슬)과 3' 말단 쪽의 짧은 프라이머
2. DNA중합효소
3. 네 가지의 표준형 디옥시리보뉴클레오티드삼인산(dATP, dGTP, dCTP, dTTP). 이 중 하나는 방사성 동위원소로 표지된다(보통 ^{32}P-dATP).
4. 네 가지의 2',3'-디디옥시리보뉴클레오시드삼인산(ddATP, ddGTP, ddCTP, ddTTP; 총칭ddNTPs) (그림 11.29).

상기한 1-3의 시약을 모두 넣은 4개의 시험관을 준비한다(그림 11.30). 각각의 시험관에 한 가지의 ddNTP를 첨가한다. 즉 A 반응을 위해서는 ddATP만 넣고, G 반응을 위해서는 ddGTP를 넣고, 기타 마찬가지이다. 필요한 모든 시약이 한 개의 반응 혼합물 안에 있게 되면, 프라이머의 3' 말단으로부터 주형과 상보적인 DNA 가닥의 합성이 시작된다. 새로 합성되는 DNA 단편을 표지하기 위하여 방사성 dATP가 첨가되기 때문에, DNA 단편들은 전기영동법에 의하여 분리된 후 자가방사법을 통해서 확인할 수 있다. 생어 방법의 핵심은 ddNTP를 사용하는 것이다. 그 이유는 이 화합물들이 표준형 dNTP와 동일한 구조를 가지고 있어서 합성되는 DNA 가닥으로 도입될 수 있기 때문이다. 그러나 ddNTP는 3' 히드록실기를 가지고 있지 않기 때문에 새로 합성되는 DNA 가닥으로 도입되면 DNA합성은 종결되고 만다. dNTP와 ddNTP가 혼합되어 있기 때문에 DNA합성의 종결이 모든 신장 단계에서 일어나는 것은

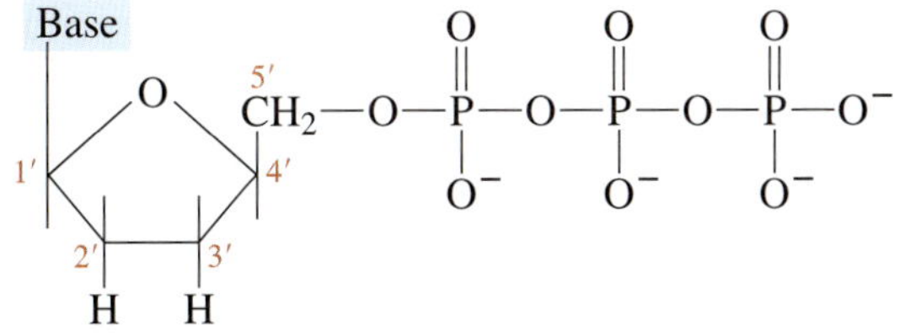

그림 11.29 네 가지의 2',3'-디디옥시리보뉴클레오시드삼인산(ddATP, ddGTP, ddCTP, ddTTP)이 생어의 사슬종결 서열결정법에 있어서 반응의 종결을 위해 사용된다.

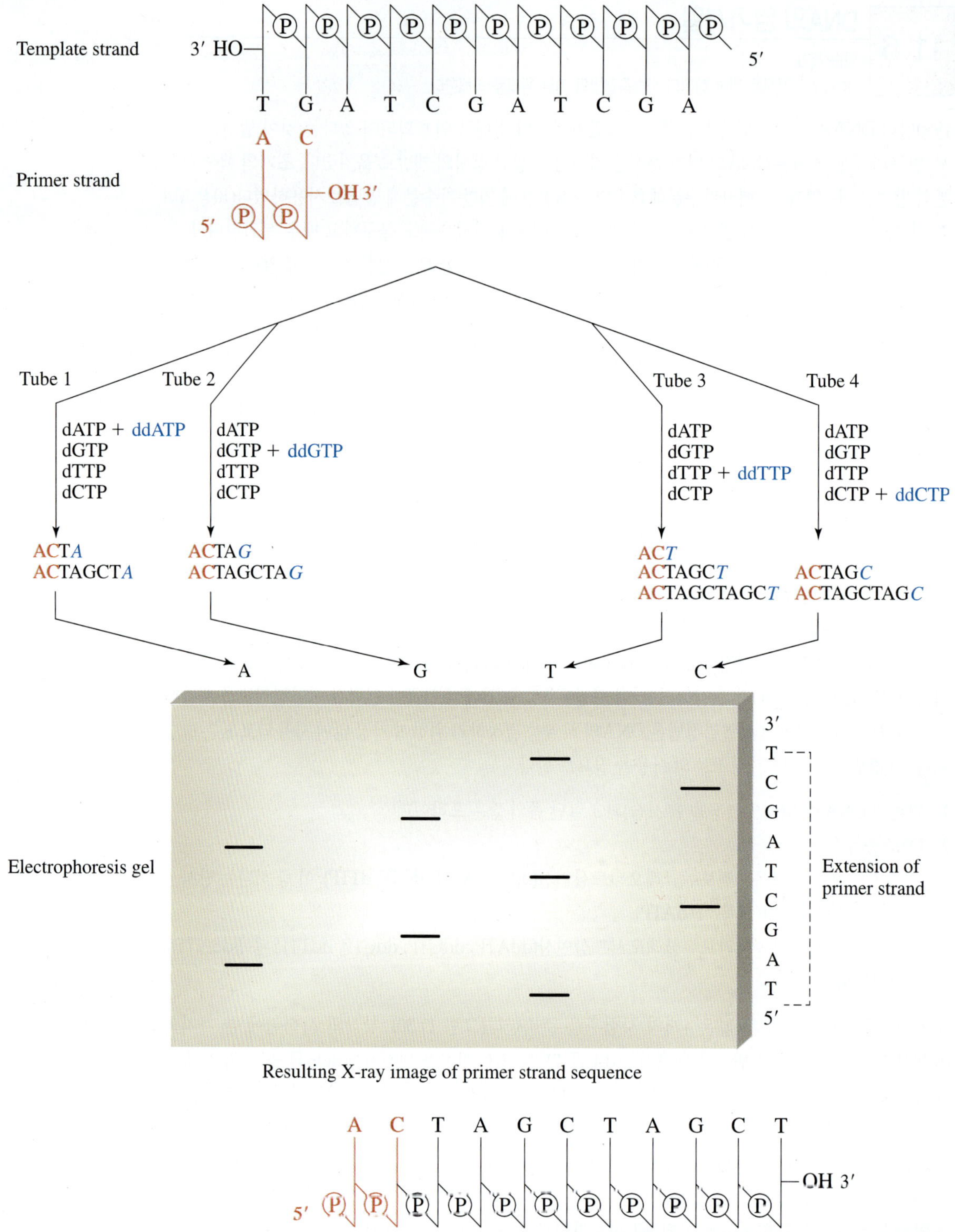

Template strand 3′ HO— T G A T C G A T C G A 5′

Primer strand 5′ A C —OH 3′

Tube 1
dATP + ddATP
dGTP
dTTP
dCTP
ACTA
ACTAGCTA

Tube 2
dATP
dGTP + ddGTP
dTTP
dCTP
ACTAG
ACTAGCTAG

Tube 3
dATP
dGTP
dTTP + ddTTP
dCTP
ACT
ACTAGCT
ACTAGCTAGCT

Tube 4
dATP
dGTP
dTTP
dCTP + ddCTP
ACTAGC
ACTAGCTAGC

A G T C

Electrophoresis gel

3′ T C G A T C G A T 5′

Extension of primer strand

Resulting X-ray image of primer strand sequence

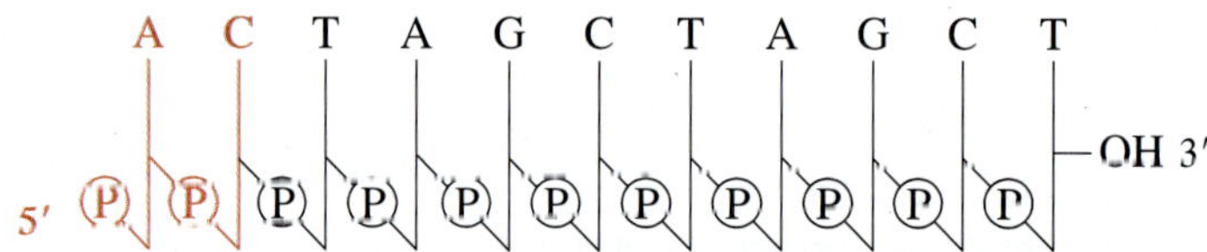

그림 11.30 생어의 사슬종결 방법에 의한 DNA 서열 분석법. 각 시험관에는 네 가지의 표준형 디옥시리보뉴클레오티드 삼인산과 네 가지의 디디옥시리보뉴클레오시드삼인산(파란색) 중 하나가 포함되어 있다. DNA의 합성은 프라이머 가닥(빨간색)의 3′에서 시작된다. 디디옥시리보뉴클레오시드의 도입에 의해 DNA의 합성이 종결되며, 만들어진 DNA 단편들은 전기영동법에 의해 분석한다.

아니다. 각각의 반응 혼합물에 존재하는 dNTP와 ddNTP의 비율은 대략 100개의 뉴클레오티드에 한 개의 ddNTP가 도입되도록 조심스럽게 조절되어야 한다(1%의 ddNTP가 첨가되는 동안에 99%의 dNTP가 첨가된다).

생어 방법의 기본 원리를 이해하기 위해서, 하나의 반응 혼합물에 초점을 맞추어 보자. 혼합물 G는 기존의 DNA, DNA중합효소, 네 가지의 dNTP와 ddGTP를 포함하고 있다. 중합효소가 주형의 C와 만날 때 마다 길어지는 상보적인 가닥에 G가 삽입된다. 100개의 구아닌 잔기가 도입되는 동안, 99개의 dGTP가 도입되며 따라서 DNA합성은 지속될 수 있다. 그러나 100개 중 한 번은 ddGTP가 도입됨으로써 DNA 신장은 종결된다. 반응 혼합물 내에는 수백만의 DNA 주형 분자들이 있기 때문에 혼합물 G는 말단이 3' 디디옥시구아닌(3' ddG)로 끝나며 길이가 다양한 일단의 DNA 단편들을 갖게 될 것이다. 몇 개의 단편이 하나의 DNA 주형으로부터 만들어지는지를 생각해 보라. 만일 새로이 합성된 올리고뉴클레오티드(주형에 상보적인)가 3'-TAAGCAAGT 서열이라면 이 반응에서는 두 개의 DNA 단편이 만들어지는데, 하나는 4개의 뉴클레오티드로, 다른 하나는 8개의 뉴클레오티드로 이루어질 것이다(각 단편들의 염기서열을 써 보시오).

합성된 조각을 주형으로부터 해리시키는 시약(변성 시약)을 첨가하면 이 네 가지 시험관에서의 반응은 중단된다. 각 반응 혼합물을 전기영동으로 분석하면 단편들이 폴리아크릴아미드 겔에서 이동하면서 크기에 따라서 분리된다(짧은 단편은 더 빨리 겔의 하부로 이동). 이 단편들은 방사능으로 표지된 ^{32}P를 포함하기 때문에 겔을 X선 필름 위에 놓으면 각 단편들의 위치를 알 수 있다. 새로이 합성된 상보적인 DNA 가닥의 염기 순서는 겔의 하부에서 상부로 읽어 가며 결정한다.

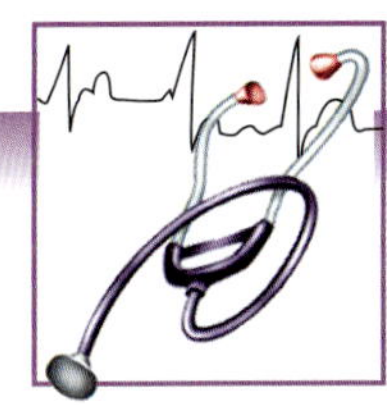

11 - 1

임상생화학

햇빛과 피부암

인간의 피부가 태양에 과다하게 노출되면 피부암의 위험이 크게 증가된다. 전 세계적으로 매년 수백 만 명이 피부암에 걸리며, 미국에서만 매년 100만 명 이상이 피부암으로 진단 받고 있다. 가장 치명적인 피부암은 **악성 흑색종(malignant melanoma)**으로 매년 전 세계적으로 거의 40,000명이 죽는다. 매년 미국에서만 7,000명 이상이 사망한다. 자외선(UV)은 강력한 돌연변이원인데, 대부분의 경우 피부암은 태양의 자외선에 과다한 노출로 인하여 발생한다. 사람유전체연구사업(HGP)의 연구 결과에 의해 악성 흑색종 환자의 70%가 B-RAF라는 특정 유전자의 돌연변이 때문이라는 사실이 알려졌다.

자외선과 DNA 등의 생체분자와의 상호작용에 대한 연구가 매우 활발하게 이루어지고 있다. 자외선은 태양광선 중에서 작은 범위의 파장(200~400 nm)에 속하는 광선이지만 에너지가 강하며 유독한 생화학 반응을 일으킬 수 있다. 햇빛 그을림(sunburn)은 햇빛의 UVB 파장(280~320 nm)에 의해서 일어나는 반면, UVA 파장(320~400 nm)의 빛은 피부 깊숙이 침투하여 장기적인 상해를 일으킨다. DNA가 UVB에 노출됨으로써 DNA 분자는 여러 가지 화학 변화를 일으키는데, 가장 잘 알려진 손상은 인접한 피리미딘 염기(T 또는 C) 끼리 공유결합성 교차결합(covalent cross-linking)의 형성이며, 그 결과로 시클로부탄(cyclobutane) 이량체가 생성된다. 이량체의 형성으로 인해 DNA 이중나선은 비정상적으로 뒤틀리게 되고 그 결과 복제 도중에 잘못된 염기와 쌍을 이룬다. 이는 DNA의 유전적 돌연변이의 원인이 된다. 대부분의 돌연변이는 C가 T로 바뀐 것이다. 만일 보수 효소들이 이러한 잘못을 탐지해 내거나 교정하는 데 실패한다면 암이 발달할 수 있다. 몇 종의 원핵생물(대장균 등등)과 진핵생물(금붕어와 방울뱀)은 **DNA광분해효소(DNA photolyase)**라는 효소를 가지고 있는데, 이 효소는 그 이량체와 결합하고 빛을 흡수하면 이량체 형성의 역과정을 촉매한다. 이 효소는 빛 에너지를 흡수하기 위한 환원된 플라빈아데닌디뉴클레오티드($FADH_2$)와 엽산(folate, 표 6.1 참조) 등 두 개의 보조인자를 갖는다.

광분해효소는 사람 세포에서는 발견되지 않았지만 또 다른 절단 보수 효소 체계가 발견된다. 이 효소가 결핍되면 **색소건피증(xeroderma pigmentosum)**이라는 비교적 드문 피부 질환이 발병한다(315쪽 참조).

햇빛에서 일을 해야 하는 사람들에게 의사들은 보통 조기 피부 노화와 피부암을 줄이기 위한 햇빛 차단용품을 사용하도록 권하고 있다. 햇빛 차단 로션은 대부분의 유해한 광선이 피부에 들어오지 못하도록 차단하는 1~2가지의 화학 첨가물을 보통 함유하고 있다. 현재 17가지가 넘는 화학 첨가물의 사용이 미국에서 허가되어 있으며 유럽에서는 25가지의 화학 첨가물이 승인되어 있다. 일반적으로 사용되는 2가지

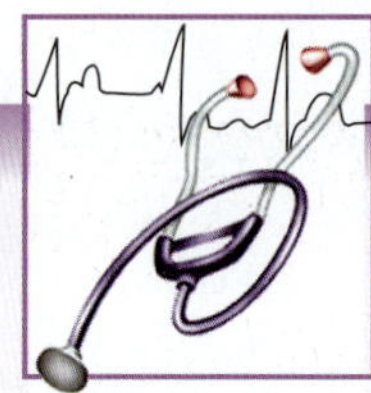

11 – 1 계속

임상생화학

햇빛과 피부암

무기화합물은 이산화티탄(titanium dioxide)과 산화아연(zinc oxide)이다. 이 화합물들은 피부 표면에서 햇빛을 반사되게 하든지 분산시키는 작용을 한다. 가장 많이 쓰이는 유기화합물은 4-메틸벤질리딘캠퍼(4-methybenzylidine camphor, 4-MBC)와 옥틸메톡시신남산(octylmethoxycinnamate, OMC)이다(구조 참조). 이 유기화합물들은 햇빛의 자외선을 흡수하여 열로 발산시킴으로써 유해한 광선을 차단하는 작용을 한다. 독성학적 연구에서 4-MBC와 OMC가 일종의 내분비 호르몬의 정상적인 작용을 모방하여 방해함으로써 암을 유발할 가능성이 있는 것으로 나타났다. 그러나 이 연구에서 사용된 화합물의 양은 일상적으로 사용하는 햇빛 차단 로션의 양보다도 엄청나게 많은 양이었다.

Thymine

Thymine

ultraviolet light

thymine dimer formation

Thymine dimer

Octyl methoxycinnamate

4-Methylbenzylidene camphor

학습 문제

1. 위의 그림에서 자외선에 의해 시클로부틸 이량체가 형성될 때 티민 고리의 어떤 원자가 서로 교차결합되었는가? 교차결합되는 탄소 원자의 번호를 구별하시오.
2. 햇빛 차단제인 4-MBC와 OMC가 자외선을 흡수하는 구조적 특징은 무엇인가?
3. DNA 수리 체계인 DNA광분해효소는 플라빈아데닌디뉴클레오티드($FADH_2$)와 엽산(folate) 등 두 개의 보조인자를 필요로 한다. 이 두 가지 보조인자는 어떠한 종류의 반응을 일으키는 것인가?
4. 색소건피증 환자는 햇빛에 왜 민감한 것일까?

참고 문헌

Cleaver, J., 2001. Xeroderma pigmentosum: the first of the cellular caretakers. Trends Biochem. Sci. 26:398–401.

Leffell, D. and Brash, D., 1996. Sunlight and skin cancer. Sci. Am. 275(1):52–59.

Reisch, M., 2001. Spotlight on sunscreens. *Chem. Eng. News Dec.* 3:25–29.

http://www.xps.org
색소건피증 학회

요약

■ 한 세대에서 다음 세대로 가는 유전정보의 전달은 DNA 분자의 정확한 복사를 필요로 한다. 이 복사 과정은 **복제(replication)**라고 부르며 반보존적(semiconservative)이다. 즉 새로운 분자는 원래의 가닥과 새로 합성된 가닥으로 구성된다.

■ DNA중합효소Ⅲ(DNA polymerase Ⅲ)에 의해서 일어나는 복제 과정은 주형(template)과 프라이머(primer)로서의 역할을 할 수 있는 기존의 DNA가 필요하다.

■ 돌연변이(mutation)라고 불리는 복제의 잘못은 자연발생돌연변이(spontaneous mutation, 정상적인 기능을 수행하는 동안에 발생)와 유도돌연변이(induced mutation, 화학 물질, 방사능 및 자외선 등의 환경 요인에 의해 발생)로 분류한다. DNA복제 중 일어나는 잘못의 대부분은 특별한 효소들에 의해 인식되어 수리된다.

■ RNA합성 과정은 **전사(transcription)**라고 부른다. RNA는 DNA-지시성 RNA중합효소라는 효소가 DNA 주형으로부터 합성한다. RNA 바이러스에 있는 RNA-지시성 RNA중합효소는 RNA 주형으로부터 RNA를 합성한다.

■ RNA의 1차전사물은 보통 생물학적으로 활성이 없으며, 전사후 변형(post-transcriptional modification) 과정을 통해서 기능적인 성숙한 분자로 변형된다. tRNA와 rRNA의 변형에는 말단 제거, 염기서열 첨가, 염기 변형 및 이어맞추기 등이 있다. mRNA의 변형에는 캡핑, poly A 첨가 및 이어맞추기 등이 있다.

■ DNA의 염기서열결정은 대개 종결 시약인 디디옥시리보뉴클레오시드삼인산(dideoxyribonucleoside triphosphate)을 이용하는 생어의 사슬종결 방법(chain-termination method)으로 결정한다.

연습 문제

용어 이해

11.1 다음의 용어들을 우리말로 번역하고 25자 이내로 정의하시오.

a. semiconservative replication
b. DNA polymerase Ⅰ
c. leading strand
d. lagging strand
e. helicase
f. mutation
g. alkylating agent
h. intercalation
i. RNA polymerase holoenzyme
j. ρ(rho) protein
k. capping
l. splicing
m. intron
n. exon
o. DNA polymerase Ⅱ and Ⅲ
p. template strand
q. coding stran
r. antisense RNA
s. Sanger base sequencing
t. tumor suppressor proteins

개념 복습

11.2 DNA복제 양식을 결정하기 위한 메셀슨-스탈의 실험이 수행되기 전에 보존적 복제 또는 반보존적 복제라는 두 가지 가능한 메커니즘이 고려되었다. 실제 DNA복제 메커니즘이 보존적이라고 가정하고, 그림 11.2에 나타난 그림을 이용하여 그러한 과정으로부터 얻어질 원심분리 결과에 대해서 그려보시오.

11.3 다음의 폴리뉴클레오티드가 긴 DNA 분자의 일부분이라고 가정하고 이의 복제로부터 얻어질 수 있는 산물을 쓰시오.

3' AAGCTTTCCG

11.4 복제 과정에는 효소를 비롯한 많은 단백질이 필요하다. 복제에 있어서 다음의 역할을 간략히 설명하시오.

a. 헬리카아제
b. SSB단백질
c. DNA결합효소
d. 프리마아제
e. DNA중합효소Ⅲ
f. DNA중합효소Ⅰ

11.5 다음 DNA 주형가닥의 전사로부터 얻어지는 RNA 산물은 무엇인가?

3' GGCATATCG

11.6 위 문제에서 만일 이것이 암호가닥이라면 전사로부터 얻어지는 RNA 산물은 무엇인가?

11.7 DNA중합효소Ⅲ과 RNA중합효소를 다음의 관점에서 비교하시오.

a. 프라이머의 필요성
b. 새 가닥의 신장 방향
c. 교정 기능
d. 첨가되는 뉴클레오티드의 형태와 종류

11.8 다음은 짧은 가닥의 이중나선 DNA이다. RNA전사의 시작이 +1 숫자로 나타나 있다. 다음의 특징에 대해서 알아보시오.

3′ AGTACGCAAGTT (+1 = 두 번째 A)
5′ TCATGCGTTCAA

a. 주형가닥
b. 암호가닥
c. +3의 염기를 표시해 보시오.
d. -4의 염기를 표시해 보시오.
e. +1의 상류에 있는 5개의 뉴클레오티드염기는 무엇인가?
f. +1로부터 하류에 있는 두 뉴클레오티드염기는 무엇인가?

11.9 DNA-지시성 RNA합성과 RNA-지시성 RNA합성을 다음의 관점에서 비교하시오.

a. 주요한 신장효소
b. 새 가닥의 신장 방향
c. 첨가되는 뉴클레오티드의 형태
d. 포스포에스테르결합의 형성 메커니즘
e. 교정
f. 주형
g. 프라이머의 필요성

11.10 다음 돌연변이의 유형을 간단히 설명하시오. 각각의 차이에 대해 설명하고 알려진 예가 있으면 제시하시오.

a. 치사돌연변이
b. 잠재성 돌연변이
c. 자연발생돌연변이
d. 유도돌연변이

11.11 전사 과정에 있어서의 다음 단백질의 역할에 대해서 간단히 설명하시오.

a. σ단위체 **b.** ρ단백질 **c.** RNA중합효소

11.12 DNA와 RNA의 기능적 차이를 나열하시오.

11.13 연속적 및 불연속적 DNA복제의 차이를 설명하시오.

11.14 말단소체복원효소에 의해 촉매되는 반응은 무엇인가?

11.15 다음 중 DNA전사 과정의 특징은?

a. 보존적
b. 반보존적
c. 포스포디에스테르결합의 형성
d. 중합효소에 의해 촉매됨
e. 최종 산물은 RNA이다.
f. 새로 형성된 중합체는 주형에 상보적이다.
g. 최종 산물은 폴리펩티드이다.

활용 문제

11.16 아래에 그려진 구조는 돌연변이원으로 알려진 화합물들이다. 어떻게 돌연변이원으로서 작용하는지 말해 보시오.

a. $(CH_3CH_2)_2N{-}N{=}O$

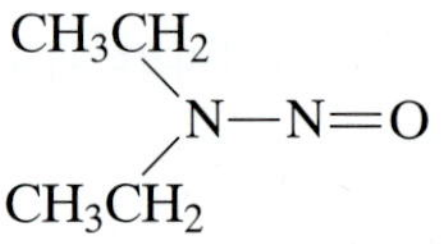

디에틸니트로사미드(diethylnitrosamide)

b. $H_3C{-}N(CH_2CH_2Cl)_2$

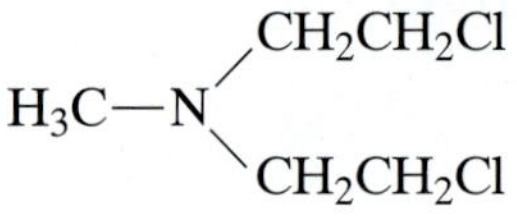

질소 겨자(nitrogen mustard)

c.

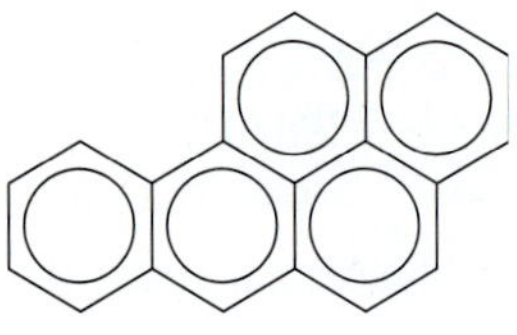

2,4-벤즈피렌(2,4-benzpyrene)

d. NH_2, N, N, H_2N, N, N, H

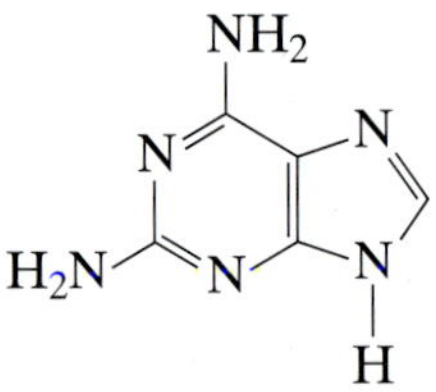

2,6-디아미노퓨린(2,6-diaminopurine)

11.17 2-아미노퓨린이 염기쌍을 형성할 때 케토형과 에놀형이 어떤 차이가 있는지 보여주시오.

11.18 3'-디옥시아데노신(3'-deoxyadenosine)이라고도 불리는 코르디세핀(cordycepin)은 원핵세포의 전사 억제제이다. 이것의 구조를 그리고 억제제로서 어떻게 작용하는지 예측해 보시오.

힌트: *아데노신의 구조와 비교해 볼 것*

11.19 5-브로모우라실은 합성되는 DNA에 티민 대신 도입되는 염기유사체 돌연변이원이다. 이러한 치환이 어떻게 일어나는지 설명해 보시오.

11.20 염기서열의 관점에서 RNA전사물과 DNA암호가닥 간의 관계는 무엇인가?

11.21 다음의 돌연변이원을 자연발생돌연변이원과 유도돌연변이원으로 구분하시오.

a. 복제 시 잘못
b. 삽입제
c. 자외선
d. 가수분해에 의한 뉴클레오티드염기의 제거
e. 라돈 기체

11.22 AIDS 약인 3'-아지도-2',3'-디디옥시티미딘(AZT)의 구조를 그리고 이것이 전사를 어떻게 방해하는지 설명하시오.

힌트: *AZT와 티미딘의 구조를 비교할 것.*

11.23 다음의 반응을 완성하시오.

a. DNA primer — CH_2, O, A, H, H, H, H, HO, H + P—P—P—O — CH_2, O, A, H, H, H, H, HO, H $\xrightleftharpoons{\text{template, DNA polymerase I}}$

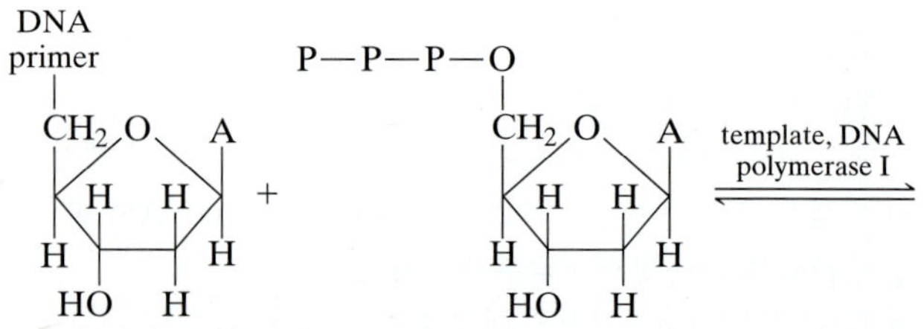

b. $PP_i + H_2O \xrightleftharpoons{\text{pyrophosphatase}}$

c. H_2O + 이온화 방사선

11.24 어떤 화학약품이 잠재적 발암 물질인지를 시험하는 에임스검사는 어떻게 시간과 돈을 절약하는지 설명하시오.

11.25 다음 중 DNA복제 과정의 특징은 무엇인가?

a. 보존적
b. 반보존적
c. 핵산가수분해효소에 의해서 촉매됨
d. 최종 산물은 DNA이다.
e. 최종 산물은 RNA이다.
f. 새로 형성된 중합체는 주형에 상보적이다.
g. 포스포디에스테르결합이 형성된다.
h. 중합효소에 의해 촉매된다.

11.26 전사 과정 중 DNA 단일가닥과 RNA 단일가닥이 혼성체를 형성하도록 하는 분자적 상호작용을 설명하시오. 그러한 상호작용이 공유결합성인지, 비공유결합성인지, 또는 모두인지 말해 보시오.

11.27 다음 중 리보자임의 특징은 무엇인가?

a. 리보솜과 관련 있음
b. DNA 분자이다.
c. RNA 분자이다.
d. 전사후변형과 관련 있음
e. 효소 같은 촉매제
f. RNA의 절단

11.28 말단소체복원효소의 활성과 암 사이의 가능한 관계를 설명해 보시오.

11.29 하나의 RNA 분자가 어떻게 염기쌍 부위를 갖게 되는지 설명해 보시오.

11.30 화학약품 X는 에임스검사에서 양성 반응을 나타냈다. X가 인간의 발암 물질의 범주에 들어가는 것이 타당한지 설명하시오.

11.31 다음의 DNA중합효소I, II, III의 작용 중 올바른 메커니즘은 무엇인가?

a. 들어오는 디옥시뉴클레오티드의 α-인(α-phosphorus) 원자에 프라이머의 5' 자유 히드록실기에 의한 친핵성 공격
b. 들어오는 디옥시뉴클레오티드의 α-인 원자에 프라이머의 3' 자유 히드록실기에 의한 친핵성 공격
c. 들어오는 디옥시뉴클레오티드의 β-인 원자에 프라이머의 5' 자유 히드록실기에 의한 친핵성 공격
d. 들어오는 디옥시뉴클레오티드의 γ-인 원자에 프라이머의 5' 자유 히드록실기에 의한 친핵성 공격

11.32 아래에 나열된 작용들은 복제 시에 지연가닥의 합성 중에 일어나는 것들이다. 올바른 순서를 적어보시오.

a. SSB단백질의 결합
b. DNA연결효소에 의한 오카자키단편들의 연결
c. 프라이머 합성을 위한 프리마아제의 작용
d. DNA중합효소III에 의한 지연가닥의 합성
e. 프라이머를 제거하는 DNA중합효소I의 작용

11.33 DNA중합효소는 염색체의 3' 말단을 연장시킬 수 없다. 이 작용은 말단소체복원효소라는 효소에 의하여 이루어진다. 다음 중 말단소체복원효소의 작용을 가장 잘 설명한 것은?

a. 디뉴클레오티드인 TG의 순서적인 첨가
b. 뉴클레오티드의 무작위적인 첨가
c. 주형으로써 자신의 RNA 단위체를 사용한다.
d. 주형으로써 자신의 DNA 단위체를 사용한다.

11.34 다음의 작용들은 대장균의 DNA-지시성 RNA합성을 설명한 것이다. 작용들의 올바른 순서를 적어보시오.

a. σ단위체에 의한 프로모터지역의 인식
b. RNA중합효소가 DNA에 결합함
c. σ단위체가 복합체로부터 분리됨
d. RNA중합효소가 주형인 DNA를 이용하여 RNA를 합성함

11.35 다음 중 어떤 과정이 진핵세포 mRNA의 전사후변형에서 흔히 나타나는가?

a. GMP로 5' 말단을 캡핑하는 것
b. 3' 말단에 폴리A의 첨가
c. AMP로 3' 말단을 캡핑하는 것
e. 리보오스 2'-히드록실기의 메틸화

생화학 작문

1.36 이 책의 327쪽에 있는 말단소체복원효소 단원을 읽고 말단소체에 관한 웹사이트를 공부하시오. 이 정보를 가지고 말단소체복원효소의 억제제들이 효과적인 항암제일 가능성에 대해서 300 단어 정도의 논문을 작성하시오. 말단소체와 말단소체복원효소에 대한 서론으로 글을 시작하고, 어떻게 억제제가 만들어지는지에 대해서 설명하시오. 말단소체복원효소의 억제제로 가능한 물질의 구조를 관련된 논문이나 인터넷에서 찾아보시오.

11.37 5-브로모우라실이 돌연변이원으로 어떻게 작용하는지 200 단어 정도의 글을 쓰시오. 이 화학약품의 에놀형과 케토형을 정의하고 그려 보시오. 그리고DNA복제에 있어서의 작용을 설명하시오.

11.38 이 장과 tRNA에 관한 웹사이트에서 tRNA의 구조, 합성, 기능적 역할이 설명되었다. tRNA는 연결자(adaptor) 분자라고 부른다. tRNA는 mRNA에 있는 뉴클레오티드염기서열의 정보를 읽고 단백질의 아미노산 언어로 변환시킨다. 어떻게 tRNA가 이러한 번역 과정을 수행하는지 분자적 용어로 설명하시오.

참고문헌

Boyle, J., 2002. Using the human genome: a case study in education. *Biochem. Mol. Biol. Educ.* 30:368–371.

Borman, S., 2002. Quadruples seen in human cells. *Chem. Eng. News* Sept. 2:9.

Borman, S., 2002. Quadruple proposals. *Chem. Eng. News* June 24:36–37.

Greider, C. and Blackburn, E., 1996. Telomeres, telomerase, and cancer. *Sci. Am.* 274(2):80–85.

Hubscher, U., Nasheuer, H. and Syvaoja, J., 2000. Eukaryotic DNA polymerases, a growing family. *Trends Biochem. Sci.* 25:143–147.

Mattick, J., 2004. The hidden genetic program of complex organisms. *Sci. Am.* 291:60–67.

Palladino, M., 2002. *Understanding the Human Genome Project*. San Francisco: Benjamin/Cummings.

Perkel, J., 2002. Telomeres as the key to cancer. *The Scientist* May 27:38–40.

Pindur, U., Haber, M., and Sattler, K., 1993. Antitumor active drugs as intercalators of DNA. *J. Chem. Educ.* 70:263–272.

Rouse, J. and Jackson, S., 2002. Interfaces between the detection, signaling, and repair of DNA damage. *Science* 297:547–551.

Santesmases, M., 2001. Severo Ochoa (1905–1993): the changing world of biochemistry. *Trends Biochem. Sci.* 26:140–142.

Soultanas, P. and Wigley, D., 2001. Unwinding the "Gordian knot" of helicase action. *Trends Biochem. Sci.* 26:47–54.

Storz, G., 2002. An expanding universe of noncoding RNAs. *Science* 296:1260–1263.

Verdine, G. and Bruner, S., 1997. How do DNA repair proteins locate damaged bases in the genome? *Chem. Biol.* 4:329–334.

Wallace, D., 1997. Mitochondrial DNA in aging and disease. *Sci. Am.* 277(2):40–47.

Watson, J., 1968. *The double helix*. New York: Atheneum Publishers.

Yarnell, A., 2003. Doing DNA damage assessment. *Chem. Eng. News* May 12:33–35.

http://www.chemsoc.org/exemplarchem/entries/2003/imperial_Burgoine/FightCancer.txt.html
Research on telomerase and cancer.

CHAPTER

12

아주까리(*Ricinus communis*) 종자에서 발견되는 단백질인 리신(ricin)은 가장 독성이 강한 천연물중의 하나로 알려져 있다. 만약에 주사한다면 몸무게 1 kg당 약 1 μg의 농도로 성인을 죽일 수 있다. 흡입하거나 섭취하였을 때에는 치사량이 약간 높아진다. 초기 증상은 독감과 비슷하고 대개 36~72시간 이내에 사망한다. 리신은 28S rRNA를 불활성화시키기 때문에 진핵세포의 잠재적인 단백질합성 억제제이다. 이 독소는 테러분자들의 활동과 전쟁에서 화학적 또는 생물학적인 무기로 사용할 수 있기 때문에 특별한 주목을 받고 있다. 아주까리 열매는 천연하제인 아주까리기름을 추출하기 위하여 전 세계 도처에서 가공되고 있다. 리신은 수용성이 높기 때문에 기름으로는 추출되지 않고 기름을 짜고 난 찌꺼기에 그대로 남아 있다. 리신의 독소는 그 찌꺼기로부터 간단한 화학적 처리로 쉽게 추출할 수 있다. 리신 독성에 대한 해독제는 아직 발견되지 않았다. 미국 댈러스에 있는 텍사스 대학교 사우스웨스턴 의학센터의 비테타 박사(Ellen Vitetta)와 그의 동료들은 인간에게 사용할 재조합DNA 백신 개발을 시도하고 있다. 생쥐에서 효과적인 백신을 만들었고 곧 사람에게도 시험할 계획이다. (리신에 관한 생화학적 의학적 정보는 임상생화학 12 참조)

RNA의 번역: 유전암호와 단백질 대사

이 장에서는 유전정보(genetic information) 흐름의 마지막 단계인 단백질합성(protein synthesis)을 살펴보기로 한다. 우리는 DNA → RNA → 단백질로 유전정보가 전달되는 경로를 개략적으로 살펴보았고, 그 구체적인 내용을 모든 유전정보의 저장고인 DNA를 시작으로 살펴보고 있다. "복제(replication)"란 다음 세대의 세포를 위한 DNA의 복사를 의미한다. 유전정보는 4개의 뉴클레오티드염기(ATGC)가 연속된 서열로 존재하는 것이다. 세포 내에서 4문자로 된 DNA 언어는 DNA와 유사한 언어인 mRNA(AUGC)로 전사된다. 전사(transcription) 과정에서 뉴클레오티드염기가 1대1로 대응된다는 것을 이미 살펴보았다. 이런 대응은 서로 상보적인 염기쌍(A-U, A-T, G-C)이 수소결합을 형성할 수 있기 때문에 이루어진다. mRNA 내에 저장된 일련의 정보가 단백질의 아미노산으로 전달되는 유전정보 흐름의 마지막 단계인 **번역(translation)**은 한층 더 복잡하다. 번역 과정은 RNA의 4문자 언어가 20문자 언어인 단백질 분자로 전환되는 과정이다. 아미노산과 뉴클레오티드는 화학적으로 아주 다르고, 생화학적 연관 관계가 없는 물질이다. 이 단원에서는 1958년에 크릭(Francis Crick)이 왜 단백질합성을 위해서는 어떤 종류의 "연결자(adaptor)" 분자들이 주형인 mRNA로 아미노산을 운반한다고 제안했는지에 대하여 알아본다. 번역자(translator)로서 작용하는 이 분자들은 지금은 tRNA로 동정되었다. 이 작은 핵산들은 적절한 아미노산과 결합되어 있다.

이 장에서 소개하는 단백질합성에 대한 또 다른 중요한 개념으로는 **리보솜(ribosome)**, 단백질을 만드는 RNA 분자 기구, **유전암호(genetic code)**의 짜임새, 단백질합성의 화학과 기구, 그리고 단백질 산물의 **번역후변형(post-translational modification)** 등을 들 수 있다.

이 장의 마지막에서는 단백질합성과 유전자발현(gene expression)의 조절에 관해서 다루게 된다. 세포가 끊임없이 단백질을 합성하는 일은 에너지를 낭비하는 일이 아닐 수 없다. 세포 내의 단백질 중에서 불과 몇 퍼센트만이 지속적으로 요구될 뿐이다. 세포는 적절한 단백질들의 농도를 알맞게 조절하고 조정하기 위하여 복잡한 메커니즘을 이용한다.

12.1 단백질의 합성 과정

학습 목표

단백질합성에 필요한 세포내 분자구성성분과 일반적인 합성과정을 이해한다.

1950년대부터 시작한 단백질합성에 관한 연구는 DNA 이중나선 구조와 DNA복제 그리고 전사 과정의 발견에 의해서 박차를 가하게 되었다. 단백질합성에 관한 초기 실험에서 연구 대상의 모든 생물체에서 보편적으로 나타나는 기본 개념을 확인하였다. 단백질합성의 특징을 통하여 단백질합성을 이해해 보기로 하자.

단백질합성의 특징

단백질합성은 리보솜에서 일어난다 미국의 자메츠닉(Paul Zamecnik)과 그의 동료들은 시궁쥐(rat)에 방사성 동위원소로 표지한 아미노산을 주입시켜서 단백질합성이 세포의 어느 부분에서 일어나는지를 조사하였다. 다양한 시간 간격으로 시궁쥐의 간을 떼어 내어 분쇄한 후, 원심분리로 세포소기관들을 분리하여 방사능을 측정하였다. 주입 후 수분 이내에 리보핵산(ribonucleic acid)과 단백질이 모여 있는 입자들에 방사능이 축적되는 것을 관찰하였다. 자메츠닉은 이 입자들이 단백질합성이 일어나는 곳이라고 제안하였다. 지금은 **리보솜(ribosome)**이라고 불리는 리보핵산단백질(ribonucleoprotein) 입자들에 대한 추가적인 연구에 의해서 이들은 모든 종류의 세포의 세포질은 물론이고 식물 엽록체의 스트로마(stroma)와 미토콘드리아의 기질(matrix)에도 존재한다는 것이 알려졌다. 원핵세포의 전형적인 리보솜인 대장균의 리보솜은 직경이 25 nm이고 질량이 약 2500 킬로달톤(kDa)이다. 대장균에는 대략 15,000개의 리보솜이 존재한다. 각각의 리보솜은 서로 다른 크기의 두 개의 단위체(subunit)로 구성되어 있고, 낮은 농도의 Mg^{2+}용액에서 서로 분리된다. (단백질합성의 새로운 관점에 대해서는 생화학 들여다보기

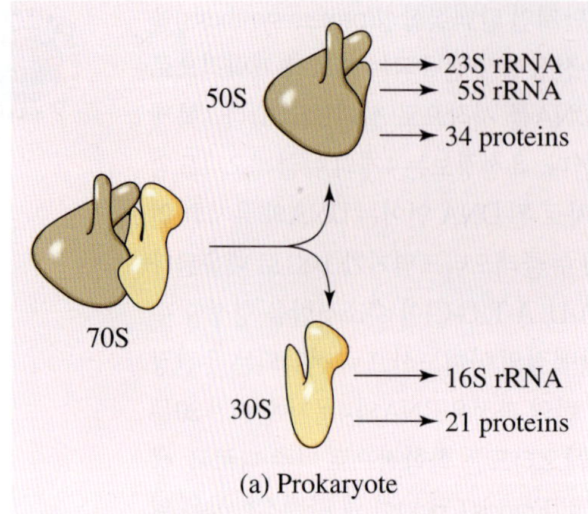

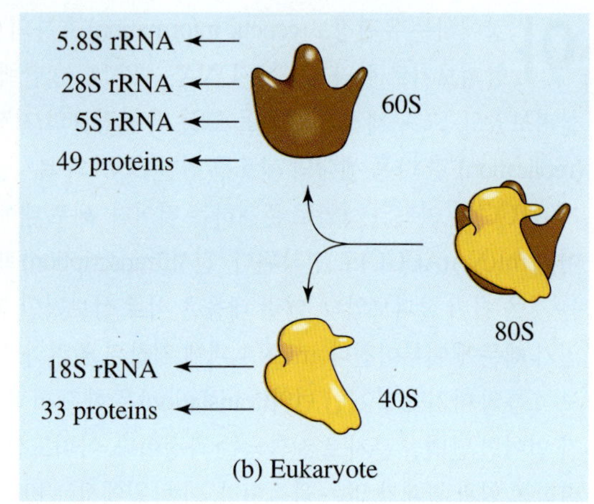

그림 12.1 (a) 대장균 리보솜의 각 단위체 및 복합체를 나타내는 모델. 30S와 50S의 단위체가 가역적으로 결합하여 70S 복합체가 되며 이는 단백질합성 기능을 수행한다. 70S 복합체는 번역될 mRNA를 따라 이동한다. (b) 80S 입자로 구성된 진핵세포의 리보솜.

12-1참조.) 완전한 리보솜, 각각의 단위체, 그리고 구성 생체분자들의 크기는 그들의 침강계수(sedimentation coefficient, S)와 관련이 있다. 침강계수는 밀도기울기원심분리 시에 어떤 분자나 입자가 얼마나 빠르게 침강하는가를 나타내는 척도이다(생화학 들여다보기 1-2 및 10장의 10.1절과 10.3절 참조). S 값이 높을수록 큰 입자이고 더 빠르게 침강한다. 완전한 대장균의 리보솜의 침강계수는 70S이다. 두 개의 단위체는 각각 50S와 30S의 침강계수를 갖는 입자들이다. 대장균의 리보솜은 대략 66%의 RNA와 34%의 단백질로 구성되어 있다. 이들 구조의 구성요소들은 표 12.1과 그림 12.1a에 나타냈다. 새로운 X선결정학적인 방법에 의하여 각 단위체의 고해상도 구조가 2000년에 발표되었다. 그 새로운 구조는 오랫동안 알려져 있던 구조를 다시 한 번 확인해 주었고 또한 단백질합성의 촉매 메커니즘에 관한 정보도 제공하였다(12.2절).

표 12.1
대장균 리보솜의 구조적 조성

Characteristic	Intact Ribosome	Large Subunit	Small Subunit
Sedimentation coefficient	70S	50S	30S
Molecular mass (kilodaltons)	2520	1590	930
RNA content	66%	23S (2904 bases) 5S (120 bases)	16S (1542 bases)
Protein content	34%	34 different proteins	21 different proteins

진핵세포의 리보솜은 원핵세포보다 더 크고 복잡하다(그림 12.1b). 포유동물의 완전한 리보솜은 60S와 40S의 단위체로 구성된 80S의 입자이다. 이 80S 입자에는 최소한 80개의 다른 단백질이 존재한다. 기능적으로 리보솜은 단백질합성의 모든 과정을 용이하게 하는 분자 구조를 하고 있다 즉 (1) 리보솜은 뉴클레오티드의 암호를 아미노산서열로 해독하기 위하여 mRNA의 주형을 따라 이동한다. (2) 적합한 아미노산으로 충전된(charged) 적절한 연결자분자를 주형인 mRNA로 안내한다. (3) ATP나 GTP의 에너지를 이용하여 아미노산 사이에 펩티드결합의 형성을 촉매한다. 단백질을 합성할 때 두 개의 리보솜 단위체는 서로 결합하여 mRNA가 통과할 수 있는 통로를 형성한다. 정제된 RNA와 리보솜을 구성하는 단백질들을 적당한 조건 하에서 섞어 놓으면, 본래의 기능을 수행할 수 있는 리보솜이 자발적으로 형성되어 단백질을 합성할 수 있게 된다.

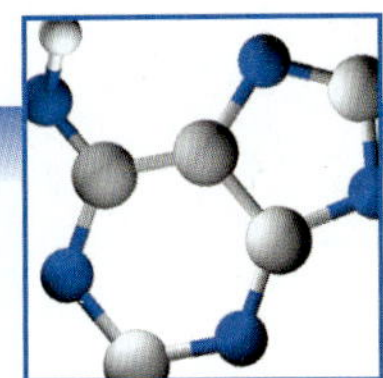

12 - 1

생화학 들여다보기

핵 속에서의 번역은 과연 존재하는 것일까?

유전암호의 번역이 세포질에서만 일어난다는 개념은 현대 세포생물학의 중심 교조의 하나였다. 이 개념은 "어디에서 번역이 일어나는가?"라는 유형의 시험 문제의 토대가 될 정도로 생물학의 원리로 받아 들여졌다. 만약에 이 질문에 대하여 오늘날의 생물학도(그리고 생물학자)가 대답한다면 "세포질에서만!"이라고 강조할 것이다. 그러나 과학에서 많은 개념이 그랬듯이 이 원리도 세계의 여러 연구실에서 번역이 핵에서 일어난다는 증거가 나오고 있어 도전을 받고 있다. 새로운 결과에 대해 이야기하기 전에 DNA로부터 단백질합성에 관해서 이 책에서 다룬 준비 과정과 원핵세포와 진핵세포간의 차이점에 초점을 두고 재음미해보자.

번역 이전까지의 단백질합성 단계는 11장에 서술한 것처럼 원핵세포와 진핵세포에서 상당히 차이가 있다. 원핵세포에서는 DNA로부터 mRNA의 합성(전사)은 구획이 나누어지지 않은 세포질에서 일어난다. 대부분의 원핵세포 mRNA는 리보솜에 의해서 단백질로 번역되기 전에 전사후변형을 필요로 하지 않는다. 사실 어떤 때는 전사가 되고 있는 중에도 번역이 일어난다. 생물학자들은 세균에서 전사와 번역이 **연계되어 있다(coupled)**는 사실을 일반적으로 받아들인다. 그러나 구획이 나누어져 있는 진핵세포에서 전사와 번역은 시간과 공간적으로 분리되어 있다. 전사는 핵에서 일어나고 일차 전사물은 번역을 위하여 세포질로 수송되기 전에 광범위한 전사후변형을 거친다. 중요한 변형에는 인트론의 제거, 5'-캡핑, 그리고 폴리A 첨가와 같은 것들이다(11.5절 참조). 번역을 위한 mRNA의 준비는 핵의 중요한 기능으로 여겨진다. 가공된 mRNA전사물은 세포질로 보내지고 번역을 위해서 리보솜이 결합하게 된다. 이런 단백질합성의 기본 개념은 지난 25~30년 동안 많은 연구실에서 관찰되고 발전하여 생물학에서 근본적인 교조가 되었다.

2001년 영국 옥스퍼드 대학교의 쿡(Peter Cook)은 진핵세포에서 번역이 세포질뿐만이 아니라 핵에서도 일어난다는 것을 제안하는 연구 결과를 발표하였다. 그의 연구에 의하면 세포 내 단백질합성의 15% 정도가 핵에서 일어나는 것으로 추정되고 있다. 연구는 또한 진핵세포도 세균과 마찬가지로 전사와 번역이 연계되어 있을 것이라는 결론을 내리고 있다. 몇몇 다른 연구실에 의해서 지지를 받게 된 이런 놀라운 결과는 생명의 교조에 모순되는 것이고 매우 큰 논쟁거리로서, 아직은 주류 생물학에서는 받아들여지지 않는다. 종교적 열정으로 세포생물학을 믿고 있는 어떤 생물학자들은 이를 "이단"으로 몰고 있다. 핵 번역을 부정하는 대부분의 논증은 아직은 누구도 단백질합성을 위한 복합적 분자기구가 핵에 포함되어 있다는 것을 증명한 사람이 없고, 그의 많은 실험에는 대조군이 없었다는 것을 역설하는 것이었다. 쿡의 결과가 옳은 것이 되기 위해서는 가장 중요한 질문들이 풀려야 한다. 핵 내 주형인 mRNA는 어떤 특징을 가지고 있을까? 세포질과 동일한 메커니즘으로 과정들이 일어나는 것일까? 핵에서 만들어지는 단백질들은 어떻게 되는 것일까? 세계 도처의 생물학자들은 현대 생물학의 근본적인 교조에 일어나고 있는 이런 중대한 변화를 믿을 수 있도록 충분히 많은 보강 증거들이 얻어지기를 기대하고 있다.

단백질합성은 아미노말단에서 시작된다 단백질합성에 대한 초기 관점은 한 번에 하나씩 신장되는 말단에 아미노산이 어떤 방법으로 첨가되는가 하는 중합 과정이었다. 그러나 신장되는 방향이 어느 쪽일까? 과연 아미노말단에서 카르복실말단으로 신장되는 것일까 아니면 그 반대일까(그림 12.2)? 딘치스(Howard Dintzis)와 그 동료들은 1961년에 헤모글로빈을 합성하고 있는 토끼의 망상적혈구(reticulocyte, 미성숙 적혈구 세포)를 3중수소로 표지한 루신 첨가 배지에서 배양함으로써 이 질문에 대한 해답을 얻어냈다. 그들은 합성된 헤모글로빈에서 방사성 루신의 위치를 확인하여 아미노산은 신장되는 폴리펩티드의 카르복실말단에 첨가된다고 결론을 지었다. 따라서 단백질합성은 아미노말단에서 카르복실말단으로 진행된다(그림 12.2 방식1).

딘치스의 실험은 폴리펩티드의 합성에 요구되는 시간에 대한 귀중한 정도를 얻어내는 데도 또한 일조를 하였다. 토끼의 망상적혈구 세포에서 하나의 리보솜 복합체가 146개의 아미노산으로 구성된 헤모글로빈의 α-사슬을 합성하는 데 37℃에서 약 3분이 걸렸다. 이것은 하나의 아미노산 잔기가 첨가되는 데 1초도 걸리지 않는 속도이다. 대장균의 리보솜은 100개의 아미노산으로 구성된 폴리펩티드를 합성하는 데 37℃에서 약 5초가 걸린다(1초당 20잔기).

그림 12.2 단백질합성의 진행 방향에 대한 모델. (a) 모드1, 아미노말단에서 카르복실말단으로 향함. (b) 모드2, 카르복실말단에서 아미노말단으로 향함. 단백질합성은 아미노말단에서 카르복실말단으로 향하는 모델 1에 의해서 일어난다.

(a) Mode 1: N ⟶ C

$$H_3^+N\sim\sim\sim NHCH(R)COO^- + H_2NC(R')(H)-COO^- \longrightarrow$$

$$H_3^+N\overset{\text{Growing chain}\rightarrow}{\sim\sim\sim} NHCH(R)C(=O)NHCH(R')COO^-$$

Growing chain + Additional amino acid

(b) Mode 2: C ⟶ N

$$H_3^+N-CH(R)C(=O)\sim\sim\sim COO^- + H_2NC(R')(H)COO^- \longrightarrow$$

$$H_3^+N-CH(R')-C(=O)-NH-CH(R)C(=O)\overset{\leftarrow\text{Growing chain}}{\sim\sim\sim}COO^-$$

Growing chain + Additional amino acid

아미노산은 활성화되어 특정한 tRNA에 결합한다 이제 단백질합성 과정을 밝히는 데 아마도 가장 어려운 개념에 대하여 생각해 보자. 즉 어떻게 mRNA 서열의 4 문자 언어가 20 문자의 단백질로 번역되는 것일까? 크릭(Francis Crick)은 "연결자"분자 가 두 언어 사이의 정보 간 틈새를 연결해 줄 것으로 예측하였다. 크릭은 다음과 같이 이야기하였다.

> 특정한 방법으로 주형(mRNA)에 접근하는 것은 그것이 무엇이든지 수소결합에 의해서 이루어질 것으로 여겨진다. 따라서 아미노산은 어떤 "연결자"분자에 의해서 주형으로 운반될 것이고 그 연결자는 RNA에 정확하게 들어맞는 것일 것이다. 가장 간단한 형태로는 각각의 아미노산에 대응하는 20개의 연결자의 존재일 것이다. 그런 연결자분자의 종류에 대해서는 어떤 추측도 해 볼 수 있다. 그러나 본질적으로 가장 그럴듯한 가능성은 그것이 뉴클레오티드를 포함하고 있을 것이라는 것이다. 이것은 DNA나 폴리뉴클레오티드에서 일어나는 염기쌍의 형성과 같은 방법으로 연결자분자를 RNA 주형에 정확하게 자리 잡도록 해 줄 것이다.

우리는 이미 tRNA분자가 그 연결자분자로 작용한다는 것을 알고 있다. 크릭이 뉴클레오티드가 관여할 것이라고 제안한 것은 대단한 통찰력이었다. 그림 12.3에 나타낸 것처럼, 아미노산은 특정 tRNA의 2' 또는 3'-히드록실 말단에 에스테르결합을 통하여 공유결합으로 연결되어 있다. tRNA의 다른 쪽 말단에서는 세 개의 인접한 뉴클레오티드염기(안티코돈)가 상보적인 염기쌍 사이의 수소결합을 통하여 mRNA 주형에 결합한다.

아미노산은 **아미노아실-tRNA합성효소(aminoacyl-tRNA synthetase)**에 의하여 tRNA에 결합된다. 이 효소들은 두 가지의 특이성을 갖는 것이 매우 중요하다. 즉 먼저 적절한 tRNA 및 그와 결합할 적절한 아미노산을 같이 인식해야 한다. 이것은 효소에 있어서는 대단히 어려운 일인데, 왜냐하면 각 tRNA마다 독특한 안티코돈을 제외하고는 모든 tRNA분자들이 매우 유사한 1차, 2차 그리고 3차구조를 갖기 때문이다. 더구나, 비슷한 구조적 특성을 갖는 20개의 아미노산이 서로 구분되어야 한다. 몇몇 예외를 제

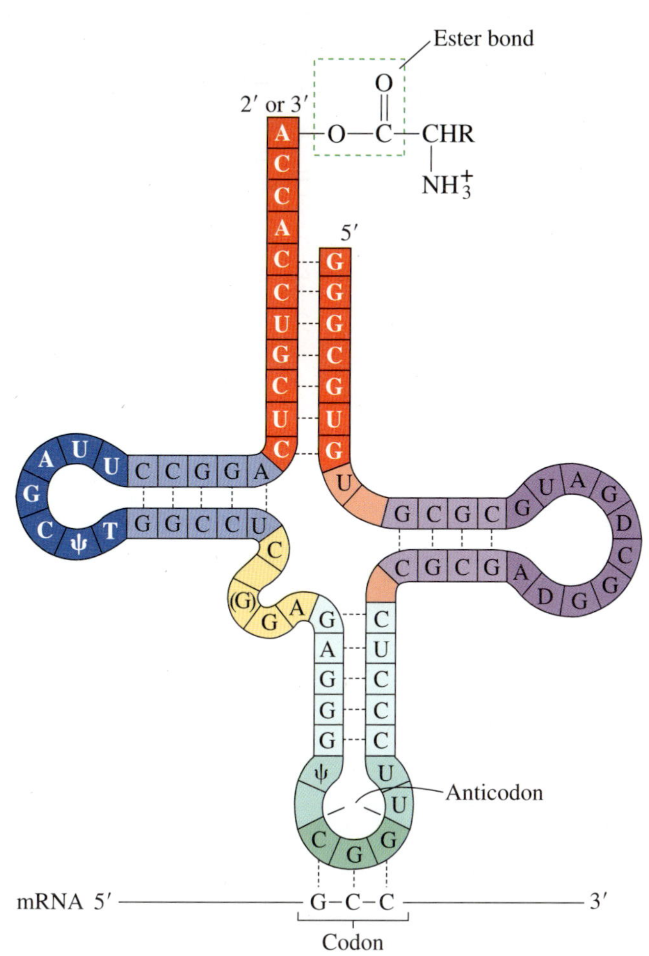

그림 12.3 연결자분자로서의 tRNA. 세 개의 인접한 염기로 이루어진 안티코돈(anticodon)이 mRNA의 코돈(codon)과 상보적인 수소결합을 형성한다. 아미노산은 점선으로 표시한 에스테르결합에 의해서 tRNA의 2′ 또는 3′ 말단에 연결된다.

외하고는 세포는 잘못 연결된 아미노산과 tRNA를 교정할 수 없다. 대부분의 생물체에는 각각의 아미노산에 대응하는 20개의 아미노아실-tRNA합성효소가 존재한다. 생물체로부터 60개에 이르는 서로 다른 tRNA가 동정되었기 때문에 어떤 아미노산은 2개 이상의 대응 tRNA가 존재한다는 것을 알 수 있다.(이에 대한 의의는 나중에 다루기로 한다.)

아미노아실-tRNA합성효소 아미노아실-tRNA합성효소는 다음의 연속 반응을 촉매하는 데 ATP의 2개의 인산무수결합을 절단하여 얻어지는 에너지를 필요로 한다.

$$\text{아미노산} + \text{ATP} \rightleftharpoons \text{아미노아실아데닐산(aminoacyl adenylate)} + PP_i$$
$$\text{아미노아실아데닐산} + \text{tRNA} \rightleftharpoons \text{아미노아실-tRNA(aminoacyl-tRNA)} + \text{AMP}$$
$$PP_i + H_2O \rightleftharpoons 2\,P_i$$

ATP와 아미노산의 반응에 의하여 형성되는 아미노아실아데닐산은 반응성 무수결합을 가지고 있는 효소 결합형 중간체이다. 처음 두 반응에 대한 전체적인 평형상수는 대략 1이다. 따라서 반응을 완결하기 위해서는 열역학적 추진력이 필요하다. 부가적인 에너지는 생성물인 피로인산(PP_i)의 가수분해로부터 얻어지게 된다. 이 반응의 중요성이 아미노산과 그에 상응하는 tRNA를 연결하는 것이라는 것을 강조하였지만 이 반응은 또 다른 중요한 기능이 있다. 아미노산이 에스테르결합에 의하여 연결됨으로써 나중에 단백질합성 과정에서 펩티드결합의 형성을 위해서 활성화된다.

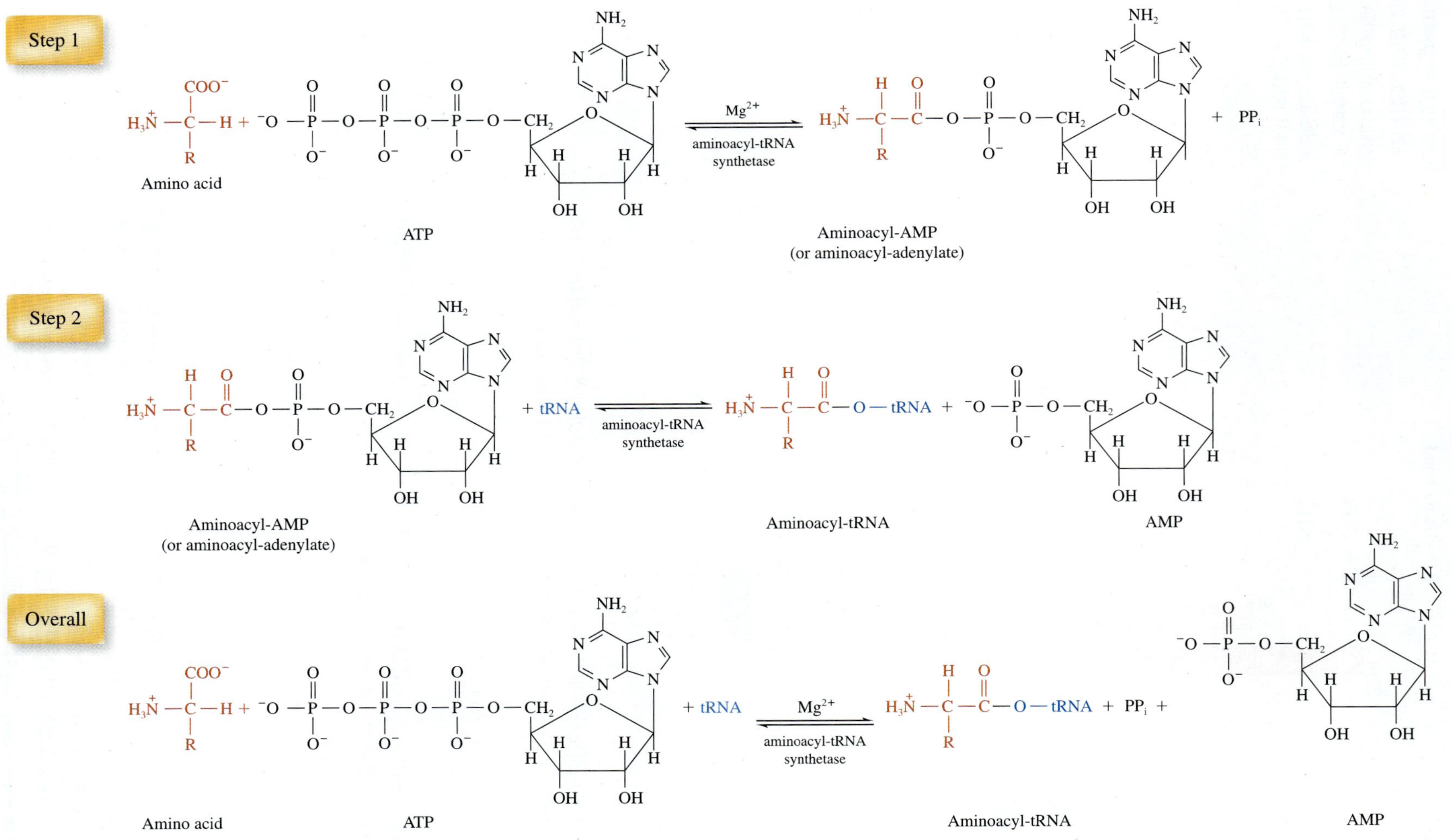

Step 1

Amino acid + ATP $\xrightleftharpoons[\text{aminoacyl-tRNA synthetase}]{Mg^{2+}}$ Aminoacyl-AMP (or aminoacyl-adenylate) + PP_i

Step 2

Aminoacyl-AMP (or aminoacyl-adenylate) + tRNA $\xrightleftharpoons[\text{aminoacyl-tRNA synthetase}]{}$ Aminoacyl-tRNA + AMP

Overall

Amino acid + ATP + tRNA $\xrightleftharpoons[\text{aminoacyl-tRNA synthetase}]{Mg^{2+}}$ Aminoacyl-tRNA + PP_i + AMP

그림 12.4 아미노아실아데닐산(aminoacyl adenylate) 중간체의 형성을 수반하는 아미노아실-tRNA합성효소(aminoacyl-tRNA synthetase)의 작용 메커니즘. 2개의 인산무수결합(ATP와 PP_i)이 분해되며 나오는 에너지에 의해서 반응이 이루어진다.

mRNA 염기서열과 단백질의 아미노산서열 사이의 연관 관계 유전암호의 기능적 특징을 설명하기 위해서 다음과 같은 용어를 사용하였다(1.5절).

- **삼중암호(triplet)** 하나의 아미노산에 대한 mRNA 암호 상의 세 개의 뉴클레오티드염기
- **비중첩성(nonoverlapping)** 세 개의 인접한 염기를 하나의 단위로 인지한다. 이 단위를 코돈(codon)이라 하고 번역 과정 중에 한 번씩 이용된다.
- **무구두점(No punctuation)** 삼중암호 내에는 구두점(개재 염기)이 없다. 따라서 mRNA는 출발점에서 끝나는 점까지 쉼표나 다른 방해물 없이 읽히게 된다. (종결신호는 마침표를 의미한다)
- **퇴보성(degenerate)** 하나의 아미노산은 둘 이상의 삼중암호를 가질 수 있다. 퇴보성 암호들은 대체로 서열 상 서로 관계가 있다.
- **보편성(universal)** 미토콘드리아와 몇몇 조류(algae)를 제외하고는 모든 생물체가 동일한 유전암호를 사용한다.

유전암호의 정체를 알아내기 위한 첫째 실험은 1960년대 초기에 니렌버그(Marshall Nirenberg)와 매티(Heinrich Matthaei)에 의해서 수행되었다. 서열을 알고 있는 합성 mRNA를 리보솜이 들어 있는 세포추출액, tRNA, 아미노산, 그리고 아미노아실-tRNA합성효소와 함께 섞어서 반응시켰다. 예를 들면, 폴리U(U-(U)n-U)를 주형으로 이용하였을 때 얻어진 폴리펩티드 산물이 폴리페닐알라닌(polyphenylalanine)이었는데 이는 염기 코돈 U-U-U가 페닐알라닌으로 변역된다는 것을 의미한다(표 12.2). 비슷한 방법으로 다른 합성 폴리리보뉴클레오티드(polyribonucleotide)를 이용하여 모든 유전암호를 밝혀내게 되었다.

표 12.2
유전암호

First Base of Codon	Second Base of Codon: U	C	A	G	Third Base of Codon
U	UUU, UUC: Phe UUA, UUG: Leu	UCU, UCC, UCA, UCG: Ser	UAU, UAC: Tyr UAA UAG	UGU, UGC: Cys UGA UGG: Trp	U C A G
C	CUU, CUC, CUA, CUG: Leu	CCU, CCC, CCA, CCG: Pro	CAU, CAC: His CAA, CAG: Gln	CGU, CGC, CGA, CGG: Arg	U C A G
A	AUU, AUC, AUA: Ile AUG: Met	ACU, ACC, ACA, ACG: Thr	AAU, AAC: Asn AAA, AAG: Lys	AGU, AGC: Ser AGA, AGG: Arg	U C A G
G	GUU, GUC, GUA, GUG: Val	GCU, GCC, GCA, GCG: Ala	GAU, GAC: Asp GAA, GAG: Glu	GGU, GGC, GGA, GGG: Gly	U C A G

Note: AUG is the start codon and UAA, UAG, and UGA are stop codons as highlighted in table.

합성 폴리리보뉴클레오티드는 또한 mRNA의 해독 방향이 5'→3'인지 또는 3'→5'인지를 결정하는 데에도 이용되었다. 5' A-A-A-(A-A-A)n-A-A-C로 구성된 주형을 합성하여 단백질합성에 이용하였다. 삼중암호 AAA는 리신이고 AAC는 아스파라긴을 암호화한다. 이 주형을 이용한 실험으로부터 H_3N^+-

Lys-(Lys)$_n$-Asn-COO$^-$의 폴리펩티드 산물이 얻어져 번역의 방향은 5'→3' 쪽으로 이루어진다는 것을 알게 되었다. 이것은 mRNA가 합성되는 방향과 동일하기 때문에 리보솜은 mRNA가 전사된 후에 바로 또는 전사되는 과정에서 번역을 시작할 수 있게 된다.

앞에서 언급한 것처럼, 어떤 아미노산은 한 개 이상의 코돈을 갖는 퇴보성 코돈을 갖는다. 페닐알라닌은 UUU와 UUC의 두 개의 삼중암호를, 트레오닌은 ACU, ACC, ACA, ACG의 4개의 삼중암호를 갖는다. 표 12.2에서 알 수 있듯이 퇴보성이 있는 경우에는 첫째와 둘째의 염기는 일반적으로 동일하고 셋째 염기만 다르다. 각 코돈의 처음 두 염기는 특이성에 대한 중요한 결정인자인 것으로 알려졌고 이 두 염기는 tRNA상의 두 개의 상보적인 염기인 **안티코돈(anticodon)**과 강한 상호작용을 할 것으로 보인다. 코돈과 안티코돈 사이의 셋째 염기의 상호작용은 아마도 약한 것으로 추정되고 이것은 **흔들림(wobble) 염기**라고 부른다. 흔들림 염기의 작용은 다음과 같은 세 가지의 장점이 있다. (1) 유전암호에 유연성을 제공한다. (2) 상호작용이 약하기 때문에 mRNA로부터 tRNA를 빨리 분리시킬 수 있어 단백질합성의 속도를 높일 수 있다. (3) 돌연변이율을 최소화시킨다.

복습 문제

1. 다음과 같은 mRNA로 번역되는 폴리펩티드의 아미노산서열은 어떻게 되는가?

5'-AUGUUUAACAAA

12.2 단백질합성의 3 단계

학습 목표

단백질합성의 단계와 생화학적 과정을 설명한다.

이제부터 단백질합성 과정을 보다 상세히 살펴보기로 하자. DNA복제와 전사에서와 마찬가지로 진핵세포보다 훨씬 이해하기 쉬운 원핵세포에서, 특히 대장균에서 일어나는 단백질합성 과정에 초점을 맞추어 보자. 원핵세포의 단백질합성과 변형에는 100개 이상의 단백질과 여러 종류의 RNA분자들이 요구되는 것으로 보인다. 진핵세포에서 요구되는 단백질과 RNA 분자의 수는 수 백 개에 달할 것으로 여겨진다. 그뿐 아니라 단백질합성은 단순한 화학적 중합 이상으로 복잡한 과정이다. 리보솜 입자가 주형 mRNA를 따라 기계적으로 이동하며, 또한 아미노아실-tRNA의 특이적 결합도 필요하다. 대장균에서의 단백질합성 단계를 그림12.5와 아래 본문에 설명하였다. 진핵세포에서의 단백질합성에 대한 특이적인 인자들은 다르지만 전체적인 개요는 원핵세포의 과정과 동일하다.

개시, 신장 및 종결

1 단계 단백질합성은 리보솜이 mRNA의 출발점을 인식하고, ***N*-포르밀메티오닌(*N*-formylmethionine, fMet)**으로 활성화된 tRNA가 도입되는 것으로 시작된다. 개시(initiation) 단계에서 작용하는 주인공은 (a) 해리된 30S와 50S 리보솜 단위체 (b) 번역될 mRNA (c) 단백질 개시인자(initiation factor, IF) (d) 활성화된 형태의 개시 아미노산인 fMet-tRNA, 그리고 (e) GTP 등이다. 합성 과정은 30S 리보솜 단위체, mRNA, 개시인자, 그리고 GTP의 복합체의 형성으로 시작된다(그림 12.5a).

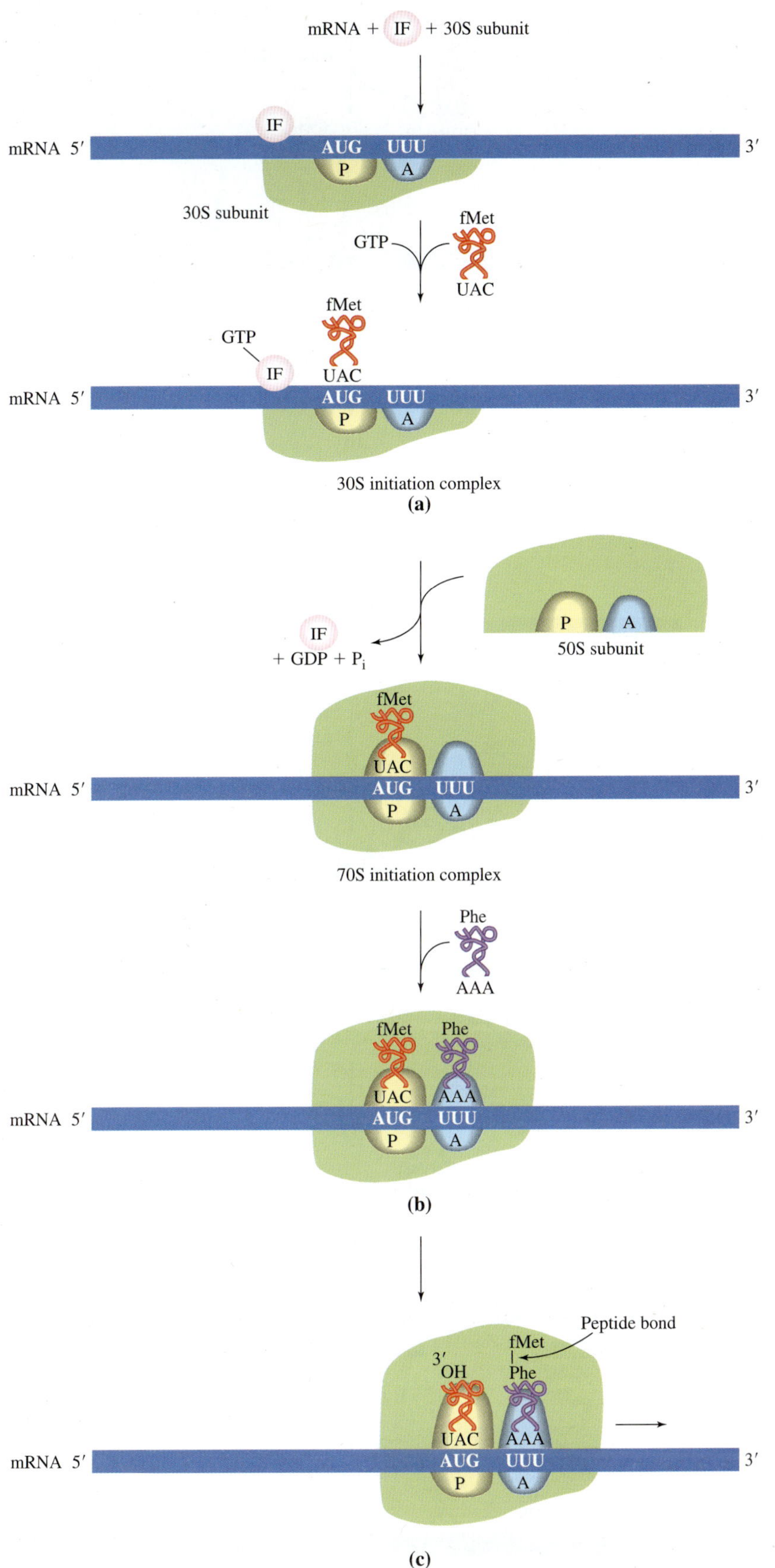

그림 12.5 단백질합성의 단계. (a) 개시(initiation), (b) 70S 복합체의 형성, (c) 펩티드결합의 형성에 의한 신장 (elongation)

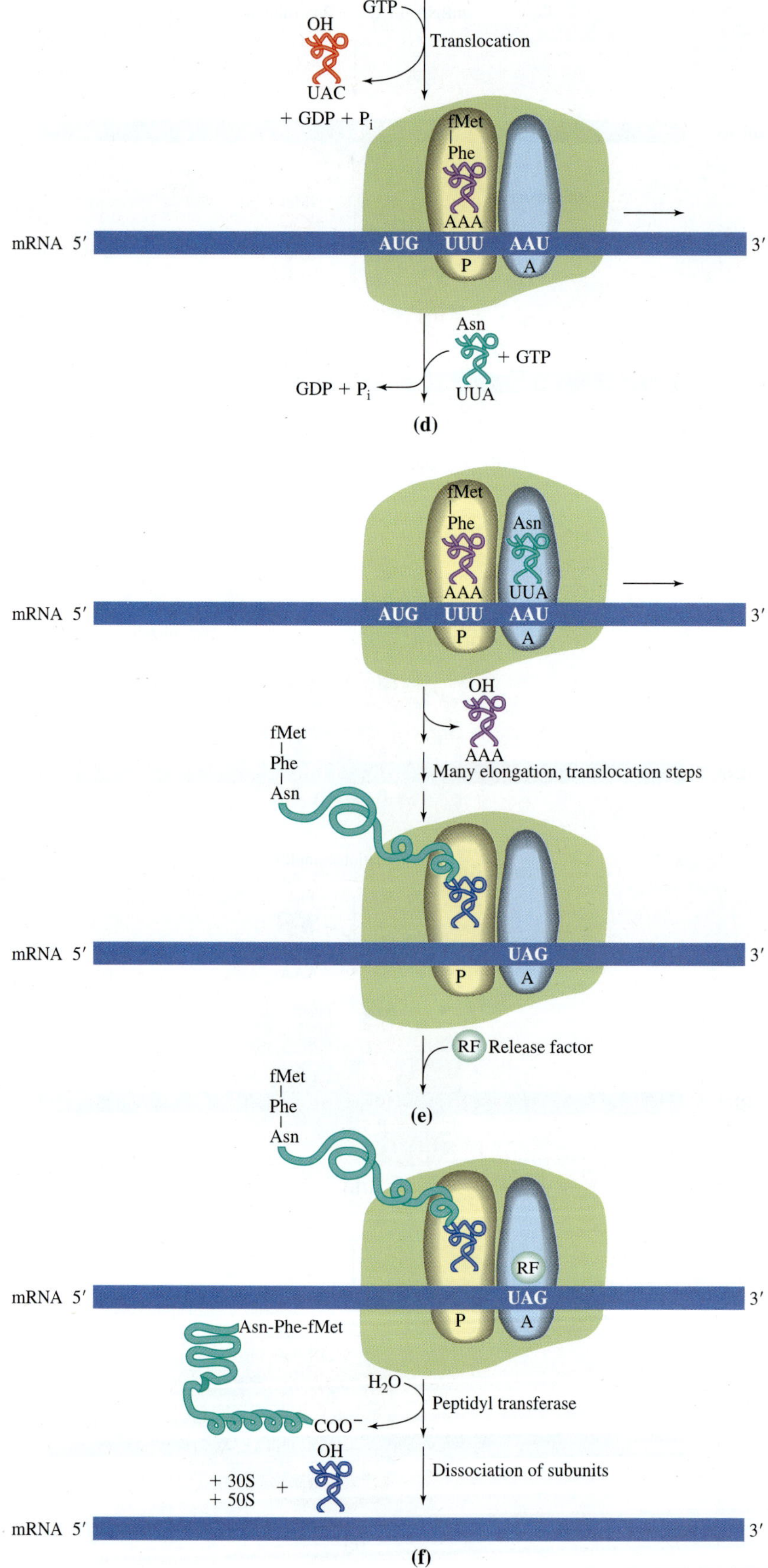

그림 12.5—계속 (d) 번역(translation), (e) 종결코돈(stop codon)까지 계속되는 신장, (f) 종결(termination). IF = 개시인자, RF = 방출인자

$tRNA_{fMet}$

5′ end

Adenine

Formyl group

$fMet\text{-}tRNA_{fMet}$

그림 12.6 tRNA에 의해서 활성화된 아미노산 fMet의 구조.

30S 단위체와 mRNA는 두 개의 아미노아실-tRNA 결합자리(P, 펩티딜 자리; A, 아미노아실 자리)가 처음 두 개의 아미노산에 상응하는 mRNA의 코돈 위에 직접 위치를 잡을 수 있도록 결합한다. 리보솜 단위체가 이렇게 자리를 잡는 과정은 mRNA의 샤인–달가르노(Shine–Dalgarno) 서열에 의해서 유도된다. 5개에서 10개의 염기로 구성된 이러한 개시 부위는 개시코돈으로부터 약 10개의 염기 위쪽으로 존재한다. 이 부위는 퓨린이 풍부하며 30S 단위체의 구성 성분인 16S RNA에서 피리미딘이 풍부한 부위와 상보적으로 짝을 이룬다. 이렇게 정확하게 정렬하면 N말단이 될 첫째 활성화 아미노산인 fMet-tRNA의 결합이 쉬워진다(그림 12.6). 활성화된 tRNA가 결합할 때에는 코돈과 안티코돈의 염기쌍 형성에 의해서 그 특이성이 결정된다. 세균 세포의 모든 단백질은 아미노말단이 포르밀메티오닌으로 시작된다. mRNA의 개시코돈은 AUG이다(그림2.7 참조). 모든 참여 요소들이 모여 있는 이 상태의 구조를 30S 개시복합체(30S initiation complex)라고 한다(그림 12.5a). 개시 과정은 30S 복합체에 50S 단위체가 결합하면서 진행된다. 새로운 70S 개시복합체(70S initiation complex)의 형성은 GTP의 가수분해(GTP + $H_2O \rightarrow GDP + P_i$ + 에너지)에 의해서 이루어진다(그림 12.5b). 70S 복합체가 형성되면 단백질합성의 신장 단계에 들어갈 준비가 된 것이다. (진핵생물의 개시에는 최소한 9개의 개시인자가 필요하다.)

2 단계 신장(elongation) 단계에는 70S 개시복합체, 새로운 아미노아실 tRNA, 그리고 **신장인자(elongation factor, EF)** 단백질들이 참여하게 된다. 이 단계는 신장인자의 유도에 의하여 둘째 아미노산이 리보솜의 A 자리에 들어오는 것으로 시작된다. fMet-tRNA와 마찬가지로 새로운 아미노아실 tRNA도 특이적 결합을 하는 코돈–안티코돈 상호작용에 의해서 선택된다. 그 다음에 fMet의 C말단부위에 둘째 아미노산을 결합시키는 첫째 펩티드결합이 형성된다(그림 12.5c). 이 반응으로 형성된 디펩티딜-tRNA(dipeptidyl-tRNA)는 이제 리보솜의 A 결합자리에 위치하게 된다.

펩티드결합 형성의 자세한 과정을 그림 12.7에 나타냈다. 펩티드결합의 형성은 50S 리보솜과 연합되어 있는 RNA 효소 즉 **리보자임(ribozyme)**이라고 알려진 **펩티딜기전달효소(peptidyl transferase)**에 의해서 촉매된다. 원핵생물 70S 리보솜의 고해상도 구조가 최근에 X선결정학 방법으로 밝혀졌다(그림 12.8). 이 사진을 분석해 보면, 촉매반응이 일어나며 새로운 공유결합이 형성되는 펩티딜기전달효소의

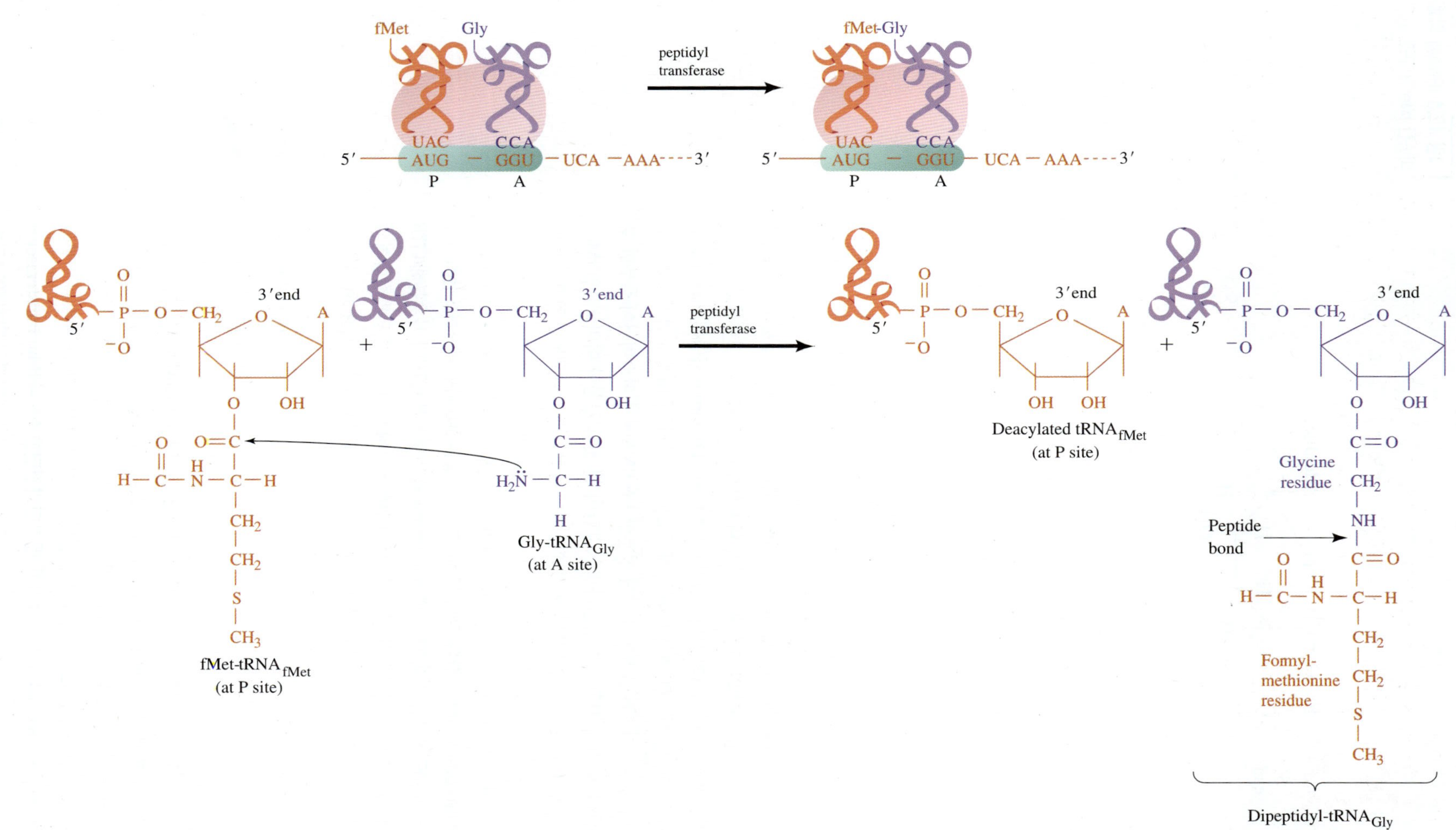

그림 12.7 펩티드결합 형성의 세부 과정. 신장되는 펩티드에 첨가될 아미노산(글리신, Gly)은 리보솜의 A 자리에 있다. 신장되는 사슬은 P 자리에 있다. RNA 효소인 펩티딜기전달효소가 새로운 펩티드결합의 형성을 촉매한다. 펩티드결합의 형성은 결합된 글리신의 아미노기에서 양성자를 제거하면서 시작된다. 다음에 질소 원자는 fMet를 연결하고 있는 에스테르결합에 친핵성 공격을 하게 된다.

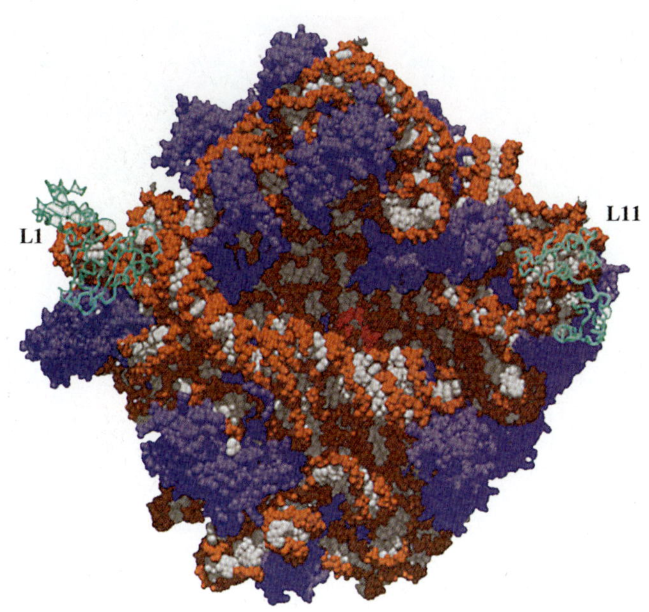

그림 12.8 리보솜의 큰 단위체(large subunit)를 나타내는 공간채움 모델. 틈을 통하여 내려다보이는 활성부위에 빨간색의 억제제 분자가 있다. RNA의 당인산 골격은 주황색으로, 염기는 흰색으로 나타냈다. 파란색으로 나타낸 단백질은 복합체의 주변을 싸고 있으나 활성부위에는 존재하지 않는다. L1으로 표시한 단백질의 구조는 낮은 해상도로 나타냈다.

활성부위 근처에 단백질이 존재하지 않는 것으로 나타났다. 활성부위에는 리보솜RNA(ribosomal RNA) 분자만이 존재하였다. 이 새로운 증거로 리보솜에서의 단백질합성 작용은 RNA에 기본을 두고 있다는 것을 확신하게 되었다. 단위체에 있는 RNA 분자들은 촉매로서 작용하여 새로운 두 기질인 mRNA와 아미노아실-tRNA를 가깝게 만들어 펩티드결합이 형성되도록 한다. 리보솜에서 단백질들은 주로 구조적인 역할을 담당하는 것으로 보인다.

fMet와 그 tRNA사이의 결합이 반응성(reactive) 에스테르결합이기 때문에 펩티드결합의 형성은 열역학적으로 유리한 반응이다. 이제 이 단계는 리보솜 입자의 기계적인 이동을 위한 준비가 된 상태이다. 70S 리보솜은 mRNA의 3'쪽으로 한 코돈만큼 이동한다(그림 12.5d). 이러한 **자리옮김(translocation)**의 결과, 탈아실화된(deacylated) tRNA가 코돈 부위와 P 자리로부터 떨어져 나오게 되고 결국은 세포질로 방출된다. 그와 동시에 디펩티딜-tRNA는 A 자리에서 P 자리로 자리를 옮기게 되고 A 자리는 비어 있게 된다. 각 자리옮김 과정은 GTP의 가수분해와 짝지어져 있다. 비어 있는 P 자리에 결합할 셋째 아미노아실-tRNA가 코돈 – 안티코돈 상호작용에 의하여 선택되고 신장인자들에 의해서 자리 잡게 된다. 각 아미노아실-tRNA가 결합할 때 마다 GTP의 가수분해가 필요하다. 실제로 하나의 아미노산에 2개의 GTP가 필요한데, 하나는 아미노산의 운반에, 다른 하나는 자리옮김 과정에 필요하다. 둘째와 셋째 아미노산 사이에 새로운 펩티드결합이 형성되면서 단백질합성이 진행되고, 결과적으로 셋째 아미노산의 tRNA에 트리펩티드(tripeptide)가 연결되어 있는 상태가 된다(그림 12.5e).

3 단계 종결(termination)은 mRNA의 특정한 코돈에 의해서 이루어지게 된다. 신장 과정은 리보솜의 A 자리에 UAG, UGA, 또는 UAA 중 하나가 올 때까지 위에서 설명한 방법으로 계속 진행된다. 이들 코돈과 결합하는 상보적 안티코돈을 갖는 아미노아실-tRNA는 존재하지 않는다. 그 대신 단백질 방출인자(release factor, RF)가 A 자리에 결합하여 펩티딜기전달효소를 활성화시킨다. 전달효소는 펩티드결합을 형성하는 대신에, 새로 합성된 단백질의 카르복실기와 P 자리의 tRNA를 연결하는 에스테르결합의 가수분해를 촉매한다(그림 12.5f). 그러면 단백질 생성물이 복합체로부터 떨어지게 된다. 다른 mRNA 분자로부터 새로운 번역을 개시하기 위하여 70S 리보솜이 각각의 단위체로 분리되면서 tRNA와 다른 인자들은 세포질로 확산된다.

그림 12.9 하나의 mRNA 상에서 작용하는 여러 개의 리보솜. 대장균의 폴리리보솜의 전자현미경 사진. 초록색 원으로 나타낸 각 리보솜은 mRNA를 따라 이동하면서 폴리펩티드를 합성한다(그림 1.17 참조).

복습 문제

1. 펩티딜기전달효소는 번역과정에서 아미드결합 형성의 촉매작용을 하는 리보자임이다. 일반적인 단백질효소와 리보자임의 활성부위 부근의 화학적인 차이를 기술하라. 각각은 어떤 종류의 작용기가 존재하는가? 촉매반응에 더 큰 다양성을 나타낼 가능성을 갖는 것은 리보자임인가 단백질효소인가? 그 이유는 무엇인가?

폴리리보솜

지금까지 하나의 mRNA에 하나의 리보솜이 결합하여 단백질을 합성하는 것을 살펴보았다. 실제로는 **폴리리보솜(polyribosome)**이라는 리보솜의 덩어리가 하나의 mRNA를 동시에 번역할 수 있어서 하나의 mRNA 가닥으로부터 많은 수의 동일한 단백질 분자가 합성된다(그림 12.9). mRNA 상의 각각의 리보솜 입자는 서로 다른 번역 단계에 있게 된다. mRNA의 3' 말단에 근접한 리보솜은 5' 말단에 가깝게 존재하는 리보솜보다 폴리펩티드의 산물이 완결 단계에 더 가까이 있다. 한 mRNA 상에 있는 리보솜의 수는 mRNA의 크기에 따라 다르다. 최대 수는 대략 80개의 뉴클레오티드 당 1개의 리보솜 정도이다. 물론 폴리리보솜의 존재는 단백질합성의 효율을 대단히 증대시킨다. mRNA 분자의 수명은 특히 원핵세포에서 비교적 짧기 때문에 가능하면 각 mRNA 분자들을 효율적으로 이용하는 것이 중요하다.

단백질합성과 에너지

단백질합성에 필요한 총에너지의 양은 매우 많다(표 12.3). 이를 요약하면 다음과 같다.

1. 개개의 아미노산을 활성화시키고 아미노아실-tRNA합성효소에 의해서 특이적 아미노아실-tRNA를 합성하기 위하여 ATP의 2개의 무수결합이 분해되어야 한다.
2. 각 아미노산이 리보솜의 A 자리에 위치하기 위해서 한 분자의 GTP가 필요하다.
3. 각 자리옮김 과정에서 한 분자의 GTP가 필요하다.

따라서, 어떤 단백질 분자에 한 개의 아미노산이 도입되기 위해서는 모두 4개의 무수결합이 분해되어

표 12.3
단백질합성에 필요한 에너지

Process	Reaction	Number of Phosphoanhydride Bonds Broken
1. Selection and activation of amino acid	Amino acid + tRNA → aminoacyl-tRNA	
	ATP → AMP + PP_i	1
	$PP_i + H_2O \rightarrow 2\ P_i$	1
2. Entry of aminoacyl-tRNA into ribosomal site A	$GTP + H_2O \rightarrow GDP + P_i$	1
3. Translocation	$GTP + H_2O \rightarrow GDP + P_i$	1
	Total:	4

야 한다. 14장에서 살펴보겠지만, 각 무수결합이 절단될 때 약 30 kJ/몰의 에너지가 방출된다. 이것은 단백질합성이 매우 고가의 에너지 소비 과정이라는 것을 의미한다. 그러나 기능적으로 완벽한 단백질을 합성하기 위해서 고도의 정밀도를 필요로 한다는 점을 감안해 볼 때 그 정도는 충분한 가치가 있을 것이다.

복습 문제

1. 디펩티드를 만들기 위해 필요한 인산무수결합의 수는 몇 개인가? 기능적인 mRNA, 리보솜 단위체, tRNA, 그리고 유리 아미노산으로 출발한다고 가정하시오.

항생제에 의한 단백질합성의 억제

단백질합성은 생명 현상에 필수적인 과정이기 때문에 약품 개발, 특히 감염된 미생물들을 죽이기 위한 약물의 개발에 중요한 목표가 된다. 원핵생물 즉 세균의 단백질합성은 진핵세포의 단백질합성과 다르기 때문에 진핵세포에는 거의 영향을 주지 않고 세균의 단백질합성을 억제하는 약품의 고안이 가능하다. 우리는 어떤 미생물들이 다른 미생물의 생장을 방해하는 독소로서 합성하는 천연 **항생제(antibiotic)**를 연구함으로써 약품 고안에 대하여 많은 것을 알게 되었다.

퓨로마이신(puromycin) 방선균(*Streptomyces*)의 일종에서 생산되는 항생제인 퓨로마이신의 광범위한 연구로 인하여 단백질합성 메커니즘에 대한 자세한 정보와 항생제의 작용에 관해서 많은 지식을 얻게 되었다. 퓨로마이신은 아미노아실-tRNA 분자의 작용을 흉내 내어 원핵생물의 단백질합성을 억제한다(그림 12.10). 퓨로마이신의 구조는 아미노산-tRNA 에스테르와 아주 유사하여 리보솜의 A 자리에 결합할 수 있다. 퓨로마이신의 아미노기가 정상적인 펩티드결합에 참여하게 되어 카르복실말단에 퓨로마이신이 결합된 단백질이 만들어진다. 그러나 이 아미드 결합은 매우 강하여 끊어질 수 없기 때문에 펩티딜–퓨로마이신은 신장을 위해서 P 자리로 옮겨갈 수 없게 된다. 펩티딜–퓨로마이신이 약하게 결합된 리보솜으로부터 떨어지면 단백질합성은 종결된다. 합성되기 시작한 폴리펩티드 사슬(퓨로마이신의 표적이 된)은 미성숙한 상태로 종결되기 때문에 불완전하고 대부분 생물학적으로 활성이 없다.

항생제인 퓨로마이신을 생산하는 방선균의 일종(*Streptomyces venezuelae*)

기타 항생제 합성을 억제하는 몇몇 다른 항생제의 구조와 기능을 그림 12.11과 표 12.4에 나타냈다. 여기에 나타낸 많은 항균 약품들은 세균 감염에 대항하여 다년간 임상적으로 사용되어 온 것이지만 항생

그림 12.10 항생제인 퓨로마이신의 구조와 원핵세포에서 단백질합성 억제제로서의 작용 메커니즘. (a) 퓨로마이신은 아미노아실 tRNA와 유사한 구조를 하고 있어서 리보솜의 A 자리에 약하게 결합할 수 있다. (b) 리보솜에 결합하면 퓨로마이신은 펩티드결합의 형성에 참여할 수 있게 된다. 그러나 펩티딜퓨로마이신은 약하게 결합하여 리보솜으로부터 떨어진다. 따라서 단백질합성은 종결된다. 신장되는 펩티드는 매우 강한 아미드결합(빨간색)으로 퓨로마이신에 결합되어 있어서 정상적인 단백질 사슬 연장반응으로는 끊어지지 않는다.

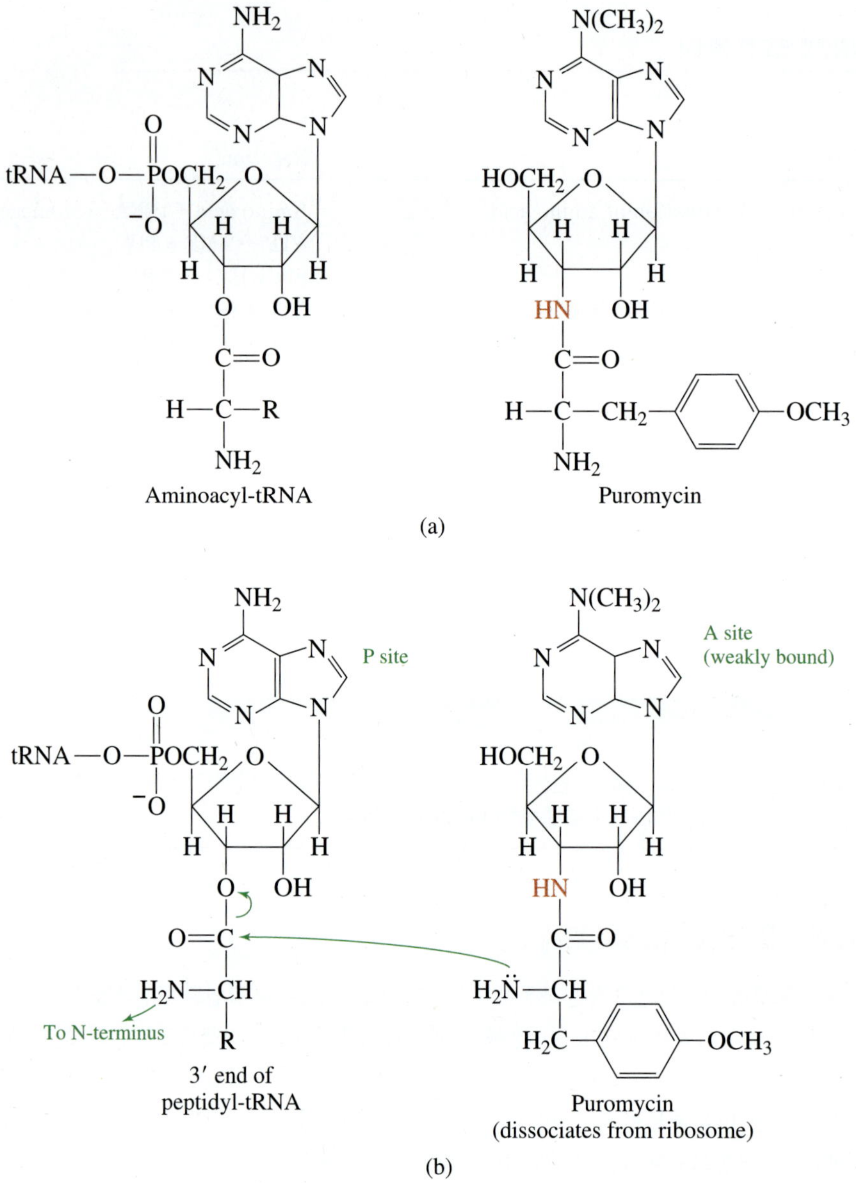

제 내성의 문제가 심각하게 증가하고 있다. 세균은 유전적 돌연변이, 내성 유전자의 전이, 화학적 변형에 의한 독소의 불활성화, 또는 인공적인 화학물질을 막단백질을 이용하여 퍼내는 방법으로 항생제에 대해 내성을 나타낸다(임상속의 생화학 9 참조).

표 12.4

단백질합성의 억제제로 작용하는 항생제

항생제	작용 방식
퓨로마이신 (puromycin)	아미노아실-tRNA의 작용을 모방하여 조기 종결을 유도한다; 원핵세포와 진핵세포에 작용
스트렙토마이신 (streptomycin)	mRNA 해독의 오류를 유발하여 개시 과정을 억제한다. 원핵세포에 작용
테트라사이클린 (tetracycline)	리보솜의 A 자리에 결합하여 아미노아실-tRNA의 진입을 방해한다; 원핵세포에 작용
에리트로마이신 (erythromycin)	리보솜에 결합하여 자리옮김을 억제한다; 원핵세포에 작용
클로람페니콜 (chloramphenicol)	50S 단위체에 결합하여 펩티딜기전달효소를 억제한다; 원핵세포에 작용
시클로헥시미드 (cycloheximide)	진핵세포의 펩티딜-tRNA의 자리옮김을 억제
리네졸리드 (linezolid)	원핵세포에서 70S의 개시 복합체의 형성을 차단

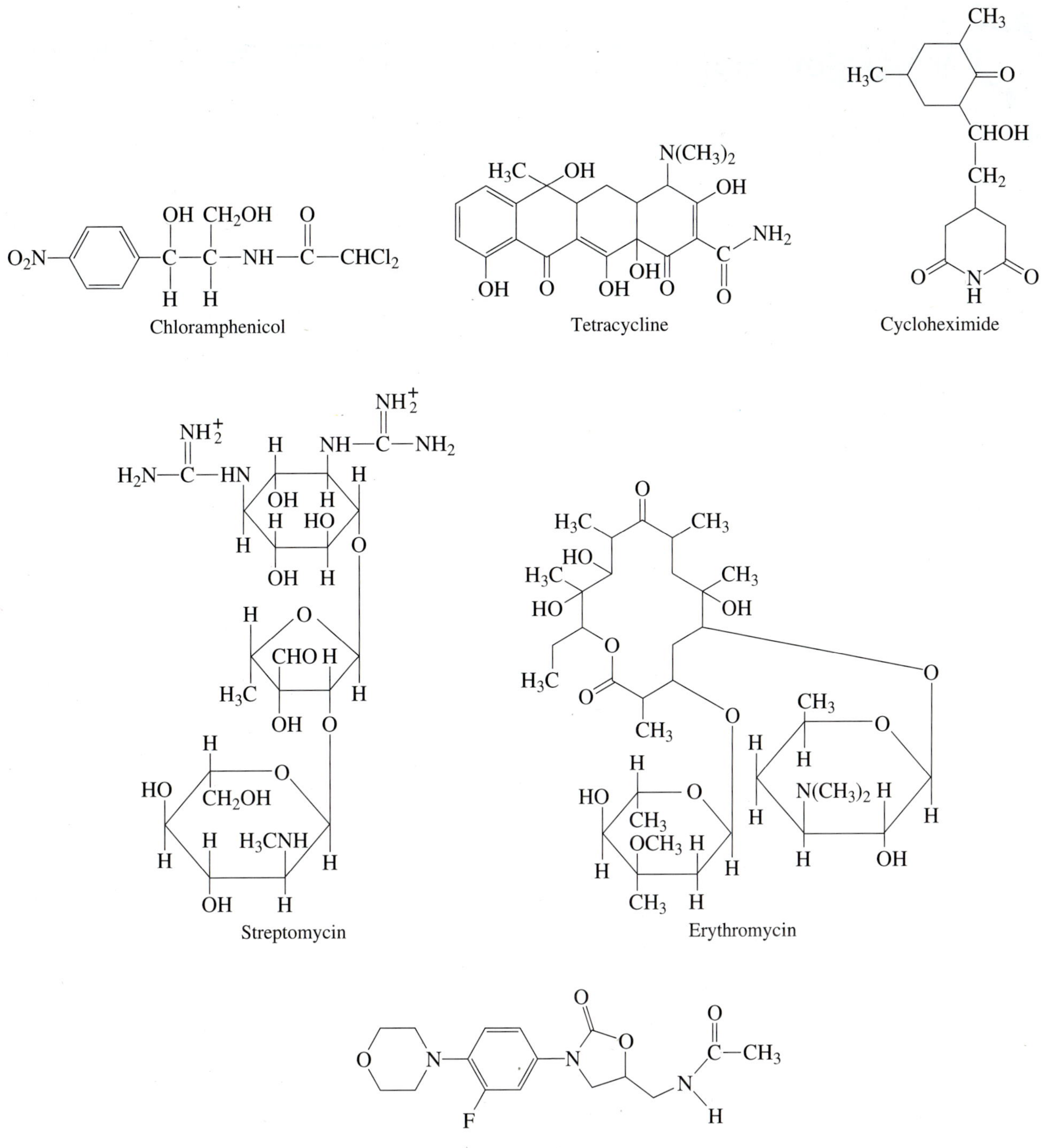

Chloramphenicol Tetracycline Cycloheximide

Streptomycin Erythromycin

Linezolid (Zyvox)

그림 12.11 원핵세포 단백질합성의 억제제로 작용하는 항생제의 구조

합성 항생제인 **리네졸리드(linezolid, Zyvox)**는 옥사졸리디논(oxazolidinone)으로 불리는 새로운 종류의 단백질합성억제제 중 첫째 항생제이다. 이 계통의 화합물은 질소와 산소를 포함하는 5각형 헤테로 고리로 구성되어 있다(그림 12.11). 리네졸리드는 두 개의 리보솜 단위체와 mRNA 사이의 상호작용을 방해하여 70S 개시복합체를 형성하지 못하게 함으로써 단백질합성을 억제한다(표 12.4). 이 약물은 실질적으로 반코마이신에 내성을 나타내는 세균을 포함한 모든 그람양성 세균에 대해서 활성이 있다. 리네졸리드는 특히 피부와 연성 조직의 감염, 폐렴, 결핵 등의 치료에 이용된다.

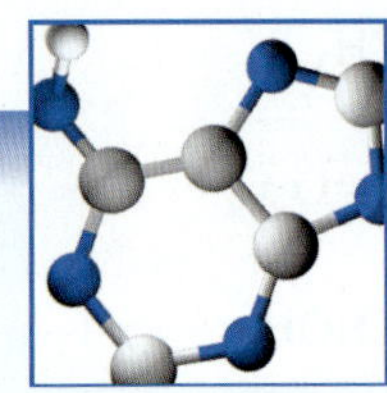

12 – 1

생화학 들여다보기

트리클로산 – 치약 속의 항균제

의사들은 세균 감염에 의한 질병의 환자에게 종종 테트라사이클린(tetracycline), 에리트로마이신(erythromycin), 반코마이신(vancomycin) 등과 같은 강력한 항생제(antibiotic)를 처방한다. 항생제 단원에서 소개한 바와 같이 이들 화합물은 원핵세포의 단백질합성 과정을 특수하게 억제함으로써 세균을 죽이게 된다. 그러나 만약에 우리 몸이나 집 안에 언제나 많은 병원균이 득실거린다면 어떻게 해야 할까? 개인 건강 용품이나 가정용 세제의 제조 회사에서는 병원균의 전파를 제한하기 위하여 이들 제품에 항균제를 첨가한다. 살균제(biocide)는 현재 식기 세척제, 핸드크림, 거즈, 비누, 그리고 화장품과 심지어는 치약과 장난감, 침대 매트리스, 그리고 도마에까지 응용되고 있다. 가장 광범위하게 사용되고 있는 살균제는 염소 화합물인 **트리클로산(triclosan)**이다. 트리클로산 및 알코올과 세척제를 비롯한 살균제의 작용은 비특이적이라고 지금까지 생각되어 왔다. 즉 이들은 단순히 세포막을 광범위하게 파괴하여 모든 미생물을 죽이는 것으로 생각하였다. 어떤 살균제가 특정한 생물학적 목표물이 없다면 세균은 그 화합물에 대한 내성을 개발하지 못할 것으로 추측할 수 있다. 이러한 점은 항생제와는 다른 것으로서, 항생제의 경우는 특정한 생화학 반응을 목표로 하기 때문에 세균이 돌연변이에 의해 내성을 가질 수 있게 된다.

트리클로산을 새로 연구한 결과, 이 물질의 살균 작용에 특정한 생화학적 목표물이 관여하고 있다는 것을 알게 되었다. 트리클로산은 지방산합성에 중요한 에노일-ACP환원효소(enoyl-ACP reductase)를 억제한다(18.3절 참조). 또한 세균은 이 환원효소 유전자의 돌연변이에 의해서 트리클로산에 대한 내성을 가지게 된다는 것도 알게 되었다. 트리클로산을 비롯한 항균물질이 함유된 제품의 제조 회사들은 미국 정부로부터 사용을 허가 받았으며 제품의 사용은 안전하다고 주장한다.

Cl OH
Cl—⟨benzene⟩—O—⟨benzene⟩—Cl

Triclosan

비항생성 억제제 진핵생물의 단백질합성을 억제하는 두 가지의 흥미로운 비항생성(nonantibiotic) 억제제는 (1) 아주까리(castor bean) 열매에 존재하는 독성이 매우 강한 단백질로서 테러분자들에 의해서 생화학 무기로 사용되어 온 리신(ricin)과 (352쪽 및 임상생화학 12-1 참조), (2) 코리네파아지 β(corynephage β)에 감염된 세균 코리네박테리움 디프테리아(*Corynebacterium diphtheriae*)가 분비하는 효소인 디프테리아독소(diphtheria toxin)이다.

비임상적으로 가정이나 개인위생 용도로 더 일반적으로 이용되는 항균제들은 생화학 들여다보기 12-2를 참조하기 바란다.

12.3 단백질의 번역후변형

학습 목표

접힘, 화학적 변형 그리고 유비퀴틴에 의한 대사회전을 포함하는 단백질의 번역후변형을 이해한다.

번역의 산물인 폴리펩티드는 대부분 합성되자마자 생물학적으로 활성형(원래입체구조)이 되는 것은 아니다. 단백질이 각각 고유의 중요한 기능을 수행하기 위해서는 접힘(folding)이나 생화학적 변형(biochemical modification)과 같은 일련의 과정이 필요하다. 또한 대부분의 단백질(미토콘드리아와 엽록체의 것은 제외)은 세포질에서 합성되고 특정한 생물학적 목적을 수행하기 위하여 세포의 다른 지역으로 운반되어야 한다.

단백질의 접힘

단백질이 합성되고 처음 일어나는 일은 원래입체구조(native conformation)로 접히는 것이다. 어떤 경우에는 단백질 분자의 합성이 끝나기도 전에 접힘 과정이 시작된다. 4.3절에서 살펴보았듯이 단백질의 마지막 3차구조는 1차구조(아미노산의 서열)에 의해서 결정된다. **단백질접힘(protein folding)** 과정은 아마도 입체구조의 핵 또는 중심 구조를 만들기 위한 부분적인 2차구조(α-나선과 베타 구조)의 형성과 더불어 시작되는 것 같다. 단백질 사슬의 나머지 부분은 초기에 만들어진 핵을 중심으로 접혀지게 된다. 이 과정은 종종 협동성(cooperativity)의 특징을 나타내는데, 이는 각각의 접힘 과정이 다른 적절한 상호작용이 잘 이루어지도록 도와주는 것을 가리킨다. 단백질접힘의 목표는 가장 많은 수의 강한 상호작용(소수성 상호작용, 수소결합, 반데르발스힘, 이온결합)을 형성하여 안정된 3차구조를 이루는 것이다. 많은 폴리펩티드는 접힘 과정에서 다른 분자의 도움을 받게 된다. **샤페론(chaperone)**이라고 불리는 단백질이 접힘이 용이하게 일어나도록 유도하는 촉매제로서 작용한다(4.3절 참조). 어떤 샤페론은 단백질접힘 과정과 ATP의 가수분해반응을 짝지어 주는 효소이다. 또한 샤페론은 노출된 소수성 아미노산 잔기들을 숨기기 위하여 접혀지는 단백질과 결합함으로써 상호작용이 잘못 일어나지 않도록 해준다.

단백질을 원래입체구조로 유지시켜 주는 가장 유리한 상호작용은 사실상 비공유결합이다. 그러나 이황화 공유결합(S—S)은 종종 폴리펩티드 사슬에서 서로 멀리 떨어져 있는 시스테인 잔기를 연결시킨다. 3차구조에서 이황화결합의 중요성에 대한 연구 결과 이 공유결합은 단백질들이 원래입체구조로 접히는 데 있어 직접적으로 영향을 주지는 않는 것으로 나타났다. 그러나 이황화결합은 대부분의 다른 비공유결합성 상호작용이 형성되어 단백질의 구조를 안정화시킨 다음에 최종적으로 고정시키는 역할을 한다. 어떤 단백질은 생화학적 변형이 일어나야만 원래입체구조로 완전히 접히게 된다.

생화학적 변형

많은 단백질들은 생물학적으로 기능을 갖기 위해서 1차구조가 공유결합에 의해 변화되어야 한다. 이러한 생물학적 변형의 대부분은 사슬의 절단, 아미노산 잔기의 변형 및 탄수화물과 보결분자단과 같은 다른 인자들의 첨가 등이다.

단백질분해에 의한 절단 원핵세포의 모든 단백질은 *N*-포르밀메티오닌으로 시작된다. 그러나 대장균에서 합성된 단백질의 50%는 N말단의 아미노산이 가수분해로 제거된다. 이와 비슷한 방법으로 진핵세포의 단백질에서도 N말단의 메티오닌 잔기가 제거된다. 또한 진핵세포의 절반 정도의 단백질에 있어서 아세틸기의 첨가로 아미노말단이 변형된다.

$$CH_3\overset{\overset{\displaystyle O}{\|}}{C}—NH\sim\sim\sim$$

6장에서 효소의 공유결합적인 변형이 활성을 조절하는 수단으로 이용된다는 것을 설명하였다. 어떤 효소들은 처음에 **효소원(zymogen)**이라는 불활성형의 전구체로 합성되고 한 곳 또는 그 이상에서 절단되어 활성형의 효소로 된다. 키모트립신(chymotrypsin)은 그런 공유결합의 변형에 의해서 조절되는 단백질가수분해효소(protease)이다(그림 6.8).

아미노산의 변형 효소를 비롯한 단백질의 활성은 아미노산의 생화학적 변형에 의해서 변화될 수 있다(3장과 6장 참조). 인산화(phosphorylation)와 히드록실화(hydroxylation)에 의한 화학적 변형이 가장 일반적이다. 세린, 트레오닌 그리고 티로신 잔기의 히드록실기가 ATP로부터의 인산기($—PO_3^{2-}$) 전이에 의해 변형된다. 글리코겐가인산분해효소(glycogen phosphorylase)의 활성은 특정 세린 잔기의 인산화에 의해서 조절된다. 프롤린과 리신 곁가지의 히드록실화는 구조단백질인 콜라겐에서 흔히 발견되는 변형이다. 화학적 변형은 유리 아미노산 분자에서 일어나는 것이 아니라 단백질에 도입된 후에 일어난다.

탄수화물의 부착 탄수화물이 공유결합으로 연결되어 있는 당단백질(glycoprotein)은 면역학적 보호, 세포와 세포 간 인식, 그리고 혈액 응고와 같은 많은 생물학적 기능에 관여하고 있다. 15개 정도의 잔기로 이루어진 탄수화물 사슬이 세린이나 트레오닌의 히드록실기 또는 아스파라긴 곁가지의 아미드 질소를 통하여 공유결합으로 단백질에 결합되어 있다(7.5절 참조).

보결분자단의 첨가 많은 단백질의 생물학적 활성은 그 단백질에 공유결합으로 결합된 보조인자(cofactor)나 보결분자단(prosthetic group)에 의존한다. 대사 과정을 공부할 때 FAD, 비오틴(biotin) 그리고 판토텐산(pantothenic acid)과 같은 보결분자단을 갖는 단백질을 보게 될 것이다. 대부분의 보조인자와 보결분자단이 비타민의 유도체라는 것은 이미 앞에서 배운 바 있다.

단백질타게팅

미토콘드리아와 엽록체에서 만들어지는 일부 단백질을 제외하고 실질적으로 모든 단백질은 세포질에 있는 리보솜에 의해서 합성된다. (아마도 어떤 것들은 핵에서 합성된다. 생화학 들여다보기 12-1 참조) 그러나 단백질은 세포질만이 아니라 세포 내 다른 지역과 세포소기관에서도 필요하다. 전형적으로 세균은 외막, 원형질막(내막), 주변세포질공간(periplasmic space) 그리고 세포질 등 네 부분의 기본 구획에서 단백질을 필요로 한다. 진핵세포도 막, 미토콘드리아, 엽록체, 핵, 리소좀 등과 같이 단백질을 필요로 하는 구획이 존재한다. 어떻게 단백질들이 선별적으로 최종 목적지까지 운반되는 것일까? 이것이 바로 **단백질타게팅(protein targeting)** 연구의 목적이다.

일반적으로 세포질로부터 원형질막이나 소포(vesicle) 막을 통과하여 운반되는 단백질에는 **신호서열(signal sequence)**이라고 불리는 여분의 아미노산 잔기로 구성된 짧은 서열이 존재한다. 핵으로 운반되는 단백질을 제외하고 모든 단백질은 아미노말단에 14에서 26개의 아미노산으로 구성된 신호서열로 표지된다. 일반적으로 단백질이 최종 목적지에 도달하게 되면 신호서열은 가수분해되어 제거된다. (DNA합성효소 I과 같은 핵단백질은 신호서열이 내부에 존재하고 절단되지 않는다.) 원핵생물(대장균)의 신호서열의 일반적 특징을 그림 12.12에 나타냈다. 신호서열은 (1) 양전하를 띤 짧은 서열 뒤에 (2) 7개에서 13개의 아미노산으로 구성된 소수성 부위(hydrophobic region)가 존재하고 (3) 프롤린과 글리신으로 구성된 비나선 부위(nonhelical region), 그리고 (4) 신호서열을 제거하기 위한 펩티드가수분해효소(peptidase)의 절단부위(cleavage site)가 각각 그 뒤를 이어 존재한다.

진핵생물 단백질의 신호서열은 원핵생물의 단백질과 매우 유사하다. 그러나 세포소기관으로 운반하거나 세포 외부로 내보내기 위해서는 보다 복잡한 과정이 필요하다. 진핵세포에서 가장 잘 알려진 타게팅 체계에는 **소포체(endoplasmic reticulum, ER)**가 관여하고 있다. 막에 결합하거나 리소좀 또는 세포 외로 나가는 단백질은 소포체에 결합되어 있는 리보솜에서 합성된다. 신호서열은 단백질이 합성된 후에 소포체 막을 통과하여 운반되도록 하는 역할을 한다. 소포체 내에서 신호서열은 절단되어 떨어져 나가고 단백질의 화학적 변형이 일어나게 되는데 일반적으로 탄수화물이 첨가된다. 단백질은 일단 소

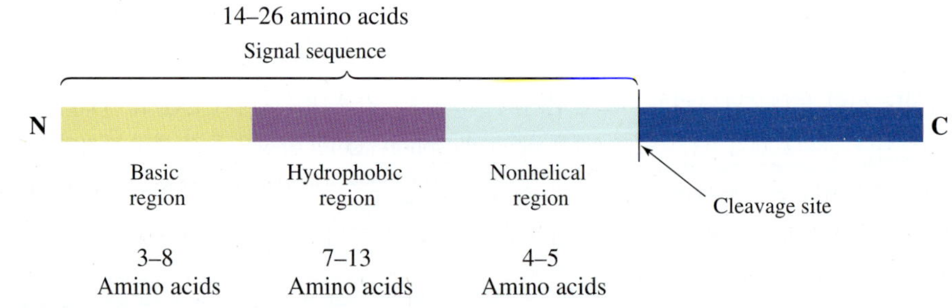

그림 12.12 원핵세포 신호서열(signal sequence)의 일반적인 구조. 양전하를 띤 염기성 부위(basic region), 소수성 부위(hydrophobic region) 그리고 비나선 부위(nonhelical region)로 구성되어 있다. 절단자리(cleavage site)는 펩티드가수분해효소의 작용에 의해서 신호서열이 제거되는 자리이다.

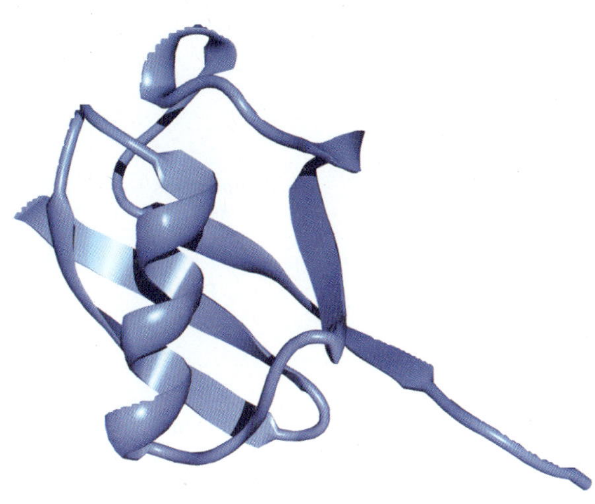

그림 12.13 프로테아솜에 의한 분해를 위하여 손상된 단백질을 표지하는 유비퀴틴의 구조.

포체에서 변형이 일어난 후에 골지체(Golgi apparatus)로 운반되고, 거기에서 단백질에 부착된 탄수화물의 표지에 따라 선별된 다음 소포 속에 싸여서 마지막 목적지로 운반된다.

프로테아솜과 단백질의 분해

세포 내외의 단백질은 지속적으로 분해되고 새로 합성된 단백질 분자로 교체된다. 비록 이 과정은 소비적인 과정이지만 손상을 입거나 접힘이 잘못 된 단백질을 제거하거나 필요가 없어진 조절단백질을 파괴하는 등의 목적에 유용하다. 이 과정은 또한 생물체가 변화하는 조건에 적응하기 위한 기회를 제공하기도 한다. 단백질마다 대사회전(turnover)의 속도에는 큰 차이가 있다. 예를 들면 시궁쥐(rat) 간의 RNA중합효소와 시토크롬*c*는 각각 1.3분과 150분의 반감기를 갖는다. 인간의 헤모글로빈 분자는 적혈구 내에서 100일 동안이나 존재한다.

세포에 의해서 포획된 세포외 단백질은 대체로 리소좀의 단백질가수분해효소(protease)에 의해 분해된다. 원핵세포와 진핵세포의 불필요한 세포내 단백질은 **프로테아솜(proteasome)**이라는 커다란 단백질복합체와 연관된 ATP 의존성 단백질가수분해효소에 의해서 분해된다. 분해될 단백질은 다양한 방법으로 표지된다. 진핵세포에서는 **유비퀴틴경로(ubiquitin pathway)**가 단백질의 표지와 분해에 있어서 대단히 중요한 작용을 한다. 유비퀴틴은 모든 진핵세포에서 발견되며 76개의 아미노산으로 된 작은 단백질이다(그림 12.13). 유비퀴틴의 아미노산서열은 고도로 보존되어 있다. 예를 들면, 사람과 초파리(fruit fly)의 유비퀴틴 서열은 동일하다. 유비퀴틴은 ATP 의존적인 과정에 의하여 불필요하거나 손상된 단백질에 부착되는데, 이때 유비퀴틴의 카르복실말단과 제거될 단백질의 리신 잔기의 ε-아미노기 사이에 비정상적인 펩티드결합이 형성된다(그림 12.14). 유비퀴틴으로 표지된 단백질은 프로테아솜에서 가수분해된다(그림 12.15).

$$\text{Ubiquitin}-\overset{\overset{\large O}{\|}}{C}-\underset{\underset{\large H}{|}}{\overset{\varepsilon}{N}}-(CH_2)_4-CH \quad (\text{backbone: } \overset{+}{N}H_3 \sim NH - CH - C{=}O \sim COO^-)$$

그림 12.14 손상된 단백질과 유비퀴틴의 결합. 손상된 단백질의 리신 잔기의 ε-아미노기에 형성된 특이한 아미드 결합(빨간색)에 주목하라. 하나의 단백질에 대한 분해의 표시로서 여러 개의 유비퀴틴 분자가 결합될 수 있다. 유비퀴틴은 76개의 아미노산 잔기로 구성된 작은 분자이다.

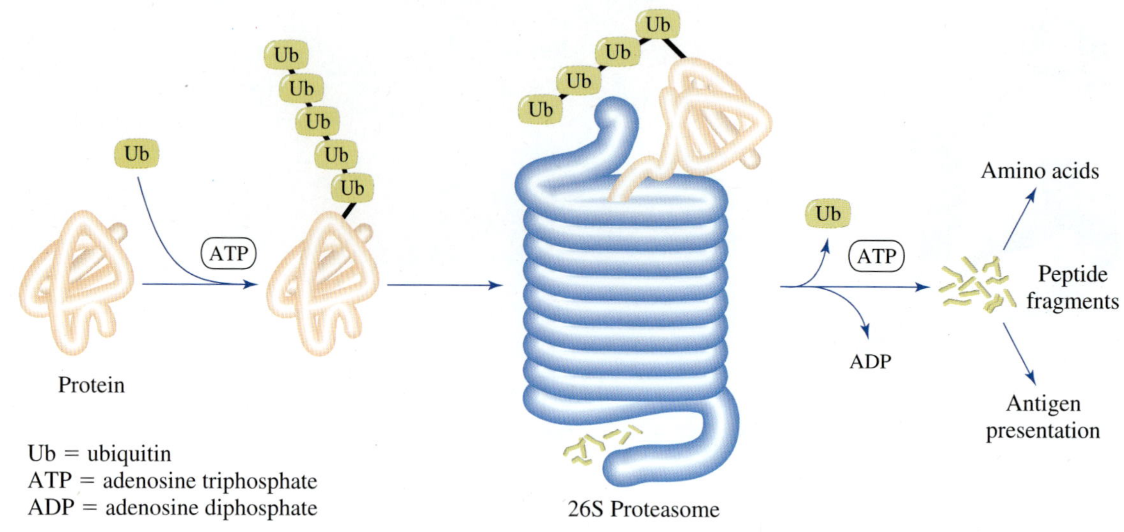

그림 12.15 단백질분해에 있어서 26S 프로테아솜의 기능.

진핵세포의 완전한 프로테아솜 복합체는 **26S 프로테아솜(26S proteasome)**이다. 술통 모양으로 생긴 1700 kD 크기의 이 복합체는 길이가 약 45 nm이고, 20S의 중심부(core)와 19S 덮개(cap)라고 하는 두 개의 부수적 구조로 구성되어 있다(그림 12.15). 입구의 직경이 약 13 nm가 되는 통로가 통의 중심부를 가로 질러 뚫려 있다. 중심부에서 가수분해에 의한 단백질의 파괴가 일어나며 중심부로의 출입은 19S 덮개에 의해서 조절된다. 유비퀴틴으로 표지된 세포내 단백질은 19S 덮개와 결합한 다음 접힘이 풀리면서 중심부로 들어가게 된다. 일단 내부에 들어가면 표시된 단백질은 가수분해에 의해 분해된다. 분해 과정에는 몇 가지 형태의 촉매활성이 일어나는 것으로 보이는데, 염기성 아미노산 잔기에서는 트립신의 작용과 같은 분해, 방향성 아미노산 잔기에서는 키모트립신과 같은 작용, 그리고 산성 아미노산 잔기에서의 분해 등이다. 초기의 펩티드 산물은 크기가 3개에서 23개의 아미노산 잔기의 범위이다. 이들은 프로테아솜으로부터 방출된 다음 유리 아미노산으로 완전히 분해된다.

12.4 단백질합성과 유전자발현의 조절

학습 목표

유전자발현을 조절하는 분자적 과정을 이해한다.

전형적인 세균의 세포, 예를 들어 대장균의 DNA 유전체에는 약 4000개의 유전자가 존재하는데 전사 및 번역을 거쳐서 대체로 그에 상응하는 수의 폴리펩티드 산물이 만들어진다. 진핵세포에는 이와 비교도 되지 않을 만큼 그 수가 많다. 인간 유전체에는 약 20,000개에서 25,000개로 추정되는 유전자가 있고, 인간의 생물체 내에는 그와 비슷한 수의 단백질 산물이 존재할 수 있는 잠재력이 있다. 그러나 원핵세포나 진핵세포의 모든 단백질들이 항상 필요한 것은 아니기 때문에 모든 단백질을 지속적으로 합성하는 것은 에너지와 재료의 낭비가 될 것이다. 실제로 어느 한 시기에는 유전자의 일부만이 발현된다. 따라서 유전자의 발현(gene expression)은 매우 정교한 조절을 필요로 한다.

어떤 단백질과 효소들은 언제나 세포 내에 존재하여야 한다. 그리고 어떤 것들은 적은 양으로 특별한 시기에만 필요하다. 어떤 형태의 세포들은 다른 모든 세포에는 존재하지 않는 특정한 단백질을 필요로 하기도 한다. 어떤 세포, 특히 원핵세포의 주변 환경은 지속적으로 변화한다. 서로 다른 발생 단계에 따라서 유전자들은 발현을 시작하거나 멈추어야 한다. 생물체가 이런 모든 상황들에 반응하여 단백질 합성과 분해의 균형을 이루는 메커니즘은 대단히 복잡하여서 그 조절 과정들을 완전히 이해한다는 것은 어려운 일이다. 많은 경우의 다른 생화학적 과정에서와 같이 유전자발현의 조절에 대해서도 진핵세

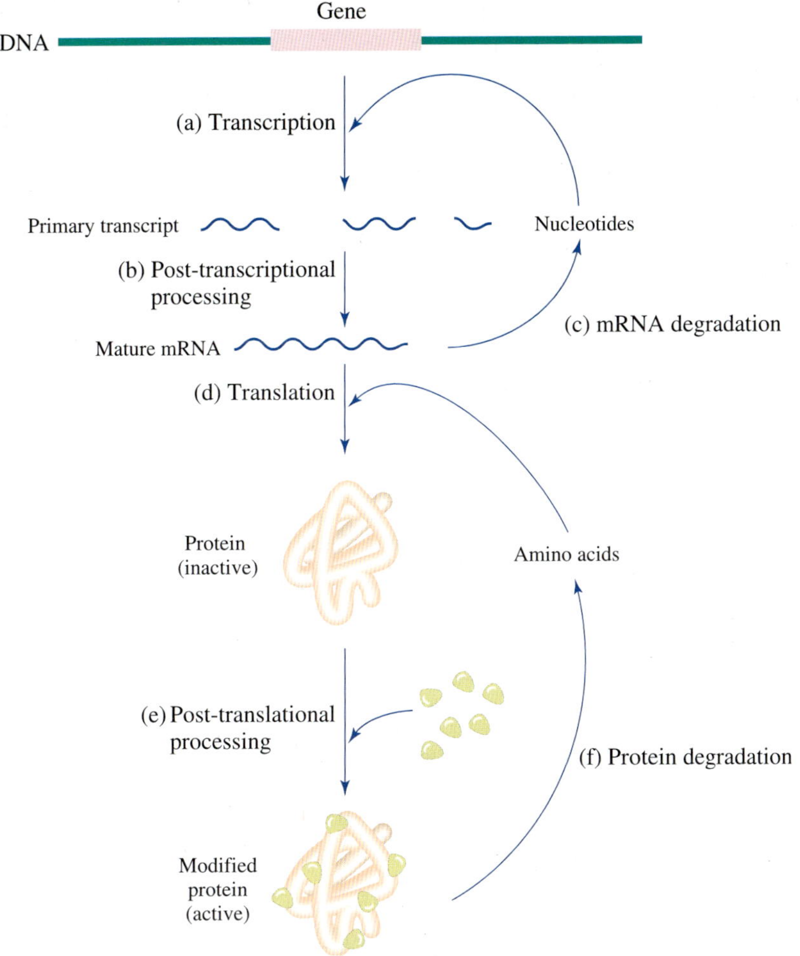

그림 12.16 단백질합성에서 세포 내 단백질의 농도에 영향을 주는 여러 조절 단계. 단백질합성은 (a) 전사 단계, (b) 전사후변형, (c) mRNA의 분해의 조절, (d) 번역의 조절, (e) 번역후변형, 또는 (f) 최종 단백질 산물의 분해 과정에서 조절될 수 있다. (e) 단계에서 단백질은 보결분자단이나 탄수화물의 첨가 그리고 아미노산 잔기의 변형 등에 의해서 활성화된다. 대부분의 단백질합성은 전사 단계인 (a)에서 조절된다.

포보다는 원핵세포에서 더 많이 알려져 있다.

DNA로부터 단백질이 합성되기까지의 과정에는 조절될 수 있는 단계가 많이 있다(그림 12.16). 세포는 (a) 전사(transcription)의 속도, (b) 전사후변형(post-transcriptional processing)의 속도, (c) mRNA의 분해 속도, (d) 단백질합성(번역)의 속도, (e) 번역후변형(post-translational processing)의 속도, (f) 단백질의 분해 속도 등을 조절하여 단백질의 양을 조절할 수 있다. 이 모든 단계에 있어서의 조절의 예가 알려져 있지만, 유전자의 발현은 대부분 전사의 개시 단계에서 조절된다. 단백질의 합성 속도는 상응하는 mRNA의 양과 가장 밀접하게 연관되어 있기 때문에 이 단계에서의 조절은 합성되는 mRNA 분자의 수를 제한한다. mRNA의 양은 mRNA의 합성 속도에서 분해 속도를 빼서 구할 수 있다. 여기에서는 전사 개시의 조절에 초점을 맞추어 보기로 하자.

유전자발현의 두 가지 기본적인 유형은 다음과 같다.

1. **구성유전자의 발현(expression of constitutive gene)**은 유전자의 전사가 지속적으로 이루어지는 것으로 어떤 단백질 산물의 양을 일정하게 유지하도록 한다. 이들 항존유전자(housekeeping gene)는 일반적인 세포의 유지와 중추적인 대사 과정에 필요한 단백질들을 지속적으로 공급한다.
2. **유도성 또는 억제성 유전자의 발현(expression of inducible or repressible gene)**은 mRNA와 단백질 산물의 양을 증가시키거나 감소시키기 위하여 활성화(유도)되거나 불활성화(억제)되는 유전자의 발현을 말한다. 이러한 유전자들은 RNA중합효소의 활성 및 **조절단백질(regulatory protein)**, 호르몬 그리고 대사산물과 같은 분자신호에 의해서 조절된다.

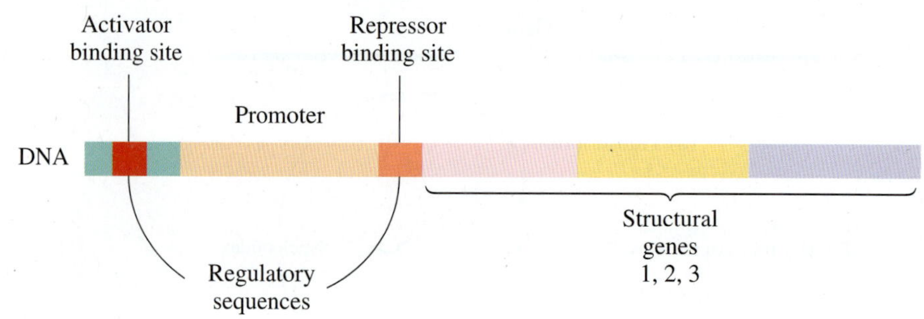

그림 12.17 원핵세포에서 유전자 전사의 조절에 대한 오페론모형(operon model). 오페론은 서로 연관된 단백질의 유전자들이 존재하는 염색체의 부분적 단위이다. 오페론은 구조유전자(structural gene), 프로모터(promoter) 부위, 활성인자(activator) 결합 부위, 그리고 억제인자(repressor) 결합 부위(오퍼레이터) 등으로 구성되어 있다.

유전자발현의 조절에 대한 원칙

유전자발현의 조절에 대한 몇 가지 기본 원칙을 소개한다.

오페론(operon) 많은 원핵세포의 경우, 기능적으로 서로 연관되어 있는 단백질들의 유전자는 염색체 상에서 **오페론(operon)**이라고 하는 단위로 모여 있다(그림 12.17). 예를 들어 하나의 대사경로에 있는 효소들은 그런 집단을 형성할 것이다. 오페론을 구성하는 요소는 다음과 같다.

1. 전사되고 번역될 유전자(구조유전자라고 함)
2. RNA중합효소가 결합하여 전사가 개시되는 프로모터(promoter) 부위(11.4절)
3. 활성인자(activator)의 결합 부위
4. 억제인자(repressor)의 결합 부위[**오퍼레이터(operator)**라고 함]

모든 구조유전자(structural gene)는 전사의 개시 부위(+1)의 상류에 존재하는 뉴클레오티드 서열에 의해서 조절된다. 모노(Jacques Monod)와 자코브(Francis Jacob)에 의해서 1960년에 밝혀진 오페론모형(operon model)은 원핵세포의 유전자 조절에 대한 좋은 보기이지만 다른 조절 과정들도 또한 중요하다.

RNA중합효소 전사 과정에 관여하는 핵심 인자는 RNA중합효소(RNA polymerase)이다. DNA의 프로모터부위에 RNA중합효소가 결합할 때 전사가 개시된다는 것을 상기하라. 프로모터부위의 뉴클레오티드염기서열은 상당히 다양하여 RNA중합효소의 결합에 대한 친화도를 변화시킨다. 전사된 RNA 분자의 수는 RNA중합효소의 결합에 대한 친화도에 영향을 받는다. 구성유전자에서는 다른 조절이 없이 프로모터부위에 RNA중합효소가 결합하는 것으로 전사가 시작된다. 그러나 유도성 또는 억제성 유전자의 경우에는 전사 과정에서 다른 수준의 조절이 수반되어야 한다. 이들 유전자의 발현은 조절단백질을 비롯한 분자신호(molecular signal)에 의해서 조절된다. 진핵세포의 경우 유전자발현의 조절은 다음과 같은 몇 가지 점에서 더욱 복잡하다.

1. 조절 성분들로 구성된 복잡한 기구가 프로모터부위에 존재한다.
2. 각기 다른 방식으로 조절되는 세 종류의 RNA중합효소가 존재한다.
3. DNA가 크기와 구조적인 면에서 훨씬 더 복잡하다.

조절단백질 RNA중합효소의 활성은 **조절단백질(regulatory protein)**에 의해서 조절된다. RNA중합효소의 활성에 영향을 주는 두 가지 종류의 단백질이 동정되었다. 이 두 종류의 단백질이 염색체 상의 특정 DNA 서열을 인식하여 결합하면 RNA중합효소의 전사 스위치를 켜거나(on) 끄게 된다(off).

1. **활성인자(activator)**는 프로모터 부근에 결합하여 인접한 프로모터에 RNA중합효소가 잘 결합하도록 도와준다(그림 12.17). 그 결과 유전자의 전사 속도가 증가하게 된다. 어떤 진핵세포의 활성인자는 프로모터로부터 약간 떨어져 있는 **증폭자(enhancer)**라고 알려진 DNA부위에 결합한다.
2. **억제인자(repressor)**는 프로모터부위의 특수한 염기서열(원핵세포에서는 오퍼레이터)에 결합한다. 프로모터에 억제인자가 결합하면 RNA중합효소가 접근할 수 없게 되어 전사가 불가능하게 된다.

조절단백질의 일차적인 작용 방법은 염색체 상의 특정한 염기서열을 인식하고 결합하는 것이다. 이들 단백질의 폴리펩티드 사슬 내에는 DNA와 결합하는 독립된 영역(domain)이 존재한다. 조절단백질들은 DNA 서열을 인지하고 특정한 부위에 결합할 수 있다. 게다가 어떤 조절단백질들은 단백질 결합 영역도 가지고 있기 때문에 RNA중합효소나 다른 조절단백질과 결합할 수 있고, 또한 조절단백질 분자끼리 결합하여 이량체(dimer) 및 삼량체(trimer) 등을 형성할 수 있다. 단백질 분자들 사이의 결합은 주로 소수성 상호작용과 수소결합이 관여하는 것으로 보인다. 활성인자 또는 억제인자 단백질의 작용은 작은 대사산물이나 호르몬과 같은 다른 분자신호(molecular signal)에 의하여 영향을 받는다. 이들 작은 분자들이 조절단백질에 결합하면 단백질-DNA 상호작용의 친화도를 증가시키거나 저하시킨다. 조절단백질의 구조와 기능에 대하여 상세히 알아보기 전에 유전자 조절의 일반적인 방법에 대해서 알아보기로 하자.

조절과정의 유형 대부분의 조절 과정은 네 가지 방식 중의 하나로 분류할 수 있다(그림 12.18). 전사에 대한 활성인자(activator)의 작용을 양성 조절(positive regulation)이라고 하는데 여기에는 두 가지 방식이 있다. 첫째 방식은 전사가 진행되다가 특별한 분자신호가 활성인자에 결합하면 활성인자가 DNA로부터 떨어져 나오는 것이다(그림 12.18a). 둘째 방식은 활성인자 – 분자신호의 복합체만이 DNA와 결합하는 방법이다. 만약에 분자신호가 떨어지면 활성인자는 DNA에서 떨어져 나오고 전사는 중단된다(그림 12.18b). 음성 조절(negative regulation)의 방식은 억제인자(repressor)가 결합하여 전사를 억제하는 방식이다. 어떤 억제인자들은 특별한 신호분자가 결합하면 DNA로부터 떨어지게 된다(그림 12.18c). 반

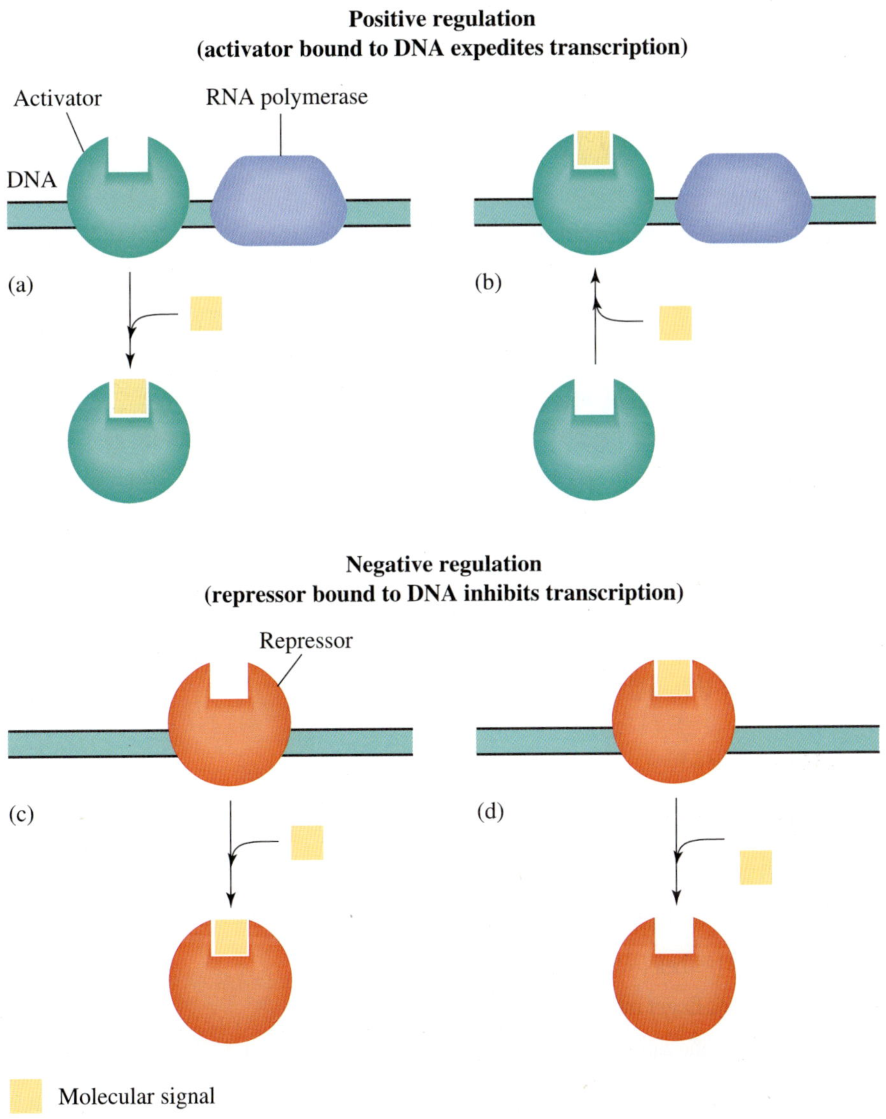

Positive regulation
(activator bound to DNA expedites transcription)

Activator
RNA polymerase
DNA
(a)
(b)

Negative regulation
(repressor bound to DNA inhibits transcription)

Repressor
(c)
(d)

Molecular signal

그림 12.18 전사 단계에서 유전자 조절의 몇 가지 방식. 각 경우에 활성인자(activator)나 억제인자(repressor)는 DNA의 프로모터부위의 오퍼레이터에 결합하여 있다. (a) 양성 조절; 활성인자가 분자신호 없이 DNA에 결합하고 전사가 진행된다. 분자신호가 활성인자에 결합하면 활성인자는 DNA로부터 떨어지고 전사가 중단된다. (b) 양성 조절; 분자신호가 활성인자에 결합하면 활성인자는 DNA에 강하게 결합하여 전사가 진행된다. (c) 음성 조절; 억제인자가 분자신호 없이 DNA에 결합하여 전사가 중단된다. 분자신호가 억제인자와 결합하면 억제인자가 DNA로부터 떨어져서 전사가 진행된다. (d) 음성 조절; 분자신호와 결합한 억제인자가 DNA에 결합하여 전사가 억제된다. 분자신호가 억제인자로부터 분리되면 억제인자는 DNA로부터 떨어지고 전사가 진행된다.

그림 12.19 조절단백질의 아미노산 잔기와 DNA의 뉴클레오티드염기 사이의 수소결합. (a) 글루타민 잔기와 AT 쌍의 결합, (b) 아르기닌 잔기와 GC 쌍의 결합.

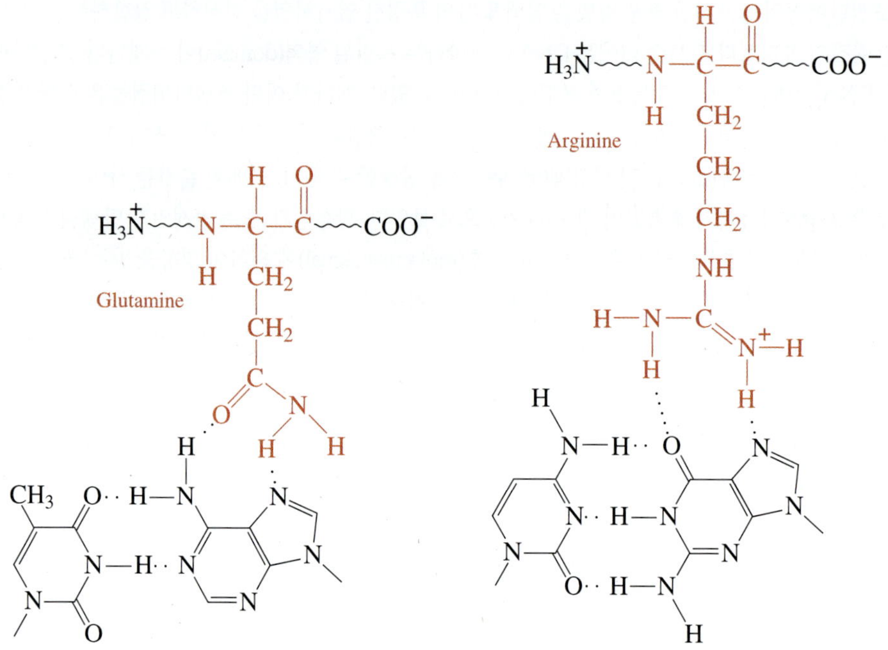

(a) Thymine:adenine

(b) Cytosine:guanine

면에 억제인자가 DNA에 결합하여 전사를 억제하기 위해서는 신호분자의 결합이 필요한 경우도 있다(그림 12.18d). 네 가지의 조절 방법이 모두 원핵세포에서 발견되며, 양성 조절 방식은 진핵세포 유전자 발현에 있어서 특히 일반적인 방식이다. 이 장의 끝 부분에서 일반적인 유전자 조절 방식에 대한 몇 가지 예를 소개하였다.

조절단백질의 결합 조절단백질(regulatory protein)들은 구조와 결합적 특징에 있어서 공통점을 가지고 있다. 지금까지 발견된 많은 수의 조절단백질을 연구한 결과 서로 공통적인 특징이 많이 나타나고 있다. 조절단백질에는 특정한 DNA 서열을 인식하고 결합하기 위한 독립된 결합 영역이 존재한다. 단백질에 존재하는 DNA 결합 영역은 20개에서 100개의 아미노산 잔기로 구성되어 비교적 작은 편이다. 어떻게 단백질들이 DNA와 상호작용하는 것일까? 분자인식(molecular recognition)은 두 분자의 표면이 서로 정확히 맞을 때 이루어진다. 정확히 맞는다는 것은 분자들을 서로 붙잡는 유리한 상호작용을 의미한다. DNA 이중나선의 가장자리에는 단백질과 수소결합이 가능하도록 뉴클레오티드염기가 충분히 노출되어 있는 큰 홈(major groove)이 있다. 염기쌍이 파괴되지 않고도 그리고 이중나선의 풀림이 없이도 아미노산 잔기와 뉴클레오티드염기 사이의 수소결합이 가능하다(그림 12.19). 곁가지를 통하여 수소결합에 참여하는 조절단백질의 아미노산 잔기는 리신, 아르기닌, 글루탐산, 아스파라긴 그리고 글루타민 등이다. 각각의 DNA-단백질복합체에서 많은 수의 접촉이 가능하고 이로 인해 DNA와 단백질 사이에 특이적이며 비교적 강한 결합이 가능하게 된다.

세 가지 종류의 조절단백질

많은 수의 조절단백질(regulatory protein)의 구조가 밝혀지면서 서로 비슷한 특징을 찾을 수 있게 되었다. 지금까지 밝혀진 조절단백질의 약 80%는 공통된 구조 모티프(structural motif)에 따라서 세 가지 종류 중 하나로 분류할 수 있다(5.2절과 5.3절 참조).

1. 나선-회전-나선 모티프(helix – turn – helix motif)
2. 아연집게 모티프(zinc finger motif)
3. 루신지퍼 모티프(leucine zipper motif)

약 20개의 아미노산 잔기로 구성된 **나선-회전-나선 모티프(helix–turn–helix motif)**는 7개에서 9개의 아미노산으로 이루어진 두 개의 짧은 α-나선(α-helix)이 글리신에 의해서 형성된 β-회전(β-turn)으로 연결된 구조이다. 이것은 원핵세포의 조절단백질에서 가장 일반적인 DNA 결합 부위다. α-나선 중 하나는 인식 나선(recognition helix)으로서 큰 홈에 쉽게 들어맞아 DNA와 결합할 수 있게 된다(그림 12.20). 이런 구조 모티프를 갖는 조절단백질로서 가장 잘 알려진 것은 락억제인자(lac repressor)와 트립억제인자(trp repressor)의 두 가지이다.

조절단백질에서 흔히 나타나는 둘째 모티프는 **아연집게 모티프(zinc finger motif)**이다. 이 구조는 지금까지 진핵세포의 조절단백질에서만 발견되었다. 이 흥미로운 모티프는 약 30개의 아미노산으로 구성된 부위이다. 중요한 특징은 4개의 아미노산 잔기의 곁가지가 모여서 하나의 Zn^{2+}와 결합하는 부위를 형성하는 것이다. 세 종류의 아연집게 단백질(zinc finger protein)이 발견되었다. 이들은 아연과 결합하는 아미노산 잔기의 구성에 의하여 구별된다. 즉 (a) Cys-Cys-His-His, (b) Cys-Cys-Cys-Cys, 그리고 (c) Cys-Cys-His-Cys의 세 종류이다(그림 12.21). 네 아미노산의 각 곁가지에 존재하는 황이나 질소 원자가 아연 이온과 배위결합으로 연결되어 있다. 아연집게 조절단백질로 잘 알려진 것은 아프리카 개구리(*Xenopus laevis*)의 전사인자(transcription factor)인 TFⅢA와 글루코코르티코이드(glucocorticoid) 수용체단백질이다. 아연집게 모티프를 가지고 있는 단백질은 아마도 DNA의 큰 홈에 결합하여 이중나선의 축을 둘러싸는 것으로 여겨진다(그림 12.22).

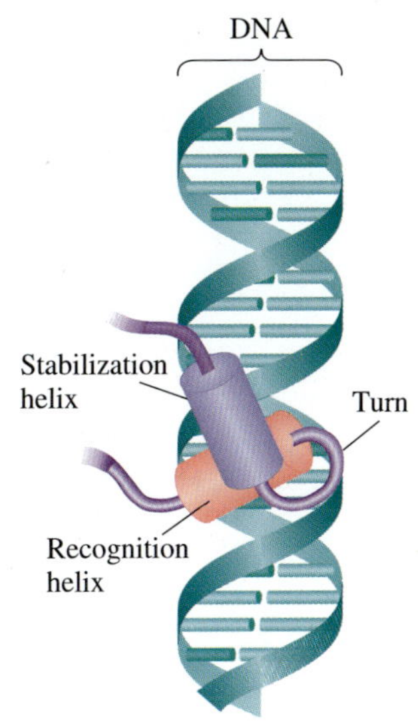

그림 12.20 조절단백질의 나선–회전–나선 구조 모티프. 인식나선(recognition helix)이 DNA의 큰 홈에 결합하여 전사를 차단하는 것으로 보인다.

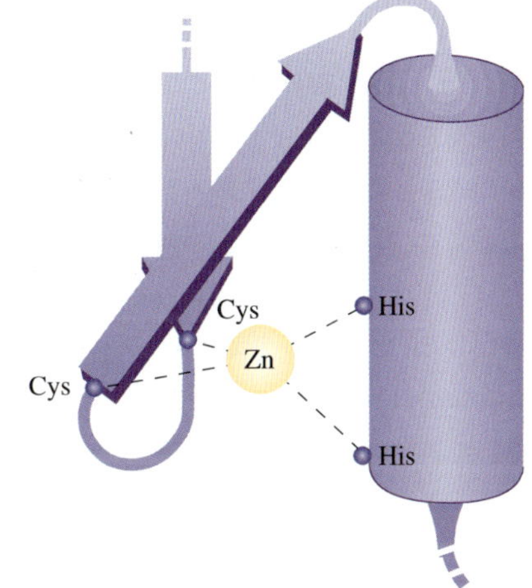

그림 12.21 조절단백질의 아연집게 모티프가 Zn^{2+}와 결합하는 모습. 시스테인의 황 원자와 히스티딘 곁가지의 질소 원자가 배위결합을 통하여 금속이온을 붙잡고 있다.

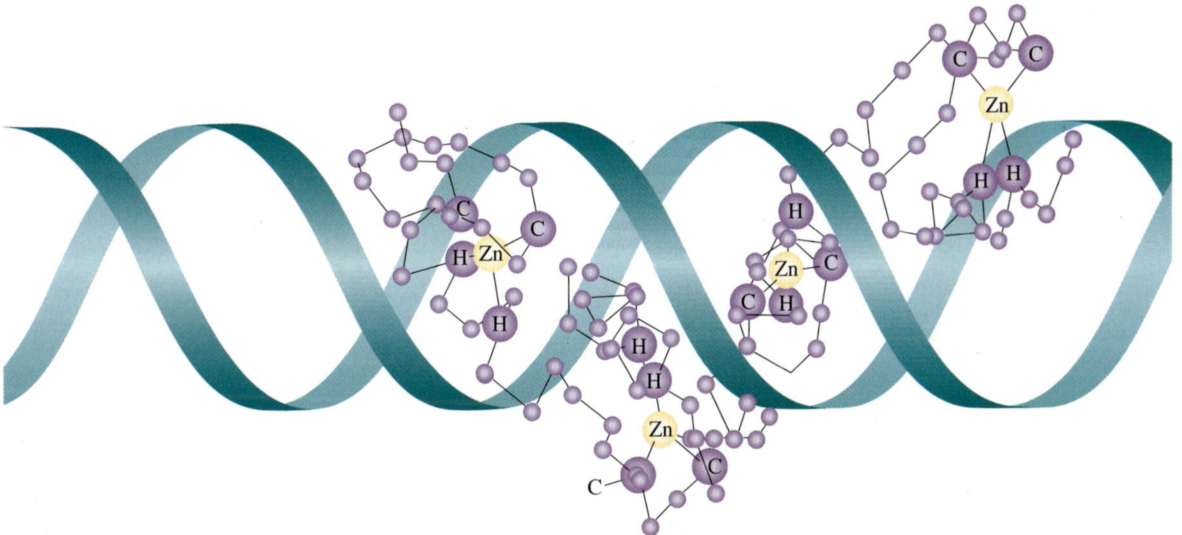

그림 12.22 DNA와 상호작용하는 아연집게 조절단백질. C와 H는 각각 시스테인과 히스티딘을 나타낸다.

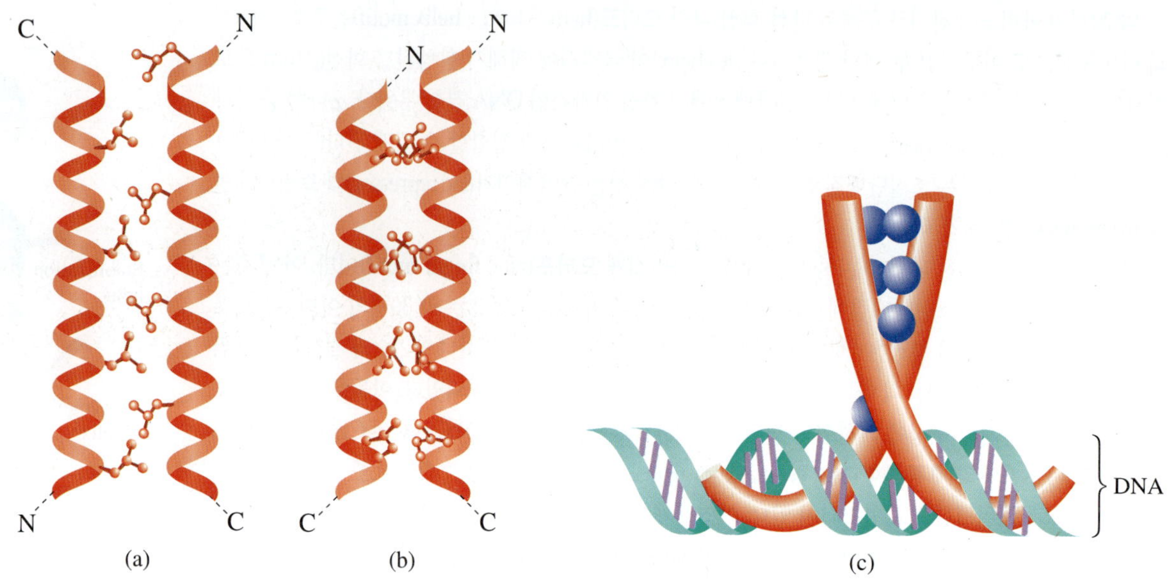

그림 12.23 (a) 루신지퍼 조절단백질은 약 30개의 아미노산 잔기로 구성된 α-나선 부위를 가지고 있다. 평균 7개의 아미노산 잔기마다 루신이 나타난다. 곁가지를 빨간색으로 나타냈다. (b) 두 단백질은 루신 잔기 사이의 소수성 작용에 의해서 결합하여 이량체를 형성할 수 있다. (c) 이량체는 DNA에 결합하기 위해서 지퍼처럼 열려질 수 있다. 루신 곁가지는 파란 공 모양으로 나타냈다.

처음 연구된 아연집게 조절단백질 중의 하나가 아프리카 개구리(*Xenopus laevis*)에서 발견되었다.

조절단백질에서 발견되는 셋째의 구조 모티프는 **루신지퍼 모티프(leucine zipper motif)**인데 이 모티프를 통하여 단백질들이 서로 상호작용한다(그림 12.23). 이 모티프의 특징은 약 30개의 아미노산으로 구성된 α-나선 부위로서 7개의 아미노산 잔기마다 루신이 존재하는 점이다. 루신 잔기는 단백질에서 한쪽 방향으로 튀어나와 있다. 이런 구조 모티프는 루신이 풍부한 부위에서의 소수성 상호작용으로 두 개의 조절단백질을 결합할 수 있게 한다. 결합된 단백질 사이에서 엇갈린 루신 잔기는 마치 지퍼와 같은 모습을 하게 된다. 따라서 이 구조 모티프는 단백질과 단백질 사이에 상호작용이 일어나게 하여 이량체가 형성되도록 한다. 루신지퍼 모티프를 가지고 있는 조절단백질은 종종 단백질 결합 부위 부근에 리신과 아르기닌의 함량이 많은 α-나선 구조의 DNA 결합 영역을 가지고 있다. 따라서 루신지퍼 단백질은 서로 구분되는 두 가지 형태의 상호작용을 할 수 있는데, 하나는 DNA와 또 하나는 다른 조절단백질과의 상호작용이다.

유전자 조절의 예

유전자 조절과 관련된 기본 원칙을 살펴보았으므로, 이제 실제적인 조절계에 이를 적용해 보기로 한다. 조절 메커니즘의 몇 가지 예를 표 12.5에 나타냈다.

락오페론 1960년에 모노와 자코브에 의해서 발견된 락오페론(*lac* operon) 조절계는 처음으로 자세하게 연구된 조절 메커니즘이다. 이 오페론의 구조유전자는 락토오스(lactose) 대사에 필요한 세 개의 단백질을 암호화한다. 대장균의 배양액에 기질인 락토오스가 없을 때 락오페론은 억제된다. 특정한 억제인자 분자가 오퍼레이터에 결합하여 RNA중합효소에 의한 구조유전자의 전사가 억제되고 락토오스 대사에 관여하는 효소의 합성이 지체되게 된다(그림12.18c). 락토오스가 있으면 락토오스가 락억제인자(*lac* repressor)에 결합하여 오퍼레이터 부위에서 떨어지게 된다. 이런 조건에서는 락토오스 대사 관련 효소가 합성되게 된다.

락오페론은 배양액 속의 글루코오스 농도에 의해서도 조절된다. 글루코오스는 대장균이 선호하는 탄소원이기 때문에 글루코오스가 존재하게 되면 락토오스를 포함한 다른 탄수화물의 대사는 억제되게 된다. 글루코오스는 이화물질활성인자단백질(catabolite activator protein, CAP)이라는 조절단백질을

표 12.5
유전자 조절의 예

조절계	조절단백질 및 구조 모티프	분자신호	작용 메커니즘
락오페론 (대장균)	동일한 단위체의 사량체, 나선-회전-나선	락토오스 또는 알로락토오스(allolactose)	음성 조절; 신호에 의해 조절단백질이 떨어짐
락오페론 (대장균)	이화물질활성인자단백질(CAP), 동일한 단위체의 이량체, 나선-회전-나선	글루코오스, cAMP	글루코오스가 있으면 락 유전자가 억제됨; 글루코오스가 없으면 락 유전자가 촉진됨
트립오페론 (대장균)	동일한 단위체의 이량체, 나선-회전-나선	트립토판	음성 조절; 신호가 억제인자와 결합하면 오퍼레이터에 결합함; 트립토판의 합성을 억제
스테로이드호르몬반응요소 (진핵세포)	글루코코르티코이드 수용체단백질, 이량체, 두 개의 아연집게 (zinc finger)	글루코코르티코이드	탄수화물 대사의 조절
금속 반응요소 (진핵세포)	MTF-1(어류), 6개의 아연집게(zinc finger)	중금속 이온, Zn^{2+}, Hg^{2+} 등	독성의 금속이온과 복합체를 형성하는 단백질인 메탈로티오네인의 합성

통하여 작용한다. 락토오스가 존재하고 글루코오스가 없을 때는 CAP이 락 프로모터부위에 결합하여 락토오스 대사 관련 효소의 전사를 증진시킨다. 락토오스와 글루코오스가 함께 존재할 때는 CAP은 DNA로부터 떨어져 락토오스 대사 관련 효소의 생산이 줄어들게 된다. CAP에 대한 글루코오스의 작용은 이차전령(cAMP)에 의해서 중개된다(2장 2.5절 참고).

트립오페론 트립오페론(*trp* operon) 조절계는 대장균에서 아미노산인 트립토판(tryptophan)의 합성을 조절한다. 트립오페론은 조절부위(프로모터와 오퍼레이터 등)와 코리슴산(chorismate)으로부터 트립토판을 합성하는 데 필요한 효소들을 암호화하고 있는 다섯 개의 구조유전자로 구성되어 있다(19장 19.2절 그림19.10 참조). 만약에 배양액에 트립토판이 존재하면 생합성에 관여하는 효소들은 필요 없으므로 구조유전자의 전사는 억제된다. 이 조절은 트립억제인자(*trp* repressor)에 의해서 중개된다. 배양액 속의 트립토판이 억제인자 단백질에 결합하여 오퍼레이터 부위에 결합할 수 있는 복합체를 형성하게 된다. 트립토판-억제인자 복합체가 오퍼레이터 부위에 결합하면 RNA중합효소에 의한 구조유전자의 전사가 중단된다.

스테로이드호르몬반응요소 사람에서 스테로이드호르몬에 의한 물질대사의 조절은 복잡한 조절계를 통하여 중개된다. 에스트로겐(estrogen), 프로게스테론(progesterone) 및 글루코코르티코이드와 같은 소수성 호르몬들은 표적세포의 원형질막을 통해 확산될 수 있다(8.4절 참조). 이들 호르몬은 핵 내에서 조절단백질과 복합체를 형성하여 **스테로이드호르몬반응요소(steroid hormone response element, HRE)**라는 DNA의 특정 프로모터부위에 결합한다. DNA에 호르몬-조절단백질복합체가 결합하면 호르몬에 따라서 전사를 증진시키거나 억제한다. 글루코코르티코이드의 수용체 기구는 표 12.5에 나타냈다.

독성금속과 메탈로티오네인 유전자 조절 생물체는 도처에 존재하는 수은, 납, 카드뮴, 아연, 그리고 구리와 같은 독성이 강한 중금속의 환경으로부터 보호되어야한다. 대부분의 생명체는 정상적인 성장을 위해서 어떤 금속들은 매우 낮은 농도지만 필요로 한다(1.2절 참조). 그러나 강이나 하천 그리고 분수계 유역에서 매우 독성이 있는 농도가 발견되기도 한다. 진핵생물의 경우 섭취된 금속은 **메탈로티오네인(metallothioneine, MT)**이라는 단백질에 의해서 해독된다. 분자량이 적고 시스테인 함량이 높은 MT는 금속 이온에 대하여 높은 친화력이 있다. 이것은 신장과 간세포를 비롯한 많은 종류의 세포에 존재한다. 물에 잘 녹는 복합금속이온은 쉽게 세포 밖으로 제거된다. MT는 언제나 세포에 낮은 농도로 존재하지만 금속이온의 농도의 증가에 따라 MT의 농도도 증가한다. 생물체 내의 MT의 농도수준은 종종 어떤 지역의 중금속이온의 오염 정도를 평가하는 생물학적 지표로 사용된다.

MT 유전자의 프로모터부분은 구조적으로 복잡하다. 이 부분은 TATA상자, 최소한 4개의 금속반응요소(metal response elements, MRE), 그리고 한 개의 글루코코르티코이드반응요소를 포함하는 몇 가지 요소로 구성되어 있다. MRE는 특정한 전사인자 단백질이 결합할 수 있도록 설계되어 있다. 전사인자들은 DNA의 특정한 이 부위에 결합하기 위해서는 금속이온과 복합체를 형성해야한다. 이렇게 형성된 복합체는 MT에 결합하여 구조유전자를 전사시키기 때문에 MT의 농도를 증가시키게 된다.

MT 합성의 복잡한 조절 과정은 윌슨씨병(Wilson's disease)의 치료에 도움을 준다. 이 병은 특히 간이나 신장, 그리고 뇌에 구리의 과도한 축적을 가져오는 희귀한 유전병이다. 한 가지 실험적인 약품은 아세트산아연(zinc acetate)이다. 아연 이온의 존재는 MT의 합성을 자극하고, 증가된 MT가 과도한 구리이온과 결합하여 제거하게 된다. 구리 이온은 아연보다 100,000배나 높은 결합력으로 MT와 결합하기 때문에 결합된 아연을 쉽게 치환할 수 있다.

RNA에 의한 유전자발현 조절

12.4절의 지금까지 유전자의 발현과 단백질합성을 조절하는 조절단백질의 역할에 중점을 두어 논의하여 왔다. 사실 몇 년 전만 하더라도 대부분의 학자들은 단지 단백질만이 세포의 조건에 반응하여 유전자발현을 조절하는 것으로 추정하였다. 원핵세포의 경우 유전자발현 억제의 일반적인 방법은 조절단백질이 호르몬이나 대사산물과 같은 작은 분자를 인지하고 결합하고 그런 다음 DNA나 RNA에 결합하여 단백질의 합성을 늦추는 것이다. 지금은 RNA의 일부 형태가 어떤 생체분자들의 세포내 농도를 탐지할 수 있어 유전자발현(단백질 또는 효소 농도)의 필수적인 변화를 가져올 수 있게 한다는 것이 발견되었다. RNA에 의한 두 가지 중요한 유형의 조절을 알아보자.

RNA간섭에 의한 유전자발현 조절 RNA가 유전자의 발현을 침묵시키거나 억제한다는 발견은 페튜니아(petunia)의 꽃 색깔에 대한 연구에서 시작되었다. 꽃의 자주색을 진하게 하기 위하여 요르겐센(Richard Jorgensen)과 그의 동료들은 자주색을 만드는데 관여하는 유전자의 부가적인 사본들을 식물체에 도입하였다. 기대했던 것과는 달리 많은 꽃들이 얼룩덜룩하게 되고 심지어는 흰색으로 나타나게 되었다. 식물체에 원래 있던 비슷한 색소 유전자는 물론이고 도입된 유전자의 발현도 증폭되기보다는 어찌된 일인지 억제되었던 것이다. 예쁜꼬마선충(*C. elegans*)을 포함하는 다른 종에서의 유사한 실험에 의해서 이러한 유전자침묵 현상이 일반적이라는 것이 밝혀졌다. 그러나 가장 놀라운 사실은 보다 더 강한 유전자 억제가 이중가닥의 센스RNA(dsRNA, 목표 mRNA와 동일한 뉴클레오티드 서열을 갖는 RNA)의 도입에 의해서 관찰되었다는 것이다. 이런 현상을 **RNA간섭(RNA interference, RNAi)** 또는 식물에서는 **전사후유전자침묵(post-transcriptional gene silencing, PTGS)**이라고 부른다.

RNAi의 생화학적 메커니즘은 초파리에서 연구되었으며 대부분의 생물체(인간을 포함; 그림 12.24 참조)에서 유사한 것으로 여겨진다. 세포 내로 도입된 dsRNA(RNA 방아쇠라고 함. 목표 mRNA와 동일한 뉴클레오티드 서열을 가짐)는 먼저 **다이서(Dicer)**라는 효소의 공격을 받는다. ATP의존성 핵산내부가수분해효소인 다이서는 긴 dsRNA(대개 300 뉴클레오티드 쌍 이상이어야 함)를 21~23 염기쌍의 작은 뉴클레오티드 단편으로 절단한다. **소형간섭RNA(small interfering RNA, siRNA)**로 알려진 이들 단편들은 **RNA유도침묵복합체(RNA-induced silencing complexes, RISC)**라는 핵산내부가수분해효소가 포함되어 있는 복합체로 모이게 된다. (합성 siRNA가 세포 내로 도입되면 다이서 단계는 우회될 수 있다.) 이중가닥인 siRNA는 헬리카아제와 같은 형태의 작용으로 단일가닥으로 풀리게 된다. 단일가닥 RNA를 포함한 복합체는 목표 mRNA의 상보적인 부위에 결합하여 절단함으로써 더 이상 번역이 이루어지지 않도록 한다. RNAi 효과의 실제적인 적용을 위해 연구가 진행 중이다. 연구자들은 이런 유형의 유전자침묵이 유전자기능을 알아보기 위하여 기능적인 유전자제거 형질전환체를 만드는데 특히

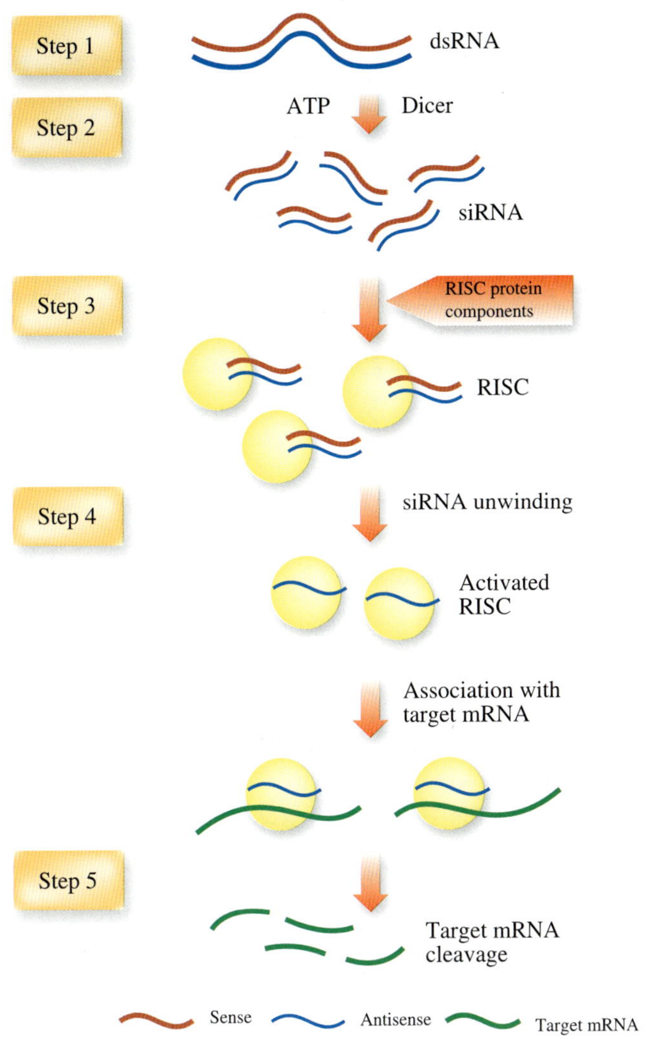

그림 12.24 RNA간섭의 메커니즘. 1 단계: dsRNA를 세포 내로 도입함으로써 과정이 시작된다. 2 단계: dsRNA가 다이서 효소에 의해서 소형간섭 RNA(siRNAs)라고 하는 작은 뉴클레오티드 단편으로 절단된다. 3 단계: siRNA들이 모여서 RNA유도 침묵복합체(RISC)를 형성한다. 4 단계: RISC들이 헬리카아제에 의해서 풀린다. 5 단계: 활성화된 RISC들은 목표 RNA와 결합하고 RNA를 절단하여 번역을 정지시킨다.

유용할 것으로 보고 있다. 또한 RNAi 현상은 과잉 발현 단백질이나 기능불량 단백질에 의해 생긴 질병을 치료하기 위한 센스RNA 약제를 설계하는 데에도 유용할 것으로 기대된다.

리보자임에 의한 유전자발현의 조절 유전자발현을 조절하는 전달자로서 RNA의 또 다른 예는 대사산물에 반응하는 유전적 스위치(**riboswitch, 리보스위치**라고 함)로서 작용하는 리보자임의 발견이다. 원핵생물, 고세균 그리고 일부 진핵생물의 세포의 연구에서 세포 내의 호르몬이나 대사산물과 같은 작은 분자의 존재를 감지하고 그런 작은 분자에 작용하는 단백질들의 농도를 조절하는 새로운 유형의 리보자임(6.6절 참조)이 알려졌다. 이 독특한 조절 리보자임은 세균의 비타민 합성에 대한 연구에 의해서 밝혀졌다. 비타민B_1(티아민)과 B_{12}(시아노코발라민)와 같은 비타민이 세포 내에서 일정 농도에 도달하면 특별한 RNA와 상호작용하여 번역 기구의 활성을 저하시키는 전령을 전달하게 된다. 일반적으로 리보스위치를 만드는 RNA 영역은 더 큰 RNA 분자의 암호화 부위보다 앞에 존재한다. 세포 내의 대사산물의 농도가 충분한 농도에 이르게 되면 대사산물이 리보자임에 결합하게 되고 이 리보자임은 특정 mRNA에 결합하여 대사산물을 합성하는 단백질의 합성을 저하시키게 된다. 어떤 경우에는 리보자임이 mRNA 자체를 절단하여 단백질합성의 스위치를 끈다. 만약에 리보스위치가 특별한 약제에 결합할 수 있도록 설계하여 과도하게 발현된 단백질의 번역을 조절할 수 있게 된다면 치료에 적용할 수 있을 것이다.

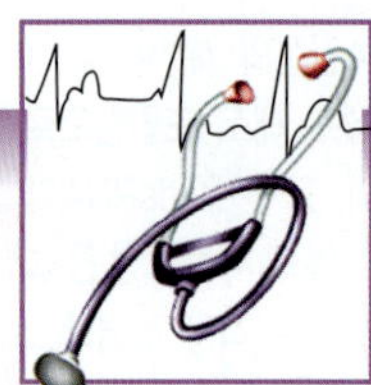

12 – 1

임상생화학

리신(Ricin) – 살인 단백질

아주까리 종자에서 발견되는 단백질인 리신은 가장 독성이 강한 천연 물중의 하나로 알려져 있다. 리신은 종자로부터 기름을 추출해내고 남은 찌꺼기에서 쉽게 분리할 수 있다. 리신은 생물학적인 무기로서의 잠재력이 있기 때문에 최근에 특별한 관심을 끌게 되었다(352쪽 참조).

독소로서의 리신

리신은 다음과 같은 몇 가지 특성이 있어서 생물학적 테러 행위에 자주 이용되는 약품이 되었다. 독성이 강하고 입수가 용이하며, 분말과 연무 그리고 알약 형태로 취급이 가능하여 주사, 흡입, 섭취 또는 피부나 눈에 노출시켜 독성을 나타낼 수 있다. 물에 용해되며 매우 안정하다. 해독제가 없다. 리신은 75 ㎍ 정도로 낮은 농도로 주사하여 성인을 죽일 수 있다. 종자의 섭취 사고로 인한 독성도 가능하다. 6개에서 8개의 종자를 씹는 것으로 보통 성인은 치명적이지만 어린이는 한 두 개 정도로 죽을 수 있다.

리신 노출의 증상

리신 독성의 증상은 노출 경로와 그 양에 따라 다르다.

- **섭취:** 복부 통증, 구토, 그리고 혈액이 섞인 설사를 동반하는 독감과 비슷한 증상이 6~8시간 이내에 나타난다. 수 일 내에 심각한 탈수, 혈압 저하, 발작, 그리고 혈뇨가 일반적으로 나타난다.
- **흡입:** 몇 시간 이내의 초기 증상은 호흡 곤란, 발열, 기침, 오심, 가슴의 답답함; 과도한 발한; 그리고 폐에 체액의 고임(폐부종)이 나타나게 된다.
- **눈과 피부에 노출:** 눈과 피부의 충혈과 통증이 나타난다.

대개 36~72시간 이내에 사망한다. 3~5일이 지난 후에도 살아 있다면 회복된다.

치료

리신 독성에 대한 해독제는 지금까지 알려져 있지 않다. 의료적인 치료는 노출 유형에 따라 다르며 증상을 치료한다. 호흡 보조(흡입한 경우); 정맥 주사로 체액을 보충, 발작과 낮은 혈압에 대한 의료적 치료; 활성탄소로 위를 세척하여 리신을 제거(섭취하였을 경우); 피부나 눈에 노출되었을 경우는 철저한 세척.

리신의 구조와 작용 방식

리신은 분자량이 약 30,000(267개의 아미노산 잔기)인 A사슬과 거의 동일한 크기(262개의 아미노산 잔기)의 B사슬의 이형이량체(heterodimer)로 되어있다. 두 사슬은 이황화 공유결합으로 연결되어 있다(그림 참조). A사슬에는 8개의 α–나선과 8개의 β–시트가 존재한다. A사슬은 독성을 나타내는 단위체로 28S rRNA의 특정 아데닌 염기를 가

복습 문제

1. 리보스위치의 감지 리보자임과 결합할 수 있는 대사 물질 분자의 크기는 어느 정도까지 작을 수 있는가? 이 때의 결합은 공유결합인가, 비공유결합인가?

요약

■ 모든 생물체에 있어서 단백질합성(번역, translation)은 다음과 같은 기본적인 특성이 있다. (a) 리보솜(ribosome)에 의해서 수행된다. (b) 단백질합성은 아미노말단에서 시작하여 카르복실말단으로 진행된다. (c) 아미노산은 tRNA 분자에 공유결합으로 연결되어 활성화된다. (d) mRNA의 염기서열은 유전암호에 의해서 단백질의 아미노산 서열을 결정한다.

■ 단백질합성은 개시(initiation), 신장(elongation) 그리고 종결(termination)의 3 단계로 진행된다.

■ 단백질합성은 ATP와 GTP에 있는 4개의 인산무수결합(phosphoanhydride bond)의 분해를 필요로 하는 에너지 소비 과정이다.

■ 초기의 번역 산물은 생물학적으로 활성이 없고 단백질분해에 의한 절단, 아미노산의 작용기의 변형, 그리고 보결분자단(prosthetic group)과 탄수화물의 부착 등에 의해서 변형되어야 한다.

■ 리보솜에서 합성된 단백질은 나중에 신호서열(signal sequence)에 의해서 분류되고 이들이 필요한 세포의 다른 구획으로 운반된다(단백질타게팅, protein targeting).

■ 유용한 목적을 마친 단백질은 유비퀴틴(ubiquitin)으로 표지되어 프로테아솜(proteasome)의 단백질분해 작용에 의해서 파괴된다.

■ 유전자발현(gene expression)의 조절은 전사(transcription)의 개시

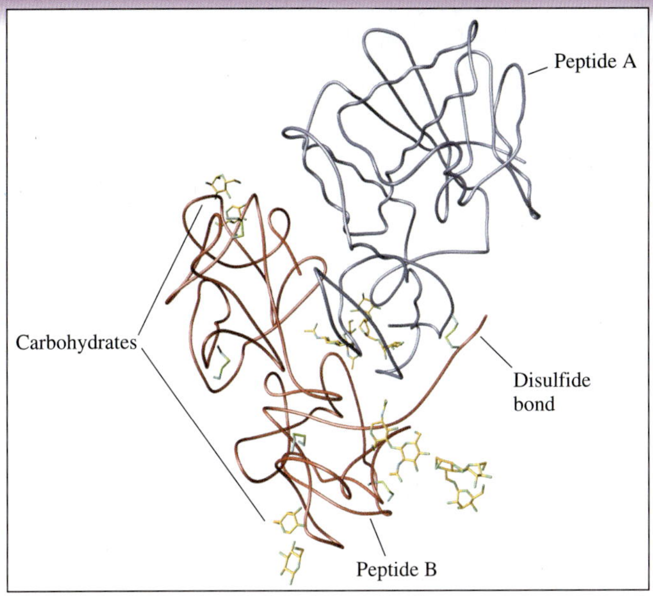

리신의 구조

수분해하는 RNA *N*–글루코시다아제(*N*–glycosidase)의 활성을 가지고 있다(퓨린 제거반응은 그림 11.14a 참조). 목표 아데닌은 GAGA 루프에 있다. 이로 인해 리보솜이 불활성화되고 단백질합성이 억제된다. 리신의 B사슬은 목표로 하는 세포의 막에 존재하는 갈락토오스나 *N*–아세틸글루코사민을 인식하고 결합한다. 이런 상호작용은 리신 단백질을 막을 통하여 세포 내로 수송하게 되고 세포 내에서 A사슬이 28S 리보솜과 반응하게 된다. 단 한분자의 리신이 세포 내로 들어가면 1분당 1500개 이상의 28S 리보솜을 불활성화시켜 세포를 죽이는 것으로 추정되었다. 또한 리신은 항암제로서 그리고 골수 이식에 이용하는 연구가 임상적으로 수행되고 있다.

학습 문제

1. 리신의 A사슬에 의해서 일어나는 촉매반응을 기술하시오. 아래에 나타낸 일반적인 구조로 시작하되 기질과 산물의 모든 원자를 그려 넣으시오.

To 5′ end
↑
Ribose — adenine + H_2O $\xrightleftharpoons{\text{ricin A}}$
↓
To 3′ end

2. 리신의 어떤 특성 때문에 연구자들이 항암제로 개발하려고 하는가?

참고 문헌

Ember, L., 2003. deadly toxin ricin found in London apartment. *Chem. Eng. News Jan.* 13:9.

http://www.ansci.cornell.edu/plants/toxicagents/ricin/ricin.html
코넬대학교의 동물학과에서 개발한 리신 관련 정보 사이트

http://www.bt.cdc.gov/agent/ricin/facts.asp
미국 질병제어예방센터의 리신 사이트

단계에서 이루어진다. 조절단백질(regulatory protein)들은 염색체 상의 특별한 염기서열을 인식하고 결합하여 RNA중합효소의 작용을 켜거나(on) 끄게 된다(off).

■ 조절단백질들은 공통적인 구조적 특징을 가지고 있고 그 구조에 따라 나선–회전–나선(helix–turn–helix) 단백질, 아연집게(zinc finger) 단백질 그리고 루신지퍼(leucine zipper) 단백질로 분류된다.

연습 문제

용어 이해

12.1 다음의 용어를 번역하고 25 단어 이내로 정의하시오.

a. translation
b. codon
c. amino acyl adenylate intermediate
d. 70S initiation complex
e. polyribosome
f. protein targeting
g. ubiquitin
h. regulatory protein
i. operon
j. zinc finger
k. repressor
l. anticodon
m. antibiotic
n. peptidyl transferase
o. lac operon
p. post-translational processing

개념 복습

12.2 다음의 mRNA가 번역된 폴리펩티드의 아미노산서열을 기술하시오.

a. 5′UUUCUAGAUAGAGUU
b. 5′GGAGGAGUAAGUUGU

12.3 히스티딘-아스파라긴-프롤린으로 구성된 펩티드를 암호화하는 mRNA의 염기서열을 나타내시오. 가능한 mRNA 서열이 한 개 이상 존재하는 이유를 설명하시오.

12.4 나선-회전-나선 조절단백질과 아연집게 조절단백질의 DNA 결합 영역에 대한 다음의 특성을 비교하시오.

a. 아미노산 조성
b. 아미노산 잔기의 수
c. 아미노산서열
d. α-나선, β-시트, 회전의 존재
e. 금속이온의 존재

12.5 리보솜-mRNA 복합체 상의 A와 P 결합자리는 어떻게 다른가?

12.6 다음과 같은 서열을 갖는 mRNA가 있다고 가정하자.

5'AUGCUCACUUCAGGGAGAAGC

a. 이 mRNA로부터 번역되는 폴리펩티드의 서열은 무엇인가?
b. 넷째 뉴클레오티드(C)가 이 mRNA에서 결실되었다고 가정하면 이 변형된 mRNA로부터 번역되는 폴리펩티드의 서열은 무엇인가?

12.7 "번역"이라는 단어는 유전정보의 흐름에서 다음 어느 단계를 나타내는가?

a. DNA → DNA
b. DNA → RNA
c. RNA → 단백질

12.8 단백질합성에서 다음 각각의 기능을 간단하게 기술하시오.

a. 리보솜
b. 코돈
c. 안티코돈
d. 아미노아실-tRNA합성효소
e. 펩티딜기전달효소

12.9 단백질합성에 대한 다음 설명 중 어느 것이 옳은가?

a. 단백질합성은 신장되어 가는 폴리펩티드 사슬의 아미노말단에 아미노산이 첨가되어 일어난다.
b. 단백질에 도입되는 첫째 아미노산은 대개 *N*-포르밀메티오닌이다.
c. 아미노산은 특별한 형태의 rRNA에 의해서 선택되고 활성화된다.
d. 펩티딜기전달효소는 리보자임(ribozyme)의 하나이다.

12.10 아미노아실-tRNA합성효소 반응의 특성을 나타내는 다음 질문에 답하시오.

a. 에너지원은(ATP 또는 GTP)?
b. ATP의 운명은?
c. 효소가 결합된 중간체는?

12.11 구성유전자와 유도성 유전자의 차이는 무엇인가?

12.12 다음 중에서 번역 과정의 특징을 나타낸 것은 어느 것인가?

a. 미토콘드리아 표면에서 일어난다.
b. 처음 도입된 아미노산이 아미노말단이다.
c. 아미노산은 cAMP에 결합되어 활성화된다.
d. 리보솜 입자에서 일어난다.

12.13 다음 생화학적 과정 중 어느 것이 번역후변형인가?

a. 아미노산 잔기의 변형
b. 단백질의 FAD와 다른 보결분자단의 첨가
c. 이황화결합의 형성
d. 단백질의 가수분해에 의한 절단

12.14 많은 종류의 분자 및 분자복합체가 번역 과정에 필요하다. 다음 중에서 번역과 직접적인 관련이 없는 것을 고르시오.

a. mRNA
b. 아미노아실-tRNA
c. DNA
d. 펩티딜기전달효소
e. DNA중합효소Ⅲ
f. 리보솜

12.15 조절단백질인 활성인자와 억제인자의 구조와 기능적 특성을 비교하시오.

활용 문제

12.16 300개의 아미노산으로 구성된 단백질을 합성하기 위한 번역 과정에서 대략 몇 개의 인산무수결합이 가수분해될까? 기능적인 mRNA, 리보솜 단위체, tRNA와 유리 아미노산으로 합성을 출발한다고 가정한다.

12.17 돌연변이는 DNA의 염기 변화에 의해서 일어난다(11장 참조). 다음 중에서 어느 것이 단일 염기의 변이로 아미노산이 치환되겠는가?

a. Ser → Pro
b. Val → Ser
c. Leu → Phe
d. Ser → Phe
e. Lys → Glu
f. Gly → Ala

12.18 조절단백질 내의 아스파라긴과 글루타민이 어떻게 DNA의 상보적인 염기쌍의 구조를 깨지 않고 티민-아데닌 쌍에 수소결합을 할 수 있는지 설명하시오.

12.19 다음 각 효소가 촉매하는 반응을 나타내고 효소의 물리적 특성을 설명하시오.

a. 아미노아실-tRNA합성효소
b. 펩티딜기전달효소
c. RNA중합효소

12.20 <하나의 뉴클레오티드 = 하나의 아미노산>으로 구성되는 유전암호를 이용하여 20가지의 아미노산이 단백질로 도입될 수 있을까? 이런 비율로 얼마나 많은 종류의 아미노산이 암호화될 수 있을까?

12.21 금속이온이 어떻게 메탈로티오네인 단백질에 결합하고 있는지 설명하시오. 시스테인 잔기의 어떤 원자가 금속이온과 복합체를 이루는가?

12.22 다음 분자들을 연결하는 결합은 무엇인가?

a. 단백질의 아미노산과 아미노산
b. DNA의 뉴클레오티드와 뉴클레오티드
c. tRNA와 아미노산
d. RNA의 뉴클레오티드와 뉴클레오티드
e. mRNA의 코돈과 아미노아실-tRNA의 안티코돈

12.23 하나의 mRNA 분자에 단 하나의 리보솜보다 여러 개의 리보솜이 작업을 하면 세포는 어떤 점이 이로울까?

12.24 히드록시리신과 히드록시프롤린은 유전암호를 이용하여 단백질에 도입되는 것이 아니다. 그래서 그림 2.7에 나타낸 그림에는 이들에 대한 유전암호가 없다. 어떻게 이들 아미노산이 단백질에 존재하는지 설명하시오.

12.25 <두 개의 뉴클레오티드 = 하나의 아미노산>으로 구성되는 유전암호를 이용하여 20가지의 아미노산이 단백질로 도입될 수 있을까? 설명하시오.

12.26 아미노산 잔기의 변형에 대한 다음의 생화학 반응을 완성하시오.

a. $-NH-CH(CH_2OH)-C(=O)- + ATP \xrightleftharpoons{kinase}$

b. $-NH-CH(CH_2C_6H_4OH)-C(=O)- + ATP \xrightleftharpoons{kinase}$

12.27 코돈과 안티코돈을 연결하는 화학 결합은 어떤 종류인가?

힌트: *공유결합, 비공유결합 또는 모두?*

12.28 단백질의 아미노산 잔기로 있으면서 생화학 반응에 의하여 변형되는 아미노산은 다음 중 어느 것인가?

알라닌 프롤린 티로신 세린
리신 트레오닌 발린

12.29 파괴될 단백질과 유비퀴틴의 결합은 어떤 종류의 화학 결합인가?

12.30 트립오페론에 대하여 25 단어 이내로 설명하시오.

12.31 아래에 있는 목록은 유전코드를 특성을 설명하는 용어들이다. 정확하게 표현된 것을 모두 고르시오.

a. 종에 따라 다르다.
b. 보편적이다.
c. doublet(한 개의 아미노산 당 2개의 뉴클레오티드염기)
d. triplet(한 개의 아미노산 당 3개의 뉴클레오티드염기)
e. 중첩(overlapping)
f. 비중첩(nonoverlapping)
g. 구두점(punctuated)
h. 무구두점(nonpunctuated)
i. 퇴보성(degenerate)

생화학 작문

12.32 생화학 강사로부터 12장에서 다룬 내용 중에서 두 개의 논술 문제를 만들어서 제출하라는 과제를 받았다. 제출된 문제 중에서 몇 개를 선택하여 다음 시험 시간에 이용할 것이다. 단 25~50 단어로 답을 할 수 있어야 한다. 두 개의 문제를 만들어 보고 답도 적어 보시오.

12.33 그림 12.11에서 하나의 항생제를 연구 과제로 선택하시오. 보다 내용이 깊은 생화학 교재나 참고문헌 등을 이용하여 그 화합물에 대하여 가능한 범위에서 최대한 조사하고, 항생제의 공급원, 미생물의 생장 조절 메커니즘 등을 포함하여 200 단어 이내로 작성하시오.

12.34 단백질합성은 DNA의 특별한 부위와 조절단백질 사이의 상호작용에 의해서 조절된다. 단백질과 DNA 사이에 가장 중요한 종류의 결합은 수소결합, 소수성 상호작용 그리고 이온결합 등이다.

a. 이들 세 종류의 결합에 대해서 기술하고 단백질의 아미노산 잔기가 DNA의 뉴클레오티드와 어떻게 상호작용하는지 설명하시오.
b. 조절단백질과 DNA의 상호작용은 **가역적(reversible)**이고 **비공유결합성(noncovalent)**이라고 할 수 있다. 이 두 가지 특성이 조절단백질-DNA상호작용에 왜 필수적인지 설명하시오.

12.35 단백질합성은 많은 양의 에너지가 필요하다. ATP와 GTP에서 4개의 인산무수결합이 절단되면서 얻어지는 에너지가 필요하다. ATP와 GTP로부터 나오는 에너지가 단백질합성 단계에서 어떻게 이용되는지 나타내시오.

참고문헌

Borman, S., 2000. Intricacies of the proteasome. *Chem. Eng. News*, March 20:43–48.

Boyle, J., 2002. Using the human genome: A case study in education. *Biochem. Mol. Biol. Educ.* 30:368–371.

Calkhoven, C., Muller, C., and Leutz, A., 2002. Translational control of gene expression. *Trends Mol. Med.* 8:577–583.

Crick, F., 1966. The genetic code. *Sci. Am.* 215(4):55–60.

DeFrancesco, L., 2002. The ribosome's 30S subunit comes into focus. *The Scientist* April 29:24–25.

Denli, A. and Hannon, G., 2003. RNAi: an ever-growing puzzle. *Trends Biochem. Sci.* 28:196–201.

Hartl, F. and Hayer-Hartl, M., 2002. Molecular chaperones in the cytosol: from nascent chain to folded protein. *Science* 295:1852–1858.

Henry, C., 2000. Antibiotic resistance. *Chem. Eng. News* March 6:41–46.

Henry, C., 2003. High hopes for RNA interference. *Chem. Eng. News* Dec. 22:32–36.

Hentze, M., 2001. Believe it or not—translation in the nucleus. *Science* 293:1058–1059.

Ibba, M., et al., 2000. The adapter hypothesis revisited. *Trends Biochem. Sci.* 25:311–316.

Iborra, F., Jackson, D., and Cook, P., 2001. Coupled transcription and translation within nuclei of mammalian cells. *Science* 293:1139–1142.

Levy, S., 1998. The challenge of antibiotic resistance. *Sci. Am.* 278(3):46–53.

Lilley, D., 2003. The origins of RNA catalysis in ribozymes. *Trends Biochem. Sci.* 28:495–501.

Maden, B., 2003. Historical review: Peptidyl transfer, the Monro era. *Trends Biochem. Sci.* 28:619–624.

Marx, J., 2002. Ubiquitin lives up to its name. *Science* 297:1792–1794.

Merrick, W., 2003. Initiation of protein biosynthesis in eukaryotes. *Biochem. Mol. Biol. Educ.* 31:378–385.

McKnight, S., 1991. Molecular zippers in gene regulation. *Sci. Am.* 264(4):54–64.

Nirenberg, M., 1963. The genetic code II. *Sci. Am.* 209(3):80–94.

Nirenberg, M., 2004. Historical review: Deciphering the genetic code—a personal account. *Trends Biochem. Sci.* 29:46–54.

Nomura, M., 1997. Reflections on the days of ribosome reconstitution research. *Trends Biochem. Sci.* 22:275–279.

Rawls, R., 2000. RNA holds key to protein synthesis. *Chem. Eng. News* Aug. 14:9–10.

Rhodes, D. and Klug, A., 1993. Zinc fingers. *Sci. Am.* 268(2):56–65.

Schimmel, P. and Ribas de Pouplana, L., 2000. Footprints of aminoacyl-tRNA synthetases are everywhere. *Trends Biochem. Sci.* 25:207–209.

Steitz, T. and Moore, P., 2003. RNA, the first macromolecular catalyst: the ribosome is a ribozyme. *Trends Biochem. Sci.* 28:411–418.

Storz, G., 2002. An expanding universe of noncoding RNAs. *Science* 296:1260–1263.

Thieffry, D. and Sarkar, S., 1998. Forty years under the central dogma. *Trends Biochem. Sci.* 23:312–316.

Tijan, R., 1995. Molecular machines that control genes. *Sci. Am.* 272(2):54–61.

Warner, R. and Knopf, P., 2002. The discovery of polyribosomes. *Trends Biochem. Sci.* 27:376–380.

http://www.ambion.com
Website for Ambion, The RNA Company. Read technical bulletin, "RNA Interference and Gene Silencing—History and Overview."

http://www.bmb.leeds.ac.uk/mbiology/ug/ugteach/icu8/antibiotics/protein.html
Website from the University of Leeds, UK. See which antibacterial agents are inhibitors of protein synthesis?"

http://www.zyvox.com
Website for the Pfizer drug, linezolid (Zyvox).

CHAPTER

13

몇몇 고급 포도주는 한 병에 10만원이 넘기 때문에 포도주 제조업자는 더 많은 이익을 얻기 위해 고급 포도주를 질이 낮은 포도주와 희석하려는 유혹에 빠진다. 프랑스 몽펠리에(Montpellier)에 있는 프랑스 국립농업 연구소(INRA)의 과학자들은 포도주를 만드는데 사용된 포도의 종류를 알아내기 위한 방법으로 DNA 염기서열 결정법을 연구하고 있다. 연구자들은 정제되지 않은 포도주로부터 DNA를 분리하여 포도의 출처를 추적하는 새로운 방법을 시험하고 있으며, 또한 특정 포도의 특성을 나타내는 유전적 분자표지를 탐색하고 있다. 그들은 이미 전 세계에 존재하는 5천~6천여 종으로 추정되는 포도 품종 중에서 약 600종의 DNA 염기서열의 유전자 지도 작성을 마쳤다. 포도주를 만드는데 사용된 포도의 유전자 지문과 표준 포도 DNA 표지를 비교함으로써 사용된 포도의 출처를 결정 할 수 있다. 하지만 정제되어 병에 든 포도주에는 대부분의 DNA가 양조 과정에서 분해되기 때문에 아직은 이 방법을 사용하여 포도의 출처를 알아낼 수는 없다. 연구자들은 미래에 유전적 방법의 민감도를 향상시켜 병에서 직접 채취된 포도주 시료로부터 분석이 가능해지기를 희망한다. 이러한 포도에 대한 유전자 조사의 가능성은 포도주를 속이는 일을 효과적으로 억제하는 수단이 될 수 있을 것으로 예상된다.

재조합DNA 및 생물공학

학문으로서의 생화학의 발달은 항상 실질적인 또는 응용적인 발전을 수반하여 왔다. 생화학의 역사적 기원은 포도주나 맥주 제조와 같은 발효, 제빵, 영양 및 사람의 질병 치료와 같은 실용적 기술과 관련된다. 이러한 과정이 실용적으로 이용되게 되면서, 보통 이 과정에 대하여 보다 근본적으로 또는 분자 수준에서 이해하고자 하는 노력이 뒤따르게 되었다. 우리가 이 책의 본문에서 읽은 대부분의 내용은 "기초" 연구에서 비롯된 것으로 보이기 때문에 현대 생화학은 "응용"적인 면을 잃은 것처럼 보인다. 그러나 중요한 새로운 실험 도구는 생화학, 생물학, 화학, 물리학, 컴퓨터학과 공학을 합치고 있다: **생명공학(biotechnology)**은 세포의 복잡한 작용에 대하여 알고 있는 지식을 실용적인 문제의 해결에 적용하는 것을 추구한다. 생명공학의 일반적인 정의는 "생물체의 세포와 세포 성분의 실용적인 이용"이다. 현재의 생명공학이 이용되는 분야의 예는 다음과 같다.

1. 치즈, 포도주를 비롯한 식품의 생산
2. 세균을 이용하여 질병 치료에 필요한 희귀한 단백질을 대량으로 생산함
3. 특정 화학 물질이나 생화학 물질을 산업적으로 생산하기 위하여 반응에 관여하는 효소를 이용함
4. 불리한 환경에서도 식물체가 잘 자랄 수 있도록 유전자를 변형시킴
5. 식물체의 녹말로부터 연료용 알코올 생산
6. 화학적으로 오염된 지역에서 세균이나 식물체를 이용하여 오염 물질을 제거함
7. 금과 은을 포함한 광물의 채굴
8. 유전적 질병이 있는 사람의 유전자 치환(유전자치료)
9. 범죄 현장에서 생물 시료의 확인(법의학)

이상의 예는 생화학의 실용적인 면에 있어서 현재까지의 발전을 보여주는 증거이다. 또한 우리는 의학, 농학 등을 비롯하여 인간의 여러 가지 노력을 향상시키기 위한 목적을 가진 수많은 생명공학 회사들이 설립되어 온 것을 목격하였다.

아마도 생명공학에서 가장 급진적이고 논쟁적인 진전은 기본적인 생명 형태의 유전적 특성을 변화시키는 능력에 기인한다. 이것은 핵산 특히 DNA를 조작하는 기술의 발전에 의해 가능해졌다. 이러한 새로운 활동을 포괄적인 용어로 **유전공학(genetic engineering)**이라고 알려진 **재조합DNA (recombinant DNA)** 기술이라고 한다. 오늘날 우리는 생물체를 변화시키거나 또는 "향상시키는" 느리고 자연적인 진화 과정에 만족하지 못한다. 우리는 생물체의 유전체(genome)를 "조작"하여 인간을 위해 여러 가지 임무를 수행하며 이익을 가져다 줄 수 있도록 추구한다. 현재 우리는 우리의 지식과 활동을 통하여 생명을 광범위하게 이해하고 변형시킬 수 있는 능력을 가지게 되었다. 새로운 실험 과정들의 개발로 DNA는 가장 다루기 쉬운 분자 중의 하나가 되었다. 비교적 새로운 재조합DNA 기술을 이용하여 한 생물 종의 DNA를 단편으로 잘라 낸 후 다른 종의 DNA 속으로 삽입시킬 수 있다. 이 새로운 혼성(hybrid) DNA 즉 재조합DNA가 숙주세포 내로 도입되어 그 세포에서는 정상적으로 만들어지지 않는 단백질을 생산하게 된다. 이러한 재조합 기술에 의해 생산된 단백질 산물은 의학, 산업 공정과 농학 등에 있어서 실용적 가치를 나타내고 있다.

재조합DNA 기술과 응용을 이해하기 위해 우리는 새로운 용어에 익숙해질 필요가 있다. 앞으로 이 단원을 학습하며 **벡터(vector), 플라스미드(plasmid), 클로닝(cloning), 형질전환(transformation), 유전체도서관(genomic library), 혼성화탐침(hybridization probe)** 및 **중합효소연쇄반응(polymerase chain reaction)** 등과 같은 용어에 주목하기 바란다.

13.1 재조합DNA 기술

학습 목표

분자클로닝 과정에 대한 기본 지식을 습득한다.

DNA의 구조와 기능에 대한 우리의 지식은 지난 100년에 걸쳐 점진적으로 증가되어 왔으나 몇몇 발견

은 DNA 연구의 진전과 방향에 특별한 영향을 미쳤다(표 10.4). 비록 DNA가 1868년 세포의 핵에서 처음 발견되었지만 유전정보의 전달자로서 확인된 것은 1944년에 이르러서였다. 이러한 중요한 발견에 잇달아 1953년에는 DNA가 이중나선 구조임이 밝혀졌고 DNA의 복제, 전사, 번역 및 조절에 관여하는 분자들과 메커니즘이 계속해서 발표되었다. 1960년대 유전암호(genetic code)의 해독은 생화학과 분자생물학의 발전에 있어 중요한 이정표가 되었다. 비교적 최근에 외부 DNA 단편을 한 생물체의 DNA에 삽입하는 유전자조작 기술(genetic manipulation)이 발전되었는데, 이는 과거의 그 어떤 발견보다도 DNA 연구의 방향에 커다란 영향을 미쳤다. 1970년대 중반에 이루어진 최초의 재조합 플라스미드 DNA의 제작과 복제 이후 얼마 안 되어 이러한 새로운 기술이 과학, 산업 및 의학적인 분야에 많이 응용되기 시작하였다. 재조합DNA 연구에서 예상되는 성공의 일부는 아직 천천히 이루어지고 있으나, 생화학 및 그와 관련된 분야의 미래 연구자들은 생명공학의 원리와 기술 및 이용에 익숙해져야 한다.

분자클로닝

재조합DNA(recombinant DNA)의 제작 즉 **분자클로닝(molecular cloning)**은 한 종류의 세포나 생물체의 DNA 단편을, 복제 중에 있는 다른 종류의 세포의 DNA 속으로 공유결합에 의해 삽입하는 과정이다. 근본적으로 DNA의 어떤 조각도 선택되어 복사될 수 있다. 많은 수의 혼성 DNA(hybrid DNA) 사본이 수용체 세포의 자손에 의해 생산될 수 있다. 즉 DNA 분자가 클로닝된다. 만약 삽입된 DNA 단편이 특정 단백질을 암호화하는 기능을 가지는 유전자이고 또한 이 DNA의 상류에 프로모터부위가 존재한다면, 많은 수의 유전자 사본과 번역된 단백질 산물이 숙주세포 내에서 생산된다. 이러한 과정을 통하여 의학, 농학 그리고 기초 과학에 있어서 가치가 있으면서도 다른 방법으로 생산하기 어렵고 비용이 많이 드는 단백질(인슐린, 생장호르몬, 조직 플라스미노겐 활성인자, 돌연변이 헤모글로빈, 소 생장호르몬 등)을 대량으로 생산할 수 있게 되었다.

아래의 단계는 재조합DNA 분자의 생성과 관련된 기본 과정이며 그림 13.1에 도식화되어 있다.

1. 외부 DNA의 운반체(**벡터, vector**)로 작용하는 DNA 분자를 선택하고 분리한다.
2. 벡터의 디옥시리보뉴클레오티드 가닥을 제한효소(restriction endonuclease)로 절단한다.
3. 외부 DNA를 준비하여 벡터 내로 삽입한다. 이 과정으로 **재조합DNA(recombinant DNA)**가 형성된다.
4. 재조합DNA를 숙주 생물체(보통 세균의 세포가 사용되지만, 동물과 식물세포가 사용되기도한다)로 도입하여 복제가 이루어지도록 한다. 이 과정을 **형질전환(transformation)**이라고 한다.
5. 재조합DNA가 도입되어 복제되는 숙주세포를 확인하고 선발한다.

재조합DNA에 대하여 현재 우리가 알고 있는 지식은 1970년대에 스탠퍼드 대학교(Stanford University)의 버그(Paul Berg), 코헨(Stanley Cohen) 및 보이어(Herbert Boyer)에 의해 이루어진 기술적 발전에 의한 결과이다. 중요한 첫째 돌파구는 외부 DNA를 절단하는 제한효소를 가지지 않는 대장균(*E. coli*) 돌연변이체 균주(mutant strain)의 분리였다. 이들 균주는 현재 재조합DNA를 복제하기 위한 숙주 생물체로 사용되고 있다. 재조합DNA를 클로닝하는 데 가장 중요한 생물체는 여러 종류의 K12 대장균 균주이다. 효모 세포, 고등식물 세포 및 포유류 세포도 숙주세포로 사용하기 시작하였으며 가까운 미래에 이 분야에서 매우 빠른 발전이 이루어 질 것이다. 대장균 세포가 현재 가장 많이 사용되는 숙주 생물체이므로, 이 책에서는 이를 이용한 기술에 중점을 둘 것이다.

둘째 발전은 세균의 염색체외 DNA인 플라스미드(plasmid)와 박테리오파아지DNA(bacteriophage DNA)를 클로닝벡터(cloning vector)로서 사용하게 된 것이다. 마지막으로 필수적인 발전은 외부 DNA를 벡터 내로 삽입시키는 방법의 개발이었다. DNA의 특정 부위를 절단하는 **제한효소**

그림 13.1 재조합DNA를 만드는 전형적인 실험 방법의 개요.

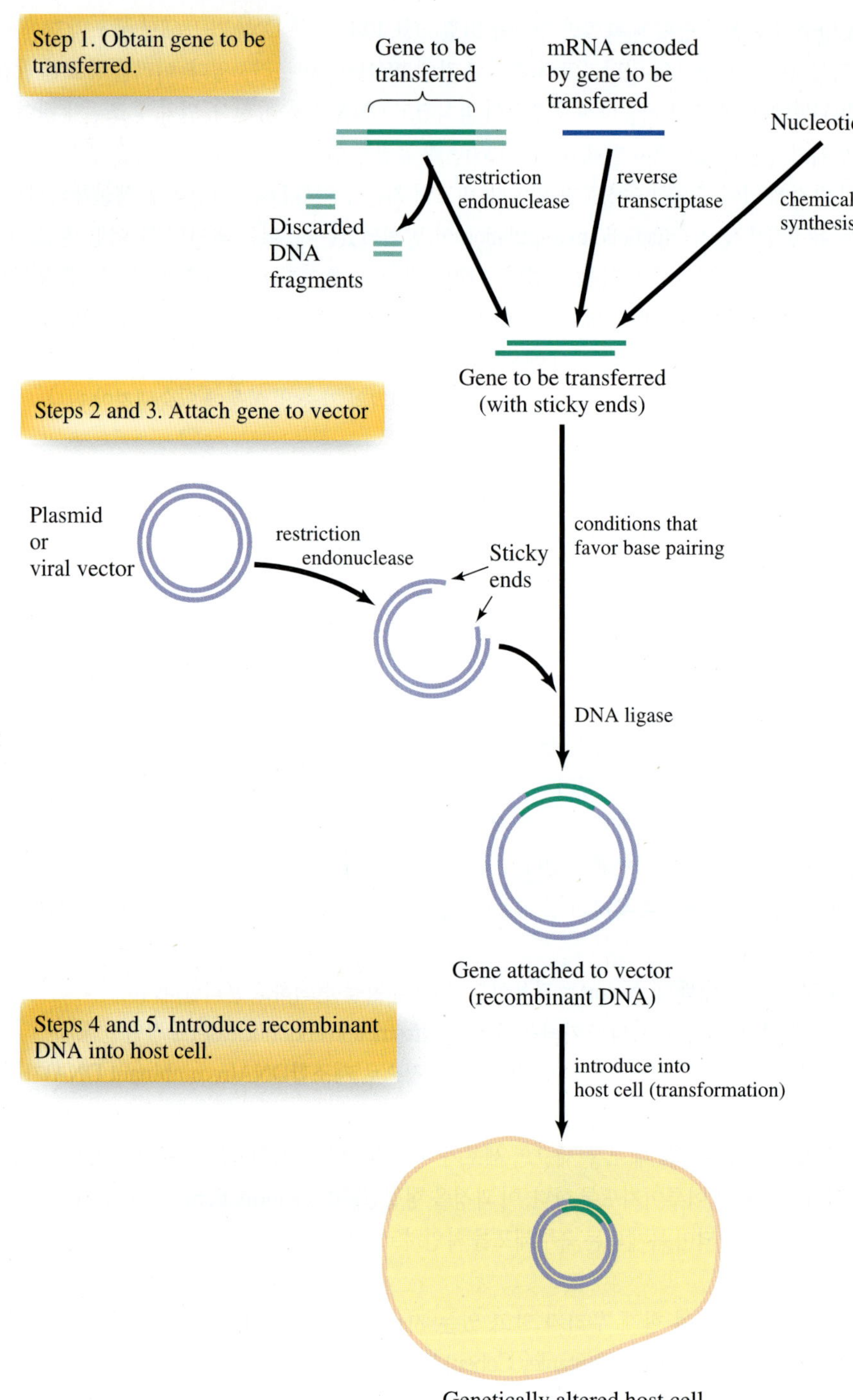

(restriction enzyme)의 발견으로 고리형 벡터를 잘라서 선형화시킬 수 있게 되었다. 외부 DNA를 벡터의 끝에 연결시킨 후 다시 고리형의 재조합 플라스미드를 만드는 방법이 개발되었다. 삽입 부위에서 ATP 의존형 포스포디에스테르결합의 형성을 촉매하는 **DNA 연결효소(DNA ligase)**가 마지막으로 벡터와 외부 DNA를 연결시키는 데 사용된다(그림 11.11과 13.2).

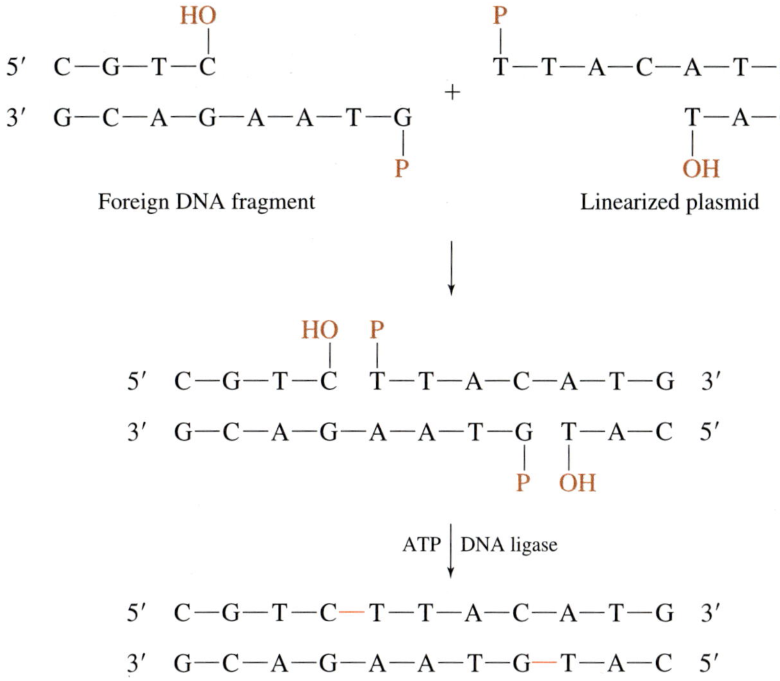

HO | P
5′ C—G—T—C + T—T—A—C—A—T—G 3′
3′ G—C—A—G—A—A—T—G T—A—C 5′
P | OH
Foreign DNA fragment | Linearized plasmid

HO P
5′ C—G—T—C T—T—A—C—A—T—G 3′
3′ G—C—A—G—A—A—T—G T—A—C 5′
P OH

ATP | DNA ligase

5′ C—G—T—C—T—T—A—C—A—T—G 3′
3′ G—C—A—G—A—A—T—G—T—A—C 5′

그림 13.2 DNA연결효소(DNA ligase)를 이용하여 DNA 단편을 선형 플라스미드로 삽입하는 과정. DNA연결효소는 포스포에스테르결합의 형성을 촉매한다.

복습 문제

1. 제한효소의 촉매 활동에 대하여 아래의 물음에 답하시오.
   a. 어떤 종류의 화학 결합이 절단되는가?
   b. 기질로 사용되는 작은 분자는 무엇인가?
   c. 효소의 분류체계는 어떻게 되는가?

힌트: 10.4절 참조

클로닝벡터

대장균에서 재조합DNA를 만들고 복제시키는 데 보통 플라스미드와 박테리오파아지DNA의 두 종류의 벡터가 사용된다.

플라스미드 많은 세균 세포는 **플라스미드(plasmid)**라고 하는 자기복제(self-replicating)의 염색체외 DNA를 포함하고 있다. 이 플라스미드 DNA는 닫힌 고리형 구조이며, 이중가닥이고 염색체 DNA에 비해 매우 작다. 분자질량은 2×10^6에서 2×10^7 달톤 정도로서 약 3,000에서 30,000 염기쌍 정도의 크기에 해당된다. 일반적으로 세균의 플라스미드에는 종종 생물체에 보호 형질(표현형, phenotype)을 부여하는 특수한 단백질의 유전정보가 포함되어 있다. 이러한 형질의 예로서는 항생제의 생산이나 또는 독소와 항생제의 분해에 필요한 효소 체계를 들 수 있다.

플라스미드는 세균 내에서 두 가지 방식 중의 하나로 복제된다. 엄격복제(stringent replicated) 플라스미드는 단지 몇 개의 사본으로만 존재하고, 이완복제(relaxed replicated) 플라스미드는 때로는 200개 정도까지의 많은 수로 존재한다. 또한 후자에 속하는 몇몇 플라스미드는 염색체 DNA의 합성을 억제하는 클로람페니콜(chloramphenicol)을 숙주세포에 처리하여도 계속 복제된다(12.2절, 표 12.4와 그림 12.11 참조). 이러한 조건 하에서 많은 수(2,000~3,000개까지)의 플라스미드 DNA가 복제되어 세포 전체 DNA의 30%~40%까지 차지하기도 한다.

이상적인 플라스미드 클로닝벡터는 다음과 같은 특징을 가진다.

1. 플라스미드는 이완 방식으로 복제하여 많은 수의 사본이 만들어져야 한다.
2. 플라스미드는 작아야 한다. 그래야 큰 염색체 DNA로부터 분리하기가 쉬우며, 물리적인 손상을 입지 않게 다루기 쉽고, 또한 적은 수의 제한효소 공격 부위를 가지게 된다.
3. 플라스미드는 이를 포함하는 숙주세포를 선별할 수 있는 표지(marker)를 포함하여야 한다.
4. 플라스미드에는 한 제한효소에 대한 절단부위가 하나만 있어야 한다. 그래야 외부 DNA가 결합할 수 있는 두 개의 말단부위만이 만들어진다. 이상적으로는 그 제한효소 자리가 유전자 내부에 있어야 하며, 외부 DNA의 삽입에 의해 그 유전자가 불활성화된다. 이것을 삽입 불활성화(insertional marker inactivation)라고 한다.

가장 널리 사용되는 대장균 플라스미드는 레플리콘(replicon) 플라스미드인 ColE1의 유도체이다. 이 플라스미드는 항생제인 콜리신 E(colicin E) 저항성 유전자를 가지고 있다. 또한 이 플라스미드는 이완 복제형으로서 클로람페니콜의 존재 하에 적절한 대장균 균주를 배양하면 3,000개까지 복제될 수 있다. 특별히 유용하게 사용되는 ColE1 유도체는 pBR322이다. 이것은 앞에서 언급된 모든 플라스미드의 특성을 가지고 있다. 또한 4,363개의 뉴클레오티드 서열이 모두 밝혀져 있으며, 서로 다른 여러 종류의 제한효소 절단자리를 통하여 외부 DNA가 삽입될 수 있다. 예를 들어 pBR322에는 제한효소인 *Eco*RI의 절단자리가 하나 존재한다.

세균 세포 특히 대장균은 단백질의 대량 생산을 위한 숙주세포로 널리 사용된다. "외부" 유전자를 포함하는 재조합DNA에는 특별한 요구가 충족되어야 한다. 생산을 원하는 단백질을 암호화하고 있는 클로닝된 구조유전자는 필요한 모든 전사 및 번역 조절부위를 포함하고 있는 발현 벡터로 삽입되어야 한다(그림 12.17과 13.3 참조). 만약 이완복제 플라스미드가 벡터로 사용되고 유전자발현을 위한 적절한 조절부위가 존재하면, 숙주 세균 전체 단백질의 약 40%에 이를 정도로 원하는 단백질의 과발현이 가능하다.

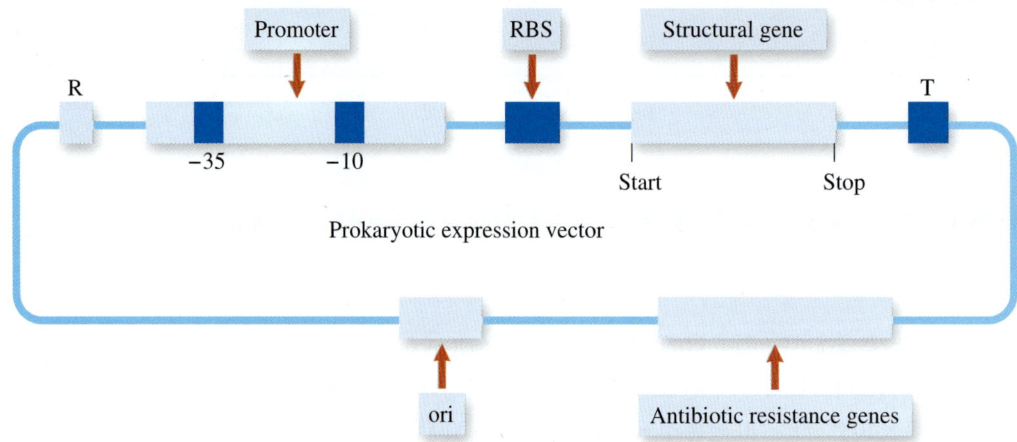

그림 13.3 원핵생물 단백질의 발현을 위한 전형적인 재조합 벡터. 구조 유전자는 단백질을 암호화하는 염기서열을 포함한다. 필수 부위는 프로모터(P), 리보솜 결합 자리(RBS), 조절유전자(R), 전사종결 부위(T)를 포함한다. ori는 플라스미드의 복제 원점을 가리킨다.

박테리오파아지DNA 이 범주에 속하는 클로닝벡터로서 λ 파아지가 가장 폭넓게 사용되고 있다. λ 파아지DNA는 약 50,000 염기쌍으로 구성된 이중가닥 DNA이다. 이것은 클로닝벡터로서 다음과 같은 장점을 가지고 있다.

1. 많은 수의 재조합 파아지DNA가 숙주세포 내에서 복제될 수 있다.
2. 재조합 파아지DNA는 효율적으로 파아지 입자(phage particle)로 조립될 수 있어 숙주세포를 감염

시킬 수 있다.

3. 재조합 파아지DNA는 쉽게 선별할 수 있다.
4. λ 파아지DNA는 플라스미드 DNA보다 크므로 큰 크기의 진핵생물 DNA를 삽입하는 데 특별히 유용하다. λ 파아지는 23,000 염기쌍의 DNA 단편까지 받아들일 수 있다.

대장균 세포에서 사용되는 벡터는 진핵생물의 유전자를 비롯하여 큰 크기의 DNA 단편을 삽입하기에는 그렇게 적당하지 않다. 전형적인 진핵생물의 유전자는 많으면 100,000에서부터 수백만의 염기쌍을 가지기도 한다. 큰 크기의 DNA 단편은 **효모인공염색체(yeast artificial chromosomes, YAC)**와 **세균인공염색체(bacterial artificial chromosomes, YAC)**에 클로닝할 수 있다. 진핵생물의 DNA를 제한효소로 절단하여 YAC에 삽입시킨 후 효모세포에서 클로닝한다. 100,000에서 1,000,000 염기쌍 크기의 DNA 삽입체를 포함하고 있는 YAC를 클로닝 목적으로 만들 수 있다.

13.2 재조합DNA의 준비

학습 목표

재조합DNA를 준비하는 실험 과정을 이해한다.

재조합DNA의 설계

벡터를 이용하여 복제하고자 하는 외부의 이중나선 DNA를 준비하는 방법으로는 화학적 합성, 제한효소에 의한 큰 DNA의 절단, 또는 mRNA의 역전사(reverse transcription) 등 여러 가지가지가 있다. 원핵생물의 DNA를 준비하기 위해서 가장 많이 사용되는 방법은 제한효소를 이용하여 DNA를 여러 단편으로 절단하는 것이다. 절단된 모든 단편을 플라스미드에 삽입하거나(산탄총 방법, shotgun method), 또는 특정 단편만 전기영동으로 분리한 후 벡터에 삽입할 수 있다(3.5절). 만약에 하나의 특정 유전자만 삽입하길 바란다면 이 DNA를 벡터에 삽입하기 전에 반드시 분리하여야 한다. 특정 유전자의 분리와 클로닝은 이 절의 후반부에 언급된다.

벡터에 삽입하기 위해 제한효소로 잘려진 DNA 단편은 그림 13.4에서 보는 바와 같이 점착말단(sticky end) 또는 비점착말단(blunt end)을 가진다. 점착말단에는 보통 5개까지의 염기 길이로 되어 있는 단일가닥 부분이 있어 동일한 제한효소에 의해 절단된 플라스미드로 연결될 수 있다. 이 과정이 그림 13.2에 나타나 있다. 그러나 이 과정에서도 단지 몇 개 염기가 서로 겹치는 부분이 생기기는 하지만 안정적인 결합이 되지는 못한다. 안정적인 결합은 삽입 부위에서 포스포디에스테르결합을 형성하는 DNA연결효소(DNA ligase)에 의해 이루어질 수 있다. DNA연결효소에 의해 촉매되는 반응은 그림

```
             OH                              P
             |                               |
5′  C—G—T—C                              T—T—A—C—A—T—G  3′
                                   +
3′  G—C—A—G—A—A—T—G                            T—A—C  5′
                     |                             |
                     P                             OH
                 (a) Cohesive ends

            OH      P
            |       |
5′  C—C—A       C—T—A  3′
              +
3′  G—G—T       G—A—T  5′
        |       |
        P       OH
           (b) Blunt ends
```

그림 13.4 제한효소(restriction endonuclease)에 의한 DNA 절단의 결과로 생긴 두 종류의 말단부위. (a) 점착말단(cohesive end)은 상보적인 염기 사이의 수소결합에 의해 약하게 결합되어 있게 되나 (b) 비점착말단(blunt end)은 서로 겹치는 부분을 갖지 않는다.

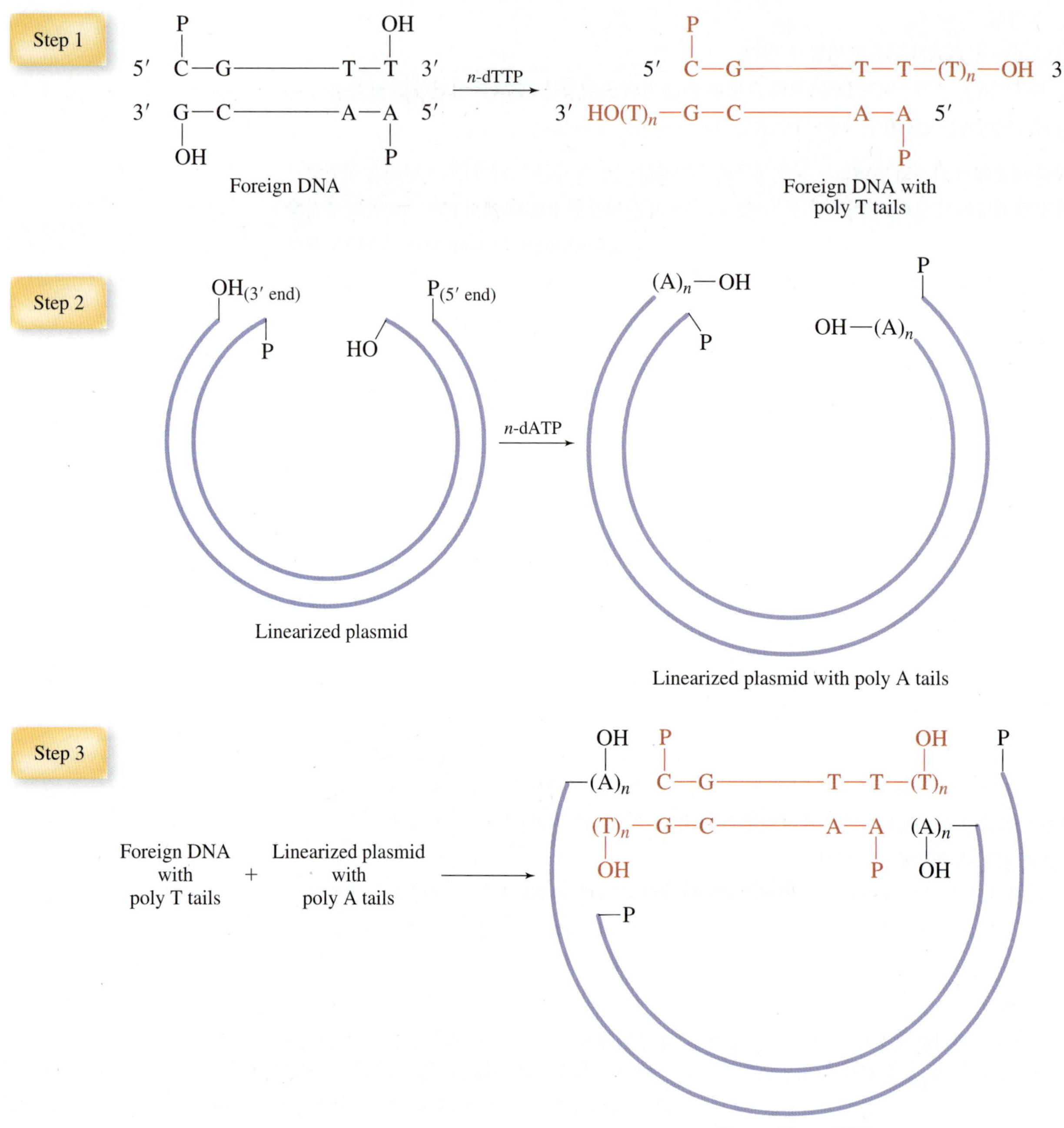

그림 13.5 동질중합체 꼬리(homopolymer tail)를 이용하여 DNA 단편을 선형 플라스미드로 삽입하는 과정. 1 단계에서는 폴리 T 꼬리(poly T tail)가 외부 DNA의 3' 말단 부에 더해진다. 또한 폴리A 꼬리(poly A tail)가 선형의 플라스미드 DNA에 더해진다(2 단계). 폴리 T 꼬리를 가진 외부 DNA가 선형의 플라스미드와 결합하면, 폴리A-T 꼬리가 상보적인 수소결합을 형성한다(3 단계).

13.2에 나타나 있다(11.2절과 그림 11.10 참조). 비점착말단 역시 DNA연결효소에 의해 촉매되는 ATP 의존성 반응에 의해 연결된다. 비점착말단부위는 5' 말단의 인산기와 3' 말단에 있는 히드록실기에 의해 서로 연결될 수 있다.

연결효소를 이용하여 점착말단이나 비점착말단을 연결하는 과정은 시간을 요할 뿐만이 아니라 특별히 쉬운 방법도 아니다. DNA 단편을 연결하기 위해 사용되는 또 다른 방법은 그림 13.5에 나타낸 바와 같이 동질중합체 꼬리(homopolymer tail)를 사용하는 것이다. 이 방법에서는 50~150개의 폴리A(또는 G) 잔기로 된 조각을 한 단편(보통 절단된 플라스미드 벡터)에 부착시키고 같은 길이의 폴리 T(또는 C) 잔기로 된 조각을 삽입하고자 하는 DNA 단편에 부착시킨다. 이 꼬리는 디옥시리보뉴클레오티드를 단일가닥 또는 이중가닥 DNA의 3' 히드록실기에 부착하는 효소인 **말단전달효소(terminal transferase)**의 작용에 의해 이루어진다. 그 결과 만들어진 두 DNA 단편을 함께 반응시키면 서로 상보적인 동질중합체 꼬리 사이의 수소결합에 의해 삽입이 완성된다. 이렇게 형성된 재조합DNA는 고리형의 이중가닥 DNA로 된다. 연결 부위에서 포스포디에스테르결합이 형성되는 것은 아니지만 상보적인 염기쌍 부위의 길이가 길기 때문에 삽입된 DNA를 유지하는 데는 충분하다.

복습 문제

1. DNA연결효소의 촉매반응에 대하여 공부하고 다음의 물음에 답하시오.
   a. 촉매작용에 의해 어떤 종류의 결합이 형성되는가?
   b. 이 결합을 형성하기 위한 에너지는 어디로부터 오는가?
   c. DNA연결효소는 어떤 효소로 분류되는가?

형질전환

재조합DNA 분자가 준비되면 이것이 복제될 수 있는 숙주세포로 도입되어야 한다. 재조합DNA를 숙주세포로 도입하는 현재의 방법은 아직도 다소 비효율적이어서 10,000개의 DNA 분자 중에서 한 개 정도의 비율로 성공적인 복제가 이루어진다. 그러나 이렇게 낮은 효율일지라도 분석하기에 충분한 양의 재조합DNA와 단백질 산물을 얻을 수 있다.

플라스미드 벡터의 클로닝은 대장균 세포의 **형질전환(transformation)**에 의해 이루어진다. 재조합 플라스미드와 파아지DNA는 염화칼슘에 의해 대장균으로의 도입이 촉진된다는 것이 증명되었다. 세균 형질전환의 일반적인 방법은 수용체 대장균 세포를 염화칼슘 용액으로 씻은 후, 이 세포를 재조합 DNA 용액과 섞는 것이다. 재조합DNA는 세균의 세포 내로 도입된 다음 복제되고 선발 표지(selection marker)가 발현된다. 만약 이 표지가 항생제에 대한 저항성을 부여하면 성공적으로 형질전환된 세포는 특정 항생제가 포함된 배지에서 자랄 수 있는 능력을 가지게 된다.

박테리오파아지의 클로닝은 숙주 세균 세포를 감염시켜서 이루어진다. 예를 들어 세균 세포를 대수기의 중간 정도까지 배양한 후 재조합DNA를 포함하고 있는 바이러스로 감염시킨다. 바이러스 DNA가 숙주세포로 들어가 재조합DNA가 복제되고 선발 표지가 발현된다.

재조합 세포의 선발 성공적인 재조합DNA 도입과 복제의 효율이 매우 낮기 때문에 재조합DNA를 복제하는 세포를 선발하고 분리하는 것이 필수적이다. 이러한 선발 방법이 pBR322 플라스미드를 예로 들어 그림 13.6에 나타내었다. pBR322는 두 개의 항생제 저항성 유전자를 선발 표지로 가지고 있다. 이들 유전자의 위치는 그림 13.6에 나타나 있다. Amp^r로 표시된 플라스미드 부분은 암피실린(ampicillin)에 대하여 저항성을 부여하고, Tet^r로 표시된 부분은 테트라사이클린(tetracycline)에 대하여 저항성을 부여한다. DNA 단편이 *Bam*HI 제한효소에 의해 절단된 절단체라고 가정하면 플라스미드의 *Bam*HI 제한효소 자리로 삽입될 수 있는데, 이는 삽입되는 DNA와 플라스미드 DNA에 서로 상보적인 점착성 말단이 생성되기 때문이다. 고리형화의 마지막 단계는 DNA연결효소에 의해 완성된다. 외부 DNA의 삽입은 아주 효율적이지는 않기 때문에 삽입된 DNA가 없이 다시 고리형화된 pBR322 벡터와 외부 DNA를 포함하는 재조합 pBR322 벡터가 동시에 섞여 있는 혼합물로 존재하게 된다.

염화칼슘의 존재 하에 대장균 세포를 이러한 벡터 혼합물과 섞어 주면 다음과 같은 세 가지 종류의 숙주세포를 얻을 수 있다. (1) 원래의 pBR322 플라스미드뿐만이 아니라 재조합 pBR322 플라스미드도 포함하지 않은 대장균 세포, (2) pBR322를 포함하는 세포와 (3) 재조합 플라스미드를 포함하는 형질전환 된 세포. 이들 세 종류의 세포는 항생제에 대하여 서로 다른 저항성을 보인다. 정상의 대장균 세포는 암피실린의 존재 하에서는 생존할 수 없고, 원래의 pBR322 플라스미드를 포함하고 있는 세포는 암피실

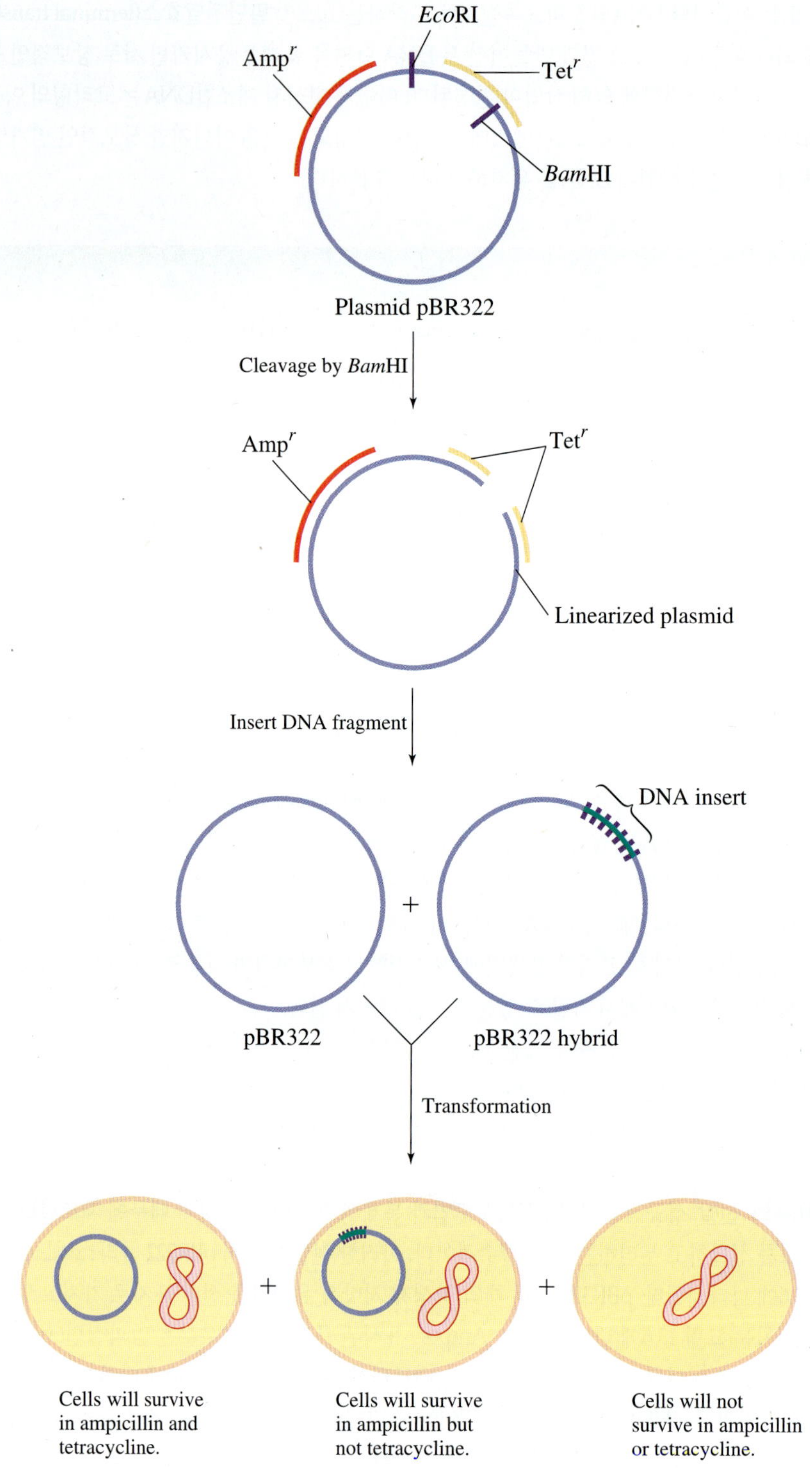

그림 13.6 재조합DNA를 포함하고 있는 세균 세포의 선발 과정

린과 테트라사이클린이 함께 있는 배지에서 생존할 수 있다. 그러나 재조합DNA로 형질전환 된 세포는 암피실린은 존재하지만 테트라사이클린은 존재하지 않는 배지에서 생존할 수 있다. 외부 DNA가 테트라사이클린 저항성 유전자의 내부에 삽입되기 때문에, 재조합 세포는 이 항생제에 저항성을 부여하는 단백질을 생산하지 못한다.

세포는 평판복사법(replica plating)이라고 불리는 방법에 의해 항생제 저항성 여부를 조사한다(그림 13.7). 암피실린이 포함된 한천 배지에 세포를 접종하여 자라게 하면 pBR322 플라스미드나 재조합 pBR322 플라스미드를 포함하는 숙주세포만이 생존할 수 있다. 생존하는 몇 개의 콜로니(colony)를 암

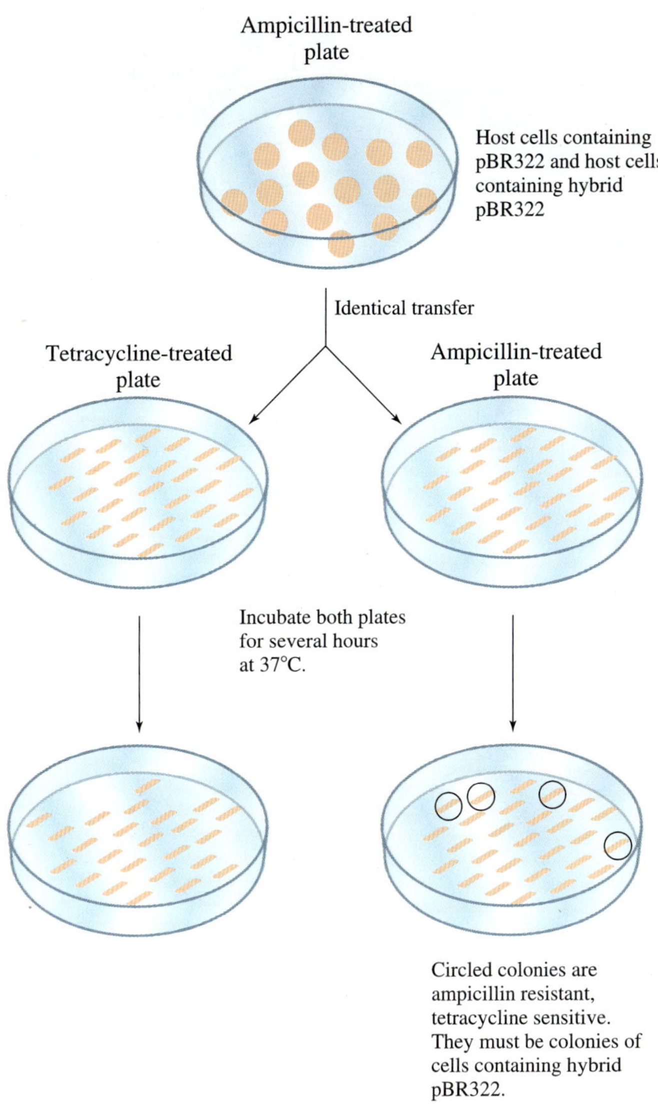

그림 13.7 항생제에 대한 저항성을 나타내는 콜로니를 선별하는 평판복사법(replica plating)

피실린 또는 테트라사이클린을 포함하고 있는 한천 배지에 옮긴 다음 이들 두 배지를 37℃에서 몇 시간 동안 배양한다. 암피실린 배지에서는 자라지만 테트라사이클린 배지에서는 자라지 않는 콜로니를 선발한다. 이들 콜로니는 재조합 pBR322 플라스미드를 포함하고 있는 세포로 이루어진 것이다. 암피실린에는 저항성을 보이나 테트라사이클린에는 민감한 대장균 콜로니를 한천 배지에서 따서 많은 수의 재조합 플라스미드를 얻기 위해 액체 배지에서 배양한다.

적은 양의 재조합DNA를 분리하고 분석하는 데는 몇 가지 방법이 사용된다. 플라스미드를 분리하고 분석하는 궁극적인 목표는 플라스미드의 **제한효소지도(restriction enzyme map)**를 작성하는 것이다. 그림 13.8의 pBR322 플라스미드의 제한효소지도에 보인 것과 같이 제한효소지도는 여러 제한효소의 절단 위치와 각 효소의 절단 후에 생기는 단편의 수를 보여준다. 원의 중앙에 Amp^r과 Tet^r 등 두 항생제 저항성 유전자의 위치가 나타나 있다. 가장 안쪽의 원은 한 곳에서만 DNA를 절단하는 제한효소를 나타낸다. 이들 각 효소의 작용으로 pBR322 플라스미드는 선형으로 되어 DNA 단편을 삽입할 수 있게 한다. *Eco*RI의 절단자리를 0으로 정한다. 각 동심원은 플라스미드를 한 번 또는 그 이상 절단하는 제한효소를 나타낸다. 예를 들어 *Taq*I 제한효소는 7 군데를 절단하여 A, B, C, D, E_1, E_2, F로 표시된 단편을 생산한다. 이러한 지도는 클로닝과 재조합DNA 분자의 특성을 결정하기 위해 사용할 플라스미드를 선발하는 데 유용하다.

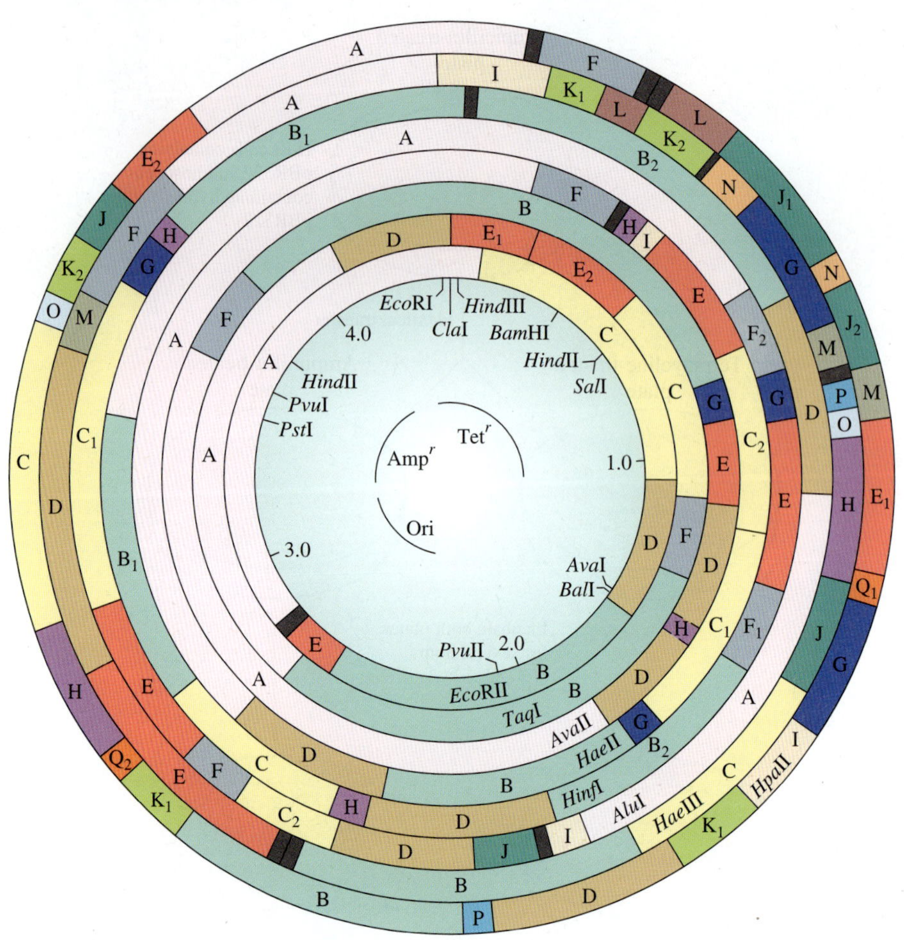

그림 13.8 pBR322 플라스미드의 제한효소지도

유전자의 분리와 클로닝

재조합 기술의 중요 목적은 종종 염색체 위에 단 하나만 존재하는 특정 유전자를 발견하고 그 위치를 찾으며, 또한 염기서열을 결정하는 데 있다. 이러한 선별 분리 과정은 유전체도서관을 제작하는 것으로 시작 할 수 있다. 먼저 유전체 DNA를 제한효소를 이용하여 수천 개의 큰 단편으로 절단하여, 서로 겹치는 DNA 단편으로 이루어진 무작위 집단을 만든다. 재조합DNA 분자의 준비를 쉽게 하기 위해 단편의 혼합물을 전기영동(electrophoresis)이나 밀도기울기원심분리법(density-gradient centrifugation)을 이용하여 비슷한 크기의 단편 집단을 분리한다. 이들 단편은 개개의 뉴클레오티드의 첨가에 의한 방법으로 동질중합체 꼬리를 형성한 후, 이들을 수용할 수 있도록 준비된 선형화된 벡터(플라스미드 또는 파아지 DNA)로 삽입된다. 재조합DNA 분자는 일반적으로 대장균과 같은 적절한 숙주에서 클로닝된다. 이 결과 각각 서로 다른 DNA 단편을 재조합DNA의 형태로 포함하고 있는 아주 큰 세포 집단이 생긴다. 이 세포의 혼합체에 원래의 모든 유전체 DNA가 포함되어 있다고 생각할 수 있는데 이를 **유전체도서관(genomic library)**이라고 한다(그림 13.9). 이제 이 도서관은 특정 유전자의 재조합DNA를 포함하고 있는 세포를 찾기 위해 선별(screening)되어야 한다(그림 13.10). 재조합DNA를 포함하고 있는 세균의 세포들을 한천 배지에서 키운다. 이 세균은 콜로니로 자라며 각 콜로니는 서로 다른 재조합DNA를 포함하고 있게 된다. 각 형태의 세포는 **흡입법(blotting)**이라고 불리는 기술에 의해 분리되고 그 위치를 알아낼 수 있다. 니트로셀룰로오스 종이(nitrocellulose paper)를 한천 배지에 살짝 눌러 복사판(replica)을 만든다. 이 니트로셀룰로오스 종이를 묽은 NaOH 용액으로 처리하여 세포를 용해시키고 재조합DNA를 방출하여 그 위치에 있는 채로 변성시킨다. 그런 다음 특정 DNA 단편은 보통 혼성화탐침(hybridization probe)으로 확인한다. 유전자의 염기서열과 상보적인 DNA나 RNA 분자를 탐침으로 사용한다. 특정 유전자를 검출하기 위해 탐침은 방사성 동위원소인 ^{32}P로 표지한다. 그런 다음 재조합DNA를 포

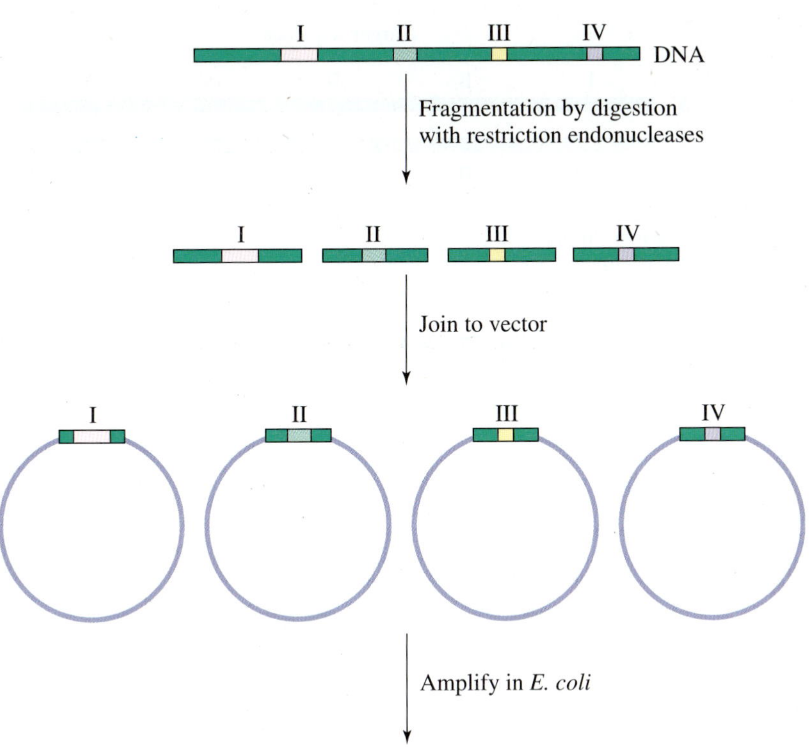

그림 13.9 유전체도서관의 제작. Ⅰ, Ⅱ, Ⅲ 및 Ⅳ는 DNA 단편 안에 존재하는 유전자를 나타낸다.

함하고 있는 니트로셀룰로오스 종이를 특정 유전자에만 결합할 수 있는 방사성 탐침으로 처리한다. 니트로셀룰로오스 종이 위의 방사성 동위원소로 인해 원하는 세균의 콜로니와 재조합DNA의 위치를 알 수 있다. 물론 이러한 검출 방법을 사용하기 위해서는 관심을 가지는 유전자의 부분 염기서열을 적어도 알아야 하는데, 종종 이것이 유전자를 분리하고 클로닝하는 데 중요한 제한 요소로 작용한다. 때로는 단백질 산물의 아미노산서열을 결정하고 아미노산서열과 뉴클레오티드 서열의 유전암호 관계를 이용하여 한 유전자의 뉴클레오티드 서열을 결정할 수 있다.

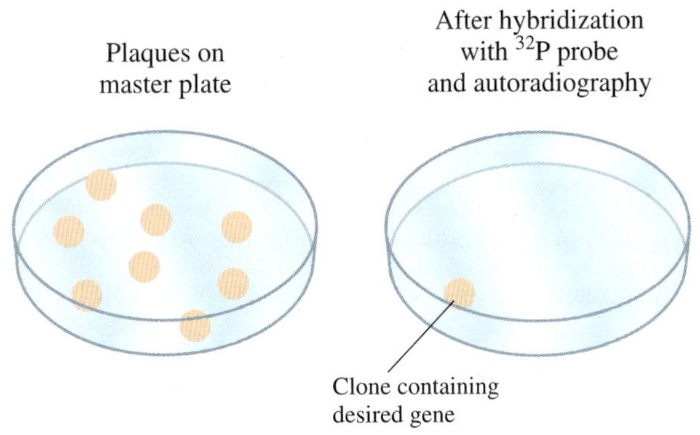

그림 13.10 유전체도서관에서의 특정 유전자의 선별(screening)

13.3 중합효소연쇄반응에 의한 DNA의 증폭

학습 목표

중합효소연쇄반응의 원리와 응용을 이해한다.

중합효소연쇄반응의 원리

특정 DNA 단편의 많은 사본을 얻기 위해서 앞에서 언급한 바와 같이 지루하고 시간을 요하는 분자클로닝 과정이 항상 필요한 것은 아니다. 최소한 DNA 단편의 부분적인 염기서열을 알면 **중합효소연쇄반응(polymerase chain reaction, PCR)**을 이용하여 많은 수의 사본을 만드는 것이 가능하다. PCR은 멀리

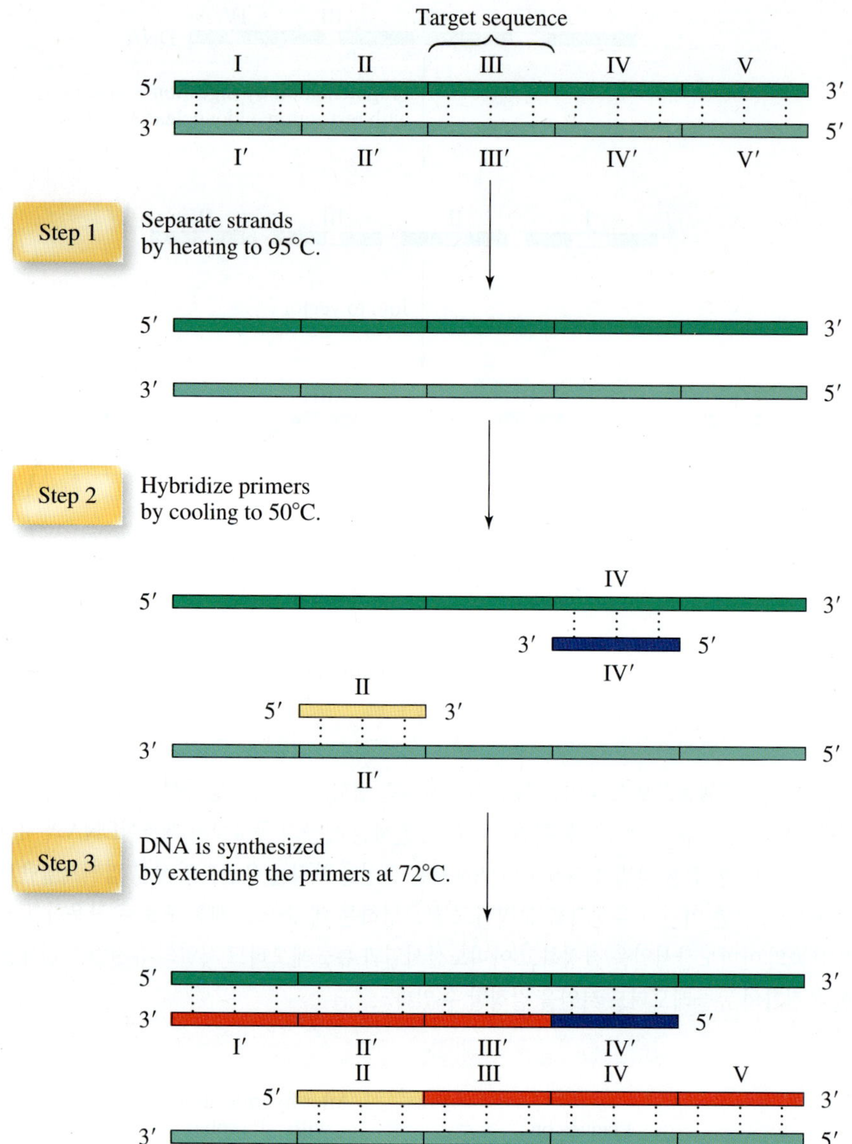

그림 13.11 중합효소연쇄반응(PCR)은 세 과정으로 이루어진다. 단계 1: 95℃로 가열하여 DNA 가닥 분리, 단계 2: 프라이머의 혼성화, 단계 3: DNA합성에 의한 프라이머의 신장. 원래 DNA 가닥에서는 DNA 단편을 Ⅰ, Ⅱ, Ⅲ, Ⅳ와 Ⅴ로 표시하였고, 그와 상보적인 가닥에서는 Ⅰ', Ⅱ', Ⅲ' Ⅳ'와 Ⅴ'로 표시하였다. 프라이머 Ⅱ는 노란색으로, 프라이머 Ⅳ'는 파란색으로 나타냈다. 새로 합성된 DNA는 빨간 색으로 나타냈다.

스(Kary Mullis, 1993년 노벨 화학상 수상)가 달빛 아래서 차를 타고 북부 캘리포니아 지방의 산맥을 지나가다가 고안한 방법이다. 이 비교적 간단한 과정의 원리를 이중가닥의 DNA 절편을 사용하여 설명해 보자(그림 13.11). 주형(template)으로 사용되는 DNA가 Ⅰ부터 Ⅴ로 표시된 5개의 지역으로 나누어져 있고, 이 각각에 상보적인 지역이 Ⅰ'부터 Ⅴ'이다. 증폭을 시키고자 하는 부위가 Ⅲ(과 Ⅲ')인데, 만약 이와 인접한 지역인 Ⅱ와 Ⅳ의 염기서열을 알고 있으면, Ⅲ 부분은 PCR에 의해 증폭될 수 있다. PCR에 필요한 것은 다음과 같다.

1. 인접하는 지역인 Ⅱ와 Ⅳ에 상보적이며 약 20 bp 정도의 길이를 가지는 두 개의 합성 올리고뉴클레오티드 프라이머(synthetic oligonucleotide primer)
2. 열에 안정한 DNA중합효소(DNA polymerase)
3. 4가지 종류의 디옥시리보뉴클레오시드삼인산, dATP, dGTP, dCTP, dTTP

PCR은 세 단계를 하나의 주기로 하여 수행되는데 각 주기는 다음과 같이 이루어진다.

1. 모든 성분이 포함된 상태에서 95℃에서 약 15초간 열처리하면 주형가닥이 변성에 의해 분리된다.

2. 혼합물의 온도를 빠른 속도로 37℃~55℃ 정도로 낮추면 프라이머(primer)가 적절한 인접부위에 혼성화된다. 이 프라이머들은 3' 말단이 서로 마주 향하게 배치된다. DNA의 합성은 Ⅲ과 Ⅲ' 지역을 가로질러 이루어진다. 여기에서 주목할 것은 상보적인 올리고뉴클레오티드에 의해 수행되는 두 가지 역할인데, 하나는 원하는 DNA 단편의 복제를 위한 시작점을 지시하는 것이고, 다른 하나는 DNA합성을 시작할 수 있는 3' OH의 복제 시발점으로 작용하게 된다. 과다한 양의 프라이머가 주형 DNA에 더해지는데 그 이유는 혼성화를 쉽게하고 또한 주형 DNA 가닥이 서로 결합하는 것을 방지하는 것이다.
3. 목표하는 DNA의 합성은 *Taq* DNA중합효소(DNA polymerase)에 의해 촉매된다. 중합 반응의 속도를 증가시키기 위해 온도를 72℃로 상승시킨다. 중합효소는 두 프라이머를 신장시켜 Ⅱ-Ⅲ-Ⅳ와 Ⅱ'-Ⅲ'-Ⅳ'의 두 개의 새로운 DNA 가닥을 생성한다. 이 과정에 사용되는 중합효소는 원래 미국 옐로스톤(Yellowstone) 국립공원의 온천에서 발견된 호열성 세균인 테르무스 아쿠아티쿠스(*Thermus aquaticus*)로부터 분리된 것이다. 바다 밑의 지열 분출공에서 발견된 세균에서도 유용한 중합효소가 분리되었다. 이들 효소는 열에 매우 강해서 중합 반응이 고온에서도 이루어질 수 있어 DNA합성의 속도가 증가한다. DNA합성 반응은 보통 30초 안에 완성된다.

PCR의 유용성은 단순히 반응 온도만을 변화시켜 변성(denaturation), 혼성화(hybridization), DNA 중합(DNA polymerization)의 3 단계를 여러 번 반복할 수 있다는 데 있다. 새로 합성된 각 DNA 가닥이 주형으로 작용할 수 있어 증폭시키고자 하는 DNA의 농도가 기하급수적으로 증가하게 된다. 20주기의 PCR 반응 후에 DNA는 약 100만 배로 증폭된다. 약 1～3시간 정도에 마칠 수 있는 30 주기 후에는 약 10억 배의 증폭이 있게 된다. 이론적으로는 염기서열 결정이나 특성 분석을 할 수 없는 양인 단 한 분자의 DNA로 시작하여 1시간 안에 디디옥시 사슬종결 방법(11.6절 참조)으로 염기서열을 결정하기에 충분한 양의 DNA를 생산할 수 있다. PCR의 또 다른 이점은 간단함에 있다. PCR 기계는 지금은 쉽게 구입할 수 있어 주형 DNA와 프라이머 등 모든 반응물을 혼합한 후 기계에 넣으면 자동으로 온도를 바꾸면서 반복하여 반응을 수행한다.

PCR은 대학, 병원, 제약 회사 등에서 수행하는 기초 연구의 일상적인 도구가 되었다. 특히 PCR은 염기서열을 결정하기 위해 적은 양의 DNA를 증폭하는 데 유용하게 사용된다. 또한 이것은 인간의 30억 쌍이나 되는 유전체의 염기서열을 결정하는 프로젝트인 **사람유전체연구사업(Human Genome Project)**에 사용되었다. PCR은 이 외에도 진단 의학, 법의학, 고DNA(ancient DNA)의 분석(생화학의 창 13.2 참조) 등의 응용에 있어서 강력한 기술로 작용하고 있다.

중합효소연쇄반응의 응용

PCR을 이용하면 사람에서 증상이 나타나기 전이라도 전염성 세균과 바이러스의 존재를 검출할 수 있다. HIV 감염은 보통 바이러스의 단백질에 대항하여 만들어진 혈장 항체를 검출하는 조사에 의해 확인된다. 그러나 감염이 되고 나서 검출될 정도의 HIV 항체가 만들어지기까지는 적어도 6개월의 기간이 필요하다. 그러나 PCR을 이용하여 프로바이러스 DNA(provirus DNA)를 검출할 수 있다. 특별히 중요한 응용은 HIV에 감염된 유아를 발견하는 것이다. 태어난 지 약 15개월까지 유아는 모친의 항체를 가지고 있기 때문에 항체에 근거한 HIV 조사는 유아에게는 적용될 수가 없다. PCR의 또 다른 의학적 응용은 결핵과 암, 특히 백혈병의 초기 진단과, 태아에서 유전적 이상을 검사하는 소량의 양수 분석을 포함한다.

법의학 범죄 현장에서의 지문 채취는 법의학(forensics)에 있어서 아주 오래되고 모두가 인정하는 방법이다. 새로운 방법인 **DNA지문법(DNA fingerprinting)**이 개발되어 널리 사용되기 시작하고 있다. DNA지문법은 범죄 현장에 남아 있는 정액, 혈액, 타액과 같은 생물 시료에 있는 DNA를 생화학적으로 분석하는 것이다. 사람 개개인은 독특한 유전자 조성을 가지므로 각 개인은 DNA 염기서열에서 고유의

특징적인 표현형을 가진다. DNA지문법은 사람 사이에서 발견되는 이와 같은 유전적 변이를 찾아내는 것이다. 이 차이는 각 개인의 DNA 분석에 의해 알아낼 수 있다. 현재 두 가지의 방법이 DNA지문법에 이용된다.

제한단편길이다형성 제한단편길이다형성(restriction fragment length polymorphism, RFLP)을 분석하기 위해서 DNA 시료를 제한효소로 절단한다. 형성된 DNA 단편을 전기영동으로 분리하고, 니트로셀룰로오스 종이와 같은 막으로 옮긴 후 DNA 탐침으로 혼성화하고 자가방사법(autoradiography)으로 분석한다. DNA가 똑같은 일란성 쌍생아를 제외하고는 개인마다 DNA 염기서열이 서로 다르기 때문에 그 결과는 개인마다 다르게 나타난다. 각 개인은 독특한 염기서열 양상을 가지므로 제한효소는 개인마다 다르게 DNA를 절단하며 따라서 단편의 크기가 다르게 된다.

PCR에 근거한 분석 가장 널리 사용되는 DNA지문법은 PCR에 의해 증폭된 DNA를 이용하는 것이다. 상보적인 염기서열과의 혼성화를 위하여 특정대립유전자 올리고뉴클레오티드(allele-specific oligonucleotide, ASO) 탐침을 사용한다. PCR에 근거한 DNA지문법은 RFLP 방법에 비해 빠르고 간편하며 방사성 물질을 사용할 필요가 없고 민감도가 훨씬 높은 등 여러 가지 장점을 가진다. 한 올의 머리카락이나 미량의 침, 혈액과 정액 등으로부터의 DNA 분석이 가능하다.

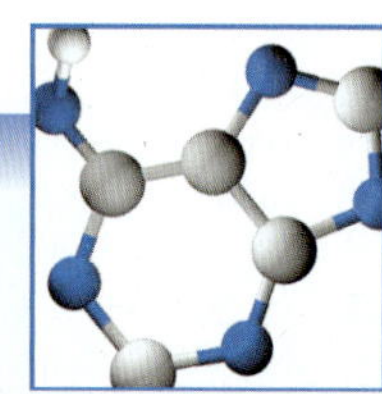

13-1 생화학 들여다보기

고DNA – 얼마나 오래된 것이 정말로 오래된 것일까?

다음 생물체들 사이에는 무슨 공통점이 있을까? 5,000년 된 이집트의 미라, 알프스에서 언 채로 발견된 5,000년 된 얼음 인간, 워싱턴 주에서 발견된 9,000년 된 케네윅인(Kennewick Man)의 뼈(282쪽 참조), 40,000년 된 시베리아 매머드의 뼈대, 시베리아 토양 퇴적물에서 발견된 30~40만년 된 식물의 잔재, 1,700만년 된 은행잎의 엽록체 유전자, 6,500만년 된 공룡의 뼈, 그리고 1억 2,000만년 된 호박 속의 바구미. 이러한 시료로부터 DNA를 추출하여 염기서열을 분석하고자 하는 시도가 이루어졌다.

생화학자들은 수백만 년 된 고고학 및 고생물학 시료로부터 DNA가 분리될 수 있다는 것을 발견하였다. 많은 실험실에서 PCR에 의해 고DNA(ancient DNA)를 증폭시켜 염기서열의 분석을 시도하였다. 이러한 작업은 새로운 학문 분야인 "분자고생물학(molecular paleontology)"을 창시하였다. 고대 시료로부터의 DNA 염기서열을 현재 시료로부터의 염기서열과 비교하여 진화적인 상관관계를 알아낼 수도 있다. 그러나 화석이나 다른 고생물로부터 추출된 DNA 분자는 종종 분해되고 염기는 자연적인 산화에 의하여 화학적으로 변형된다. 이 문제에 더하여 적은 양의 시료, 손상된 DNA에 의한 낮은 PCR 효율, 그리고 현재 DNA에 의한 오염, 특히 시료를 다루는 연구자의 DNA에 의한 오염과 같은 어려움이 있다. 오래된 DNA를 추출하는 능력은 보존된 상태, 습도, 온도를 포함한 많은 요인의 영향을 받는다. 가장 좋은 시료는 공기와 습기로부터 차단된 것이다. 염기서열 자료의 저장소(GenBank)인 미국의 국립생명공학정보센터(National Center for Biotechnology Information, NCBI)는 DNA 자료를 수용할 수 있는 범위를 약 10만 년 전까지로 설정하였다. 하지만 기후조건이 오랜 정도보다도 더 중요하다는 것은 명백하다. 워싱턴 주의 콜롬비아 강 습지대에서 발견된 9,000년 된 케네윅인의 두개골로부터 추출된 DNA는 현재의 방법으로는 분석하지 못할 정도로 너무 분해되어 있었다. 그러나 찬 시베리아 토양 퇴적물에서 발견된 30~40만년 된 식물의 잔재로부터 추출된 DNA는 발견된 것 중 가장 잘 보존된 DNA에 속한다.

재조합DNA 기술을 이용하여 생산된 사람 인슐린 결정의 광학현미경 사진

13.4 재조합DNA 기술의 응용

학습 목표

인간 유전자치료, 치료용 단백질, 유전자변형생물, 농산물과 환경에 이르기까지 생명공학의 폭넓은 응용범위를 인식한다.

유전자나 DNA 단편을 클로닝하는 것은 종종 더 큰 목표를 위해서나 또는 그 유전자의 "생산물"을 얻기 위한 예비 단계이다. 클로닝 실험의 산물은 특정 단백질에서부터 유전자변형생물체에 이르기까지 다양하다. 재조합DNA(recombinant DNA)를 만들어 독특하고 이로운 산물로 발현시킬 수 있다. 마찬가지로 클로닝의 "산물"은 원하는 유전형질을 획득하거나 또는 원하지 않는 형질을 제거시킨 유전자변형생물일 수도 있다. 이 절에서는 재조합DNA의 응용, 특히 의학과 농학에 막대한 영향을 끼치는 응용에 대하여 알아본다.

재조합단백질 산물

재조합DNA 분자는 숙주세포 내에서 발현되었을 때 상업적으로 또는 의학적으로 중요한 단백질을 생산할 수 있도록 고안할 수 있다. 적절한 혼성화 유전자가 만들어지면 세균은 많은 종류의 원핵 및 진핵생물의 단백질을 생산하는 공장으로 이용될 수 있다. 상업적으로 생산된 최초의 **재조합단백질(recombinant protein)**은 사람의 인슐린이다. 인슐린을 형성하는 폴리펩티드 사슬은 각각 A 사슬 및 B 사슬을 암호화하는 두 개의 합성 DNA(synthetic DNA)로부터 만들어진다. 이 두 DNA는 각각 서로 다른 벡터에 삽입된 후 대장균 세포에서 발현된다. 폴리펩티드 A와 B를 서로 혼합하여 활성을 가지는 인슐린을 만든다(그림 3.1과 63쪽 참조).

소 생장호르몬 농업용 목적으로 사용된 최초의 재조합단백질 산물은 1994년에 시판이 허용된 소 생장호르몬이다. 젖소에서 생장호르몬을 사용한 결과 우유의 생산이 약 15% 증가하였다. 현재 미국에서 생산되는 우유의 약 25%는 호르몬이 주입된 젖소에서 생산되고 있다. 이러한 호르몬의 사용에 대하여 캐나다와 미국의 소비자 단체는 반대하고 있다. 반대하는 사람들은 호르몬의 사용이 젖소의 유방염의 증가를 야기하여 항생제를 과다 사용하게 되므로 우유 속에 많은 양의 항생제가 들어 있게 되는 것에 대하여 우려를 나타낸다. 현재 유럽 공동체(EU)는 호르몬의 사용과 호르몬이 처리된 젖소에서 생산된 유제품의 수입을 금지하고 있다.

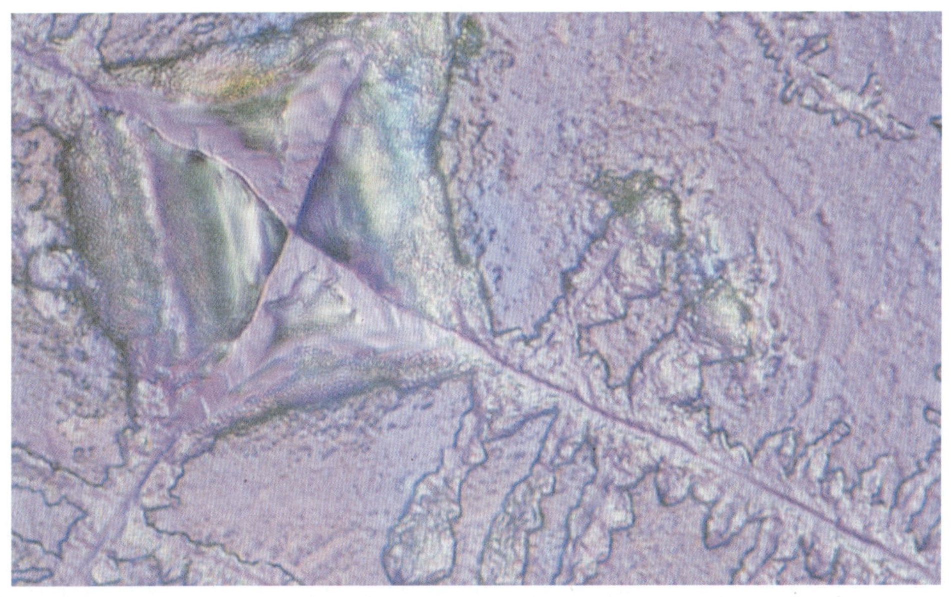

천연 유기금속 화합물. (a) 포르피린 고리와 철을 포함하는 헴 분자 (b) 포르피린 고리와 마그네슘을 포함하는 엽록소 분자

동물세포의 형질전환 세균 세포는 중요한 엑손의 이어맞추기(splicing)와 기타 번역후변형(post-translational modification) 과정을 수행할 수 없기 때문에 사람을 비롯한 진핵생물의 많은 유전자를 번역할 수 없다(12.3절 참조). 따라서 대부분의 진핵생물 유전자가 올바로 발현되게 하기 위해서는 진핵세포를 숙주로 사용하여야 한다. 동물세포는 진핵생물 유전자의 번역과 사람의 유전자치료에 대하여 중요한 정보를 제공하여 주므로 숙주세포로 많이 이용되고 있다. 재조합DNA 분자를 동물세포에 도입하는 데에는 여러 가지 방법이 사용되고 있다. 이러한 방법은 모두 외부 DNA를 숙주세포의 염색체 내로 통합시키는 방법이다.

1. 인산칼슘으로 침전된 DNA를 세포내섭취(endocytosis)에 의하여 흡수하는 방법. 이 방법은 1% 미만의 도입율을 보이지만 실험 방법은 비교적 간단하다.
2. 전기천공법(electroporation). 고압의 전류에 아주 짧은 시간 노출된 숙주세포는 재조합 DNA에 보다 높은 투과성을 가지게 된다.
3. 미세주입법(microinjection). 미세한 끝을 가진 피펫으로 재조합DNA 용액을 숙주세포에 직접 주입한다. 이러한 방법은 다소 지루하고 시간을 요하는데 약 2%의 형질전환율을 보인다.
4. 화학적 전달 방법(chemical delivery system). 재조합DNA를 포함하고 있는 합성된 지질낭이 세포막을 통한 도입을 돕는다.

치료용 유전자 산물 위에서 언급된 바와 같은 어려움에도 불구하고 현재 대량으로 생산되고 있거나 또는 개발 중인 치료용 유전자 산물이 많이 있다. 지난 수년 동안에 설립된 많은 생명공학 회사들은 치료용이나 또는 진단용 목적에 유용한 단백질의 생산을 목표로 하고 있다. 표 13.1은 이러한 산물의 일부와 그 사용 용도에 대하여 나타내었다.

표 13.1
재조합단백질과 이용

단백질	이용
사람 인슐린	당뇨병 치료
사람 소마토트로핀(somatotropin, 생장호르몬)	왜소증 치료
소 소마토트로핀(BST)	젖소의 우유 생산 증가
돼지 소마토트로핀	돼지 성장 증가
풀모자임(Pulmozyme)	낭포성섬유증 치료
조직 플라스미노겐 활성인자(TPA)	심장마비와 뇌졸중 치료, 혈전 용해
에리트로포이에틴(erythropoietin)	빈혈증의 적혈구 생산 촉진
인터페론(interferon)	항바이러스제, 암 치료
과산화물제거효소(superoxide dismutase)	산소로부터 유래된 활성라디칼의 제거
심방나트륨배설인자(ANF)	고혈압 감소
렙틴(leptin)	비만 치료
B형 간염 백신	간염 치료
헤르셉틴(herceptin)	전이성 유방암을 치료하는 단일클론항체
과산화물제거효소(SOD, superoxide dismutase)	활성산소 제거, 관절염 치료

단백질의 구조-기능 분석 지금까지는 재조합단백질 산물의 구조가 정상적인 아미노산의 서열로 이루어진 것이라는 가정 하에 언급되었다. 비록 많은 단백질 산물은 그러하지만, 종종 돌연변이 단백질이 매우 바람직한 경우도 있다. 재조합DNA 기술이 가지는 독특한 장점은 특정한 돌연변이를 만들어 낼 수 있다는 것이다. 재조합DNA의 염기서열을 변경함으로써 발현되는 단백질의 구조가 변경될 수 있다. **위치지정돌연변이유발(site-directed mutagenesis)** 방법에 의해 단백질 산물에서 하나 또는 몇 개의 아미

노산이 변경될 수 있다. 이러한 단백질의 설계는 효소 촉매 활동에서의 특정 아미노산의 역할, 단백질 접힘(folding)과 분자인식 등을 이해하는 데 많은 도움을 주고 있다. 예를 들면, 한 효소가 촉매작용에서 활성부위에 있는 세린의 히드록실기를 이용할 것이라고 생각해 볼 수 있다고 하자. 이러한 가정은 정상적인 효소에 있는 세린을 알라닌으로 교환해 봄으로써 조사해 볼 수 있다. 만약 돌연변이 효소가 촉매 활성을 가지지 못한다면, 원래의 가설이 맞는 것이다.

유전자변형생물

재조합DNA 기술을 이용하여 유전자 구조의 특정 뉴클레오티드를 결실시키거나, 추가하거나, 또는 교체하여 생물체를 아주 빠르고 정확하게 변형시킬 수 있다. 염기서열의 변화는 단 하나의 염기쌍을 변경하여 단백질에서 하나의 아미노산을 다른 아미노산으로 대체하는 작은 변화로부터 한 생물체가 새로운 단백질을 생성할 수 있을 정도의 새로운 형질을 부여하는 유전자의 변화처럼 큰 규모까지 모두 포함한다. 이러한 유전자변형생물(genetically altered organism)은 세균, 식물, 동물을 모두 포함한다(생화학 들여다보기 13-2 참조).

세균 1970년대에 스탠퍼드 대학의 폴 버그(Paul Berg) 등은 최초로 외부 DNA를 플라스미드로 삽입시켜 세균 세포에서 재조합DNA 산물을 발현시켰다. 지금은 유전자변형세균을 만드는 것이 일상적인 실험이 되었다. 어떤 문제를 기술적으로 해결할 수 있는 바람직한 유전적 특성을 나타내도록 세균을 유전적으로 변형시켰다는 소식을 우리는 매일 듣고 있다. 초기에는 유전자변형세균이 환경으로 방출되는 것에 대한 안정성에 대하여 많은 염려가 있었다. 유전자변형세균의 균주를 다루는 데 있어 매우 엄격한 규칙이 적용되었다. 예를 들면, 세균 균주를 돌연변이 시켜서 실험실 바깥에서는 생존할 수 없도록 만드는 것이 필수적이었다. 비록 새로운 발견이 이루어질 때 마다 안전에 대한 염려는 줄어들었지만, 유전자변형생물을 사람에게 적용하거나 또는 환경으로 내 보내기 전에 환경에 미치는 영향에 대한 보고는 완성되어야 한다. 아래에 유전자변형세균의 세 가지 예를 들었다.

1. **얼음이 제거된 세균** 슈도모나스(*Psuedomonas syringae*)는 많은 작물의 잎과 줄기에 사는 흔한 세균이다. 세균 세포의 표면에 존재하는 단백질이 얼음 결정의 형성을 촉진시키므로 식물이 서리의 피해를 입기 쉽게 만든다. 이러한 표면 단백질의 유전자를 제거시켜 몇몇 슈도모나스 세포를 유전적으로 변형시켰다. 이러한 "얼음이 제거된 세균"을 서리가 내리기 직전에 캘리포니아의 딸기 밭에 뿌렸다. 비록 일반 식물에 비해 세균이 처리된 식물에서 물리적인 손상이 적은 것으로 나타났으나, 환경 운동가들이 딸기 밭의 일부를 파괴하여 버려서 통계적인 결과를 얻을 수는 없었다.

2. **생물적 환경 정화** 현재 새로운 생분해 능력을 가지는 미생물 균주들이 개발 중에 있다. 특히 다이옥신(dioxin), 원유 성분(탄화수소 혼합물), TNT, PCB와 트리클로로에틸렌 등과 같은 복합 염소화 탄화수소를 분해하는 효소를 발현시키는 유전자가 도입된 유전자변형 슈도모나스 세균이 개발 중에 있다. 이러한 유전자변형생물체를 이용하여 독성 폐기물 지역이나 원유 유출 지역의 생물학적 복원(bioremediation)이 가능한지 시험 중에 있다.

3. **채광** 철 및 황 산화 세균인 티오바실루스(*Thiobacillus ferrooxidans*)가 석탄에서 황을 제거하는 능력을 향상시키기 위해 유전자변형체를 만드는 중에 있다. 석탄을 비롯한 화석 연료에 있는 황은 무기황(황철광, FeS_2)과 유기황(벤조티오펜)의 형태로 존재한다. 이러한 성분을 제거하면 연소 후에 적은 양의 황산화물을 생산하므로 청정 연료를 생산할 수 있게 된다. 이 세균은 또한 광석에 존재하는 황비철광과 황철광을 분해하는 데 이용된다. 이러한 광석으로부터 먼저 황화물을 산화시키면 금이나 은을 매우 효율적으로 추출할 수 있다.

그림 13.12 해충으로부터 보호될 수 있게 유전적으로 변형된 목화(왼쪽)는 그렇지 않은 목화에 비해 더 큰 꼬투리를 생산할 수 있다.

식물 토양 세균의 일종인 아그로박테리움(*Agrobacterium tumefaciens*)의 도움으로 식물세포 속으로 재조합DNA 분자를 도입할 수 있다. 이 세균은 식물체에 감염한 후 자신의 플라스미드(Ti-plasmid, 종양 유발 플라스미드)를 식물의 유전체 속으로 삽입한다. 식물의 감염 부위에서는 보통 근두암종(crown gall)이라고 불리는 종양 덩어리가 발생한다. Ti 플라스미드는 식물체 속으로 외부 유전자를 도입하는 벡터로 이용된다.

유전자변형식물은 불리한 조건 아래에서도 작물의 수확을 높이고 유통 기한이 향상된 보다 매력적이고 영양가 있는 과일과 야채를 생산함으로써 농업에 커다란 영향을 미칠 것이다. 예를 들면, 칼젠(Calgene)사에 의해 개발된 유전자변형 토마토(FlavrSavr, 상품명)는 물러지는 것을 방지하도록 유전자가 변형된 것이다. 그러나 판매 부진으로 인해 생산이 중단되었다. 콩과 목화도 제초제에 저항성을 가지도록 개발되었다. 이러한 작물의 밭에 작물에는 아무런 피해를 주지 않으면서 제초제를 처리할 수 있게 된다. 호박, 옥수수, 감자, 목화(그림 13.12) 등은 딱정벌레, 마름병, 바이러스 등의 해로부터 보호되도록 개발되었다. 현재 미국에서 재배되는 콩의 약 50%는 제초제인 글리포세이트(glyphosate, 생화학 들여다보기 19.1 참조)에 저항성을 가지도록 유전자가 변형된 것이다. 미국의 옥수수 재배 면적의 약 33%는

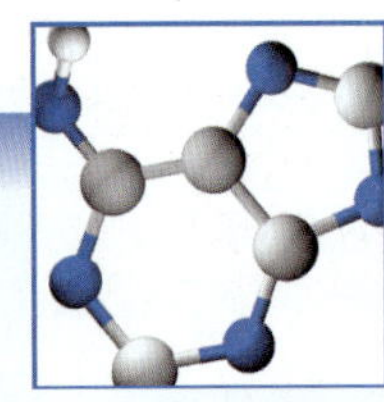

13 - 2

생화학 들여다보기

식료품점 선반에 놓인 유전자변형생물체의 생산물

전 세계적으로 어느 식료품점을 가 보아도 유전자변형생물체(genetically modified organism, GMO)에서 나온 성분을 포함하는 수십 개의 식품을 발견할 수 있다. 옥수수, 대두, 카놀라(유채)로 된 식품은 어느 것이라도 약 50% 정도의 유전자변형 성분을 포함하고 있을 가능성이 있다. 이에는 마가린, 옥수수 칩, 식물성 기름, 옥수수 녹말과 빵 종류가 포함된다. 만약 유전자변형 사료로 키우는 축산물까지 포함시킨다면 유제품, 달걀, 소고기, 돼지고기, 가금류의 고기와 심지어 생선까지도 이에 포함된다.

1996년 처음으로 몬산토(Monsanto) 사에서 유전자변형 대두 종자(Roundup Ready, 상품명)가 소개된 이후로 식품 생산에 커다란 변화가 일어났다. 제초제 저항성을 가진 이 대두에 이어 해충에 저항성을 지닌 옥수수가 만들어졌다. 제 1세대 농업 생명공학의 산물은 주로 수확량을 늘리는 데 초점이 맞추어졌다. 현재 개발 중인 다음 세대의 산물은 식량이나 또는 사료로서 작물의 질을 향상시키는 특성을 가지도록 하는 데 초점을 맞추고 있다. 이것은 단백질, 아미노산, 녹말, 비타민 등의 양을 증가시켜 영양적인 측면을 향상시킬 수 있을 것으로 보인다.

농업 생명공학에서의 이러한 발전은 모두 일부 소비자 단체와 일반 대중의 관심과 논쟁 속에서 진행되고 있다. 식품의 안정성, 항생제 저항성, 알레르기 반응을 비롯한 건강에 미치는 영향과 생태계에 미치는

해충에 저항을 가지도록 변형된 것이다. 또한 고염, 가뭄, 극심한 저온과 같은 불리한 환경에서도 자랄 수 있는 작물들이 개발되고 있다. 비록 이러한 응용이 아주 유망하게 보이지만 이러한 개발이 자연 생태계를 파괴할 수 있다는 비판도 있다. 환경론자들은 제초제에 저항성을 가지도록 변형된 식물이 그 특성을 잡초를 포함한 다른 식물에게 전이시킬 수 있다는데 특히 우려를 나타낸다(생화학 들여다보기 13.2 참조).

동물 동물의 유전자변형은 기술적으로 매우 어려울 뿐만이 아니라 또한 윤리적인 문제를 야기한다. 여러 종류의 조직을 가지는 다세포 생물에서, 유전자는 정자와 난자와 같은 생식세포나 체세포 내로 도입될 수 있다. 생식세포의 변화는 세대를 거쳐서 전달되나, 체세포의 유전적 변화는 특정 개체에만 존재하게 된다. 사람에서의 유전자치료 실험은 오직 체세포를 이용하여 수행되도록 허용된다.

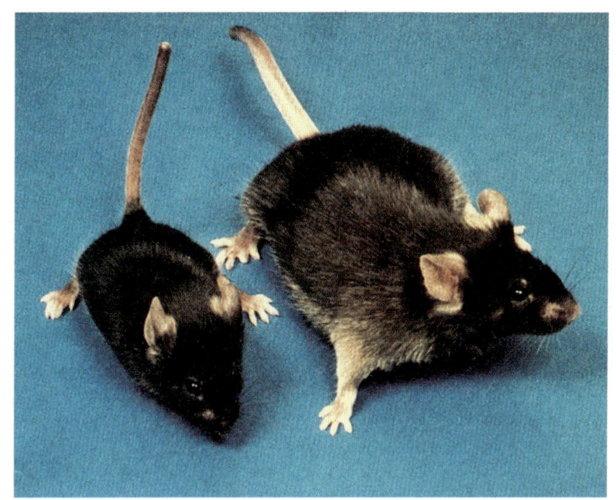

그림 13.13 유전자변형 동물. (a) 복제양 돌리, (b) 쥐의 생장호르몬 유전자를 생쥐의 난자에 주입하여 생산된 거대한 생쥐(왼쪽)

영향 등에 대하여 의문이 제기되고 있다. 이외에도 GMO 작물의 씨앗으로부터 재래종 작물의 씨앗으로 재조합 유전자가 자연적으로 전파되는 것에 대한 우려 또한 존재한다. 한 연구 결과는 재래종 옥수수, 대두 및 카놀라 씨앗의 절반 이상이 재조합DNA를 가지고 있음을 밝혔다. 미국의 소비자 보호 단체는 만약 GMO 성분이 발견되면 모든 곡류와 특정 생산물 표지의 면밀한 분석을 요청하고 있다. 유럽 국가들은 식품에 최소 1% 이상의 유전자변형 성분이 들어 있으면 의무적으로 표시를 해야 한다고 제안하였다.

식품점에서 아침용 곡류 가공 식품을 비교하고 있는 여성.

아마 가장 잘 알려진 유전자변형 동물의 예는 복제양 돌리(Dolly)와 거대 생쥐(그림 13.13)의 생산일 것이다. 거대한 생쥐를 생산하기 위해 쥐의 생장호르몬(소마토트로핀, somatotropin) 유전자를 플라스미드에 삽입한 후 생쥐의 난자에 미세주입하였다. 이렇게 태어난 생쥐는 정상 쥐보다 약 2배의 크기를 가진다. 유전체 DNA를 분석한 결과 이 생쥐에 쥐의 소마토트로핀 유전자가 존재함을 보여주었다. 이러한 생쥐와 같이 유전적으로 변형된 유전자를 포함하고 있는 생물을 **형질전환체(transgenic)**라고 부른다.

인간의 유전자치료

유전자치료(gene therapy)는 생물체의 세포 내로 정상적인 유전자를 도입함으로써 유전적 결함을 치료하고자 하는 시도로 정의될 수 있다. 표적 세포가 유전자를 끌어들여 기능을 가지는 원하는 단백질을 생산하는 것을 기대할 수 있다. 앞에서 언급한 바와 같이 생쥐의 세포를 유전적으로 변형시키는 것이 가능하다면 마찬가지로 인간의 세포도 기술적으로 유전적 변형이 가능할 것이다. 사실, 사람의 유전자치료의 효능성을 시험하는 많은 실험이 수행되었다. 과거에 이미 수행된 연구와 현재 임상 시험 단계에 있는 몇몇 연구가 표 13.2에 있다.

표 13.2
진행 중이거나 계획 중인 유전자치료

질병	결함이 있는 단백질, 유전자 또는 삽입된 DNA
레쉬-니한증후군(Lesch-Nyhan syndrome)	히포크산틴-구아닌포스포리보실기전달효소 (hypoxanthine-guanine phosphoribosyl transferase, 19.5절)
근위축성 측삭경화증(amyotrophic lateral sclerosis, ALS) 또는 루게릭병(LouGehrig's disease)	과산화물제거효소(superoxide dismutase)
부신백질이영양증(adrenoleukodystrophy, ALD)	단백질을 운반하는 매우 긴 지방산 사슬 합성효소(very long chain fatty acid synthetase)
중증복합면역결핍증(severe combined immunodeficiency, SCID)	아데노신탈아미노화효소(adenosine deaminase)
β-지중해성 빈혈(β-thalassemia)	헤모글로빈의 β-글로빈
가계성 고콜레스테롤혈증(familial hypercholesterolemia)	저밀도지방단백질(low density lipoprotein, LDL)의 간 수용체(18.5절)
혈우병(hemophilia)	혈액 응고인자
듀켄씨근이영양증(Duchenne's muscular dystrophy)	디스트로핀(dystrophin)
AIDS	HIV RNA를 절단하는 리보자임 유전자
유전성 기종(inherited emphysema)	α_1-항트립신(α_1-antitrypsin)
낭포성섬유증(cystic fibrosis)	폐의 점액을 없애 주는 비강 분무액
암	E1A와 p53 종양억제유전자

조기의 인간 유전자치료 실험은 성공과 실패 모두를 보여주었다. 1990년 한 내과의사 팀이 아데노신탈아미노화효소(adenosine deaminase)의 유전자를 X-연관 중증복합면역결핍증(SCID)을 가진 4살의 여자 아이에게 도입하였다. 현재 19살인 이 소녀는 건강하게 잘 지내고 있다. 그러나 1999년 제시 겔싱거(Jesse Gelsinger)는 희귀한 간 질환의 치료를 위해 아데노바이러스에 근거한 유전자치료를 받은 직후 사망하였다. 현재 연구자들은 이러한 성공과 실패를 거울삼아 새로운 유전자치료 기법의 개발을 시도하고 있으며, 인간의 유전자치료가 올바른 방향으로 나아가고 있다고 확신한다. 그러나 유전자치료 기법의 개발은 의사나 치료를 기다리는 환자의 생각보다는 더디게 진전되고 있다. 이렇게 진전이 느린 주된 이유는 모든 임상 시도에는 광범위한 규제와 보고가 반드시 수반되어야 하기 때문이다. 미래의 인간 유전자치료에 대한 더 자세한 사항은 임상생화학 13에서 언급된다.

13.5 유전체학 – 유전체 연구

학습 목표
유전체 염기서열 결정에 대한 중요성과 응용을 이해한다.

전체 유전체 염기서열 결정

1950년대와 1960년대에 DNA와 RNA에 존재하는 유전정보가 뉴클레오티드염기서열의 형태로 암호화되어 있다는 것이 밝혀졌을 때, 분자생물학 연구의 방향은 염기서열을 결정하는 실험과정의 발전으로 향하게 되었다. 초기의 염기서열 연구는 비효율적이고, 정확성이 떨어지며, 노동집약적인 방법인 산과 염기 그리고 핵산분해효소에 의한 DNA와 RNA의 가수분해 방법과 전기영동에 의한 DNA 절편의 분석 방법을 이용하였다(10.4절). 단지 76개의 뉴클레오티드로 이루어진 알라닌 t-RNA 분자의 염기서열은 7년 동안의 작업 끝에 1965년에 완성되었다. 분자생물학에서의 세 가지 중요한 진전으로 인해 큰 DNA와 RNA 분자뿐만이 아니라 인간의 유전체를 비롯한 생물의 전 유전체의 염기서열 결정이 가능하게 되었다.

- 염기서열의 특정 부위에서 DNA를 가수분해하는 효소인 제한효소의 발견(10.4절).
- 특정 DNA 분자의 생산을 가능하게 하는 분자클로닝 과정의 발달(13.1절)
- 맥섬-길버트(Maxam – Gilbert)의 화학절단법과 생어(Sanger)의 사슬종결법 등 2가지 염기서열 결정법의 발달(11.6절)

현재의 전체 유전체의 염기서열 결정은 빠르며 일상적인 작업이 되었다. 최초로 유전체의 염기서열이 결정된 생물은 원핵생물인 헤모필루스 인플루엔자(*Haemophilus influenzae*)로서 1995년에 발표되었다. 이 유전체는 180만 염기쌍과 1700여개의 유전자를 가진다. 인간 유전체의 완전한 염기서열 결정은 2001년에 완성되었으며, 32억 개의 염기쌍과 약 20,000~25,000개로 추정되는 유전자를 가진다. 표 13.3은 최근에 유전체의 염기서열이 결정된 몇몇 생물을 보여준다. 현재 유전체 염기서열은 인터넷 저장소에서 찾아 볼 수 있다. 2005년 현재 데이터베이스 웹사이트에는 1,000종 이상의 생물 유전체의 염기서열이 등록 되어있다. 가장 널리 알려진 웹사이트는 미 국립 생명공학정보센터(NCBI)의 유전자은행(GenBank)이다(*http://www.ncbi.nih.gov/Genbank*). 미국의 한 연구팀은 생명 활동에 필요한 최소한의 유전자 수를 찾는 연구를 하고 있다(생화학 들여다보기 13-3 참조).

표 13.3
유전체의 염기서열이 결정된 생물체

생물체	유전체 크기(kb)	염색체 수
Mycoplasma genitalium(인간 기생균)	580	1
Borrelia burgdorferi(라임병균)	1444	1
Haemophilus influenzae(인간 병원균)	1830	1
Mycobacterium tuberculosis(결핵균)	4412	1
Escherichia coli(대장균)	4639	1
Saccharomyces cerevisiae(효모)	11,700	16
Drosophila melanogaster(초파리)	137,000	4
Oryza sativa(벼)	430,000	12
Homo sapiens(인간)	3,200,000	23

표본생물체

전체 유전체 DNA의 염기서열 결정이 비교적 간단하기 때문에 어떤 생물체를 연구 대상으로 우선적으로 선발해야 하는지에 대한 필요성이 대두되었다. 약 1,400만 종으로 추산되는 생물체 중 어느 것이 염기서열 결정을 위해 우선적으로 선발되어야 하겠는가? 연구자들은 염기서열 결정에 있어 우선권을 가지는 생물군을 선발하였다. 이러한 **표본생물체(model organism)**를 선발하는 기준은 다음과 같은 것을 포함한다.

- 생물체를 쉽게 구할 수 있고 비싸지 않아야 하며 다루기 쉬워야 한다(복잡하지 않은 유전체).
- 생물체들의 유전체 연구 결과가 인간 생물학과 어느 정도 관련성이 있어 인간 질병의 예방과 치료에 도움을 줄 수 있어야 한다.
- 표본생물체들은 공통적인 유전적 특성을 가짐으로써 보존적 측면과 생명 형태의 공통점 연구에 도움이 될 수 있어야 한다. 하지만 동시에 생물학적 과정들에 대한 우리의 이해를 넓힐 수 있도록 생물체들 사이에 독특한 차이점이 존재하여야 한다.
- 생물체는 진화 과정에 대한 우리의 이해를 향상 시킬 수 있는 유전적 정보 및 기타 생화학적 정보를 제공하여야 한다.

가장 많이 이용되고 효용 가치가 높은 8가지 종류의 표본생물체들을 표 13.4에 나타냈다. 이러한 유전적 정보를 이용하여 전 세계 생물학자들은 자신들의 실험 결과를 서로 비교할 수 있을 뿐만 아니라, 생화학자와 분자생물학자들은 물질대사, 단백질 구조와 생명공학의 중요한 과정을 연구하는데 도움을 주는 막대한 양의 지식을 제공받을 수 있을 것으로 기대된다.

미국 국립보건연구원(NIH) 유전체 연구소의 한 위원회는 자신들의 유전체 염기서열 결정에 우선권을 가지는 생물체 목록에 침팬지, 닭, 꿀벌, 성게, 원생생물인 테트라히메나(*Tetrahymena thermiphilia*) 그리고 균류 등을 포함하였다. 이들 생물체들이 선발된 이유는 유전적 정보가 인간 건강 및 진화적 유연관계와 관련성이 있기 때문이다.

표 13.4
표본생물체

학명	일반명
Escherichia coli	대장균
*Saccharomyces cerevisiae*와 *Schizosaccharomyces pombe*	효모
Caenorhabditis elegans	예쁜꼬마선충
Drosophila melanogaster	초파리
Danio rerio	제브라피시
Arabidopsis thaliana	애기장대
Mus muscumus	생쥐

생물정보학

유전체 염기서열과 같은 대규모의 생물정보 획득이 용이해짐에 따라 **생물정보학(bioinformatics)**이라고 불리는 매우 넓은 과학 영역이 새로이 탄생하였다. 실질적으로 생물정보학은 컴퓨터공학을 생물학 정보의 저장, 조직화 및 분석에 응용하는 것이라고 정의된다. 이 분야에서 일하는 연구자들은 종종 중요한 관련성을 탐색하기 위해 생물학 정보를 캐낸다고 말한다. 비록 생물정보학이 원래 컴퓨터 데이터베이스에 저장된 유전 염기서열의 정보를 획득하고 이용하는데 초점을 맞추었으나, 지금은 유전자뿐만 이 아니라 단백질의 아미노산서열, 생체분자의 구조 정보, 유전자발현의 조절, 생체분자의 특성, 분광 정보, 약물과 치료 정보 그리고 **단백질체학(proteomics**, 하나의 세포나 조직에 의해 발현되는 모든 단백질의 연구)까지 그 영역이 확대 되었다. 이러한 새로운 분야에서 일하는 과학자들은 보통 컴퓨터학, 생물학과 수학, 특히 통계학에 강한 배경 지식을 가진다.

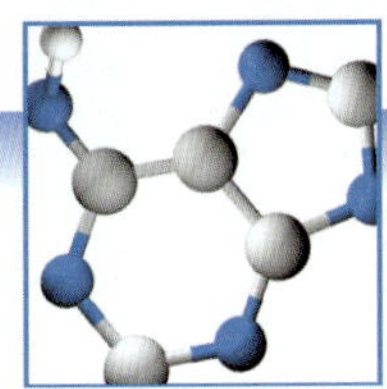

13 - 3

생화학 들여다보기

얼마나 많은 유전자가 생명에 필요한가?

많은 원핵생물과 진핵생물의 유전체 DNA의 염기서열이 결정되었기 때문에 종 내에서, 혹은 두 종 사이나 여러 종 사이에서 유전자를 비교하는 일이 가능하게 되었다. 유전자 염기서열 정보의 비교는 유전자가 어떻게 기능을 수행하는지에 대한 이해를 증진시킬 것이며, 과학자들이 진화적 발전 과정의 연구를 수행할 수 있게 할 것이다. 표 13.3은 약 517개의 유전자를 가진 생물체(*Mycoplasma genitalium*, 지금까지 알려진 것 중 가장 작은 유전체)부터 약 32억 염기쌍을 가진 인간(2만~2만 5천개의 유전자)에 이르기까지 현재까지 염기서열이 결정된 다양한 유전체의 크기를 보여준다. 흥미롭고 중요한 질문이 제기된다. 생명활동을 유지하는데 요구되는 최소한의 유전자 수는 몇 개인가?

두 과학자가 이 질문에 대답하기 위해 노력하고 있다. 벤터(Craig Venter, 사람유전체연구사업의 참여자)와 스미스(Hamilton Smith, 제한효소의 발견으로 1978년 노벨상 수상)는 세포에 도입되었을 때 살아갈 수 있고 복제할 수 있는 가장 작은 유전체를 화학 합성에 의해 만들려는 시도를 하고 있다. 벤터는 이러한 시도에 대해 "목표는 가장 기본적인 살아있는 세포의 구성요소를 근본적으로 이해하는 것이다. 우리는 생명의 분자적 정의에 도달할 수 있을 것이라고 생각한다"라고 말한다. 벤터와 스미스는 지금까지 알려진 것 중 가장 작은 유전체(580kb)를 가진 생물체인 *M. genitalium* 세균을 가지고 연구를 시작하였다. 이 세균은 인간의 요로에서 발견되며 요로 감염과 관련되어 있다. 이 생물체의 유전자제거생물(knockout)을 이용한 연구 결과, 이들은 517개의 유전자 중 약 300개만 있어도 생존이 가능하다는 것을 밝혀냈다. 필수 유전자와 그들의 염기서열이 결정되면, 벤터와 스미스는 수십 만 개의 염기를 포함하는 필수적인 유전물질(유전체 혹은 염색체)을 화학적 방법으로 합성할 것이다. (지금까지 합성된 가장 큰 유전체는 7,500 염기의 폴리오바이러스 유전체이다.) 이렇게 합성된 유전체는 DNA를 파괴시켰거나 제거시킨 "속이 빈" *M. genitalium* 세포로 도입될 것이다. 인공 DNA를 가진 세포는 생존과 생식 능력을 조사하게 된다. 만약 이러한 세포가 생존 능력을 가진다며, 이들을 환경 문제를 해결하는데 도움을 주거나 에너지원을 공급할 수 있는 생물체로 변형될 것이다. 예를 들어 발전소에서 방출되는 이산화탄소를 분해시키는 효소나 혹은 연료로 사용하기 위해 수소를 생산하는 효소의 유전자를 이 생물체로 도입할 수 있을 것이다.

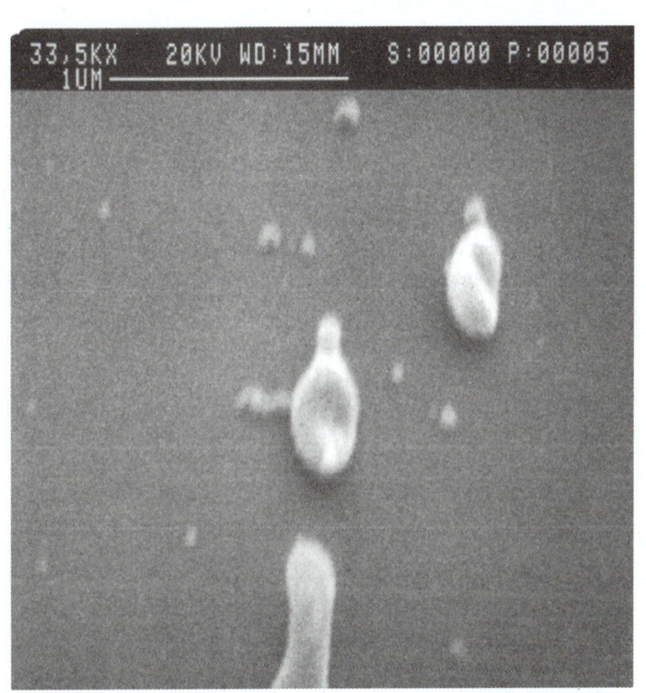

Mycoplasma genitalium(인간 기생균의 일종)의 전자 현미경 사진.

이러한 모험과 관련하여 심각한 윤리적 및 실용적인 문제가 존재한다. 과학자들은 새로운 형태의 생명체를 창조하는 도덕적 권리를 가지는가? 새로운 생물체가 병원균이 될 가능성은 없는가? 테러리스트에 의해 생물학적 무기로 변형될 가능성은 없는가? 세균으로부터 유전자들을 제거하여 혹독한 실험실 외부 조건에서는 생존할 수도 없고 또한 인간 세포에 감염될 수 없도록 할 것이다.

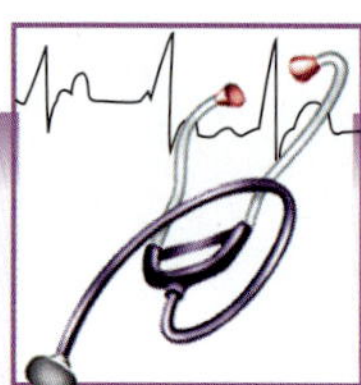

13 – 1

임상생화학

인간 유전자치료 – 미래의 약속

인간 유전자치료는 정상적인 기능을 가지고 있는 유전자를 체내로 도입하여 유전적 결함에 의해 야기된 손상을 치료하는 것이다. 표적 세포가 새로운 유전자를 자기 자신의 DNA로 받아 들여, 결함을 치료할 수 있는 치료용 단백질을 생산할 수 있기를 희망한다. 약 4,000여 질병이 하나의 유전자에서의 유전적 손상에 의해 유발되므로, 유전자치료 시도의 가능한 목표는 많이 존재한다. 현재 AIDS, 뇌암, 중증복합면역결핍증, 비만, 다발성결화증, 백일해와 카포시육종(Kaposi's sarcoma)을 포함한 여러 질병을 치료하기 위한 유전자치료법이 개발 중에 있다. 표 13.2는 진행 중이거나 계획 중인 유전자치료법의 자세한 목록이다.

인간의 유전자 전달의 기본 전략은 레트로바이러스(retrovirus)로부터 유래한 벡터를 사용하는 것이다. RNA 레트로바이러스는 치료유전자(정상적인 기능을 가지는 유전자를 암호화하는 mRNA)를 숙주세포 내로 운반하고 역전사효소를 이용하여 치료유전자를 숙주 염색체 속으로 삽입시킨다. 3가지 유형의 방법이 이용 된다.

1. **생체외 방법(*Ex vivo* method).** 몸에서 세포를 제거한 다음, 치료유전자를 포함하고 있는 레트로바이러스 벡터와 배양한 후 다시 몸으로 돌려보낸다.
2. **생체내 방법(*In vivo* method).** 벡터를 직접 혈관 속으로 주입한다.
3. **제자리 방법(*In situ* method).** 벡터를 직접 병이 걸린 조직에 투입한다.

어느 정도 가능성을 보이는 또 다른 벡터 형태는 아데노바이러스(adenovirus)이다. 아데노바이러스는 교정된 유전자를 재조합DNA의 형태로 표적세포에 전달한다. 이 유전자는 염색체외 DNA의 형태로 올바른 단백질을 생산하는데 이용된다.

유전자 전달의 또 다른 접근 방법은 바이러스 대신 플라스미드(plasmid)를 이용하는 것이다. 원하는 유전자를 포함하고 있는 재조합 플라스미드는 전기천공법(electroporation)이나 세포막을 통과할 수 있는 지질낭(lipid package)과 같은 인공적인 화학적 전달 방법을 이용하여 숙주세포 내로 전달될 수 있다. 바이러스를 이용하지 않는 방법들은 바이러스의 안정성을 염려하는 연구자들에 의해 사용된다. 바이러스는 암 등의 질병 유발 가능성에 대한 우려가 존재한다. 이들 방법은 유전자 전달 체계의 작은 부분을 차지하고 있는데 불과하지만 어세를 몰며 주목을 받기 시작하고 있다.

여러 번의 유전자치료 임상 시험 중에서 단지 몇 번 만이 성공하였다. 1990년에 한 의사 팀이 4세의 여아 중증복합면역결핍증 환자의 T-세포에 있는 아데노신탈아미노화효소를 유전적으로 교정하였다. 2000년에는 파리의 파스퇴르 연구소의 과학자들이 생체외 방법을 이용하여 두 명의 X-연관 중증복합면역결핍증 유아를 성공적으로 치료하였다. 전 세계에 걸쳐 약 600건의 유전자치료의 임상 시험이 진행 중인 것으로 추정된다. 미국 국립보건원의 지원을 받는 인간 유전자 전달(Human Gene Transfer) 데이터베이스는 500건 이상의 임상 시험을 웹사이트(*http://www4.od.nih.gov/oba/rac/clinicaltrial.htm*)에 올려놓았다. 이 중 약 2/3 정도는 암에 대한 치료 시도이다.

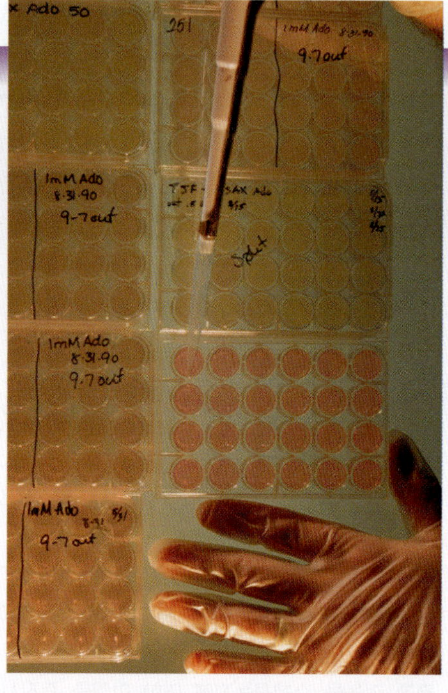

유전자치료 실험을 위해 유전자 교정 T 림프구의 배양 접시를 준비하고 있다.

이러한 강력한 기술의 악용 가능성 때문에 각국의 정부 위원회는 매우 엄격한 지침을 설정하였고, 또한 모든 유전자치료의 실험은 해당 정부기관에 의해 승인되어야 한다. 미국에서는 인간과 관련된 연구를 수행하기 위해서 미국 국립보건원 산하 재조합DNA 자문위원회(Recombinant DNA Advisory Committee)의 승인을 받아야 한다. 일반적으로 인간 유전자치료는 체세포에만 국한 되어야 하며, 유전적 결함은 단지 하나의 유전자에 의한 것이어야 하고, 유전병은 생명을 위협하는 것이라야만 하며, 실험은 다른 표본 동물에 의해 먼저 이루어져야 한다. 인간 유전자치료의 성공은 매우 느리게 이루어지고 있지만 수십 년 이내에 치료의 주된 수단이 될 것으로 예상된다.

학습 문제

1. 세포 내 유전자 전달에 어떻게 "지질낭(lipid package)"이 이용될 수 있는가?
2. 유전자치료에 의해 치유될 수 있는 몇몇 유전병 중 이 책에서 다루어진 것은 어떤 것이 있는가?
3. 미국 국립보건원 웹사이트에 들어가 인간 유전자치료를 위해 어떤 것이 임상 시험 중에 있는지 목록을 만들어 보시오.

참고 문헌

Anderson, W., 1995. Gene therapy. *Sci. Am.* 273(3):124–128.

Henry, C., 2001. Gene delivery without viruses. Chem. Eng. News Nov. 26:35–41.

Lyon, J. and Gorner, P., 1995. *Altered Fates: Gene Therapy and the Retooling of Human Life.* New York: Norton.

Roberts, J.m 2002. Gene therapy's fall and rise (again). *The Scientist* 18:22–24.

요약

■ 생명공학(biotechnology)은 실용적인 문제를 해결하기 위하여 생물체의 세포와 세포 성분을 이용하는 것이라고 정의된다. 현재 이용되고 있는 생명공학의 예는 (a) 산업 및 제약에 필요한 화학물질을 합성하기 위한 효소의 이용, (b) 유전병을 치료하기 위한 유전자치료(gene therapy), 그리고 (c) 치즈, 포도주 등을 비롯한 식품의 생산 등이다.

■ 생명공학은 재조합DNA(recombinant DNA) 기술의 이용으로 가능하다. 즉 한 생물 종의 DNA를 단편으로 절단한 후 다른 종의 DNA와 연결할 수 있다. 이러한 혼성 DNA(hybrid DNA)는 숙주세포로 도입하여 새로운 단백질을 생성할 수 있다.

■ DNA 단편의 여러 사본을 만들기 위한 다른 방법은 중합효소연쇄반응(polymerase chain reaction, PCR)을 이용하는 것이다.

■ 재조합DNA 기술은 현재 특정 산물의 대량 생산과 인간 유전체의 염기서열 분석, 그리고 유전자변형생물의 창출에 이용되고 있다.

연습 문제

용어 이해

13.1 다음의 용어를 번역하고 간략히 정의하시오.

a. biotechnology
b. recombinant DNA
c. plasmid
d. cohesive end
e. transformation
f. genomic library
g. polymerase chain reaction
h. RFLP
i. gene therapy
j. blotting
k. vector
l. microarray analysis
m. DNA ligase

개념 복습

13.2 아래에 생긴 DNA 틈 중 어느 것이 DNA연결효소와 ATP에 의해 메워지겠는가?

a. to 3′ end ← O (A) — O — P 5′ + 3′ HO (T) — O → to 5′ end

b. to 3′ end ← O (A) — OH 5′ + 5′ P — O (T) — O → to 3′ end

c. to 3′ end ← O (A) — OH 5′ + 3′ HO (T) — O → to 5′ end

d. to 3′ end ← O (A) — O — P 5′ + P 3′ — O (T) — O → to 5′ end

e. to 5′ end ← O (T) — OH 3′ + 3′ HO (T) — O → to 5′ end

13.3 여러분은 (주)생명공학에 연구원으로 직장을 얻었다. 여러분의 첫째 과제는 호르몬인 바소프레신(vasopressin)의 유전자를 포함하는 재조합DNA를 제작하는 것이다. 그리고 또한 여러분은 유전자를 화학적인 방법으로 합성할 수 있다고 가정하자. 바소프레신을 만드는 유전자의 뉴클레오티드의 구조를 적으시오. 바소프레신의 아미노산서열은 다음과 같다.

Cys-Tyr-Phe-Asn-Cys-Pro-Arg-Gly

13.4 다음 DNA 중 어느 것이 제한효소의 절단부위이겠는가?

a. 5′ACGA
3′TGCT
b. 5′CGAT
3′GCTA
c. 5′ACGT
3′TGCA

13.5 엄격복제 플라스미드와 이완복제 플라스미드의 차이점을 설명하시오.

13.6 아래의 시약과 분자 중 재조합DNA를 만드는 데 필요한 것은?

a. λ 파아지DNA
b. 제한효소
c. 키모트립신
d. 클로닝할 DNA 단편
e. 글루코오스
f. DNA연결효소
g. 염화칼슘
h. 녹말
i. 암피실린

13.7 아래의 효소는 재조합DNA의 준비와 분석에 사용되는 것들이다. 각 효소에 의해 촉매되는 반응과 그 유용성에 대하여 설명하시오.

a. 제한효소
b. 말단전달효소
c. *Taq* DNA중합효소
d. DNA연결효소

13.8 플라스미드와 박테리오파아지를 클로닝벡터로 사용할 때의 장단점에 대하여 설명하시오.

13.9 PCR의 첫 단계(95℃로 15초간 가열)에서 어떤 일이 일어나는지 DNA를 선으로 이용하여 설명하시오.

13.10 분자생물학 실험에서 한 효소의 세린을 알라닌으로 바꾸려고 한다. 세린이 있는 부위의 아미노산서열은 -Leu-Glu-Ser-Val-Gly-이다.

a. 이 부분을 지정하는 DNA의 염기서열은 무엇인가?
b. 세린이 알라닌으로 바뀐 돌연변이 효소에서 이 단편의 뉴클레오티드염기서열은 어떻게 되겠는가?

13.11 회문(palindrome)이란 용어는 종종 제한효소의 절단부위를 설명할 때 이용되는 용어이다. 만약 이 용어를 잘 모르면 사전을 찾아보고 왜 이 용어가 적절한지 설명하시오.

13.12 유전병이 전염성일 가능성이 존재하는지 설명하시오.

13.13 다음 중 어느 것이 세균 플라스미드의 특성인가?

a. 유용한 클로닝벡터
b. 선형 DNA 분자
c. 자기복제하는 염색체외 DNA 분자
d. 고리형 구조
e. 모든 세균의 유전정보를 가지고 있다.

13.14 DNA연결효소를 가장 잘 설명한 화학 반응은 어느 것인가?

a. DNA연결효소는 중합효소이다.
b. DNA연결효소는 산화환원반응을 촉매한다.
c. DNA연결효소는 포스포에스테르결합을 형성한다.
d. DNA연결효소는 펩티드결합의 가수분해를 촉매한다.

13.15 10.4절에 있는 제한효소와 다른 핵산가수분해효소의 유사점과 차이점을 설명하시오.

13.16 제한효소에 의해 촉매되는 반응을 가장 잘 나타낸 말은?

a. 산화환원
b. 가수분해
c. 인산기전달
d. 이성질화

13.17 *Taq* DNA중합효소의 작용을 가장 잘 설명한 것은?

a. 포스포에스테르결합의 가수분해를 촉매
b. 산화환원반응을 촉매
c. 포스포에스테르결합의 형성을 촉매

활용 문제

13.18 pBR322와 같은 플라스미드를 *Eco*RI 제한효소로 처리하였다. 결과로 생긴 선형 DNA의 양끝의 염기서열은 무엇인가?

***힌트:** 표 10.5 참조*

13.19 진핵생물 DNA의 한 단편이 아래 그림의 화살표에서 보는 바와 같이 두 개의 *Eco*RI 자리를 가지고 있다. *Eco*RI으로 절단한 후 가운데 단편의 양끝의 염기서열을 무엇인가?

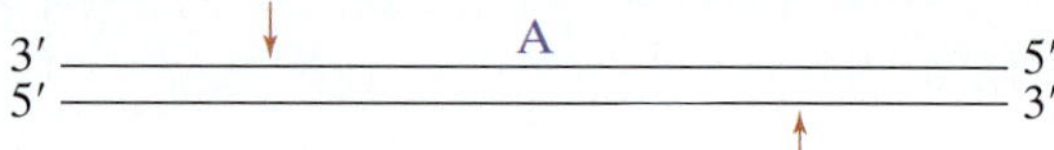

13.20 문제 13.18의 선형 플라스미드와 문제 13.19의 A 단편을 반응시키면 어떤 결과물을 얻을 수 있는지 그림으로 나타내시오.

13.21 아래의 구조를 가지는 유전자의 위치를 알아내기 위해 사용되는 혼성화탐침의 염기서열은 어떻게 되겠는가? 이 유전자가 플라스미드에 삽입되어 있다고 가정한다.

5' ATTGGTACAA

13.22 아래와 같은 진핵생물의 유전자를 준비한 후 동물세포에서 발현시키기 위하여 재조합DNA 속으로 삽입하고자 한다. 이 유전자가 적절히 전사, 번역, 조절되기 위해서 어느 부위가 재조합DNA의 부분이 되어야 하는지 아래 그림에 표시하시오.

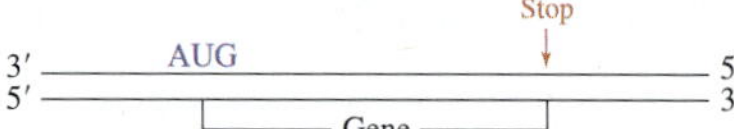

***힌트:** 12.4 절 참조*

13.23 pBR322를 다음의 각 효소로 절단하였을 때 생기는 절단물의 수를 그림 13.8을 이용하여 결정하시오.

a. EcoRI **b.** HindⅢ **c.** TaqI **d.** HinfI

13.24 PCR의 마지막 단계를 37℃보다는 72℃에서 반응시키는 이유는 무엇인가?

13.25 재조합 소 생장호르몬이 주입된 젖소로부터 짠 우유를 여러분은 마시겠는가? 싫다면 그 이유는? 이러한 우유가 식료품점에서 판매될 때 이와 같은 사실을 알려야 하겠는가?

13.26 지금은 개인의 DNA를 검사하여 여러 가지 유전병에 감수성이 있는지를 결정할 수 있다. 여러분은 자기 자신에 대한 이러한 정보를 가장 먼저 얻고 싶은가? 아니면 가장 나중에 얻고 싶은가?

13.27 한 신생아가 생명을 위협하는 유전병에 걸려서 이를 치료하기 위해 유전자치료를 수행하여야 한다면 찬성하겠는가? 아니면 반대하겠는가?

13.28 법정에서 DNA를 증거로 채택하는 데 있어 여러분은 찬성하는가 반대하는가?

생화학 작문

13.29 최근의 신문이나 잡지에서 생명공학의 일반적인 주제를 다루고 있는 기사를 조사하시오. 중요한 생화학과 윤리적인 관련성을 고려하여 이 기사를 100 단어로 요약하시오.

13.30 이 장에서 다루어진 주제 중 가장 혼동되는 3가지 개념은 무엇인가? 이러한 개념을 질문 형태로 정리하시오. 예를 들면, 점착말단과 비점착말단의 차이점은 무엇인가? 각 질문을 작성한 후 그에 답하시오.

13.31 아래에 주어진 물질들은 재조합DNA를 준비하는 데 필요한 것이다. 클로닝 과정에서 각 분자의 역할은 무엇인지 설명하시오.

a. 벡터
b. 제한효소
c. 플라스미드
d. DNA연결효소
e. 암피실린

참고문헌

Backman, K., 2001. The advent of genetic engineering. *Trends Biochem. Sci.* 26:268–270.
Boyer, R., 2006. *Biochemistry Laboratory: Modern Theory and Techniques.* San Francisco: Benjamin/Cummings.
Brown, K., 2001. GM foods: Are they safe? *Sci. Am.* 284(4):50–65.
Burachik, M., Vazquez, M., and Koss, A., 1997. The Biotechnology Enterprise Project. *Biochem. Educ.* 25:31–34.
Cibelli, J., et al., 2002. The first human cloned embryo. *Sci. Am.* 286(1):44–51.
Henry, C., 2001. Pharmacogenomics. *Chem. Eng. News* Aug. 13:37–42.
Henry, C., 2004. Looking for answers in ancient DNA. *Chem. Eng. News* March 29:34–35.
Kornberg, A., 1997. Centenary of the birth of modern biochemistry. *Trends Biochem. Sci.* 22:282–283.
Lander, E., 1996. The new genomics: global views of biology. *Science* 274:536–539.
Miller, R., 1998. Bacterial gene swapping in nature. *Sci. Am.* 278(1):67–71.
Mullis, K., 1990. The unusual origin of the polymerase chain reaction. *Sci. Am.* 263(4):56–65.
Paabo, S., 1993. Ancient DNA. *Sci. Am.* 269(5):86–92.
Palevitz, B., 1999. Ancient DNA—when is old too old? *The Scientist* 13(15):10.
Palladino, M., 2002. *Understanding the Human Genome Project.* San Francisco: Benjamin/Cummings.
Supplement 1, 2003. Model organisms. *The Scientist*, June 2.
Thompson, G. and Esposito, M., 1999. The genetics of complex diseases. *Trends Biochem. Sci.* 24:M17–M20.
Zimm, B., 1999. One chromosome:one DNA molecule. *Trends Biochem. Sci.* 24:121–123.
Zimmer, C. 2003. Tinker, tailor: Can Venter stitch together a genome from scratch? *Science* 299:1006–1007.
http://www.ncbi.nlm.nih.gov/Genbank
GenBank of the National Center for Biotechnology Information.

CHAPTER

14

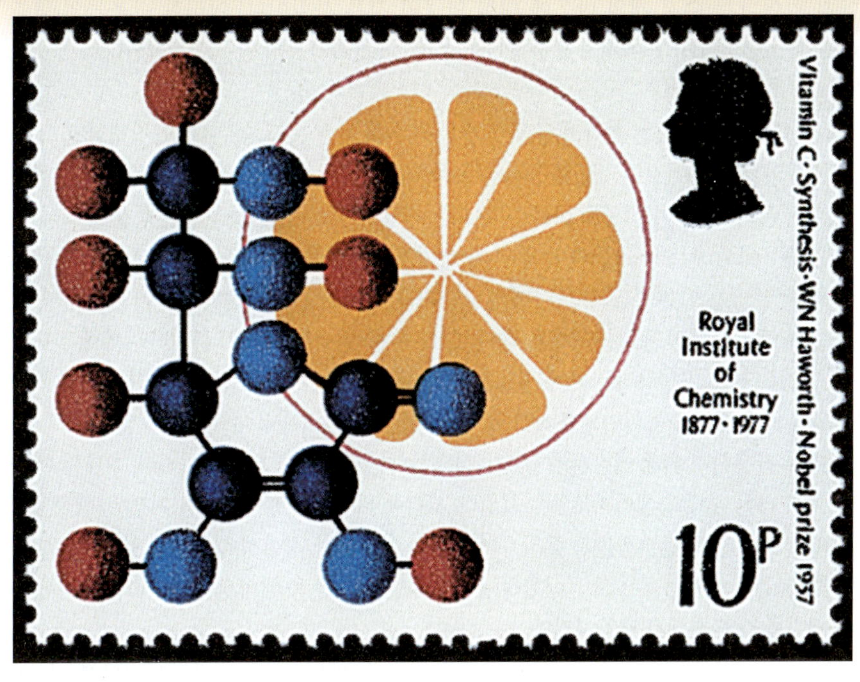

대사반응을 촉매하는 많은 효소는 비타민(6.1절)에서 유래된 작은 분자인 조효소의 도움이 필요하다. 음식물에 비타민이 오랫동안 결핍되면 대개 특정 영양 결핍증이 생긴다. 기록된 역사상 아마도 최초로 언급된 영양 결핍증(이집트, 기원전 1500년)인 **괴혈병(scurvy)**은 음식물에 비타민C(아스코르브산)가 결핍되어 생긴다. 괴혈병의 증상은 치아 흔들림, 피부 상해, 빈혈, 느린 상처 회복 등이다. 괴혈병은 1500년에서 1800년 사이에 유럽에서 만연하였고, 특히 신선한 과일과 채소가 드문 겨울에 많았다. 괴혈병은 군인들에게 특히 몇 달 동안 배를 타고 신선한 과일과 채소를 먹지 못하는 해병에게는 상존하는 적이었다. 이 질병과 비타민C와의 연관성은 1747년 영국 해군 내과의사에 의해 발견되었다. 항해 중에 괴혈병이 있는 해병의 식사에 레몬, 라임이나 오렌지를 첨가하였더니 괴혈병이 치료되는 것을 발견하였다. 때부터 영국 해병은 "라이미(limey)"라는 별명이 붙었다. 우리는 감귤류뿐만 아니라 후추, 토마토, 감자, 브로콜리 등에 비타민C가 비교적 풍부하다는 것을 알고 있다. 비타민C는 콜라겐의 프롤린과 리신 아미노산 잔기에 히드록실기를 첨가하는 생화학 반응에 필수적이다. 1977년에 발행된 영국 우표는 비타민C의 화학 및 생화학을 기념하였다. 아스코르브산의 화학 구조에서 탄소 원자는 검정색이고, 산소 원자는 파랑색, 수소 원자는 빨강색이다.

세포 대사와 생체에너지학의 기본 개념

지금까지 1, 2, 3부에서는 중요한 생체분자들의 구조와 기능과, 이들의 세포, 세포소기관 또는 막에서의 조립 등에 초점을 맞추어 살펴보았다. 이러한 분자들이 생성되고 분해되는 일련의 반응들이나 생물학적 과정의 에너지 요구 등에 대해서는 주의를 기울이지 않았다. 4부에서는 세포가 에너지를 획득하고, 변환시키고, 저장하고, 이용하는 방법인 **물질대사(metabolism)**의 전체적 과정에 목표를 맞추어 공부할 것이다. 물질대사는 생물체에서 일어나는 모든 화학 반응의 총합이라고 종종 표현되어 왔다. 그러나 이러한 물질대사에 대한 이러한 정의는 불완전하고 과도하게 간략화한 것이다. 물질대사는 세포 내에서 일어나는 수천 개의 반응에 대한 연구인 것은 사실이나, 이러한 반응들의 협조(coordination), 조절(regulation) 및 에너지 요구성(energy requirement) 등의 연구도 포함한다.

물질대사 개요 화학자들은 원하는 화학 반응을 얻기 위해 흔히 높은 온도, 높은 기압, 강력한 화학 촉매, 극단적인 pH 등의 조건 하에서 분자를 반응시킨다. 화학적 기준으로 볼 때 대부분의 세포나 생물체 내의 조건은 비교적 온화하여 1기압, 중성 pH이며 온도는 적당하다. (강한 산성을 띠는 동물의 위나 장, 온천이나 해양 분출구에서 사는 세균 등과 같은 몇 가지 예외도 있다.) 세포가 이러한 온화한 조건에서 화학 반응을 수행할 수 있는 이유 중 일부는 이미 설명한 바와 같이 효소라는 촉매가 있기 때문이며, 효소는 반응을 평형에 빨리 도달하게 하는 작용을 한다. 효소 촉매작용은 생명체가 존재하는 데에 절대적으로 필요하다. 효소는 세포가 성장하는 데에 필요한 반응속도를 증가시키며, 선택적이어서 어떤 특정 종류의 분자들만이 물질 대사에 들어가게끔 하므로 원치 않는 비생산적 반응이 일어나지 않는다.

생물체와 세포는 작동하기 위해 에너지의 입력이 필요하다는 점에서 기계와 유사하다. 기계는 한 가지 형태의 에너지를 다른 형태의 에너지로 전환시킨다. 사람을 비롯하여 광합성을 하지 않는 생물체에 있어서 에너지의 입력은 지방, 탄수화물과 같은 유기 분자의 형태이며, 광합성 생물체에 있어서는 빛이 에너지원이 된다. 두 종류의 생물체는 모두 생합성이나, 영양분의 수송 등 에너지를 요구하는 과정에 사용하기 위해 에너지를 다른 형태로 전환시킨다.

우리는 이제 세포가 음식물로부터 유용한 에너지를 취하고, 그 에너지를 사용하여 열역학적으로 불리한 반응을 진행시키고, 기타 중대한 기능을 수행하는 무수한 통합적 생화학 반응의 탐험을 시작하고자 한다. 구체적인 질문에는 다음과 같은 것들이 포함된다. 생물체는 탄수화물과 지방에 있는 위치에너지를 어떻게 생합성, 막수송 및 근육수축과 같은 과정의 유용한 에너지로 전환시키나? 중요한 에너지 전달분자인 ATP에는 얼마나 많은 에너지가 관여하고 있는가? 세포는 어떤 물질이 소진되지도, 과도하게 생산되지도 않도록 어떻게 물질대사를 조절하는가? 광합성 생물체는 탄수화물을 만들기 위해 태양 에너지를 어떻게 이용하는가? 이외에도 다음과 같은 실용적 질문도 할 수 있다. 글루코오스에는 이용 가능한 에너지가 얼마나 있나? 탄수화물보다 지방이 그램 당 에너지를 더 많이 제공하는 이유는 무엇인가? 물질대사 반응에서 비타민의 역할은 무엇인가?

다행히도 대부분의 생물체는 에너지를 취하고 이용하는 데에 동일한 일반적 과정을 사용한다. 인간에서 글루코오스의 분해 과정인 해당과정은 세균이나 고등식물 등 다른 생물체에서도 동일하다. 그러나 물질대사의 과정, 조절, 효소의 구조 및 반응 메커니즘 등의 상대적인 중요성에는 차이가 있다. 또한, 생물체 내에서 물질대사의 구획, 즉 어떤 세포는 에너지 생산에 사용되고 다른 세포는 에너지 이용에 사용되는 것을 관찰할 것이다.

독립영양생물과 종속영양생물 생물체 간의 물질대사의 차이를 연구하는 데에는 모든 살아 있는 생물체를 두 가지 큰 부류로 구분하는 것이 가장 좋을 것이다(그림 14.1). **독립영양생물(autotroph)**은 대기 중의 이산화탄소를 유일한 탄소원으로 이용하여 탄소를 포함하는 복잡한 생체분자를 만들 수 있다. 광합성세균과 고등식물을 포함한 대부분의 독립영양생물은 생합성을 목적으로 태양 에너지를 이용하므

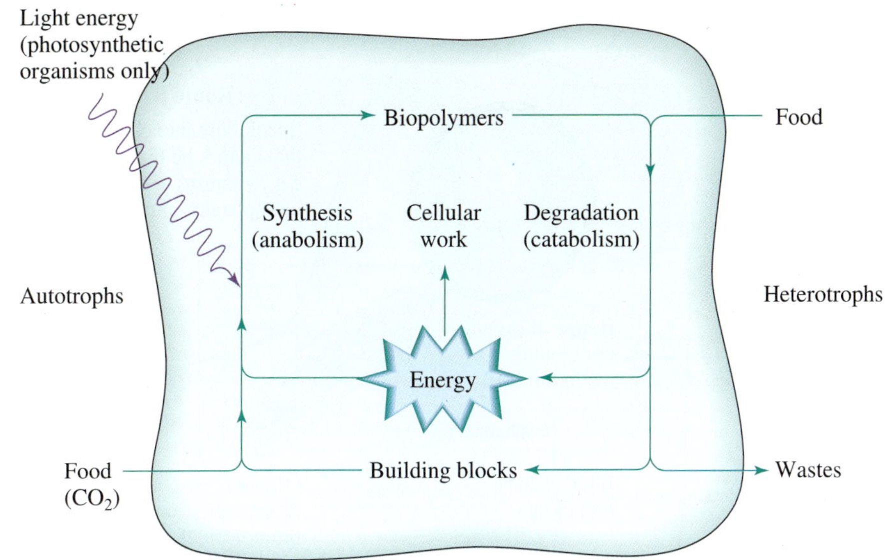

그림 14.1 대부분의 독립영양생물은 태양으로부터의 에너지와 이산화탄소를 이용하여 생체중합체(biopolymer)를 합성한다. 종속영양생물(heterotroph)은 복합 탄소화합물을 섭취하고 분해하여 에너지를 얻는다. 독립영양생물(autotroph)과 종속영양생물은 유사한 과정을 통하여 생체중합체를 분해한다.

로 자급자족할 수 있다(17.5절과 17.6절 참조). **종속영양생물(heterotroph)**은 탄수화물이나 지방과 같이 탄소를 포함하는 복잡한 화합물을 섭취함으로써 에너지를 얻는다. 종속영양생물에는 고등동물과 대부분의 미생물이 포함되며, 탄소 화합물의 공급은 독립영양생물에 의존한다. 종속영양생물체는 산소 분자 요구성 유무에 따라 두 가지로 분류될 수 있다. **호기성 생물(aerobe)**은 공기 중에 살면서 대사 반응을 수행하기 위해 산소 분자를 사용한다. **혐기성 생물(anaerobe)**은 생존하기 위해 산소를 필요로 하지 않으며, 산소는 일부 절대혐기성 생물에게는 유독하다.

본 단원에서는 종속영양생물에 초점을 맞추어 공부하기로 한다. 왜냐하면 중요한 대사 과정들은 미생물과 동물조직을 대상으로 밝혀졌으며, 어떤 면에서는 식물보다 덜 복잡하기 때문이다. 그림 14.2는 종속영양생물의 세포에서 일어나는 물질대사의 양상을 요약한 것이다.

나무를 비롯한 독립영양생물들은 태양 에너지와 이산화탄소를 이용하여 탄수화물을 합성한다.

14.1 중간대사

학습 목표

중간 대사의 원리, 협조 및 생체에너지학의 기초를 이해한다.

대장균과 같은 전형적인 원핵세포에는 물질대사를 이루는 생화학적 반응이 적어도 천 개 이상 존재한다. 인간세포에는 3,000개 정도의 서로 다른 효소가 있으며, 각 효소는 특정 반응을 촉매한다. 모든 생물체에서의 물질대사 과정은 연속적인 효소 촉매반응들이 정렬된 순서로 일어난다. 각 단계는 대개 매우 특이적인 단일 화학적 변화이며, 만들어지는 생성물(product)은 다음 단계의 반응물(기질)로서 작용한다. 이와 같은 작고 분리된, 그러나 연관된 단계들이 모여서 그 과정에 들어간 원래의 기질을 대개 화학적으로 크게 변화시킨다. 각 반응은 안정한 생성물이나 중간체(intermediate)를 생성하므로 이 과정을 **중간대사(intermediary metabolism)**라 부른다. 대사의 중간체는 **대사물질(metabolite)**이라고도 불리며, 이는 자세한 화학 반응 메커니즘에서 자주 사용되는 불안정한 반응중간생성물(intermediate)과 혼동하지 말아야 한다. 특정 목적을 가진 일련의 반응은 **대사경로(metabolic pathway)**라 하며, 글루코오스가 피루브산으로 분해되는 해당과정이 그 예이다. 대사경로는 해당과정과 같이 선형(linear)을 이루거나, 아미노산 생합성과 같이 분지(branched)를 이루거나, 시트르산회로와 같이 회로형(cyclic)이거나,

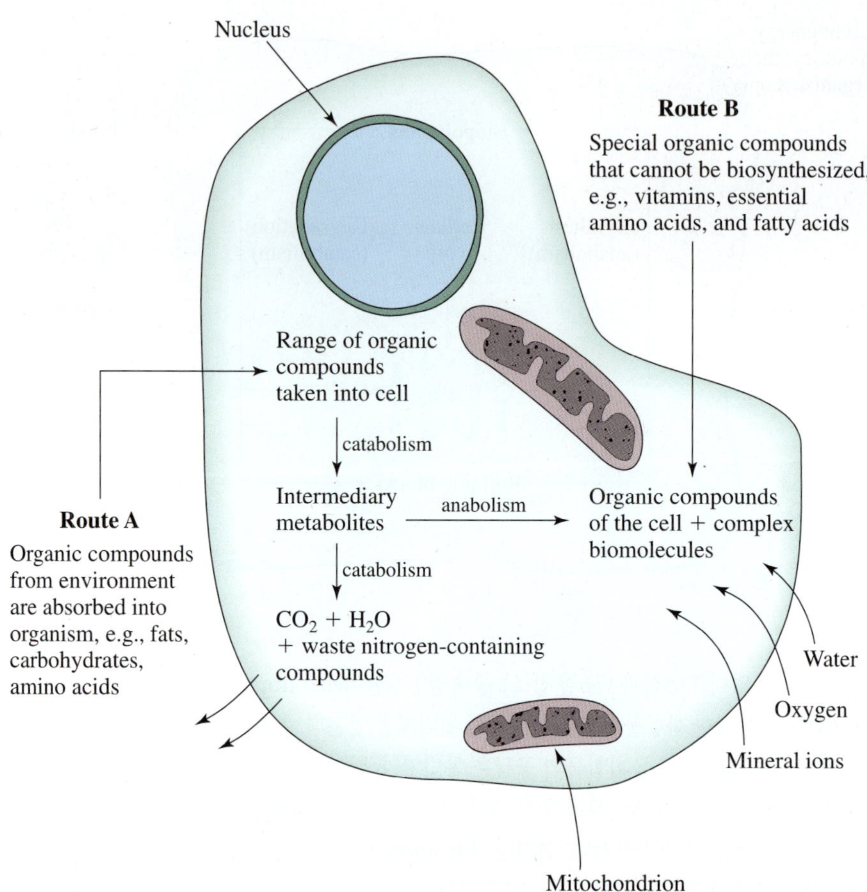

그림 14.2 종속영양생물 세포의 물질대사 과정. 경로 A는 탄소, 질소 및 황의 전부, 유기 수소 및 산소의 대부분, 그리고 인의 일부의 유입을 나타낸다. 경로 B는 세포가 합성할 수 없어 외부로부터 요구되는 특정 유기화합물(비타민, 필수아미노산, 필수지방산)의 유입을 나타낸다. 이화작용은 에너지를 방출하는 분해 과정을 일컬으며, 동화작용은 에너지를 필요로 하는 생합성 과정을 일컫는다.

지방산 분해와 같이 나선형(spiral)을 이루는 경우가 있다. 이와 같은 예는 그림 14.3에 요약되어 있다.

메타볼론 – 물질대사의 기능단위

그림 14.3에서 보는 물질대사 과정은 대개 여러 단계로 구성되어 있으며 각 단계는 효소에 의해 촉매되는 화학적 변형이다. 얼핏 보면 일단 반응이 완성되면 다음 단계의 기질(substrate)이 될 생성물은 적절한 효소의 활성부위로 확산되어야 할 것처럼 보인다. 1장(1.4절)에서 배운 것처럼 세포 내부는 초미세구조로 촘촘히 구성되어 있는 겔과 같은 기질(matrix)이다. 이러한 미로와 같은 매질은 작은 기질 분자가 대사 과정의 한 효소에서 다른 효소로 이동하는 것을 크게 방해한다. 물질대사와 세포 구조에 대한 연구에 의하면 특수화된 대사경로에 있는 효소들은 **메타볼론(metabolon)**이라는 기능적 단위를 결성하고 있다. 대사 중간체는 한 효소에서 다음 효소의 활성부위로 문자 그대로 건네질 수 있다. 대사적으로 관계있는 경로의 효소들이 메타볼론으로 같이 묶여 있는 정도는 매우 다양하다(그림 14.4). 어떤 대사과정

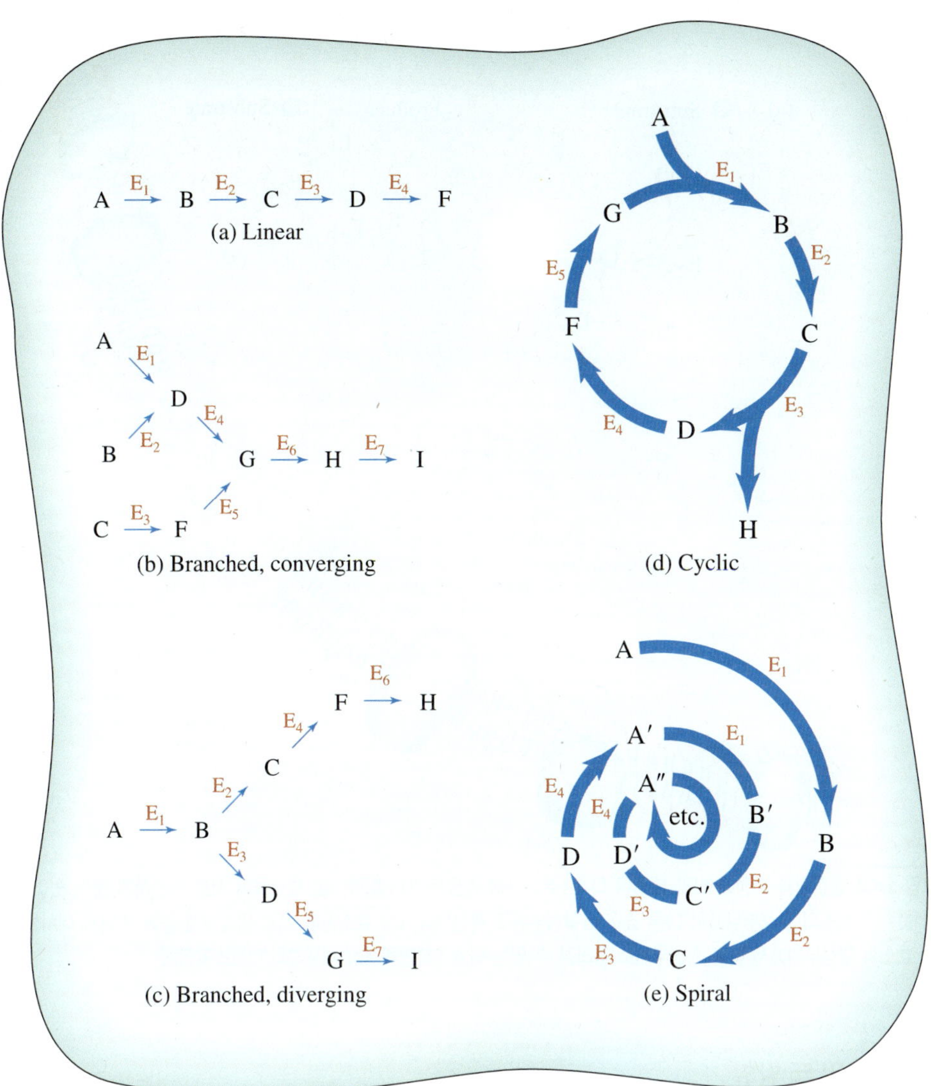

그림 14.3 대사경로에서 나타나는 여러 가지 형태의 순차적 배열. (a) 직선형, (b) 수렴적 분지형, (c) 발산적 분지형, (d) 순환형, (e) 나선형. A, B, C, D, E, F, G, H 및 I는 물질대사의 중간체를 표기하며, 프라임 기호는 A, B, C 및 D의 변형을 나타낸다. E_n은 반응을 촉매하는 효소를 나타낸다.

에서는 효소들이 꽉 묶여 있어서 **다효소복합체(multienzyme complex)**를 형성하며, 예로는 피루브산 탈수소효소복합체(pyruvate dehydrogenase complex)가 있다(16.1절, 그림 14.4b). 기능적 대사 단위는 세포질, 세포막(그림 14.4c)과 같은 몇몇 세포 부위에 있거나 핵, 미토콘드리아, 페르옥시솜, 엽록체와 같은 세포소기관에도 있다. 메타볼론의 목적은 명백히 대사 과정에 있는 효소를 기능적 단위로 조직화하여 대사물질이 한 효소에서 다음 효소로 흘러갈 수 있게 한다. 이렇게 하여 대사물질이 효소 사이에서 효율적으로 전달되는 것을 확실히 한다. 확산에 의해 잃는 반응물이 적어질 것이다. 더 많은 대사 과정을 연구하면 특정 과정의 효소의 전부는 아니더라도 대부분은 메타볼론과 같은 기능 단위와 같은 부류에 의해 물리적으로 묶여 있다는 것을 발견할 것이다.

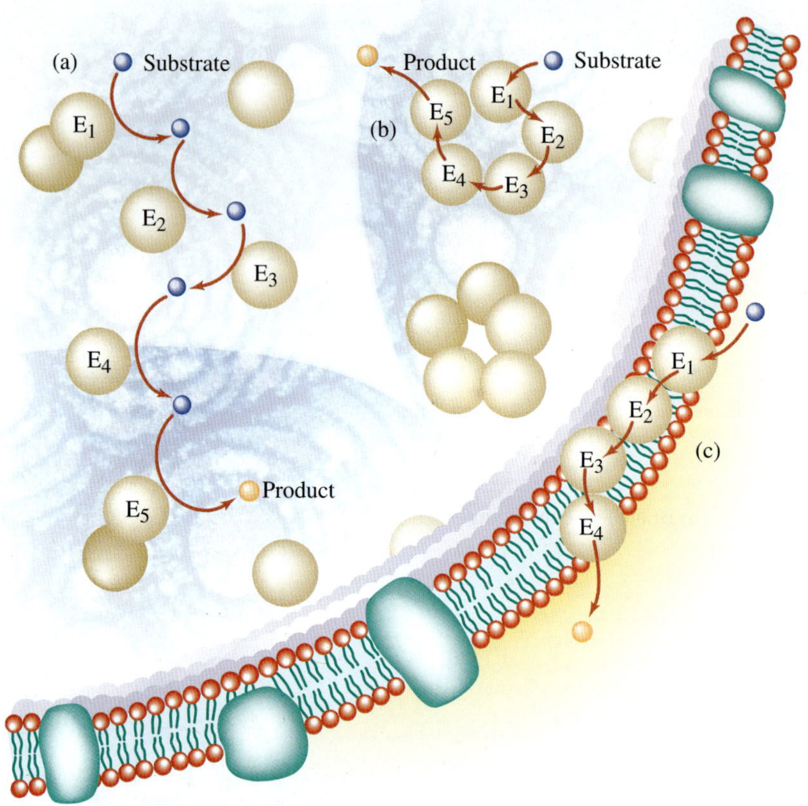

그림 14.4 물질대사 과정에 따라 배열된 다효소복합체의 개요도(메타볼론). (a) 효소들이 서로 느슨하게 붙어 있어서 중간체는 한 효소의 활성부위에서 다른 효소의 활성부위로 확산된다. (b) 효소들이 서로 밀접하게 붙어 있어서 대사물질이 한 효소의 활성부위에서 다음 활성부위로 흘러갈 수 있는 다효소복합체. (c) 세포막의 다효소복합체.

물질대사의 두 방향

대사경로는 전체적인 생화학적 목적에 따라 두 과정으로 나눌 수 있다. **이화작용(catabolism)**은 지방, 탄수화물 및 단백질과 같은 복잡한 유기 분자가 락트산, 피루브산, 에탄올, 이산화탄소, 물이나 암모니아와 같이 더 간단한 분자로 분해되는 과정이다(그림 14.1, 그림 14.2 참조). 이화작용은 산화반응(oxidation reaction)이며, 음식물이 가지고 있던 위치에너지는 자유에너지로 방출되어 최종적으로는 ATP라는 형태의 에너지로 포획된다.

또 다른 종류의 물질대사는 **동화작용(anabolism)** 또는 생합성 과정이며, 작은 전구체 분자로부터 크고 복잡한 생체분자를 만드는 과정이다. 각 아미노산으로부터 단백질의 합성, 두 분자의 피루브산으로부터 글루코오스의 합성, 뉴클레오티드로부터 DNA의 합성은 동화작용의 예이다. 이화작용과는 대조적으로 동화작용은 내개 환원반응(reduction reaction)이며 에너지가 들어간다. 에너지는 ATP, NADH나 NADPH 분자로 공급되며 이들은 이화작용에서 발생된 에너지를 가지고 있다.

각각의 개별 반응을 이화작용 또는 동화작용이라 이름 붙이기는 불가능하다. 물질대사에서 어떤 개별 단계는 에너지를 발생하지도 요구하지도 않기 때문이다. 또한 모든 반응이 산화환원반응인 것은 아니다. (해당과정의 이화작용에서 첫 단계는 ATP에서 글루코오스로 인산기가 운반되는 반응인데 이 반응은 산화반응이 아니고 에너지의 입력이 필요하다. 그러나 해당과정 전체적 과정은 산화 과정이며 에너지를 발생한다.) 물질대사를 두 가지로 분류하는 것은 대사경로를 두 개의 무관한 과정으로 나누기 위한 것이 아니고, 각 과정의 이해를 돕고 전체적 과정에서 각 단계의 역할을 명시하기 위한 것이다.

이화작용과 동화작용의 일반적 특징이 표 14.1에 비교되어 있다. 세포 내에서 동화작용과 이화작용

표 14.1
이화작용(catabolism)과 동화작용(anabolism)의 비교

이화작용
생체분자의 분해
전체적으로 산화 과정이며 NADH, NADPH, $FADH_2$ 등의 환원형 보조인자 형성
화학적 에너지방출과 ADP로부터 ATP 생성
수렴적 과정
동화작용
생체분자의 합성
전체적으로 환원 과정이며 NAD^+, $NADP^+$, FAD 등의 산화형 보조인자 형성
에너지유입을 필요로 하며 ATP가 사용됨
발산적 과정

의 과정은 동시에 일어나지 않도록 조절된다. 즉 세포 내의 에너지 상태에 따라 대사물질들의 **흐름(flux)**은 이 방향 혹은 저 방향으로 일어난다. 예를 들어, 근육세포가 쉬고 있는 상태에서는 에너지가 필요하지 않으므로 글루코오스를 이산화탄소와 물로 분해할 필요가 없다. 대신 글루코오스는 그의 중합체 형태인 글리코겐으로 저장된다.

ATP에너지회로 동화작용과 이화작용은 서로 대조적이면서도 협동적인 에너지 요구(생체에너지학, bioenergetics)로 연관되어 있다. **이화작용 과정은 음식물에서 위치에너지를 방출하고 반응성 중간체인 ATP에 모은다. 동화작용 과정은 ATP에 저장되어 있는 에너지를 사용하여 일을 한다.** 두 과정은 **ATP에너지회로(ATP energy cycle)**에 의해 연결되어 있다(그림 14.5). ATP는 **생화학적 에너지**

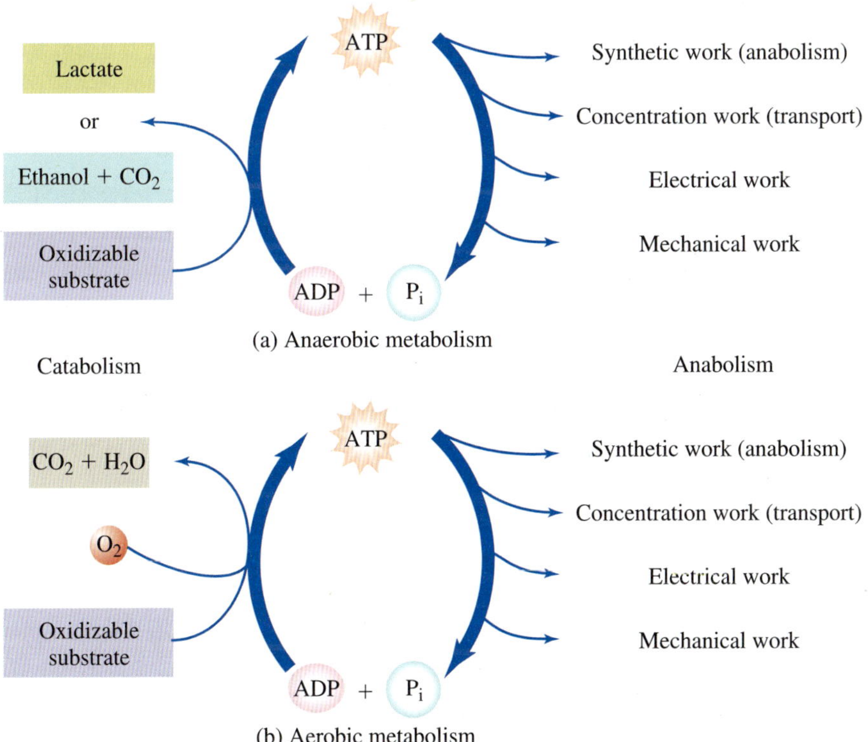

그림 14.5 물질대사의 이화작용과 동화작용을 연결하는 ATP에너지회로. 이화작용은 ADP의 인산화에 의해 ATP를 생산함으로써 일차적인 에너지를 공급한다. (a) 산소를 사용하지 않는 혐기성 물질대사는 발효 과정으로 연결되어 락트산이나 에탄올 등 다른 생성물을 형성한다. (b) 산소를 사용하는 호기성 물질대사는 더 완전한 분해가 일어나 이산화탄소와 물을 생성한다. ATP에 의해 구동되는 세포 활동도 표기되어 있다.

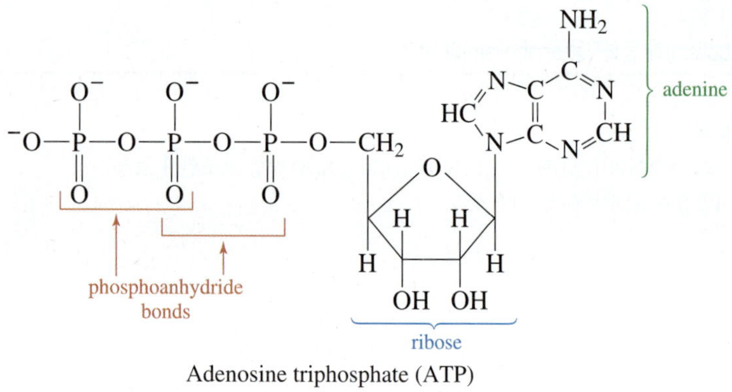

그림 14.6 아데노신삼인산(adenosine triphosphate, ATP)의 구조. ATP는 아데닌 고리, 리보오스 및 3개의 인산기로 구성되는 전형적인 뉴클레오티드(nucleotide)이다.

의 **보편적 운반체**로서 작용한다. 이 장의 후반에서는 ATP의 특수한 화학적, 열역학적 성질과 에너지 전달의 물질로서 어떻게 효과적으로 작동하는지에 대하여 설명할 것이다. 에너지의 관점에서 볼 때 **ATP의 재순환은 물질대사의 중심적인 주제이다.** ATP의 분자 구조는 그림 14.6에 있다.

복습 문제

1. ATP의 화학 구조는 그림 14.6에 있다. 두 개의 반응성 인산무수결합이 표시되어 있다. 첫째 인 원자(α-인)와 리보오스의 5′ 탄소를 연결하는 것은 어떤 종류의 화학 결합인가? 이것은 인산무수결합과 어떻게 다른가?

물질대사의 단계

이화작용과 동화작용은 협조적인 하나의 반응 체계를 형성하고 있다. 실용적이고 교육적인 목적으로 각 과정은 세 개의 주요한 단계로 구분된다(그림 14.7). 이러한 구분은 대사경로와 각 단계를 물질대사 전체 그림으로부터 문맥상 동떨어지게 할 수 있는 위험을 무릅쓰고 있다.

1 단계. 이화작용의 1 단계는 단백질, 지방(트리아실글리세롤) 및 다당류와 같은 거대분자를 각 분자를 구성하는 각 구성원으로 분해하는 과정이다. 모든 단백질은 각 구성 아미노산으로, 트리아실글리세롤은 지방산과 글리세롤로, 다당류는 글루코오스를 비롯한 단당류로 각각 가수분해된다. 이화작용의 1 단계의 모든 반응은 근본적으로 가수분해에 의한 화학 결합의 절단이며, NADH나 ATP의 형태로 유용한 에너지를 발생하지 않는다.

2 단계. 1 단계는 다양한 아미노산, 지방산 및 단당류들이 아세틸-CoA(acetyl-CoA)와 같은 공통 대사물질로 산화되는 2 단계의 반응을 위한 준비 단계이다. 2 단계에서는 약간의 에너지가 방출되어 NADH와 ATP의 형태로 포획된다.

3 단계. 3 단계에서는 아세틸-CoA가 **시트르산회로(citric acid cycle)**로 들어가서 호기성 탄소대사의 최종 산물인 이산화탄소로 산화된다. 시트르산회로의 중간체들은 산화되어 반응성 환원형보조인자인 NADH와 $FADH_2$를 생성하고 이들은 결국 전자를 잃게 된다. 전자는 **호흡복합체(respiratory assembly)**를 거쳐 산소 분자에 전달되고, 궁극적으로는 에너지와 물이 생성된다. 전자전달 시 방출되는 에너지는 ADP와 인산으로부터 ATP를 생성하는 반응과 직접 짝지어져 있다. 이화작용의 3 단계는 **산화적 인산화(oxidative phosphorylation)**라는 과정을 통해 대부분의 ATP 생산이 일어나는 단계이다.

이화작용은 세 개의 주요한 과정이 최종적인 공통의 과정으로 수렴한다는 특징이 있다. 서로 다른 많은 종류의 단백질, 지방 및 다당류들이 독자적인 과정을 거쳐 시트르산회로로 수렴한다. 수렴적 과정

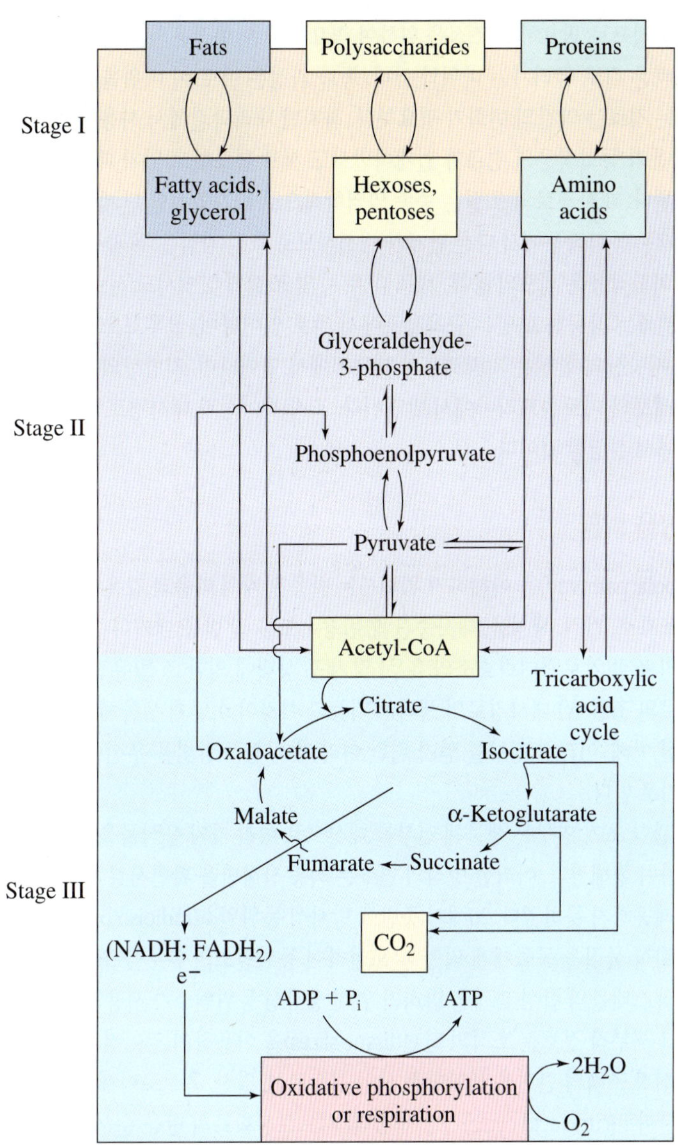

그림 14.7 이화작용과 동화작용의 단계.

은 세포가 음식물 분해에 필요한 효소의 종류를 줄일 수 있다는 면에서 효율적이며 경제적이다.

동화작용도 세 단계로 나눌 수 있으나, 이화작용과는 대조적으로 발산적 과정이라는 특징이 있다. 단당류와 다당류의 합성은 이산화탄소, 옥살로아세트산, 피루브산 또는 락트산으로부터 시작된다. 단백질을 구성하는 아미노산은 아세틸-CoA로부터, 시트르산회로의 피루브산과 알파케토산의 아민화반응에 의해 생성된다. 트리아실글리세롤은 아세틸-CoA로부터 만들어지는 지방산에서 생성된다. 아세틸-CoA, 옥살로아세트산 및 피루브산과 같은 몇몇 대사물질은 단백질, 트리아실글리세롤, 다당류의 공통적인 전구체이다. 다만, 이 물질들이 시작점에서 분지하여 수백 가지의 다양한 단백질, 트리아실글리세롤, 다당류들을 더 생성할 수 있게 된다.

동화작용의 경로는 많은 경우에 ATP나 NADPH와 같은 형태의 에너지를 요구한다. 그림 14.7에 표기한 구부러진 이중 화살표를 보면 동화작용과 이화작용은 단지 서로 역과정이 아니라는 것을 알 수 있다. 두 과정은 중간체와 효소의 측면에서 *유사*하나 동일하지는 않다. 글루코오스의 이화작용과 동화작용에서 이러한 관계를 볼 수 있다. 글루코오스가 해당과정에 의해 피루브산으로 분해되는 과정은 10개의 효소 촉매 단계로 구성된다. 해당과정의 역과정인 피루브산에서 글루코오스의 합성 과정은 11개의 효소 촉매 단계로 구성되며, 이중 8개의 단계는 해당과정의 정확히 역반응이다. 해당과정의 3개의 단계는 열역학적으로 비가역적이므로 글루코오스 합성에서는 3개의 다른 반응이 필요하다. 이화작용과 동화작용에서 약간의 차이만을 가진 단계들이 있다는 것이 비경제적으로 보일 수도 있으나 이러한 별개의 경로는 열역학적으로 필요하고 조절을 위하여 필요하다. 이화작용의 과정은 에너지 관점에서 보면 내리막을 가장 빠른 길로 굴러가는 바위와 같다. 동화 과정은 바로 이 바위를 오르막길로 올리는 것과 같은데, 올라가는 경로는 약간의 변화가 필요하다. 하지만 내리막길에서 사용한 경로의 일부를 이용할 수 있다. 이화작용과 동화작용의 경로가 별개이면서도 서로 협조하고 있기 때문에 물질대사의 조절이 또한 가능하게 된다. 대사경로의 조절은 종종 열역학적으로 비가역적인 단계에서 일어난다. 이화작용의 비가역적 단계는 동화작용에서 다른 단계가 대신하므로 조절 지점은 두 과정이 서로 다를 것이다.

동화작용과 이화작용은 세포의 종류, 세포 내 위치 및 조절에 있어서도 서로 차이가 있다. 예를 들어 글루코오스의 분해는 작동하고 있는 근육세포에서 주로 일어나며, 글루코오스의 합성은 주로 간세포에서 진행된다. 지방산의 합성은 지방세포의 세포질에서 일어나며, 지방산의 분해와 관련된 효소들은 쉬고 있는 근육세포의 미토콘드리아에서 발견된다. 조직 특이성과 대사경로의 통합적인 면에 대한 자세한 것은 20장에서 설명할 것이다.

물질대사 과정을 밝힘

대사경로(metabolic pathway)를 이해하기 위해서는 반응 단계의 다음과 같은 세부 사항을 모두 알아야 한다. (a) 효소, 조효소, 기질, 생성물, 대사중간체, 반응속도론 및 반응 메커니즘 등의 생화학적 특성. (b) 반응 단계에서의 조절(알로스테릭효소의 유무) 및 세포 상태에 의한 조절(유전자 수준의 조절) 등을 포함하는 대사경로의 조절. (c) 대사경로의 생리적 기능과 이것이 어떻게 생물체의 전체적 물질대사와 조율되는지에 대한 이해. 이러한 정보를 얻기 위한 여러 가지 접근 방법을 우선 소개하고 뒷장에서 더 상세하게 기술하기로 한다.

물질대사에 관한 초기 연구는 생물체 전부를 대상으로 여러 가지 음식물을 먹이고 배설물을 모아서 노폐물을 분석하여 행해졌다. 이러한 방식의 연구는 최종 산물만을 확인시킬 뿐 각 대사경로에 대한 세부적인 정보를 제공하지 못하였다. 20세기 중반에 방사성 동위원소(radioisotope)가 소개되어 생화학자들은 표지된 생화학 물질을 동물에게 먹인 후 도살하여 동위원소의 유무를 조직에서 분석하였다. 1940년대 쥐에서 콜레스테롤의 합성 과정을 밝히기 위해 방사성 동위원소가 사용되었다(18.5절 참조). 다른 대사경로들과 그 세부적 정보는 조직의 단편(tissue slices)을 이용하여 얻어졌다. 예를 들어 1930년대에 비둘기의 간과 심장 조직의 단편을 생화학적 산인 시트르산, 말산, 옥살로아세트산 및 숙신산과 배양함으로써 시트르산회로(citric acid cycle)가 밝혀졌다. 시트르산회로의 반응 순서는 물질대사의 억제제를 조직에 첨가하고 특정 대사중간체의 축적을 분석함으로써 결정되었다.

오늘날 많은 생화학자들은 유전학과 더욱 정교한 장비를 이용하여 물질대사를 연구한다. 유전공학을 이용하면 유전자가 비활성화되거나 제거되어 특정 효소가 결핍된 세균 돌연변이 균주를 만드는 것이 가능하다. 특정 유전자가 결핍된 고등생물도 제조할 수 있으며, 이러한 **유전자제거생물(gene knockout)**은 단 하나의 유전자 결함으로 인한 물질대사 손상의 특징을 파악할 수 있을 때 특히 유용하다.

생화학자들이 오늘날에도 여전히 사용하고 있는 실험 방법은 **무세포추출물(cell-free extract)**을 준비하는 것이다. 부흐너(Buchner) 형제는 1890년대에 효모에서 글루코오스 대사를 연구하면서 세포추출물을 처음으로 이용하였다. 동식물세포를 완충액에서 균질화(homogenize)하여 세포구성물을 추출하고, **분획원심분리(differential centrifugation)**를 사용하여 세포소기관을 분리한다(생화학 들여다보기 1-2 참조). 이러한 방법은 예를 들어 미토콘드리아의 시트르산회로, 호흡 및 지방산 이화작용에 관여하는 효소들의 위치를 파악하는 데에 사용되었다. 자동화된 크로마토그래피(chromatography)와 전기영동법(electrophoresis)은 세포추출물로부터 효소나 물질대사에 필수적인 분자들을 정제하고 그 특성을 규명하는 데에 응용될 수 있다(3.5절 참조). NMR과 MS 기술은 물질대사를 연구하는 데에 사용되고 있다(생화학 들여다보기 14-1과 임상 생화학 14 참조).

복습 문제

1. 이화작용은 1, 2, 3 단계 중 어느 단계에서 대부분의 에너지를 방출하고 ATP 생산으로 측정될 수 있는 에너지를 포획하는가?

14.2 물질대사의 화학

학습 목표

생화학 반응은 세포 내 효소가 촉매하는 여섯 가지 화학반응으로 분류할 수 있다.

세포는 통합적 반응들이 밀접히 연결되어 있는 화학적 미로처럼 보일 것이나, 세포를 "조직화된 화학"이라 묘사하는 것이 더 정확할 것이다. 가장 단순한 단세포 생물체에도 수백 가지의 효소 촉매반응이 있으며 사람의 세포에는 3,000여 개의 반응이 존재한다. 따라서 우리는 물질대사의 화학적 원리에 대하여 다음과 같은 질문을 할 수 있다. 일련의 순차적 반응이 진화되어 온 이면에 있는 화학적 논리는 무엇인가? 각 생화학적 반응은 유일한가 아니면 서로 다른 대사경로에 유사한 화학적 과정이 관여하는가? 이미 알려져 있는 대사경로를 연구함으로써 새로운 화합물의 대사적 운명을 예측하는 것이 가능한가? 우리는 이제까지 연구된 수천 개의 세포 반응에 기초하여 생물체가 물질대사를 완수하기 위해 불과 몇 가지 종류의 화학 반응만을 사용한다고 결론 내릴 수 있다. 실제로 알려져 있는 모든 생화학 반응은 다음과 같은 여섯 가지 종류의 반응으로 기술될 수 있다.

1. 산화환원반응(oxidation-reduction reaction)
2. 기전달반응(group-transfer reaction)
3. 가수분해반응(hydrolysis reaction)
4. 비가수분해반응(nonhydrolytic cleavage reaction)
5. 이성질화 및 재배치반응(isomerization and rearrangement reaction)
6. ATP를 사용한 결합형성반응(bond formation reaction using energy from ATP)

이러한 여섯 가지 종류의 반응은 표 5.1, 표 5.2 및 표 14.2에 있는 효소의 여섯 가지 종류와 관련되어 있다. 대사경로의 반응들은 놀라울 정도로 그 종류가 매우 적다. 그러나 세포의 반응 과정은 종종 단순성과 경제성에 그 특징이 있다는 것을 인지해야 한다.

표 14.2
물질대사의 화학 반응과 관련 효소의 종류

반응의 종류	효소의 종류	반응의 설명
1. 산화환원	산화환원효소(탈수소효소)	전자전달
2. 기전달	전달효소	한 분자에서 다른 분자로 또는 분자 내에서 작용기의 전달
3. 가수분해	가수분해효소	물에 의한 결합의 분해(물로의 작용기 전달)
4. 비가수분해	분해효소	비가수분해 과정에 의한 분자의 분해
5. 이성질화 및 재배치	이성질화효소	작용기의 재배치에 의한 이성질체의 형성
6. ATP를 사용한 결합 형성	연결효소	ATP 에너지를 사용하여 탄소-탄소 결합이나 다른 결합의 형성

산화환원반응

산화환원반응(redox reaction)은 물질대사의 반응들 중에서 가장 흔한 형태의 반응이다. 산화환원반응은 한 분자에서 다른 분자로 전자가 전달되는 반응이다. 산화환원반응에서는 항상 전자공여체(electron donor)와 전자수용체(electron acceptor)라는 두 개의 반응물이 있어야 한다. 드물게는 반응물 분자가 같은 경우도 있다. 산화환원반응을 촉매하는 효소는 **산화환원효소(oxidoreductase)**라 한다. 산화환원효소의 특수한 부류는 **탈수소효소(dehydrogenase)**라 불리는 효소이며 물질대사에서 비교적 흔하다. 산화환원반응을 쉽게 확인하는 방법은 수소 원자의 전달을 보는 것이다.

$$AH_2 + B \rightleftharpoons A + BH_2$$

AH_2 = 전자공여체 또는 환원제(reductant)
B = 전자수용체 또는 산화제(oxidant)

기질에서 생화학적 산화환원 과정이 일어나는 부위는 일반적으로 탄소 원자이다. 지방산의 분해 시에 메틸렌(methylene, $—CH_2—$)의 산화 수준에 있는 탄소 원자들은 단계적 반응에 의해 카르복실(carboxyl, —COOH)의 수준으로 변형된다. 이러한 변화는 수소 원자가 산소 원자로 치환되므로 명백한 산화 과정이나, 탄소 원자의 산화와 환원을 분간하는 것이 언제나 이렇게 간단한 것은 아니다. 산화의 수준을 알기 위한 가장 직접적인 방법은 탄소와 결합한 산소나 수소 원자의 수를 세는 것이다. 탄소와 결합한 산소 원자의 수가 많을수록 산화의 수준이 높은 것이다.

표 14.3은 생화학적으로 중요한 작용기에 있는 탄소의 산화 수준을 보여준다. 탄소는 가장 환원된 형태의 CH_4부터 가장 산화된 형태의 CO_2까지 여러 산화 상태로 존재할 수 있다. 메탄의 탄소 원자는 산소 원자와의 결합이 없이 모두 수소와 결합되어 있음을 주목하라. 이산화탄소는 탄소의 모든 결합이 산소 원자와 이루어져 있으며 탄소 원자로서 가능한 가장 높은 산화 수준이다. 탄소 중심이 메틸렌에서 메텐(methene)으로 변형될 때, 전자와 수소는 탄소 원자에서 제거되므로 산화 과정이 된다. 산화환원반응은

표 14.3
여러 작용기에 있는 탄소의 상대적 산화 상태

Functional Group[a,b]	Name	Geometry of Carbon Center	Relative Oxidation Level
CH_4	Methane	Tetrahedral	Lowest
$CH_3—$	Methyl	Tetrahedral	↓
$—CH_2—$ (with one further bond below)	Methylene	Tetrahedral	↓
RHC=CHR′	Methene	Planar	↓
RCHR′ with OH bonded below the carbon	Alcohol	Tetrahedral	↓
RCH with =O double-bonded below the carbon	Aldehyde	Planar	↓
RCR′ with =O double-bonded below the carbon	Ketone	Planar	↓
RCX with =O double-bonded below the carbon	Carboxylic acid or derivative	Planar	↓
O=C=O	Carbon dioxide	Planar (linear)	Highest

[a] The carbon center undergoing oxidation is in red.
[b] R,R′ = alkyl or aryl group; X = —OH (acid), —OR (ester), $—NH_2$ (amide).

탄소 중심의 결합의 기하학적 배열도 변경시킨다는 것을 아는 것은 중요하다. 예를 들어 메틸(methyl)과 같은 탄소는 사면체(tetrahedral, sp^3 혼성) 구조를 가지나, 메텐과 같은 산화 수준의 탄소는 평면형(planar, sp^2 혼성) 구조를 가진다. 표 14.3은 산화환원 과정에 관여하는 대사 반응을 분간하고 명시하는 것을 돕기 위한 것이다.

생화학적 산화환원제

탄소 중심이나 다른 작용기나 원자가 산화될 때, 어떤 다른 분자나 원자는 전자를 받아서 환원되어야 한다. 생화학적 산환환원반응은 종종 NAD^+/NADH, $NADP^+$/NADPH, 또는 FAD/$FADH_2$(6.1절 참조)와 같은 조효소 산화환원쌍(redox pair)과 짝지어져 있다. 에탄올의 분해는 두 개의 탈수소효소에 의해 촉매되며 NAD^+를 전자수용체(산화제)로서 사용한다.

$$CH_3\overset{1}{C}H_2OH \xrightarrow[\text{alcohol dehydrogenase}]{NAD^+ \;\rightarrow\; NADH + H^+} CH_3\overset{1}{C}HO \xrightarrow[\text{aldehyde dehydrogenase}]{NAD^+ \;\rightarrow\; NADH + H^+} CH_3\overset{1}{C}OOH$$

Ethanol　　　Acetaldehyde　　　Acetic acid

에탄올과 아세트알데히드(acetaldehyde)는 전자공여체(환원제)로서 작용하여 전자와 수소를 전자수용체인 NAD^+로 전달하여 환원된 형태의 보조인자 NADH를 생성한다. 각 단계에서 2개의 전자가 전달된다. 1번 탄소 원자에서 일어나는 화학적 변화를 관찰하면 에탄올의 분해가 산화적이라는 것이 분명해진다. 산화 과정은 이와 짝지어진 환원 과정이 필요하다. 이 예에서는 NAD^+가 NADH로 환원되었다.

금속 이온, 특히 구리나 철의 산화환원쌍(Cu^+/Cu^{2+}와 Fe^{2+}/Fe^{3+})은 종종 효소나 단백질과 결합되어서 산화제나 환원제로서 작용한다(5.3절 참조).

기전달반응

기전달반응(group-transfer reaction)은 화학적 작용기가 한 분자에서 다른 분자로(분자 간) 또는 한 분자 내에서(분자 내) 전달되는 것이다(표 14.4). 생화학에서 전달되는 가장 중요한 기 중 하나는 **인산기(phosphoryl group, —** PO_3^{2-}**)**이며, 보통 ATP(그림 14.8)에서 유래된다. 아래의 예는 헥소키나아제(hexokinase)라고 알려진 인산기전달효소(phosphotransferase)에 의해 촉매되는 반응으로서 ATP로부터 글루코오스로 인산기가 전달되는 과정을 보여준다. 이것은 글루코오스가 해당과정에 의해 산화적으로 분해되는 첫째 단계인 글루코오스의 활성화 단계이다. 생화학적 반응에서 전달되는 다른 중요한

표 14.4
물질대사 반응에서 전달되는 기

Name	Structure
Phosphoryl	$^-O-P(=O)(O^-)-$
Acyl	$R-C(=O)-$
Glycosyl	(피라노오스 고리: CH_2OH, O, H, OH, HO, H, OH)

$$\alpha\text{-D-Glucose} + ATP\ (ADP-O-P(=O)(O^-)-O^-) \rightleftharpoons \alpha\text{-D-Glucose-6-phosphate}\ (CH_2OPO_3^{2-}) + ADP\ (ADP-O^-)$$

그림 14.8 기전달반응의 예로서 ATP에서 글루코오스로 인산기전달. 이 반응은 해당과정의 글루코오스 분해의 첫째 단계이다.

기는 아실(acyl)기와 탄수화물의 글리코실(glycosyl)기가 있다. 아실기는 카르복실산 유도체(carboxylic acid derivative)에서 유래된 것으로서 종종 조효소A(coenzyme A, CoASH)에 전달되어 반응성이 더 커진다.

$$\underset{\text{Carboxylic acid derivative}}{RC(=O)-X} + \underset{\text{Coenzyme A}}{CoASH} \rightleftharpoons \underset{\text{Thioester}}{CoAS-C(=O)-R} + XH$$

조효소A의 -SH기는 반응성이 크며, 아실기와 티오에스테르결합(thioester linkage)을 형성한다(생화학 들여다보기 14-2 참조). 당단백질과 다당류는 글루코오스, 만노오스 및 다른 단당류로부터 유래된 글리코실 단위가 전달되어 합성된다(7.4절 참조).

가수분해반응

가수분해반응(hydrolysis reaction)은 물을 사용하여 한 분자를 두 개의 분자로 쪼개는 반응이다. 이러한 반응은 물질대사에서 흔히 볼 수 있으며, 에스테르, 아미드 및 글리코시드결합의 가수분해가 가장 흔한 예이다.

1. **에스테르 가수분해(ester hydrolysis).** 트리아실글리세롤을 지방산(fatty acid)으로 가수분해하는 반응으로서 저장된 지방을 물질대사의 연료로 가동화한다(그림 14.9a).
2. **아미드 가수분해(amide hydrolysis).** 아미드 가수분해반응의 중요한 예는 펩티드가수분해효소(peptidase)에 의해 촉매되는 반응이다. 섭취된 음식물의 단백질은 위와 장의 효소에 의해 아미노산으로 가수분해되며, 이러한 반응은 이화작용의 1 단계에서 일어난다. 그림 14.9b에 나타난 예는 카르복시펩티드가수분해효소(carboxypeptidase, CP)에 의해 촉매되는 반응이다.
3. **글리코시드 가수분해(glycoside hydrolysis).** 올리고당류의 글리코시드결합은 글루코시다아제(glucosidase)에 의해 가수분해된다. 예를 들어 이당류인 락토오스(lactose)는 가수분해에 의해 각 구성원 단당류인 갈락토오스와 글루코오스로 나누어진다(그림 14.9c).

그림 14.9 가수분해반응의 예. (a) 트리아실글리세롤(지방)의 에스테르결합의 가수분해. 이 반응에서 에너지 대사를 위한 지방산이 방출된다. (b) 단백질의 분해 과정에 있어서 중요한 아미드결합의 가수분해. CP는 카르복시펩티드가수분해효소이다. (c) 락토오스의 β(1→4) 글리코시드결합은 가수분해되어 두 분자의 단당류를 생성한다.

$$\underset{\text{Triacylglycerol}}{\begin{matrix}CH_2OC(=O)R\\ |\\ CHOC(=O)R'\\ |\\ CH_2OC(=O)R''\end{matrix}} + H_2O \xrightleftharpoons{\text{lipase}} \underset{\text{2,3-Diacylglycerol}}{\begin{matrix}CH_2OH\\ |\\ CHOC(=O)R'\\ |\\ CH_2OC(=O)R''\end{matrix}} + \underset{\text{Fatty acid}}{RCOOH}$$

(a) Ester hydrolysis

$$\underset{\text{C-terminus of protein}}{\sim NHCH(R')C(=O)-NH-CH(R)-COO^-} + H_2O \xrightleftharpoons{\text{CP}} \sim NH-CH(R')-COO^- + H_3\overset{+}{N}-CH(R)COO^-$$

(b) Amide hydrolysis

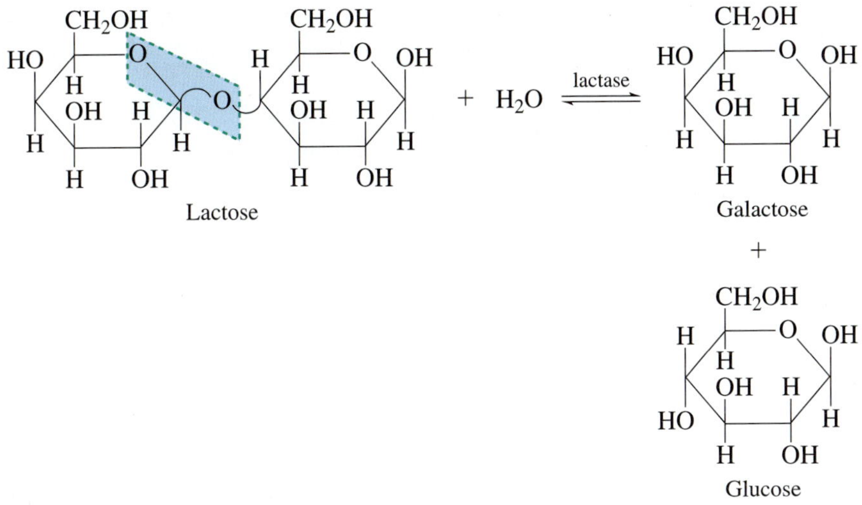

(c) Glycosidic bond hydrolysis

비가수분해반응

비가수분해 절단 반응은 물을 사용하지 않고 분자가 나누어지는 반응이다. 이 범주에 속하는 것 중 가장 흔한 반응은 탄소 – 탄소 결합의 분해이며, 이러한 반응을 촉매하는 효소는 **분해효소(lyase)**라고 한다. 대표적인 탄소 – 탄소 결합의 비가수분해반응은 **알돌라아제(aldolase)**라고 흔히 알려진 프룩토오스-1,6-비스인산 글리세르알데히드-3-인산 분해효소(fructose-1,6-bisphosphate glyceraldehyde-3-phosphate lyase)에 의한 프룩토오스-1,6-비스인산의 분해이다(그림 14.10a). 비가수분해반응에는 이중결합에 작용기를 첨가하는 반응 혹은 작용기를 제거하여 이중결합을 생성하는 반응도 포함된다. 해당과정 중 에놀라아제(enolase)에 의해 촉매되는 반응에서는(그림 14.9b) 물이 제거되어 탄소-탄소 이중결합을 형성한다. 알돌라아제 촉매반응의 역반응은 글리세르알데히드-3-인산의 카르보닐 이중결합에 디히드록시아세톤인산(dihydroxyacetone phosphate)의 3탄소 단위가 첨가되는 반응인 것에 주목하라. 따라서 이 반응도 비가수분해반응의 두 번째 정의에 부합한다.

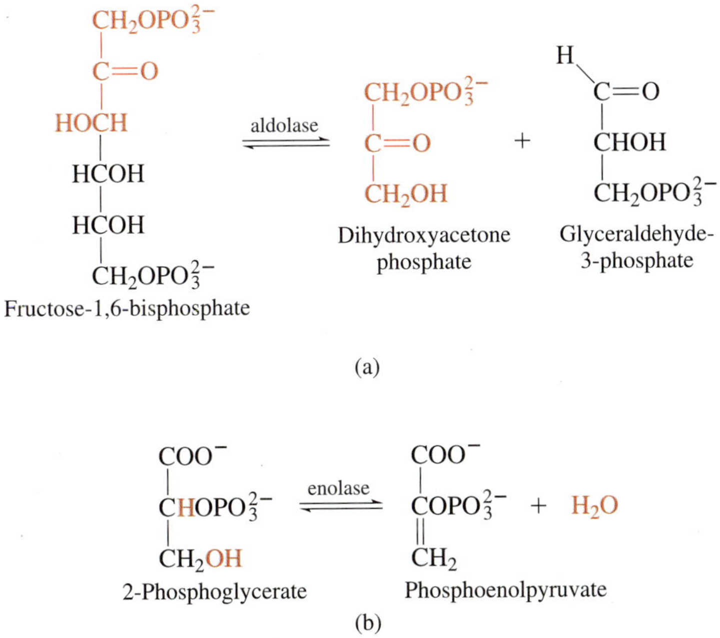

(a)

(b)

그림 14.10 비가수분해반응의 예. (a) 프룩토오스-1,6-비스인산이 디히드록시아세톤인산과 글리세르알데히드-3-인산으로 분해되는 반응. (b) 2-포스포글리세르산의 탈수반응. 두 반응은 모두 탄수화물 대사 중 해당과정의 반응이다.

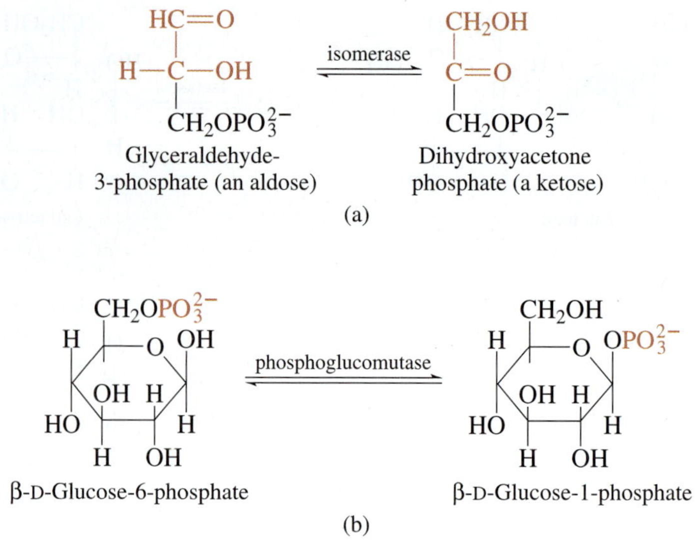

그림 14.11 이성질화 및 재배치반응의 예. (a) 알도오스가 케토오스로 재배치되는 반응. (b) 글루코오스-6-인산이 글루코오스-1-인산으로 재배치되는 반응. 두 반응은 모두 탄수화물 분해 중 해당과정에서 나오는 반응이다.

이성질화 및 재배치반응

이성질화(isomerization) 및 재배치반응(rearrangement reaction)은 유기화학에서는 바람직하지 않은 경우도 있으나 물질대사에서는 중요한 역할을 한다. 이 범주에 속하는 생화학적 반응은 두 종류의 화학적 변형을 포함한다.

1. 분자 내 이중결합의 위치를 변화시키는 분자 내 수소 원자의 이동
2. 작용기의 분자 내 재배치

두 종류는 모두 기질 분자를 자신의 이성질체(isomer)로 변형시킨다. 첫 번째 종류 중에서 가장 두드러진 반응은 알도오스-케토오스 이성질화이다(그림 14.11a). 이것은 해당과정의 중요한 반응이지만 이러한 종류의 화학 반응은 다른 데에서도 많이 사용된다는 것을 볼 것이다.

작용기의 분자 내 재배치는 물질대사에서는 비교적 드물다. 글루코오스 대사의 예로서는 포스포글루코뮤타아제(phosphoglucomutase)에 의한 분자 내 인산기의 재배치를 들 수 있다(그림 14.11b). **뮤타아제(mutase)**는 분자 내 재배치를 촉매하는 이성질화효소(isomerase)의 하위군에 속한다.

ATP를 사용한 결합형성반응

넓은 범위에서의 생화학적 결합형성반응(bond formation reaction)은 분자 사이에 새로운 결합을 형성하기 위해 ATP에 저장된 에너지를 사용한다. 두 개의 분자를 연결하는 반응을 촉매하는 효소는 **연결효소(ligase)** 또는 **합성효소(synthetase)**라 한다. 살아 있는 생물체의 탄소-탄소 결합은 대개 안정화된 탄소음이온(carbanion)이 케톤, 에스테르, 이산화탄소의 카르보닐(carbonyl) 작용기와 반응하여 형성된다.

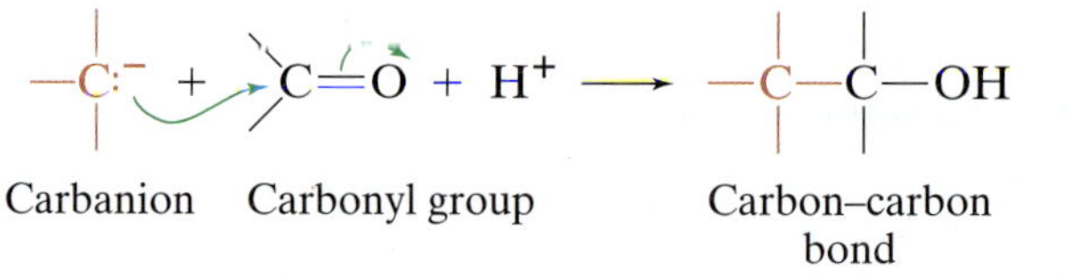

탄소음이온은 아실기와 같이 전자를 끌어당기는 치환기에 의해 안정화된다. 이러한 기는 유도적으로 전자를 끌어당기거나 음이온을 공명 안정화하여 음전하를 안정시킨다. 탄소음이온을 안정화하여 반응이 진행되는 두 가지 효소 촉매반응의 예는 (1) 글루코오스 합성에 중요한 반응인 피루브산의 카르복실화반응(carboxylation, 그림 14.12a)과 (2) 시트르산회로에서 시트로일-CoA의 합성반응(그림 14.12b)이다. 각 예에서 공명 안정화된 탄소음이온은 기질(피루브산이나 아세틸-CoA)의 메틸기에서 만들어진다(그림 14.12c).

$$CH_3\overset{O}{\overset{\|}{C}}COO^- + CO_2 + ATP \xrightleftharpoons[\text{carboxylase}]{\text{pyruvate}} CH_2(COO^-)\overset{O}{\overset{\|}{C}}COO^- + ADP + P_i$$

Pyruvate → Oxaloacetate

(a)

$$CH_3-\overset{}{C}(=O)-SCoA + \overset{O}{\overset{\|}{C}}(COO^-)-CH_2COO^- \xrightleftharpoons{\text{citrate synthase}} SCoA-C(=O)-CH_2-C(OH)(COO^-)-CH_2COO^-$$

Acetyl-CoA, Oxaloacetate → Citryl-CoA

(b)

$$CH_3-\overset{O}{\overset{\|}{C}}- \rightleftharpoons \underset{-}{C}H_2-\overset{O}{\overset{\|}{C}}- + H^+ \quad \longleftrightarrow \quad H_2C=C(O^-)-$$

(c)

그림 14.12 ATP 에너지를 사용한 결합형성반응 및 탄소음이온 안정화를 통해 진행되는 반응의 예. (a) 피루브산의 카르복실화에 의한 옥살로아세트산의 형성. 이 반응은 글루코오스의 합성에 중요하다. (b) 아세틸-CoA와 옥살로아세트산의 결합에 의한 시트로일-CoA의 형성. 이 반응은 시트르산회로에서 중간체를 보충한다. (c) 아세틸기에서 공명에 의해 안정화된 탄소음이온의 생성.

반응 종류의 조합

대사경로에 관여 하는 화학 반응의 종류는 제한되어 있다. 그러나 여기서 살펴본 여섯 범주의 내에서, 단지 반응물의 구조를 변형함으로써 세포 내 수천 개의 다른 반응들이 유도될 수 있다. 지금까지 이 단원에서 소개된 물질대사의 단계는 대부분 한 가지 형태의 화학 반응을 보여주고 있다. 또한 생물체는 하나의 대사 단계에서 두 개 또는 그 이상의 반응 형태들을 병합함으로써 특이하고 다양한 화학 반응을 수행할 수 있다. 이소시트르산(isocitrate)의 탈카르복실화반응(decarboxylation)이 그 예이다.

$$\underset{\text{Isocitrate}}{{}^1COO^- - {}^2CH(OH) - {}^3HC(COO^-) - {}^4CH_2 - {}^5COO^-} \xrightarrow[\text{isocitrate dehydrogenase}]{NAD^+ \rightarrow NADH + H^+} \underset{\text{Oxalosuccinate (unstable)}}{COO^- - C(=O) - HC(COO^-) - CH_2 - COO^-} \longrightarrow \underset{\alpha\text{-Ketoglutarate}}{COO^- - C(=O) - CH_2 - CH_2 - COO^-} + CO_2$$

첫째 반응에서는 이소시트르산의 C2 알코올 작용기가 케토기(keto group)로 산화된다. 이 산화 반응은 NAD^+가 NADH로 환원되는 반응과 짝지어져 있다. 반응의 중간체인 옥살로숙신산(oxalosuccinate)은 불안정하여 자발적으로 카르복실 작용기를 잃는다(탈카르복실화). 따라서 이 대사 단계에는 산화환원반응과 탄소-탄소 결합의 비가수분해반응이라는 두 종류의 화학 반응이 관련되어 있다. 전체적인 과정은 **산화적 탈카르복실화(oxidative decarboxylation)**라고 부른다.

복습 문제

1. 다음 각 화학반응의 종류는 무엇인지 14.2절에서 설명한 여섯 가지 종류의 반응 중에서 답하라.

a. $R\text{-}CH_2\text{-}OH \longrightarrow R\text{-}CHO + AH_2$

b. 수크로오스 + $H_2O \longrightarrow$ 글루코오스 + 프룩토오스

c. $2H_2O_2 \longrightarrow 2H_2O + O_2$

d. 피루브산 + CO_2 + ATP $\longrightarrow$ 옥살로아세트산 + ADP + P_i

e. $R-\overset{\overset{\displaystyle O}{\|}}{C}-OR' + H_2O + AH_2 \longrightarrow R-CH_2-OH + R'OH + A$

14.3 생체에너지학의 개념

학습 목표

자유에너지변화의 개념과 자유에너지감소 과정에서 자유에너지증가 과정으로의 에너지 전달에 있어서 ATP의 역할을 이해한다.

자유에너지변화, ΔG

열역학적(thermodynamic) 관점에서 볼 때 물질대사는 에너지 변형과정이며, 이화작용은 동화작용에 에너지(energy)를 제공한다. (이 책에서는 "에너지"는 변화를 초래하거나 변화를 수행하는 능력으로 정의한다.) 세포와 생물체는 영양분의 산화적 분해나 빛의 흡수와 같이 여러 형태의 에너지를 이용할 수 있고, 운동, 능동수송이나 생합성에 적절한 다른 형태로 변화시킬 수 있다. 14.1절에서 살펴본 바와 같이 에너지 교환의 가장 중요한 매개체는 ATP이며, ATP는 "보편적 에너지 전달물질"이다. 능동수송이나 근육수축은 물론, 동화작용 과정은 ATP를 소모하고 이화작용에 의해 ATP는 재생산된다(ATP 회로, 그림 14.5 참조). 이와 같은 설명들을 종합하여 보면 물질대사의 기초 개념을 다음과 같이 정리할 수 있다. **이화작용(catabolism)은 전체적으로 에너지를 방출하는(자발적 혹은 자유에너지감소, exergonic) 과정이며, 동화작용(anabolism)은 전체적으로 에너지의 유입을 필요로 하는(비자발적 혹은 자유에너지증가, endergonic) 과정이다.**

열역학의 가장 중요한 목표는 어떤 반응이나 과정의 자발성을 예측하는 것이다. 이것은 다음과 같은 형태의 질문과 같다. 어떤 반응이나 과정이 도움 없이 일어날 확률은 얼마인가? 이와 같은 학습에서 가장 유용한 열역학적 용어는 **자유에너지(free energy)**, *G*이며 깁스 자유에너지(Gibbs free energy)라고도 한다. 깁스(Josiah Gibbs, 1839–1903)는 *G*를 반응으로부터 일을 할 수 있는 가용 에너지의 척도라고 정의하였으며, *G*는 두 가지 구성원, 즉 열 함량의 척도인 **엔탈피(enthalpy**, *H*)와 계의 무질서의 척도인 **엔트로피(entropy**, *S*)로 구성되어 있다.

$$G = H - TS$$

여기에서 *T*는 절대온도(K)이다. *G*의 단위는 몰 당 줄(joules/mol) 혹은 몰 당 킬로줄(kJ/mol)이다. 우리는 *G*의 절대적 수치를 실험적으로 측정할 수 없으므로(반응의 *H*와 *S*는 측정될 수 없으므로) 우리는 어떤 조건하에서 반응이 평형에 도달하도록 두었을 때 자유에너지의 변화를 다루어야만 한다. 특정 조건하에서 **자유에너지변화(ΔG)**는 다음과 같이 정의된다.

$$\Delta G = \Delta H - T\Delta S$$

반응이 자발적인지 아닌지는 다음과 같이 ΔG 값으로부터 예측될 수 있다.

$\Delta G < 0$ 이면 에너지는 방출되고 반응은 자발적이며 자유에너지감소(exergonic)반응이다.

$\Delta G = 0$ 이면 평형상태에 있다.

$\Delta G > 0$ 이면 에너지는 요구되고 반응은 비자발적이며 자유에너지증가(endergonic)반응이다

반응의 자유에너지변화 ΔG는 정해진 조건 하에서 상수이다. 예를 들어 ΔG는 반응물의 농도에 의존된다. 세포 내 반응물의 농도는 매우 낮아서 실험적으로 측정하기 어렵기 때문에 생화학 반응의 ΔG를 측정하는 것은 매우 어렵다. 생화학 반응에 관련된 에너지를 계산하기 위해 우리는 자연스럽지는 않지만 표준적 조건에서 측정된 것에 의존해야 한다.

폭포는 운동에너지와 위치에너지를 모두 가지고 있다.

표준자유에너지변화(standard free energy change), $\Delta G^{\circ\prime}$

이 절에서는 가장 중요한 에너지 분자인 ATP의 생체에너지학을 집중적으로 다룰 것이다. ATP 분해가 자유에너지감소반응이라는 것은 이미 알고 있다. 그런데 표준 상태에서 반응에서 방출되는 에너지의 양은 얼마인가?

$$\text{ATP} \longrightarrow \text{ADP} + \text{P}_i + \text{energy}$$

사실상 ΔG° 표준상태 하에서 초기 상태로부터 평형상태로 반응에 진행되는 동안 에너지의 변화이다. 일반화학 강좌에서 보았듯이 용질 반응의 표준상태는 1기압, 25℃에서 반응물과 생성물의 초기 농도가 각각 1 M인 상태를 말한다. 생화학적 과정에서는 pH 7이라는 조건을 더하여 변형된 **표준자유에너지변화인 $\Delta G^{\circ\prime}$** 으로 표기한다.

반응의 표준자유에너지변화($\Delta G^{\circ\prime}$)는 평형상수와 관련이 있다. 다음 반응을 생각해 보자.

$$\text{A} + \text{B} \rightleftharpoons \text{C} + \text{D}$$

이 반응의 평형상수(K'_{eq})는 반응물의 농도에 대한 생성물의 농도의 비로 정의된다.

$$K'_{eq} = \frac{[C][D]}{[A][B]}$$

여기에서 K'_{eq} = 표준상태에서의 평형상수(기압 = 1기압, 온도 = 25℃, pH = 7.0, A, B, C, D의 초기 농도 = 1 M).

K'_{eq}는 다음과 같이 실험적으로 결정된다. (1) 표준상태에서 모든 반응물과 생성물을 각각 1 M씩 혼합한 후 (2) 반응이 평형상태에 이르게 한 후(이 단계는 적절한 효소를 첨가함으로써 빨리 도달할 수 있다), (3) A, B, C, D의 각 평형 농도를 측정하여 평형상수를 계산한다. 표준자유에너지변화($\Delta G°'$)는 다음에 의해 계산할 수 있다.

$$\Delta G°' = -2.303RT\log K'_{eq}$$

$\Delta G°'$ = 표준상태에서 자유에너지의 변화
R = 기체상수(gas constant), 8.315 J/mol · K
T = 절대온도, 273℃ + 25℃ = 298 K
K'_{eq} = 표준상태에서 평형상수

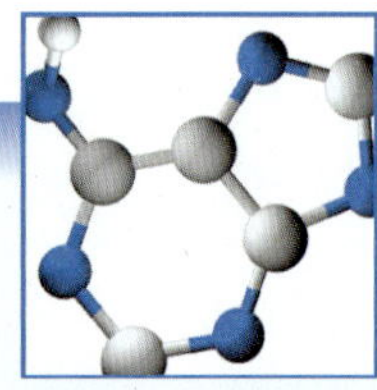

14 - 1

생화학 들여다보기

근육 생화학 연구에 NMR의 적용

파괴되지 않은 세포나 조직에서 물질대사의 과정을 관찰하는 현대적인 방법은 **핵자기공명(nuclear magnetic resonance, NMR)**이다. 이 장비로서 ^{1}H, ^{13}C, ^{15}N 및 ^{31}P 등을 포함하는 생화학 물질을 관찰할 수 있다. 핵은 각기 특징적인 핵스핀(nuclear spin)에 의해 확인될 수 있다. 근육에서의 에너지 대사는 ^{31}P NMR을 사용하여 연구되어 왔다(그림 참조). 의학적인 NMR인 **자기공명단층촬영(magnetic resonance imaging, MRI)**은 정상적이거나 병든 조직의 물질대사를 조직의 파괴 없이 연구하는 방법이다. MRI는 인체나 동물, 인체의 각 기관을 대상으로 응용될 수 있다.

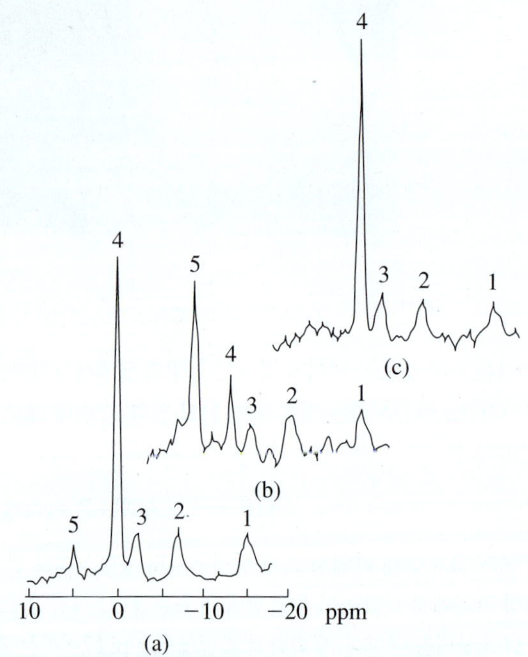

사람의 전완(팔뚝)의 운동 효과를 보여 주는 ^{31}P NMR 스펙트럼. (a) 운동 전, (b) 운동 후 19분 지나서, (c) b로부터 5~6 분 후. 각 스펙트럼의 피크는 1, ATP의 β-인; 2, ATP의 α-인; 3, ATP의 γ-인; 4, 포스포크레아틴; 5, P_i. 운동할 때에는 포스포크레아틴이 주 에너지원이며 크레아틴과 P_i로 분해된다. 운동 중에는 ATP의 생성 속도와 사용 속도가 같아서 그 양이 비교적 일정함을 주목하라.

여기서 $\Delta G^{\circ\prime}$의 사용에 주의할 점이 있다. 살아 있는 세포는 정상적으로 표준상태가 아니다. 따라서 시험관 반응에서 측정된 $\Delta G^{\circ\prime}$ 값은 세포 내 반응의 에너지 변화에 직접 해당되지 않으므로, $\Delta G^{\circ\prime}$ 값에 너무 큰 의미를 두어서는 안 된다. 그러나 $\Delta G^{\circ\prime}$ 값은 여러 대사 반응들 사이의 에너지 요구 정도를 비교하는 데에 매우 유용하다.

$\Delta G^{\circ\prime}$는 표준상태에서 반응의 생성물이 가지고 있는 에너지와 반응물이 가지고 있는 에너지의 차이를 정의한다. $\Delta G^{\circ\prime}$ 값과 부호를 앎으로써 표준상태에서 정방향으로 반응이 유리한지(에너지 방출), 얼마나 많은 에너지가 방출 또는 필요한지를 예측할 수 있다. $\Delta G^{\circ\prime}$ 값의 부호와 열역학적 결과와의 상관관계가 표 14.5에 있다. $\Delta G^{\circ\prime}$의 절대값이 클수록(부호와 관계없이) 반응의 에너지방출이나 요구의 양이 커진다. $\Delta G^{\circ\prime}$이 -100 kJ/mol인 반응은 -10 kJ/mol인 반응보다 더 유리하다(더 많은 에너지방출). $\Delta G^{\circ\prime}$이 $+100$ kJ/mol인 반응은 $+10$kJ/mol인 반응보다 더 큰 양의 에너지유입을 필요로 한다. [표 14.5]

표 14.5
$\Delta G^{\circ\prime}$ 값의 의미

$\Delta G^{\circ\prime}$의 값과 부호	열역학적 의미
$\Delta G^{\circ\prime} = 0$	반응물과 생성물의 에너지 수준이 동일하다. 표준상태의 반응은 평형상태에 있다. 에너지가 방출되지도 않고 필요하지도 않다.
$\Delta G^{\circ\prime} < 0$ (음수)	반응이 평형에 가까워짐에 따라 에너지를 방출한다. 반응물이 생성물보다 높은 에너지 수준에 있다. 일을 할 수 있는 유용한 에너지가 방출된다.
$\Delta G^{\circ\prime} > 0$ (양수)	반응물은 생성물보다 낮은 에너지 수준에 있다. 반응이 진행되기 위해 에너지의 유입이 필요하다.

ΔG와 $\Delta G^{\circ\prime}$ 값에 의해 일정한 조건에서 반응이 평형에 도달하는 데에 따르는 방출되거나 필요한 에너지량의 근사값을 알 수 있으나, 평형을 향해 진행되는 반응이 얼마나 빠른지는 알 수 없다.

$\Delta G^{\circ\prime}$의 실험적 측정

이러한 정보를 이용하여 해당과정 중 중요한 과정인 글루코오스-6-인산(glucose-6-phos-phate)이 프룩토오스-6-인산(fructose-6-phosphate)으로 이성질화되는 반응의 표준자유에너지변화를 계산하여 보자.

$$\text{글루코오스-6-인산} \rightleftharpoons \text{프룩토오스-6-인산}$$

다음과 같이 실험을 시작한다. 표준상태에서 반응물, 생성물 각각 1 M과 글루코오스-6-인산 이성질화 효소(glucose-6-phosphate isomerase)를 혼합한 후 평형상태에 이르렀을 때 각 농도를 측정하였더니 다음과 같았다.

$$K'_{eq} = \frac{[\text{프룩토오스-6-인산}]}{[\text{글루코오스-6-인산}]} = \frac{0.67\,M}{1.33\,M} = 0.50$$

여기에서 [글루코오스-6-인산] = 1.33 M, [프룩토오스-6-인산] = 0.67 M이다.

표준자유에너지변화는 다음과 같이 계산할 수 있다.

$$\Delta G^{\circ\prime} = -2.303RT \log K'_{eq}$$
$$\Delta G^{\circ\prime} = (-2.303)(8.315\ \mathrm{J/mol \cdot K})(298\ \mathrm{K}) \log 0.5$$
$$\Delta G^{\circ\prime} = +1718\ \mathrm{J/mol} = +1.718\ \mathrm{kJ/mol}$$

표 14.5의 정의를 따르면 이 반응이 왼쪽에서 오른쪽 방향으로 진행되기 위해서는 에너지의 유입이 필요하다. 표준상태에서 글루코오스-6-인산과 프룩토오스-6-인산이 효소 존재 하에 혼합되면 글루코오스-6-인산은 프룩토오스-6-인산으로 전환되고 프룩토오스-6-인산은 글루코오스-6-인산으로 전환된다. 그러나 반응의 **순흐름(net flow)**은 프룩토오스-6-인산에서 글루코오스-6-인산 방향으로 전환되어, 반응은 실제로 역방향으로 진행된다.

ATP의 에너지

지금까지 생체에너지학의 기본 개념 몇 가지에 대하여 소개하였으므로, 이번에는 ATP에너지회로와 연관된 유용한 에너지의 양에 대하여 살펴보자. 물질대사에서 일어나는 ATP의 재순환은 인산기전달 반응에 의해 가장 잘 표현된다.

$$\underset{\text{ATP}}{\mathrm{AMP{-}O{-}\overset{\overset{\displaystyle O}{\|}}{\underset{\underset{\displaystyle O^-}{|}}{P}}{-}O{-}\overset{\overset{\displaystyle O}{\|}}{\underset{\underset{\displaystyle O^-}{|}}{P}}{-}O^-}} + H_2O \rightleftharpoons \underset{\text{ADP}}{\mathrm{AMP{-}O{-}\overset{\overset{\displaystyle O}{\|}}{\underset{\underset{\displaystyle O^-}{|}}{P}}{-}O^-}} + \underset{\mathrm{P_i}}{\mathrm{{}^-O{-}\overset{\overset{\displaystyle O}{\|}}{\underset{\underset{\displaystyle O^-}{|}}{P}}{-}OH}} + H^+$$

or

$$\mathrm{ATP + H_2O \rightleftharpoons ADP + P_i}$$

$$K'_{eq} = \frac{[\mathrm{ADP}][\mathrm{P_i}]}{[\mathrm{ATP}][\mathrm{H_2O}]}$$

화학적 용어로 말하면, 이 반응은 ATP의 인산기($-PO_3^{2-}$)가 물로 전달되는 반응이며, **인산무수결합(phosphoanhydride bond)**의 가수분해반응이라 정의할 수 있다. 이 반응의 $\Delta G^{\circ\prime}$이 위에 설명한 방법으로 측정된다면(표준상태에서 1 *M*의 반응물과 1 *M*의 생성물을 혼합), ATP와 물의 평형 농도는 실험적으로 측정하기에는 너무 낮아서 평형상수를 계산하는 것이 불가능할 것이다. 우리가 평형상수 값을 측정할 수 없더라도 ATP로부터 물로 인산기의 전달은 열역학적으로 매우 유리한 반응이라는 중요한 정보를 얻었다.

위 반응의 표준자유에너지를 측정하는 데에 도움을 주는 중요한 열역학적 개념은 **짝지어진 반응(coupled reactions)의 $\Delta G^{\circ\prime}$ 값은 가산적이라는 것**이다. 이러한 개념을 사용하기 위해 우리는 공통의 중간체를 가지는 두 반응(짝지어진 두 반응)을 선택하여야 하며, 반응이 가산되면 ATP에 대한 인산기전달반응이라는 결과가 나온다. (1) 인산기전달반응과 (2) 포스포에스테르결합의 가수분해반응을 선택하여 설명해 보자. 두 반응을 더하면 인산기가 ATP로부터 물로 전달되는 반응이 된다.

	$\Delta G^{\circ\prime}$ kJ/mol
glucose + ATP $\rightleftharpoons$ glucose-6-phosphate + ADP	−16.7
glucose-6-phosphate + H_2O $\rightleftharpoons$ glucose + P_i	−13.8
Sum: ATP + H_2O $\rightleftharpoons$ ADP + P_i	−30.5

ATP에서 물로 인산기가 전달되는 반응의 표준자유에너지변화는 −30.5 kJ/mol이므로 자발적인 반응이라는 것을 알 수 있다. 이 반응은 다음과 같이 나타낼 수도 있다. 수용액의 ATP는 ADP와 P_i로 전환될 수 있는 높은 잠재력이 있으며, 일을 할 수 있는 비교적 큰 양의 유용한 화학에너지를 가지고 있다.

복습 문제

1. 다음 반응이 자유에너지감소반응과 증가반응 중 어느 것이라 예측하는가?

   a. ADP + H_2O ⟶ AMP + P_i

   b. AMP + H_2O ⟶ 아데노신 + P_i

ATP와 인산무수결합

이제 ATP가 많은 양의 유용한 에너지를 가지는 화학적 근거를 설명할 필요가 있다. 기전달반응에서 절단되는 결합은 **인산무수결합(phosphoanhydride bond)**이다.

phosphoanhydride bond

$$\mathrm{AMP{-}O{-}\overset{\overset{\displaystyle O}{\|}}{\underset{\underset{\displaystyle O^-}{|}}{P}}{-}O{-}\overset{\overset{\displaystyle O}{\|}}{\underset{\underset{\displaystyle O^-}{|}}{P}}{-}O^-}$$

무수결합은 비교적 반응성이 커서 절단 시 에너지를 방출한다는 것은 유기화학에서 배운 기억이 있을 것이다. ATP의 가수분해에 대하여 다음과 같이 말할 수 있다. **생성물(ADP와 P_i)은 반응물(ATP와 물)보다 에너지가 낮다. 따라서 에너지가 방출된다**(그림 14.13). 생성물인 ADP와 P_i는 **공명안정화(resonance stabilization)**에 의해 반응성이 더 적다(안정하다). 반응물인 ATP와 물보다 생성물인 ADP

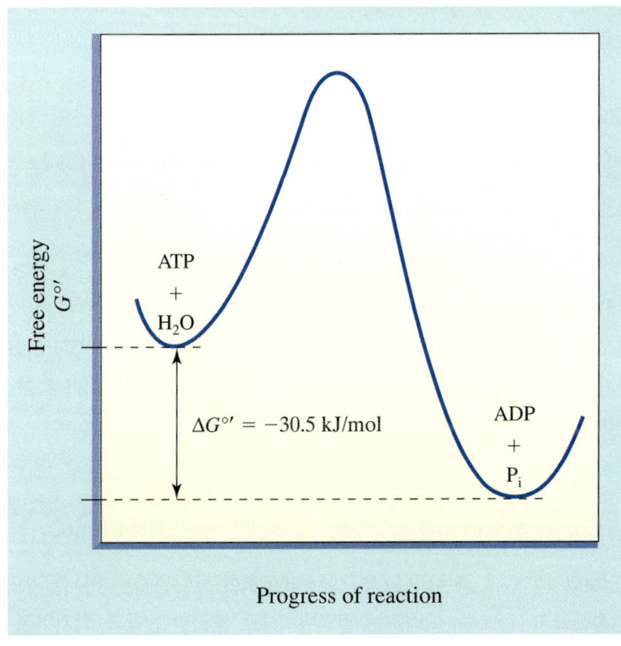

그림 14.13 ATP + H_2O → ADP + P_i 반응의 에너지 도식. 표준자유에너지변화 $\Delta G°'$는 방출되는 에너지의 양이며 값은 −30.5 kJ/mol이다. ATP는 ADP + P_i 보다 에너지 수준이 높다. 따라서 인산기가 물로 전달될 때에 에너지가 방출된다.

그림 14.14 ADP와 P_i의 공명안정화. (a) P_i의 세 가지 공명 형태. (b) ADP의 두 가지 공명 형태. ATP나 물보다 ADP나 P_i에 대해서 더 많은 공명 형태를 그릴 수 있다. 따라서 ADP와 P_i는 반응물인 ATP와 물보다 에너지 수준이 낮다.

(a) P_i

$$HO-P(=O)(O^-)-O^- \longleftrightarrow HO-P(O^-)(O^-)=O \longleftrightarrow HO-P(O^-)(=O)-O^- \longleftrightarrow \text{Other resonance structures}$$

(b) ADP

$$\text{Adenosine}-O-P(=O)(O^-)-O-P(=O)(O^-)-O^- \longleftrightarrow \text{Adenosine}-O-P(=O)(O^-)-O-P(O^-)(O^-)=O \longleftrightarrow \text{Other resonance structures}$$

와 P_i에 대하여 더 많은 수의 공명구조를 그릴 수 있으며, 따라서 생성물은 에너지가 더 낮다(더 안정하다)(그림 14.14). ATP가 많은 에너지를 가지는 두 번째 이유는 **전하반발(charge repulsion)**이다. ATP 분자 내 상당히 가까이 모여 있는 여러 개의 음전하는 결합 절단의 잠재력을 증가시킨다(그림 14.6 참조). 인산무수결합이 절단되면 음전하끼리 반발은 완화된다. 인산기를 물로 전달할 수 있는 인산무수결합이 ADP에도 존재하는 것을 주목하기 바란다.

$$\underset{\text{ADP}}{\text{Adenosine}-O-P(=O)(O^-)-O-P(=O)(O^-)-O^-} + H_2O \rightarrow \underset{\text{AMP}}{\text{Adenosine}-O-P(=O)(O^-)-O^-} + P_i + H^+$$

여기에서 $\Delta G^{\circ\prime} = -30.5$ kJ/mol 이다.

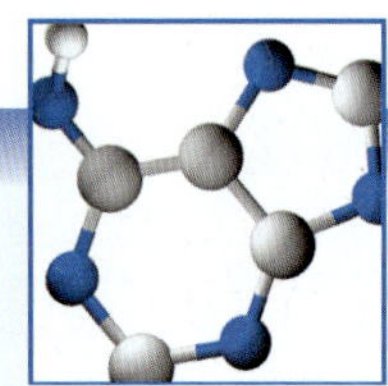

14 - 2

생화학 들여다보기

티오에스테르 – 아직도 에너지가 풍부한 태곳적 물질

14.3절에서 높은 인산기전달포텐셜을 가지고 있어서 "반응성 있는" 또는 "고에너지"라고 정의된 여러 가지 인산화된 생체분자를 살펴보았다. 에너지전달에 사용되는 반응성 생체분자는 인산화된 물질에 한정되는 것은 아니다. 또 다른 범주에 속하는 중요한 활성 분자는 **티오에스테르(thioester)**이다. 티오에스테르는 티올(R–SH)이 카르복실산(R'COOH)과 결합할 때에 형성된다.

$$R-SH + R'-COOH \rightleftharpoons R-S-C(=O)-R' + H_2O$$

세포 내 가장 흔한 활성 티오에스테르는 **조효소A(CoASH, SH는 술프히드릴기)**로부터 생산된다. 조효소A는 비타민 판토텐산(pantothenic acid, 아래 그림 참조)으로부터 유래되며, 활성화된 아세틸기나 기타 아실기의 전달체로서 작용한다.

$$\underset{\text{Coenzyme A}}{CoA-SH} + \underset{\text{Acetyl}}{-C(=O)-CH_3} \rightleftharpoons \underset{\text{Acetyl-CoA}}{CoA-S-C(=O)-CH_3}$$

활성 아세틸기는 CoASH의 SH기에 연결되어 있다.

아세틸-CoA(acetyl-CoA)는 탄수화물, 지방 및 아미노산의 분해 과정 중 2 단계에서 형성되는 중요한 대사물질이다(그림 14.7). 티오에스테르결합은 고에너지 결합이며, 아세틸기가 물과 같은 수용체 분자로 전달될 때에 에너지를 방출한다.

$$CoA-S-C(=O)-CH_3 + H_2O \rightleftharpoons CoA-SH + CH_3COOH \qquad \Delta G^{\circ\prime} = -31.4 \text{ kJ/mol}$$

티오에스테르결합의 절단은 산소에스테르(oxyester)의 절단보다 에너지가 더 많이 방출된다. 티오에스테르는 공명에 의해 덜 안정화되기 때문이다. 티오에스테르결합으로 연결된 아세틸기의 전달 시에 방출되는 에너지는 열역학적으로 불리한 반응과 짝지어질 수 있다. 우리는 앞

에너지전달에 사용되는 기타 반응성 생체분자

ATP와 ADP는 종종 "반응성(reactive)" 또는 "고에너지(energy-rich)" 분자라고 정의된다. 이것은 이들은 인산기를 전달하는 성향이 크다는 것을 의미한다. ATP와 ADP가 세포 내 유일한 반응성 인산화 분자는 아니다. 사실, 어떤 인산화 화합물은 ATP보다 더 큰 위치에너지를 가진 것도 있다. 즉 이들은 ATP보다 인산기전달 성향이 더 크다. 해당과정의 중간체인 포스포에놀피루브산(phosphoenolpyruvate, PEP)에서 물로 인산기가 전달되는 반응을 생각해 보자.

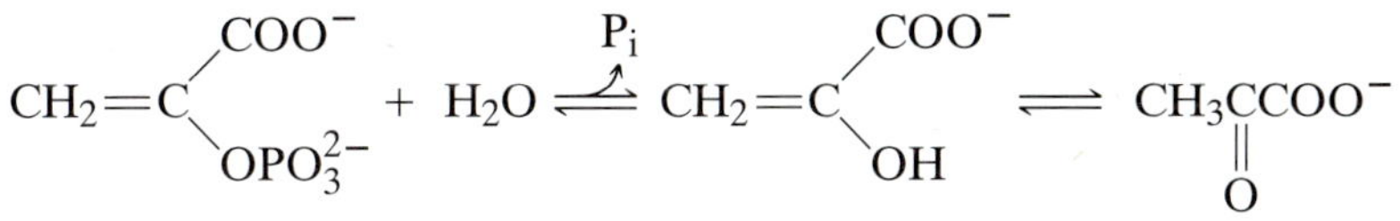

$$CH_2{=}C(COO^-)(OPO_3^{2-}) + H_2O \xrightleftharpoons{P_i} CH_2{=}C(COO^-)(OH) \rightleftharpoons CH_3C(=O)COO^-$$

Phosphoenolpyruvate (PEP) Enolpyruvate Pyruvate (Keto form)

이와 같은 인산기전달반응의 $\Delta G°'$는 -61.9 kJ/mol이며, ATP에서 물로 인산기전달반응의 약 2배이다. PEP의 인산기는 ATP와 같이 인산무수결합으로 연결된 것이 아니고 대개는 반응성이 더 적은 포스포에스테르결합으로 되어 있다. PEP가 큰 에너지를 가지는 이유는 첫째 생성물인 에놀피루브산(enolpyruvate)이 매우 불안정하여(에너지가 높아) 더 안정한 피루브산(케토피루브산이라고도 함)으로 이성질화되는 과정에서 에너지를 방출하기 때문이다.

PEP와 ATP를 비롯한 인산화 화합물을 **인산기전달포텐셜(phosphoryl group transfer potential)**에 따라 서열화하면 유용하게 이용할 수 있다. 이는 물과 같은 수용체 분자로 인산기전달의 상대적 성향의 수치이다(표 14.6).

으로 피루브산의 이화작용, 지방산의 이화작용 및 시트르산회로와 같은 여러 생화학적 반응에서 CoASH가 아세틸기와 아실기의 전달체로서 사용되는 것을 보게 될 것이다.

아세틸-CoA와 기타 티오에스테르는 ATP가 이용되고 재순환되는 여러 가지 반응에 참여한다. 생명의 기원에 관여하는 분자를 연구하는 생화학자들은 종종 중요한 원시 분자로서 티오에스테르를 인용한다. 티오에스테르는 생물이 출연하기 이전에 인산과 인산화 화합물이 불충분한 세계에서 실제로 ATP의 역할을 담당하였을 것으로 여겨진다. 아세틸-CoA로부터 아세틸기가 전달될 때 방출되는 에너지($\Delta G°'$ = −31.4 kJ/mol)는 ATP로부터 인산기가 전달될 때 방출되는 에너지($\Delta G°'$ = −30.5 kJ/mol)와 거의 같다.

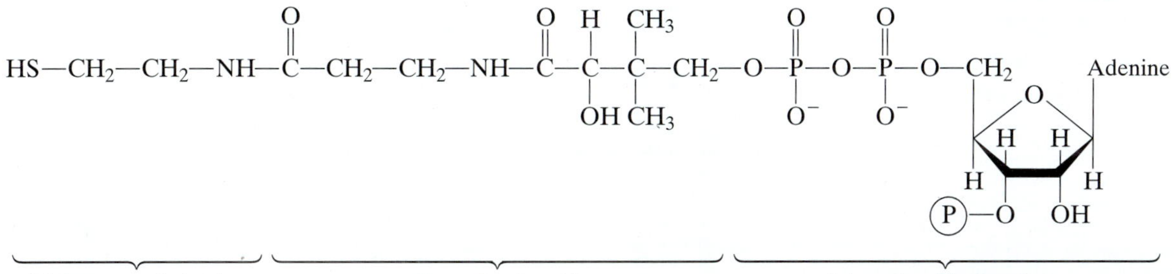

$$HS{-}CH_2{-}CH_2{-}NH{-}C(=O){-}CH_2{-}CH_2{-}NH{-}C(=O){-}C(H)(OH){-}C(CH_3)_2{-}CH_2{-}O{-}P(=O)(O^-){-}O{-}P(=O)(O^-){-}O{-}CH_2\text{-ribose(3'-}Ⓟ\text{)-Adenine}$$

β-Mercaptoethylamine Pantothenic acid Adenosine- 3′-phosphate-5′-diphosphate

CoASH structure

표 14.6
생화학적으로 중요한 인산화 분자의 $\Delta G^{\circ\prime}$ 값과 인산기전달포텐셜의 상대적 순위

Phosphorylated Compound	$\Delta G^{\circ\prime}$ (kJ/mol)[a]	Phosphoryl Group Transfer Potential
Phosphoenolpyruvate	−61.9	Highest
1,3-Biphosphoglycerate	−49.3	↓
Phosphocreatine	−43.0	↓
ATP	−30.5	↓
ADP	−30.5	↓
Glucose-1-phosphate	−20.9	↓
Glucose-6-phosphate	−13.8	↓
Glycerol-1-phosphate	−9.2	Lowest

[a] These values are for hydrolysis reactions (the transfer potential of the phosphoryl group to H_2O).

인산기전달포텐셜은 기전달반응의 $\Delta G^{\circ\prime}$와 직접 관련되어 있다. $\Delta G^{\circ\prime}$의 음수값이 클수록 인산기전달포텐셜은 커진다. ATP가 에너지 대사에 중요한 이유는 인산기전달포텐셜이 크기 때문만이 아니고 **인산기전달포텐셜 눈금의 중앙에 위치**하기 때문이기도 하다(그림 14.15). ATP는 두 반응을 에너지상으로 연결하는 공통적인 중간체로서 작용할 수 있다. 다음 효소 촉매반응을 생각해 보자.

$$\text{phosphoenolpyruvate} + \text{ADP} \xrightleftharpoons{\text{pyruvate kinase}} \text{pyruvate} + \text{ATP} \quad \Delta G^{\circ\prime} = -31.3 \text{ kJ/mol}$$

$$\text{ATP} + \text{glucose} \xrightleftharpoons{\text{hexokinase}} \text{glucose-6-phosphate} + \text{ADP} \quad \Delta G^{\circ\prime} = -16.7 \text{ kJ/mol}$$

첫째 반응은 해당과정 중 에너지를 방출하는 단계이다. 글루코오스의 분해에서 방출되는 에너지는 ATP에 의해 포획되고, ATP는 두 번째 반응에서 다른 글루코오스 분자를 활성화시켜 해당과정으로 유입시키는 데에 사용된다. 세포가 PEP에서 글루코오스로 인산기를 직접 전달함으로써 ATP 생성 과정을 우회할 수 는 없을까? 이와 같은 반응을 촉매하는 효소는 존재하지 않는다.

$$\text{PEP} + \text{glucose} \;\not\rightleftharpoons\; \text{pyruvate} + \text{glucose-6-phosphate}$$

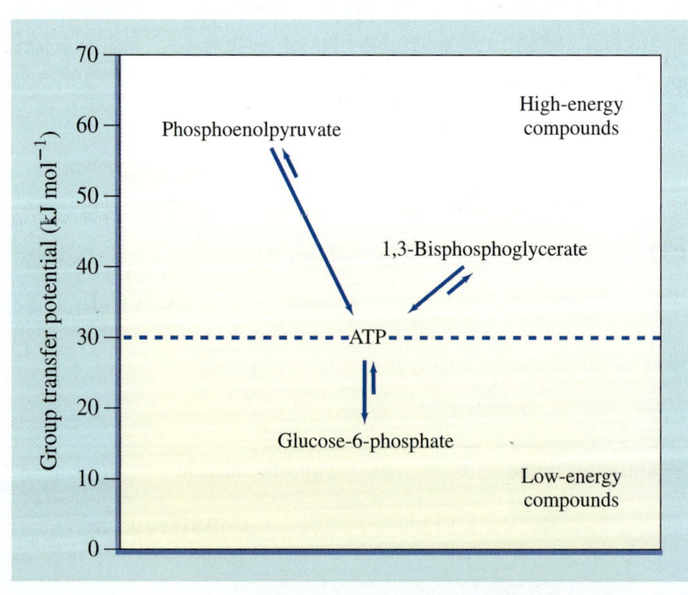

그림 14.15 인산기의 전달. 포스포에놀피루브산이나 1,3-비스포스포글리세르산과 같이 높은 인산기전달포텐셜을 가지는 화합물은 ADP와 자발적으로 반응하여 ATP를 생산할 수 있다. 마찬가지로 ATP는 글루코오스에 인산기를 전달하여 글루코오스-6-인산을 만들 수 있다. 반응의 화살표는 각 반응에서 유리한 방향을 나타낸다.

ATP가 생성되지 않으면 생합성 반응이나 기타 에너지가 필요한 과정에 에너지를 전달할 방법이 없을 것이다. ATP의 재순환(그림 14.5)은 이화작용에서 동화작용으로 에너지를 전달하는 통로로서 작용한다. 이외의 고에너지 분자들은 생화학 들여다보기 14-2에 설명되어 있다.

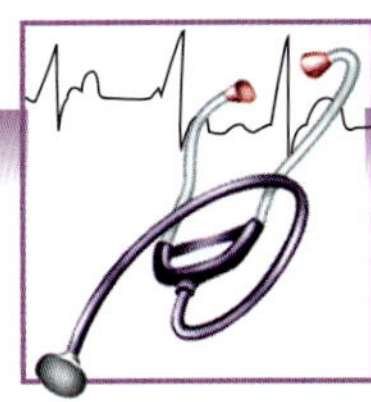

14 - 1

임상생화학

질량분석기를 이용한 신생아의 대사질병 선별검사

효소의 결핍이 질병을 일으킨다는 생각은 약 100년 전에 처음 인식되었다. 1900년대 초반에 개롯(Archbald Garrod)은 몇몇 질병은 정상 기능을 하기에 적절한 양이나 형태로 특정 효소를 생산할 수 없어서 발생한다고 제안하였다. 이러한 질병은 단백질을 만드는 유전자에 돌연변이가 발생하여 효소가 결핍되거나 결함이 있게 된다. 결함이 있는 효소가 물질대사과정에 연관된 것이면 대사물은 정상적으로 분해되지 못하기 때문에, 통상 관찰되는 증상은 혈액이나 소변에 대사물이 축적되는 것이다. 이러한 질병은 "선천성 대사이상(inborn error of metabolism)" 혹은 대사장애(metabolic disorder)라고 불린다. 이러한 대사장애의 예로서는 **페닐케톤뇨증(phenylketonuria, PKU)**이 있으며, 페닐알라닌히드록실화효소(phenylalanine hydroxylase)가 결핍되어 혈액과 소변에 페닐알라닌이 축적된다(임상 생화학 19와 19.3절 참조).

유아 선별검사

내과의와 과학자들은 이와 같은 많은 대사질병을 확인하고 특징을 알아냈다. 매년 미국에서 태어나는 유아 3500명당 1명은 치명적이거나 쇠약하게 만드는 대사질병을 앓거나 발병할 것이라고 추정되고 있다. 태어나서 처음 며칠이 이러한 질병을 검출하고 치료하기에 가장 좋은 때이기 때문에 모든 신생아에 대해 대사질병을 검사하는 것이 중요하다는 것은 자명하다. 현재 매년 미국에서 태어나는 400만명의 유아에 대한 선별검사는 첫째 달에 소량의 혈액 시료를 수집하여 분석하는 것이다. 그러나 각 대사질병에 대한 검사는 비싸고 어려운 특정 검사가 요구되므로 최근까지도 모든 알려진 대사질병에 대해 검사하는 것은 가능해보이지 않았다. 또한 어떤 대사 장애는 처음 몇 개월이나 몇 년 동안에는 발병하지 않으며, 특수한 검사는 신생아에서는 질병을 검출하지 못한다. 이상적인 개선 방법은 여러 가지 다른 대사 장애에서 영향받는 특징적인 대사물을 확인할 수 있는 단일 분석 기술이다. 매우 유망한 기술은 **질량분석법(mass spectrometry, MS)**이다.

질량분석법

신생아에 대한 임상적 선별 검사에 MS를 적용하는 것은 1990년대에 고해상 분석기, 고성능 컴퓨터와 고성능 컴퓨터 소프트웨어의 사용이 가능하게 되면서 서서히 시작되었다. 지금은 신생아의 혈액 시료를 MS로 분석하여 PKU, 단풍당밀뇨증(maple syrup urine disease, 19.3절 참조)과 몇몇 지방산 산화 장애를 포함한 20~30 가지 대사 장애를 검출할 수 있다. 미국의 신생아 약 800,000명에 대해 MS에 의한 선별 검사가 현재 행해지고 있으며, 그 숫자는 증가하고 있다.

MS 선별 검사 과정은 전통적인 검사와 동일하게 시작된다. 혈액(혹은 소변) 한 방울을 여과지에 뿌리고 건조시킨 후, 분석하려는 대사물의 종류에 따라 서로 다른 용매로 시료를 추출하여 분석하기 위해 준비한다. 이제 MS 기기에 시료를 주입하면 다음과 같은 과정이 일어나게 된다(다음 쪽의 그림 참조).

1. 시료 분자가 진공 속에서 증발되고 고에너지 광선의 충격에 의해 하전된 조각(기체상 이온)을 생산한다.
2. 이온 조각은 각 질량 대 전하의 비율(m/z)에 따라 분리되고 정량적으로 측정된다. 최종 결과는 세기(혹은 "농도") 대 m/z의 도표로 표기된다. 다음 쪽의 도표는 정상 신생아의 시료와 PKU를 가진 신생아의 혈액 시료 분석 결과이다.

MS로 분석된 각 분자의 종류는 특징적인 조각화 양상을 보이므로 분자를 검출하고 확인할 수 있다. 전통적인 검사로는 대사 장애 한 가지에 대해 몇 시간 혹은 며칠씩 걸리던 것이 MS로 분석하면 20가지 대사 장애에 대해 단 2분이 걸린다. 또한 전통적인 검사에 비해 MS는 훨씬 더 민감하여 몇 달이나 몇 년 후 증상이 나타날 때까지 검출되지 못하던 대사 장애를 신생아기(1개월)에 진단하는 데에 사용될 수 있다. 그러면 증상이 악화되기 전 유아가 건강할 때에 치료를 시작하는 것이 가능하다.

질량분석법의 미래의 의학적 사용

이제 유아뿐만 아니라 모든 사람들을 상대로 질병을 진단하고 치료하는 데에 MS를 적용하는 것이 빠르게 발전하고 있다. 현재의 진단 방법에 비해 MS가 가지는 주된 장점은 혈액, 소변, 척수와 같은 액체와 종양, 생체검사 시료와 같은 고체 시료 등의 서로 다른 종류의 생물학적 시료가 분석될 수 있다는 것이다. 증상이 발견되기 전에 질병 초기 단계의 신호인 분자지표(생체지표 혹은 대사적 서명이라고도 함)를 찾는

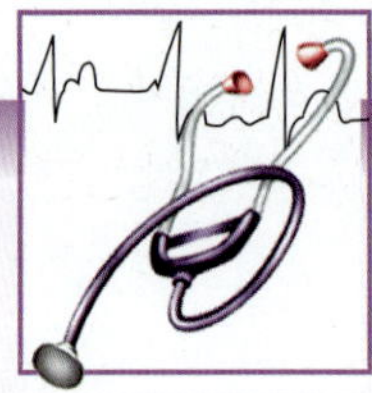

14 - 1 계속

임상생화학

질량분석기를 이용한 신생아의 대사질병 선별검사

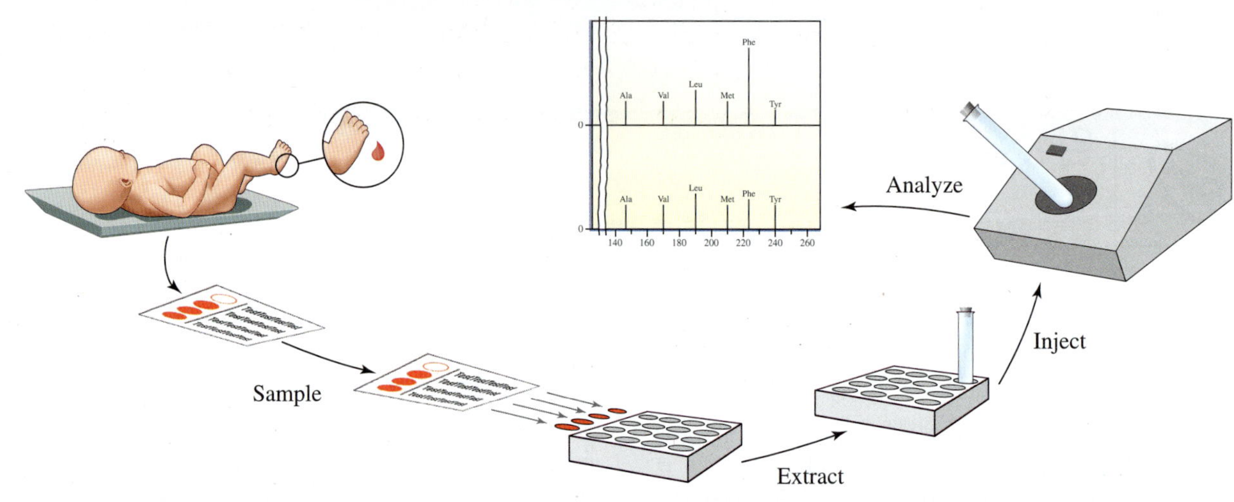

신생아의 혈액 한 방울이 MS 분석을 위해 준비된다. 질량분석의 결과는 세기 대 m/z의 도표(아래 그림)로 표기된다. 도표의 아래쪽은 정상 유아의 혈액의 결과이며, 위쪽은 PKU 유아의 혈액의 결과이다.

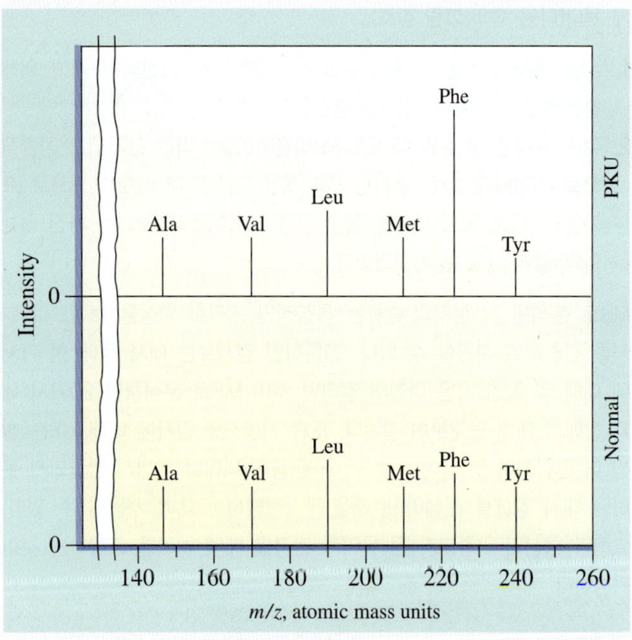

것이다. 현재 연구는 류마티스성 관절염과 심장혈관 질병의 초기 단계에서 나오는 특징적인 대사물을 찾는 것에 집중되어 있다. MS를 이용하여 약물에 대한 환자의 반응을 검사하여 비정상적 대사물의 생산을 찾거나 간이나 신장 독성의 대사 신호를 찾는 것이 가능할 것이다.

학습 문제

1. 아래는 질량분석법으로 선별 검사될 수 있는 신생아의 몇몇 대사 장애이다. 각 질병에 대해 혈액이나 소변에 정상 농도보다 많이 존재하며 MS로 측정 가능한 대사물을 적어도 하나 이상 열거하시오.

힌트: 19장 참조

페닐케톤뇨증	알캅톤뇨증
단풍당밀뇨증	황달
호모시스틴뇨증	

참고 문헌

Willis, R., 2002. Metabolism measured. *Today's Chemist at Work* November:15–16.

http://www.cdc.gov/mmwr/PDF/rr/rr5003.pdf

신생아의 대사 실병 선별을 위한 MS 사용에 대한 미국 질병제어예방센터의 보고서

요약

■ 물질대사(metabolism)는 생물체의 세포 내에서 일어나는 수천 개 반응의 화학, 조절, 에너지학을 연구하는 것이다. 물질대사의 과정은 일련의 연속적인 효소 촉매반응을 거쳐 진행된다.

■ 생물체는 두 종류의 물질대사를 가진다. (1) **독립영양생물(autotroph)**은 태양에너지를 에너지원으로, 대기 중의 이산화탄소를 탄소원으로 하여 생체분자를 만든다. (2) **종속영양생물(heterotroph)**은 대개 독립영양생물로부터 복합 탄소화합물을 섭취함으로써 에너지를 얻는다.

■ 물질대사 과정은 두 범주로 나눈다. (1) **이화작용(catabolism)**은 에너지를 방출하여 ATP를 생산하는 분해 과정이다. (2) **동화작용(anabolism)**은 ATP의 에너지를 사용하여 복잡한 생체분자를 만드는 합성 과정이다.

■ 화학적 측면에서 볼 때 물질대사 과정은 여섯 가지 종류로 나눌 수 있다. 산화환원반응, 기전달반응, 가수분해반응, 비가수분해반응, 이성질화반응 및 ATP의 에너지를 이용한 결합형성반응이다.

■ ATP는 생물체에서 보편적으로 사용되는 자유에너지(free energy) 운반분자이다. ATP의 인산기가 물과 같은 다른 분자로 전달될 때 에너지가 방출된다($ATP + H_2O \rightleftharpoons ADP + HPO_4^{2-}$).

연습 문제

용어 이해

14.1 다음 용어를 번역하고 25 단어 이하로 설명하시오.

a. catabolism
b. anabolism
c. anaerobic organism
d. metabolic pathway
e. ATP
f. convergence of pathway
g. dehydrogenase
h. $\Delta G^{\circ\prime}$
i. phosphoryl group transfer potential
j. PEP
k. thioester
l. differential centrifugation
m. chromatography
n. electrophoresis
o. acetyl CoA

개념 복습

14.2 다음 각 반응을 표 14.2에 있는 여섯 종류의 반응 중 하나로 분류하시오.

a. $$^-OOC-CH_2-CH_2-COO^- + FAD \rightleftharpoons {}^-OOC-CH=CH-COO^- + FADH_2$$

b. $$^-OOC-CHOH-CH_2OPO_3^{2-} \rightleftharpoons {}^-OOC-CHOPO_3^{2-}-CH_2OH$$

c. $$CH_2OH-CHOH-CH_2OH + ATP \rightleftharpoons CH_2OPO_3^{2-}-CHOH-CH_2OH + ADP$$

d. $$H_3\overset{+}{N}-CH(R)-C(=O)-NH-CH(R')COO^- + H_2O \rightleftharpoons H_3\overset{+}{N}-CH(R)COO^- + H_3\overset{+}{N}-CH(R')COO^-$$

e. $$CH_3-C(=O)-COO^- + H^+ \rightleftharpoons CH_3-C(=O)-H + CO_2$$

f. $$CH_3-C(=O)-COO^- + CO_2 + ATP \rightleftharpoons {}^-OOC-CH_2-C(=O)-COO^- + ADP + P_i$$

14.3 문제 14.2의 각 반응을 촉매하는 효소의 일반적 분류 명칭을 말하시오.

14.4 이화작용의 셋째 단계에 대하여 다음에 기술하였다. 옳은 것을 고르고 틀린 것에 대해서는 그 이유를 설명하시오.

a. 모든 연료 분자에 대하여 공통적이다.
b. 전체적 $\Delta G^{\circ\prime}$는 양수이다.
c. 단백질, 녹말 및 트리아실글리세롤을 각 구성 단위체로 가수분해한다.
d. 세포 내 대부분의 ATP를 생산한다.

14.5 다음의 용어는 이화작용이나 동화작용을 규명하는 데에 사용될 수 있다. 어느 과정에 해당하는지 말해 보시오.

환원반응
에너지유입
에너지방출
반응의 수렴성
생합성
산화반응
ATP 생산
반응의 발산성
분해

14.6 다음 반응의 $\Delta G^{\circ\prime}$을 구하시오. 이 반응의 K'_{eq}는 1.7×10^{11}이다.

$$\text{피루브산} + NADH + H^+ \rightleftharpoons \text{락트산} + NAD^+$$

14.7 다음 각 생체분자에는 몇 개의 인산무수결합이 있나?

a. ATP
b. ADP
c. AMP
d. 1,3-비스포스포글리세르산
e. 포스포에놀피루브산
f. 글루코오스-6-인산
g. 글리세르알데히드-3-인산
h. 프룩토오스-1,6-비스인산
i. 피로인산

14.8 ATP에 대하여 다음 물음에 답하시오.

a. 몇 개의 인산무수결합이 있나?
b. 리보오스와 세 개의 인산기 사이에는 어떤 화학 결합이 있나?
c. ATP의 음전하는 세포 내에서 보통 어떻게 중화되나?
d. 아데닌과 리보오스를 연결하는 화학 결합은 어떤 종류인가?

14.9 다음은 알코올탈수소효소에 의해 촉매되는 반응이다. 좌에서 우로 진행되는 반응에 대하여 다음 질문에 답하시오.

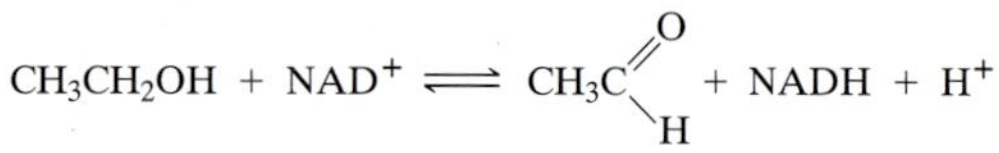

$$CH_3CH_2OH + NAD^+ \rightleftharpoons CH_3CHO + NADH + H^+$$

a. 산화제는 무엇인가?
b. 환원제는 무엇인가?

14.10 문제 14.9에 있는 반응식을 보고 우에서 좌로 진행되는 반응에 대하여 다음에 답하시오.

a. 산화제는 무엇인가?
b. 환원제는 무엇인가?

14.11 HPO_4^{2-}(P_i)의 공명구조를 있는 대로 그리시오.

힌트: *다음 구조부터 시작하시오.* $^-O-P(=O)(OH)-O^-$

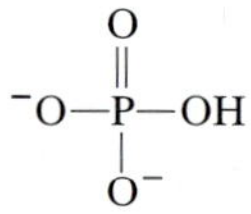

14.12 NAD^+, FAD, ATP, CoASH의 구조의 공통점은 무엇인가? 생물학적 기능의 공통점은 있는가?

14.13 이 장에서는 "살아 있는 세포에서는 표준상태가 정상적으로는 존재하지 않는다."라고 하였다. 표준상태와 정상적인 세포 조건을 비교하여 설명하시오.

14.14 독립영양생물과 종속영양생물 간의 대사적 차이점을 논하시오.

14.15 ΔG와 $\Delta G^{\circ\prime}$의 차이점은 무엇인가?

14.16 피로인산(PP_i)의 가능한 공명구조를 모두 그리시오.

14.17 ATP의 가능한 공명구조를 모두 그리시오.

활용 문제

14.18 다음 화합물들을 산화 수준이 가장 낮은 것(가장 환원된 것)부터 산화 수준이 증가하는 순으로 나열하시오.

a. 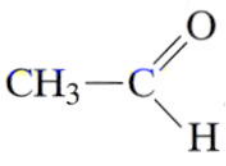 CH_3-CHO
b. $CH_2=CH_2$
c.  COOH–COOH
d. CH_3COOH
e. CH_3CH_2OH
f. CH_3-CH_3
g. CO_2

힌트: *(f) 에탄부터 시작하시오.*

14.19 다음 반응을 보고 물음에 답하시오.

글루코오스-1-인산 ⇌ 글루코오스-6-인산

1 M의 반응물과 생성물이 혼합되어 25℃에서 평형에 이르도록 방치한 후 각 화합물의 농도를 측정하였더니 다음과 같았다.

$$[\text{글루코오스-1-인산}]_{eq} = 0.1\,M$$
$$[\text{글루코오스-6-인산}]_{eq} = 1.9\,M$$

이 반응의 K_{eq}과 $\Delta G^{\circ\prime}$을 구하시오. 이 반응의 유리한 방향은 무엇인가?

14.20 다음 인산 화합물들을 인산기전달포텐셜이 증가되는 순으로 나열하시오.

a. 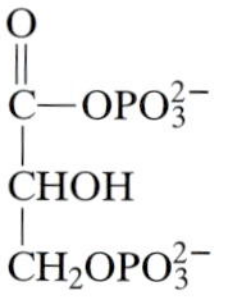 $O=C(-OPO_3^{2-})-CHOH-CH_2OPO_3^{2-}$
1,3-Bisphosphoglycerate (1,3-BPG)

b. ATP
c. AMP
d. 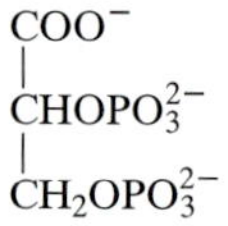 $COO^- - CHOPO_3^{2-} - CH_2OPO_3^{2-}$
2,3-Bisphosphoglycerate (2,3-BPG)

e. PEP
f. ADP

14.21 다음 각 반응에서 표준상태에서 자발적으로 진행되는 방향은 무엇인가?

a. PEP + ADP ⇌ 피루브산 + ATP
b. ATP + H_2O ⇌ ADP + P_i
c. ADP + H_2O ⇌ AMP + P_i
d. 글루코오스-6-인산 + ADP ⇌ 글루코오스 + ATP
e. 글루코오스-6-인산 ⇌ 글루코오스-1-인산

힌트: *표 14.6의 자료를 이용하시오.*

14.22 다음의 일반적 반응에 대한 물음에 답하시오.

$$A \rightleftharpoons B$$

A와 B가 1 M의 농도로 혼합되어 25℃에서 평형에 이르도록 방치한 후 각 화합물의 농도를 측정하였더니 동일하였다([A] = [B]). 이 반응의 K_{eq}과 $\Delta G^{\circ\prime}$을 구하시오. 이 반응의 자발적인 방향은 무엇인가? 표준상태에서 이 반응은 얼마나 많은 에너지를 방출하겠는가?

14.23 주요한 이화작용의 반응들이 아세틸-CoA라는 공통의 중간산물로 수렴되는 것이 세포에게 유리한 이유는 무엇인가?

14.24 다음은 해당과정에 의해 글루코오스가 분해되는 첫째 단계의 인산기전달반응이다. 반응의 $\Delta G^{\circ\prime}$는 −16.7 kJ/mol이다.

글루코오스 + ATP ⇌ 글루코오스-6-인산 + ADP

a. 반응의 K'_{eq}을 구하시오.
b. K'_{eq}을 반응물과 생성물의 농도로 정의하시오.
c. [ADP]와 [ATP]의 비가 10일 경우 [글루코오스-6-인산]과 [글루코오스]의 비는 얼마인가?

14.25 다음 가수분해반응의 생성물을 쓰시오.

a. 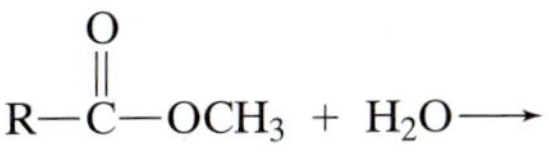 $R-\overset{O}{\overset{\|}{C}}-OCH_3 + H_2O \longrightarrow$

b. $R-\overset{O}{\overset{\|}{C}}-NH_2 + H_2O \longrightarrow$

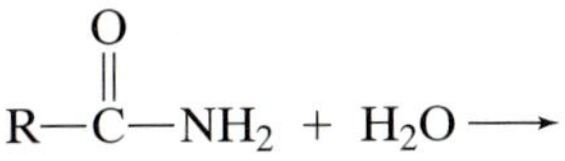

c. $R-\overset{O}{\overset{\|}{C}}-\underset{H}{\underset{|}{N}}-\underset{R'}{\underset{|}{C}}HCOO^- + H_2O \longrightarrow$

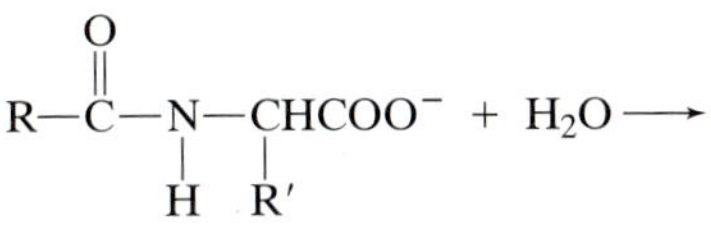

d. 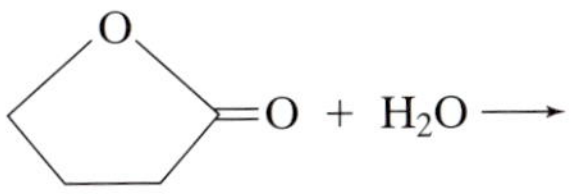 (γ-뷰티로락톤: O 원자를 포함한 5원자 고리, =O) $+ H_2O \longrightarrow$

e. 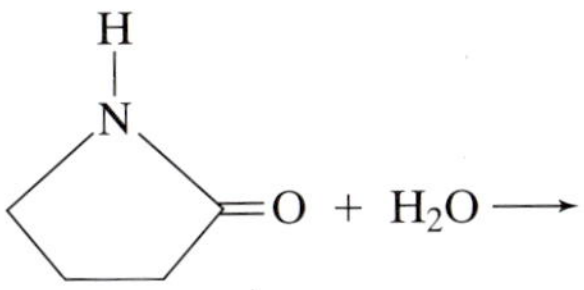 (2-피롤리돈: N−H를 포함한 5원자 고리, =O) $+ H_2O \longrightarrow$

14.26 생물체가 생식하고 발달하고 번성하기 위해서는 (1) 청사진(방향), (2) 물질 및 (3) 에너지와 같은 세 가지 기본적 필수 사항이 있다고 알려져 있다. 이러한 필요 사항을 충족시키는 생체분자나 생물학적 과정은 각각 무엇인가?

14.27 다음 글루코오스-6-인산의 반응에 대하여 물음에 답하시오.

$$\text{글루코오스-6-인산} + H_2O \rightleftharpoons \text{글루코오스} + P_i$$

a. 반응의 종류를 정의하시오. 산화환원반응, 이성질화반응, 인산기전달반응(가수분해) 중 선택하시오.
b. 비촉매반응의 $\Delta G°'$는 -13.8 kJ/mol이다. 표준상태에서 반응의 자발적 방향은 무엇인가?
c. 이 반응을 촉매하는 효소가 발견되었다면 효소가 있을 때 $\Delta G°'$는 다음 중 어느 것인가?

1. -13.8 kJ/mol 보다 크다.
2. -13.8 kJ/mol 보다 작다
3. -13.8 kJ/mol

14.28 광합성 과정에서 이산화탄소의 탄소 원자가 글루코오스를 합성하는 데에 이용된다. 그림 8.8의 글루코오스의 구조를 익히고 전체적인 과정이 산화인지 또는 환원인지 설명하시오.

14.29 포스포크레아틴(phosphocreatine)은 우리의 근육에 존재하는 화합물로서 고인산기전달포텐셜을 가지므로 ADP로부터 ATP를 합성하는 데에 이용될 수 있다. 빠져 있는 생성물을 모두 적어서 다음 반응을 완성하시오.

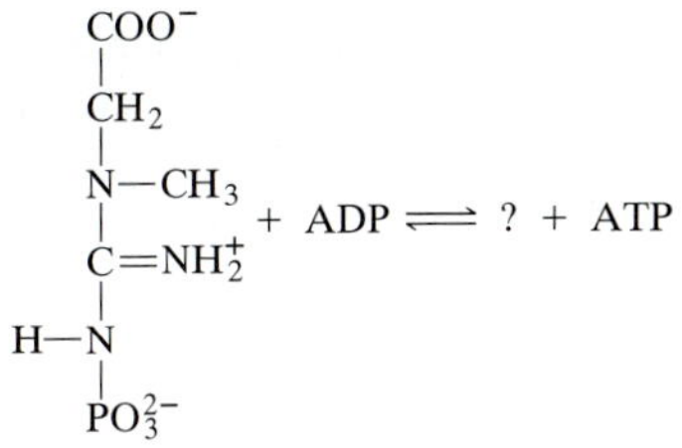

$$\begin{array}{l} COO^- \\ | \\ CH_2 \\ | \\ N-CH_3 \\ | \\ C=NH_2^+ \\ | \\ H-N \\ | \\ PO_3^{2-} \end{array} + ADP \rightleftharpoons ? + ATP$$

14.30 동물의 대사에서 글루코오스는 이산화탄소와 물로 전환된다. 이와 같은 글루코오스 분해의 전체적 과정은 산화인가 환원인가? 설명하시오.

14.31 ATP로부터 물로 인산기가 전달되는 반응의 $\Delta G°'$는 -30.5 kJ/mol이다. 표준상태에서 K'_{eq}를 계산하시오.

14.32 다음 반응을 완성하고 평형점에서 [생성물]/[반응물]의 비가 1보다 큰지 작은지 예측하시오. 적절한 촉매가 존재한다고 가정하시오.

a. 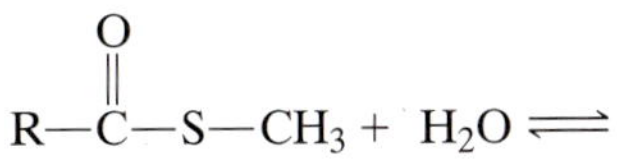 $R-\overset{O}{\overset{\|}{C}}-S-CH_3 + H_2O \rightleftharpoons$
b. $ATP + H_2O \rightleftharpoons$
c. 글루코오스 + ATP $\rightleftharpoons$

14.33 아래는 물질대사의 몇 가지 특징이 열거되어 있다. 이화작용 반응에 연관된 것과 동화작용 반응에 연관된 것의 두 가지 군으로 나누시오.

a. 공유결합 절단
b. 에너지 생산
c. 에너지유입 필요
d. NAD^+의 환원
e. 공유결합 생성
f. NADH의 산화

14.34 아래는 물질대사 과정에 중요한 생화학적 분자들을 열거한 것이다. 일반적으로 동화작용의 생산물로 간주되는 것을 고르시오.

a. ATP
b. NAD^+
c. $NADP^+$
d. NADH
e. ADP
f. NADPH

14.35 표 14.6에 열거된 각 화합물에서 인산기와 연결된 화학 결합의 종류를 말하시오. 예를 들어 포스포에놀피루브산에서 반응성 있는 결합은 포스포에스테르결합이다.

생화학 작문

14.36 이 장에서 다룬 개념 중 가장 혼동스러운 세 가지 개념을 열거하시오. 개념에 대한 질문을 작성하고 각 질문에 대하여 답을 작성하시오.

14.37 가수분해반응과 비가수분해반응의 차이를 100 단어로 설명하시오.

14.38 **"대사 과정에서 ATP는 생화학적 에너지의 보편적 운반체이다."**라는 것은 무엇을 의미하는가? 적절한 반응을 사용하여 100 단어 이상으로 논하시오.

참고문헌

Bentley, R., 2002. Oxidation numbers in the study of metabolism. *Biochem. Mol. Biol. Educ.* 30:288–292.

Bentley, R., 2000. From reactive C_2 units to acetyl coenzyme A. *Trends Biochem. Sci.* 25:302–305.

Carusi, E., 1992. It's time we replaced 'high-energy phosphate group' with 'phosphoryl group.' *Biochem. Educ.* 20:145–147.

Copley, S., 2000. Evolution of a metabolic pathway for degradation of a toxic xenobiotic. *Trends Biochem. Sci.* 25:261–265.

Elliott, K., et al., 1999. Teaching metabolism for the future—concepts not pathways. *The Biochemist* 21(1):9–39.

Feinman, R., 2004. Oxidation–reduction calculations in the biochemistry course. *Biochem. Mol. Biol. Educ.* 32:161–166.

Fell, D., 1997. *Understanding the Control of Metabolism.* London: Portland Press.

Frayn, K., 1996. *Metabolic Regulation: A Human Perspective.* London: Portland Press.

Gest, H., 2002. Landmark discoveries in the trail from chemistry to cellular biochemistry, with particular reference to mileposts in research on bioenergetics. *Biochem. Mol. Biol. Educ.* 30:9–13.

Hamori, E., 2002. Building a foundation for bioenergetics. *Biochem. Mol. Biol. Educ.* 30:296–302.

Hanson, R., 1989. The role of ATP in metabolism. *Biochem. Educ.* 17:86–92.

Hanson, R., 1990. Oxidation states of carbon as aids to understanding oxidative pathways in metabolism. *Biochem. Educ.* 18:194–196.

Manchester, K., 2000. Arthur Harden: an unwitting pioneer of metabolic control analysis. *Trends Biochem. Sci.* 25:89–92.

Punekar, N., 2000. A simple setup to illustrate metabolic pathway dynamics. *Biochem. Mol. Biol. Educ.* 28:248–250.

Schultz, E., 2005. A guided approach for learning metabolic pathways. *Biochem. Mol. Biol. Educ.* 33:1–7.

Shulman, R., 2001. NMR of intermediary metabolism: Implications for systematic physiology. *Annu. Rev. Physiol.* 63:15–48.

CHAPTER

15

저혈당증(hypoglycemia)은 혈액 내 글루코오스 농도가 비정상적으로 낮은 의학적 상태로서 사람에게 있어서 가장 흔한 질병 가운데 하나이다. 적어도 약 1억 명의 미국인들이 이런 증상을 가지고 있는 것으로 추정된다. 저혈당증의 가장 흔한 증세는 피로, 불면증, 정신적 혼란, 신경 쇠약, 및 감정 변동 등이다. 체내 모든 세포는 글루코오스를 원료로 사용하지만 특히 두뇌세포는 지속적인 글루코오스 공급에 의존하므로 만약 글루코오스 농도가 떨어지면 감정과 관련된 증상이 잘 나타난다. 체내 생리 현상의 부조화로 발생하는 기능적 저혈당증은 대개 췌장에서 지나치게 많은 인슐린을 분비하게 만들고, 인슐린은 글루코오스 분해를 증가시킨다. 저혈당증은 지나치게 많은 알코올 섭취에 의해서도 발생할 수 있다. 에탄올이 간에서 아세트알데히드와 아세트산으로 산화될 때 많은 양의 NADH가 생성되고(15.3절 참조), NADH는 피루브산과 락트산으로부터 글루코오스가 정상적으로 합성되는 것을 방해한다(15.4절 참조). 저혈당증의 증세는 격렬한 운동으로 인해 혈당의 농도가 이미 낮아진 상태에서 알코올을 섭취하면 더 심해진다.

탄수화물 대사

모든 생물체는 글루코오스를 비롯한 탄수화물을 산화적으로 분해함으로써 에너지를 얻는다. 몇몇 세포와 생물체에서, 예를 들어 뇌와 적혈구 세포, 다수의 세균 등에서는 탄수화물이 유일한 에너지원이다. 생화학자들은 오랫동안 탄수화물 대사의 메커니즘을 연구하여 왔다. 가장 오래된 역사의 기록을 보면 맥주나 포도주의 제조, 빵 부풀리기, 유제품의 발효 등 탄수화물 대사를 실질적으로 응용한 과정들이 기술되어 있다. 발효 과정을 과학적으로 이해하지 못하였음에도 불구하고, 양조업자, 빵과 치즈 제조업자들은 사업에 방해를 받지 않았으며, 소비자들은 이 음식들을 충분히 즐겼다.

역사적 배경 탄수화물 대사의 과학적 연구는 19세기 중반에 시작되었다. 이 시기의 가장 저명한 과학자인 파스퇴르(Louis Pasteur)는 살아 있는 세균과 효모의 세포를 이용하여 발효 과정을 연구하였다. 파스퇴르는 살아 있는 온전한 생물체에서만이 물질대사를 비롯한 생화학적 과정의 수행이 가능하다는 그의 생명력 이론을 확고히 믿고 있었다. 그러나 부흐너 형제(Hans and Eduard Buchner)가 1890년대에 효모의 세포추출물(효모 세포를 분해하고 그 내용물을 이용하여 만든 것)이 글루코오스와 수크로오스를 비롯한 탄수화물을 에탄올로 발효시킬 수 있음을 입증함으로써 파스퇴르의 이론을 무색하게 만들었다. 이 발견으로 인해 세포추출물로부터 효소를 분리하고 물질대사의 각 단계와 그 반응에 대한 연구를 하는 것이 가능하게 되었다.

1940년대와 1950년대에 이르러 영국, 독일, 미국 생화학자들의 연구에 의해 탄수화물 대사의 중요한 경로의 윤곽을 파악하는 데 필요한 세세한 정보가 제공되었다(그림 15.1 참조). **해당과정(glycolysis)**이라 불리는 가장 중요한 경로는 무산소성 물질대사에서 글루코오스(glucose)를 피루브산(pyruvate)으로

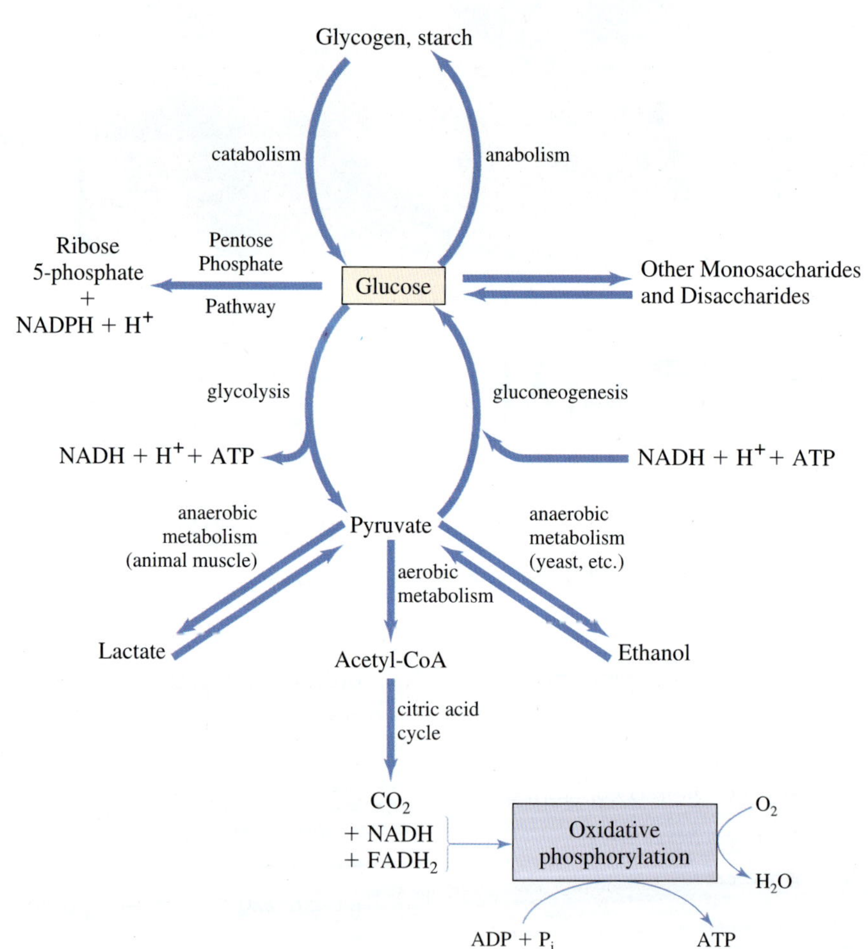

그림 15.1 식물과 동물체 내에서의 주요 글루코오스(glucose) 대사경로. 글루코오스는 동물의 경우 글리코겐(glycogen)으로, 식물의 경우 녹말(starch)의 형태로 저장된다. 유리 글루코오스는 피루브산(pyruvate)으로 산화되며(해당과정) 세포의 조건과 종류에 따라 다른 경로로 대사된다. 어떤 세포에서는 글루코오스가 리보오스-5-인산(ribose-5-phosphate)으로 전환된다. 에너지 대사의 주 경로는 해당과정으로서 이는 글루코오스가 산화되어 피루브산이 되는 것이다. 글루코오스처럼 피루브산도 물질대사의 주요 교차점이다. 산소성 에너지 대사의 가장 중요한 경로는 피루브산이 아세틸-CoA로 전환되어 시트르산회로(citric acid cycle) 및 산화적 인산화 반응(oxidative phosphorylation)을 거치는 이화작용이다. 글루코오스는 피루브산으로부터 합성(글루코오스신생합성)될 수 있으며, 글리코겐(동물) 또는 녹말(식물)로 중합될 수 있다.

전환시켜 ATP나 NADH의 형태로 소량의 에너지를 발생시키는 과정이다. **5탄당인산경로(pentose phosphate pathway)**는 동물에서의 글루코오스 산화 보조 경로로서 5탄당인 리보오스-5-인산(ribose-5-phosphate)과 환원된 NADPH(16장 참조)를 생성한다. 대사에 사용되고 남은 과도한 글루코오스는 녹말(식물)이나 글리코겐(동물)의 형태로 저장되며, 어떤 생물체에서는 지방으로 전환된다. 생물체에 에너지가 필요할 경우 저장 상태로부터 유리 글루코오스가 방출될 수 있다. 글루코오스의 농도는 피루브산 또는 락트산으로부터 **글루코오스신생합성(gluconeogenesis)**에 의해 증가될 수 있다. 글루코오스는 에너지 대사에서의 이러한 역할 이외에 다당류(셀룰로오스)나 이당류(수크로오스, 락토오스), 또는 단당류(갈락토오스, 프룩토오스) 등의 합성의 전구체로서 작용한다. 이 장에서는 탄수화물 대사의 자세한 경로와 그 생물학적 기능 및 조절 방법 등에 대해서 중점적으로 학습할 것이다.

빵과 야채에는 아밀로오스와 아밀로펙틴을 포함한 식이 탄수화물이 풍부하다.

15.1 글루코오스의 에너지 대사

학습 목표

글루코오스 대사의 생물학적 역할과 글루코오스에서 피루브산으로 전환되는 반응을 이해한다.

해당과정(glycolysis; glyco = 단 물질, lysis = 분리)은 가장 먼저 발견되고 또한 가장 중요한 탄수화물 대사 과정이다. 해당과정은 모든 동식물체에 있어서 탄수화물로부터 에너지를 얻기 위한 보편적 경로라고 알려져 있다. 해당과정의 어떤 반응 단계에서도 산소 분자가 필요치 않으며, 따라서 해당과정은 산소성 생물체뿐만 아니라 무산소성 생물체에서도 사용된다. 산소성 생물체에서 해당과정은 부가적 에너지 발생을 위한 글루코오스 대사의 초기 단계이다. 약간의 에너지가 탄수화물 대사의 2 단계에서 ATP나 NADH 형태로 생성되나(그림 14.6 참조), 더 많은 에너지가 피루브산이 아세틸-CoA로 산화되어 시트르산회로와 세포호흡 과정으로 들어갈 때 만들어진다(3 단계). 무산소성 생물체에 있어서는 해당과정에 의해 만들어진 ATP와 NADH가 탄수화물 대사에서 얻을 수 있는 유일한 에너지이다. 해당과정에 들어가는 주된 당(sugar)은 글루코오스이지만 프룩토오스(fructose), 갈락토오스(galactose) 같은 다른 단당류들 역시 피루브산으로 분해될 수 있다.

각 대사경로를 소개함에 따라 이들이 세포의 어느 부위에서 일어나는지 궁금해질 것이다. 우리가 배우게 될 대부분의 대사경로에 관여하는 효소들은 세포질, 미토콘드리아(동물세포, 식물세포), 엽록체(식물세포), 핵이나 다른 세포소기관 내에 존재한다. 해당과정에 관여하는 효소들은 세포의 세포질에 존재한다. 이 과정은 아마도 대기 중에 산소가 존재하기 이전이나 또는 진화에 의해 세포소기관을 가진 진핵세포가 발달하기 이전의 원시 생물체에 의해 사용되었을 것으로 추측된다. 많은 종류의 생물체에서 해당과정의 효소들이 분리되고 연구되었으며, 다른 어떤 대사경로에 비해서도 그 메커니즘과 조절 과정이 많이 알려져 있는 과정일 것이다.

해당과정 전반부의 다섯 반응

해당과정은 10개의 효소 촉매반응으로 구성되며, 기질인 6탄당(hexose)을 α-케토산(α-keto acid)인 피루브산 두 분자로 분해시키는 과정이다. 이 10개의 반응은 그림 15.2에서와 같이 글루코오스를 초기 기질로 하여 시작된다. 각 단계의 효소 명과 반응은 표 15.1에 설명되어 있다. 모든 반응은 14장 14.2절에서 소

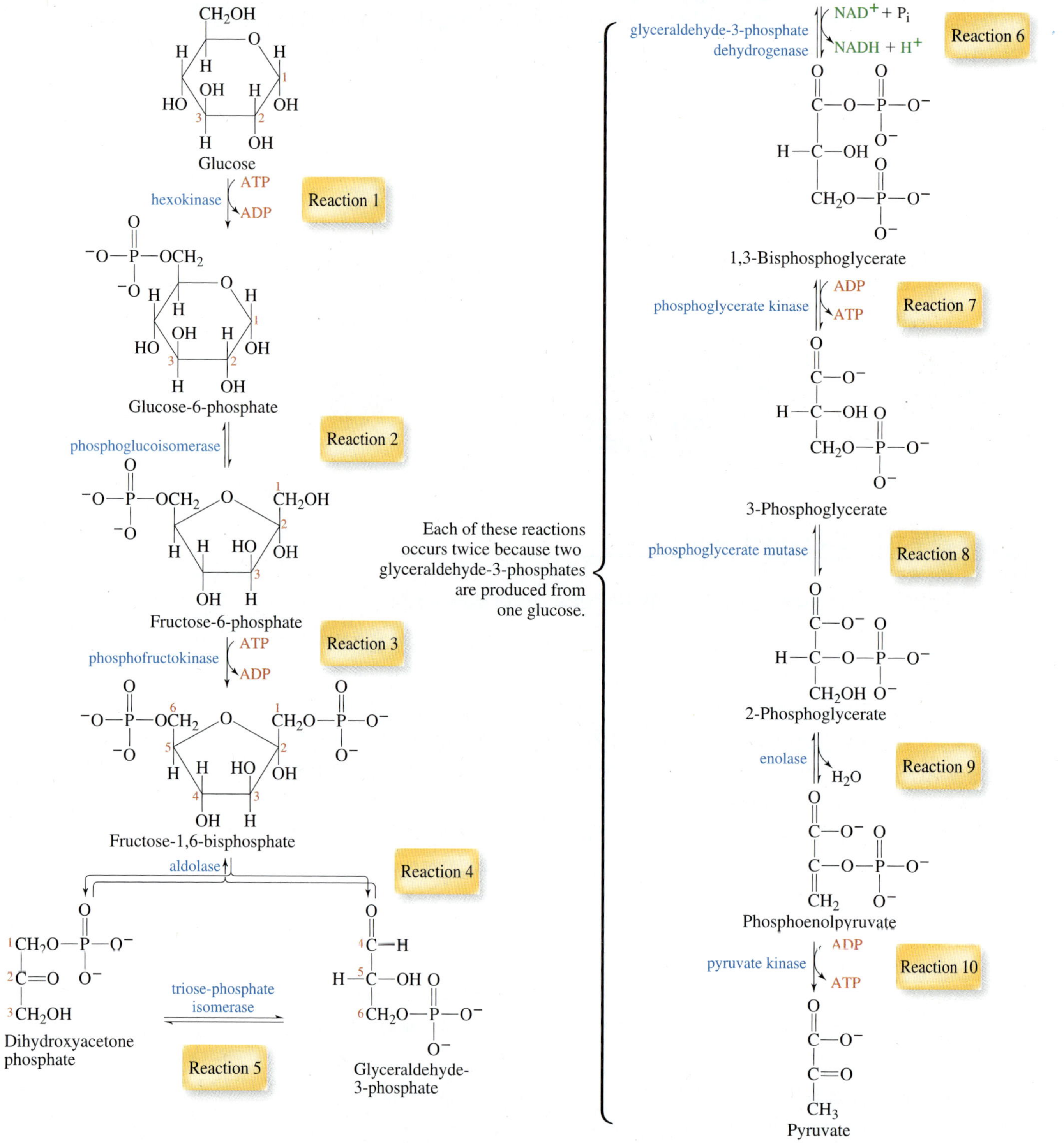

Glucose

hexokinase — ATP → ADP — Reaction 1

Glucose-6-phosphate

phosphoglucoisomerase — Reaction 2

Fructose-6-phosphate

phosphofructokinase — ATP → ADP — Reaction 3

Fructose-1,6-bisphosphate

aldolase — Reaction 4

Dihydroxyacetone phosphate

triose-phosphate isomerase — Reaction 5

Glyceraldehyde-3-phosphate

Each of these reactions occurs twice because two glyceraldehyde-3-phosphates are produced from one glucose.

glyceraldehyde-3-phosphate dehydrogenase — $NAD^+ + P_i$ → $NADH + H^+$ — Reaction 6

1,3-Bisphosphoglycerate

phosphoglycerate kinase — ADP → ATP — Reaction 7

3-Phosphoglycerate

phosphoglycerate mutase — Reaction 8

2-Phosphoglycerate

enolase — H_2O — Reaction 9

Phosphoenolpyruvate

pyruvate kinase — ADP → ATP — Reaction 10

Pyruvate

그림 15.2 해당과정의 반응. α-D-글루코오스가 분해될 기질이다. 첫 다섯 단계에서 글루코오스는 인산화되며 글리세르알데히드-3-인산의 두 분자로 쪼개진다. 나중의 다섯 단계에서 글리세르알데히드-3-인산은 피루브산으로 변형된다. 전 과정을 거치면 글루코오스 한 분자 당 2개의 ATP와 2개의 NADH가 형성된다.

표 15.1
해당과정의 각 반응의 효소의 이름과 반응의 종류

Reaction Number	Reaction	Enzyme[a]	Reaction Type[b]
1	Glucose + ATP ⟶ glucose-6-phosphate + ADP	Hexokinase	2
2	Glucose-6-phosphate ⇌ fructose-6-phosphate	Phosphoglucoisomerase	5
3	Fructose-6-phosphate + ATP ⟶ fructose-1,6-bisphosphate + ADP	Phosphofructokinase	2
4	Fructose-1,6-bisphosphate ⇌ dihydroxyacetone phosphate + glyceraldehyde-3-phosphate	Aldolase	4
5	Dihydroxyacetone phosphate ⇌ glyceraldehyde-3-phosphate	Triose phosphate isomerase	5
6	Glyceraldehyde-3-phosphate + P_i + NAD^+ ⇌ 1,3-disphosphoglycerate + $NADH^+$	Glyceraldehyde-3-phosphate dehydrogenase	1,2
7	1,3-Bisphosphoglycerate + ADP ⇌ 3-phosphoglycerate + ATP	Phosphoglycerate kinase	2
8	3-Phosphoglycerate ⇌ 2-phosphoglycerate	Phosphoglycerate mutase	5
9	2-Phosphoglycerate ⇌ phosphoenolpyruvate + H_2O	Enolase	4
10	Phosphoenolpyruvate + ADP ⟶ pyruvate + ATP	Pyruvate kinase	2

[a] Enzymes are listed by common names.
[b] Reaction type: (1) oxidation-reduction, (2) phosphoryl group transfer, (3) hydrolysis, (4) nonhydrolytic cleavage (addition or elimination), (5) isomerization-rearrangement, and (6) bond formation coupled to ATP cleavage (see Section 14.2).

개된 여섯 가지 범주의 하나에 포함될 수 있다. 에너지의 관점에서 해당과정을 두 단계로 설명할 수 있다. 해당과정의 전반부(반응 1~5)는 "투자 단계(investment stage)"로 볼 수 있다. 이화작용(catabolism)의 특징은 산화(NADH의 형성)가 일어나고 에너지가 방출되어 ADP로부터 ATP가 형성되는 것이다. 그러나 해당과정의 첫 다섯 단계가 모두 산화적으로 일어나는 것은 아니며, 또한 ATP의 사용도 필요하다. 이 단계들은 글루코오스를 활성화시키기 위한 것이고 따라서 이 단계를 '투자 단계'라고 부를 수 있다. ATP로부터 에너지가 유입되면 글루코오스의 위치에너지가 증가하여 그 다음 화학 반응들이 더 쉽게 일어날 수 있다.

순반응 첫 다섯 반응의 결과는 이 과정의 **순반응(net reaction)**을 보면 쉽게 이해된다. 순반응은 반응식 좌측의 유입(input)과 우측의 산출(output)로 나타낼 수 있는데, 이는 관련된 반응들을 모두 더하고 반응식의 반대쪽에 있는 대사산물을 모두 뺌으로써 얻을 수 있다. 해당과정의 첫 다섯 단계에서 얻어지는 순반응은 다음과 같다.

1. 글루코오스 + ATP ⇌ 글루코오스-6-인산 + ADP
2. 글루코오스-6-인산 ⇌ 프룩토오스-6-인산
3. 프룩토오스-6-인산 + ATP ⇌ 프룩토오스-1,6-비스인산 + ADP
4. 프룩토오스-1,6-비스인산 ⇌ 글리세르알데히드-3-인산 + 디히드록시아세톤인산
5. 디히드록시아세톤인산 ⇌ 글리세르알데히드-3-인산

합계: 글루코오스 + 2ATP ⟶ 2글리세르알데히드-3-인산 + 2ADP

이 순반응은 해당과정의 투자 단계에서 6개의 탄소를 가진 기질이 3개의 탄소를 가진 대사산물 두 분자로 쪼개지는 것을 보여 준다. 해당과정에 들어가는 글루코오스 한 분자 당, 2개의 ATP 분자가 활성화의 목적으로 사용된다.

복습 문제

1. 해당과정의 다음 단계에 대한 순반응을 적으시오.

a. 1번에서 3번 반응까지
b. 2번에서 5번 반응까지
c. 1번에서 6번 반응까지

이와 같은 순반응은 반응 과정의 전체적 결과를 보여주는 유용한 도구이나 대사의 중간산물에 관한 자세한 정보를 주지는 못한다. 순반응은 어떤 경로의 두드러진 특징을 요약한다고 할 수 있다.

1. 순반응은 각 탄소 원자의 운명을 보여준다. 각 탄소 원자의 숫자는 항상 일치 하여야 한다. 즉 해당과정에 들어가는 글루코오스는 6개의 탄소를 가지며, 대사산물로 나온 두 분자의 글리세르알데히드-3-인산은 각각 3개의 탄소를 가진다.
2. 순반응은 ADP/ATP와 NAD^+/NADH의 유입과 산출을 보여준다. NADH와 ATP의 생성을 계산하는 것은 중요하다. 환원성 에너지원인 NADH는 산소성 물질대사의 3 단계에서 ADP의 산화적 인산화반응에 의해 ATP를 생성하는 데 사용된다. 순반응에서 형성된 ATP의 숫자는 기질의 화학적 변형으로부터 얻을 수 있는 에너지의 양을 나타낸다.

요약하면, 순반응은 탄소의 유입과 산출, ATP의 생성, NADH의 생성 등 대사경로의 중요한 일면들을 모두 기록하여 편리하게 이용할 수 있는 장부와도 같은 것이다.

표 15.1에서 볼 수 있듯이 해당과정 전반부의 다섯 반응은 세 가지 종류의 화학 반응만을 이용한다. 인산기전달과 이성질화반응이 네 반응에서 일어난다. 이중에서 가장 흥미로운 반응은 해당과정이 그 이름의 일부(lysis = 분리)를 얻게 된 반응 4로서, 알돌라아제(aldolase)의 촉매작용에 의해 분리가 일어나는 단계이다. 14장과 표 15.1에서 반응 4는 비가수분해반응 또는 작용기의 가감으로 기술한 바 있다. 반응 4의 역반응은 **알돌축합반응(aldol condensation)**임을 알 수 있을 것이다.

해당과정 후반부의 다섯 반응

해당과정의 나머지 다섯 반응은(반응 6~10) "배당 단계(dividend stage)"로 설명되어질 수 있는데, 글리세르알데히드-3-인산을 다른 3탄소 대사물질인 피루브산으로 전환하는 것이다. 이 과정에서 처음 소비된 2개의 ATP 이외에 2개의 ATP를 추가로 배당받게 된다. 또 2개의 NADH가 생성되는데 순반응은 다음과 같다.

2글리세르알데히드-3-인산 + $2P_i$ + 4ADP + $2NAD^+$ $\longrightarrow$

2 피루브산 + 4ATP + 2NADH + $2H^+$ + $2H_2O$

배당 단계에는 아주 흥미로운 반응들이 몇몇 있다. 반응 6은 두 가지 형태의 화학 반응을 나타내는데, 알데히드(aldehyde)로부터 카르복실산(carboxylic acid)으로의 산화반응(NADH의 형성)과 카르복실산으로의 인산기전달반응으로서 그 결과 1,3-비스포스포글리세르산(1,3-BPG)이 형성된다. 반응 7에서 1,3-BPG의 인산기가 ADP로 전달되어 ATP가 생성된다. 반응 6과 반응 7이 합쳐질 때 한 반응성 대사물질(1,3-비스포스포글리세르산)로부터 나오는 에너지를 이용하여 다른 반응성 화합물(ATP)을 합성하는 방법을 제공하게 된다.

글리세르알데히드-3-인산 + ADP + P_i + NAD^+ $\longrightarrow$

3-포스포글리세르산 + ATP + NADH + H^+

반응 6과 반응 7을 합칠 때 사라지는 공통 대사물질(1,3-BPG)은 ATP를 합성하기에 충분한 에너지 량을 가진다(표 14.6 참조). 반응성 대사물질로부터의 인산기전달에 의해 ATP가 생성되는 과정을 **기질수준인산화(substrate-level phosphorylation)**라고 한다. (ADP로부터 ATP가 생성되는 또 다른 과정은 호

표 15.2
해당과정에서 생성되는 ATP와 NADH

Number[a]	Reaction per Glucose	ATP Change per Glucose[b]	NADH Change per Glucose[b]
1	Glucose ⟶ glucose-6-phosphate	−1	0
3	Fructose-6-phosphate ⟶ fructose-1,6-bisphosphate	−1	0
6	2 Glyceraldehyde-3-phosphate ⇌ 2 1,3-bisphosphoglycerate	0	+2
7	2 1,3-Bisphosphoglycerate ⇌ 2 3-phosphoglycerate	+2	0
10	2 Phosphoenolpyruvate ⟶ 2 pyruvate	+2	0
Total change		+2	+2

[a] The number corresponds to the reaction number in Table 15.1.
[b] A minus sign indicates loss of ATP by cleavage of a phosphoanhydride bond; a plus sign indicates formation of ATP (from ADP) or NADH (from NAD^+).

흡과 연관된 전자 전달에 의한 것으로 이를 산화적 인산화라고 한다. 17장 참조). 해당과정의 마지막 반응인 10번 반응에서 두 번째의 ATP 생성이 일어난다. 이 반응은 기질수준인산화의 또 다른 예이다. 인산기가 포스포에놀피루브산으로부터 ADP로 전달된다(표 14.6 참조). 시트르산회로에서 또 다른 기질수준인산화반응을 볼 수 있을 것이다(16장).

해당과정의 ATP와 NADH 대차대조표를 표 15.2에 나타냈다. 해당과정의 모든 단계에 대한 전체적 순반응은 다음과 같다.

$$\text{글루코오스} + 2P_i + 2ADP + 2NAD^+ \longrightarrow 2\text{피루브산} + 2ATP + 2NADH + 2H^+ + 2H_2O$$

요약하면 글루코오스 한 분자가 두 분자의 피루브산으로 나누어지며 두 분자의 ATP와 NADH가 생성된다. 앞에서 개략적으로 설명한 것처럼 해당과정은 결국 ATP의 생성을 위하여 에너지를 방출하는 산화 과정임을 알 수 있다. 글루코오스 내의 두 키랄탄소(탄소 3 과 4, $-\underset{\text{OH}}{\text{CH}}-\underset{\text{OH}}{\text{CH}}-$)는 피루브산의 카르복실산으로 산화된다. 글루코오스-6-인산의 탄소 3과 4는 피루브산의 탄소 1 $\overset{3}{C}H_3\underset{\text{O}}{\overset{2}{C}}\overset{1}{C}OO^-$ 이 된다. 인산화된 대사물인 1,3-비스포스포글리세르산(1,3-BPG)과 포스포에놀피루브산(PEP)은 ATP 형성에 필요한 충분한 에너지를 가지고 있다.

해당과정의 경로는 세포의 ATP와 NADH의 필요에 따라 엄격히 조절된다. 해당과정의 주요 조절 단계는 반응 3으로 포스포프룩토키나아제(phosphofructokinase, PFK)에 의해 촉매되는 프룩토오스-6-인산의 인산화반응이다. 이 효소는 많은 종류의 작동인자의 농도에 의해 조절되는 알로스테릭효소(allosteric enzyme)이다(15.5절 참조).

해당과정을 요약하면, 글루코오스의 산화에 의해 에너지가 추출되었고 이 에너지는 ATP와 NADH를 생성하는 데 사용되었다. 두 분자의 피루브산으로 변형된 글루코오스의 탄소는 산소성 대사 과정을 통해 계속 산화되어 더 많은 ATP와 NADH를 생성하며 CO_2와 H_2O로 된다. 무산소성 대사에서는 피루브산이 발효 과정으로 들어가게 된다(15.3절).

복습 문제

1. 해당과정의 7번과 10번 반응에 대한 다음 물음에 답하시오(표 15.1).

   a. 각 반응의 깁스 자유에너지변화 $\Delta G°'$를 계산하시오.
   b. 각 반응의 자발적 진행 방향을 결정하시오.

   힌트: 표 14.6 참조

15.2 다른 탄수화물의 해당과정 진입

학습 목표

해당과정을 통한 다른 탄수화물들의 대사 과정을 이해한다.

양적으로 보아 글루코오스는 식물과 동물에 있어서 에너지 대사의 가장 중요한 탄수화물이다. (심지어 식물도 낮에 합성한 글루코오스를 산화하여 밤에 필요한 에너지를 공급한다.) 우리가 먹는 음식에는 다른 종류의 탄수화물들도 있으며 에너지의 공급원으로 사용될 수 있다. 그림 15.3에는 다른 주요 탄수화물들이 해당과정으로 들어가는 경로를 요약하였다. 이들은 글루코오스-6-인산, 프룩토오스-6-인산, 디히드록시아세톤인산과 글리세르알데히드-3-인산 등을 통해서 해당과정으로 들어간다. 그림 15.3을 보면 다른 탄수화물들은 한 두 개의 반응만을 거치면 해당과정으로 들어 갈 수 있다는 것을 알 수 있다. 중요한 예외가 갈락토오스로서 일련의 복잡한 반응을 거쳐야 한다.

음식물의 탄수화물

우리가 음식물로 섭취하는 탄수화물은 다당류(polysaccharide), 이당류(disaccharide), 단당류(monosaccharide)의 세 가지 화학적 형태로 존재하는데 다당류는 크게 두 가지 형태로 섭취된다. 즉 야채나 곡류에 저장되어 있는 녹말(starch, 아밀로오스와 아밀로펙틴)과 동물조직에 들어 있는 글리코겐

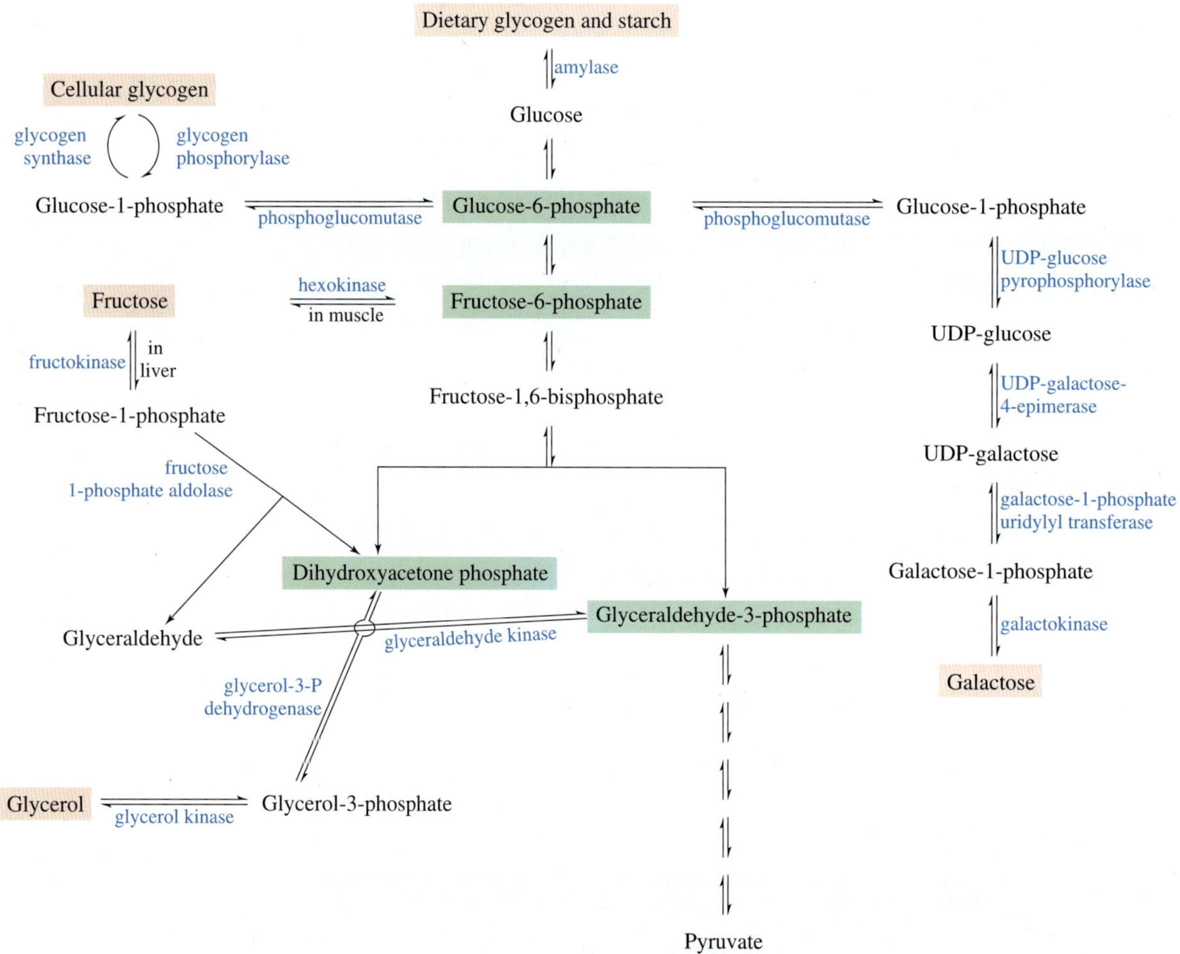

그림 15.3 다른 탄수화물들이 해당과정으로 들어가는 경로. 이 그림은 녹말(starch)이나 글리코겐(glycogen)으로부터 생성된 글루코오스(glucose)가 해당과정(glycolysis)으로 들어가는 경로를 보여주고 있다. 음식물 섭취에 의한 이당류는 글루코오스, 프룩토오스(fructose) 또는 갈락토오스(galactose)로 가수분해된 뒤 해당과정으로 들어가게 된다. 프룩토오스는 세포의 형태에 따라 두 경로를 통해 해당과정으로 들어간다. 식이성 락토오스(lactose)에서 생성된 갈락토오스는 글루코오스-6-인산으로 전환된다. 트리아실글리세롤의 가수분해 산물인 글리세롤(glycerol)은 디히드록시아세톤인산(dihydroxyacetone phosphate)의 형태로 들어간다. 음식물의 모든 탄수화물은 해당과정의 중간산물로 쉽게 전환될 수 있다.

(glycogen)이 그것이다. (셀룰로오스도 음식에 들어 있는 다당류이지만 대사를 거치지 않는 섬유질 덩어리이다. 8장 8.4절 참조) 음식물 속의 다당류(셀룰로오스 제외)는 입 안에서 아밀라아제(amylase)라고 불리는 침의 효소에 의해 가수분해된다. 위 속의 산성 pH는 효소 촉매반응에 의한 가수분해 속도는 감소시키지만 H^+ 촉매에 의한 가수분해는 증가시킨다. 녹말이나 글리코겐 가수분해의 주산물인 글루코오스는 내장벽을 통해서 혈액으로 흡수되어 골격근이나 뇌, 심장 등을 포함한 말단 조직으로 운반된다. 식이 글루코오스의 약 1/3은 에너지 생성과 저장을 위해 골격과 심장의 근육으로 가고, 약 1/3은 단지 글루코오스만을 에너지원으로 사용하는 뇌로 가며, 나머지 1/3은 글리코겐의 형태로 간에 저장된다.

음식물에 들어 있는 주요한 이당류는 말토오스(maltose), 수크로오스(sucrose) 및 락토오스(lactose) 등이다. 말토오스는 식이 다당류가 아밀라아제에 의해 분해될 때 생성된다. 수크로오스는 비교적 풍부하게 존재하는 식이성 당류이다. 감미료로 사용되는 이외에도 대부분의 과일과 야채에 들어 있다. 예를 들어, 100그램의 당근에는 3그램의 수크로오스가 들어 있고, 바나나는 100그램 당 6.5그램의 수크로오스를 가지고 있다. 우유와 유제품은 락토오스의 주요한 공급원으로서, 우유의 약 5%가 락토오스이다. 이당류들은 소장에 있는 효소인 글리코시드가수분해효소(glycosidase)에 의해 가수분해된다. 형성된 단당류는 소장벽을 통해 혈액으로 들어가게 된다.

$$\text{말토오스} + H_2O \xrightleftharpoons{\text{말타아제}} 2\text{글루코오스}$$

$$\text{수크로오스} + H_2O \xrightleftharpoons{\text{수크라아제}} \text{프룩토오스} + \text{글루코오스}$$

$$\text{락토오스} + H_2O \xrightleftharpoons{\text{락타아제}} \text{글루코오스} + \text{갈락토오스}$$

식이 단당류에는 글루코오스(glucose)와 프룩토오스(fructose)가 있다. 이들은 설탕(수크로오스)의 구성성분이며 음료와 음식의 단맛을 내는 데 사용된다(8장 8.3절 참조). 프룩토오스는 꿀과 과일, 야채, 옥수수 시럽 등에 들어 있으며 청량음료를 달게 하는 데 쓰인다. 꿀 100그램에는 42그램의 프룩토오스와 34그램의 글루코오스가 들어 있다. 100그램의 사과에는 7.6그램의 프룩토오스가 들어 있는 반면, 100그램의 당근에는 1그램의 프룩토오스가 들어 있다. 식이성 탄수화물이 소장의 세포벽에 도달할 때에는 모두 단당류, 특히 글루코오스, 프룩토오스, 갈락토오스의 형태로 존재하게 된다.

단풍나무의 당밀(syrup)에는 글루코오스와 프룩토오스가 풍부하다.

프룩토오스, 갈락토오스와 글리세롤

프룩토오스 프룩토오스는 조직의 형태에 따라 두 개의 다른 경로를 통해서 해당과정으로 들어간다(그림 15.3). 골격근에서 프룩토오스는 해당과정의 정상 효소인 헥소키나아제(hexokinase)에 의한 반응을 거치게 되는데, 프룩토오스에 대한 이 효소의 친화력은 글루코오스의 1/20에 불과하다. 프룩토오스는 인산기전달반응 한 단계만 거치면 프룩토오스-6-인산으로서 해당과정에 들어갈 수 있다. 간세포에는 또 다른 효소인 **프룩토키나아제(fructokinase)**가 있는데 이 효소는 두 가지 점에서 헥소키나아제와 다르다. (1) 이 효소는 다른 6탄당(hexose)보다 프룩토오스에 대하여 높은 친화력을 가지며, (2) ATP로부터 인산기전달반응을 촉매하여 프룩토오스-1-인산을 형성한다. 프룩토오스-1-인산은 알돌라아제(aldolase)에 의해 분리되고, 또 한 번의 인산화가 일어난 다음 해당과정에 들어간다. 프룩토오스가 해당과정으로 들어가는 순반응(프룩토오스 + 2ATP $\rightleftharpoons$ 2글리세르알데히드-3-인산 + 2ADP)은 다른 효소가 사용되긴 하지만 글루코오스의 경우와 유사하다.

갈락토오스 갈락토오스는 글루코오스-6-인산으로 전환되는데 다섯 단계의 반응을 필요로 한다. 갈락토키나아제(galactokinase)가 ATP를 사용하여 초기의 인산화를 촉매한다. 산물인 갈락토오스-1-인산은 우리딜기(uridyl group)와 반응하여 UDP-갈락토오스로 변형된다(그림 15.4). 이 특이한 탄수화물 유도

그림 15.4 우리딘 이인산 갈락토오스(uridine diphosphate-galactose, UDP-갈락토오스)의 구조. 갈락토오스에 붙어 있는 UDP는 이 단당류가 특별한 물질대사를 거치게 됨을 보여준다.

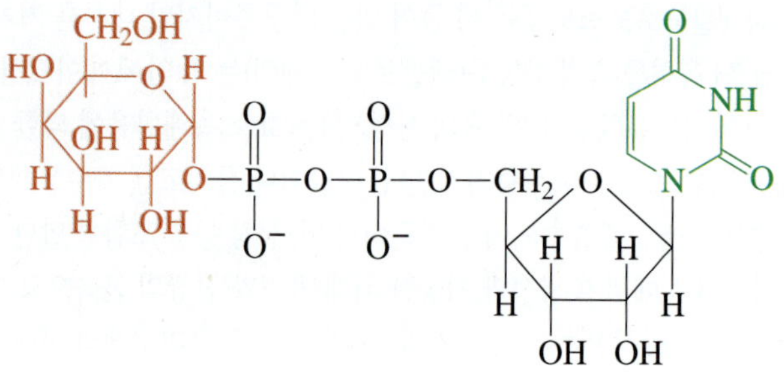

UDP-galactose

체는 갈락토오스가 물질대사에서 특별한 용도로 사용될 것임을 표지한다(15.4절 참조). 궁극적으로 갈락토오스의 탄소 골격으로부터 글루코오스-1-인산이 만들어지게 된다. 글루코오스-1-인산이 해당과정으로 들어가기 위해서는 이성질화반응이 일어나야 한다.

$$\text{글루코오스-1-인산} \xrightleftharpoons{\text{포스포글루코뮤타아제}} \text{글루코오스-6-인산}$$

갈락토오스가 해당과정으로 들어가기 전의 준비 단계에서 이상이 생기면 **갈락토오스혈증(galactosemia)**이라는 병이 발생하는데 이는 상염색체성 열성인자에 의한 유전적 질병이다. 대부분의 경우는 갈락토오스-1-인산우리딜기전달효소(galactose-1-phosphate uridyl transferase)라는 효소의 결핍으로 생긴다. 갈락토오스가 정상적으로 대사되지 못하면 축적되어 독성 물질인 **갈락티톨(galactitol)**로 변형된다. 이 병은 출생 후 바로 발생하여, 성장 억제, 간의 비대화, 황달, 백내장, 뇌 장애 등의 증상을 나타낸다. 구토와 설사도 유제품이나 갈락토오스가 들어 있는 다른 음식물을 섭취한 후에 환자들에게 일어나는 증상이다. 갓 태어난 신생아들은 혈액 내 갈락토오스의 농도를 측정하여 이 병의 유무를 조사받게 된다. 이 병에 걸린 신생아들은 갈락토오스와 락토오스를 수크로오스나 다른 탄수화물로 대체시킨 우유 대용식을 먹이게 된다. 아이들이 성장함에 따라 갈락토오스를 대사시키는 다른 효소를 만든다.

글리세롤 세 개의 히드록실기를 가지고 있는 글리세롤은 트리아실글리세롤(triacylglycerol)과 글리세로인지질(glycerophospholipid)이 분해될 때 방출된다(8장 8.2절 참조). 글리세롤은 탄수화물은 아니지만 그 탄소 골격이 두 개의 간단한 반응(인산기전달과 산화반응)을 거쳐 디히드록시아세톤인산의 형태로 해당과정에 들어간다(그림 15.3 참조).

복습 문제

1. 생화학적 반응물의 구조식을 이용하여 다음 화합물이 해당과정에 진입하는 반응을 적으시오.
   a. 갈락토오스 b. 글리세롤 c. 프룩토오스

세포 내 글리코겐과 녹말의 글루코오스

글리코겐과 녹말은 입, 위, 창자 안에서 가수분해되어 단당류의 형태로 세포로 분배된다. 동식물들은 또한 글루코오스의 양이 과다하게 많을 경우 세포 내에서 다당류를 합성하여 저장한다. (간과 골격근 내 글리코겐의 평균 무게는 각각 전체의 10%, 1%이다.)

동물세포에 저장되는 글리코겐과 식물세포의 저장 녹말은 에너지가 필요할 때 또는 세포 내 글루코오스의 농도가 낮을 때 사용된다. 저장된 상태로부터 글루코오스가 방출되는 것은 단순히 아밀라아제

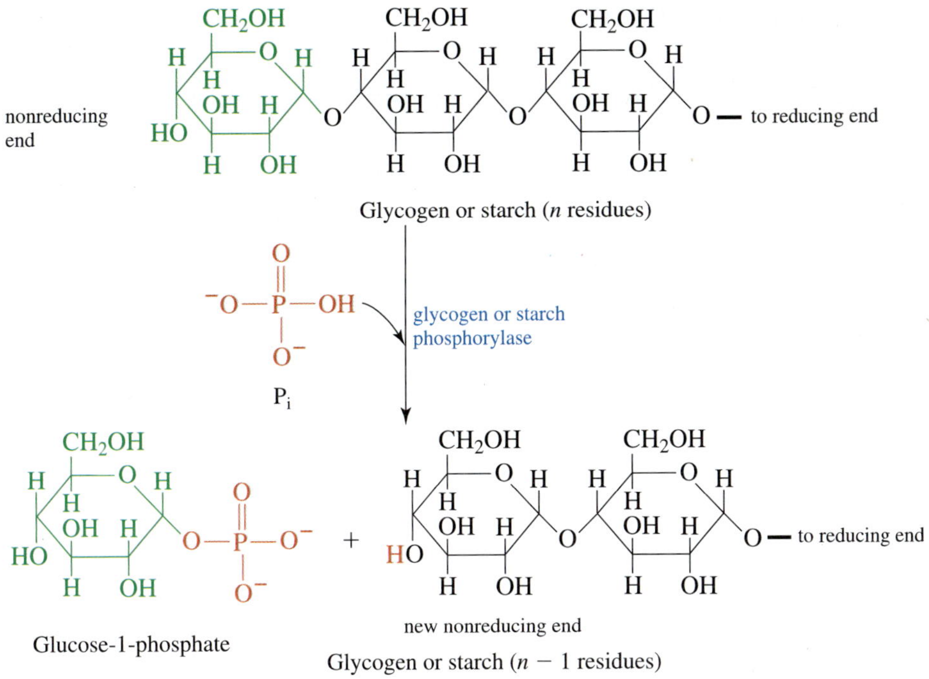

nonreducing end

Glycogen or starch (n residues)

glycogen or starch phosphorylase

P_i

Glucose-1-phosphate

new nonreducing end

Glycogen or starch ($n-1$ residues)

그림 15.5 글리코겐 또는 녹말의 비환원말단에 작용하는 가인산분해효소. 이 효소는 α-인산(P_i)에 의한 $\alpha(1\rightarrow4)$ 글리코시드결합의 분해를 촉매한다. 글루코오스는 글루코오스-1-인산의 형태로 생성된다.

에 의한 식이 다당류의 가수분해가 아니라, 무기 인산이 관여하는 **가인산분해(phosphorolytic cleavage)**에 의해서 이루어진다. 이 반응은 가수분해와는 다른 것으로서 글루코오스는 글루코오스-1-인산의 형태로 방출된다.

$$(\text{글루코오스})_n + P_i \rightleftharpoons (\text{글루코오스})_{n-1} + \text{글루코오스-1-인산}$$

글리코겐 또는 녹말은 (글루코오스)$_n$으로 나타내는데 여기서 n은 글루코오스의 수를 의미한다. 글루코오스의 분리는 다당류의 비환원말단(nonreducing end)에서 일어나고(그림 15.5) 동물의 경우 **글리코겐 가인산분해효소(glycogen phosphorylase)**, 식물의 경우 **녹말 가인산분해효소(starch phosphorylase)**가 작용한다. 글루코오스 단위(글루코오스-1-인산의 형태로)는 $\alpha(1\rightarrow4)$ 글리코시드결합의 분해에 의해 연쇄적으로 제거된다. 글루코오스 단위가 떨어져 나올 때 마다 비환원말단부위가 노출되어 효소가 작용한다. 아밀로오스(amylose) 분자는 단 하나의 비환원말단을 포함하나 아밀로펙틴(amylopectin)이나 글리코겐은 많은 수의 비환원말단을 가지고 있어, 짧은 시간에 가인산분해효소로 하여금 많은 양의 글루코오스-1-인산을 방출할 수 있게 된다(글리코겐과 녹말의 구조는 그림 7.19와 7.20 참조).

가인산분해효소의 활동이 특히 중요한 이유는 이 반응이 세포 내에 저장된 연료(다당류)와 바로 사용할 수 있는 연료(단당류)의 분자 농도를 조절하기 때문이다. 가인산분해를 종종 **가동화반응(mobilization reaction)**이라 표기하는데 이는 이동이 불가능한 저장 형태의 분자(글리코겐 또는 녹말)로부터 이동 가능한 사용할 수 있는 분자(당 인산)를 이끌어 내기 때문이다. 가인산분해효소는 $\alpha(1\rightarrow4)$ 글리코시드결합에만 작용할 수 있으며 $\beta(1\rightarrow4)$ 결합이나 $\alpha(1\rightarrow6)$ 결합에는 작용할 수 없다. 글리코겐이나 녹말에서 분리된 글루코오스-1-인산은 포스포글루코뮤타아제(phosphoglucomutase)의 이성질화반응에 의해 글루코오스-6-인산으로 된 다음 해당과정에 들어간다.

에너지 관점에서 보면, 가인산분해효소에 의한 가인산분해는 아밀라아제에 의한 가수분해보다 세포에게 더 유리한 반응이다. 그 이유는 글루코오스가 해당과정으로 들어가기 위해 필요한 반응들을 비교해 봄으로써 알 수 있다.

아밀라아제에 의한 가수분해

$$(\text{글루코오스})_n + H_2O \rightleftharpoons \text{글루코오스} \xrightleftharpoons{ATP} \text{글루코오스-6-인산}$$

가인산분해효소에 의한 가인산분해

$$(\text{글루코오스})_n + P_i \rightleftharpoons \text{글루코오스-1-인산} \rightleftharpoons \text{글루코오스-6-인산}$$

즉 가인산분해에서는 ATP 형태의 에너지 소비가 필요하지 않다. 그러므로 글루코오스 대사의 조절에서 가인산분해효소가 주 역할을 담당하고 있음을 알 수 있다.

15.3 피루브산의 대사

학습 목표

피루브산의 무산소성 대사과정을 이해한다.

앞 단원에서 6탄당의 탄소 골격이 해당과정으로 들어가서 두 분자의 피루브산으로 분리된다는 것을 알았다. 이것은 산소성이나 무산소성의 모든 생물체와 세포에서 나타나는 일반적인 현상이다. 생성된 피루브산은 세포 내 대사의 중요한 교차점이 된다. 피루브산은 생물체나 세포의 형태, 세포 내 환경에 따라 여러 대사의 선택 기로에 들어서게 된다. 피루브산의 운명을 결정짓는 가장 중요한 요인은 산소의 존재 여부이다. 산소가 많은 상태에서 **산소성(aerobic)** 세포 내의 피루브산은 시트르산회로와 산화적 인산화반응(3 단계)을 거쳐 모든 탄소가 CO_2로 산화되고 모든 위치에너지가 ATP의 형태로 포획된다. 산화된 기질로부터 나온 전자들은 NADH와 $FADH_2$에 모이고 최종적으로 마지막 전자수용체인 산소로 운반된다.

무산소성(anaerobic) 생물체나 산소 농도가 희박한 산소성 세포에서의 피루브산 대사는 산소성 대사와 매우 다르다. 산소가 적으므로 산소 대신 다른 분자가 전자수용체로 작용하여 NADH를 NAD^+로 산화시킴으로써 대사가 지속되어야 하기 때문이다. 탄수화물을 비롯한 유기물로부터 산소의 사용 없이 에너지를 얻는 과정을 **발효(fermentation)**라고 한다. 다양한 종류의 발효가 있는데 각 경로의 최종 대사산물에 따라 이름이 붙여진다. 유산발효(lactate fermentation)와 에탄올발효(ethanol fermentation)에 대해서 상세히 살펴보기로 한다.

유산발효

가장 흔한 발효 과정으로서 글루코오스를 락트산(lactate)으로 전환시키는 과정이며, 주로 무산소성 생물체 및 격렬한 운동을 하는 근육세포에서 발생한다(무산소성 물질대사). 유산발효는 피루브산 다음에 한 반응만 거치게 된다. 즉 **락트산탈수소효소(lactate dehydrogenase)**에 의한 산화환원반응으로서 2개의 전자가 NADH로부터 피루브산으로 전달되어 락트산을 형성한다.

$$\underset{\text{Pyruvate}}{CH_3\underset{\substack{\| \\ O}}{C}COO^-} + NADH + H^+ \rightleftharpoons \underset{\text{Lactate}}{CH_3\underset{\substack{| \\ OH}}{C}HCOO^-} + NAD^+$$

유산발효의 순반응(글루코오스 → 2락트산)은 아래와 같다.

$$\text{글루코오스} + 2ADP + 2P_i \longrightarrow 2\text{락트산} + 2ATP + 2H_2O$$

왜 이 과정에는 NADH와 NAD^+가 관여하지 않는가? 해당과정에서 생성된 NADH 두 분자는 락트산을 형성하기 위해 피루브산 두 분자를 환원하는 데 사용되기 때문이다. 따라서 NADH는 NAD^+로 산화되고 둘 모두 발효 과정의 순반응에는 빠져 있다. NAD^+와 NADH의 재순환은 무산소성 세포 내에서 해당과정을 유지시킨다. 이는 그림 15.6에 잘 묘사되어 있다. NAD^+/NADH는 글리세르알데히드-3-인산탈수소효소(E_1)와 락트산탈수소효소(E_2)에 의하여 짝지어져 있다.

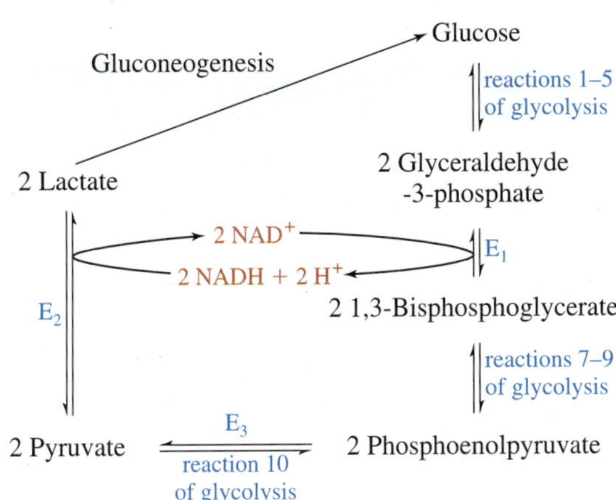

그림 15.6 해당과정과 유산발효의 짝지음. 피루브산의 환원으로 NADH를 NAD^+로 재순환 시킨다. E_1 = 글리세르알데히드-3-인산탈수소효소(glyceraldehyde-3-phosphate dehydrogenase), E_2 = 락트산탈수소효소(lactate dehydrogenase). 글루코오스가 락트산으로 전환되는 과정에서 NADH의 실제 산출은 제로이다.

여러분은 아마도 몸의 골격근 내에서 유산발효를 직접 경험해 보았을 것이다. 근육이 격렬한 운동을 할 때 피가 근육으로 산소를 공급하는 속도보다 더 빨리 호흡을 위하여 산소를 사용한다. 즉 근육세포는 "산소 결핍 상태(oxygen-debt)"에 있게 된다. 산소의 농도가 낮을 때는 피루브산이 산소성 대사 상태로 들어가는 것이 아니라 락트산 형성 과정으로 들어간다. 운동을 한 다음 날 느끼게 되는 통증과 쑤심은 근육 세포 내의 락트산 축적으로 인한 증가된 H^+ 농도 때문이다. 락트산이 마지막 대사물질처럼 보일지 모르나 다시 피루브산으로 돌아감으로써 글루코오스 합성에 사용될 수 있다. 락트산-피루브산의 상호 전환을 촉매하는 효소인 락트산탈수소효소는 많은 수의 동위효소(isoenzyme) 형태로 말단 근육에 분배되어 여러 다른 정도의 활성을 나타낸다(6.3절과 임상생화학 15 참조).

여러 종류의 무산소성 세균들은 우유 안의 이당류를 이용하여 성장을 하면서 유산발효를 일으킨다. 유산발효 식품들은 치즈, 요구르트, 버터밀크, 산성 크림 등으로 상업적으로 매우 중요하다. 버터밀크는 우유에 스트렙토코쿠스 락티스(*Streptococcus lactis*)를 넣어서 만든 것인데 이 세균은 단백질을 응고시켜 응유(curd)를 형성한다. 이것은 락트산의 형성에 의해 pH가 변화하여 단백질이 변성된 것이다. 치즈는 우유에 유산균(*Lactobacillus*) 배양액이나 응유효소(rennet)를 비롯한 효소를 처리하여 만들게 된다. 유산균은 양배추를 발효시켜 독일 김치(sauerkraut)를 만드는 데 쓰이기도 한다. 요구르트는 우유에 락토바실루스 불가리쿠스(*Lactobacillus bulgaricus*)와 스트렙토코쿠스 테르모필루스(*Streptococcus thermophilus*)를 배양하여 만들어진 것이다(생화학 들여다보기 15-1 참조).

경찰관이 에탄올 섭취량을 감지하기 위하여 호흡측정기를 사용하고 있다.

에탄올발효

경제적으로 중요한 또 하나의 발효 과정은 효모나 다른 미생물을 이용한 알코올의 생산이다. 에탄올발효는 연속적인 두 과정에 의하여 일어난다.

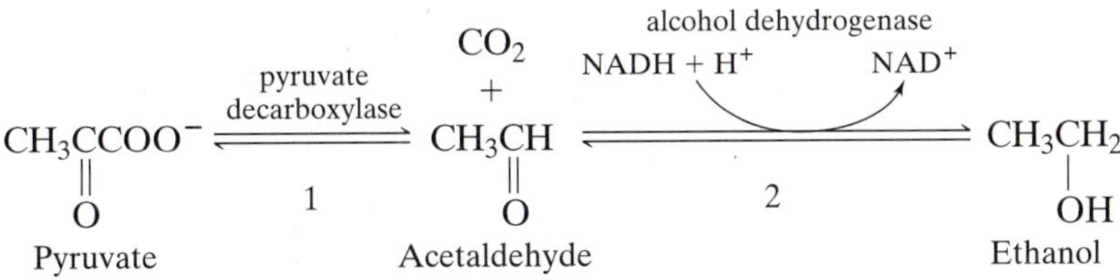

반응 1은 비가수분해반응으로서 **피루브산탈카르복실화효소(pyruvate decarboxylase)**에 의해 촉매되며 이 효소는 티아민피로인산(비타민B1)을 조효소로 포함한다(7장 7.1절 참조). 티아민피로인산은 α-케토산(α-ketoacid)을 기질로 사용하는 많은 탈카르복실화효소와 결합되어 있다. 둘째 반응은 아세트알데히드의 카르보닐기를 환원시켜 에탄올을 생산하는 것이다. 이때 아세트알데히드는 에탄올발효의 마지막 전자수용체로서 작용한다.

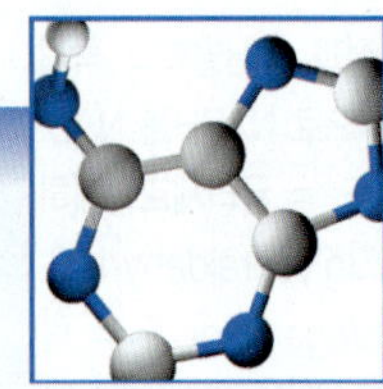

15-1

생화학 들여다보기

요구르트의 생화학 – 당신의 건강을 위하여

웹스터 사전에 의하면 **요구르트(yogurt)**는 전유나 탈지유에 두 종류의 세균 락토바실루스 불가리스(*Lactobacillus bulgaricus*)와 스트렙토코쿠스 테르모필루스(*Streptococcus thermophilus*)가 첨가되어 발효에 의해 만들어진 약간 신 반고형물의 식품이다. 현재 요구르트(1625년 경 터어키어에서 기원한 용어)라 불리는 발효된 유제품은 수천 년 동안 인류의 영양에 중요한 역할을 하는 요소가 되어 왔다. 유제품의 소비에 관한 첫 역사적 기록은 인도에서 나왔으나(기원전 6000년 경), 유제품이 역사적으로 중요하게 가장 많이 소비된 곳은 중동과 발칸 지역이다.

발효 유제품은 아마도 주변 환경에 존재하던 생물체에 의한 자연적 오염에 의해 우연히 처음 만들어진 것으로 추정된다. 사람들은 곧 특별히 맛있는 배양액으로부터 "출발 배양액(starter culture)"을 분리하여 보관하고 이것을 신선한 우유에 첨가하는 방법을 배웠다. 소, 말, 낙타, 야크(티베트산의 들소), 염소 및 양과 같은 동물로부터 얻은 젖이 사용되었다. 역사학자들은 징키스칸에 의해 이끌어졌던 유목민 몽골족들이 말이나 염소의 젖에서 만들어진 요구르트처럼 생긴 제품인 **쿠미스(kumiss)**를 먹고 살았다고 믿고 있다. 카프카스 산맥에서 유래한 반고형 유제품인 **케피르(kefir)**는 약리적인 성질도 가지는 것으로 생각되어 왔으며, 위에서 발생하는 문제를 진정시킨다고 알려져 왔다. 케피르는 출발 배양액으로 위에 언급된 두 세균뿐만 아니라 스트렙토코쿠스 락티스(*Streptococcus lactis*)와 효모를 포함하고 있다는 점에서 일반적인 요구르트 제품과는 약간 다르다. 추가로 첨가되는 이 미생물들은 CO_2와 에탄올을 만들어 거품이 일고 약간 취하게 하는 과자를 만들게 된다.

요구르트 제품은 당을 포함한 우유에 바람직한 세균 배양액을 접종하므로 만들어진다. 접종 온도는 42~44℃이며, 이 온도를 유지하는 것이 매우 중요한데 그렇지 않을 경우 세균의 성장이 너무 빨라져 요구르트가 너무 달게 된다. 우유에 첨가된 세균 배양액은 유당인 락토오스를 먹고 자라게 되는데 이것을 글루코오스와 갈락토오스로 우선 전화시키게 된다. 글루코오스는 이어서 해당과정을 거쳐 산화되므로 피루브산으로 바뀌게 되고, 피루브산은 다시 락트산과 아세트산 및 알데히드로 전환되어 신 맛 또는 이따금 쓴 맛을 제공하게 된다. 과일이나 다른 향이 이러한 불쾌한 맛을 감추기 위해 때때로 첨가되기도 한다.

요구르트의 건강과 관련한 이점은 러시아 생물학자로 "장수의 삶"이란 책을 쓴 메치니코프(Elie Metchnikoff) 박사에 의해 처음으로 대중적 관심을 얻게 되었다. 메치니코프 박사는 식세포작용 현상의 발견으로 1908년 노벨 의학상을 수상한 바 있다. 그는 불가리아인들이 다른 지역 사람들보다 현저하게 오래 사는 이유가 요구르트를 많이 섭취하여 소화관 내에 우호적인 세균들을 증가시킴으로써 유해한 세균들을 중화시키기 때문이라고 생각했다. 메치니코프 박사는 요구르트를 사랑하는 불가리아인들을 기려 요구르트 배양 세균 중 하나를 락토바실루스 불가리쿠스(*Lactobacillus bulgaricus*)라고 명명하기도 하였다. 요구르트는 질 감염 시 사용되는 항생제 처리에 의해 죽게 되는 질 속의 정상 락토바실루스 균총을 대체하기 위해 치료용 질 세척액으로 사용되기도 하였다.

오늘날 판매되는 상업용 요구르트의 어떤 것들은 포장 직전 가열 살균되므로 인체에 유익하거나 유해한 모든 세균들이 죽기도 한다. 그러나 이러한 제품들은 여전히 단백질이 풍부한 식품으로 비타민의 보충과 세균에 의해 생산되는 천연 항생제를 제공해 주게 된다.

상업적 요구르트 생산의 초기 단계

복습 문제

1. 에탄올발효(글루코오스 → 2에탄올 + $2CO_2$)의 전 반응을 NADH의 재순환을 나타내어 그리시오(그림 15.6처럼).

에탄올발효의 상업적 중요성은 모두가 잘 알고 있을 것이다. 포도주는 10~13%의 에탄올이 들어 있는데 효모의 일종인 사카로미세스 엘립소이데우스(*Saccharomyces ellipsoideus*)를 배양하여 만들어진 것이다. 알코올의 농도가 13%보다 높아지면 효모의 성장을 억제한다. 에탄올 성분이 높은 주류는 증류에 의해 얻어진다. 맥주를 양조하는 데는 효모(*Saccharomyces cerevisiae*)의 배양액을 사용한다. 제빵업자들 역시 이 종류를 이용한다. 빵 반죽은 효모가 수크로오스를 발효시킬 때 나오는 이산화탄소에 의해 부풀어진다. 에탄올이나 기타 산화 물질들은 빵이 갓 구워질 때 특유의 향을 내면서 없어져 버린다.

에탄올 섭취는 사람에게 있어서 생화학적, 임상적, 사회적 문제들을 많이 일으키게 된다. 섭취된 에탄올은 먼저 간에서 **세포질 알코올탈수소효소(cytoplasmic alcohol dehydrogenase)**에 의해 산화된다.

$$\underset{\text{에탄올}}{CH_3CH_2OH} + NAD^+ \rightleftharpoons \underset{\text{아세트알데히드}}{CH_3CHO} + NADH + H^+$$

둘째 산화 단계는 **알데히드탈수소효소(aldehyde dehydrogenase)**에 의해 촉매된다.

$$\underset{\text{아세트알데히드}}{CH_3CHO} + NAD^+ \rightleftharpoons \underset{\text{아세트산}}{CH_3COO^-} + NADH + H^+$$

아세트산은 시트르산회로와 호흡에 의하여 이산화탄소와 물로 산화된다(16장과 17장 참조). 섭취된 에탄올의 95% 정도는 이러한 과정에 의하여 산화된다. 남은 것은 오줌 또는 호흡 등을 통해 배출된다. 사람의 에탄올 대사에서 속도 조절 단계는 알코올탈수소효소 반응일 것으로 추정되고 있다. 평균 에탄올 대사율은 시간 당 약 100 mg/kg(체중)이다. "주량"이란 말은 사실상 두 가지 요소에 의거한다. 첫째는 개인의 체중과 둘째는 동위효소의 존재에 의한 알코올탈수소효소 활성의 유전적 다양성이다. 에탄올 대사에 의해 초래되는 가장 중요한 대사적 변화는 NADH의 지나친 생성이다. 이것은 NAD^+를 필요로 하는 시트르산회로나 글루코오스신생합성과 같은 대사경로의 정상적 기능을 억제한다(131쪽 참조).

에탄올발효는 또한 가솔린의 대체물인 "가소홀(gasohol)"을 생산하여 상업적으로 매우 중요하다. 석유 제품의 소비를 줄이기 위해 사탕수수나 옥수수로부터 추출한 탄수화물은 에탄올로 발효되고 이 에탄올은 화석 연료와 섞여서 사용되는데, 가소홀은 90%의 가솔린과 10%의 에탄올로 구성된다.

이상에서 발효 과정의 특이한 에너지학을 살펴보았다. 락트산과 에탄올발효의 순반응은 글루코오스 한 분자 당 두 분자의 ATP가 생성됨을 보여준다. 이와 같이 발효는 아주 낮은 수준의 에너지만을 생산하게 되고 이는 글루코오스가 가지고 있는 위치에너지의 약 5%에 불과하다. 근육의 골격근 세포들은 피루브산을 산소성 또는 무산소성으로 모두 대사할 수 있는 장점을 지니고 있다(16장 참조).

가소홀(gasohol)은 옥수수의 탄수화물을 발효시켜 생산된 알코올과 가솔린을 섞어서 만든다.

15.4 탄수화물의 생합성

학습 목표
작은 생체분자들로부터 탄수화물이 합성되는 대사경로를 이해한다.

우리는 이제 세포들이 에너지 대사와 생합성을 위해 글루코오스를 비롯한 단당류에 의존한다는 것을 알았다. 단당류는 음식의 섭취를 통하여 또는 저장된 글리코겐의 가인산분해에 의해서 공급된다. 어떤 세포들은 이러한 글루코오스의 공급이 대사에 필요한 모든 것을 충족시키지 못하기도 한다. 매 끼니 사이나 굶었을 때는 혈액의 글루코오스 농도가 대사에 적절한 수준이 되지 않을 수 있고, 특히 뇌세포에서는 그러하다. (인간의 뇌세포는 하루 평균 100그램 이상의 글루코오스가 지속적으로 공급되어야 한다.) 이러한 요구를 충족시키기 위해서 생물체들은 더 작은 전구체 분자로부터 글루코오스를 합성하여 말단 조직의 세포로 공급하여야 한다. 세포들은 에너지 이외에도 당지질(glycolipid), 당단백질(glycoprotein), 구조 다당류의 합성을 위해 글루코오스 유도체를 필요로 한다. 식사 사이에 적당량의 글루코오스 수준을 유지하기 위해 간에 저장된 글리코겐이 방출되나 이는 12~24 시간밖에는 지속되지 않는다.

글루코오스의 합성

글루코오스의 합성은 피루브산이나 락트산, 글리세롤, 기타 아미노산이나 작은 분자로부터 일어날 수 있다. 글루코오스의 합성이 비탄수화물 전구체로부터 시작될 때 이를 **글루코오스신생합성(gluconeogenesis)**이라고 부른다. 해당과정과 같이 글루코오스의 합성도 식물, 동물, 곰팡이, 미생물 안에서 모두 일어난다. 간은 고등동물에서 글루코오스의 주 합성 장소이며, 중요한 전구체는 피루브산, 락트산, 글리세롤, 기타 아미노산 들이다(그림 15.7). 미생물에서는 아세트산, 프로피온산(propionate)과 같은 작은 전구체로부터 글루코오스가 합성된다. 식물은 태양에너지를 사용하여 이산화탄소로부터 글루코오스와 수크로오스를 합성한다(17장 참조). 16장에서 다루게 될 글리옥실산회로(glyoxylate cycle)는 식물과 미생물이 아미노산과 지방산으로부터 당을 만들 수 있음을 보여준다. 동물은 이러한 회로가 없으므로 지방산으로부터 글루코오스를 합성할 수 없다.

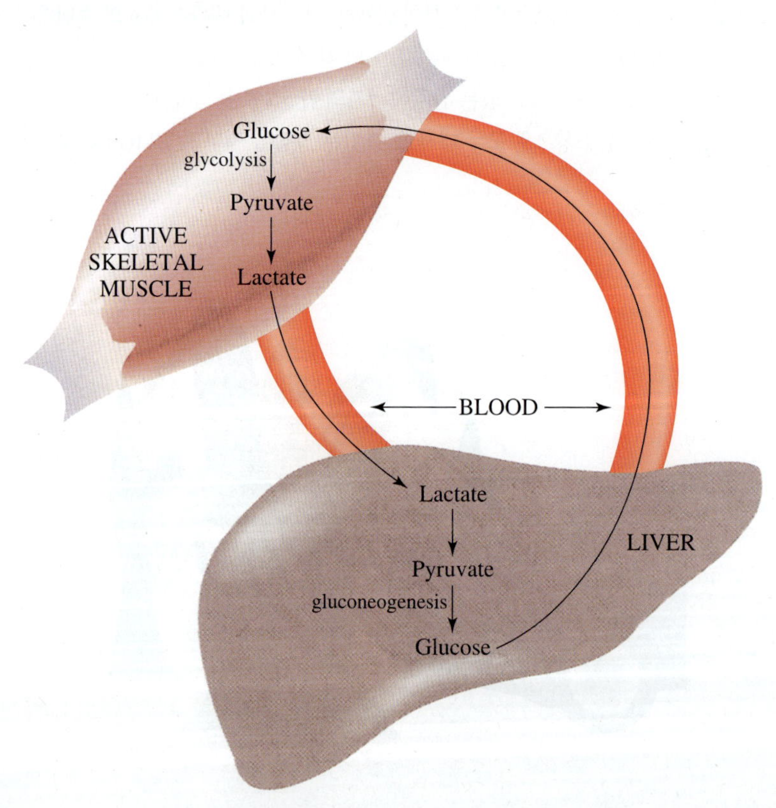

그림 15.7 글루코오스는 주로 간에서 합성되며 혈액을 통하여 근육으로 운반된다. 운동 중인 골격근은 해당과정과 유산발효에 의해 글루코오스를 분해시킨다. 락트산은 간으로 운반되어 글루코오스신생합성에 사용된다. 이러한 순환 과정을 코리회로(Cori cycle)라고 부른다.

표 15.3

글루코오스신생합성 과정에서 다른 경로를 이용하는 해당과정의 비가역반응

Number[a]	Reaction	Enzyme	$\Delta G^{\circ\prime}$ (kJ/mol)
1	Glucose + ATP ⟶ glucose-6-phosphate + ADP	Hexokinase	−16.7
3	Fructose-6-phosphate + ATP ⟶ fructose-1,6-bisphosphate + ADP	Phosphofructokinase	−14.2
10	Phosphoenolpyruvate + ADP ⟶ pyruvate + ATP	Pyruvate kinase	−31.4

[a] The number corresponds to the reaction number in Table 15.1.

글루코오스신생합성은 "역 해당과정"이라고 불리기도 하는데 이것은 잘못 기술된 것으로 해당과정의 경로는 비가역적이다. 그러나 글루코오스를 합성하기 위하여 모든 경로를 새롭게 진화시킬 필요는 없었다(14장 14.1절 참조). 공통된 반응들을 서로 공유함으로써 글루코오스의 합성과 분해 과정은 경제적이고 효율적으로 일어나게 된다. 해당과정의 10개 반응 중에서 일곱은 역으로 사용될 수 있다. 10개의 반응 중 단지 3개의 반응만이 열역학적으로 비가역적이다. 따라서 이 반응들은 글루코오스신생합성 과정에서 다른 경로를 이용해야만 한다. 해당과정에서 대치되어야 할 3개의 반응은 표 15.3에 각각의 자유에너지변화 값과 함께 표시되어 있다. 에너지 면에서 불리한 이들 반응의 우회 경로에 대하여 분자적 수준에서 상세히 관찰하기로 하자.

우회 경로 I: 피루브산 → 포스포에놀피루브산 세포 내에서 피루브산(pyruvate)이 PEP로 전환되는 반응은 피루브산키나아제 촉매반응의 역반응으로 진행될 수 없다. 이 반응은 글루코오스신생합성 경로 중 가장 높은 에너지 장벽을 가지는 단계이다. 이 전환을 위해서는 몇 가지 효소를 사용하는 일련의 반응이 필요하다(표 15.4와 그림 15.8).

고등동물에서 피루브산으로부터 글루코오스의 합성이 개시되는 주 경로는 피루브산이 미토콘드리아의 기질로 수송되면서 시작된다(그림 15.8). 피루브산은 이곳에서 아미노산 주로 알라닌으로부터 생성되기도 한다. 다음에 피루브산은 **피루브산카르복실화효소(pyruvate carboxylase)**에 의해 옥살로아세트산(oxaloacetate)으로 전환된다. 이 반응의 형태는 6번 범주에 속하는 것으로서 ATP로부터의 에너지를 사용하여 탄소 사이의 결합이 형성되는 반응이다(표 14.2 참조). 피루브산카르복실화효소의 중요한 보조인자는 **비오틴(biotin)**으로서, 활성화된 이산화탄소의 운반체로서의 역할을 한다(표 7.1의 구조와 기능 참조). 옥살로아세트산은 NADH를 전자공여체로 하는 **말산탈수소효소(malate dehydrogenase)**에 의하여 말산(malate)으로 환원된다. 말산은 미토콘드리아로부터 세포질로 운반되고 여기서 옥살로아세트산으로 재 산화된다. 이와 같은 산화환원의 왕복 과정은 옥살로아세트산이 미

표 15.4

피루브산으로부터 시작되는 글루코오스신생합성(gluconeogenesis)

Number	Reaction
1	Pyruvate + CO_2 + ATP ⇌ oxaloacetate + ADP + P_i
2	Oxaloacetate + GTP ⇌ phosphoenolpyruvate + CO_2 + GDP
3	Phosphoenolpyruvate + H_2O ⇌ 2-phosphoglycerate
4	2-Phosphoglycerate ⇌ 3-phosphoglycerate
5	3-Phosphoglycerate + ATP ⇌ 1,3-bisphosphoglycerate + ADP
6	1,3-Bisphosphoglycerate + NADH + H^+ ⇌ glyceraldehyde-3-phosphate + NAD^+ + P_i
7	Glyceraldehyde-3-phosphate ⇌ dihydroxyacetone phosphate
8	Glyceraldehyde-3-phosphate + dihydroxyacetone phosphate ⇌ fructose-1,6-bisphosphate
9	Fructose-1,6-bisphosphate + H_2O ⇌ fructose-6-phosphate + P_i
10	Fructose-6-phosphate ⇌ glucose-6-phosphate
11	Glucose-6-phosphate + H_2O ⇌ glucose + P_i

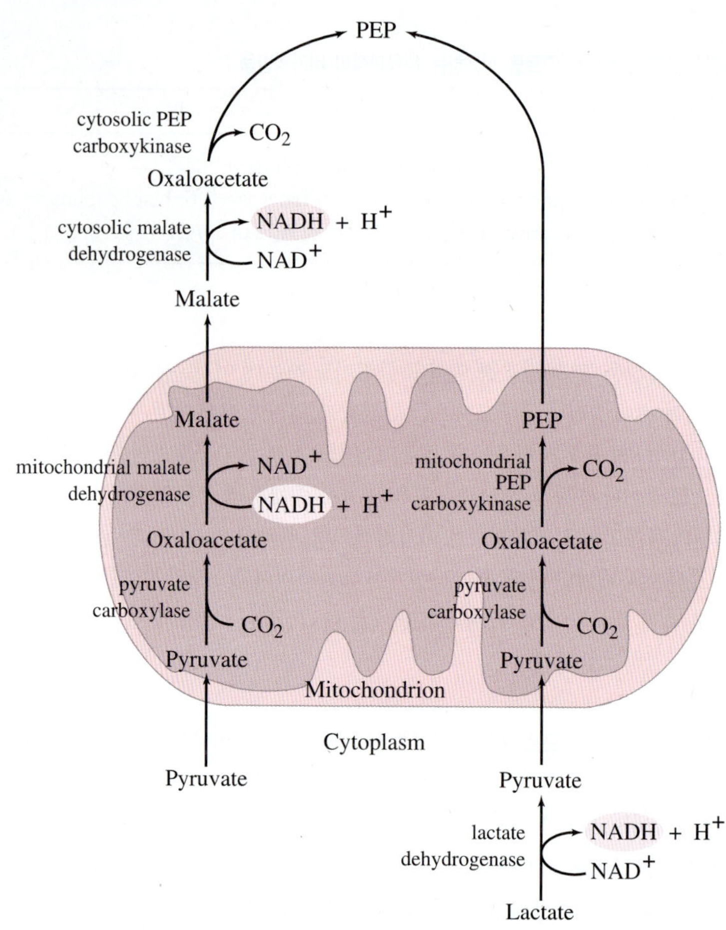

그림 15.8 글루코오스신생합성의 우회 경로 Ⅰ. 세포질의 피루브산이나 락트산은 세포질이나 미토콘드리아 내에 존재하는 효소에 의해 포스포에놀피루브산을 합성하는 데 사용된다.

토콘드리아의 막을 통과할 수만 있으면 피할 수 있는 과정이다. 그러나 옥살로아세트산은 단순 확산되기에는 극성이 너무 강한 물질이며 이것을 운반 해주는 단백질도 없다. 세포질의 옥살로아세트산은 **포스포에놀피루브산카르복시키나아제(phosphoenolpyruvate carboxykinase)**에 의해 포스포에놀피루브산으로 탈카르복실화된다. 이때 인산기의 공급원은 일반적인 ATP가 아니고 GTP이다. 우회 경로 Ⅰ의 전체적 순반응은 다음과 같다.

$$\text{피루브산} + \text{ATP} + \text{GTP} \longrightarrow \text{포스포에놀피루브산} + \text{ADP} + \text{GDP} + P_i$$

ATP와 GTP로부터 2개의 인산기가 전달되는 과정에서 방출되는 에너지는 피루브산의 에너지 수준을 PEP 수준으로 끌어 올리는 데 쓰인다.

락트산으로부터 글루코오스가 합성되는 경로는 또 하나의 중요한 동화작용 과정이다. 이 과정에서는 짧아진 우회 경로 Ⅰ이 사용될 수 있다(그림 15.8). 피루브산이 글루코오스의 전구체일 때 NADH의 유일한 공급원은 말산이 옥살로아세트산으로 산화되는 반응이다. 그러나 락트산으로부터 합성이 시작되면, NADH는 락트산탈수소효소에 의해서 생성된다. 락트산으로부터 PEP로 되는 경로를 그림 15.8에 간략히 나타냈다. 피루브산이나 락트산을 이용하기 위해서 똑같은 양의 에너지가 ATP 또는 GTP로부터 필요하다는 것을 주목하라.

우회 경로 Ⅱ: 프룩토오스-1,6-비스인산 → 프룩토오스-6-인산 포스포프룩토키나아제(phosphofructokinase)는 해당과정에서 가장 중요한 조절효소로서, ATP로부터 프룩토오스-6-인산으로의 비가역적 인산기전달반응을 촉매하는 효소이다. 글루코오스신생합성에서 이 반응의 역반응은 ATP의 합성을 필요로 한다. 프룩토오스-1,6-비스인산(fructose-1,6-bisphosphate)이 반응을 수행하기에는 에너지가 불충분하므로 이 단계를 우회해서 지나게 된다(그림 15.9). 글루코오스신생합성 과정에서 인산기는

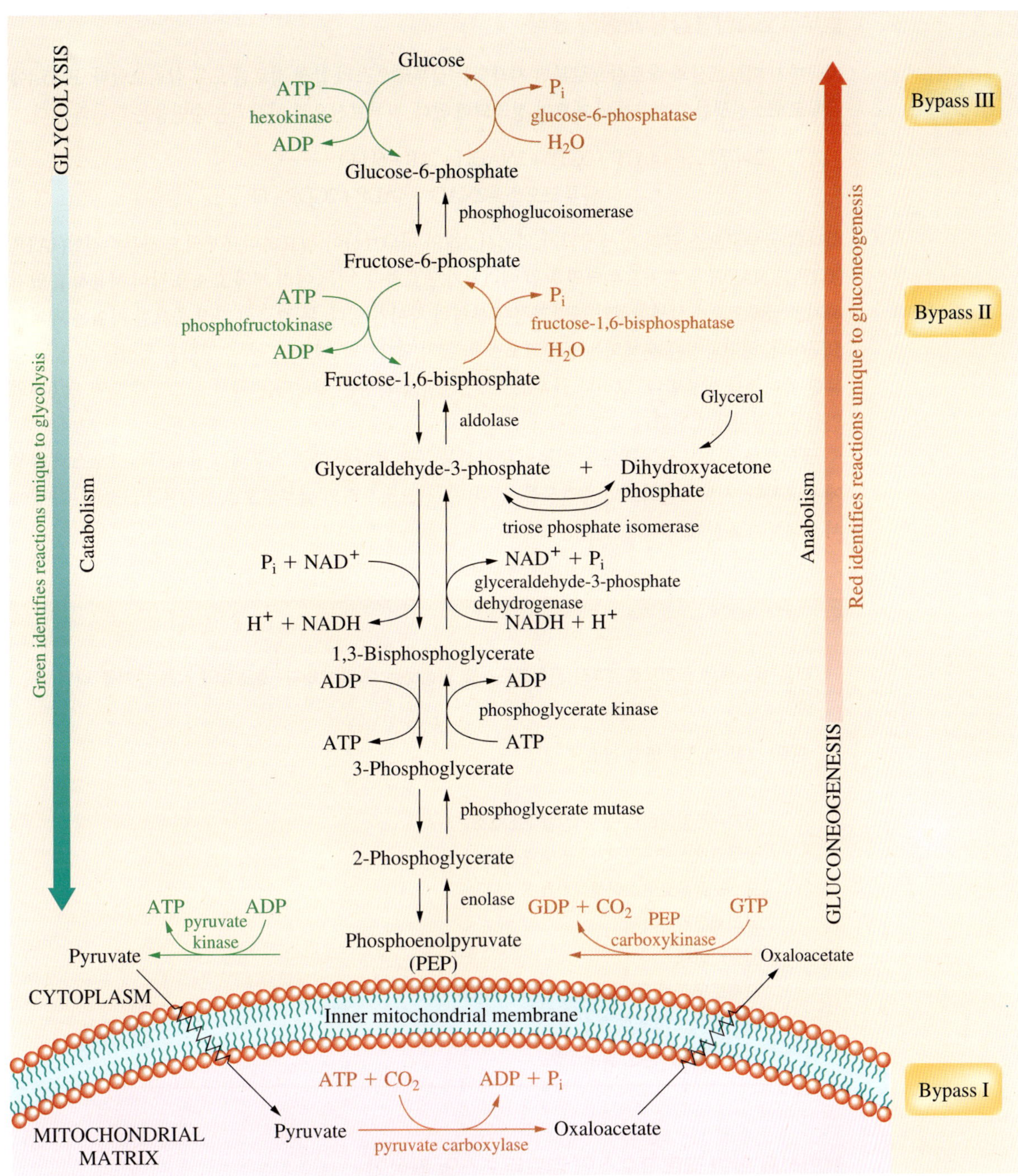

그림 15.9 해당과정과 글루코오스신생합성에서의 글루코오스 대사

프룩토오스-1,6-비스인산가수분해효소(fructose-1,6-bisphosphatase)에 의해 촉매되는 가수분해반응에 의해 제거된다.

$$\text{프룩토오스-1,6-비스인산} + H_2O \rightleftharpoons \text{프룩토오스-6-인산} + P_i$$

우회 경로 Ⅲ: 글루코오스-6-인산 → 글루코오스 글루코오스신생합성의 마지막 우회 경로는 글루코오스-6-인산에서 인산기가 제거되는 반응이다(그림 15.9).

$$\text{글루코오스-6-인산} + H_2O \rightleftharpoons \text{글루코오스} + P_i$$

글루코오스-6-인산가수분해효소(glucose-6-phosphatase)가 우회 경로 Ⅱ에서와 같은 방법으로 인산기의 가수분해를 촉매한다.

글루코오스신생합성 과정의 요약

지금까지 피루브산과 락트산으로부터 시작되는 글루코오스의 합성 경로를 모두 살펴보았다. 표 15.4에 글루코오스신생합성 반응들의 개요가 정리되어 있다. 피루브산으로 시작되는 순반응은 다음과 같다.

$$\text{2피루브산} + 4ATP + 2GTP + 2NADH + 2H^+ + 6H_2O \longrightarrow$$
$$\text{글루코오스} + 2NAD^+ + 4ADP + 2GDP + 6P_i$$

하나의 글루코오스 분자가 생성되기 위해서 2개의 피루브산이 필요하며, 6개의 인산무수결합(4ATP, 2GTP)과 NADH 두 분자로부터의 환원 에너지가 필요하다. 비록 여러 개의 효소를 같이 사용하고 있긴 하지만 글루코오스신생합성과 해당과정은 분명히 차이가 있다. 두 경로의 가장 중요한 차이는 에너지 요구이다. 해당과정은 분해되는 글루코오스 한 분자 당 2개의 ATP 인산무수결합을 생성할 수 있는 충분한 에너지를 방출한다. 그러나 글루코오스신생합성 과정은 합성되는 글루코오스 한 분자 당 6개의 인산무수결합을 소비한다.

글리세롤, 아미노산, 시트르산회로의 중간산물 등을 포함한 다른 전구체들 역시 글루코오스의 합성에 중요하다. 시트르산회로의 중간산물 및 아미노산으로부터의 글루코오스 합성은 16.3절과 19.3절에서 살펴보기로 한다.

복습 문제

1. 다음 효소들은 글리세롤로부터 글루코오스를 합성하는 데 필요하다. 효소들의 작용 순서를 나열하시오.

   힌트: 그림 15.3과 15.9 참조

   글리세르알데히드-3-인산탈수소효소
   글루코오스-6-인산가수분해효소
   포스포글루코오스이성질화효소
   글리세롤키나아제
   알돌라아제
   프룩토오스-1,6-비스인산가수분해효소
   3탄당인산이성질화효소
   글리세롤-3-인산 탈수소효소

생합성을 위한 글루코오스와 갈락토오스의 활성화

생물체가 이용하는 모든 글루코오스가 에너지 및 다른 대사적 목적을 위하여 즉시 요구되는 것은 아니다. 고등동물의 경우 잉여의 글루코오스는 다당류인 글리코겐의 형태로 주로 간에 저장된다. 그리고 필요에 따라 글루고오스의 형태로 혈액을 통해 주변 조직으로 분배되어 에너지로 사용되거나 락토오스(lactose)와 같은 특수한 탄수화물을 만드는 데 쓰인다. 식물의 경우, 글루코오스는 이당류인 수크로오스와 다당류인 녹말과 셀룰로오스를 만드는 데 쓰인다. 락토오스, 수크로오스, 녹말, 글리코겐, 셀룰로오스 등의 생합성도 역시 해당과정과 글루코오스신생합성 경로와 연관되어 있으나, 탄수화물이 활성화되는 면에서 반응들이 매우 다르다. 해당과정과 글루코오스신생합성에서의 탄수화물은 인산기에 의해 활성화되는 반면, 이당류와 다당류의 합성에서는 **뉴클레오시드이인산 당화합물(nucleoside diphosphate sugar, NDP sugar)**이 사용된다. 앞에서 갈락토오스가 해당과정으로 들어갈 때 UDP-갈락토오스와 UDP-글루코오스에 대하여 다룬 바 있다(15.2절 참조).

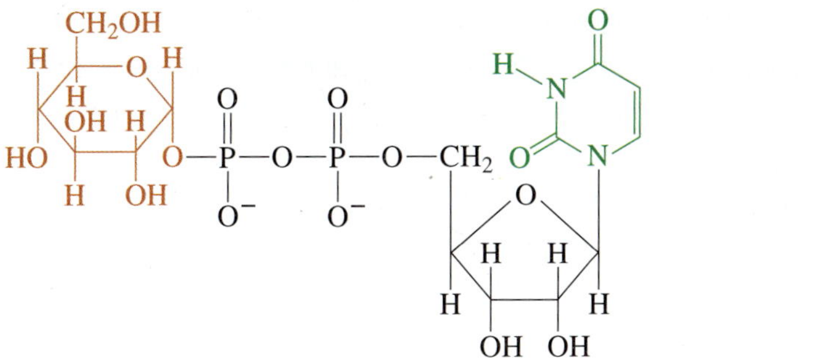

그림 15.10 뉴클레오티드 당의 구조. (a) UDP-글루코오스, (b) ADP-글루코오스, (c) GDP-글루코오스. 이들 활성화된 형태의 탄수화물은 생합성에 사용된다.

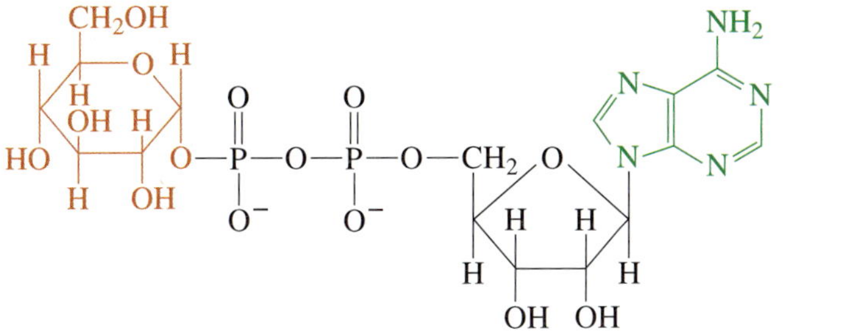

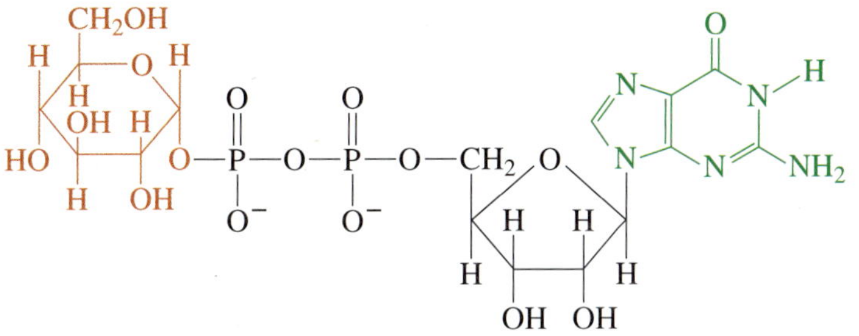

이 단원에서는 이런 형태로 활성화된 물질이 합성되는 과정과 탄수화물 반응에서의 역할을 살펴보기로 한다. 가장 중요한 것은 UDP-글루코오스, ADP-글루코오스, GDP-글루코오스, UDP-갈락토오스이다. 이들의 구조는 그림 15.4와 15.10에 있다.

NDP-글루코오스의 형성 NDP-글루코오스의 형성을 위한 일반 반응은 아래와 같다.

$$\text{NTP} + \text{글루코오스-1-인산} \rightleftharpoons \text{NDP-글루코오스} + \text{PP}_i$$

NTP = 뉴클레오시드삼인산(ATP, UTP, GTP)

NDP-글루코오스 = 뉴클레오시드이인산글루코오스(ADP-글루코오스, UDP-글루코오스, GDP-글루코오스)

PP_i = 피로인산(pyrophosphate), $^{-}O-\overset{O}{\overset{\|}{P}}(O^-)-O-\overset{O}{\overset{\|}{P}}(O^-)-O$

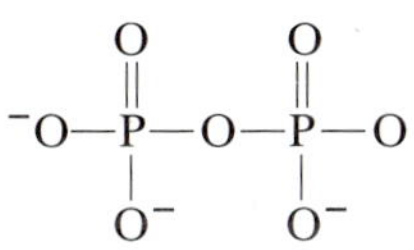

효소 = ADP-글루코오스피로가인산분해효소(pyrophosphorylase), UDP-글루코오스피로가인산분해효소, GDP-글루코오스피로가인산분해효소

이 반응의 K'_{eq}는 대략 1로서 반응물과 생성물의 농도가 동일하다. 무기피로인산가수분해효소(inorganic pyrophosphatase)는 PP_i를 가수분해하여 반응의 평형이 NDP-글루코오스의 형성 쪽으로 이동하게 한다.

$$\underset{PP_i}{^-O-\overset{O}{\overset{\|}{\underset{O^-}{\underset{|}{P}}}}-O-\overset{O}{\overset{\|}{\underset{O^-}{\underset{|}{P}}}}-O^-} + H_2O \xrightleftharpoons{\text{Pyrophosphatase}} 2\ \underset{P_i}{^-O-\overset{O}{\overset{\|}{\underset{O^-}{\underset{|}{P}}}}-OH}$$

두 반응을 합하면 NDP-글루코오스 생합성의 순반응이 된다.

$$\text{NTP} + \text{글루코오스-1-인산} + H_2O \rightleftharpoons \text{NDP-글루코오스} + 2P_i$$

UDP-갈락토오스의 형성 UDP-갈락토오스의 합성 경로는 두 가지이다.

1. UDP-글루코오스의 이성질화

$$\text{UDP-글루코오스} \rightleftharpoons \text{UDP-갈락토오스}$$

효소 = UDP-글루코오스-4-에피메라아제(UDP-glucose-4-epimerase)

2. UDP의 교환

$$\text{갈락토오스-1-인산} + \text{UDP-글루코오스} \rightleftharpoons \text{UDP-갈락토오스} + \text{글루코오스-1-인산}$$

효소 = 갈락토오스-1-인산우리딜기전달효소(galactose-1-phosphate uridyl transferase)

위의 두 반응은 갈락토오스를 해당과정으로 진입하게 만든다(15.2절). 우리딜기전달효소의 유전자에 결함이 있으면 갈락토오스의 물질대사가 더 이상 진행되지 못하고 갈락토오스혈증(galactosemia)의 증상이 나타난다.

UDP-글루코오스, UDP-갈락토오스, GDP-글루코오스, ADP-글루코오스 등은 단당류의 활성화된 형태이며 글리코겐, 녹말, 락토오스, 수크로오스, 그리고 셀룰로오스를 합성하는 데 쓰인다.

다당류의 합성

글리코겐 동물에 있어서 잉여의 글루코오스는 아래와 같이 글리코겐으로 저장된다.

$$\text{UDP-글루코오스} + \underset{\substack{\text{기존의}\\\text{글리코겐}}}{(\text{글루코오스})_n} \rightleftharpoons \text{UDP} + \underset{\substack{\text{길어진}\\\text{글리코겐}}}{(\text{글루코오스})_{n+1}}$$

UDP에 의해 활성화된 글루코오스는 이미 존재하는 글리코겐 분자의 비환원말단에 붙여진다(그림 15.11). **글리코겐생성효소(glycogen synthase)**는 새로운 글루코오스 분자와 이미 존재하는 글리코겐 사이에 $\alpha(1\rightarrow4)$ 글리코시드결합을 형성한다. 글리코겐의 각 비환원말단마다 새로운 글루코오스가 결합할 수 있다. 글리코겐가인산분해효소 역시 같은 위치에서 작용함을 주목하라(15.2절 참조). 한 분자의 글루코오스-6-인산이 이미 존재하는 글리코겐에 삽입되는 순반응은 다음과 같다.

$$\text{글루코오스-6-인산} + \text{UTP} + \underset{\substack{\text{기존의}\\\text{글리코겐}}}{(\text{글루코오스})_n} + H_2O \longrightarrow \underset{\substack{\text{길어진}\\\text{글리코겐}}}{(\text{글루코오스})_{n+1}} + \text{UDP} + 2\,P_i$$

글루코오스 한 분자가 저장될 때 단 한 개의 인산무수결합이 소비된다. 이는 글루코오스의 저장이 경제적으로 일어남을 보여주며, 글루코오스가 가동화되어 산소성 조건에서 산화될 경우, 30개 이상의 인산무수결합이 만들어지는 것과 대조적이다.

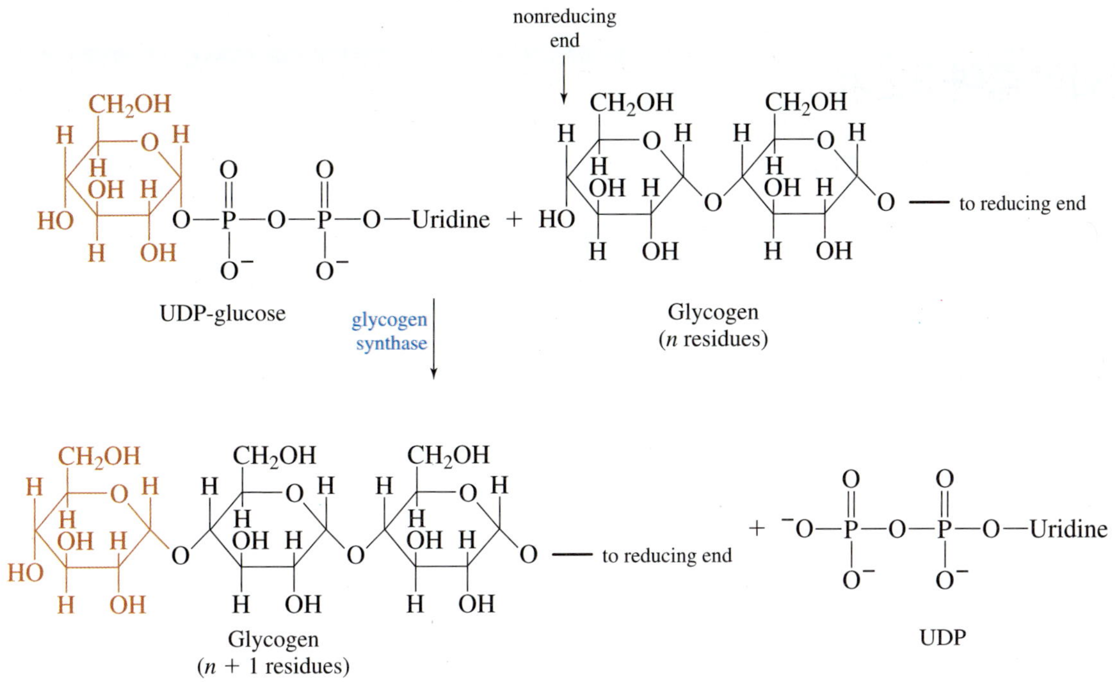

그림 15.11 글리코겐생성효소의 작용. UDP의 부착으로 활성화된 글루코오스는 이미 존재하는 글리코겐의 비환원말단에 붙는다. 글루코오스는 글리코겐 분자의 모든 비환원말단에 붙을 수 있다.

녹말 식물체 내의 글루코오스 저장은 동물의 경우와 유사한데, 단 글루코오스가 UDP가 아닌 ADP에 의해 활성화되어 녹말로 축적된다.

$$\text{ADP-글루코오스} + \underset{\text{기존의 녹말}}{(\text{글루코오스})_n} \rightleftharpoons \text{ADP} + \underset{\text{길어진 녹말}}{(\text{글루코오스})_{n+1}}$$

녹말생성효소(starch synthase)가 $\alpha(1 \rightarrow 4)$ 글리코시드결합에 의하여 이미 존재하는 녹말 분자의 비환원말단에 새로운 글루코오스를 첨가시킨다.

셀룰로오스 식물과 일부 세균 세포벽의 주 구조다당류인 셀룰로오스는 글루코오스 잔기가 $\beta(1 \rightarrow 4)$ 글리코시드결합에 의해 연결되어 있다(8장 8.4절 참조). 셀룰로오스의 합성 경로는 녹말과 비슷하다. 활성화된 글루코오스는 생물체에 따라 UDP-글루코오스 또는 GDP-글루코오스이다.

$$\begin{matrix}\text{UDP-글루코오스 또는} \\ \text{GDP-글루코오스}\end{matrix} + \underset{\text{기존의 셀룰로오스}}{(\text{글루코오스})_n} \rightleftharpoons \begin{matrix}\text{UDP 또는} \\ \text{GDP}\end{matrix} + \underset{\text{길어진 셀룰로오스}}{(\text{글루코오스})_{n+1}}$$

이당류의 합성

락토오스 이당류인 락토오스는 사람을 비롯한 동물의 출산 후에 유선에서 활발히 합성된다. 락토오스는 활성화된 갈락토오스와 글루코오스의 결합에 의해 형성된다.

$$\text{UDP-갈락토오스} + \text{글루코오스} \rightleftharpoons \text{UDP} + \text{락토오스}$$

락토오스생성효소(lactose synthase)는 두 단당류 사이의 $\beta(1 \rightarrow 4)$ 글리코시드결합의 형성을 촉매한다(생화학 들여다보기 15-2 참조).

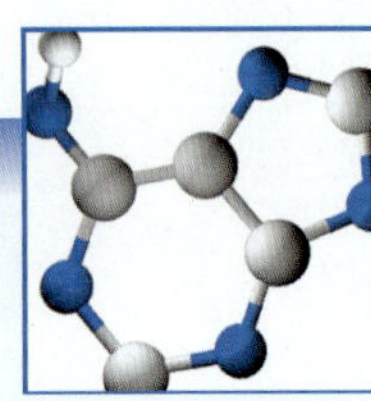

15 - 2

생화학 들여다보기

유당의 합성 — α-락트알부민 규칙

유당(milk sugar)인 락토오스는 락토오스생성효소(lactose synthase)에 의해 합성된다(본문 참조). 락토오스생성효소는 수년 전에 두 개의 서로 다른 단백질로 구성되어 있는 것이 발견되었는데 초기에 이들을 단백질 A와 단백질 B라고 불렀다. 단백질 A는 항체 형성에 필요한 아미노당의 합성에 필요한 효소로 발견되었다.

$$\text{UDP-갈락토오스} + N\text{-아세틸글루코사민} \xrightleftharpoons{\text{단백질 A}} \text{UDP} + N\text{-아세틸락토사민}$$

단백질 A는 갈락토오스와 다른 단당류 사이의 β(1→4) 글리코시드결합을 형성하는 **갈락토실기전달효소(galactosyl transferase)**로 밝혀졌다. 만약 단백질 B가 이 반응물에 첨가되면 *N*-아세틸락토사민(*N*-acetyllactosamine)의 합성은 방해되고 락토오스의 합성이 촉진된다.

$$\text{UDP–갈락토오스} + \text{글루코오스} \xrightleftharpoons{\text{단백질 A와 B}} \text{UDP} + \text{락토오스}$$

단백질 B는 갈락토실기전달효소(A)의 기질 특이성을 변화시켜 기질로서 *N*-아세틸글루코사민(*N*–acetylglucosamine) 대신 글루코오스를 받아들이게 한다.

단백질 B는 1899년 우유에서 처음 분리된 단백질인 **α-락트알부민(α-lactalbumin)**으로 동정되었다. α-락트알부민은 129개의 아미노산이 연결된 분자량 14,200의 비교적 작은 단백질이다. 이것은 단백질 분자당 하나의 칼슘이 결합되어 있는 금속단백질이다. 우유 속의 α-락트알부민의 농도(1 mg/mL)는 비교적 높기 때문에 처음에는 이 단백질이 영양학적인 역할을 하는 것으로 생각되었다. 이제 우리는 이것의 주된 기능이 락토오스의 합성을 위한 조절단백질이라는 것을 알고 있다. 갈락토실기전달효소와 조절단백질인 α-락트알부민이 락토오스생성효소라는 복합체를 형성하기 위해 함께 결합하게 된다.

임신 기간 동안 프롤락틴(prolactin)이라는 호르몬이 수유를 유도하고 α-락트알부민의 합성을 촉진시키기 위해 유선에서 분비된다. 그러나 프로게스테론(progesterone)이라는 호르몬이 임신 기간 동안 분비되면서 프롤락틴과 길항 작용을 한다. 따라서 임신 기간 동안에는 α-락트알부민의 농도는 떨어지고 갈락토실기전달효소가 활발히 작용하여 항체 형성에 필요한 *N*-아세틸락토사민의 형성을 촉매한다(그림 참조). 수유기의 시작과 분만 후에 프로게스테론의 농도는 떨어지고 프롤락틴이 활발히 α-락트알부민의 합성을 촉진하게 된다. 이때부터 락토오스생성효소의 두 구성 성분(갈락토실기전달효소와 α-락트알부민)이 모두 존재하게 되면서 락토오스의 합성이 시작된다.

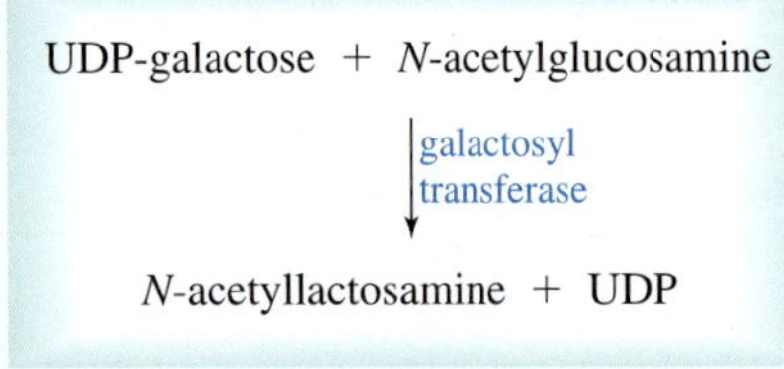

임신 중

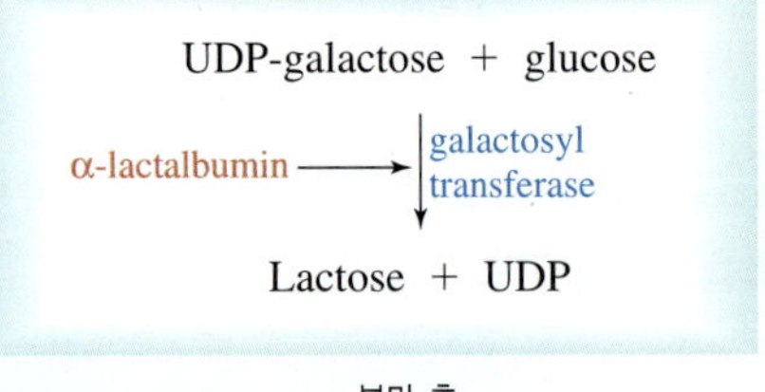

분만 후

수크로오스 이당류인 수크로오스는 대부분의 과일과 야채에 있으며 특히 사탕수수에 많이 들어 있다. 에너지와 생합성과정을 위한 단당류의 저장 형태인 수크로오스는 체관부를 통하여 식물체 내에서 수송된다. 수크로오스는 UDP-글루코오스와 인산으로 활성화된 프룩토오스(프룩토오스-6-인산)로부터 두 단계를 거쳐 합성된다.

$$\text{UDP-글루코오스} + \text{프룩토오스-6-인산} \xrightleftharpoons{\text{수크로오스-6-인산 생성효소}} \text{수크로오스-6-인산} + \text{UDP}$$

$$\text{수크로오스-6-인산} + H_2O \xrightleftharpoons[\text{분해효소}]{\text{인산가수}} \text{수크로오스} + P_i$$

복습 문제

1. 모든 반응물과 생성물의 분자 구조를 사용하여 락토오스 합성 반응을 나타내시오.

15.5 탄수화물 대사의 조절

학습 목표

탄수화물의 세포 내 대사 조절 방법을 이해한다.

이제까지 해당과정과 글루코오스신생합성의 대사경로를 살펴보았다. 여러분은 아마도 다음 중 하나처럼 느끼고 있을 것이다.

1. 탄수화물 대사는 서로 복잡하게 얽혀 있다.
2. 반응들의 경로가 미로처럼 복잡하다.

만약 후자처럼 느끼고 있다면, 아마도 이 단원에서 여러분들이 혼돈이라고 생각하고 있는 것이 약간 정돈될 수 있을 것이다. 여기서는 탄수화물 대사의 조절을 배움으로써 세포와 생물체가 어떻게 에너지와 생합성을 균형 있게 조절하는지 보게 될 것이다.

대사경로의 조절은 ATP의 농도를 일정하게 유지시키기 위하여 중요하다. ATP 농도가 항상 높게 유지되어야 하는 것이 아니고, ATP의 순환 속도가 균형을 이루어야 한다. 즉 ATP는 사용되면 즉시 다시 만들어져야 한다는 것이다. 이를 위해 가장 효율적인 방법은 유리 글루코오스와 저장된 글루코오스의 상대적 양을 조절하는 것이다. 세포가 에너지를 필요로 할 때에는 해당과정이 작용하여야 하고, 글리코겐은 분해되어 해당과정에 이용될 글루코오스-1-인산을 방출해야 한다. 또 그와는 반대로 에너지가 필요 없는 경우에는, 해당과정의 경로가 닫히고 글리코겐의 합성이 증가됨으로써 나중에 사용하기 위하여 글루코오스가 저장되어야 한다. 이 모든 과정은 효소를 전략적 위치에 배치시켜 반응을 효율적으로 켜고 끔으로써 가능하다.

대사경로를 두 방향으로 흐를 수 있는 수도관으로 생각해 보라. 그리고 효소를 적당한 방향과 적당한 비율로 물이 흐를 수 있도록 조절하는 밸브로 생각해 보라. 7장의 7.2와 7.3절에서 효소의 다양한 조절 방법이 소개되었다. 알로스테릭 상호작용, 공유결합적 변형, 단백질 가수분해에 의한 조절, 동위효소의 형태 등이다. 진도를 더 나가기 전에 위의 사항들에 대한 복습을 권한다. 이들은 모두 특정한 반응 수준에서 일어나는 조절 형태이다. 물질대사의 속도는 또한 유전자 수준에서 효소의 합성 속도에 의해 조절되기도 한다. 효소는 구성적(constitutive)이거나 또는 유도성(induced)임을 상기해 보자(12장 12.4절 참조). 효소는 또한 호르몬에 의해 영향을 받는다. 이러한 조절인자는 효소 분자와 직접 작용하는 경우가 거의 없이 고리형AMP와 같은 분자들을 이용하여 정보를 전달한다(2장 2.5절 참조). 만약 효소가 수도관의 대사 밸브라면, 이 밸브의 조절기는 효소를 켜거나 끄는 작동인자라고 할 수 있다.

탄수화물 대사에 있어서 중요한 조절 역할을 하는 효소들을 표 15.5에 정리하였으며 작용하는 위치는 그림 15.12에 표시하였다. 이들에 대하여 자세히 살펴보기로 하자.

글리코겐가인산분해효소와 글리코겐생성효소

글리코겐가인산분해효소(glycogen phosphorylase)와 글리코겐생성효소(glycogen synthase)는 대부분의 동물세포와 조직에 있으나 간과 골격근 내에서 특히 중요한 작용을 한다. 이들은 간과 근육에서 서로 다르게 조절되는데 이는 글리코겐이 두 조직 내에서 조금 다른 역할을 하기 때문이다. 간은 생물체 전체를 위한 글리코겐의 저장소이다. 혈액에 과잉으로 존재하는 글루코오스는 간에서 글리코겐을 합성하는 데 사용된다. 글루코오스가 필요하면 간의 글리코겐가인산분해효소가 글루코오스를 유리시켜

표 15.5
탄수화물 대사에서의 조절효소

Enzyme Name	⊕ Effector[a]	⊖ Effector[a]	Comments
Glycogen phosphorylase			
Form (a)	–	–	Active under all conditions.
Form (b)	AMP	G6P[b]	The concentration is regulated by hormones.
Glycogen synthase			
Form (a)	–	–	Active under all conditions.
Form (b)	G6P[b]	–	The concentration is regulated by hormones.
Hexokinase	–	G6P[b]	Feedback inhibition.
Phosphofructokinase	AMP, F-2,6-BP[c]	ATP, citrate	Major control point in glycolysis.
Fructose-1,6-bisphosphatase	citrate	AMP, F-2,6-BP[c]	Regulatory step in glucose synthesis.
Pyruvate kinase	AMP, F-1,6-BP[d]	ATP, acetyl-CoA	Also regulated by isoenzymatic forms.
Pyruvate carboxylase	Acetyl-CoA	–	Helps sustain levels of glucose and oxaloacetate.

[a] Positive (+) effectors stimulate the enzyme; negative (–) effectors inhibit the enzyme.
[b] G6P = glucose-6-phosphate.
[c] F-2,6-BP = fructose-2,6-bisphosphate.
[d] F-1,6-BP = fructose-1,6-bisphosphate.

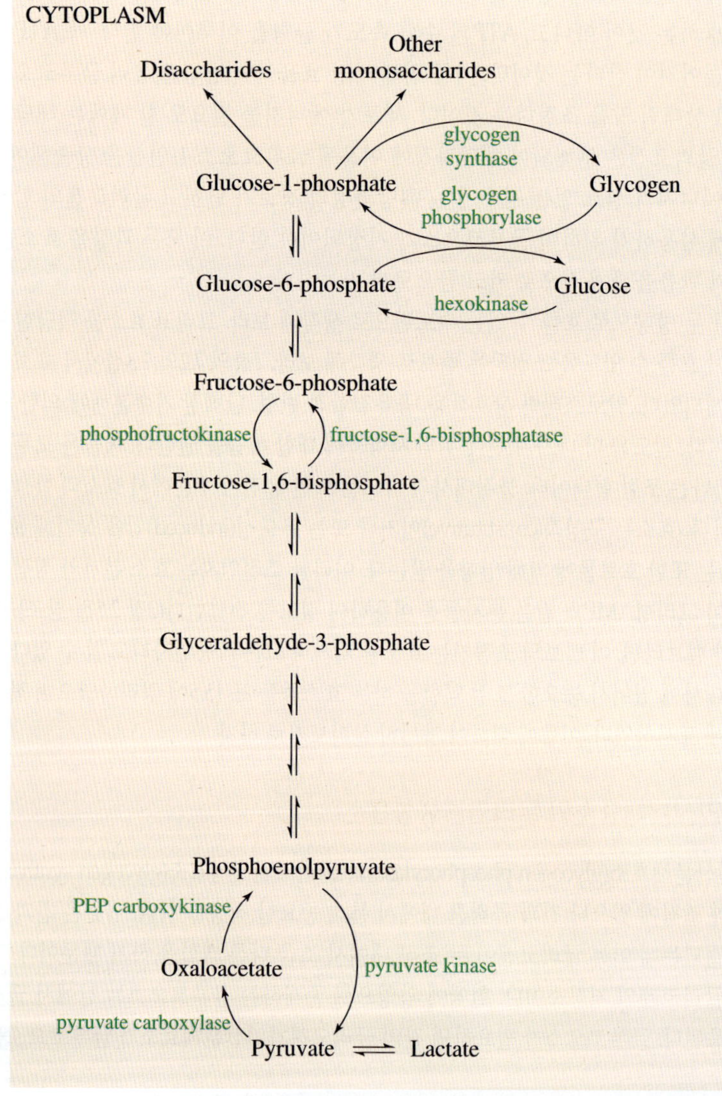

그림 15.12 탄수화물 대사를 조절하기 위한 전략적 위치. 조절효소는 녹색으로 표시되어 있다.

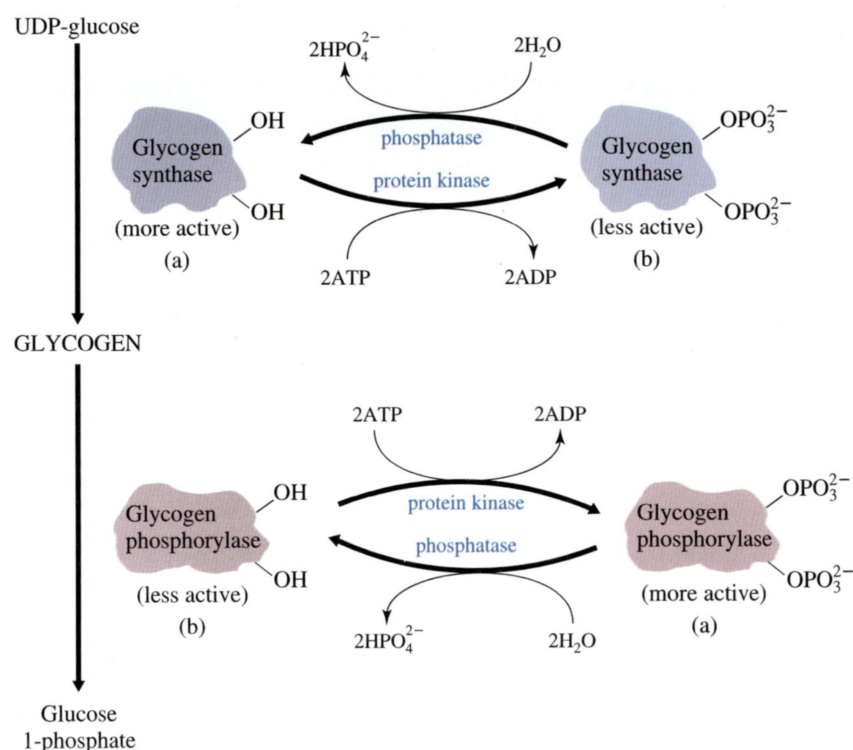

그림 15.13 글리코겐생성효소와 글리코겐가인산분해효소의 통합적 조절

혈액을 통해 모든 조직으로 분배한다. 근육 내 있는 소량의 글리코겐은 가인산분해와 해당과정에 의해 분해되어 근육수축을 위한 ATP를 생성하게 된다.

글리코겐생성효소는 이량체 단백질(dimeric protein)로서 상호 전환이 가능한 두 가지 형태로 존재한다(그림 15.13). (a)형은 모든 세포 조건 하에서 활성적이다. (b)형은 양성 조절인자인 글루코오스-6-인산의 존재 여부에 따라 활성 정도가 달라진다. (a)형은 글리코겐생성효소에 있는 두 개의 세린의 OH기에 ATP로부터 두 개의 인산기가 전달되어 (b)형으로 전환된다. 고리형AMP – 의존성 단백질키나아제(cyclic AMP – dependent protein kinase) 즉 단백질키나아제A(protein kinase A)가 이 반응을 촉매한다. (b)형의 인산기는 인산단백질 인산가수분해효소(phosphoprotein phosphatase)의 가수분해에 의해 제거된다. 이러한 회로를 통해 (a)형과 (b)형은 상호 전환된다. 7장 7.3절에서 글리코겐가인산분해효소에 대하여, 결과만 반대로 일어날 뿐 같은 형태의 화학 반응을 설명한 바 있다. 가인산분해효소 내의 두 세린 잔기가 단백질키나아제에 의해 인산화되면 활성이 적은 (b)형이 완전히 활성적인 (a)형으로 전환된다. 이러한 방법으로 조절됨으로써 결코 두 효소(글리코겐가인산분해효소와 글리코겐생성효소)는 동시에 완전한 활성적 형태로 존재하지 않는다. 활동하지 않거나 미약하게 활동하고 있는 근육에서는 (a)형의 글리코겐생성효소와 (b)형의 글리코겐가인산분해효소만 나타나며 활성의 정도는 대사물질의 농도에 의존한다.

글리코겐가인산분해효소와 글리코겐생성효소의 두 가지 형태의 상호 전환은 호르몬인 에피네프린(epinephrine)과 글루카곤(glucagon)에 의해 조절되는데, 이 호르몬들은 단백질키나아제를 활성화시킨다. 두 호르몬은 서로 작용하는 지역이 다르다. 에피네프린은 근육세포에 작용하여 글리코겐의 분해를 촉진하고 글리코겐의 합성을 억제한다. 글루카곤은 간세포에 작용하며 결과는 에피네프린과 같다. 이 두 호르몬은 고리형AMP의 농도를 조절함으로써 작용하는데, cAMP는 여러 조직에서 단백질키나아제의 활성을 촉진시킨다. (20장 참조)

헥소키나아제

유리 글루코오스가 해당 경로로 들어가는 단계는 알로스테릭효소인 헥소키나아제(hexokinase)에 의해 조절된다. 이 효소는 생성물인 글루코오스-6-인산에 의해 억제된다. 이러한 대사조절을 **되먹임억제(feedback inhibition)**라고 하는데 이렇게 하여 세포 내 글루코오스-6-인산의 농도가 조절된다.

포스포프룩토키나아제

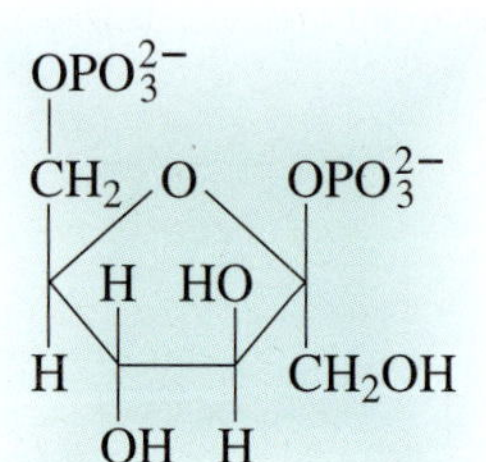

그림 15.14 프룩토오스-2,6-비스인산의 구조. 포스포프룩토키나아제의 활성을 촉진하는 알로스테릭 조절인자(allosteric modulator)이다.

글루코오스가 헥소키나아제에 의해 일단 인산화되면 쉽게 해당과정을 통하여 ATP를 생성하게 된다. ATP의 생성이 필요 없으면, 해당과정의 경로는 프룩토오스-6-인산의 인산화를 촉매하는 핵심 조절효소인 포스포프룩토키나아제(phosphofructokinase, PFK)에 의해 닫힌다. PFK는 높은 농도의 ATP에 의해 알로스테릭작용으로 억제된다. 작동인자인 ATP는 이 효소에 있는 두 자리에 결합할 수 있는데, 활성부위(active site)에는 기질로서 조절부위(regulatory site)에는 조절인자(modulator)로서 결합한다. ATP가 조절부위에 결합하면 프룩토오스-6-인산에 대한 효소의 친화력을 낮추게 된다.

PFK는 시트르산(citrate)에 의해서도 억제된다. 이 화합물은 피루브산의 산소성 대사에서 시트르산 회로에 의해 합성되는 물질이다(16장 참조). 세포 내 시트르산의 농도가 충분할 때는 해당과정의 속도가 낮추어져 피루브산과 시트르산의 합성 속도가 줄어들게 된다.

프룩토오스-2,6-비스인산(fructose-2,6-bisphosphate, F-2,6-BP)은 간세포에서 PFK를 촉진시키는 작용을 한다(그림 15.14). 그 작용 메커니즘은 아직 명확하게 밝혀져 있지 않지만 PFK에 결합하여 정상적 기질인 프룩토오스-6-인산에 대한 효소의 친화력을 높이는 것으로 생각되고 있다(그림 15.15).

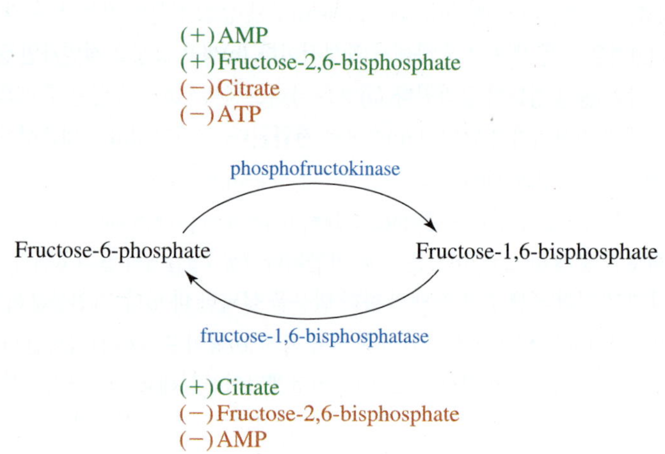

그림 15.15 포스포프룩토키나아제와 프룩토오스-1,6-비스인산가수분해효소의 상호 조절 작용

프룩토오스-1,6-비스인산가수분해효소

프룩토오스-1,6-비스인산가수분해효소(fructose-1,6-bisphosphatase)는 F-2,6-BP와 AMP에 의해 억제된다. F-2,6-BP는 PFK에 반대의 영향을 미치는 것을 기억하라. 따라서 F-2,6-BP는 간세포에서 해당과정과 글루코오스신생합성 과정을 조절하는 주요 요소로 인식되고 있다. F-2,6-BP의 농도는 호르몬인 글루카곤에 의해 조절된다. 글루카곤은 세포 내 F-2,6-BP의 농도를 낮추며 그로 인해 해당과정을 억제하고 글루코오스신생합성을 촉진시킨다. PFK와 프룩토오스-1,6-비스인산가수분해효소(FBP)의 두 전략적 위치에서의 조절 과정은 매우 중요하다. 다시 한 번 이 두 반응들을 복습하기로 하자.

$$ATP + \text{프룩토오스-6-인산} \underset{}{\overset{PFK}{\rightleftharpoons}} ADP + \text{프룩토오스-1,6-비스인산}$$

$$\text{프룩토오스-1,6-비스인산} + H_2O \underset{}{\overset{FBP}{\rightleftharpoons}} \text{프룩토오스-6-인산} + P_i$$

만약 두 효소가 동시에 활성적이라면 최종 결과는 두 반응을 합침으로써 얻어질 수 있다.

$$ATP + H_2O \rightleftharpoons ADP + P_i + \text{열}$$

이 반응은 인산무수결합의 에너지가 합성이나 일에 사용되지 않기 때문에 ATP의 "낭비적 가수분해"라고 할 수 있다. 이러한 일련의 반응을 **기질회로(substrate cycle)** 또는 낭비 회로(futile cycle)라고 한다(그림 15.16 및 20장 참조). F-2,6-BP에 의한 적절한 조절은 이러한 회로의 작동을 억제하게 되며 정상적인 조건하에서는 이러한 일이 여간해서 일어나지 않는다. 그러나 어떤 세포나 생물체에서 기질 순환은 체온을 유지하기 위한 열을 발생시키는 역할을 하게 된다. 예를 들면 뒝벌은 날개 근육에 이 같은 활동을 하여 추운 날씨에도 날 수 있게 한다. 꿀벌은 추운 날씨에는 날 수 없는데, 이는 기질 순환을 이루기 위한 필수 효소가 부족하기 때문이다.

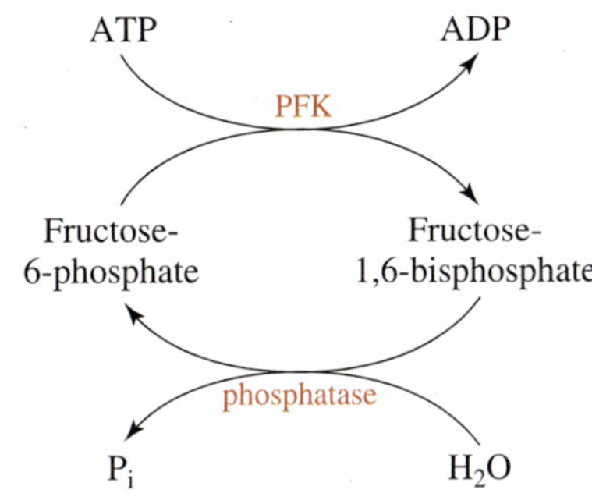

그림 15.16 기질회로를 형성하는 두 반응의 짝지음. 이러한 일련의 반응은 두 반응의 합에서 알 수 있는 것처럼 ATP의 낭비성 가수분해를 초래하는 것으로 보인다. 어떤 생물체는 몸의 열을 얻기 위해서 이 과정을 사용한다.

피루브산키나아제와 피루브산카르복실화효소

피루브산키나아제(pyruvate kinase, PK)는 사량체(tetrameric) 단백질로서 활성을 나타내기 위해 1가 이온인 Na^+ 또는 K^+를 필요로 한다. ATP는 PK를 방해하는 작용을 하므로 피루브산의 형성을 늦추게 된다.

피루브산카르복실화효소(pyruvate carboxylase, PC)는 글루코오스신생합성의 주요 조절효소이다. PC는 이산화탄소를 피루브산에 첨가함으로써 옥살로아세트산의 형성을 촉매한다. PC는 **아세틸-CoA(acetyl-CoA)**가 있을 때만 활성을 나타낸다. 대사에 있어서 이 조절 단계는 피루브산이 아세틸-CoA로 전환되어 시트르산회로로 들어가는 산소성 대사(16장 참조)를 공부하기 전까지는 완전히 이해하기 어렵다. 간단히 말하자면 아세틸-CoA는 시트르산회로에 의해 산화되기 위해 옥살로아세트산을 필요로 한다.

복습 문제

1. 프룩토오스-1,6-비스인산은 해당과정 효소인 피루브산키나아제의 양성 조절인자이다. 이러한 형태의 조절이 가지는 생리적 의미는 무엇인가?

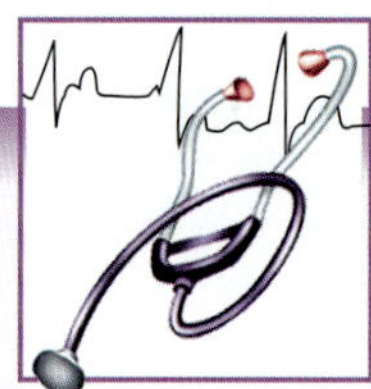

15 - 1

임상생화학

락트산 대사와 락트산산증(lactic acidosis)

락트산(lactic acid, lactate)은 많은 종류의 미생물과 조직에서 글루코오스가 산화되어 생성되는 최종 산물이다. 15.3절에서 학습한 바와 마찬가지로 유산발효에 의해 락트산을 생성하는 많은 종류의 혐기성 세균은 우유나 기타 식품을 발효시키는 데 사용되고 있다. 사람을 포함한 동물의 경우 락트산은 적혈구에서 생성되는데 적혈구는 미토콘드리아가 없으므로 산화적 인산화반응을 할 수 없다(그림 14.7과 17장 참조). 락트산은 격렬한 운동 후 산소가 부족한 상태인 근육 조직에서 생성되기도 한다. 적혈구와 근육에서 혈액으로 유입된 과도한 락트산은 심장이나 간, 신장과 같이 산소성 대사에 의해 에너지를 사용하는 곳으로 이동되거나 글루코오스신생합성(gluconeogenesis)에 의해 글루코오스로 전환되어 글리코겐(glycogen) 형태로 저장된다.

휴식 상태에 있는 개인의 정상 혈액 내 락트산 농도는 약 1 mmol/L이다. 격렬한 운동 기간 중 종종 발생하는 혈액 내 락트산 농도가 2~5 mmol/L 범위가 되면 **과유산혈증(hyperlactatemia)**으로 간주된다. 이 상태는 대개 심각한 것으로 간주되지는 않는데 혈액 내 pH를 정상 범위인 7.35~7.45 이하로 떨어뜨리지 않기 때문이며, 나트륨탄산수소염(sodium bicarbonate)의 투여에 의해 쉽게 치료된다. (과유산혈증은 대개 대사성 산증과 연관되어 있지 않다. 생화학 들여다보기 2-1 참조) 그러나 혈액 내 락트산 농도가 5 mmol/L이상이 되면 **락트산산증(lactic acidosis)**이라 불리며 혈액 내 pH가 7.25 이하로 떨어질 수 있으므로 치명적이 된다.

락트산산증의 원인

락트산산증은 격렬한 운동에 의해 발생하기 보다는 다른 질병이나 충격 상태에 의해 발생한다. 혈액 내 높은 락트산 농도는 아래와 같은 원인에 의해 생긴다.

- 기관의 락트산 대사를 방해하는 간의 질병이나 손상
- 빈혈이나 백혈병과 같은 혈액 질환
- 약이나 독성물질의 부작용: 예를 들면 알코올, 부동액으로 사용되는 에틸렌글리콜, 아세트아미노펜(acetaminophen), 에피네프린(epinephrine), 코카인(cocaine), 메트포르민(metformin, 당뇨병 환자를 위한 글루코파아지), AIDS 치료제인 스타부틴(stavudine)과 디다노신(didanosine) 등
- 탄수화물 대사의 선천적 장애(본기르케씨병)
- 지나치게 격렬한 운동이나 과열현상

락트산산증 환자의 증상과 치료법

락트산산증의 증상은 원인에 따라 다양하다. 그러나 환자들은 대개 무기력증, 차고 축축한 사지, 구토, 복통, 탈수, 호흡곤란, 혼수상태 등을 나타낸다.

락트산산증의 증상을 가진 것으로 의심되는 사람은 즉각 의학적 조치를 받아야 한다. 응급처치로는 산소 공급이나 심장 기능의 지속적 모니터링, 그리고 어떤 경우에는 나트륨탄산수소염을 투여하기도 하는데 이때 지나친 투약이나 알칼리혈증(alkalosis)을 피하기 위해 조절하면서 투약한다. 락트산산증을 가진 환자는 6개월 이내에 75%가 사망하는 높은 사망률을 나타낸다. 락트산을 아세틸-CoA로 산화시키는 피루브산탈수소효소복합체를 활성화하는 화학약품인 디클로로아세트산(dichloroacetate)으로 임상 시험을 하고 있다(임상생화학 16 참조). 이러한 시도들은 혈액 내 락트산 농도를 감소시키는데 거의 효과를 보이지 않고 있다.

학습 문제

1. 과유산혈증은 종종 나트륨탄산수소염의 투여에 의해 치료되기도 한다. 혈액의 pH를 낮추는 나트륨탄산수소염의 작용을 보여 주는 아래 반응을 완성하시오.

$$NaHCO_3 + H^+ \longrightarrow$$

힌트: 2장 참조

2. 락트산산증으로 의심되는 환자의 응급처치로 산소를 공급하는 목적은 무엇인가?
3. 사람의 경우 호기적 상태에서 락트산에 적용되는 반응을 설명하시오.
4. 어떤 기관에서 지나친 락트산은 탄수화물을 합성하는데 이용될 수 있다. 락트산으로부터 글루코오스가 합성되는데 관여하는 첫 세 단계를 적고 모든 생성물과 효소를 나열하시오.

참고 문헌

T. Devlin, editor, 1997. Textbook of Biochemistry with Clinical Correlations, pp. 290–291. New York: Wiley-Liss.

http://my.webmd.com/hw/health_guide_atoz/hw7871.asp
락트산에 관한 정보

http://www.emedicine.com/energ/topic291.htm
락트산산증에 대한 정보

http://www.hivmedicine.com/textbook/haart/nw9.htm
락트산산증과 HIV

요약

■ 모든 생물체는 글루코오스를 비롯한 탄수화물의 산화적 분해에 의해 에너지를 얻는다. 식물과 동물에 있어서 가장 활발한 탄수화물 대사경로는 **해당과정(glycolysis)**이다. 해당과정 경로는 10개의 효소에 의해 촉매되는 반응으로 구성되어 있는데, 주로 6탄당(대개가 글루코오스)을 기질로 하여 시작되며 산화적으로 분해되어 두 분자의 피루브산(pyruvate)을 형성한다.

■ 식물과 동물은 각각 녹말(starch)과 글리코겐(glycogen)의 형태로 에너지를 저장한다.

■ 해당과정의 생성물인 피루브산은 중요한 대사의 교차점에 위치한다. 산소성 대사에서는 피루브산은 아세틸-CoA(acetyl-CoA)로 분해되고, 무산소성 대사에서는 사람의 경우 락트산(lactate)으로 발효된다.

■ 충분한 양의 글루코오스가 존재하지 않을 경우, 글루코오스는 피루브산, 락트산, 글리세롤, 기타 아미노산으로부터 **글루코오스신생합성(gluconeogenesis)** 과정을 통해 합성될 수 있다.

■ 이당류나 다당류를 합성하는 데 사용되는 단당류들은 먼저 뉴클레오시드이인산 유도체(nucleoside diphosphate derivative)로 활성화된다.

■ 탄수화물의 대사는 ATP를 항상 일정하게 유지하기 위해 조절된다. 이는 글리코겐가인산분해효소, 글리코겐생성효소, 헥소키나아제, 포스포프룩토키나아제, 피루브산키나아제, 피루브산카르복실화효소 등의 활성을 조절함으로써 이루어진다.

연습 문제

용어 이해

15.1 다음 용어를 번역하고 25 단어 이내로 정의하시오.

a. glycolysis
b. net reaction
c. ethanol fermentation
d. galactosemia
e. lactate fermentation
f. gluconeogenesis
g. UDP-galactose
h. glycogen
i. feedback inhibition
j. substrate cycle
k. hexokinase
l. nucleoside diphosphate sugar
m. lactose synthase
n. α-lactalbumin
o. phosphofructokinase
p. pyruvate kinase
q. substrate-level phosphorylation

개념 복습

15.2 다음 대사의 단계를 표 14.2에서 사용된 화학적 형태로 정의하시오.

a. 피루브산 → 아세트알데히드 + CO_2
b. 피루브산 + CO_2 + ATP → 옥살로아세트산 + ADP + P_i
c. 글루코오스-6-인산 + H_2O → 글루코오스 + P_i
d. 프룩토오스-1,6-비스인산 → 글리세르알데히드-3-인산 + 디히드록시아세톤인산

15.3 락트산은 근육에서 생성되는 불필요한 물질처럼 보인다. 이것으로부터 어떻게 글루코오스가 생성되는지 그 과정을 약술하시오.

15.4 글루코오스 두 분자를 이용하여 수크로오스를 합성하는 반응 과정을 쓰시오.

15.5 계란의 흰자에서 발견되는 단백질인 아비딘(avidin)은 비오틴(biotin)을 함유하는 효소에 특정적으로 억제 작용을 나타낸다. 다음 중 아비딘에 의해 대사가 억제 받는 과정은 어느 것인가?

a. 글루코오스 → 2글리세르알데히드-3-인산
b. 글루코오스 → 2락트산
c. 2락트산 → 글루코오스
d. 피루브산 → 에탄올 + CO_2
e. 피루브산 → 포스포에놀피루브산
f. 프룩토오스 → 2피루브산

15.6 기질과 생성물의 구조를 이용하여 아래 각 효소들의 촉매작용을 서술하시오.

a. 포스포프룩토키나아제
b. 락토오스생성효소
c. 아밀라아제
d. 글리세롤키나아제
e. 글리세롤-3-인산 탈수소효소
f. 갈락토실기전달효소 + α-락트알부민

15.7 (글루코오스)$_n$을 이용한 다당류인 녹말, 글리코겐, 셀룰로오스의 구조적 차이점을 비교하시오.

15.8 아래의 탄수화물은 모두 헥소키나아제의 기질이 된다. 각 반응에서 생성되는 생성물을 쓰시오.

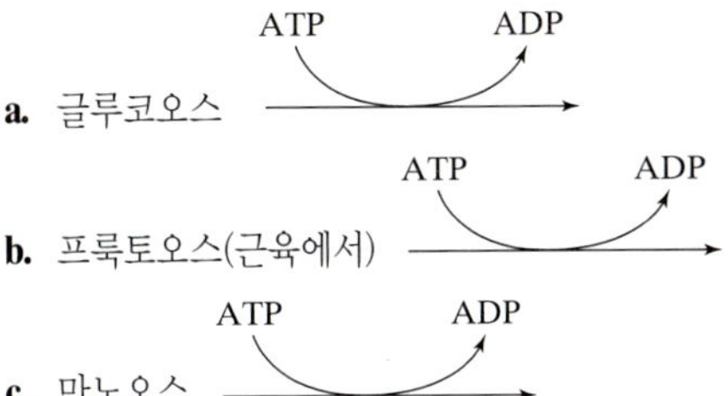

15.9 아래 조절효소의 대사를 억제시키는 억제물질의 이름을 쓰시오.

a. 글리코겐가인산분해효소
b. 헥소키나아제
c. 포스포프룩토키나아제

15.10 ATP는 대사 과정을 조절하는 데 중요한 물질이다. ATP의 농도가 증가하면 다음 효소들에 어떤 영향을 미치는가?

a. 피루브산키나아제
b. 포스포프룩토키나아제
c. 헥소키나아제

15.11 아래 용어를 기준으로 해당과정과 글루코오스신생합성을 비교하시오.

a. 각 반응의 시작 기질 물질
b. ATP와 GTP 형태의 에너지 요구
c. NAD^+와 NADH의 이용

15.12 글루코오스신생합성에 이용되지 못하는 해당과정의 세 가지 반응을 쓰시오. 이 세 가지 반응의 공통점은 무엇인가?

힌트: *표 15.3 참조*

15.13 아래의 반응은 다당류로부터 어떻게 유리 글루코오스 혹은 변형된 글루코오스가 얻어지는 가를 나타낸 것이다. 생산되는 글루코오스의 구조를 그려서 아래 반응식을 완성하시오.

a. 셀룰로오스 + H_2O $\xrightleftharpoons{\text{섬유소분해효소}}$
b. 글리코겐 + H_2O $\xrightleftharpoons{\text{아밀라아제}}$
c. 글리코겐 + P_i $\xrightleftharpoons{\text{가인산분해효소}}$
d. 아밀로오스 + H_2O $\xrightleftharpoons{\text{아밀라아제}}$

15.14 효모와 사람의 근육에서 일어나는 피루브산의 무산소성 물질대사를 반응식을 이용하여 비교 설명하시오.

15.15 치료되지 않은 당뇨병에 있어서 혈당량은 위험 수준으로 증가된다. 혈당(blood sugar)의 구조를 그리시오.

15.16 해당과정의 첫 다섯 반응에서 글루코오스는 어떻게 전환되는가?

a. 프룩토오스-1,6-비스인산 한 분자
b. 디히드록시아세톤과 글리세르알데히드-3-인산 각 한 분자
c. 두 분자의 글리세르알데히드-3-인산
d. 두 분자의 피루브산
e. 두 분자의 디히드록시아세톤인산

15.17 포스포글루코뮤타아제는 글루코오스-6-인산을 다음 중 어떤 것으로 이성질화시키는가?

a. 글루코오스-1-인산
b. 프룩토오스-6-인산
c. 갈락토오스-6-인산
d. 프룩토오스-1-인산

15.18 락트산탈수소효소의 촉매반응이 좌측에서 우측으로 진행될 때 다음 질문에 답하시오.

$$\text{피루브산} + NADH + H^+ \longrightarrow \text{락트산} + NAD^+$$

a. 어떤 반응물이 산화되나?
b. 어떤 반응물이 환원되는가?
c. 환원제는 무엇인가?
d. 산화제는 무엇인가?

15.19 아래 효소들은 글루코오스가 글리코겐으로 저장될 때 필요한 것들이다. 반응 순서를 보여주는 적절한 순서대로 효소를 배열하시오.

포스포글루코뮤타아제
UDP-글루코오스피로가인산분해효소
글리코겐생성효소
헥소키나아제

활용 문제

15.20 다음 전체적 대사 과정의 순반응을 쓰시오.

a. 글루코오스-1-인산 → 2피루브산
b. 글리세르알데히드-3-인산 → 락트산
c. 글리세롤 → 피루브산
d. 피루브산 → 에탄올

15.21 이 장에서 두 반응이 짝지어져 기질회로(substrate cycle)를 형성하는 것을 보았다. 두 반응은 프룩토오스-6-인산으로 인산기가 전달되고, 프룩토오스-1,6-비스인산에서 인산기가 가수분해되는 반응이다. 탄수화물 대사에서 기질회로의 형태로 일어나는 다른 두 반응을 찾아보시오.

15.22 수크로오스를 이용해서 자라는 효모의 에탄올발효 과정을 모든 중간대사물질의 이름과 함께 요약하시오.

힌트: 수크로오스 + H_2O $\rightleftharpoons$ 글루코오스 + 프룩토오스

15.23 말토오스가 피루브산으로 완전히 분해되는 순반응을 쓰시오.

15.24 우유의 락토오스를 이용하여 자라는 락토바실루스(*Lactobacillus*) 세균의 물질대사 과정을 약술하시오.

힌트: 락토오스 + H_2O $\rightleftharpoons$ 글루코오스 + 갈락토오스

15.25 ^{14}C의 방사능으로 표지된 화합물은 해당과정의 경로를 연구하는 데 사용되어 왔다. 해당과정을 아래의 화합물로 시작하였을 때 생성물인 피루브산에는 어떻게 표지되겠는가?

a. 글루코오스, C1에 ^{14}C
b. 글리세르알데히드-3-인산, C1에 ^{14}C
c. 글리세롤, C2에 ^{14}C

15.26 글루코오스의 3, 4번에 ^{14}C로 표지된 탄소를 사용하였다고 가정하자. 이 글루코오스를 세균에 제공하였을 때 생산물인 피루브산에는 표지가 어떻게 나타나는지 보이시오.

15.27 실험실에서 글루코오스신생합성을 연구하기 위해 간세포를 분리하였다. 분리한 세포에 락트산과 방사능으로 표지된 CO_2를 첨가하고 15분간 배양하였다. 배양 혼합액에 NAD^+, ATP, GTP를 포함한 모든 보조인자의 농도가 적절하다고 가정할 때 ^{14}C로 표지될 글루코오스의 원자는 무엇인가?

15.28 글리코겐에 하나의 유리 글루코오스를 저장하는 데 필요한 무수인산결합의 수는 몇 개인가?

15.29 아래 과정의 순반응을 쓰시오.

글루코오스 → 2피루브산 (해당과정)
글루코오스 → 2락토오스 (발효)

아래의 특징들과 연관해서 과정을 비교하시오.

a. 시작 탄수화물
b. 최종 탄소 생산물
c. ATP 수득률
d. NADH 수득률

15.30 두 분자의 글리세롤로부터 글루코오스가 합성되는 경로를 약술하시오.

15.31 해당과정의 중간물질인 1,3-비스포스포글리세르산의 구조를 생각해 보시오. 분자 내 각 인산기의 화학적 결합을 서술하시오. 왜 인산기가 카르복실기에 결합하는 것이 히드록실기에 결합하는 것보다 반응성이 높은가?

15.32 락트산으로부터 PEP가 형성되는 순반응을 적고, 피루브산 → PEP로의 순반응과 비교하시오.

15.33 해당과정의 첫 단계에 대한 $\Delta G^{\circ\prime}$ 을 계산하시오.

$$\text{글루코오스} + \text{ATP} \rightleftharpoons \text{글루코오스-6-인산} + \text{ADP}$$

15.34 여러분이 아래 반응을 촉매하는 새로운 효소를 발견하였다고 가정하자.

$$\text{글루코오스} + \text{ATP} \rightleftharpoons \text{글루코오스-3-인산} + \text{ADP}$$

a. 글루코오스와 글루코오스-3-인산의 구조를 그리시오.
b. 글루코오스-3-인산으로부터 물로의 인산기 이동을 위한 $\Delta G^{\circ\prime}$ 는 글루코오스-6-인산과 비교했을 때 어떠할 것이라고 기대하는가?

15.35 ATP는 해당과정의 알로스테릭효소인 포스포프룩토키나아제(PFK)의 기질이면서 음성 조절인자(억제제)이다. 아래 중 어떠한 설명이 이러한 현상을 가장 잘 설명해 주는가?

a. ATP는 PFK의 활성부위와 조절부위에 대해 동일한 친화력을 가진다.
b. ATP는 PFK의 활성부위보다 조절부위에 대해 더 강한 친화력을 가진다.
c. ATP는 PFK의 조절부위보다 활성부위에 대해 더 강한 친화력을 가진다.
d. ATP와 AMP는 모두 PFK에 대해 음성 조절인자이다.

15.36 갈락토오스는 글루코오스-6-인산을 통해 해당과정으로 들어간다. 아래에 열거된 몇몇 가능한 대사산물들은 갈락토오스가 글루코오스-6-인산으로 전환되는 과정에 생성되는 산물이다. 갈락토오스가 해당과정으로 진입되는 순서대로 적절히 나열하시오.

UDP-글루코오스
글루코오스-6-인산
갈락토오스-6-인산
갈락토오스-1-인산
UDP-갈락토오스
글루코오스
글루코오스-1-인산
갈락토오스

15.37 아래 효소들의 작용을 다음 세 가지 중 하나로 구분하시오.

PEP카르복시키나아제	피루브산키나아제
알돌라아제	포스포글리세르산키나아제
말산탈수소효소	에놀라아제
헥소키나아제	포스포프룩토키나아제
글루코오스-6-인산	

a. 해당과정에서만 작용
b. 글루코오스신생합성에서만 작용
c. 해당과정과 글루코오스신생합성에서 모두 작용

15.38 락트산이 PEP를 합성하는데 사용되는 과정에서 다음 효소들의 작용 순서는?

PEP카르복시키나아제	락토오스생성효소
피루브산카르복실화효소	락트산탈수소효소
에놀라아제	

15.39 해당과정과 글루코오스신생합성 과정의 효소 중 아래에 있는 반응 종류에 속하는 것을 말해보시오(표 14.2 참조). 첫 문제는 답을 제시하였다.

인산기전달반응: 포스포프룩토키나아제
비가수분해반응(첨가 혹은 제거):
ATP 분해와 짝지어진 결합 형성:
가수분해;
산화환원반응:
인산기전달과 짝지어진 산화환원반응:
기질수준인산화반응;

15.40 한 분자의 글루코오스가 두 분자의 락트산으로 산화될 때 유리되는 자유에너지는 다음 고에너지 분자 중 어디에 저장되나?

a. 2몰의 NADH와 2몰의 ATP
b. 2몰의 NADH
c. 2몰의 글리세르알데히드-3-인산
d. 2몰의 ATP

15.41 무산소적 조건에서 해당과정에 의해 만들어진 NADH는 어떻게 재순환되나?

a. 아세트알데히드에서 에탄올로 환원
b. 락트산에서 피루브산으로 환원
c. 피루브산에서 에탄올로 환원
d. 피루브산에서 락트산으로 환원

15.42 아래 대사물 중에서 간에서 프룩토오스가 글리세르알데히드-3-인산으로 전환되는 경로에 있지 않는 것은?

a. 프룩토오스-6-인산
b. 프룩토오스-1-인산
c. 디히드록시아세톤인산
d. 글리세르알데히드

15.43 아래 대사물 중 갈락토오스가 글루코오스-6-인산으로 전환되는 과정에 있지 않는 것은?

a. UDP-글루코오스
b. UDP-갈락토오스
c. 갈락토오스-1-인산
d. 갈락토오스-6-인산

15.44 아래 열거된 물질로부터 포유동물의 글루코오스신생합성 과정의 출발 물질로 사용될 수 있는 것을 선택하시오.

a. 지방산
b. 일부 아미노산
c. 락트산
d. 피루브산
e. 아세틸-CoA
f. 글리세롤

15.45 ADP를 ATP로 전환시키는 인산기로 이용될 수 있는 화합물 세 가지를 열거하시오. 단 반응이 자발적으로 일어날 수 있도록 충분한 에너지를 포함하고 있는 물질이라야만 함(표 14.6 참조).

15.46 글리세롤이 글루코오스신생합성 과정을 통해 글루코오스 합성의 전구체로 어떻게 사용될 수 있는 지 반응식을 쓰시오(그림 15.9 참조).

생화학 작문

15.47 수업 시간에 이 장에 대한 개념들이 소개되고 논의된 직후 수분을 이용하여 다음 세 질문에 대한 답을 작성해 보시오. (a) 이 장에서 가장 중요한 세 가지 개념은 무엇인가? (b) 어떤 개념이 여러분에게 복습이었는가? (c) 어떤 개념들이 혼동스러웠는가?

15.48 위의 문제 15.31(c)에서 혼동스럽다고 대답한 개념 중 하나를 고르시오. 질문의 형식으로 그 개념을 써 보시오. 이 교재나 다른 생화학 교재를 이용하여 이 질문에 답하기 위한 정보를 모으시오. 당신이 만족할 만한 답을 100~200 단어의 문단으로 작성하시오.

15.49 수업 시간에 여러분의 교수가 이 장의 한 개념에 관하여 15분 동안 소개하라는 과제를 주었다. 최근 발표된 관련 논문을 읽고 수업 시간에 소개할 수 있도록 내용의 개요를 작성하시오.

15.50 유도적응 모델에 의하여 효소의 촉매작용이 기술된 처음 효소 중의 하나가 해당과정의 첫 단계 효소인 헥소키나아제이다. 헥소키나아제의 촉매작용을 유도적응 모델을 이용하여 기술하시오. 이 모델이 왜 자물통-열쇠 모형보다 더 적합한지 설명하시오.

15.51 코리회로(그림 15.7 참조)가 왜 에너지의 낭비 회로가 아닌지 설명하시오.

참고문헌

Beale, E., et al., 2003. Glyceroneogenesis in adipocytes: another textbook case. *Trends Biochem. Sci.* 28:402–403.

Bentley, R., et al., 2002. Oxidation numbers in the study of metabolism. *Biochem. Mol. Biol. Educ.* 30:288–292.

Bullock, C., 1990. The biochemistry of alcohol metabolism—a brief review. *Biochem. Educ.* 18:62–66.

Croniger, C., et al., 2002. Phosphoenolpyruvate carboxykinase revisited: Insights into its metabolic role. *Biochem. Mol. Biol. Educ.* 30:14–20.

Darvey, I., 2000. Gluconeogenesis. *Biochem. Educ.* 28:80–82.

Elliott, K., et al., 1999. Teaching metabolism for the future—concepts not pathways. *The Biochemist* 21(1):9–39.

Feinman, R., 2004. Oxidation–reduction calculations in the biochemistry course. *Biochem. Mol. Biol. Educ.* 32:161–166.

Frayn, K., 1996. *Metabolic Regulation: A Human Perspective.* London: Portland Press.

Hanson, R., 2002. Metabolic minimaps of glycolysis and gluconeogenesis and their regulation. *Biochem. Mol. Biol. Educ.* 30:221–223.

Lienhard, G., Slot, J., and Mueckler, M., 1992. How cells absorb glucose. *Sci. Am.* 266(1):86–91.

Manchester, K., 2000. Arthur Harden: an unwitting pioneer of metabolic control analysis. *Trends Biochem. Sci.* 25:89–92.

Manchester, K., 2000. Optimization of energy coupling. *Biochem. Educ.* 28:18–19.

Schultz, E., 2005. A guided approach for learning metabolic pathways. *Biochem. Mol. Biol. Educ.* 33:1–7.

Waddell, T., et al., 1999. Optimization of glycolysis. *Biochem. Educ.* 27:12–13.

Wang, J., 1998. The insulin connection: Dorothy Hodgkin and the Beijing Insulin Group. *Trends Biochem. Sci.* 23:497–500.

Watford, M., 1988. What is the metabolic fate of dietary glucose? *Trends Biochem. Sci.* 13:329–330.

http://www.natren.com/pages/infoyogurt.asp
The history of yogurt

http://www.hypoglycemia.org
The Hypoglycemia Support Foundation

CHAPTER

16

영양성 질병인 **각기병(beriberi)**은 비타민B의 하나인 티아민(표 6.1 참조)의 결핍이 원인이다. 비타민B의 활성형인 **티아민피로인산(thiamine pyrophosphate, TPP)**은 피루브산탈수소효소복합체의 피루브산이나 시트르산회로의 α-케토글루타르산과 같은 α-케토산의 탈카르복실화에 관여하는 효소를 돕는 조효소이다. 각기병 환자는 피루브산이나 α-케토글루타르산의 혈중 농도가 정상보다 높다. 이 병의 증상은 다리 근육이 약해지고 붓고 신경 및 심장혈관 기능이 상실되는 것이다. 이 병은 쌀이 주식인 나라에서 가장 자주 발생된다. 쌀, 특히 백미에는 다른 곡물에 비해 비교적 적은 양의 티아민이 있다. 도정한 쌀에는 티아민이 거의 없다고 할 수 있다. 티아민은 빻지 않은 곡류에 많이 포함되어 있다. 1세기 전에는 빵을 만드는 정백 밀에 티아민이 소량만 포함되어 있었으므로 미국의 어린이들에게 각기병은 피할 수 없는 질병이었다. 지금은 미국과 대부분의 나라에서 모든 제빵업자는 티아민이 강화된 밀을 사용하는 것이 법제화되어 있어서 오늘날 각기병은 흔치 않게 되었다.

시트르산회로, 글리옥실산회로 및 5탄당인산경로

앞 장에서 글루코오스를 비롯한 단당류가 산화적으로 분해되어 피루브산(pyruvate)이 되는 해당과정(glycolysis)의 보편적 경로를 살펴보았다. 해당과정의 순반응은 글루코오스 한 분자에 대하여 두 분자의 피루브산, 두 분자의 ATP, 두 분자의 NADH가 생성되는 것임을 알 수 있다. 두 분자의 ATP 내 인산무수결합에 수집된 에너지는 글루코오스가 가지는 위치에너지의 7% 정도에 불과하다. 그러나 비교적 단순한 혐기성 생물체이기는 하지만 어떤 생물체는 이러한 낮은 수율에도 불구하고 문제없이 살아가고 있다. 이러한 생물체의 유일한 문제는 발효에 의해 생성된 NADH를 산화하여 해당과정이 지속되게 하는 것이다. 진화의 초기 단계에서는 대기 중에 산소가 아직 존재하지 않아서 모든 생물체는 이러한 에너지의 제약이 있었다. 그러나 혐기성 물질대사는 에너지 면에서 비효율적이라고 할 수 있는데, 탄수화물 에너지의 약 90%를 흘려버리며 생물체 내에서 더 복잡한 생화학적 발전을 제약하고 있기 때문이다. 산소를 이용할 수 있는 세포 기구가 진화에 의해 발전되었고 이로 인해 음식물의 에너지를

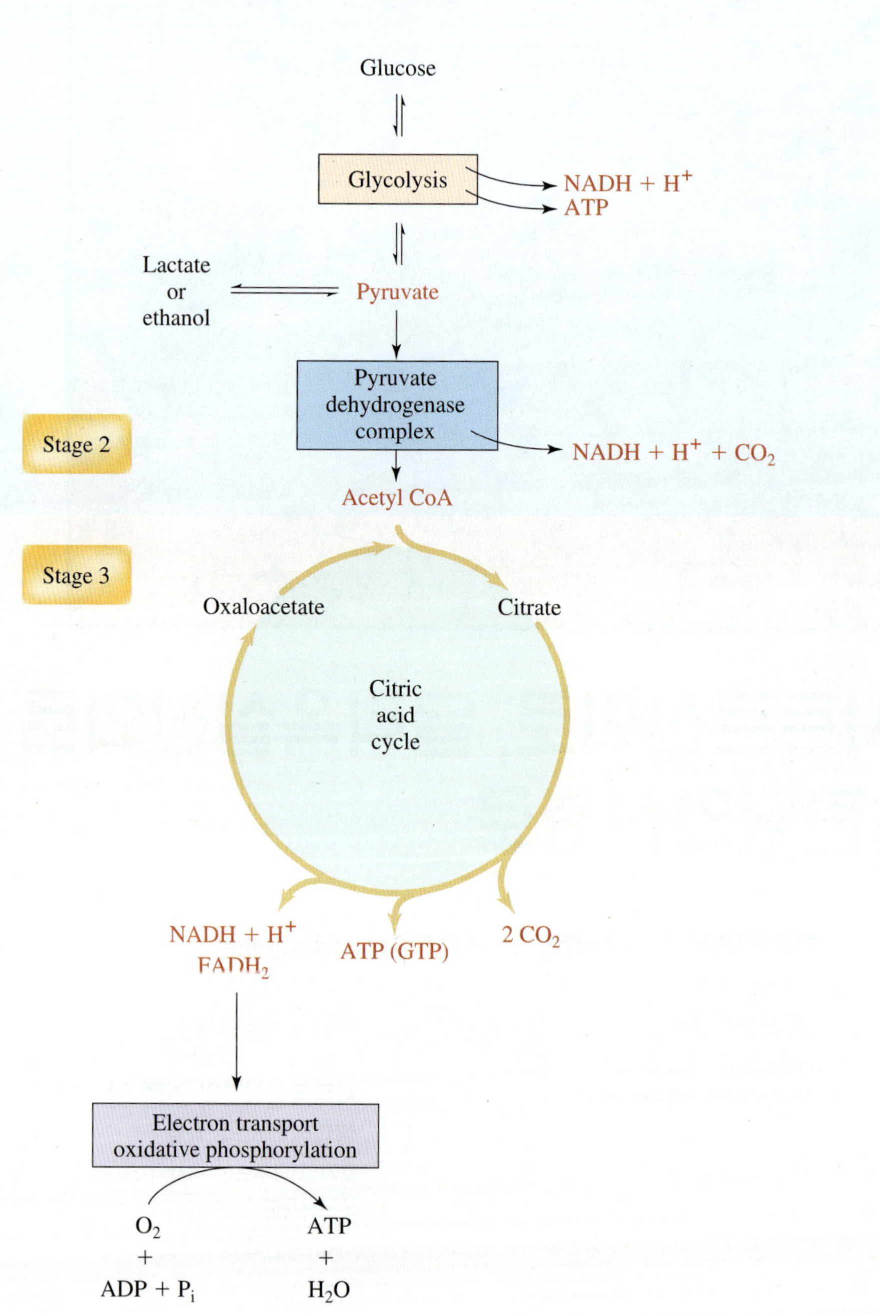

그림 16.1 물질대사에서 피루브산탈수소효소복합체(pyruvate dehydrogenase complex)와 시트르산회로(citric acid cycle)의 위치. 이들은 해당과정과 산소 사용(호흡)과 연결된 산화적 인산화 단계를 연결하는 역할을 한다. 해당과정(glycolysis)의 생산물인 피루브산(pyruvate)은 호기성 조건에서 아세틸-CoA로 전환되어 시트르산회로로 들어간다. 시트르산회로의 중요한 생산물은 ATP(또는 GTP)와 환원형 보조인자인 NADH와 $FADH_2$를 포함한다.

더 효율적으로 이용할 수 있는 새로운 대사경로의 길이 열리게 되었다.

산화제로서의 산소 해당과정은 글루코오스가 산소성 물질대사로 진입하기 위한 예비 단계라고 설명하였다. 산소가 전자의 최종 수용체로서 존재할 때 해당과정의 생성물인 피루브산은 물질대사의 3 단계로 진입하여 이산화탄소와 물로 완전히 산화된다(그림 14.6과 그림 16.1 참조). 16장은 피루브산의 탄소 골격이 이산화탄소로 호기성 산화되는 과정에 초점을 맞출 것이다. 호기성 물질대사는 대개 미토콘드리아(mitochondria)에서 일어난다. 이러한 과정은 **피루브산탈수소효소복합체(pyruvate dehydrogenase complex)**라는 효소로 시작되는데, 이 효소는 피루브산을 아세틸-CoA(acetyl-CoA)로 전환시켜서 해당과정과 호기성 대사 사이의 다리 역할을 한다. 그 후 호기성 물질대사의 중심이며 보편적 경로인 **시트르산회로(citric acid cycle)**를 거치게 되는데 이 과정은 아세틸-CoA를 이산화탄소로 산화시키면서 고에너지의 NADH와 $FADH_2$를 생산한다. 17장에서는 시트르산회로를 통해 생성된 환원형 보조인자(reduced cofactor)들이 전자를 산소에 전달하는 과정에서 산화적 인산화에 의하여 ATP를 생성하는 것을 볼 수 있다.

시트르산회로의 주 역할은 이화작용이지만 이 대사의 중간산물들은 아미노산, 뉴클레오티드염기, 포르피린(porphyrin)의 합성과 같은 동화작용(anabolism)에 대한 중요한 전구체로서도 사용된다. 여기서 우리는 물질대사 과정의 엄격한 협조(coordination)와 조절(regulation)을 강조할 것이다. 이러한 협조와 조절에 의해 세포의 경제성, 반응 과정에서 대사물질의 적절한 흐름, 동화작용과 이화작용의 올바른 균형이 확보된다.

시트르산회로는 모든 호기성 생물체에 존재하나, 어떤 생물체(식물과 일부 미생물)에서는 **글리옥실산회로(glyoxylate cycle)**라고 부르는 경로가 첨가되며 변형되어 있다. 글리옥실산회로를 통해 아세트산(acetate)이 생합성을 위한 에너지원과 탄소원으로 사용될 수 있다. 식물과 일부 미생물은 글리옥실산회로를 이용하여 아세트산으로부터 탄수화물을 합성할 수 있는데 이것은 동물에서는 불가능한 대사적 전환이다.

이 장은 동물에서 글루코오스 산화의 보조 경로인 **5탄당인산경로(pentose phosphate path-way)**로 마감된다. 이러한 특수한 경로의 생물학적 역할은 환원형의 반응성 보조인자인 NADPH와 중요한 합성 중간산물인 리보오스-5-인산(ribose-5-phosphate)을 생성하는 것이다.

16.1 피루브산탈수소효소복합체

학습 목표

호기성 대사에서 미토콘드리아의 역할 및 피루브산이 아세틸-CoA로 전환되는 화학적 단계를 이해한다.

해당과정의 생성물인 피루브산은 교차점에 있는 분자라고 기술되어 왔다. 즉 피루브산은 물질대사에 있어서 몇 개의 경로 중 하나를 선택할 수 있다(그림 16.1 참조). 그 중 두 가지는 유산발효와 에탄올발효이며 15장에서 상세히 다루었고, 또 다른 경로인 호기성 대사 과정으로의 진입은 짤막히 언급하였다. 여기서는 호기성 세포에서 일어나는 피루브산의 산화에 대하여 상세히 다룰 것이다. 그 전에 피루브산과 호기성 대사가 일어나는 장소에 대하여 설명하고자 한다. 해당과정 및 글루코오스신생합성에 관여하는 대부분의 효소들은 세포질에 존재한다. 피루브산의 지속적 산화를 통한 에너지 생산은 호기성 물질대사를 위하여 특수화된 세포소기관인 **미토콘드리아(mitochondria)**에서 이루어진다(그림 16.2).

피루브산과 미토콘드리아

미토콘드리아는 거의 모든 진핵세포에 존재하며 종종 "세포의 발전소"라고 불린다. 미토콘드리아는 광영양생물(빛을 에너지원으로 사용함)의 세포에도 존재하며 이화작용을 통하여 ATP를 생산한다. 우리는 세포의 구조에서 미토콘드리아를 공부한 적이 있다(그림 1.11 참조). 평균 직경이 0.5~1 μm이고 길이는 10 μm이며, 크기는 핵이나 엽록체보다 작다. 어떤 세포는 1000개 이상의 미토콘드리아를 갖는다. 고

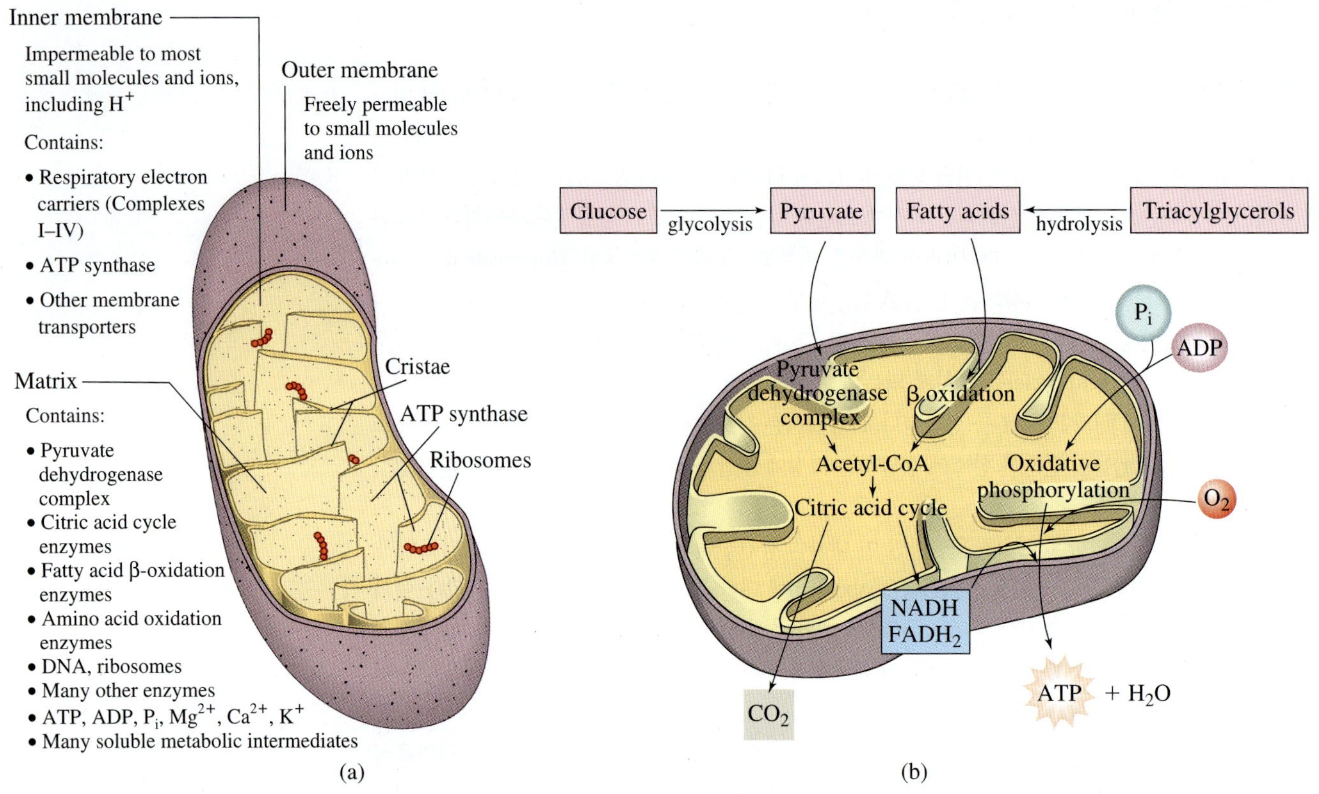

그림 16.2 물질 수송에 있어서 서로 다른 특성을 가지는 이중막의 미토콘드리아 구조. 호기성 물질대사의 반응과정은 미토콘드리아의 내막과 기질에 존재한다. (a) 미토콘드리아의 중요한 생물학적 과정과 그 위치, (b) 미토콘드리아가 어떻게 에너지 대사와 관여하는지를 나타낸 그림. 지방과 탄수화물(글루코오스)은 이산화탄소와 물로 전환되고 ATP의 형태로 에너지를 생성한다. 산화적 인산화는 전자전달과 ATP 합성으로 구성된다.

등동물의 근육세포는 ATP 요구량이 많아서 많은 수의 미토콘드리아를 가지고 있다. 미토콘드리아의 구조와 기능은 생물학자 및 생화학자들에 의해 150년 동안 연구되어 왔다. 산화적 반응 및 산소 대사에서의 미토콘드리아의 역할은 1913년 독일의 바르부르크(Otto Warburg)에 의해 세포와 조직의 추출물을 이용하여 처음 연구되었다. 다른 세포소기관과는 분리된 온전한 미토콘드리아는 1948년 미국의 레닌저(Albert Lehninger)와 케네디(Eugene Kennedy)에 의해 처음 연구되었다. 그들은 미토콘드리아가 시트르산회로와 호흡(산소의 흡수, 전자전달 및 ATP 합성)의 생화학적 기구를 가지고 있다는 것을 보여주었다.

미토콘드리아의 형태적 특징은 두 개의 막 구조에 의해 형성된 내부 구획이 있다는 점이다. 외막(outer membrane)은 대부분의 작은 대사물질이 통과할 수 있으나 내막(inner membrane)을 통한 수송은 막내재성 단백질에 의해 특별히 조절된다(9.1절). 두 막 사이의 지역을 막간 공간(intermembrane space)이라고 한다. 고도로 접혀져 있는 내막을 경계로 하여 그 내부의 액체성 공간을 **미토콘드리아 기질(mitochondrial matrix)**이라고 한다. 기질은 젤라틴 같은 점성을 가지며, 피루브산탈수소효소복합체, 시트르산회로 및 전자전달계 등을 포함하여 피루브산의 계속적 대사에 관여하는 효소들이 존재한다(17장 참조). 호기성 물질대사에 작용하는 효소와 단백질들은 겔과 같은 미토콘드리아 기질에 용해되어 있거나 내막에 결합되어 있어서 **메타볼론(metabolon)**이라는 기능적 단위를 이루고 있다(14.1절 참조). 이와 같은 배열은 기질과 생성물이 한 효소에서 다음 효소로 효율적으로 이동하는 것을 촉진한다(**기질 통로흐름, substrate channeling**). 피루브산을 비롯한 세포질의 대사물질이 호기성 대사를 계속하기 위해서는 세포질로부터 두 개의 미토콘드리아 막을 통과하여 기질로 들어가야 한다. 피루브산은 극성인

이온이므로 비교적 극성인 외막을 통해 확산될 수는 있으나, 내막은 단순확산에 의해서는 통과할 수 없다. 따라서 피루브산은 **피루브산자리옮김효소(pyruvate translocase)**에 의해 운반되는데 이 효소는 피루브산과 히드록시드 이온을 역수송(antiport)의 형태로 교환하는 일종의 투과효소(permease)이다(9.6절 참조). 막 양쪽의 전하를 맞추기 위해 피루브산 한 분자가 막 안쪽으로 들어갈 때 마다 히드록시드 이온 하나가 바깥으로 나온다.

피루브산의 산화

피루브산이 미토콘드리아의 막을 통과하여 기질에 들어오면 이제 여기서 호기성 물질대사를 계속할 수 있게 된다. 호기성 물질대사의 중심 경로인 시트르산회로로 들어가기 전에 피루브산의 탄소 골격은 세 가지 화학적 변형을 거쳐야 한다.

1. 탈카르복실화(decarboxylation)에 의한 이산화탄소의 소실
2. C2의 케토기가 카르복실기로 산화됨
3. 티오에스테르결합(thioester bond)을 통하여 조효소A(coenzyme A)와 연결되어 활성화됨

이러한 변화는 매우 복잡한 과정으로서 세 가지의 효소, 다섯 가지의 조효소, 그리고 다섯 가지의 화학반응을 필요로 한다. 피루브산이 아세틸-CoA로 산화되는 것을 담당하는 효소 복합체는 **피루브산탈수소효소복합체(pyruvate dehydrogenase complex)**라고 불리며, 전형적인 **다효소복합체(multienzyme complex)**이다(14.1절). 이 효소 복합체에 의해 촉매되는 전체 반응은 다음과 같이 요약된다.

$$\underset{\text{Pyruvate}}{\mathrm{CH_3{-}C({=}O){-}COO^-}} + \mathrm{CoASH} + \mathrm{NAD^+} \xrightarrow[\text{pyruvate dehydrogenase complex } (E_1 + E_2 + E_3)]{\text{TPP, lipoamide, FAD}} \underset{\text{Acetyl-CoA}}{\mathrm{CH_3{-}C({=}O){-}SCoA}} + \mathrm{NADH} + \mathrm{H^+} + \mathrm{CO_2}$$

복합체를 이루는 세 가지 효소 E_1, E_2, E_3의 공식적인 이름 및 각 효소와 관련된 보조인자를 표 16.1에 정리하였다. 보조인자 중 세 가지는 효소와 공유결합으로 연결되어 있는 보결분자단으로 존재한다.

표 16.1
피루브산탈수소효소복합체의 효소와 보조인자

Enzyme	Abbreviation	Coenzyme
Pyruvate dehydrogenase	E_1	Thiamine pyrophosphate (TPP)
Dihydrolipoyl transacetylase	E_2	Lipoamide, coenzyme A (CoASH)
Dihydrolipoyl dehydrogenase	E_3	Flavin adenine dinucleotide (FAD), nicotinamide adenine dinucleotide (NAD^+)

피루브산탈수소효소복합체의 작용

그림 16.3은 피루브산탈수소효소복합체가 작용하는 방식의 개요를 보여준다. 전체적인 단계는 촉매작용을 하는 회로로 구성되어 있다. 회로에 들어가는 것은 피루브산, NAD^+ 및 **조효소A(CoASH)**이며, 회로에서 나오는 것은 아세틸-CoA, NADH 및 이산화탄소이다. 세 가지 효소는 연관된 보결분자단과 함께 하나의 복합체로서 작용한다. 피루브산으로부터 형성된 중간대사물질들이 한 효소의 촉매작용이 끝나고 직접 다음 효소로 이동하는 것으로 보면 이해하는 데 도움이 될 것이다(기질 통로흐름).

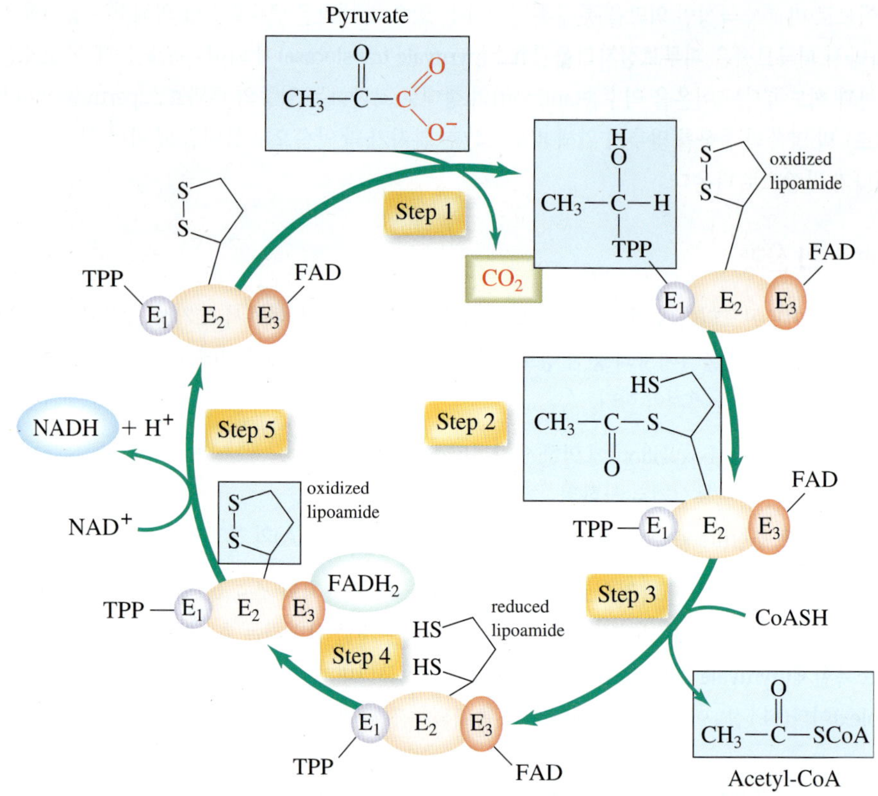

그림 16.3 피루브산이 피루브산탈수소효소복합체에 의해 아세틸-CoA와 이산화탄소로 산화되는 단계. 효소들은(E_1, E_2, E_3) 각 보결분자단과 연결되어 있다. E_1 = 피루브산탈수소효소(pyruvate dehydrogenase); E_2 = 디히드로리포일아세틸기전달효소(dihydrolipoyl transacetylase); E_3 = 디히드로리포일탈수소효소(dihydrolipoyl dehydrogenase)

1 단계 피루브산의 탈카르복실화반응으로서 피루브산탈수소효소(pyruvate dehydrogenase, E_1)에 의해 진행되며, 티아민피로인산(thiamine pyrophosphate, TPP)이 보조인자로 작용한다.(그림 16.4). 비타민인 티아민이 TPP 합성의 구성 성분으로 이용된다(표 6.1 참조). 일반적으로 TPP는 α-케토기의 탈카르복실화반응에 관여하는 효소를 보조한다. 에탄올발효에서 피루브산의 탈카르복실화반응에서 이와 유사한 반응을 이미 살펴보았다(15.3절 참조). 그 경우에는 유리된 아세트알데히드가 생성되었으나, 피루브산탈수소효소의 경우에는 C_2 생성물이 히드록시에틸(hydroxyethyl) 유도체로서 E_1에 결합되어 있다(그림 16.3).

acidic proton
reactive carbon atom

Thiamine pyrophosphate (TPP)

그림 16.4 탈카르복실화반응의 보조인자인 티아민피로인산(thiamine pyrophosphate, TPP)의 구조. 피루브산의 히드록시에틸기(hydroxyethyl group)는 반응성 탄소원자에 결합되어 있다. 반응성 탄소음이온은 산성 양성자의 해리에 의해 만들어진다.

2 단계 C_2 단위가 아세틸기의 형태로 **리포아미드(lipoamide)**에 전달되면서 산화된다. 리포아미드는 디히드로리포일아세틸기전달효소(dihydrolipoyl transacetylase, E_2)의 보결분자단이다. 리포아미드는 비타민인 리포산(lipoic acid)의 유도체이고, 가역적 환원에 의해 티올로 전환될 수 있는 이황화결합(산화 상태)을 가지고 있다(그림 16.5와 생화학 들여다보기 16-1). 따라서 리포아미드는 산화환원과 짝지어져 있는 아실기전달반응에 관여하는 보결분자단이다. C_2 단위인 아세틸기는 리포아미드의 —SH기 중 하나에 티오에스테르결합으로 연결된다.

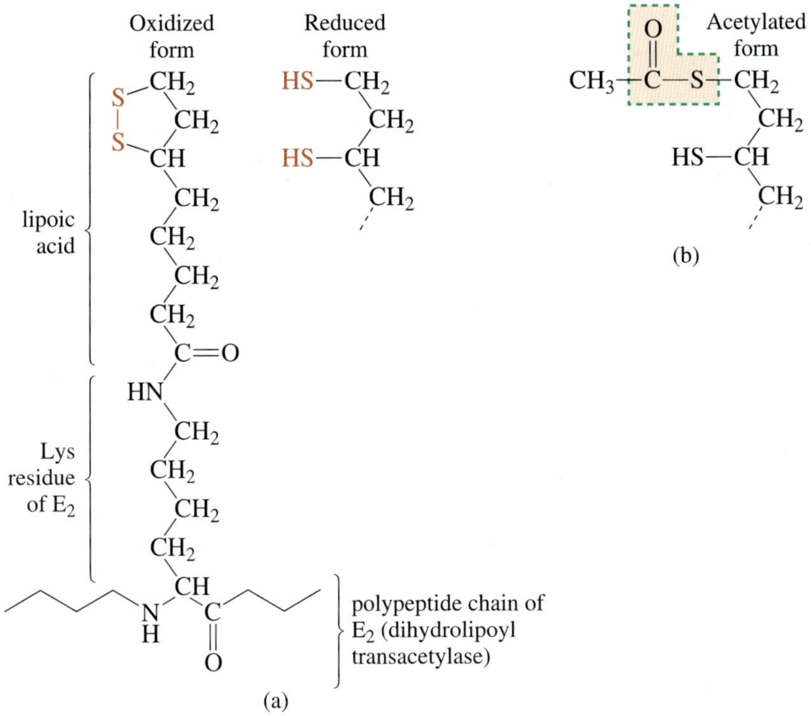

그림 16.5 (a) E_2-리포아미드(lipoamide) 복합체의 구조. 리포아미드의 황 원자의 산화환원을 보여준다. (b) 아세틸기와 리포아미드를 연결하는 티오에스테르결합.

3 단계 아세틸기를 E_2-리포아미드로부터 **조효소A(coenzyme A)**의 -SH기에 전달하여 또 다른 티오에스테르결합을 형성함으로써 최종 산물인 **아세틸-CoA(acetyl-CoA)**가 생성된다. 여기서 잠시 이 과정의 중요성에 대하여 설명하기로 한다. 조효소A(CoASH라고도 함. -SH는 반응성 술프히드릴기를 나타낸다)는 비타민인 판토텐산(pantothenic acid, 표 6.1과 그림 16.6 참조)을 포함하고 있는 복잡한 분자이다. CoASH는 아세틸기나 아실기를 운반하는 중요한 역할을 하는데, 이들은 —SH 기와 티오에스테르결합을 형성하여 활성화된다. 티오에스테르결합 $\left(\mathrm{-S-\overset{O}{\overset{\|}{C}}R}\right)$ 은 고에너지결합으로서, 피루브산의 산화에 의해 발생되는 에너지의 일부가 이 결합에 저장된다(생화학 들여다보기 14-2 참조). 이 에너지는 아세틸기가 물 등으로 전달될 때 방출될 수 있다.

$$\mathrm{CoAS-\overset{O}{\overset{\|}{C}}-CH_3 + H_2O \rightleftharpoons CoASH + CH_3COOH} \quad \Delta G^{\circ\prime} = -31.4 \text{ kJ/mol}$$

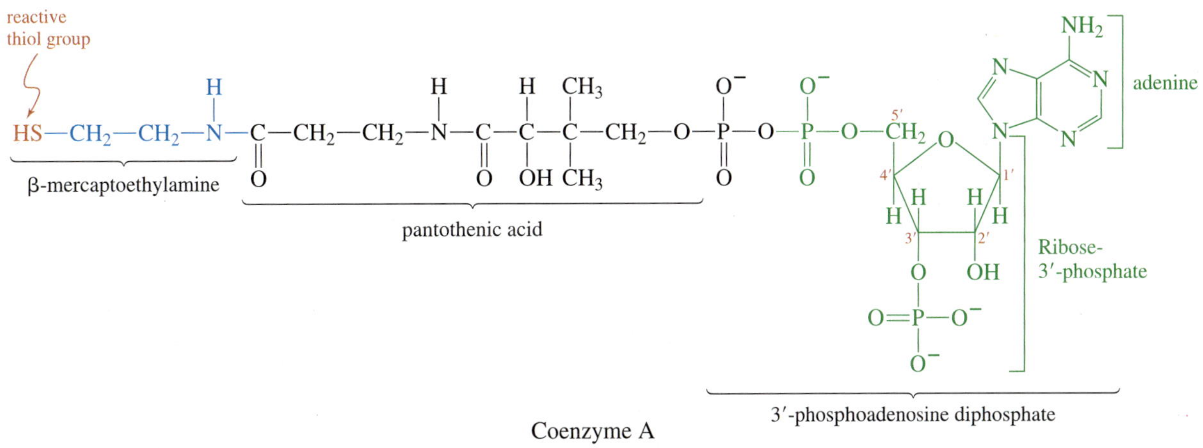

그림 16.6 조효소A(CoASH)의 구조이며 판토텐산(pantothenic acid)과 아실기의 활성화에 관여하는 활성 티올기(-SH)를 보여준다(붉은색 화살표).

이때 방출되는 에너지는 열역학적으로 불리한 반응을 진행하는 데에 사용될 수 있다. 지방산의 산화 및 아미노산과 콜레스테롤의 합성과 같은 여러 대사 과정에서 CoASH가 아실기의 운반체로 사용되는 것을 볼 수 있을 것이다. CoASH와 결합하여 활성화되는 가장 흔한 아실기는 아세틸기 $\left(-\overset{O}{\overset{\|}{C}}CH_3\right)$, 말로닐기 (malonyl, $\left(-\overset{O}{\overset{\|}{C}}CH_2CO_2^-\right)$), 숙시닐기(succinyl, $\left(-\overset{O}{\overset{\|}{C}}CH_2CH_2CO_2^-\right)$) 또는 여러 가지길이의 탄화수소 R을 가진 아실기(acyl, $\left(-\overset{O}{\overset{\|}{C}}R\right)$)이다.

복습 문제

1. 아래 중간대사물질들은 피루브산탈수소효소복합체에 의해 피루브산이 아세틸-CoA로 전환되는 데에 관여한다. 어떻게 피루브산의 두 개의 탄소가 아세틸-CoA의 아세틸기로 되는지를 설명하기 위해 중간체를 순서대로 배열하시오.

a. $CH_3-\overset{OH}{\underset{H}{C}}-$

b. $CH_3-\overset{O}{\overset{\|}{C}}-COO^-$

c. $CH_3-\overset{O}{\overset{\|}{C}}-SCoA$

d. $CH_3-\overset{O}{\overset{\|}{C}}-$

4 단계와 5 단계 다시 피루브산 산화의 세부적인 사항을 보면, 앞의 반응(그림 16.3의 3 단계)에서 피루브산의 탈카르복실화 및 CoASH와의 연결에 의해 형성된 아세틸-CoA가 방출되었다. 이제 피루브산이 아세틸-CoA로 변형되어 시트르산회로에 들어갈 수 있는 단계가 되었으나 피루브산탈수소효소복합체 회로는 아직 완성되지 않았다. 효소 복합체는 원래의 화학적 형태로 돌아와서 더 많은 피루브산이 산화될 수 있도록 하여야 한다. 먼저 리포아미드의 티올기(thiol group)가 산화되어야 한다. 두 단계의 산화환원반응(그림 16.3과 16.5의 4 단계와 5 단계)에서 2개의 전자와 2개의 양성자가 환원된 E_2-리포아미드에서 E_3-FAD로 전달되고 최종적으로 NAD^+로 전달된다. 디히드로리포일탈수소효소(dihydrolipoyl dehydrogenase, E_3)는 이러한 산화환원 단계를 촉매한다. 이 효소의 보결분자단인 FAD(플라빈아데닌디뉴클레오티드, flavin adenine dinucleotide)는 NAD^+와 생물학적 기능이 유사하다. FAD는 비타민인 리보플라빈(riboflavin)에서 유래하며, NAD^+는 비타민인 니아신(niacin)에서 유래한다(표 6.1). FAD와 NAD^+는 모두 산화환원반응에 관여하는 보조인자이므로 산화 형태와 환원 형태가 있다. 피루브산탈수소효소복합체에서 FAD는 전자가 리포아미드에서 NAD^+로 흘러가는 도관으로 작용한다.

NAD^+, NADH, FAD 및 $FADH_2$의 구조는 그림 16.7에 있다. 이들의 생화학적 기능은 유사하나, 작용에 있어서는 각각 독특한 특성을 가지고 있다. 산화환원반응에서 NAD^+와 FAD는 모두 2개의 전자와 수소를 주고받으니, 각 작용 메커니즘은 서로 다르다. NAD^+는 산화형인 NAD^+와 2개의 전자와 하나의 수소를 가지는 환원형인 NADH의 두 형태로 존재한다. 산화형은 탈수소효소의 기질로부터 전자를 받는다.

$$NAD^+ + RCH_2OH \xrightleftharpoons[]{\text{alcohol dehydrogenase}} NADH + H^+ + RC\overset{\displaystyle O}{\underset{\displaystyle H}{\lessgtr}}$$

알코올로부터 NAD^+로의 외견상 두 전자의 교환은 H^-와 같은 수소음이온(hydride ion)과 양성자 H^+의 전달이 관여하는 것으로 보인다. NAD^+는 환원되어 NADH가 된다. 기질에서 나온 양성자는 용매로 방출된다. 환원된 생성물은 H^-와 H^+를 표시하기 위해 NADH + H^+로 표기한다. 역반응에서 NADH는 환

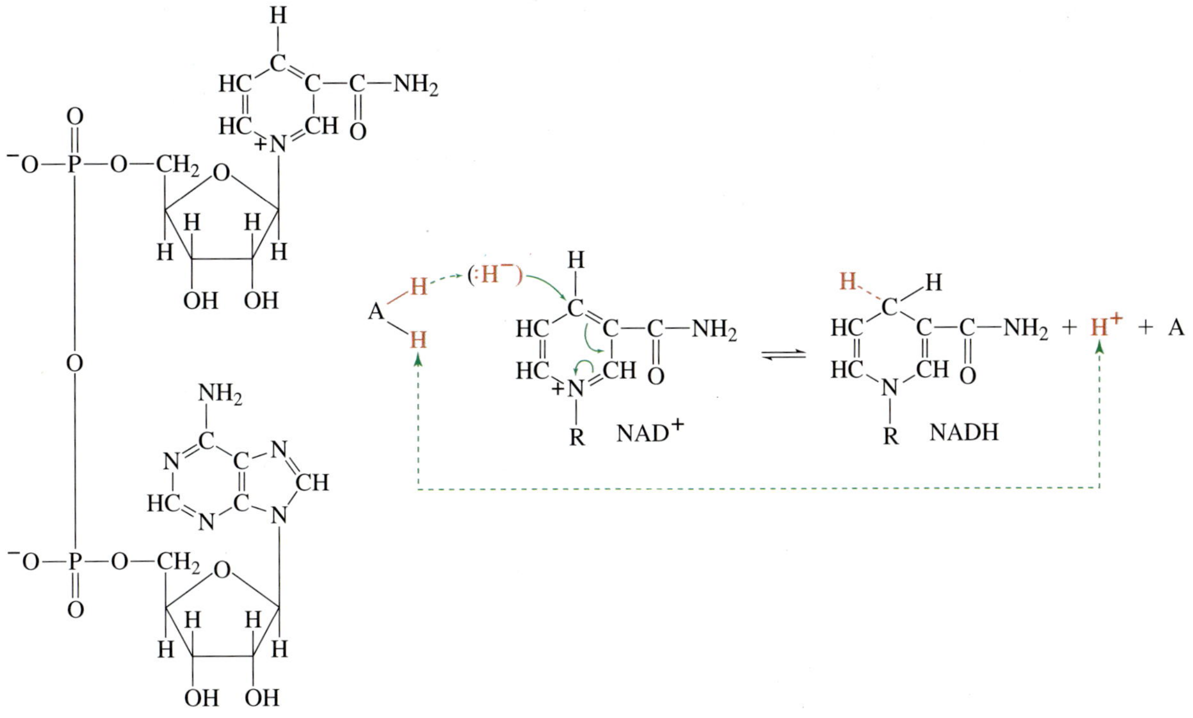

Nicotinamide adenine dinucleotide (NAD^+)

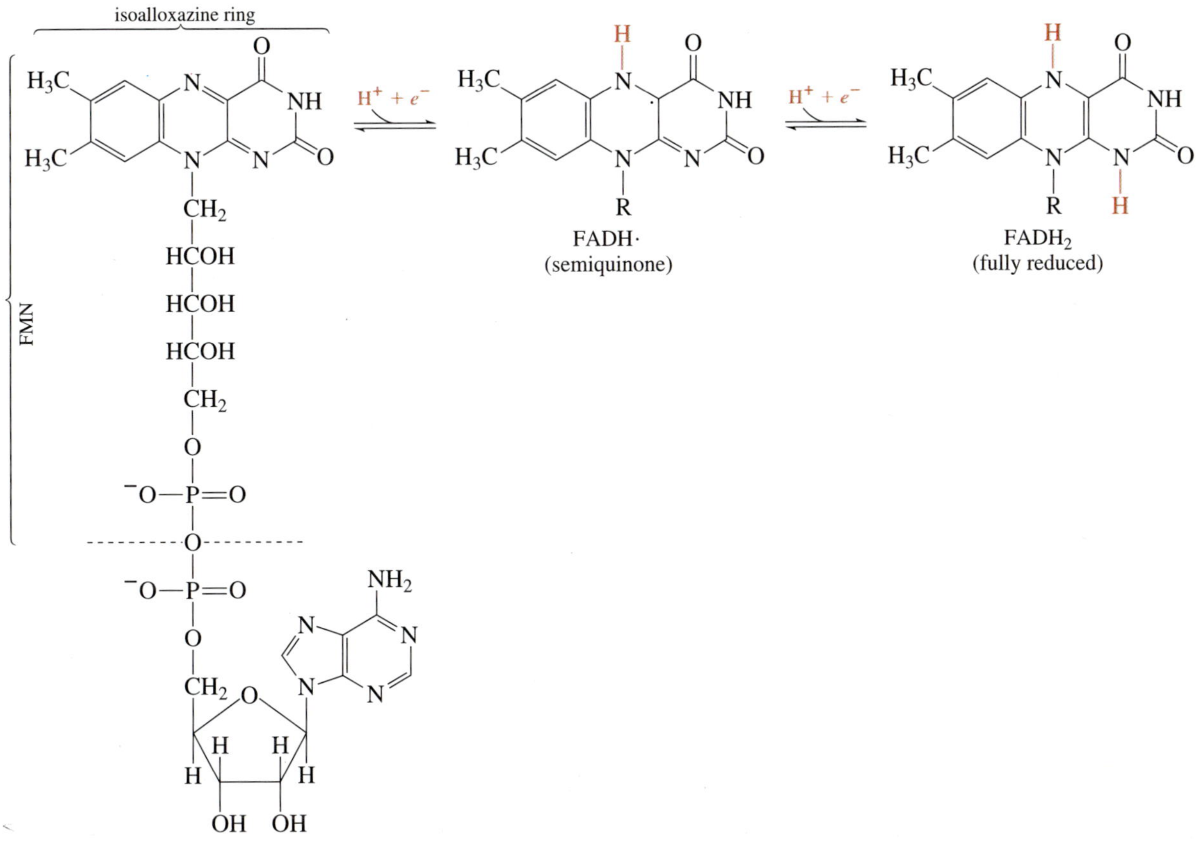

NAD^+

NADH

isoalloxazine ring

FMN

$FADH\cdot$
(semiquinone)

$FADH_2$
(fully reduced)

Flavin adenine dinucleotide (FAD)

그림 16.7 산화환원 조효소인 NAD^+, NADH, FAD 및 $FADH_2$의 구조. 산화형(NAD^+, FAD)은 기질로부터 2개의 전자와 2개의 양성자를 얻는다. 산화반응의 경로는 NAD^+와 FAD의 경우가 다르다는 것을 주목하라. AH_2는 기질의 환원형이며 NAD^+에 의해 A로 산화된다.

원제로 작용한다. 수소음이온은 NADH로부터 기질의 카르보닐기로 전달된다. 양성자가 용매로부터 공급되어 생성된 산소음이온(oxyanion)을 중화시킨다. NAD^+는 대개 알코올이나 알데히드 및 케톤의 산화환원반응에 한정되어 작용한다. NAD^+-연관 탈수소효소의 기질은 글리세르알데히드-3-인산, 피루브산, 락트산, 에탄올, 이소시트르산, α-케토글루타르산, 말산 등이다.

NAD^+와 마찬가지로 FAD는 산화형(FAD)과 2개의 전자와 수소를 받은 환원형($FADH_2$)으로 존재할 수 있다. FAD는 기질로부터 2개의 전자와 2개의 수소를 받는다.

$$\text{FAD} + \text{R}-\text{CH}_2-\text{CH}_2-\text{R}' \xrightleftharpoons{\text{dehydrogenase}} \text{(R)(H)C}=\text{C(H)(R}') + \text{FADH}_2$$

NAD^+의 환원과는 대조적으로 2개의 수소가 모두 FAD로 전달되어 $FADH_2$를 생성한다. FAD는 한 개의 전자와 수소만을 받는 방식을 사용할 수도 있으며, 이에 의해 세미퀴논(semiquinone)형이라 불리는 FAD 자유라디칼을 생성한다.

복습 문제

1. 피루브산탈수소효소복합체의 촉매반응의 각 단계에서 일어나는 화학 반응의 종류를 말하시오(그림 16.3 참조). 산화환원반응, 탈카르복실화, 아세틸기전달반응 중에서 고르시오. 어떤 것은 두 가지 이상의 반응이 될 수도 있다. 5 단계에 대한 답이 예로 나와 있다.

   1 단계
   2 단계
   3 단계
   4 단계
   5 단계 산화환원반응

피루브산탈수소효소복합체의 요약

복합체에 의한 순반응 그림 16.3의 다섯 단계를 지나면 피루브산탈수소효소는 촉매활성을 회복하여, 산화적 탈카르복실화 과정을 거치기 위한 다음 피루브산 분자를 받아들일 준비가 되어 있다. 다섯 개의 반응은 다효소복합체에 의해 협조적으로 작용한다. 효소 복합체의 세 효소와 그 보조인자는 반응의 중간산물이 한 효소의 활성부위에서 다른 효소로 직접 전달될 수 있도록 물리적인 위치를 잡고 있다. 전 과정에 걸쳐 반응의 중간산물은 복합체의 표면에 결합되어 있어서 용액으로 방출되지 않는 것으로 여겨진다. 다효소복합체는 종종 어려운 화학적 변형을 경제적이고 효율적이며 신속하게 진행하면서도 불필요한 부산물이 없게 만든다.

피루브산탈수소효소복합체에 의한 피루브산 산화의 순반응은 다음과 같이 비교적 간단하다.

$$\text{피루브산} + \text{CoASH} + \text{NAD}^+ \longrightarrow \text{아세틸-CoA} + \text{NADH} + \text{H}^+ + \text{CO}_2$$

피루브산을 활성화된 형태로 변형시켜서 호기성 물질대사로 직접 들어갈 수 있게 한다는 목적은 완수되었다. 이 과정에서 에너지로 충전된 아세틸기(아세틸-CoA)와 NADH 형태의 환원력이 생성되었다.

피루브산탈수소효소와 인체건강 피루브산탈수소효소의 작용에 필요한 모든 구성원이 없이는 호기

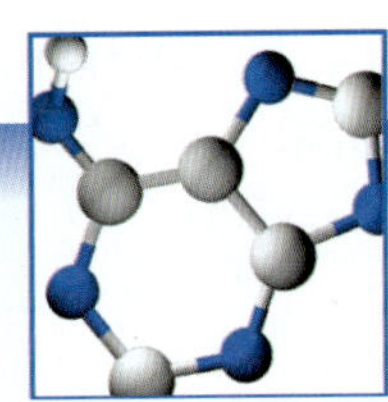

16 - 1

생화학 들여다보기

리포산 – 보편적 항산화제

조효소인 **α-리포산(α-lipoic acid)**은 **리포아미드(lipoamide)** 보결분자단으로서 작용하며 산화환원반응과 짝지어진 아실기전달반응에 관여한다(예, 피루브산탈수소효소복합체). 리포산은 1951년에 처음으로 분리되어 그 특성이 규명되었는데 이 연구에서는 30 mg의 리포산을 정제하기 위해 10톤의 간이 필요했다. 리포산은 처음에는 비타민으로 알려졌으나 새로운 연구에 의해 우리 세포가 리포산을 매우 소량이나마 합성할 수 있다는 것이 밝혀졌다. 새로운 연구는 리포산의 추가적인 생화학적 기능을 밝혔다. 새로운 기능이란 (1) **항산화제(antioxidant)**로서의 역할과 (2) 금속이온과 킬레이트 화합물을 형성하는 역할이다. 리포산은 세포에 해를 주는 항산화에 대하여 비타민C 나 비타민E와 같은 잘 알려진 산화제보다 강력한 항산화 작용을 하므로 종종 "보편적 항산화제(universal antioxidant)"라고 불린다. 더구나, 리포산은 **산화환원회로(redox cycle)**라는 과정을 거쳐 이러한 비타민들을 활성이 있는 형태로 재생산한다.

항산화제로서 리포산이 가진 또 다른 장점은 지방조직과 수용성 조직 모두에 용해된다는 것이다. 비타민C는 수용성 조직에만 용해되고 비타민E는 지방조직(예를 들어 신경조직)에만 용해가 가능하다. 항산화제는 세포 물질이 산화적으로 손상되는 것을 방지한다. 항산화제는 정상적인 생리적 상태에서 산소와 과산화수소로부터 발생되는 활성 라디칼(reactive radical)을 산화환원반응을 이용하여 중화시킨다. 이러한 라디칼을 **활성산소종(reactive oxygen species, ROS)**이라고 하는데 과산화물(superoxide, $O_2^- \cdot$), 히드록실(hydroxyl, OH·), 과산화수소(hydroperoxy, HOO·), 과산화질소(peroxynitrite, $OONO^-$, 산화질소 NO와 과산화물의 반응에 의하여 생성됨)등이 있다. ROS는 특히 생체막의 불포화지방산이 화학적으로 변형되는 지방의 과산화반응(peroxidation)에 관여한다(8장과 9장 참조).

리포산은 금속이온의 킬레이터(chelator)로서도 작용할 수도 있다. 리포산은 구리, 철, 아연, 카드뮴, 수은 등의 이온과 결합할 수 있다. 산화적 스트레스를 받으면 산화적 손상을 초래할 수 있는 금속이온들, 특히 철 이온이 단백질로부터 방출되고 리포산의 산화환원반응에 의해 해독되는 것으로 짐작된다.

리포산의 가질 수 있는 장점들 중 일부는 임상 시험 중이다. 리포산은 당뇨병, 백내장, 녹내장, 중금속 중독 등의 치료제로서 시도되고 있다. 또한, 새로운 연구에 의하면 HIV의 역전사효소를 억제한다고 밝혀졌다. 인간세포는 대사적 역할을 하기에 충분한 리포산을 생산할 것으로 추측되나, 일부 영양학자들은 리포산이 항산화제와 금속이온의 킬레이터로서 작용하기 위해서는 식사 보조제로서 섭취를 추천한다. 자연형 리포산은 시금치, 간, 양조용 효모에 존재한다.

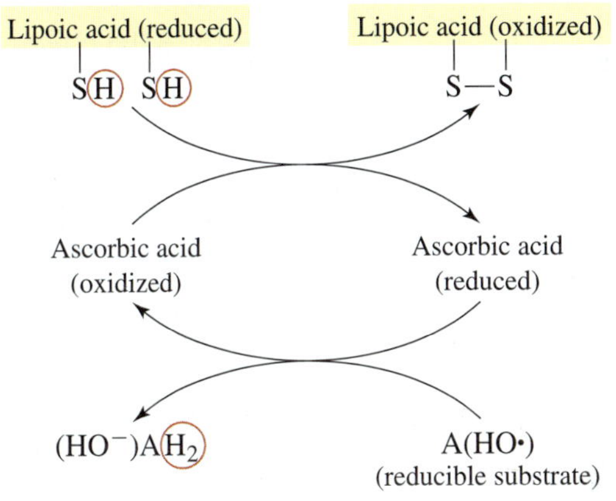

성 생명의 존재를 생각하기 어렵다. 실제로 음식에 TPP의 구성원인 티아민이 부족하면 각기병(beriberi)이 생긴다. 피루브산 대사 이상이 피루브산탈수소효소복합체의 단백질 단위체 유전자의 돌연변이에 의해 발생되는 것이 어린이에게서 관찰되었다. 피루브산 대사가 결여된 환자는 대개 피루브산, 알라닌과 락트산의 혈중 농도가 높다(락트산 산성혈액증, 임상생화학 15를 참조하라). 거의 모든 환자는 만성 진행성 뇌질환(뇌의 염증), 정신지체와 조기사망과 같은 심각한 신경병적 증상을 보인다.

피루브산 대사 이상은 심각한 결과를 가져오므로 의학적 치료가 즉시 연구되었다. 피루브산탈수소효소복합체는 호기성 대사와 에너지 생산의 문지기이므로 약물 요법의 논리적이며 매력적인 목표가 된다. 많은 주의를 끈 화합물은 디클로로아세트산(dichloroacetate, DCA)이다. DCA의 일반적 활성은 피루브산탈수소효소복합체의 조절에 영향을 끼침으로써 피루브산의 분해를 증가시키는 것이다(16.3절, 임상생화학 15와 16 참조). 현재 DCA는 락트산 산성혈액증, 당뇨병, 심장발작, MELAS 증후군, 피루브산 대사 이상과 헌팅턴무도병(Huntington's disease)을 포함한 에너지 대사 이상에 대한 치료로서 시험 중이다. 얼마간의 유망성이 관찰되기는 하였으나, 이제까지의 결과는 약간 실망스럽다.

16.2 시트르산회로

학습 목표
시트르산회로의 생물학적 역할을 알고 각 반응 단계의 화학을 이해한다.

1937년에 독일의 생화학자 한스 크렙스(Hans Krebs)는 호기성 물질대사의 중점적 경로는 여덟 개의 순환적 반응으로 구성되어 있다고 주장하였다. 크렙스는 세인트죠르즈(Albert Szent-Gyorgi), 눕(Franz Knöop)과 함께 수년간의 피루브산 대사의 생화학적 연구를 통해 반응의 순서를 제안하였다. 이 순환적 대사경로는 **시트르산회로(citric acid cycle)**, 크렙스회로(Krebs cycle), 트리카르복실산(tricarboxylic acid, TCA)회로와 같이 여러 가지 이름으로 불린다. 이 과정은 다음과 같은 두 가지 목적을 가지는 촉매 회로이다.

1. 피루브산이나 지방산으로부터 생성된 아세틸-CoA의 C_2 단위를 이산화탄소로 분해하여 ATP나 GTP의 형태로 에너지를 생성하고, NADH와 $FADH_2$의 형태로 환원력을 생성함
2. 아미노산, 포르피린 및 피리미딘이나 퓨린과 같은 뉴클레오티드염기의 합성 전구체를 공급함

여기에서 우리는 해당과정과 시트르산회로의 근본적인 차이를 강조할 필요가 있다. 해당과정은 직선형의 경로이며, 시트르산회로는 *순환적*으로 작용한다. 또한 해당과정의 효소는 세포질에 자리하고 있으나, 시트르산회로의 효소들은 1948년에 케네디(Eugene Kennedy)와 레닌저(Albert Lehninger)가 밝힌 것처럼 미토콘드리아의 기질에 위치하고 있다.

시트르산회로의 반응

시트르산회로의 일반적인 특징을 알았으므로 이제 대사경로의 화학적 세부 사항을 살펴보기로 하자. 그림 16.8은 회로의 반응과 함께 대사 중간산물, 효소 및 보조인자 등을 보여 준다. 회로를 살펴보면서 특히 해당과정 등의 탄수화물 대사와 비교할 것이다. 탄수화물 대사에 있어서 대부분의 중간산물은 인산화에 의해 활성화된다. 시트르산회로에서 활성화되는 중간산물은 거의 없으나 활성화되는 경우에는 CoASH와 티오에스테르결합으로 연결되어 활성화된다(아세틸-CoA나 숙시닐-CoA). 우리는 탄수화물 대사의 경우와 마찬가지로 시트르산회로에서도 여러 가지 반응 종류를 볼 것이다. 반응들의 반 정도가 기질의 산화와 관여하므로, 시트르산회로가 일반적인 이화작용의 과정으로서 중요하다는 것을 알 수 있다. 회로의 모든 중간산물들은 카르복실 이온의 형태로 존재하는 두 개 또는 세 개의 카르복실기(carboxyl group)를 가지고 있다. 숙시닐-CoA(succinyl-CoA)와 숙신산(succinic acid)을 제외한 모든 중간산물은 카르복실기 이외에 히드록실기, 이중결합이나 케토기와 같은 또 다른 작용기를 가지고 있다. 회로의 각 단계에는 이러한 다른 작용기의 화학적 변화가 관여된다. 두 개의 탈카르복실화 단계를 제외하고는 카르복실기는 그대로 유지된다.

시트르산회로의 반응들은 다음 여덟 단계에 요약되어 있으며, 반응의 효소, 보결분자단 및 반응의 종류는 표 16.2에 열거되어 있다.

1 단계 시트르산회로는 아세틸-CoA(acetyl-CoA)와 옥살로아세트산(oxaloacetate)의 결합으로 시작된다. 반응은 형식적으로는 C_4 산인 옥살로아세트산의 케토 이중결합에 아세틸기의 C_2 단위가 첨가되어 C_6 화합물인 시트르산(citric acid)을 생성한다. 이 효소의 일반적 이름은 **시트르산생성효소(citrate synthase)**이다. **생성효소(synthase)**는 무수인산결합의 분해에 의한 에너지의 사용이 없이 이중결합에 첨가반응이나 이중결합을 형성하는 제거반응을 촉매하는 효소를 말하고, **합성효소(synthetase)**는 ATP나 GTP의 에너지를 사용하여 첨가반응이나 제거반응을 촉매하는 효소를 말한다. 물은 반응의 중간산

표 16.2
시트르산회로의 반응

Reaction Number[a]	Reaction	Enzyme	Prosthetic Group	Reaction Type[b]
1	Acetyl-CoA + oxaloacetate + H_2O $\rightleftharpoons$ citrate + CoA	Citrate synthase		3,4
2	Citrate $\rightleftharpoons$ *cis*-aconitate $\rightleftharpoons$ isocitrate	Aconitase	Fe-S	4
3	Isocitrate + NAD^+ $\rightleftharpoons$ α-ketoglutarate + CO_2 + NADH + H^+	Isocitrate dehydrogenase		1,4
4	α-Ketoglutarate + NAD^+ + CoA $\rightleftharpoons$ succinyl-CoA + CO_2 + NADH + H^+	α-Ketoglutarate dehydrogenase complex	Lipoamide, FAD, TPP	1,4
5	Succinyl-CoA + P_i + ADP or GDP $\rightleftharpoons$ succinate + ATP or GTP + CoA	Succinyl-CoA synthetase		2
6	Succinate + FAD (enzyme bound) $\rightleftharpoons$ fumarate + $FADH_2$ (enzyme bound)	Succinate dehydrogenase	FAD, Fe-S	1
7	Fumarate + H_2O $\rightleftharpoons$ L-malate	Fumarase		4
8	L-Malate + NAD^+ $\rightleftharpoons$ oxaloacetate + NADH + H^+	Malate dehydrogenase		1

[a] The reaction numbers correspond to the steps in Figure 16.8.
[b] Reaction type: 1, oxidation-reduction; 2, phosphoryl group transfer; 3, hydrolysis; 4, nonhydrolytic cleavage (addition or elimination); 5, isomerization-rearrangement; 6, bond formation coupled to ATP cleavage.

물인 시트로일-CoA(citroyl-CoA)를 가수분해하는 중요한 역할을 한다.

2 단계 2 단계는 분명히 이성질화-재배치반응(isomerization-rearrangement)으로 여길 수 있다. 그러나 물의 제거에 의해 이중결합이 생성되고 이중결합에 물이 다시 부가되는 반응이 반응 메커니즘에 관여하므로 효소의 넷째 범주에 속하여 형식적인 효소의 분류는 **분해효소(lyase)**이다(표 14.2). 이 효소는 반응의 중간산물인 **아코니트산(aconitate)**의 이름을 따라서 아코니타아제(aconitase)라고 일반적으로 불리며, 철-황구조(iron-sulfur cluster)라는 독특한 보결분자단을 가지고 있다. 전체 회로에 있어서 2 단계의 목적은 불분명할 수 있다. 이 기회에 유기화학을 복습하여 보자. 시트르산회로는 다른 이화작용과 마찬가지로 산화적 과정이나, 시트르산은 3차 알코올 작용기를 가지고 있으므로 탄소-탄소 결합의 분해 없이는 산화될 수 없다. 시트르산이 이소시트르산(isocitrate)으로 이성질화되면 2차 알코올 작용기를 갖게 되어 탄소 골격의 산화가 가능해진다.

3 단계 시트르산의 재배치반응에 의해 생성된 이소시트르산이 산화되는 과정이다. 이소시트르산에 있는 히드록실기의 산화는 불안정한 중간산물을 형성하고 탈카르복실화에 의해 C_5 산인 α-케토글루타르산(α-ketoglutarate)을 생성한다. 이 반응의 효소는 **이소시트르산탈수소효소(isocitrate dehydrogenase)**로서 NAD^+를 전자수용체로 사용한다. NAD^+와 NADH는 기질의 히드록실기와 케토기 사이의 전환에 가장 많이 사용되는 보조인자이다.

4 단계 넷째 단계는 α-케토글루타르산이 산화되는 과정으로서 3 단계 보다 더 복잡하나, 이와 유사한 화학 반응을 이미 살펴본 바 있다. **α-케토글루타르산탈수소효소복합체(α-ketoglutarate dehydrogenase complex)**는 CoASH에 의해 활성화되는 아실기가 아세틸기 대신 C_4 단위의 숙시닐기(succinyl group)라는 것을 제외하고는 피루브산탈수소효소복합체와 동일한 화학적 특성을 가진다. α-케토글루타르산의 산화적 탈카르복실화는 5개의 화학적 단계와 3개의 효소 및 피루브산탈수소효소복합체의 경우와 동일한 보조인자를 필요로 한다. 이 단계의 목적은 α-케토글루타르산의 탈카르복실화에 의해 고에너지 화합물인 숙시닐-CoA로 에너지를 수거한다는 데에 있다.

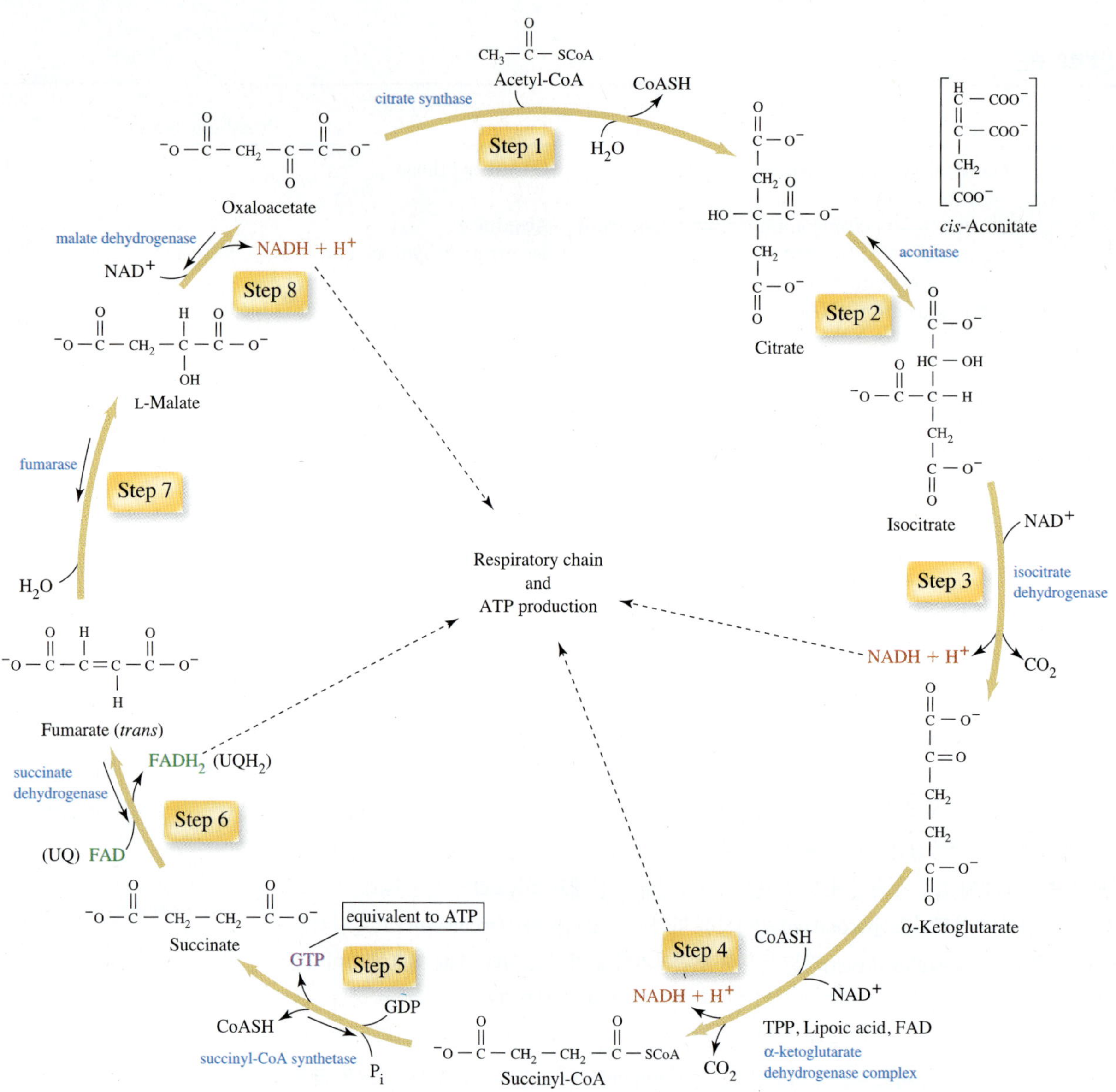

그림 16.8 표 16.2의 반응들에 해당하는 시트르산회로의 단계. 아세틸-CoA는 옥살로아세트산(oxaloacetate)과 결합하여 회로에 들어가서 시트르산을 생성한다. 아세틸-CoA의 두 탄소는 시트르산의 위의 탄소 2개를 공급하고 궁극적으로는 산화되어 이산화탄소로 방출된다. 시스아코니트산(*cis*-aconitate)은 아코니트산 수화효소 반응에 의해 형성되는 중간체이다. 회로의 중간체로부터 제거되는 전자는 NADH와 $FADH_2$를 생성하기 위해 사용된다. 환원된 보조효소는 호흡사슬에 의해 산화된다.

5 단계 숙시닐-CoA는 무수인산결합보다 더 높은 에너지(숙시닐-CoA의 가수분해반응의 $\Delta G°'$는 -36 kJ/mol이다)를 가지는 티오에스테르 화합물이다. 5 단계에서는 티오에스테르의 에너지가 ATP나 GTP의 형태로 전환된다. 고등동물은 **숙시닐-CoA합성효소(succinyl-CoA synthetase)**의 두 가지 동위 효소를 가지고 있다. 하나는 인산기 수용체로서 ADP를 선호하고, 다른 하나는 GDP를 선호한다. 식물과 미생물은 이 반응에서 오직 ATP만을 생성한다.

이 단계는 **기질수준인산화(substrate-level phosphorylation)**에 의해 ATP나 GTP가 생성되는 예이다(15.1절). 세포 내 대부분의 ATP는 **산화적 인산화(oxidative phosphorylation)**에 의해 생성된다. 즉 환원형 보조인자(NADH, $FADH_2$)가 산화되어 대사의 최종 전자수용체인 산소로 전자가 전달될 때 방출되는 에너지가 ADP + P_i $\rightleftharpoons$ ATP 반응을 일으킨다. 이러한 산화적 인산화는 기질의 산화와 **간접적으로** 연결되어 있어서, NADH와 $FADH_2$에 의해 전자가 수거된 후 호기성 물질대사의 마지막 단계에 일어난다(그림 14.7 참조). ADP나 GDP의 기질수준인산화는 기질이나 대사물질의 반응과 **직접적으로** 짝지어져 있다.

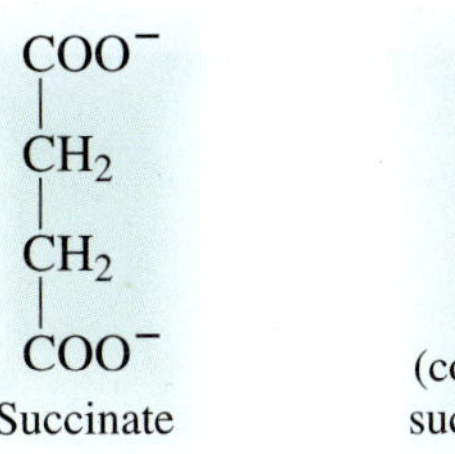

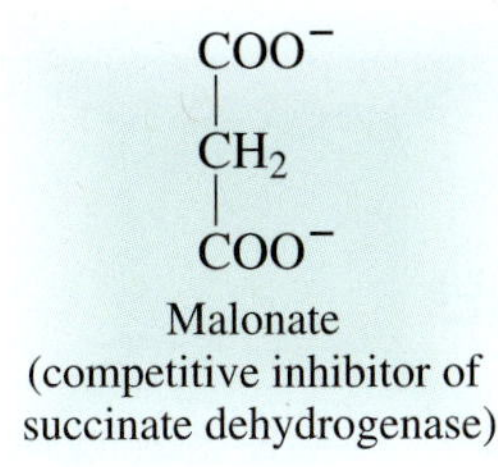

그림 16.9 천연 유기금속 화합물. (a) 포르피린 고리와 철을 포함하는 헴 분자 (b) 포르피린 고리와 마그네슘을 포함하는 엽록소 분자

6 단계 5 단계의 생성물인 숙신산(succinate)은 **숙신산탈수소효소(succinate dehydrogenase)**에 의해 푸마르산(fumarate)으로 산화된다. 숙신산탈수소효소는 FAD를 보결분자단으로 가지고 있으며(FAD가 아니고 유비퀴논이 최종 전자수용체라고 주장하는 사람도 있다. 연습 문제 16.33 참조), 아코니타아제와 유사한 철-황구조도 가지고 있다. 이 단계에서 처음으로 산화에 의한 탄소-탄소 이중결합의 형성을 보게 된다. 이와 같은 산화반응의 보조인자는 FAD이며, NAD^+는 대개 히드록실기와 케토기를 상호 전환시키는 산화환원반응에 일반적으로 사용된다. 말론산(malonate)은 숙신산과 구조가 유사하나 생물체에 매우 독성이 크다(그림 16.9). 말론산은 숙신산탈수소효소의 경쟁적 억제제로 작용하여 시트르산회로와 호기성 물질대사를 차단한다(5.4 참조).

7 단계 불포화성 디카르복실산인 푸마르산에 물이 첨가되는 반응이다. 이 반응을 촉매하는 **푸마르산수화효소(fumarate hydratase)**는 일반적으로 **푸마라아제(fumarase)**라고 불리며, 이중결합에 입체 특이적으로 물을 첨가하여 L-말산(L-malate) 입체이성질체만을 생성한다.

8 단계 마지막 단계는 L-말산에 있는 히드록실기의 산화에 의해 옥살로아세트산이 생성되는 것이다. 이 반응을 촉매하는 **말산탈수소효소(malate dehydrogenase)**는 조효소 NAD^+를 사용한다.

복습 문제

1. 다음은 시트르산회로의 중간산물들이다. 회로의 순서대로 적으시오.

숙신산	이소시트르산	아코니트산
시트르산	숙시닐-CoA	시트로일-CoA
말산	푸마르산	
옥살로아세트산	α-케토글루타르산	

시트르산회로의 요약

앞서 설명한 여덟 단계를 합하면 다음과 같은 시트르산회로의 순반응이 얻어진다.

$$\text{아세틸-CoA} + 3NAD^+ + FAD + ADP\ \text{또는}\ GDP + P_i + 2H_2O \longrightarrow 2CO_2 + 3NADH + 3H^+ + FADH_2 + ATP\ \text{또는}\ GTP + CoA$$

시트르산회로를 요약하면 다음과 같다.

1. C_2 단위인 아세트산이 아세틸-CoA의 형태로 회로에 들어가고, 두 개의 탄소가 서로 다른 반응에 의해 이산화탄소로 방출된다.
2. 3 분자의 NAD^+가 탈수소효소의 촉매작용에 의해 NADH로 환원된다.
3. 한 분자의 FAD가 $FADH_2$로 환원된다.
4. CoA 티오에스테르의 형태로 저장된 에너지는 ATP와 GTP의 무수인산결합으로 전환된다.

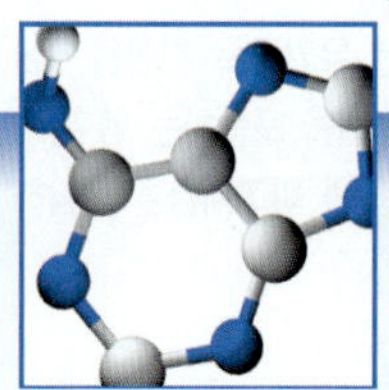

16 – 2

생화학 들여다보기

플루오르아세트산 – 시트르산회로의 차단

아코니타아제(aconitase)는 **플루오르아세트산(fluoroacetate, FA)**의 독성 작용의 목표물이다. 플루오르아세트산은 남미, 아프리카, 호주 등에서 자라고 있는 많은 식물에서 발견되는 천연물이며, 미국 서부 지역에서 발견되는 로코초(locoweed, 사진 참조)에 소량으로 포함되어 있다. 염 형태인 플루오르아세트산나트륨(sodium fluoroacetate)은 "화합물 1080"이라는 이름으로 팔리며, 코요테, 토끼, 여우 등을 제어하기 위해 전 세계의 목장주들이 사용한다. 대부분의 포유동물은 체중 1 kg당 2 mg 이하로서도 치명적으로 중독된다. 중독된 동물들은 처음에는 알코올 중독과 유사한 반응을 보이나, 경련을 일으킨 후 대개는 죽음에 이른다. 상업적 살상제인 화합물 1080의 사용과 독성 식물의 섭취는 독수리를 비롯한 멸종 직전의 동물들은 물론, 소나 말과 같은 가축들의 죽음을 초래한다.

플루오르아세트산 자체는 세포에 독성이 없다. 그러나 효소들이 이 화합물을 아세트산으로 여겨 정상적인 과정에 의해 독성이 강한 **플루오르시트르산(fluorocitrate)**으로 전환시킨다. 이와 같은 플루오르아세트산의 치명적 변형 때문에 종종 **자살기질(suicide substrate)**이라고 불린다.

플루오르아세트산은 독소로서 두 가지 생리적 작용이 있다. (1) 시트르산회로의 효소인 아코니타아제의 강력한 억제제로서의 작용과 (2) 미토콘드리아의 막을 통한 시트르산의 운반을 차단하는 것이다. 플루오르아세트산과 플루오르시트르산에 의한 중독은 심장, 신장 및 뇌에서 시트르산 농도가 증가되는 것이 특징이다.

$$\underset{\text{Fluoroacetate}}{\begin{matrix}COO^-\\ |\\ CH_2F\end{matrix}} \xrightarrow[\text{CoASH}]{\text{acetyl-CoA synthase}} \underset{\text{Fluoroacetyl-CoA}}{\begin{matrix}O\\ \|\\ C-SCoA\\ |\\ CH_2F\end{matrix}} \xrightarrow[\text{oxaloacetate} \quad \text{CoASH}]{\text{citrate synthase}} \underset{\text{Fluorocitrate}}{\begin{matrix}COO^-\\ |\\ CHF\\ |\\ HO-C-COO^-\\ |\\ CH_2COO^-\end{matrix}}$$

우리는 시트르산회로에서 아세틸-CoA 공급원으로서 피루브산의 산화에 대해서만 논의하였다. 지방산은 β산화(β oxidation)에 의해 분해되어 다량의 아세틸-CoA를 생산하며, 아미노산인 루신, 리신, 페닐알라닌, 트립토판, 티로신 등도 역시 아세틸-CoA를 생성한다(19.3절).

해당과정과 마찬가지로 시트르산회로는 산화반응에 의해 발생되는 에너지를 모으기 위해 기질수

표 16.3
피루브산탈수소효소복합체와 시트르산회로의 ATP, NADH 및 $FADH_2$의 대차대조표

Reaction Number[a]	Reaction	ATP (GTP) Change[b]	NADH Change[b]	$FADH_2$ Change[b]
		(per pyruvate)		
	Pyruvate oxidation			
	Pyruvate dehydrogenase complex	0	+1	0
	Pyruvate oxidation total	0	+1	0
	Citric acid cycle			
3	Isocitrate + NAD^+ $\rightleftharpoons$ α-ketoglutarate + CO_2 + NADH + H^+	0	+1	0
4	α-Ketoglutarate + NAD^+ + CoA $\rightleftharpoons$ succinyl-CoA + CO_2 + NADH + H^+	0	+1	0
5	Succinate-CoA + GDP or ADP + P_i $\rightleftharpoons$ succinate + GTP or ATP + CoASH	+1	0	0
6	Succinate + FAD $\rightleftharpoons$ fumarate + $FADH_2$	0	0	+1
8	L-Malate + NAD^+ $\rightleftharpoons$ oxaloacetate + NADH + H^+	0	+1	0
	Citric acid cycle total	+1	+3	+1
	Grand Total	+1	+4	+1

[a] The reaction numbers correspond to the steps in Figure 16.8.
[b] A + number indicates a production of ATP, NADH, or $FADH_2$. For example, for each pyruvate that is converted to acetyl-Co A by the pyruvate dehydrogenase complex, 1 NADH is formed.

준에서 ATP나 GTP를 생산한다. 그러나 해당과정과 시트르산회로는 모두 소량의 ATP만을 생성할 뿐이다. 표 16.3은 피루브산탈수소효소복합체의 반응과 시트르산회로에 의해 생성되는 ATP, NADH와 $FADH_2$를 요약한 것이다. NADH와 $FADH_2$가 전자전달과 산화적 인산화에 의해 재순환(산화)되면서 더 많은 ATP가 생산된다.

우리는 시트르산회로를 아세틸-CoA의 분해가 목적인 촉매적 과정으로 관찰하였다. 아세틸-CoA를 분해하는 회로가 작동하는 동안 옥살로아세트산이나 다른 중간산물의 손실이 수반되지 않는다. 아세틸-CoA를 회로로 가져오는 옥살로아세트산은 언제나 다시 재생성되어 다른 아세틸-CoA를 회로로 유입시킬 수 있다. 따라서 아세틸-CoA, NAD^+, FAD, ADP(또는 GDP) 등이 지속적으로 공급되는 한 촉매적 회로는 계속된다. 또한 시트르산회로의 분자들은 동화작용의 과정에서도 사용될 수 있다. 특히 시트르산, α-케토글루타르산, 숙시닐-CoA나 옥살로아세트산과 같은 중간산물은 회로에서 유출되어 생합성의 전구체로서 사용된다.

16.3 시트르산회로의 조절 및 생합성에서의 역할

학습 목표
동화작용에서의 시트르산회로의 역할을 알고 세포에서 효소의 조절을 이해한다.

호기성 피루브산 대사의 조절

우리는 탄수화물의 대사경로들이 면밀히 협조되고 조절되어 있는 것을 보았다. 이러한 과정을 통하여 대사산물이 필요한 때에 이용될 수 있고 대사물질의 과다 생산이나 에너지의 과다를 막는다. 마찬가지 방법으로 피루브산과 아세틸-CoA가 3 단계 대사 과정으로 유입되는 단계는 엄격한 통제 하에 있다. 이 단계의 대사 조절을 연구하기 위해서는 해당과정, 피루브산탈수소효소복합체 및 시트르산회로가 연속적인 일련의 반응들이라는 것을 생각하면 도움이 된다. 우리는 15장에서 대사경로들이 보통 세포 내 에너지 상태를 나타내는 화합물이나 대사경로의 최종 산물 또는 중간대사물질에 의해 조절된다는 것을 알았다. 대사경로의 전략적 위치에서 작용하는 효소들은 아세틸-CoA, 시트르산, 글루코오스-6-인산 등과 같은 반응 생성물은 물론이고 AMP, ATP, NAD^+ 및 NADH의 농도에 민감하다. 이 장에서 소개된 대

표 16.4
피루브산과 아세틸-CoA 대사의 중요한 조절효소

Enzyme Name	⊕ Modulators	⊖ Modulators	Comments
Pyruvate dehydrogenase complex	AMP, NAD^+, CoA	ATP, acetyl-CoA, NADH	Also regulated by covalent modification
Citrate synthase	ADP	NADH, succinyl-CoA, citrate, ATP	Activity depends on metabolite concentrations
Isocitrate dehydrogenase	ADP	ATP	Activity depends on metabolite concentrations
α-Ketoglutarate dehydrogenase complex	–	Succinyl-CoA, NADH	Activity depends on metabolite concentrations

사경로들은 네 곳에서 알로스테릭효소에 의해 조절된다. 주요한 조절점은 피루브산탈수소효소복합체, 시트르산생성효소, 이소시트르산탈수소효소와 α-케토글루타르산탈수소효소복합체이다(그림 16.10). 이 효소들의 조절 특성은 표 16.4에 나와 있다.

피루브산탈수소효소복합체 피루브산탈수소효소복합체는 호기성 물질대사의 문지기로서의 중요한 역할로 인해 그 활성이 엄격히 조절될 것임을 예측할 수 있다. 효소의 활성을 억제하는 화합물들은 주로 호기성 대사의 에너지 생성물(NADH 및 ATP)이다. 아세틸-CoA는 되먹임억제(feedback inhibition)의

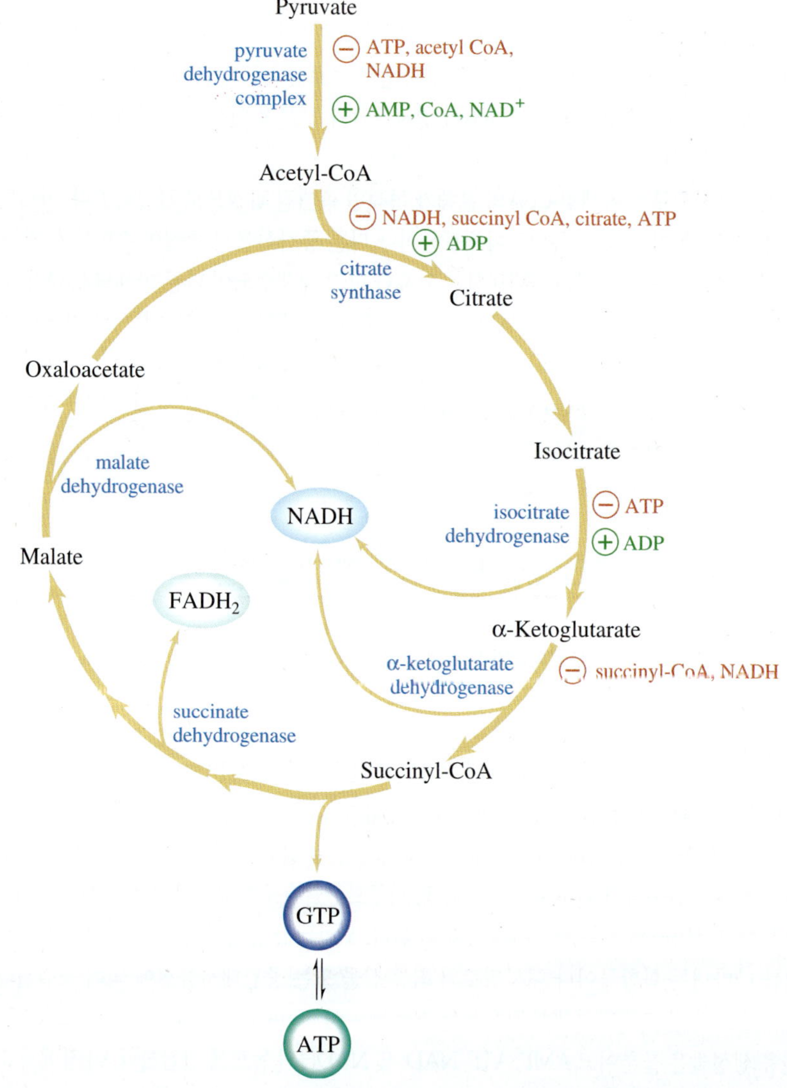

그림 16.10 피루브산과 아세틸-CoA의 대사 과정에서 중요한 조절효소를 보여주는 그림. 주요 조절 효소와 조절인자가 나타나 있다. (–)는 음성적 조절인자(빨강)를, (+)는 양성적 조절인자(녹색)를 나타낸다.

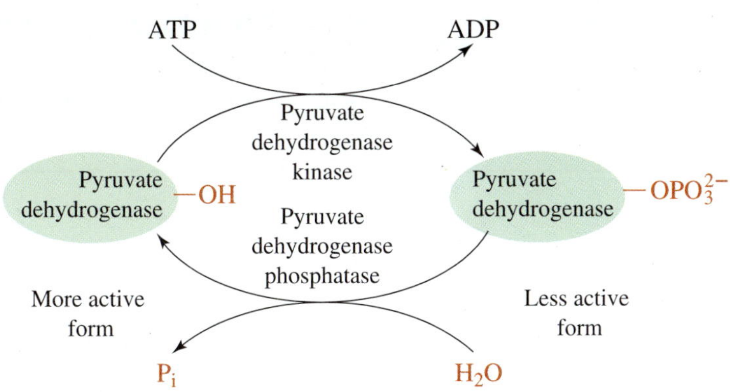

그림 16.11 피루브산탈수소효소복합체 중 피루브산탈수소효소 E_1의 공유결합적 변형에 의한 피루브산 대사의 조절. 두 가지 형태의 E_1은 키나아제와 인산가수분해효소의 작용에 의해 상호 전환된다. 히드록실기(빨강)는 세린 잔기 곁사슬을 나타낸다.

억제제로서 작용한다. 억제제로서의 지방산의 작용은 18장에서 자세히 다루기로 한다. 지방산은 β산화를 통해 분해되어 아세틸-CoA를 생성한다. 만약 지방산이 충분하면 피루브산의 산화로부터 아세틸-CoA를 생성할 필요가 적어진다. 피루브산탈수소효소복합체의 활성은 AMP, NAD^+ 및 CoASH에 의해 촉진된다.

진핵생물의 피루브산탈수소효소복합체는 최종 산물에 의한 조절 외에도 **공유결합적 변형(covalent modification)**(6.3절)이라는 과정에 의해서도 조절된다. 피루브산탈수소효소복합체는 두 개의 효소를 더 가지고 있는데, **피루브산탈수소효소 키나아제(pyruvate dehydrogenase kinase)**와 **피루브산탈수소효소 인산가수분해효소(pyruvate dehydrogenase phosphatase)**는 인산화와 탈인산화를 조절하여 피루브산탈수소효소(복합체 중 E_1 효소, 그림 16.11참조)의 활성을 조절한다. 피루브산탈수소효소는 두 가지 공유결합 형태, 즉 한 개의 세린 잔기가 인산화된 것(—CH_2—OPO_3^{2-})과 탈인산화된 것(—CH_2—OH)으로 존재한다. 인산화 형은 피루브산탈수소효소 키나아제의 촉매작용으로 형성되며, 피루브산탈수소효소 인산가수분해효소에 의해 인산기가 제거된다. 인산화된 피루브산탈수소효소는 탈인산화 형보다 활성이 적다는 것을 주목하라. 따라서 피루브산탈수소효소 키나아제는 효소 복합체의 피루브산탈수소효소를 불활성화한다. 피루브산탈수소효소 키나아제는 아세틸-CoA와 NADH에 의해 활성화된다. 공유결합적 변형 과정은 호르몬의 영향도 받는데, 인슐린은 피루브산탈수소효소 인산가수분해효소를 간접적으로 활성화하여 피루브산탈수소효소복합체를 활성화한다.

피루브산탈수소효소복합체의 조절을 글리코겐 대사 조절과 비교하면 이해에 도움이 된다. 효소의 인산화와 탈인산화라는 동일한 주제가 글리코겐가인산분해효소와 글리코겐생성효소의 활성을 조절한다는 것을 주목하라(그림 15.13).

에너지 대사를 촉진하는 디클로로아세트산은 피루브산탈수소효소 키나아제를 억제하는 작용을 한다. 키나아제의 불활성화는 더 활성이 있는 형태의 피루브산탈수소효소를 증가시킨다. 따라서 디클로로아세트산의 전체적 효과는 피루브산과 락트산의 호기성 분해를 촉진하는 것이다(16.1절과 임상생화학 16 참조).

시트르산회로 시트르산회로에는 세 가지 효소가 조절 기능을 가지고 있다.

시트르산생성효소: NADH, ATP, 숙시닐-CoA나 시트르산과 같은 회로의 생성물이나 중간산물의 알로스테릭작용으로 억제된다. 이것은 되먹임억제의 형태이다.

이소시트르산탈수소효소: ATP와 ADP는 회로의 적절한 속도를 유지하기 위해 알로스테릭조절인자로서 작용한다.

α-케토글루타르산탈수소효소복합체: 다른 조절효소와 마찬가지로 회로의 생성물인 숙시닐-CoA와 NADH에 의해 억제된다.

요약하면, 대사의 조절에 있어서 공통점을 볼 수 있다. 세포가 이미 충분한 양의 대사산물과 높은 에너지 화합물을 가지고 있으면 이화작용의 반응은 느려진다.

복습 문제

1. NADH는 피루브산탈수소효소복합체와 시트르산회로의 음성 조절인자이다. 이러한 종류의 대사 조절의 생리적 중요성을 설명하시오.

동화작용에 있어서의 시트르산회로의 역할

우리는 시트르산회로를 이화작용에서 역할에 초점을 맞추어 살펴보았다. 즉 피루브산, 아미노산 및 지방산으로부터 생성된 아세틸-CoA를 분해하여 ATP, NADH 및 $FADH_2$를 생산하는 과정이다. 생화학적 연구에 의해 시트르산회로의 중요하고 다양한 또 다른 기능이 밝혀졌다. 가장 중요하게는 이 경로가 **양방향성(amphibolic)**이라는 것이다. 즉 이화작용과 동화작용 **모두에서** 작용한다. 시트르산회로는 생합성을 위한 전구체의 중요한 공급원이다. 대사의 중간산물이 회로로부터 제거되어 이들의 탄소 골격은 아미노산, 뉴클레오티드 및 포르피린과 같은 중요한 생체분자를 합성하는 시작점이 된다(그림 16.12). 여러분은 아마 α-케토산인 옥살로아세트산과 α-케토글루타르산의 탄소 골격이 아미노산인 각각 아스파르트산과 아스파라긴 및 글루탐산과 글루타민의 탄소 골격과 같다는 것을 발견했을 것이다. 중간산물인 숙시닐-CoA는 헴과 엽록소 같은 중요한 색소 분자에 사용되는 프로토포르피린(protoporphyrin) 합성의 시작점이다. 우리는 글루코오스신생합성 과정에서의 옥살로아세트산의 역할에 대해서 이미 살펴보았다(15.4절 참조).

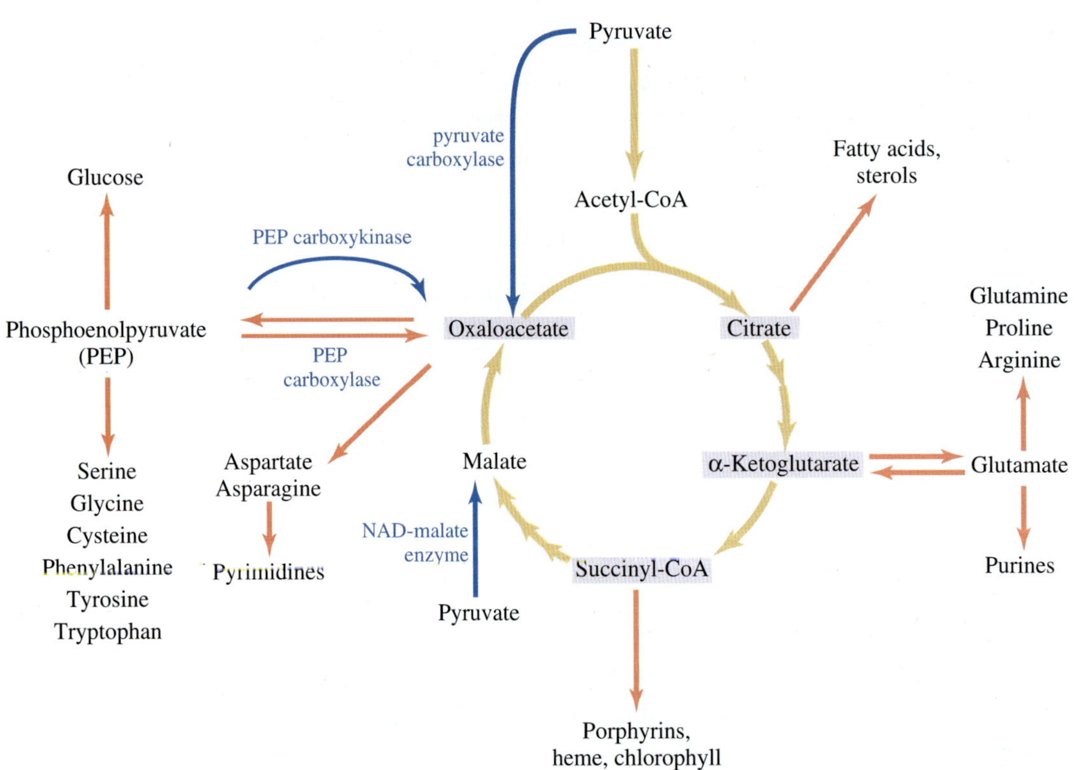

그림 16.12 생체분자를 합성하기 위하여 시트르산회로의 중간대사물질을 이용하는 과정. 회로에서 제거되는 분자는 시트르산, α-케토글루타르산, 숙시닐-CoA, 옥살로아세트산 등이다. 시트르산회로의 중간산물부터 합성된 생체분자는 포스포에놀피루브산(PEP), 아스파르트산, 글루탐산, 피리미딘, 퓨린 및 포르피린을 포함한다. 보충대사반응은 시트르산회로의 중간산물을 보충하며 파란 화살표로 표기되어 있다(표 16.5 참조).

표 16.5
시트르산회로의 중간산물인 옥살로아세트산과 말산을 공급하는 보충대사반응

Enzyme	Reaction	Comments
Pyruvate carboxylase	Pyruvate + CO_2 + ATP + H_2O $\rightleftharpoons$ oxaloacetate + ADP + P_i	Also the starting point for gluconeogenesis
PEP carboxykinase	Phosphoenolpyruvate + CO_2 + GDP $\rightleftharpoons$ oxaloacetate + GTP	The reverse reaction is important in gluconeogenesis
PEP carboxylase	Phosphoenolpyruvate + CO_2 $\rightleftharpoons$ oxaloacetate + P_i	Found in higher plants and bacteria
NAD-malate enzyme	Pyruvate + CO_2 + NADH + H^+ $\rightleftharpoons$ malate + NAD^+	Found in plants and microorganisms

생합성에서 시트르산회로의 중간산물이 이용된다는 것은 중요한 질문을 던진다. 이러한 중간산물이 소진되면 이화작용에서 시트르산회로의 효율은 어떤 영향을 받겠는가? 당연히 적은 수의 중간산물 분자가 존재하게 되면 회로는 아세틸-CoA를 받고 산화하는 능력이 감소할 것이다. 이러한 문제는 잃어버린 중간산물을 보충하는 반응이 진화됨으로써 해결되었다. 생화학자들은 중요한 중간산물을 보충하는 여러 생화학적 반응들을 발견하였다. 이러한 반응을 **보충대사반응(anaplerotic**, 채운다는 의미)이라고 한다. 중요한 보충대사반응들이 표 16.5에 열거되어 있다. 피루브산카르복실화효소의 반응은 주로 간과 신장 세포에 존재하는데 그곳에서 글루코오스신생합성을 시작하거나 시트르산회로를 보충하는 데에 사용된다. 대부분의 세포에서는 두 가지 형태의 포스포에놀피루브산카르복시키나아제(PEP carboxykinase)가 발견되는데 하나는 세포질에서 다른 하나는 미토콘드리아에서 작용한다. 보충대사적 NAD－말산효소(NAD－malate enzyme)는 말산을 보충하는 효소 중의 하나로서 특히 고등식물과 미생물에서 중요하다.

16.4 글리옥실산회로

학습 목표

식물에서 글리옥실산회로의 생물학적 역할을 알고 각 단계의 화학을 이해한다.

고등식물과 일부 미생물(대장균, 슈도모나스, 조류 등)은 아세트산(CH_3COO)을 에너지원과 생합성의 전구체로서 이용할 수 있다. 이들은 고등동물에서는 발견되지 않는 보조적 반응 경로를 이용하여 이를 수행한다. 시트르산회로는 두 개의 반응으로 구성된 **글리옥실산회로(glyoxylate cycle)**에 의해 변형되어 두 분자의 아세틸-CoA로부터 C_4 단위의 디카르복실산인 숙신산을 생성한다. 이 과정은 생물체에서 아세트산이 유일한 또는 주 탄소공급원으로 작용해야만 할 경우에 중요해진다.

글리옥실산회로의 반응 단계

식물과 일부 미생물에서 아세트산은 이화작용과 동화작용의 주 경로로 들어가기 전에 우선 활성화되어야 한다. 이 반응은 **아세틸-CoA합성효소(acetyl-CoA synthetase)**에 의해 촉매되며 ATP로부터 에너지를 사용하여 아세틸-CoA의 티오에스테르결합을 생성한다.

$$\text{아세트산} + \text{CoA} + \text{ATP} \rightleftharpoons \text{아세틸-CoA} + \text{AMP} + \text{PP}_i$$

단백질합성(12.2절 참조)의 경우와 마찬가지로 ATP는 특이하게 분해되어 AMP와 피로인산 PP_i를 생성한다. 반응을 완성하기 위하여 여분의 에너지방출이 요구되는 경우에는 이러한 방법으로 인산무수결합이 분해된다. 여분의 에너지는 피로인산의 가수분해로부터 나온다.

$$\text{PP}_i + \text{H}_2\text{O} \xrightarrow{\text{피로인산가수분해효소}} 2\,\text{P}_i$$

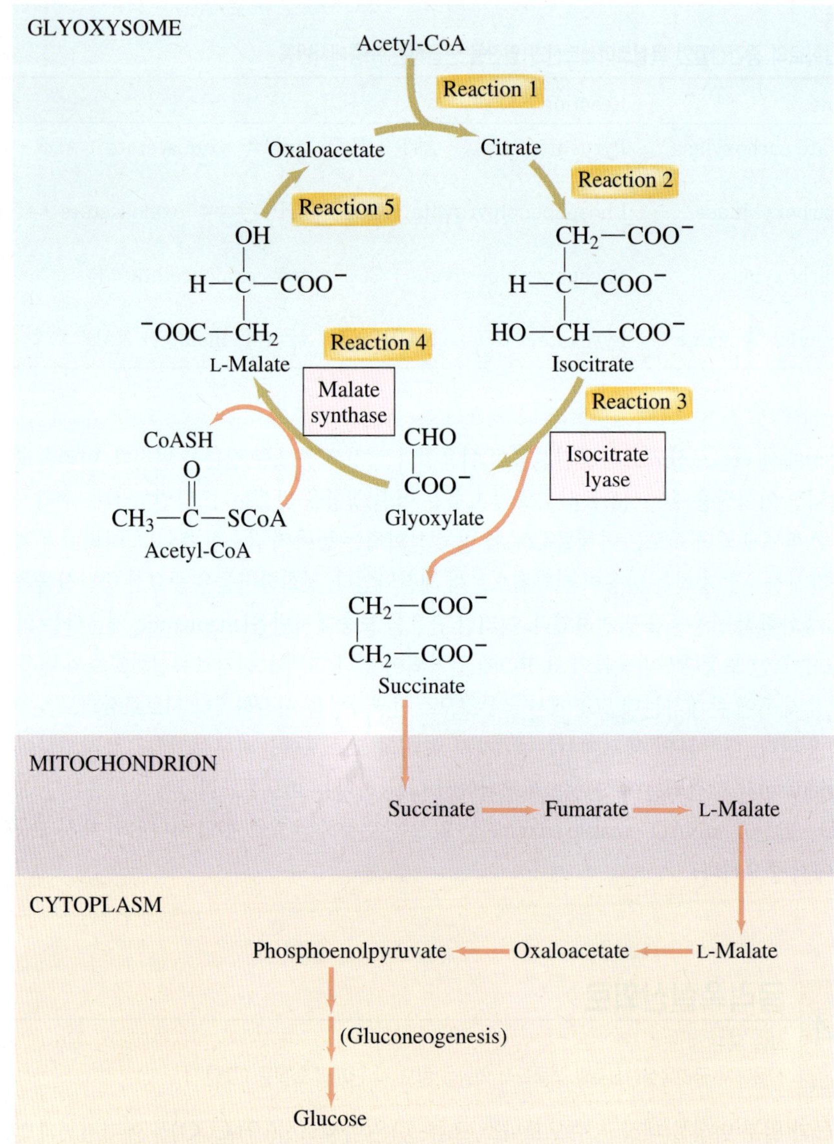

그림 16.13 글리옥실산회로(glyoxylate cycle)의 반응. 발아 중의 씨앗에서 작용하는 글리옥실산회로는 아세틸-CoA를 탄수화물로 전환한다. 회로의 효소들은 식물의 글리옥시솜(glyoxysome)에 있으나 생산물은 미토콘드리아 기질과 세포질로 수송된다. 각 반응은 표 16.6에 나타나 있다.

글리옥실산회로의 단계들과 각 단계들의 시트르산회로와 연관성은 그림 16.13에 나와 있다. 표 16.6은 글리옥실산회로의 각 반응과 반응의 종류를 보여준다. 변형된 회로는 정상적 시트르산회로와 같은 방법으로 시작된다. 아세틸-CoA는 옥살로아세트산과 반응함으로써 회로로 들어간다(**반응 1**). 생성물인 시트

표 16.6
글리옥실산회로의 반응

Reaction Number	Reaction	Enzyme	Reaction type
1	Acetyl-CoA + oxaloacetate + H_2O ⇌ citrate + CoA	Citrate synthase	3,4
2	Citrate ⇌ isocitrate	Aconitase	4
3	Isocitrate ⇌ succinate + glyoxylate	Isocitrate lyase	4
4	Glyoxylate + acetyl CoA + H_2O ⇌ malate + CoA	Malate synthase	4
5	Malate + NAD^+ ⇌ oxaloacetate + NADH + H^+	Malate dehydrogenase	1

[a] Reaction type: 1, oxidation-reduction; 2, phosphoryl group transfer; 3, hydrolysis; 4, nonhydrolytic cleavage (addition or elimination); 5, isomerization-rearrangement; 6, bond formation coupled to ATP cleavage.

르산은 탈수 및 수화에 의해 이소시트르산으로 이성질화된다(**반응 2**). 글리옥실산회로의 분지는 여기서 시작된다. 시트르산회로에서 보는 이소시트르산의 산화환원반응 대신 분해 반응이 진행된다(**반응 3**).

이소시트르산은 C_6 단위이며 숙신산(C_4)과 글리옥실산(C_2)으로 나누어진다. 이러한 범주(비가수분해반응)에 속하는 반응을 촉매하는 효소는 **이소시트르산분해효소(isocitrate lyase)**이다. 형식적으로 이 반응은 이중결합을 제거하거나 형성하기 위해 작용기를 첨가하거나 제거하는 반응을 동반한다. 이 특이한 생성물인 **글리옥실산(glyoxylate)**은 알데히드와 카르복실 작용기를 가지고 있다. 숙신산은 회로에서 방출되어 식물이나 미생물에서 생합성 목적으로 이용된다. 글리옥살산은 아세틸-CoA와 결합하여 말산과 CoA를 생성한다(**반응 4**). 이 비가수분해반응은 **말산생성효소(malate synthase)**에 의해 촉매된다. 회로는 말산탈수소효소(malate dehydrogenase)에 의해 완성된다(**반응 5**).

회로의 요약 글리옥실산회로의 순반응은 다음과 같다.

$$2\text{아세틸-CoA} + NAD^+ + 2H_2O \longrightarrow \text{숙신산} + 2CoA + NADH + H^+$$

위의 순반응과 시트르산회로의 순반응을 비교해 보자. 글리옥실산회로에서는 두 분자의 아세틸-CoA가 탄소 4개를 가지고 들어가 숙신산을 형성하였다. 시트르산회로에서는 아세틸-CoA 한 분자만이 들어가서 한 회를 마치면 두 분자의 이산화탄소로 산화된다. 글리옥실산회로는 NADH의 형태로 환원력을 생성하나 한 회당 단 한 분자만 생성한다. 시트르산회로는 한 분자의 아세틸-CoA로부터 한 회당 세 분자의 NADH와 한 분자의 $FADH_2$를 생성한다. 마지막으로 글리옥실산회로는 인산무수결합의 형태로 에너지를 생산하지 않는 반면, 시트르산회로는 회당 한 분자의 ATP 혹은 GTP를 생성한다. 두 과정은 분명히 서로 다른 특징을 가지며 서로 다른 생화학적 기능을 수행한다. 글리옥실산회로와 시트르산회로를 모두 가지고 있는 생물체에서는 이소시트르산이 대사 과정의 분기점이다. 이소시트르산은 산화적 탈카르복실화를 통하여 시트르산회로의 반응들을 거칠 수 있다.

글리옥실산회로는 고등식물의 씨앗에서 특히 중요하다. 씨앗의 기름(트리아실글리세롤)에 저장된 에너지를 사용하여 글리옥실산회로 반응에 의해 탄수화물을 합성할 수 있다. 식물의 씨앗은 **글리옥시솜(glyoxysome)**이라는 특화된 세포소기관을 가지고 있으며, 그 속에는 시트르산회로의 효소들뿐만 아니라 이소시트르산분해효소와 말산생성효소를 가지고 있다. 이와 같이 식물의 씨앗은 지방산 분해로부터 생성된 아세틸-CoA를 탄수화물로 전환할 수 있으며, 이는 동물에서는 불가능하다. 글리옥실산회로에서 생성된 숙신산은 글리옥시솜을 떠나 미토콘드리아의 기질로 가서 시트르산회로의 효소들에 의해 옥살로아세트산으로 전환되고 글루코오스신생합성(15.4절 참조)에 이용된다. 이러한 과정들이 일어나려면 대사물질들이 막을 통해 이동해야 하는 것에 주목하라(그림 16.13 참조).

해바라기 씨앗은 지방으로부터 탄수화물을 합성하기 위해 글리옥실산회로를 이용한다.

16.5 5탄당인산경로

학습 목표

5탄당인산경로의 목적을 알고 각 단계 반응의 화학을 이해한다.

동물에서 대부분의 글루코오스는 해당과정을 통하여 산화된다. 해당과정의 생성물은 ATP와 NADH 형태의 에너지와 3탄소 화합물인 피루브산이고, 피루브산은 시트르산회로와 세포호흡을 통한 호기성 물질대사에 의해 산화된다. 일부 동물과 식물들은 특수한 생성물을 만들기 위해 부수적인 글루코오스 대사경로를 가지고 있다. **5탄당인산경로(pentose phosphate pathway)**는 글루코오스를 분해하여 5탄당인 리보오스-5-인산(ribose-5-phosphate)과 NADPH의 형태로 환원력을 생산한다. 리보오스-5-인산은 뉴클레오티드, 핵산 및 여러 효소의 보조인자를 합성하기 위한 전구체이다. NADPH는 NADH와 유사한 구조를 가지며(그림 16.14) 지방산과 스테로이드 합성을 하는 조직 내 생합성 과정 중 환원적 반응

그림 16.14 탈수소효소의 보조인자인 NADH와 NADPH의 구조

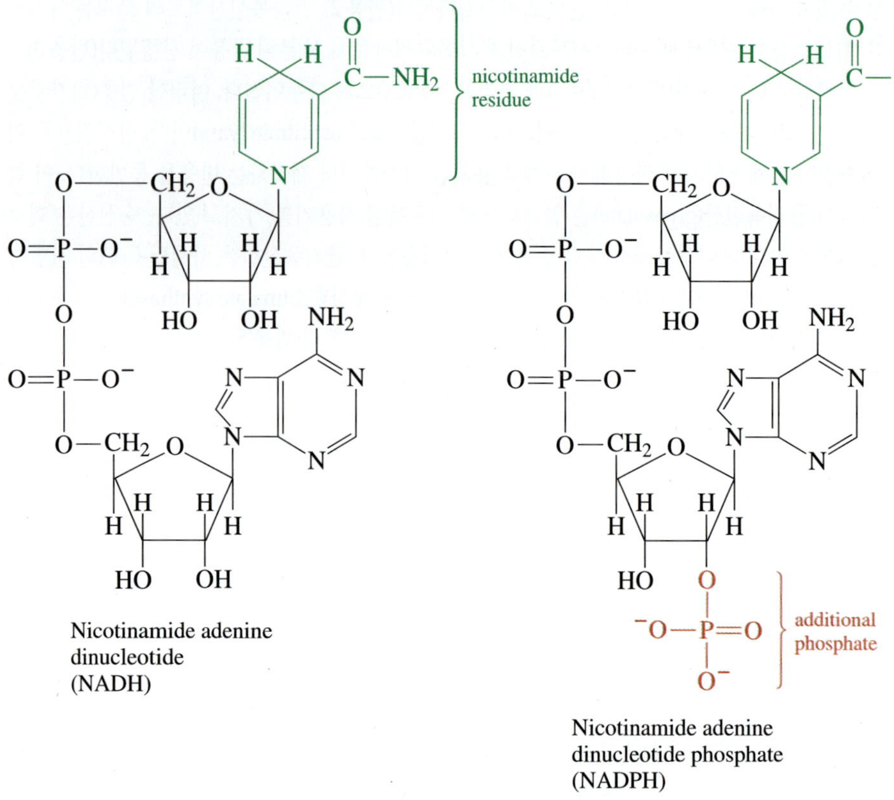

에서 필요한 화합물이다. 이러한 조직에는 지방조직, 유선(mammary gland), 간, 부신수질 등이 있다. 이와 같은 부수적인 글루코오스 대사경로는 적혈구에서도 중요한데, 적혈구는 적절한 기능을 수행하기 위해 NADPH에 의존한다. 골격근에는 5탄당인산경로가 없다.

5탄당인산경로의 반응 단계

글루코오스가 5탄당인산경로에 의해 리보오스-5-인산으로 전환되는 것은 5개의 반응으로 이루어진 산화 과정에 의해 진행된다. 각 단계의 중간산물의 구조는 그림 16.15에 있다. 표 16.7에는 각 단계의 반응, 효소 이름과 반응의 종류가 열거되어 있다. 5탄당인산경로는 산화환원 과정으로 규명되는 점에서는 해당과정과 유사하나, 결과물은 매우 다르다. 글루코오스가 5탄당인산경로를 통한 순반응은 다음과 같다.

글루코오스 + ATP + 2NADP$^+$ + H_2O $\longrightarrow$

리보오스-5-인산 + CO_2 + 2NADPH + 2H$^+$ + ADP

글루코오스가 활성화되려면 ATP가 한 분자만 필요하며 글루코오스의 탄소는 리보오스-5-인산과 이산화탄소로 된다. 이 과정의 목적은 한 분자의 글루코오스로부터 리보오스-5-인산과 두 분자의 NADPH라는 특수한 생성물을 만드는 것이다. 5탄당인산경로는 일부 조직에서는 이 다섯 반응으로 끝나지만, 일부에서는 비산화적으로 계속되어 프룩토오스-6-인산, 글루코오스-6-인산, 글리세르알데히드-3-인산 등을 만든다. 이와 같은 반응은 5탄당인산경로와 해당과정을 연결한다. 5탄당인산경로의 조절은 단순히 생성물의 필요성에 의해 이루어진다.

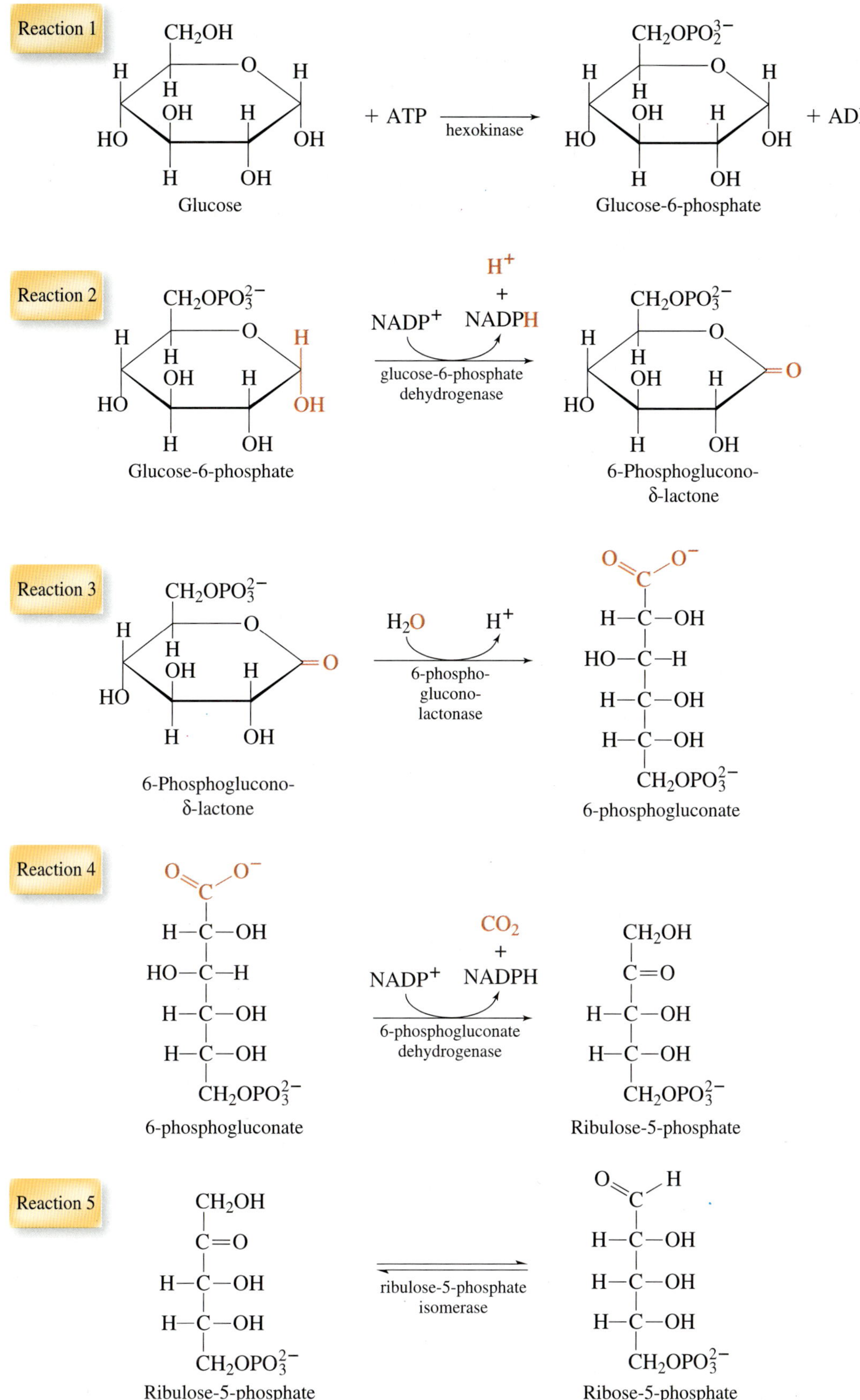

그림 16.15 5탄당인산경로의 반응들. 글루코오스는 다섯 단계를 거쳐 리보오스-5-인산으로 변환된다. 자세한 반응은 표 16.7에 나와있다.

표 16.7
5탄당인산경로의 반응

Reaction Number	Reaction	Enzymea	Reaction Typeb
1	Glucose + ATP $\rightleftharpoons$ glucose-6-phosphate + ADP	Hexokinase	2
2	Glucose-6-phosphate + $NADP^+$ $\rightleftharpoons$ 6-phosphoglucono-δ-lactone + NADPH + H^+	Glucose-6-phosphate dehydrogenase	1
3	6-Phosphoglucono-δ-lactone + H_2O $\rightleftharpoons$ 6-phosphogluconate	6-Phosphogluconolactonase	3
4	6-Phosphogluconate + $NADP^+$ $\rightleftharpoons$ D-ribulose-5-phosphate + NADH + H^+ + CO_2	6-Phosphogluconate dehydrogenase	1.4
5	D-ribulose-5-phosphate $\rightleftharpoons$ ribose-5-phosphate	Ribulose-5-phosphate isomerase	5

[a] Enzymes are listed by common names.
[b] Reaction type: 1, oxidation-reduction; 2, phosphoryl transfer; 3, hydrolysis; 4, nonhydrolytic cleavage (addition or elimination); 5,isomerization-rearrangement; 6, bond formation coupled to ATP cleavage.

복습 문제

1. 아래에는 물질 대사에서 일어나는 여러 가지 종류의 화학 반응이 열거되어 있다. 5탄당인산경로나 글리옥실산회로의 반응 단계에서 각 항의 반응 종류를 따르는 단계를 말하시오. 처음 항은 예로 보여 준다.
   a. 산화환원: 5탄당인산경로의 2번 반응
   b. 산화적 탈카르복실화:
   c. 인산기전달:
   d. 이성질화:
   e. 가수분해:

아프리카나 지중해 출신 사람들의 약 10%는 5탄당인산경로의 효소 중 하나인 글루코오스-6-인산 탈수소효소(glucose-6-phosphate dehydrogenase, 표 16.7의 2번 반응과 그림 16.15)가 유전적으로 결핍되어 있다. 적혈구는 트리펩티드인 글루타티온(glutathione)을 환원 상태로 유지하기 위해 특히 NADPH에 의존한다.

$$\underset{\text{Glutathione (oxidized)}}{\begin{array}{c}\gamma\text{-Glu-Cys-Gly}\\ |\\ S\\ |\\ S\\ |\\ \gamma\text{-Glu-Cys-Gly}\end{array}} + NADPH + H^+ \rightleftharpoons 2\ \underset{\text{Glutathione (reduced)}}{\begin{array}{c}\gamma\text{-Glu-Cys-Gly}\\ |\\ SH\end{array}} + NADP^+$$

환원된 글루타티온은 헤모글로빈의 철(Ⅱ)을 산소와의 결합에 필요한 환원된 상태로 유지한다(4.5절 참조). 글루코오스-6-인산 탈수소효소가 유전적으로 적은 사람의 적혈구가 말라리아 치료약인 프리마퀸(primaquine)과 같은 약물의 압박을 받으면 적혈구가 대량 파괴되어 용혈성 빈혈(hemolytic anemia)을 일으킨다. 그러나 글루코오스-6-인산 탈수소효소의 결핍은 장점도 있다. 이와 같은 사람은 말라리아에 감염되었을 때 저항성을 나타낸다.

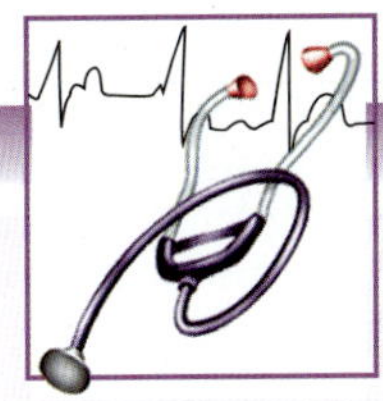

16 - 1

임상생화학

대사촉진제로서 디클로로아세트산

건강하고 활력 있는 생활은 효율적 에너지 대사, 특히 피루브산탈수소효소복합체, 시트르산회로, 산화적 인산화에 의한 ATP 생산 등이 관여하는 호기성 대사과정에 의존한다. 호기성 대사가 중요하다는 것은 사람을 비롯한 동물에서 중요한 효소의 유전적 혹은 분자적 변화와 촉매작용 결핍이 매우 심각하고 생명을 위협하는 이상을 일으킨다는 사실에서도 뒷받침된다. 뇌세포를 포함한 신경계는 특히 에너지 대사 이상에 취약하여서 신경학적 영향은 종종 최초로 관찰되는 증상이다. 유망하지만 그러나 논쟁의 여지가 있는 약물인 **디클로로아세트산(dichloroacetate, DCA)**은 이러한 심각한 대사 이상에 대한 치료제로 연구되고 있다. DCA의 작용은 에너지 대사의 심장부에서 일어난다. DCA는 피루브산탈수소효소 작용을 촉진함으로써 호기성 대사 효율을 증가시킨다(16.3절 참조). DCA는 활성이 있는 탈인산형의 피루브산탈수소효소를 비교적 고농도로 유지함으로써 그러한 작용을 한다. 아래는 DCA로 치료가 가능한 몇 가지 질병을 설명하였다.

$$\mathrm{Cl-\overset{\displaystyle H}{\overset{|}{C}}\underset{\underset{\displaystyle Cl}{|}}{}-COO^-}$$

Dichloroacetate

락트산산증

락트산산증(lactic acidosis) 중에서도 특히 당뇨와 선천적 피루브산탈수소효소복합체 이상과 관계된 종류는 DCA 치료법의 논리적 목표물이다(임상생화학 15 참조). DCA의 효율성은 또한 정신 지체로 이어지는 유전병의 하나인 매우 심각한 **MELAS**(미토콘드리아 근질환, 뇌질환, 락트산산증과 뇌졸중 유사증상 발현) 증후군에 대해 평가가 진행 중이다. 그러나 지금까지 심각한 락트산산증 환자에 대한 DCA 치료는 혈중 락트산이나 피루브산 농도를 주목할 만큼 낮추지 못하였다.

심장발작

현재 DCA는 조직 손상에 의해 비효율적인 에너지 대사가 일어나는 심장발작 환자에 대한 치료제로 시험 중이다. DCA 치료의 개념은 심장 세포의 대사를 정상적 연료인 지방산에서 피루브산과 락트산의 대사로 변화시키는 것이다. 동물에서의 초기 연구는 유망한 결과를 보여준다.

헌팅턴무도병

헌팅턴무도병(Huntington's disease, HD)은 유전적인 신경질환이다. 일반적 증상은 비자발적 움직임을 일으키는 운동신경 장애, 건망증, 체중 감소와 당뇨 발생 증가이다. 유전자 돌연변이는 변화되어 기능이 없는 "헌팅턴 단백질"을 만들어서 신경 세포의 에너지 대사를 파괴한다. DCA는 에너지 생산을 증가시키고 아마도 HD의 진행을 지체시키는 데에 장점이 있을 것이다. DCA는 일반적 HD 증상을 나타내는 유전자변형 생쥐에서 증상을 완화시키는 데에 효과적이라는 것이 밝혀졌다. DCA로 처리된 생쥐는 현저한 생존율 증가, 운동신경 기능 개선, 체중 감소 지체, 당뇨 발생 감소 등을 나타냈다.

DCA의 안정성

치료제로서의 DCA 사용은 전망이 좋지만 독성에 관하여는 약간의 염려가 있다. 치료제 이상의 양을 쥐에 처리하였을 때 간의 이상과 종양이 유발되었다. 그러나 지금까지는 매우 심각하고 생명을 위협하는 질병의 치료에만 DCA가 사용되었다는 것을 주목하여야 할 것이다.

학습 문제

1. 피루브산탈수소효소복합체에 기능이 없는 효소를 가지고 있어서 피루브산 대사가 결핍된 환자는 종종 혈중 락트산 농도가 정상보다 높게 나타난다. 그 이유를 설명하시오.
2. DCA 약물이 혈중 락트산 농도를 어떻게 낮추는지 설명하시오.
3. DCA를 약물로 처방하는 내과의는 DCA가 시트르산회로에 음성적 효과를 나타낼지도 모른다고 걱정한다. DCA가 가지고 있는 적어도 한가지의 잠재적 부작용에 대해 설명하시오.

힌트: 생화학 들여다보기 16-2 참조.

참고 문헌

Cattaneo, E. et al., 2002. The enigma of Huntington's disease. *Sci. Am.* 287(5):93–97.

http://www.stanford.edu/group/hopes/treatmts/ebuffer/j_dichloroacetate.html

http://hdlighthouse.org/see/research/dca.htm

http://www.bcm.edu/neurology/struct/huntington/hd.html 헌팅턴무도병에 대한 정보

요약

■ 탄수화물을 비롯한 기타 기질의 분해로부터 방출된 에너지는 ATP와 환원형 보조인자에 저장된다. 보조인자인 NAD^+, $NADP^+$와 FAD는 산화환원반응에서 기질의 산화를 돕는다. 환원형 보조인자는 호흡과 연결된 전자전달 과정을 통해 재순환된다.

■ NADH는 피루브산을 아세틸-CoA로 산화시키는 피루브산탈수소효소복합체에 의해 생성된다.

■ 산소성 대사의 중심 경로는 **시트르산회로**이다. 시트르산회로는 아세틸-CoA의 두 탄소를 이산화탄소로 분해하여 NADH, $FADH_2$, GTP를 생산한다.

■ 시트르산회로는 또한 동화작용에서도 중요한 기능을 한다. 옥살로아세트산과 α-케토글루타르산과 같은 중간산물은 각각 아미노산인 아스파르트산과 글루탐산을 합성하는 데에 이용된다. 숙시닐-CoA는 프로토포르피린 합성의 시작점이다.2

■ 고등식물과 일부 미생물은 시트르산회로의 변형된 형태인 **글리옥실산회로**를 가지고 있다.

■ 동물은 **5탄당인산경로**라는 특수화된 글루코오스 대사경로를 가지고 있다. 이 과정은 글루코오스를 리보오스-5-인산으로 전환하며 지방산합성에 필요한 NADPH를 생산한다.

연습 문제

용어 이해

16.1 다음 용어들을 번역하고 25 단어 이하로 정의하시오.

a. mitochondrion
b. lipoamide
c. FAD
d. beriberi
e. amphibolic
f. succinyl-CoA
g. substrate-level phosphorylation
h. anaplerotic reaction
i. fluorocitrate
j. glyoxysome
k. lipoic acid
l. acetyl-CoA
m. phosphogluconate pathway
n. glyoxylate
o. ribulose-5-phosphate
p. thioester bond
q. multienzyme complex
r. ribose-5-phosphate

개념 복습

16.2 다음 각 보조인자를 알맞은 생화학적 기능과 연결하시오.

보조인자	생화학적 기능
1. NAD^+	**a.** 활성화된 아실기 운반
2. FAD	**b.** 활성화된 이산화탄소 운반
3. CoASH	**c.** 히드록실기의 산화
4. 리포아미드	**d.** 지방산합성의 환원적 반응
5. TPP	**e.** 탄소-탄소 이중결합을 형성하는 산화반응
6. 비오틴	**f.** 산화환원과 짝지어진 활성형 아실기의 운반
7. NADH	**g.** 탄소-탄소 이중결합의 환원
8. $FADH_2$	**h.** 카르보닐기의 환원
9. NADPH	**i.** α-케토산의 탈카르복실화

16.3 글루코오스가 해당과정, 피루브산탈수소효소복합체 및 시트르산회로를 거치면서 완전히 분해될 때 생성되는 기질수준 ATP(또는 GTP), NADH 및 $FADH_2$의 총합을 계산하시오.

힌트: 표 15.2와 16.3 참조

16.4 NAD-말산효소에 의해 촉매되는 반응을 구조를 사용하여 그리시오. 반응에서 일어나는 산화환원에 대하여 설명하시오.

$$\text{피루브산} + CO_2 + NADH + H^+ \rightleftharpoons \text{말산} + NAD^+$$

16.5 다음에 나열한 각 화합물의 전구체가 되는 시트르산회로의 중간산물을 적으시오. 다음에 열거한 시트르산회로의 중간산물 중에서 고르시오: 옥살로아세트산, α-케토글루타르산, 숙시닐-CoA.

a. 아스파르트산
b. 헴의 포르피린
c. 아스파라긴
d. 글루타민
e. 글루코오스
f. 글루탐산
g. 포스포에놀피루브산
h. 우라실

16.6 다음 각 효소를 조절의 특성에 따라 연결하시오.

효소	조절
1. 피루브산탈수소효소복합체	**a.** ADP에 의한 알로스테릭 활성화; NADH와 숙시닐-CoA에 의한 억제
2. 시트르산생성효소	**b.** 숙시닐-CoA와 ATP에 의해 억제
3. 이소시트르산탈수소효소	**c.** AMP와 CoA에 의해 촉진
4. α-케토글루타르산 탈수소효소복합체	**d.** ADP에 의해 촉진, ATP에 의해 억제

16.7 글리옥실산회로의 대차대조표를 적으시오.

힌트: 표 16.3을 참조

16.8 다음 피로인산의 가수분해반응에 대하여 물음에 답하시오.

$$PP_i + H_2O \longrightarrow 2\,P_i$$

a. 구조를 사용하여 반응을 적으시오.
b. 어떤 종류의 결합이 분해되는가?
c. 물질대사에 있어서 언제 이 반응이 중요한가?

16.9 시트르산회로를 구성하는 효소들의 세포 내 위치는?

a. 핵 **b.** 세포질 **c.** 미토콘드리아 **d.** 리보솜

16.10 피루브산탈수소효소복합체와 α-케토글루타르산탈수소효소복합체의 유사점과 차이점을 논하시오.

16.11 5탄당인산경로에 대하여 글루코오스로부터 시작하여 표 15.2와 같은 에너지 표를 만드시오.

16.12 해당과정(글루코오스 → 피루브산)과 5탄당인산경로(글루코오스 → 리보오스-5-인산)의 주된 차이점과 유사점을 열거하시오.

16.13 다음 각 대사 단계를 표 14.2에 사용된 것과 같이 화학적으로 분류하시오.

a. 리불로오스-5-인산 → 리보오스-5-인산
b. 6-포스포글루콘산 + $NADP^+$ → 리불로오스-5-인산 + NADPH + H^+ + CO_2

16.14 NADH와 NADPH의 구조적 차이를 기술하시오.

16.15 다음 각 대사 단계는 세포의 어느 부분에서 진행되나? 세포질 또는 미토콘드리아 기질 중에서 고르시오.

a. 해당과정
b. 시트르산회로
c. 5탄당인산경로
d. 글루코오스신생합성; 옥살로아세트산 → 글루코오스
e. 글루코오스신생합성; 피루브산 → 말산

16.16 NADH와 NADPH의 기능적 차이를 기술하시오.

16.17 시트르산회로의 산화환원효소들을 열거하시오.

16.18 5탄당인산경로의 산화환원효소들을 열거하시오.

개념 복습

16.19 다음 각 조절 작용이 세포에게 어떻게 유리하게 작용하는지 설명하시오.

a. 피루브산탈수소효소복합체는 ATP에 의해 억제된다.
b. 이소시트르산탈수소효소는 ADP에 의해 촉진된다.
c. 피루브산카르복실화효소는 아세틸-CoA에 의해 촉진된다.
d. 시트르산생성효소는 NADH에 의해 억제된다.
e. 피루브산탈수소효소복합체는 지방산에 의해 억제된다.

16.20 다음 각 경로의 순반응을 적으시오.

a. 피루브산 → 3 CO_2
b. 아세틸-CoA → 2CO_2
c. 아세틸-CoA → 숙신산(글리옥실산회로)
d. 글루코오스-6-인산 → 리보오스-5-인산 + CO_2

힌트: (a)는 피루브산탈수소효소복합체와 시트르산회로의 합이다.

16.21 어떤 미생물이 에탄올을 유일한 탄소원으로 사용할 수 있는 방법의 경로를 설명하시오.

16.22 피루브산이 피루브산탈수소효소복합체와 시트르산회로에 의해 완전히 산화되어 생성되는 기질수준 ATP(또는 GTP), NADH 및 $FADH_2$를 계산하시오.

16.23 각기병 환자는 무슨 효소와 대사 반응이 느릴 것인가?

16.24 말론산 이외에 숙신산탈수소효소의 경쟁적 억제제 두 개의 구조를 그리시오.

16.25 다음 산화환원반응을 완성하시오. 적절한 효소가 각 경우에 존재한다고 가정하시오.

a. $CH_3CH_2OH + NAD^+ \rightleftharpoons$
b. $FADH_2 + NAD^+ \rightleftharpoons$
c. 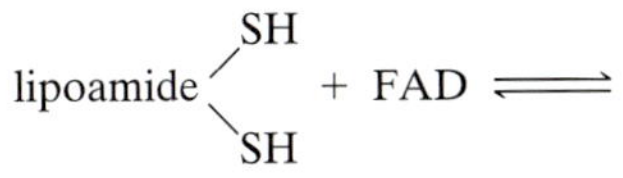 lipoamide(SH)(SH) + FAD $\rightleftharpoons$
d. $^-OOCCH_2CH_2COO^- + FAD \rightleftharpoons$

16.26 해당과정 중 ADP의 기질수준인산화의 예가 되는 두 반응을 확인하시오.

16.27 다음은 글리옥실산회로의 반응이다. 물음에 답하시오.

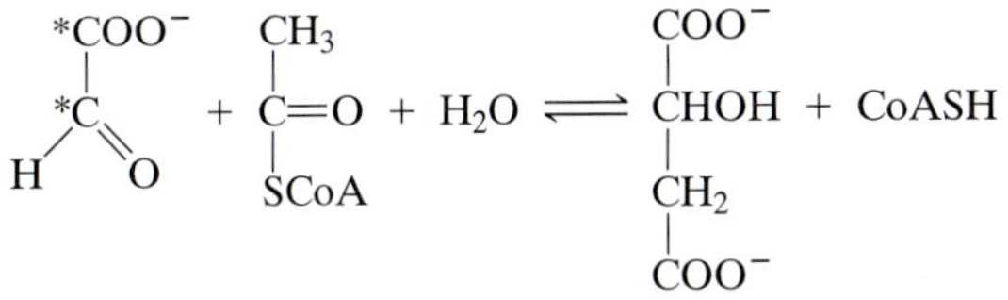

$$^*COO^- \text{—} ^*CHO + CH_3\text{—}C(=O)\text{—}SCoA + H_2O \rightleftharpoons {}^-OOC\text{—}CHOH\text{—}CH_2\text{—}COO^- + CoASH$$

글리옥실산의 두 탄소가 방사성 동위원소 ^{14}C으로 표지되었다고 가정하시오. 생성물인 말산의 어느 탄소에 ^{14}C이 표지될 것인가?

16.28 시트르산회로의 순반응에는 2개의 물 분자가 유입된다. 회로의 어느 특정 반응에서 물이 이용되고 각 단계에서 어떤 화학 반응이 일어나는가?

16.29 리불로오스-5-인산과 리보오스-5-인산은 5탄당인산경로에서 중요한 화합물이다. 이 두 화합물의 구조적 관계는?

a. 거울상이성질체
b. 에피머
c. 아노머
d. 구조이성질체
e. 무관

16.30 NADPH는 5탄당인산경로의 억제제이다. 이 조절 과정의 원리는 무엇인가?

16.31 피루브산탈수소효소복합체에 의해 피루브산이 산화되어 방출된 자유에너지는 어느 고에너지 분자에 저장되는가?

a. 아세틸-CoA
b. $FADH_2$
c. NADH와 아세틸-CoA
d. 티아민피로인산

생화학 작문

16.32 플루오르아세트산(fluoroacetate)에 중독되면 시트르산의 세포 농도가 상승한다. 어떻게 높은 농도가 되는지에 대하여 100 단어로 설명하시오.

16.33 어떤 생화학자들은 숙신산탈수소효소 반응이 FAD와 $FADH_2$ 대신 유비퀴논(UQ, 산화형)과 유비퀴놀(UQH_2, 환원형)로 씌어져야 한다고 주장한다.

$$\text{숙신산} + UQ \rightleftharpoons \text{푸마르산} + UQH_2$$

다음 참고문헌을 읽고 문헌의 주요점을 200 단어~300 단어로 요약하시오. 참고문헌: S. Brown, *Biochem. Educ.* 28: 52~54 (2000).

16.34 글리옥실산회로의 조절 과정으로 가능성이 있는 것을 제시하시오. 이 장과 시트르산회로의 조절 부분을 참고하시오.

16.35 피루브산으로부터 시트르산을 합성하는 보충대사 과정의 반응 순서를 개략적으로 설명하시오.

힌트: 피루브산 카르복실효소로부터 시작하시오.

참고문헌

Bentley, R., 2000. From reactive C_2 units to acetyl coenzyme A. *Trends Biochem. Sci.* 25:302–305.

Bentley, R., Franzen, J., and Chasteen, T., 2002. Oxidation numbers in the study of metabolism. *Biochem. Mol. Biol. Educ.* **30:**288–292.

Brown, S., 2000. Does succinate oxidation yield FADH or ubiquinol? *Biochem. Educ.* 28:52–54.

Capaldi, R., 2000. The changing face of mitochondrial research. *Trends Biochem. Sci.* 25(5):212–214.

Elliott, K., 1999. Teaching metabolism for the future—concepts not pathways. *The Biochemist* 21(1):9–39.

Frey, T., 2000. The internal structure of mitochondria. *Trends Biochem. Sci.* 25(7):319–324.

Manchester, K., 1998. Albert Szent-Györgyi and the unraveling of biological oxidation. *Trends Biochem. Sci.* 23:37–40.

Patel, M. and Korotchkina, L., 2003. The biochemistry of the pyruvate dehydrogenase complex. *Biochem. Mol. Biol. Educ.* **31:**5–15.

Raha, S. and Robinson, B., 2000. Mitochondria, oxygen free radicals, disease, and ageing. *Trends Biochem. Sci.* 25:502–508.

Schultz, E., 2005. A guided approach for learning metabolic pathways. *Biochem. Mol. Biol. Educ.* 33:1–7.

Tielens, A., et al., 2002. Mitochondria as we don't know them. *Trends Biochem. Sci.* 27:564–572.

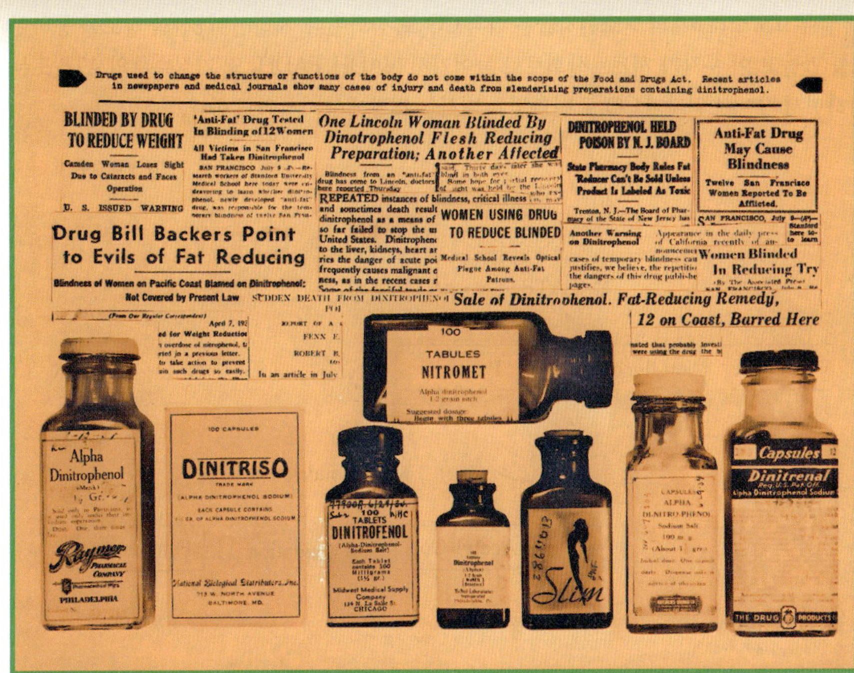

기적의 다이어트 약에 대한 연구는 현대의 일시적 유행이 아니라, 실제로 20세기 초에 시작되었다. 많은 과학자들과 의사들은 체중감량을 위해 처방되었던 최초의 약물이 **2,4-디니트로페놀(2,4-dinitrophenol, DNP)**이었다고 믿고 있다. 1920년대와 1930년대에, 스탠퍼드 대학교의 생화학자들은 DNP가 산소 소비량과 대사율(50%까지)을 증가시키나, ATP 생성을 감소시킨다는 것을 밝혀냈다. 대사로부터 에너지가 ATP 생성을 위해 사용되는 대신 열로 방출되었다. 따라서 신체는 과다하게 저장된 지방을 빠른 속도로 분해시킬 수 있었다. 약을 복용한 사람들은 8개월 만에 12파운드까지 감량할 수 있었다. 체지방은 사라지는 것 같았다. 의사들은 다이어트를 목적으로 이 화학적 약물을 처방하기 시작했고, 1935년까지 최소한 100,000명의 미국인이 복용했다. 환자들에 의해 주목되었던 부작용으로 두통, 고열, 허약, 그리고 설사 등이 있다. 불행하게도 몇 명이 사망하였으며, 1930년대 후반에 미국 식품의약국에 의하여 사용이 금지되었다. 이 약물은 빠른 체중감량을 위해 운동선수들에 의해 사용되었던 1990년대에 다시 유명해졌다. 실험동물에 대한 조절된 독성 연구에서 DNP가 치명적으로 유독하다는 것이 입증되었다. 이제 DNP가 짝풀림제(uncoupling agent)로 작용하여 전자전달계/호흡과 ATP 합성 사이의 연결을 끊는다는 것이 알려져 있다.

전자전달사슬에 의한 ATP형성

앞의 세 장에서 물질대사의 초기 단계에 대한 기초를 공부하였다. 이화작용의 산화 단계는 기질로부터 전자를 제거하고 이 전자들을 환원형 보조인자인 NADH, NADPH 및 $FADH_2$로 수집하기 위하여 설계된 단계별 과정으로 정의하였다. 또 하나의 중요한 과정은 기질수준(substrate-level)의 ATP 형성이다. 각 대사경로를 연구하면서 이들 중요한 대사생성물의 정산표를 만들었다(표 15.2와 표 16.3 참조). 예를 들어서 해당과정에 의한 글루코오스의 산화, 피루브산의 산화, 그리고 시트르산회로는 모두 10개의 NADH, 2개의 $FADH_2$, 그리고 4개의 기질수준 인산무수결합(2개의 ATP와 2개의 GTP)을 생성하며, 이 때 글루코오스의 6개의 탄소원자들은 각각 CO_2로 산화된다. 지방산이 β산화 경로를 통하여 아세틸-CoA를 만들고 이 분자가 시트르산회로로 들어가서 NADH, $FADH_2$ 및 기질수준의 ATP(또는 GTP)를 생성하면서 각 탄소원자가 CO_2로 산화되는 대사는 18장에서 다루기로 한다.

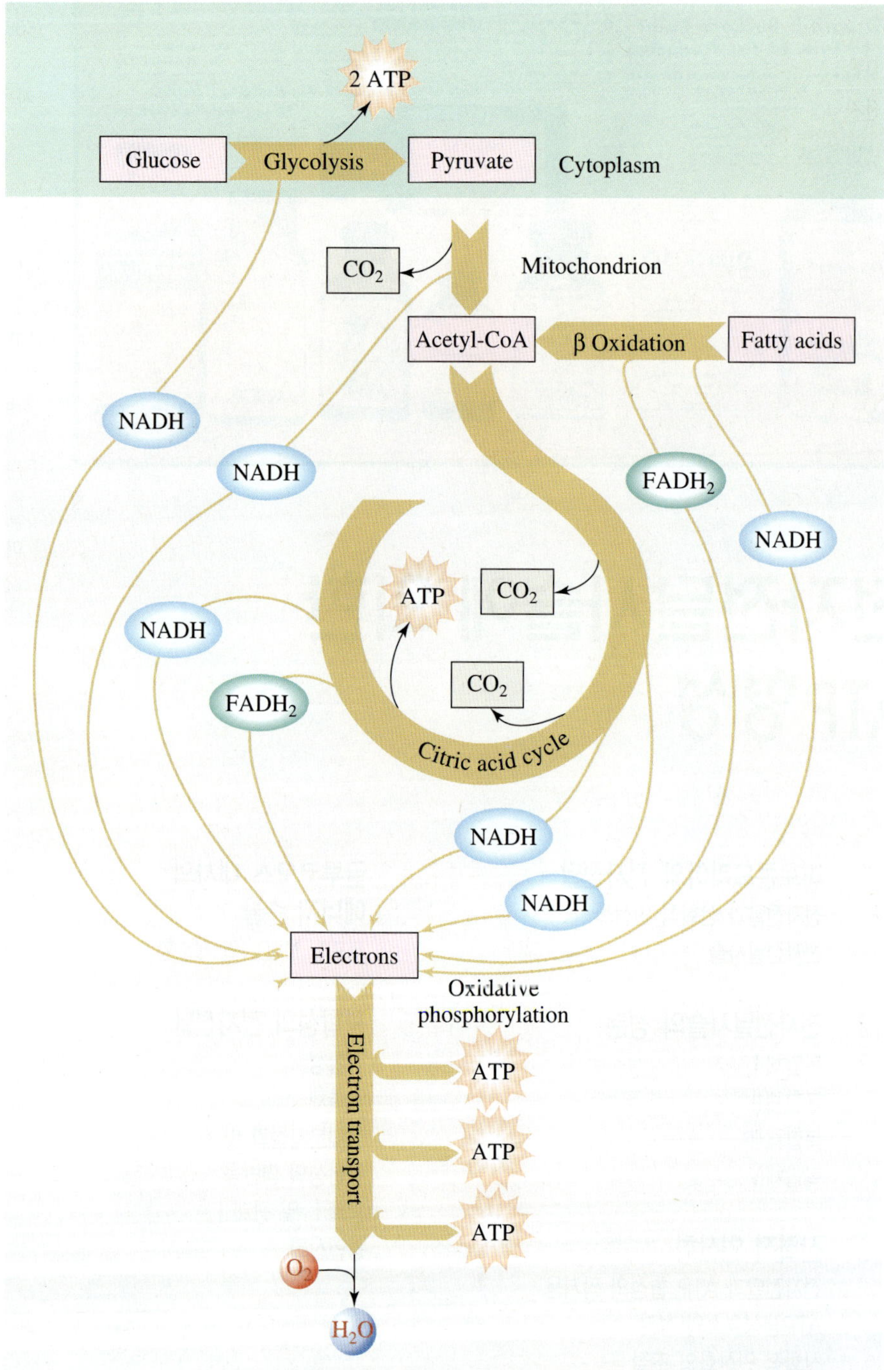

그림 17.1 기초적 대사경로들이 산소성 물질대사로 수렴하는 과정. 해당과정(glycolysis)의 피루브산(pyruvate)은 아세틸-CoA(acetyl-CoA)로 탈카르복실화되고 아세틸-CoA는 시트르산회로(citric acid cycle)로 들어간다. 아세틸-CoA는 또한 지방산(fatty acid)의 산화에 의하여 생성된다. 이 경로에서 생성된 NADH와 $FADH_2$는 전자전달사슬(electron-transport chain)로 들어간다. 여기에서 이들 분자의 전자는 O_2를 물로 환원하기 위하여 사용된다. 산화형 보조인자 NAD^+와 FAD는 영양물질의 산화에 의하여 다시 환원된다. ATP는 전자전달이 일어나는 동안 생산된다. 글루코오스와 지방산을 포함한 영양물질은 CO_2와 H_2O로 산화된다.

단계 Ⅰ과 Ⅱ, 그리고 시트르산회로에서 전자가 기질로부터 보조인자로 전달되는 동안 단지 소량의 에너지만이 연료 분자로부터 추출되어 반응성 인산무수결합의 형태(ATP와 GTP)로 보존된다. 음식물 중의 나머지 산화 에너지는 환원형 보조인자인 NADH와 $FADH_2$의 높은 전달전위(transfer potential)를 가지는 전자의 형태로 존재한다. 환원형 보조인자의 에너지는 최종 전자수용체(산화제)로서 분자상 산소를 이용하여 전환된다. O_2에 의하여 무산소성 대사에서보다 더 완전한 기질의 산화반응이 일어난다. NADH와 $FADH_2$의 전자는 O_2로 직접 전달되지 않고 가역적인 산화환원반응을 수행하는 일련의 전자운반체를 통하여 전달된다. 식물 및 동물세포의 미토콘드리아 내막에 위치한 일련의 운반체들을 **전자전달사슬(electron-transport chain)**이라고 부른다. 전자전달의 결과 많은 양의 자유에너지를 사용할 수 있게 된다. 전자전달에 의하여 방출되는 에너지의 일부는 미토콘드리아 내막을 통하여 양성자를 퍼내고, 따라서 막을 가로 질러 양성자의 기울기를 형성하는 데 사용된다. 기울기로부터의 에너지는 ATP의 합성 ($ADP + P_i \rightleftharpoons ATP + H_2O$)을 유도한다. 인산화반응은 효소복합체인 **ATP생성효소(ATP synthase)**에 의하여 촉매된다. 전자전달과 ATP 합성이 결합된 과정이 산소성 대사의 마지막 단계인데 이를 **산화적 인산화(oxidative phosphorylation)**라고 부른다(그림 17.1).

전자전달사슬은 식물을 포함한 모든 산소성 생물체에서 볼 수 있는 공통적인 대사 특징이다. 식물의 이화작용을 위한 산화적 인산화는 미토콘드리아에서 일어난다. 그러나 식물체는 **광합성(photosynthesis)**을 위한 에너지를 공급하기 위하여 또 다른 유형의 전자전달사슬을 이용한다. 광합성 생물체는 태양으로부터 에너지를 수집하기 위한 광수확 색소와 전자를 더 높은 에너지 준위로 유도하기 위하여 특수화된 전자전달사슬을 이용한다. 광합성의 목적은 CO_2 고정에 의하여 글루코오스를 생성하기 위해서 ATP 및 NADPH와 같은 환원력을 생산하는 것이다. 광합성을 위한 분자 기구는 엽록체라고 부르는 식물의 세포소기관에 존재한다. 세균에서 ATP는 세포막에 있는 전자전달사슬의 에너지 짝지음에 의하여 합성된다.

17.1 미토콘드리아의 전자전달

학습 목표

생물학적 산화환원 과정의 기초를 이해한다.

4부에서 지금까지의 기본적인 목적은 탄수화물의 이화작용을 이해하는 데 있었다. 단계 Ⅰ과 Ⅱ에서의 초기 반응 후에 이들 기본적인 영양물질의 이화작용 경로는 단계 Ⅲ의 시트르산회로, 전자전달 및 산화적 인산화로 수렴한다. 단계 Ⅲ의 중요한 대사 과정은 미토콘드리아에서 일어난다(그림 16.2 참조). **호흡(respiration)**을 위한 생화학적 기구의 성분(O_2의 흡수, 전자전달, 그리고 ATP 합성)은 접혀 있는 내막의 내재성 단백질 또는 막에 있는 표재성 단백질로서 존재한다. 이렇게 광범위한 막의 접힘 구조는 기질(matrix) 쪽으로 넓은 표면적을 제공하여 높은 ATP 생성 수준을 유지하는 데 필요한 많은 분자적 기구를 가질 수 있게 된다. 전자전달사슬의 성분은 **호흡복합체(respiratory assembly)**라고 부르는 무리로 막에 배열되어 있다. 내막에는 또한 그 표면으로부터 기질을 향하여 돌출한 손잡이 모양의 구형 구조가 있다. 이러한 돌출 구조를 F_1 입자라고 부르며, ATP생성효소 복합체의 성분을 포함하며 전자전달과 ATP 합성을 짝짓는 부위이다. 미토콘드리아는 O_2, ADP, P_i, 환원 가능한 보조인자(NAD^+와 FAD), 그리고 피루브산, 지방산 및 시트르산회로의 중간체들과 같은 산화되는 기질이 공급될 때 독립적으로 호흡을 수행하는 생화학적 공장이다.

전자전달과 산화적 인산화

지금까지 산소성 대사가 일어나는 세포내 장소를 살펴보았으므로, 이제 전자전달의 생화학적 성분 및 특성, 그리고 산화적 인산화를 다루기로 한다. 산화반응에서 영양물로부터 제거되는 전자는 탈수소효소(dehydrogenase)에 의해 보조인자인 NAD^+와 FAD로 전달된다. 이 산화환원 과정을 나타내는 일반적인 반응식은 다음과 같다.

$$AH_2 + NAD^+ \xrightleftharpoons{\text{탈수소효소}} A + NADH + H^+$$

반응식에서 AH_2와 A는 해당과정, 피루브산 탈수소화반응, 그리고 시트르산회로의 환원형 및 산화형 대사물질을 나타낸다. FAD에 대하여도 유사한 과정이 일어나며, 여기서 BH_2와 B는 시트르산회로 및 다른 경로의 대사물질을 나타낸다.

$$BH_2 + FAD \xrightleftharpoons{\text{탈수소효소}} B + FADH_2$$

다양한 경로로부터의 중요한 탈수소효소 촉매반응을 표 17.1에 정리하였다.

표 17.1

NAD- 및 FAD-연결 탈수소효소(NAD- and FAD-linked dehydrogenase)에 의해 촉매되는 반응

NAD Linked

1. Glyceraldehyde-3-phosphate + P_i + NAD^+ $\rightleftharpoons$ 1,3-bisphosphoglycerate + NADH + H^+
2. Pyruvate + CoA + NAD^+ $\rightleftharpoons$ acetyl-CoA + CO_2 + NADH + H^+
3. Isocitrate + NAD^+ $\rightleftharpoons$ α-ketoglutarate + NADH + H^+ + CO_2
4. α-ketoglutarate + CoA + NAD^+ $\rightleftharpoons$ succinyl-CoA + CO_2 + NADH + H^+
5. Malate + NAD^+ $\rightleftharpoons$ oxaloacetate + NADH + H^+

FAD Linked

1. Succinate + FAD $\rightleftharpoons$ fumarate + $FADH_2$

복습 문제

1. 앞에서 배운 대사경로의 복습을 통해서 표 17.1의 각 반응들의 경로와 효소 체계를 확인하시오. 또한 세포 내에서 각 효소의 위치를 확인하시오. 예를 들어 NAD 연관의 첫째 반응은 해당과정의 반응이며 효소는 글리세르알데히드-3-인산탈수소효소(glyceraldehyde-3-phosphate dehydrogenase)이다. 해당과정의 효소들은 세포질에 위치한다.

2. 표 17.1에 있는 반응들의 유형은 무엇이며 반응의 일반적인 효소 종류는 무엇인가?

이와 같이 기질로부터의 전자는 NADH 와 $FADH_2$로 수집된다. 세포에는 단지 한정된 양의 산화형 보조인자인 NAD^+ 및 FAD가 포함되어 있다. 대사가 지속되기 위해서는 이들의 환원형 생성물이 재순환되어야 한다. 재순환은 NADH와 $FADH_2$로부터 마지막 전자수용체인 O_2로 전자가 전달되는 산화반응에 의하여 이루어진다.

$$NADH + H^+ + \tfrac{1}{2}O_2 \xrightarrow{ADP + P_i \;\to\; ATP} NAD^+ + H_2O$$

$$FADH_2 + \tfrac{1}{2}O_2 \xrightarrow[ADP + P_i \;\to\; ATP]{} FAD + H_2O$$

이들 반응식이 보여주는 두 가지의 중요한 결론이 있다.

1. 재형성된 산화형 보조인자(NAD^+와 FAD)는 계속되는 산화 대사에 사용할 수 있게 된다.
2. 전자전달을 통하여 방출되는 에너지는 ATP 합성과 짝지어진다.

전자전달사슬

보조인자의 산화에 대한 위의 반응식은 다소 간단하기는 하나, 전자전달과 ATP 합성이 어떻게 결합되는지를 보여준다. 반응식을 단일 단계로 표기하였지만, 각각은 여러 개의 반응식이 더하여져 얻어지는 순반응 식이다. 실제로 전자는 호흡 전자전달사슬(respiratory electron-transport chain, 그림 17.2)이라고 부르는 일련의 운반체를 통하여 NADH와 $FADH_2$로부터 O_2로 전달된다. 이 사슬은 NADH-조효소Q환원효소(복합체 Ⅰ, NADH-coenzyme Q reductase), 숙신산-조효소Q환원효소(복합체 Ⅱ, succinate-coenzyme Q reductase), 시토크롬*c*환원효소(복합체 Ⅲ, cytochrome *c* reductase), 그리고 시토크롬*c*산화효소(복합체 Ⅳ, cytochrome *c* oxidase)라고 부르는 네 개의 큰 단백질복합체로 구성되어 있다. 각 복합체 내에 있는 대부분의 운반체는 전자를 받거나 줄 수 있는 보결분자단(prosthetic group)을 가진 내재성 막단백질이다. 다시 말해서 전자운반체들은 산화환원반응을 수행한다.

운반체는 전자친화력이 증가하는 순서로 배열되어 있다. 그러므로 전자는 한 운반체로부터 다음 운반체를 향하여 자발적으로(spontaneously) 흐른다.(전자는 에너지의 측면에서 볼 때 "내리막"으로 흐른다.) NADH의 전자는 운반체 중에서 에너지 준위가 가장 높다. 다르게 표현하면 NADH는 강력한(실제로 운반체 중에서 가장 강력한) 환원제이다. NADH의 전자는 복합체 I (NADH-조효소Q 환원효소)로 이동하며, 이 복합체는 FMN과 철–황구조(Fe–S cluster)를 가지는 단백질로 구성되어 있다. $FADH_2$는 숙신산-조효소Q 환원효소(복합체 Ⅱ)와 또한 아실-CoA탈수소효소의 일부인 철-황구조에 의하여 산화된다. 따라서 전자는 두 종류의 보조인자로부터 각각 다른 가지를 통하여 전자전달사슬로 들

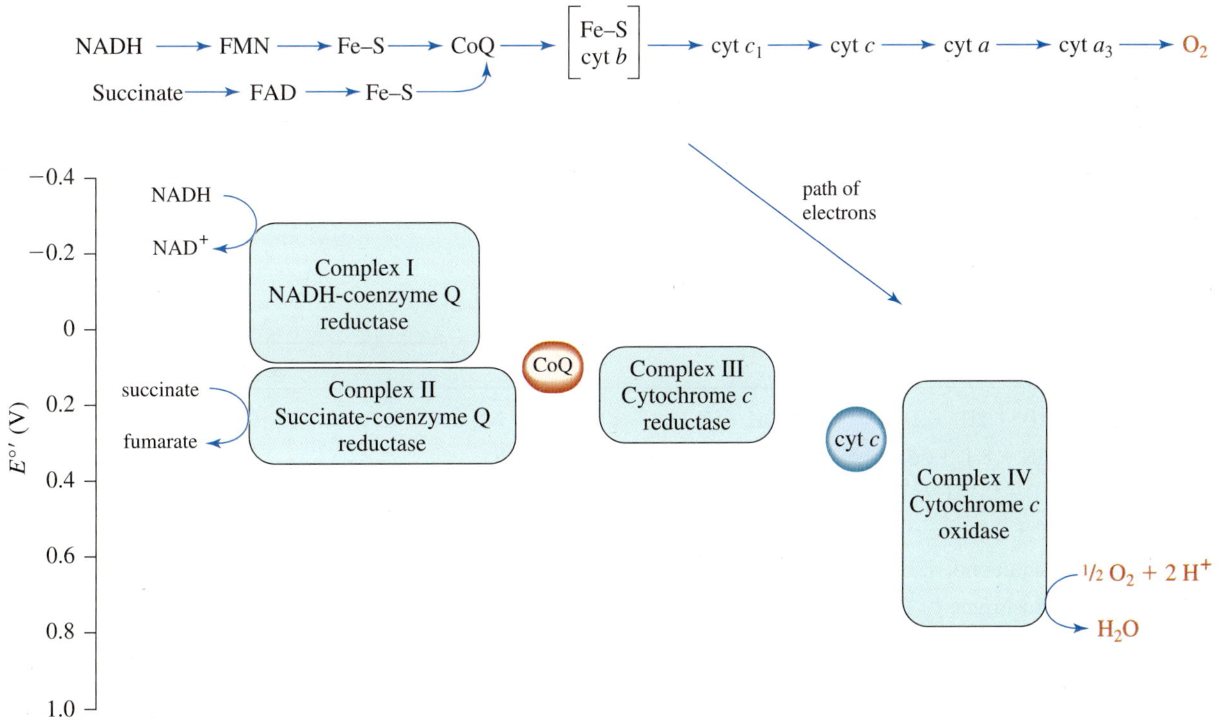

그림 17.2 미토콘드리아의 전자전달사슬에 있는 네 종류의 복합체 운반체. 각각의 상대적인 에너지 준위는 왼쪽의 $E°'$의 단위로 나타내었다. $E°'$는 볼트로 측정되는 표준환원전위(standard reduction potential)를 의미한다. 네 가지 복합체들은 전자를 환원형 보조인자 NADH와 $FADH_2$로부터 분자상 산소로 전달한다. 전자의 흐름은 그림의 위에 반응 서열로 나타내었다. CoQ는 조효소Q를 의미하고 이는 두 가지 형태, 즉 산화된 형태의 유비퀴논과 환원된 형태의 유비퀴놀로 존재한다.

17.1 다시 보기

산화환원 과정의 생체에너지학

전자전달과정(산화환원반응)에서 방출된 에너지는 산화제와 환원제의 에너지 준위에 의해 결정된다. 미토콘드리아의 전자전달사슬의 성분을 비롯한 모든 산화제와 환원제의 에너지 준위는 **표준환원전위(standard reduction potential, $E^{\circ\prime}$)**를 이용하여 정량적으로 나타낸다. 환원전위는 화합물이 얼마나 쉽게 환원되는지(얼마나 쉽게 전자를 받는지)에 대한 척도이다. $E^{\circ\prime}$는 $\Delta G^{\circ\prime}$에서와 마찬가지로 표준 온도 및 압력, 그리고 pH 7에서 측정된다(14.3절 참조).

모든 화합물은 $E^{\circ\prime}$를 0.0 V로 정한 H^+/H_2의 산화환원전위와 비교된다. 양(+)의 $E^{\circ\prime}$값을 가지는 화합물은 H^+보다 좋은 전자수용체이다. 산화된 형태의 운반체에 대한 $E^{\circ\prime}$값이 큰 양의 값일수록 더 강한 전자수용체로서 작용한다. 미토콘드리아의 전자전달사슬의 마지막에 있는 가장 강한 전자수용체는 +0.82 V의 $E^{\circ\prime}$를 가지는 O_2이다. 운반체의 $E^{\circ\prime}$값이 큰 음(−)의 값일수록 산화제로서의 기능은 약하고 더 강한 환원제(전자공여체)로서 작용한다. 사슬에서 가장 강한 환원제인 NADH의 $E^{\circ\prime}$는 −0.32 V이다. 전자전달사슬에 있는 각 운반체의 $E^{\circ\prime}$값은 아래의 표에서 보여주고 있다. 호흡 사슬의 운반체에 대한 $E^{\circ\prime}$ 값은 −0.32 V(NAD^+/NADH)와 +0.82 V(O_2/H_2O) 사이의 범위에 걸쳐 있다.

다음의 식은 산화환원반응의 표준자유에너지변화를 계산하기 위하여 사용된다.

$$G^{\circ\prime} = -nF\Delta E^{\circ\prime}$$

n = 한 운반체에서 다른 운반체로 전달되는 전자의 수(보통 하나 또는 두 개)

F = 패러데이 상수, 96.5 kJ/volt · mole (볼트(volt)를 kJ/mol로 전환하는 환산 인자)

$\Delta E^{\circ\prime}$ = 두 운반체의 환원전위의 차이, 단위는 볼트

($\Delta E^{\circ\prime} = E^{\circ}{}_{수용체} - E^{\circ\prime}{}_{공여체}$)

전자가 NADH로부터 사슬을 통하여 O_2로 전달될 때 방출되는 에너지를 계산하기 위하여 이 식을 사용하기로 한다. 정상적으로 2개의 전자가 NADH[$E^{\circ\prime}{}_{공여체}$ = −0.32 V]로부터 O_2[$E^{\circ\prime}{}_{수용체}$= +0.82 V]로 전달된다. 이 과정에서 방출되는 전체 에너지는 다음과 같이 계산된다.

$$\mathrm{NADH} + \mathrm{H^+} + \tfrac{1}{2}\mathrm{O_2} \longrightarrow \mathrm{NAD^+} + \mathrm{H_2O}$$

$$\Delta G^{\circ\prime} = -(2)\left(96.5\frac{\mathrm{kJ}}{\mathrm{V \cdot mol}}\right)[+0.82 - (-0.32)]\mathrm{V}$$

$$\Delta G^{\circ\prime} = -(2)(96.5)(1.14)\ \mathrm{kJ/mol}$$

$$\Delta G^{\circ\prime} = -220\mathrm{kJ/mol}$$

미토콘드리아 전자운반체에 대한 표준환원전위 $E^{\circ\prime}$

Redox Reaction[a]	$E^{\circ\prime}$ (V)
$NAD^+ + 2H^+ + 2e^- \longrightarrow NADH + H^+$	−0.32
$FMN + 2H^+ + 2e^- \longrightarrow FMNH_2$	−0.30
$FAD + 2H^+ + 2e^- \longrightarrow FADH_2$	−0.18
$2H^+ + 2e^- \longrightarrow H_2$	0.00
Ubiquinone + $2H^+ + 2e^-$ ⟶ ubiquinol	0.05
Cytochrome $b_{(ox)} + e^-$ ⟶ cytochrome $b_{(red)}$	0.08
Cytochrome $c_{1(ox)} + e^-$ ⟶ cytochrome $c_{1(red)}$	0.22
Cytochrome $c_{(ox)} + e^-$ ⟶ cytochrome $c_{(red)}$	0.25
Cytochrome $a_{(ox)} + e^-$ ⟶ cytochrome $a_{(red)}$	0.29
Cytochrome $a_{3(ox)} + e^-$ ⟶ cytochrome $a_{3(red)}$	0.55
$\frac{1}{2}O_2 + 2H^+ + 2e^- \longrightarrow H_2O$	0.82

[a] (ox), oxidized; (red), reduced.

어가서 CoQ에서 수렴된다. 환원형 CoQ($CoQH_2$)의 전자는 복합체 III에 의해 시토크롬*c*(시토크롬*c*환원효소를 거쳐서)로 그리고 최종적으로 시토크롬*c*산화효소를 통하여 O_2로 전달된다. (운반체의 순서는 또한 미토콘드리아 내막에서 인접한 성분에 대한 물리적인 근접도를 나타낸다.)

하나의 운반체로부터 다른 운반체로 전자가 전달될 때 방출되는 에너지 량은 아주 중요하다. 왜냐하면 이 양이 ADP와 P_i로부터 ATP를 합성하기 위하여 사용할 수 있는 충분한 에너지인지를 알 수 있기 때문이다. 전자전달계로부터 방출되는 에너지는 이제는 익숙한 상수인 표준자유에너지변화 $\Delta G^{\circ\prime}$에 의하여 산출된다(14.3절과 다시 보기 17.1 참조).

모든 에너지가 전자전달의 단일 단계에서 방출되지 않고 각 산화환원 단계에 의하여 점점 에너지의 양이 증가한다는 것을 주목해야 한다. 방출되는 에너지의 양은 사슬 내의 인접한 운반체 사이에서 또는 일정한 사이로 떨어져 있는 운반체 사이에서 계산할 수 있다. 사슬 내에 특정한 세 단계에서 방출되는 에너지는 막횡단 양성자기울기의 형태로 모여지며 ATP의 합성을 유도하기 위하여 사용된다.

$$ADP + P_i \rightleftharpoons ATP + H_2O$$

복습 문제

1. 2개의 전자가 $FADH_2$에서 O_2로 전달될 때 유용한 에너지 량을 $\Delta G^{\circ\prime}$로 계산하시오. 이 에너지가 ATP를 합성하기에 충분한가?

17.2 전자전달사슬의 성분

학습 목표

전자전달사슬의 생리학적 위치, 역할 및 구성 성분을 이해한다.

전자전달사슬은 전자의 흐름에 관여하는 몇 가지의 성분이 연속적으로 나열된 구성으로 되어 있다. 각 성분들은 산화환원반응을 수행할 수 있다. 즉 사슬 내에서 앞의 운반체로부터 전자를 받을 수 있고 다음의 운반체로 넘겨준다. 다음의 운반체는 앞의 운반체보다 더 큰 전자 친화력을 가지고 있기 때문에 전자의 흐름은 자발적이며 열역학적으로 유리하다. 이들 운반체들을 화학적으로 살펴보기 위하여 앞 절에서 설명한 NADH-조효소Q 환원효소(복합체 I), 숙신산-조효소Q 환원효소(복합체 II), 시토크롬*c* 환원효소(복합체 III) 그리고 시토크롬*c*산화효소(복합체 IV)의 네 개의 단편으로 사슬을 나눈다. 이들 복합체 내에는 네 가지 분자 유형의 산화환원 중심인 플라빈모노뉴클레오티드(FMN), 철-황구조(Fe-S), 유비퀴논(CoQ), 그리고 시토크롬이 있다(NADH와 $FADH_2$ 이외에).

복합체 I

복합체 I (complex I)의 운반체들이 그림 17.3에 나타나 있다. NADH의 전자는 복합체 내의 첫째 운반체인 **플라빈모노뉴클레오티드(flavin mononucleotide)**로 이동한다(그림 17.4). FAD의 유사체인 FMN은 NADH로부터 2개의 전자를 받아서 환원된다. 생성물인 $FMNH_2$의 전자는 **철-황구조(iron-sulfur cluster)**로 구성된 그 다음의 보결분자단으로 이동한다(그림 17.5). 철-황구조의 가장 흔한 형태는 같은 수의 철과 황을 가진다(Fe_2S_2 및 Fe_4S_4). 황 원자는 단백질 내의 시스테인 잔기 또는 무기 황 원자로부터 유래한다. 이들 복합체 내의 철 원자는 산화된 철 상태(Fe^{3+})와 환원된 철 상태(Fe^{2+})를 순환한다. 복

그림 17.3 NADH-CoQ환원효소(NADH-CoQ reductase)인 복합체 I의 성분. 복합체 내의 단백질은 보결분자단인 FMN과 Fe-S를 가지고 있다. 전자는 NADH로부터 복합체로 들어가서 CoQ로 이동한다.

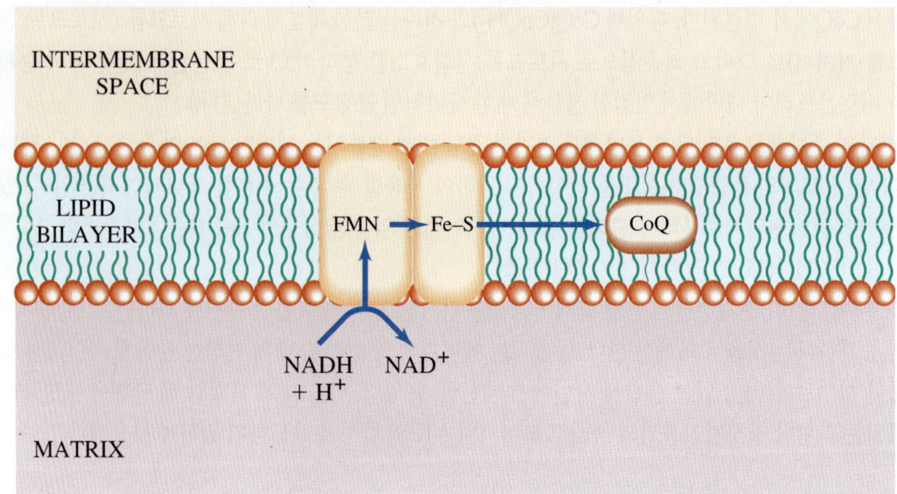

Flavin mononucleotide (FMN)

Semiquinone intermediate

Reduced flavin mononucleotide ($FMNH_2$)

그림 17.4 산환환원 보조인자(redox cofactor) FMN과 $FMNH_2$의 구조. FMN은 한 개의 전자와 양성자를 받아서 세미퀴논 중간체(semiquinone intermediate)를 형성한다. 라디칼(지유 전자)의 위치를 원으로 나타내었다. 둘째 전자와 양성자는 $FMNH_2$를 생성한다.

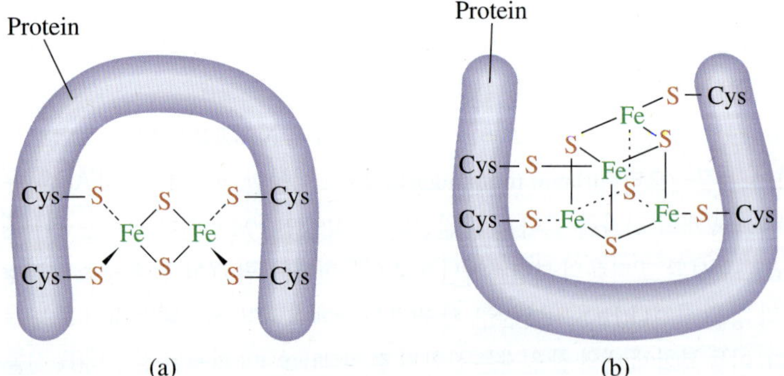

그림 17.5 전자전달 단백질에서의 철-황 복합체의 구조: (a) Fe_2S_2 및 (b) Fe_4S_4. 무기 황화 이온(S^{2-})이외에 단백질의 시스테인 잔기의 황 원자도 또한 철과 결합한다. 철 원자는 가역적인 산화환원반응인 $Fe^{3+} + e^- \rightleftharpoons Fe^{2+}$을 수행한다.

H_3CO, CH_3, $(CH_2-CH=C(CH_3)-CH_2)_{10}-H$ ⇌ ($e^- + H^+$) ⇌ ($e^- + H^+$)

Oxidized form of coenzyme Q
(Q, ubiquinone)

Semiquinone
intermediate
(QH·)

Reduced form of coenzyme Q
(QH_2, ubiquinol)

그림 17.6 조효소Q의 두 가지 형태인 유비퀴논(ubiquinone) 및 유비퀴놀(ubiquinol)의 산화환원 작용의 구조. 산화된 형태의 CoQ는 2개의 전자와 2개의 양성자를 받아서 $CoQH_2$를 생성한다. 세미퀴논 중간체는 한 개의 전자와 양성자의 전달되었을 때 생성된다.

합체 I 은 **조효소Q(coenzyme Q)** 또는 **CoQ**라고 부르기도 하는 운반체인 **유비퀴논(ubiquinone)**에서 종결된다. [자연에 산재(ubiquitous)하므로 이 명칭이 붙여졌다]. 포유동물에서 흔하게 볼 수 있는 CoQ의 구조를 그림 17.6에 나타내었다. CoQ는 모든 운반체 중에서 가장 작으며 가장 소수성이 강하다. CoQ 분자 중의 긴 탄화수소 가지 사슬은 CoQ를 미토콘드리아의 비극성 내막에 고정시키는 역할을 한다. 유비퀴논(CoQ)이 2개의 전자와 2개의 양성자를 받으면 유비퀴놀(ubiquinol, $CoQH_2$)로 된다(그림 17.6). 한 개의 전자가 전달될 때 세미퀴논(semiquinone) 중간체가 형성된다.

복합체 II

조효소Q는 또한 보조인자 $FADH_2$의 전자가 사슬로 들어가는 유입 지점으로 작용한다. 최소한 두 가지 형태의 복합체 II (complex II)가 미토콘드리아 내막에 존재한다. 숙신산탈수소효소(시트르산회로)와 아실-CoA탈수소효소(β산화, 18장 참조)는 기질 분자(숙신산 및 아실-CoA)의 전자를 $FADH_2$를 거쳐서 CoQ로 전달한다. 이들 두 효소는 보결분자단으로서 철-황구조를 가지며, 미토콘드리아 내막에 내재성 단백질로 존재한다(그림 17.7). NADH와 $FADH_2$로부터 전자전달사슬로 들어가는 모든 전자들은 유비퀴논/유비퀴놀 쌍(보조효소Q)을 통과하게 된다. 영양학자들은 항산화제로서 그리고 심장질환과 암을 예방하기 위하여 CoQ를 매일 섭취할 것을 권장하고 있다(임상생화학 참조).

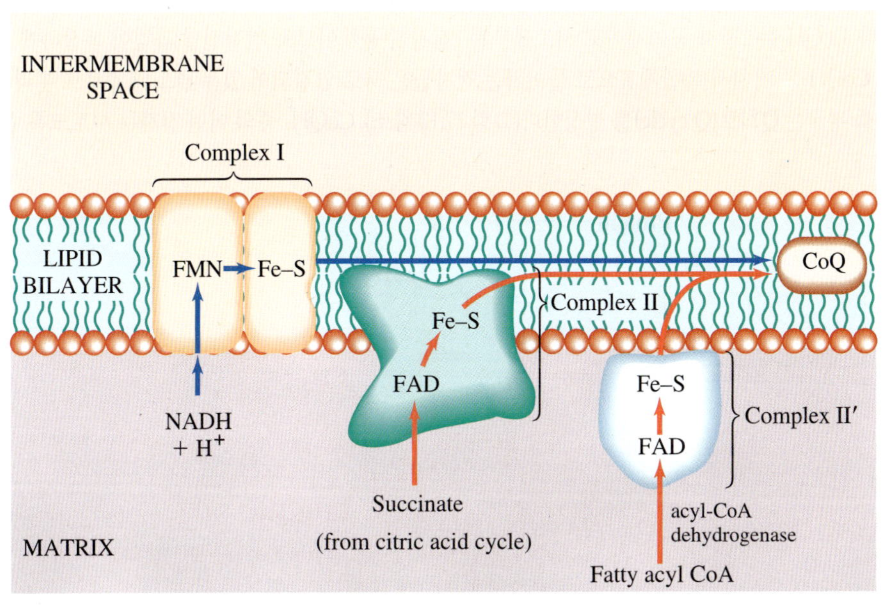

그림 17.7 $FADH_2$의 전자가 전자전달사슬(복합체 II 및 II′)로 유입되는 과정. 숙신산과 지방산아실-CoA기질의 전자는 특정한 FAD-연관 탈수소효소에 의하여 CoQ로 전달된다.

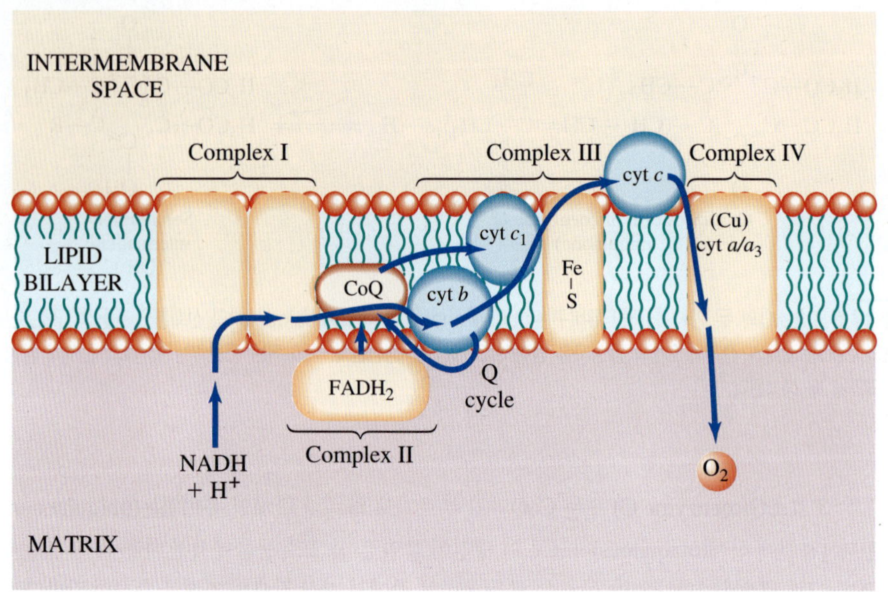

그림 17.8 복합체Ⅲ은 $CoQH_2$로부터 시토크롬c(cyt c)로 전자를 전달하며, 시토크롬c는 전자를 복합체Ⅳ로 운반하기 위한 이동성 셔틀로 작용한다. 복합체Ⅲ의 전자운반체는 철-황구조와 시토크롬이다.

복합체Ⅲ

사슬의 다음 구조인 복합체Ⅲ(complex Ⅲ)에서 전자는 유비퀴놀로부터 시토크롬c로 전달된다(그림 17.8). 복합체Ⅲ의 전자운반체는 철－황구조와 시토크롬(cytochrome)이다. 철-황구조는 이미 앞에서 설명한 것과 유사하다. **시토크롬(cytochrome)**은 헴 보결분자단을 가지고 있는 전자전달 단백질이다(그림 17.9). 시토크롬은 산소 운반 단백질인 미오글로빈 및 헤모글로빈과 유사하다. 시토크롬은 헴 보결분자단을 가지므로 진한 색깔을 나타낸다. 동물 근육이 나타내는 적갈색은 시토크롬(및 미오글로빈)의 존재에 기인한다. 야생형 엽조(game birds)는 활동적인 비상 근육에 고농도로 존재하는 미토콘드리아의 시토크롬으로 인하여 진한 색의 가슴살을 가진다. 사육되는 조류(닭, 칠면조 등)는 활동성이 적은 비상 근육에 시토크롬의 농도가 낮기 때문에 흰색의 가슴살을 가진다.

헴 분자를 가지는 각 시토크롬 분자는 산화환원순환 당 단지 한 개의 전자를 받거나 줄 수 있다. 헴에서 철 원자는 환원된 철(Fe^{2+})과 산화된 철(Fe^{3+})사이를 순환한다. 서로 다른 단백질 환경에서의 헴 구조로 인하여 시토크롬 분자들은 서로 약간 다른 환원전위를 가지게 된다(다시 보기 17.1 참조).

환원형 CoQ($CoQH_2$)로부터의 전자전달은 본문과 그림에서 나타낸 것과는 달리 직접적인 과정이 아니다. $CoQH_2$는 2전자 공여체이고 시토크롬은 1전자 수용체이므로 전자전달 과정이 복잡하게 진행된다. $CoQH_2$를 거쳐서 복합체Ⅲ으로 들어가는 전자들은 서로 연결되어 있는 별도의 경로로 분리되는데 이들 경로는 **Q회로(Q cycle)**를 형성한다(그림 17.10 참조). $CoQH_2$ 중의 어떤 전자는 시토크롬c를 환

그림 17.9 시토크롬c에서 볼 수 있는 헴C(heme C)의 구조.

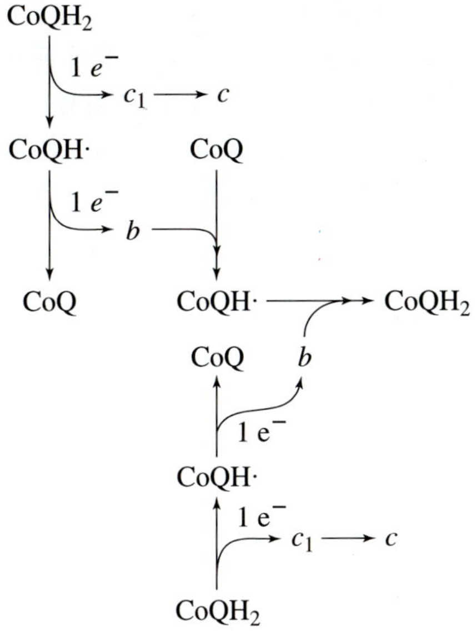

그림 17.10 복합체III 내에서 전자전달의 Q회로

원시킨다(시토크롬c_1을 거쳐서). 그림에서 2개의 $CoQH_2$ 분자는 각각 하나의 전자를 시토크롬c로 전달한다. 두 분자의 CoQH · 세미퀴논 생성물은 각각 한 개의 전자를 시토크롬b로 전달한다. 시토크롬b로부터의 2개의 전자는 한 분자의 새로운 $CoQH_2$를 생성한다. 반응의 순결과는 두 분자의 $CoQH_2$가 4개의 전자를 보내면서 산화된다. 2개의 전자는 2개의 시토크롬 분자를 환원시키며 다른 2개의 전자는 $CoQH_2$를 재생산시키는 데 사용된다.

$$2CoQH_2 + 2cytc_{(ox)} + CoQ \rightleftharpoons 2CoQ + 2cytc_{(red)} + CoQH_2 + 2H^+$$

Q회로는 ATP 합성에 필요한 양성자기울기를 유지시키는 데 도움을 주는 것으로 추정된다.

복합체IV

전자전달사슬에서의 마지막 복합체는 시토크롬a와 a_3로 구성되며, **시토크롬c산화효소(cytochrome c oxidase)**라고 부르는 운반체를 형성하고 있다. 이 구조는 두 가지 유형의 보결분자단, 즉 2개의 헴(a 및 a_3)과 2개의 구리 원자를 가지고 있는 10개의 단백질 단위체로 구성되어 있다(그림 17.8 참조). 시토크롬c로부터 O_2로 전달되는 전자는 두 헴의 철 원자와 구리 이온을 통하여 이동한다. 구리는 제1구리(Cu^+)와 제2구리(Cu^{2+})이온을 통하여 순환한다. 사슬의 모든 운반체 중에서 시토크롬a와 a_3는 전자를 O_2로 **직접 전달할 수 있는 유일한 물질**이다. O_2를 H_2O로 환원시키는 데 모두 4개의 전자가 필요하다.

$$O_2 + 4e^- + 4H^+ \rightleftharpoons 2H_2O$$

NADH(또는 $FADH_2$)의 전자는 다양한 복합체를 통하여 O_2로 전달될 때 내막을 가로지르는 양성자의 이동을 유도한다(기질로부터 막간 공간으로). 양성자기울기는 ATP 합성을 위한 에너지를 공급한다.

호흡 전자운반체의 실제 서열을 규명하는 일은 생화학 연구에 있어서 보편적인 분야가 되었다. 몇 가지의 실험적 증거로부터 그 순서가 결정되었다.

1. 각 운반체의 산화된 형태와 환원된 형태에 있어서 독특한 빛 흡수에 대한 복합적 연구. 운반체의 자외선-가시광선 흡수스펙트럼은 산화환원 상태에 따라 다르다.
2. 사슬의 각 성분에 대한 표준환원전위 $E^{\circ\prime}$의 실험적 측정. 이 과정은 각 운반체를 분리 및 정제하여 측정하는 복잡한 과정에 의해 이루어진다.

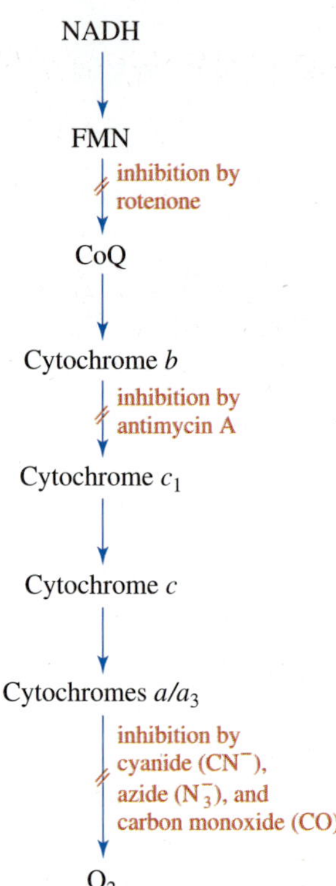

그림 17.11 미토콘드리아 전자전달의 억제. 특정한 위치에서 전자전달을 차단하는 몇 개의 화학약품들을 나타내었다. 로테논(rotenone)과 안티마이신 A(antimycin A)는 농도가 매우 높을 때를 제외하고 사람의 미토콘드리아에 미치는 영향이 적다. 그러나 CN^-, N_3^- 및 CO는 사람을 비롯한 동물에게 매우 독성이 크다.

3. 사슬의 특정한 위치에서 전자의 흐름을 억제하는 화학 물질의 이용. 그림 17.11에서 세가지유형의 전자전달 억제제와 이들의 작용 부위를 보여주고 있다. 어류의 독 및 살충제로 사용되는 로테논(rotenone)은 NADH와 CoQ 사이의 전자전달을 억제한다(복합체 I 내의 철 – 황구조와 CoQ 사이). 항생제인 안티마이신A(antimycin A)는 시토크롬*b*로부터 시토크롬c_1(복합체Ⅲ에서)으로의 전자전달을 억제한다. 시안화이온(CN^-), 아지드 이온(N_3^-) 및 일산화탄소(CO)는 시토크롬*a*와 a_3로부터 O_2로의 전자전달을 차단한다. CN^-, N_3^- 및 CO는 시토크롬산화효소 내의 구리원자와 착물을 형성하면서 복합체Ⅳ에 대한 O_2의 결합을 방해한다.

17.3 산화적 인산화

학습 목표

전자전달과 ATP 형성의 연결과정인 산화적 인산화를 설명한다.

산화적 인산화(oxidative phosphorylation) 과정은 서로 구별되는 두 작용의 결합이며, 이들은 반응식의 형태로 요약될 수 있다.

1. NADH(또는 $FADH_2$)로부터 전자전달사슬을 거쳐서 분자상 산소로의 전자전달

$$NADH + H^+ + \tfrac{1}{2}O_2 \longrightarrow H_2O + NAD^+ \quad \Delta G^{\circ\prime} = -220\ kJ/mol$$

NADH 및 $FADH_2$의 높은 에너지 준위로부터 O_2로의 전자의 내리막 흐름은 둘째 과정을 유도하기 위하여 $\Delta G^{\circ\prime}$으로 측정되는 많은 양의 에너지를 방출한다.

2. 무기인산 이온을 이용한 ADP의 인산화에 따르는 ATP의 합성

$$ADP + P_i \rightleftharpoons ATP + H_2O \quad \Delta G^{\circ\prime} = +31\ kJ/mol$$

2 단계는 미토콘드리아의 내막에 있는 **ATP생성효소(ATP synthase)**에 의하여 촉매된다. 전자전달로부터의 에너지가 모여져서 ATP 합성 반응을 유도하기 위한 적당한 형태로 전환될 수 있다. 완전한 미토콘드리아에서 전자전달과 ATP 합성 과정은 서로 짝지어져 있다. 각 과정은 서로에 의존적이다. ATP 합성이 필요하지 않을 때 전자는 영양물로부터 O_2로 전달되지 않는다(고농도의 ADP가 존재할 것이다). 전자전달에 의한 에너지가 없다면 ATP는 산화적 인산화에 의해 생산되지 않는다.

산화적 인산화의 화학량론(stoichiometry)은 분리된 완전한 미토콘드리아에 O_2, 피루브산 또는 숙신산과 같은 산화될 수 있는 기질, ADP, P_i, 그리고 NAD^+ 또는 FAD를 공급함으로써 연구할 수 있다. 피루브산탈수소효소복합체(pyruvate dehydrogenase complex)에 의해 산화되는 피루브산 각 분자는 한 분자의 NADH를 형성한다(피루브산으로부터 2개의 전자가 NAD^+로 전달된다). 환원형 보조인자에 있는 2개의 전자가 전자전달사슬을 통하여 전달될 때 환원되는 각 산소 당 세 부자의 ATP가 합성된다(기질로 향한 양성자의 역방출에 의해 ATP의 정확한 수는 2와 3 사이, 정확히 2.5이다. 이후의 계산상의 편리함과 연속성을 위하여 3 ATP로 계산하기로 한다.) 따라서 미토콘드리아에서 NADH의 산화에 대한 전체 순반응은 다음과 같다.

$$NADH + H^+ + 3ADP + 3P_i + \tfrac{1}{2}O_2 \longrightarrow NAD^+ + 4H_2O + 3ATP$$

숙신산탈수소효소에 의한 산화반응에서 숙신산 각 분자에 의하여 한 분자의 $FADH_2$가 형성된다. $FADH_2$로부터 2개의 전자가 전자전달사슬의 CoQ를 통하여 들어가고 O_2가 환원될 때 두 분자의 ATP가 형성된다.

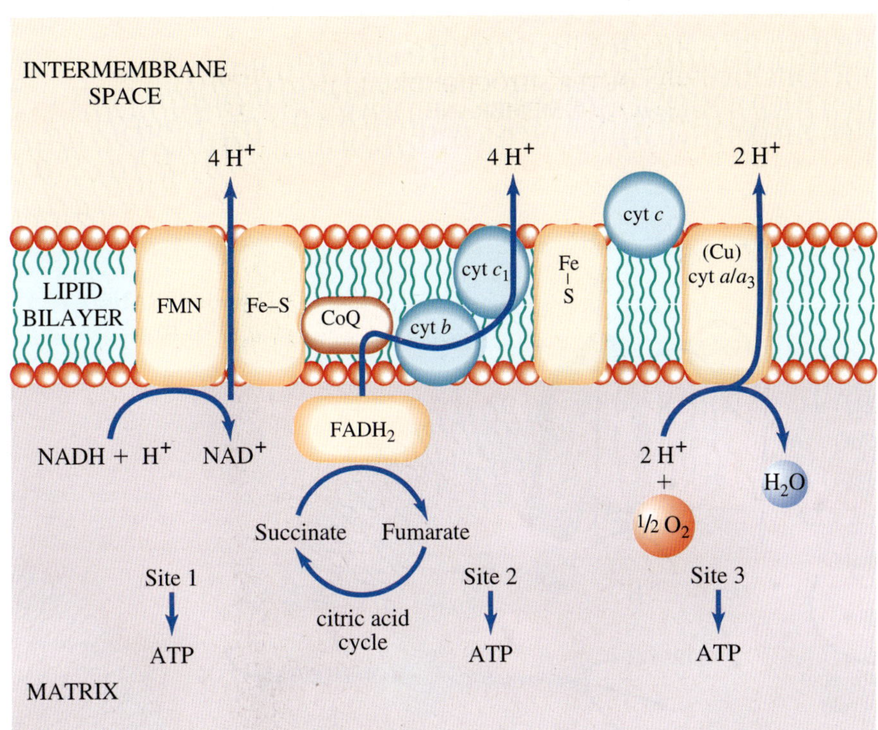

그림 17.12 미토콘드리아의 전자전달 사슬에서 에너지짝지음부위의 위치. 부위 1은 NADH와 CoQ 사이에 있다. 부위 2는 시토크롬*c*환원효소이다. 부위 3은 시토크롬a/a_3 내에 있다. 2개의 전자가 각 부위를 통하여 통과하면서 한 분자의 ATP가 ADP의 인산화에 의하여 생성된다.

전자전달과 ATP 합성의 짝지음

산화적 인산화의 메커니즘에 대한 연구는 생화학적 연구에 있어서 활발하면서도 논쟁의 대상이 되어왔던 영역이다. 1940년대 초에 시작하여, 오초아(S. Ochoa), 레닌저(A. Lehninger), 그린(D. Green), 래커(E. Racker), 미첼(P. Mitchell), 그리고 보이어(P. Boyer) 등의 미국 및 영국의 생화학자들은 전자전달과 ATP 합성의 짝지음을 설명하기 위하여 노력하였다. 첫째 실험 결과 중의 하나는 H_2O로 환원되는 산소 1몰 당 생성되는 ATP의 몰수이다. 이는 보통 P/O 비율로 나타낸다. 즉 사슬을 통하여 산소로 이동하는 전자쌍 당 형성되는 ATP의 몰수이다. NADH 산화에 대한 P/O는 약 3이고 $FADH_2$에 대한 P/O는 2이다. (실험적 측정에 의하면 실제 비율이 각각 2.5와 1.5이다.) 이 결과는 NADH의 유입에서부터 산소 사이의 전자사슬에 3개의 다른 짝지음부위가 있다는 것을 가정함으로써 설명된다(그림 17.12). $FADH_2$의 전자는 첫째 짝지음부위를 지난 위치에서 사슬로 들어간다. 각 부위를 통한 전자의 통과가 그 위치에서 ATP를 형성한다. 몇 년 동안의 활발한 연구를 통하여 세 가지 주요 효소복합체 내에 각 하나씩의 짝지음부위가 있다는 것을 알았다. 부위 Ⅰ은 NADH-조효소Q 환원효소(복합체 Ⅰ), 부위 Ⅱ는 시토크롬*c*환원효소(복합체 Ⅲ), 그리고 부위 Ⅲ은 시토크롬*c*산화효소(복합체 Ⅳ)이다.

짝지음부위와 그들의 위치가 밝혀진 후 생화학자들의 다음 도전은 **에너지짝지음(Energy coupling)**의 메커니즘을 정의하는 것이었다. 전자전달로부터의 에너지가 어떻게 ADP를 인산화하기 위하여 사용될 수 있는 에너지의 형태로 전환되는가? 이는 전기화학(산화환원, redox) 에너지가 화학(인산무수결합)에너지로 전환되어야 가능하다. 수년 동안 짝지음에 대한 몇 가지 메커니즘이 제안되었다.

1. 전자전달이 ATP 생성을 위한 에너지를 전달하는 고에너지 공유 중간체를 형성한다는 이론이 제안되었다. 그러한 에너지 함유 중간체에 대한 실험적 증거는 관찰되지 않았다.
2. 둘째 가정은 전자전달 에너지가 고에너지 단백질 형태로 저장된다는 것이다. 앞의 제안에서와 같이 형태적 중간체에 대한 실험적 증거를 얻지 못하였다.

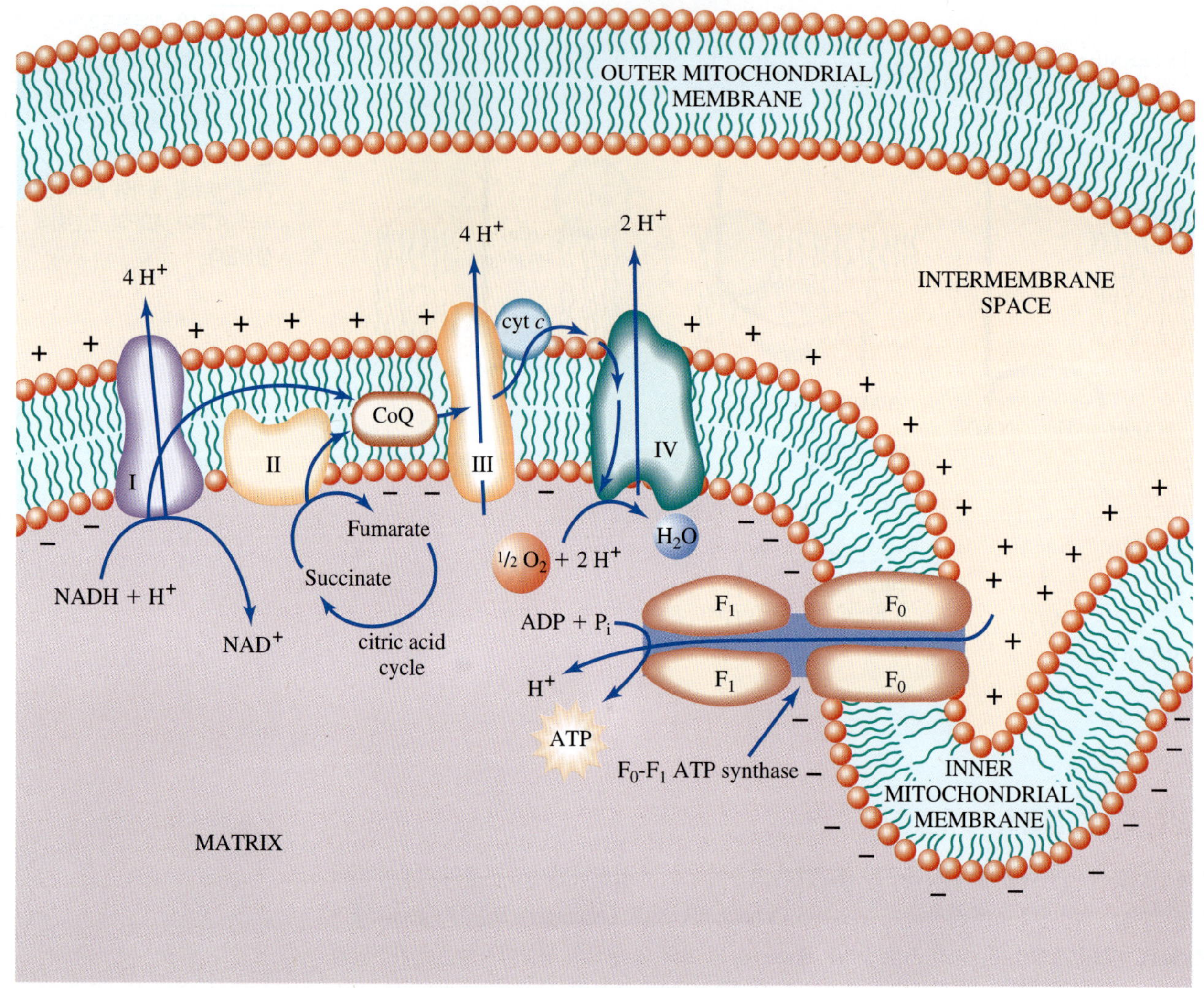

그림 17.13 화학삼투적 짝지음(chemiosmotic coupling)의 메커니즘. 전자가 세 곳의 짝지음부위를 통하여 전달되면서 양성자는 내막을 통하여 펌핑된다. 양성자의 농도가 기질(matrix)에 비하여 막간 공간(intermembrane space)에서 상대적으로 더 높기 때문에 양성자 차이 즉 기울기가 수립된다. 기울기가 파괴되면서 이 고에너지의 상태는 ATP 합성을 위한 추진력을 제공한다. F_0–F_1 ATP생성효소는 내막과 결합되어 있다. Ⅰ, Ⅱ, Ⅲ 및 Ⅳ는 네 종류의 전자전달 복합체를 나타낸다.

3. 1961년 피터 미첼(Peter Mitchell)에 의하여 매우 다른 메커니즘이 제안되었다. 그가 제안한 가설인 **화학삼투적 짝지음 메커니즘(chemiosmotic coupling mechanism)**은 내막에서의 운반체를 통한 전자전달로 인해 미토콘드리아의 기질로부터 막의 다른 쪽(막간 공간)으로 양성자(proton)의 일방적 펌핑(unidirectional pumping)이 유발된다는 이론이다(그림 17.13). 몇년의 기간에 걸쳐서 미첼과 다른 연구자들은 이 이론을 뒷받침하는 중요한 실험적 결과를 얻었다. 전자쌍이 짝지음부위를 통과하면서 양성자펌핑이 세 위치의 짝지음부위에서 각각 일어난다. H^+의 농도는 기질보다 막간 공간에서 더 높아져서 양성자기울기가 성립된다. 정교하게 고안된 실험을 통하여 미첼은 막의 양쪽 사이에서 1.4 정도의 pH 차이를 측정할 수 있었다(막간 공간의 양성자 농도가 더 높다. 즉 pH가 더 낮다). 양성자가 내막을 통하여 기질 쪽으로 확산할 수 없기 때문에 양성자기울기는 성립되고 유지된다. 막의 한 면에서의 대단히 큰 양전하로 인하여 전기화학전위(electrochemical potential) 차이가 막을 가로질러서 존재한다. 열역학적인 측면에서 양성자기울기는 불안정하고 매우 활동적인 체계이다. 이 기울기가 파괴되며 방출되는 자유에너지가 ATP 합성으로 연결된다.

ATP생성효소의 성분

이제 양성자기울기의 파괴로부터 방출되는 에너지를 이용하여 ADP의 인산화에 의해 ATP가 합성되는 과정을 살펴본다. 이 과정은 효소복합체인 **ATP생성효소(ATP synthase)**에 의하여 촉매된다. ATP생성효소는 내막의 기질 쪽으로 돌출한 구형으로 존재한다. 막의 ATP생성효소는 F_1 및 F_0의 두 개의 단위(또는 인자)로 구성되어 있다(그림 17.14). F_0로 구성된 손잡이는 기계적 교반기에 의해 막으로부터 제거될 수 있다. F_1은 ATP 합성을 위한 촉매부위를 포함하며, 이 부위에 ADP와 P_i가 함께 결합한다. F_1 성분은 내재성 막 성분인 F_0와의 반응에 의하여 막 표면에 위치하는 표재성 단백질이다. F_0는 양성자 흐름을 위한 막횡단 통로로 작용한다. F_0-F_1 복합체는 양성자 이동과 ATP 합성을 짝짓는 분자적 기구이다.

광범위한 연구에도 불구하고 복합체에 의한 ATP 합성의 상세한 메커니즘은 아직 완전히 밝혀지지 않았으나, 워커(J. Walker)와 보이어에 의해 보고된 최근의 결과로부터 새로운 시각이 제시되었다(노벨 화학상, 1997년). 양성자기울기의 파괴(F_0에 있는 통로를 통해서 기질 영역으로의 양성자의 복귀)에 의하여 방출되는 에너지는 ATP생성효소로 전달된다. 미토콘드리아 내막을 가로지르는 양성자기울기와 연관된 화학에너지는 기계에너지로 전환된다. F_0-F_1 복합체의 단위체의 형태 변화는 기계적인 축의 회전과 유사하며, 각 회전에서 결합된 ADP 및 P_i 로부터 ATP를 방출한다.

산화적 인산화의 조절

정상의 생리적 조건 하에서 전자전달은 ADP의 인산화와 강하게 짝지어 있다. (에너지 대사의 주요 기능은 일정한 ATP 수준을 유지하는 것이라는 것을 상기하시오.) 인산화반응에 필요한 ADP가 존재하지 않으면 전자는 전자전달사슬에서 O_2로 흘러 내려가지 않는다. 따라서 전자의 흐름은 ADP의 농도에 의하여 조절된다. 조절의 양식은 다른 대사 반응의 조절과 유사하다. (만일 세포 내에서 ADP가 높은 수준으로 존재한다면, ATP가 ADP 수준을 증가시키기 위하여 소모되었을 것이다.) ADP 수준의 증가로 인하여 영양물의 분해반응속도가 증가한다. 글리코겐가인산분해효소, 포스포프룩토키나아제, 시트르산생성효소 등을 비롯한 효소들이 촉진되어 영양물의 산화 속도를 증가시킨다. 이로 인하여 기질수준의 ATP 및 GTP가 생성되고 더욱 중요한 것은 NADH 및 $FADH_2$가 생성된다는 것인데 이들 보조인자들은 전자전달사슬에 의하여 산화되며 ATP를 생성한다. ATP와 ADP의 적당한 균형을 유지하지 위하여 모든 대사 과정이 어떻게 통합되는지를 앞장에서 설명하였다(15.5절 참조).

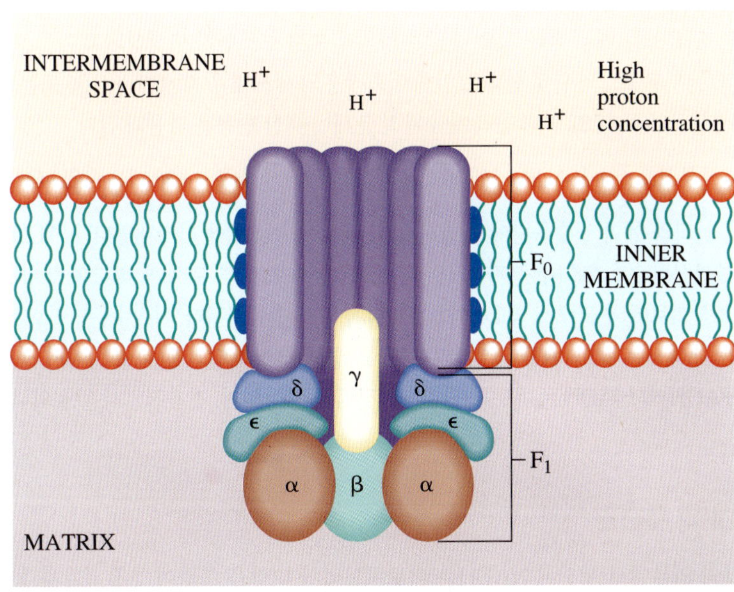

그림 17.14 ATP생성효소(F_0–F_1 복합체)의 구조. F_0는 기질로 돌아오는 양성자의 흐름을 위한 통로로 작용하고 이로 인하여 기울기의 파괴를 초래한다. 양성자가 ATPase(F_1 성분)를 통하여 이동할 때 ADP의 인산화반응이 활성화된다. α, β, γ, δ, 그리고 ε은 F_1 내의 단백질 단위체를 나타낸다.

동면하고 있는 곰은 갈색지방(brown fat)의 미토콘드리아에서 전자전달의 짝풀림에 의해 몸의 체온을 유지한다.

짝풀림단백질 어떤 특수적인 생리 조건 하에서 전자전달과 ADP 인산화의 강한 짝지음은 파괴된다(짝지음이 풀린다). 전자전달의 속도가 더 이상 ADP의 농도에 의하여 조절되지 않고 열역학적으로 조절되게 된다. 두 과정이 연결되어 있지 않다면 전자는 조절되지 않은 속도로 전자전달사슬을 지나가게 된다. 상당한 양의 O_2와 영양물이 소모되지만 ATP는 합성되지 않는다. 정상적으로 ATP를 합성하기 위하여 사용되는 전자전달의 에너지는 열의 형태로 방출된다.

갓 태어난 동물 및 곰과 같은 동면 동물이 체온을 유지하기 위하여 짝풀림(uncoupling)의 전략을 사용한다. 어떤 동물(신생아를 포함해서)은 **갈색지방(brown fat)**이라고 부르는 특수한 유형의 지방조직을 매우 풍부하게 가지고 있다. 갈색을 나타내는 것은 진한 색깔을 띠는 시토크롬을 포함하고 있는 미토콘드리아가 다량 존재하기 때문이다. 갈색지방의 미토콘드리아에서 **짝풀림단백질(uncoupling protein)** 또는 **테르모게닌(thermogenin)**이라고 부르는 내재성 단백질이 양성자가 막간 공간에서 기질쪽으로 되돌아오게 하는 통로를 제공한다. 이 통로를 통한 양성자 흐름은 F_0-F_1 복합체를 우회하게 된다. 따라서 에너지는 ATP 대신 열로 방출된다.

어떤 식물은 동결로부터 조직을 보호하기 위하여 짝풀림단백질을 이용한다. 천남성과에 속하는 앉은부채(skunk cabbage)는 겨울철에 꽃대가 쉽게 손상되는데 짝풀림 과정에 의하여 외부 온도보다 10℃나 높게 유지된다. 이 열발생 기관은 또한 수분 과정을 확실하게 하기 위하여 곤충을 유인하는 휘발성 아민의 방출을 증가시킨다.

1930년대에 단기간 동안, 2,4-디니트로페놀(2,4-dinitrophenol)이라는 화학약품이 식이요법 보조제로 처방되었다. 이 약물을 사용했던 사람들은 심호흡(O_2의 과다 소모), 체중 감소(영양물, 지방, 탄수화물 등의 빠른 분해 속도), 그리고 과다한 땀과 열(체온의 증가)의 증상을 나타내었다. 그 후의 연구 결과들에 의해 2,4-디니트로페놀이 짝풀림제(uncoupler)라는 것이 입증되었다. 이 약품이 지방을 연소시키는 데 효과적이기는 하나, 매우 심각한 독성으로 인하여 체중 조절을 위한 약으로 복용하는 것은 금지되었다(513쪽 참조).

17.4 글루코오스 대사의 에너지 수율

학습 목표

학습 목표글루코오스 대사의 총에너지를 ATP로 계산하고 대사순환의 기능을 이해한다.

이제 탄수화물의 완전 산화에 대한 에너지 수득량(ATP의 수)을 계산하기 위한 내용을 다루기로 한다. 앞에서 이화작용의 초기 단계 동안 ATP, NADH 및 $FADH_2$의 생성량을 계산하였다. 글루코오스에 대한 기질수준의 ATP 양은 매우 적다. 그러나 많은 양의 환원형 보조인자가 생성되고 이들은 호흡에 의하여 재순환된다. 글루코오스의 완전 산화로 인해 이화작용의 세포내 위치에 따라서 36 또는 38 ATP(P/O가 3일 때)가 생성된다(표 17.2). 골격 근육에서 완전 분해에 대한 반응은 다음과 같다.

$$\text{글루코오스} + 36ADP + 36P_i + 36H^+ + 6O_2 \longrightarrow 6CO_2 + 36ATP + 42H_2O$$

글루코오스의 산화와 에너지 수득량에 대한 간략한 개요를 표 17.2에 나타내었다. NADH는 해당과정(두 분자), 피루브산탈수소효소(두 분자), 그리고 시트르산회로(여섯 분자)에 의하여 생성된다. $FADH_2$는 단지 시트르산회로(글루코오스 당 2개의 $FADH_2$)에 의하여 생성된다. 기질수준인산화는 전체 4개의 ATP(어떤 생물체에서는 2개의 ATP와 2개의 GTP)를 생성한다. 해당과정(세포질)에서 생성된 것을 제외하고 모든 $FADH_2$와 NADH는 미토콘드리아 기질에서 생성되며, 전자전달사슬에 의하여 직접적으로 산화된다.

세포질 NADH의 재순환

미토콘드리아의 외부에서 생산된 NADH는 미토콘드리아 내막을 통하여 호흡복합체가 위치한 기질지역으로 수송될 수 없다. 세포질의 NADH는 전자순환계에 의하여 재순환되어야 하며, 이들은 막을

표 17.2
글루코오스의 완전 산화로부터의 에너지 수득량

Metabolic Stage	NADH[a]	$FADH_2$	Substrate-Level Phosphorylation
Glycolysis	2 (cyto)	0	2 (ATP)
Pyruvate dehydrogenation	2 (mito)	0	0
Citric acid cycle	6 (mito)	2	2 (GTP)
Subtotal	2 (cyto) 8 (mito)	2	4
Oxidative Phosphorylation			
Glycerol-3-Phosphate Shuttle			
2 cyto NADH × 2 ATP	= 4 ATP		
8 mito NADH × 3 ATP	= 24 ATP		
2 $FADH_2$ × 2 ATP	= 4 ATP		
Substrate level	= 4 ATP (or GTP)		
Grand total	36 ATP		
Malate-Aspartate Shuttle			
2 cyto NADH × 3 ATP	= 6 ATP		
8 mito NADH × 3 ATP	= 24 ATP		
2 $FADH_2$ × 2 ATP	= 4 ATP		
Substrate level	= 4 ATP (or GTP)		
Grand total	38 ATP		

[a] cyto, cytoplasmic; mito, mitochondrial.

통하여 환원된 기질의 형태로 전자를 운반한다. **글리세롤-3-인산 셔틀(glycerol-3-phosphate shuttle)**은 골격 근육 및 뇌에서 작용한다(그림 17.15). NADH의 전자는 글리세롤-3-인산을 형성하기 위하여 사용된다. 세포질 쪽에서 디히드록시아세톤인산(dihydroxyacetone phosphate)의 환원을 촉매하는 탈수소

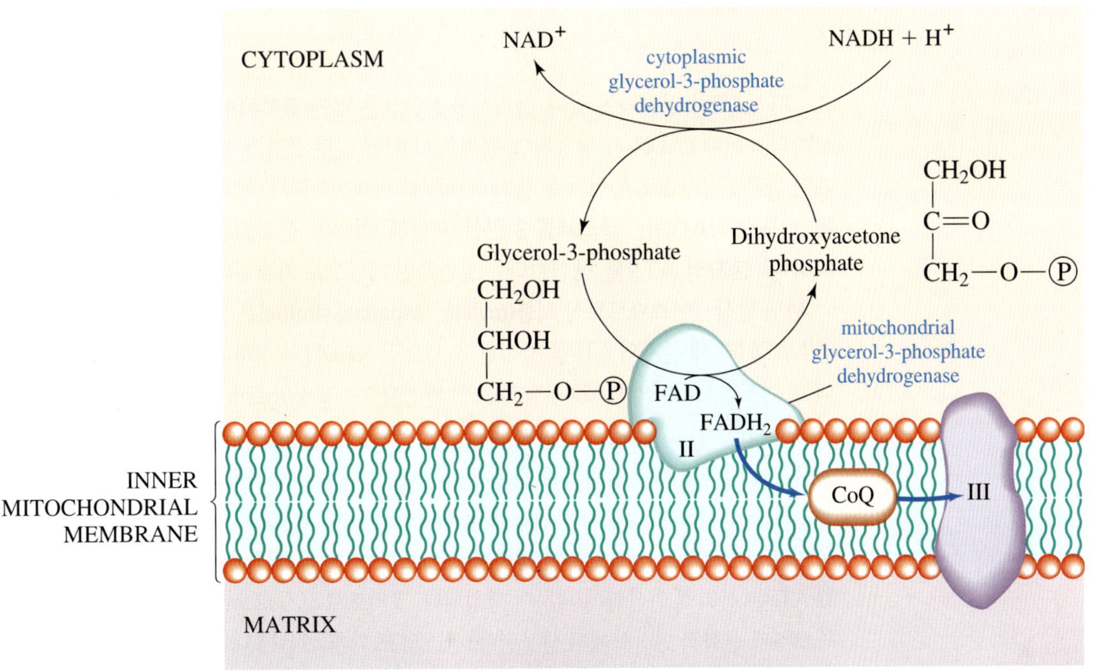

그림 17.15 글리세롤-3-인산 셔틀(glycerol-3-phosphate shuttle)의 반응. 세포질의 NADH는 디히드록시아세톤인산(dihydroxyacetone phosphate)이 글리세롤-3-인산으로 환원될 때 산화된다. 이 환원된 기질은 막에 결합되어 있는 FAD-연관 탈수소효소(FAD-linked dehydrogenase)에 의하여 디히드록시아세톤인산으로 산화된다. $FADH_2$의 전자는 복합체 I 과 짝지음부위 I 을 우회하고 복합체 II를 거쳐 CoQ에서 전자전달사슬로 들어간다.

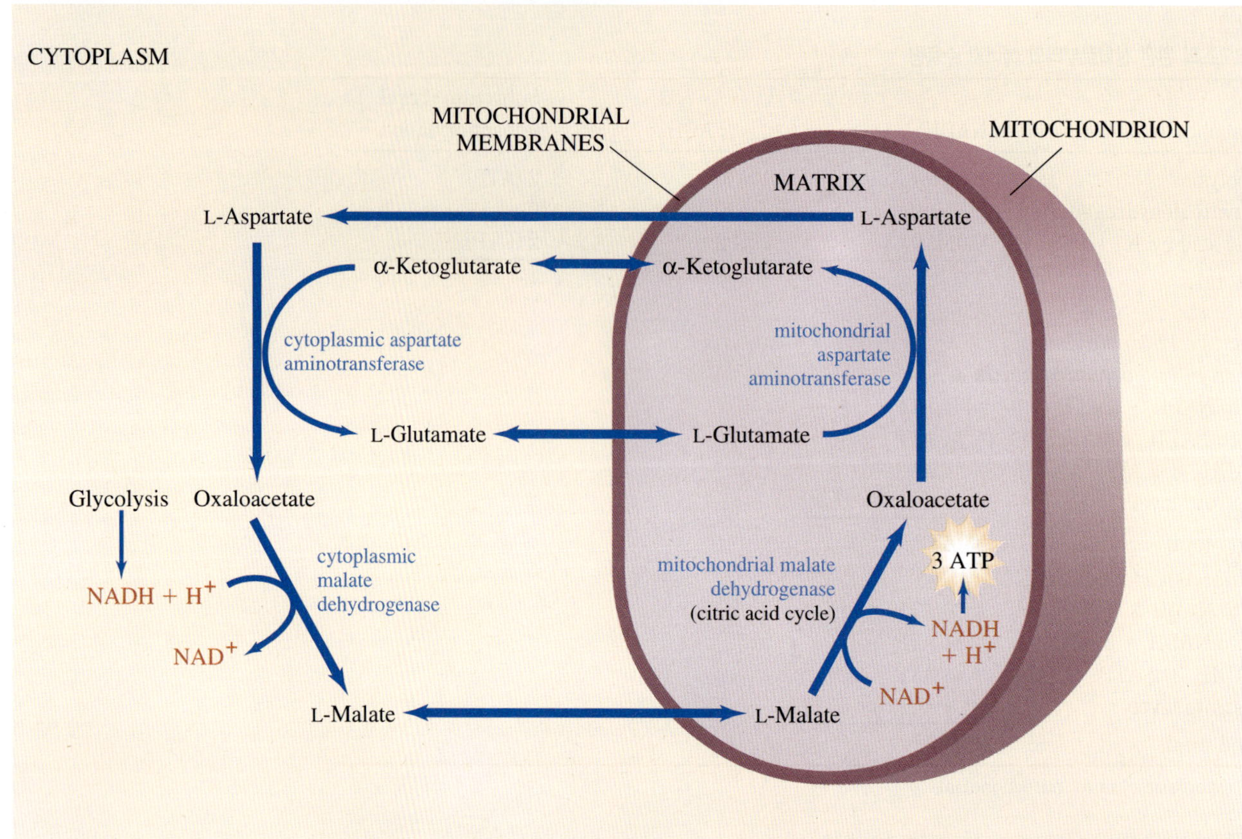

그림 17.16 말산-아스파르트산 셔틀(malate-aspartate shuttle)의 반응. 옥살로아세트산(oxaloacetate)이 말산(malate)으로 환원되는 동안 세포질의 NADH는 산화된다. 말산은 기질(matrix)로 확산되고, 기질 내에서 NAD-연관 탈수소효소(NAD-linked dehydrogenase)에 의하여 옥살로아세트산으로 산화된다. 따라서 기질에서 생산된 NADH가 산화되면서 세 분자의 ATP 분자가 생성된다. 옥살로아세트산은 아스파르트산으로 전환되고 세포질로 확산되어 다시 옥살로아세트산으로 전환된다.

효소가 NAD와 연결되어 있다. 글리세롤-3-인산은 막에 결합되어 있는 FAD-결합 탈수소효소에 의해 산화되며 이때 $FADH_2$가 생성된다. 원래 NADH에 있던 전자가 이제 $FADH_2$에 있게 되며, 이들은 CoQ에서 전자전달사슬로 들어가 두 분자의 ATP를 형성한다(복합체 Ⅱ를 거침). **골격 근육과 뇌에서 생산된 세포질 NADH는 글리세롤-3-인산 셔틀에 의하여 산화되고, 결과적으로 산화적 인산화에 의하여 두 분자의 ATP를 생성한다**는 일반적인 개념으로 기술된다.

반면 **말산-아스파르트산 셔틀(malate-aspartate shuttle)**은 심장과 간에 존재하며 한 분자의 세포질 NADH가 세 분자의 ATP를 생성한다. 세포질 NADH의 전자는 말산에 의하여 내막을 통하여 운반되고, 미토콘드리아의 NAD-결합 효소인 말산탈수소효소(malate dehydrogenase)에 의하여 산화된다(그림 17.16). 따라서 심장과 간에서 말산-아스파르트산 셔틀에 의하여 산화된 세포질 NADH는 산화적 인산화에 의하여 세 분자의 ATP를 형성한다. 요약하면, 골격 근육과 뇌에서 산화되는 각 글루코오스는 36 ATP를 생성하며, 심장과 간세포에 의하여 산화되는 글루코오스는 전체 38 ATP를 생성한다. 골격 근육에서 글루코오스 산화로부터 생성되는 36 ATP 중 단 4 ATP 만이 기질수준인산화로부터 생성된다. 32 ATP는 산화적 인산화에 의하여 생성된다. 그러므로 글루코오스로부터 생성된 ATP의 32/36 × 100 즉 89%가 산화적 인산화에서 생성된다.(산소의 또 다른 이용에 대하여는 생화학 들여다보기 17.1 참조)

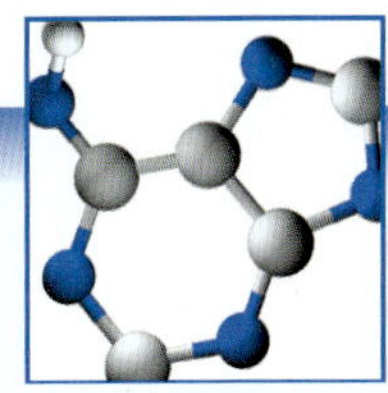

17 - 1

생화학 들여다보기

시토크롬P450 – 화학 물질을 해독시키기 위하여 산소를 이용하는 효소

세포에서 소모되는 분자상 산소의 90%가 산화적 인산화 과정에 이용되는 것으로 측정되었다. 산소의 나머지 10%는 특수화된 대사 반응을 촉매하는 효소에 의하여 소모된다.

산소 대사 효소의 가장 큰 부류 중의 하나는 산소 원자를 기질로 도입시키는 효소인 **산소화효소(oxygenase)**이다. 이 부류 내에서 가장 중요한 그리고 가장 큰 계열의 효소는 **시토크롬P450(cytochrome P450)**이다. 몇 백 개의 이들 효소가 분리되고 특성이 밝혀졌다. 시토크롬P450에서 관찰되는 반응의 종류는 거의 대부분이 다음에 있는 **히드록실화(hydroxylation)**이며, 이 반응식에서 R-H는 비교적 반응성이 없는 탄화수소 결합을 나타내고 R-OH는 히드록실화 생성물을 의미한다.

$$\text{R-H} + \text{NADPH} + \text{H}^+ + \text{O}_2 \rightleftharpoons \text{R-OH} + \text{NADP}^+ + \text{H}_2\text{O}$$

전체 반응의 종류는 산화환원반응임을 주목하시오. (산화된 것과 환원된 것은?) 분자 상 산소가 비교적 반응성이 없는 기질이므로 이들 효소는 보조인자, 보통 금속이온을 필요로 한다. (시토크롬산화효소는 전자전달에서 산소의 환원을 증가시키기 위하여 금속이온을 필요로 한다는 것을 기억하시오.) 시토크롬P450은 기질인 산소와 결합하여 활성화시키는 헴 보조인자를 가지고 있는 것으로 밝혀졌다. 결합한 산소의 활성종은 FeO_3^+(perferryl)이다. 환원된 형태의 P450 효소는 CO와 결합하여 450 nm의 빛을 특징적으로 강하게 흡수한다. [효소의 이름은 진한 색깔(P는 색소를 나타낸다)과 특유의 흡수 파장인 450 nm로부터 유래된다.]

시토크롬P450에 의하여 촉매되는 반응은 스테로이드호르몬의 생합성에서의 많은 히드록실화반응으로 입증된 바와 같이 생화학에서 비교적 흔한 반응이다(245~247쪽과 582~584쪽 참조). 그러나 특별히 다른 점은 **생체이물질(xenobiotic)**에 대한 효소의 작용이다. 이들 외부의 화합물에는 페노바르비탈(phenobarbital), 아세토미노펜(acetominophen), 다염소화이페닐(polychlorinated biphenyl, PCB)과 같은 약품 및 벤즈피렌(benzpyrene)과 같은 환경적 발암물질 등이 포함된다. 시토크롬P450의 효소 작용으로 인해 초래되는 중요한 결과는 바로 생체이물질의 해독을 돕는 것이다. 생체이물질(보통 비극성 물질)이 히드록실화되면 물에 더 잘 녹게 되고 신체로부터 더 쉽게 제거된다. 종종 히드록실화에 의해 기질이 더 독성을 가지게 되기도 한다. 예를 들어서 다중고리의 방향족 탄화수소인 벤즈피렌은 히드록실화되어 발암성 생성물을 형성한다.

시토크롬P450의 흥미 있고 중요한 또 다른 특성은 생체이물질에 의하여 보통 간에서 그 합성이 유도된다는 것이다. 신체 외부로부터의 화학 물질은 기질로서 생체이물질을 사용하는 효소의 합성을 촉진한다. 물론 이 과정은 생체이물질의 해독과 제거에 대한 효율을 증가시킨다.

17.5 광합성의 전자전달

학습 목표

광전자전달과 광합성의 반응들을 이해한다.

광합성

수백만 년을 넘게 생존한 생물체들은 세포에 필요한 에너지를 얻기 위하여 두 가지 선택 중의 하나 또는 둘 모두를 이용하여 왔다(그림 14.1 및 14.2 참조). **종속영양생물(heterotroph)**은 화학영양생물(chemotroph)이라고도 부르며, 화학적 선택을 이용한다. 이들은 다른 식물 또는 동물을 섭취하고 유기화합물(탄수화물과 지방)을 산화시킨다. 에너지 대사의 마지막 단계인 산화적 인산화에서 전자전달로부터의 에너지를 이용하여 ATP를 생산한다. 세포 에너지를 생산하기 위한 다른 방법은 **광영양생물(phototroph)**에 의한 광합성(photosynthesis)의 선택이다. 이들은 태양 광선으로부터 에너지를 흡수하고, 전자전달사슬을 통하여 ATP를 생성하고 NADPH 형태의 환원력을 생산한다. 광합성에서의 이들 에너지 생성물(ATP, NADPH)은 단순한 분자(CO_2와 H_2O)로부터 탄수화물을 합성하는 데 사용된다. 광영양생물은 고등식물, 조류, 광합성세균 등 원핵생물과 진핵생물 모두를 포함한다.

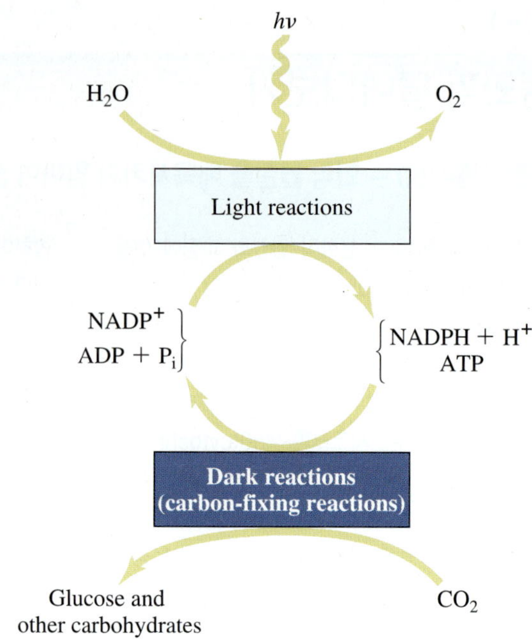

그림 17.17 회로에 의해 서로 연결되어 있는 광합성의 두 단계. 명반응(light reaction)이 일어나는 동안 광자(*hν*)로 나타내는 빛 에너지는 NADPH와 ATP를 합성하는 데 이용된다. 이들 생성물은 글루코오스의 합성을 비롯한 암반응을 위한 에너지를 공급한다.

화학적 용어로 호흡은 17.1절에서 17.4절을 통하여 설명한 바와 같이 영양물의 **산화적 탈카르복실화(oxidative decarboxylation)**에 의한 에너지의 생성이다. 예를 들어서 피루브산은 최종적으로 CO_2와 H_2O로 산화된다. 이와는 대조적으로 광합성은 유기 기질의 **환원적 카르복실화(reductive carboxylation)**로 정의된다. 광합성의 화학적 과정에는 CO_2와 수용체분자의 공유결합적 조합(고정, fixing)과 카르복실산 수준의 탄소가 탄수화물의 탄소(알데히드 및 알코올)로 환원되는 반응이 포함된다. 탄소-탄소 결합의 형성과 환원을 위한 에너지는 태양 광선으로부터 얻는다. 따라서 광합성 과정은 그림 17.17에서 보는 바와 같이 짝지은 두 개의 단계로 구성되어 있다.

1. 엽록소와 기타 색소들에 의한 빛 에너지의 흡수("광" 단계, "명"반응이라고도 부른다).
2. 글루코오스, 수크로오스 및 녹말을 만들기 위한 탄소 대사("합성"단계, 빛이 직접적으로 필요하지 않기 때문에 "암"반응이라도 부른다).

이들 두 단계를 합하여 하나의 산화환원반응으로 나타낼 수 있다.

$$CO_2 + 2H_2A \xrightarrow{\text{빛}} [CH_2O] + 2A + H_2O$$

H_2A = 전자공여체
A = H_2A의 산화된 형태
$[CH_2O]$ = 탄수화물 형태의 유기 분자

전자공여체 H_2A의 종류는 광합성생물체에 따라 다르다. 광합성세균은 황화수소(H_2S), 수소 기체(H_2), 또는 암모니아(NH_3)와 같은 무기 분자를 이용한다. 고등식물과 조류의 전자공여체 H_2A는 산소로 산화되는 물이다(위의 반응식에서 생성물 A). 광합성에 대한 다음의 논의는 산소성 광영양생물, 즉 전자공여체로서 물을 이용하는 생물체에 초점을 맞춘다.

엽록체

전자전달과 ATP 합성을 포함하는 호기성 에너지 대사를 위한 생화학적 구조물들은 진핵세포의 미토콘드리아 내에 있다. 녹색식물과 같은 진핵생물의 광합성세포에서 광흡수(light absorption)와 탄소고정 반응(carbon-fixing reaction)을 위한 기구는 **엽록체(chloroplast)**에 위치한다(그림 17.18). 이 세포소기

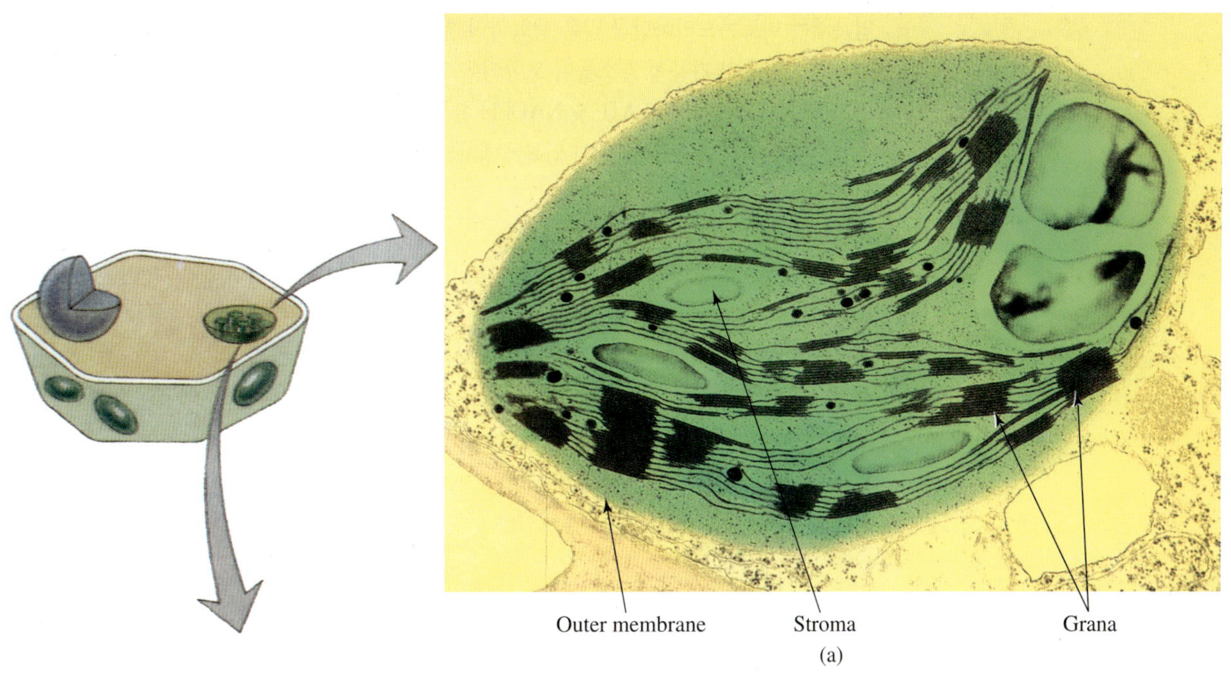

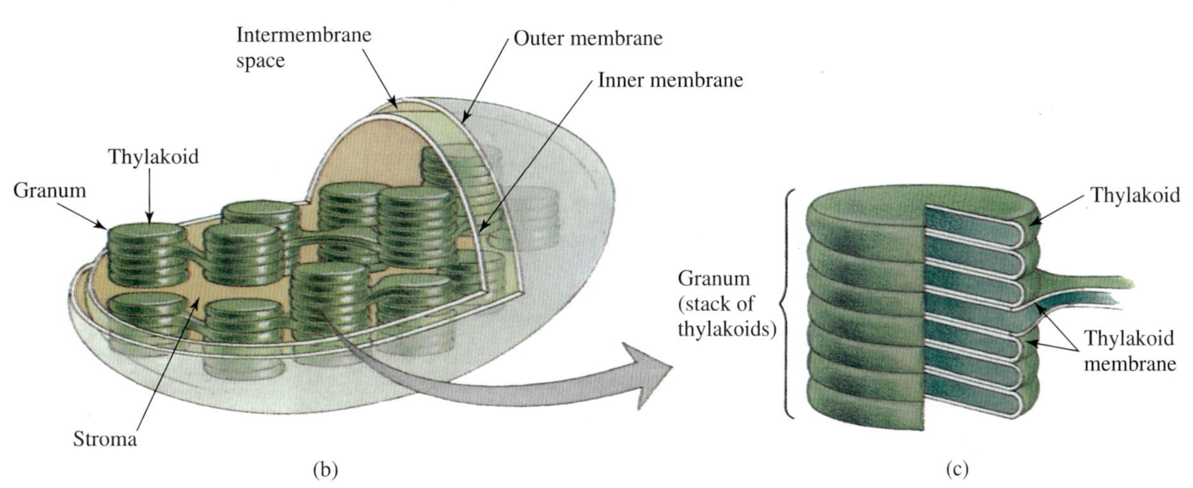

그림 17.18 엽록체의 구조적 및 생화학적 특징. (a) 전자현미경, (b) 모식도 및 (c) 틸라코이드의 상세한 모식도

관은 전자현미경 관찰에 의하여 완전한 형태를 연구할 수 있으며 밀도기울기원심분리에 의하여 분리할 수 있다. 식물의 잎은 세포 당 약 20에서 50개의 엽록체를 가지고 있다. 녹색식물의 엽록체는 보통 구형이거나 납작하고 5에서 10μm 범위의 길이를 가지고 있으며, 미토콘드리아보다 평균적으로 50배 정도 크다. 미토콘드리아와 같이 엽록체는 이중막의 구조를 가지고 있다. 연속적인 외막은 작은 분자나 이온들에 대하여 투과성을 가진다. 고도로 접혀 있는 내막은 내부의 구획을 분리 해주는 경계로서의 기능을 한다. **스트로마(stroma)**는 내부 구획 안의 겔과 같은 비구조성 기질로서 암반응을 위한 대부분의 효소를 함유한다. 또한 스트로마 내부에는 **틸라코이드(thylakoid)**라고 부르는 납작한 주머니로 접힌 막의 광범위한 내부 연결망이 있다. 틸라코이드는 그라나(grana)라고 부르는 겹층으로 배열되어 있다. 세균과 남조류와 같은 광합성 원핵세포는 엽록체를 가지고 있지 않으며 원형질막에 결합되어 있는 광합성 기구를 가지고 있다.

엽록체는 미토콘드리아만큼 많은 생화학적 활성을 가지고 있다. 스트로마에는 탄수화물을 생성하는 탄소고정 반응의 가용성 효소들이 포함되어 있다(암반응). 틸라코이드막은 엽록소 등의 광흡수 색소, 전자전달 운반체, 그리고 ATP 및 NADPH 합성에 필요한 성분이 있는 부위이다. 미토콘드리아에서 일어나는 ADP 인산화(ATP 합성)와 엽록체에서의 대조적인 과정과의 주요 차이점을 이해하는 것은 매우 중요하다.

1. 미토콘드리아의 호흡에서, 전자는 H_2O와 자유에너지를 방출하면서 환원제(NADH와 $FADH_2$)로부터 O_2로 전달된다. 전자는 ATP 합성과 짝지어진 에너지를 방출하면서 전자전달사슬의 "내리막"으로 흐른다. 최종 수용체인 산소는 H_2O로 환원되면서 소모된다.
2. 엽록체에서, 전자는 H_2O로부터 전자수용체인 $NADP^+$로 전달된다. 이는 미토콘드리아의 유사한 과정의 역반응이며 에너지를 필요로 하는 과정이다. 태양에너지는 전자를 일련의 운반체를 통하여 $NADP^+$까지 "오르막"으로 밀면서 H_2O의 전자를 들뜨게 한다. 물의 산화에 의해 산소가 발생하고 환원형 보조인자인 NADPH가 생성된다.

생체분자들과 빛

빛 에너지가 약한 환원제(H_2O)로부터 전자를 전달하여 강한 전자공여체(NADPH)를 형성하는 메커니즘을 이해하기 위하여 먼저 빛의 물리적 특성 및 빛과 분자의 상호작용에 대하여 정리해 보기로 한다. 그림 17.19에서 보는 바와 같이 전자기파 스펙트럼(electromagnetic spectrum)은 서로 다른 에너지 준위를 가진 파동의 연속으로 구성되어 있다. 광합성에서 기본적으로 중요한 빛의 범위는 350 nm에서 800 nm의 범위에 해당하는 가시광선(visible light)이다. 가시 영역은 전체 스펙트럼의 매우 낮은 비율에 해당한다. 빛의 양은 **광자(photon)**라고 부르는 입자에 의하여 정의되며 $h\nu$ 로 나타낸다. 최소의 에너지를 가지는 광자는 전파(radio wave), 마이크로파 및 적외선 파에 해당된다. 스펙트럼의 반대쪽에 핵 복사선(nuclear radiation), X선, 그리고 자외선의 매우 큰 에너지를 가지는 광자가 있으며, 이들은 단백질, 핵산 등을 비롯한 생체분자의 공유결합을 파괴함으로써 광범위한 생물학적 손상을 일으킬 수 있다.

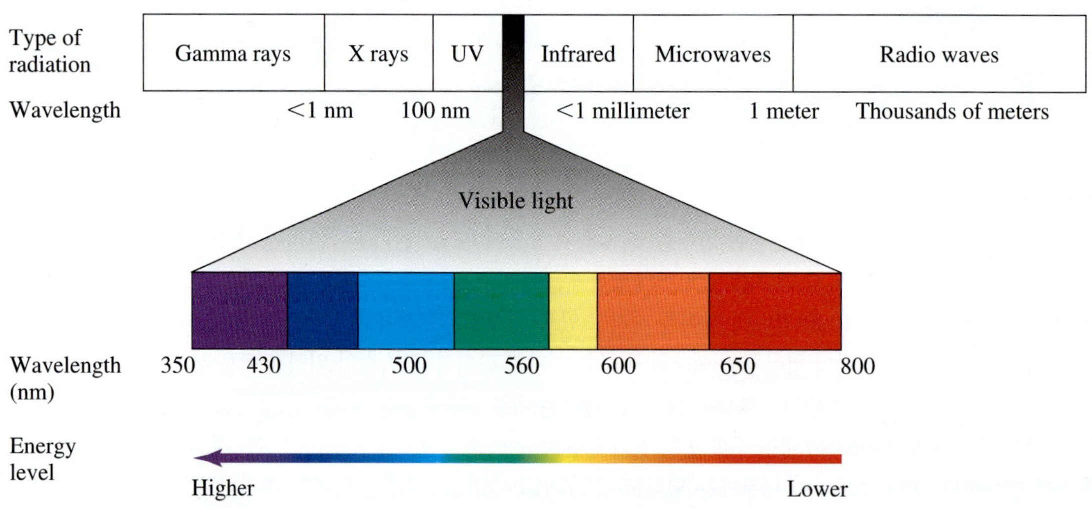

그림 17.19 파장의 연속으로 구성되어 있는 전자기파 스펙트럼(electromagnetic spectrum). 350 nm에서 800 nm의 파장을 가진 가시광선(visible light)이 광합성을 유도한다. 긴 파장의 빛일수록 에너지는 감소한다. 각 파장 범위에 해당되는 색깔도 볼 수 있다.

무지개에는 가시광선 스펙트럼의 모든 파장이 있다.

가시 영역의 빛은 어떤 분자들의 가전자(valence electron)를 들뜨게 할 수 있는 충분한 에너지를 가지고 있다. 광자가 분자에 충돌하여 흡수되면, 전자는 높은 에너지 준위로 들뜨게 된다. 그림 17.20에서 보는 바와 같이 분자는 일련의 양자화 된 에너지 준위(quantized energy level)를 가진다. 몇몇 에너지 상태가 가능하지만 바닥상태(G, ground state)와 1차 들뜬상태(S_1, first excited state) 두 가지의 전자 상태만 나타내었다. 이들 두 가지 상태는 가전자의 분포에 따라 다르다. 전자가 바닥상태의 궤도(G)로부터 높은 궤도(S_1)로 올라갈 때 전자전이(electronic transition)가 일어난다고 표현한다. 가시광선에 해당하는 에너지는 한 전자 준위에서 다른 전자 준위로 분자를 들뜨게, 즉 전자를 한 궤도에서 다른 궤도로 이동시킬 수 있다. 각 전자에너지 준위 내에 일련의 진동 준위(vibration level)가 있다. 이들은 공유결합의 신축과 굽힘의 변화를 나타낸다. 이들 에너지의 중요성을 여기서 다루지는 않으나, 이들 준위 사이의 전이는 적외선 분광학의 기초가 된다. 한 분자에 있어서 G로부터 S_1으로의 전자 전이는 그림 17.20에서와 같이 수직 화살표로 표시되며, 광자의 에너지가 에너지 준위 E_1에서 E_2로 전자를 들뜨게 할 수 있는 에너지에 해당될 때 일어난다. 들뜬상태에 있는 분자는 보통 불안정하기 때문에, 광원을 제거하면 열이

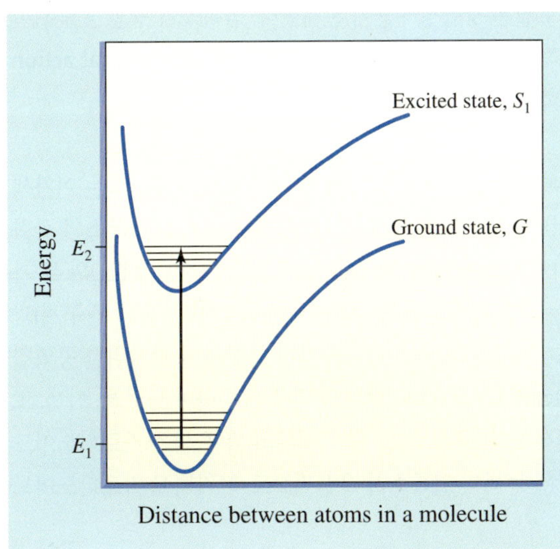

그림 17.20 바닥상태(G)와 첫째 들뜬상태(S_1)를 나타내는 분자 내의 양자화된 에너지 준위. 화살표는 분자가 바닥상태의 에너지 준위에서 S_1 들뜬상태 준위로 전이되는 것을 나타낸다. 이 전이는 빛의 파장이 에너지 준위 E_1과 E_2 사이의 에너지 차이와 같을 때 쉽게 일어난다.

Chlorophyll *a*

그림 17.21 광합성생물체에서 볼 수 있는 엽록소(chlorophyll)의 분자 구조. 엽록소*a*, 엽록소*b*, 그리고 박테리오클로로필의 구조를 나타내었다.

나 빛(형광)의 형태로 부가적인 에너지를 방출하면서 전자가 바닥상태의 준위로 돌아오거나, 또는 어떤 분자에서는 들뜬 전자가 다른 분자로 전달된다.

일차색소 광합성의 초기 단계는 광합성세포 내의 광수확 분자들에 의한 빛의 흡수이다. 광합성세포는 색소(pigment)라고 부르는 광흡수 화합물을 포함하며, 이들 화합물은 물리적으로 틸라코이드막 내에 위치한다. 모든 광합성 생물체는 한 가지 종류 이상의 녹색 색소인 **엽록소(chlorophyll)**를 가진다(그림 17.21). 엽록소의 독특한 특징은 다중고리(polycyclic) 구조이며, 이들 고리는 Mg^{2+} 금속이온과 배위되어 있는 네 개의 치환된 피롤(pyrrole)로 구성되어 있다. 금속이온을 제외하고 엽록소는 철과 결합하고 있는 미오글로빈, 헤모글로빈, 그리고 시토크롬에서 볼 수 있는 헴기와 매우 유사하다(그림 17.9 참조). 엽록소의 또 다른 독특한 특징은 막에서 이들 분자의 용해도를 증가시키는 긴 탄화수소 곁사슬이다.

엽록소 고리 계에 펼쳐 있는 공역결합(conjugated bond, 단일결합과 이중결합이 교대로 배열됨)으로 인하여 이들 분자는 가시광선을 강하게 흡수하며 광합성의 수확 분자로서 적합하게 된다. 엽록소*a*, 엽록소*b*, 그리고 박테리오클로로필의 구조는 그림17.21에서 보여주고 있다. 엽록소*a*와 *b*는 대부분의 녹색식물에서 볼 수 있으며, 반면 박테리오클로로필은 광합성세균에 존재한다. 엽록소가 광합성을 위한 빛의 흡수에서 중요한 역할을 한다는 실험적 증거는 **광화학작용스펙트럼(photochemical action spectrum)**으로부터 제시된다(그림17.22; 생화학 들여다보기 17.2 참조).

잎의 카로티노이드는 화려한 색깔을 띠게 한다.

이차색소 엽록소 이외에도 광합성세포는 엽록소가 흡수하지 않는 파장 범위의 빛을 흡수하는 **이차색소(secondary pigment)** 또는 보조색소(accessory pigment)를 포함한다. 따라서 이들은 엽록소의 광화학작용스펙트럼을 보완한다. 보조색소로서 카로티노이드(carotenoid)와 피코빌린(phycobilin)의 두 가지 종류가 있다(그림 17.23). 카로티노이드로는 대표적으로 β-카로틴(β-carotene, 비타민A의 전구체)과 크산토필(xanthophyll)이 있다. 모든 카로티노이드들은 40개의 탄소원자를 포함하며 광범위한 공역결합을 나타낸다. 대부분의 카로티노이드는 400 nm에서 500 nm 범위의 빛을 흡수하며 노란색, 적색, 또는 황색을 띤다. 크산토필의 색깔은 밝은 노란색이다. 꽃잎, 과일 및 야채류의 밝은 색은 카로티노이드가 존재하기 때문이다. 낙엽의 노란색과 적색은 녹색의 엽록소가 우선적으로 파괴되고 카로티노이드

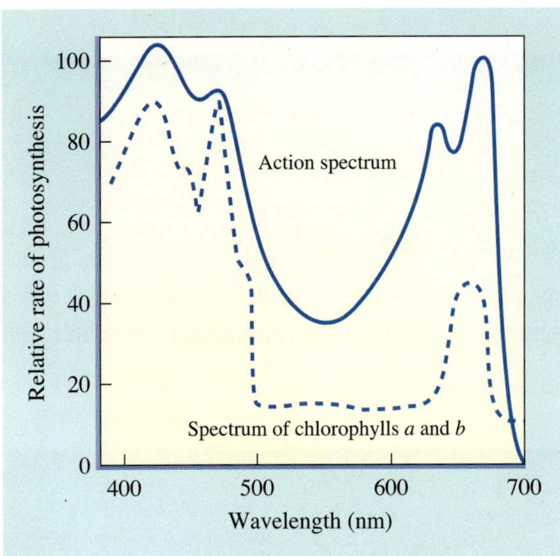

그림 17.22 일반적인 녹색식물의 광화학작용스펙트럼(photochemical action spectrum). 실선은 생물학적 작용스펙트럼을 나타낸다. 이 선은 CO_2의 흡수와 O_2의 발생에 의하여 측정되며, 식물의 성장을 유지시키는 데 있어서 각 파장의 효율을 나타내는 그래프이다. 점선은 엽록소*a*와 엽록소*b*의 조합된 흡수스펙트럼이다. 이들 두 선은 모양이 비슷하며, 광합성을 유지하는 데 대한 엽록소*a*와 *b*분자의 중요성을 나타낸다.

의 색깔이 드러나면서 초래된다. 선형 테트라피롤(tetrapyrrole) 구조의 피코빌린은 550 nm서 630 nm의 빛을 흡수한다. (엽록소는 고리형의 테트라피롤이다.) 일반적인 적색 피코빌린은 피코에리트로빌린(phycoerythrobilin)이다.

식물 종에 따라 다양하게 나타나는 색깔은 엽록소와 보조색소들의 상대적인 함량이 다르기 때문이다. 녹색은 기본적으로 높은 함량의 엽록소로 인하여 나타나고, 반면에 적색, 녹색 및 보라색을 비롯한 다른 색들은 보조색소의 함량이 높기 때문이 나타난다.

보조색소 특히 카로티노이드는 광합성을 위하여 빛을 수집하는 기능뿐 아니라, 광보호(photopretection) 작용에서도 중요한 역할을 한다. 중요한 광보호 작용 카로티노이드는 시금치 및 기타 식물

(a) β-Carotene

(b) Zeaxanthin

(c) Phycoerythrobilin

그림 17.23 보조색소의 분자 구조. (a) *β*-카로틴; (b) 크산토필 종류의 제아크산틴 및 (c) 붉은 색의 피코빌린인 피코에리트로빌린. 이들 생체분자는 엽록소*a*와 *b*를 도와 광합성을 위한 빛을 흡수한다.

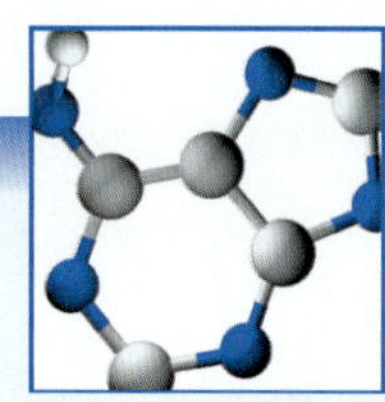

17 - 2

생화학 들여다보기

아로와나는 적색을 보기 위해 엽록소를 이용한다

깊은 바다의 깜깜한 곳에서 사는 아로와나(dragon fish, *Malocosteus niger*)는 적색 탐조등을 사용하여 먹이를 찾고, 육식동물을 위협하여 쫓아 버리고, 그리고 아마도 자기 종족들과 교류를 한다. 아로와나는 눈 바로 밑의 눈물 모양의 기관으로부터 적색을 방출하고, 더 뒤에 있는 반점으로부터 청록색을 방출한다(그림 참조). 물론 이것은 생물체에 의한 빛의 방출 즉 **생물발광(bioluminescence)**의 한 예이다. 생물

아로와나는 눈 바로 밑에 있는 눈물 모양의 붉은 색 기관으로부터 원적색광을 방출한다. 또한 그 뒤 쪽에 있는 작은 반점으로부터는 청록색의 빛을 방출한다. 이 사진에서 반쯤 열려진 턱을 완전히 벌리면 자신보다 큰 생물체도 먹을 수 있다.

에서 밝은 태양광선에 반응하여 생성되는 크산토필 종류의 제아크산틴(zeaxanthin)이다(그림 17.23b). 식물이 강한 빛에 노출될 때, 들뜬 상태의 보조색소는 엽록체 내의 클로로필을 비롯한 생체분자들에 손상을 줄 수 있는 여분의 태양광선을 방출시키는 역할을 한다(그림 17.24). 여분의 에너지는 열로 방출되기도 한다. 또한 들뜬 상태(P*)의 전자를 가지고 있는 이차색소는 환원제로 작용하여 히드록실라디칼 (·OH), 과산화물이온($O_2 \cdot ^-$), 과산화수소라디칼 (·OOH) 등과 같은 활성산소종(reactive oxygen species, ROS)이 광합성 기구에 손상을 일으키기 전에 이들을 파괴한다(그림 17.24).

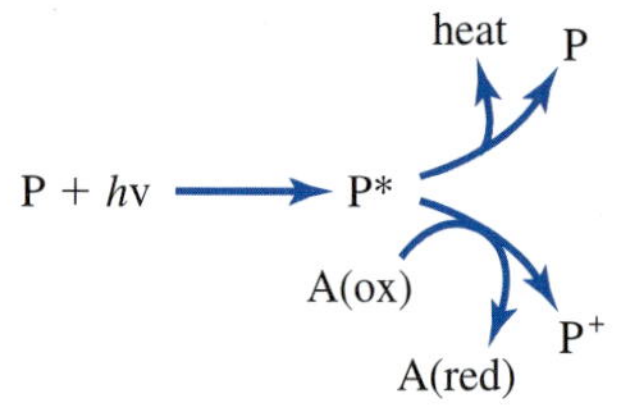

그림 17.24 광보호제로서의 이차색소. 바닥상태(P)의 보조색소들은 빛을 흡수하고 들뜬상태(P*)로 된다. 태양광선은 P의 전자를 더 높은 에너지 궤도로 올라가게 한다. P*는 과량의 에너지를 열로 방출하거나 활성산소종과 같은 전자수용체(A)로 전자를 전달한다. $A_{(ox)}$는 A의 산화형이며 $A_{(red)}$는 A의 환원형이다. P^+는 전자가 전달된 후의 양이온성 색소를 의미한다.

광합성의 명반응

빛은 어떻게 암반응에 사용되는 ATP와 NADPH와 같은 화학 에너지 함유 화합물의 합성을 유도하는가? 열역학적 측면에서 볼 때 이는 전자기 에너지(electromagnetic energy, 빛)를 화학결합 에너지(chemical bond energy)로 변환시키는 과정을 필요로 한다. 1937년에 로버트 힐(Robert Hill)은 엽록체를 포함하는 잎 추출물을 이용하여 전자전달(산화-환원)과정들을 실험적으로 입증하였다. 그는 다양한 합성 전자수용체의 존재 하에서 엽록체에 빛을 조사하였을 때 동시에 진행되는, 그러나 암반응에서 일어나지 않는 두 과정을 관찰하였다.

1. 첨가한 전자수용체의 환원
2. H_2O의 산화와 O_2의 방출

발광은 해양에서 흔하게 일어나는데 아마도 해양 생물체의 80%가 빛을 방출한다. 아로와나에 있어서 특이한 점은 빛의 색깔이다. 이들은 적색을 방출하는 유일한 생물체이다. 지금까지 알려진 대부분의 생물발광은 청록색이며, 대다수의 해양 생물체는 적색은 볼 수도 없다.

눈의 광수용체에서 발견되는 생체분자인 시각 색소(visual pigment)는 단백질인 **옵신(opsin)**과 **발색단(chromophore)**으로서 보통 비타민A의 유도체인 레티날(retinal)로 구성되어 있다. 아로와나의 눈에 있는 주 시각 색소는 자신의 적색을 볼 수 있을 정도로 민감하지 않다. 그러나 아로와나의 망막에는 적색을 감지하기 위하여 "감광기"로 작용하는 보조 시각 색소가 있다. 보조색소 분자가 적색 빛을 흡수하면 이들은 아직 밝혀지지 않은 메커니즘에 의하여 이 시각 신호를 청록색을 받아들이는 색소로 전달한다. 아로와나의 망막으로부터 이들 적색 민감성 색소 분자가 분리되었는데 특정한 엽록소의 유사체로 밝혀졌다(구조 참조). 이후의 색소 분석을 통하여 이들이 박테리오클로로필 *c* 및 *d*로부터 유래되었다는 것이 밝혀졌다. 모든 동물과 마찬가지로 아로와나는 엽록소를 합성할 수 없기 때문에 먹이에서 색소를 섭취해야 한다. 아로와나는 작은 크기의 갑각류 동물인 요각류(copepod)를 주로 먹는다. 요각류는 특정한 엽록소를 함유하는 세균을 섭취해서 사는 원생동물을 먹는다. 적색 민감성 형태의 엽록소에는 더 이상 마그네슘 이온 또는 긴 탄화수소 곁사슬이 포함되어 있지 않기 때문에 먹이 사슬을 통한 전달에서 변형된다.

아로와나의 적색 신호는 교류를 위한 비밀 통로인 것으로 보인다. 이들은 먹이가 알지 못하게 먹이를 비출 수 있으며, 아마도 이 빛을 이용하여 서로 교신하는 것으로 보인다.

많은 단백질들을 연구하면 할수록 새로운 아미노산들이 단백질 구성 성분으로 더 많이 발견될 것이다.

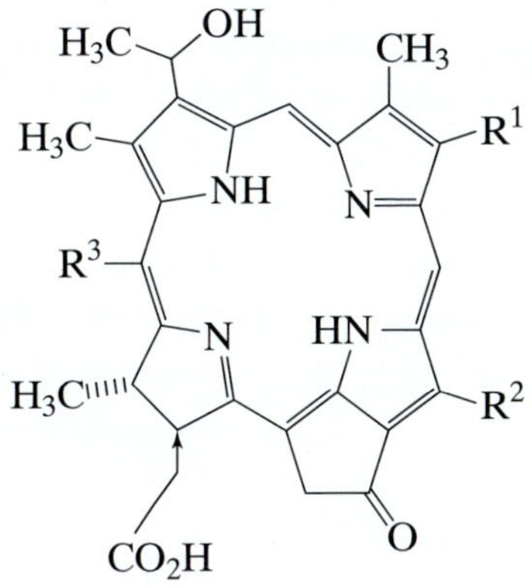

R^1 = ethyl, propyl, isobutyl, or neopentyl
R^2 = methyl or ethyl
R^3 = hydrogen or methyl

힐(Hill)은 전자가 (외견상 전자전달사슬을 통하여) H_2O(산화제)에서 전자수용체로 이동하는 것을 증명하였다. 녹색식물의 엽록체에서 생리적인 전자수용체는 $NADP^+$이며 이때 일어나는 반응은 다음의 식으로 나타낼 수 있다는 것이 나중에 밝혀졌다.

$$2H_2O + 2NADP^+ \xrightarrow{\text{빛}} 2NADPH + 2H^+ + O_2$$

엽록체와 미토콘드리아의 전자 흐름 사이의 차이점은 이제 명확하다. 위의 반응식은 미토콘드리아에서의 과정의 역반응이다; 전자는 전자공여체인 H_2O에서 수용체인 $NADP^+$로 이동한다. 전자 흐름의 방향이 열역학적으로 오르막이므로 에너지를 필요로 한다.

광계 I 및 광계 II

광합성생물체에서 빛은 틸라코이드막에 존재하는 광계(photosystem) 또는 광수집복합체(light-harvesting complex)라고 부르는 기능성 단위에 의하여 흡수된다. 이들은 함량이 다양하고 여러 가지 세포의 광흡수 특성을 결정하는 엽록소와 보조색소의 무리이다. 두 가지 종류의 특정한 광계가 발견되었다. 각각의 광계는 일반적으로 엽록소인 하나의 일차 수용체 분자(광화학 반응중심, photochemical reaction center)와 추가적인 빛을 일차 수용체로 모아 주는 안테나 분자(antenna molecule)로 작용하는

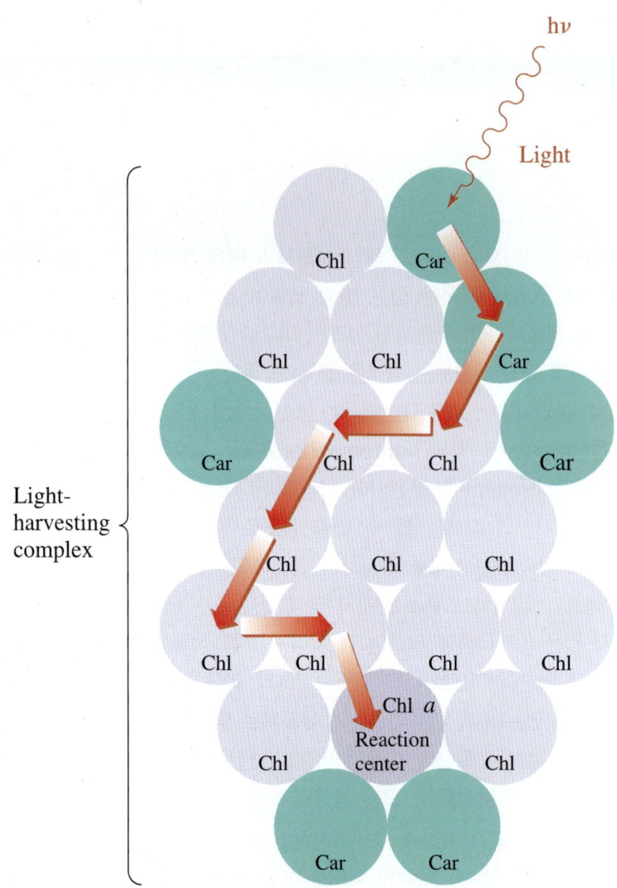

그림 17.25 광계(photosystem)의 개략도. 보조색소, 엽록소(chl) 및 β-카로틴(car)에 의한 빛의 흡수를 나타낸다. 빛은 엽록소*a* 반응중심으로 모인다.

일련의 보조색소(다른 엽록소, 카로티노이드 등)들을 포함한다(그림 17.25). **광계 I (photosystem I)**은 일차 수용체 엽록소*a*(P700이라고 함)와 600 nm에서 700 nm 범위의 빛을 흡수하는 보조색소로 구성되어 있다. **광계 II (photosystem II)**는 일차 수용체 분자인 P680을 비롯하여 엽록소*a* 및 *b*와 보조색소를 포함하며 기본적으로 680 nm에서 빛을 흡수한다. 모든 광합성세포는 광계 I 을 가지고 있다. 고등식물, 조류, 그리고 남세균 같은 산소 방출 생물체에서는 광계 I 과 광계 II 를 모두 볼 수 있다. 광합성세균은 산소를 발생하지 않으며 광계 I 만을 가지고 있다.

그림 17.26에 나타나 있는 바와 같이 녹색식물의 두 광계는 전자전달사슬에 의하여 서로 연결되어 있다. 두 광계의 통합된 작용은 광계 I 에 의한 빛의 흡수로 시작된다. 엽록소와 보조색소에 의해 흡수된 빛은 P700이라고 표시된 반응중심으로 전달된다. 빛에 의한 들뜸에서, P700 분자에 있는 전자는 더 높은 에너지 준위로 이동되고 들뜬 분자인 $P700^*$을 생산한다. 이제 더 높은 에너지 준위에 있는 활성화된 전자는 엽록소의 한 형태인 A_0에서 시작하여 $NADP^+$를 끝으로 하는 전자운반체의 사슬을 통하여 통과한다. 첫째 전자전달 단계는 다음과 같은 반응의 형태로 나타낼 수 있다.

$$P700^* + A_0 \longrightarrow P700^+ + A_0^-$$

한마디로 말하면 $P700^*$으로부터의 전자전달은 불활성화된 전자 결핍 반응중심($P700^+$)과 A_0^-로 표시된 환원형 전자수용체를 초래한다. ($P700^+$은 강한 산화제이고 재빨리 광계 II 로부터 전자를 받는다.) A_0로 시작되는 사슬 내의 전자운반체들은 전자들을 자발적(내리막)으로 흐르게 하도록 배열되어 있다. 이는 전자를 높은 에너지 준위로 올릴 수 있는 빛이 흡수되므로 가능하다. A_0는 전자를 필로퀴논(phylloquinone, A_1)으로 전달하며, 이는 전자를 철-황단백질(iron-sulfur protein, Fe-S)로 보낸다. 환원형 Fe-S로부터 전자를 받아들이는 다음 운반체는 또 다른 철-황단백질인 페레독신(ferredoxin, Fd)이다. 가장 잘 알려져 있는 페레독신은 시금치의 엽록체에 있는 것으로 분자량은 10,700이며, Fe_2S_2 구조의

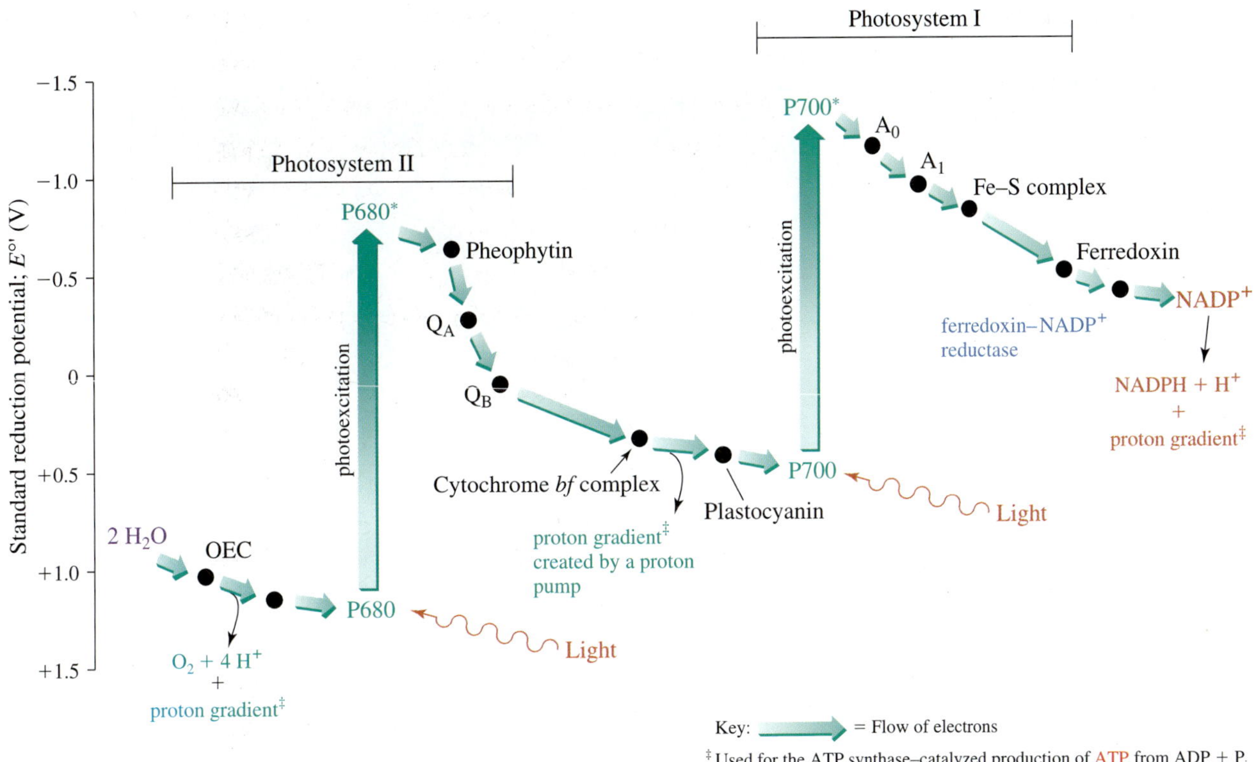

그림 17.26 전자전달에 대한 Z체계를 이루는 광계 I 과 광계 II 의 연계. 물로부터 NADP⁺로의 전자의 광유도 흐름을 보여준다. OEC는 산소발생중심이다.

산화환원 중심을 가지고 있다. 전자는 최종적으로 플라보단백질(flavoprotein) 촉매인 페레독신-NADP⁺산화환원효소(ferredoxin-NADP⁺ oxidoreductase)에 의하여 환원형 페레독신으로부터 NADP⁺로 전달된다.

$$2Fd_{(red)} + NADP^+ + 2H^+ \longrightarrow 2Fd_{(ox)} + NADPH + H^+$$

빛에 의하여 P700으로부터 활성화된 전자는 NADP⁺를 NADPH로 환원시키는 데 사용되며, 환원된 NADPH 역시 활성화된 전자를 가지나 P700* 보다 낮은 에너지 준위에 있다. NADP⁺를 완전히 환원시키기 위하여 두 분자의 P700*으로부터 전자가 전달되어야 한다.

P700으로부터 전자가 들떠서 전달되면 불안정한 전자결핍종인 P700⁺이 생성된다. 이 "전자 구멍"은 광계 II 에 의해 유도되는 또 다른 전자전달사슬에 의하여 채워진다. 엽록소 반응중심 P680을 가지고 있는 광계 II 가 빛을 받으면 활성화된 형태인 P680*이 생성된다. 에너지가 풍부한 P680* 내의 전자는 빠른 속도로 엽록소 종류의 전자수용체인 페오피틴(pheophytin, Ph)으로 전달된다.

$$P680^* + Ph \xrightarrow{\text{빛}} P680^+ + Ph^-$$

환원형 페오피틴 Ph⁻은 전자를 플라스토퀴논(plastoquinone)인 Q_A(단백질 결합 형태)와 Q_B(유리 형태)로 전달한다. Q_A와 Q_B는 미토콘드리아의 조효소Q와 유사한 구조를 가진다. 광계 I 과 광계 II 를 연결하는 전자전달사슬의 다음 성분은 시토크롬*bf*복합체(cytochrome *bf* complex)로 구성되어 있다. 이는 전자를 Q_B로부터 청색의 구리 단백질인 플라스토시아닌(plastocyanin, PC)으로 전달하기 위하여 헴기와 철-황 중심을 이용하는 몇 가지 내재성 단백질의 집합체이다. PC의 환원된 구리 중심은 전자를 P700의 전자 결핍 형태인 P700⁺으로 전달한다.

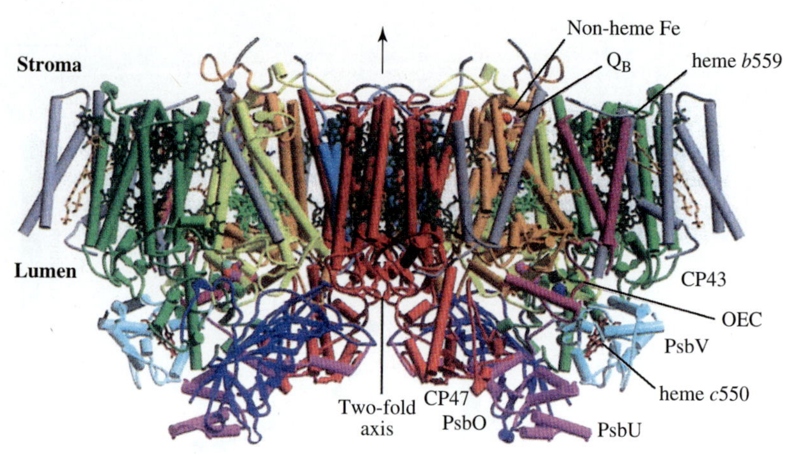

그림 17.27 X선결정학에 의한 광계II의 구조. α-나선은 원통으로 나타내었다. 녹색은 엽록소, 청색은 페오피틴, 황색은 β-카로틴, 적색은 헴을 각각 나타내며, 적색, 심홍색, 청색의 공은 OEC를 나타낸다.

위의 반응식에서 생성된 전자 결핍의 $P680^+$은 전자를 H_2O로부터 채운다. 이 과정에서 쉽게 전자를 잃어버리지 않는 물(약한 환원제)은 금속단백질인 **물분해복합체[water-splitting complex**, 산소발생중심(oxygen evolving center, OEC)이라고도 함]에 의하여 산화된다. 물은 다음의 반응식에 의하여 산소로 산화된다.

$$2H_2O \longrightarrow 4H^+ + 4e^- + O_2$$

산소발생중심은 4개의 망간이온 무리를 포함하는 보조인자(Mn_4 보조인자)를 가지고 있다. 매우 높은 산화 형태의 망간 복합체인 [Mn_4 보조인자]$^{4+}$는 전자를 물로부터 $P680^+$으로 전달하는 작용을 한다. 산화형의 망간 무리는 한 쌍의 물 분자로부터 4개의 전자를 제거하고 따라서 4개의 양성자와 산소를 방출함으로써 환원된다.

$$[Mn_4\ 보조인자]^{4+} + 2H_2O \longrightarrow [Mn_4\ 보조인자]^0 + 4H^+ + O_2$$

이제 망간복합체 [Mn 보조인자]^{0}에 있는 전자는 한 번에 한 개씩 $P680^+$으로 전달된다. 광계 II 의 구조는 OEC와 함께 결정되었다(그림 17.27).

H_2O로부터 $NADP^+$로의 전자 흐름은 Z체계(Z scheme)에 의하여 설명되며, 이는 전자흐름의 모양으로 인하여 명명하였다. Z체계는 광계 I 과 광계 II 를 서로 연결한다. 광화학적으로 유도된 H_2O의 산화와 $NADP^+$의 환원에 대한 순반응식은 다음과 같다.

$$2H_2O + 2NADP^+ \xrightarrow{8h\nu} O_2 + 2NADPH + 2H^+$$

물을 분해시키는 데 필요한 4개의 전자를 전달하기 위하여 8개의 광자(각 광계로 전달된 4개)가 필요하다. 이들 4개의 전자는 NADPH 한 분자 당 2개씩 NADPH로 전달된다.

광인산화

1950년대에 버클리의 다니엘 아논(Daniel Arnon)은 Z체계로 관찰된 바와 같이 시금치의 엽록체에서 광유도된 전자 흐름이 ADP의 인산화를 수행한다는 것을 밝혔다. **광인산화(photophosphorylation)**라고 부르는 이 과정은 빛 에너지를 화학결합 에너지로 전환시킨다. 광합성생물체는 생성물인 ATP를 이용하여 에너지 요구성 대사 과정을 수행한다. 빛을 조사한 엽록체 실험을 통하여 광인산화가 산화적 인산화와 매우 유사한 메커니즘에 의하여 진행된다는 사실이 입증되었다.

H_2O로부터 $NADP^+$로의 광유도된 전자 흐름은 틸라코이드막을 통하여 스트로마쪽(바깥쪽)에서 내부 구획으로 양성자를 펌핑한다(그림 17.28). 틸라코이드막의 바깥쪽 표면에 엽록체의 ATP생성효소를 구성하는 단백질복합체인 CF_0와 CF_1이 있다. 이들의 생화학적 역할은 미토콘드리아 막의 유사한 단백질인 F_0 및 F_1과 비슷하다(그림 17.14 참조). CF_0는 틸라코이드막에 걸쳐 있으면서 양성자 통로로 작용하

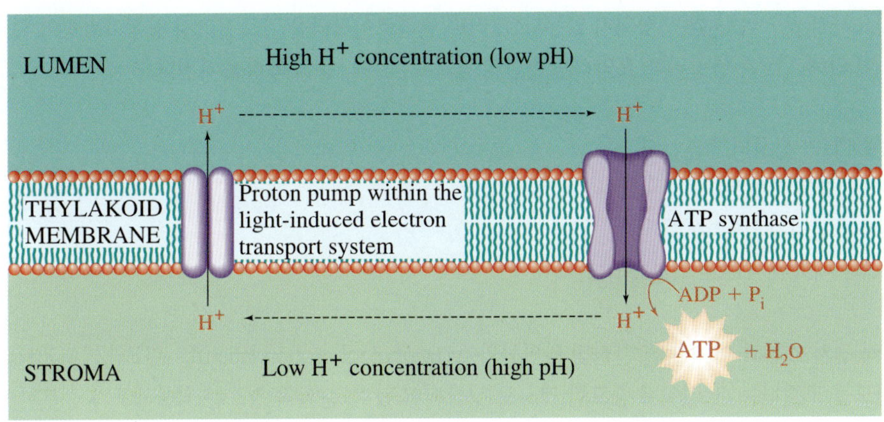

그림 17.28 광유도된 전자전달이 일어나는 동안 틸라코이드막을 통한 양성자의 펌핑. 일련의 전자운반체를 통한 전자전달에 의해 스트로마(stroma) 쪽에서 내부 구획(루멘)으로 양성자가 펌핑된다. 결과적으로 양성자의 농도 차이는 ADP의 인산화를 위한 에너지를 공급한다. 엽록체의 ATP생성효소는 양성자 농도 차이의 파괴로부터 발생하는 에너지를 ATP 합성과 짝짓는다. ATP생성효소는 CF_0와 CF_1 단백질복합체로 구성되어 있다.

는 단백질이다. CF_1은 결합하는 ADP와 P_i에 대한 결합 및 촉매부위를 가지는 표재성 단백질이다. 광인산화에 의한 ATP의 생성량은 정확하게 측정하기 어려우나, H_2O로부터 $NADP^+$로 전달되는 전자쌍 당 최고로 한 개 또는 2개의 ATP가 측정된다. 이는 미토콘드리아의 호흡에서 NADH로부터 O_2로 전달되는 전자쌍 당 대략 3개의 ATP가 형성되는 것과 비교된다.

그림 17.26에 나타낸 전자 흐름에 대한 Z형 모식도는 비순환적(noncyclic)이다. 즉 시작점(H_2O)과 종말점(NADPH)이 있다. 빛, H_2O, $NADP^+$가 반응에 공급되는 한 생성물인 NADPH와 O_2는 계속 축적된다. 녹색식물의 엽록체에는 또한 순환적(cyclic)인 다른 경로의 전자 흐름과 광인산화가 존재한다. 순환적 전자 흐름(cyclic electron flow)에 의하여 ATP는 생성되나 NADPH와 O_2는 생성되지 않는다. 이 다른 경로는 광계 I 과 관련된 전자전달사슬로 제한된다. P700*의 들뜬 전자는 전자사슬의 초기 운반체를 통하여 지나가며 $NADP^+$로 전달되지 않는다(그림 17.26 및 17.29). 이들은 페레독신으로부터 시토크롬 *bf*복합체로 전달되며, 이로부터 플라스토시아닌을 통하여 전자 결핍의 $P700^+$으로 돌아온다. 광계 I 의 연속적인 광조사는 전자 흐름의 연속적인 순환을 초래한다. NADP의 환원이 없으므로 물의 산화(분해)

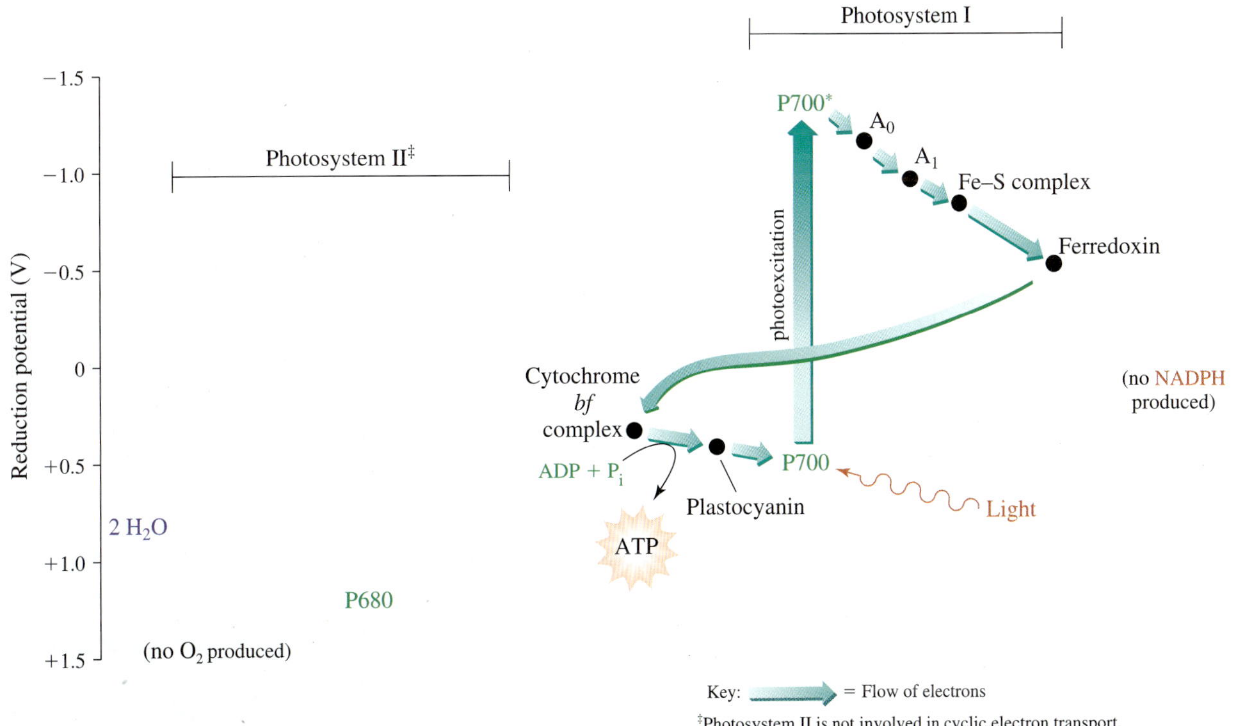

그림 17.29 녹색식물 엽록체에서 순환성 전자 흐름(cyclic electron flow)의 경로. 시토크롬*bf*복합체로부터 플라스토시아닌으로의 전자 흐름은 양성자기울기를 형성하며, 이는 ATP를 합성하는 데 이용된다. NADPH와 O_2는 생성되지 않는다.

가 필요하지 않으며 O_2가 생성되지 않는다. 그러나 틸라코이드막을 가로질러서 양성자펌핑이 일어나고 이에 의해 ATP가 생성된다. 요약하면 순환적 전자 흐름은 다음의 특성을 가진다.

1. NADPH가 생성되지 않는다.
2. 물이 산화되지 않는다.
3. O_2가 발생되지 않는다.
4. 그러나 ADP는 ATP로 인산화된다.

순환적 전자 흐름과 이에 따른 순환적 광인산화(cyclic photophosphorylation)는 ATP와 NADPH의 세포 농도를 조절하는 데 있어서 중요한 것으로 생각되어 왔다. 순환적 경로는 식물세포가 충분한 양의 NADPH를 가지며 ATP를 필요로 할 때 일어난다는 대사적 논리가 예측된다.

17.6 캘빈회로에 의한 탄수화물의 합성

학습 목표
캘빈회로의 화학반응을 이해한다.

빛 에너지가 어떻게 광합성세포의 엽록체에 있는 색소에 의하여 수집되고 인산무수결합(ATP)과 환원력(NADPH) 형태의 에너지로 변환되는지를 살펴보았다. 광합성의 명반응에서 형성된 반응성 있는 두 생성물은 14장에서 19장에 걸쳐 설명되고 있는 바와 같이 세포 내의 생합성과 에너지 요구성 과정에 유용하게 사용된다. 이 절에서는 탄소의 무기 형태인 CO_2를 글루코오스, 수크로오스, 녹말 등을 비롯한 탄수화물을 합성하기 위하여 구성단위로 이용되는 단순 유기 분자들로 동화하기 위하여 녹색식물이 어떻게 ATP와 NADPH를 이용하는지에 대하여 설명한다(그림 17.30). 이들 대사 반응은 빛을 직접 필요로 하지 않고 단지 광합성 과정의 생성물(ATP와 NADPH)만 필요로 하기 때문에 "암반응(dark reaction)"이라고 부른다. 이 과정의 특정한 반응 종류는 CO_2를 이용한 새로운 탄소-탄소 결합의 형성(탄소의 고정)과 탄수화물(알데히드와 알코올)의 수준으로 동화된 CO_2의 환원 등이다. 광합성에 의한 탄수화물의 합성 과정 중 어떤 반응은 처음 접하는 반응이나, 다른 반응들은 15장에서 소개하였다. 암반응의 반응들은 각각의 반응으로 존재하지만 모두 **캘빈회로(Calvin cycle)**라고 부르는 광범위한 대사경로를 이룬다. 회로의 반응과 그 중요성을 이해하기 위하여 전체 과정을 네 단계로 구분한다.

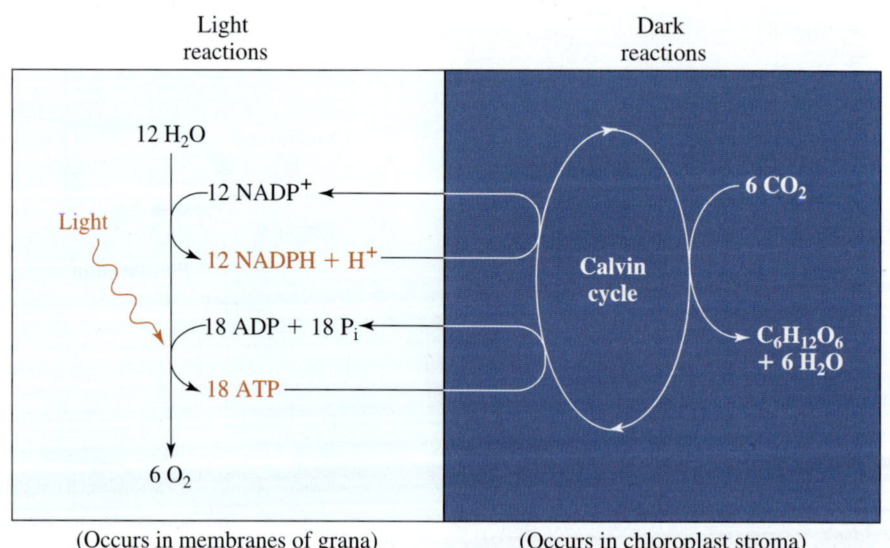

그림 17.30 광합성에서 암반응 및 명반응의 짝지음. 광합성에서 명반응의 생성물(ATP 및 NADPH)은 탄수화물을 합성하는 데 이용된다. NADPH의 산화(재순환)와 ATP의 분해는 CO_2를 유기 수용체 분자로 동화시키는 캘빈회로에 의하여 완결된다(암반응이라고 부른다). 캘빈회로로부터 생성되는 탄수화물은 글루코오스($C_6H_{12}O_6$)로 나타낸다.

$$\text{Ribulose-1,5-bisphosphate} + CO_2 \xrightarrow{H^+} [\beta\text{-Keto acid intermediate}] \xrightarrow[H^+]{H_2O} \text{3-Phosphoglycerate} + \text{3-Phosphoglycerate}$$

그림 17.31 리불로오스-1,5-비스인산카르복실화효소에 의해 촉매되는 탄소고정 반응. 이는 암반응의 단계 Ⅰ, 즉 수용체 분자인 리불로오스-1,5-비스인산으로의 CO_2 첨가를 의미한다.

단계 Ⅰ: 수용체분자에 대한 CO2의 첨가(탄소고정)

광합성 탄소고정의 핵심 반응은 1940년대에 버클리에 있는 멜빈 캘빈(Melvin Calvin)의 실험실에서 밝혀졌다. 캘빈의 연구팀은 방사능으로 표지된 이산화탄소($^{14}CO_2$)의 존재 하에서 빛을 조사한 다음 종이 크로마토그래피를 사용하여 ^{14}C를 포함하는 유기 생성물을 확인하였다. 확인된 초기 대사중간물질의 하나가 ^{14}C가 카르복실 탄소원자에 농축된 3-포스포글리세르산(3-phosphoglycerate, 3-PG)이었다.

또 다른 실험을 통하여 반응에서 생성되는 대사물질은 **루비스코(rubisco)**라는 약어로 부르는 **리불로오스-1,5-비스인산카르복실화/산소화효소(ribulose-1,5-bisphosphate carboxylase/oxygenase)**에 의하여 촉매된다는 것을 보여주었다(그림17.31). 이 효소의 촉매작용에 의하여 무기 물질인 이산화탄소(CO_2)가 리불로오스-1,5-비스인산에 첨가되어 6-탄소 중간체가 형성되고 뒤이어 이 중간체는 분해된다. 이 분해반응에 의하여 두 분자의 3탄소 화합물인 3-포스포글리세르산이 생성된다. (이 효소는 카르복실화와 산소 삽입 반응의 이중의 촉매활성을 나타낸다.) 식물의 루비스코는 560,000의 분자량을 가지며, 대부분의 식물체에서 엽록체 전체 단백질의 최소한 15%를 차지하며 스트로마에 위치하고 있는 큰 크기의 단백질이다. 엽록체에 있는 고농도의 루비스코는 식물 대사에 있어서 이 효소의 중요한 역할을 나타내고 있다. 이 효소는 매년 지구상에서 4×10^{13} g이 생성되고 이는 매초 당 약 백만 그램의 생성량에 해당하는 것으로 측정되었다.

단계 Ⅱ: 3-포스포글리세르산의 주 대사로의 유입

3-포스포글리세르산은 처음 소개되는 대사물질은 아니다. 앞의 설명에서 3-PG는 해당과정에 의해 세포질에서 생성되고(15.1절 참조) 두 가지의 가능한 대사적 운명을 가지는 것을 보았다. 즉 3-PG는 이화작용에 의해 에너지 생성을 위한 피루브산으로 전환되거나 또는 동화작용에 의해 글루코오스로 전환된 다음 글리코겐으로 저장된다. 엽록체의 스트로마에서 합성된 3-포스포글리세르산은 해당과정의 역반응과 유사한 경로에 의하여 글루코오스 합성을 위하여 이용된다는 것을 언급하였다. 3-PG의 카르복실기(C1)의 인산화는 중요한 해당과정의 중간체인 1,3-비스포스포글리세르산(1,3-bisphosphoglycerate, 1,3-BPG)을 생성한다.

$$\underset{\text{3-Phosphoglycerate}}{{}^{1}COO^- - {}^{2}CHOH - {}^{3}CH_2OPO_3^{2-}} + ATP \xrightleftharpoons{\text{3-phosphoglycerate kinase}} \underset{\text{1,3-Bisphosphoglycerate}}{{}^{1}C(=O)OPO_3^{2-} - {}^{2}CHOH - {}^{3}CH_2OPO_3^{2-}} + ADP$$

스트로마의 1,3-BPG는 글리세르알데히드-3-인산탈수소효소(glyceraldehyde-3-phosphate dehydrogenase)와 뉴클레오티드 보조인자로서 NADPH를 필요로 하는 반응에 의하여 환원된다.

$$\underset{\text{1,3-Bisphosphoglycerate}}{\begin{matrix} O \\ \| \\ C-OPO_3^{2-} \\ | \\ CHOH \\ | \\ CH_2OPO_3^{2-} \end{matrix}} + NADPH + H^+ \xrightleftharpoons[\text{dehydrogenase}]{\substack{\text{glyceraldehyde} \\ \text{3-phosphate}}} \underset{\text{Glyceraldehyde-3-phospate}}{\begin{matrix} H \diagdown \; \diagup\!\!\!\!\diagup O \\ C \\ | \\ CHOH \\ | \\ CH_2OPO_3^{2-} \end{matrix}} + NADP^+ + P_i$$

세포질에서 일어나는 글루코오스 합성 과정에서의 유사한 반응에서는 NADH가 보조인자인 것을 상기하기 바란다(15.4절 참조).

단계 III: 글리세르알데히드-3-인산으로부터 탄수화물의 합성

글리세르알데히드-3-인산(및 이의 이성질체인 디히드록시아세톤인산, DHAP)으로부터 탄수화물의 합성은 이미 앞에서 언급했던 글루코오스신생합성(gluconeogenesis)의 경로를 따른다(표 17.3 및 15.4절 참조). 식물에서 합성되는 기본적인 탄수화물은 글루코오스 및 프룩토오스와 같은 단당류, 이당류인 수크로오스 그리고 다당류의 녹말이다. 글루코오스와 프룩토오스는 보통 광합성의 최종 생성물을 의미하지만 실제로 이들은 인산화된 형태(글루코오스-1-인산, 글루코오스-6-인산, 또는 프룩토오스-6-인산)로 생성되며, 수크로오스와 녹말의 합성을 위하여 사용된다. 수크로오스는 앞에서 설명한 바와 같이 UDP-글루코오스와 프룩토오스-6-인산으로부터 합성된다(표 17.4). 대부분의 수크로오스는 식물의 세포질에서 스트로마로부터 수송된 DHAP를 이용하여 합성된다. 다당류인 녹말은 활성화된 글루코오스(ADP-글루코오스)가 기존의 녹말 결사슬에 첨가되어 형성된다(표 17.5). 캘빈회로의 단계 I, II 및 III은 그림 17.32에 요약되어 있다.

표 17.3

녹색식물에서 인산화된 글루코오스의 합성

$$\text{Glyceraldehyde-3-phosphate} \xrightleftharpoons{\text{isomerase}} \text{dihydroxyacetone phosphate (DHAP)}$$

$$\text{DHAP + glyceraldehyde-3-phosphate} \xrightleftharpoons{\text{aldolase}} \text{fructose-1,6-bisphosphate}$$

$$\text{Fructose-1,6-bisphosphate} + H_2O \xrightleftharpoons{\text{phosphatase}} \text{fructose-6-phosphate} + P_i$$

$$\text{Fructose-6-phosphate} \xrightleftharpoons{\text{isomerase}} \text{glucose-6-phosphate}$$

$$\text{Glucose-6-phosphate} \xrightleftharpoons{\text{phosphoglucomutase}} \text{glucose-1-phosphate}$$

표 17.4

녹색식물에서 글루코오스-1-인산으로부터 수크로오스의 합성

$$\text{Glucose-1-phosphate + UTP} \rightleftharpoons \text{UDP-glucose} + PP_i$$

$$\text{UDP-glucose + fructose-6-phosphate} \rightleftharpoons \text{sucrose-6-phosphate + UDP}$$

$$\text{Sucrose-6-phosphate} + H_2O \rightleftharpoons \text{sucrose} + P_i$$

표 17.5

녹색식물에서 글루코오스-1-인산으로부터 녹말(starch)의 합성

$$\text{Glucose-1-phosphate + ATP} \rightleftharpoons \text{ADP-glucose} + PP_i$$

$$\text{UDP-glucose} + \underset{\substack{\text{Preexisting} \\ \text{starch}}}{(\text{glucose})_n} \rightleftharpoons \underset{\substack{\text{Extended} \\ \text{starch}}}{(\text{glucose})_{n+1}} + \text{ADP}$$

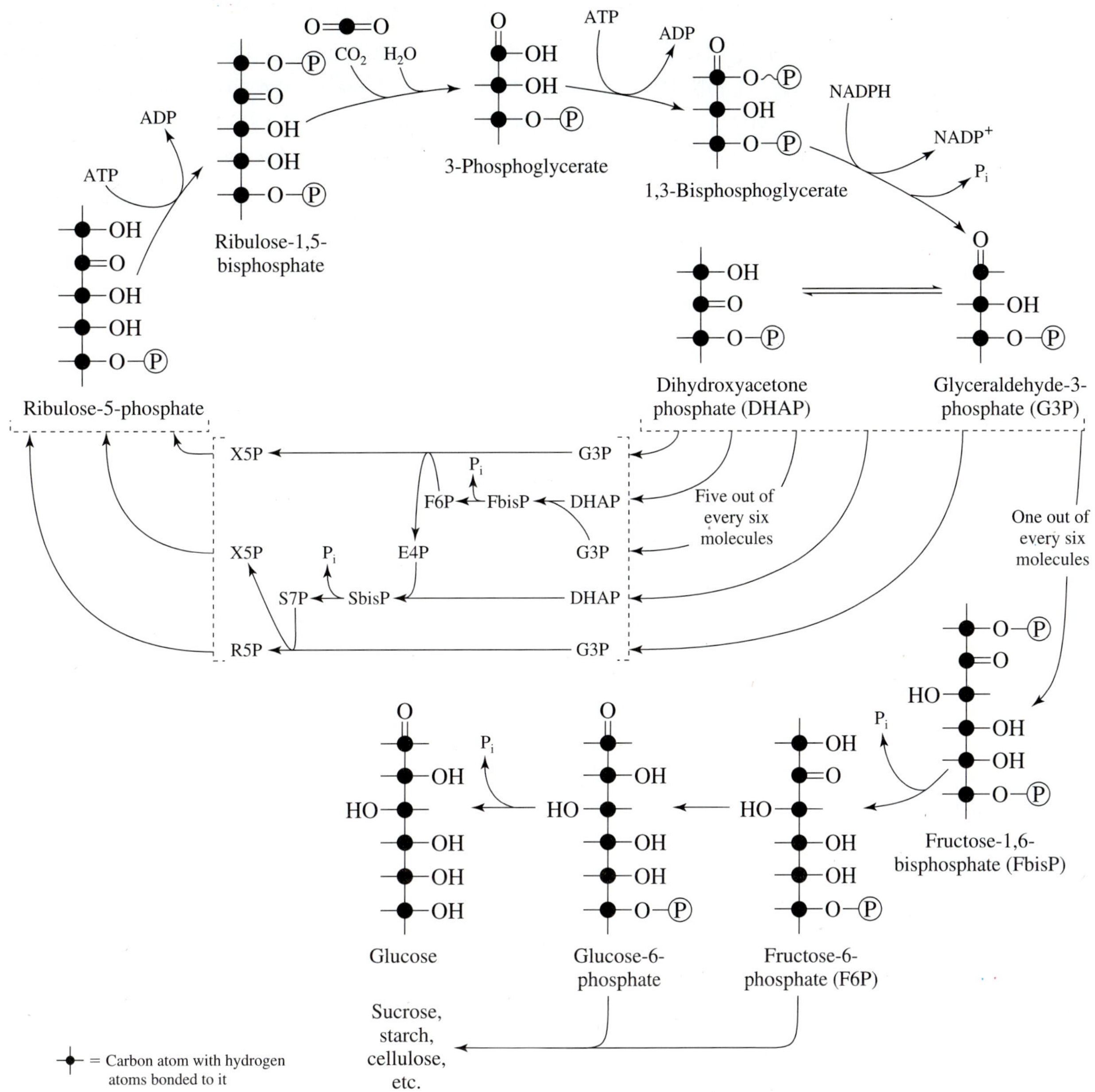

그림 17.32 캘빈회로의 단계 Ⅰ, Ⅱ 및 Ⅲ의 반응. E4P = 에리트로오스-4-인산(erythrose 4-phosphate); SbisP = 세도헵툴로오스-1,7-비스인산(sedoheptulose-1,7-bisphosphate); S7P = 세도헵툴로오스-7-인산(sedoheptulose-7-phosphate); R5P = 리보오스-5-인산(ribose-5-phosphate); X5P = 크실로오스-5-인산(xylose-5-phosphate)

단계 Ⅳ: 리불로오스-1,5-비스인산의 재생산에 의한 캘빈회로의 완결

탄수화물의 합성에 대한 논의에서 지금까지 하나의 CO_2가 C_5 탄소의 당(리불로오스-1,5-비스인산)으로 고정되고 2개의 C_3 단위(3-포스포글리세르산)가 생산되었다. 이외에도 C_3 단위가 이당류와 다당류를 구성하는 데 사용되는 단당류를 형성하기 위하여 어떻게 사용되는지를 설명하였다. 캘빈회로는 어떻게 리불로오스-1,5-비스인산이 재생산되는지를 보여줌으로써 완결된다. 글루코오스를 만드는 데 사용되는 6개의 탄소를 설명하자면, 6분자의 CO_2가 유입되기 위하여 6번의 캘빈회로가 완결되어야 한다. 이 화학량론은 다음 반응식의 형태로 나타낼 수 있다.

6리불로오스-1,5-비스인산 + $6CO_2$ + 12NADPH + $12H^+$ + 12ATP + $6H_2O$ ⟶
12글리세르알데히드-3-인산 + $12NADP^+$ + 12ADP + $12P_i$

그림 17.32에 나타난 바와 같이 12분자의 글리세르알데히드-3-인산 중 단지 2분자가 글루코오스의 합성에 사용된다(표 17.3 참조). 나머지 10분자의 글리세르알데히드-3-인산(C_3)은 캘빈회로를 완결하는 데 필요하다. 10분자의 C_3 단위는 6분자의 C_5 분자를 생산하기 위하여 재배열된다. 이러한 전환을 요약하는 일련의 반응은 새로운 화학 반응을 필요로 하며, 3, 4, 5, 6 그리고 7 탄소원자를 가지는 중간체를 사용한다. 일련의 반응에 포함된 반응 중 새로운 화학 과정은 케토오스(ketose)로부터 알도오스(aldose)로 C_2 단위를 전달하는 자리옮김(translocation)반응이다. 이 전달은 새로운 알도오스(aldose)와 새로운 케토오스(ketose)를 생성한다.

$$\underset{\text{Ketose}}{CH_2OH\text{–}C{=}O\text{–}CHOH\text{–}R} + \underset{\text{Aldose}'}{HC(=O)\text{–}R'} \rightleftharpoons \underset{\text{Aldose}}{HC(=O)\text{–}R} + \underset{\text{Ketose}'}{CH_2OH\text{–}C{=}O\text{–}CHOH\text{–}R'}$$

5개의 3탄당(3개의 글리세르알데히드-3-인산, 2개의 디히드록시아세톤인산)이 들어가고 3개의 5탄당(2개의 크실룰로오스, 한 개의 리보오스-5-인산)이 나온다. C_5 당은 리불로오스-5-인산으로 이성질화된다. 리불로오스-5-인산 분자는 회로로 다시 들어가기 전에 인산화된다. 만일 이들 각 반응이 두 번 수행된다면 10개의 3탄당 분자가 재순환된다.

CO_2로부터 글루코오스($C_6H_{12}O_6$)의 합성을 위한 모든 반응은 캘빈회로를 요약하는 하나의 순반응으로 결합된다.

$$6CO_2 + 12NADPH + 12H^+ + 18ATP + 12H_2O \longrightarrow C_6H_{12}O_6 + 12NADP^+ + 18ADP + 18P_i$$

명반응에 의해 생성된 많은 수의 반응성 물질 NADPH와 ATP가 필요하다는 것을 주목하시오. 탄수화물로 동화되는 각 CO_2에 대하여 두 분자의 NADPH와 세 분자의 ATP가 필요하다.

광호흡

비스코에 대한 앞의 설명에서는 카르복실화효소(carboxylase)로서의 효소 작용(CO_2 고정)에 초점을 맞추었다. 효소의 이름에 나타내는 바와 같이 이 효소는 기질로서 CO_2 대신에 O_2를 이용하여 산소화효소(oxygenase)로 작용할 수 있다.

$$\underset{\text{Ribulose 1,5-bisphosphate}}{CH_2OPO_3^{2-}\text{–}C{=}O\text{–}CHOH\text{–}CHOH\text{–}CH_2OPO_3^{2-}} + O_2 \xrightleftharpoons{\text{rubisco}} \underset{\text{Phosphoglycolate}}{CH_2OPO_3^{2-}\text{–}C(=O)O^-} + \underset{\text{3-Phosphoglycerate}}{{}^-O\text{–}C{=}O\text{–}CHOH\text{–}CH_2OPO_3^{2-}}$$

기질인 리불로오스-1,5-비스인산은 산화되어서 C_2 단위의 포스포글리콜산(phosphoglycolate)과 C_3 단위의 3-포스포글리세르산(3-phosphoglycerate)으로 분해된다. 산소화효소로서 루비스코의 작용은 이 효소가 O_2를 **소모(consumption)**시키고(동물 대사의 특성) 더욱이 3-포스포글리세르산의 생성이 줄면서 탄수화물의 생성량이 감소되므로 광합성의 역효과를 나타낸다. 엽록체에서 산소화효소에 대한 카르복실화효소 활성도의 비율은 3:1이다. 식물에서 관찰된 이러한 O_2의 소모 과정을 **광호흡(photorespiration)**이라고 한다.

사탕수수(sugar cane)는 CO_2를 고정하기 위하여 햇치-슬랙경로를 이용한다.

어떤 식물들은 CO_2 고정을 위한 다른 경로를 발달시켜서 낭비성 과정으로 보이는 광호흡에 적응하였다. 이 경로는 호주의 생화학자인 마샬 햇치(Marshall Hatch)와 로저 슬랙(Rodger Slack)에 의하여 사탕수수, 옥수수, 그리고 수수와 같은 열대식물에서 발견되었다. **햇치-슬랙경로(Hatch-Slack pathway, C_4경로)**는 리불로오스-1,5-비스인산 대신 포스포에놀피루브산으로의 CO_2 동화반응으로 시

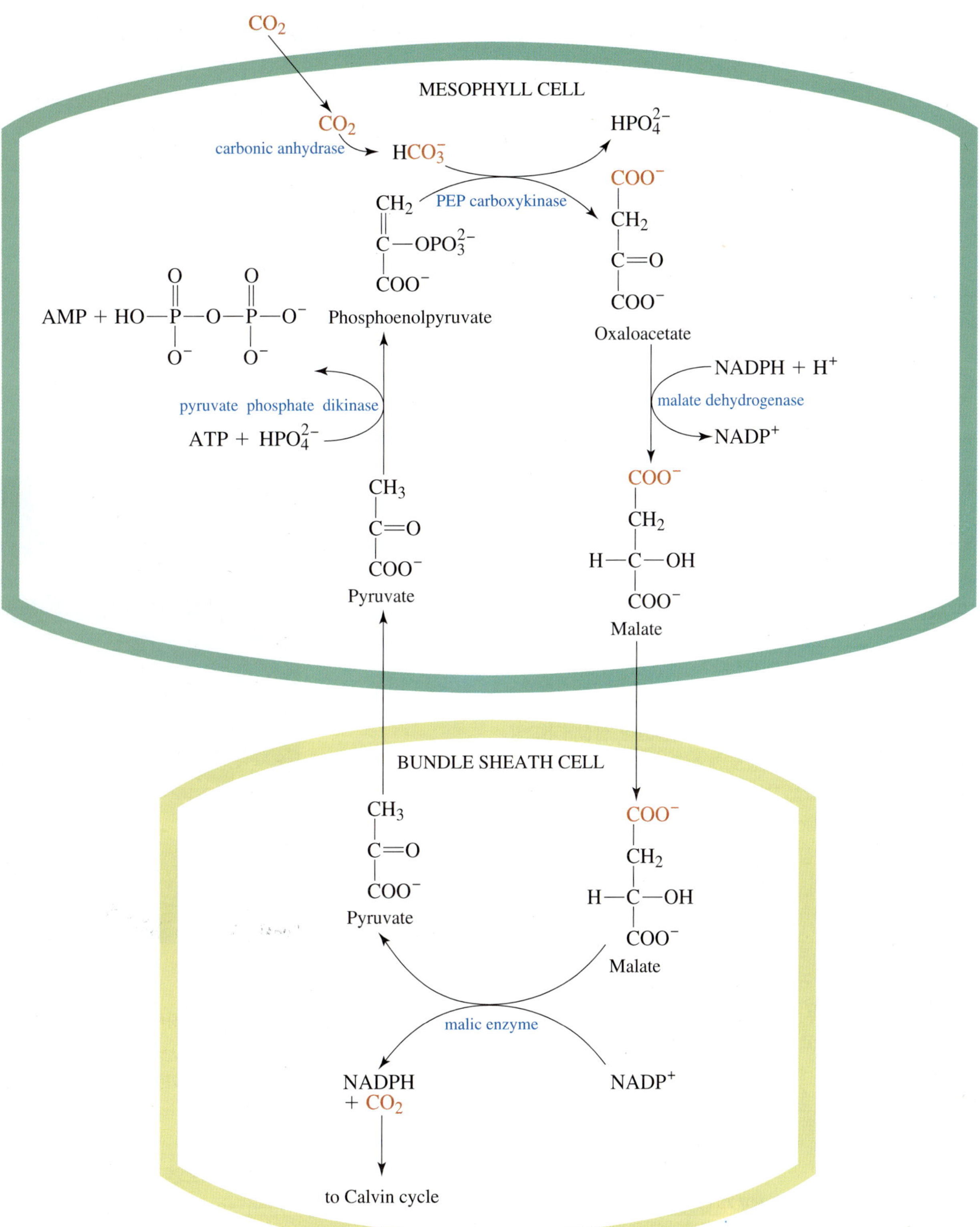

그림 17.33 C_4식물에서 햇치-슬랙경로와 캘빈회로의 연계. 엽육세포(mesophyll cell)와 유관속초세포(bundle sheath cell)에서의 반응이 연결된다.

작된다(그림 17.33). 햇치-슬랙경로에 4탄소 중간체(옥살로아세트산 및 말산)가 존재하므로 이 경로를 C_4경로라고도 부르며, 이 경로를 이용하는 식물들을 C_4식물이라고 부른다. (캘빈회로만 이용하는 식물들은 C_3식물이며, 이 회로에서 CO_2 고정으로부터 첫째 대사물질이 3탄소를 포함하는 3-포스포글리세르산이므로 이렇게 이름을 붙였다. C_3식물은 밀을 비롯하여 지구의 온대 지역에서 생장하는 대부분의 식물을 포함한다.)

C_4식물에서 햇치-슬랙경로는 캘빈회로와 연결되어 있다. 말산의 탈카르복실화반응으로부터 생성된 CO_2는 루비스코에 의하여 리불로오스-1,5-비스인산으로 다시 고정된다. 햇치-슬랙경로와 캘빈회로의 연결은 그림 17.33에 나타냈다. 결합된 경로는 두 가지의 다른 세포인 엽육세포(mesophyll cell)와 유관속초세포(bundle sheath cell)에서 일어난다. 엽육세포는 말산을 생성하고 이 분자는 유관속초세포로 수송되어 탈카르복실화된다. CO_2 생성물은 캘빈 회로에 의하여 활용된다. C_4경로의 중간체들은 CO_2 환원과 동화를 촉매하는 이들 세포로 CO_2를 효과적으로 운반한다.

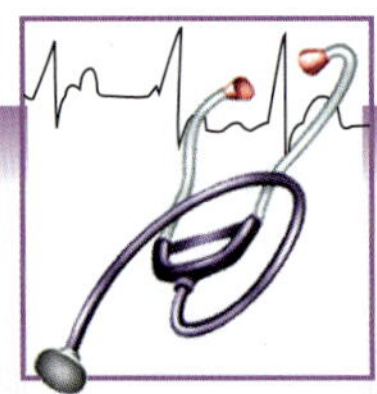

17 - 1

임상생화학

CoQ 영양제로부터 건강상의 이득이 있을까?

식물 및 동물의 전자전달계의 필수 성분인 조효소Q(Coenzyme Q, CoQ)는 전 세계적으로 가장 인기 있는 식이 보충제이다. CoQ의 사용에 대한 임상 연구는 부족하지만, 영양학자와 의사들에 의해서 심장병을 비롯한 많은 질환의 예방과 치료에 있어 주목할 만한 가치가 있는 것으로 받아들여지고 있다. 음식물에 CoQ가 첨가될 때 예상되는 이점과 단점을 논의한다.

CoQ의 구조와 기능

CoQ는 대부분의 생물체의 막에서 볼 수 있는 지용성 물질이다(그림 17.6 및 17.2절 참조). 사람의 CoQ는 50개의 탄소원자를 포함하는 10개의 이소프렌 단위로 된 비극성 꼬리를 가지고 있으며(8.4절 참조), 그래서 CoQ_{10}이라고 부른다. CoQ의 기본적인 생물학적 기능은 기질(환원된 보조인자)로부터 분자 상 산소로 전자를 전달하는 전자전달사슬 내의 전자운반체 역할을 하며, 따라서 에너지가 풍부한 ATP를 생성하는 것이다. CoQ는 호기성 에너지 대사가 활발한 조직에 비교적 풍부하다(심장, 골격근육, 간, 신장 등). CoQ는 또한 특수 대사를 위한 최적 pH를 유지하기 위하여 막을 가로질러서 양성자를 전달함으로써 리소좀의 기능에서도 역할을 한다(표 1.2). CoQ는 세포가 합성할 수 있기 때문에 비타민으로 받아들여지고 있지 않다. 그러나 세포 내에 존재하는 CoQ의 약 25%가 음식물로 섭취된다. CoQ는 육류, 조류, 어류, 그리고 대두 및 카놀라유에 가장 풍부하다.

CoQ와 질병 예방 및 치료

많은 영양학자들은 나이가 들면서 세포가 CoQ를 충분히 만들지 못하기 때문에 노인들이 CoQ를 보충제로 복용할 것을 권장하고 있다. "질병 예방"을 위하여 권장되는 복용량은 하루에 30~60 mg이며, 반면 "질병 치료"를 위한 복용량은 하루에 100~300 mg이다. CoQ의 보충으로 많은 질병 상태의 보호와 치료가 가능하다. CoQ의 보충 복용이 혈장의 CoQ 농도를 증가시키면서도 막 내에서는 거의 증가하지 않는다는 것은 놀랄만한 일이다.

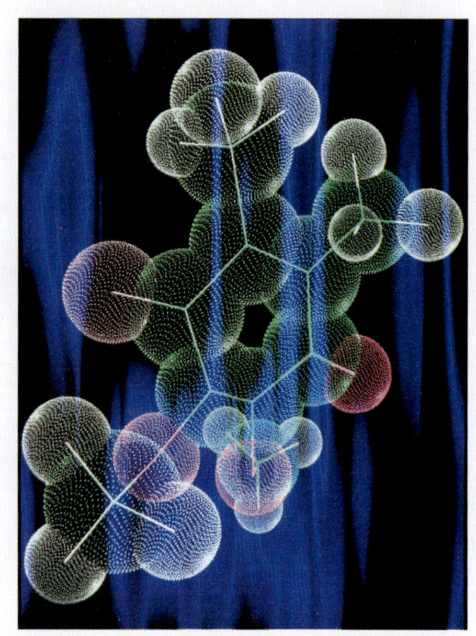

CoQ의 컴퓨터 영상

노화 노화의 자유라디칼 이론에 따르면 세포 내의 장기간의 손상은 활성산소종(reactive oxygen species)의 존재에 의해서 유발된다. ATP가 생성되는 동안 미토콘드리아에 의해서 생성되는 반응성 라디칼

요약

■ 연료 대사에 유용한 에너지의 대부분은 물질대사의 단계 Ⅲ인 전자전달과 ATP 합성 과정에서 방출된다(대사의 단계 Ⅲ). 이 과정들을 합하여 **산화적 인산화(oxidative phos-phorylation)**라고 부른다.

■ 전자전달과 ATP 합성이 일어나는 세포의 부위는 두 개의 막계를 가지며 호기성 대사를 위하여 특수화된 세포소기관인 미토콘드리아이다.

■ 이화작용(catabolism)에서 영양물질로부터 제거되는 전자는 NADH와 $FADH_2$를 생성하기 위하여 탈수소효소에 의하여 보조인자인 NAD^+와 FAD로 전달된다. 이들 환원된 보조인자는 전자전달사슬을 통하여 O_2로 전자를 전달하면서 산화된다.

■ 전자전달이 일어나는 동안 양성자(proton)의 단일방향성 펌핑(unidirectional pumping)으로 인해 높은 에너지 기울기가 형성되는데 에너지를 ATP 합성과 짝지으면서 파괴된다.

■ 광합성생물체는 태양 에너지 복사선으로부터 에너지를 흡수하고 전자전달사슬을 통하여 에너지를 흐르게 하여 ATP와 NADPH를 합성한다. 아들 고에너지 생성물은 CO_2와 H_2O로부터 탄수화물을 합성하는 데 사용된다.

■ 광합성의 초기 단계는 엽록소와 다른 보조색소들에 의한 빛의 흡수이다. 전자는 NADPH, ATP 및 O_2를 생성하기 위하여 두 광계를 통하여 전달된다.

은 세포 구조와 분자들을 공격하며, 따라서 세포의 기능을 점점 감소시킨다. 강력한 항산화제인 CoQ는 반응성 라디칼이 손상을 유발하기 전에 이를 파괴시킬 수 있다(생화학 들여다보기 16-1). CoQ를 보충제로 섭취하는 많은 건강한 사람들은 기억력 증가, 운동량 향상, 그리고 면역 반응 증가 등을 나타낸다.

심장 질환 동맥경화증은 저밀도지방단백질(low-density lipoprotein, LDL)의 산화적 변형에 의하여 동맥에서 시작되는 것으로 여겨진다. 시험관 내 연구에 의하면 CoQ는 LDL의 산화적 분해를 늦추기 위하여 항산화제로서 작용한다. 게다가 증상이 발전한 후에 CoQ를 보충하기 시작한 심장병 환자는 심장마비의 수가 감소하였고 심장의 기능이 향상되었다. 심장 수술 예정인 환자들이 수술 전 CoQ를 복용했을 때 더욱 빠른 회복을 보였으며, 심근조직 손상을 감소시켰다.

고혈압 두 명의 고혈압 환자에 대한 임상 시험에서 매일 최소 120 mg의 CoQ를 12주 동안 복용하게 하였을 때 수축기혈압과 확장기혈압이 모두 10% 감소하였다.

암 치료를 위한 CoQ 복용이 유방암과 전립선암세포의 성장을 감소시킨다는 것을 보여주는 임상 연구가 있다. 그러나 더 장기간의 시도가 이루어져야 한다.

신경퇴행성 질병 어떤 의사들은 파킨슨병 및 헌팅턴병과 같은 퇴행성 신경장애를 가진 환자에게 다량의 CoQ(어떤 경우에는 하루에 1200 mg까지)를 복용할 것을 권장하고 있다. 이 치료는 어들 질병의 환자들이 흔히 혈액과 조직의 CoQ 농도가 정상인보다 낮다는 사실에 따라 실시되었다. 어떤 임상 시도는 치료를 받은 환자 중에서 신경 및 정신 기능의 퇴화 속도가 감소한다는 결과를 나타내었다. 그러나 이러한 결과는 아직 예비 단계의 것이다.

CoQ의 안전성

CoQ가 자연에 존재하는 화학물질이고 모든 조직에 필수적이기 때문에 부작용이 거의 없을 것으로 예상된다. 실제로 하루에 1200 mg까지 복용해도 주목할 만하거나 심각한 부작용은 없다. 구토, 설사, 가슴앓이 등의 비교적 중요하지 않은 부작용이 일부 환자에게 일어난다.

학습 문제

1. CoQ의 구조(그림 17.6)에서 어떤 특성 때문에 막에 용해성이 되는가?

2. 표준 상태 하의 자발적 반응에서 CoQ를 환원시킬 수 있는 환원형 보조인자는 무엇인가?

힌트: 다시 보기 17-1의 표 참조.

3. 사람의 유비퀴논 CoQ_{10}의 50개 탄소의 이소프렌 곁사슬을 화학적으로 메틸기로 치환함으로써 변형시킬 수 있다고 가정하시오. 변형된 CoQ의 구조를 그리고 그것이 미토콘드리아 전자전달사슬의 성분으로서 작용할 수 있을 것인지를 예측하시오.

참고 문헌

http://lpi.oregonstate.edu/infocenter.othernuts/coq10/printcoq10.html
라이너스폴링연구소 미량영양소센터

http://www.berkeleywellness.com/html/ds/dsCoenzymeQ10.php
식이보충제 안내서

http://cis.nci.nih.gov/fact9_16.htm
암에 대한 국립암센터의 Q&A

■ 광흡수와 전자전달에 의해 형성된 ATP와 NADPH는 암반응에서 CO_2를 탄수화물로 동화시키기 위한 에너지원으로서 사용된다. 이 반응은 리불로오스-1,5-비스인산카르복실화/산소화효소(ribulose-1,5-bisphosphate carboxylase/oxygenase)에 의하여 시작된다. 이 반응은 리불로오스-1,5-비스인산에 CO_2가 첨가되어 생성된 6탄소 대사물질을 두 분자의 3-포스포글리세르산(3-phosphoglycerate)으로 전환한다.

연습 문제

용어 이해

17.1 다음의 용어를 번역하고 25 단어 이내로 정의하시오.

a. electron transport
b. mitochondrial matrix
c. dehydrogenase
d. standard reduction potential, $E°'$
e. cytochrome
f. iron-sulfur cluster
g. chemiosmotic coupling
h. thermogenin
i. thylakoid
j. accessory pigment
k. ferredoxin
l. photophosphorylation
m. 3-phosphoglycerate
n. photorespiration
o. ATP synthase
p. ubiquinone
q. chlorophyll
r. malate-aspartate shuttle
s. carbon fixation
t. chloroplast
u. photosystem Ⅰ
v. rubisco

개념 복습

17.2 미토콘드리아의 호흡에 대한 다음 문장 중 옳은 것은? 틀린 문장은 올바르게 다시 쓰시오.

a. 전자전달에 포함된 전자운반체는 세포질에 존재한다.
b. NADH는 $FMNH_2$보다 더 강력한 환원제이다.
c. 최종 전자수용체는 O_2이다.
d. 전자운반체는 전자친화력이 증가하는 순서대로 배열되어 있다.
e. 시토크롬과 철-황단백질의 Fe^{3+} 원자는 전자수용체로 작용한다.
f. $FADH_2$는 한 개 또는 2개의 전자를 수용체로 전달한다.
g. 전자전달이 일어나는 동안 양성자는 미토콘드리아 기질로부터 막의 반대쪽으로 펌핑된다.

***힌트:** b는 다시 보기 17.1의 표를 참조하시오.*

17.3 다음 전자전달 단계에 대한 $\Delta G°'$를 계산하시오. 방출되는 에너지가 ATP 합성을 위하여 충분한가?

a. NADH → CoQ
b. $FADH_2$ → CoQ
c. cyt *c* → cyt *a*(전자 한 개)
d. $CoQH_2$ → 2cyt *c*
e. $FMNH_2$ → CoQ

17.4 다음 각 전자운반체 쌍에 대하여 더 강한 환원제(전자공여체)를 제시하시오.

a. NADH:$FADH_2$
b. $FADH_2$:$CoQH_2$
c. cyt a/a_3(환원형):cyt *c*(환원형)
d. cyt *b*(환원형):$CoQH_2$
e. H_2O:NADH
f. 숙신산:$FADH_2$

17.5 다음 각 전자운반체 쌍에 대하여 더 강한 산화제(전자수용체)를 제시하시오.

a. CoQ:FAD
b. NAD^+:O_2
c. cyt *c*(산화형):cyt a/a_3(산화형)
d. cyt *b*(산화형):cyt *c*(산화형)
e. NAD^+:FAD
f. cyt *c*(산화형):O_2

17.6 종속영양생물과 광영양생물의 대사적 차이점을 설명하시오.

17.7 미토콘드리아의 산화적 인산화에서 다음 각 항의 역할은 무엇인가?

a. cyt *c*
b. F_1
c. cyt a/a_3
d. F_0
e. CoQ
f. 철 – 황단백질

17.8 광인산화에 대한 다음 문장 중 옳은 것은? 틀린 것은 올바르게 고치시오.

a. 전자가 NADPH로부터 O_2로 이동한다.
b. 양성자 농도의 기울기는 틸라코이드막을 가로질러서 생성된다.
c. 녹색식물에서 주요 광수용체 분자는 엽록소*a*이다.
d. 비순환적 광인산화의 결과 NADPH의 생성, H_2O의 산화, O_2의 발생 및 ADP의 인산화가 초래된다.
e. 순환적 광인산화의 결과 ATP의 생성, 물의 산화 및 O_2의 발생이 초래된다.
f. 전자는 환원형 페레독신인 FdH_2로부터 $NADP^+$로 자발적으로 이동한다.

17.9 엽록체에서 볼 수 있는 보조색소(카로티노이드 등)의 역할을 설명하시오.

17.10 순환적 및 비순환적 광인산화의 생화학적 차이점을 기술하시오.

17.11 엽록체의 광인산화에 대한 다음의 각 항의 역할은 무엇인가?

a. 엽록소*a*
b. β-카로틴
c. P700
d. 페레독신
e. 플라스토시아닌
f. 망간 물분해복합체
g. CF_0
h. CF_1

17.12 어떤 전자운반기(보조인자 또는 보결분자단)가 다음의 호흡 효소복합체에 연관되는가? 아래의 전자운반기의 리스트로부터 선택하시오.

효소복합체	전자운반기
a. 숙신산-CoQ환원효소	**1.** FMN
b. NADH-CoQ환원효소	**2.** Fe-S
c. 시토크롬*c*환원효소	**3.** FAD
d. 시토크롬*c*산화효소	**4.** 헴
	5. Cu
	6. NAD^+

17.13 아래의 각 생체분자 또는 복합체와 기본적인 기능을 연결하시오.

생체분자	생화학적 기능
a. 카로티노이드	**1.** 광계 I 의 광수용체
b. 엽록소	**2.** 광계 II 의 광수용체
c. P700	**3.** 이차색소
d. P680	**4.** 일차색소
e. 산소발생중심	**5.** 탄수화물의 합성
f. 캘빈회로	**6.** $2H_2O + 2A \xrightarrow{h\nu} 2AH_2 + O_2$

17.14 리불로오스-1,5-비스인산카르복실화/산소화효소의 두 화학적 활성 사이의 유사점과 차이점을 기술하시오.

17.15 표 17.1에 있는 각 반응이 일어나는 세포의 위치를 말하시오.

17.16 미토콘드리아와 엽록체에서의 전자전달의 주요 차이점과 유사점을 기술하시오.

17.17 미토콘드리아의 전자전달계에 있는 중요한 금속이온은 무엇인가?

17.18 엽록체의 전자전달계에 있는 중요한 금속이온은 무엇인가?

활용 문제

17.19 2,4-디니트로페놀로 주사한 쥐는 체온의 증가, 호흡량의 증가 및 체중의 감소 현상을 보인다. 2,4-디니트로페놀의 영향을 설명하시오.

17.20 짝풀림제인 2,4-디니트로페놀은 미토콘드리아 내막을 "새게" 만드는 작용을 한다. 양성자는 그런 새는 막을 통하여 쉽게 확산한다. 어떻게 이 현상이 산화적 인산화를 파괴하는지를 설명하시오.

17.21 다음의 각 화합물이 이화작용에서 완전히 분해될 때 생성되는 인산무수결합의 양은 얼마인가?

a. 프룩토오스(심근)
b. 아세틸-CoA
c. 말토오스(심근)
d. 피루브산
e. 글루코오스-6-인산(골격근)

힌트: *CO_2와 H_2O로 분해되는 순반응 식을 유도하시오.*

17.22 가을에 나뭇잎의 색깔이 변하는 이유를 생화학적으로 설명하시오.

힌트: *엽록소는 녹색이고, 카로티노이드와 피코빌린은 적색과 노랑색이다.*

17.23 캘빈회로에 의한 글루코오스의 합성과 동물세포에서의 글루코오스 신생합성을 비교하시오.

힌트: *각 과정의 순반응을 구해 보시오.*

17.24 미토콘드리아와 엽록체의 유사점과 차이점을 기술하시오.

17.25 기질수준인산화와 산화적 인산화에 의한 ATP 합성의 차이점을 설명하시오.

17.26 네 분자의 글리세르알데히드-3-인산으로 시작되는 수크로오스 합성의 단계를 요약하시오.

17.27 철-황단백질에 있는 산화환원 부위에서 철과 결합할 때 어떤 아미노산 잔기가 중요한 역할을 하는가?

17.28 다음의 반응식은 엽록체에서의 전자 흐름을 나타낸다. 반응식을 완결하시오.

$$Fe^{2+} + Cu^{2+} \longrightarrow$$

17.29 다음의 각 반응식에 대하여 화학 반응의 종류를 기술하시오.

a. $AH_2 + NAD^+ \rightleftharpoons A + NADH + H^+$
b. $ADP + P_i \rightleftharpoons ATP + H_2O$
c. 글리세르알데히드-3-인산 $\rightleftharpoons$ 디히드록시아세톤인산
d. 리불로오스-1,5-비스인산 + CO_2 $\rightleftharpoons$
2 3-포스포글리세르산

17.30 가을의 나뭇잎에서 노란색을 띠게 하는 화학물질은 무엇인가?

17.31 생화학 들여다보기 17.1에서 시토크롬P450 효소에 의해 촉매되는 일반식을 기술하시오. 반응의 종류는 산화환원이다. 반응에서 산화되는 모든 반응 물질을 나열하시오. 반응에서 환원되는 모든 반응 물질을 나열하시오.

17.32 전자전달계 내의 네 개의 복합체 중 시토크롬 성분이 없는 복합체는 어느 것인가?

17.33 말산-아스파르트산 셔틀의 목적은 무엇인가?

a. 세포질 NADH로부터 미토콘드리아 NAD^+로 2개의 전자를 전달하여 NADH를 생성한다.

b. 전자를 미토콘드리아 기질로 운반하기 위하여 아스파르트산을 사용한다.
c. 전자를 미토콘드리아 기질로 운반하기 위하여 $FADH_2$를 사용한다.
d. 골격근육 내에서 작용한다.

17.34 다음 중 광합성 명반응의 정확한 특성을 설명하는 것은 어느 것인가?

a. 틸라코이드막에서 일어나며, 산소고정이 일어난다.
b. 스트로마에서 일어나며, 이산화탄소가 발생한다.
c. 틸라코이드막에서 일어나며, 이산화탄소가 고정된다.
d. 스트로마에서 일어나며 산소가 발생한다.

생화학 작문

17.36 Scientific American 262(2): 50~58 (1990)의 "식물은 어떻게 산소를 만드는가"의 참고문헌을 읽고 200 단어로 논문을 요약하시오.

17.37 시험에 대비하여 이 장을 복습하려고 한다. 이 장의 처음 절반(7.1~7.4절)을 200~300 단어로 기술하시오.

17.38 숙신산탈수소효소의 반응에 대한 보조인자의 주제에 대하여 연습문제 16.33을 다시 보자. 전자전달의 개념을 공부한 지금 이 질문에 다시 답하시오. 16장에서 $FADH_2$ 또는 유비퀴논을 이용한 숙신산탈수소효소에 의해 촉매되는 반응을 어떻게 생각하는가?

17.39 짝풀림제인 디니트로페놀은 수년 전에 체중조절제로 사용되었다. 이런 관점에서 볼 때 이 약은 효과적이기는 하나, 매우 독성이 강하며 몇 사람이 사망했기 때문에 그 사용이 중지되었다. 체중감량제로서 디니트로페놀의 생화학적 작용을 기술하시오.

17.40 여러분의 생화학 교수가 수업 중에 광호흡을 주제로 문제를 내었다. 이 문제를 해결하기 위하여 이 교재와 고급생화학 책에서 해당되는 부분을 읽고 100 단어로 요약하시오.

참고문헌

Bentley, R., Franzen, J., and Chasteen, T., 2002. Oxidation numbers in the study of metabolism. *Biochem. Mol. Biol. Educ.* 30:288–292.

Brand, M., 2003. Approximate yield of ATP from glucose, designed by Donald Nicholson. *Biochem. Mol. Biol. Educ.* 31:2–4.

Boyer, P., 1997. The ATP synthase—a splendid molecular machine. *Annu. Rev. Biochem.* 66:717–750.

Boyer, R., 2000. Isolation and characterization of plant pigments. In *Modern Experimental Biochemistry,* 3rd ed., pp. 333–343. San Francisco: Benjamin/Cummings.

Brown, S., 2000. Does succinate oxidation yield FADH or ubiquinol? *Biochem. Educ.* 28:52–54.

Cornely, K., 1999. The electron transport game. *Biochem. Educ.* 27:74–76.

Dalton, L., 2003. Photosynthesis crystallized: X-ray structures of photosystems. *Chem. Eng. News* December 15:6.

Douglas, R., et al., 1998. Dragon fish see red using chlorophyll. *Nature* 393:423–424.

Elliott, K., 1999. Teaching metabolism for the future: concepts not pathways. *The Biochemist* 21:9–39.

Feinman, R., 2004. Oxidation–reduction calculations in the biochemistry course. *Biochem. Mol. Biol. Educ.* 32:161–166.

Frey, P., 2002. Surprises and revelations in biochemistry: 1950–2000. *Biochem. Mol. Biol. Educ.* 30:152–162.

Gest, H., 2002. Landmark discoveries in the trail from chemistry to cellular biochemistry, with particular reference to mileposts in research on bioenergetics. *Biochem. Mol. Biol. Educ.* 30:9–13.

Gonzalez, G., 1995. An easy approach to the Calvin cycle. *Biochem. Educ.* 23:132–133.

Govindjee and Coleman, W., 1990. How plants make oxygen. *Sci. Am.* 262(2):50–58.

Holliday, R., 2001. Aging and the biochemistry of life. *Trends Biochem. Sci.* 26:68–71.

Kiberstis, P., 1999. Mitochondria make a comeback. *Science* 283:1475.

Konigsberg, M., 1999. A simple model to facilitate students' understanding of the mitochondrial respiratory chain. *Biochem. Educ.* 27:9–11.

Manchester, K., 1998. Albert Szent-Györgyi and the unraveling of biological oxidation. *Trends Biochem. Sci.* 23:37–40.

Nagyvary, J. and Bechert, J., 1999. New insights into ATP synthesis. *Biochem. Educ.* 27:193–199.

Nicholson, D., 2002. Mitochondrial ATP formation. *Biochem. Mol. Biol. Educ.* 30:3–5.

Prebble, J., 2002. Peter Mitchell and the ox phos wars. *Trends Biochem. Soc.* 27:209–212.

Raha, S. and Robinson, B., 2000. Mitochondria, oxygen free radicals, disease, and aging. *Trends Biochem. Sci.* 25:502–508.

Rutherford, A. and Faller, P., 2001. The heart of photosynthesis in glorious 3D. *Trends Biochem. Sci.* 26:341–344.

Scandalios, J., 2002. The rise of ROS. *Trends Biochem. Sci.* 27:483–486.

Villalain, J., 1987. Photosynthesis and the Calvin cycle. *Biochem. Educ.* 15:31–32.

Yarnell, A., 2005. When plants get too much sun. *Chem. Eng. News* Jan. 24:10.

CHAPTER

대부분의 사람들은 식이 지방은 맛은 좋으나 비만과 심장 질환을 일으키고 일반적으로 건강에 나쁘기 때문에 피해야 된다고 생각한다. 우리의 두뇌는 지방이라고 하면 아이스크림, 피자, 비프스테이크 그리고 감자 칩을 연상한다. 그러나 식사에서 지방의 역할을 영양사에게 질문하면 대개 식이 지방을 좋은 것, 나쁜 것 그리고 위험한 것의 3개의 범주로 나눈다고 응답한다.

좋은 지방: 적당한 성장과 발달을 위하여 식사에서 리놀레산과 리놀렌산을 섭취하여야 한다. 우리는 리놀레산으로부터 또 하나의 필수지방산인 아라키돈산을 합성할 수 있다. (8장 지방산 참조). 물고기와 아마유에서 발견되는 오메가-3지방산은 심혈 관계 질환을 늦추는 것으로 나타났다. (임상생화학 8 참조).

나쁜 지방: 나쁜 범주에 속하는 지방 중 가장 많은 것은 고기나 일부 기름(야자유) 그리고 가공식품에서 발견되는 포화지방산이다. 과도한 포화지방산은 비만과 고농도의 LDL(나쁜) 콜레스테롤을 야기한다. 달걀이나 유제품, 육류 등의 음식에 존재하는 식이 콜레스테롤도 건강에 해로운 것으로 여겨진다. 간은 하루에 약 1 g의 콜레스테롤을 만드는데 이정도 양이면 생물체의 모든 중요한 역할을 수행하기에 충분한 양이다. 음식물로 섭취되는 과도한 콜레스테롤은 우리의 동맥을 막히게 할 뿐이다.

위험한 지방: 아마도 가장 나쁜 지방은 식물성 기름을 바르기 좋은 제품으로 만들기 위해 수소화하는 과정에서 만들어지는 트랜스지방산이다. (생화학 들여다보기 8-2 참조) 트랜스 지방은 상업적으로 구운 제품, 과자, 케이크, 프렌치프라이, 옥수수 칩을 비롯한 많은 음식에 존재한다.

지방산과 지질의 대사

앞의 마지막 세 개의 장에서 글루코오스를 비롯한 탄수화물이 어떻게 해당과정에 의하여 피루브산으로 분해되고 아세틸-CoA와 시트르산회로를 거쳐서 CO_2로의 산소성 산화가 일어나는지에 대하여 살펴보았다. 이런 대사 과정에 의해서 방출되는 에너지는 기질수준의 ATP와 환원형 보조인자인 NADH와 $FADH_2$에 모이게 된다. 환원형 보조인자들은 전자전달계를 통하여 전자를 산소에 전달하여 ATP를 생성시키고 재순환된다. 글루코오스는 중요한 에너지원이지만, 사람을 비롯한 동물들은 이런 탄수화물을 다량으로 저장할 수 없다. 성인의 경우 글루코오스의 비축량은 식후 12시간에서 15시간 이내에 고갈되는 것으로 나타났다. 적당한 운동이나 활동적인 운동을 하면 이 시간은 짧아진다. 글루코오스는 단시간의 연료 분자로서는 유용하다. 장시간의 연료 분자로서 생물체는 저장된 지방(fat)을 이용하여야 한다. 70 kg의 체중을 갖는 사람의 총 글리코겐과 글루코오스로는 이용 가능한 에너지가 약 7500 kJ 정도인데 비하여 총 체지방으로는 약 350,000에서 400,000 kJ의 연료를 저장할 수 있다. 연구 결과에 의하면 사람은 간, 신장 그리고 골격근에서 필요한 에너지의 50% 이상이 지방의 분해로부터 얻는다. 심장 근육이 사용하는 에너지의 약 95% 정도까지 지방의 산화로부터 얻는 것으로 보인다. 어떤 조건에서는 지방이 근육세포에서 주요한 또는 유일한 에너지원이다. 동면을 하는 동물이나 이주하는 새들은 장시간 동안 음식물을 먹지 않지만 저장된 지방을 에너지원으로 이용한다. 해바라기와 같이 발아하는 많은 식물들의 묘목에서도 저장된 지방은 중요한 연료 분자이다.

연료분자로서의 지방산 지방의 범주에 속하는 연료 분자는 주로 트리아실글리세롤(triacylglycerol)의 형태로 세포 내에 저장되어 있는 지방산(fatty acid)이다. 지방산은 특히 탄수화물보다 단위 무게 당 훨씬 많은 에너지를 제공하기 때문에 장기간의 에너지 분자로 적당하다. 탄수화물이 단 16 kJ/g인데 비하여 지방산은 약 38 kJ/g의 에너지를 방출한다. 지방산은 고도로 환원되어 있고 CO_2로 완전히 산화되기 위해서는 몇 단계의 산화 단계를 거쳐야만 한다. 연료 분자로서의 지방산의 부가적인 장점은 저장 방식에 있다. 글루코오스는 친수성 분자인 글리코겐(동물)이나 녹말(식물)로 저장된다. 이들 다당류는 매 그램 당 2~3 g의 물이 결합되어 있다. 이것은 저장된 탄수화물의 단지 4분의 1이나 3분의 1만이 에너지 대사에 이용될 수 있다는 것을 의미한다. 물을 회피하는 비극성인 트리아실글리세롤은 지방조직(adipose tissue)에 무수 상태로 저장된다.

저장된 에너지를 이용하기 위해서 지방산은 트리아실글리세롤로부터 떨어져 나와 말단 조직의 미토콘드리아로 운반되어 분해된다. 지방산의 이화작용은 4 단계의 과정을 거쳐 아세틸-CoA(acetyl Co-A)가 생성되는 **β산화(β oxidation)**에 의해서 일어나게 되는데, 이 아세틸-CoA는 시트르산회로에서 산소성 대사를 거쳐 산화되게 된다. 필요한 에너지보다 더 많은 연료 분자가 있는 경우에는 지방산이 합성되어 글리세롤과 결합하고 지방조직에 저장된다. 지방산합성과 β산화는 유사한 화학적 특성을 나타내지만 다른 세포내 구획에서 다른 효소계가 각각 관여한다. β산화에 의한 지방산 분해는 미토콘드리아에서 일어나지만 지방산합성은 세포질에서 일어난다.

이 장에서는 지방산의 흡수, 운반, 대사 그리고 영양학적인 의미에 대해서 알아보기로 한다. 또한 비지방산 지질 중에서 가장 중요한 것 중의 하나인 **콜레스테롤(cholesterol)**에 대해서도 알아본다. 아세틸-CoA로부터 콜레스테롤이 합성되고 생명 활동에 중요하고 특수화된 분자들로 대사되는 과정도 살펴본다. 콜레스테롤은 물에 잘 녹지 않기 때문에 각 기관으로의 운반은 단백질 분자에 의해서 이루어진다. 콜레스테롤의 운반과 심장혈관 건강과의 의학적인 연관 관계도 알아본다(18.5절과 임상생화학 18 참조).

18.1 식이 트리아실글리세롤의 대사

학습 목표

트리아실글리세롤과 지방산의 섭취, 수송 및 저장을 이해한다.

에너지로 이용하기 위해서 지방산은 세포로 이동되어야 하고 간이나 심장 그리고 골격근과 같은 조직에서 β 산화가 일어나야 한다. 사람을 비롯한 동물에는 에너지 대사를 위한 지방산의 주요한 세 가지 공급원이 있다.

1. 식이 트리아실글리세롤(dietary triacylglycerol)
2. 간에서 합성되는 트리아실글리세롤
3. 지방 입자로 지방세포 내에 저장된 트리아실글리세롤

고등동물에서 식이 지방의 소화, 흡수 그리고 운반은 지방의 수용성이 낮기 때문에 복잡하다. 트리아실글리세롤이 저장되고 에너지로서 이용되기 위해서는 몇 가지의 준비 단계가 필요하다. 작은창자에서 유화되어 지방세포로 저장되고 근육세포에서 이화되기 위한 단계를 그림 18.1에 나타냈다. (식이 지방을 줄이기 위한 방법은 생화학 들여다보기 18-1 참조.) 세균은 다른 생물체를 분해하여 지방을 얻어내고 세포질에서 미세한 기름덩어리인 트리아실글리세롤을 분리해 낸다. 고등식물에서 지방은 단지 종자의 발아 기간 동안에만 대사적인 의의가 있다.

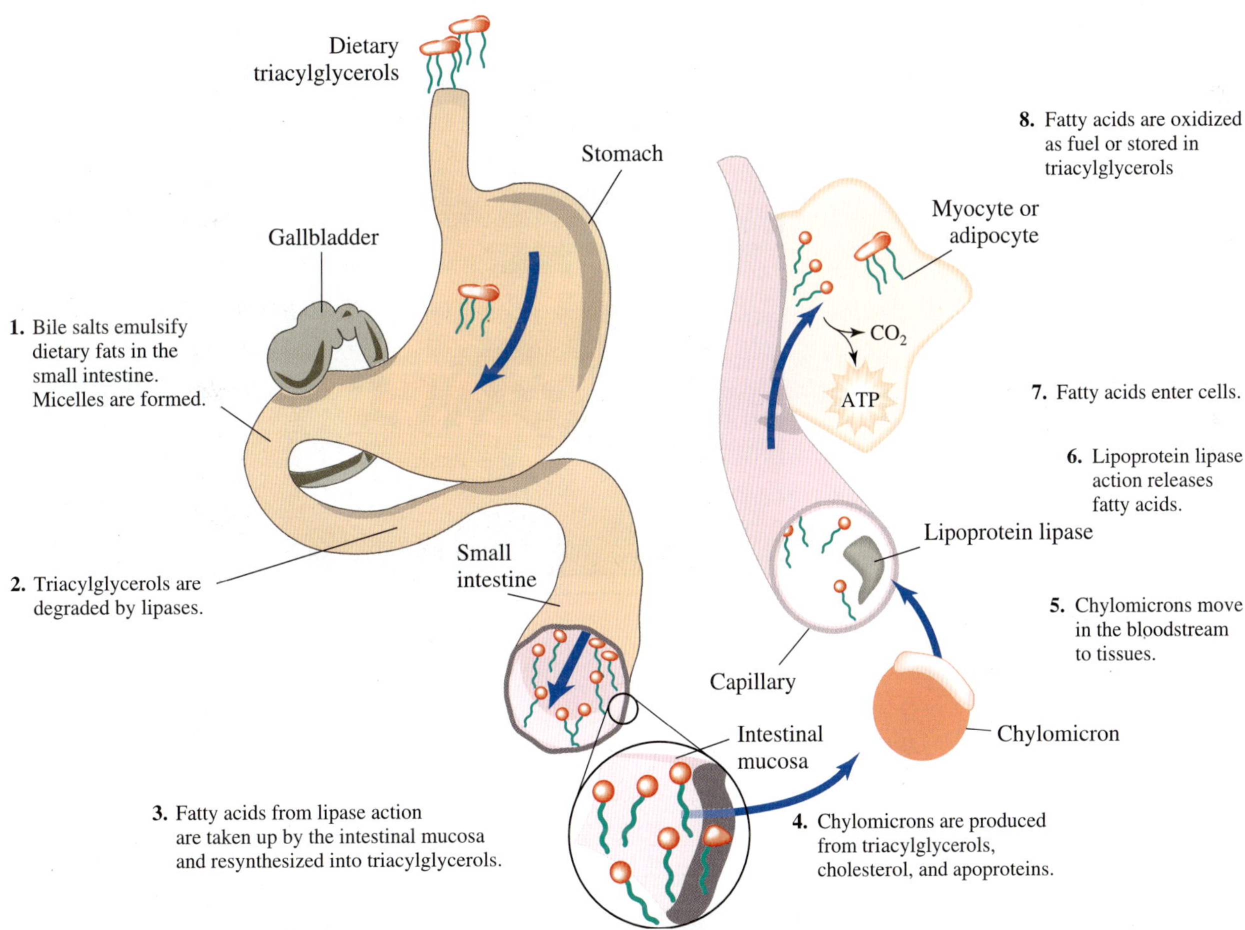

그림 18.1 트리아실글리세롤(triacylglycerol)의 소화, 가동화 및 운반. 식이 지방은 작은창자(small intestine)에서 담즙염(bile salt)에 의해 유화되어야 소화 과정이 시작된다(1 단계). 1에서 8까지의 과정을 거쳐 지방산(fatty acid)이 근육세포와 지방세포로 운반된다. 근육세포에서 지방산은 β산화(β oxidation)에 의해 분해되거나 지방세포에 저장된다.

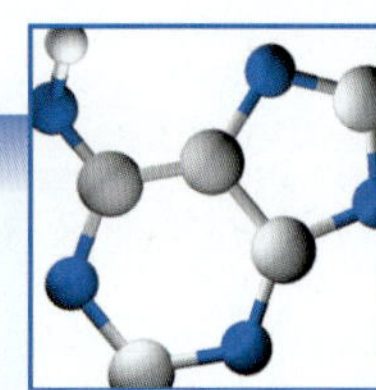

18 - 1

생화학 들여다보기

올레스트라 – 지방 대용품이 된 변형된 설탕

영양학자들은 우리의 식사에서 지방의 함량을 총칼로리의 30~35% 이하로 해야 한다고 추천한다. 저지방 식품을 요구하기 때문에 많은 식품 제조 회사들은 칼로리가 없는 지방 대용품을 찾고 있다. 지방은 식품의 품질을 특별하고 바람직하게 만드는데, 아이스크림의 매끄럽고 보드라운 느낌, 초콜릿의 부드러운 녹음, 그리고 감자 칩의 바삭거림과 같은 것들이다. 미국의 식품의약국(FDA)은 프록터 갬블(Proctor and Gamble)사의 **올레스트라(Olestra)**를 감자 칩, 옥수수 칩 그리고 크래커와 같은 가벼운 식품에 지방 대용품으로 사용하도록 승인하였다. 올레스트라는 설탕인 수크로오스의 히드록실기와 긴 사슬 지방산 사이에 형성된 헥사-, 헵타- 그리고 옥타에스테르의 합성 혼합물이다(구조 참조). 여기에는 특정 지방산만 사용할 수 있다. 불포화지방산은 25% 이상, C-12와 C-14 지방산의 함량은 각각 1% 이하, C-20 이상의 긴 지방산은 20% 이하이고 C-16과 C-18 지방산이 최소한 지방산의 78%를 차지한다.

올레스트라 분자는 천연 지방인 트리아실글리세롤과 유사한 구조로 식품을 기름기가 있고, 매끄러운 느낌으로 입맛을 돋우게 한다. 그러나 수크로오스 폴리에스테르(sucrose polyester)는 구조가 상당히 다르기 때문에 소화 효소인 지질가수분해효소(lipase)의 기질이 될 수 없다. 올레스트라 분자는 부피가 커서 지질가수분해효소가 결합할 수 없다. 따라서 에스테르결합이 가수분해되지 못한다. 올레스트라는 천연 지방산과는 달리 대사되지 않고 그대로 소화관을 통과하게 된다. 따라서 수크로오스 에스테르는 칼로리가 없다. 반면에 올레스트라 분자는 소수성이기 때문에 음식물 속의 지용성 비타민(A, D, E, K)과 식물의 카로티노이드가 이 가짜 지방에 결합하여 우리 몸으로부터 이들 비타민들이 고갈된다. 음식물 속에 함유된 올레스트라는 손실된 비타민을 보충하기 위해서 지용성 비타민을 공급해 주어야 한다. 올레스트라는 또한 소화관 질병을 일으킨다. 그리고 낮은 퍼센트지만 설사를 하는 경우도 있다. 이 문제는 C-16과 C-18 지방산의 퍼센트를 증가시켜서 어느 정도는 개선되었다.

칼로리가 없는 지방 대용품인 올레스트라의 공간채움 모형

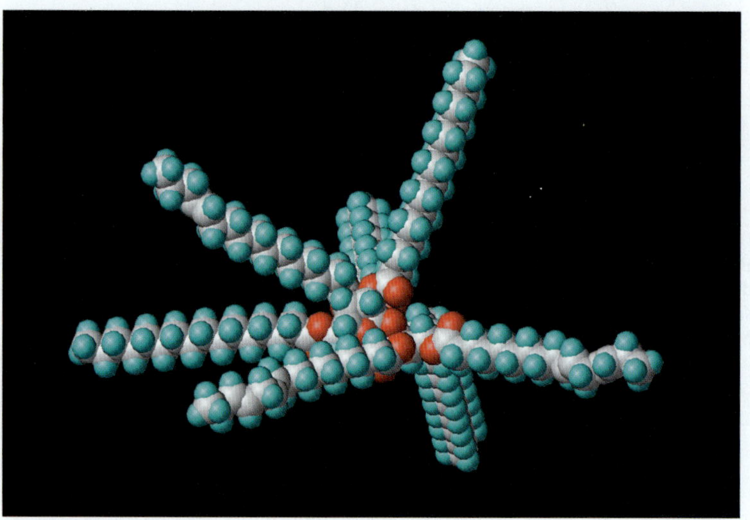

지방 소화의 초기 단계

음식물의 드리아실글리세롤은 작은창사에 들어가기 전까지는 거의 아무 일도 일어나지 않는다. 작은창자에서 담낭에서 분비되는 담즙염(bile salt)과 혼합되어 미세한 미셀(micelle)로 흩어지게 된다. 콜산(cholate)과 글리코콜산(glycocholate)과 같은 담즙염(그림 9.11 참조)은 식이 지방의 용해도를 높여 주는 계면활성제와 같은 역할을 한다. 담즙염의 활동으로 지방은 췌장 지질가수분해효소(pancreatic lipase)와 같은 친수성 효소의 접근이 용이하게 되는데 이 효소는 식이 트리아실글리세롤을 분해하여 유리 지방산, 글리세롤(glycerol), 모노아실글리세롤(monoacylglycerol) 그리고 디아실글리세롤(diacylglycerol)의 혼합물을 생성시킨다. 지질가수분해효소는 글리세롤 골격과 지방산 사이의 에스테르결합(ester linkage)을 가수분해한다. 반응의 생성물들은 작은창자의 점막에 포착되고 거기에서 다시 트리아실글리세롤로 재합성된다. 새롭게 합성된 트리아실글리세롤이 혈관계로 들어가기 전에 식이 콜레스테롤 및 특수화된 단백질들과 결합하여 분자 결합체인 **지방단백질(lipoprotein)**을 형성한다.

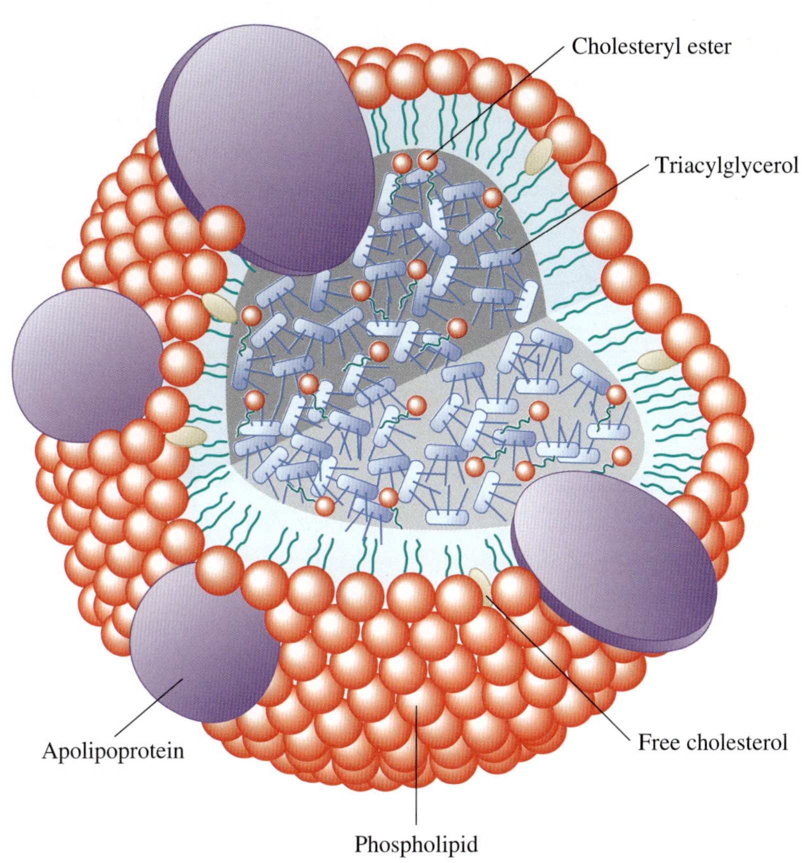

그림 18.2 트리아실글리세롤과 콜레스테롤에스테르(cholesteryl ester)의 중심핵을 단백질과 지질의 껍질로 덮고 있는 모습을 나타내고 있는 킬로미크론(chylomicron)의 개략적 모식도. 바깥쪽의 껍질은 콜레스테롤, 인지질(phospholipid) 그리고 아포지방단백질(apolipoprotein)로 구성되어 있다.

지방단백질에 의한 수송 혈액 내에는 몇 가지 종류의 혈장 **지방단백질(plasma lipoprotein)**이 발견된다. 트리아실글리세롤의 운반에 가장 중요한 것은 **킬로미크론(chylomicron)**이다. 킬로미크론은 트리아실글리세롤이 중심핵을 이루고 있고 콜레스테롤, 단백질 그리고 인지질이 용해도를 높이기 위해서 그 핵을 덮고 있다(그림 18.2). 식이 트리아실글리세롤이 킬로미크론의 구성물의 80~90%를 차지한다. 간에서 합성되는 트리아실글리세롤은 초저밀도지방단백질과 저밀도지방단백질(각각 50%와 10%의 트리아실글리세롤을 함유)과 같은 또 다른 혈장 지방단백질 입자로 포장된다. 혈액 속에서 트리아실글리세롤을 포함하고 있는 킬로미크론을 비롯한 수용성의 지방단백질들은 지방세포나 말단 조직으로 운반되고 세포 표면에 존재하는 효소인 **지방단백질지질가수분해효소(lipoprotein lipase)**에 의해서 가수분해되어 유리 지방산이 방출되게 된다(그림 18.1). 유리된 지방산은 근육세포에서는 에너지 대사에, 지방세포에서는 저장에 이용된다. 혈장의 지방단백질은 수용성인 상태를 유지하는 데 아주 효과적이다. 사람의 혈액 100 mL는 평균 480 mg의 지질을 포함하고 있는데, 이는 200 mg의 콜레스테롤, 120 mg의 트리아실글리세롤 그리고 160 mg의 인지질로 구성된다. 혈액 내의 모든 지질은 수용성 환경 속에서 쉽게 운반되기 위해서 지방단백질과 함께 포장되어 있다(18.5절 참조).

호르몬에 의한 지방산 대사 조절 지방세포에 저장된 지방산의 가동화는 혈액 내의 낮은 글루코오스 농도에 반응하여 분비되는 호르몬인 에피네프린(epinephrine)과 글루카곤(glucagon)에 의해서 조절된다. 이러한 호르몬 분자들이 혈액 내에 존재하면 지방세포의 표면에 존재하는 수용체에 결합한다. 거기에서 세포 내 이차전령(second messenger)인 **고리형AMP(cyclic AMP)**를 생성시키는 과정이 시작된다(특별주제 I 참조). 고리형AMP는 호르몬 감수성 **트리아실글리세롤지질가수분해효소(triacylglycerol lipase)**를 단백질키나아제(protein kinase)를 통하여 간접적으로 활성화시킨다(그림 18.3). 지질가수분해효소는 저장된 트리아실글리세롤을 유리 지방산과 글리세롤로 가수분해시킨다. 이 과정은 글루코오스가 활성형인 글루코오스-1-인산(glucose-1-phosphate)의 형태로 방출된다는 점을 제외하고는 저장된

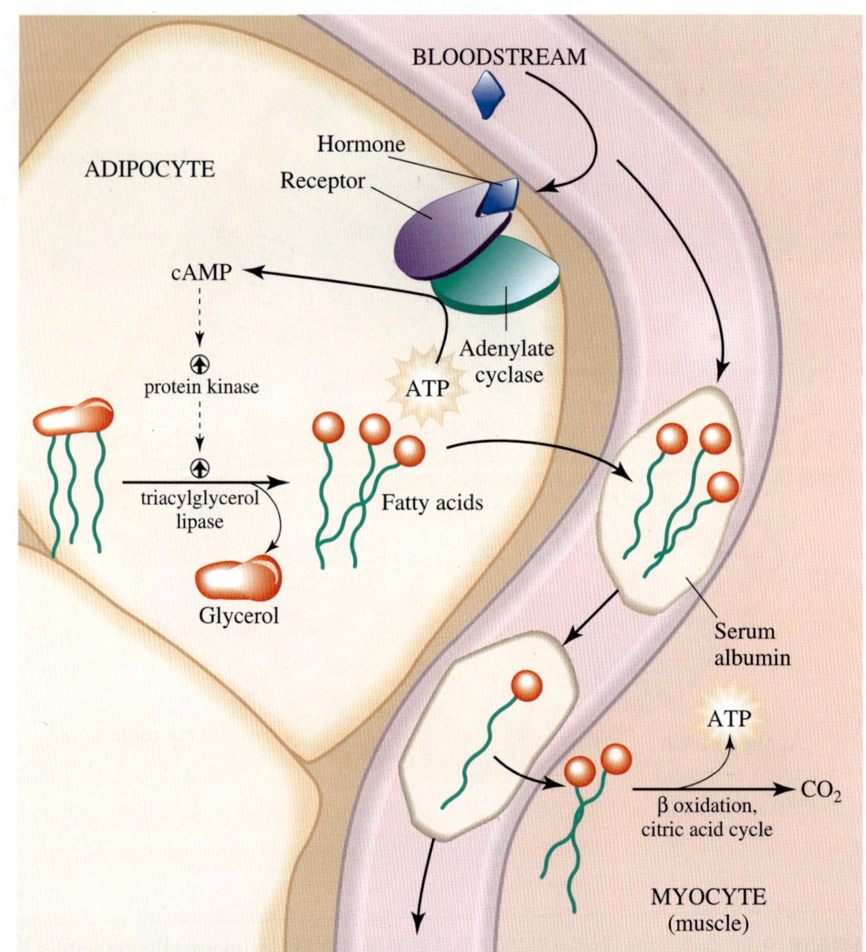

그림 18.3 지방세포(adipocyte)에 저장된 지방산이 호르몬에 의해 활성화되어 가동화되는 과정. 지방세포의 트리아실글리세롤지질가수분해효소(triacylglycerol lipase)는 이차전령(second messenger)인 고리형AMP에 의해 촉진되는 단백질키나아제(protein kinase)에 의해 활성화된다. 고리형AMP는 세포막의 수용체에 에피네프린이나 글루카곤이 결합하면 ATP로부터 생성된다. 세포 내에서 아데닐산고리화효소(adenylate cyclase)는 고리형AMP의 생성을 촉매한다. 지방세포에서 가동화되는 지방산은 혈액으로 확산되어 들어가고 알부민에 의해서 운반된다. 근육세포에 도착하면 에너지를 얻기 위해서 지방산은 산화된다.

글리코겐으로부터 호르몬 조절에 의한 글루코오스의 가동화와 유사하다. 지방조직의 세포질에서 비교적 비극성인 지방산은 막을 통하여 확산되어 혈액 내로 들어가게 된다. 여기에서 혈액 단백질인 혈장 알부민(serum albumin)에 결합하여 에너지 대사를 위해서 말단 조직으로 운반된다. 심장과 골격근에서 지방산은 알부민으로부터 유리되고 세포 내로 확산되어 들어가게 된다. 지방조직으로부터 방출된 글리세롤, 모노아실글리세롤 그리고 디아실글리세롤은 간에서 트리아실글리세롤의 재합성에 이용된다. 일부의 글리세롤은 디히드록시아세톤인산으로 전환되어 주된 대사경로로 들어가기도 한다(15.2절 참조).

복습 문제

1. 지질가수분해효소에 의해 트리아실글리세롤로부터 지방산 R_1이 가수분해되는 아래 반응을 완성하시오.

$$\begin{array}{l} CH_2O\overset{O}{\overset{\|}{C}}R_1 \\ | \\ CHO\underset{\underset{O}{\|}}{C}R_2 \\ | \\ CH_2O\underset{\underset{O}{\|}}{C}R_3 \end{array} + H_2O \xrightleftharpoons{\text{lipase}}$$

근육조직의 지방산

혈액을 통해서 근육조직으로 운반된 지방산은 세포막을 통해서 확산되어 세포질로 들어가게 된다. 지방산의 β산화를 포함하는 모든 산소성 대사경로는 미토콘드리아에서 일어난다. 근육세포의 세포질로 들어간 지방산이 산화되어 분해가 일어나기 위해서는 미토콘드리아의 이중 막계를 통과하여 기질 부위로 운반되어야 한다. 근육세포로 들어가자마자 지방산은 활성화되고 이것이 에너지 분해를 위한 표지가 된다. 이것은 글루코오스가 세포질로 들어갈 때 일어나는 것과 비슷하다. 글루코오스는 헥소키나아제에 의해서 인산기가 결합되어 글루코오스-6-인산으로 활성화된다. 지방산 활성화의 유형에 대한 힌트를 피루브산과 시트르산회로의 대사에서 얻을 수 있다. 산을 활성화시킬 필요가 있을 때는 CoASH(예를 들면 아세틸-CoA, 숙시닐-CoA)에 티오에스테르(thioester)의 형태로 결합시키는 것이다. 근육세포 세포질의 지방산이 활성화되는 경우에는, 지방산이 에너지를 얻는 과정이 미토콘드리아 막을 통과하여 운반되는 과정과 연결되어 있어 그 역할이 더 커진다고 할 수 있다. **아실-CoA합성효소 (acyl-CoA synthetase)**가 활성화 과정을 촉매한다.

$$\underset{\text{Fatty acid}}{\underset{\substack{\| \\ \text{O}}}{\text{RCO}^-}} + \text{CoASH} + \text{ATP} \rightleftharpoons \underset{\text{Fatty acid thioester}}{\underset{\substack{\| \\ \text{O}}}{\text{CoASCR}}} + \text{AMP} + \text{PP}_i$$

이 반응에 대한 K'_{eq}는 대략 1이기 때문에 반응산물은 약 50%가 지방산-CoA 티오에스테르이고 50%가 지방산이다. 이 반응은 피로인산가수분해효소(pyrophosphatase)에 의해 PP_i 산물이 가수분해되어 제거되면서 완성된다. 우리는 과도한 에너지가 방출되는 이런 과정을 최소한 2회 정도 살펴본 적이 있다. 그 하나는 단백질의 합성 과정에서 아미노산의 활성화 과정이었고(12장 12.2절 참조) 다른 하나는 아세트산(acetate)의 활성화 과정이었다(16장 16.4절 참조). 이런 활성화 단계는 아실아데닐산(acyl adenylate)이나 아실-AMP(acyl-AMP)와 같은 특이한 효소결합 중간체를 필요로 한다. 이런 반응성 중간체는 물질대사 전 과정에서 걸쳐 흔히 ATP 분해를 열역학적으로 불리한 반응과 짝짓는 데에 이용된다. 아세틸-CoA, 숙시닐-CoA, 지방산아실-CoA(fatty acyl-CoA)와 같은 티오에스테르는 반응성 화합물이라는 점을 상기하라(생화학 들여다보기 14.2 참조). ATP 내의 2개의 인산무수결합이 끊어지며 방출되는 에너지는 CoA에스테르(CoA ester)의 형성과 짝을 이루고 있다(그림 18.4). 지방산 활성화에 대한 전체적인 순반응은 다음과 같다.

$$\underset{\substack{\| \\ \text{O}}}{\text{RCO}^-} + \text{CoASH} + \text{ATP} + \text{H}_2\text{O} \longrightarrow \underset{\substack{\| \\ \text{O}}}{\text{CoASCR}} + \text{AMP} + 2\,\text{P}_i$$

카르니틴에 의한 수송 이 활성화로 β산화의 과정에 근접하였지만, 지방산아실-CoA에스테르(fatty acyl-CoA ester)는 세포질로부터 분해가 일어나는 미토콘드리아의 기질로 운반되어야 한다. 지방산의 CoA에스테르는 확산에 의해 미토콘드리아의 외막을 통과하여 내막과 외막 사이의 공간으로 들어갈 수 있다. 그러나 CoA에스테르는 확산에 의하여 내막은 쉽게 통과할 수 없다. 내막을 통한 운반은 길이가 긴 아실기가 크기가 작은 분자인 **카르니틴(carnitine)**의 히드록실기로 전이됨으로써 쉬워진다(그림 18.5). 막간 공간에 있는 카르니틴아실기전달효소 I (carnitine acyltransferase I)이 카르니틴과 아실기 사이의 에스테르결합의 형성을 촉진시킨다. 내막의 내재성 단백질인 아실 카르니틴/카르니틴 자리옮김효소(acyl carnitine/carnitine translocase)가 화학적으로 변형된 카르니틴이 막을 통하여 운반되는 통로로 작용한다. 일단 내부로 들어오면 아실 카르니틴은 유리 카르니틴으로 분해되고 아실기는 기질의 CoASH로 전달된다(카르니틴아실기전달효소 II, 그림 18.6). 카르니틴은 자리옮김효소의 작용에 의해 막간 공간으로 돌아가 막을 통한 다른 아실기의 운반에 작용할 수 있게 된다.

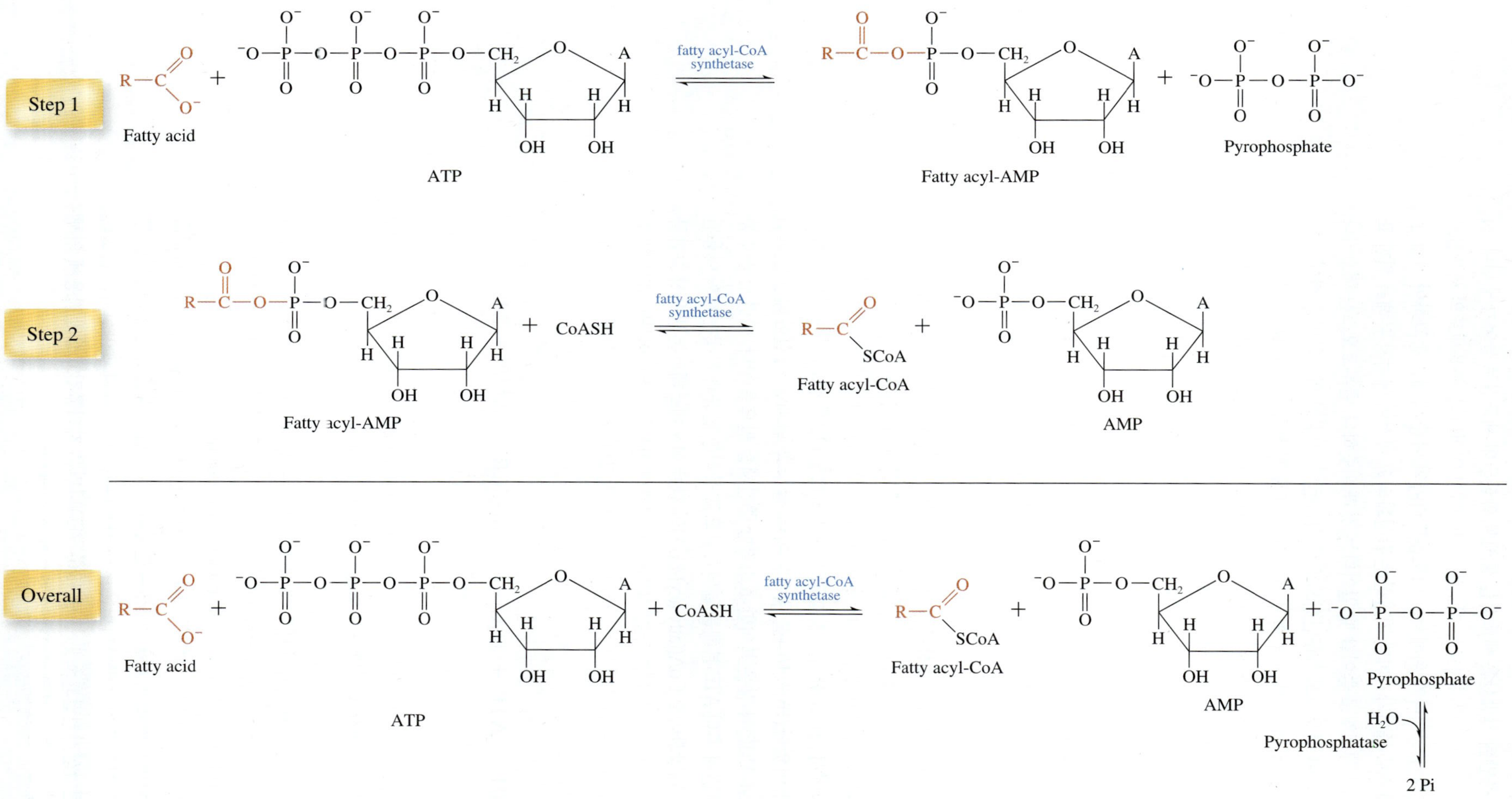

그림 18.4 아실-CoA합성효소(acyl-CoA synthetase)의 메커니즘. 1 단계: 지방산은 ATP와 반응하여 활성화된다. ATP의 피로인산 절단으로 효소결합 중간체인 지방산아실 AMP(fatty acyl AMP)를 형성시킨다. 2 단계: 지방산아실기는 AMP로부터 CoASH로 전달된다. 이 반응을 추진하는 추가적인 에너지는 피로인산의 가수분해로부터 오게 된다. 전체적인 반응은 1 단계와 2 단계를 더하여 유도된다.

Carnitine: $(CH_3)_3N^+-CH_2-CH(OH)-CH_2-COO^-$

Acyl-carnitine: $(CH_3)_3N^+-CH_2-CH(O-C(=O)-R)-CH_2-COO^-$

그림 18.5 카르니틴과 아실 카르니틴의 구조. 카르니틴은 미토콘드리아의 내막을 통과하여 지방산 산화가 일어나는 기질 내로 운반하는 것을 돕는다. 지방산의 아실기는 에스테르결합에 의해서 카르니틴에 연결된다.

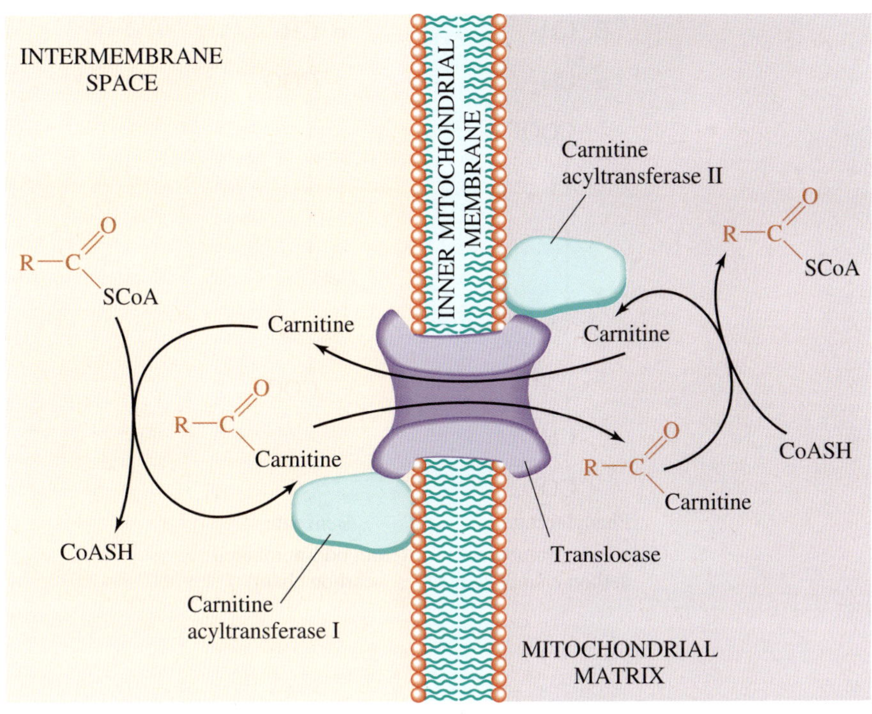

그림 18.6 미토콘드리아의 기질 내로 지방산이 운반되는 과정에 있어서 카르니틴의 역할. 지방산아실-CoA에스테르의 아실기는 카르니틴아실기전달효소 I 이 촉매하는 반응에 의해서 카르니틴으로 전달된다. 이 반응은 막간공간(intermembrane space, 외막과 내막 사이)에서 일어난다. 아실 카르니틴은 자리옮김효소(translocase)의 도움으로 내막을 통과하여 이동된다. 미토콘드리아 기질 내에서 아실기는 카르니틴아실기전달효소 I 이 촉매하는 반응에 의해서 CoASH로 다시 전달된다.

18.2 지방산의 이화작용

학습 목표

지방산 β산화반응의 화학을 이해한다.

β산화

지방산 분해의 연구에 대해서는 오래된 재미있는 역사가 있다. 지방산 분해의 일반적인 경로는 1900년대 초에 독일의 생화학자인 눕(Franz Knoop)에 의해서 얻어진 실험 결과로부터 밝혀졌다. 그는 개에게 말단 메틸기를 페닐기로 치환하여 표지한 일련의 선상 지방산을 먹였다. 짝수의 탄소를 가진 지방산을 이용하였을 때, 눕은 언제나 개의 소변에서 페닐아세트산(phenylacetate) 유도체를 분리하였다. 홀수의 탄소원자를 갖는 지방산을 이용하였을 때는 벤조산(benzoate) 유도체를 얻어냈다. 이 독창적인 실험으로부터 눕은 각 단계에서 C_2 단위가 순차적으로 제거되는 방법으로 분해된다고 결론을 지었다. 그는 탄소 α와 β(탄소 번호 2와 3)사이의 결합이 끊어지고 지방산의 β탄소(탄소 번호 3) 상에서 산화 과정이 시작된다고 제안하였다. 눕은 이 경로를 **β산화(β oxidation)**라고 불렀고 지금도 사용되고 있다. 눕에 의해서 수행된 실험은 지방산 대사에 선도적인 연구라는 점과 대사 과정에서 영양소를 추적할 수 있는 추적자나 표지를 처음으로 이용하였다는 점에서 큰 의미가 있다. 페닐기는 생리학적 조건에서 불활성이기 때문에 눕이 이를 표지로 이용한 것은 대단한 선택이었다. 만약에 우리가 눕의 실험을 다시 시도한다면

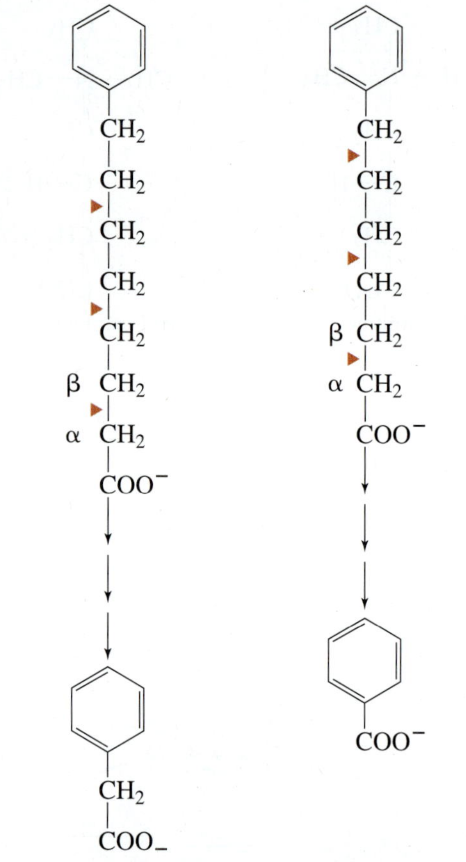

그림 18.7 지방산 이화작용의 경로를 알아보기 위해 프란츠 눕(Franz Knoop)에 의해서 수행된 표지 실험. 페닐치환 지방산을 개에게 먹이고 오줌으로부터 그 유도체를 분리하였다. 짝수의 탄소를 갖는 지방산은 페닐아세트산을 생성하고, 홀수의 경우는 벤조산을 생성한다. 삼각형은 β산화에 의해서 생성되는 탄소-탄소 결합의 분해를 나타낸다.

Phenylacetate (from even-numbered carbon chain)

Benzoate (from odd-numbered carbon chain)

방사성 지방산을 이용할 것이다. 그러나 1940년대에는 방사성 동위원소를 이용할 수 없었다.

지방산 대사의 더 많은 연구가 1940년대와 1950년대에 수행되었다. 미국의 케네디(Eugene Kennedy)와 레닌저(Albert Lehninger)는 β산화에 관여하는 효소들이 지방산 활성화를 위해 필요한 ATP와 산소성 물질대사에 관여하는 다른 효소들과 함께 미토콘드리아의 기질 내에 존재한다는 것을 발견하였다. CoASH에 지방산을 결합시키는 아실-CoA합성효소(acyl-CoA synthetase)에 의한 활성화 단계는 리넨(Feodor Lynen, 독일)과 버그(Paul Berg, 미국)에 의해서 발견되고 연구되었다.

β산화의 단계

포화지방산(saturated fatty acid)의 β산화는 미토콘드리아 기질 내로 들어간 후에 시작된다. 카르니틴아실기전달효소 Ⅱ는 지방산을 미토콘드리아의 CoASH에 결합시켜 운반하는 마지막 단계를 촉매한다. 지방산아실-CoA(fatty acyl-CoA)의 β산화는 순환적이고 연속적인 4 단계에 걸쳐서 일어난다. (1) FAD에 의해서 탄소-탄소 단일결합의 산화에 의한 탄소-탄소 이중결합의 형성, (2) 이중결합에 물 분자가 첨가되어 탄소 하나에 히드록실기 형성, (3) NAD^+에 의한 히드록실기의 산화로 케토기 생성, 그리고 (4) 탄소-탄소 결합의 분해로 아세틸-CoA의 방출. 비록 그 경로는 종종 회로로서 정의되지만 나선형이라고 표현하는 것이 보다 정확하다. 나선의 각 회전은 4개의 효소 촉매 단계로 되어 있고, 그 결과로 아세틸-CoA 한 분자와 2개의 탄소가 짧아진 지방산 사슬이 방출된다(그림 18.8). 그림에 나타낸 것처럼, 팔미토

표 18.1
지방산의 활성화, 운반 그리고 β산화의 나선에 있는 반응

Reaction Number	Reaction	Enzyme	Reaction[a] Type
1	Fatty acid + CoASH + ATP $\rightleftharpoons$ acyl-CoA + AMP + PP_i	Acyl-CoA synthetase	6
2	$PP_i + H_2O \rightleftharpoons 2P_i$	Pyrophosphatase	3
3	Carnitine + acyl-CoA $\rightleftharpoons$ acyl-carnitine + CoASH (intermembrane space)	Carnitine acyltransferase I	2
4	Acyl-carnitine + CoASH $\rightleftharpoons$ acyl-CoA + carnitine (mitochondria)	Carnitine acyltransferase II	2
5	Acyl-CoA + E—FAD $\rightleftharpoons$ *trans*-Δ^2-enoyl-CoA + E—$FADH_2$[b]	Acyl-CoA dehydrogenase	1
6	*trans*-Δ^2-enoyl-CoA + H_2O $\rightleftharpoons$ L-3-hydroxyacyl-CoA	Enoyl-CoA hydratase	4
7	L-3-hydroxyacyl-CoA + NAD^+ $\rightleftharpoons$ 3-ketoacyl-CoA + NADH + H^+	Hydroxyacyl-CoA dehydrogenase	1
8	3-Ketoacyl-CoA + CoASH $\rightleftharpoons$ acetyl-CoA + acyl-CoA[c]	β-Ketothiolase	4

[a] Reaction type: 1, oxidation-reduction; 2, group transfer; 3, hydrolysis; 4, nonhydrolytic cleavage (addition or elimination); 5, isomerization-rearrangement; 6, bond formation coupled to ATP cleavage.
[b] E-FAD and F-EADH$_2$ refer to the cofactor flavin adenine dinucleotide covalently linked to the enzyme.
[c] Acyl-CoA product is shortened by a C_2 unit.

일-CoA(palmitoyl-CoA, C_{16})가 분해되기 위해서는 나선을 7번 돌아야 한다. 맨 마지막 나선에서 2개의 아세틸-CoA가 생성되기 때문에 나선의 회전수와 생성되는 아세틸-CoA의 수는 일치하지 않는다(7번 회전, 8개의 아세틸-CoA).

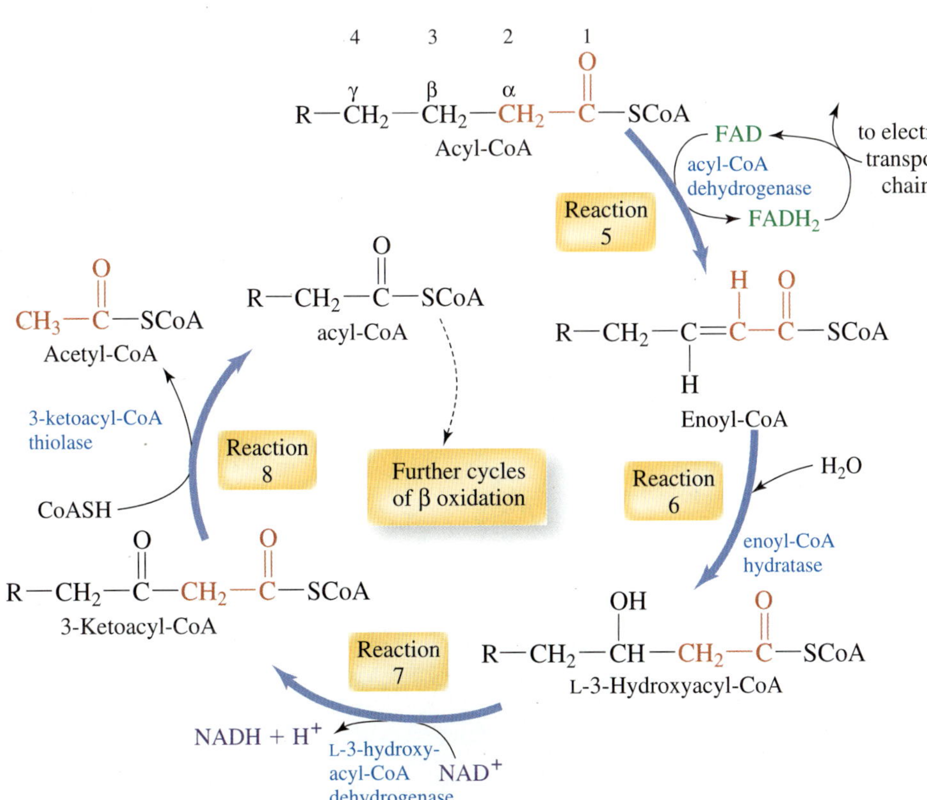

그림 18.8 지방산 β산화의 나선 경로. 지방산아실-CoA에스테르는 연속적으로 탈수소화(dehydrogenation, 산화), 수화(hydration), 산화(oxidation) 그리고 탄소-탄소 결합의 4번의 반응을 거치게 된다. 첫 번째 회전으로 한 분자의 아세틸-CoA와 두 개의 탄소가 짧아진 지방산아실-CoA에스테르 한 분자가 산물로 얻어진다. 이 CoA에스테르는 완전히 아세틸-CoA로 분해될 때까지 4번의 연속적인 반응을 계속하게 된다. 5번 반응이 전자전달 사슬로 연결되는 것을 주목하시오. 반응 순서는 표 18.1에 나타냈다.

네 단계에서 작용하는 효소와 반응의 종류를 표 18.1에 요약하였다. 지방산 활성화와 운반 단계(반응 1~4)와 β산화 단계(반응 5~8)가 포함되어 있다. 지방산의 분해 작용은 주로 산화 단계로 구성되어 있다(네 단계 중 2개). 다른 두 단계는 첨가-제거(또는 비가수분해)반응이다.

β산화의 처음 세 단계(그림 18.8의 반응 1, 2, 3, 그리고 표 18.1의 반응 5, 6, 7)는 시트르산회로의 연속된 세 개의 단계와 동일한 종류의 화학 반응이다.

Citric acid cycle:

$$\text{succinate} \xrightarrow{\text{oxidation}} \text{fumarate} \xrightarrow{\text{addition of water}} \text{malate} \xrightarrow{\text{oxidation}} \text{oxaloacetate}$$

β-oxidation:

$$\text{acyl-Coa} \longrightarrow \text{unsaturated acyl-CoA} \longrightarrow \text{hydroxyacyl-CoA} \longrightarrow \text{ketoacyl-CoA}$$

이들 두 과정의 유사성이 β산화를 이해하는 데 도움을 준다. β케토아실-CoA에스테르(β ketoacyl-CoA ester)로부터 아세틸-CoA 형태로 C_2 단위가 절단되는 산화의 마지막 단계(반응 8)는 다음 회전의 β산화를 준비하게 된다.

보통 짝수의 포화지방산은 모두가 동일한 경로의 β산화를 받게 된다. 단지 탄화수소 사슬이 아세틸-CoA로 산화되기 위해서 필요한 나선의 수만 다를 뿐이다. 포화지방산인 팔미토일-CoA(팔미트산의 CoA에스테르)의 β산화 과정의 순반응은 다음과 같다.

$$\text{팔미토일-CoA} + 7\text{FAD} + 7\text{NAD}^+ + 7\text{CoASH} + 7\text{H}_2\text{O} \longrightarrow 8\text{아세틸-CoA} + 7\text{FADH}_2 + 7\text{NADH} + 7\text{H}^+$$

팔미토일-CoA의 완전한 분해를 위해서는 7회의 β산화가 필요하며 각 회전에는 한 개의 FAD, NAD^+, H_2O 그리고 CoASH가 필요하다.

복습 문제

1. 라우릴-CoA가 β산화에 의해 완전히 분해될 때의 순반응을 기술하시오(표 18.1 참조).

동물은 체온을 따뜻하게 유지하기 위하여 지방산 대사와 산화적 인산화에 의해서 생성된 열을 이용한다.

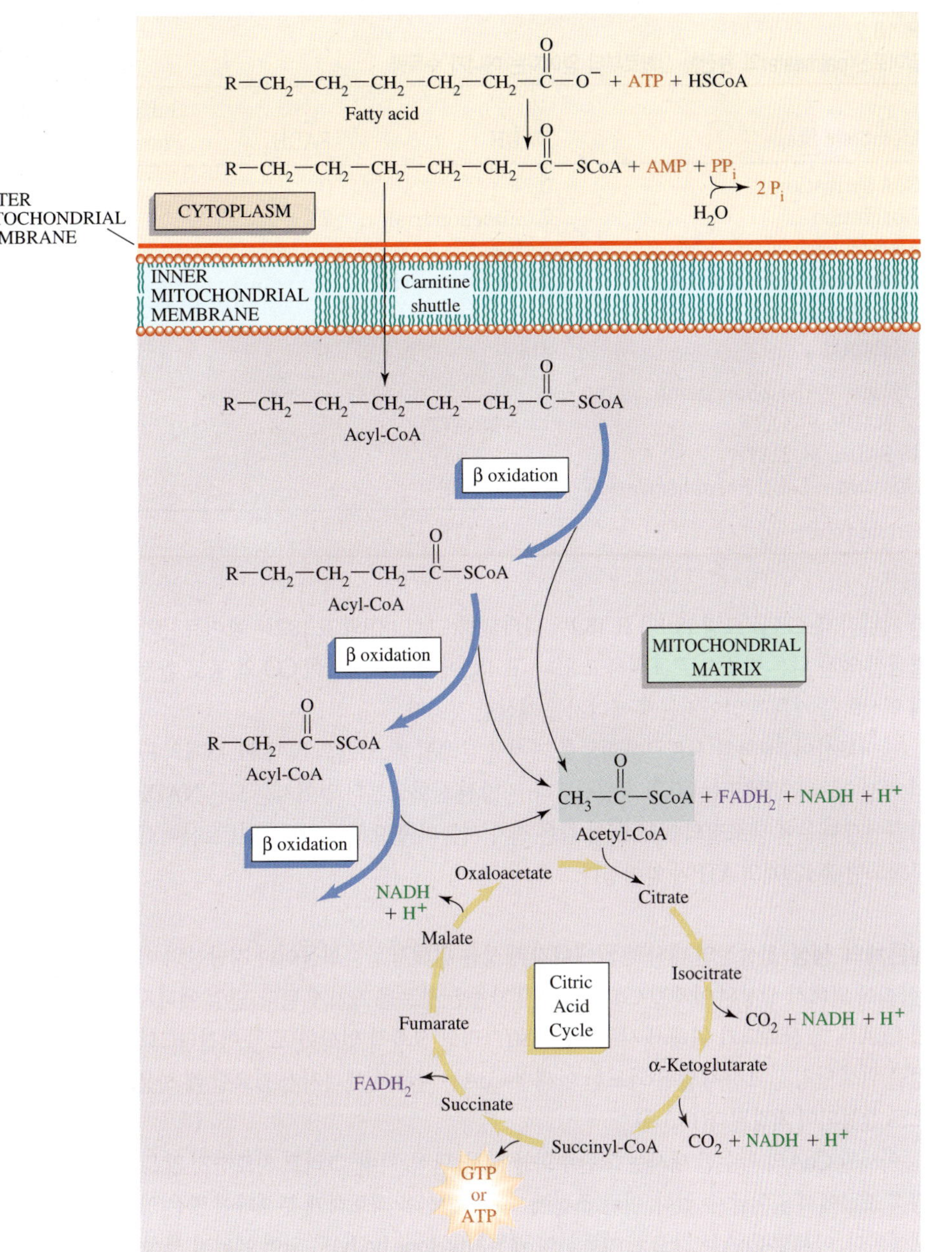

그림 18.9 지방산의 활성화, 미토콘드리아 기질 내로의 운반, 그리고 β산화를 종합한 그림. β산화로부터 유도되는 아세틸-CoA는 시트르산회로로 들어가 NADH와 $FADH_2$를 생성시키고 이들은 호흡의 전자전달사슬을 통해서 산화된다.

β산화의 의의

β산화는 대사에 있어서 매우 큰 중요성을 갖는다. 팔미트산(palmitic acid)의 활성화와 β산화의 전체적인 순반응은 다음과 같다.

$$\text{팔미트산} + \text{ATP} + 7\text{FAD} + 7\text{NAD}^+ + 8\text{CoASH} + 8\text{H}_2\text{O} \longrightarrow 8\text{아세틸-CoA} + \text{AMP} + 2\text{P}_i + 7\text{FADH}_2 + 7\text{NADH} + 7\text{H}^+$$

아세틸-CoA는 시트르산회로에서 더 산화될 수 있다. β산화의 효소들이 미토콘드리아의 기질에 있고 같은 장소에 시트르산회로의 효소들이 존재한다는 점을 상기하라. β산화의 산물인 NADH와 $FADH_2$는 전자전달계를 통해서 재순환되어 ATP가 산화적 인산화를 통해서 생성된다. 팔미트산의 β산화에 대

표 18.2
팔미트산(palmitate)의 완전한 산화로부터 얻어지는 에너지 수득량

Metabolic Stage	NADH	$FADH_2$	Substrate-Level Phosphorylation
CoA activation	0	0	−2
β oxidation (seven cycles)	7 (mitochondria)	7	0
Citric acid cycle (eight cycles)	24 (mitochondria)	8	8
Subtotal	31	15	6
Oxidative Phosphorylation			
31 NADH × 3 ATP	= 93 ATP		
15 $FADH_2$ × 2 ATP	= 30 ATP		
Substrate-Level Phosphorylation	= 6 ATP		
Grand total	129 ATP		

한 에너지 대조표를 그림 18.9와 표 18.2에 나타냈다. 그림 18.9와 표 18.2는 팔미트산의 활성화 및 산화의 결과를 약간 다른 방법으로 표현하고 있다. 표 18.2에서는 지방산이 CO_2와 물로 완전히 산화되어 산화적 인산화를 거쳐서 얻어지는 총에너지를 계산한 것이다.

팔미트산이 β산화와 시트르산회로를 거쳐서 분해될 때, 31개의 NADH, 15개의 $FADH_2$, 그리고 6개의 기질수준의 ATP(또는 GTP)가 생성된다. 지방산 산화로부터 얻어지는 모든 NADH는 미토콘드리아 기원이기 때문에 세포질의 NADH와 같은 전자 셔틀이 필요하지 않다. 팔미트산이 CO_2와 물로 완전히 산화되면 총 129개의 ATP가 얻어진다.

케톤체의 생성 정상적인 대사과정(에너지 생성을 위해서 탄수화물이나 지방산의 이용)에서 지방산의 β산화에 의해서 생성된 아세틸-CoA는 2가지 가능한 경로를 거치게 된다. 만일 에너지가 필요하면 아세틸-CoA는 더 산화되기 위해서 시트르산회로(그리고 산화적 인산화)로 들어간다(그림 18.9). 에너지 생성을 위해 당장 필요하지 않은 과도한 아세틸-CoA는 나중에 에너지가 필요할 때 사용하기 위해 지방산으로 합성되어 저장된다(18.3절).

아세틸-CoA의 특수한 대사는 고탄수화물 식사, 단식, 기아, 그리고 치료하지 않은 당뇨병과 같은 생리적 조건에서 일어날 수 있다. 이런 조건에서는 지방산을 과도하게 분해하여 많은 양의 아세틸-CoA가 생성된다. 아세틸-CoA는 간으로 이동하여 **케톤체(ketone body)**로 되어 에너지 생성을 위해서 뇌나 심장 세포로 이동한다(그림 18.13과 20.2절 참조). 케톤체에는 아세토아세트산(acetoacetate), D-3-히드록시부티르산(D-3-hydroxybutyrate), 그리고 아세톤(acetone) 등이 있다.

불포화지방산의 β산화

만약에 현대 영양학에서 추천하는 대로 음식물을 섭취한다면 우리들의 음식물 속에 있는 많은 트리아실글리세롤에는 불포화지방산이 포함되게 된다. 어떤 식용유는 불포화지방산의 함량이 최고 94%에 달한다(표 9.3 참조). 이들 지방산은 β산화의 4개의 반응에 의해 완전히 분해될 수 있을까? 이중결합을 갖는 지방산은 β산화 과정에서 실질적으로 생성되는 중간체이기 때문에 우선 대답은 "그렇다"라고 할 수 있다. 그러나 중간체인 에노일-CoA(enoyl-CoA)에 존재하는 이중결합은 트랜스형(trans)이지만 지방산의 자연적인 이중결합은 시스형(cis)이다. 또한 이중결합의 위치가 대체로 동일하지 않다. 불포화지방산을 완전히 분해하기 위해서는 β산화의 네 개의 효소와 함께 두 개의 효소가 더 필요하다. 이 6개의 효소가 어떻게 이용되는지를 알아보기 위하여 불포화지방산인 9,12-헥사데카디엔오산(9,12-hexadecadienoic acid, $16{:}2^{\Delta 9,12}$)의 완전한 β산화를 그림 18.10에 나타냈다.

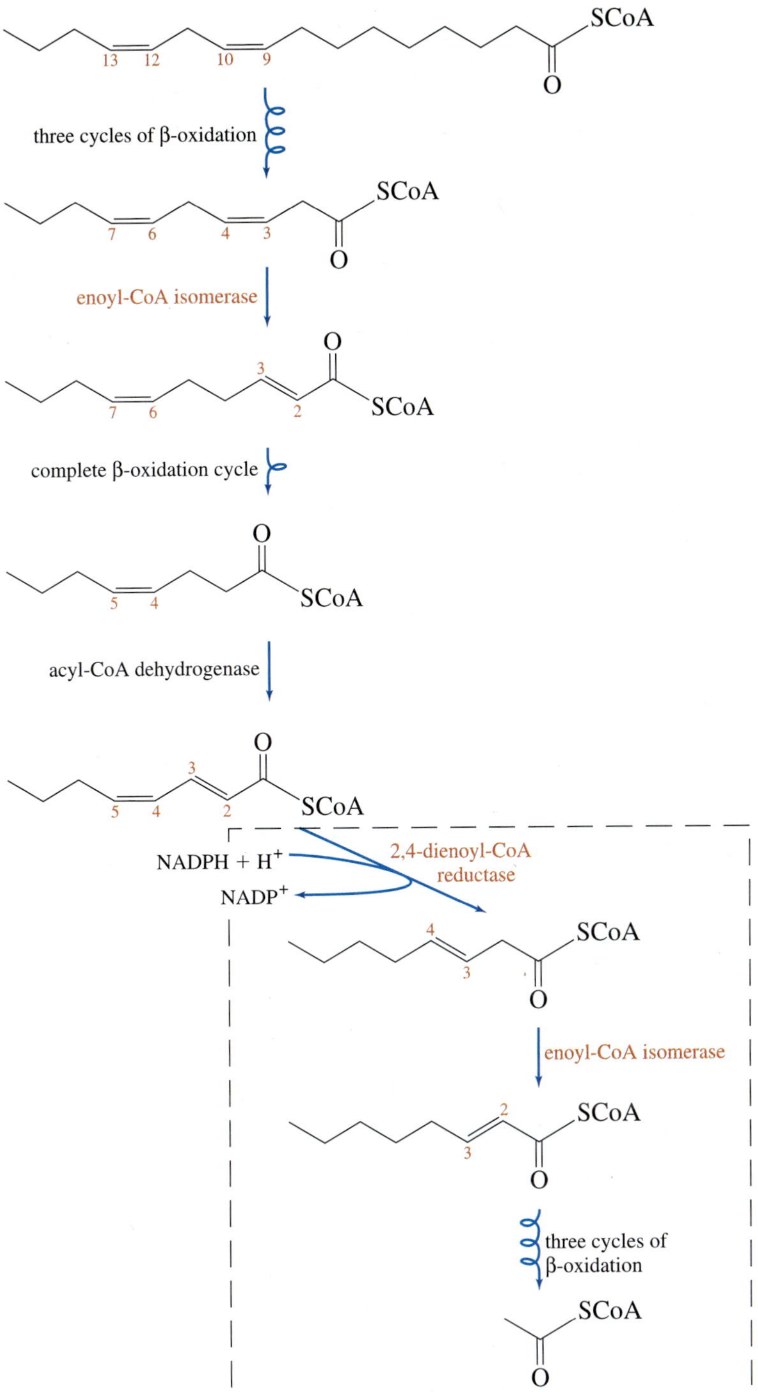

그림 18.10 불포화지방산인 16:2$^{\Delta 9,12}$의 대사. β산화의 4 단계의 반응에 부가적으로 에노일-CoA이성질화효소(enoyl-CoA isomerase)와 2,4-디에노일-CoA 환원효소(2,4-dienoyl-CoA reductase)가 작용하는 것을 보여준다.

필요한 보조 효소 불포화지방산은 포화지방산과 동일한 방법으로 흡수되고 운반되어 활성화된다. 미토콘드리아 기질에 존재하는 활성형의 지방산에서부터 살펴보기로 하자. 그림 18.10에 나타낸 것처럼 지방산아실-CoA에스테르는 3회의 정상적인 β산화 과정이 일어날 수 있다. C9와 C10, 그리고 C12와 C13 사이의 이중결합은 이 과정을 방해하지 않는다. 3회의 정상적인 β산화 과정이 끝나면 3분자의 아실-CoA, 환원형 보조인자, 그리고 짧아진 아실-CoA에스테르인 시스,시스-$\Delta^{3,6}$-데카디에노일-CoA(*cis,cis*-$\Delta^{3,6}$-decadienoyl-CoA, 탄소 10개 단위체)가 만들어진다. 다음 정상적인 단계인 물의 첨가는 이중결합이 트랜스형이 아니라 시스형이고 이 결합이 Δ^2가 아니라 잘못된 Δ^3의 위치에 있기 때문에 수화효소(hydratase)가 작용할 수 없다. 부가적인 효소인 **에노일-CoA이성질화효소(enoyl-CoA isomerase)**가 시스-Δ^3 이중결합을 트랜스-Δ^2 이중결합으로 재배열시킨다(그림 18.11a). 이 중간체는

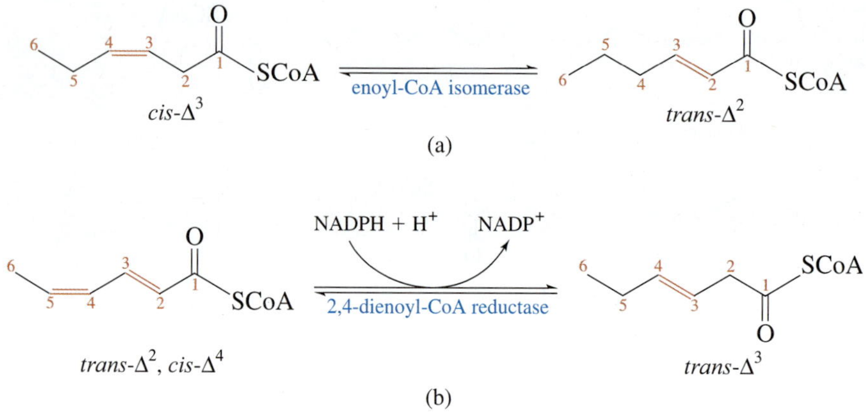

그림 18.11 에노일-CoA이성질화효소(a)와 2,4-디에노일-CoA환원효소(b)에 의해 촉매되는 반응. 이들 효소는 불포화지방산의 산화를 위해 이용되는 부가적인 효소이다.

(a) *cis*-Δ^3 → (enoyl-CoA isomerase) → *trans*-Δ^2

(b) *trans*-Δ^2, *cis*-Δ^4 + NADPH + H^+ → (2,4-dienoyl-CoA reductase) → *trans*-Δ^3 + $NADP^+$

이제 β산화 과정의 한 회전에 투입될 수 있다. (이중결합이 이미 존재하기 때문에 첫째 탈수소화 과정은 우회할 수 있는 점에 주목하라.) 지방산아실-CoA 산물은 이제 8 탄소의 시스-Δ^4-아실-CoA(cis-Δ^4-acyl-CoA)가 된다. 이 기질은 정상적인 과정으로 탈수소화되어 트랜스-Δ^2, 시스-Δ^4의 중간체가 된다. 디엔(diene)은 견고한 구조 때문에 산화의 다음 효소인 수화효소의 작용을 받을 수 없다. 그 대신 조효소 NADPH와 함께 작용하는 둘째 부가 효소인 2,4-디에노일-CoA환원효소(2,4-dienoyl-CoA reductase)가 작용하여 이 중간체를 트랜스-Δ^2-에노일-CoA(trans-Δ^2-enoyl-CoA)로 전환시킨다(그림 18.10과 18.11b 참조). 이 반응으로 이중결합 하나가 줄어들고 나머지 이중결합은 자리를 이동하게 된다. 이 중간체는 β산화에 들어가기 전에 에노일-CoA이성질화효소에 의해서 재배열되어야 한다. 두 개의 이중결합을 갖는 불포화지방산이 총 8개 분자의 아세틸-CoA로 분해되기 위해서는 정상적 β산화 과정을 세 번 더 돌아야 한다.

홀수 개의 탄소로 구성된 지방산의 β산화

홀수 개의 탄소로 구성된 지방산은 자연계에 소량으로 존재하지만, 어떤 종류는 식물과 해양 생물체에 상당한 양이 존재한다. 이들도 정상적인 β산화 과정에 의해서 분해된다. 그러나 마지막 절단 단계에서 한 분자의 아세틸-CoA와 한 분자의 C_3 단위체인 **프로피오닐-CoA(propionyl-CoA)**가 만들어진다(그림 18.12). 프로피오닐-CoA는 아세틸-CoA처럼 시트르산회로에 들어갈 수가 없기 때문에 숙시닐-CoA(succinyl-CoA)로 전환되어야 한다. 이 전환에는 세 개의 반응이 필요하다. (1) 카르복실화에 의한 D-메틸말로닐-CoA(D-methylmalonyl-CoA)로의 전환, (2) 이성질화반응에 의한 L-메틸말로닐-CoA로의

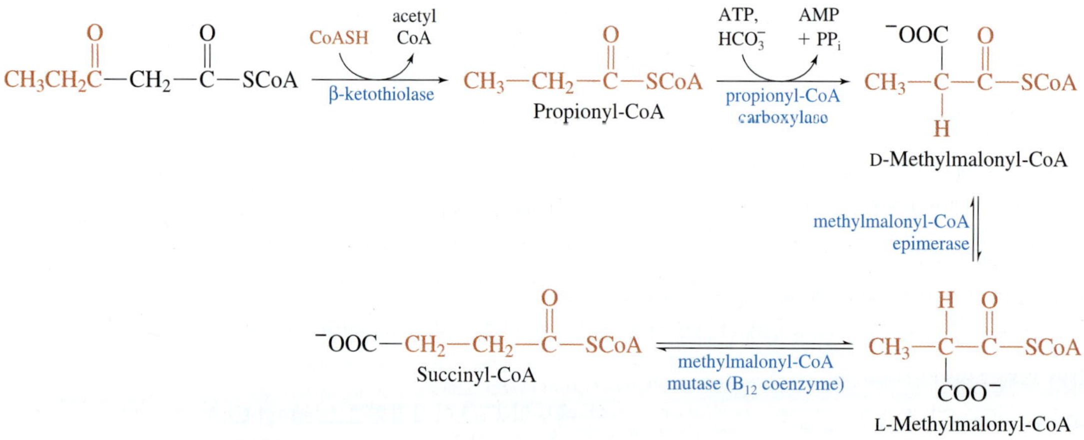

$CH_3CH_2C(=O)-CH_2-C(=O)-SCoA$ → (CoASH → acetyl CoA; β-ketothiolase) → $CH_3-CH_2-C(=O)-SCoA$ (Propionyl-CoA) → (ATP, HCO_3^- → AMP + PP_i; propionyl-CoA carboxylase) → $^-OOC-CH(CH_3)-C(=O)-SCoA$ (D-Methylmalonyl-CoA) ⇌ (methylmalonyl-CoA epimerase) L-Methylmalonyl-CoA ⇌ (methylmalonyl-CoA mutase (B_{12} coenzyme)) $^-OOC-CH_2-CH_2-C(=O)-SCoA$ (Succinyl-CoA)

그림 18.12 홀수 개의 탄소를 갖는 지방산의 β산화의 마지막 분해 단계와 산물인 프로피오닐-CoA(propionyl-CoA)가 숙시닐-CoA(succinyl-CoA)로 전환되어 시트르산회로로 유입되는 과정.

전환, 그리고 (3) 재배열에 의한 숙시닐-CoA의 생성. 반응 3을 촉매하는 효소인 메틸말로닐-CoA뮤타아제(methylmalonyl-CoA mutase)는 흔하지 않은 분자인 조효소 B_{12}(디옥시아데노실코발라민, deoxyadenosyl-cobalamin)를 보조인자로 사용하기 때문에 특별히 흥미롭다. 이 조효소는 비타민B_{12}로부터 유도된 것으로 탄소 골격의 재배열에 관여하는 효소들이나 퓨린과 티미딘(thymidine)의 합성에 관여하는 효소들과 결합되어 있다. 많은 원핵생물에서 발견되는 리보뉴클레오티드환원효소(19장 19.5절 참조)는 비타민B_{12} 보조인자를 이용한다. 식물과 동물은 모두 비타민B_{12}를 합성할 수 없고 오로지 몇몇 종의 세균만이 합성할 수 있다. (표 7.1에 비타민의 구조와 생물학적 활성을 나타냈다.) 육식동물은 음식물인 고기로부터 충분한 양을 얻을 수 있지만 초식동물은 비타민B_{12}를 합성하는 장내의 세균에 의존하게 된다. 성인의 경우 매우 적은 양(약 3 μg/1일)만이 필요하기 때문에 영양학적인 결핍은 매우 드물다. **악성빈혈(pernicious anemia)** 환자에서 결핍증후가 발견되고 때때로 엄격한 채식주의자에서 발견된다. 악성빈혈은 간을 많이 섭취하면 예방할 수 있다는 것이 1926년에 발견되었다. 간에 들어 있는 이 활성 화합물이 1948년에 동정되어 비타민B_{12} 또는 코발라민(cobalamin)이라고 하였다. 악성빈혈은 비타민B_{12}의 영양 부족에 의해서 발생하는 것이 아니라 소장에서의 흡수 장애에 의해서 발생한다. 음식물(또는 주사)에 많은 양의 비타민B_{12}가 포함되어 있으면 그 환자가 충분한 양의 비타민B_{12}를 흡수할 수 있게 된다. 악성빈혈의 증후는 때때로 채식주의자에서 발견되지만 정상 성인의 간은 3~5년 동안 비타민B_{12}를 저장할 수 있기 때문에 증후가 천천히 나타난다.

18.3 지방산의 생합성

학습 목표

지방산 생합성의 반응들을 이해하고 산화 반응과 비교한다.

지방산을 필요 이상으로 음식물로 섭취하였을 때는 지방조직에 트리아실글리세롤으로 저장된다. 인간을 포함한 고등동물이 저장할 수 있는 지방의 양은 제한이 없다. 게다가 필요한 에너지보다 많은 양의 글루코오스나 탄수화물은 지방으로 전환된다(그림 18.13). 처음에는 과도한 글루코오스가 글리코겐으로 전환되지만 친수성의 다당류가 축적될 수 있는 양은 한계가 있다. 글리코겐이 한계 양에 도달하게 되면 글루코오스는 해당과정과 피루브산탈수소효소복합체에 의해서 아세틸-CoA로 분해되어 지방산으로 합성되어 저장된다.

지방산합성에 관한 실험적인 연구는 눕(Knoop)의 β산화의 결과가 발표되고 나서 바로 시작되었다. 지방산합성의 반응은 β산화반응의 역순일 것이라는 것이 일반적인 생각이었다. 두 개의 과정에서는 같은 종류의 화학적 반응이 이용되지만 다른 것들은 아주 다르다. 우리는 지방산의 분해 과정을 잘 알고 있기 때문에 지방산의 합성과 그 차이점들을 서로 비교하여 알아볼 수 있다(표 18.3). 지방산합성에 관여하는 효소는 세포질에 있다는 점에 주목해 보자. 아마도 가장 새로운 점은 지방산합성은 신장되는 지방산 사슬에 C_3 전구체인 **말로닐-CoA(malonyl-CoA)**를 이용하여 탄소 단위를 첨가한다는 점이다.

표 18.3

지방산의 β산화와 지방산합성의 차이점. 세포 유형에 따른 자세한 사항은 그림 20.2 참조.

Characteristic	β Oxidation	Biosynthesis
Cellular location	Mitochondrial matrix	Cytoplasm
Type of cell	Skeletal muscle, heart, liver	Liver, adipocytes
Activation and labeling of intermediates	CoA thioesters	Thioesters of acyl carrier protein (ACP)
Enzymes	Four distinct, nonassociated proteins	Fatty acid synthase, a multi-enzyme complex in mammals
Process	Two-carbon fragments removed as acetyl-CoA	Two-carbon elongation using malonyl-ACP
Fatty acid size	All sizes are degraded	Only palmitate is made
Redox reaction cofactors	NAD^+/NADH and FAD/$FADH_2$	$NADP^+$/NADPH

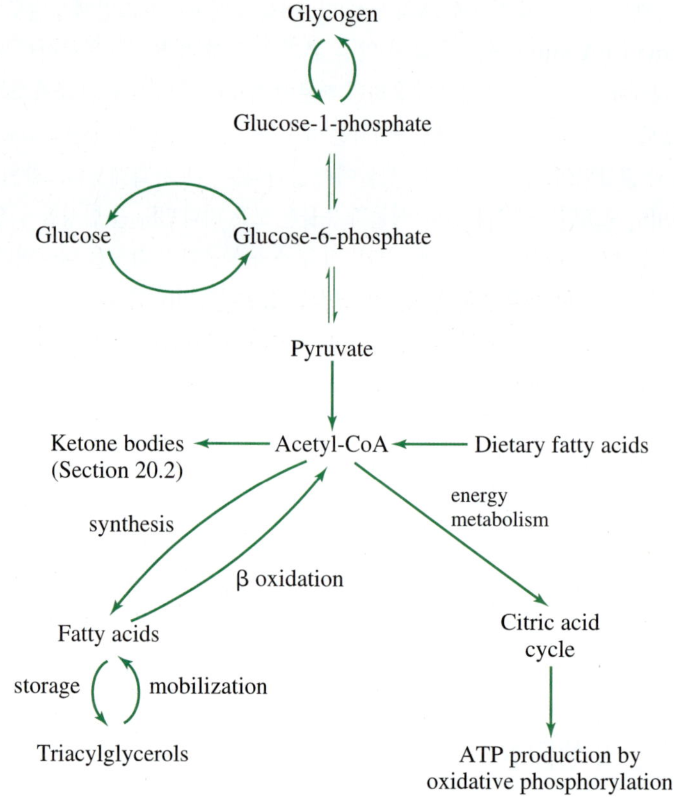

그림 18.13 동물에서 탄수화물과 지방산 대사 사이의 관계. 아세틸-CoA는 음식물의 지방산의 산화나 해당과정을 통한 피루브산의 산화로부터 생성된다. 과도한 아세틸-CoA는 트리아실글리세롤으로 저장하기 위해서 지방산을 만드는 데 쓰일 수 있다. 동물은 지방산이나 아세틸-CoA를 글루코오스로 전환시킬 수 없는 점을 주의하라. 식물은 아세틸-CoA를 탄수화물로 전환하기 위하여 글리옥실산회로(glyoxylate cycle)를 이용한다.

지방산합성의 단계

지방산합성 아세틸-CoA로부터의 지방산합성은 세포질에서 일어난다. 우리가 살펴 본 아세틸-CoA 합성의 모든 경로(피루브산탈수소효소복합체와 β산화)는 미토콘드리아의 기질에서 일어난다. 미토콘드리아의 아세틸-CoA는 내막을 통과하여 세포질로 확산되어 들어갈 수 없다. 아세틸-CoA의 탄소를 시트르산으로 바꾸어서 막을 통과시키는 셔틀에 의해서 아세틸-CoA를 세포질로 이동시킨다(그림 18.14). 미토콘드리아에서 시트르산생성효소(citrate synthase)의 작용으로 아세틸-CoA는 옥살로아세트산(oxaloacetate)과 반응하여 시트르산이 된다. 시트르산은 내재성 막단백질인 트리카르복실산자리옮김효소(tricarboxylate translocase)에 의해서 세포질로 운반되고 시트르산분해효소(citrate lyase)에 의해서 아세틸-CoA와 옥살로아세트산으로 분해된다. 옥살로아세트산은 미토콘드리아로 되돌아가고 세포질의 아세틸-CoA는 지방산합성에 이용된다. **지방산생성효소(fatty acid synthase)** 복합체의 최종 산물은 팔미트산(palmitate)이다.

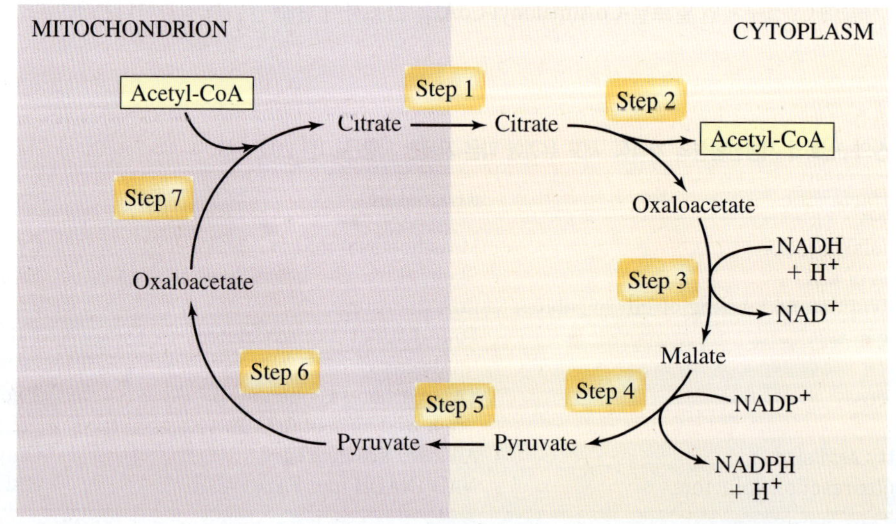

그림 18.14 트리카르복실산자리옮김효소(tricarboxylate translocase)에 의한 미토콘드리아로부터 세포질로의 시트르산 운반(1 단계). 세포질에서 시트르산은 시트르산분해효소(citrate lyase)에 의하여 아세틸-CoA와 옥살로아세트산으로 분해된다(2 단계). 세포질의 아세틸-CoA는 지방산합성에 이용된다. 옥살로아세트산은 말산탈수소효소(malate dehydrogenase, 3 단계)와 말산효소(malic enzyme, 4 단계)에 의해서 피루브산으로 전환되고 피루브산자리옮김효소(pyruvate translocase)에 의해서 미토콘드리아 내로 운반될 수 있다(5 단계). 미토콘드리아 내에서 피루브산은 피루브산카르복실화효소(pyruvate carboxylase, 6 단계)와 시트르산생성효소(citrate synthase, 7 단계)에 의해서 옥살로아세트산과 시트르산으로 전환된다.

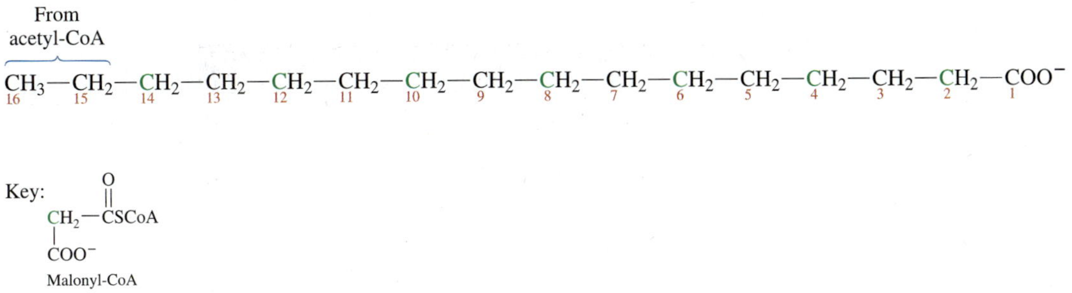

From acetyl-CoA

$$\underset{16}{CH_3}-\underset{15}{CH_2}-\underset{14}{CH_2}-\underset{13}{CH_2}-\underset{12}{CH_2}-\underset{11}{CH_2}-\underset{10}{CH_2}-\underset{9}{CH_2}-\underset{8}{CH_2}-\underset{7}{CH_2}-\underset{6}{CH_2}-\underset{5}{CH_2}-\underset{4}{CH_2}-\underset{3}{CH_2}-\underset{2}{CH_2}-\underset{1}{COO^-}$$

Key: $\underset{\underset{COO^-}{|}}{CH_2}-\overset{\overset{O}{\|}}{C}SCoA$

Malonyl-CoA

그림 18.15 세포질에서 합성되는 팔미트산의 탄소의 기원. 15번과 16번 탄소는 직접 아세틸-CoA로부터 유도된 것이다. 다른 탄소는 모두 말로닐-CoA로부터 유도된다. 팔미트산은 아래에 나타낸 것처럼 C2에 표지된 말로닐-CoA 전구체를 이용하였을 때 얻어진 산물이다. 녹색으로 나타낸 탄소는 말로닐-CoA의 중앙에 위치한 탄소로부터 기원된 탄소를 나타낸다.

팔미트산의 합성 팔미트산의 합성은 메틸 말단에서 시작하여 카르복실산 쪽으로 진행된다(그림 18.15). 팔미트산의 처음 두 개의 탄소(탄소 15와 16번)는 직접 아세틸-CoA로부터 유래한 것이다. 다른 모든 탄소들은 근본적으로는 아세틸-CoA로부터 유래하였지만 말로닐-CoA로 활성화되어야 한다. 비오틴(biotin)을 필요로 하는 **아세틸-CoA카르복실화효소(acetyl-CoA carboxylase)**가 말로닐-CoA의 형성 과정을 촉매한다.

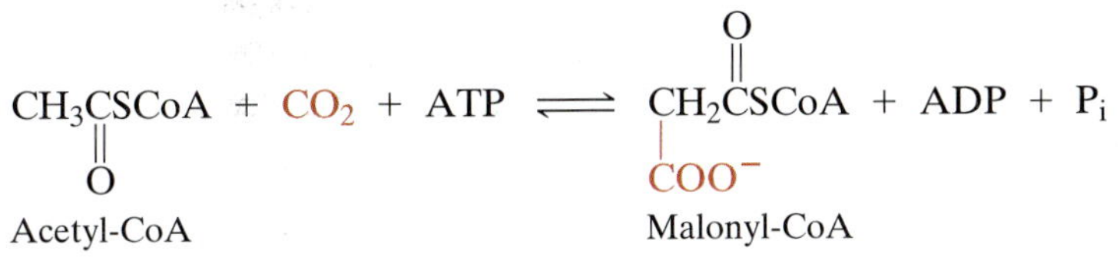

$$\underset{\text{Acetyl-CoA}}{CH_3\underset{\underset{O}{\|}}{C}SCoA} + CO_2 + ATP \rightleftharpoons \underset{\text{Malonyl-CoA}}{\underset{\underset{COO^-}{|}}{CH_2}\overset{\overset{O}{\|}}{C}SCoA} + ADP + P_i$$

지방산합성 과정의 첫째로 볼 수 있는 이 반응은 속도 조절 단계이다. 이 알로스테릭효소의 양성 조절인자는 시트르산이다. 이 효소는 지방산합성의 마지막 산물인 팔미토일-CoA(palmitoyl-CoA)에 의해서 억제된다.

지방산합성 과정에서 모든 중간체는 지방산생성효소의 구성 성분인 **아실운반단백질(acyl carrier protein, ACP-SH)**이라는 작은 분자에 결합되어 있다. 예상되는 바와 같이 ACP는 CoASH와 유사한 특성을 가지고 있다(그림 18.16). 이들 활성화 물질 둘 다 비타민인 판토텐산을 구성 성분으로 가지고 있다. 지방산합성의 중간체는 ACP의 한쪽 말단의 -SH기에 티오에스테르결합으로 연결되어 있다.

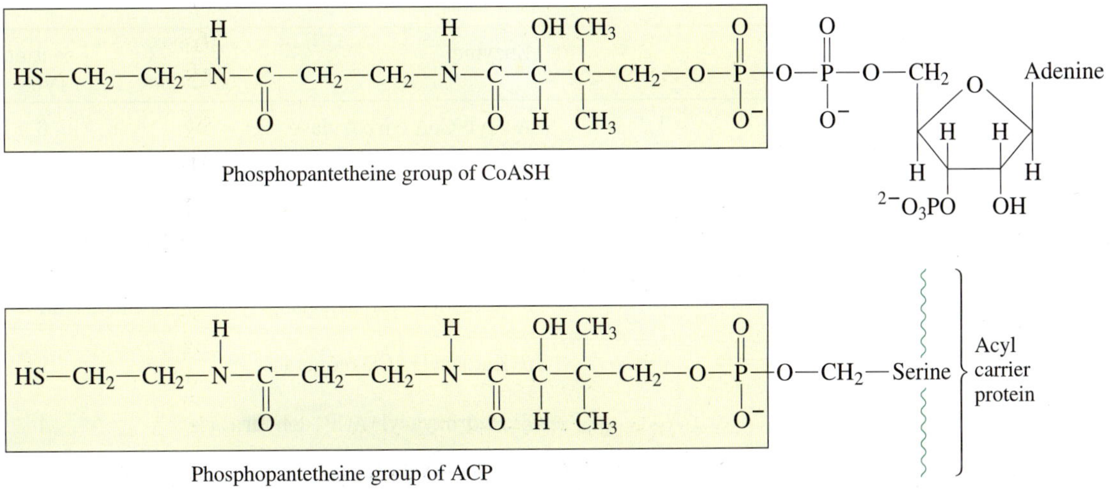

$$HS-CH_2-CH_2-\overset{H}{\underset{|}{N}}-\overset{\|}{\underset{O}{C}}-CH_2-CH_2-\overset{H}{\underset{|}{N}}-\overset{\|}{\underset{O}{C}}-\overset{OH}{\underset{H}{C}}-\overset{CH_3}{\underset{CH_3}{C}}-CH_2-O-\overset{O}{\underset{O^-}{P}}-O-\overset{O}{\underset{O^-}{P}}-O-CH_2\text{(ribose: }{}^{2-}O_3PO\text{, OH; Adenine)}$$

Phosphopantetheine group of CoASH

$$HS-CH_2-CH_2-\overset{H}{\underset{|}{N}}-\overset{\|}{\underset{O}{C}}-CH_2-CH_2-\overset{H}{\underset{|}{N}}-\overset{\|}{\underset{O}{C}}-\overset{OH}{\underset{H}{C}}-\overset{CH_3}{\underset{CH_3}{C}}-CH_2-O-\overset{O}{\underset{O^-}{P}}-O-CH_2-\text{Serine}$$

Acyl carrier protein

Phosphopantetheine group of ACP

그림 18.16 β산화와 생합성 시에 지방산의 활성화에 필요한 CoASH와 ACP의 구조. CoASH와 ACP에 포스포판테테인기가 존재하는 점에 주목하라. 포스포판테테인기는 저 분자량의 단백질인 ACP의 세린 잔기의 히드록실기에 에스테르결합으로 부착되어 있다.

$$CH_3C(=O)-S-K + CH_2(CO_2^-)C(=O)-S-ACP \xrightarrow[\text{condensation}]{\text{K-SH} \ CO_2} CH_3C(=O)CH_2C(=O)-S-ACP \ \text{(Acetoacetyl-ACP)} \xrightarrow[\text{reduction}]{\text{NADPH} + H^+ \to NADP^+} CH_3CH(OH)CH_2C(=O)-S-ACP \ \text{(D-3-Hydroxybutyryl-ACP)}$$

$$\xrightarrow[\text{dehydration}]{} H_2O$$

$$CH_3CH{=}CHC(=O)-S-ACP \ \text{(Crotonyl-ACP)} \xrightarrow[\text{reduction}]{\text{NADPH} + H^+ \to NADP^+} CH_3CH_2CH_2C(=O)-S-ACP \ \text{(Butyryl-ACP)}$$

그림 18.17 지방산합성 반응. 지방산합성을 시작하기 위하여 β-케토아실-ACP생성효소에 결합된 아세틸기는 말로닐-ACP와 결합하여 C_4 중간체를 생성하고, 이는 완전히 포화된 부티릴-ACP로 변환된다. 이런 순서는 β산화의 반대이다. K-SH = β-케토아실-ACP생성효소(β-ketoacyl-ACP synthase)

지방산합성을 시작하기 위하여 한 분자의 아세틸-CoA와 한 분자의 말로닐-CoA가 생성효소 내로 유입되어야 한다. 아세틸-CoA는 β-케토아실-ACP생성효소(β-ketoacyl-ACP synthase, K-SH)의 —SH기에, 말로닐-CoA는 ACP의 —SH기에 각각 부착된다. 이들 반응을 포함한 지방산합성의 모든 반응을 표 18.4와 그림18.17에 나타냈다. 아세틸기를 CoASH로부터 ACP를 통하여 K-SH로 전달하는 과정을 촉매하는 효소는 아세틸-CoA-ACP아세틸기전달효소(acetyl-CoA-ACP transacetylase)이다(반응 2). ACP의 유리 —SH기는 말로닐 단위체를 받을 수 있다(반응 3). 말로닐-CoA-ACP전달효소(malonyl-CoA-ACP transferase)는 말로닐기를 지방산생성효소로 유입시킨다. 이렇게 지방산합성의 첫 두 분자의 전구체가 활성화되면 지방산 사슬의 합성을 시작할 수 있다. 네 번의 순차적인 화학 반응이 아세틸기와 말로닐기 사이에서 일어나게 된다(반응 4~7). 이 반응은 나선 구조이고 β산화의 화학적 역순으로서, (1) 탄소-탄소의 단일결합 형성, (2) 케토기의 환원, (3) 탄소-탄소 이중결합의 형성을 위한 탈수화, 그리고 (4) 포화지방산을 형성하기 위한 이중결합의 환원의 순서로 진행된다.

지방산생성효소의 나선 회로를 한 번 돌면 ACP에 연결된 4탄소의 카르복실기(부티릴기, butyryl)가 생성된다. 두 번째의 회전으로 두 개의 탄소가 말로닐-CoA로부터 부티릴 단위체에 첨가되어 C_6 β-케토 중간체가 만들어지고 이것은 환원, 탈수 그리고 환원 과정을 거치게 된다. 새로운 두 개의 탄소는 팔미트산 산물의 11번과 12번 탄소가 된다. 네 개의 반응으로 된 이런 과정을 일곱 번 회전하게 되면 팔미토

표 18.4
지방산합성의 반응

Reaction Number	Reaction	Enzyme	Reaction Type[a]
1	Acetyl-CoA + CO_2 + ATP ⇌ malonyl-CoA + ADP + P_i + H^+	Acetyl-CoA carboxylase	6
2	Acetyl-CoA + ACP-SH ⇌ acetyl-ACP + CoASH	Acetyl-CoA-ACP transacetylase	2
3	Malonyl-CoA + ACP-SH ⇌ malonyl-ACP + CoA	Malonyl-CoA-ACP transferase	2
4	Acetyl-S-K + malonyl-ACP ⇌ acetoacetyl-ACP + K-SH + CO_2	β-Ketoacyl-ACP synthase	4
5	Acetoacetyl-ACP + NADPH + H^+ ⇌ D-3-hydroxybutyryl-ACP + $NADP^+$	β-Ketoacyl-ACP reductase	1
6	D-3-Hydroxybutyryl-ACP ⇌ crotonyl-ACP + H_2O	3-Hydroxyacyl-ACP dehydratase	4
7	Crotonyl-ACP + NADPH + H^+ ⇌ butyryl-ACP + $NADP^+$	Enoyl-ACP reductase	1

[a] Reaction type: 1, oxidation-reduction; 2, group transfer; 3, hydrolysis; 4, nonhydrolytic cleavage (addition or elimination); 5, isomerization-rearrangement; 6, bond formation coupled to ATP cleavage. K-SH = β-ketoacyl-ACP-synthase.

일-ACP(palmitoyl-ACP)가 만들어진다. 이 지점에서 C_{16} 단위체는 ACP로부터 가수분해되어 유리 팔미트산이 형성된다. 가수분해효소인 팔미토일 티오에스테르가수분해효소(palmitoyl thioesterase)는 지방산생성효소복합체의 구성 성분이다. 초기의 출발 물질인 아세틸-CoA에 말로닐 단위체 형태로 탄소 원자가 첨가되는 지방산합성의 순반응은 다음과 같다.

$$\text{아세틸-CoA} + 7\text{말로닐-CoA} + 14NADPH + 14H^+ \longrightarrow CH_3(CH_2)_{14}COOH + 7CO_2 + 8CoA + 14NADP^+ + 6H_2O$$

팔미트산보다 긴 지방산은 소포체에 존재하는 신장효소계(elongation enzyme system)에 의해서 합성된다. 이 반응은 말로닐-CoA에 새로운 탄소 원소를 첨가하는 지방산합성과 유사하다. 그러나 모든 중간체들은 ACP가 아니라 CoASH에 결합하여 활성화된다.

불포화지방산의 생합성

불포화지방산은 **지방산아실-CoA불포화효소(fatty acyl-CoA desaturase)**라는 효소에 의해서 소포체에서 합성된다. 이 효소는 독특한 산화환원반응을 촉매한다. 그 예로는 스테아르산(stearic acid, 18:0)으로부터 올레산(oleic acid, $18{:}1^{\Delta 9}$)이 생성되는 과정을 들 수 있다.

$$\text{스테아로일-CoA} + NADPH + H^+ + O_2 \longrightarrow \text{올레오일-CoA} + NADP^+ + 2H_2O$$

이 반응에서 기질로서의 분자 산소는 스테아로일-CoA(stearoyl-CoA)와 NADPH로부터 각각 2개씩 4개의 전자를 받는다.

불포화지방산인 리놀레산(linoleate, $18{:}2^{\Delta 9,12}$)과 리놀렌산(linolenate,$18{:}3^{\Delta 9,12,15}$)은 적절한 성장과 발달을 위해서 필요한데 포유동물의 지방산아실-CoA불포화효소는 이들을 합성하지 못한다. 이들 지방산은 식물성 음식물로부터 얻어야 하기 때문에 **필수지방산(essential fatty acid)**이라고 한다. 사람이나 쥐의 음식물에 이들 필수지방산이 포함되어 있지 않으면 비늘처럼 벗겨지는 피부염이 나타난다. 리놀레산은 피부의 스핑고지질(sphingolipid)과 지방산인 아라키돈산(arachidonate, $20{:}4^{\Delta 5,8,11,14}$)의 전구체이다. 아라키돈산은 류코트리엔(leukotrien), 프로스타글란딘(prostaglandin) 그리고 트롬복산(thromboxane)의 합성에 이용된다(8.4절).

지방산 대사의 조절

지방산의 중요한 두 과정인 β산화와 합성은 조화가 잘 이루어져야 하기 때문에 동시에 일어나지 않는다. 만약에 두 과정이 동시에 일어난다면 기질 낭비적인 회로만을 돌리게 될 것이다. 지방산 대사는 탄수화물과 지방산과 같은 영양분의 이용도에 의해서 조절된다(그림 18.18). 만약에 글루코오스가 풍부해지면 시트르산이 대량으로 생성된다. 시트르산은 지방산합성의 속도 조절 과정인 말로닐-CoA의 형성을 촉매하는 효소인 아세틸-CoA카르복실화효소(acetyl-CoA carboxylase)에 대한 양성 조절인자이다. 시트르산이 증가하면 지방산의 합성이 증가하게 된다. 지방산의 β산화는 생성된 말로닐-CoA에 의해서 억제된다. 말로닐-CoA는 카르니틴아실기전달효소 I 의 활성을 차단하여 지방산-CoA에스테르를 지방산의 산화가 일어나는 미토콘드리아 기질 안으로 운반하지 못하게 한다. 지방산합성의 속도는 아세틸-CoA카르복실화효소를 억제하는 지방산합성의 최종 산물인 팔미토일-CoA에 의해서도 조절된다.

요약하면, 글루코오스가 풍부하면 지방산 산화는 중단되고 지방산합성이 활성화되지만 팔미토일-CoA의 양에 의해서 조절된다. 단식 기간이나 또는 글루코오스와 글리코겐의 수준이 떨어지면 에피네프린과 글루카곤과 같은 호르몬이 호르몬 감수성 지질가수분해효소를 자극하여 지방세포로부터 유리 지방산을 방출시킨다. 글루코오스가 낮아지면 시트르산이 적게 만들어지게 되어 아세틸-CoA카르복실화효소를 자극할 수 없게 된다. 말로닐-CoA에 의한 카르니틴아실기전달효소 I 의 억제가 약화되면 지방산은 β산화를 위해서 미토콘드리아의 기질 안으로 들어가게 된다. β산화의 속도 조절 단계는 지방산이 미토콘드리아 안으로 들어가는 단계이다. 혈중 글루코오스의 농도가 낮으면 미토콘드리아 안에 지방산이 증가하여 β산화를 촉진하게 된다.

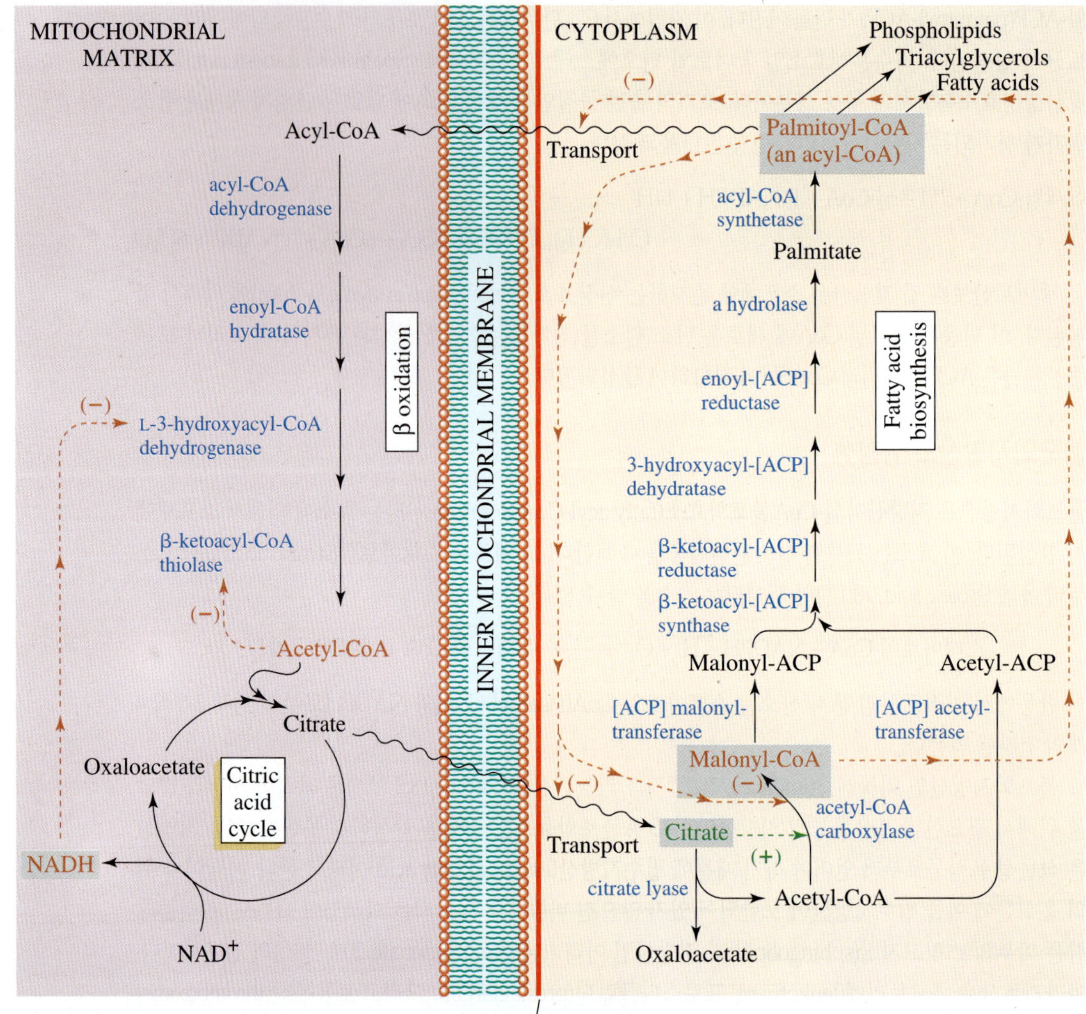

그림 18.18 지방산 대사의 조절. 양성 작동인자(effector)는 녹색으로, 음성 작동인자는 적색으로 나타냈다.

18.4 콜레스테롤

학습 목표

콜레스테롤의 생합성, 산화 그리고 기능을 이해한다.

콜레스테롤은 자연계에서 가장 두려운 화합물 중의 하나이다. 우리는 매일 생물학과 영양학 수업 시간에 그리고 대중 매체에서 조차 콜레스테롤에 관하여 읽고 듣는다. 대부분 우리는 심장혈관계 질환과 높은 혈장 콜레스테롤 수치와의 사이에 깊은 연관 관계가 있는 것으로 여기고 있다(그림 18.19). 과학적인 증거는 확실히 콜레스테롤에 대한 "나쁜 측면"을 드러내는 데 일조를 하였다. 그러나 콜레스테롤의 "좋은 측면"에 대해서는 거의 듣지 못했다. 콜레스테롤은 모든 동물의 생명에 필수적이다. 즉 우리가 살아가기 위해서 반드시 필요한 화합물인 것이다. 콜레스테롤은 생화학에서 여러 가지 역할을 수행한다. (1) 세포막의 유동성을 조절하는 구성 성분, (2) 스테로이드호르몬, 담즙염 및 비타민D와 같은 중요한 생체 분자의 전구체이다. 콜레스테롤과 관련된 건강 문제는 이 분자의 존재에 의해서 직접적으로 일어나는 것이 아니라 생리학적 운반에 있어서의 비효율성에 기인하는 것이다.

소수성 분자인 콜레스테롤은 생물체 내에서 녹아서 운반되기가 매우 어렵다. 그러나 이런 특성 때문에 막 구조에서 그 역할을 잘 수행할 수 있다. 우리의 간은 하루에 800~1000 mg의 콜레스테롤을 생산하고 있다. 게다가 매일 음식물로부터 수백 mg의 콜레스테롤을 섭취하고 있다. 다행히 음식물 내의 콜레

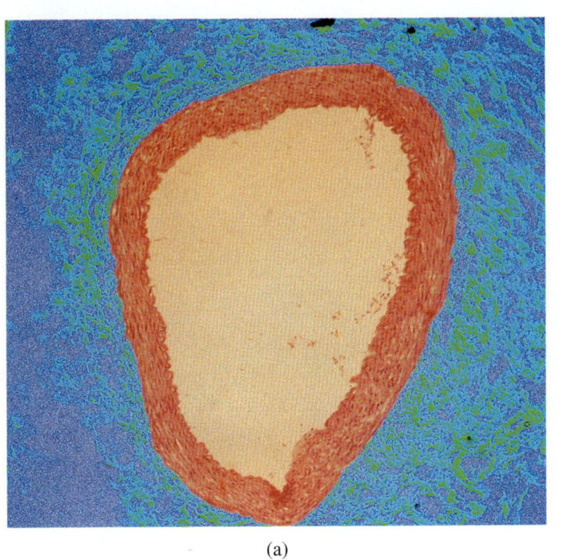

(a)

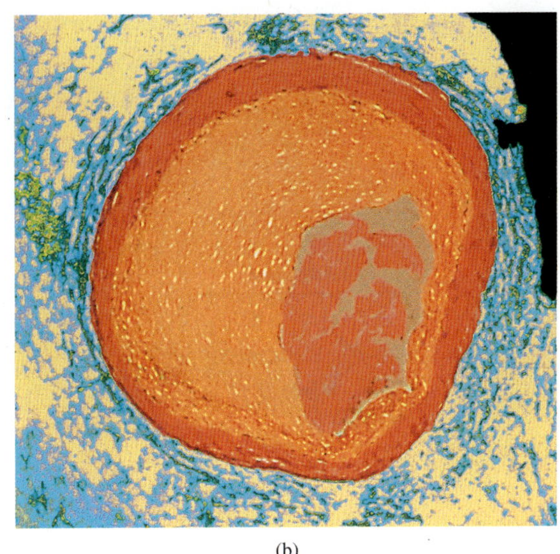

(b)

그림 18.19 정상 동맥(a)과 콜레스테롤로 구성된 플라크로 막힌 동맥(b)의 횡단면

스테롤은 생체 내 콜레스테롤의 합성을 감소시킨다. 다음에 이어지는 두 단원에서는 악명 높고 생화학적으로 복잡한 콜레스테롤의 구조와 기능에 대해서 알아보기로 한다. 수년 동안 과학의 최선봉에서 콜레스테롤의 화학, 생화학 그리고 생리학 분야의 연구가 수행되었다. 지금까지 분자 구조와 생리적 기능에 관한 연구로 13명의 연구자가 노벨상을 수상하였다.

콜레스테롤의 생합성

콜레스테롤은 1784년에 담석에서 처음 분리되었지만 1930년대까지 그 복잡한 구조는 밝혀지지 않았다. 콜레스테롤 생합성 과정의 대부분은 1940년대에 하버드 대학의 블로흐(Kornrad Bloch)와 그의 동료들에 의해서 밝혀졌다. 이들은 방사성 동위원소로 표지한 탄소를 이용하여 콜레스테롤의 27개 탄소가 단순한 C_2 화합물인 아세트산에서 유래한다는 것을 밝혀냈다. 콜레스테롤의 생합성을 공부하며 복잡한 생체분자들이 다양한 방법으로 합성된다는 것을 이해하게 될 것이다. 콜레스테롤의 합성은 4 단계로 나누어 볼 수 있다.

1 단계 1 단계에서는 아세틸-CoA를 이용하여 C_6 화합물인 **메발론산(mevalonate)**이 합성된다. 세 분자의 아세틸-CoA가 두 번의 연속적인 반응으로 결합하여 **3-히드록시-3-메틸글루타릴-CoA(3-hydroxy-3-methylglutaryl-CoA, HMG-CoA)**가 생성된다(그림 18.20). 메발론산 합성을 개시하는 반응은 간세포의 세포질에서 일어난다. 이 효소는 소포체 막의 한 부분이지만 산물은 세포질에서 만들어진다. 미토콘드리아 기질의 HMG-CoA는 HMG-CoA분해효소에 의해 분해되어 아세토아세트산(acetoacetate, 케톤체)과 아세틸-CoA로 된다. 세포질에서 HMG-CoA는 서로 다른 운명을 겪게 된다. **HMG-CoA환원효소(HMG-CoA reductase)**는 메발론산의 생성을 촉매한다. 이 환원효소는 조효소로서 NADPH를 선호한다. 이 반응은 콜레스테롤 합성의 주요 조절 단계이다. 이 효소는 식이 콜레스테롤이나 어떤 콜레스테롤 산물에 의한 알로스테릭조절의 대상이다. 음식물 속에 충분한 양의 콜레스테롤이 있으면 HMG-CoA환원효소의 활성을 감소시킨다. HMG-CoA환원효소의 억제를 목표로 설계된 약물은 혈중 콜레스테롤의 양을 감소시킨다(임상생화학 18 참조).

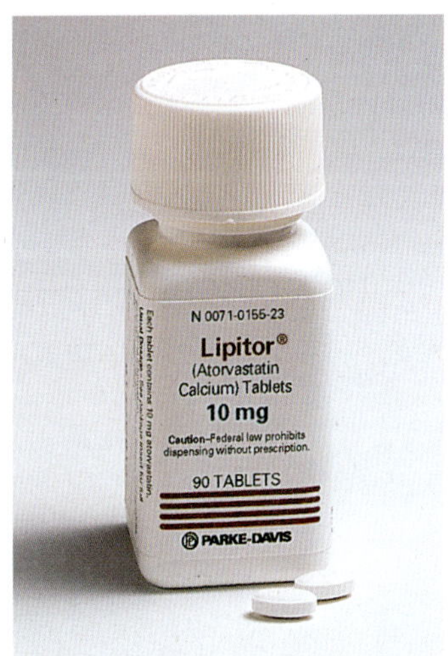

콜레스테롤을 저하시키는 약품인 리피토르(Lipitor)는 HMG-CoA환원효소를 억제하여 활성을 나타낸다.

2 단계 다음에 이어지는 네 개의 반응은 C6의 중간대사물질인 메발론산을 C_5 중간대사물질인 **활성형 이소프렌(activated isoprene)**으로 전환시키는 과정이다. 비록 이 과정은 하나의 탄소가 소실되는 아주 단순하고 간단한 과정으로 여겨지지만, 콜레스테롤 합성 과정을 이해하는 데 어려웠던 과정 중의 하나였다. 연속된 세 반응에서 메발론산은 각각 ATP로부터 3개의 인산기를 받아들인다. 그 산물인 3-포스포-5-피로포스포메발론산(3-phospho-5-pyrophosphomevalonate)은 탈카르복실화되어 이소펜테닐피

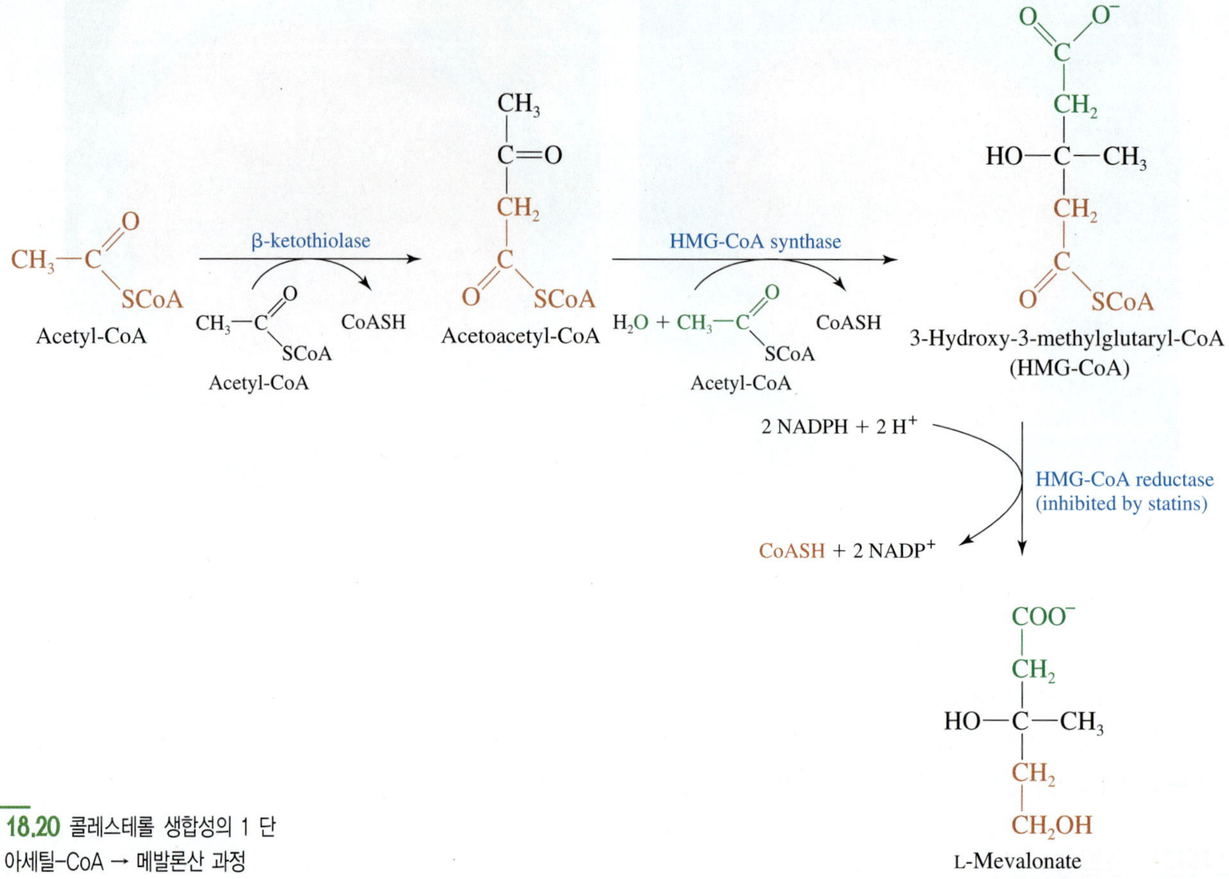

Acetyl-CoA → (β-ketothiolase; Acetyl-CoA → CoASH) → Acetoacetyl-CoA → (HMG-CoA synthase; H_2O + Acetyl-CoA → CoASH) → 3-Hydroxy-3-methylglutaryl-CoA (HMG-CoA)

2 NADPH + 2 H^+ → CoASH + 2 $NADP^+$

HMG-CoA reductase (inhibited by statins)

L-Mevalonate

그림 18.20 콜레스테롤 생합성의 1 단계인 아세틸-CoA → 메발론산 과정

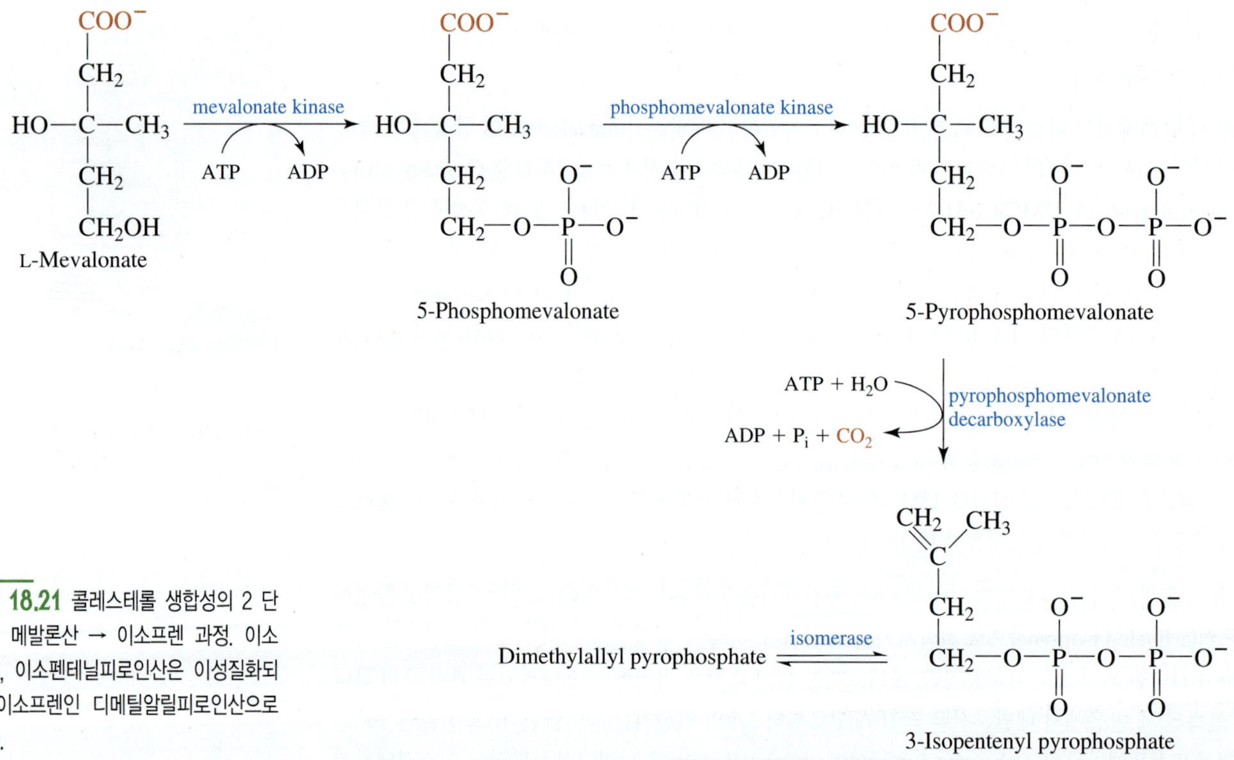

L-Mevalonate → (mevalonate kinase; ATP → ADP) → 5-Phosphomevalonate → (phosphomevalonate kinase; ATP → ADP) → 5-Pyrophosphomevalonate

ATP + H_2O → ADP + P_i + CO_2

pyrophosphomevalonate decarboxylase

Dimethylallyl pyrophosphate ⇌ (isomerase) 3-Isopentenyl pyrophosphate

그림 18.21 콜레스테롤 생합성의 2 단계인 메발론산 → 이소프렌 과정. 이소프렌, 이소펜테닐피로인산은 이성질화되어 이소프렌인 디메틸알릴피로인산으로 된다.

로인산(isopentenyl pyrophosphate)으로 된다(그림 18.21). 후자의 중간대사물질은 **이소프렌(isoprene)** 이라고 하는 활성형 화합물 두 개 중 하나이다. 이소펜테닐피로인산은 다른 하나의 이소프렌 형태인 디메틸알릴피로인산(dimethylallyl pyrophosphate)과 평형을 이룬다. 이 이해하기 어려웠던 활성형 이소프렌의 발견은 콜레스테롤, 리모넨(limonene), 리코펜(lycopene), 천연고무 그리고 비타민A, D, E, K를 포함하는 많은 중요한 테르펜(terpene) 분자들의 생합성을 이해하는 데 중요한 전기를 마련하였다.

3 단계 C_{30}의 탄화수소인 **스쿠알렌(squalene)**은 몇 개의 이소프렌 단위가 연속적으로 축합하여 합성된다. 두 개의 이소프렌이 축합되어 게라닐피로인산(geranyl pyrophosphate, C_{10} 화합물)이 형성된다. 또 다른 이소프렌이 첨가되어 C_{15} 화합물인 파르네실피로인산(farnesyl pyrophosphate)이 만들어지고 이 C_{15} 중간체 두 분자가 축합되어 고도로 불포화된 탄화수소인 스쿠알렌이 생성된다(그림 18.22). 이 축합 과정의 많은 대사물질들이 동물과 식물에서 천연 기름으로 분리되었다.

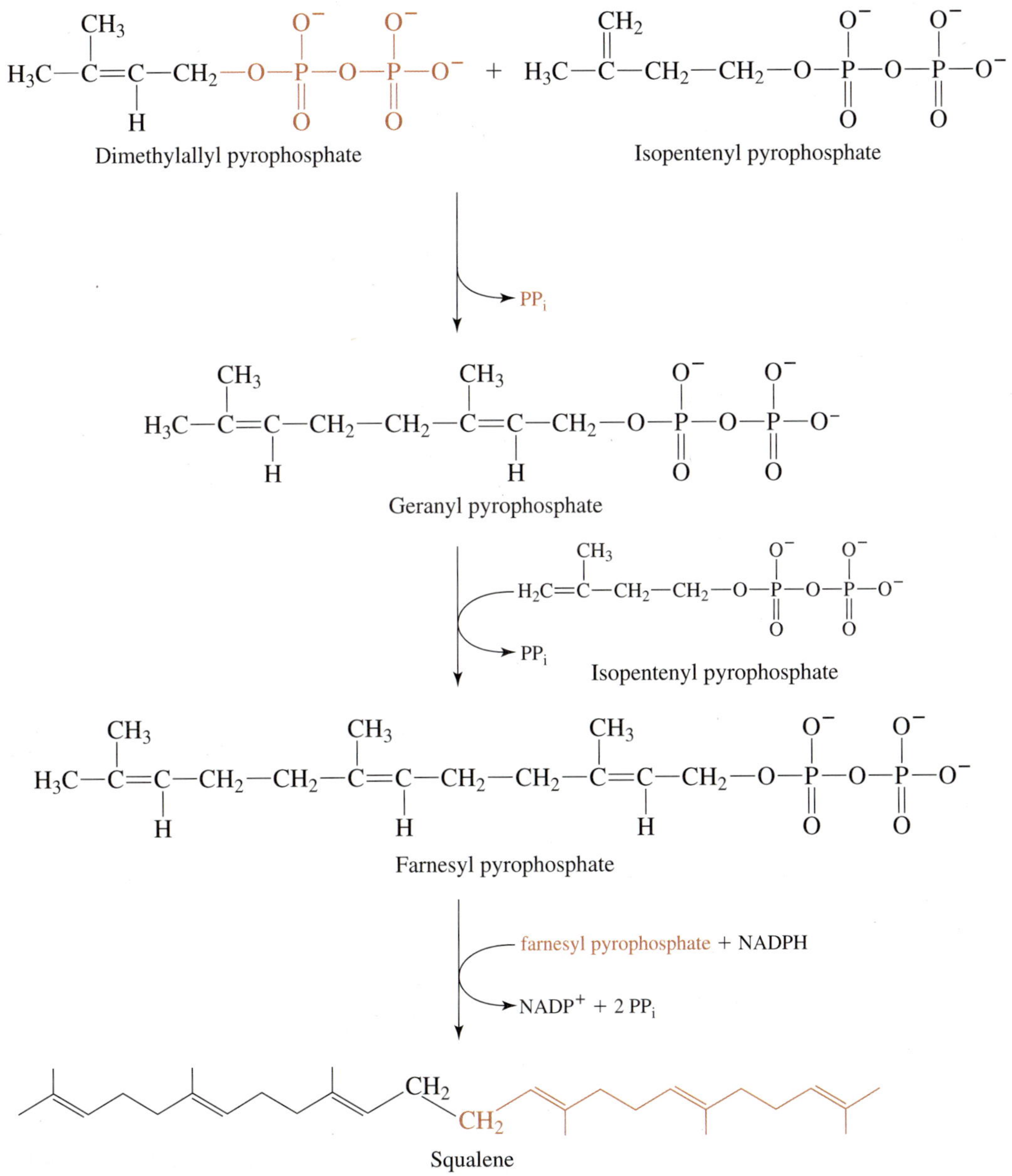

Dimethylallyl pyrophosphate + Isopentenyl pyrophosphate

→ PP_i

Geranyl pyrophosphate

+ Isopentenyl pyrophosphate → PP_i

Farnesyl pyrophosphate

+ farnesyl pyrophosphate + NADPH → $NADP^+$ + 2 PP_i

Squalene

그림 18.22 콜레스테롤 생합성의 3 단계인 이소프렌 → 스쿠알렌 과정. 6개의 이소프렌이 축합되어 C_{30}의 탄화수소인 스쿠알렌을 형성한다.

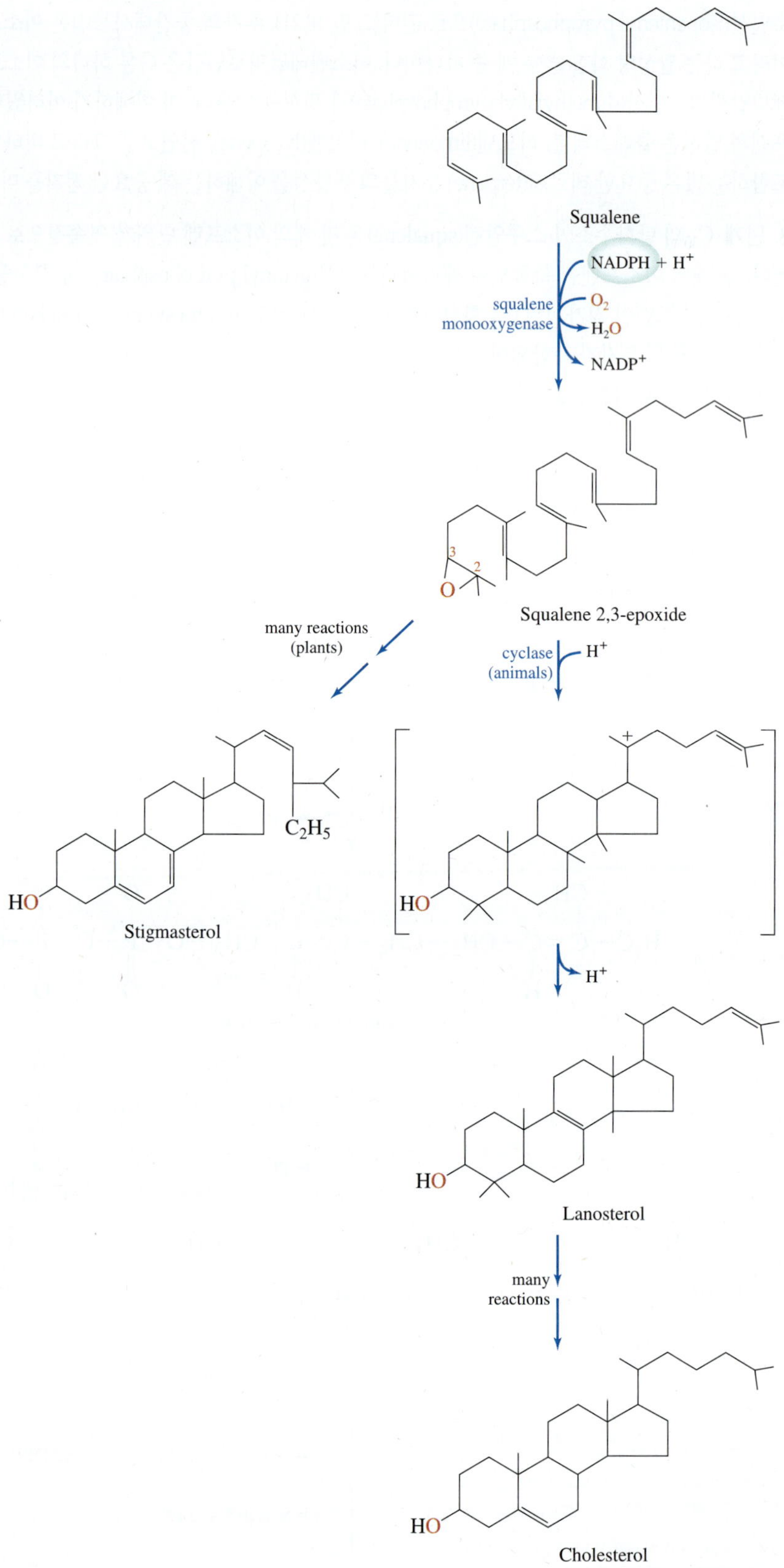

그림 18.23 콜레스테롤 생합성의 4 단계인 스쿠알렌 → 콜레스테롤 과정. 스쿠알렌은 에폭시드 중간대사물질이 형성된 후에 고리화된다.

4 단계 스쿠알렌의 고리화와 콜레스테롤으로의 전환은 생화학에서 가장 흥미롭고 주목할 만한 반응 중 일부이다. 스쿠알렌이 고리화되어 라노스테롤(lanosterol)이 되고 반응이 더 진행되어 **콜레스테롤(cholesterol)**이 되는 것을 연구하는 데 많은 화학자와 생화학자들이 자신의 일생을 바쳤다(그림 18.23). 고리화 과정을 개시하는 중요한 대사물질은 산소분자로부터 산소 원자를 이용하여 형성된 활성화합물인 스쿠알렌-2,3-에폭시드(squalene-2,3-epoxide)이다. 스쿠알렌일산소화효소(squalene monooxygenase)가 이 산화환원반응을 촉매한다. 고유의 스테로이드 고리를 갖는 콜레스테롤 합성의 첫째 중간대사물질은 라노스테롤이다. 라노스테롤을 콜레스테롤으로 전환시키는 과정인 메틸기의 제거, 이중결합의 재배열 등에는 최소한 20개의 효소 촉매 단계가 관여한다. 스쿠알렌은 식물에서도 생성되는데, 고리화되어 콜레스테롤이 아닌 스티그마스테롤(stigmasterol)로 전환된다.

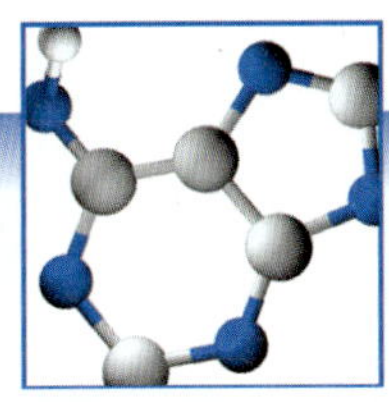

18 - 2

생화학 들여다보기

피토스테롤 – 식물을 이용한 질병과의 싸움

내과의사와 영양학 전문가들은 심혈관의 건강을 이루는 최선의 방법이 혈청 콜레스테롤의 양을 낮게 유지하는 것이라는 것을 끊임없이 상기시킨다. 동물 스테롤의 섭취량을 감소시키는 것은 흔하게 제안되는 방법이다. 여러 가지 이유로 특히 유전적인 이유와 생활방식으로 인하여 이 방법이 언제나 효과적이고 실용적이지는 않다. 그래서 사람들은 종종 메비놀린(Mevinolin) 또는 리피토르(Lipitor)와 같은 콜레스테롤 강하 약물의 처방을 이용한다(임상속의 생화학 18 참조). 그러나 점점 더 많은 사람들이 질병과 싸우기 위한 천연의 치료 방법을 찾고 있다. 현재 이용되고 있는 한 방법은 기존의 전통적인 영양 물질과 더불어서 건강의 증진을 꾀하는 성분을 포함하는 식품, 이른바 기능성 식품(functional food)을 사용하는 것이다.

심혈관의 건강을 목표로 하는 기능성 식품은 쌀겨(rice bran), 맥아(wheat germ), 대두(soybean), 옥수수기름, 그리고 몇몇 채소들을 포함한다. 건강 증진을 유도하는 이들 식품에 있는 천연 성분 중의 한 종류는 **피토스테롤(phytosterol)**로서 **β-시토스테롤(β-sitosterol)**, **스티그마스테롤(stigmasterol)** 및 **캄페스테롤(campesterol)** 등이 포함된다(구조 참조). 이들 화합물은 모두 음식의 콜레스테롤과 담즙에서 분비되는 콜레스테롤이 장에서 흡수되는 것을 차단하여 혈청 콜레스테롤을 낮추는 것으로 밝혀졌다(그림 18.1 단계4 참조). 피토스테롤은 콜레스테롤이 더 쉽게 흡수되는 미셀(micelle)을 형성하는 것을 방해하는 것으로 추측된다. 피토스테롤 자신은 거의 흡수되지 않는다. 피토스테롤이 콜레스테롤과 유사한 구조를 가지고 있다는 것을 주목하라. 이들 화합물은 메틸기와 에틸기, 그리고 곁사슬에 불포화도에 따라서 서로 다르다. 건강 증진의 효과를 나타내기 위해서는 비교적 많은 양(500 mg~10 g)의 식물 스테롤을 섭취해야 한다. 특수화된 마가린의 매일 권장량은 세 숟가락이며(42 g, 식빵 세 조각에 해당) 여기에는 4.5 g의 피토스테롤이 함유되어 있다. 사람들이 이 기준에 따라 몇 주 또는 몇 달 동안 이를 섭취하면 평균적으로 혈청 콜레스테롤의 10~15%가 감소될 수 있을 것으로 예측된다. 심각한 부작용이나 반응들은 아직 보고되지 않았다.

β-시토스테롤은 또한 양성 전립선비대증(benign prostatic hyperplasia, BPH) 환자들에게 이로운 것으로 알려져 있다. 매일 60~130 ㎎의 피토스테롤을 섭취하면 잦은 배뇨 현상과 통증의 불편이 경감된다. 최근의 연구를 통하여 β-시토스테롤이 사람의 전립선암 세포를 억제할 수 있다는 것이 입증되었다. 피토스테롤은 세포막에 있는 콜레스테롤의 일부를 대체함으로써 세포의 성장을 억제하는 것으로 보인다.

피토스테롤은 콜레스테롤의 조절과 BPH를 위하여 유럽에서 다년간 사용되었다. 전 세계 이러한 천연 치료제의 사용이 증가될 것으로 기대된다.

Stigmasterol

β-Sitosterol

Campesterol

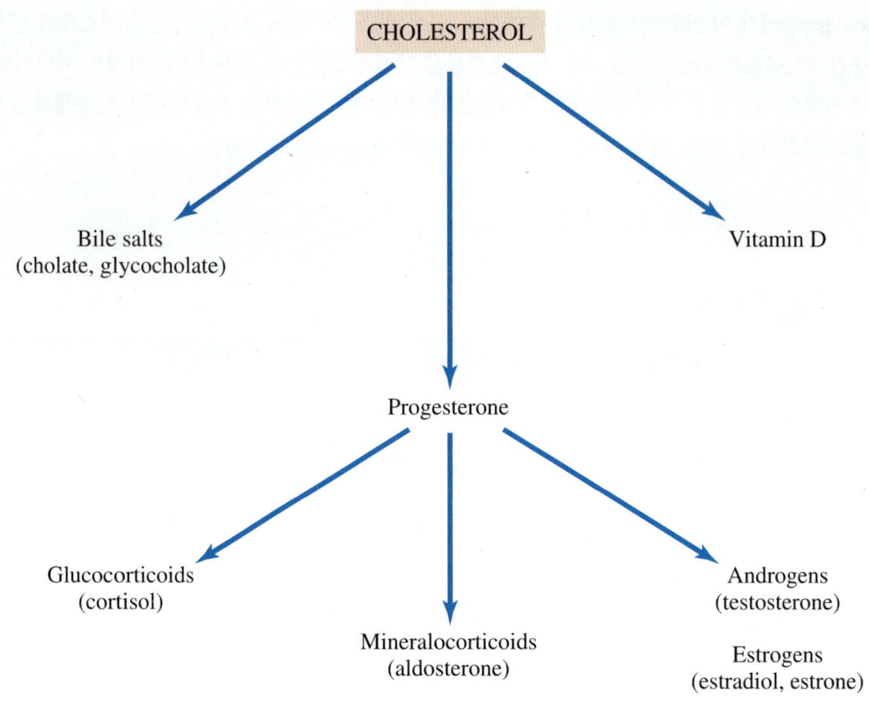

그림 18.24 콜레스테롤로부터 합성되는 중요한 생체분자들.

다른 스테로이드의 전구체로서의 콜레스테롤

담즙염 콜레스테롤은 많은 중요한 생체분자들이 합성되는 출발 물질이다(그림 18.24). **담즙염(bile salt)**은 간에서 합성되고, 담낭에 저장되며, 장으로 분비되어 식이 지방의 용해를 도와주는 극성의 콜레스테롤 유도체이다. 여러 번의 히드록실화 반응이 수반되는 담즙염의 생합성은 산소화효소(oxygenase)에 의해서 촉매된다. 콜산(cholate)과 글리코콜산(glycocholate)이 가장 일반적인 두 가지의 담즙염이다(그림 18.11 참조). 콜레스테롤을 담즙염으로 전환시키는 것은 소화를 돕는 화학물질을 만드는 것 뿐 만아니라 콜레스테롤의 분해와 제거를 위해서도 필수적이다. 실제로 이것이 콜레스테롤의 유일한 자연적인 제거 통로이다.

호르몬 스테로이드호르몬에는 다섯 가지 종류가 있다. 이들 모두는 콜레스테롤의 탄소 골격으로부터 유도된다. 프로게스테론(progesterone)은 임신기에 생리학적 변화를 조절한다. 글루코코르티코이드(glucocorticoid)는 글루코오스신생합성을 증진시키고, 글리코겐을 형성하며, 지방을 분해함으로써 물질대사에 영향을 미친다. 미네랄코르티코이드(mineralocorticoid)는 신장에서 Na^+, Cl^- 그리고 HCO_3^-의 흡수를 조절한다. 안드로겐(androgen)은 남성의 성적 특징의 발달을, 에스트로겐(estrogen)은 여성의 성적 특징의 발달을 촉진한다. 몇 가지 중요한 스테로이드호르몬의 생합성 경로와 구조를 그림 18.25에 나타냈다.

비타민D_3 콜레스테롤의 골격은 또한 칼슘과 인 대사를 조절하는 비타민D_3의 합성에도 이용된다. 합성 경로는 콜레스테롤이 7-디히드로콜레스테롤(7-dehydrocholesterol)로 전환되면서 시작된다. 피부세포에서 이 중간대사물질은 태양의 UV에 의하여 재배열된다(그림18.26). 그 산물인 콜레칼시페롤(cholecalciferol)은 간에 존재하는 효소에 의해 히드록실화되어 가장 활성이 뛰어난 비타민인 1,25-디히드록시콜레칼시페롤(1,25-dihydroxycholecalciferol)로 전환된다. 비타민D_3의 결핍은 부적절한 칼슘과

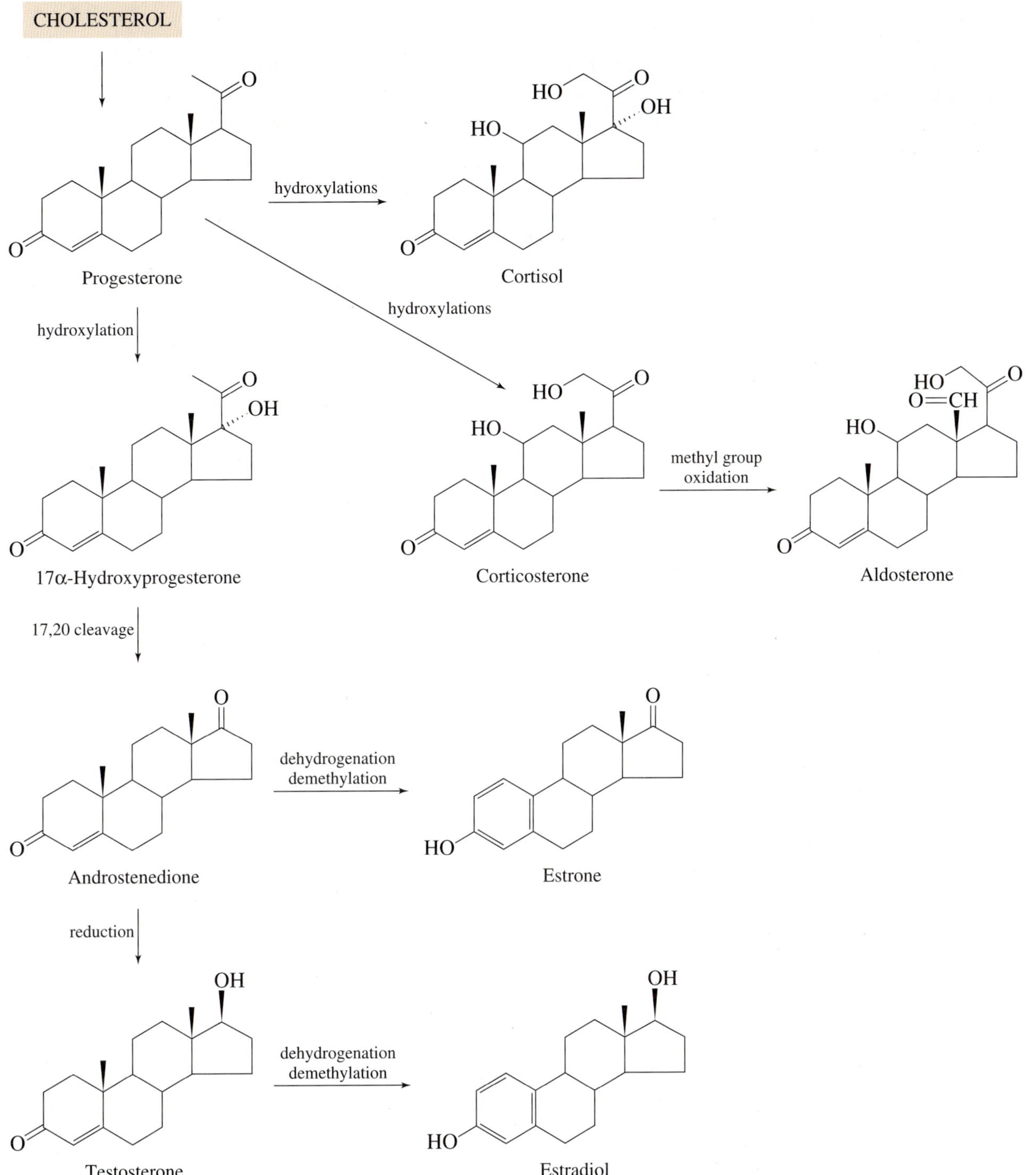

그림 18.25 콜레스테롤로부터 중요한 스테로이드호르몬의 구조가 생합성되는 경로.

인의 대사에 의하여 뼈의 기형을 초래하는 영양소 결핍 질환인 구루병(rickets)을 일으킨다. 성인에서 비타민D_3가 결핍되면 뼈가 약해지는 **골연화증(osteomalacia)**이 일어난다. 햇빛의 양이 비교적 적은 지역에 사는 사람들은 이 질환에 아주 민감하다. 요즘은 많은 음식물에 비타민D_3의 양을 늘리거나 규정 식단에 비타민D_3의 좋은 공급원인 간유를 포함시킨다.

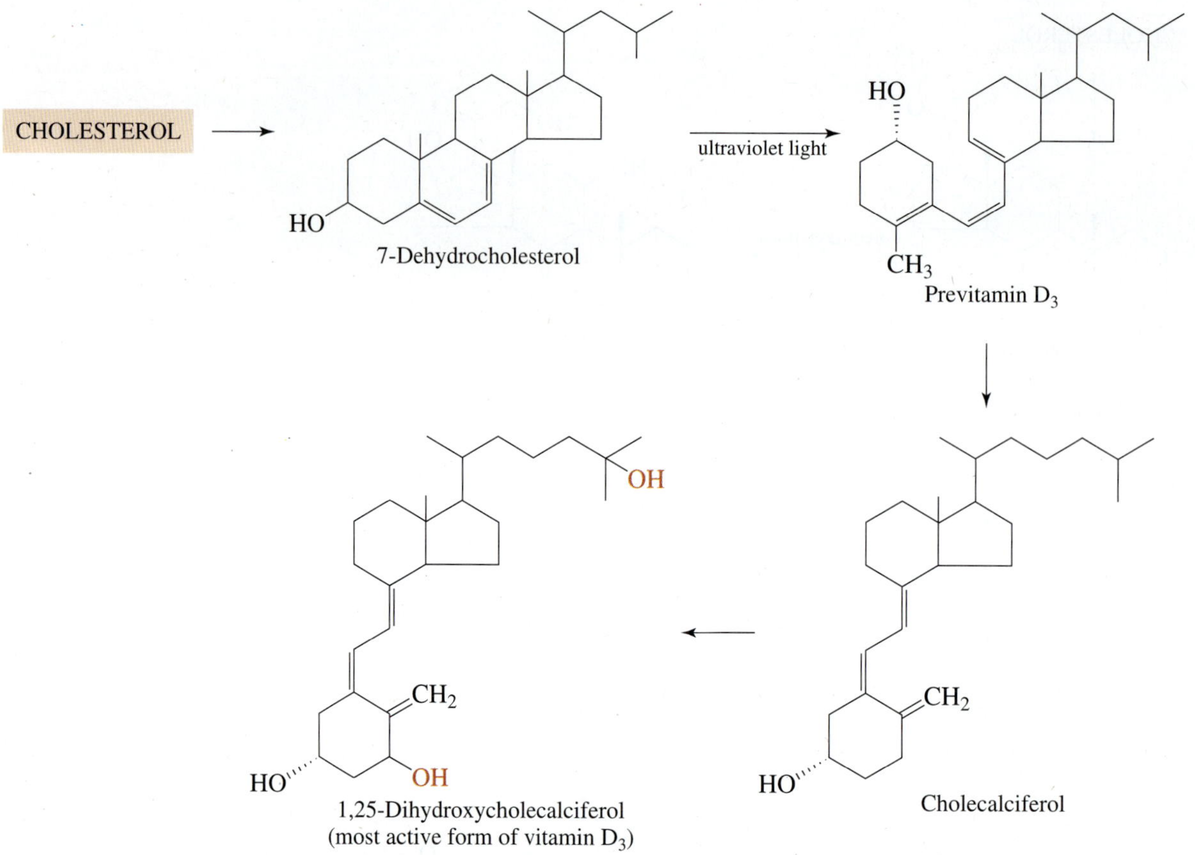

CHOLESTEROL → 7-Dehydrocholesterol —ultraviolet light→ Previtamin D_3 → Cholecalciferol → 1,25-Dihydroxycholecalciferol (most active form of vitamin D_3)

그림 18.26 콜레스테롤로부터 비타민D_3가 생합성되는 과정. 빛에 의해서 시작되는 재배열 과정이 중요한 단계이다.

18.5 혈액에서의 지질의 운반

학습 목표

콜레스테롤 수송과 건강과의 관계를 이해한다.

지방단백질

대부분의 식이 지방과 세포에서 합성되는 지방은 비극성이기 때문에 수용성이 매우 낮다. 콜레스테롤과 트리아실글리세롤은 본질적으로 물에 녹지 않는다. 그러나 이들은 고등동물 전체를 통하여 막의 구성 성분, 연료 분자, 또는 생합성의 목적으로 필요한 물질이다. 운반에 가장 중요한 지질은 트리아실글리세롤과 두 종류의 콜레스테롤인 유리 콜레스테롤(free cholesterol)과 콜레스테롤에스테르(cholesteryl ester)이다. 이 에스테르는 아실-CoA-콜레스테롤아실기전달효소(acyl-CoA-cholesterol acyltransferase)에 의하여 CoASH로부터 콜레스테롤의 히드록실기로 지방산아실기(C_{16}과 C_{18})가 전이되어 형성된다.

비극성인 지질은 혈액에서 지방단백질(lipoprotein) 복합체로서 운반된다. 이들 지방단백질은 아포지방단백질(apolipoprotein)이라는 특별한 단백질과 트리아실글리세롤, 콜레스테롤 그리고 콜레스테롤에스테르의 다양한 연합으로 구성된 혈장 입자이다. 이들 지질과 단백질들은 비공유결합적인 방법으로 모여서 수용성의 복합체를 형성한다. 킬로미크론(chylomicron)은 음식의 트리아실글리세롤과 콜레스테롤이 지질의 소화와 운반을 돕는 특별한 단백질과 연합하여 형성된다. 지방단백질을 구성하는 아포지방단백질의 종류와 연합되는 지질의 차이에 따라 몇 종류로 나누어진다. 이들은 원심분리에 의해서 분리할 수 있고 밀도에 따라 분류된다. 지질은 단백질보다 가볍기 때문에 단백질에 대한 지질의 비

표 18.5
주요 지방단백질의 명칭, 물리적 특성 및 조성

Lipoprotein	Density (g/mL)	Diameter (Å)	Protein	Cholesterol[a]	Composition (wt %) Phospholipids	Triacylglycerols
Chylomicrons	<0.95	800-5000	2	4	9	85
Very low density	0.95-1.006	300-800	10	20	20	50
Low density	1.006-1.063	180-280	25	45	45	10
High density	1.063-1.2	50-120	55	17	17	4

[a] Includes free cholesterol and cholesteryl esters.

율이 높으면 그 단백질은 밀도가 낮아지게 된다. 표 18.5에 밀도와 성분과 함께 네 가지의 주요 지방단백질을 나타냈다.

지방단백질의 성분은 다르지만 그 구조는 비슷하다. 이들은 중성이나 비극성 지질로 구성된 중앙부의 핵을 인지질과 단백질이 둘러싸고 있는 구조로 되어 있다(그림 18.2 참조). 집합체의 표면은 극성 지질과 단백질의 친수성기로 덮여 있기 때문에 물과 상호작용하여 용해된다. 껍질은 단일 층이라는 것을 제외하고는 막과 아주 유사하다. 최소한 9 종류의 아포지방단백질이 동정되었다. 이들의 분자량 범위는 7,000에서 500,000이상이다. 이들 단백질은 각 지방단백질의 핵을 구성하는 지질 접촉면과 상호작용할 수 있도록 소수성 아미노산의 함량이 높다. 중요한 지방단백질인 **킬로미크론(chylomicron), 초저밀도지방단백질(very low density lipoprotein), 저밀도지방단백질(low density lipoprotein)** 그리고 **고밀도지방단백질(high density lipoprotein)**의 생성과 기능에 대하여 알아보기로 하자.

킬로미크론: 이것은 가장 밀도가 낮은 지방단백질로 98~99%가 지질 성분으로 구성되어 있다. 지질은 주로 트리아실글리세롤이고, 킬로미크론은 표면에 극성 지질과 단백질을 갖는 지방방울인 것으로 생각할 수 있다. 작은창자에서 음식물로부터 만들어져서 혈액 내로 들어가고 말단 조직으로 운반된다. 그곳에서 지방단백질지질가수분해효소(lipoprotein lipase)의 작용으로 트리아실글리세롤으로부터 지방산을 방출하게 된다. 대부분의 트리아실글리세롤이 제거된 후 콜레스테롤이 풍부한 킬로미크론 잔여물이 된다.

초저밀도지방단백질(VLDL): 이들 분자 집합체는 간에서 만들어진 트리아실글리세롤으로부터 간에서 합성된다. 이들의 기능은 합성된 지질을 저장과 에너지로 이용하기 위하여 지방세포나 다른 말단 조직으로 운반하는 것이다. 지방산이 킬로미크론에서와 같은 방법으로 방출되고 저밀도지방단백질로 전환된다.

저밀도지방단백질(LDL): LDL 입자는 혈액에서 콜레스테롤의 주요한 운반체이다. 간에서 만들어진 콜레스테롤이나 콜레스테롤에스테르를 말단 조직으로 이동시킨다. 현저하게 많이 포함되어 있는 지질은 다중 불포화지방산인 리놀레산($18{:}2^{\Delta 9,12}$)이다. 콜레스테롤 대사 조절에 있어서 LDL의 역할은 뒤에서 논의하기로 한다.

고밀도지방단백질(HDL): HDL은 어떤 지방단백질보다도 단백질의 함량(단백질 55%, 지질 45%)이 높기 때문에 가장 밀도가 높다. 핵의 주요한 지질은 콜레스테롤과 콜레스테롤에스테르이다. LDL처럼 HDL도 콜레스테롤과 콜레스테롤에스테르를 운반하지만 LDL과는 반대방향인 말단 조직으로부터 간으로 운반한다. HDL은 간에서 지질의 함량이 적은 불완전한 형태로 합성되어 혈액을 따라 이동하며 혈액 중의 여분의 콜레스테롤을 모아서 간으로 이동시킨다. 이 과정을 **콜레스테롤의 역운반(reverse cholesterol transport)**이라고 한다. HDL은 종종 혈장 콜레스테롤의 양을 낮추어 주기 때문에 콜레스테롤의 "좋은" 운반체라고 한다.

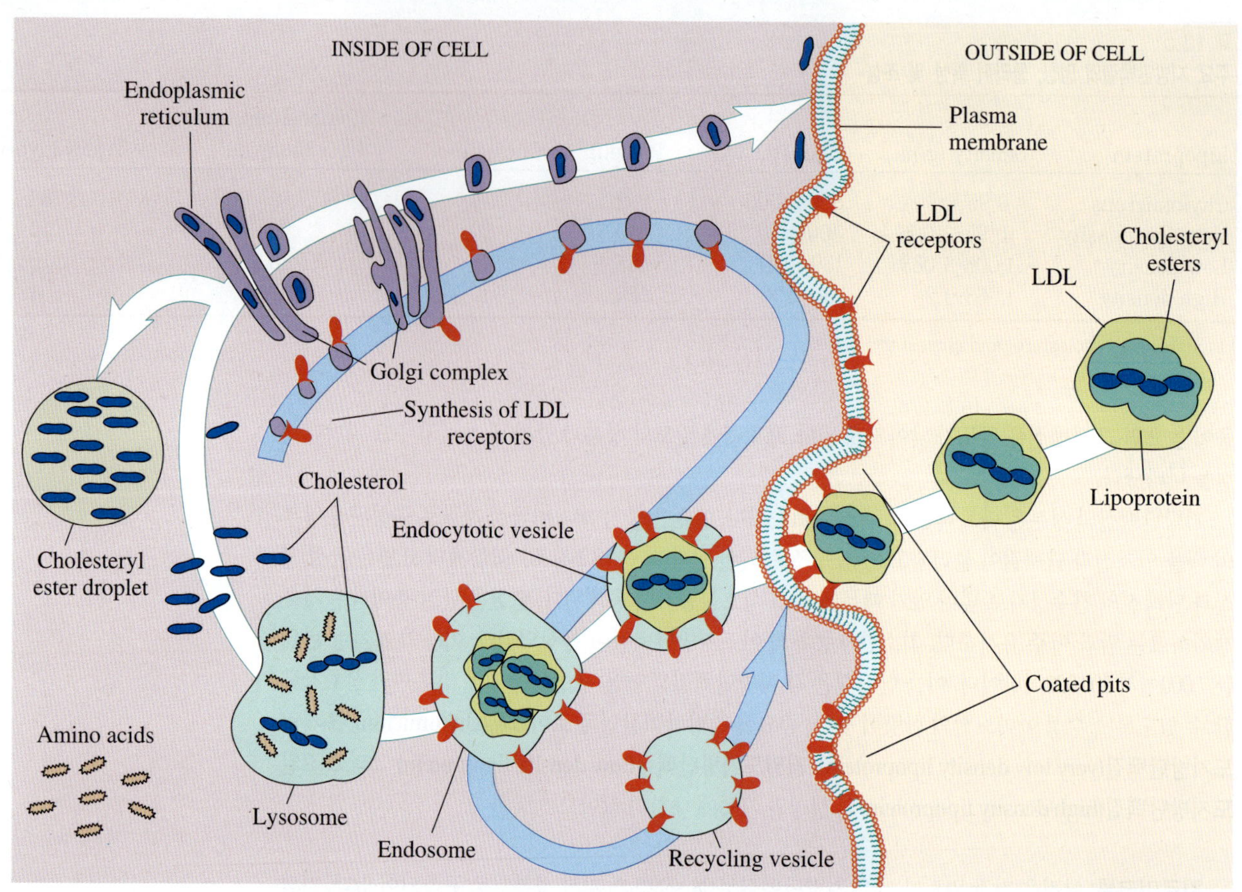

그림 18.27 세포내섭취에 의하여 세포 내로 콜레스테롤이 흡수되는 과정. LDL 수용체는 소포체에서 합성되어 세포막으로 이동된다. 세포 안으로 들어온 지방단백질은 분해되어 콜레스테롤을 방출하게 된다. 아미노산들은 지방단백질이 분해되어 생긴 것이다.

콜레스테롤과 건강

콜레스테롤은 적절한 세포의 성장과 발달을 위해서 필요하지만 잠재적으로 위험한 분자이다. 따라서 지방단백질에 의한 운반과 세포 내로의 유입은 매우 신중하게 조절되어야만 한다. 혈액과 조직에 콜레스테롤이 너무 많으면 혈관, 특히 동맥에 축적되어 혈관이 막히는 원인이 된다(**동맥경화증, atherosclerosis**). 콜레스테롤과 콜레스테롤에스테르는 세포내섭취(endocytosis) 작용에 의해 세포 내로 유입된다. 이 과정은 세포의 원형질막에 존재하는 특별한 단백질 수용체에 콜레스테롤을 포함하는 LDL이 결합하면서 시작된다(그림 18.27). 세포막의 결합부위를 피복된 구덩이(coated pit)라고 한다. LDL은 원형질막으로 함몰되고 막의 한 부분과 결합하여 세포 내로 이입되는 소낭을 형성한다. 소낭은 세포 내에서 **리소좀(lysosome)**과 결합한다. 리소좀 내에 들어 있는 분해효소가 지방산 에스테르의 가수분해를 촉매하여 막 구성을 위한 유리 콜레스테롤을 방출한다.

세포내섭취 과정과 LDL 수용체의 존재 중요성이 임상적 관점에서 최근에 평가되었다. 고콜레스테롤혈증(hypercholesterolemia, 비정상적으로 높은 혈중 콜레스테롤의 양)의 주요 원인 중의 하나는 콜레스테롤 운반과 흡수에 필요한 단백질 구성 성분의 유전적 결함이다. 기능적인 LDL 수용체가 완전히 결여되어 있는 사람은 혈액 내에 약 700 mg의 높은 수준의 콜레스테롤(정상인은 150~200 mg/100 mL)이 존재하는 유전 질환인 **가계성 고콜레스테롤혈증(familial hypercholesterolemia)**이 된다. 콜레스테롤은 동맥의 플라크에 침적되어 동맥경화증을 일으킨다. 이들 환자들의 대다수가 유년기 때 심장마비로 사망하게 된다.

정상인에서 콜레스테롤이 과도하게 존재하면 혈관에 침적되게 되고 혈류의 흐름을 방해하여 심부전을 유발시킨다. 이런 형태의 동맥경화증은 서구에서는 사망의 주요한 원인이다. 동맥경화증을 비롯한 심장혈관계 질환의 발생률과 혈중 콜레스테롤의 양 및 지방단백질의 농도는 서로 상관관계가 있다. 혈장 LDL 콜레스테롤(HDL에 비하여)의 양이 많은 사람은 심장 질환의 발생률이 증가한다. 높은 수준의 HDL 콜레스테롤의 경우는 관상동맥 질환이 감소한다. 우리는 식이 콜레스테롤의 양을 줄일 것을 강하게 권유받는다. 그러나 조절 가능성에 관계없이 동맥경화증 발달의 위험을 줄일 수 있는 다른 요인들이 있다. 아마도 가장 중요한 인자는 우리가 바꿀 수 없는 유전적 조성일 것이다. 또한 성(gender)도 중요하다. 여성은 혈장 콜레스테롤 양이 적고 HDL의 양이 많아 심장혈관계 질환의 발생률도 남성보다 낮은 것으로 나타났다. 그러나 혈장 콜레스테롤 양에 영향을 미치는 많은 요인들이 존재한다. 흡연, 음주, 고지방식, 운동 부족 그리고 과다한 스트레스 등은 모두 HDL 콜레스테롤의 양을 감소시키거나 또는 LDL 콜레스테롤의 양을 증가시키는 경향이 있다. (생화학 들여다보기 18.2와 임상생화학 18 참조)

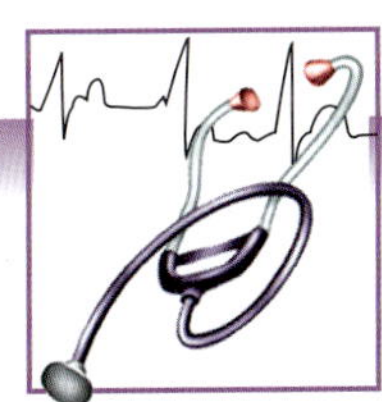

18 - 1

임상생화학

콜레스테롤 강하 약품

혈액에서 콜레스테롤의 주요 운반체인 LDL의 농도는 심장 질환의 가장 효과적인 지표로 나타났다. 고농도의 혈청 LDL은 심혈 관계 질환(동맥경화, 심장 발작, 뇌졸증)과 밀접한 관련이 있는 것으로 나타났다. LDL 양이 높은 것은 2가지 중대한 원인에 기인한다. (1) 가계성 고콜레스테롤혈증과 같은 유전적 질환 그리고 (2) 음식물에서 과도한 콜레스테롤의 섭취가 그것이다. 오늘날의 많은 내과 의사들은 심장 질환 환자들에게 포화지방산과 콜레스테롤의 섭취를 줄일 것을 권장하고 있고 콜레스테롤을 강하시키는 많은 약품을 처방하여 복용하게 한다. 현재 처방되고 있는 대부분의 약품들은 두 개의 범주 중 하나에 속한다. (1) 소장에서 콜레스테롤 또는 그 유도체의 흡수를 차단하는 것이고 다른 하나는 (2) HMG-CoA환원효소의 경쟁적 억제제가 그것이다.

콜레스테롤 흡수를 차단하는 약품

콜레스테롤 흡수를 차단할 목적으로 처음으로 이용된 것에는 **콜레스티라민**(cholestyramine, Questran)과 **콜레스티폴**(colestipol, Colestid)이 있다. 이 두 물질은 이온교환수지로 담즙염에 결합하여 배출을 촉진한다. 담즙염의 배출은 간에서 콜레스테롤로부터 담즙염의 합성을 촉진하기 때문에 콜레스테롤의 농도를 낮추게 된다. 이 범주의 가장 새로운 약품은 머크/셰링플라우(Merck/Schering-Plough) 제약회사에서 생산하는 **에제티미베**(ezetimibe, Zetia)로서 미국 식품의약국으로부터 2002년에 승인을 받았다. 에제티미베는 소장에서 콜레스테롤(음식물 속의 콜레스테롤 포함)의 흡수를 차단하여 혈중 콜레스테롤(LDL)을 낮춘다. 임상적 시도에서 이 세 가지 화합물이 가계성 고콜레스테롤혈증 환자나 스타틴(statin)에 내성이 없는 사람에서 15~20%까지 혈중 콜레스테롤의 농도를 낮추는 것으로 나타났다. 이들 약품은 사용자들에게 내성이 좋은 것으로 나타났다. 에제티미베의 가장 공통적인 부작용(25~30명당 1명 비율로 일어난다)은 설사, 복부 통증, 관절통, 그리고 등에 통증을 느끼는 것이다.

HMG-CoA환원효소를 억제하는 약품

콜레스테롤을 강하시키는 약품으로 광범위하게 사용되고 있는 세 종류가 처음으로 곰팡이에서 천연물로서 발견되었다(구조 참조). **로바스타틴**(lovastatin, Mevacor), **프라바스타틴**(pravastatin, Pravachol), 그리고 **심바스타틴**(simvastatin, Zocor)은 콜레스테롤 생합성에서 속도조절 단계 효소인 HMG-CoA환원효소의 경쟁적 억제제로 작용하여 LDL 콜레스테롤을 낮춘다(18.4절). 이 효소의 또 다른 강력한 경쟁적 억제제는 합성화학물인 **아트로바스틴**(atrovastin, Lipitor)이다. 이들 약품들의 임상적 시도에서 LDL 콜레스테롤을 30~40%, 그리고 심장 발작을 30% 낮추었다. 스타틴에 대한 오랜 연구가 진행되었지만 콜레스테롤을 낮추는 효과 외에 부가적인 유익한 효과는 아직 발견되지 않았다. 어떤 연구자들은 스타틴은 알츠하이머병, 다발성경화증, 골다공증, 그리고 심지어는 암까지도 잠재적 치료제로 사용할 수 있을 것으로 믿고 있다. 그러나 일부 고용량 투여환자가 간에 손상이 오고 몇 사람은 희귀한 형태의 근육 퇴화가 일어났기 때문에 그런 잠재적인 기대는 조심스럽게 접근하여야 할 것이다.

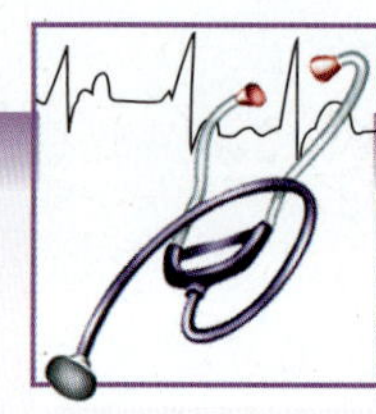

18-1 계속

임상생화학

콜레스테롤 강하 약품

X=H	R=CH_3	**Lovastatin (Mevacor)**
X=H	R=OH	**Pravastatin (Pravachol)**
X=CH_3	R=CH_3	**Simvastatin (Zocor)**

Atorvastatin (Lipitor)

HMG-CoA

혼합 약품

최신의 콜레스테롤 강하제인 **비토린(Vytorin)**은 2004년 7월에 미국 식품의약국으로부터 승인되었다. 비토린은 에제티미베(Zetia)와 심바스타틴(Zocor)의 혼합물이다. 따라서 이 약품은 HMG-CoA환원효소에 의한 콜레스테롤의 합성과 장에서의 음식물의 콜레스테롤의 흡수를 차단하여 콜레스테롤의 두 가지 공급원을 차단하는 이중 효과를 나타낸다. 비토린은 임상 실험에서 리피토르나 조코르보다도 약효가 뛰어난 것으로 나타났다. 10 mg의 에제티미베와 80 mg의 심바스타틴의 용량을 갖는 비토린은 LDL 콜레스테롤을 60%까지 낮추었다. 정상 용량의 리피토르(20 mg)는 LDL 콜레스테롤을 40%, 그리고 조코르(80 mg)만으로는 38%의 LDL 콜레스테롤을 낮춘다. 심장질환자 중에서 뇌졸증과 심장 발작을 일으킨 환자의 수에 대한 비토린의 효과를 결정한다는 것은 너무 이르지만 단지 스타틴만을 투여한 심장질환자에서 발생하는 것과 아마도 크게 다르지 않을 것이다.

학습 문제

1. 콜레스테롤의 흡수를 차단하는 퀘스트란(Questran), 콜레스티드(Colrestid) 그리고 제티아(Zetia)가 어떻게 담즙염과 상호작용하는지 설명하시오. 어떤 종류의 화학적 상호작용이 중요한가?
2. 메바코르(Mevacor), 프라바콜(Pravacol), 그리고 조코르(Zocor)의 구조를 보고 이들이 위로 들어갔을 때 제일 먼저 일어나는 화학적 치환을 예측하시오. 어떻게 이것이 HMG CoA환원효소의 좋은 익제제가 되는지 설명하시오.

참고문헌

Libby, P., 2002. Atherosclerosis: The new view. *Sci. Am.* 286(5):46–55.

Simons, K. and Ikonen, E., 2000. How cells handle cholesterol. *Science* 290:1721–1726.

Wilson, J., 2000. The biological basis for atherosclerosis. *The Scientist* Oct. 30:20.

http:www.medicinenet.com/ezetimibe/article.htm

요약

■ 음식물의 지방 즉 트리아실글리세롤(triacylglycerol)은 담즙염(bile salt)에 의해서 용해되고 혈액으로 흡수되어 말단 조직으로 운반된다.

■ 에너지 대사를 위해 필요할 때는 에스테르결합의 가수분해를 촉매하는 지질가수분해효소(lipase)에 의하여 트리아실글리세롤으로부터 세포의 지방산(fatty acid)이 가동화된다.

■ 세포질 내의 유리 지방산은 CoASH에 티오에스테르결합(thioester linkage)으로 활성화되고 카르니틴(carnitine)에 의해서 미토콘드리아 내로 운반된다.

■ β산화(β oxidation)에 의한 지방산의 분해는 미토콘드리아의 기질(matrix)에서 일어난다. 지방산은 C_2 단위인 아세틸-CoA (acetyl-CoA)로 분해되면서 NADH와 $FADH_2$를 생성시킨다. 아세틸-CoA는 시트르산회로(citric acid cycle)에서 완전히 산화된다. 환원된 보조인자들은 전자전달계에 의해서 재순환된다.

■ 지방산은 아세틸-CoA의 카르복실화로 생성되는 말로닐-CoA(malonyl-CoA)로부터 합성된다.

■ 콜레스테롤은 아세틸-CoA를 결합시켜 세포질에서 합성된다. 이 과정에 메발론산(mevalonate), 이소프렌(isoprene) 그리고 스쿠알렌(squalene) 등의 중간대사물질이 관여한다. 속도 조절 단계는 HMG-CoA환원효소(HMG-CoA reductase)에 의한 촉매반응이다.

■ 콜레스테롤, 트리아실글리세롤 등을 비롯한 물에 잘 녹지 않는 지질은 동물의 혈액 내에서 지방단백질(lipoprotein) 복합체인 킬로미크론(chylomicron), VDLD, LDL 그리고 HDL에 의해서 운반된다.

■ 콜레스테롤은 적절한 세포 성장을 위해서 필요하지만 운반에 결함이 생기면 동맥이 막히는 등의 심장 관련 질환의 원인이 된다.

연습 문제

용어 이해

18.1 다음 용어를 번역하고 25 단어 이내로 정의하시오.

a. bile salt
b. lipoprotein
c. β oxidation
d. cholesterol
e. carnitine
f. acyl carrier protein
g. HMG-CoA
h. malonyl-CoA
i. fatty acyl-CoA desaturase
j. essential fatty acid
k. isoprene
l. chylomicron
m. olestra
n. mevalonate
o. isoprene
p. low density lipoprotein
q. high density lipoprotein
r. reverse cholesterol transport

개념 복습

18.2 지방 소화에서의 담즙염의 역할을 설명하시오.

18.3 다음에 기술한 것은 조절단백질과 그들의 알로스테릭 조절인자들이다. 이런 종류의 조절이 일어나는 이유를 간단하게 설명하시오.

a. HMG-CoA환원효소: 콜레스테롤에 의해서 억제
b. 트리아실글리세롤지질가수분해효소: 아드레날린에 의해서 촉진
c. 아세틸-CoA카르복실화효소: 팔미토일-CoA에 의해서 억제

18.4 아래에 기술된 지방단백질은 어느 것인가? 킬로미크론, VLDL, LDL 그리고 HDL 중에서 선택하시오.

a. 가장 낮은 밀도를 갖는 지방단백질은 어느 것인가? 그 이유는?
b. 콜레스테롤과 콜레스테롤에스테르의 함량이 가장 많은 지방단백질은 어느 것인가?
c. 단백질의 함량이 가장 많은 지방단백질은 어느 것인가?
d. 트리아실글리세롤의 함량이 가장 많은 지방단백질은 어느 것인가?
e. 어느 지방단백질이 혈액 내의 콜레스테롤을 제거하는가?
f. 어떤 지방단백질이 가장 밀도가 높은가? 이유는?

18.5 다음 반응에 의해서 형성되는 에스테르의 구조를 그리시오.

$$\text{콜레스테롤} + \text{올레오일-CoA} \xrightarrow{\text{아실기전달효소}}$$

18.6 지방단백질에서 인지질의 기능은 무엇인가?

18.7 다음 반응의 산물의 구조를 그리시오. 괄호 안은 반응을 촉매하는 효소를 나타낸다.

a. HMG-CoA $\rightleftharpoons$ (HMG-CoA분해효소)
b. 트랜스-Δ^2-부텐오일-ACP + NADPH + H^+ $\rightleftharpoons$ (에노일-ACP환원효소)
c. HMG-CoA + 2NADPH + $2H^+$ $\rightleftharpoons$ (HMG-CoA환원효소)
d. 콜레스테릴리놀레산 + H_2O $\rightleftharpoons$ (콜레스테릴에스테르가수분해효소)
e. 스쿠알렌 + O_2 + NADPH + H^+ $\rightleftharpoons$ (스쿠알렌일산소화효소)
f. $CH_3CH_2\overset{O}{\overset{\|}{C}}CH_2\overset{O}{\overset{\|}{C}}SCoA$ + CoASH $\rightleftharpoons$ (β-케토티올라아제)
g. 시트르산 $\rightleftharpoons$ (시트르산분해효소)
h. 팔미토일-ACP + H_2O $\rightleftharpoons$ (팔미토일티오에스테르가수분해효소)
i. 2아세틸-CoA $\rightleftharpoons$ (β-케토티올라아제)
j. 트리미리스틴 + $3H_2O$ $\rightleftharpoons$ (지질가수분해효소)

18.8 다음은 지방산의 분해 작용에 대한 대사 반응과 과정을 나열한 것이다. 정확한 순서로 배열하시오.

a. 티올분해
b. 아실 카르니틴의 형성
c. FAD-연관 탈수소화
d. 세포질의 지방산
e. CoASH과 지방산의 연결
f. 이중결합의 수화
g. NAD^+-연관 탈수소화

힌트: *d 항부터 시작됨*

18.9 아래 나열한 것 중에서 산화 및 지방산합성과 관련된 반응물이나 특성을 각각 고르시오.

a. 세포질에 존재하는 효소
b. NADPH + H^+을 필요로 함
c. 아실-CoA
d. 말로닐-CoA
e. 미토콘드리아에 위치하는 효소
f. FAD를 필요로 함
g. 아실운반단백질(ACP)

18.10 다음 화합물이나 대사 과정 중에서 어느 것이 콜레스테롤 합성이나 분해에 관련되어 있는가?

a. 스쿠알렌
b. β산화
c. 아세틸-CoA
d. 메발론산
e. 팔미트산
f. 콜산
g. 카르니틴 운반
h. 지질가수분해효소 활성
i. 킬로미크론
j. HMG-CoA

18.11 메비놀린(mevinolin)이라는 약품은 히드록시메틸글루타릴-CoA환원효소를 억제한다. 이 약품이 콜레스테롤의 생합성 속도에 어떤 영향을 미치겠는가?

18.12 다음은 이 장에서 살펴본 효소들이다. 각각의 효소는 여섯 가지 표준 효소군 중에 어디에 속하는가?

a. 지질가수분해효소
b. 아실-CoA합성효소
c. 아실-CoA탈수소효소
d. β-케토티올라아제
e. 아세틸-CoA카르복실화효소
f. 스쿠알렌일산소화효소

힌트: *표 14.2 참조*

18.13 이 장에서 작용하는 몇 가지 효소를 나열하였다. 각 효소가 작용하는 주요한 세포 내 장소를 적으시오.

a. 카르니틴아실기전달효소 II
b. 에노일-CoA수화효소
c. HMG-CoA분해효소
d. 아세틸-CoA카르복실화효소
e. HMG-CoA환원효소

활용 문제

18.14 다음 효소는 각각 보조인자의 도움이 필요하다. 각 효소에 대한 가장 적당한 보조인자를 나열하시오.

a. 아실-CoA탈수소효소
b. 히드록시아실-CoA탈수소효소
c. 메틸말로닐-CoA뮤타아제
d. β-히드록시부티르산탈수소효소
e. 아세틸-CoA카르복실화효소

힌트: *NAD^+, FAD, 비오틴 그리고 조효소 B_{12} 중에서 선택하시오.*

18.15 왜 사람은 지방산을 글루코오스로 전환시키는 것이 불가능할까?

18.16 실험을 통하여 ^{14}C 방사성 동위원소로 표지된 말로닐-CoA를 이용하여 말로닐기가 지방산으로 통합되는 것을 연구하려고 한다. 이 실험을 수행하기 위하여 아세틸-CoA, 방사능으로 표지된 말로닐-CoA, 그리고 지방산생성효소복합체를 섞었다. 만약에 말로닐-CoA가 다음과 같이 표지되어 있다면 생성물인 팔미트산의 어떤 탄소가 표지되어 있을까?

$$^{-}O_2{}^{14}CCH_2C(=O)SCoA$$

18.17 다음 각 지방산의 완전한 산화의 경로를 나타내시오.

a. $H_3C{-}H_2C{-}CH{=}CH{-}CH_2C(=O){-}SCoA$ (H, H가 이중결합의 같은 쪽에 위치)

b. $H_3C{-}CH{=}CH{-}CH{=}CH{-}C(=O){-}SCoA$

18.18 스테아르산의 완전한 β산화에 대한 순반응을 유도하고 표 18.2처럼 에너지 수지표를 작성하시오.

18.19 왜 탄수화물과 지방의 함량이 낮은 음식물이 체지방(body fat)을 감소시키는 데 도움이 되는지 설명하시오.

18.20 아포단백질에는 왜 소수성과 친수성의 두 가지 영역이 필수적인가?

18.21 킬로미크론 잔여물의 구조와 화학적 조성을 기술하고 킬로미크론의 구조와 화학적 조성과 비교하시오.

18.22 효소와 중간대사물질의 이름을 이용하여 글루코오스의 탄소가 어떻게 지방산을 합성하는 데 이용되는지 나타내시오.

18.23 β산화의 대사 과정은 NADH에 의해서 억제된다. 이런 조절 작용을 뒷받침하는 물질대사의 근거를 설명하시오.

18.24 에너지 대사에서 ATP가 사용될 때 일반적인 방법인 ADP + P_i의 형성보다 때때로 AMP + PP_i의 형성이 일어나는 경우가 있다. 이 장에서 배운 것들 중에서 ATP의 피로인산 절단의 예를 들어보고 만약 있다면 이런 분해는 어떤 장점이 있겠는가?

18.25 "탄수화물 분자는 비슷한 분자량의 지방산 분자의 에너지 칼로리의 약 절반밖에 제공할 수 없다."라는 설명을 뒷받침하는 물질대사의 근거를 설명하시오.

18.26 근육에 저농도의 카르니틴을 갖는 사람은 트리아실글리세롤의 양이 증가한다. 그 이유를 설명하시오.

힌트: *지방산 분해에서 카르니틴의 기능이 무엇인가?*

18.27 β산화는 아세틸-CoA에 의해서 억제된다. 이 조절 방법을 뒷받침하는 물질대사의 근거를 설명하시오.

18.28 이번 주 실험 시간에 (^{14}C)방사성 동위원소로 표지된 아세틸-CoA를 이용하여 콜레스테롤의 합성을 연구하려고 한다. 아세틸-CoA의 메틸기가 ^{14}C로 표지되었다. 표지된 아세틸-CoA를 메발론산으로 전환시키기 위해서 적당한 효소들과 섞어서 반응시켰다. 형성된 메발론산의 구조를 그리고 ^{14}C로 표지된 탄소는 어떤 것인가?

18.29 다음의 각 지방산을 아세틸-CoA로 분해하기 위해서 표준적인 산화의 효소 이외에 어떤 효소들이 더 필요하겠는가?

a. 올레산 **b.** 아라키돈산

18.30 최근에 심장마비를 일으킨 당신의 할아버지가 콜레스테롤을 낮추는 약품인 리피토르(Lipitor)를 복용하고 있다. 그는 과학자가 아니다. 그러나 당신이 생화학을 배우고 있다는 것을 알고 있다. 할아버지가 당신에게 "이 약이 어떻게 효과가 있는 거지?"라고 물었다면 어떻게 대답을 할 것인가? 100 단어 이내로 기술하시오.

18.31 우주 생명 연구소의 생화학자들이 화성으로부터 가져온 토양 표본으로부터 새로운 세균을 발견하였다. 이 세균의 지방산 대사를 연구하는 중에 그들은 **감마산화(gamma oxidation)**라는 새로운 경로를 발견하였다. 이 반응은 감마 탄소가 산화된다는 것 이외에는 베타 산화와 동일하다. 라우르산(lauric acid)으로 시작되는 이 새로운 경로에 대한 반응을 나타내 보시오.

18.32 지방산 생합성의 아래 설명 중 옳은 것은?

a. 대사경로의 마지막 산물은 스테아르산이다
b. 생합성 중간체는 모두 CoA에 연결되어 있다.
c. 지방산은 말로닐-CoA의 탈카르복실화에 의해서 생성되는 C-2 단위가 첨가되어 신장된다.
d. 필요한 환원제는 $FADH_2$와 NADH이다.

18.33 다음의 생화학적 과정 중에서 지방산 생합성을 위한 아세틸-CoA의 공급원이 아닌 것은?

a. 지방산의 β산화
b. 피루브산 탈수소화반응
c. 일부 아미노산의 분해(19.3절 참조)
d. 5탄당인산경로

18.34 다음 중 어떤 물질이 지방산합성을 위하여 사용되는 세포질 아세틸-CoA의 직접 원료가 되겠는가?

a. 말산 **c.** 글루코오스
b. 시트르산 **d.** 옥살로아세트산

18.35 아세틸-CoA카르복실화효소와 결합하는 조효소는 어떤 것인가?

a. NADPH **c.** FAD
b. 비오틴 **d.** 헴

18.36 지방산 생합성에서 아실운반 단백질과 지방산 사이의 연결은 어떤 종류의 결합인가?

a. 티오에스테르 **c.** 에스테르
b. 인산무수 **d.** 아미드

18.37 스쿠알렌이 라노스테롤로 전환되는 과정의 중간산물은 어느 것인가?

a. 스쿠알렌-2,3-에폭시드 **c.** 스티그마스테롤
b. 3-히드록시-스쿠알렌 **d.** 2,3-디히드록시-스쿠알렌

생화학 작문

18.38 생화학 담당 교수로부터 18장의 어떤 주제에 대하여 15분 이내로 발표하라는 과제가 주어졌다. 고혈청 콜레스테롤의 치료제로 널리 사용되고 있는 약품(생화학 들여다보기 18.2 참조) 중 하나에 대한 논문을 당신이 발표하기로 되었다. 이 주제에 대하여 당신이 가능한 한 모든 것을 알아내기 위해서 생화학 교재, 전문 잡지 그리고 인터넷을 이용하시오. 당신이 발표할 것을 300~500 단어로 적어 보시오. 이 논문은 아마도 "생화학 들여다보기"의 형태가 될 것이다.

18.39 Biochem. Educ. 27: 209~210 (1999)의 논문을 읽고, 지방산을 이산화탄소와 물로 완전히 산화시킬 때를 글루코오스를 완전히 산화시킬 때와 비교하여 어떤 인자가 탄소원자 당 ATP를 더 많이 생성하게 하는지 100~200 단어로 설명하시오.

참고문헌

Banfalvi, G., 1999. Estimating the energy content of metabolites. *Biochem. Ed.* 27:79–82.

Bentley, R., 2000. From "reactive C_2 units" to acetyl coenzyme A. *Trends Biochem. Sci.* 25:302–305.

D'Andrea, G., 1994. β-oxidation of polyunsaturated fatty acids. *Biochem. Ed.* 22:89–91.

Darvey, I., 1999. What factors are responsible for the greater yield of ATP per carbon atom when fatty acids are completely oxidized to carbon dioxide and water compared with glucose? *Biochem. Ed.* 27:209–210.

Doyle, E., 1997. Olestra? The jury's still out. *J. Chem. Ed.* 74:370–372.

Elliott, K., 1999. Teaching metabolism for the future: Concepts not pathways. *The Biochemist* 21(1):9–39.

Helser, T., 2001. β-oxidation wordsearch. *J. Chem. Ed.* 78:483.

Jandacek, R., 1991. The development of Olestra, a noncaloric substitute for dietary for fat. *J. Chem. Ed.* 68:476–479.

Lawn, R., 1992. Lipoprotein (a) in heart disease. *Sci. Am.* 266(6):54–60.

Libby, P., 2002. Atherosclerosis: The new view. *Sci. Am.* 286(5):46–55.

Nicholson, D., 2005. Products of Isoprene Metabolism. *Biochem. Mol. Bio. Ed.* 33:154–155.

Prince, D. and Welschenbach, M., 1998. Olestra: a new food additive. *J. Am. Diet. Assoc.* 98:565–569.

Risley, J., 2002. Cholesterol biosynthesis: Lanosterol to cholesterol. *J. Chem. Ed.* 79:377–384.

Ritter, S., 1999. Anabolic steroids. *Chem. Eng. News* Sept. 6:42–52.

Simons, K. and Ikonen, E., 2000. How cells handle cholesterol. *Science* 290:1721–1726.

Wallis, J., Watts, J., and Browse, J., 2002. Polyunsaturated fatty acid synthesis: what will they think of next? *Trends Biochem. Sci.* 27:467–473.

Wilson, J., 2000. The biological basis for atherosclerosis. *The Scientist* Oct. 30:20.

CHAPTER

19

메탐페타민(methamphetamine, 화학명은 N-α-디메틸페닐에틸아민)은 현재 미국을 비롯한 많은 나라에서 가장 널리 남용되는 약물이다. 2002년 조사에 의하면 12세 이상의 미국인 중 1200만 명이나 이 약물을 복용하였다. 메쓰(meth), 스피드, 크랭크, 아이스, 크리스탈 등의 속칭으로 불리는 이 불법 약물은 강력한 습관성 흥분제이다. 금지된 약물인 메쓰는 가루를 코로 흡입하거나 결정체를 흡연함으로써 복용한다. 메쓰는 단기적으로는 도취감, 경계심 증가, 식욕 감퇴와 흥분 효과를 나타낸다. 일부 복용자는 흉통이나 심장 박동 증가를 나타내기도 한다. 중추신경계에 대한 초기 생리적 작용은 화학적으로 유사한 원래 신경전달물질인 **도파민(dopamine)**과 **세로토닌(serotonin)**의 방출을 증가시킴으로써 야기된다 (19.5절). 장기적으로 복용하면 만성 우울증, 신장 이상, 뇌 손상 및 종종 죽음에 이르게 된다. 이 약물은 비만, 발작성 수면이나 주의력 결손 장애 등의 치료에 대해 제한적인 합법적 치료제로 이용된다. 메쓰는 시골이나 도시, 교외의 은밀한 실험실에서 제조된다. 이것은 보통 처방 없이 구매할 수 있는 감기나 천식 치료제인 에페드린(ephedrine)이나 슈도에페드린(pseudoephedrine)에 염산, 배수구 세제나 부동액과 같은 흔한 물질을 섞어서 만든다.

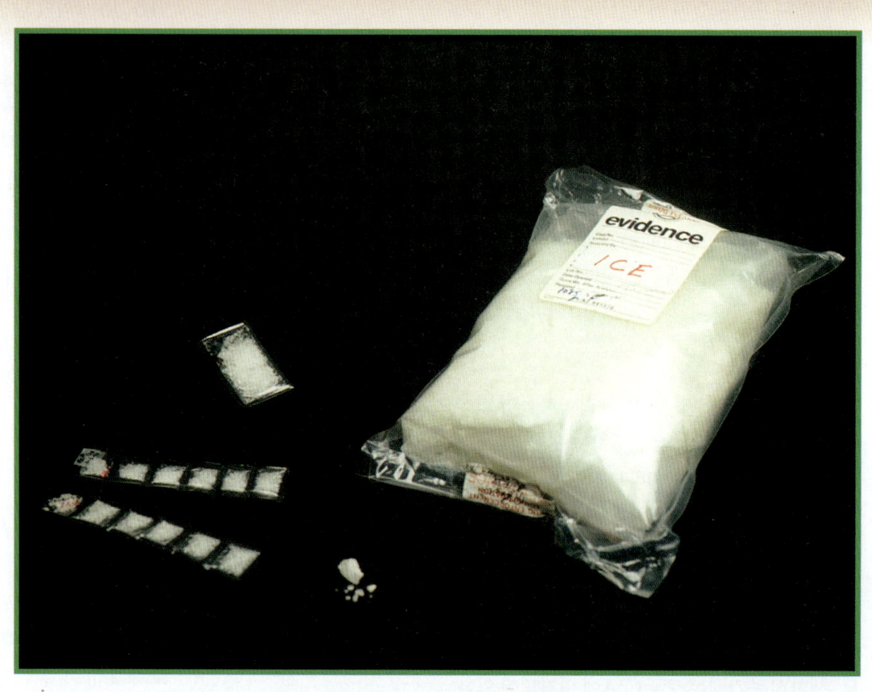

아미노산 및 기타 질소 화합물의 물질대사

지금까지는 물질대사에 대하여 생물체에 가장 많이 존재하는 원소인 탄소, 수소 및 산소를 포함하는 분자에 대하여 알아보았다. 이러한 분자들의 물질대사는 전자전달계와 산화적 인산화 반응에 의해 ATP를 형성할 수 있는 에너지를 방출하면서 CO_2와 H_2O로 산화된 후에 완료된다. 지금부터는 탄소, 수소, 산소 다음으로 많이 존재하는 원소인 질소를 포함하고 있는 물질에 대하여 알아보고자 한다. 질소는 자연 상태에서 유기 질소와 무기 질소 등 두 가지의 형태로 존재하나, 생물체 내에서 흔히 유기 질소로 존재한다. 단백질, 아미노산, 퓨린(purine), 피리미딘(pyrimidine), 포르피린(porphyrin), 카테콜아민(catecholamine), 비타민과 그 외 다른 작은 분자들이 그것이다.

이 장은 질소 원자가 생물체 내로 들어가는 것으로 시작한다. 가장 중요한 과정은 비활성적인 분자인 질소($N\equiv N$)를 보다 생물체가 쉽게 이용할 수 있는 분자인 암모니아(NH_3)로 전환시키는 과정인 **질소고정(nitrogen fixation)**이다. 어떻게 암모니아가 아미노산으로 동화되는지를 먼저 알아본 다음, 아미노산의 물질대사를 알아보고자 한다. 20개의 서로 다른 구조의 아미노산이 존재함으로 인해, 20개의 서로 다른 동화작용(anabolism) 경로와 같은 수의 이화작용(catabolism) 경로가 존재하게 된다. 모든 아미노산은 시트르산회로(citric acid cycle)에 의해 산화되는 탄소 골격으로 분해된다. 이때 방출된 질소는 생합성 과정을 위해 다시 흡수되거나 생물체에 따라서 요소(urea), 요산(uric acid) 또는 암모니아(ammonia)의 형태로 제거된다.

이장은 지금까지는 다루어지지 않은 생화학 개념을 소개한다. 여기에는 질소고정, 아미노기의 전달과 같은 질소 작용기를 포함하는 새로운 화학, 새로운 물질대사 회로(요소회로), 아미노산의 생합성과 분해 및 아미노산의 중요한 분자(퓨린, 피리미딘, 포르피린 등)들의 전구체로의 이용 등이 포함된다. 여기에서 다루어지는 많은 주제는 언뜻 보기에는 서로 연관성이 없어 보이나, 모든 화합물에 질소가 존재한다는 공통점이 있다.

19.1 질소회로

학습 목표

질소고정을 포함하여 질소회로와 관련된 생물학적 및 생화학적 과정을 이해한다.

질소 원자는 대기(atmosphere)와 생물권(biosphere)에서 여러 가지의 유기물과 무기물의 형태로 존재한다. 가장 일반적인 무기물 형태는 표 19.1에 산화수(oxidation number)와 함께 나타내었다. 질소 원자는 가장 산화된 형태인 질산염(nitrate)으로부터 가장 환원된 형태인 암모니아에 이르기 까지 아주 넓은 범위의 산화 상태로 존재한다는 것을 주목하라. 지금까지 가장 많이 자연 상태로 존재하는 질소의 형태는 질소기체(N_2)로 대기의 거의 80%를 차지하고 있다. 이 기체는 생물체에 의해 질소 원자를 사용할 수 있게 하는 저장소의 역할을 한다. 생물체에 존재하는 모든 질소 원자는 이 저장소에서 기원한다. 그러나 단지 남세균과 토양 세균과 같은 몇몇 생물만이 매우 비활성적인 질소기체를 대부분의 다른 생물체들이 이용할 수 있는 형태로 전환시켜 활용할 수 있게 한다.

대기와 생물권에 사이에서의 질소기체의 흐름을 **질소회로(nitrogen cycle)**라고 한다(그림 19.1). 이 회로를 요약하자면, N_2 기체는 질소고정 세균(nitrogen-fixing bacteria)에 의해 암모니아로 환원된다. 암

표 19.1
대기와 생물권에서 발견되는 무기 질소와 유기질소의 형태

Name	Structure	Oxidation Number of Nitrogen Atom
Nitrate ion	NO_3^-	+5 most oxidized (least reduced)
Nitrite ion	NO_2^-	+3
Hyponitrite ion	$N_2O_2^{2-}$	+1
Nitrogen gas	N_2	0
Hydroxylamine	NH_2OH	−1
Ammonia	NH_3	−3 most reduced (least oxidized)

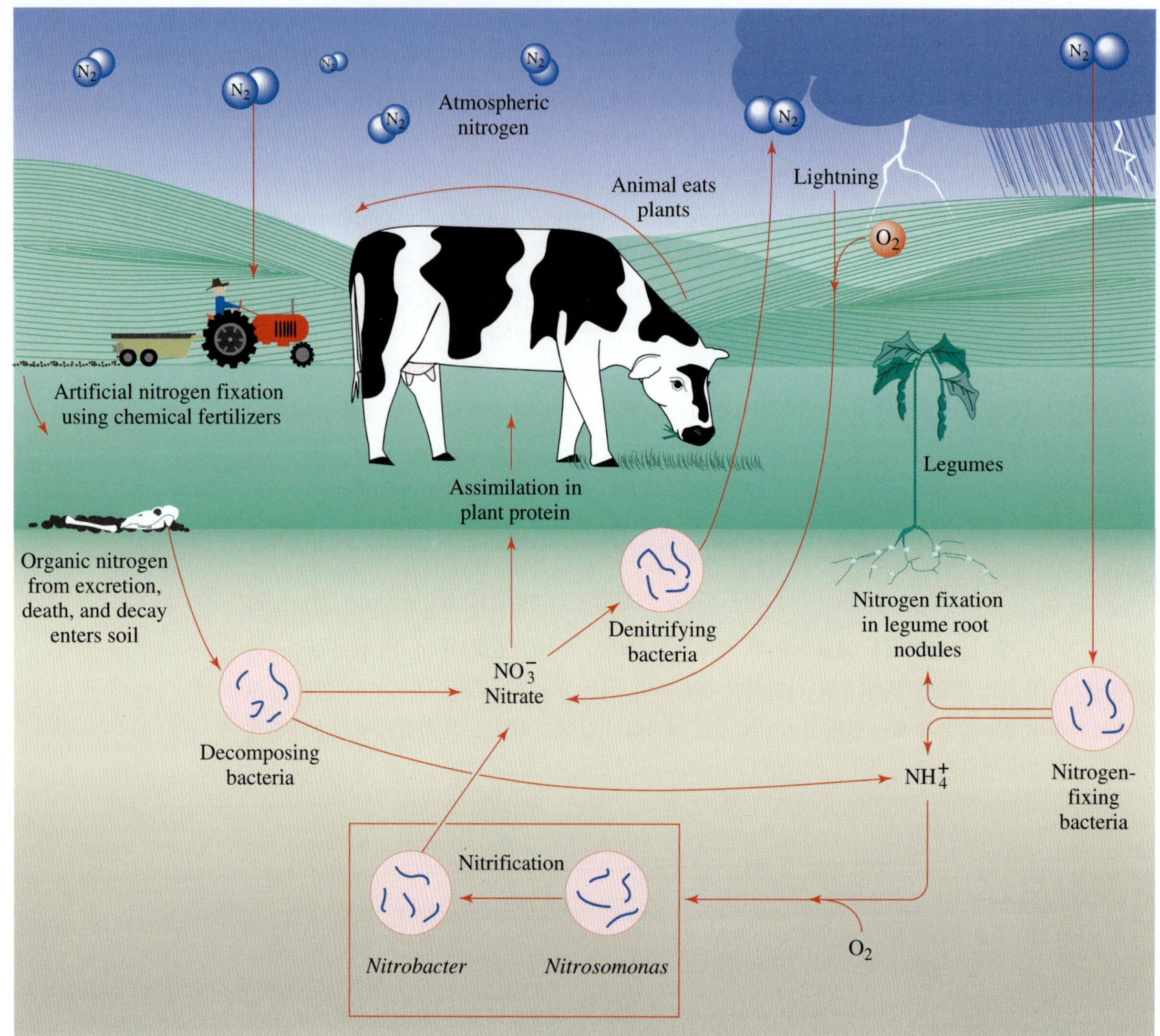

그림 19.1 환경과 생물체 사이에서의 질소 분자의 흐름을 나타내는 질소회로.

모니아는 물의 존재 하에 암모늄이온(ammonium ion, NH_4^+)으로 전환된다. 질소고정에 의해 토양에서 발생한 암모니아는 식물과 고등 동물에 의해 이용될 수 있으나, 대부분은 토양 세균(*Nitrosomonas* 속)에 의해 빠르게 아질산염(nitrite)으로 산화된다.

$$2NH_3 + 3O_2 \longrightarrow 2NO_2^- + 2H_2O + 2H^+$$

다른 토양 세균 종류인 니트로박터(*Nitrobacter*)는 아질산염을 계속하여 산화시킨다.

$$2NO_2^- + O_2 \longrightarrow 2NO_3^-$$

질산화(nitrification)라고 불리는 이 두 개의 연속적인 과정은 고등 식물에 필요한 대부분의 질산염과 아질산염을 공급한다. 질소는 또한 번개에 의해 토양 속으로 들어가기도 한다. 고압의 번개는 N_2의 산화를 촉매한다.

$$N_2 \xrightarrow{O_2} 2NO \xrightarrow{O_2} 2NO_2^- \xrightarrow{O_2} 2NO_3^-$$

질소의 산화물은 수증기와 비에 의해 대기로부터 토양으로 씻겨 내려간다. NO_3^-의 질산(HNO_3)으로의 수화작용(hydration)과 NO_2^-의 아질산(HNO_2)으로의 수화작용은 산성비의 중요한 두 가지 성분을 생산한다. 몇몇 세균은 질산염으로부터 질소기체를 생산하여 대기 중으로 환원시키는 탈질산화(denitrification)를 할 수 있는 능력을 가진다.

토양 세균과 식물은 질산환원효소(nitrate reductase)와 아질산환원효소(nitrite reductase)에 의해 질산화 과정을 반대 방향으로 가게 할 수 있다.

$$NO_3^- + NADPH + H^+ \xrightleftharpoons{\text{질산환원 효소}} NO_2^- + NADP^+ + H_2O$$

$$NO_2^- + 3NADPH + 4H^+ \xrightleftharpoons{\text{아질산환원 효소}} NH_4^+ + 3NADP^+ + H_2O + OH^-$$

이러한 환원 과정과 질소고정에 의해서 토양에서 형성된 암모늄이온은 식물에 의해 아미노산의 합성에 이용된다. 비록 동물은 암모늄이온을 직접 물질대사 작용에 이용하지만, 모든 질소는 식물과 다른 동물을 먹이로 섭취하여 그것에 있는 아미노산으로부터 얻는다.

식물과 동물로부터의 질소는 다음의 두 과정에 의해 토양으로 순환된다.

1. 요소나 요산의 형태로 배출된 후 미생물에 의해 암모늄이온으로 변환된다.
2. 죽어서 부패하는 동식물로부터의 단백질을 비롯한 질소 성분이 아미노산과 기타 화합물로 가수분해된 후 미생물의 분해에 의해 암모니아를 방출한다.

생물학적 질소고정

많은 생물들, 특히 동물에 있어 사용 가능한 무기 질소의 형태는 오직 암모니아이다. 암모니아는 비교적 적은 수의 세균에서 수행되는 질소회로에서 질소 분자(N_2)의 환원에 의해 생성된다. 질소고정 세균은 두 그룹으로 나누어질 수 있다. (1) 독립적으로 살며 공생하지 않는 미생물과 (2) 일부 고등 식물과 특수한 공생 관계를 이루며 사는 미생물이다. 첫째 부류에 속하는 미생물은 토양과 물에서 발견되는 남세균(녹조류) 뿐만 아니라 자유 생활을 하는 세균인 클렙시엘라(*Klebsiella*), 아조토박터(*Azotobacter*)와 클로스트리디아(*Clostridia*) 등이다. 둘째 부류에 속하는 공생 미생물은 콩과식물(완두콩, 대두, 클로버, 알팔파)과 종 특이적인 관계를 발달시킨다. 가장 중요한 공생 질소고정 세균은 리조비움(*Rhizobium*) 속이다. 이 세균은 콩과식물의 뿌리에 감염한 후 종양과 같은 뿌리혹(root nodule)을 발달시킨다(그림 19.2). 세균과 숙주 식물은 특수한 공생 관계를 발달시켜 식물체가 세균을 위한 탄수화물을 생산하게 된다. 이에 대하여 세균은 식물에 암모니아를 제공한다.

그림 19.2 질소고정 세균(리조비움)과 콩과식물(알팔파)의 공생에 의해 형성된 뿌리혹(root nodule)

질소고정효소복합체 질소고정의 기본 반응은 다음과 같다.

$$N{\equiv}N + 3H_2 \longrightarrow 2NH_3$$

N_2의 삼중 결합은 지극히 안정적이므로 이 환원반응에는 많은 에너지가 요구된다. 비료를 산업적으로 생산하는 과정에서는 200기압, 450℃의 조건과 금속 촉매가 요구된다. 이와는 달리, **질소고정효소복합체(nitrogenase complex)**에 의해 촉매되는 생물학적 질소고정은 주위의 온도와 1기압 조건 하에서 일어나며, 충분한 양의 ATP와 전자 공급원을 필요로 한다.

질소고정효소복합체는 여러 생물에서 광범위하게 연구되었다. 이 복합체의 성분과 작용 과정은 공생적이거나 또는 비공생적이거나 간에 모든 질소고정 생물체에서 매우 유사하다. 질소고정은 기본적으로 다음과 같은 것을 필요로 한다.

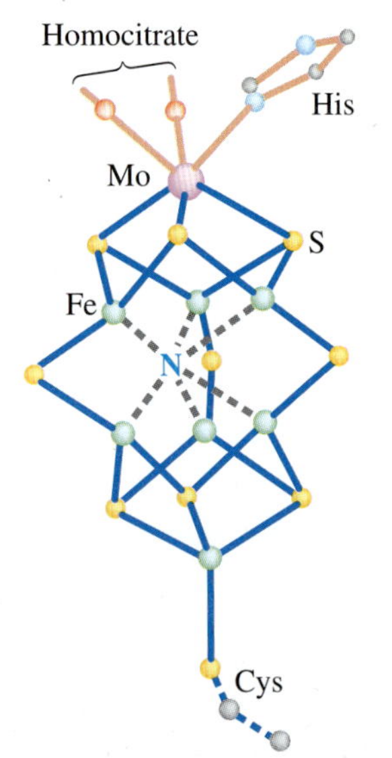

그림 19.3 N_2를 NH_2로 전환하는 질소고정효소복합체의 몰리브덴-철단백질의 보조인자(활성 자리).

1. 전자의 공급원 - 산화적 또는 광합성적
2. 전자전달 단백질
3. 에너지원 — ATP
4. 질소고정효소복합체
5. 기질로서의 최종 전자수용체, 보통 N_2

전자의 공급원은 생물체와 세포 조건에 따라 다르며, NADH와 같은 산화적 대사물질, 피루브산 또는 H_2가 되기도 한다. 광합성생물체에서는 전자전달계와 관련된 빛 에너지가 전자를 공급한다. 전자는 공급원으로부터 생물 종마다 다른 산화환원 단백질을 통해 질소고정효소로 전달된다. 클로스트리디아와 리조비움에서의 산화환원 단백질은 철과 황을 포함하는 **페레독신(ferredoxin)**이고, 아조토박터에서는 **플라보독신(flavodoxin)**이라고 불리는 플라빈 단백질이다.

질소고정효소복합체는 두 개의 금속단백질로 구성되어 있다. (1) **철단백질(Fe-protein)** 또는 **질소고정효소환원효소(nitrogenase reductase)** [때로는 [4Fe-4S]를 보결분자단으로 가지기 때문에 철-황단백질(iron-sulfur protein, Fe-S protein)이라고도 불린다]와 (2) 질소기질의 결합을 위한 촉매활성부위로 흔치 않은 보조인자인 몰리브덴과 철을 포함하는 **몰리브덴-철단백질(molybdenum-iron protein, Mo-Fe protein)** 또는 **질소고정효소(nitrogenase)**가 그것이다. 몰리브덴-철 보조인자의 X선결정 구조는 6개의 철 원자, 9개의 황 원자, 하나의 몰리브덴 원자와 6개의 철 원자와 결합된 중심 질소 리간드(아미노산 곁사슬에서 유래된?)로 구성된 복잡한 복합체 구조를 보여준다.

질소고정효소복합체의 메커니즘 전자의 공급원으로부터 기질인 N_2까지의 전자 흐름을 그림 19.4에 나타내었다. 전자는 환원형 페레독신(또는 플라보독신)으로부터 질소고정효소의 Fe-S 단백질로 이동한다. ATP 결합과 가수분해에 의해 전자전달에 필요한 에너지가 공급된다. 전자는 최종적으로 N_2가 결

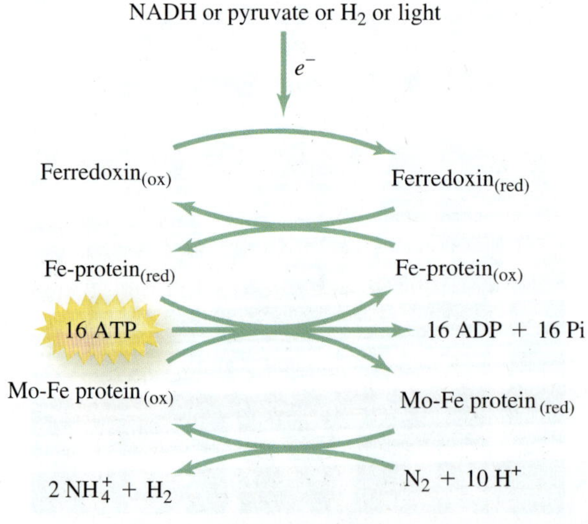

그림 19.4 질소고정 복합체에서 전자는 페레독신, 철-단백질(질소고정효소환원효소)과 몰리브덴-철단백질(질소고정효소)을 거쳐 최종 기질인 질소로 이동한다.

합되어 있는 Mo–Fe단백질로 전달되어 NH_4^+를 생산한다. 비록 N_2의 환원 과정에서의 중간산물은 분리되지 않았지만, 아마도 이민(imine, NH=NH)과 히드라진(hydrazine, $H_2N—NH_2$)을 포함하는 것으로 여겨진다. 질소고정효소의 특이한 점은 기질 특이성을 가지지 않는다는 점이다. 아세틸렌(acetylene, HC≡CH)과 시안산(cyanic acid, HC≡N)은 질소고정효소와 결합하여 환원될 수 있는 또 다른 기질이다.

복습 문제

1. 질소고정효소복합체에 의해 아세틸렌(HC≡CH)이 환원되어 생기는 생성물을 예상하시오.

N_2의 전반적인 환원 과정에서 모두 8개의 전자가 일련의 단백질을 통하여 전달되어야 한다. 6개의 전자가 N_2를 NH_4^+로 환원시키고 2개의 전자가 2개의 H^+로부터 H_2를 생성하는 데 이용된다. 전반적인 질소고정효소복합체의 반응식은 다음과 같다.

$$N_2 + 10H^+ + 8e + 16ATP \longrightarrow 2NH_4^+ + 16ADP + 16P_i + H_2$$

위의 반응식은 반응 전후의 균형을 나타내고 있으나, 분자들의 양, 특히 정확한 ATP 분자의 수는 알려지지 않았다. 많은 양의 ATP가 요구된다는 것은 N_2를 환원시키는 데 많은 에너지를 필요로 한다는 것을 의미한다.

질소고정효소복합체는 산소에 매우 민감한 특성을 가지므로 연구하기가 어렵다. 이 효소계는 산소에 의해 완전히 불활성화된다. 이러한 이유로 인해 이 효소복합체를 분리하고 특성을 연구하기 매우 어렵다. 모든 실험은 산소가 완전히 차단된 상태에서 수행되어야 한다. 질소고정 세균은 산소에 의해 효소가 불활성화되는 것을 방지하기 위해 여러 가지 방법을 사용한다. 대부분의 비공생 세균은 무산소 상태에서 살아간다. 공생 생물체의 질소고정효소복합체는 **레그헤모글로빈(leghemoglobin)**이라고 불리는 산소 결합 단백질에 의해 보호된다. 이 단백질은 헤모글로빈과 유사한 방법으로 산소와 결합하는데, 숙주 식물체에 의해 만들어진다.

질소고정효소복합체에 대한 연구는 매우 활발하게 이루어지고 있지만, 단백질 성분의 구조와 전자 전달, 기질의 결합과 ATP의 역할에 대한 자세한 과정은 아직 알려지지 않았다. 활발하게 연구되는 또 다른 분야는 재조합DNA 기술에 의해 질소고정효소복합체와 관련된 유전자(질소고정 유전자군, *nif*)를 질소를 고정하지 않는 세균으로 도입하고자 하는 시도이다.

19.2 아미노산의 생합성

학습 목표

아미노산의 생합성에 있어서 중요한 전반적인 생화학 반응을 학습한다.

생물학적 질소의 이용

지금까지 식물과 미생물에 의해 수행되는 무기 질소 화합물의 특이한 화학 반응에 대하여 살펴보았다. 그러나 동물세포는 이러한 반응의 어느 것도 수행할 수 없다. 동물을 포함하여 모든 생물은 질소고정 산물인 NH_4^+를 유기물의 질소로 통합시킬 수 있다. 높은 농도의 암모늄이온은 세포에 유독하므로 유기물로 통합시켜 독성을 제거하여야 한다. **글루탐산(glutamate), 글루타민(glutamine)**과 **카르바모일인산 (carbamoyl phosphate)** 등 이 세 화합물을 만드는 반응은 암모늄을 동화시키는 중요한 단계이다. α-아미노산인 글루탐산과 글루타민은 또한 다른 아미노산들과 질소화합물의 생합성에도 관련된다. 카르바모일인산은 요소, 피리미딘 및 기타 화합물을 합성하는 데 이용된다(19.5 절 참조).

암모니아의 대부분은 모든 생물체에 존재하는 효소인 글루타민합성효소(glutamine synthetase)의 촉매반응인 글루타민 합성에 의해 흡수된다.

$$\text{Glutamate} + NH_4^+ + ATP \xrightleftharpoons{\text{글루타민 합성효소}} \text{Glutamine} + ADP + P_i$$

Glutamate: $^-OOC-CH_2-CH_2-CH(\overset{+}{N}H_3)-COO^-$

Glutamine: $H_2N-C(=O)-CH_2-CH_2-CH(\overset{+}{N}H_3)-COO^-$

ATP의 무수인산결합이 끊어지며 방출되는 에너지는 NH_4^+를 아미드 결합으로 도입시키는 데 필요하다. 식물과 세균에서는 글루탐산이 암모니아의 수용체로 작용하기도 한다.

$$\alpha\text{-Ketoglutarate} + \text{Glutamine} + NADPH + H^+ \xrightarrow{\text{글루타민 생성효소}} \text{Glutamate} + \text{Glutamate} + NADP^+$$

α-Ketoglutarate: $^-OOC-CH_2-CH_2-C(=O)-COO^-$

Glutamine: $H_2N-C(=O)-CH_2-CH_2-C(H)(\overset{+}{N}H_3)-COO^-$

Glutamate: $^-OOC-CH_2-CH_2-C(H)(\overset{+}{N}H_3)-COO^-$

세균과 식물에서는 글루타민합성효소와 글루탐산생성효소(glutamate synthase)에 의해 촉매되는 위의 두 반응이 연계되어 다음과 같은 순반응 식으로 된다.

$$\alpha\text{-케토글루타르산} + NH_4^+ + NADPH + H^+ + ATP \longrightarrow \text{글루탐산} + NADP^+ + ADP + P_i$$

글루탐산은 글루탐산탈수소효소에 의해 또한 합성되기도 하나, 이 반응의 역반응은 시트르산회로에서 손실된 α-케토글루타르산(α-ketoglutarate)을 보충하기 때문에 매우 중요하다.

$$\alpha\text{-Ketoglutarate} + NH_4^+ + NADPH + H^+ \xrightleftharpoons{\text{글루탐산 탈수소효소}} \text{Glutamate} + NADP^+ + H_2O$$

α-Ketoglutarate: $^-OOC-CH_2-CH_2-C(=O)-COO^-$

Glutamate: $^-OOC-CH_2-CH_2-CH(\overset{+}{N}H_3)-COO^-$

모든 생물체는 글루타민합성효소와 글루탐산탈수소효소(glutamate dehydrogenase)를 둘 다 가지고 있으나, 암모니아 동화와 글루탐산의 분해에 있어 각 효소의 양적인 역할은 완전히 알려지지 않았다.

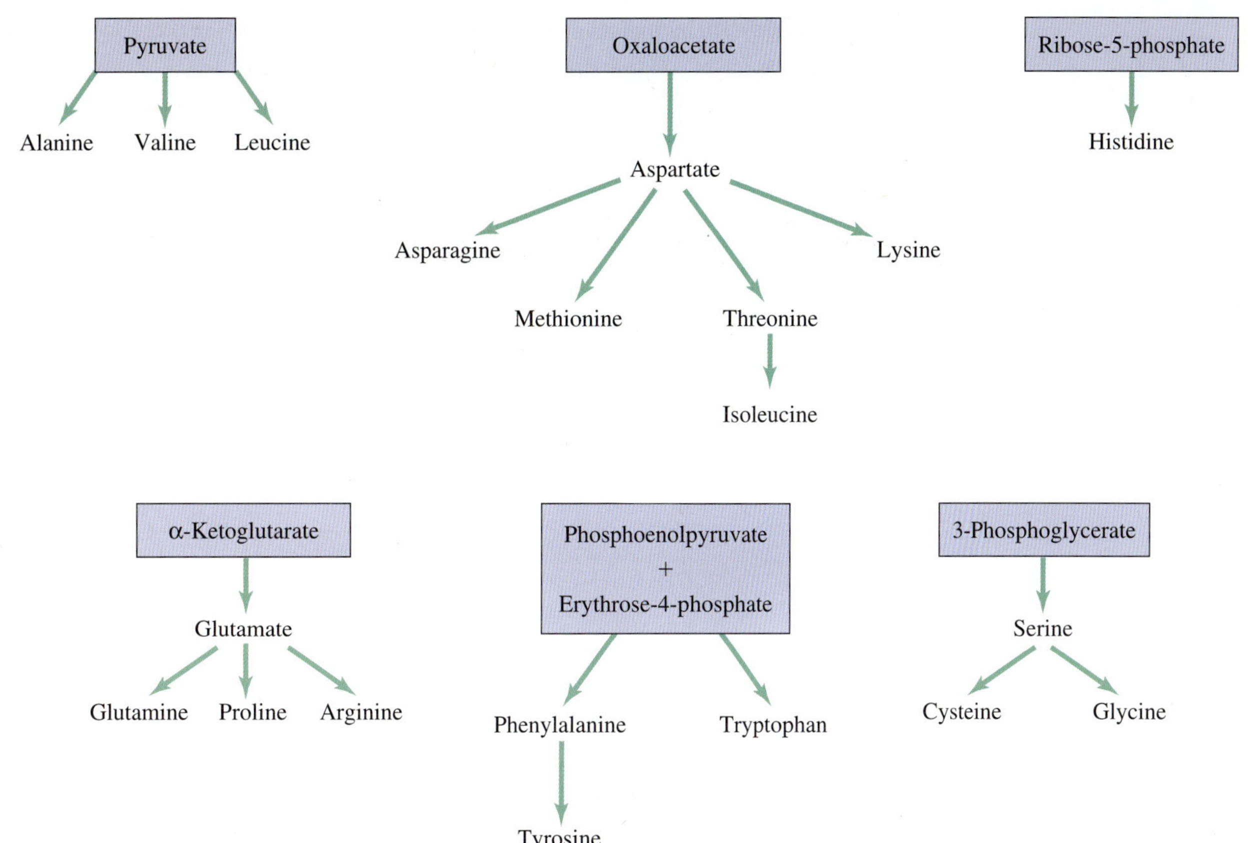

그림 19.5 식물과 세균의 여섯 개의 아미노산 생합성 그룹. 중요한 전구체는 피루브산(pyruvate), 옥살로아세트산(oxaloacetate), 리보오스-5-인산(ribose-5-phosphate), α-케토글루타르산(α-ketoglutarate), 포스포에놀피루브산 + 에리트로오스-4-인산(phosphoenolpyruvate + erythrose-4-phosphate)과 3-포스포글리세르산(3-phosphoglycerate). 사람의 비필수아미노산도 동일한 과정에 의해 합성된다.

표 19.2
사람의 필수아미노산과 비필수아미노산

Essential	Nonessential
Arginine[a]	Alanine
Histidine[a]	Asparagine
Isoleucine	Aspartate
Leucine	Cysteine
Lysine	Glutamate
Methionine	Glutamine
Phenylalanine	Glycine
Threonine	Proline
Tryptophan	Serine
Valine	Tyrosine[b]

[a] Arg and His are essential in juveniles but not adults.
[b] Tyr is synthesized from Phe.

필수아미노산 및 비필수아미노산

모든 형태의 생물체는 단백질을 형성하는 20가지의 아미노산 중 최소한 몇 개는 합성할 수 있다. 많은 종의 식물과 세균은 20개 아미노산 모두를 합성할 수 있다. 사람을 비롯한 동물들은 단지 10개의 아미노산을 합성할 수 있다. 사람이 충분한 양을 합성할 수 없어 음식을 통해 섭취하여야 하는 아미노산을 **필수아미노산(essential amino acid)**이라고 한다(표 19.2). 사람은 식물 및 식물을 먹는 다른 동물을 음식으로 섭취하여 아미노산을 보충한다. 사람에 의해 합성되는 다른 10개의 아미노산을 **비필수아미노산(nonessential amino acid)**이라고 한다.

20개 아미노산 각각은 고유한 경로에 의해 합성된다. 하지만 이들 반응에는 몇 개의 공통점이 있다.

1. 공통 전구체에 근거하여 6개의 아미노산 생합성 그룹이 존재한다(그림 19.5).
2. 모든 아미노산은 해당과정의 중간산물, 시트르산회로의 중간산물 또는 5탄당인산경로의 중간산물로부터 탄소 골격을 얻는다.
3. 각 아미노산의 아미노기는 보통 글루탐산으로부터 온다.

비필수아미노산의 합성 비필수아미노산의 생합성 반응은 비교적 간단하며 모든 생물에서 동일하다. 여기에서는 아미노산 생합성의 중요한 부분만 살펴보기로 한다. 예를 들어 알라닌(alanine)은 피루브산으로부터 한 단계만 거쳐서 합성된다.

$$\text{피루브산} + \text{글루탐산} \xrightleftharpoons{\text{알라닌아미노기 전달효소}} \text{알라닌} + \alpha\text{-케토글루타르산}$$

아미노기전달반응(**transamination**, 19.3절 참조)이라고 불리는 반응에서 글루탐산의 아미노기는 피루브산으로 전달된다. 아스파르트산(aspartate)도 비슷한 경로로 합성된다.

$$\text{옥살로아세트산} + \text{글루탐산} \xrightleftharpoons[\text{전달효소}]{\text{아스파르트산아미노기}} \text{아스파르트산} + \alpha\text{-케토글루타르산}$$

복습 문제

1. 알라닌아미노기전달효소와 아스파르트산아미노기전달효소의 촉매반응을 각각 적으시오. 화학적 과정을 볼 수 있도록 모든 반응물과 생성물의 분자 구조를 사용하시오.

3-Phosphoglycerate (COO^-, $H-C-OH$, CH_2, OPO_3^{2-}) —[$NAD^+ \rightarrow NADH + H^+$; oxidation–reduction]→ 3-Phosphohydroxypyruvate (COO^-, $C{=}O$, CH_2, OPO_3^{2-}) —[glutamate → α-ketoglutarate; transamination]→ 3-Phosphoserine (COO^-, $H_3\overset{+}{N}-C-H$, CH_2, OPO_3^{2-}) —[hydrolysis; $H_2O \rightarrow P_i$]→ Serine (COO^-, $H_3\overset{+}{N}-C-H$, CH_2, OH)

그림 19.6 해당과정의 중간산물인 3-포스포글리세르산으로부터 세린이 합성되는 과정. 산화환원반응, 아미노기전달 및 가수분해가 관여한다.

세린(serine)의 생합성은 해당과정의 중간산물인 3-포스포글리세르산(3-phosphoglycerate)의 탄소 골격으로부터 시작된다. 중요 단계는 산화환원반응, 아미노기전달반응 및 가수분해(그림 19.6)를 포함한다. 세린으로부터의 글리신(glycine) 합성은 드문 생화학 반응인 1탄소 단위(one-carbon unit)의 전달을 포함한다. 비타민인 테트라히드로엽산(tetrahydrofolate, FH_4)은 이 반응의 필수 보조인자이다(그림 19.8). 사람은 FH_4의 복잡한 프테리딘 고리(pteridine ring)를 합성할 수 없으므로 음식을 통해서나 또는 장내 미생물을 통해 획득하여야 한다. 이 비타민은 여러 산화 상태에서 활성화된 1탄소 단위의 운반체로 작용한다(표 19.3). 세린이 글리신으로 변환되는 과정에서 세린의 1탄소 단위체는 테트라히드로엽산으로 전달된다(그림 19.7). N^5,N^{10}-메틸렌-FH_4는 메티오닌(methionine)의 합성에 이용되는 N^5-메틸-FH_4로 환원될 수 있다.

$$\text{호모시스테인} + N^5\text{-메틸-}FH_4 \rightleftharpoons \text{메티오닌} + FH_4$$

그림 19.7 1탄소 단위(one-carbon unit)의 운반체로 작용하는 보조인자인 테트라히드로엽산(tetrahydrofolate, FH_4)의 구조.

Structure: H_2N–pteridine ring (positions 4, 5, 6, 7, 8; OH) –CH_2(9)–$\underset{H}{N}$(10)–benzene ring–$\overset{O}{\|}{C}$–$\underset{H}{N}$–$\underset{COO^-}{CH}$–CH_2–CH_2–COO^-

Pteridine derivative | *p*-Aminobenzoic acid | Glutamate

$$\text{Serine} + \text{Tetrahydrofolate} \xrightarrow{H_2O} \text{Glycine} + N^5,N^{10}\text{-Methylene-tetrahydrofolate}$$

그림 19.8 1탄소 단위를 운반하는 과정에서의 테트라하이드로엽산의 역할. 이 경우 1탄소 단위는 N^5와 N^{10} 사이에 결합된 메틸렌기가 된다.

표 19.3
테트라하이드로엽산(tetrahydrofolate, FH_4) 보조인자에 의해 운반되는 1탄소 단위

One-carbon Unit	Atom and Position[a]	Relative Oxidation State
—CH_3, methyl	N^5	Most reduced
—CH_2—, methylene	N^5, N^{10}	Intermediate
—C(=O)H, formyl	N^5 or N^{10}	Most oxidized

[a] Indicates the nitrogen atom(s) that bonds one-carbon unit as numbered in Figure 19.7.

물질대사 작용에서 또 다른 중요한 1탄소 단위체의 운반체는 그림 19.9에 나타낸 ***S*-아데노실메티오닌(*S*-adenosylmethionine, SAM)**이다. 활성적인 SAM은 ATP의 무수인산결합과 인산에스테르결합 모두의 절단으로 생성된다. 황 원자에 붙어 있는 메틸기는 매우 활성화되어 있어 다른 화합물로 전달될 수 있다. 표 19.4는 잠재적인 메틸기 수용체와 그의 메틸화된 산물을 보여준다.

$$\text{Methionine} + \text{ATP} \longrightarrow P_i + PP_i + S\text{-Adenosylmethionine (SAM)}$$

그림 19.9 보조인자인 *S*-아데노실메티오닌(*S*-adenosylmethionine, SAM)의 합성과 구조. 황과 결합된 SAM의 메틸기(붉은 색)는 반응성을 지니므로 다른 분자로 전달될 수 있다.

표 19.4
메틸화된 분자의 합성에 있어 *S*-아데노실메티오닌의 이용

Methyl Group Acceptor	Methylated Product
Protein amino acid residues	Methylated lysine, methylated arginine, methylated aspartate, methylated glutamate
DNA nucleotide bases	*N*-Methyladenine, 5-methylcytosine
tRNA	Methylated bases
Norepinephrine	Epinephrine

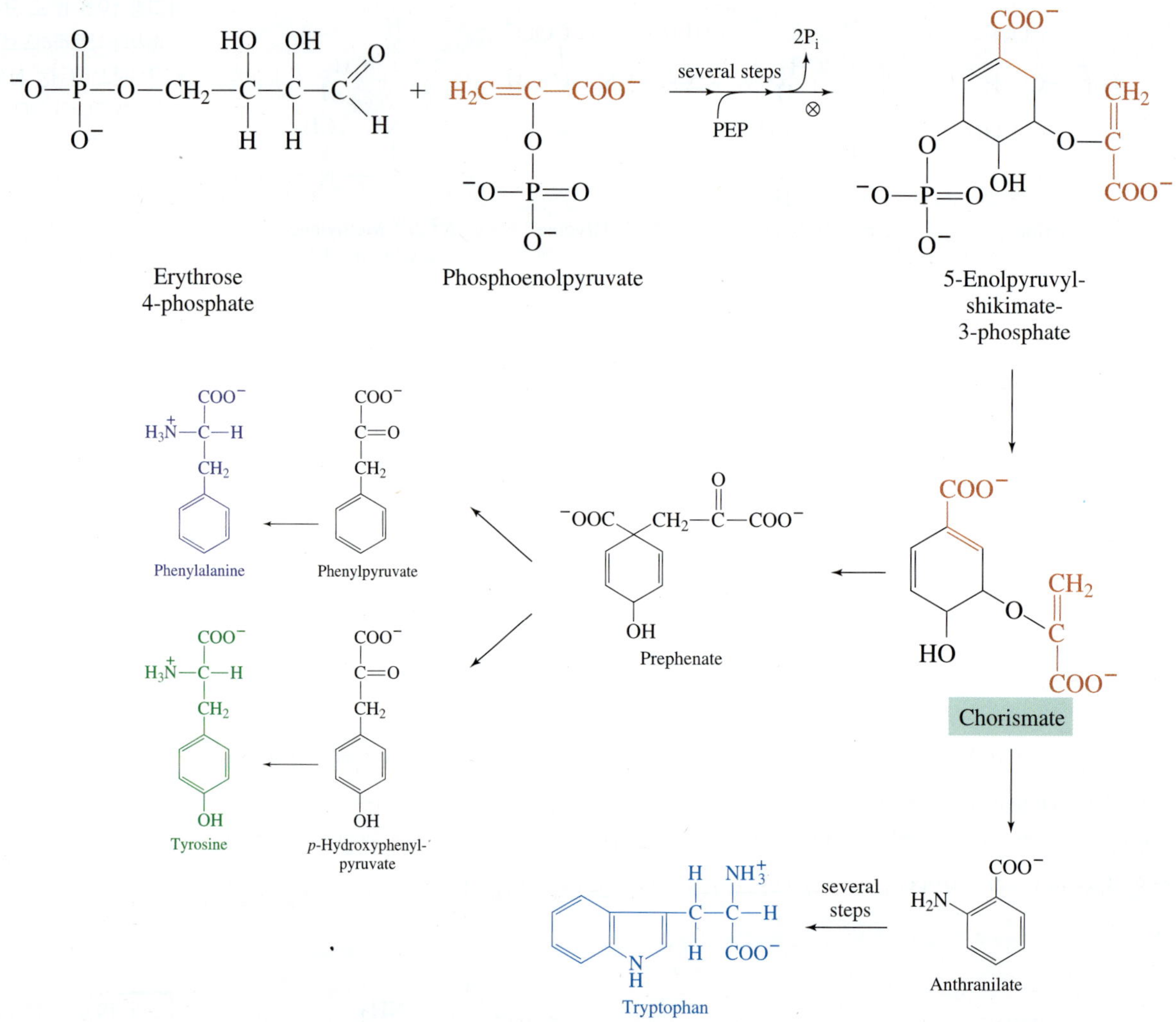

Erythrose 4-phosphate
Phosphoenolpyruvate
several steps
PEP
$2P_i$
5-Enolpyruvyl-shikimate-3-phosphate
Chorismate
Prephenate
Phenylpyruvate
Phenylalanine
p-Hydroxyphenyl-pyruvate
Tyrosine
Anthranilate
several steps
Tryptophan

그림 19.10 방향성 아미노산인 페닐알라닌, 티로신 및 트립토판 합성의 일반적인 경로. 포스포에놀피루브산과 에리트로오스-4-인산이 코리슴산(chorismate)으로 되는 것은 이들 아미노산 합성의 공통적인 경로이다. 코리슴산은 각각 개별적인 경로를 통해 페닐알라닌, 티로신 및 트립토판으로 전환된다. 포스포에놀피루브산은 코리슴산에서 원자의 출처를 보여주기 위해 붉은 색으로 표시되었다.

식물과 세균의 필수아미노산의 합성 세균과 식물에 있어 필수아미노산의 생합성은 비필수아미노산의 생합성보다 더 길고 복잡한 경로로 이루어진다. 필수아미노산은 사람에서는 충분한 양으로 합성될 수 없는데 그 이유는 세균과 식물에 존재하는 각 경로의 여러 효소 중 최소한 하나 또는 그 이상이 결핍되기 때문이다. 여기서 모든 경로의 자세한 부분까지 살펴볼 수는 없으나, 방향성 아미노산인 페닐알라닌(phenylalanine), 티로신(tyrosine)과 트립토판(tryptophan)의 생합성은 식물과 세균에서 흥미로운 생화학 반응을 보인다(티로신은 페닐알라닌으로부터 합성되므로 사람의 필수아미노산은 아니다). 이들 아미노산의 탄소는 5탄당인산경로의 산물인 에리트로오스-4-인산(erythrose-4-phosphate)과 해당과정의 산물인 포스포에놀피루브산(phosphoenolpyruvate)으로부터 유래된다. 이 세 아미노산 모두 **코리슴산(chorismate)**까지의 생합성 경로를 공통으로 가진다(그림 19.10). 코리슴산은 물질대사의 분기점인데, 한 가지는 **안트라닐산(anthranilate)**을 통해 트립토판으로 이르고, 다른 하나는 프레펜산(prephenate)을 통해 티로신과 페닐알라닌으로 이르게 된다. 제초제의 작용은 종종 코리슴산 경로를 목표로 한다(생화학 들여다보기 19-1).

합성되거나 섭취된 아미노산은 생물체가 필요로 하는 모든 목적으로 사용된다. 가장 중요한 것은 단백질 및 핵산 염기의 생합성에 이용되는 것이다(19.5절 참조). 비록 많은 요인이 중요하지만, 아미노산 생합성의 속도는 주로 **되먹임억제(feedback inhibition)**에 의해 조절된다. 대부분의 경우 아미노산 생합성의 첫 단계가 최종 산물에 의해 억제된다. 이러한 과정에 의해 생물체는 특정 요구에 맞게 아미노산의 수치를 조절할 수 있다.

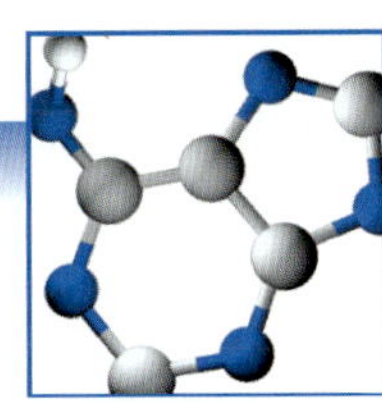

19 - 1

생화학 들여다보기

몇몇 제초제는 방향족 아미노산의 합성을 억제한다

식물의 **코리슴산경로**[chorismate pathway, 때로는 **시킴산경로**(shikimate pathway)라고도 불린다]의 효소들은 제초제 개발의 효율적인 표적이다. 이 경로가 억제되면 식물의 생명 활동에 필요한 아미노산 산물의 합성이 중지된다. 더구나 동물에는 코리슴산경로가 존재하지 않기 때문에 이러한 제초제가 인간과 기타 동물에게 해를 줄 가능성을 최소화할 수 있다.

글리포세이트(glyphosate, *N*-phosphonomethyl glycine, 구조 참조)는 넓은 범위에 걸쳐 작용하는 비선택적 제초제이다. 글리포세이트는 로데오(Rodeo), 어코드(Accord), 라운드업(Roundup) 등 시판되는 잡초 제거제의 주 작용성분으로서 40~50%의 농도로 포함되어 있다. 이것은 초본류, 목본류와 다년생식물 등 모든 식물을 효과적으로 죽인다. 글리포세이트는 주로 식물의 잎을 통하여 식물체 내로 흡수되어 작용하지만 연약한 줄기 조직을 통해서도 흡수된다. 이 제초제는 식물의 모든 부분으로 수송되어 코리슴산경로의 **5-에놀피루빌시킴산-3-인산생성효소**(5-enolpyruvylshikimate-3-phosphate synthase)의 강력한 경쟁적 억제제로 작용한다. 글리포세이트는 그림 19.10에서 보는 바와 같이 두 번째 PEP의 참여와 결합을 경쟁적으로 억제한다.

글리포세이트의 독성

동물에 대한 글리포세이트의 독성은 매우 낮다. 쥐의 경구 LD_{50}은 약 5,000 mg/kg이다. 동물에는 코리슴산경로가 없기 때문에 급성 독성은 아마도 낮다. 그러나 글리포세이트는 PEP(구조 참조) 및 기타 동물 대사산물과 구조가 매우 유사하므로 매일 제초제를 다루는 사람이나 야생 생물을 다루는 사람에게는 해로운 효과를 미칠 것으로 예상된다. 글리포세이트를 쥐의 복부에 주입하였더니 일부 해독 효소의 활성을 감소시키는 것이 관찰되었다. 제초제를 사용하는 사람들의 가장 일반적인 불평은 눈과 피부의 자극이다.

글리포세이트는 토양 입자와 매우 강하게 결합하여 미생물에 의해 매우 빠르게 분해되기 때문에 토양 속에서는 제초제로서의 활성을 가지지 않는다. 글리포세이트는 토양으로부터 식물체 내로는 쉽게 흡수되지 않으므로 이 제초제를 사용한지 며칠 지나지 않아 보통 새로운 씨앗을 뿌릴 수 있다(라운드업에 저항성을 가지는 대두가 개발되었다. 13.4절 참조). 글리포세이트는 토양에 강하게 결합하여 미생물에 의해 매우 빠르게 분해되기 때문에 지하수가 오염될 가능성은 적다. 염려되는 환경 문제의 하나는 호주의 일년생 호밀풀의 예에서 볼 수 있듯이 글리포세이트에 저항성을 보이는 일부 식물이 출현하는 것이다.

Glyphosate	**PEP**
COO^-	COO^-
CH_2	$C{=}CH_2$
NH	OPO_3^{2-}
CH_2	
OPO_3^{2-}	

19.3 아미노산의 이화작용

학습 목표

아미노산의 이화작용의 생화학 반응과 생리적 중요성을 이해한다.

아미노산의 이화작용은 탄수화물과 지방의 이화작용과 비교하여 하나의 중요한 차이점이 있는데, 아미노산은 다른 영양물질들은 가지고 있지 않은 아미노기를 제거해야 한다는 것이다. 일반적인 식사 환경에서, 아미노산은 대부분의 조직에 있어 중요한 연료 물질이 아니다. 그러나 아미노산은 아래와 같은 몇몇 조건에서는 매우 중요한 물질대사 에너지를 공급한다(20장).

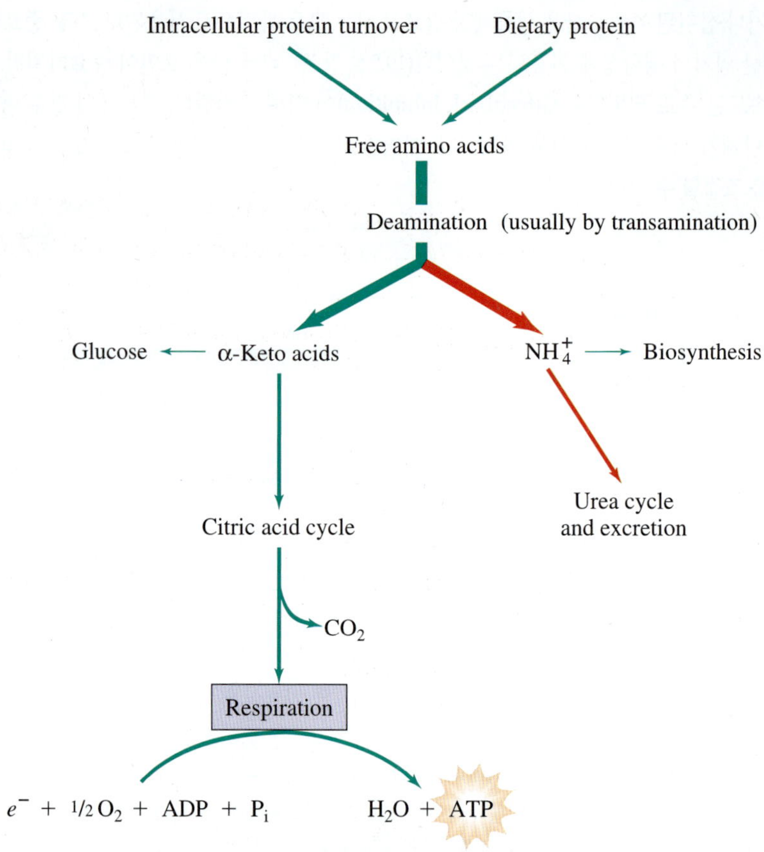

그림 19.11 아미노산 이화작용의 단계를 보여주는 일반적인 경로.

1. 섭취된 아미노산이 단백질 및 기타 분자의 합성에 필요한 이상으로 존재할 경우. 식물을 제외하고 생물체는 아미노산을 저장할 수 없다.
2. 정상적인 과정에 의해 단백질분해(재사용)가 일어나서 이화작용이 가능한 자유 아미노산을 방출하는 경우
3. 아사 또는 당뇨병을 치료하지 않는 경우, 구조단백질 또는 촉매 단백질이 분해되어 아미노산이 에너지 물질대사에 사용되는 동안

각 아미노산은 고유한 이화작용의 경로를 가진다. 각 아미노산의 분해 경로는 기본적으로 모든 생물에서 같다. 아미노산의 이화작용에서도 일반적인 물질대사의 원칙이 적용된다는 것을 알게 될 것이다. 즉 생체분자들은 가능한 한 적은 단계에 의해 주류의 대사산물로 전환된다. 다시 말해서, 이미 존재하는 중요한 대사경로가 아미노산의 분해에 이용된다. 이 때문에, 대부분의 아미노산 분해의 첫 단계는 아미노기의 제거(탈아미노화, deamination)이다. 그 후 아미노산의 이화작용은 두 가지 경로로 이르게 된다. 하나는 아미노기의 분해이고, 다른 하나는 남아 있는 탄소 골격의 분해이다(그림19.11). 기본적으로 모든 아미노산으로부터 NH_3가 제거된 후 탄소 골격은 시트르산회로의 중간산물로 들어가게 된다. 제거된 아미노기는 NH_4^+로 변환된다. 이 독성 물질의 운명은 생물체의 종류와 세포 조건에 따라 다르다(19.4절 참조).

섭취된 아미노산 우리의 음식에서의 아미노산은 섭취된 단백질로부터 온다. 섭취된 단백질의 분해는 위에서 효소의 가수분해로부터 시작된다. 위의 중요 단백질분해효소는 펩신(pepsin)으로, 페닐알라닌, 티로신 및 트립토판의 아미노기 쪽에 있는 펩티드결합을 절단한다. 이 결과 단백질이 짧아져서 위에서 작은창자로 통과할 수 있게 된다. 여기에서 짧아진 단백질은 트립신(trypsin), 키모트립신(chymotrypsin), 아미노펩티드가수분해효소(aminopeptidase) 및 카르복시펩티드가수분해효소

표 19.5
위와 작은창자에서 단백질의 소화 작용에 관여하는 펩티드가수분해효소

Peptidase	Sites of Catalytic Hydrolysis
Pepsin	Amino side of Phe, Tyr, Trp
Trypsin	Carboxyl side of Lys and Arg
Chymotrypsin	Carboxyl side of Phe, Tyr, Trp
Carboxypeptidase	Sequential removal of amino acids beginning at C-terminus
Aminopeptidase	Sequential removal of amino acids beginning at N-terminus

(carboxypeptidase)와 같은 여러 가지의 펩티드가수분해효소(peptidase)를 만나게 된다. 이들 중 많은 효소는 불활성 형태 즉 효소원(zymogen)의 형태로 생산된 후 절단에 의해 활성화된다(6.3절 참조). 이들 펩티드가수분해효소의 작용을 표 19.5에 나타냈다. 효소들의 결합된 작용으로 유리 아미노산의 혼합물을 형성하게 되고 이는 작은창자의 상피세포층을 가로질러 혈액으로 운반된다. 이들 아미노산은 생합성 목적으로 말단 조직으로 운반되며 이화작용을 위해서는 간으로 운반된다.

아미노기전달

아미노산 이화작용의 단계가 그림 19.11에 나타나 있다. 대부분의 아미노산에 있어서 초기 단계는 아미노산에 공통적인 과정인 아미노기의 제거이다. **아미노기전달(transamination)**에 의해서 아미노기는 α-케토산(α-keto acid), 보통 α-케토글루타르산으로 전달된다.

$$
\begin{array}{c}
COO^- \\ | \\ C{=}O \\ | \\ CH_2 \\ | \\ CH_2 \\ | \\ COO^- \\ \alpha\text{-Ketoglutarate}
\end{array}
+
\begin{array}{c}
COO^- \\ | \\ H_3\overset{+}{N}{-}CH \\ | \\ R \\ \text{Amino acid}
\end{array}
\rightleftharpoons
\begin{array}{c}
COO^- \\ | \\ H_3\overset{+}{N}{-}CH \\ | \\ CH_2 \\ | \\ CH_2 \\ | \\ COO^- \\ \text{Glutamate}
\end{array}
+
\begin{array}{c}
COO^- \\ | \\ C{=}O \\ | \\ R \\ \alpha\text{-Keto acid}
\end{array}
$$

이 반응에 관여하는 효소의 일반적인 이름은 **아미노기전달효소(aminotransferase)**이다. 아미노기의 수용체(α-케토글루타르산)는 아미노산으로 되고, 아미노기의 공여체(아미노산)의 탄소 골격은 α-케토산이 된다. 특별한 예로서, 알라닌의 아미노기전달을 생각해보자. 한 단계의 과정으로 알라닌은 피루브산으로 분해된다.

$$\alpha\text{-케토글루타르산} + \text{알라닌} \xrightleftharpoons{\text{알라닌아미노기전달효소}} \text{글루탐산} + \text{피루브산}$$

아미노기전달의 목적은 다양한 α-아미노산으로부터 아미노기를 제거한 다음, 한 가지 종류의 분자 글루탐산으로 모으는 것이다. 그런 다음 글루탐산은 계속되는 질소 대사 작용(생합성 또는 분비)의 아미노기 공급원으로 작용하게 된다. 많은 종류의 아미노기전달효소가 분리되어 연구되었다. 대부분은 세포질에 존재한다. 모든 아미노기전달효소는 **피리독살인산(pyridoxal phosphate, PLP)**을 보결원자단으로 가진다. PLP는 비타민B_6인 피리독신(pyridoxine)에서 유래한다. 이것의 구조와 기능은 표 6.1에 소개되었다. PLP는 아미노기전달효소와 결합하였을 때 전달되는 아미노기의 중간 운반체 역할을 하는데, 아미노산으로부터 아미노기를 받아들인 후 이를 α-케토산에 준다. PLP는 두 가지 형태 사이에서 변화하는데, 그림 19.12에 나타난 바와 같이 하나는 알데히드기를 가지는 피리독살인산이고 다른 형태는 아미노기를 가지는 **피리독사민인산(pyridoxamine phosphate, PMP)**이다. PMP로부터 α-케토글루타르산으로의 아미노기전달에 의해 PLP로 된다. 이 과정 동안 PLP는 아미노기전달효소의 활성 부위에 있는 리신에 공유결합으로 결합한다.

그림 19.12 보결분자단인 피리독살인산(PLP와 PMP)의 두 가지 형태. PLP는 아미노기전달반응 동안 아미노산으로부터 전달되는 아미노기의 수용체이며, PMP는 아미노기의 운반체이다.

Pyridoxal phosphate (PLP)

Pyridoxamine phosphate (PMP)

탄소 골격의 이화작용

아미노기가 제거된 이후 아미노산 탄소 골격의 운명에 대하여 알아보기로 한다. 여러 아미노산은 7개의 가능한 중간산물 중 한 두 개로 분해되어 모두 최종적으로 시트르산회로로 들어가게 된다(그림 19.13). 아미노산은 분해되는 양식에 따라 두 종류로 나누어 볼 수 있다. 아세틸-CoA(acetyl-CoA) 또는 아세토아세틸-CoA(acetoacetyl-CoA)로 분해되는 아미노산은 케톤체(ketone body, 20.2절 참조)를 생성할 수 있으므로 **케톤생성아미노산(ketogenic amino acid)**이라고 부른다. 아미노산 중에서 피루브산, α-케토글루타르산, 숙시닐-CoA(succinyl-CoA), 푸마르산 또는 옥살로아세트산으로 분해되는 것은 탄소 골격이 글루코오스 합성에 이용될 수 있으므로 **글루코오스생성아미노산(glucogenic amino acid)**이라고 부른다. 여기서는 20개 아미노산의 이화작용을 모두 다루지 않고, 임상적으로나 건강 면에서 중요성을 가지는 몇몇 아미노산에 대하여만 살펴보기로 한다.

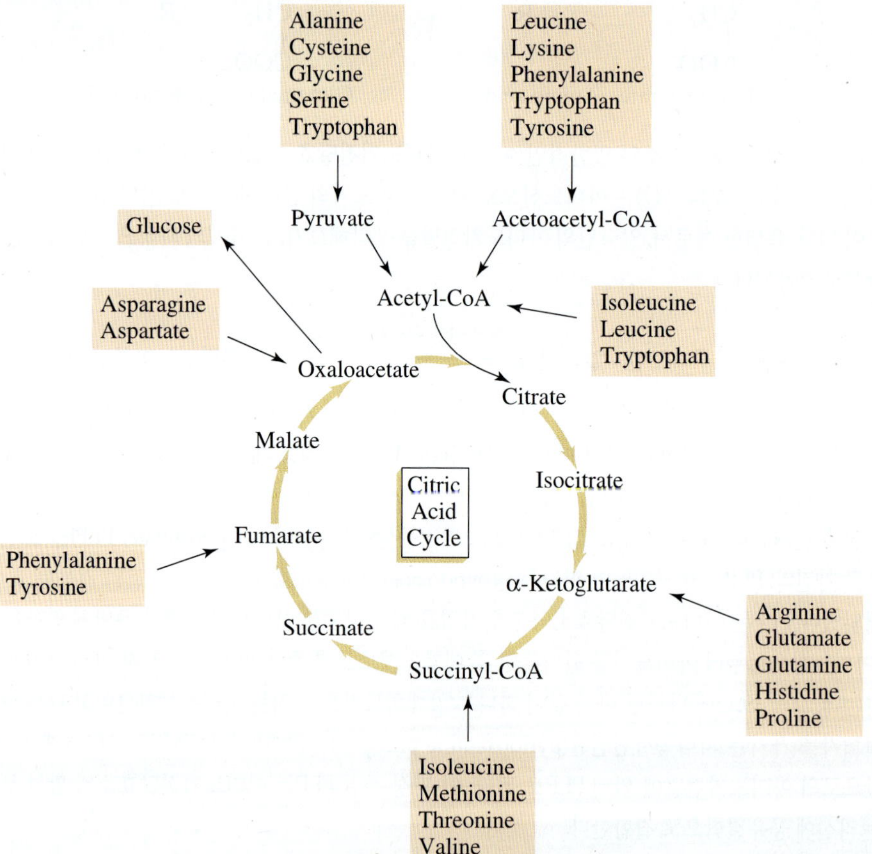

그림 19.13 아미노산 이화작용에서 각 탄소 골격의 운명. 대부분의 대사물질은 궁극적으로 시트르산회로로 들어간다.

복습 문제

1. 다음의 각 아미노산이 케톤생성아미노산인지 글루코오스생성아미노산인지 구별하시오.

a. 알라닌
b. 루신
c. 글루탐산
d. 글루타민
e. 페닐알라닌

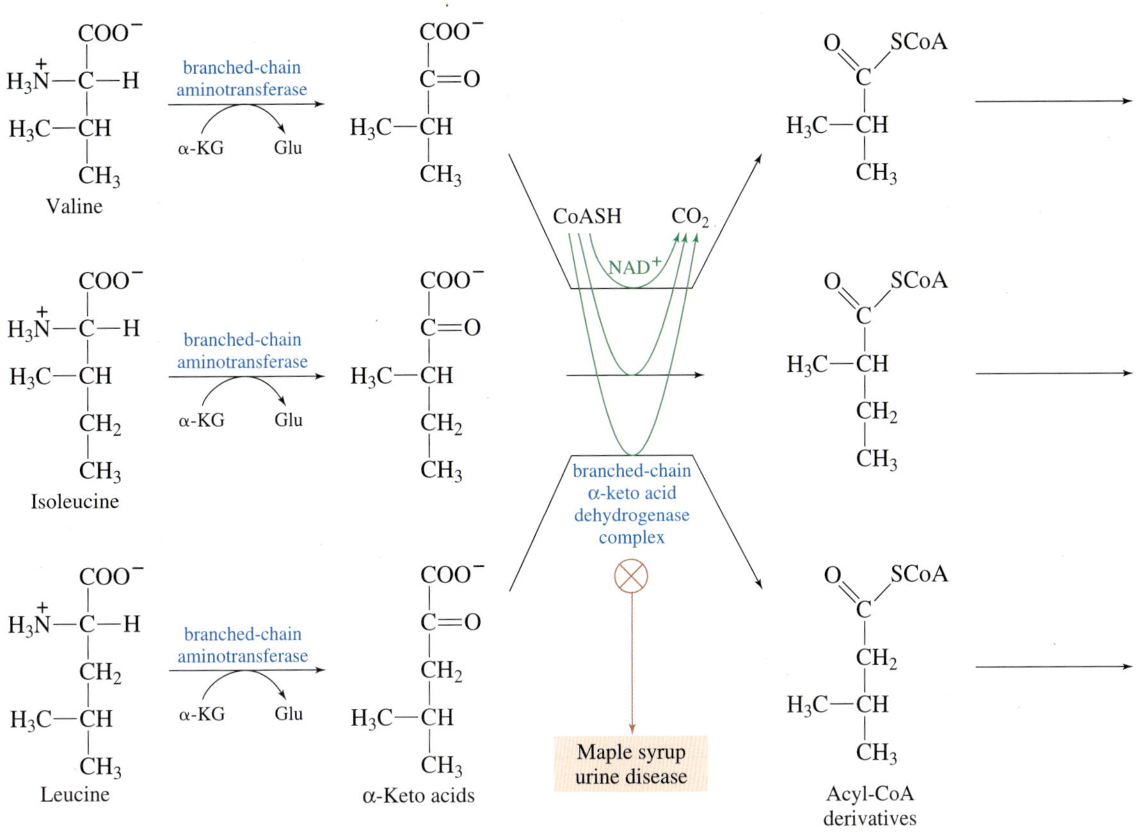

그림 19.14 분지사슬 아미노산(branched-chain amino acid)인 발린, 이소루신 및 루신의 이화작용 경로. 아미노기 전달반응과 산화적 탈카르복실화반응 등 두 개의 공통적인 단계 후에, 각 아미노산은 아실-CoA(acyl-CoA)의 유도체로 변환된다. 각 CoA에스테르는 독자적인 경로에 의해 분해된다. 세 개의 α-케토산 모두에 영향을 미치는 탈수소효소복합체의 유전적 결함은 단풍당밀뇨증을 유발한다. (임상생화학 19 참조)

분지된 아미노산 분지된 아미노산인 이소루신(isoleucine), 루신(leucine) 및 발린(valine)은 이화작용의 몇 단계를 공유한다. 이 세 아미노산 모두는 분지사슬 아미노기전달효소(branched-chain aminotransferase, 그림 19.14)에 의해 촉매되는 아미노기전달반응으로 이화작용을 시작한다. α-케토산 생성물은 피루브산탈수소효소복합체와 α-케토글루타르산탈수소효소복합체에 의해 촉매되는 것과 유사한 반응으로 탈카르복실화된다. 이 세 가지의 CoA에스테르는 세 개의 다른 과정에 의해 이화작용이 계속된다.

페닐알라닌 페닐알라닌의 이화작용은 아미노기전달이 첫 단계에서 일어나지 않는다는 점에서 다른 것과는 상이하다. 대신에 페닐알라닌은 처음에 히드록실화되어 티로신을 형성한다(그림 19.15). 고리의 치환된 히드록실기의 산소 원자는 원래 산소(O_2)로부터 온 것이다(페닐알라닌히드록실라아제). 다음 단계에서 티로신은 아미노기전달반응에 의해 *p*-히드록시페닐피루브산(*p*-hydroxyphenylpyruvate)으로 되고 이것이 호모겐티스산(homogentisate)으로 산화된다. 다음 단계에서 호모겐티스산산화효소(homogentisate oxidase)에 의해 고리가 절단된다. 이 경로는 시트르산회로에 의해 산화되는 푸마르산과 아세토아세트산의 형성으로 끝나게 된다.

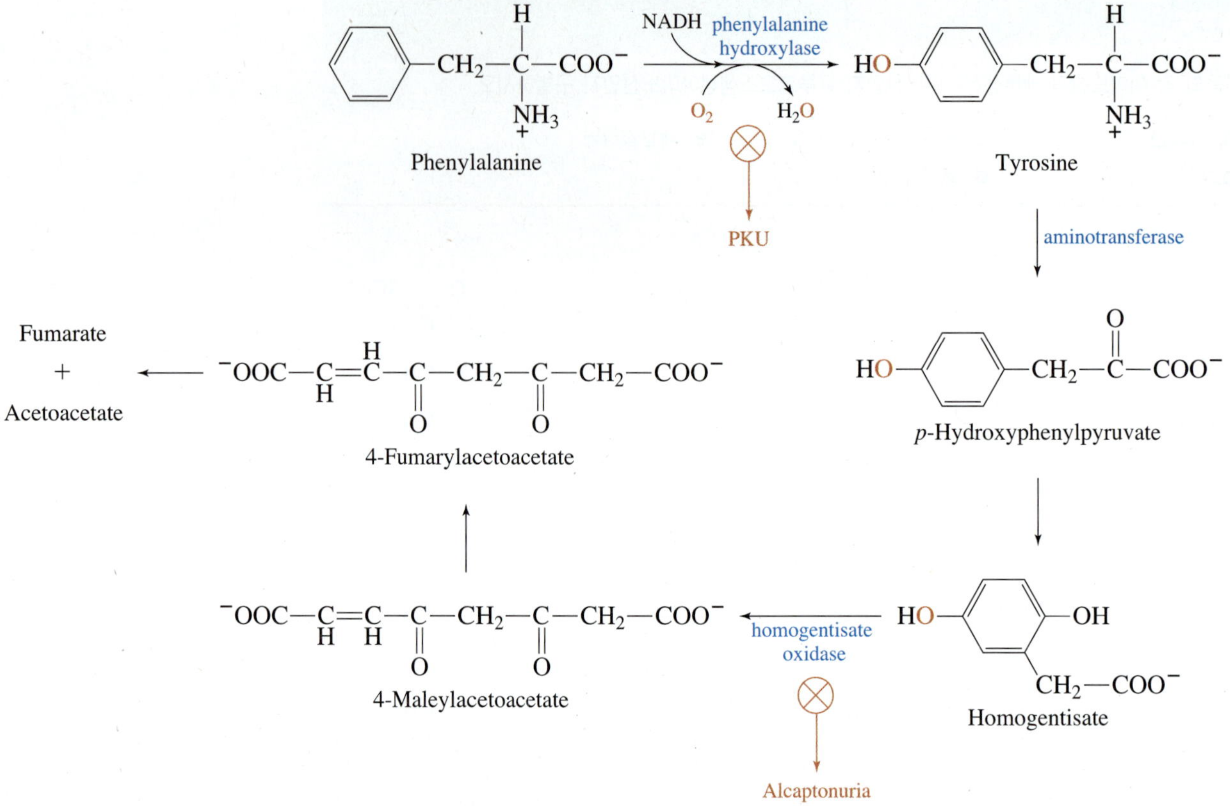

그림 19.15 페닐알라닌과 티로신의 이화작용 경로. 페닐알라닌히드록실라아제의 결핍은 페닐케톤뇨증(PKU)을 유발한다. 호모겐티스산산화효소의 결핍은 알캅톤뇨증을 유발한다(생화학 들여다보기 19.1 참조). (임상생화학 19 참조)

19.4 NH_4^+의 제거

학습 목표

요소회로의 반응과 생물학적 역할을 이해한다.

아미노산의 이화작용 과정에서 제거된 아미노기는 아미노기전달반응에 의해 글루탐산으로 모아진다. 한 가지 종류의 분자로 질소가 축적되는 것은 질소를 회수하기 위해서 단지 한 종류의 반응만이 필요하므로 매우 효율적이고 경제적이다. 아미노기전달반응과 글루탐산 탈아미노반응이 연합되어 아미노산으로부터의 아미노기 제거가 짝지어진 촉매 과정으로 이루어지게 된다.

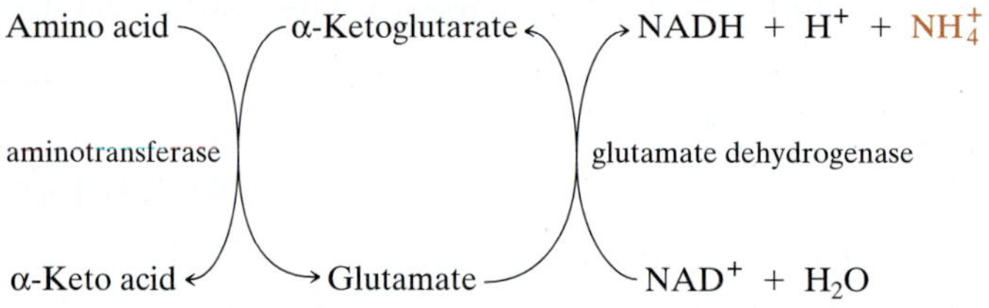

이렇게 연합된 과정에 의해 제거된 아미노기는 낮은 농도가 아닌 경우 세포에 유독한 질소 형태인 NH_4^+로 방출된다. NH_4^+의 유독성은 대부분 글루탐산탈수소효소(glutamate dehydrogenase)에 영향을 미치기 때문에 일어난다.

$$\alpha\text{-케토글루타르산} + NADH + H^+ + NH_4^+ \rightleftharpoons \text{글루탐산} + NAD^+ + H_2O$$

높은 농도의 NH_4^+는 이 반응의 평형을 오른쪽으로 이동시켜 시트르산회로에 이용할 수 있는 α-케토글루타르산의 농도를 낮춘다. 이것은 특히 글루코오스의 산소성 대사에 의존하는 발생 중인 뇌세포에게는 해롭다.

표 19.6
요소회로의 반응

Reaction Number	Reaction	Enzyme	Reaction Type[a]
1	$CO_2 + NH_4^+ + 2\ ATP + H_2O \rightleftharpoons$ carbamoyl phosphate $+ 2\ ADP + P_i$	Carbamoyl-phosphate synthetase	6
2	Carbamoyl phosphate + ornithine $\rightleftharpoons$ citrulline $+ P_i$	Ornithine transcarbamoylase	2
3	Citrulline + aspartate + ATP $\rightleftharpoons$ argininosuccinate + AMP + PP_i	Argininosuccinate synthetase	6
4	Argininosuccinate $\rightleftharpoons$ arginine + fumarate	Argininosuccinate lyase	4
5	Arginine + $H_2O \rightleftharpoons$ urea + ornithine	Arginase	3

[a] Reaction type: 1, oxidation-reduction; 2, group transfer; 3, hydrolysis; 4, nonhydrolytic cleavage (addition or elimination); 5, isomerization-rearrangement; 6, bond formation coupled to ATP cleavage.

이와 같이 암모늄이온은 불필요한 물질이므로 생물에 따라 여러 가지 다른 형태로 배출된다. 포유류를 포함한 육상 척추동물은 여분의 암모늄이온을 **요소(urea)**의 형태로 배출한다. 조류, 곤충 및 파충류는 여분의 암모늄이온을 **요산(uric acid)**으로 전환시켜 배출한다. 해양 무척추동물은 직접 NH_4^+로 배출한다(그림 19.16).

(a) Urea

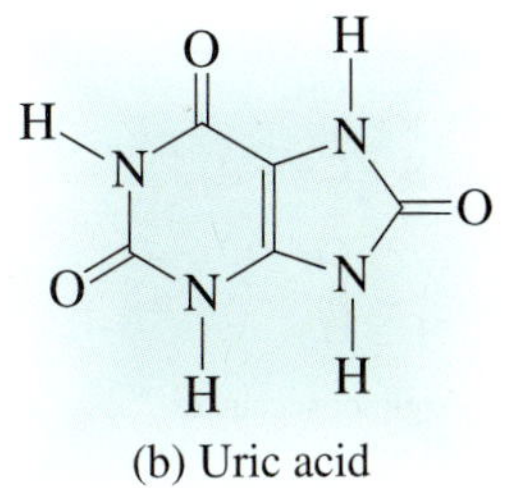

(b) Uric acid

NH_4^+

(c) Ammonium ion

그림 19.16 과다한 질소를 배출하기 위해 생물체에 의해 이용되는 물질들

요소회로

동물에서의 NH_4^+ 배출에 대하여 자세히 알아보기로 한다. 모든 척추동물은 **요소회로(urea cycle)**를 촉매할 수 있는 일련의 효소를 가지고 있다. 이 일련의 반응은 시트르산회로를 밝히기 5년 전인 1932년에 크렙스(Hans Krebs)에 의해 처음 보고되었다. NH_4^+의 요소로의 변환은 5 단계의 순환적인 경로에 의해 이루어진다(그림 19.17과 표 19.6). NH_4^+가 이 회로로 들어가는 지점은 **카르바모일인산합성효소(carbamoyl phosphate synthetase)**에 의해 촉매되는 반응이다(반응 1). 그 다음에 요소회로에서 일어나는 반응(반응 2~4)은 아미노산인 아르기닌(arginine)을 합성하는 것이다. 오직 척추동물에만 존재하는 효소인 **아르기나아제(arginase)**는 아르기닌의 가수분해를 촉매하여 요소를 방출하고 오르니틴(ornithine)을 재생시키면서 회로가 완성되게 된다(반응 5). 중간산물의 구조와 각 단계가 세포 내 어디에서 일어나는지 그림 19.17에 나타나 있다. 일부 효소는 세포질에 있고 일부는 미토콘드리아에 존재함을 주목하라. 이것은 중간산물인 시트룰린(citrulline)과 오르니틴이 미토콘드리아 막을 통하여 수송되어야 함을 의미한다.

아르기닌까지의 경로(반응 1~4)는 심지어 요소를 만들지도 배출하지도 않는 모든 생물체에까지도 존재한다. 이것은 아르기닌을 합성하는 데 이용되는 경로이다. 마지막 단계(반응 5)는 요소를 부산물로 배출하는 생물체에만 존재한다. 단지 이런 생물체만이 아르기나아제를 가지고 있다. 포유류에서의 요소회로는 간에서만 일어난다.

요소의 합성은 다음의 요소회로의 순반응에서 볼 수 있듯이 에너지가 요구된다.

$$CO_2 + NH_4^+ + 3ATP + \text{아스파르트산} + 2H_2O \rightleftharpoons \text{요소} + 2ADP + 2P_i + AMP + PP_i + \text{푸마르산}$$

한 분자의 요소를 형성하는 데에는 4개의 무수인산결합이 끊어지며 나오는 에너지가 필요하다. 이것은 반응 1($2ATP \rightarrow 2ADP + P_i$)과 반응 3($ATP \rightarrow AMP + P_i$ 및 연이은 $PP_i + H_2O \rightarrow 2P_i$)에서 얻어진다. 이렇게 많은 에너지를 생물체가 사용한다는 것은 순환계로부터 NH_4^+를 제거해야 할 필요성이 매우 높다는 것을 의미한다. 요소에 있는 두 질소 원자는 NH_4^+와 아스파르트산으로부터 직접 유래한다. 그러나 이 질소의 원래 공급원은 글루탐산이다. 질소의 흐름은 아래와 같은 반응으로 나타낼 수 있다.

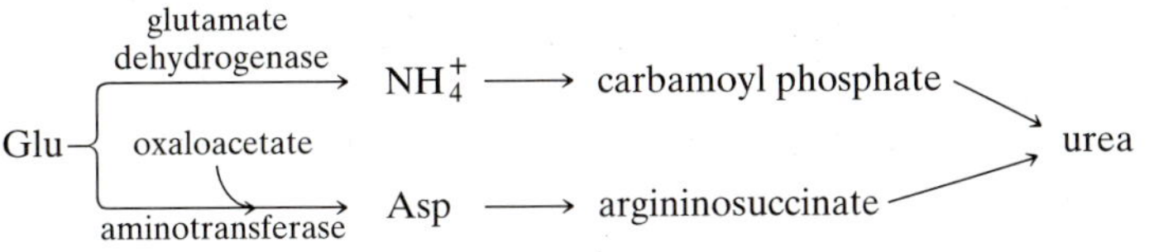

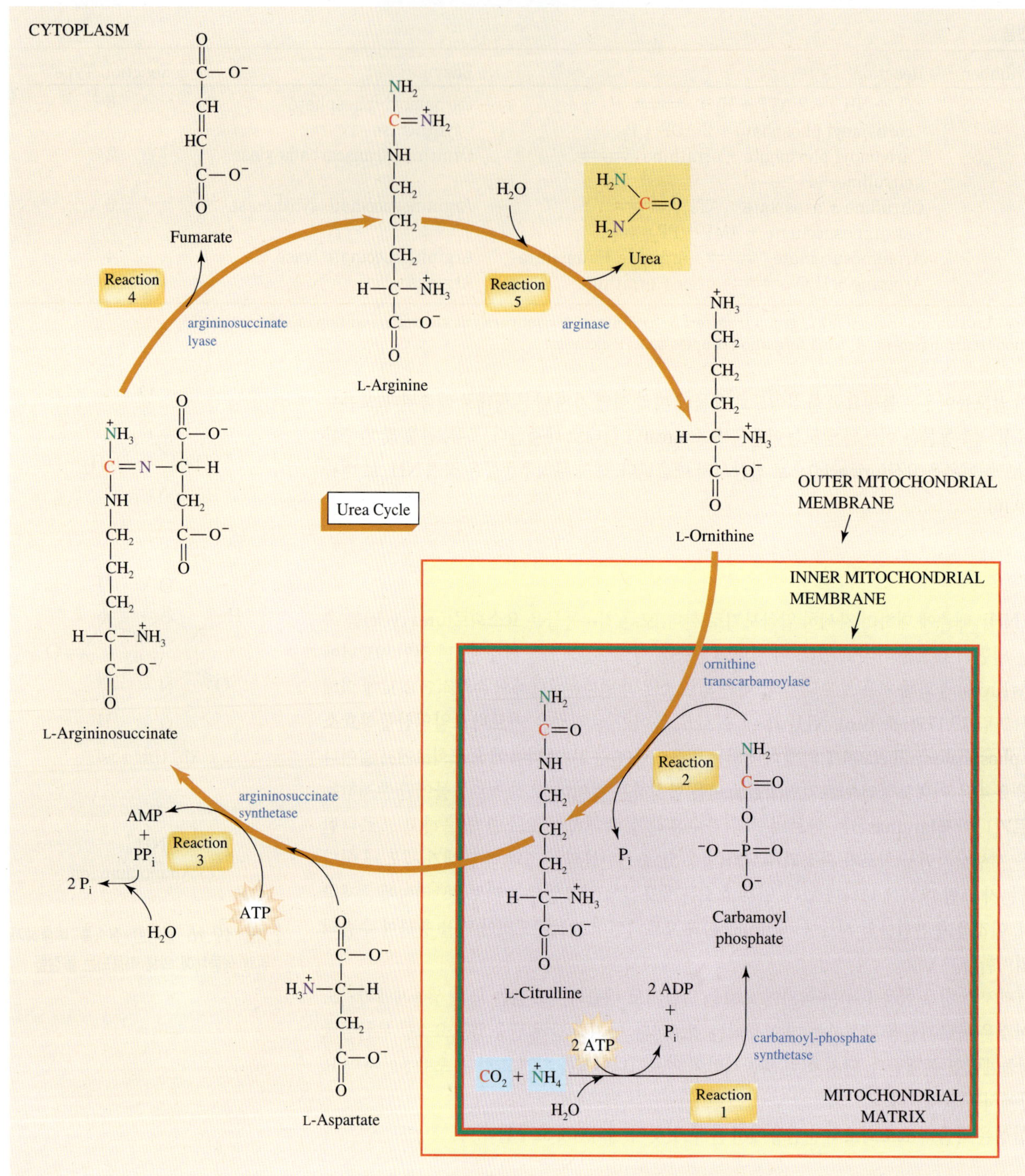

그림 19.17 중간대사물질의 구조와 효소의 세포 내 위치를 보여주는 요소회로 반응. 일부 반응은 세포질에서 일어나는 반면, 일부는 미토콘드리아 기질에서 일어남을 주목하라. 숫자가 표시된 반응은 표 19.6에 있는 반응과 동일한 반응이다.

요소회로의 대사 이상 요소회로의 어느 단계라도 완전히 차단되면 NH_4^+를 제거하는 다른 대체 경로가 없으므로 생물체는 생존할 수가 없다. 요소회로의 반응이 부분적으로 차단됨으로써 유발되는 유전병이 알려졌다. 여기에 관여된 효소는 아르기나아제, 카르바모일인산합성효소 및 오르니틴카르바모일기전달효소(ornithine transcarbamoylase) 등이다. 이러한 효소의 부분적인 결핍에 의해 다음과 같은 증상이 나타난다.

1. 혈액과 소변에서의 NH_4^+ 농도 증가(과암모니아혈증, hyperammonemia)
2. 단백질 섭취 후 메스꺼움과 불쾌감
3. 치료받지 않으면 정신박약으로 이어짐

이러한 증상을 가진 사람은 식이요법으로 치료될 수 있다. 환자들은 α-케토산이 첨가된 저단백질 음식을 섭취하여야 한다. α-케토산은 다음과 같은 두 가지 작용을 한다.

1. α-케토산은 글루탐산탈수소효소의 작용과 아미노기전달반응과 함께 과다한 NH_4^+를 흡수한다.
2. 만약 적절한 α-케토산이 선택되면, 저단백질 음식에서 부족할 수도 있는 필수아미노산으로 변환될 수 있다. 예를 들어, 그림 19.18에서 보이듯이 α-케토산은 발린과 루신으로 변환될 수 있다.

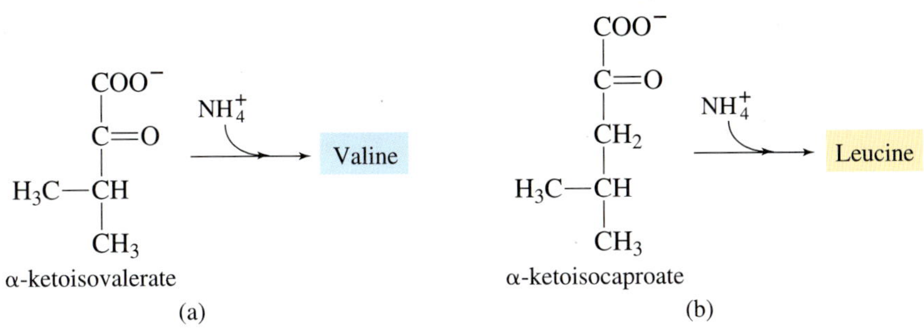

그림 19.18 요소회로의 유전적 결함의 치료에 사용되는 케토산. (a) α-케토이소발레르산(α-ketoisovalerate)이 아미노기전달반응에 의해 발린으로 변환되고, (b) α-케토이소카프로산(α-ketoisocaproate)이 아미노기전달반응에 의해 루신으로 변환된다.

19.5 다른 생체분자의 전구체로서의 아미노산

학습 목표

뉴클레오티드 및 기타 질소 함유 분자의 생합성 전구체로서의 아미노산의 중요성을 이해한다.

아미노산의 기능적인 역할을 생각하면, 단백질합성이 제일 먼저 떠오른다. 비록 균형 있는 식사에서는 탄수화물이나 지방에 비해 덜 이용되지만, 아미노산은 에너지를 얻기 위해 분해될 수 있다. 이 절에서는 중요한 천연 산물을 만드는 특별한 대사경로에 있어서 아미노산의 역할에 대하여 알아보기로 한다. 수많은 예가 표 19.7에 있으나 여기서는 포르피린(porphyrin), 핵산 염기, 생물생산아민(biogenic amine)과 산화질소(nitric oxide)에 대하여 살펴보기로 한다.

표 19.7
질소를 함유하는 천연 산물

Bioactive Product	Biological Function	Amino Acid Precursor(s)
Alkaloids	Nitrogen bases in plants	Ornithine, Asp, Lys, Tyr, Trp, Phe, His
δ-Aminobutyric acid (GABA)	Inhibitory neurotransmitter	Glu
Auxin	Plant growth hormone	Trp
Catecholamines	Neurotransmitters, hormones	Tyr, Phe
Glutathione	Redox tripeptide	Gly, Glu, Cys
Histamine	Allergic response, stomach acid secretion	His
Melanin	Skin pigments	Tyr, Phe
Melatonin	Regulates sleep cycles	Trp
Nitric oxide	Cell messenger	Arg
Phosphocreatine	Energy molecule in muscle	Gly, Arg, Met
Porphyrin	Heme and chlorophyll	Gly
Purine bases	RNA, DNA, cofactors	Asp, Gly, Glu
Pyrimidine bases	RNA, DNA, cofactors	Asp
Serotonin	Neurotransmitter (hormone)	Trp
Spermine, spermidine	DNA packaging	Met, ornithine
Thyroxine	Hormone	Tyr

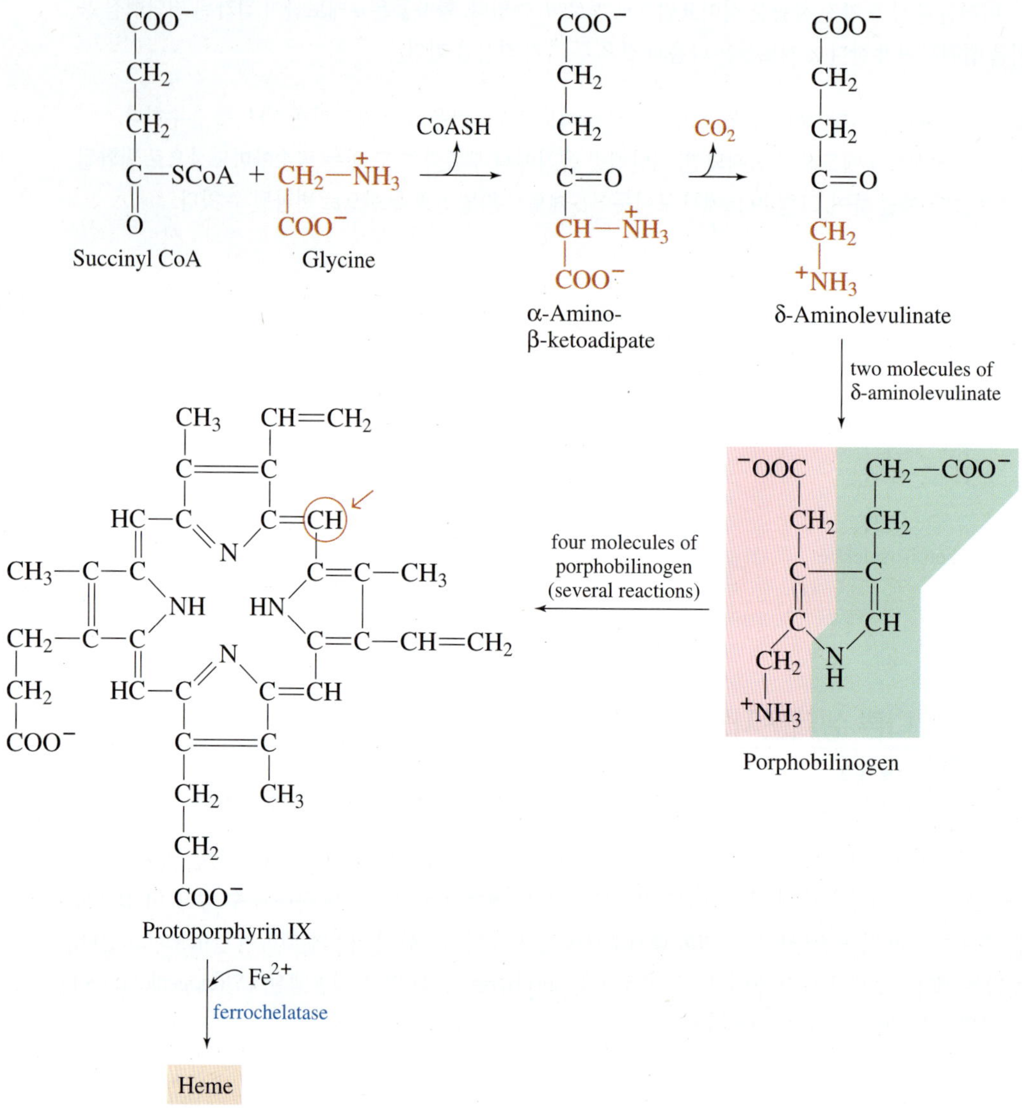

Succinyl CoA + Glycine → (CoASH) → α-Amino-β-ketoadipate → (CO_2) → δ-Aminolevulinate

two molecules of δ-aminolevulinate

Porphobilinogen

four molecules of porphobilinogen (several reactions)

Protoporphyrin IX

Fe^{2+}

ferrochelatase

Heme

그림 19.19 글리신과 숙시닐-CoA로부터 프로토포르피린 IX와 헴이 합성되는 과정의 개요. 붉은 원과 화살표는 헴산화효소에 의한 헴의 이화작용 과정에서 프로토포르피린 IX에 있는 탄소원자가 CO로 산화되는 것을 나타낸다.

포르피린

이 책에서는 **헴(heme)**을 보조인자로 가지는 단백질이 많이 나온다. 헴 단백질(hemoprotein)에는 헤모글로빈(hemoglobin), 미오글로빈(myoglobin), 시토크롬(cytochrome)과 카탈라아제(catalase)와 많은 다른 효소들이 있다. 헴은 철 원자와 **포르피린(porphyrin)**의 결합체이다. 만약 변형된 포르피린(porphyrin) 고리가 마그네슘과 결합하면 식물의 광합성에서 빛 에너지를 흡수하는 엽록소(chlorophyll)가 된다. 실제로 포르피린의 합성은 식물, 세균 및 동물에서 매우 중요하다. 평균적인 성인은 매 초마다 약 900조개의 헤모글로빈 분자를 합성한다. 헤모글로빈 각 분자는 네 분자의 헴을 필요로 한다. 이것의 복잡한 구조와 세포 내에서의 많은 기능에 비하면 포르피린 고리의 합성은 매우 단순한 것에서부터 시작된다. 즉 글리신(glycine)과 숙시닐-CoA(succinyl-CoA)가 그것이다.

헴 생합성 동물에서의 포르피린 합성의 윤곽이 그림 19.19에 나타나 있다. δ-아미노레불린산생성효소(δ-aminolevulinate synthase)에 의해 글리신과 숙시닐-CoA의 축합으로 **δ-아미노레불린산(δ-aminolevulinate, ALA)**이 형성된다. 포르피린 합성의 조절은 이 단계에서 일어난다. 반응의 속도는 생

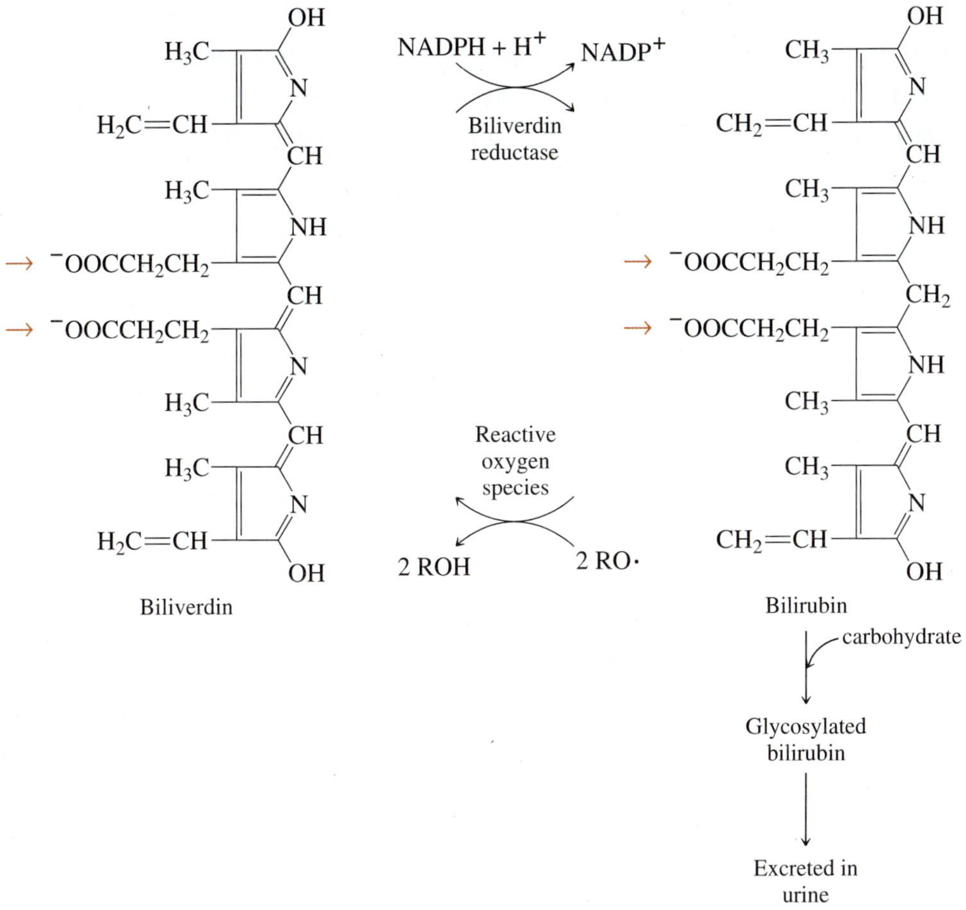

NADPH + H^+ → $NADP^+$ (Biliverdin reductase)

Biliverdin ⇌ Bilirubin

Reactive oxygen species: 2 RO· → 2 ROH

Bilirubin → (carbohydrate) → Glycosylated bilirubin → Excreted in urine

그림 19.20 세포의 항산화물로서의 빌리루빈. 빌리베르딘의 환원에 의해 생성된 빌리루빈은 전자 전달에 의해 활성 산소(RO·)를 중화시킨다. 이 회로는 빌리루빈을 산화시켜 다시 빌리베르딘으로 되며, 이것이 다시 빌리루빈으로 환원되는 회로를 반복한다. 붉은 색 화살표는 용해도를 향상시키기 위해 탄수화물기가 붙는 자리를 나타낸다.

성효소의 피드백 억제제로 작용하는 헴의 농도에 의해 조절되나, 헴 역시 유전자 수준에서 생성효소의 생산을 억제하는 신호 물질로 작용하기도 한다. 포르피린으로의 합성 경로는 네 개의 ALA 분자의 축합에 의해 최종적인 고리 형태인 **프로토포르피린Ⅸ(protopor-phyrin Ⅸ)**가 생성될 때까지 계속된다. 이 형태의 포르피린은 헴 단백질에서 발견되는 가장 흔한 형태이다. 고리로 철이 도입되는 것은 페로킬레이트화효소(ferrochelatase)에 의해 촉매된다. 식물에서 포르피린 합성의 경로는 ALA로부터 최종 산물이 만들어지는 동물에서의 경로와 같으나 ALA가 글리신과 숙시닐-CoA이 아닌 글루탐산으로부터 합성된다.

헴 분해 동물에서 효소에 의한 헤모글로빈의 분해는 재사용될 수 있는 철을 방출하고 단백질을 재생시키기 때문에 매우 중요한 대사 작용이다. 사람 적혈구의 평균 수명은 120일이다. 노쇠한 적혈구 세포는 순환계에서 제거되어 비장(spleen)에서 분해된다. 이 과정에서 방출된 헴은 고리가 열리면서 분해된다. **헴산화효소(heme oxygenase)**가 탄소 원자를 CO 형태로 방출시키는 고리 열림 반응을 촉매한다(그림 19.19 참조). 헴 분해 후 최초의 산물은 녹색의 선형 테트라피롤인 **빌리베르딘(biliverdin)**이며, 이것이 **빌리베르딘환원효소(biliverdin reductase)**에 의해 역시 선형의 테트라피롤인 노란색의 **빌리루빈(bilirubin)**으로 환원된다(그림 19.20). 빌리루빈은 헴 분해의 최종 산물이지만 물에는 불용성이다. 소변으로 배출되기 쉽게 하기 위해서 탄수화물 분자가 프로피온산의 두 곁사슬에 부착된다(그림 19.20). 노란색의 글리코실화된 빌리루빈이 소변의 특징적인 색을 나타낸다.

새로운 연구는 빌리루빈이 항산화제로서 중요한 생리적 기능을 수행함을 보여주고 있다. 빌리루빈은 과산화라디칼과 과산화수소라디칼과 같은 활성산소종을 중화시키는 산화환원회로에 참여한다(그림 19.20). 이러한 빌리루빈의 세포 보호 효과는 지난 수년 동안 세포에서 가장 활성적이고 중요한 항산화제라고 생각되어온 글루타티온(그림 3.11)보다 훨씬 더 우수한 것으로 알려졌다.

헴 대사작용과 건강 헴 대사 작용의 결핍에 의해 여러 가지 대사 결함이 생긴다. 이러한 질병의 일부는 헴 분해 산물의 축적을 유발시킨다. 일반적으로 **포르피린증(porphyrias)**라는 용어는 이러한 결함을 나타내는 말이다. 모든 포르피린증의 공통적인 증상은 **황달(jaundice)**이다. 밖으로 나타나는 황달의 증세는 과다한 빌리루빈의 축적으로 인해 피부와 눈의 흰자위가 노란색으로 변하는 것이다. 황달은 종종 미숙아에게서 많이 나타난다. 만약 치료되지 않으면, 혈장의 빌리루빈 농도가 과도하게 높아져 때로 빌리루빈이 뇌세포에서 결정으로 되기도 한다. 이것은 귀머거리, 정신박약과 신경 손상을 유발시킬 수 있다. 신생아에서의 빌리루빈의 축적은 빌리루빈에 탄수화물을 연결하는 효소가 상대적으로 결핍되어 생긴다. 이 효소는 정상적인 출생 때까지 충분한 양이 간에서 만들어지지 않는다. 영향을 받는 신생아는 특별한 형광빛(빌리루빈 감소 전등)에 노출시켜 치료한다. 이 빛은 광화학적으로 빌리루빈을 분해하여 덜 유독하면서 신생아에 의해 대사되어 배출될 수 있는 물질을 생산하게 한다.

생물생산아민류와 기타 산물

아미노산으로부터 중요한 생물 활성 물질을 합성하는 데는 특별한 대사경로가 이용된다(표 19.7). 이 반응들은 종종 특정한 세포 부위에서 일어나고 생산물은 그 부위에서 작용한다. 여기서는 신경전달물질인 카테콜아민(catecholamine), 호르몬, **생물생산아민(biogenic amine)**과 산화질소(nitric oxide)의 합성에 대하여 살펴보기로 한다. 이들 중 많은 것은 아미노산의 탈카르복실화(decarboxylation)에 의해 생성된다. 동물에서 히스티딘의 탈카르복실화에 의해 **히스타민(histamine)**이 형성된다(그림 19.21a). 알레르기 반응 중에 과다한 양으로 분비되는 이 산물은 강력한 혈관 확장제이며 사람에게 많은 고통을 유발한다. 제약회사들은 알레르기 반응의 증세를 경감시킬 수 있는 약을 만들고자 시도하고 있다. 여기에는 두 가지 접근 방법이 있는데, 히스티딘탈카르복실화효소(histidine decarboxylase)를 억제하는 약품이나 또는 히스타민이 그 수용체에 결합하지 못하게 하여 알레르기 반응을 시작하는 것을 방해하는 약품을 개발할 수 있다. 위의 점막에서 히스타민이 수용체에 결합하는 것을 방해하면 염산의 생산을 감소시킬 수 있다. 글루탐산의 탈카르복실화는 억제적 신경전달물질인 **γ-아미노부티르산(γ-aminobutyrate, GABA)**(그림 19.21b)을 생산한다.

방향족 아미노산인 페닐알라닌, 티로신 및 트립토판은 특수화된 물질대사에서 가장 활발한 종류에 속한다. 트립토판의 히드록실화와 탈카르복실화에 의해 멜라토닌의 전구체이며 명암 회로의 조절인자 역할을 하는 신경전달물질인 **세로토닌(serotonin)**이 생성된다(그림 19.21c). 식물에서 트립토판은 중요한 생장호르몬인 **인돌-3-아세트산(IAA, auxin)**의 전구체다(그림 19.21d). 티로신의 특수화된 물질대사에 의해 중요한 신경전달물질, 호르몬 및 피부 색소가 생성된다. 티로신은 디히드록시페닐알라닌(dihydroxyphenylalanine, 도파 dopa), **도파민(dopamine)**, **노르에피네프린(norepinephrine)**과 **에피네프린(epinephrine)**(그림 19.22)의 합성에 이용된다. 티로신의 탄소 골격은 갑상선 호르몬인 **티록신(thyroxine)**을 만드는 데 이용된다. 피부 색소를 생산하는 세포인 멜라닌세포(melanocyte)에서 티로신은 **멜라닌(melanin)** 색소를 합성하는 단위체로 작용한다(그림 19.23). 산소화효소인 티로시나아제(tyrosinase)는 햇빛에 의해 활성화되어 멜라닌의 생산을 증가시키고 이로 인해 피부를 어둡게 만든다. 티로시나아제가 유전적으로 결핍된 사람은 피부에 색소를 갖지 못해 알비노(albino)가 된다. 사과, 바나나 및 버섯이 산소에 노출되어 갈색으로 되는 것은 티로시나아제의 작용에 의해 디페놀(diphenol)의 과다한 산화와 중합 작용이 일어나기 때문이다.

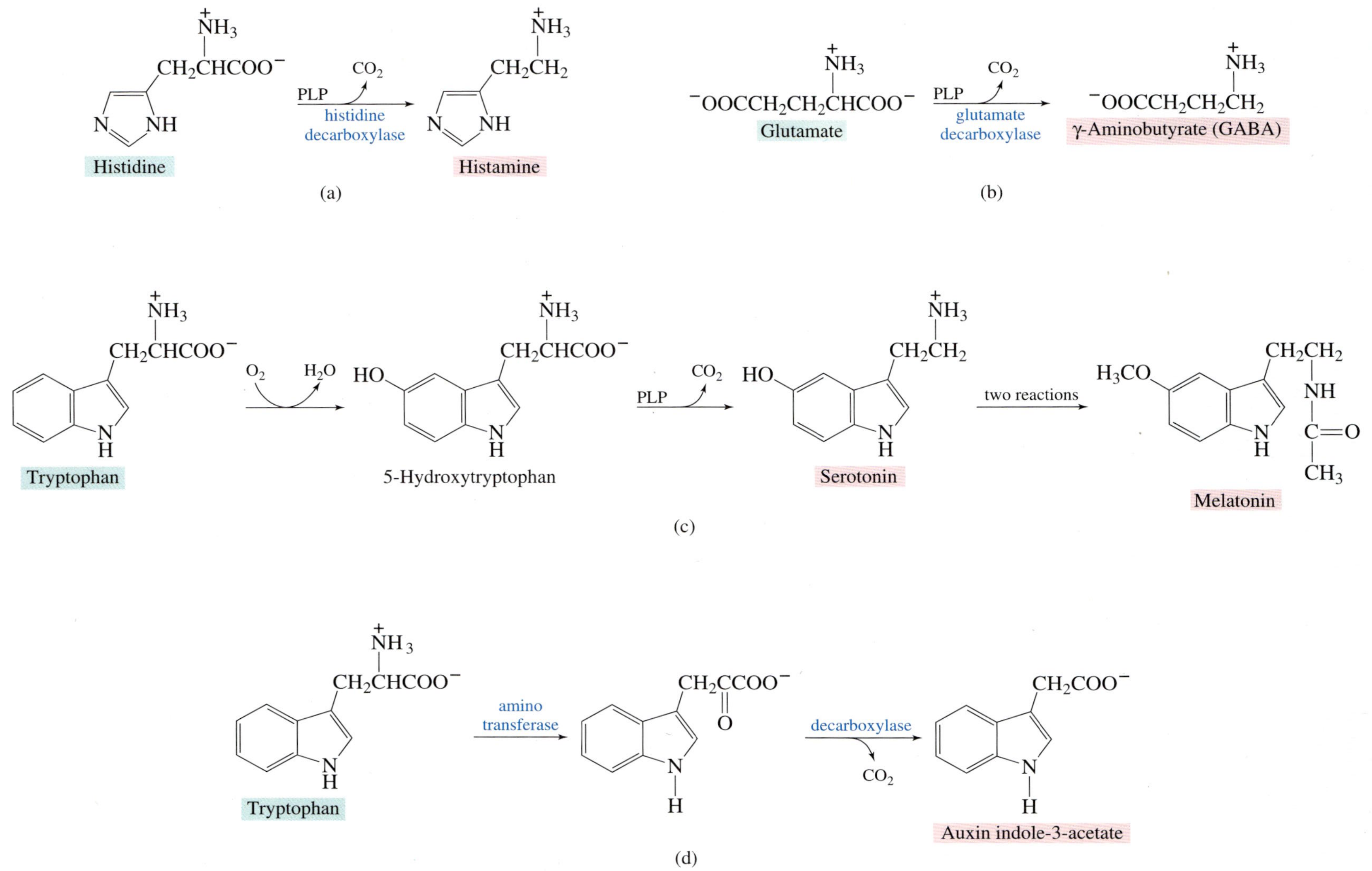

Histidine → (PLP, histidine decarboxylase, $-CO_2$) → Histamine

(a)

Glutamate → (PLP, glutamate decarboxylase, $-CO_2$) → γ-Aminobutyrate (GABA)

(b)

Tryptophan → (O_2, H_2O) → 5-Hydroxytryptophan → (PLP, $-CO_2$) → Serotonin → (two reactions) → Melatonin

(c)

Tryptophan → (amino transferase) → → (decarboxylase, $-CO_2$) → Auxin indole-3-acetate

(d)

그림 19.21 아미노산 반응의 특수한 생산물의 구조. (a) 히스티딘으로부터 히스타민의 합성. (b) 글루탐산으로부터 억제 신경전달물질인 γ-아미노부티르산의 합성. (c) 트립토판으로부터 세로토닌과 멜라토닌의 합성. (d) 트립토판으로부터 식물 생장조절 물질인 오옥신의 합성

그림 19.22 티로신은 여러 생물체에서 기원하는 아민(amine)의 전구체이다. (a) 티로신으로부터 중요한 신경전달물질인 도파민(dopamine), 노르에피네프린(norepinephrine) 및 에피네프린(epinephrine)의 합성(SAM = *S*-아데노실메티오닌; SAH = *S*-아데노실호모시스테인). (b) 두 분자의 티로신으로부터 합성되는 호르몬인 티록신의 구조.

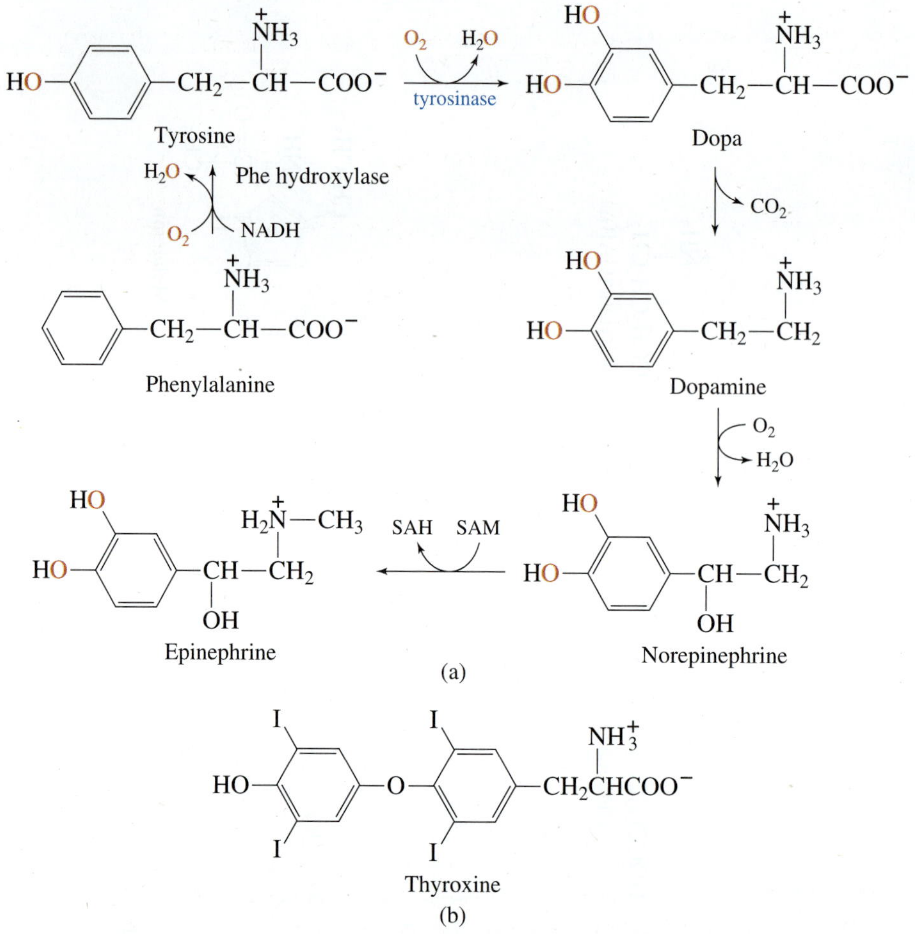

Tyrosine → (O_2, H_2O; tyrosinase) → Dopa

Phenylalanine → (O_2, NADH; H_2O; Phe hydroxylase) → Tyrosine

Dopa → (CO_2) → Dopamine

Dopamine → (O_2, H_2O) → Norepinephrine

Norepinephrine → (SAM, SAH) → Epinephrine

(a)

Thyroxine

(b)

그림 19.23 티로신으로부터 피부 색소인 멜라닌의 합성

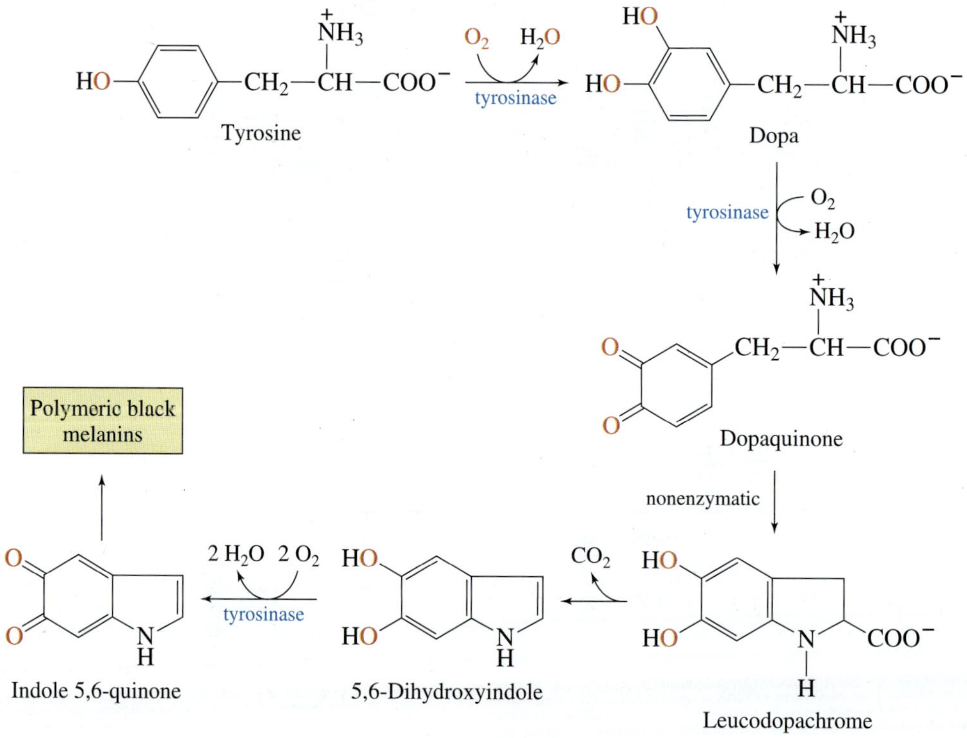

Tyrosine → (O_2, H_2O; tyrosinase) → Dopa

Dopa → (tyrosinase; O_2, H_2O) → Dopaquinone

Dopaquinone → (nonenzymatic) → Leucodopachrome

Leucodopachrome → (CO_2) → 5,6-Dihydroxyindole

5,6-Dihydroxyindole → (2 O_2, 2 H_2O; tyrosinase) → Indole 5,6-quinone

Indole 5,6-quinone → Polymeric black melanins

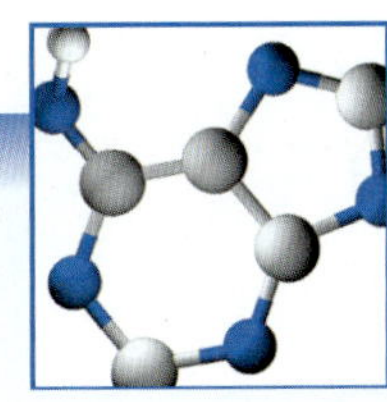

19 – 2

생화학 들여다보기

우울증 치료 – 신경전달물질과 모노아민산화효소 억제제

방향족 아미노산인 페닐알라닌, 티로신 및 트립토판은 생물학적으로 중요한 아민(amine) 합성의 전구체로 특히 활성적이다. 여기서 이러한 아미노산으로부터 합성되는 여러 **신경전달물질(neurotransmitter, NT)**의 특성에 대하여 살펴보기로 한다. 카테콜아민 신경전달물질인 **도파민(dopamine)**, **노르에피네프린(norepinephrine)** 및 **에피네프린(epinephrine)**은 페닐알라닌과 티로신으로부터 합성된다(그림 19.22). 트립토판은 **세로토닌(serotonin)** 합성의 시작 물질이다(그림 19.21). 신경전달물질은 한 신경세포로부터 다른 신경세포로 신경 자극을 전달하는 데 필수적인 역할을 하는 화학물질이다(9.3절과 웹사이트의 세포막 이동 참조). 이 물질은 한 신경세포의 끝에서 분비되어 시냅스 간극을 통하여 인접한 신경세포에 있는 수용체로 이동한다. 이 과정은 인접한 신경세포에 자극을 유발한다. 신경전달물질이 목적을 수행한 후에는 불활성화되어 더 이상의 자극이 전달되지 않아야 한다. 가장 중요한 NT 불활성화 작용은 NT의 흡수와 다른 물질로의 대사 작용을 포함한다. 여기서는 NT를 불활성화시키는 역할을 하는 **모노아민산화효소(monoamine oxidase, MAO)**의 작용에 대하여 살펴보기로 한다. 아래에 있는 반응은 노르에피네프린이 MAO에 의해 화학적인 변화를 겪는 반응을 보여준다. MAO는 뇌, 신경세포, 간, 장 및 신장에 존재한다. 가장 일반적인 형태의 효소는 FAD를 보조인자로 가지며, 미토콘드리아의 외막에 부착되어 있다.

$$\text{HO-(OH)C}_6\text{H}_3\text{-CH(OH)-CH}_2\text{-NH}_3^+ + H_2O \xrightleftharpoons[]{\text{MAO-FAD} \rightarrow \text{MAO-FADH}_2} \text{HO-(OH)C}_6\text{H}_3\text{-CH(OH)-C(=O)H} + NH_3$$

약 5%~20%의 사람이 평생 어느 한 시기에 심한 우울증(depression)을 겪는 것으로 알려졌다. 여러 형태의 병적 우울증의 가장 많은 원인은 신경전달물질, 특히 노르에피네프린과 세로토닌의 부적절한 합성과 분해 및 흡수에 의해 생긴다. 많은 항우울증 치료제는 **MAO억제제(MAO inhibitor, MAOI)**이다. 이 약은 아민 신경전달물질의 분해를 늦춤으로 인해 결과적으로 그 농도를 높이는 역할을 한다. 가장 일반적으로 사용되는 MAOI는 트라닐시프로민(tranylcypromine, Parnate)과 페넬진(phenelzine, Nardil)이다. 이 약의 부작용은 혈압의 변동과 낮잠, 구강 건조, 체중 증가와 성기능 장애 등이다. MAOI를 사용함에 있어 가장 위험한 면은 MAO가 뇌에 작용할 뿐만이 아니라 음식물로 섭취된 아민의 분해에 필수적인 점이다. MAOI의 복용자는 티로신의 탈카르복실화된 형태인 티라민(tyramine)을 포함하고 있는 음식물은 반드시 피해야만 한다. 만약 장에 있는 MAO가 억제 받는다면, 티라민은 위험한 농도에 이르게 되어 혈압을 변동시키게 한다. 티라민을 포함하고 있는 음식은 오래된 치즈, 딱딱한 소시지, 초콜릿과 적포도주 등이다. MAOI 복용자는 또한 슈도에피드린(pseudoephidrine, Sudafed)과 페놀프로파놀아민(phenolpropanolamine)을 함유하고 있는 체중감소제와 많은 다른 약품의 복용을 삼가야 한다. 무처방 또는 처방된 약품 중 많은 종류가 아민류이며, 만약 MAO에 의해 적절하게 분해되지 않으면 인체에 유독한 농도에 이르게 된다.

가장 드문 아미노산의 생합성 이용이 최근에 발견되었다. 물질대사의 중요한 조절인자이며 국부 호르몬인 **산화질소(nitric oxide, NO)**는 아르기닌으로부터 유도된다(그림 19.24). 산화질소생성효소(nitric oxide synthase)는 칼슘 이온(Ca^{2+})을 필요로 하는 산소화효소이다. NO는 신호전달 작용에 신호전달 물질로 작용한다.

퓨린 및 피리미딘 뉴클레오티드

뉴클레오티드는 질소염기(퓨린과 피리미딘), 당(리보오스 또는 디옥시리보오스)과 인산으로 구성되어 있다(그림 10.1 참조). 뉴클레오티드는 이미 우리가 살펴본 많은 중요한 생체분자의 구성 성분이다. 가장 중요한 것은 DNA와 RNA의 구성 단위체라는 사실이다. 이것은 또한 보조인자인 FAD, NAD^+, $NADP^+$, CoASH와 SAM등에서 발견된다. 이 절에서는 뉴클레오티드의 물질대사와 의학적인 측면에 대하여 살펴보기로 한다.

그림 19.24 아르기닌은 세포 신호전달 물질인 산화질소(nitric oxide)의 전구체이다. 이 반응은 산화질소생성효소에 의해 촉매된다. NO에 있는 질소는 아르기닌에서 붉은 색으로 표시된 질소 원자로부터 유래한 것이다.

Arginine (COO^-, $H_3\overset{+}{N}—CH$, CH_2, CH_2, CH_2, NH, $C=\overset{+}{N}H_2$, NH_2) + O_2 + NADPH → (nitric oxide synthase) → NADP$^+$ + H_2O + NO + Citrulline (COO^-, $H_3\overset{+}{N}—CH$, CH_2, CH_2, CH_2, NH, C=O, NH_2)

대부분의 생물은 두 가지 형태의 뉴클레오티드 생합성 경로를 가진다. 하나는 **뉴클레오티드의 신생합성(de novo synthesis of nucleotide bases)**(새로운 전구체로부터의 합성)이고 다른 하나는 **뉴클레오티드의 우회합성(salvage synthesis of nucleotide bases)**(재순환)이다. 피리미딘 뉴클레오티드의 신생합성은 이형고리(heterocyclic)의 형성으로부터 시작한 다음 리보오스 인산을 부착한다. 각 고리를 형성하는 원자의 근원이 그림 19.25에 표시되었다. 피리미딘 생합성의 일반적인 윤곽이 그림 19.26에 나타나 있다. 이 경로로부터 합성되는 최종의 완전한 뉴클레오티드는 우리딘-5'-삼인산(uridine-5'-triphosphate, UTP)과 시티딘-5'-삼인산(cytidine-5'-triphosphate, CTP)이다. 알로스테릭효소(allosteric

알비노는 티로시나아제의 유전적 결핍에 기인한다.

그림 19.25 피리미딘(a)과 퓨린(b) 고리의 생합성에서 각 원자의 유래를 보여주는 그림

(a) NH_4^+ → N; CO_2 → C; Aspartate → C–C–C–N

(b) CO_2; Glycine; Aspartate; Formate; Formate; Amide N of glutamine

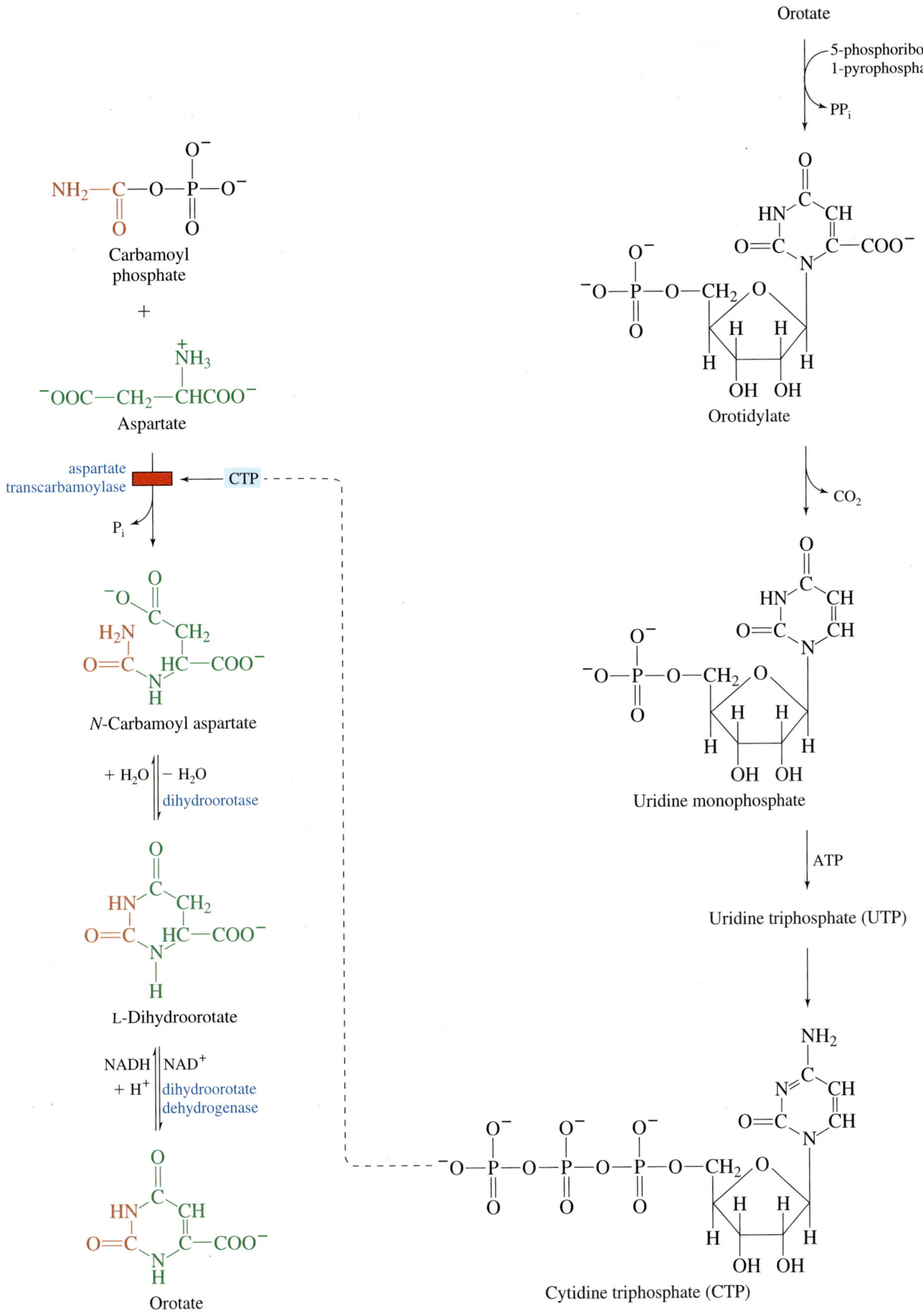

Carbamoyl phosphate

+

Aspartate

aspartate transcarbamoylase

CTP

P_i

N-Carbamoyl aspartate

$+ H_2O$ / $- H_2O$

dihydroorotase

L-Dihydroorotate

NADH $+ H^+$ / NAD^+

dihydroorotate dehydrogenase

Orotate

Orotate

5-phosphoribosyl-1-pyrophosphate

PP_i

Orotidylate

CO_2

Uridine monophosphate

ATP

Uridine triphosphate (UTP)

Cytidine triphosphate (CTP)

그림 19.26 피리미딘 뉴클레오티드인 UTP와 CTP 합성의 개요. 피리미딘 고리의 형성은 카르바모일인산과 아스파르트산으로부터 시작된다. 최종 산물인 CTP는 아스파르트산카르바모일기전달효소의 음성 조절인자이다.

enzyme)인 아스파르트산카르바모일기전달효소(aspartate transcarbamoylase, ATCase)에 의해 촉매되는 첫째 단계가 속도 조절 단계이다. CTP는 이 효소의 음성 조절인자이다.

피리미딘 뉴클레오티드의 생합성과는 달리 퓨린 뉴클레오티드의 합성은 그림 19.25와 그림 19.27에서 보듯이 활성화된 리보오스 인산 유도체를 기초로 시작해서 이형고리의 원자가 더해진다. 완전한 퓨린 고리를 가진 최초의 중간산물은 GMP와 AMP의 합성으로 분지되는 이노신일인산(inosine monophosphate, IMP)이다. 이들 산물은 생합성 과정의 여러 단계에서 피드백 억제제로 작용한다.

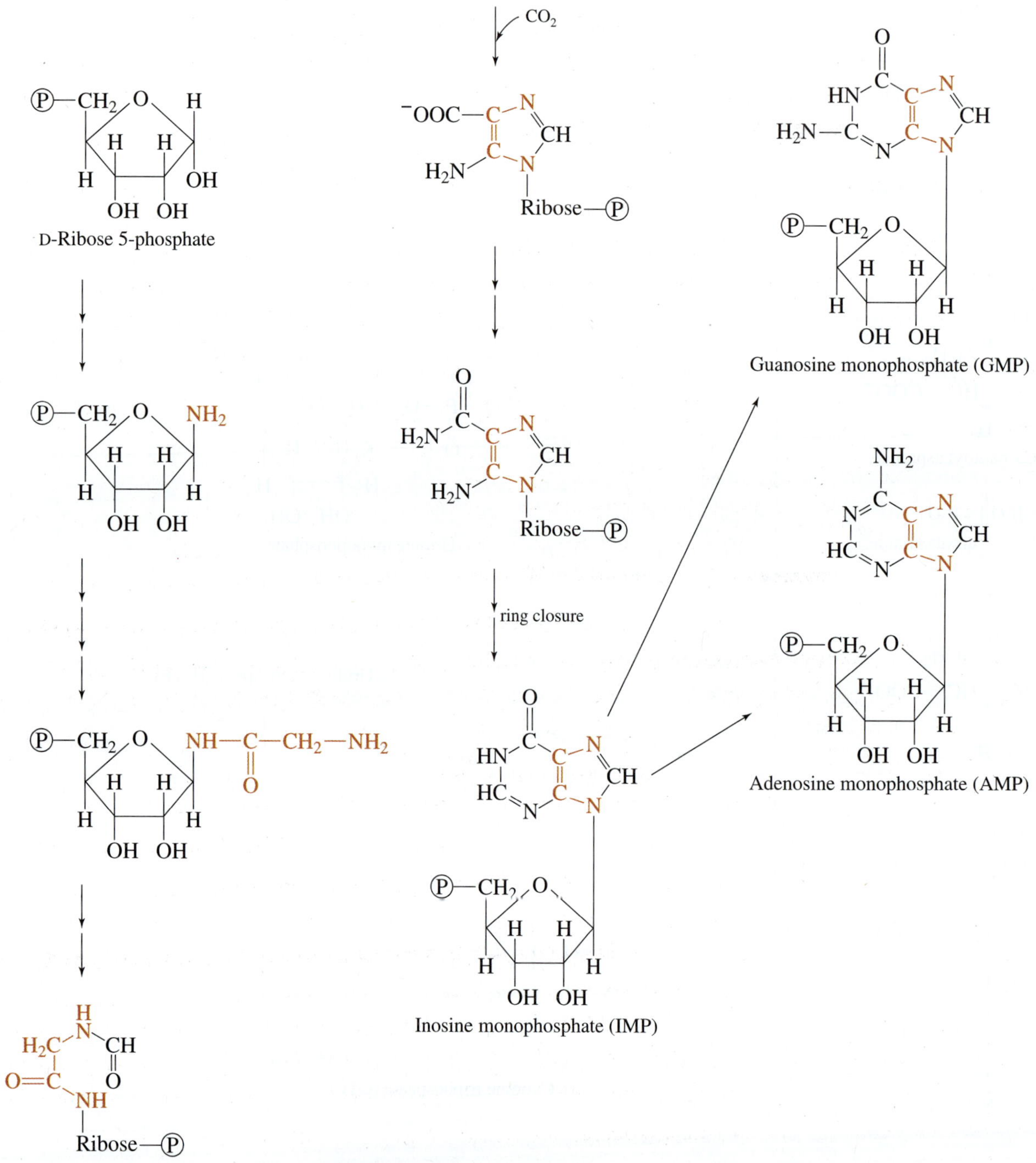

그림 19.27 리보오스-5-인산에서 시작하는 퓨린 뉴클레오티드 합성의 개요. 이 경로에서 구아노신일인산(guanosine monophosphate)과 아데노신일인산(adenosine monophosphate)이 합성된다. Ⓟ는 인산기를 나타낸다.

또 다른 중요한 퓨린과 피리미딘 뉴클레오티드의 근원은 회수(salvage) 경로이다. 우리가 음식으로 섭취하거나 또는 합성한 질소염기의 90% 정도까지 재사용된다. 뉴클레오티드의 신생합성에는 상당한 양의 ATP 형태의 에너지가 소요되므로 회수 경로는 뉴클레오티드 합성 경로의 경제적인 대체 수단이 된다. 두 개의 중요한 회수 효소는 아데닌 포스포리보실기전달효소(adenine phosphoribosyl-transferase)와 히포크산틴-구아닌포스포리보실기전달효소(hypoxanthine-guanine phosphoribosyl-transferase)이다. 이들 효소 모두는 적당한 염기에 포스포리보실피로인산(phosphoribosyl pyrophosphate, PRPP) 형태의 활성화된 리보오스를 결합시킨다. 다음과 같은 반응이 촉매된다.

$$\text{아데닌} + \text{PRPP} \rightleftharpoons \text{AMP} + \text{PP}_i$$
$$\text{히포크산틴} + \text{PRPP} \rightleftharpoons \text{IMP} + \text{PP}_i$$
$$\text{구아닌} + \text{PRPP} \rightleftharpoons \text{GMP} + \text{PP}_i$$

지금까지 살펴본 퓨린과 피리미딘 뉴클레오티드는 탄수화물 성분으로 모두 리보오스를 가지고 있다. 다시 말해 이들은 리보뉴클레오티드인 것이다. 물론 이들은 보조인자의 합성과 RNA합성에 이용된다. 디옥시리보오스(deoxyribose)를 포함하는 뉴클레오티드는 주로 DNA합성에 이용되는 중요성을 가진다. 디옥시뉴클레오티드는 네 개 모두 리보뉴클레오티드로부터 환원 과정에 의해 합성된다. 전반적인 반응과 필요한 반응물은 다음과 같다.

$$\text{리보뉴클레오시드이인산} + \text{NADPH} + \text{H}^+ \rightleftharpoons \text{디옥시리보뉴클레오시드이인산} + \text{NADP}^+ + \text{H}_2\text{O}$$

이 과정에 필요한 효소가 **리보뉴클레오티드환원효소(ribonucleotide reductase)**이다. 환원에 필요한 전자는 NADPH로부터 나오며, 활성적인 리보뉴클레오티드의 기질 형태는 이인산인 ADP, GDP, UDP 및 CDP이다. 환원 과정에 의해 기질의 구조가 변화하는 것이 그림 19.28에 나타나 있다. 2'-히드록실기는 수소에 의해 대체된다. 최종 산물은 dADP, dGDP, dUDP, dCDP이다.

DNA는 우라실 대신 티민을 피리미딘 염기로 가진다. 우라실 고리는 DNA합성을 준비하는 과정에서 메틸화되어 티민 염기로 된다.

$$\text{dUMP} + N^5, N^{10}\text{-메틸렌-FH}_4 \xrightleftharpoons[]{\text{티미딜산 합성효소}} \text{dTMP} + \text{FH}_4$$

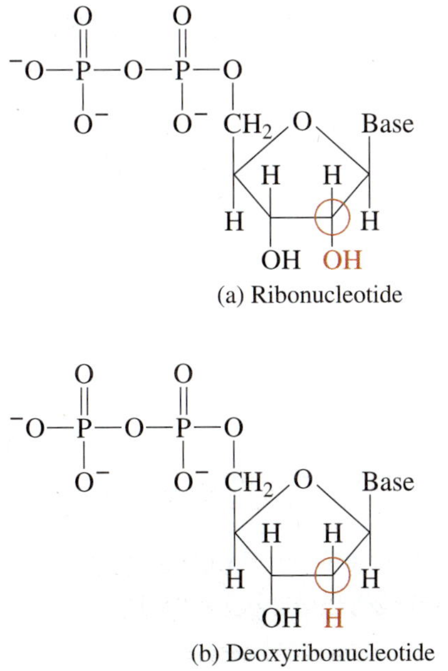

$^-$O—P(=O)(O$^-$)—O—P(=O)(O$^-$)—O—CH_2 (ring: O, Base; H, H, H, H; OH, **OH**)

(a) Ribonucleotide

$^-$O—P(=O)(O$^-$)—O—P(=O)(O$^-$)—O—CH_2 (ring: O, Base; H, H, H, H; OH, **H**)

(b) Deoxyribonucleotide

그림 19.28 리보뉴클레오티드(a)와 디옥시리보뉴클레오티드(b)의 구조. 원으로 표시된 탄소원자는 산화 과정을 거친다.

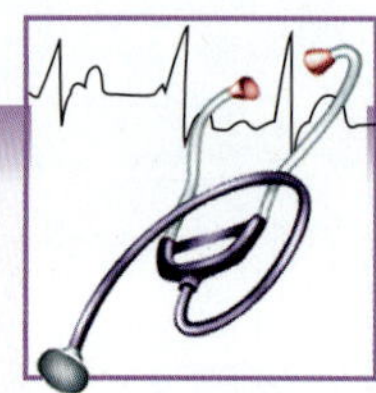

19 - 1

임상생화학

아미노산의 이화작용과 관련된 유전병

효소의 결핍이 질병을 일으킨다는 생각은 약 100년 전에 처음 인식되었다. 1900년대 초반에 개롯(Archbald Garrod)은 몇몇 질병은 정상 기능을 하기에 충분치 않은 양이거나 또는 적절한 형태의 효소를 생산할 수 없는 사람에게서 발생한다고 제안하였다. 이러한 질병은 단백질을 만드는 유전자에 돌연변이가 발생하여 생긴다. 개롯은 또한 이러한 유전병은 몇몇 중간산물이 조직이나 혈장에 축적되고 결국 환자의 소변으로 배출되기 때문에 진단될 수 있음을 알았다. 이러한 유전적 유래의 질병을 지금은 **선천성 대사이상(inborn error of metabolism)**이라고 부른다.

아미노산의 이화작용은 특히 유전 장애를 일으키기 쉽다. 실제로 개롯에 의해 알려진 첫째 물질대사 장애는 **호모겐티스산산화효소(homogentisate oxidase)**(그림 19.15 참조)의 결핍으로 생기는 **알캅톤뇨증(alcaptonuria)**이다. 물질대사의 중간산물인 호모겐티스산이 혈액에 축적되어 소변으로 배출된다. 공기 중에 노출되면 호모겐티스산은 검은색의 색소로 중합되므로 소변이 검게 된다. 미국에서 약 200,000명당 한 명 꼴로 생기는 이 장애는 검은색 오줌으로 인해서 생기는 당황스러움 외에는 다행히도 인체에 무해하다.

페닐알라닌히드록실화효소(phenylalanine hydroxylase)의 결핍은 **페닐케톤뇨증(phenylketonuria, PKU)**을 유발한다. 이 질병의 환자는 훨씬 더 많으며(15,000명당 한 명), 알캅톤뇨증에 비해 더 심각한 질병이다. PKU에서는 높은 농도의 페닐알라닌이 다른 비정상적인 분해 경로를 거치게 된다. 페닐알라닌이 티로신으로 변화하는 대신(그림 19.15), 비특이적인 아미노기전달효소에 의해 바로 페닐피루브산(phenylpyruvate)으로 변한다. 이 산물은 미토콘드리아의 피루브산자리옮김효소(translocase)를 억제함으로써 발생 중인 뇌세포에 영향을 미친다. 만약 치료되지 않으면, PKU는 결국 정신 장애로 이어져 조기 사망에 이르게 된다. 대부분의 병원은 이 질병을 발견하기 위해 신생아 검사를 일상적으로 수행한다(임상생화학 14 참조). PKU로 진단된 신생아는 아스파르트산과 페닐알라닌 메틸 에스테르의 디펩티드인 아스파르탐(aspartame, 뉴트라스위트)으로 감미된 음식물을 포함하여 페닐알라닌의 섭취를 제한하여야 한다.

티미딜산합성효소(thymidylate synthetase)는 메틸렌테트라히드로엽산(methylene tetrahydrofolate)으로부터 메틸기를 전달한다. 기질의 형태는 일인산(monophosphate)이다. 빠르게 생장하는 종양세포는 높은 수준의 DNA합성을 유지해야 한다. 티미딜산합성효소가 억제되면 사용 가능한 dTMP의 양이 제한되므로 종양세포의 생장이 느려진다. 널리 사용되는 화학 요법제인 플루오르우라실(fluorouracil)과 메토트렉세이트(methotrexate)는 이러한 역할을 이용한 것이다.

물질대사 장애인 통풍(gout)과 레쉬-니한증후군(Lesch-Nyhan syndrome)은 뉴클레오티드의 물질대사에 영향을 미친다. 퓨린 고리가 모두 요산(uric acid)으로 분해되고 이것이 생리적인 조건에서 음이온 형태인 요산염(urate)으로 변화된다(그림 19.29).

통풍: **통풍(gout)**의 중요한 생화학적 특징은 혈장 내 요산염의 높은 농도이다. 이것은 나트륨 요산염(sodium urate) 결정의 침전에 의해 관절에 염증을 유발한다. 퓨린 분해에 의해 과다한 요산염이 생성되면 여러 질병의 원인이 된다. 통풍의 치료는 알로퓨리놀(allopurinol)의 사용을 포함한다(그림 19.30). 이 약은 크산틴과 유사한 구조를 가지며 크산틴산화효소(xanthine oxidase)의 억제제로 작용한다.

레쉬-니한증후군: 유전병인 **레쉬-니한증후군(Lesch-Nyhan Syndrome)**은 회수 효소인 히포크산틴-구아닌포스포리보실기전달효소(hypoxanthine-guanine phosphoribosyltransferase)의 결핍으로 생긴다. 이 질병의 어린이는 강제적인 자기 학대의 행동을 보인다. 손가락과 입술을 물어뜯으며 다른 사람에게 공격적이다. 또한 정신박약의 증세도 보인다. 염기가 덜 회수되므로 더 많은 요산이 생성되어 통풍을 유발한다. 알로퓨리놀은 통풍의 증상은 경감시키나 레쉬-니한증후군에는 효과가 없다.

단풍당밀뇨증(maple syrup urine disease, MSUD)은 지방족 아미노산인 발린, 이소루신 및 루신의 분해에 관련된 효소의 결핍으로 생기는 유전병이다. 결핍되는 효소는 **분지사슬 α-케토산탈수소효소복합체(branched-chain α-keto acid dehydrogenase complex)**이다(그림 19.14 참조). α-케토산은 산화될 수 없으므로 혈액 내에 축적되어 소변으로 배출된다. 소변은 단풍의 당밀(maple syrup) 냄새가 나는데 이것은 주로 이소루신에서 비롯된 α-케토산 때문이다. MSUD의 초기 증상은 무기력과 분만 후 며칠 안에 생기는 식욕 감소이다. 만약 치료하지 않으면 구토, 발작, 정신 장애, 혼수상태를 일으키며 심지어 조기 사망에 이르기도 한다. MSUD는 약 200,000명의 신생아 중 한 명꼴로 발생한다. 이 병의 환자는 세 종류의 아미노산 섭취를 제한하여야 하지만, 이들 아미노산이 모두 필수아미노산이므로 아미노산의 균형을 유지하는 특별한 영양식을 마련하여야 한다.

학습 문제

1. 인공 감미료인 아스파르탐의 구조를 그리고 왜 PKU 환자는 아스파르탐을 사용하면 안 되는지 설명하시오.
2. 이소루신, α-케토산과 α-케토글루타르산을 사용하여 아미노기전달반응을 설명하시오.
3. 물질대사 이상은 종종 소변에 몇몇 생화학 물질이 비정상적인 고농도로 존재하는지의 여부를 검사함으로써 진단한다. 아래와 같은 질병을 가진 환자의 소변에는 어떤 물질이 고농도로 존재하겠는가?

   a. PKU
   b. 알캅톤뇨증
   c. 단풍당밀뇨증
   d. 당뇨증
   e. 황달

참고 문헌

http://www.msud-support.org

Devlin, T., editor, 1997. *Textbook of Biochemistry with Clinical Correlations*, 4th edition. New York: Wiley-Liss. Amino acid metabolism disorders, pp. 465, 467, 479.

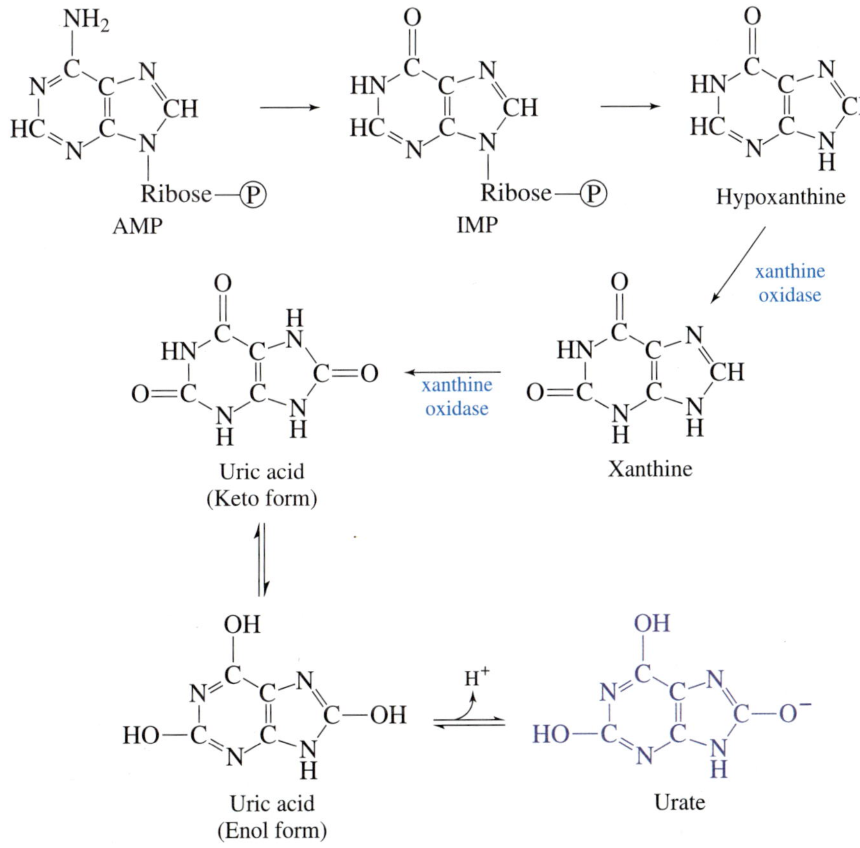

그림 19.29 퓨린 뉴클레오티드인 AMP가 요산과 요산염으로 분해되는 과정. 이 과정에서 크산틴산화효소(xanthine oxidase)가 중요 효소로 작용한다. Ⓟ는 인산기를 나타낸다.

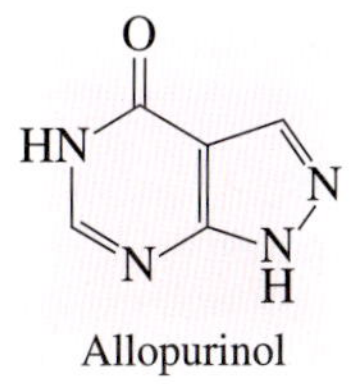

그림 19.30 통풍의 치료에 사용되는 약물인 알로퓨리놀의 구조

요약

■ 질소는 자연 상태에서 무기 질소와 유기질소의 형태로 존재하지만, 가장 많은 자연 상태의 형태는 질소기체(N_2)이다. 이러한 형태의 질소가 대부분의 생물에 의해 이용되기 위해서는 질소고정 세균에 존재하는 질소고정효소복합체(nitrogenase complex)에 의해 암모니아(ammonia)로 고정(환원)되어야 한다.

■ 생물체의 모든 종은 단백질을 형성하는 20가지의 아미노산 중 최소한 몇 개를 합성할 능력이 있다. 사람을 비롯한 고등동물은 단지 9개의 아미노산을 정상적인 생장에 필요한 충분한 양으로 합성할 수 있다. 다른 아미노산은 음식을 통해서 섭취되어야 한다.

■ 식이 단백질은 단백질분해효소에 의해 위와 장에서 가수분해된다. 분해된 유리 아미노산은 말단 조직으로 이동된 후 단백질합성에 이용된다. 어떤 조건 아래에서는 아미노산이 에너지를 얻기 위해 분해된다.

■ 일반적으로 아미노산 이화작용의 첫째 단계는 가장 흔한 α-케토글루타르산인 α-케토산으로 아미노기가 전달되는 과정인 아미노기전달(transamination) 과정이다. 이 반응은 피리독살인산(pyridoxal phosphate)을 보조인자로 가지는 아미노기전달효소(aminotransferase)에 의해 촉매된다. 이때 남겨진 탄소 골격은 시트르산회로에서 분해된다.

■ 사람에서 과다한 질소는 보통 암모늄이온의 형태로 존재하는데, 이것은 반드시 세포에서 제거되어야 한다. 이것은 요소회로(urea cycle)에서 5 단계의 효소 반응에 의해 이루어진다.

■ 아미노산은 특수화된 대사경로에 의해 히스타민, GABA, 세로토닌, 멜라닌, 인돌-3-아세트산, 신경전달물질(도파, 도파민, 에피네프린), NO와 뉴클레오티드염기인 아데닌, 구아닌, 티민과 시토신과 같은 중요한 생체분자를 합성하는 데 이용된다.

연습 문제

용어 이해

19.1 다음 용어를 번역하고 25 단어 이하로 정의하시오.

a. essential amino acid
b. transamination
c. pyridoxamine phosphate
d. carbamoyl phosphate
e. δ-aminolevulinate
f. porphyrias
g. histamine
h. Mo-Fe protein
i. pepsin
j. allopurinol
k. monoamine oxidase
l. catecholamine
m. phenylalanine hydroxylase
n. alcaptonuria
o. serotonin
p. norepinephrine

개념 복습

19.2 다음의 각 물질대사 장애는 대사산물의 축적을 유발한다. 각 질병과 산물을 연결하시오.

물질대사 질병	대사산물
1. 단풍당밀뇨증	**a.** 페닐알라닌
2. 알캅톤뇨증	**b.** NH_4^+
3. 페닐케톤뇨증	**c.** 나트륨 요산염
4. 과암모니아혈증	**d.** α-케토산
5. 포르피린증	**e.** 호모겐티스산
6. 황달	**f.** 빌리루빈
7. 통풍	**g.** 포르피린
8. 레쉬-니한증후군	

19.3 문제 19.2에 있는 물질대사 질병에서 결핍된 효소가 있다면 어느 것인가?

19.4 아미노산의 물질대사에 있어 다음 보조인자의 생화학적 기능은 무엇인가? 각 보조인자가 사용되는 반응을 적으시오.

a. 피리독살인산
b. NAD^+/NADH + H^+ 또는 $NADP^+$/NADPH + H^+
c. 테트라히드로엽산
d. *S*-아데노실메티오닌
e. CoASH

19.5 아래에 질소고정 생물에서 발견되는 질소고정효소복합체의 반응물, 생성물, 구성요소와 과정을 나타내었다. 전자전달과 질소고정의 올바른 순서를 나타내어라.

a. N_2
b. 전자의 공급원
c. Fe단백질
d. 페레독신의 환원
e. NH_3
f. 질소고정효소(Mo-Fe단백질)

***힌트:** b로 시작할 것.*

19.6 질소고정효소복합체의 각 구성요소와 적절한 보조인자를 연결하시오.

구성요소	보조인자
1. 페레독신	**a.** Fe단백질
2. 플라보독신	**b.** Mo-Fe단백질
3. 질소고정효소환원효소	**c.** FAD
4. 질소고정효소	

19.7 그림 19.10을 보고 다음 물음에 답하시오. 각 물음에 대한 답을 아래에 표시된 중간산물에서 고르시오.

a. 트립토판의 생합성 경로에 존재하는 중간산물은 무엇인가?
b. 페닐알라닌의 생합성 경로에 존재하는 중간산물은 무엇인가?
c. 페닐알라닌과 트립토판 모두의 생합성 경로에 존재하는 중간산물은 무엇인가?
d. 티로신의 생합성 경로에 존재하는 중간산물은 무엇인가?
e. 페닐알라닌과 티로신 모두의 생합성 경로에 존재하는 중간산물은 무엇인가?

중간산물

1. 코리슴산
2. 시킴산
3. 안트라닐산
4. 프레펜산
5. 페닐피루브산
6. *p*-히드록시페닐피루브산

19.8 피리미딘 뉴클레오티드의 신생합성의 시작 물질은 무엇인지 아래에서 고르시오.

a. 아스파르트산
b. 포스포리보실피로인산
c. NH_4^+
d. 크산틴
e. CO_2

19.9 카르바모일인산과 오르니틴으로 시작하여 사람의 아르기닌 합성의 경로를 요약하시오.

19.10 생체분자의 동화 경로는 종종 방사능으로 표지된 분자에 의해 결정된다. 아래에 있는 표지된 작은 분자가 어떻게 큰 분자에 도입되는지 보이시오.

a. [^{15}N] 아스파르트산 → AMP
b. [^{14}C] 글리신(2번 탄소) → AMP

19.11 아래에 있는 효소를 표 14.2에 따라 분류하시오.

a. 질산환원효소
b. 알라닌아미노기전달효소
c. 아르기나아제
d. 페닐알라닌히드록실라아제

19.12 질소고정효소복합체에는 어떤 금속이온이 존재하는가?

19.13 페닐케톤뇨증(PKU)의 치료 방법을 설명하시오.

활용 문제

19.14 다음 기질에 질소고정효소복합체가 작용하여 생기는 모든 산물의 구조를 적으시오.

a. N≡N b. HC≡CH c. HC≡N

19.15 단백질 결핍증인 카와시오코르(kawashiokor)는 피부의 색소가 없어지는 병이다. 이 병이 어떻게 생기는지 생화학적으로 설명하시오.

19.16 아래 화합물의 직접 아미노기전달반응의 결과 생기는 산물의 구조를 적으시오.

a. 아스파르트산
b. 알라닌
c. 발린
d. 페닐알라닌
e. 오르니틴

19.17 아래에 있는 α-케토산은 과암모니아혈증(hyperammonemia) 증세를 가지는 사람의 치료에 이용된다. 생리적인 조건하에서 α-케토산으로부터 어떤 아미노산이 형성되는가?

a. $CH_3C(=O)COO^-$

b. $CH_3CH(CH_3)—C(=O)COO^-$

c. $CH_2CH_2CH_2CH_2C(=O)—COO^-$ (첫 번째 CH_2에 $\overset{+}{N}H_3$)

19.18 아래에 그려진 천연 산물은 아미노산으로부터 합성된다. 각 천연 산물에서 아미노산 전구체는 무엇인가?

a. (인돌 고리: 4번 위치 OPO_3^{2-}, 3번 위치 $CH_2CH_2N(CH_3)_2$, N—H)
프실로시빈(psilocybin, 식물의 환각 물질)

b. (벤젠 고리: $CH_2CH_2NH_3^+$, OH, OH)
도파민

c. $CH_2CH_2CH_2COO^-$ (첫 번째 CH_2에 $\overset{+}{N}H_3$)
γ-아미노부티르산(GABA)

d. $CH_2CH_2CH_2CH_2NHC(=NH)NH_2$ (첫 번째 CH_2에 $\overset{+}{N}H_3$)
아그마틴(agmatine, 세균에서 생성)

e. (피롤리딘 고리: COO^-, $\overset{+}{N}$에 H_3C, CH_3)
세균 산물

19.19 아래의 변환에서 일어나는 화학 반응은 어떤 종류인가? 반응의 각 단계를 간략히 설명하시오.

a. Valine $\xrightarrow{\text{two steps}}$ $CH_3CH(CH_3)—C(=O)—SCoA$

b. Tryptophan $\xrightarrow{\text{two steps}}$ (인돌 고리: 3번 위치 $CH_2CO_2^-$, N—H)
Auxin

c. Tyrosine $\xrightarrow{\text{four steps}}$ $H—C(OH)(Ar)—CH_2—N^+(H)(CH_3)—H$ (Ar = 3,4-디히드록시페닐: OH, OH)
Epinephrine

19.20 중간산물의 이름을 사용하여 알라닌이 CO_2, H_2O 및 NH_4^+로 완전히 분해되는 과정의 개요를 설명하시오.

힌트: *알라닌 → 피루브산 반응부터 시작하시오.*

19.21 중간산물의 이름을 사용하여 문제 19.20에서 생성된 NH_4^+가 요소로 변환되는 과정을 요약하시오.

19.22 다음 각 아미노산은 시트르산회로의 중간산물로 분해될 수 있다. 각각의 시트르산회로 중간산물은 무엇인가?

a. 글루탐산
b. 아스파르트산
c. 아스파라긴
d. 글루타민

19.23 과다한 암모니아를 제거하기 위해 아래의 어떤 물질이 생물체에 의해 배출되는가?

a. 요소 **b.** NH_4^+ **c.** 우라실
d. 우리딘 **e.** 요산 **f.** 오르니틴

19.24 왜 NH_4^+는 고등 동물에 유해한가?

19.25 요산염은 퓨린 고리의 마지막 분해 산물이다. 아래 물질 중 어느 것이 요산염의 완전한 이화작용 결과 생성되겠는가?

a. ATP
b. 크산틴
c. NAD^+
d. CMP
e. CoASH
f. UDP-글루코오스
g. FAD
h. DNA
i. RNA
j. 트립토판

19.26 다음의 문장을 설명하고 토론하시오. "페닐알라닌은 사람의 필수아미노산이지만 티로신은 아니다."

19.27 암모니아(NH_3)는 기체이다. 왜 이것이 세포 밖으로 확산되지 않는가?

힌트: *다음 반응의 pK_a는 약 9.5이다.*

$$NH_3 + H^+ \rightleftharpoons NH_4^+$$

19.28 탄수화물과 지방산은 이화작용 과정에서 ATP 형태의 에너지를 생성하므로 중요한 연료 분자이다. 퓨린과 피리미딘도 중요한 연료 분자이겠는가?

19.29 조류(bird)가 아르기나아제(arginase) 효소를 가지고 있겠는가?

19.30 모노아민산화효소(monoamine oxidase)가 세로토닌과 도파민에 어떻게 작용하는지 설명하시오.

19.31 방향족 아미노산 생합성에 사용되는 전구체를 고르시오.

a. 피루브산
b. 옥살로아세트산
c. 3-포스포글리세르산
d. 포스포에놀피루브산과 에리트로오스-4-인산

19.32 아미노기전달효소는 다음 중 어떤 보결원자단을 필요로 하는가?

a. NADH
b. 피리독살인산
c. 비오틴
d. 테트라히드로엽산

19.33 아래는 요소회로에 필요한 효소들이다. 회로에 사용되는 올바른 순서로 나열하시오.

a. 요소가수분해효소
b. 아르기나아제
c. 아르기노숙신산합성효소
d. 카르바모일인산합성효소
e. 오르니틴카르바모일기전달효소
f. 아르기노숙신산분해효소

생화학 작문

19.34 이 장에서는 여러 물질대사 관련 질병에 대하여 다루었다. 그 중 하나를 선택한 후 이 책이나 다른 문헌에서 공부한 다음, 상세한 생화학적 설명, 유전적인 관점, 임상적인 증상, 진단 및 치료를 포함하여 약 500 단어 정도로 그 질병을 요약하시오.

참고문헌

Anand, U. and Anand, C., 1999. Connecting links between the urea cycle and the TCA cycle: a tutorial exercise. *Biochem. Ed.* 27:153–154.

Anand, U. and Anand, C., 2002. The *de Novo* pathway of purine nucleotides. *Biochem. Mol. Biol. Ed.* 30:35.

Baranano, D., et al., 2002. Biliverdin reductase: a major physiologic cytoprotectant. *Proc. Natl. Acad. Sci.* 99:16093–16098.

Battersby, A., 1994. How nature builds the pigments of life: the conquest of B_{12}. *Science* 264:1551–1557.

Bennett, N. and Cornely, K., 2001. Thalidomide makes a comeback. *J. Chem. Ed.* 78:759–761.

Brunori, M., 2001. Nitric oxide, cytochrome-*c* oxidase and myoglobin. *Trends Biochem. Sci.* 26:21–23.

D'Andrea, G., 2000. Classifying amino acids as gluco(glyco)genic, ketogenic, or both. *Biochem. Ed.* 28:27–28.

Elliott, K., 1999. Teaching metabolism for the future: concepts not pathways. *The Biochemist* 21(1):9–39.

Gibson, F., 1999. The elusive branch-point compound of aromatic amino acid biosynthesis. *Trends Biochem. Sci.* 24:36–38.

Hanson, R., 2002. The urea cycle. *Biochem. Mol. Biol. Ed.* 30:350–352.

Leigh, G., 1998. Fixing nitrogen any which way. *Science* 279:506–507.

Manchester, K., 1995. Glutamate dehydrogenase: a reappraisal. *Biochem. Ed.* 13:131–133.

Mayer, B. and Hemmens, B., 1997. Biosynthesis and action of nitric oxide in mammalian cells. *Trends Biochem. Sci.* 22:477–481.

Nicholson, D., 2004. Purine and pyrimidine metabolism. *Biochem. Mol. Biol. Ed.* 32:143–145.

Pike, C., Cohen, W., and Monroe, J., 2002. Nitrate reductase: A model system for the investigation of enzyme induction in eukaryotes. *Biochem. Mol. Biol. Ed.* 30:111–116.

Rovner, S., 2004. Depression. *Chem. Eng. News* Febr. 9:33–40.

Smil, V., 1997. Global population and the nitrogen cycle. *Sci. Am.* 227(1): 76–81.

Stubbe, J., Ge, J., and Yee, C., 2001. The evoluton of ribonucleotide reduction revisted. *Trends Biochem. Sci.* 26:93–99.

Warren, M., et al., 1996. The maddening business of King George III and porphyria. *Trends Biochem. Sci.* 21:229–234.

Watford, M., 2003. The urea cycle: Teaching intermediary metabolism in a physiological setting. *Biochem. Mol. Biol. Ed.* 31:289–297.

Wilson, E., 2004. New NO directions. *Chem. Eng. News* Mar. 8:39–44.

Yarnell, A., 2002. Nitrogenase keeps surprising. *Chem. Eng. News* Sept. 9:9. *http://infoventures.com/e-hlth/pesticide/glyphos.html* Fact sheet on glyphosate

CHAPTER

20

각 정부의 중요한 임무는 국민들에게 영양 정보와 적절한 식이에 대한 지침을 전달하는 것이다. 1916년 미국에서 출판된 첫째 식품 안내서는 "5가지 음식군"을 추천하였는데 이 5가지란 우유 및 육류, 곡류, 야채 및 과일, 지방 및 지방을 포함한 음식, 설탕 및 설탕을 포함한 음식 등이다. 새로운 영양 정보가 끊임없이 나오고 있기 때문에 이러한 형태의 지침을 계속 보완하는 것은 쉽지 않다. 영양학자들은 새로운 정보를 파급하는 가장 좋은 방법은 최신 식이 지침을 그림 형식으로 제시하는 것이라고 판단하였다. 세계 각국에서 사용되는 식이 상징에는 음식 표, 원, 부채, 피라미드 모양 등이 있다. 미국, 오스트레일리아, 싱가포르, 베트남 등에서는 음식 피라미드가 친숙하지만 간혹 너무 많은 정보를 담고 있을 수 있다. 2004년 12월에 미국 농무부는 새로운 식이 지침을 제시하였는데, 이는 국민에게 건강한 음식을 추천하던 예전의 방식과는 달리 주요 질환(심장 질환, 당뇨, 비만)을 예방할 수 있는 식단을 제시하고 있다. 새로워진 지침과 함께 새로운 상징이 나왔는데 바로 무지개이다. 이제는 장에 갈 때 식료품 카트에 토마토, 지방이 적은 붉은 고기, 오렌지, 시금치, 브로콜리, 호박, 붉은 생선, 월귤 등으로 무지개를 만들자.

물질대사의 통합, 특수화 및 조절

탄수화물, 지방, 아미노산 물질대사의 주요 경로는 15~19장에서 자세히 다루었다. 동화작용(anabolism)과 이화작용(catabolism)은 효소, 보조인자, 화학 반응, 조절 작용의 관점에서 설명되었다. 산화환원반응의 보조인자(NAD^+, $NADP^+$, FAD), 그리고 고에너지를 포함한 인산화 대사물질(ATP, ADP, PEP 등등)을 사용하는 반응과 경로도 자세히 설명하였다. 반응과 경로는 생체에너지학(bioenergetics) 면에서 생산되거나 사용된 산화환원 보조인자와 ATP에 대하여 정량화되었다. 반응이 진행되는 동안의 유입(input)과 유출(output)을 나타내는 **순반응(net reaction)**도 표시되었다(15.1절). 또한 각 반응이 나타나는 세포 또는 조직의 형태, 그리고 세포 내 위치를 구분하여 설명하였다. 대부분의 대사경로에 사용된 효소는 세포질 또는 미토콘드리아에 위치해 있는 것으로 발견되었다. 그러나 전체 생물체의 측면에서 고려하여야 할 협조적(coordinated) 물질대사는 앞의 세부 설명에서 빠져 있으며, 각각의 경로와 조직 형태가 독립적으로 기술되었고 경로 간 연결이 명시되지 못하였다.

하나의 세포가 모든 생화학적 경로를 나타내는 생화학적 기구를 가지고 있지는 않다. 시간에 따라 다른 역할을 나타내거나, 필요에 따라 다른 세포를 이용하기도 한다. 생물체가 일상적인 생화학적 과정을 거치면서 자신을 유지하기 위해서는 수많은 반응들이 조절되고 협조하여야 한다. 생물체는 내적, 외적 조건에 따른 변화에 적응할 수 있다. 생물체의 효소 반응을 영양소와 에너지 면 에서 볼 때 반응이 매시간 최대 비율로 진행되는 것은 낭비이기도 하다. 물질대사 과정의 협조는 가장 단순한 세포 생물체인 원생생물에서 중요하지만, 사람이나 동물과 같은 다세포성 생물체에서는 필수적인데, 그들 내에 여러 기관들과 조직들이 전체 생물체를 잘 유지하는 데에 중요한 역할을 수행하기 때문이다.

이 장에서는 생물체 내의 대사경로가 어떻게 서로 연결되어 있고 협조하고 있는지를 주요 세포의 생화학적 요구와 책임이라는 측면에서 살펴보기로 한다. 그리고 생물체들이 주요 대사경로 대신에 대체경로를 활성화하여 다양한 조건에 반응하는 예도 제시될 것이다. 이번 장은 주요 에너지 생체분자인 탄수화물, 지방, 아미노산의 물질대사를 종합하여 각각의 대사 역할을 살펴볼 것이다. 특히 물질대사경로의 통합과 특수화 및 **호르몬(hormone)**에 의한 물질대사의 조절이 중요하게 다루어진다. 따라서 동물 생화학 특히 사람에서 나타나는 전반적인 물질대사 체계를 설명한다.

20.1 물질대사의 전체적인 전략

학습 목표

탄수화물, 지방, 아미노산의 대사경로와 각 경로의 연결을 이해한다.

물질대사의 복습

물질대사는 생화학적 목적에 따라 두 종류로 나뉜다. 이화작용(catabolism)은 분해 경로로 규정되며, 지방, 탄수화물, 아미노산과 같은 생체분자들이 CO_2와 H_2O로 산화되며 고에너지를 포함한 분자(NADH, NADPH, $FADH_2$, ATP)를 생산하는 것이다. 동화작용(anabolism)은 작은 전구체가 더 크고 때로는 복잡한 생체분자로 합성되는 과정이며, 필요한 에너지는 우선적으로 ATP, NADH, NADPH, $FADH_2$에 의해서 공급된다.

동물에서의 에너지 물질대사를 아래에 요약하였으며 그림 20.1에 종합적으로 나타내었다. 이들은 탄수화물, 지방, 아미노산의 에너지 물질대사와 관련하여 중요한 경로들이다. 표 20.1은 앞 장에서 이미 다룬 내용을 참고하여 주요 회로를 나열하였다.

1. **해당과정(glycolysis)** 한 분자의 글루코오스가 두 분자의 피루브산(pyruvate)으로 분해되며, 총 두 분자의 ATP와 두 분자의 NADH가 생성된다. 해당과정은 세포 내 저장물질(글리코겐)이나 음식물의 단당류, 이당류, 다당류에서 글루코오스를 얻는 것으로부터 시작된다. 해당과정은 무산소성의 물질대사이다. 즉 산소를 필요로 하지 않지만, 산소성 대사 과정(피루브산탈수소효소복합체, 시

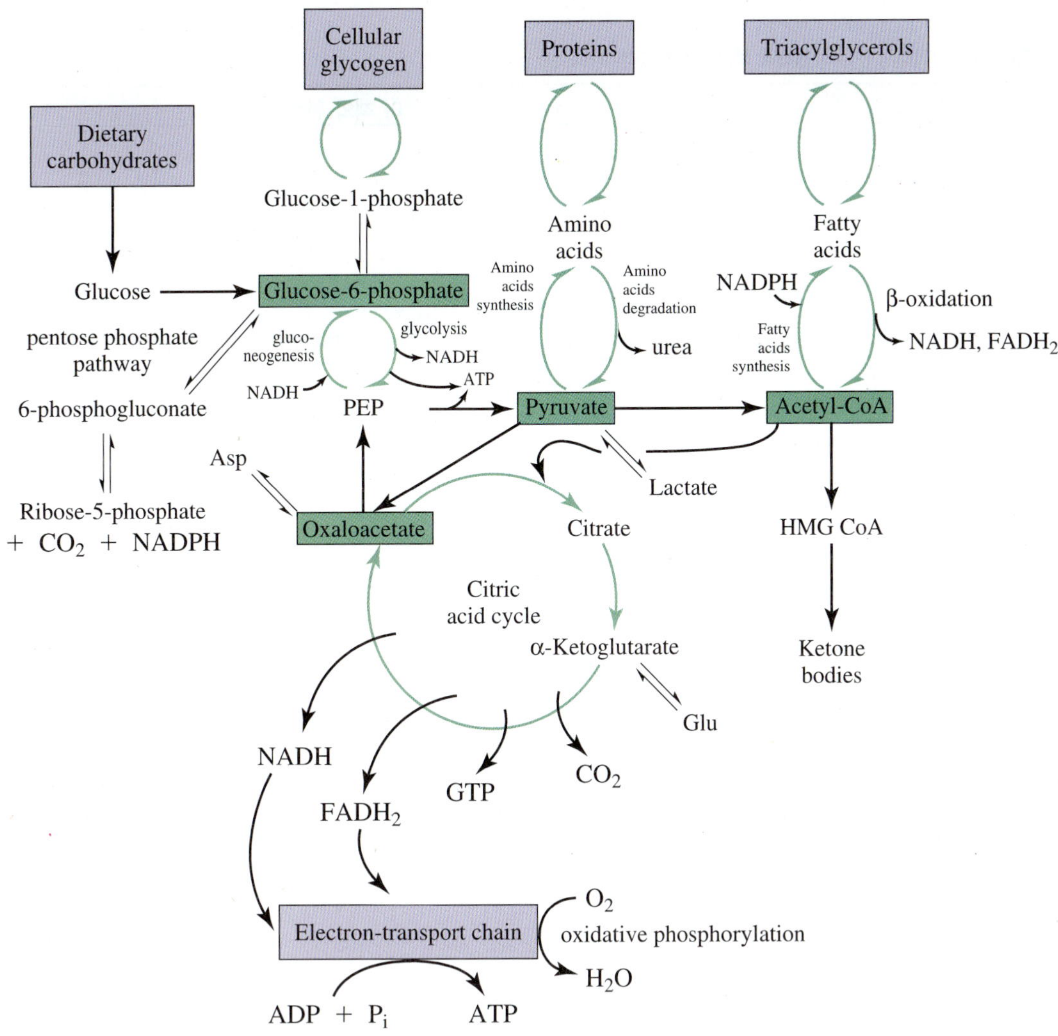

그림 20.1 동물에서 연료 물질대사의 주요 경로의 통합.

트르산회로, 산화적 인산화)으로 진행하기 위해 탄수화물에서 얻는 탄소를 준비하는 과정이다. 세포 내에서 무산소성 물질대사가 일어나는 동안, 글루코오스의 산화로 생성된 피루브산은 락트산(lactate)으로 환원된다. 해당과정의 효소는 세포질에 존재하며 신경세포와 근육세포에 높게 집중되어 있다.

2. **글루코오스신생합성(gluconeogenesis)** 피루브산, 락트산, 글리세롤, 몇몇의 아미노산과 같은 세 개의 탄소를 포함하고 있는 전구체는 글루코오스를 생성하는 데 사용된다. 대부분의 해당 반응이 글루코오스신생합성과 가역적으로 진행되나 반응 과정은 일치하지 않는다(15.4절). 대부분 글루코오스신생합성은 간에서 일어나며, 필요량을 초과한 글루코오스가 글리코겐으로 저장된다.

3. **5탄당인산경로(pentose phosphate pathway)** 글루코오스를 리보오스-5-인산으로 산화하면서 NADPH를 만드는 탄수화물 물질대사의 특수화된 경로이다. 관련된 효소들은 간세포와 지방조직의 세포질에 존재하며, 지방산합성(16.5절), 항산화 작용(생화학 들여다보기 16.1), 해독 작용(생화학 들여다보기 12.1) 등에 필요한 NADPH를 생성한다.

표 20.1

탄수화물, 지방, 아미노산의 물질대사경로. 경로는 에너지 분자의 형태에 따라 구분하였다.

경로	이 책의 위치(절)
일반적, 산소성	
시트르산회로: 아세틸 CoA ⟶ $2CO_2$	16.2
산화적 인산화: ATP 합성	17.3, 17.4
탄수화물의 이화작용	
글리코겐 분해: 글리코겐 ⟶ 글루코오스-1-인산 ⟶ 글루코오스-6-인산	15.2
해당작용: 글루코오스와 그 외 6탄당 ⟶ 피루브산	15.1, 15.2
5탄당인산경로: 글루코오스 ⟶ 리보오스-5-인산	16.5
피루브산탈수소효소복합체: 피루브산 ⟶ 아세틸 CoA	16.1
락트산 발효: 피루브산 ⟶ 락트산	15.3
탄수화물의 동화작용	
글리코겐 합성: 글루코오스-6-인산 ⟶ 글루코오스-1-인산 ⟶ 글리코겐	15.4
글루코오스신생합성: 피루브산과 그 외 C_3 복합체	15.4
글루코오스-알라닌 회로: 피루브산 ⟶ 글루코오스	20.2
지방의 대사	
지방산의 β산화: 지방산 ⟶ 아세틸 CoA	18.2
지방산합성: 아세틸 CoA ⟶ 지방산	18.3
케톤체: 생성과 산화	18.2, 20.2
콜레스테롤 합성: 아세틸 CoA ⟶ 콜레스테롤	18.4
콜레스테롤 산화: 콜레스테롤 ⟶ 담즙염	18.4
아미노산과 그 외 질소화합물의 물질대사	
아미노산 분해: 아미노산 ⟶ 키토산 ⟶ 시트르산회로 중간물질	19.3
아미노산 합성: 시트르산 중간물질, 아세틸 CoA ⟶ 아미노산	19.2
요소회로: NH_3 ⟶ 요소	19.4
글루코오스-알라닌회로: 알라닌 ⟶ 피루브산 ⟶ 글루코오스	20.2
뉴클레오티드: 분해와 합성	19.5
호르몬과 신경전달물질 합성: 아미노산 ⟶ 호르몬	19.5
헴: 합성과 분해	19.5

4. **β산화(β oxidation)와 지방산(fatty acid)의 합성** 식이 지방 또는 트리아실글리세롤에서 방출되는 지방산은 아세틸-CoA로 분해되는 과정에서 많은 양의 NADH와 $FADH_2$를 발생시킨다(18.2절). β산화에 관여하는 효소는 근육, 심장, 지방조직 내에 있는 세포의 미토콘드리아에 위치하고 있다. 간이나 지방조직의 세포질에서 지방산합성은 아세틸-CoA에서부터 시작하는데 먼저 카르복실화(carboxylation)에 의하여 말로닐-CoA(malonyl-CoA)로 활성화되어야 한다(18.3절). 지방산은 혈청 알부민(serum albumin)과 VLDL에 의해서 혈관을 따라 운반된다.

5. **아미노산(amino acid)의 분해와 합성** 단백질합성이나 특수화된 물질대사에 필요하지 않은 아미노산은 연료 물질대사의 주요 과정에 쓰일 탄소 골격으로 분해된다(19.5절). 아미노기 전달반응(transamination) 과정은 아미노산을 α-케토산으로 전환시키고, 이는 시트르산회로에서 분해된다(19.3 절). 아미노산의 탄소 골격이 대사 과정으로 진입할 수 있는 여러 지점이 있는데, 피루브산, 아세틸-CoA, α-케토글루타르산, 숙시닐-CoA, 푸마르산, 옥살로아세트산 등이 이에 해당한다(그림

19.13). 아미노기는 주로 글루탐산으로 변환되고, 요소회로에 의해 요소로 바뀐 후 몸 밖으로 빠져나간다(19.4 절).

6. **시트르산회로(citric acid cycle)** 이 주요 회로는 피루브산탈수소효소복합체를 거친 후, 탄수화물의 분해, 지방산의 β산화, 아미노산의 산화에 의해 생성된 아세틸-CoA를 모으면서 시작된다(16.2절과 19.3절). 8개의 효소 반응 단계를 거치는 과정에서 아세틸-CoA를 CO_2와 H_2O로 산화한다. 이런 촉매 회로를 거친 각각의 아세틸-CoA는 3개의 NADH, 한 개의 $FADH_2$(또는 $CoQH_2$), 한 개의 ATP(또는 GTP)를 생성한다. 또한 시트르산회로는 동화작용에 사용되는 작은 구성 물질을 제공하는 역할을 하기도 한다. 예를 들면, α-케토글루타르산이 글루탐산으로 바뀌지거나, 옥살로아세트산이 아스파르트산이나 포스포에놀피루브산으로 변형되기도 한다(16.3절).

7. **산화적 인산화(oxidative phosphorylation)** 미토콘드리아에서 발생하는 산화적 인산화과정은 실제로는 두 가지 반응이 짝지어져 있다. (a) NADH와 $FADH_2$(위의 촉매 경로에서 만들어진)의 전자를 산소에 전달. (b) ADP를 인산화하여 ATP를 생성. 이 과정에서 산화환원 보조인자들($NADH/NAD^+$, $FADH_2/FAD$)이 재순환되며 에너지로 쓰일 많은 양의 ATP가 생성된다.

경로들을 연결하는 중간대사물질

그림 20.1에 나타나 있는 주요 물질대사 과정의 통합은 다양한 경로가 어떻게 서로 연관되어 있는지를 보여준다. 비록 각 경로들이 다른 기질, 중간대사물질, 효소, 화학 작용, 조절, 생화학적 목적을 가지고 있지만, 몇몇의 공통 중간대사물질을 공유하면서 연결되어 있다. 경로 간을 연결하는 대사물질을 분기점(branch point)이라 부른다. 많은 반응들이 이런 교차 지점에서 모아지고 나누어진다. 이런 전략적 지점에 있는 주요 대사물질들은 글루코오스-6-인산, 피루브산, 아세틸-CoA, 옥살로아세트산이다. 이러한 대사물질은 그림 20.1에 강조되었다.

1. **글루코오스-6-인산(glucose-6-phosphate)** 글루코오스-6-인산은 특히 간에서 탄수화물의 물질대사를 위한 주요 대사 연결 부위이다. 해당과정, 글리코겐 대사, 특수화된 5탄당인산경로를 연결한다. 글리코겐과의 연계가 특히 흥미로운 이유는 글루코오스-6-인산이 글루코오스 저장(글리코겐 합성)과 글루코오스 이용(해당)의 교차 지점에 놓여 있기 때문이다. 글루코오스는 헥소키나아제(hexokinase)(근육과 간) 또는 글루코키나아제(glucokinase)(간, 당과의 친화력이 낮다)의 작용에 의해 인산화된 후, 글리코겐으로 저장되거나 또는 바로 사용될지 결정된다. 글루코오스-6-인산의 생성 방향과 흐름은 세포에 따라서 그리고 환경 조건에 따라서 결정된다. 간과 지방조직에서 글루코오스-6-인산은 NADPH의 생성을 위해서 5탄당인산경로로 사용될수도 있다.

2. **피루브산(pyruvate)** 무산소성의 탄수화물 대사(해당과정)와 피루브산탈수소효소복합체, 시트르산회로와 같은 산소성 물질대사를 연결하는 다리 역할을 한다. 또한 근육 락트산의 이용을 위한 시작점으로, 그리고 글루코오스생성아미노산(glucogenic amino acid)의 탄소 골격으로 사용될 수도 있다. 동화작용의 관점에서 보면 피루브산은 옥살로아세트산과 포스포에놀피루브산을 거치는 글루코오스신생합성이나 시트르산회로의 중간물질을 공급하기 위한 보충대사반응(anaplerotic reaction)의 시작점으로 작용한다.

3. **아세틸-CoA(acetyl-CoA)** 이 대사물질은 세 가지 형태의 연료 분자(탄수화물, 지방산, 아미노산)의 단계 Ⅱ 물질대사의 공동 산물이다(그림 14.7). 아세틸-CoA는 시트르산회로를 거치면서 CO_2와 H_2O로 분해된다. 동화작용에서 아세틸-CoA는 지방산과 스테로이드 합성의 시작점이다. 옥살로아세트산이 적어서 아세틸-CoA가 시트르산회로로 진입하기 어려운 대사적 환경에서는, 초과된 아

세틸-CoA가 케톤체 합성을 증가시키기도 한다(18.2 절과 생화학 들여다보기 20-1).

4. **옥살로아세트산(oxaloacetate)** 시트르산회로의 중간물질이기도 한 이 대사물질은 아미노산대사, 글루코오스 대사, 피루브산 대사와 연관되어 있다. 옥살로아세트산은 아미노산인 아스파르트산과 아스파라긴의 탄소 골격 대사의 진입점이다. 또한 포스포에놀피루브산과 피루브산을 거치는 글루코오스신생합성에 사용된다.

복습 문제

1. 아래의 분기점 중간물질을 만드는 반응식을 필요한 효소를 포함하여 나타내시오. 첫째는 예로서 제공되었다.

   a. 글루코오스-6-인산

   $$\text{글루코오스} + \text{ATP} \xrightleftharpoons{\text{헥소키나아제}} \text{글루코오스-6-인산} + \text{ADP}$$

   b. 피루브산

   c. 아세틸-CoA

   d. 옥살로아세트산

20.2 물질대사의 특수화와 통합

학습 목표

각 대사경로가 통합화되고 특수화되는 방법과 이유를 이해한다.

기관의 물질대사 개요

다양한 세포 형태를 지닌 분화된 생물체에서 유일하게 간(liver)만이 20.1절에서 살펴본 대부분의 경로를 수행할 수 있다. 일반적으로 각각의 주요 기관들은 그들만의 독특한 효소에 의해서 자신만의 물질대사와 특정 생화학적 기능을 가진다. 여기서 살펴볼 것은 다양한 세포 형태 간의 업무 분담이다. 각 기관은 사용되는 물질대사 연료의 형태, 저장되는 형태 그리고 다른 기관으로 이동될 수 있는 물질대사 연료에 따라서 특수화되었다(표 20.2). 이렇게 물질이 공유되기 위해서는 혈류에 의하여 기관 사이에 지속적으로 물질대사 산물이 교환되어야 한다. 혈액은 물질대사를 조절하는 호르몬 뿐 아니라 글루코오스, 지방산, 기타 지질, 아미노산, 산소와 같은 대사물질을 수송한다. 혈액은 또한 요소와 CO_2 같은 불필요한 산물을 세포로부터 제거하기도 한다. 그림 20.2는 연료의 물질대사가 일어나는 기관들 사이의 상호작용을 나타낸다.

표 20.2
주요 기관의 물질대사의 개요

조직	저장되는 연료	사용되는 연료	방출되는 연료 분자
뇌	없음	글루코오스, 케톤체	없음
골격근(쉴 때)	글리코겐	지방산, 글루코오스	없음
골격근(활동할 때)	없음	글루코오스	락트산, 알라닌
심근	없음	지방산, 글루코오스, 락트산, 케톤체	없음
간	글리코겐, 트리아실글리세롤	글루코오스, 지방산, 락트산, 아미노산, 글리세롤	지방산, 글루코오스, 케톤체
지방조직	트리아실글리세롤	지방산, 글루코오스	지방산, 글리세롤

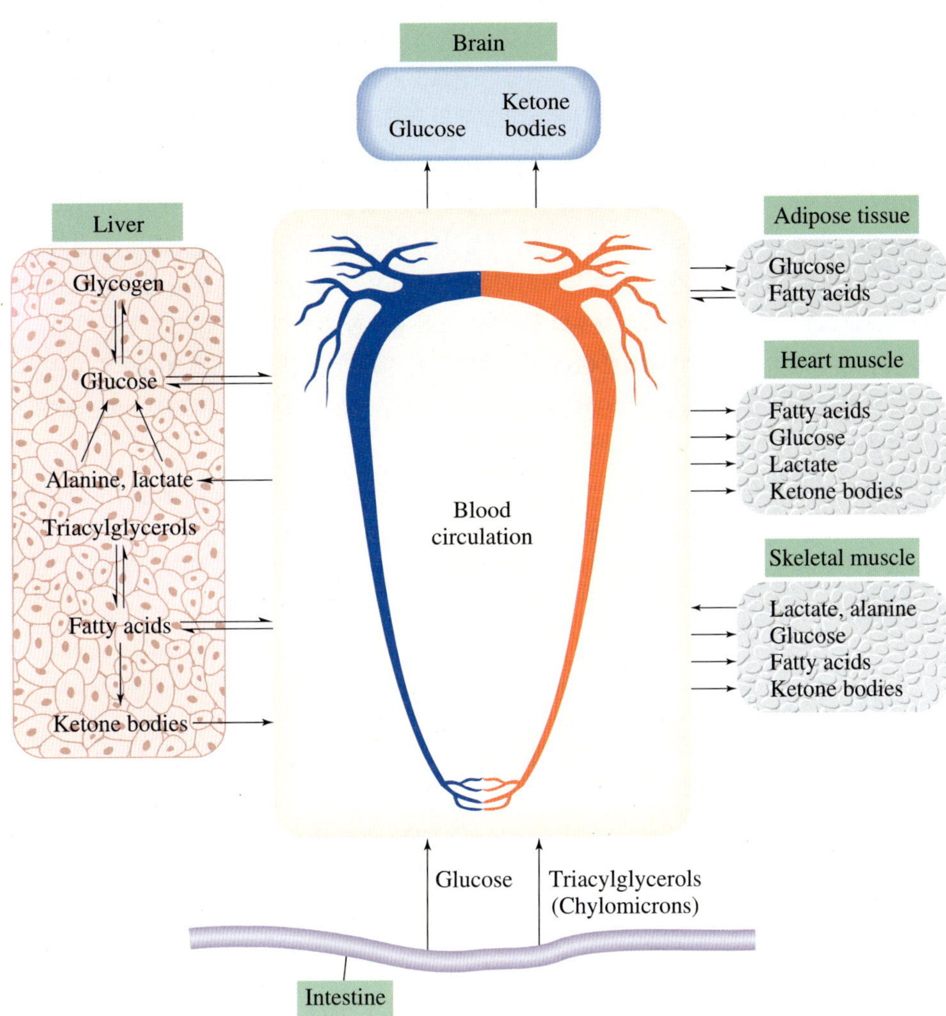

그림 20.2 주요 기관의 물질대사. 화살표는 기관들 사이의 대사물질의 출입을 나타낸다.

이번 절에서는 뇌, 골격근, 심근, 간, 지방조직 등 다섯 형태의 기관에서의 물질대사 개요를 서술한다(표 20.2 참조). 그리고 이 절 뒷부분에서 생리학적 그리고 환경적 교란이 기관 사이의 대사적 상호 연관성을 어떻게 변형시키는지 설명하기로 한다.

1. **뇌(brain)** 1.2~1.3 kg 정도 밖에 되지 않는 뇌는 60~70 kg의 인간 신체의 작은 부분을 차지하고 있다. 그러나 뇌세포는 신체의 총에너지 요구량 중 최소 20%에 달하는 탐욕스러운 식욕을 가지고 있다. 산소성 물질대사에 의해 분해되는 글루코오스는 뇌세포가 선호하는 연료이다. 단당류는 해당과정, 피루브산탈수소효소복합체, 시트르산회로, 산소로의 전자전달, ADP의 인산화와 같은 일반적이고 연합된 과정을 통해서 분해된다. 뇌는 하루에 약 100~120 g의 글루코오스를 소비하며 몸이 소비하는 총 산소의 15~20%를 사용한다. 에너지의 대부분은 ATP의 생산에 이용되며, 이는 신경 자극 전달을 위한 막 전위(membrane potential)를 유지하는 데 필수적이다($Na^+ - K^+$ ATPase 펌프, 9.3절). 쉬고 있든지 움직이든지 뇌는 글루코오스와 산소를 필요로 한다. 뇌세포는 글리코겐을 저장하지 않으므로 혈류를 통해서 글루코오스를 꾸준히 공급받아야 한다. 대사적 요구가 이렇게 엄격함에도 불구하고 뇌세포는 굶주림이나 질병과 같은 물질대사의 어려움에도 적응할 수 있다. 이런 환경에서 일부 뇌세포는 케톤체(ketone body) 물질대사로 전환되는데, 케톤체는 간에서 아세틸-CoA로부터 생성되어 혈류를 따라 퍼져 나간다(20.2절, 20.4절, 생화학 들여다보기 20.1 참조).

2. **골격근(skeletal muscle)** 근조직의 물질대사는 세 가지 중요한 점에서 뇌와 다르다. (a) 근육은 글루코오스, 지방산, 때로는 아미노산 등 다양한 연료를 사용한다. (b) 근육은 활성수준에 따라서 다양하게 에너지를 필요로 한다. (c) 근육은 글리코겐의 형태로 글루코오스를 저장할 수 있다. 근육세포는 휴식 시에는 혈류에 의해 공급되는 지방산을 주로 이용하고, 근수축 시에는 글리코겐으로부터 생성된 글루코오스를 주로 이용한다. 글리코겐은 글리코겐가인산분해효소(glycogen phosphorylase)에 의해 글루코오스-1-인산을 생성한다. 이는 글루코오스-6-인산으로 이성질화될 수 있다. 근육세포는 인산기를 가수분해시키는 글루코오스-6-인산가수분해효소(glucose-6-phosphatase)가 없기 때문에 다른 세포와 글루코오스를 공유할 수 없다(15.4절). 크게 힘들지 않는 일을 하는 동안에는 지방산이 아세틸-CoA로 분해되는데, 신체의 총 산소 소비의 30%까지 이용한다. 근육의 활동이 보통이거나 많은 기간에는 글루코오스의 무산소성 대사로 인해 락트산(lactate)의 양이 증가한다.

   근육이 최대로 활동하는 동안에 또는 에너지가 긴급히 필요할 때 근육세포는 고에너지 화합물인 포스포크레아틴(phosphocreatine)에 있는 에너지를 이용할 수 있으나, 이 물질의 양이 적어서 1분도 지속되지 못한다.

$$\underset{\text{포스포크레아틴}}{\begin{array}{l} PO_3^{2-} \\ | \\ N{-}H \\ | \\ C{=}\overset{+}{N}H_2 \\ | \\ N{-}CH_3 \\ | \\ CH_2 \\ | \\ COO^- \end{array}} + ADP \underset{\text{키나아제}}{\overset{\text{크레아틴}}{\rightleftharpoons}} \underset{\text{크레아틴}}{\begin{array}{l} NH_2 \\ | \\ C{=}\overset{+}{N}H_2 \\ | \\ N{-}CH_3 \\ | \\ CH_2 \\ | \\ COO^- \end{array}} + ATP$$

   근육세포는 단백질을 분해해서 생성된 아미노산을 물질대사 연료로 이용할 수 있다. 그러나 단백질, 특히 효소의 막대한 손실은 근육 기능에 해를 미칠 수 있다(20.4절 참조).

3. **심근(heart muscle)** 심근은 기능과 물질대사 관점에서 골격근과 여러 가지로 다르다. (a) 심장의 활성 수준은 근육보다 훨씬 작다. (b) 심근은 글리코겐이 없거나, 있다고 하더라도 매우 적은 양을 저장한다. (c) 심근은 우선적으로 산소성 물질대사로 작동한다. 심장은 몸이 쉬고 있을 때 에너지를 얻기 위해 지방산의 산소성 물질대사에 의존한다. 그러나 더 많은 에너지가 필요할 때는 글루코오스, 락트산, 피루브산, 케톤체 등을 이용할 수 있다. 이들 연료 분자들은 혈류를 통해 심근으로 공급된다.

4. **간(liver)** 대부분의 다른 조직들은 이화작용에 중점을 두고 있으나, 간은 이화작용과 동화작용의 역할을 동시에 수행한다. 간은 지방산, 글루코오스, 아미노산, 케톤체 등을 합성하여 혈류를 통해 다른 조직으로 이동시키며, 글루코오스, 락트산, 지방산, 아미노산 등의 다양한 연료 분자를 효소를 이용해 분해하기도 한다. 간은 글루코오스를 글리코겐으로 저장하여, 필요할 때 글루코오스를 혈류로 방출시키기도 한다.

   간은 혈중 글루코오스 농도를 조절하는 중요한 역할을 수행한다. 이는 간의 독특한 효소인 글루코키나아제(glucokinase)의 활성을 통해서 가능하다. 혈중 글루코오스 농도가 높을 때, 특히 식사 후, 간은 글루코오스를 인산화시켜 글리코겐으로 저장한다. 혈중 글루코오스 농도가 낮을 때는 글리코겐가인산분해효소에 의해서 글리코겐의 분해가 시작된다. 이때 생성된 글루코오스-1-인산은 글루코오스-6-인산으로 바뀐다. 이는 글루코오스-6-인산가수분해효소에 의해 가수분해되어 인산기는 물에 전달되고 글루코오스는 혈류를 통해 다른 조직으로 공급된다.

5. **지방조직(adipose tissue)** 지방세포로 구성된 지방조직은 연료 분자를 장기간 저장할 수 있는 중요한 기관이다. 70 kg의 사람의 지방조직에 저장된 트리아실글리세롤 (triacylglycerol)은 몸에 저장된 총에너지의 약 50~75%에 해당한다. 이는 적절한 활동을 하면서 추가적인 음식물의 섭취가 없어도 1~2개월 동안 에너지를 공급할 수 있는 양이다. 지방세포는 트리아실글리세롤의 합성과 분해가 가능하도록 대사적으로 갖추어져 있다. 저장된 지방산이 가수분해되어 분비되는 것은 지질가수분해효소(lipase)에 의해 촉매되며 이는 호르몬에 의해 조절된다. 지방산은 혈류로 방출되어 다른 세포에 의해 이용된다. 지방산이 연료로 사용되지 않으면 트리아실글리세롤 형태로 저장된다. 5탄당인산경로는 지방산합성에 필요한 NADPH합성을 위해서 필요하다.

통합된 대사경로

간의 물질대사에 있어서 두드러진 특징은 에너지 물질대사를 위해서 다른 조직에 분자를 공급하는 것이다. 간은 혈류를 통해서 글루코오스를 공급하여 골격근의 물질대사를 돕는다. 간은 또한 심장이나 지방조직에 지방산을, 골격근, 뇌, 심장에는 연료 분자인 케톤체를 공급하기도 한다. 에너지가 부족한 세포에 고에너지 대사물질을 공급하는 경로를 서술하기로 한다.

1. **코리회로(Cori cycle)** 골격근은 특히 활발한 근수축 시 글루코오스를 피루브산(pyruvate)으로 산화시키는 해당과정을 통해 에너지를 얻는다. 매우 활동적인 근육에서 무산소성 물질대사가 진행되는 동안 피루브산은 탈카르복실화에 의해 아세틸-CoA를 생성하는 대신에 락트산(lactate)으로 환원된다. 활동적인 근육에서 많은 양의 NADH가 있는 경우 이 과정이 선호된다. 축적된 락트산은 근육으로부터 방출되고, 혈류를 통해 간에 의해 흡수되어 글루코오스신생합성에 사용된다(그림 20.3). 락트산, 피루브산, 글리세롤, 또는 일부 아미노산이 글루코오스 합성의 시작점이 되지만, 특히 락트산은 양적인 면에서 매우 중요하다. 근육에서 간으로 이동된 락트산은 피루브산으로 산화되어 글루코오스 합성에 이용된다. 골격근과 간세포사이에 공유된 이러한 물질대사 과정을 **코리회로(Cori cycle)**라고 부른다.

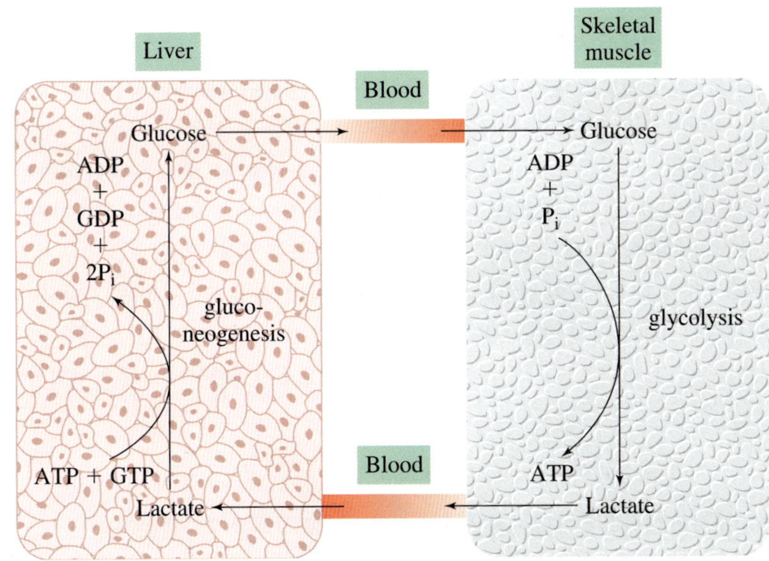

그림 20.3 코리회로(그림 15.7도 참조할 것)

그림 20.4 글루코오스-알라닌회로

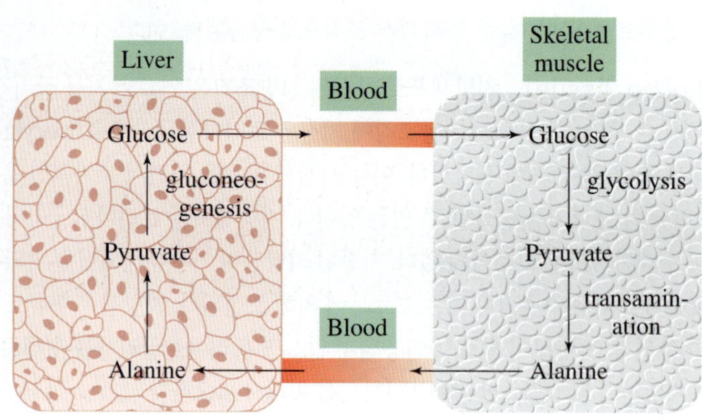

2. **글루코오스-알라닌회로(glucose-alanine cycle)** 간과 골격근 사이에 연관된 다른 경로는 글루코오스-알라닌회로이다(그림 20.4). 이 경로는 락트산이 아니라 아미노산인 알라닌이 근육에서 간으로 이동된다는 점을 제외한다면, 코리회로와 흡사하다. 근육의 해당과정에서 생성 된 피루브산은 이미노기전달반응(transamination)에 의하여 알라닌으로 전환된다(19.3절 참조).

$$\text{피루브산} + \text{글루탐산} \xrightleftharpoons{\text{아미노기전달효소}} \text{알라닌} + \alpha\text{-케토글루타르산}$$

혈류를 따라 간으로 이동된 알라닌은 아미노기전달반응을 거쳐 피루브산을 합성하고 이는 다시 글루코오스신생합성에 사용된다. 만들어진 글루코오스는 다시 골격근으로 돌아와 에너지 물질대사에 사용된다. 간에서 생성된 글루탐산은 글루탐산탈수소효소에 의해서 아미노기가 제거되고, 방출된 암모니아는 요소로 바뀐다(19.4절).

복습 문제

1. 글루코오스-알라닌회로의 화학 반응 과정을 분자 구조를 이용하여 나타내시오.

케톤체의 생산과 분배

건강한 사람의 정상 조건에서 지방산의 β산화에 의해 아세틸-CoA가 생성되며 이의 대부분은 계속적인 산화를 위해서 시트르산회로로 들어간다. 정상 조건이라 함은 탄수화물과 지방산의 분해가 적절한 균형을 유지하는 것이며, 이때 탄수화물은 적어도 에너지의 절반을 공급한다. 단식, 굶주림, 당뇨병, 또는 적은 양의 탄수화물을 섭취하는 조건 등에서 아세틸-CoA는 비정상적으로 많은 양이 되는데, 이는 지방산의 과도한 분해에 의한 것이다. 이러한 조건들의 공통적인 요인은 탄수화물이 부족하거나 탄수화물 특히 글루코오스의 이용이 손상된 것이다. 지방과 탄수화물의 물질대사가 균형을 갖추지 못하면 다양한 경로를 통해서 영양분의 흐름이 변화하게 된다. 탄수화물이 사용되지 못하면, 지방산이 심장, 골격근, 간 등에서 연료로 사용된다. 신경세포는 지방산을 에너지로 이용할 수 없으므로 많은 양의 글루코오스를 지속적으로 필요로 한다. 그래서 글루코오스는 글루코오스신생합성에 의해 합성되어야 한다(15.4절).

$$\text{옥살로아세트산} \longrightarrow \text{PEP} \longrightarrow \text{글루코오스-6-인산}$$

산화에 의한 지방산의 이화작용이 많아졌을 때 발생하는 세포 상태를 요약해 보자.

1. 지방산의 분해로부터 아세틸-CoA의 양이 증가한다.
2. 옥살로아세트산의 양이 감소한다. 이는 글루코오스를 만들기 위해서 시트르산회로에서 나온 분자가 사용되기 때문이다.

표 20.3

케톤체 형성 반응 단계. 반응 번호는 그림 20.5 참조.

반응 번호	반응	효소
1	2아세틸-CoA $\rightleftharpoons$ 아세토아세틸-CoA + CoASH	β-케토티올라아제
2	아세토아세틸-CoA + 아세틸-CoA $\rightleftharpoons$ 3-HMG-CoA + CoASH	HMG-CoA생성효소
3	3-HMG-CoA $\rightleftharpoons$ 아세토아세트산 + 아세틸-CoA	HMG-CoA분해효소
4	아세토아세트산 + NADH + H^+ $\rightleftharpoons$ 3-히드록시부티르산 + NAD^+	3-히드록시부티르산탈수소효소
5	아세토아세트산 $\rightleftharpoons$ 아세톤 + CO_2	자발적 또는 아세토아세트산탈카르복실화효소

결과적으로 아세틸-CoA는 풍부해지나 시트르산회로는 옥살로아세트산의 부족으로 손상을 받는다. 과다하게 생성된 아세틸-CoA는 아세토아세트산, D-β-히드록시부티르산, 아세톤 등과 같은 **케톤체(ketone body)**를 생성하는 데 사용된다(18.2 절).

$$\text{과량의 아세틸-CoA} \longrightarrow \begin{matrix}\text{아세토아세트산,}\\ \text{D-3-히드록시부티르산,}\\ \text{아세톤}\end{matrix}$$

케톤체

케톤체 형성은 주로 간에서 발생하나 그 산물은 혈액을 통해서 온몸으로 퍼진다(그림 20.2). 심장, 골격근, 그리고 신경세포도, 아세토아세트산과 D-3-히드록시부티르산을 연료로 사용할 수 있다. 케톤체의 생성 과정을 그림 20.5와 표 20.3에 나타내었다. 2회의 연속적인 반응에서 세 분자의 아세틸-CoA가 합쳐져서 3-히드록시-3-메틸글루타릴-CoA(β-hydroxy-β-methylglutaryl-CoA, HMG-CoA)를 형성한다(18.4 절의 콜레스테롤 합성 참조). 첫째 반응은 β-키토티올라아제(β-ketothiolase)에 의해 촉매되며 산화의 마지막 단계와 반대이다. 아세토아세틸-CoA는 HMG-CoA생성효소(HMG-CoA synthase)의 촉매에 의해 또 다른 아세틸-CoA와 결합한다. 생성물인 HMG-CoA는 HMG-CoA분해효소(HMG-CoA lyase)에 의해 분해되어 아세토아세트산과 아세틸-CoA를 생성한다. 아세토아세트산은 두 개의 반응으로 연결

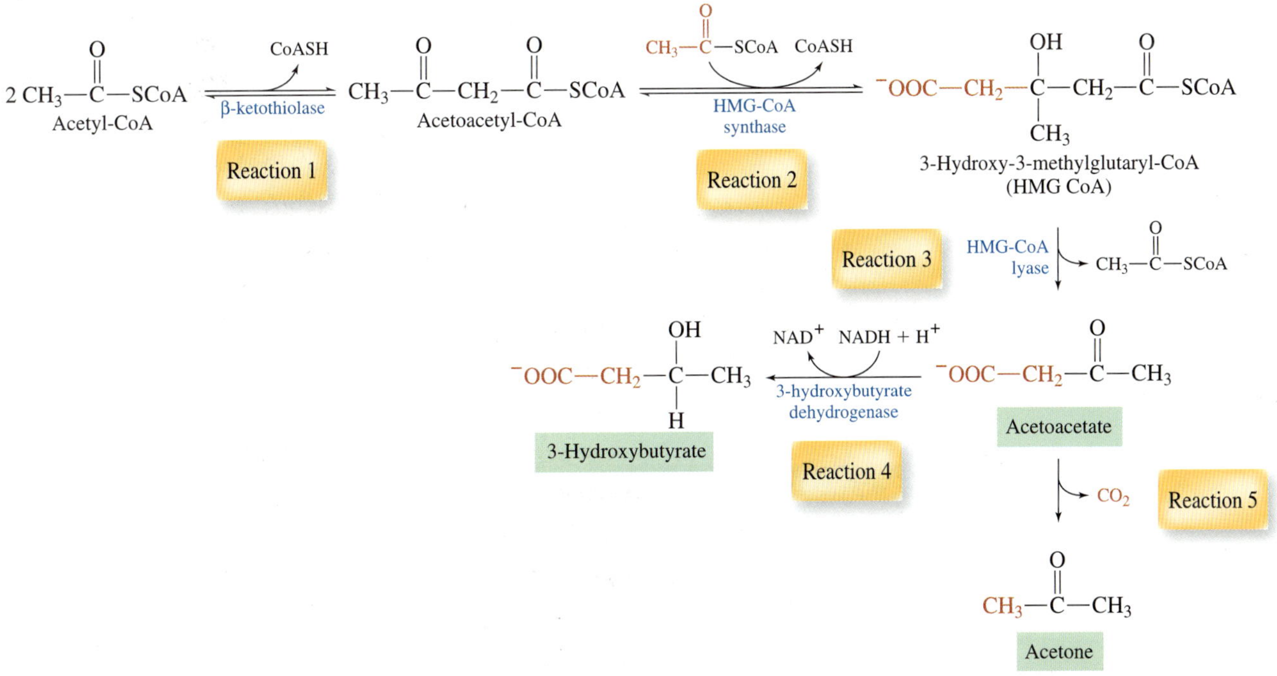

그림 20.5 아세틸-CoA로부터 케톤체의 합성 경로. 아세토아세트산, 아세톤, β-히드록시부티르산의 케토체는 세 분자의 아세틸-CoA의 축합에 의해서 합성된다. 반응 번호는 표 20.3을 참조하시오.

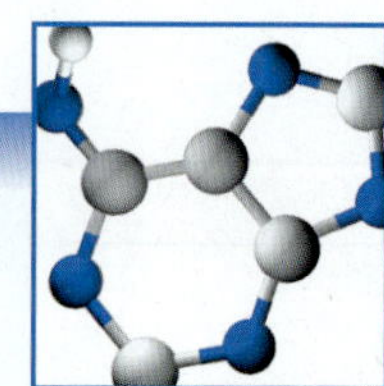

20-1

생화학 들여다보기

체중 감량과 케톤증

케톤증(ketosis)은 환자의 혈액과 소변에 케톤체가 증가하여 나타나는 의학적 상태이다. 케톤체(아세토아세트산, 3-히드록시부티르산, 아세톤)는 β산화에 의해서 지방산이 높은 비율로 분해되어서 아세틸-CoA의 양이 많아졌을 때 생성된다. 아세토아세트산과 히드록시부티르산은 비교적 강한 산이다. 그래서 케톤증은 혈액 내 pH를 낮추는 **산성혈액증(acidosis)**의 원인이 된다. 산성혈액증을 해결하지 못하면 혼수상태나 죽음에까지 이를 수 있다. 저탄수화물, 저지방의 음식을 섭취하는 일부 사람들은 실제로 가벼운 케톤증 상태에 있다. 이러한 음식은 에너지 생성을 위해 신체 지방을 사용하도록 하므로 효과적일 수 있다. 체중 감량 중인 사람은 자신이 케톤증 상태인지 점검하기 위해서 "케토스틱(keto-stix)"을 구입하여 사용할 수 있다. 이 시험 막대는 케톤체가 제거되었는지 점검하기 위해 오줌에 담가 보는 것이다. 많은 종류의 상업적 시험 막대는 나트륨니트로프루시드(sodium nitroprusside)를 포함하는데, 이는 아세토아세트산의 산화에 따라 색이 변한다. 비록 가벼운 케톤증 상태가 위험하지 않다고 하더라도 생리학적 손상이 발생할 수 있다(정상인은 20 μM, 케톤증 환자는 7000 μM 정도의 케톤체를 지닌다.). 체중 감량 중인 사람에서는 탈수 현상(산을 제거하기 위해 초과된 배뇨 작용 때문에 발생), 전해질 불균형(소변 내에 산과 함께 Na^+, K^+가 손실됨), 신장 과부하(과다 배뇨 작용), 집중력 감소, 구취(아세톤) 등이 나타날 수 있다. 또한, 근조직에서의 무분별한 단백질분해가 나타나기도 하는데, 이때 아미노산은 글루코오스를 제공하기 위해 사용된다. 영양학자는 적은 양의 탄수화물을 섭취한 개인들은 많은 양의 단백질, 적은 양의 지방을 섭취해야 하며 많은 양의 물을 마시고 비타민과 소금을 음식에 보충해야 한다고 권한다. 가장 중요한 것은 체중 감량 시에 의사나 영양학자의 감독을 받아야 한다는 것이다.

되는데 (1) 아세톤으로 탈카르복실화되거나, (2) D-3-히드록시부티르산으로 환원된다. 세 가지의 케톤체 산물 중 두 개만이 실제적인 케톤이다. 아세톤은 휘발성이어서 숨 쉬는 동안 몸 밖으로 빠져나가 종종 단식하는 사람이나 당뇨병을 가진 환자의 호흡에서 감지될 수 있다. 혈액 내 케톤체가 증가한 사람을 의학적으로 **케톤증(ketosis)**이라 부른다(생화학 들여다보기 20-1).

심장, 골격근, 뇌에 있는 케톤체는 아세틸-CoA로 산화된다(그림 20.6).

그림 20.6 케톤체의 이화작용. 간에서 생성된 케톤체는 혈액을 통하여 심장, 골격근, 뇌 등 다른 조직으로 이동한다. 이곳에서 연료 분자로 사용되어 아세틸-CoA로 산화되고 주요 대사 과정으로 들어간다.

복습 문제

1. 그림 20.5와 표 14.2의 반응 1~4에서 나타나는 화학적 및 효소적 반응 과정을 정의하시오. 표 14.2의 효소의 6분류에서 사용한 용어를 사용하시오.

20.3 호르몬에 의한 물질대사의 조절

학습 목표

물질대사 조절에서 호르몬의 작용을 기술할 수 있도록 한다.

세포나 조직에서 발생하는 많은 물질대사 활성은 정확한 협조(coordination)와 조절(control)을 요한다. 이것은 고도로 발달한 생물체에서 특히 중요한데, 20.1절에서 서술한 것처럼 이들이 다양한 기관과 여러 형태의 조직으로 구성되어 있기 때문이다. 특정 세포에 의해 분비되어 혈액을 경유하여 조직으로 퍼지는 세포 외부의 화학 신호에 의해 대사 활성은 변화한다. 이러한 화학 전령(chemical messenger)은 그 기원이 무엇이든 간에 독특한 화학적 구조와 생물학적 효과를 갖는다. 표적 세포는 표면의 수용체를 통하여 이들 신호전달 물질을 인식한다. 여기서는 내분비선(endocrine gland)에 의해 합성되고 분비되어 혈액을 통해 작용 부위로 이동하는 신호전달물질인 호르몬에 대하여 주로 언급하기로 한다. 호르몬을 비롯한 화학 전령들이 어떻게 효과를 나타내는지에 관한 이해가 최근 점차 증가하고 있다. 처음에는 모든 호르몬이 세포 내에서 직접 단백질, 효소, 핵산과 작용하여 그들의 활성을 바꾸는 것으로 믿어 왔다. 호르몬이나 다른 화학 신호의 작용 메커니즘을 설명하는 데 **신호전달(signal transduction)**과 **이차전령(second messenger)**의 개념이 발전되었다(특별주제 I 참조).

호르몬의 작용

여기서 살펴 볼 인슐린(insulin), 글루카곤(glucagon), 그리고 에피네프린(epinephrine) 등의 호르몬은 동물에서 연료의 물질대사를 조절하는 것들이다(표 20.4). 혈액 중 글루코오스의 양(혈당량)은 어느 정도 좁은 범위에서 유지되어야 한다. 식사 후 여러 시간을 쉬고 있을 때 혈당 농도는 평균 4.5 m*M*(혈액 100 mL당 약 80 mg)이며 보통 섭취하는 양인 탄수화물(90 g), 단백질(30 g), 지방(20 g)을 포함한 식사를 한 직후에는 혈당량은 6~7 m*M*(혈액 100 mL당 약 100~125 mg)로 다소 높게 나타날 것이다. 반면 몇 시간 동안 적절한 활동을 한 후의 혈당량은 약 3.5 m*M*로 감소될 수도 있다. 몇 주 동안의 굶주림 이후에도 혈당량은 3 m*M* 범위 아래로 감소하지 않는다. 호르몬인 인슐린과 글루카곤은 상호 보완적으로 작용하여 혈당량을 약 4.5 m*M*로 유지하도록 해준다(그림 20.7).

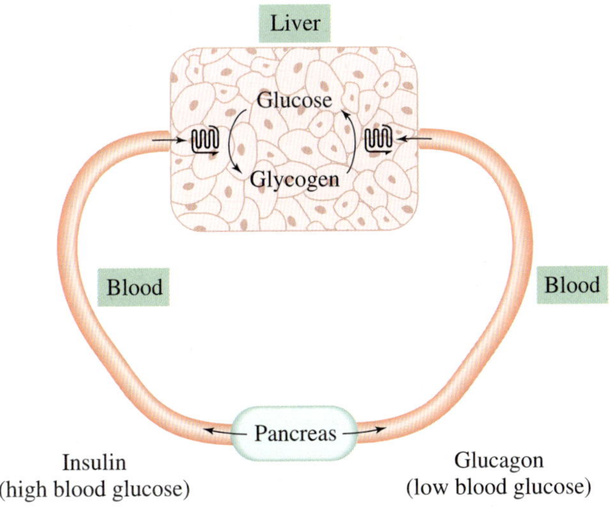

그림 20.7 인슐린과 글루카곤의 협조에 의한 혈당량 조절.

표 20.4
주요 호르몬의 생화학적 작용(그림 20.6 참조)

호르몬	촉진되는 생화학적 작용	억제되는 생화학적 작용
인슐린	글루코오스에 대한 근육과 지방조직의 투과성 해당과정 글리코겐의 합성 트리아실글리세롤의 합성	글루코오스신생합성 트리아실글리세롤의 가수분해 글리코겐의 분해 혈당량
글루카곤	간과 지방조직에서 cAMP 글리코겐의 분해 혈당량	글리코겐의 합성 해당과정
에피네프린	골격근에서 cAMP 트리아실글리세롤의 가수분해 글리코겐의 분해 혈당량	글리코겐의 합성

인슐린 인슐린은 51개의 아미노산으로 구성된 폴리펩티드이며 분자량이 5800이다(그림 3.11). 인슐린은 혈당이 증가되면 췌장의 베타세포에서 합성되어 혈액으로 분비된다. 분비 후 나타나는 몇 가지 생화학적 효과는 다음과 같다(표 20.4 참조).

- 글루코오스를 얻기 위하여 근육과 지방조직의 투과성을 증가시킴
- 간에서 글리코겐의 분해와 해당과정을 촉진함
- 지방조직에서 트리아실글리세롤의 가수분해를 억제함
- 간과 지방조직에서 트리아실글리세롤의 합성을 촉진함
- 피루브산탈수소효소복합체의 활성을 증가시킴

인슐린은 종종 동물에서 "포만 상태(fed state)"을 알리는 신호로 작용하며 혈당량을 낮추는 기능을 한다고 말한다.

글루카곤 글루카곤은 29개의 아미노산으로 구성된 폴리펩티드이며 분자량은 3500이다. 췌장의 랑게르한스섬(islets of Langerhans)의 알파세포에서 합성되고 분비된다. 인슐린과는 대조적으로 글루카곤은 "기아 상태(starved state)"를 알리는 신호로 작용하며 혈당량을 증가시키는 기능을 한다(표 20.4). 글루카곤은 혈당량이 정상보다 감소했을 때 분비된다. 글루카곤의 표적 기관은 간이며, 간세포를 자극하여 글리코겐의 분해(글리코겐가인산분해효소에 의한)를 증가시키고 혈액 내로 글루코오스를 분비한다. 글루카곤의 신호는 신호전달 과정을 통해서 세포 내로 보내진다(특별주제 I 참조). 주된 작용은 아데닐산고리화효소(adenylate cyclase)를 활성화시켜 고리형AMP(cAMP)를 증가시키는 것이다.

$$\mathrm{ATP} + \mathrm{H_2O} \xrightarrow{\text{아데닐산고리화효소}} \mathrm{cAMP} + \mathrm{PP_i}$$

에피네프린 에피네프린(아드레날린이라고도 함)은 탄수화물과 지방산의 물질대사를 조절하는 카테콜아민(catecholamine)이다(그림 19.22, 표 20.4). 에피네프린은 부신수질(adrenal medulla)에서 환경적 또는 대사적 스트레스에 반응하여 분비되므로 종종 "전투 또는 비행(fight or flight)" 호르몬으로 불린다(특별주제 I 참조). 에피네프린의 세포 내 활성은 신호전달을 통해서 나타난다. 에피네프린이 근육세포에 있는 특정 수용체에 결합하면 아데닐산고리화효소를 활성화시켜 고리형AMP를 생성한다. 근육세포에서 고리형AMP의 양이 증가하면 지질가수분해효소가 활성화되어 트리아실글리세롤로부터 지방산을 만들고 또한 글리코겐가인산분해효소를 자극하고 글리코겐생성효소를 억제하여 글루코오스의 양을 증가시킨다. 최종 결과는 에너지 대사를 위해서, 특히 에너지를 긴급히 필요로 하는 시기에, 글루코오스나 지방산의 양을 증가시키는 것이다. 에피네프린의 작용은 인슐린의 분비를 억제하고 글루

카곤의 분비를 촉진하여 증진된다. 에피네프린은 또한 지방조직에 작용하여 고리형AMP의 양을 증가시키는데, 이는 호르몬 반응성 지질가수분해효소를 자극한다(18.1절 참조).

20.4 스트레스에 대한 물질대사 반응

학습 목표

대사경로가 어떻게 스트레스 상황에 반응하는지 이해한다.

물질대사의 조절, 협조, 특수화에 관한 세부 사항을 앞에서 살펴봤다. 위의 내용은 하루 3회의 식사, 8시간의 휴식, 그리고 적절한 운동 등의 대사적 조건에서 기술되었다. 그러나 사람은 이런 일반적이고 보통의 상태에서만 살지 않는다. 칼로리의 섭취가 적을 때 또는 많은 양의 에너지를 요하는 극단적인 수준의 활동에서도 생활하여야 한다. 물질대사 협조(coordination)의 유연성으로 인해 물질대사 체계는 여러 가지 방법으로 변형된다. 사람과 동물은 물질대사에 스트레스를 유발하는 여러 상황에 빠르게 적응할 수 있다. 대표적인 교란 상태의 예는 단식이나 굶주림, 운동(단거리 경주, 마라톤), 질병(당뇨) 등이다. 먼저 정상적인 생활방식 하에서의 물질대사를 서술하고 이어서 물질대사가 스트레스에 반응하는 조절 작용을 비교할 것이다.

일반적인 생활방식

물질대사를 변형하는 교란된 상태를 서술하기 전에 정상적인 식사 주기의 생화학적 현상을 설명한다. 탄수화물 등의 음식을 섭취한 후 전형적으로 다음과 같은 현상이 순서대로 나타난다.

- 식후 얼마 안 되어 혈당량이 증가하기 시작한다. 이는 입, 위, 창자에서의 탄수화물 대사때문이다. 주로 글루코오스인 단당류는 창자에서 흡수되어 혈류를 통해 뇌, 간, 골격근으로 분배된다.
- 혈당량이 증가하면 인슐린의 분비가 촉진되고 글루카곤이 억제된다. 이로 인해 글루코오스가 간에서 흡수되어 글리코겐의 합성이 증가하고 분해가 억제된다.
- 간에서 지방산의 합성이 촉진되어 트리아실글리세롤의 저장이 증가한다. 트리아실글리세롤은 또한 혈류 내 VLDL에 의해 운반되어 지방조직에 저장된다.
- 근육에 있는 풍부한 글루코오스가 글리코겐으로 저장된다.

식후 몇 시간이 지나면, 혈당량은 떨어지기 시작하고 다음과 같은 현상이 나타난다.

- 인슐린의 분비가 감소하고 글루카곤의 분비가 촉진된다.
- 일정한 혈당량을 유지하기 위해서 글리코겐이 간으로부터 가동화된다(글리코겐가인산분해효소의 활성화와 글리코겐생성효소의 억제).
- 지방세포에서 인슐린의 억제 작용이 사라지면서 지질가수분해효소의 활성이 나타난다.
- 인슐린의 양이 감소하면 근육과 간, 그리고 지방세포에서 글루코오스의 흡수가 감소하여 해당 작용이 늦어진다.
- 간에서 글루코오스신생합성에 의해 생성된 글루코오스가 뇌로 이동한다.

물질대사를 변화시키는 교란 상태

기아 및 단식 음식물의 섭취가 몇 일간 정지되었다고 가정해 보자. 신체의 물질대사는 어떻게 이런 종류의 스트레스에 대응하는가? 첫째 방어선은 만약을 위해 저장해 온 물질대사의 연료를 사용하는 것이다. 표 20.5는 평균적인 사람에 있어서 글리코겐, 트리아실글리세롤, 단백질의 형태로 저장된 대사 에너지의 총량을 보여준다. 연료가 지속될 수 있는 시간을 여러 종류의 활동에 따라 계산하였다. 그림 20.8은 지속적인 기아 현상 동안 나타나는 글루코오스, 지방산, 케톤체의 혈장 농도의 변화이다.

표 20.5
사람의 대사 연료의 저장

조직/연료 형태	대략적 연료저장 (KJ)[a]	연료가 지속될 추정 시간		
		굶주림[b](일일)	보행[c](일일)	마라톤[d](분)
지방/트리아실글리세롤	337,000	34	11	4012
간/글리코겐	1500	0.15	0.05	18
근육/글리코겐	6000	0.6	0.2	71
유리 글루코오스(free glucose)(혈액 등)	320	0.03	0.01	4
총 체 단백질	150,000	15	5	1786

[a] 1 kcal는 4.184 KJ에 해당한다.
[b] 하루에 약 10000 KJ의 에너지 소비를 가정.
[c] 하루에 약 30000 KJ의 에너지 소비를 가정.
[d] 분당 약 84 KJ의 에너지 소비를 가정.

- 보통 사람의 트리아실글리세롤 저장량은 활동량에 따라서 1~2개월 또는 그 이상 지속하는 데 충분한 양이다. 지방산이 분해되면 아세틸-CoA의 양이 증가하여 케톤체의 생산이 유도된다.
- 근육과 간의 총 글리코겐(7500 kJ, 약 1800 cal)은 활동량에 따라서 12~18시간 밖에 지속되지 않는다. 근육과 심장 그리고 간과 같은 조직은 글리코겐과 글루코오스의 양이 감소할때 연료로 지방산을 사용하기 시작한다. 그러나 뇌는 적절한 기능을 발휘하기 위해서 글루코오스를 필요로 한다. 간은 뇌의 글루코오스 요구를 충족할 수 없으나 케톤체를 생산하여 보상할 수 있다(20.2절 참조). 혈액 내 케톤체의 농도는 음식을 섭취한 사람의 20 μM정도에서부터 스트레스를 많이 받은 시기의 7000 μM까지 넓은 범위에서 나타난다. 더 많은 뇌세포가 에너지 대사를 위하여 케톤체를 이용하기 시작하는데, 단식을 시작한 후 3일까지는 뇌에너지의 약 1/3이 케톤체의 산화에 의해 공급되며, 몇 주 이후에는 뇌 에너지의 2/3까지 케톤체의 물질대사에서 공급된다. 혈액 내에 케톤체가 고농도로 존재하는 상태를 묘사하는 의학적 용어를 **케톤증(ketosis)**라 한다(생화학 들여다보기 20.1 참조).

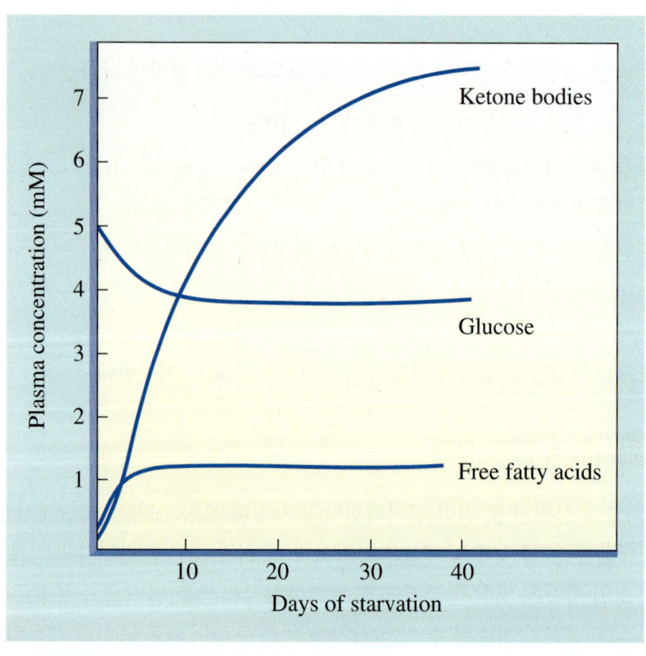

그림 20.8 지속적인 기아 상태에서 주요 대사물질의 혈장 내 농도 변화

• 150,000 kJ까지 생산할 수 있는 잠재력을 지닌 근육 단백질은 에너지가 부족할 때 풍부한 에너지원으로 사용된다. 아미노산의 산화를 통해 약간의 도움이 제공되기는 하나, 근육의 단백질이 과다하게 분해되면 주요 효소가 손실되고 근육 조직의 낭비가 유발될 수 있다. 단백질이 사용되는 속도는 시간에 따라서 크게 변한다. 단식을 시작한 후 3일째에는 하루에 약 150 g의 단백질이 분해된다. 근육세포가 에너지 공급을 위해서 케톤체를 산화시킬 때의 단백질 사용량은 하루에 20 g 정도로 감소한다.

체중 감량 사람이 과다한 체중을 줄이기 위해 다이어트를 하는 동안에도 위에서 나열한 현상을 경험할 수 있다. 아마도 대부분 가장 널리 사용되는 다이어트 음식은 고단백질, 저탄수화물, 저지방으로 구성될 것이다(스틸만 또는 애킨스 식이요법이라고 불림). 이러한 음식은 우리의 몸으로 하여금 단식 또는 기아에서와 같은 생화학적 조절을 거치도록 하나 좀 더 온건하고 통제 가능한 방법으로 진행되도록 하는 것이다. 다이어트를 하는 몇몇 사람들은 단 10일~12일 만에 약한 케톤증을 경험하기도 한다. 그러나 생화학 들여다보기 20.1에서 기술한 것과 같이 다이어트가 전혀 문제가 없는 것은 아니다. 의사나 영양학자의 감독 하에서만 체중 감량을 시도하는 것이 바람직하다.

당뇨병 **당뇨병(diabetes mellitus)**은 전 세계 수백만 사람들의 사망 원인이 되고 있다. 미국의 경우 질병으로 인한 사망의 6위를 차지하고 있고, 현재 약 천육백만 명, 즉 인구의 약 6%가 이 질환으로 고생하고 있다. 불행하게도 이들 중 약 오백만 명은 아직도 진단이나 적절한 치료를 받지 못하고 있다. 당뇨병은 혈액에 글루코오스가 비정상적으로 높은 농도로 들어 있는 상태를 말한다. **Ⅰ형 당뇨병**(인슐린 의존성)은 전체의 약 5~10%를 차지하고 있는데 췌장의 랑게르한스섬에서 인슐린의 분비가 적절히 일어나지 못하기 때문에 생기는 질병이다. 치료는 보통 인슐린의 투여를 하게 된다. **Ⅱ형 당뇨병**(인슐린 비의존성)은 약 90~95%를 차지하는데 이는 인슐린은 정상적으로 생성되지만 세포의 인슐린 수용체가 부족하여 인슐린이 효과적으로 작용하지 못함으로 인해 생기는 질병이다. 과학자들은 지방세포에서 인슐린의 효과를 억제하는 새로운 펩티드 호르몬을 발견하였는데, **레지스틴(resistin)**이라는 이 호르몬의 기능 이상이 Ⅱ형 당뇨병의 원인일 수 있다. Ⅱ형 당뇨병을 치료하는 방법은 몸의 인슐린 이용을 증진시키는 것이다. 현재 약물로는 티아졸리딘디온(thiazolidinedione)인 아반디아(Avandia)와 페닐알라닌 유도체인 스타릭스(Starlix)가 있다.

당뇨병 환자는 단식이나 체중 감량을 하는 사람에서 나타나는 물질대사의 결과를 대부분 경험한다. 그러나 물질대사의 교란이 일어나는 원인은 매우 다르다. 단식이나 기아 상태에서는, 정상적인 물질대사를 하기에는 에너지 공급이 불충분하여 다른 에너지 경로의 도움이 필요하였다. 당뇨병의 경우에는, 글루코오스는 풍부하나 세포가 이를 이용할 수 없는데 그 이유는 인슐린이 부족하거나(Ⅰ형) 또는 인슐린 반응 메커니즘이 손상되었기 때문이다(Ⅱ형)(생화학 들여다보기 15.2 참조). 글루코오스의 대사가 실질적으로 정지되면(뇌와 간은 제외), 물질대사 회로는 연료로 트리아실글리세롤을 사용하여 적응한다. 주요 경로는 지방산의 β산화, 글루코오스신생합성, 케톤체 대사 등이다. 치료하지 않은 Ⅰ형 당뇨병 환자는 곧 케톤증을 나타낸다. 혈액 내 케톤체의 농도가 5000~7000 μM까지 도달할 수도 있다. 정상적인 음식을 섭취하는 사람의 케톤체 농도는 10~30 μM 범위이다(생화학 들여다보기 20.1 참조).

운동 생화학

다양한 형태의 운동을 하는 동안 물질대사의 변화가 나타난다. 여기서 두 가지의 극단적인 운동인 단거리역주와 오래달리기(마라톤)에 대해서 살펴보기로 한다.

단거리역주 보통 약 10초 정도 지속되는 100m 단거리역주(sprint)는 "소진 운동"으로 규정되어 왔다. 평균 단거리역주에 대한 에너지 소비율은 분당 200 kJ(48 cal) 또는 초당 약 3.3 kJ(0.8 cal)로 추정된다. 단거리역주 선수는 Ⅱ형 근육 섬유의 양을 증가시키는 훈련을 통하여 짧은 기간 동안에 이 높은 소비율을 달성한다. 이들 근육 섬유는 혈액의 공급이 적으며, 미오글로빈의 농도가 낮고, 미토콘드리아는 거의 없으며, 또한 산소성 물질대사의 효소들 즉 시트르산회로의 효소들과 전자전달계의 시토크롬산화효소의 활성이 매우 낮다. 반면에 해당과정의 효소들과 크레아틴키나아제의 활성은 높다. 단거리 선수에게 있어서 주요 에너지원은 포스포크레아틴과 글루코오스/글리코겐의 이용으로 생성된 무산소성의 ATP 산물이다(표 20.6). 포스포크레아틴은 단거리 선수의 첫 수초 동안 주요 에너지원이며 해당과정의 산물은 나머지 달리는 시간에 이용된다. 무산소성 물질대사의 결과 높은 농도의 락트산과 세포내 양성자가 생성된다(pH의 감소). 표 20.7에서 이들을 비롯한 대사물질의 변화를 주목하기 바란다. 아마도 가장 흥미로운 것은 ATP의 변화량이 적다는 것이다. 물질대사의 기능이 ATP의 양을 일정하게 유지시키는 것임을 상기하기 바란다. 이것은 ATP 기능의 중요한 원리가 스트레스가 많은 환경에서도 유지되는 것을 보여주는 완벽한 예이다. 단거리역주의 주요 생화학적 특성을 표 20.6과 표 20.7에 요약하였다. 아마도 단거리 선수들의 피로는 고농도의 세포 내 양성자에 의한 것이다.

표 20.6
단거리 도약과 오래달리기의 생화학적 특성

특성	단거리 도약(100 m)	마라톤(42.2 km)
에너지 소비율	분당 299 kJ 또는 초당 3.3 kJ	분당 84 kJ
소비된 총에너지	33 kJ	12,000 kJ
연료	무산소성: 포스포크레아틴, 글루코오스	산소성: 글루코오스, 지방산 글리코겐, 트리아실글리세롤
피로의 원인	pH를 낮추는 세포 내 양성자의 농도 증가(락트산)	근육 글리코겐의 고갈

표 20.7
단거리 운동[a]에 따르는 물질대사의 변화. 세포는 활동 후 15초 및 30분 쉬는 상태이다.

	근육 내 함량(μmol/근육 무게 g)		
화합물	휴식	운동 후 15초	운동 후 30분
글리코겐	88	58	70
락트산염	1.1(1.1)[b]	30.5(1.2)	6.5(1.3)
포스포크레아틴	17.1	3.7	18.8
ATP	4.6	3.4	4.0
H^+(pH)	7.1	6.3	7.0

[a] 운동은 세 번의 1분 단거리 달리기로 구성되었으며 달리기 사이에 1분간의 휴식이 주어졌다.
[b] 락트산염 란의 ( )는 마라톤 선수의 경우 함량을 나타낸다.

오래달리기(마라톤) 표준 마라톤 거리는 42.2 km이다. 전문적인 마라톤 선수는 두 시간이 약간 넘는 시간 안에 이 거리를 완주하며 분당 84 kJ(20 cal)의 평균 속도로 에너지를 사용한다. 오래달리기 선수의 근육을 조사해 보면, I 형 섬유가 풍부한데 이 섬유는 혈액의 공급이 풍부하고, 미토콘드리아의 농도가 높으며, 시트르산회로와 β산화 효소들의 활성이 높은 특징을 갖는다. 단거리 달리기와는 대조적으로 마라톤 선수의 물질대사는 산소성 과정을 기초로 한다. 오래달리기 선수의 주요 연료는 글루코오스와 혈액 내 지방산이다. 또한 근육의 글리코겐과 트리아실글리세롤이 각각 글루코오스와 지방산으로 분해된다. 오래달리기를 시작한 후 30분 동안 근육의 락트산 농도의 변화가 적은데 이는 무산소성 물질대사가 거의 없다는 것을 나타낸다(표 20.5). 마라톤 선수의 피로는 탄수화물을 저장하고 있는 글리코겐이 고갈되었을 때 발생한다. 오래달리기의 생화학적 특성을 단거리 달리기와 비교하여 표 20.4에 요약하였다.

20.5 비만의 생화학적 요인

학습 목표

식욕과 체질량 조절에서 호르몬의 역할을 이해한다.

체질량 조절

비만 지방세포에 과다한 트리아실글리세롤이 축적되는 현상인 **비만(obesity)**은 임상적으로 이상적인 표준 체중보다 20% 이상 더 무거운 체중을 나타내는 것으로 정의된다. 미국의 경우 성인의 1/3 이상(5천만 명 이상)이 비만이다. 1995년 이후 비만 미국인의 수가 어른 인구의 25~34% 까지 증가해 왔다. 비만은 암뿐만 아니라 당뇨, 심장병, 고혈압, 발작의 가장 위험한 원인이다.

과거에 비만은 주로 과식의 결과로 생각하였다. 즉 신체 활동으로 소비할 수 있는 칼로리보다 많은 음식물 섭취이다. 사람의 신체는 초과 섭취 칼로리를 다루는 3가지 방법을 지닌다.

1. 연료 물질을 지방으로 변환하여 지방 세포에 저장한다.
2. 심한 운동으로 칼로리를 태운다.
3. 연료 물질을 열발생(짝풀림 미토콘드리아에서의 열발생; 17.3절 참조)에 이용한다.

그러나 식욕 만족과 몸무게 조절 생화학에 대한 이러한 접근은 단순하다. 몸무게는 지방 조직, 위, 간, 창자, 이자, 그 외 기관에서 분비되는 여러 생화학적 물질(호르몬)에 의하여 조절되는 신경내분비계에 의하여 영향을 받는다(그림 20.9). 이러한 복잡한 조절 시스템에서의 기능 이상 때문에 개인에 따라 비만도의 차이가 나타난다. 여러 기관에서 만들어진 후, 몸무게 조절 호르몬은 혈액을 통해 뇌로 이동한다. 뇌에서 이 물질들은 몸무게, 체온 등을 조절하는 시상하부의 신경세포에 작용한다. 다시 이 신경세포는 음식 섭취와 에너지 사용의 균형을 유지하는 대사경로를 억제 또는 활성화한다. 두 종류의 신경세포가 관여한다.

1. **뉴로펩티드Y(neuropeptide Y, NPY)**를 분비하는 **NPY/AgRP** 생성 세포. NPY는 음식 섭취행동을 촉진하는 단백질이다.
2. 음식 섭취 행동을 억제하는 **멜라노코르틴(melanocortin)** 생성 세포. 멜라노코르틴 생성 세포는 **아구티-관련 펩티드(agouti-related peptide, AgRP)**에 의하여 억제된다.

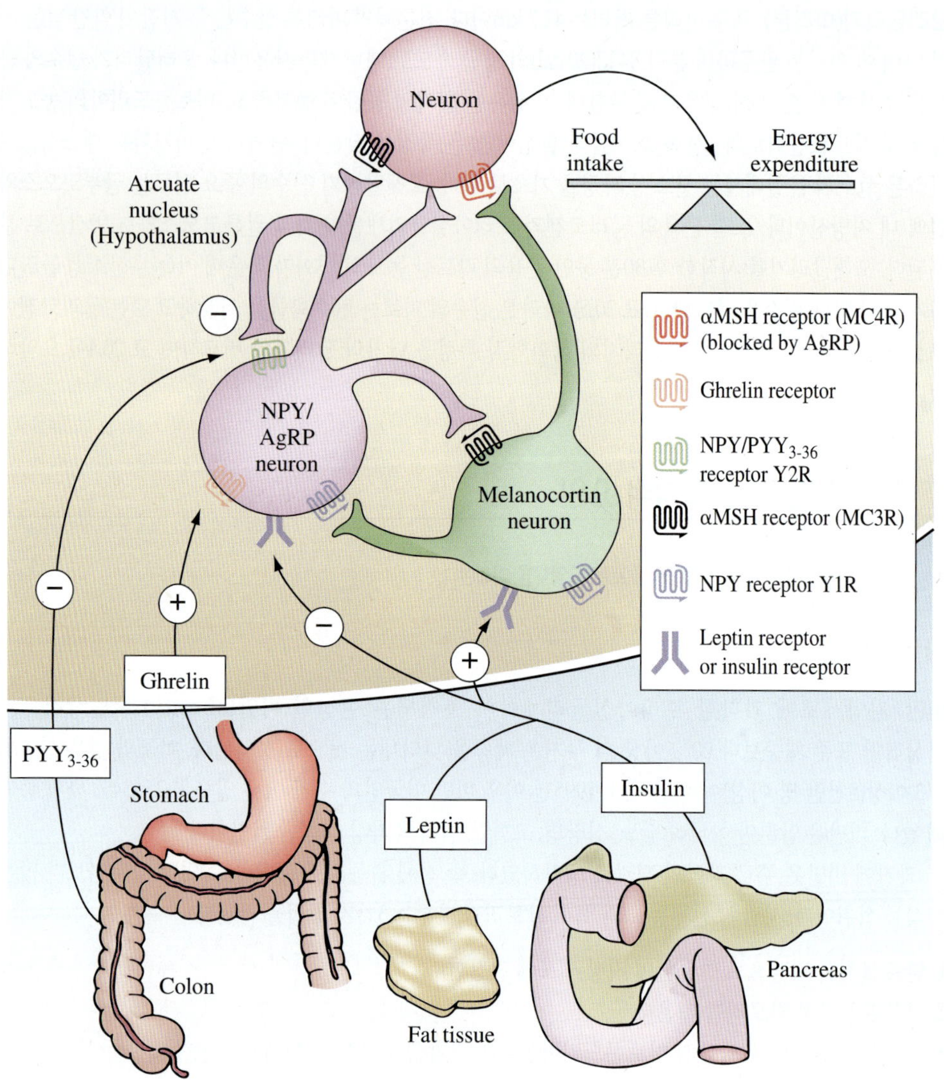

그림 20.9 식욕과 음식 섭취의 호르몬 조절 작용. 4가지 호르몬인 렙틴, 인슐린, 그렐린, PYY_{3-36}이 혈액 내에서 순환하며, 시상하부 신경세포의 특이적 수용체와 결합한다. 장기 효과 호르몬인 렙틴과 인슐린(아래 오른쪽)은 NYP/AgRP(가운데)를 억제하여 식욕을 감소시킨다. 또한 멜라노코르틴 생성 신경세포를 자극한다. 멜라노코르틴은 식욕을 감소시키고, NPY와 AgRP는 증가시킨다. 단기 작용 호르몬인 그렐린은 NPY/AgRP 신경세포를 활성화하여 식욕을 자극한다. 장에서 생성되는 PYY_{3-36}는 식욕을 감소시킨다.

식욕을 조절하는 호르몬

음식 섭취 행동을 조절하는 호르몬은 고농도로 활성화되어 있는 시간의 길이에 따라 분류된다. 28개 아미노산으로 이루어진 단기 조절인자인 **그렐린(ghrelin)**은 위에서 만들어진다. 혈중 그렐린 농도는 위가 공복이거나 식사 전에 가장 높고, 식사 후에 급격히 감소한다. 그렐린은 식욕을 자극하는 호르몬으로 생각된다.

중기 조절인자인 **$PYY_{3\text{-}36}$**은 34개의 아미노산을 지닌 펩티드 호르몬이며, 작은창자와 큰창자에 있는 내분비세포에서 생성된다. 식사 후 즉시 혈중 농도가 증가하며 수 시간 동안 높은 농도로 지속된다. 이는 음식 섭취가 필요 없다는 신호를 보내는 식욕 억제 호르몬이다.

인슐린(insulin)과 **렙틴(leptin)**은 음식 섭취를 억제하고 에너지 물질 대사에 이용되는 연료의 분해를 촉진하는 장기 조절인자이다. 인슐린은 탄수화물에 대한 주요 조절인자이다(20.3절 참조). 렙틴은 1995년 록펠러(Rockefeller) 대학교의 연구자들에 의하여 발견된 쥐에서 비만 조절과 관련된 유전자의 산물이다.

렙틴이라는 이 단백질은 생쥐의 몸에 저장되어 있는 지방의 양을 감지하여 몸무게를 조절하는 호르몬인 것으로 밝혀졌다. 이 단백질은 ob 유전자의 산물이며 어떤 쥐에는 결핍되어 있다. 두 개의 대립유전자가 모두 결여된 생쥐는 렙틴을 생산하지 못하고 과체중을 나타냈다. 이 유전자가 결여된 생쥐는 항상 배가 고팠으며 계속하여 음식을 섭취하였다. 렙틴이 생쥐에서 만들어지지 않으면, 먹는 것을 멈출 수 있는 신호가 결핍된다. 이런 쥐에 렙틴을 공급하면 먹는 속도가 감소하고, 또한 에너지 소비가 증가되어 동물은 몸무게가 줄게 된다. 과체중 생쥐는 2주간 렙틴을 공급받은 후 몸무게의 30%가 감소되었다. 정상 생쥐에서 생성되는 렙틴은 16 킬로달톤 크기의 단백질로서, 지방세포에서 합성되어 혈류를 따라 시상하부(hypothalamus, 음식 섭취와 같은 기본적인 신체적 기능을 조절하는 뇌)까지 이동한다(그림 20.9). 생쥐에서 렙틴은 지방세포에 저장된 지방의 양을 관리하는 감지자로 작용한다. 지방의 저장 정도가 높으면, 혈액 내 렙틴의 양이 증가한다. 기아 상태에서 렙틴의 양은 감소하며 이는 음식물의 섭취 및 지방의 저장을 촉진하게 된다.

생쥐의 렙틴에 관한 새로운 지식은 매우 유용하기는 하지만, 그대로 사람의 비만 연구에 적용할 수 없는 것으로 나타났다. 사람에 있어서 렙틴의 양은 체지방의 퍼센트와 비례하여 증가한다. 연구자들에 따르면 체지방의 퍼센트와 신체 질량이 증가할수록 혈액 내 렙틴의 양은 증가하는 것으로 나타났다. 또한 렙틴의 양과 체질량지수(body mass index, BMI)가 직접적인 상관성이 있는 것도 발견하였다(생화학 들여다보기 20.2를 이용하여 여러분의 BMI를 계산하여 볼 것). 사람의 비만은 쥐에서처럼 렙틴이 결여되거나 충분하지 못하기 때문에 발생하는 것이 아니라, 렙틴의 신호전달 기능이 결여되어 있는 것으로 보인다. 예를 들어 어떤 사람은 시상하부에 충분한 수용체를 가지고 있지 않거나 수용체 부위가 손상되었기 때문에 렙틴에 대한 민감도가 감소했을 것으로 생각된다. 사람의 렙틴 수용체가 클로닝되었으며, 제약회사들이 렙틴 반응을 증가시킬 수 있는 약을 제작할 것으로 기대된다. 사람에서는 세로토닌과 뉴로펩티드Y(neuropeptide Y)와 같은 다른 호르몬이 렙틴의 조절에 관련되어 있을지도 모른다는 증거도 있다. 항비만 약품에 대한 합리적인 접근을 위하여, 렙틴을 비롯한 호르몬들과 관련된 신호전달 과정이 더 밝혀져야 할 것이다.

렙틴의 영향 하에 있는 또 하나의 분자 체계는 뇌 효소인 AMP-활성 단백질키나아제(AMP-activated protein kinase, AMPK)이다. 하버드 대학교 연구자들이 밝힌 바에 따르면 이 효소가 쥐에서 억제되면 더 적게 먹고 몸무게가 감소한다. AMPK가 활성화되면 쥐는 더 먹게 되고 몸무게가 증가한다. 이 효소의 활성은 렙틴에 의하여 조절된다. 새롭게 발견된 렙틴의 이러한 작용은 비만 치료 약물 개발에 이용될 수 있을 것이다.

복습 문제

1. 다음 중 펩티드 호르몬은 어느 것인가?

a. 인슐린
b. 글루카곤
c. 에피네프린
d. 렙틴
e. 레지스틴
f. 뉴로펩티드Y
g. 그렐린
h. 테스토스테론

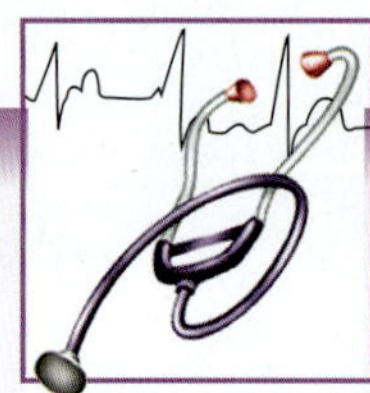

20-1

임상생화학

체질량지수 – 내가 너무 많은 체지방을 가지고 있는가?

체질량지수(body mass index, BMI)는 체중과 관련된 건강 문제에 있어서 개인의 위험 정도를 결정하기 위하여 사용되는 과학적 척도이다. 용어는 새로울지 모르나 이 방법 자체는 비만을 연구하는 의사들이나 과학자들에 의해 수년 동안 사용되어 온 것이다. 여러분은 병원이나 의사의 진료실 벽에 붙어 있는 "신장-체중 대비표"를 사용하는 데에 더 익숙해 있을 것이다. 이와 비슷한 종류의 표가 많이 있으나 이들은 이상적인 몸무게를 고려할 때 신체의 크기를 고려하지 않기 때문에 특별히 효과적이지는 못하다고 할 수 있다. BMI가 완벽한 방법은 아니지만 바람직한 몸무게나 적절한 양의 체지방을 판단하는 데 아주 유용한 지표가 된다. 지방의 저장 정도를 나타내기 위하여 신체 무게와 신체 면적을 고려한 수학 공식을 사용하여 BMI를 계산한다.

BMI는 몸무게의 킬로그램을 신장의 미터 값의 제곱으로 나눈 값이다.

$$\text{BMI} = \text{몸무게의 킬로그램}/(\text{신장의 미터 값})^2$$

예를 들어 68.1 kg의 몸무게에 신장이 178 cm인 사람의 BMI는 다음과 같이 계산된다.

$$\text{BMI} = 68.1 / (1.78)^2 = 21.5 \text{ kg/m}^2$$

34세 이하의 사람의 체지방 정도를 측정하기 위해 다음과 같은 지표를 사용할 수 있다.

- BMI가 20에서 25 사이에 있다면, 비교적 날씬한 신체 또는 건강한 양의 체지방을 나타낸다.
- BMI가 25에서 30 사이에 있다면, 몸무게가 무겁거나 또는 초과된 중량으로 고려될 것이며 의사와 상의한 후 음식에 의한 체중 감량을 하거나 운동을 하여 신체 건강의 위험성을 감소시킬 수 있다.
- BMI가 30을 넘는다면 심각한 비만의 신호이며 의사의 진료를 받아야 한다.

학습 문제

1. 왜 신장-체중 대비표보다 BMI가 몸무게 측정 지표로서 더 효율적인가?
2. 각자의 BMI를 계산하고 체지방 정도를 결정하시오.

참고문헌

http://www.cdc.gov/nccdphp/dnpa/calc-bmi.htm
The BMI Calculator from the Centers for Disease Control and Prevention http://www.webmd.com

요약

■ 대부분 생물체에서의 중요한 연료 분자(fuel molecule)는 탄수화물, 지방산, 아미노산이다.

■ 연료 분자가 완전히 분해되기 위해서는 다음과 같은 동화작용과 이화작용 경로가 필수적이다. 해당과정, 글루코오스신생합성, 글리코겐의 대사, 5탄당인산경로, β산화, 지방산합성, 아미노산의 산화, 시트르산회로, 산화적 인산화.

■ 각 세포는 세포가 만드는 분자, 세포가 에너지를 위해 사용하는 분자, 그리고 다른 조직으로 보내는 분자에 의해 규정되는 물질대사의 개요(metabolic profile)를 가지고 있다. 이러한 물질대사의 개요는 유전자 수준에서 조절되는 효소의 차등적인 발현의 결과이다.

■ 에너지 물질대사는 단식(fasting), 운동(exercise), 그리고 질병과 같은 상태에 의해 변화한다. 글루코오스가 사용되지 못할 경우에는 지방산이 분해되어 아세틸-CoA를 생산하고 케톤체(ketone body)로 전환된다.

■ 사람의 비만(obesity)의 한 가지 원인은 불완전한 렙틴 신호전달 메커니즘(leptin-signaling mechanism)의 결과일 수 있다.

■ 체질량은 인슐린, 렙틴, 그렐린, $PYY_{3\text{-}36}$의 조율 작용에 의하여 조절된다. 사람 비만의 한 원인은 렙틴 신호 전달 체계의 이상일 수 있다.

연습 문제

용어 이해

20.1 다음 용어를 번역하고 25 단어 이하로 정의하시오.

a. catabolism
b. anabolism
c. glycolysis
d. beta oxidation
e. creatine kinase
f. glucokinase
g. cori cycle
h. glucose-alanine cycle
i. ketone body
j. glucagon
k. insulin
l. pinephrine
m. glycogen phosphorylase
n. ketosis
o. leptin
p. acidosis
q. BMI
r. lactate fermentation
s. ghrelin

개념 복습

20.2 탄수화물의 이화작용과 관련된 다음 물질대사 과정의 순반응을 추정하시오. ATP, NAD^+, H_2O, P_i, 기질, 산물을 포함하시오.

a. 글루코오스 $\rightleftharpoons$ 2피루브산
b. 글루코오스-1-인산 $\rightleftharpoons$ 2피루브산
c. 글리세르알데히드-3-인산 $\rightleftharpoons$ 피루브산
d. 글루코오스 $\rightleftharpoons$ 2락트산

20.3 탄수화물의 동화작용과 관련된 다음 물질대사 과정의 순반응을 추정하시오.

a. 2 피루브산 $\rightleftharpoons$ 글루코오스
b. 2 PEP $\rightleftharpoons$ 글루코오스
c. 2 락트산 $\rightleftharpoons$ 글루코오스

20.4 CoA에스테르에 의한 활성화로 시작되는 팔미트산의 완전한 베타 산화의 순반응을 추정하시오.

20.5 다음 아미노산의 아미노기전달반응으로부터 얻어지는 산물을 쓰시오.

a. 아스파르트산 **b.** 알라닌 **c.** 발린

20.6 다음 물질이 글루탐산의 아미노기전달반응에서 반응물질로 사용되었다면 이때 생산되는 아미노산의 구조를 그리시오.

a. 옥살로아세트산 **b.** 피루브산

20.7 세 가지 케톤체 물질의 구조를 보고 다음 질문에 답하시오.

a. 어느 케톤체가 케톤 작용기를 가지고 있는가?
b. 어느 케톤체가 카르복실산의 작용기를 가지고 있는가?
c. 어느 케톤체가 히드록실기의 작용기를 가지고 있는가?

20.8 다음 효소의 음성 조절인자의 이름을 쓰시오.

a. 글리코겐가인산분해효소
b. 글리코겐생성효소
c. 헥소키나아제
d. 포스포프룩토키나아제

20.9 다음 효소의 양성 조절인자의 이름을 쓰시오.

a. 피루브산카르복실화효소
b. 글리코겐생성효소
c. 아데닐산고리화효소
d. 글리코겐가인산분해효소
e. 호르몬 반응성 지질가수분해효소

20.10 다음 특성을 고려하여 해당과정과 글루코오스신생합성을 비교하고 대조하시오.

a. 반응의 출발 기질
b. ATP 생성량
c. 최종 탄소 산물
d. NADH 생성량

20.11 다음의 목록은 지방산 이화작용의 반응과 과정을 포함하고 있다. 반응이 생물체 내에서 발생하는 순서대로 각 항목을 나열하시오.

a. 티올가수분해
b. 아실 카르니틴의 생성
c. FAD-연관 탈수소반응
d. 세포질의 지방산
e. CoASH에 지방산 결합
f. 이중결합의 수화작용
g. NAD^+-연관 탈수소화
h. 미토콘드리아로 지방산 이동

***힌트:** d에서 시작함*

20.12 다음의 특징을 가지고 있는 어떤 사람의 BMI를 계산하시오. 체지방의 관점에서 이들은 적당하다고 생각되는가? 또는 과체중이라고 생각되는가?

a. 신장 = 155 cm 몸무게 = 54.5 kg
b. 신장 = 190 cm 몸무게 = 100 kg

20.13 kJ로 되어 있는 다음 값을 칼로리로 바꾸시오.

a. 13,000 kJ
b. 20,000 kJ

20.14 다음 기술 중 시트르산회로에 관해 맞는 것은?

a. 각각의 아세틸-CoA는 3개의 NADH, 한 개의 NADPH 그리고 한 개의 GTP를 생산한다.
b. 산소성 생물체에서 ATP를 생산할 수 있는 유일한 물질대사 과정이다.
c. 중간대사물질은 아미노산인 글루탐산과 아스파르트산을 생성하기 위해 제거될 수 있다.
d. 숙신산탈수소효소를 통하여 전자전달계와 연결되어 있다.

20.15 다음 호르몬의 두 가지 생화학적 효과를 서술하시오.

a. 인슐린 **b.** 글루카곤 **c.** 에피네프린

20.16 미토콘드리아의 호흡에 관해 맞는 기술은 어느 것인가?

a. 전자전달에 관련된 전자운반체는 세포 내 세포질에 존재한다.
b. 최종 전자수용체는 산소이다.
c. 전자운반체는 전자 친화력이 큰 순서대로 나열되어 있다.
d. 전자전달이 진행되는 동안 양성자는 미토콘드리아 기질 쪽으로부터 막의 반대편으로 펌핑된다.

20.17 Ⅰ형과 Ⅱ형 근육 섬유의 생화학적 차이를 비교하시오. 높은 비율의 Ⅱ형 근육 섬유를 가지고 있는 단거리 달리기 선수가 오래달리기 선수와 비교했을 때 장점이 무엇이겠는가?

용어 이해

20.18 피루브산은 시트르산회로의 중간물질을 보충하기 위해 어떻게 사용되는가? 올바른 해답을 선택하시오.

a. 피루브산 $\rightleftharpoons$ 락트산 $\rightleftharpoons$ 숙신산
b. 피루브산 $\rightleftharpoons$ 옥살로아세트산
c. 피루브산 $\rightleftharpoons$ PEP $\rightleftharpoons$ 옥살로아세트산
d. 피루브산 $\rightleftharpoons$ 말산

20.19 주요 이화작용의 반응들이 아세틸-CoA라는 중간대사물질로 수렴되는 것이 세포에게 왜 이점이 될까?

20.20 유산발효는 고강도의 운동 시 골격근의 주요 에너지 원료이다. 운동 후 남아 있는 락트산으로부터 글루코오스-6-인산을 합성하는 경로를 약술하시오.

20.21 탄수화물과 지방의 양이 적은 음식이 어떻게 체지방을 낮추는 데 도움을 주는지 생화학적 용어를 사용하여 설명하시오.

20.22 다음은 피루브산으로부터 PEP까지의 글루코오스신생합성 반응이다.

$$\text{피루브산} \underset{A}{\rightleftharpoons} \text{옥살로아세트산} \underset{B}{\rightleftharpoons} \text{말산} \underset{C}{\rightleftharpoons} \text{옥살로아세트산} \underset{D}{\rightleftharpoons} \text{PEP}$$

다음에 해당하는 글루코오스신생합성 경로의 반응을 위에서 고르시오. 한 가지 이상의 답이 있을 수 있다.

a. 미토콘드리아에서 발생
b. 세포질에서 발생
c. CO_2 생산
d. CO_2 소비
e. ATP가 필요
f. GTP가 필요
g. 아세틸-CoA에 의해 조절
h. 비오틴 보조인자가 필요
i. 시트르산회로에서 일어나기도 함
j. 보충대사반응

20.23 지방산이 분해되면서 아세틸-CoA가 증가했을 때 일어나는 현상을 올바르게 서술한 것은 어느 것인가?

a. 피루브산카르복실화효소가 활성화된다.
b. 포스포에놀피루브산카르복시키나아제가 활성화된다.
c. 포스포프룩토키나아제가 활성화된다.
d. ATP가 필요하면, 옥살로아세트산은 글루코오스신생합성으로 전환된다.
e. ATP가 필요하지 않으면, 옥살로아세트산은 글루코오스신생합성으로 전환된다.
f. 약간의 아세틸-CoA는 케톤체와 지방산합성으로 보내진다.

20.24 글루코오스의 농도가 낮으면 뇌세포는 에너지를 위해 케톤체를 이용할 수 있다. 아세토아세트산과 β-히드록시부티르산의 분해 과정에서 나타나는 에너지 생산의 전체 과정을 약술하시오.

20.25 아래 나열한 각 효소의 위치를 나타내시오. 세포질과 미토콘드리아에서 선택하시오.

a. 글루코오스-6-인산가수분해효소
b. 락트산탈수소효소
c. 글리코겐생성효소
d. 피루브산카르복실화효소
e. 말산탈수소효소

20.26 코리회로의 순반응을 나타내시오.

20.27 마라톤 선수는 보통 "탄수화물 적재(carbohydrate loading)"방법으로 경기를 준비한다. 이때 선수를 위해 가장 효과적인 탄수화물은 녹말이며 글루코오스나 수크로오스가 아니다. 왜 그럴까?

20.28 적절한 치료를 받지 못한 당뇨병 환자(Ⅰ형)는 종종 숨을 쉴 때 아세톤 냄새가 난다. 왜 그럴까?

20.29 어떤 사람이 단식을 시작했다고 가정하자. 몇 일간 추가적인 음식을 섭취하지 않고 살 수 있는 지를 추정하시오. 표 20.5는 연료 저장을 나타내며, 사람은 하루에 2400 칼로리를 요구한다고 가정한다.

20.30 다음 중 어떤 효소가 케톤체 생산에 필요하지 않은가?

a. 아세토아세트산탈카르복실화효소
b. HMG-CoA분해효소
c. HMG-CoA생성효소
d. 아세톤카르복실화효소

20.31 코리회로를 처음 접했을 때 단지 ATP를 불필요하게 낭비하는 것 같은 유용한 목적이 없는 회로인 것으로 생각될지 모른다(그림 15.15 참조). 그렇지 않은 이유를 설명하시오.

20.32 포스포크레아틴은 골격근에서 발견된 에너지가 풍부한 분자이다. 이는 크레아틴키나아제의 촉매작용에 의해 ADP에 인산을 전달하여 에너지를 발생한다. 반응의 $\Delta G^{\circ\prime}$를 계산하시오

$$\text{포스포크레아틴} + \text{ADP} \rightleftharpoons \text{크레아틴} + \text{ATP}$$

힌트: *표 14.6 참조*

20.33 아래에서 인슐린의 물질대사 작용 효과를 고르시오.

a. 글리코겐 합성 자극
b. 글루코오스신생합성 감소
c. 글리코겐 합성 감소
d. 글루코오스 이동 증가
e. 글루코오스신생합성 증가
f. 혈중 글루코오스 증가

20.34 아래에서 글루카곤의 물질대사 작용 효과를 고르시오.

a. 혈중 글루코오스 증가
b. 글리코겐 합성 감소
c. 글리코겐 합성 증가
d. 글루코오스신생합성 증가

20.35 연료 분자를 저장하는데 이용되는 생체 거대분자는 글리코겐, 트리아실글리세롤, 단백질 등이다. 선호하는 순서는?

a. 단백질 > 트리아실글리세롤 > 글리코겐
b. 트리아실글리세롤 > 글리코겐 > 단백질
c. 글리코겐 > 단백질 > 트리아실글리세롤
d. 글리코겐 > 트리아실글리세롤 > 단백질

20.36 뇌는 다른 조직과는 구별되는 독특한 물질 대사 특성을 지니고 있다. 아래 특성 중 어느 것이 뇌 물질 대사에 해당하는가?

a. 높은 호흡률(산소 섭취)
b. 글루코오스가 주요 연료 물질이다.
c. 케톤체가 존재한다면 산화될 수 있다.
d. 연료 물질의 저장이 불가능하다.
e. 지방산이 주요 연료 물질이다.
f. 다른 조직으로 글루코오스를 공급하기 위하여 글리코겐 저장
g. 아미노산이 주요 연료 분자이다.

생화학 작문

20.37 이 책 전체를 통하여 에너지 대사에서 ATP의 중요한 역할을 강조했다. 예를 들어 다음과 같은 기술이 있었다.

- ATP는 생화학적 에너지의 일반적인 운반체로 작용한다.
- 에너지 관점에서 ATP의 재순환은 물질대사의 주요 과제이다.
- 일정한 농도로 ATP를 유지하는 중요성이 표 20.7에서 보인다.

ATP와 관련된 이러한 내용 및 일반적인 지식을 이용하여 에너지 대사에서 ATP 역할에 관하여 200~300 단어로 논문을 작성하시오.

20.38 "운동 생화학"의 주제와 관련된 기사를 찾으시오. 인터넷 또는 사이언티픽 아메리칸(Scientific American), 사이언스(Science), 또는 네이처(Nature)와 같은 잡지를 사용할 수 있다. 생화학적 개념을 강조하면서 200 단어로 기사를 요약하시오.

20.39 20.4절은 "스트레스에 대한 물질대사 반응"의 주제를 다루었다. 이 절은 사람이 직면할 수 있는 교란된 상태에 대한 대사적인 적응을 설명하고 있다. 여러분의 강사가 이 절에 관한 간단한 시험을 보고자 한다. 이 시험을 준비하기 위한 학습 가이드를 100 단어 이내로 요약하시오.

20.40 운동에 관하여 이 장에서 배운 것을 기초로 해서, 아래의 운동을 준비하기 위한 당신의 음식 섭취 방식은 무엇일까? 대답에 대한 생화학적 이유를 설명하시오.

a. 100 m 단거리 달리기
b. 30 km 오래달리기

20.41 골격근과 심근의 주요 물질대사의 차이점을 비교하시오.

20.42 글루코오스-알라닌회로의 순반응을 나타내시오.

참고문헌

Banfalvi, G., 1999. Estimation of the energy content of metabolites. *Biochem. Ed.* 27:79–82.

Bronk, R., 1999. *Human Metabolism.* Essex: Addison Wesley Longman.

D'Andrea, G., 2000. Classifying amino acids as gluco(glyco)genic, ketogenic, or both. *Biochem. Ed.* 28:27–28.

Elliott, K., 1999. Teaching metabolism for the future. *The Biochemist* 21(1):9–39.

Friedman, J. and Halaas, J., 1998. Leptin and the regulation of body weight in mammals. *Nature* 395:763–770.

Holliday, R., 2001. Aging and the biochemistry of life. Trends *Biochem. Sci.* 26:68–71.

Lane, M., Ingram, D., and Roth, G., 2002. The serious search for an anti-aging pill. *Sci. Am.* 287(2):36–41.

Manchester, K., 2000. Optimization of energy coupling. *Biochem. Ed.* 28:18–19.

Marx, J., 2003. Cellular warriors at the battle of the bulge. *Science* 299:846–849. Introduction to a special issue on obesity.

Newsholme, E. and Leech, A., 1983. *Biochemistry for the Medical Sciences.* Chichester, UK: John Wiley and Sons.

Pogozelski, W., et al., 2005. The metabolic effects of low-carbohydrate diets and incorporation into a biochemistry course. *Biochem. Mol. Biol. Ed.* 33:91–100.

Rawls, R., 2001. Hormone links obesity, diabetes. *Chem. Eng. News* Jan. 22:16.

Schwartz, M. and Morton, G., 2002. Obesity: Keeping hunger at bay. *Nature* 418:595–597.

Wang, J., 1998. The insulin connection: Dorothy Hodgkin and the Beijing Insulin Group. *Trends Biochem. Sci.* 23:497–500.

Watford, M. and Goodridge, A., 2000. Regulation of fuel utilization. In *Biochemical and Physiological Aspects of Human Nutrition.* Philadelphia: Saunders.

Weindruch, R., 1996. Caloric restriction and aging. *Sci. Am.* 274(1):46–52.

Willett, W. and Stampfer, M., 2003. Rebuilding the food pyramid. *Sci. Am.* 282(6):72–79.

I

신호전달: 호르몬의 작용 메커니즘

세포 내에서 일어나는 많은 생체 활동은 세포의 안과 밖으로부터의 화학 신호의 영향을 받는다. 예를 들어 우리는 세포 주위에 존재하는 알로스테릭 작동인자에 의해 여러 대사경로들이 조절된다는 것을 논의하였다(예: 대사산물에 의한 피드백 억제제, 6.2, 6.3, 15.5, 16.3, 18.3절). 또한 세포는 원형질 막 외부로부터의 화학 신호에 반응하는 능력을 갖고 있다. 이것은 고등한 생물체에서 특히 중요한데, 이들은 각기 특정한 형태의 세포로 구성되어 있고 특정한 생물학적 기능을 나타내는 다양한 기관과 다양한 형태의 조직으로 이루어져 있기 때문이다. 물질대사 활동과 세포의 기타 생물학적 작용은 호르몬, 성장인자와 같은 외부의 화학적 신호의 작용에 의해 변화된다. 분자 신호는 많은 유형의 세포와 기관에 의해 분비되며, 보통 혈액을 통하여 생물체의 각 부분으로 전달된다. 이것은 여러 유형의 세포가 서로 통신할 수 있는 복잡한 체계이다. 각 화학적 신호는 생성된 장소에 관계없이 독특한 화학적 구조와 생물학적 효과를 가지고 있다. 목표세포의 표면에서는 수용체가 작용하여 자신에게 의도된 분자적 신호만을 인식한다. 이 때 이 과정을 **정보처리과정(information processing)**이라고 한다. 세포 외부로부터의 분자신호(정보의 한 형태임)는 세포의 내부로 전달되어 세포의 반응(일반적으로 생화학적 변화임)으로 전환된다.

몇 가지 화학적 매개체는 분비세포 근처의 지역에서 작용한다. 그 중 흥미로운 예로 단명의 국소적 매개체인 **프로스타글란딘(prostaglandin)**을 들 수 있다. C_{20} 지방산인 아라키돈산(arachidonic acid)으로부터 합성되는 이 분자는 다양한 세포에서 만들어지는데, 근육수축과 혈소판 응고 등의 다양한 생물학적 기능을 가지는 지질의 한 종류이다(8.4절). 다음에는 장거리 매개체인 호르몬에 초점을 맞추어 보자.

I-1 호르몬과 신호전달

호르몬(hormone)은 내분비선에서 생산, 분비되는 신호전달 분자로서 혈관을 타고 작용 장소(목표세포)로 이동하게 된다. 이 매개체들은 아미노산 유도체, 작은 펩티드, 단백질, 그리고 스테로이드 등의 다양한 구조를 가지고 있다(표 I-1). 몇 가지 호르몬의 작용은 잘 알려져 있다. 예를 들어 인슐린(insulin)과 글루카곤(glucagon)은 췌장(이자)에서 만들어지는 펩티드로서 글루코오스 대사를 조절하는 역할을 한다(20.3절). 에스트로겐(estrogen)과 안드로겐(androgen)(8.4절) 등의 스테로이드호르몬은 각각 생식샘과 부신피질에서 생산되어 2차 성증의 발달을 조절한다.

최근에 이러한 호르몬이 어떻게 효과를 나타내는가에 대한 이해가 크게 증대되었다. 원래는 모든 호르몬이 세포 안에서 단백질, 효소, 그리고 핵산 등과 직접 상호작용을 하여 이들의 활성을 변화시킨다고 믿었다. 그러나 실제로는 일부 화학적으로 비극성인 스테로이드계 호르몬만이 막을 통해 쉽게 확산되어 통과하므로 자신의 신호를 직접 전달할 수 있다. 목표세포 내에서 스테로이드호르몬은 특정 단백질과 상호작용하여 핵막을 통과하고 자신의 역할을 수행한다. 다른 호르몬들은 비교적 극성이거나 이

표 I.1
사람의 주요 호르몬

호르몬	생성 장소	주요 작용
폴리펩티드		
부신피질자극호르몬방출인자(CRF)	시상하부	ACTH의 방출 촉진
생식샘자극호르몬방출인자(GnRF)	시상하부	FSH와 LH의 방출 촉진
갑상샘자극호르몬방출인자(TRF)	시상하부	TSH의 방출 촉진
생장호르몬방출인자(GRF)	시상하부	생장호르몬의 방출 촉진
부신피질자극호르몬(ACTH)	뇌하수체전엽	부신피질스테로이드의 방출 촉진
갑상샘자극호르몬(TSH)	뇌하수체전엽	티록신의 방출 촉진
여포자극호르몬(FSH)	뇌하수체전엽	난소: 배란 및 에스트로겐 합성 촉진 정소: 정자형성 촉진
황체형성호르몬(LH)	뇌하수체전엽	난소: 에스트로겐과 프로게스테론 합성 촉진 정소: 안드로겐 합성 촉진
메티오닌엔케팔린	뇌하수체전엽	중추신경계 마취 효과
루신엔케팔린	뇌하수체전엽	중추신경계 마취 효과
β-엔도르핀	뇌하수체전엽	중추신경계 마취 효과
바소프레신	뇌하수체후엽	신장의 수분 재흡수 촉진 및 혈압 상승
옥시토신	뇌하수체후엽	자궁 수축과 유즙 방출 촉진
인슐린	췌장(이자)	혈액에서 글루코오스 흡수 촉진
글루카곤	췌장(이자)	혈액으로 글루코오스 방출 촉진
스테로이드		
글루코코르티코이드	부신피질	염증 감소, 스트레스 내성 증가
무기질코르티코이드	부신피질	염과 수분의 균형 유지
에스트로겐	생식소와 부신피질	(특히 여성의)이차 성징 발달 촉진
안드로겐	생식소와 부신피질	(특히 남성의)이차 성징 발달 촉진
아미노산 유도체		
에피네프린	부신수질	심장 박동 및 혈압 증가
노르에피네프린	부신수질	말단부 혈액 순환 감소, 지방조직에서 지방분해 촉진
티록신	갑상샘	일반 대사 촉진

온성이므로 확산을 통해 목표세포의 세포막을 통과할 수 없다. **신호전달(signal transduction)**은 세포 밖의 화학적인 정보가 세포막을 통해 세포 내부로 전달되어 세포 내의 변화를 일으키는 과정이라고 정의할 수 있다. 신호전달 과정은 기본적으로 세균, 식물, 그리고 동물을 포함한 모든 형태의 생물체에서 발견된다. 세포 내 변화의 생물학적 결과는 물질대사의 조절, 세포 발달, 근육수축, 또는 환경의 자극에 대한 반응 등을 포함한다.

신호전달 과정의 기본 특징

신호전달의 상세한 단계별 과정은 생물체별로, 호르몬별로 다양하게 나타나지만 몇 가지 주요 요소를 포함하는 일반적인 일련의 과정으로 요약할 수 있다. 호르몬은 생성 장소로부터 혈액을 타고 목표세포에 도달하는데, 아래와 같은 단계를 통해 일어난다.

1. 호르몬(또한 '일차전령'이라고도 불림)은 목표세포 표면에 있는 수용체 단백질에 결합한다. 호르몬과 수용체 단백질 간의 상호작용은 매우 특정적이며 2.1절에서 논의되었던 분자 인식의 특징을 보여준다. 호르몬들은 수소결합, 반데르발스힘, 이온결합 및 소수성 상호작용등의 비공유결합성 상호작용에 의해 가역적으로 제자리에 위치하게 된다. 대부분의 수용체 분자는 막단백질로서 3개의 특정 영역을 가지고 있다. (a) 호르몬과 결합하는 세포의 바깥쪽 부분(머리), (b) 세포막 내부에 걸쳐 있는 부분, 그리고 (c) 세포질로 뻗어 있는 세포내 부분(꼬리)이다. 그러므로 수용체 단백질은 물리적으로 세포의 외부 표면에서 세포 안쪽까지 뻗쳐있으며 세포의 밖과 안의 통신망을 구축하고 있다.
2. 호르몬이 세포 밖에서 단백질 수용체와 결합하면 구조적인 변형이 일어나고 이것은 세포내부의 세포질 단백질로 전달된다. 이 작용은 차례로 세포 내로 생화학 신호를 전달하게 된다. 이 생화학 신호는 **직접적**(수용체 단백질이 효소로서 활성화된다)이거나 **간접적**[효소의 활성화가 **이차전령(second messenger)**의 생성을 촉매한다]이다. 이차전령은 세포 내부에서 생화학적 명령을 전달한다. 세포 내에서 일어나는 작용들은 **단계적 효소연쇄반응(enzyme cascade)**에 의해 아주 크게 증폭된다. 활성화된 효소는 여러 다른 효소의 활성화를 촉매하며 이것은 또 다른 많은 효소를 차례로 활성화시키며 이러한 과정이 계속 일어나게 된다.
3. 전달과정은 "정지 스위치"에 의해 적당한 시간에 멈추게 되는데, 이 스위치는 활성화된 단백질이나 효소를 비활성화 상태로 되돌린다. 비활성화된 분자들은 필요할 때 다시 활성화된다. 정지 스위치는 활성화된 단백질을 화학적으로 변형시키거나 촉매적으로 이차전령을 파괴하는 역할을 하는 효소이다.

신호전달에 대한 최근의 집중적인 연구에 의해 상세한 특성들이 밝혀지기 시작했다. 예를 들면 수용체는 세포질의 여러 성분과 물리적으로 연결되어 있다는 것이다(1.4절, 9.1절). 지지 · 고정단백질들이 일단의 수용체 단백질을 같이 붙잡고 있어서 이들이 정확하게 신호를 전달 할 수 있도록 연결망을 형성하고 있다. 세포 표면에는 다양한 종류의 수용체가 있는데, 지지단백질의 역할은 필요한 세포 내외의 분자 요소들을 함께 붙잡아 이들이 하나의 연결망으로서 신호전달 과정을 형성하고 신호를 증폭시키게 하는 것이다. 이 새로운 발견은 세포질이 비결정질의 겔이 아니고 세포 골격의 섬유성 기질(matrix)과 단백질들로 이루어져 있다는 사실에 부응한다.

이제 신호전달의 일반적인 과정의 윤곽이 드러났다. 그러면 두 가지 특정 체계에 대해 자세한 분자적인 고찰을 해보자. (1) **수용체효소 체계(receptor enzyme system)**(그림 I -1a)는 인슐린 수용체(티로신 키나아제, tyrosine kinase)와 신장의 ANF(atrial natriuretic factor) 수용체(구아닐산고리화효소, guanylate cyclase)를 포함한다. (2) **뱀모양 수용체 체계(serpentine receptor system)는** G단백질, 그리고 가장 일반적인 이차전령인 고리형AMP(그림 I -1b)와 작용한다. 호르몬인 글루카곤과 에피네프린은 후자에 해당한다. 3번째 형태인 개폐형 이온통로(gated ion-channel)는 나트륨 – 칼륨 ATP가수분해효소펌프와 신경세포의 아세틸콜린 수용체와 함께 9.3절에서 설명되었다.

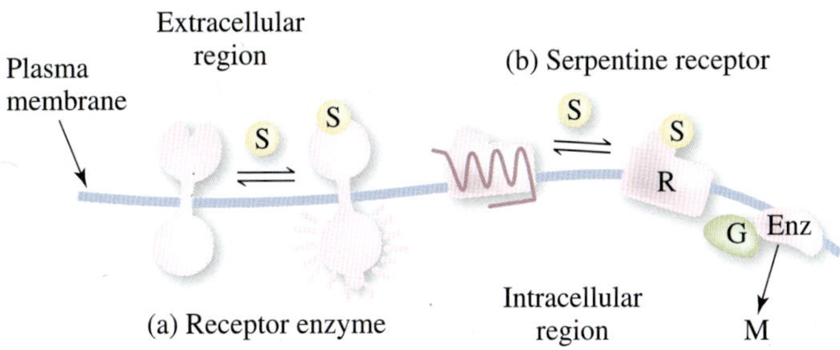

그림 I.1 두 가지 형태의 신호전달 과정
(a) 수용체효소: 세포 외부 영역에 신호 호르몬ⓢ이 결합하여 세포 내부 영역의 효소를 활성화한다. (b) 뱀모양 수용체: 수용체(R)에 신호 호르몬(s)이 결합하면 세포 내부의 GTP-결합 단백질을 활성화한다. 이것은 세포 내 이차전령(M)을 합성하는 효소(Enz)를 활성화하게 된다.

수용체효소 체계

신호전달의 수용체효소(receptor enzyme) 메커니즘에서 단백질 수용체는 이중 기능을 수행한다. 즉 (1) 호르몬과 결합하고 (2) 생화학반응을 촉매하여 세포 내부로 신호를 전달한다(수용체 단백질 또한 효소이다). 수용체 단백질은 호르몬결합 영역이 막의 바깥쪽에, 그리고 촉매활성부위가 안쪽에 자리 잡으며 막에 걸쳐있게 된다. 가장 일반적인 촉매활성 유형은 **키나아제(kinase)**로서, 단백질의 아미노산 잔기에 ATP의 인산기를 전달한다. 인산화되는 아미노산 잔기는 주로 티로신, 세린, 트레오닌이다. 이 수용체의 정지 스위치는 가끔 **인산가수분해효소(phosphatase)**가 되는데 이것은 단백질의 아미노산 잔기의 인산기를 가수분해한다.

인슐린 수용체 인슐린 수용체는 4개의 단위체로 이루어져 있는데, 2개의 α단위체(인슐린 결합 영역)와 2개의 β단위체(효소 활성부위)로 구성되어 있다(그림 I-2참조). 인슐린이 결합하면 β단위체는 티로신키나아제(tyrosine kinase)로 활성화되어 단백질 티로신 잔기의 히드록실기를 인산화시킨다. 이 효소

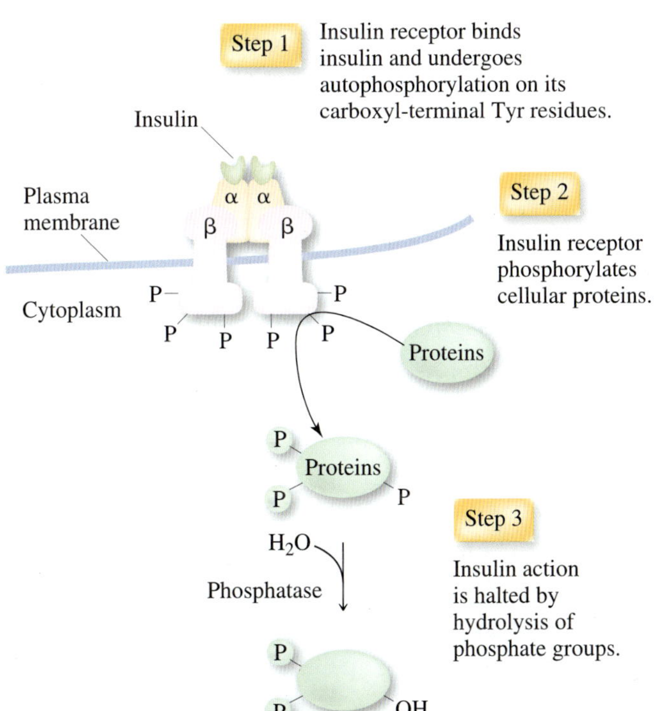

그림 I.2 인슐린 수용체

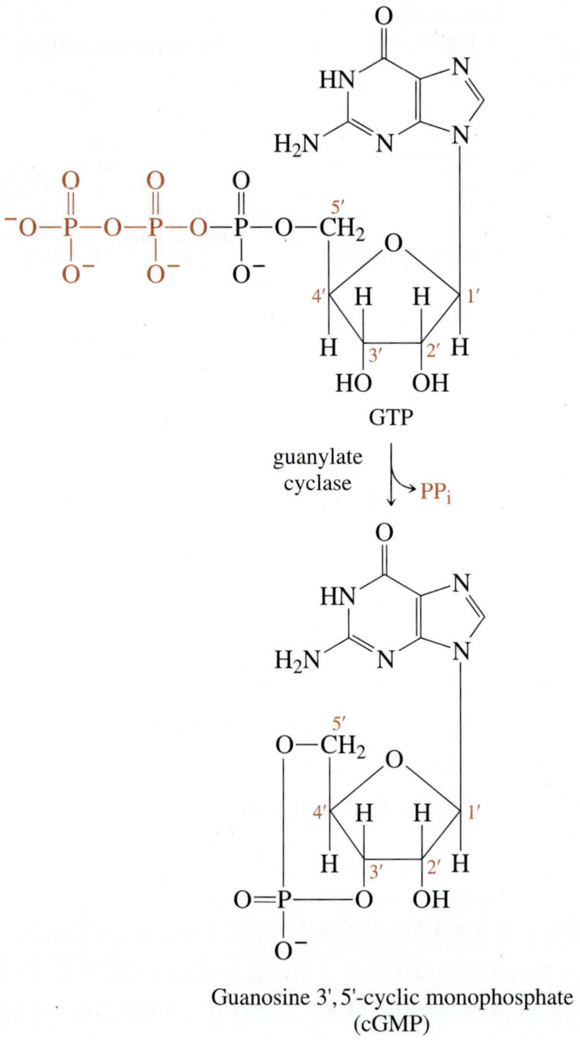

그림 I.3 이차전령 cGMP의 합성

GTP

guanylate cyclase → PP_i

Guanosine 3', 5'-cyclic monophosphate (cGMP)

는 먼저 자기 자신의 티로신 잔기를 인산화시키고(자기인산화, autophosphorylation), 다음에 세포 내 다른 단백질을 인산화한다. 글리코겐생성효소는 인산화에 의해 비활성화되며, 글리코겐가인산분해효소는 인산화에 의해 활성화되는 것을 상기하라(15.5절, 그림 15.13). 인슐린 수용체는 또한 간접적으로 글리코겐 효소들을 기질로 사용하는 키나아제와 인산가수분해효소를 조절한다.

ANF 수용체 신장의 ANF 수용체는 수용체효소 체계의 또 다른 예이다. 이 수용체효소는 호르몬인 ANF(atrial natriuretic factor)에 의해 활성화되며 수분 조절과 관련되어 있다. 활성화되는 효소는 **구아닐산고리화효소(guanylate cyclase)**로서 GTP를 이차전령인 **고리형GMP(cyclic GMP, cGMP, 그림 I-3)**로 전환하는 효소이다. 이 체계의 정지스위치는 활성인 cGMP가 비활성인 5'-GMP로 가수분해되는 것인데, 이 과정은 특정 포스포디에스테르가수분해효소(phosphodiesterase)에 의해 촉매된다.

복습 문제

1. 이차전령인 cGMP가 포스포디에스테르가수분해효소에 의해 가수분해되어 비활성화되었다. 아래의 반응을 설명하도록 구조들을 그리시오.

$$\text{cGMP} + H_2O \xrightleftharpoons{\text{phosphodiesterase}} 5'\text{-GMP}$$

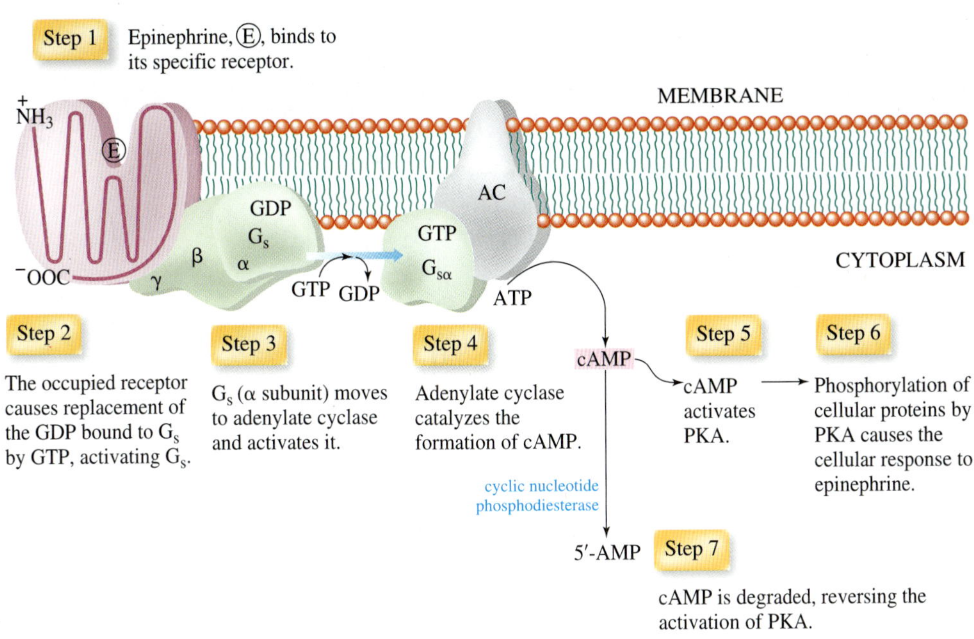

그림 I.4 β-아드레날린성(β-adrenergic) 수용체 체계

뱀모양 수용체

뱀모양 수용체(serpentine receptor)의 작용은 3개의 성분을 필요로 한다. 막관통 수용체 단백질, 구아노신 뉴클레오티드-결합 단백질(**G protein, G단백질**), 그리고 이차전령을 생성하는 효소이다. 이 체계의 예로 에피네프린과 결합하는 β-아드레날린성(β-adrenergic) 수용체 체계를 들 수 있다(그림 I-4). 에피네프린 수용체 단백질은 7개의 나선으로 구성되어 있고 이들은 막 내부에서 뱀같이 꼬여있다. 호르몬이 결합하면 수용체의 세포질 부분이 구조적으로 변화하여 세 단위체(α, β, γ)로 구성된 G단백질을 활성화시키고, 이때 G단백질은 α단위체에서 GDP를 GTP로 변환시킨다. 이렇게 G단백질이 활성화됨으로써 GTP와 결합된 α단위체가 나머지 β와 γ단위체로부터 분리된다. GTP-결합 α단위체는 **아데닐산고리화효소(adenylate cyclase)**를 활성화 하고 이것은 ATP로부터 **고리형AMP(cyclic AMP, cAMP)**의 생성을 촉매한다(그림 I-5). 고리형AMP에 의해 활성화되는 효소 중 하나가 **단백질키나아제A(protein kinase A)**인데, 이것은 글리코겐가인산분해효소를 활성화한다(그림 15.13). cAMP는 고리형 뉴클레오티드 포스포디에스테르가수분해효소에 의해 5'-AMP로 전환됨으로써 비활성화된다. cAMP는 신호전달 과정에서 가장 일반적인 이차전령의 한 가지이며, 이것을 이차전령으로 이용하는 호르몬들을 표 I-2에 정리하였다. cAMP와 cGMP가 신호전달에서 일반적인 이차전령이긴 하지만, 디아실글리세롤(diacylglycerol), 이노시톨-1,4,5-삼인산(inositol-1,4,5-triphosphate), 그리고 칼슘 등의 다른 이차전령도 알려져 있다(표 I-3, 그림 I-6).

표 I.2
cAMP를 이차전령으로 이용하는 주요 호르몬

Adrenocorticotropic hormone (ACTH)
Epinephrine
Follicle-stimulating hormone (FSH)
Glucagon
Luteinizing hormone (LH)
Prostaglandins (PGE_1, PGE_2)
Thyroid-stimulating hormone (TSH)

표 I.3
주요 이차전령의 특징

Second Messenger	How Generated	Signal Hormone
cAMP	Adenylate cyclase	See Table I-2
cGMP	Guanylate	ANF (kidney), NO (Section 19.5)
Diacylglycerol and inositol-1,4,5-trisphosphate (IP_3)	Phospholipase C	GRF, TRF, vasopressin oxytocin
Ca^{2+}	Ion-channels opened by IP_3	Several

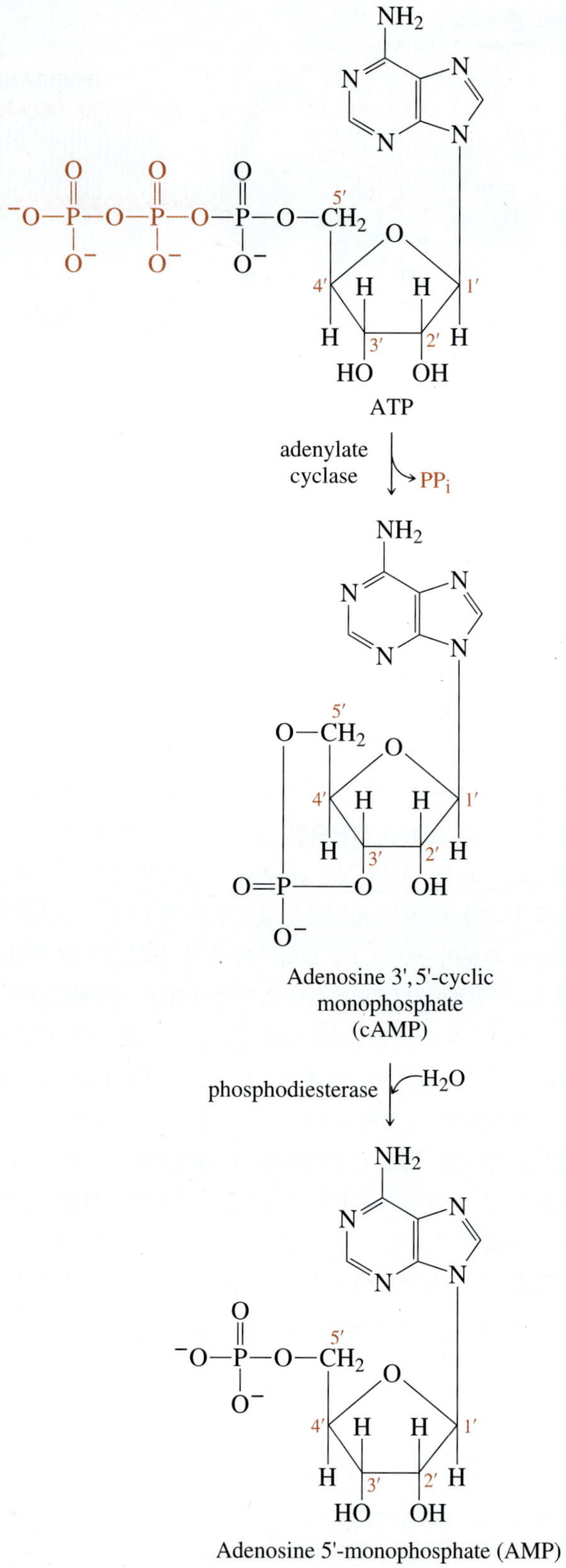

그림 I.5 cAMP의 합성과 분해

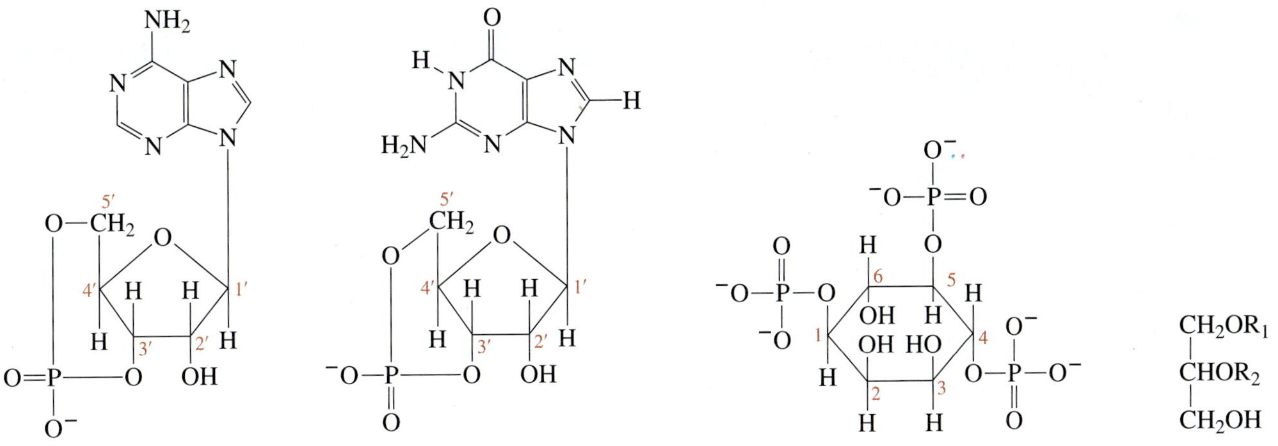

3',5'-cyclic AMP (cAMP) (a)

3',5'-Cyclic GMP (cGMP) (b)

Inositol 1,4,5-trisphosphate (IP_3) (c)

Diacylglycerol (d)

그림 I.6 신호전달에서의 주요 이차전령. (a) cAMP, (b) cGMP, (c) 이노시톨-1,4,5-삼인산, (d) 디아실글리세롤(R_1과 R_2는 지방산기를 나타냄)

복습 문제

1. 대부분의 신호전달 과정은 티로신키나아제의 작용에 의해 켜지고("turned on") 인산가수분해효소에 의해 꺼진다("turned off"). 다음의 티로신 단백질 잔기를 이용하여 두 가지 효소가 어떻게 인산화된 티로신과 비인산화된 티로신을 변환하는데 사용되는지 설명하시오. 필요한 모든 반응물과 효소를 나열하시오.

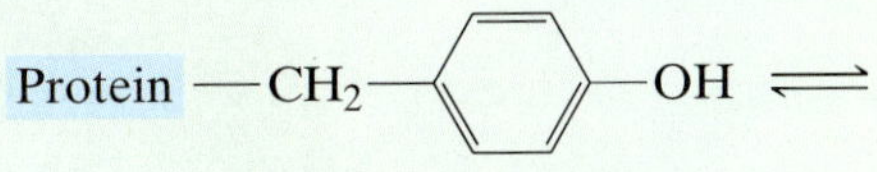

Protein —CH_2—(benzene ring)—OH ⇌

Dephosphorylated tyrosine

I-2 세포 신호전달에 관련된 질병과 신약의 설계

생화학, 세포생물학, 미생물학, 유전학, 생리학 등을 비롯한 생명 과학의 기초 연구는 인간을 괴롭힌 많은 질병의 원인을 규명하고 가능한 치료법을 알게 했다. 이러한 연구의 결과로서 "많은 질병의 원인이 잘못된 정보(돌연변이)를 포함한 유전자에 있거나 또는 정보의 전달 과정(세포 신호전달)이 잘못된 데 있다."라는 일반적인 논리를 펼 수 있다.

최근의 의학 연구에 있어서 가장 큰 약진은 유전공학적 신약의 개발을 위한 생물공학의 발전이다(13장). 수많은 생물공학 회사들이 생겨났고 이들은 모두 차세대의 혁신적인 신약을 개발한다는 궁극적인 목표를 가지고 있다. 이들 새로운 생물공학 실험실의 접근 방법은 잘못된 정보의 흐름을 막음으로써 잘못된 세포 작용을 없애는 신약을 개발하는 것이다. 단백질, 핵산, 탄수화물, 그리고 지질을 포함한 모든 형태의 생물학적 활성 분자들이 이러한 목적으로 추출되어 검사된다. 제약 회사들은 아주 풍부하고 다양한 접근 방법을 가지고 있지만 결국 새로 발견되는 약은 작용 장소에 따라 몇 가지로 분류될 만큼 유사점이 있다. 그림 I-7에 나타냈듯이, 신약 개발의 표적이 되는 세포 신호전달 과정은 3 단계로 구분된다.

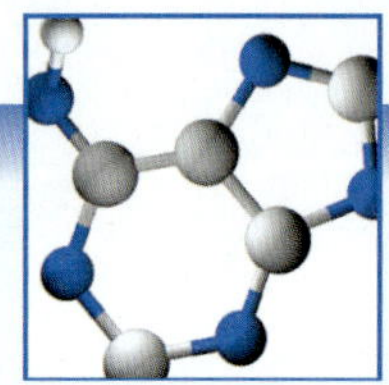

I - 1

생화학 들여다보기

세포 신호전달 과정이 약과 독소에 의해서 바뀐다

세포 신호전달에 의존하는 생물학적 과정은 세포 외부의 분자나 생물체에 의해서 시작될 수 있다. 약한 흥분제인 카페인(caffeine, 커피의 성분), 테오필린(theophylline, 차의 성분), 그리고 테오브로민(theobromine, 초콜릿의 성분)은 cAMP의 분해를 촉매하는 효소인 cAMP 포스포디에스테르가수분해효소(phosphodiesterase)의 작용을 억제한다. 그러므로 에피네프린과 다른 호르몬의 작용이 이러한 자극제에 의해 지속되는 것이다. 최근에 승인된 인공 임신중절약 RU486은 프로게스테론 수용체에 결합하여 수정 시 호르몬의 정상적인 기능을 억제하게 된다.

과거와 현재의 많은 인간 질병은 세균과 바이러스가 신호전달 작용을 장악함에 그 원인이 있다. 예를 들어 1000년 이상 역사적 기록에서 악명을 떨친 질병인 콜레라(cholera)는 비브리오 콜레라(*Vibrio cholerae*)라는 세균에 의해 발생한다. 단백질인 콜레라독소(cholera toxin)는 세포 신호전달을 담당하는 G단백질의 정상적인 활동을 방해하여 아데닐산고리화효소를 계속 활성화시키게 된다. 따라서 소장 상피세포의 cAMP의 농도가 높아지고, 이로 말미암아 물과 Na^+의 이동이 조절되지 않고, 나아가서 설사와 탈수 현상을 가져오게 한다. 비브리오 콜레라균의 유전체 염기서열이 2000년에 완성되었고 두 개의 염색체가 약 410만개의 염기쌍과 약 3800개의 단백질 발현 유전자를 포함하고 있음이 밝혀졌다. 14세기 유럽에서 흑사병이라 불린 전염병의 원인 세균인 예르시니아 페스티스(*Yersinia pestis*)는 정상적인 신호전달 과정을 방해하는 단백질을 세포 내로 삽입함으로써 작용한다. 백일해의 원인 세균인 보르데텔라 페르투시스(*Bordetella pertussis*)도 또한 G단백질을 방해하여 아데닐산고리화효소를 억제하는 독소를 생산한다. 사람면역결핍바이러스(human immunodeficiency virus, HIV)는 세포 신호 수용체와의 결합에 의해서 세포 내로 들어간다.

성인에게서 발병하는 II형 당뇨병과 암도 세포 신호전달 작용의 오류와 연관이 있다. II형 당뇨병(인슐린의 영향을 받지 않음) 환자는 인슐린 수용체가 결핍되어 있다. 암의 경우는 일반적으로 세포 증식과 관련되어 설명되고 있지만, 이것도 세포 신호전달 과정의 질병으로 생각할 때 좀 더 잘 이해가 된다. 호르몬이나 성장인자(growth factor)가 세포에 전달하는 신호는 신호전달 과정을 통해 DNA의 복제, 전사 그리고 기타 세포 발달 과정 중의 여러 작용을 조절하기 위한 것이 많다. 이 과정이 제대로 작동하지 않을 경우 통제 불능의 세포 성장으로 이어지게 된다. 신호전달과 세포 증식 사이의 관계는 최근에 종양을 유발하는 시궁쥐육종바이러스(rat sarcoma virus)로부터의 단백질군인 **라스단백질(ras protein)**의 아미노산서열이 G단백질과 유사하다는 사실의 발견으로 더욱 확실해 졌다. 라스단백질은 돌연변이가 일어나서 바이러스 유전체에 삽입된 바이러스 감염세포의 유전자 산물이다. 이렇게 변형된 유전자를 **암유전자(oncogene)**라고 부른다. 라스단백질은 G단백질의 변형이므로 신호전달의 정상적인 G단백질의 기능을 수행할 수 없다. 그 결과는 감염된 세포가 정상적인 대사 작용 조절을 할 수 없고 결국 암세포로 발전하는 것이다. 암유전자가 모두 바이러스에 기원을 두는 것은 아니며, 어떤 것은 정상 세포의 단백질 구성요소의 변형에 의한 것이기도 하다. 신호전달 과정을 변화시킴으로써 작용하는 것으로 알려진 타목시펜(tamoxifen)은 유방암 환자의 화학 요법에 사용되는데, 이 약은 항에스트로겐 작용을 함으로써 유방암을 치료한다. 에스트로겐은 유방암 세포의 성장을 자극하는 여성 호르몬이다. 타목시펜은 에스트로겐 수용체와 결합함으로써 에스트로겐의 작용을 방해하는데 이로 인해 에스트로겐에 반응하는 유전자가 활성화되지 않고 따라서 암 세포의 증식이 늦어지거나 멈추게 한다.

콜레라 균(*Vibrio cholerae*)으로부터 보호하기 위해 사용된 의복을 그린 초기 프랑스 만화

1. **DNA 단계에서 작용하는 약의 발견.** 두 가지의 접근이 가능하다. 많은 신약이 발암의 원인이 되는 라스단백질(*ras* protein) 같은 질병 유발 단백질의 유전자 또는 낭포성섬유증과 같은 유전적 질병의 유전자발현을 억제하도록 설계된다. 이들 약은 전령RNA로의 전사를 억제한다. 둘째 접근도 또한 단백질합성을 억제하는데, 그러나 이 경우는 전령RNA에서 단백질로의 번역 과정을 억제한다. 이 단계를 목표로 하는 신약은 전령RNA에 결합하여 그들의 정보 전달을 억제하게 된다.
2. **세포 외부 표면의 수용체단백질에 결합하여 신호전달을 막는 약의 설계.** 이러한 약은 수용체 부분에 결합하여 염증을 유발하는 백혈구 세포나 바이러스의 작용을 방해할 수 있다. 이러한 효과를 가진 약은 종종 바이러스와 백혈구의 외부 표면상의 생체분자와 유사한 탄수화물 같은 구조를 가지고 있다(9장).
3. **세포 내부의 신호전달 경로를 방해하는 비극성의 작은 분자를 설계.** 이러한 약은 비정상적 세포 증식(암의 경우)과 염증 또는 다른 면역 이상을 억제하는 능력을 가지고 있다. 이러한 약의 목표는 G단백질, 이차전령을 합성하는 아데닐산 고리화 효소와 같은 효소, 그리고 단백질키나아제 등이다.

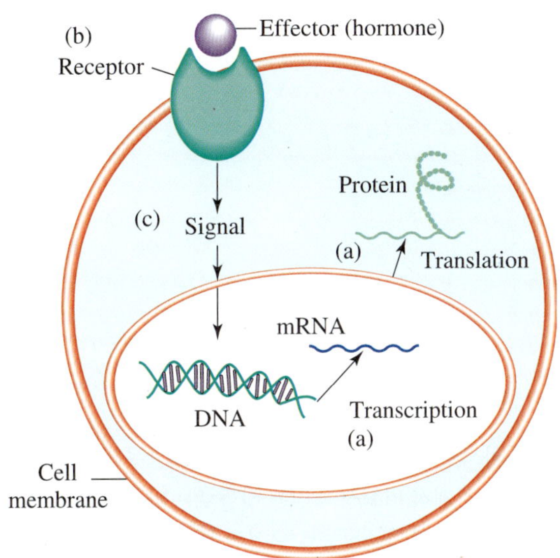

그림 1.7 새로운 약들은 세포 내 정보 교환의 여러 단계를 목표로 하고 있다. (a) DNA에서 RNA로의 전사와 번역을 포함한 단백질합성 과정을 방해하는 약을 설계 (b) 천연 작동인자에 의한 신호전달이 일어나는 것을 억제하기 위해 수용체 부분에 결합하는 신약을 설계 (c) 신호전달 과정을 붕괴시키기 위한 신약을 설계

참고문헌

Garrett, R. and Grisham, C., 2005. *Biochemistry*, 3rd ed. Belmont, CA: Brooks/Cole. pp. 1041–1086, Signal transduction.

Karp, G., 2005. *Cell and Molecular Biology: Concepts and Experiments*, 4th ed. Hoboken, NJ: John Wiley and Sons. pp. 624–668, Signal transduction.

Nelson, D. and Cox, M., 2005. *Lehninger Principles of Biochemistry*, 4th ed. New York: W. H. Freeman. pp. 421–479, Biosignaling.

Scott, J. and Pawson, T., 2000. Cell communication: The inside story. *Sci. Am.* 282(6):72–79.

Voet, D., Voet, J., and Pratt, C., 2005. *Fundamentals of Biochemistry*, 2nd ed. Hoboken, NJ: John Wiley and Sons. pp. 756–774. Signal transduction.

특별주제

II

분자면역학

II.1 면역계의 기본 구성요소
체액성 면역반응과 항체 형성
세포성 면역반응

우리의 몸, 특히 세포와 세포외 액은 외부로부터 다양한 생물 또는 무생물체의 끊임없는 공격을 받아 생명에 위협이 되고 있다. 이러한 잠재적 위험성이 있는 것들로는 바이러스, 세균, 기생충, 기타 병원성 생물체 등이 있고, 단백질이나 다른 고분자물질들로 구성된 독소 등을 들 수 있다. 이와 같은 위험들로부터 우리의 몸은 우리 자신과 이물질을 구분하고, 이러한 이물질들을 파괴하는 **면역계(immune system)** 라고 하는 복잡한 체계에 의해 보호된다. 특별주제 I에서 다룬 신호전달체계나 9.3절에서 학습한 신경전달계, 기타 생물학적 활동과 마찬가지로 면역계도 일종의 정보전달 체계로 간주될 수 있다. 면역계는 외부 위험 인자의 신호나 메시지를 읽고 두 가지 주요 방어 메커니즘을 통하여 반응한다. 10^8개에 해당하는 특별한 항체를 형성하거나, 10^{12}개에 해당하는 T세포 수용체를 만드는 것이 그것이다.

면역계의 중요성은 면역계와 연관된 각종 질병들의 심각성과 더불어 잘 설명될 수 있다. **AIDS(acquired immune deficiency syndrome, 후천성면역결핍증)**를 유발하는 **사람면역결핍바이러스(human immunodeficiency virus, HIV)**는 면역계를 약화시켜 체내 감염에 대항할 수 없게 만든다. 다발성 경화증, 류마티스성 관절염, 인슐린의존성 당뇨병 등과 같은 **자가면역병(autoimmune disease)**은 자기 자신과 외부 이물질을 구분하지 못하는 것에서 기인한 잘못된 면역반응으로 발생한다. 이 장에서는 면역계의 구성요소들을 분자적 관점에서 설명하고자 한다.

II-1 면역계의 기본 구성요소

생명을 위협하는 물질을 인식하고 이것을 제거하는 면역계는 **백혈구(leukocyte)**에서 시작되며, 이에는 **대식세포(macrophage)**와 **림프구(lymphocyte)**라고 하는 두 가지 주요 형태가 있다. 대식세포는 혈액과 조직에서 침입한 병원성 물질을 찾고, 이것을 식세포작용(phagocytosis, 일명 식균작용)이라 불리는 과정을 통해 제거한다. 림프구는 혈액을 떠나 림프계(가슴샘, 비장, 림프절)를 순환하면서 이물질을 계속 찾게 된다.

면역계는 복잡한 네트워크로서 두 개의 상호 보완적 관계에 있는 체계로 구성되어 있는데, (1) **항체(antibody, immunoglobulin, Ig)**를 형성하는 **체액성 면역계(humoral immune system**, 병원체가 체내에 침입하면 이에 대항하기 위해 혈액에서 항체가 생김으로써 일어나는 면역 반응)와 (2) **T림프구(T lymphocyte, T세포)**를 이용하는 **세포성 면역계(cellular immune system**, 혈청 항체를 만들지 아니하고 세포가 직접 작용하여 나타나는 면역 반응)이다. T세포는 바이러스나 기생충, 외부 이물질 등을 인식하는 수용체(receptor)로 표면이 둘러싸여 있다. T세포는 **도움T세포(helper T cell**, 추후 설명)의 도움을 받아 작용한다.

체액성 면역반응과 항체 형성

병원성 물질에 대한 체액성 면역계의 첫째 분자 반응은 항체라고 불리는 단백질을 형성하는 것이다. 항체는 B림프구[골수(bone marrow)에서 만들어 지므로 B세포라고 불림]에서 만들어져 혈장 세포에 의해 체액으로 분비된다. 이러한 항체는 **항원(antigen)**이 존재하면 대량으로 생산된다. 항원은 면역계가 항체를 형성하도록 유도하는 물질로서 병원성 물질이나 독소 등이 이에 해당한다. 인체는 10^8개에 해당하는 항체를 형성하여 적어도 그 중 하나의 항체는 하나의 항원을 인식하여 결합할 수 있는 충분한 기회를 제공한다. 항원이 되기 위해서는 적어도 5천의 분자량을 가진 물질이라야 한다(일반적으로 작은 외부 분자들은 시토크롬P-450이라 불리는 해독 효소에 의해 제거된다. 생화학 들여다보기 17-1 참조). 항체는 특별한 분자 구조(화학적 작용기의 특별한 배열)를 가지는 항원의 특별한 작은 부분에 주로 결합한다. 이 작은 분자 구조를 **항원결정부(epitope, antigenic determinant)**라 한다.

표 II-1은 5가지 종류의 항체의 분자적 특성과 생물학적 기능을 보여준다. 혈액 내의 항체는 항원에 노출된 후 각각 다른 시간대에 나타난다(그림 II-1). 첫째 항체인 IgM은 항원에 노출된 수 일 내 혈액에 나타나고, 좀 더 장기간에 걸쳐 작용하는 주 항체인 IgG는 1-2주경에 나타나 점점 농도가 줄어든다. IgG의 농도는 동일한 항원에 두 번째 노출되면 더 증가한다(그림 II-1).

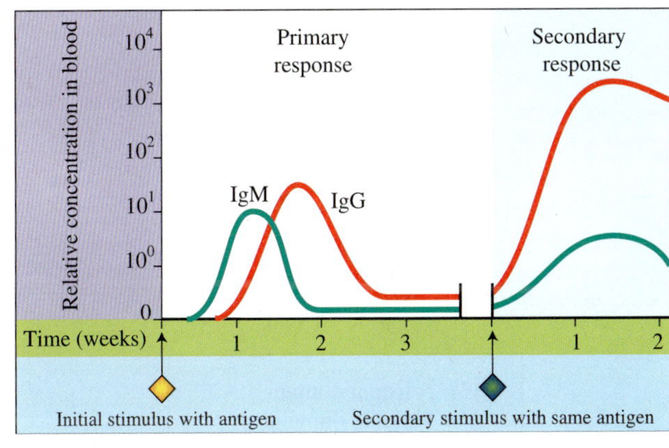

그림 II.1 시간 경과에 따른 항체의 형성. 항원에 노출되면 IgM이 가장 먼저 나타나고, 주 항체인 IgG가 이어서 나타난다. 동일한 항원에 두 번째로 노출되면 혈액 내 IgG의 농도는 더 크게 증가한다.

표 II.1
면역글로불린의 특성

종류	혈청 내 농도(mg/mL)	분자질량(달톤)	기능
IgG	12	150,000	혈장 내 주 항체
IgA	3	180,000~500,000	침, 눈물, 점액 등 외부 분비액에 존재
IgM	1	950,000	항원 노출 시 혈청에서 처음 나타나는 형태로서 초기 면역반응을 제공함
IgD	0.1	175,000	B세포의 원형질막에서 발견되며 기능은 알려져 있지 않음
IgE	0.001	200,000	기생체에 대한 보호 작용을 하며 알레르기 반응에 관여함

IgG는 Y자 형태의 분자로 4개의 폴리펩티드 사슬로 구성되어 있다. 2개의 **무거운 사슬(heavy chain)**과 2개의 **가벼운 사슬(light chain)**이 비공유결합과 이황화결합에 의해 연결되어 있다(그림 II-2). IgG는 분자량이 약 150,000인 당단백질이다. 그림 II-2에서 보는 바와 같이 IgG의 아미노산서열을 분석하면 동일한 서열과 구조를 가진 부분과 다른 서열을 가진 부분이 있다. 모든 IgG 분자는 동일한 부분을 가지지만, 두개의 항원이 결합하는 자리인 2개의 다른 영역(domain)을 가지고 있다. 이 다양하게 변하는 영역이 항체가 다른 구조를 가지게 하고 항원과의 특이한 결합을 제공해 주는 부분이 된다. 항원과 항체는 비공유결합성 상호작용에 의한 분자인식 과정을 통하여 **항원-항체복합체(antigen:antibody complex)**를 형성한다.

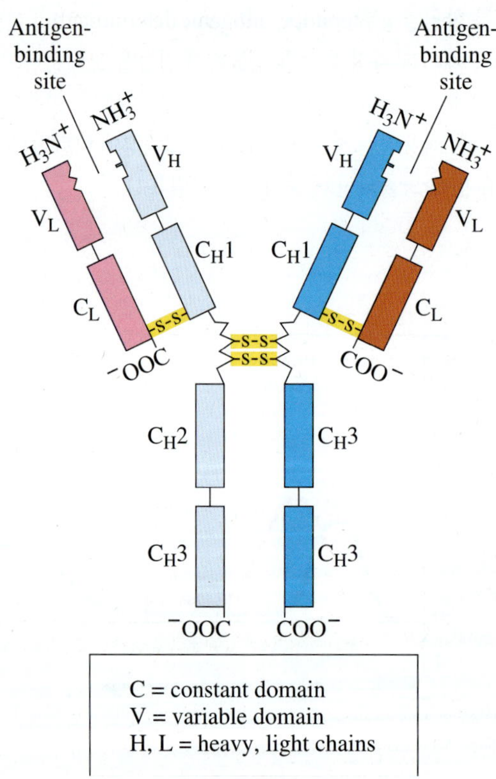

그림 II.2 IgG 항체의 구조. IgG는 4개의 폴리펩티드로 구성된 분자이며, 두 개의 무거운 사슬(H)과 두 개의 가벼운 사슬(L)로 이루어져 있다. 각 분자는 두 개의 항원이 결합하는 가변부(V)가 있다.

면역계의 항체 형성을 인위적으로 조절함으로써 감염원으로부터 개체를 보호할 수 있다. 백신을 이용한 **예방접종(vaccination)**은 제너(Edward Jenner)가 1796년 천연두에 대해 최초로 사용하였다. 백신은 특정 질병에 대한 면역력을 증가시키기 위해 개인에게 투여하는 일종의 치료법이다. 백신은 죽은 병원균, 살아있지만 약한 균, 혹은 완전히 악성의 균을 조작하여 만들어 왔다. 오늘날의 백신은 주로 병원균의 일부분(세포벽 단백질)이나 약화된 독소를 이용하여 만든다. 초기에 감염원이나 그 잔해에 미리 노출시키면, 만약 면역계가 미래에 병원균을 감지하게 되었을 때 이에 대한 항체를 더 잘 형성할 수 있게 된다. 면역계에 의해 수행되는 정보전달 과정의 일부는 과거에 대한 '기억'이다.

복습 문제

1. 다음 두 과정의 동일한 점과 차이점을 설명하시오.
   a. 효소가 기질과 결합하여 ES복합체를 형성하는 것
   b. 항원-항체복합체의 형성

세포성 면역반응

앞에서 설명한 것처럼 수용성 단백질인 항체는 세포외 액에서 병원성 물질을 검출하고 결합하는 데 있어서는 효과적이다. 그러나 항체는 감염에 의해 세포 내에 존재하는 바이러스나 세균에 대해서는 효과적으로 작용하지 못한다. 세포 내의 병원성 물질의 제거나 파괴는 세포성 면역반응에 의한다.

살생T세포 세포 수준에서 제공되는 면역반응의 일차적인 임무는 **T림프구[T lymphocyte**, 세포독성T세포(cytotoxic T cell, Tc) 라고도 함]에 의해 수행된다. **살생T세포(killer T cell)**라고 불리는 특정한 T세포는 병원성 물질에 감염된 세포를 찾기 위해 모든 숙주세포의 표면을 정밀 조사하는 수용체 단백질을 표면에 가진다. 이 조사 과정동안 T세포는 바이러스나 세균에 의해 감염된 세포(나중에 대식세포에 의해 파괴되기 위해 표시가 됨)와 정상적인 건강한 세포를 구분하는 일을 하게 된다.

대부분의 척추동물 세포는 세포질에 존재하는 단백질 종류의 견본을 세포 표면에 전시한다. 세포 내 단백질(정상 혹은 외부 단백질)은 펩티드가수분해효소(peptidase)에 의해 분해되는데 약간의 남은 펩티드는 세포 표면으로 이동하여 **주조직적합성 복합체(major histocompatibility complex, MHC)**에 의해 노출된다. MHC I군의 단백질은 세포질에서 온 펩티드와 결합해 이들을 소개하는 역할을 한다. 순환하고 있던 T세포는 수용체 단백질을 이용하여 이물질 펩티드를 함유하고 있는 세포의 표면을 찾게 된다. 만약 탐지가 되면 이 세포는 감염되었고 파괴되어야 한다고 판단한다. 또 다른 종류의 MHC II군 단백질은 특정한 B림프구나 대식세포의 표면에 존재한다. 이들은 세포내섭취(endocytosis)를 통해 세포로 들어온 펩티드를 전시한다.

도움T세포 도움T세포(T_H)는 살생T세포와 달리 세포를 직접 죽이는 독성은 없지만 살생T세포와 함께 작용하는 특별한 세포이다. T_H세포의 수용체는 MHC II군 단백질에 의해 전시된 펩티드를 인지하고 이들과 결합한다. 이들이 외부 펩티드와 결합하면 **인터페론(interferon)**이나 **인터류킨(interleukin)** 같은 **시토카인(cytokine)**이라 불리는 신호 단백질을 분비한다. T_H세포는 또한 B림프구의 생산을 증가시킴으로써 세포성 면역반응을 자극한다. T_H세포의 중요성은 이들이 HIV의 주요 목표가 된다는 사실에서 확인된다.

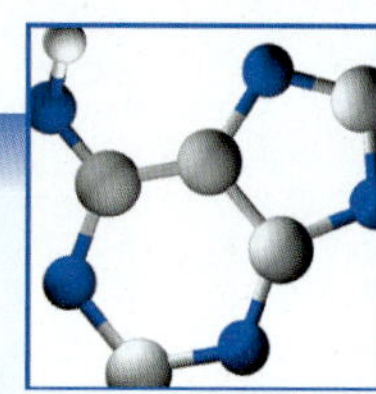

II - 1

생화학 들여다보기

시클로스포린A – 때때로 면역계를 억제시키는 것이 유익할 수 있다

강하고 건강한 면역계를 가지는 것이 항상 바람직한 것은 아니다. 조직 이식 과정에서 초기에 발생하는 가장 주된 장애는 수용자의 면역계에서 일어나는 거부 반응이다. 주요 장기의 이식 시 면역 반응을 약화시키는 **면역억제제(immunosuppressant)**를 사용한다. 이 때 가장 흔히 사용되는 두 가지 약품은 토양 곰팡이의 대사산물인 **시클로스포린 A(cyclosporin A)**와 **FK 506**이다(구조 참조). 이들은 **칼시뉴린(calcineurin)**이라 불리는 효소의 작용을 억제함으로써 작용하는 것으로 알려져 있다. 칼시뉴린은 T세포를 활성화시켜 시토카인을 생산하게 하는 신호전달과정에 중요한 인산가수분해효소(phosphatase)의 일종이다. 시클로스포린A와 FK 506은 칼시뉴린과 시클로필린(cyclophilin)이라 불리는 결합 단백질과 함께 안정된 3성분 복합체를 형성하게 된다.

면역억제제는 면역계가 자기 자신과 외부 이물질을 구분하는 능력을 잃어버림으로써 발생하는 자가면역병의 치료에도 사용된다. 인간에게는 아직 자가면역병이 상대적으로 흔하진 않지만 약 60여 가지 이상의 질환이 발견되고 있고, 이러한 질병에 걸리는 환자의 수도 증가하고 있는 추세이다. 자가면역병으로 분류되는 질환에는 다발경화증(multiple sclerosis), 인슐린의존성 당뇨병, 그레이브스병(Grave's disease)과 갑상선염, 류마티스성 관절염, 낭창(lupus), 크론병(Crohn's disease), 섬유조직염, 악성빈혈, 건선 및 베게너육아종증(혈관에 염증이 생겨 조직이 썩는 질환) 등이 있다. 시클로스포린A는 자가면역병 환자들을 치료하는데 아주 강력하고 일반적인 면역억제제로 알려져 있다. 좀 더 약하지만 특정 질환에 효과적으로 작용하는 약으로는 시클로포스파미드(cyclophosphamide, Cytoxan), 메토트렉세이트(methotrexate) 및 아자티오프린(azathioprine) 등이 있다. 장기 이식 수술환자를 포함해 면역억제제 치료를 받고 있는 모든 환자들은 약화된 면역계로 인해 감염에 걸릴 위험이 더 높아진다. 이들은 감기나 독감, 결핵과 같은 흔한 감염 증상을 물리치기 위해 약을 처방 받아야 한다.

Cyclosporin A

참고문헌

Banchereau, J., 2002. The long arm of the immune system. *Sci. Am.* 287(5):52–59.

Borman, S., 2002. In search of better immunosuppressants. *Chem. Eng. News* Sept. 16:33.

Garrett, R. and Grisham, C., 2005. *Biochemistry*, 3rd ed. Belmont, CA: Brooks/Cole. pp. 933–938, immunoglobulins.

Karp, G., 2005. *Cell and Molecular Biology: Concepts and Experiments*., 4th ed. Hoboken, NJ: John Wiley and Sons. pp. 700–732, The Immune System.

Nelson, D. and Cox, M., 2005. *Lehninger Principles of Biochemistry*, 4th ed. New York: W. H. Freeman. pp. 174–182, Immunology.

Schonborn, K., Anderson, T., and Grayson, D., 2002. Student difficulties with the interpretation of a textbook diagram of immunoglobulin G. *Biochem. Mol. Biol. Educ.* 30:93–97.

Voet, D., Voet, J., and Pratt, C., 2005. *Fundamentals of Biochemistry*, 2nd ed. Hoboken, NJ: John Wiley and Sons. pp. 1104-1114, Immunology.

http://www.aarda.org/
The American Autoimmune Related Diseases Association

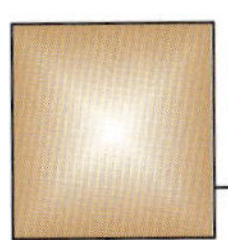

용어해설

A

abzyme 항체효소 효소처럼 화학 반응의 촉매작용을 하는 단백질 항체; 촉매항체(catalytic antibody)

acetyl-CoA 아세틸-CoA 아세틸기와 조효소A 사이의 티오에스테르(thioester)결합으로 형성된 아세트산의 활성화 형태

acid 산 양성자 공여체로 작용하는 화학물질

acidosis 산성혈액증 혈액의 수소이온 농도가 증가한 의학적 상태

acquired immune deficiency syndrome (AIDS) 후천성면역결핍증 면역세포가 레트로바이러스(retrovirus)인 HIV에 의해 감염되어 나타나는 의학적 상태

activation energy 활성화에너지 반응계에 있는 분자들을 바닥상태(ground state)로부터 천이상태(transition state)로 변환시키는 데 필요한 에너지의 양

activator 활성인자 DNA와 결합하여 유전자 전사의 속도를 증가시키는 조절단백질

active site 활성부위 기질 분자가 결합하는 효소의 특정 부위

active transport 능동수송 에너지를 사용하여 막을 통과하는 생체분자의 이동

acyl carrier protein (ACP-SH) 아실기운반단백질 비타민의 일종인 판토텐산(pantothenic acid)을 포함하는 폴리펩티드로서, 지방산합성을 위하여 아실기를 활성화시킴

adenosine triphosphate (ATP) 아데노신삼인산 생화학적인 과정에서 에너지운반체 및 에너지 수송 물질로 작용하는 보편적 물질

S-adenosylmethionine (SAM) S-아데노실메티오닌 메틸기의 운반체 및 수송물질로 작용하는 생체분자

adipocyte 지방세포 지방 저장을 위하여 특수화된 동물세포

aerobic 호기성 산소가 존재하거나 산소가 이용됨

alcaptonuria 알캅톤뇨증 호모겐티스산산화효소(homogentisate oxidase)의 결핍으로 인한 의학적 상태

aldol condensation 알돌축합 카르보음이온(carbanion)과 알데히드 또는 케톤사이에 일어나는 반응으로서 탄소와 탄소 사이에 단일결합이 형성됨; 분해효소(lyase)에 의한 촉매반응

aldose 알도오스 알데히드 작용기를 포함하는 탄수화물

alkalosis 알칼리혈증 혈액의 수소이온 농도가 감소하는 의학적 상태

allosteric interaction 알로스테릭 상호작용 다단위체단백질(multi-subunit protein)의 한 위치에서 일어나는 입체구조의 변화로 인하여 같은 단백질의 다른 위치에서 입체구조의 변화가 일어나는 현상

Ames test 에임스검사 세균의 배양을 통하여 물질의 암 유발성을 결정하는 실험 과정

α-amino acid α-아미노산 카르복실기와 아미노기를 포함하는 화합물; 단백질의 구성단위로서 20종류가 있음

aminoacyl-tRNA synthetase 아미노아실-tRNA합성효소 단백질합성에 사용되는 아미노산을 특정한 tRNA에 연결시키는 효소

amino sugar 아미노당 하나 또는 그 이상의 히드록실기가 아미노기로 치환된 탄수화물

amino terminus 아미노말단 반응하지 않은 또는 유도된 α-아미노기를 가지고 있는 폴리펩티드 사슬의 아미노산 말단

aminotransferase 아미노기전달효소 아미노기전달반응(transamination)을 촉매하는 효소

amphibolic 양방향성 이화작용(catabolism)과 동화작용(anabolism)에서 모두 작용할 수 있는 대사경로 또는 대사물질

amphiphilic 양친매성 친수성 부위와 소수성 부위를 모두 포함하는 분자

amyloid deposits 아밀로이드 침적물 조직에 불용성 단백질이 응집, 침적함으로써 야기됨; 알츠하이머병 및 이와 연관된 질병의 환자의 뇌에서 발견됨

anabolism 동화작용 대사 과정의 합성 경로로서, 단순한 전구체로부터 크기가 큰 생체분자가 합성되는 것이 특징이며 일반적으로 에너지의 유입을 필요로 함

anaerobic 무산소성[혐기성] 산소의 결핍을 나타내는 말

anaplerotic reaction 보충대사반응 농도가 낮은 대사물질을 보충시키는 반응(예: 피루브산카르복실화효소에 의하여 촉매되는 반응)

annealing 복원 서로 떨어져 있던 두 개의 폴리뉴클레오티드 가닥이 DNA 이중나선으로 재결합하는 현상

anomer 아노머 탄수화물의 고리형 구조에서 나타나는 입체이성질체(stereoisomer)로서, 헤미아세탈 또는 헤미케탈 탄소 중심에서만 입체화학적 구조의 차이가 나타남

antibody 항체 외부로부터의 물질과 선택적으로 결합하고 이의 작용을 무력화시키는 혈액 중의 단백질

anticodon 안티코돈 mRNA의 상보적 코돈과 결합하는 tRNA상의 세 개의 염기서열

antigen 항원 생물체에서 항체의 생성을 유도하는 외부의 물질

antioxidant 항산화제 비타민C나 비타민E와 같이 쉽게 산화되어 다른 물질의 산화를 방해하는 화학물질

apoenzyme 아포효소[결손효소] 필요한 보결분자단(prosthetic group)이나 보조인자(cofactor)가 결핍된 폴리펩티드 상태 만으로서의 효소

apoptosis 세포자살 세포가 자신의 사멸을 초래하는 과정; 예정세포사(programmed cell death)

aquaporin 아쿠아포린 물의 수송 통로로 작용하는 막관통 단백질

archaebacteria 원시세균 진정세균과 생화학적으로 구분되며 주로 극단적인 생존 조건에서 발견되는 원핵생물군

atherosclerosis 죽상동맥경화증[아테롬성경화증] 동맥 내에 콜레스테롤이 쌓이는 질병

ATP energy cycle ATP에너지회로 이화작용에 의해 ATP가 생성되어 동화작용과 기타 에너지를 필요로 하는 대사 과정에 사용되는 과정

ATP synthase complex ATP생성효소복합체 전자전달과 ATP 합성을 짝지어주는 미토콘드리아 내막의 효소복합체

autooxidation 자가산화 산소와 다른 분자와의 반응

autoradiography 자가방사법 X선 필름을 사용하여 방사성표지 분자를 확인하는 실험 방법; 특히 겔전기영동 후 DNA의 시각적 확인과 특징 규명에 유익한 방법임

autotroph 독립영양생물 이산화탄소와 기타 무기물 전구체로부터 구조와 에너지를 위한 유기화합물을 합성할 수 있는 생물체

B

bacterial artificial chromosome (BAC) 박테리아인공염색체 클로닝 벡터로 사용되는 DNA 분자; 플라스미드에서 유래함

base 염기 1) 양성자의 수용체로 작용하는 화학 물질. 2) 뉴클레오시드, 뉴클레오티드, 핵산 등의 퓨린 또는 피리미딘 구성원

base pair 염기쌍 DNA구조에서 수소결합에 의해 연결된 두 개의 질소염기(아데닌-티민 또는 구아닌-시토신)

bend 굽음 단백질 2차구조의 한 요소로서 역회전(reverse turn)이라고도함

beriberi 각기 음식물 중 티아민(thiamine)의 결핍으로 나타나는 의학적 상태

bilayer 이중층 극성 지질로 구성된 두 개의 단층(monolayer)이 결합하여 형성한 막 구조

bile salt 담즙염 양친매성(amphiphilic)으로서 음식물 중 지질의 용해를 돕는 콜레스테롤 산화유도체

bilirubin 빌리루빈 헴(heme)의 이화작용에 의해 생성된 선상의 테트라피롤(tetrapyrrole) 유도체

bioenergetics 생체에너지학 살아 있는 세포 및 생물체 내의 에너지 유동과 변환을 연구하는 학문; 산화-환원 및 이와 연관된 과정에 의해 야기되는 ATP 합성

biogenic amine 생물생산아민 아미노기의 형태로 질소 원자를 포함하는 중요한 생체분자

bioinformatics 생물정보학 컴퓨터를 응용하여 핵산 서열 자료를 정리하고 단백질 서열과 구조와의 관계를 연구하는 학문

bioluminescence 생물발광 살아 있는 생물체로부터의 빛의 방사

biotechnology 생물공학 생물체, 세포, 세포구성물 및 생체 내 과정을 실용적인 작용과 과정에 응용함

blotting 흡입법 유전적 분석을 위하여 분자(특히 재조합DNA)를 겔로부터 종이로 옮기는 과정

Bohr effect 보어효과 이산화탄소와 수소이온이 헤모글로빈과 결합함으로 인하여 헤모글로빈에 대한 산소의 결합 친화력이 감소하는 현상

bond-forming reaction requiring energy from ATP ATP-에너지 요구성 결합 형성 반응 ATP 분열시 생성되는 에너지를 이용하여 새로운 화학결합이 형성되는 반응

buffer 완충액 짝지음산-염기쌍(conjugate acid-base pair)으로 구성되어 pH 변화의 영향을 받지 않는 용액

C

Calvin cycle 캘빈회로 탄수화물의 합성을 위하여 이산화탄소가 단순한 유기 분자로 고정되는 데 관여하는 일련의 반응

carbohydrate 탄수화물 알데히드 또는 케톤 작용기와 다수의 히드록실기를 포함하고 있는 일단의 자연 상태 화합물

carboxyl terminus 카르복실말단 반응하지 않은 또는 유도된 α-카르복실기를 가지고 있는 폴리펩티드 사슬의 아미노산 말단

carcinogen 발암물질 DNA를 손상시켜 돌연변이를 유도하고 그 결과 암세포를 형성하게 하는 물질

carnitine 카르니틴 미토콘드리아의 막을 통한 지방산 운반 과정에 도움을 주는 작은 크기의 유기 분자

catabolism 이화작용 대사 과정의 분해 경로로서, 복잡한 구조의 유기 분자가 이산화탄소, 물, 암모니아 등의 단순한 분자로 산화되는 과정이며, 일반적으로 그 결과 에너지의 방출이 일어남

catalytic RNA 촉매RNA 생체 반응, 특히 mRNA의 이어맞추기(splicing)를 촉매하는 RNA의 한 형태; 리보자임

catalytic site 촉매부위 기질과 보조인자가 결합하는 효소 부위; 활성 부위(active site)

cell-free extract 무세포추출물 추가 연구의 목적으로, 노출된 세포를 파괴하여 그 내부의 구성 물질들이 현탁되어 있는 상태로 만들어 놓은 용액; 세포추출물(cell extract), 조추출물(crude extract) 또는 세포균질액(cell homogenate)이라고도 함

cell membrane 세포막 세포의 바깥 경계를 형성하고 있는 단백질과 지질의 이중층(bilayer) 복합체

cellulose 셀룰로오스[섬유소] 글루코오스로 구성된 다당류로서 식물체에서 구조적 역할을 함

central dogma of protein folding 단백질접힘의 중심원리 단백질의 1차구조가 2차구조와 3차구조를 결정함

centrifugation 원심분리 생물체의 시료를 고속으로 회전시켜 극단적 중력을 가하고, 세포소기관과 생체분자를 침강시키는 과정

chain-termination sequencing method 사슬종결 서열결정법 DNA 서열결정의 한 방법으로서 디디옥시리보뉴클레오시드삼인산(dideoxyribonucleoside triphosphate)을 사용하여 합성을 종결시키는 실험 방법

chaperone 샤페론 다른 단백질의 접힘(folding)을 유도하는 촉매 역할을 하는 단백질

charge repulsion 전하반발 단일분자종 상의 같은 전하 사이에 발생하는 비호의적인(unfavorable) 상호작용

chemiosmotic coupling mechanism 화학삼투적 짝지음 메커니즘 미토콘드리아 내막을 가로지르는 고에너지 양성자기울기(proton gradient)의 형성과 붕괴에 의하여 ATP 합성과 전자전달이 서로 짝지어져 있음

chiral molecule 키랄분자 서로 겹쳐질 수 없는 거울상(mirror image)의 형태로 존재할 수 있는 분자

chlorophyll 엽록소 Mg^{2+}이온이 다환식 구조의 포르피린(porphyrin) 구조에 결합되어 있는 녹색 색소

chloroplast 엽록체 이중막으로 둘러싸인 식물의 세포소기관으로서 광합성이 일어나는 장소

cholesterol 콜레스테롤 막의 구성 물질이며, 특히 호르몬과 같은 중요한 생체물질의 전구체로 작용하는 스테로이드 종류의 지질

chromatin 염색질 진핵생물의 핵에서 발견되는 DNA와 단백질의 복합체

chromatography 크로마토그래피 전하, 모양, 크기 또는 생물학적인 결합친화력을 토대로 하여 분자들을 서로 분리하는 실험 방법

chromosome 염색체 DNA의 기능적 단위의 묶임; 원핵생물에서는 전체 유전체가 하나의 고리형 염색체 상에 있는 반면, 진핵생물에서는 유전체가 핵 내에서 단백질과 묶인 몇 개의 염색체로 구성됨

chylomicron 킬로미크론[유미립자] 트리아실글리세롤(triacylglycerol)이 단백질과 결합하여 형성된 혈액 지방단백질(lipoprotein)로서 음식물에 있는 지질의 소화와 운반을 도와줌; 약 98%의 지질과 2%의 단백질로 구성됨

citric acid cycle 시트르산회로 아세틸-CoA를 이산화탄소로 산화시키며 ATP, NADH + H^+ 및 $FADH_2$를 생산하는 중심적 대사경로

cloning of DNA DNA클로닝 한 종의 DNA 부분을 다른 종의 DNA에 도입하여, 복제에 의해 많은 수의 혼성체 DNA(hybrid DNA)를 생산하는 과정

codon 코돈 tRNA의 안티코돈(anticodon)과 상호작용하는 mRNA 상의 세 개의 뉴클레오티드염기서열; 폴리펩티드로의 특정 아미노산 도입을 결정함

coenzyme 조효소 효소의 촉매작용을 도와주는 더 작은 크기의 유기 분자 또는 유기금속분자; 일반적으로 비타민의 유도체임

coenzyme A (CoASH) 조효소A 아실기의 운반체로 작용하는 판토텐산

(pantothenic acid)을 포함하는 생체분자

coenzyme B_{12} 조효소B_{12} 탄소 골격의 재배치를 촉매하는 효소와 연관된 작은 크기의 분자; 디옥시아데노신코발라민(deoxyadenosylcobalamin)이라고도 함; 비타민B_{12}의 유도체

cofactor 보조인자 효소의 촉매작용을 도와주는 비단백질성의 물질로서 일반적으로 유기 분자임

competitive inhibitor 경쟁적 억제제 효소의 활성부위에 기질과 경쟁적으로 결합하여 효소의 활성을 방해하는 화합물

complementary base pairs 상보적 염기쌍 핵산 구조에서 특정한 수소결합에 의해 아데닌과 티민(또는 우라실) 그리고 구아닌과 시토신이 결합함

condensation reaction 축합반응 두 반응물이 공유결합에 의해 결합하며 작은 크기의 분자(주로 물)가 소실되는 반응 과정

conjugate acid 짝지음산 수소이온(H^+)과 염기(A^-)가 반응하여 형성되는 HA

conjugate acid-conjugate base pair 짝지음산-짝지음염기쌍 분자 구조적으로 양성자의 유무로 구별되는 두 분자종(예: HA와 A^-)

conjugate base 짝지음염기 산(HA)과 히드록시드이온(OH^-)의 반응으로 생성되는 분자종(A^-)

constitutive gene 구성유전자 세포의 일반적 유지와 물질대사를 위하여 항상 존재하여야 하는 단백질 산물을 암호화하는 유전자

cooperative binding 협동적 결합 리간드(ligand)분자가 올리고머단백질의 한 단위체(subunit)에 결합함으로 인하여 리간드분자와 다른 단위체의 결합이 향상됨

COX enzyme (cyclooxygenase) COX효소(고리산소화효소) 아라키돈산으로부터 프로스타글란딘을 합성하는 데에 필요한 효소

cyclic AMP 고리형AMP 3'-히드록실기와 5'-히드록실기가 고리형 포스포디에스테르(cyclic phosphodiester)결합으로 연결된 아데노신일인산(adenosine monophosphate)의 형태

cyclic photophosphorylation 순환적 광인산화 광합성에서 광계 II 의 순환적 전자의 흐름과 연관된 ATP의 형성; NADPH + H^+나 산소가 생성되지 않음; 비순환적 광인산화(noncyclic photophosphorylation)의 반대

cytochrome 시토크롬 미토콘드리아의 전자전달사슬을 구성하는 헴 단백질로서 산화환원반응을 수행함

cytochrome P450 시토크롬P450 보통은 반응성이 없는 물질의 히드록실화 반응(hydroxylation)을 촉매하는 일단의 헴 효소

cytokine 시토카인 인터페론이나 인터류킨 같은 작은 분비성 단백질 종류

cytoplasm 세포질 세포 내 세포소기관 바깥쪽에 있는 겔상의 액체성 매체

cytoskeleton 세포골격 세포 내부에 걸쳐 뻗어 있는 3차원의 섬유상 구조물; 섬유는 단백질로 구성됨

D

dalton (D) 달톤 생체분자의 크기를 정의하는 질량의 단위; 1 달톤은 1 원자질량단위(atomic mass unit)와 같음

dehydrogenase 탈수소효소 산화환원반응을 촉매하는 효소; 산화환원효소(oxidoreductase)라고도 함

denaturation 변성 단백질이 2차, 3차, 4차구조를 완전히 잃어버림; DNA가 2차구조를 잃어버림

de novo synthesis of nucleotide bases 뉴클레오티드염기의 신생합성 단순한 전구체로부터 뉴클레오티드의 퓨린 및 피리미딘 염기 합성

deoxyribonuclease (DNase) DNA가수분해효소 DNA의 포스포에스테르결합(phosphoester bond)을 가수분해하는 효소

diastereoisomer 부분입체이성질체 입체이성질체(stereoisomer)이면서 거울상이성질체(enantiomer)가 아닌 분자

disaccharide 이당류 글리코시드결합(glycosidic bond)에 의해 연결된 두 개의 단당류

disulfide bond 이황화결합 두 개의 시스테인 잔기의 술프히드릴기(sulfhydrylgroup) 사이에 형성된 공유결합

DNA fingerprinting DNA지문법 제한효소(restriction enzyme)와 전기영동을 이용하여 개인의 DNA의 차이점 및 유사점을 비교하는 실험 방법

DNA ligase DNA연결효소 DNA복제 시 최종 포스포에스테르결합의 형성을 촉매하는 효소

DNA melting DNA융해 이중가닥 DNA의 상보적 수소결합이 끊어지는 열변성

DNA polymerase DNA중합효소 DNA합성을 촉매하는 효소

domain 영역 폴리펩티드 사슬의 일부분으로서, 촘촘한 단위로 접혀있고 단백질 3차구조 내에서도 뚜렷이 구분되는 구조; 자체적인 기능을 가지면서 다른 부분과 구분되는 단백질 내의 구조

double helix 이중나선 두 개의 폴리뉴클레오티드 사슬이 결합하여 이중가닥 DNA를 형성한 구조적 배열

double reciprocal plot 이중역수 플롯 효소 촉매반응속도의 역수를 기질 농도의 역수에 대하여 나타낸 그래프; 라인웨버-버크식(Lineweaver-Burke quation) 참조

E

Edman degradation 에드먼분해법 단백질의 아미노산서열을 결정하기 위한 실험 방법

effector 작동인자 알로스테릭효소(allosteric enzyme)의 활성을 조절하는 작은 크기의 분자. 조절인자(modulator)라고도 함

eicosanoid 에이코사노이드 국소적으로 호르몬처럼 작용하고 세포내 농도가 매우 낮으며, 아라키돈산(arachidonic acid)의 유도체인 지질의 한 종류; 프로스타글란딘, 트롬복산, 류코트리엔의 세 가지종류가 있음

electron-transport chain 전자전달사슬 공여체(주로 NADH나 $FADH_2$)로부터 수용체(주로 산소 분자)로 전자를 전달하는 일련의 운반체분자

electrophoresis 전기영동 전장(electric field) 하의 겔 매체 상에서 분자를 분리하는 실험 방법

elongation factor 신장인자 단백질합성의 신장 단계(중합)에서 작용하는 단백질

enantiomer 거울상이성질체 서로 거울상이며 겹쳐질 수 없는 구조의 화합물

endergonic 자유에너지증가 에너지유입을 필요로 하는 과정; 비자발적 과정

endonuclease 핵산내부가수분해효소 DNA나 RNA 내부의 포스포에스테르결합을 가수분해하는 효소

endoplasmic reticulum 소포체 심하게 접혀 있고 막으로 둘러싸여 있으며 생물학적으로 많은 기능을 가지고 있는 세포내 구획

energy coupling 에너지짝지음 에너지방출 과정으로부터 나오는 에너지를 이용하여 에너지 요구 과정을 수행하는 계 또는 일련의 반응

energy transduction 에너지 변환 한 형태의 에너지로부터 다른 형태의 에너지로의 변환; 예를 들어 산화환원반응으로부터의 에너지가 ATP에서와 같은 반응성 화학 결합을 형성하기 위하여 변환됨

enzyme 효소 생화학 반응의 속도를 증가시키는 생물학적 촉매로 작용하는 생체분자로서 주로 단백질임

enzyme specificity 효소특이성 가능한 기질 분자(substrate molecule)들 사이를 구분할 수 있는 효소의 능력

epimers 에피머 하나의 키랄중심(chiral center)에서만 구조적 차이가 나타나는 입체이성질체(stereoisomer)

equilibrium constant (K_{eq}) 평형상수 가역 반응의 두 속도상수(rate-constant)의 비율; 평형상태에서 생성물의 농도와 반응물의 농도의 비율

ES complex ES복합체 효소(E)와 그 활성부위에 결합한 기질(S)로 구성된 분자종

essential amino acid 필수아미노산 어떤 생물체가 자체적으로 합성하지 못하고, 적절한 생장과 발달을 위하여 음식물을 통해 반드시공급되어야 하는 아미노산

essential fatty acid 필수지방산 어떤 생물체가 자체적으로 합성하지 못하고, 적절한 생장과 발달을 위하여 음식물을 통해 반드시 공급되어야 하는 지방산

eukaryote 진핵생물 식물과 동물을 포함하는 생물의 종류로서, 세포내에 막으로 둘러싸인 뚜렷한 핵과 명확한 내부 구획(세포소기관)이 있음

exergonic 자유에너지감소 에너지를 방출하는 과정; 자발적 과정

exon 엑손 DNA에서 전사(transcription)과정의 암호로 작용하는 부분; 인트론의 반대

exonuclease 핵산말단가수분해효소 뉴클레오티드의 양쪽 끝으로부터 포스포에스테르결합을 가수분해하는 효소

F

facilitated diffusion 촉진확산 단백질 매개에 의하여 이루어지는 막을 통한 생체분자의 수송

familial hypercholesterolemia 가계성 고콜레스테롤혈증 저밀도지방단백질 수용체(low density lipoprotein receptor)의 기능이 결핍되어 발생하는 유전적 질병; 혈장 콜레스테롤(plasma cholesterol)의 양이증가함

fatty acid 지방산 보통 가지가 없는 지방족 사슬(aliphatic chain)과 연결된 카르복실 작용기를 포함하는 생체분자

fatty acid synthase complex 지방산생성효소복합체 아세틸-CoA와 말로닐-CoA(malonyl-CoA)로부터의 지방산합성을 촉매하는 효소계

fatty acid synthesis 지방산합성 아세틸-CoA로부터의 긴사슬 지방산(long-chain fatty acid) 형성

feedback inhibition 되먹임억제 대사경로의 최종 산물이 같은 경로의 효소(일반적으로 첫째 효소)를 억제하는 대사 조절의 한 형태

fermentation 발효 전자수용체로서 산소 분자를 사용하지 않고 에너지를 추출하는 탄수화물의 대사; 에탄올발효, 유산발효

fibrous protein 섬유상 단백질 일반적으로 구조적 기능을 담당하는 비수용성 단백질

Fischer projection 피셔투영식 3차원적 입체이성질체를 2차원적 형태로 나타내기 위하여 사용하는 그림

flavin adenine dinucleotide (FAD) 플라빈아데닌디뉴클레오티드 일부 탈수소효소(dehydrogenase)의 연관된 보조인자; 비타민의 일종인 리보플라빈(riboflavin)의 유도체

fluid-mosaic model 유동모자이크모형 세포막의 단백질과 지질 이중층의 배치를 설명함

flux 유동 물질대사에서 중간대사물질의 흐름; 한 대사경로 내로 기질이 들어가고 나오는 속도

free energy change 자유에너지변화 유용한 일을 수행하는 데 사용될수 있는 반응의 에너지 양

free radical 자유라디칼 쌍을 이루지 않는 전자(unpaired electron)를 하나 또는 그 이상 포함하는 분자

G

G protein G단백질 구아닌 뉴클레오티드와 결합하여 아데닐산고리화효소(adenylate cyclase)로 하여금 고리형AMP(cyclic AMP)를 합성하도록 신호를 주는 막결합 단백질

galactosemia 갈락토오스혈증 갈락토오스 대사 기능이 손상되어 갈락토오스 및 연관 대사물질의 양이 유독성 수준으로 증가한 의학적 상태

gel electrophoresis 겔전기영동 전장(electric field) 하의 매체 상에서 크기와 전하에 따라 분자를 분리하는 실험 방법

gene 유전자 DNA에서 특정한 폴리펩티드를 암호화하는 부분; 유전의 기능적 단위

genetic code 유전암호 mRNA의 염기서열이 폴리펩티드의 아미노산서열을 지정하는 규칙; 염기 세 개를 한 단위(코돈)로 읽음

genetic engineering 유전공학 재조합DNA 참조

gene knockout 유전자제거생물 손상된 유전자를 포함하거나 또는 어떤 유전자가 결핍되게 유전적으로 변형된 생물

gene therapy 유전자치료 유전적 결함을 바로 잡기 위하여 생물체의 세포내로 정상 유전자를 삽입시키는 치료법

genome 유전체 생물체가 염색체 DNA의 형태로 가지고 있는 전체 유전정보

genomic library 유전체도서관 한 종(species)의 DNA 단편을 포함하는 재조합벡터를 이용하여 형질전환시킨 세균이나 효모 세포의집합

globular protein 구상 단백질 심하게 접혀 있으며 수용성인 단백질로서, 일반적으로 수송, 면역, 촉매 등의 작용에 있어서 기능적 역할을 수행함

glucogenic amino acid 글루코오스생성아미노산 분해되어 글루코오스합성에 사용될 수 있는 대사물질로 변환되는 아미노산

gluconeogenesis 글루코오스신생합성 비탄수화물성 전구체로부터 글루코오스가 합성되는 대사경로

glycerol-3-phosphate shuttle 글리세롤-3-인산 셔틀 세포질의 NADH에 있는 전자를 미토콘드리아의 기질로 운반하는 과정

glycerophospholipid 글리세로인지질 극성의 지질 분자로서, 포스파티드산(phosphatidic acid)을 골격으로 포함하며 글리세롤의 히드 록실기에 지방산이 에스테르결합으로 결합되어 있음

glycogen 글리코겐 에너지 대사를 위한 글루코오스 저장에 사용되는 동물성다당류

glycolipid 당지질 탄수화물이 공유결합으로 부착된 지질

glycolysis 해당과정 글루코오스 및 기타 탄수화물을 피루브산으로 전환시키는 무산소성 대사경로; ATP와 NADH + H^+를 생성시킴

glycoprotein 당단백질 탄수화물이 공유결합에 의해 결합되어 있는 단백질

glycoside 글리코시드 헤미아세탈이나 헤미케탈의 히드록실기와 다른 알코올로부터 물이 제거되며 형성된 산물(고리형 아세탈)

glyoxylate cycle 글리옥실산회로 시트르산회로(citric acid cycle)의 변형된 형태로서 식물이나 미생물에서 작동하며, 아세트산을 탄수화물 합성에 사용할 수 있게 함

glyoxysome 글리옥시솜 산화효소(oxidative enzyme)를 포함하며 단일막(single membrane)으로 둘러싸인 식물의 소포(vesicle)

gout 통풍 혈청(serum)의 요산 함량이 증가하여 관절에 퇴적되는 질병

group-transfer reaction 기전달반응 한 분자에서 다른 분자로 화학적작용기가 이동하는 반응; 전달효소(transferase)에 의해 촉매됨

H

Hatch-Slack pathway (C_4 pathway) 햇치-슬랙경로(C_4경로) 일부 식물에서 발견되는 다른 경로의 이산화탄소고정; 리불로오스-1,5-비스인산

(ribulose-1,5-bisphosphate) 대신에 포스포에놀피루브산(phosphoenolpyruvate)으로 이산화탄소가 도입됨

Haworth projection form 하워드투영식 당의 고리형 구조를 나타내기 위한 방식

helicases 나선풀기효소[헬리카아제] 이중나선 DNA의 풀림(unwinding)을 촉매하는 효소

α-helix α-나선 빽빽하게 나선상으로 감긴 폴리펩티드 골격에 의해 형성된 막대 모양의 구조

helix-turn-helix motif 나선-회전-나선 모티프 원핵생물의 조절단백질에서 흔히 나타나는 DNA 결합 영역(domain)

heme 헴 철 원자가 결합되어 있는 포르피린 고리; 헤모글로빈과 시토크롬의 보조인자

Henderson-Hasselbalch equation 헨더슨-하셀발크방정식 산의 p*K*와 그 산과 짝지음염기(conjugate base)로 구성된 용액의 pH 사이의 수학적관계

heptoses 7탄당 일곱 개의 탄소원자를 가진 탄수화물

heteropolymer 이질중합체 화학적으로 다른 종류의 단량체 단위(monomeric unit)로 구성된 거대분자

heterotroph 종속영양생물 필요한 유기화합물을 모두 합성하지 못하고 그 대신 음식물의 형태로 탄소와 질소를 포함하는 화합물을 얻는 생물체

hexose 6탄당 여섯 개의 탄소원자를 가진 탄수화물

high density lipoprotein 고밀도지방단백질 인지질, 콜레스테롤 및 콜레스테롤에스테르(cholesteryl ester)가 단백질과 연합하여 형성된 혈액 중의 지방단백질로서 비수용성 지질의 수송을 도움; 약 55%의 단백질과 45%의 지질로 구성됨

histone 히스톤 많은 수의 염기성 아미노산 잔기를 포함하며 DNA와 결합하여 있는 일단의 작은 단백질

HMG-CoA reductase HMG-CoA환원효소 메발론산(mevalonate)의 형성을 촉매하는 효소

holoenzyme 홀로효소[전효소] 폴리펩티드와 보조인자를 포함하여 완전한 형태의 효소

homopolymer 동질중합체 화학적으로 동일한 단량체 단위로 구성된 거대분자

hormone 호르몬 내분비조직에서 합성되고 혈류를 통해 다른 조직으로 운반되어 생리적 변화를 개시하는 화학 물질

Human Genome Project 사람유전체연구사업 인간 유전체의 완전한 염기서열을 규명할 목적으로 미국 연방 정부에 의해 기금이 지원되는 연구과제; 초안은 2000년에 발표되었음

hybridization probe 혼성화탐침[혼성화프로브] DNA의 일부분과 상보적인 DNA 또는 RNA 분자; DNA지문법에서 특정 유전자를 탐지하기 위해 사용

hydrogen bonding 수소결합 전기음성도가 높은 원자(산소, 황, 질소)에 공유결합으로 결합되어 있는 수소 원자와 전기음성도가 높은 또 다른 원자에 있는 고립전자쌍(lone pair of electrons) 사이에 작용하는 비공유결합성 인력

hydrolase 가수분해효소 화학 결합을 끊기 위하여 물을 사용하는 효소

hydrolysis reaction 가수분해반응 단일 분자를 두 개의 다른 분자로 분열시키기 위하여 물이 사용되는 반응; 가수분해효소(hydrolase)에 의해 촉매됨

hydrophilic 친수성 수용성인 물질을 일컬음

hydrophobic 소수성 비극성(nonpolar)이며 비수용성인 물질을 일컬음

hydrophobic interaction 소수성 상호작용 비극성(nonpolar)의 분자나 또는 비극성 분자의 일부분이 물속에서 서로 모여서 나타나는 작용으로 그 결과 분자의 안정성이 초래됨

hyperchromic effect 흡광증가효과 DNA 용액을 가열할 때 용액에 의해 자외선의 흡수가 눈에 띄게 증가하는 현상

I

induced-fit model 유도적합모형 기질 분자와 결합할 때 나타나는 효소의 입체구조적 변화를 기술함

inducible gene 유도성 유전자 특정한 mRNA와 단백질의 양을 증가시키기 위하여 신호분자(signal molecule)에 의해 활성화되는 유전자

initial velocity 초기속도 효소와 기질이 섞인 직후의 효소 촉매반응의 속도

initiation factor 개시인자 단백질합성 과정의 시작을 도와주는 단백질 분자

integral protein 내재성 단백질 막 내부에 묻혀 있는 단백질

intercalating agent 삽입제 DNA의 이웃 염기쌍 사이에 삽입되는 물질로서, 흔히 돌연변이를 유발함

intermediary metabolism 중간대사 세포 내에서 분해와 합성을 수행하고 또한 각 반응 단계 마다 산물(중간대사물질)을 형성하는 화학 반응의 집합

intron 인트론 DNA의 비암호화 부분; 엑손(exon)의 반대

ion-channel 이온통로 내재성 단백질(integral protein)에 형성된 통로로서 마치 문처럼 개폐가 가능함

ionic bond 이온결합 완전한 전하를 가진 원자나 기(group) 사이에 작용하는 인력

iron-sulfur cluster 철-황구조 철 원자가 무기 상태의 황이나 또는 시스테인 내의 황과 복합체를 이루고 있는 단백질 보결분자단(prosthetic group); 전자전달사슬에 존재함

irreversible inhibitor 비가역적 억제제 효소와 공유결합 또는 매우 강력한 비공유결합성 결합을 형성하여 효소를 영구히 손상시키는화합물

isoenzyme 동위효소 유사하지만 동일하지 않은 아미노산서열과 반응 특성을 가지는 효소의 여러 형태

isomerization reaction 이성질화반응 이성질체(isomer) 분자 사이의 상호변환이 관여하는 생화학 반응; 이성질화효소(isomerase)에 의해 촉매됨

isoprene (2-methyl-1,3-butadiene) 이소프렌(2-메틸-1,3-부타디엔) 크기가 더 큰 생체분자, 특히 테르펜(terpene)과 스테로이드의 구성단위로 사용되는 C_5분자

K

ketogenic amino acid 케톤생성아미노산 분해 시에 케톤체(ketone body)로 변환되는 아미노산

ketone body 케톤체 아세토아세트산(acetoacetate), β-히드록시부티르산(β-hydroxybutyrate), 아세톤(acetone) 등의 물질; 과도한 지방산 분해에 의하여 생성됨

ketose 케토오스 케톤 작용기를 포함하는 탄수화물

ketosis 케톤증 혈액 중 케톤체(ketone body)의 농도가 높아진 의학적상태

kilobase 킬로베이스 DNA 단편의 길이를 나타내는 단위; 1,000개의뉴클레오티드와 같음

kinase 키나아제 ATP로부터 수용체 물질로의 인산기(phosphoryl group) 전달을 촉매하는 효소

L

lactone 락톤 고리형 에스테르(cyclic ester)

lactose intolerance 락토오스비내성 락타아제(lactase)의 결핍으로 인해 초래되는 의학적 상태

lectin 렉틴 특정한 탄수화물에 가역적으로 결합하는 단백질; 주로 식물에서 발견됨

leghemoglobin 레그헤모글로빈 헤모글로빈과 유사한 식물 단백질;산소와 결합하여 질소고정효소(nitrogenase)를 산소로부터 보호함;공생 관계에서 숙주 식물에 의하여 생성됨

Lesch-Nyhan syndrome 레쉬-니한증후군 퓨린 회수(salvage)효소의 결핍으로 인해 초래되는 의학적 질병

leucine zipper motif 루신지퍼 모티프 조절단백질끼리 또는 조절단백질과 다른 단백질 사이의 결합에서 흔히 볼 수 있는 결합 영역(binding domain)

leukotriene 류코트리엔 에이코사노이드(eicosanoid)의 한 종류; 아라키돈산(arachidonate)으로부터 합성되는 선상의 사슬

ligase 연결효소 ATP 에너지를 이용하여 결합 형성 반응을 촉매하는효소의 종류

Lineweaver-Burk equation 라인웨버-버크식 미카엘리스-멘텐식(Michaelis-Menten equation)의 역수를 취하여 얻어지는 식; 효소 촉매반응의 속도와 효소 및 기질 농도 사이의 수학적 관계; 이중역수플롯(double-reciprocal plot) 그래프로 그려짐

lipase 지질가수분해효소 지질, 특히 트리아실글리세롤(triacylglycerol)의 가수분해를 촉매하는 효소

lipid 지질 유기용매에 잘 용해되고 물에 잘 용해되지 않는 생물체내 화합물의 종류

lipoprotein 지방단백질 지질과 폴리펩티드로 구성되어 있으며, 혈액내에서 비수용성 분자의 운반에 사용되는 생체분자; 킬로미크론(chylomicron), 초저밀도(very low density) 지방단백질, 저밀도(lowdensity) 지방단백질, 고밀도(high density) 지방단백질의 네 종류가있음

lock and key model 자물통-열쇠모형 효소와 기질 분자 사이의 결합상호작용을 기술함

low density lipoprotein 저밀도지방단백질 인지질, 콜레스테롤 및 콜레스테롤에스테르(cholesteryl ester)가 단백질과 연합하여 형성된혈액 중의 지방단백질로서 비수용성 지질의 수송을 도움; 약 25%의 단백질과 75%의 지질로 구성됨

lyase 분해효소 비가수분해성 분해반응을 촉매하는 효소

lysosome 리소좀 동물에서 가수분해효소(hydrolytic enzyme)를 포함하는 세포소기관

M

malate-aspartate shuttle 말산-아스파르트산 셔틀 세포질의 NADH로부터 미토콘드리아의 기질로 전자를 운반하는 과정

MAO inhibitor MAO억제제 모노아민산화효소(monoamine oxidase)의 작용을 억제하는 화학물질; 우울증(depression) 치료에 사용됨

maple syrup urine disease 단풍당밀뇨증 가지사슬 α-케토산탈수소효소복합체(branched-chain α-keto acid dehydrogenase complex)의 결핍으로 인해 초래되는 의학적 상태

Maxam-Gilbert sequencing procedure 맥섬-길버트 서열결정법 화학적 분열과 겔전기영동을 이용하여 핵산 염기의 서열을 결정하는실험 방법

maximum velocity (V_{max}) 최대속도 효소 촉매반응에서 기질의 농도가 극도로 높을 때의 초기속도(initial velocity)

messenger RNA (mRNA) 전령RNA DNA전사의 산물; 단백질합성을 위한 주형(template)으로 사용됨

metabolic pathway 대사경로 특정한 목적을 가진 일련의 생화학 반응

metabolism 물질대사 생물체 내의 생화학 반응과 그 협조(coordination), 조절(regulation), 에너지 요구성 등을 연구하는 학문

metabolite 대사물질 대사경로의 반응에서 중간대사물질(intermediate)로 형성되는 화합물

metabolon 메타볼론 연이어 작용하는 효소들의 초분자적 구성체로 이루어진 물질대사의 기능적 단위

metal response element 금속반응요소 금속을 무독성화하는 단백질의 합성을 유도하는 조절계

mevalonate 메발론산 아세틸-CoA로부터 합성되는 C_6 화합물; 콜레스테롤 합성에 사용됨

micelle 미셀 극성(polar) 부분은 물과 접촉하고 비극성(nonpolar) 부분은 물에서 떨어져 있는 분자 집합체

Michaelis constant (K_m) 미카엘리스상수 효소 활성부위에 대한 기질분자의 친화력(affinity)을 정량화한 상수

Michaelis-Menten equation 미카엘리스-멘텐식 효소 촉매반응의 속도와 효소 및 기질 농도 사이의 수학적 관계를 표시한 식

micronutrient 미량영양소 금속이온처럼 적절한 생장을 위하여 생물체가 미량으로 필요로 하는 물질

mitochondria 미토콘드리아 이중막으로 둘러싸여 있으며 호기성 대사(aerobic metabolism)를 위하여 필요한 효소를 많이 포함하고 있는 세포소기관

mitochondrial matrix 미토콘드리아 기질 미토콘드리아 내부에 있는 젤라틴상의 지역

mobilization reaction 가동화반응 (글리코겐으로부터 글루코오스가나오는 것처럼) 비이동성 연료 저장 분자로부터 작은 크기의 분자가 방출되는 대사 반응

molecular biology 분자생물학 생물체 내의 여러 과정을 수행하는 화학적 구조물 및 반응을 연구하는 학문; 특히 유전학과 단백질합성의 토대를 연구함

molecular chaperone 분자샤페론 다른 단백질의 접힘을 인도하는 촉매제로 작용하는 단백질

molecular cloning 분자클로닝 한 종의 DNA를 다른 종의 DNA 내로 삽입시켜 연결하고, 복제(replication)에 의하여 많은 수의 혼성체DNA(hybrid DNA)를 만드는 과정

molecular mass 분자질량 분자 한 개의 질량, 즉 1몰의 질량을 아보가드로수로 나눈 값. 분자질량은 달톤(dalton)으로 나타냄. 1달톤은 C-12 탄소원자 질량의 1/12 값.

molecular recognition 분자인식 비공유결합성 상호작용에 의해 특정한 방법으로 조합할 수 있는 생체분자의 능력

molecular weight 분자량 C-12 탄소원자의 질량에 대한 입자 질량의 비율. 비율이기 때문에 단위가 없다.

Monod-Wyman-Changeux (MWC) concerted model 모노-와이만-샹조 협조모델 효소 작용의 조절 과정에 있어서 조절분자의 작용을 기술함

monomeric protein 단량체단백질 한 개의 폴리펩티드 사슬(단위체)로 구성되어 있어 4차구조가 없는 단백질

monosaccharide 단당류 하나의 카르보닐기(carbonyl group)와 두 개 또는 그 이상의 히드록실기(hydroxyl group)를 가지고 있는 탄수화물

mucopolysaccharide 점액성 다당류 결합조직(connective tissue)에서 발견되는 다당류로서, 점성이고 젤리 정도의 견고함을 가짐

multienzyme complex 다효소복합체 특정한 연속 반응을 촉매하는 효소들의 집합체

mutagen 돌연변이원 DNA 염기서열의 변화(돌연변이)를 야기할 수 있는

요인

mutarotation 변선광 아노머(anomer) 사이의 상호 변환 과정

mutase 뮤타아제 분자 내 이성질화(isomerization)를 촉매하는 효소;이성질화효소(isomerase)의 한 종류

mutation 돌연변이 자발적인(spontaneous) 또는 유도된(induced) 현상에 의한 DNA 염기서열의 변화; 유전될 수 있는 DNA 변화

N

native conformation 원래입체구조 생리적 조건 하에서의 단백질의 독특한 3차원적 형태

net reaction 순반응 연속하여 일어나는 두 개 이상의 반응을 합하여 표현하는 식; 식의 왼쪽에 유입(input)을, 오른쪽에 유출(output)을 표시함

nuetrotransmitter 신경전달물질 신경세포 말단에서 방출되어 인접신경세포에 신경자극을 전달하는 저분자량의 화학 물질

nicotinamide adenine dinucleotide (NAD) 니코틴아미드아데닌디뉴클레오티드 일부 탈수소효소(dehydrogenase)와 연관된 보조인자; 니아신(niacin)의 유도체

***N*-glycosidic bond *N*-글리코시드결합** 아노머성 히드록실기(anomeric hydroxyl group)(헤미아세탈 또는 헤미케탈)와 아민(amine) 사이에형성된 공유결합

nitric oxide (NO) 산화질소[일산화질소] 아르기닌(arginine)으로부터 합성되며, 대사의 조절물질과 국소적 호르몬으로 작용하는 분자

nitrogenase complex 질소고정효소복합체 질소 분자를 암모니아(NH_3)로 환원시키는 반응(질소고정)을 촉매하는 효소복합체; 몇 몇 세균에서만 발견됨

nitrogen cycle 질소순환 생물권(biosphere)과 대기권(atmosphere) 사이의 질소흐름을 개요적으로 나타냄

nitrogen fixation 질소고정 생물학적으로 더 접근이 용이한 질소 형태인 암모니아(NH_3)로 질소 분자가 환원되는 과정; 몇몇 종류의 미생물에 의해서만 수행이 가능함

noncompetitive inhibitor 비경쟁 억제제 활성부위가 아닌 다른 자리에 효소와 결합하여 효소 활성을 감소시키는 물질

noncovalent interaction 비공유결합성 상호작용 공유결합과는 달리 전자의 공유가 관여하지 않는 원자 및 분자 사이의 인력; 이온결합(ionic bonds), 소수성 상호작용(hydrophobic interaction), 수소결합 (hydrogen bonding), 반 데르발스힘(van der Waals force)이 이에 속함

noncyclic photophosphorylation 비순환적 광인산화 광합성에서 ATP의 합성이 물로부터 광계 I 과 광계 II 를 거쳐 $NADP^+$에 이르는 전자의 일방적 흐름과 연결되어 NADPH + H^+가 생성됨; 순환적 광인산화(cyclic photophosphorylation)의 반대

nonessential amino acid 비필수아미노산 한 생물체 내에서 합성되기때문에 음식물 내에 포함되어 있을 필요가 없는 아미노산

nonhydrolytic cleavage reaction 비가수분해반응 물의 작용이 없이 분자가 분열되는 반응; 일반적으로 탄소와 탄소 사이의 단일결합이 끊어짐

NSAID 비스테로이드성 항염증제; COX-2 효소를 억제하여 통증을 없애는 약물

nuclease 핵산가수분해효소 DNA나 RNA의 포스포에스테르결합(phosphoester bond)의 가수분해를 촉매하는 효소

nucleic acid 핵산 뉴클레오티드 단위로 구성되어 있는 중합체의 생체분자; 특히 유전정보의 저장과 전달에 작용함; DNA와 RNA

nucleoprotein 핵단백질 단백질과 핵산으로 구성된 복합체

nucleoside 뉴클레오시드 유기 질소염기(organic nitrogenous base)와 탄수화물이 *N*-글리코시드결합(*N*-glyosidic bond)에 의하여 연결되어 구성된 생체분자

nucleoside diphosphate sugar 뉴클레오시드이인산 당화합물 UDP-글루코오스, UDP-갈락토오스, ADP-글루코오스와 같이 활성화된 화합물; 탄수화물의 대사에 이용됨

nucleosome 뉴클레오솜 히스톤(histone)과 DNA의 복합체; 염색질(chromatin)의 구성단위

nucleotide 뉴클레오티드 유기 질소염기(organic nitrogenous base), 탄수화물 및 인산(phosphate)으로 이루어진 생체분자

nucleus 핵 염색체의 유전 물질 및 이와 연관된 구성요소들을 포함하고 있는 진핵세포 내 세포소기관

O

***O*-glycosidic bond *O*-글리코시드결합** 아노머성 히드록실기(anomeric hydroxyl group)와 다른 알코올 사이에 형성된 공유결합; 다당류 내의 단당류사이의 연결

Okazaki fragment 오카자키단편 불연속적 복제(discontinuous replication) 중 나타나는 짧은 길이의 DNA 분자

oligomeric protein 올리고머단백질 둘 이상의 폴리펩티드 단위체로구성된 단백질

oligonucleotide 올리고뉴클레오티드 열 개 이하의 뉴클레오티드를 포함하는 짧은 길이의 핵산

oligosaccharide 올리고당류 열 개 이하의 단당류로 구성된 다당류

oncogene 암유전자 돌연변이가 일어나면 정상 세포를 암세포로 전환시킬 수 있는 유전자

operator 작동부위[오퍼레이터] 억제인자(repressor)가 결합하는 DNA부위

operon 오페론 염색체 상에서 서로 관련 있는 유전자들로 이루어진 구성단위

organelle 세포소기관[세포기관, 세포내 소기관] 조직화된 생체분자들이 막으로 둘러싸여 있는 구조물로서, 진핵세포의 내부에서 특수화된 기능을 수행함

osteomalacia 골연화증 뼈가 약해진 의학적 상태; 비타민D_3의 결핍에 의해 야기됨

oxidation 산화 화학 반응 중에 산소를 잃어버림

β oxidation β 산화 지방산이 아세틸-CoA로 분해되는 대사경로

oxidative decarboxylation 산화적 탈카르복실화 전자전달과 이산화탄소제거의 두 화학적 과정이 관여하는 대사 과정

oxidative phosphorylation 산화적 인산화 미토콘드리아에서 NADH +H^+와 $FADH_2$로부터 산소 분자로의 전자전달에서 얻어지는 에너 지를 이용하여 ADP로부터 ATP를 합성하는 과정

oxidoreductase 산화환원효소 산화(oxidation) 및 환원(reduction)반응을 촉매하는 효소 종류; 탈수소효소(dehydrogenase)라고도 함

oxygenase 산소화효소 기질 내로 산소 원자 도입을 촉매하는 효소

P

passive transport 수동수송 에너지를 소모하지 않고 막을 통과하는 생체분자의 이동; 단순확산(simple diffusion) 또는 촉진확산(facilitated diffusion)

patch clamp technique 패치고정기술 막의 이온통로(ion-channel)를분리하고 그 작용을 연구하기 위한 실험 방법

pentose 5탄당 다섯 개의 탄소원자를 포함하는 탄수화물

pentose phosphate pathway 5탄당인산경로 글루코오스 분해의 보조경로로서 리보오스-5-인산(ribose-5-phosphate)과 NADPH + H^+를 생성함

peptidase 펩티드가수분해효소 펩티드(아미드)결합을 가수분해하는 효소; 가수분해효소(hydrolase)의 한 종류

peptide bond 펩티드결합 한 아미노산의 α-아미노기와 다른 아미노산의 α-카르복실기 사이의 공유결합; 아미드결합(amide bond)이라고도 함

peripheral protein 표재성 단백질 막의 표면에 위치한 단백질

permease 투과효소 막을 통한 생체분자의 수송을 도와주는 내재성단백질(integral protein)

pernicious anemia 악성 빈혈 비타민B_{12}의 결핍에 의해 초래되는 의학적 상태

peroxisome 페르옥시솜 산화효소(oxidative enzyme)를 포함하는 세포 소기관; 동물세포에서 발견됨

pH 수소이온 농도의 역수의 대수(logarithm)

phage 파아지 세균세포를 자연 상태의 숙주로 하는 바이러스

phenylketonuria (PKU) 페닐케톤뇨증 페닐알라닌 가수분해효소(phenylalanine hydroxylase)의 결핍에 의해 야기된 의학적 상태

pheromone 페로몬 동물에 의해 생성된 분자로서, 같은 종의 다른 개체에 대하여 행동 자극(behavioral stimulus)으로 작용함

phosphoanhydride bond 인산무수결합 ATP에서처럼 두 개의 인산기(phosphate groups) 사이에서 물 분자가 제거되고 형성되는 결합

phosphodiester bond 포스포디에스테르결합 DNA와 RNA의 구성단위인 뉴클레오티드 사이의 연결

phosphorolytic cleavage 가인산분해 글리코겐 대사에서 나타나는 것처럼 무기인산염(HPO_4^{2-})에 의한 화학 결합의 분해

phosphoryl group (-PO_3^{2-}) 인산기 흔히 ATP로부터 수용체분자로 운반됨

phosphoryl group transfer potential 인산기전달포텐셜 어떤 분자가 자신의 인산기를 수용체분자로 전달하려는 상대적 경향의 척도

photochemical action spectrum 광화학작용스펙트럼 식물의 생장을 유지하는 데 있어서의 빛의 각 파장별 효율성을 나타낸 그래프

photons ($h\nu$) 광자 빛의 개개 입자

photophosphorylation 광인산화 엽록체에서 광유도된(photoinduced)전자흐름이 ADP로부터의 ATP 합성에 의해 수반되는 과정

photorespiration 광호흡 식물에서 산소가 소모되고 이산화탄소가 방출되는 빛의존성 과정

photosynthesis 광합성 식물이 빛 에너지를 이용하여 탄수화물을 합성하는 과정

photosystem Ⅰ (P700) 광계Ⅰ 엽록소*a*와 600~700 nm의 빛을 흡수하는 이차색소로 구성된 계

photosystem Ⅱ (P680) 광계Ⅱ 엽록소*a*와 엽록소*b* 및 이차색소로 구성되는 계로서 주로 680 nm의 빛을 흡수함

phototroph 광영양생물 태양 광선으로부터 에너지를 흡수하여 ATP와 NADPH + H^+를 만들고, 다시 이를 이용하여 탄수화물을 만드는 생물체

phytosterol 피토스테롤 스테로이드 고리에 기초한 구조를 가지고 있는 식물의 생화학물질(스티그마스테롤, 시토스테롤 등)

p*K* 이온화(ionization)반응의 해리상수인 *K*값의 역수의 대수

plasma lipoprotein 혈장 지방단백질 지질과 단백질로 구성되어 있으며, 혈액내에서 비수용성 지질의 운반체로 작용하는 생체분자; 킬로미크론(chylomicron), 초저밀도(very low density) 지방단백질, 저밀도(low density) 지방단백질, 고밀도(high density) 지방단백질의네 종류가 있음

plasma membrane 원형질막 세포를 둘러싸고 있는 경계층으로서 단백질과 지질로 구성됨

plasmid 플라스미드 자기복제성(self-replicating)으로서 염색체 밖에있는 세균의 DNA 분자; 특수화된 특징을 나타내는 단백질의 합성을 위한 유전정보를 포함; 클로닝벡터(cloning vector)로 사용됨

polymerase chain reaction 중합효소연쇄반응 열에 안정적인 DNA중합효소(DNA polymerase)와 변성 및 복제의 연속적인 반복 과정을 이용하여, 적은 양의 DNA로부터 DNA의 특정 뉴클레오티드 서열을 증폭시켜 많은 양을 합성하는 실험 방법

polypeptide 폴리펩티드 10개~100개의 아미노산이 펩티드(아미드)결합에 의해 연결된 분자

polyribosome 폴리리보솜 하나의 mRNA 분자를 동시에 번역하여 몇개의 폴리펩티드 산물을 생성하는 리보솜 집합체

polysaccharide 다당류 몇 개 또는 많은 수의 단당류가 글리코시드결합(glycosidic bond)에 의하여 연결된 탄수화물로서, 셀룰로오스(cellulose)와 녹말이 이에 속함

polyunsaturated fatty acid 다중불포화지방산 두 개 이상의 탄소-탄소이중결합을 가진 지방산

porphyria 포르피린증 헴 대사의 손상으로 인해 초래된 의학적 질병

porphyrin 포르피린 네 개의 피롤(pyrrole) 고리로 구성된 크고 복잡한 생체분자; 흔히 헴에서와 같이 철이 결합되어 있음

post-translational modification 번역후변형 새로 합성된 폴리펩티드의 구조를 변화시키는 일단의 반응

primary structure 1차구조 단백질의 아미노산서열

primer 프라이머 DNA합성에서 복제의 개시를 위하여 사용되는 짧은 RNA 가닥

prion 프리온 구조적 변화를 거쳐 감염적이 될 수 있는 단백질 분자;스크래피(scrapie)와 광우병을 포함하는 뇌질환(encephalopathy)의 원인이라고 생각됨

prokaryote 원핵생물 주로 세균과 남조류(blue-green algae)와 같은 단순한 단세포생물체로서, 뚜렷한 세포핵이나 내부 구획이 없음

promoter 프로모터[촉진유전자] 전사(transcription)를 시작하기 위하여 RNA 중합효소(RNA polymerase)가 결합하는 DNA 부위

prostaglandin 프로스타글란딘 에이코사노이드(eicosanoid)의 일종;탄소다섯 개의 고리구조를 포함; 아라키돈산(arachidonate)으로부터 합성되며, 호르몬과 같은 여러 가지 작용을 나타냄

prosthetic group 보결분자단 주로 공유결합이나 이온결합에 의하여 단백질과 결합한 작은 크기의 유기 분자 또는 금속이온

protease inhibitor 단백질가수분해효소 억제제 폴리펩티드의 아미드결합의 분해를 촉매하는 효소의 작용을 억제하는 물질

protein 단백질 아미노산 단량체(monomer) 단위로 구성된 생체중합체(biopolymer)

protein folding 단백질접힘 폴리펩티드가 안정된 3차원적 구조(원래입체구조)로 감기는 과정으로서, 최대로 많은 수의 강한 비공유결합성 상호작용을 제공함

protein kinase 단백질키나아제 ATP로부터 단백질 아미노산 잔기로의 인산기(phosphoryl group) 전달을 촉매하는 효소

protein synthesis 단백질합성 아미드결합에 의하여 아미노산이 서로연결되는 과정; 리보솜에 의해 수행됨

protein targeting 단백질타게팅 단백질이 합성 장소인 리보솜으로부터 필요로 하는 세포 구획으로 분류되어 운반되는 과정

proteome 단백질체 한 생물체의 모든 유전자에 의해 암호화되는 모든 단백질의 전체

proteomics 단백질체학 유전체로부터 합성되는 모든 단백질 산물의구조와

기능을 연구하는 넓은 분야의 학문

pyridoxal phosphate (PLP) 피리독살인산 아미노기전달반응(transamination)을 촉매하는 효소의 보조인자

pyruvate dehydrogenase complex 피루브산탈수소효소복합체 피루브산을 아세틸-CoA로 변환시켜 해당과정과 호기성 대사를 연결시켜 주는 효소계

Q

quaternary structure 4차구조 둘 이상의 폴리펩티드 사슬이 연합하여 다단위체(multisubunit)의 단백질 분자를 형성한 구조

R

ras proteins 라스단백질 종양유발성 시궁쥐육종바이러스(rat sarcoma virus)의 단백질 종류로서, G단백질의 아미노산서열과 유사함; 암유전자의 일종

reactive oxygen species 활성산소종 산소의 반응에서 생성되는 라디칼 종류의 중간대사물질(초산화물, 과산화수소, 히드록실라디칼등)

receptor protein 수용체단백질 흔히 세포막의 바깥 표면에 있는 단백질로서, 신호분자(호르몬)와 결합하여 신호를 세포 내부로 전달함

recombinant DNA 재조합DNA 다른 종의 DNA 조각을 도입하여 변형된 DNA 형태; 혼성화 DNA(hybrid DNA)

recombinant protein 재조합단백질 혼성화 DNA의 전사와 그 mRNA의 번역을 통하여 만들어진 폴리펩티드 산물

reducing sugar 환원당 유리 알데히드기(free aldehyde group)를 포함하고 있어서 전자를 용액 내 금속이온으로 전달할 수 있는(즉 환원시킬 수 있는) 탄수화물

reduction 환원 화학 반응에서 전자를 얻음

reductive carboxylation 환원적 카르복실화 이산화탄소의 공유결합적 고정(covalent fixing)과 작용기들의 환원을 통하여 탄수화물을생산하는 광합성의 화학적 과정

regulatory enzyme 조절효소 작동인자(effector)라고 불리는 신호분자의 유무에 따라 촉매활성이 조절되는 효소; 알로스테릭효소(allosteric enzyme)라고도 함

regulatory protein 조절단백질 DNA와 결합하여 RNA중합효소의 작용에 영향을 줌으로써 단백질합성의 속도를 조절하는 단백질 분자; 활성인자(activator)와 억제인자(repressor)의 두 가지가 있음

regulatory site 조절부위 알로스테릭효소(allosteric enzyme)에 작동인자(effector)가 결합하는 특정한 지역

release factor 방출인자 단백질합성을 종결짓는 단백질

replication 복제 기존의 DNA를 주형(template)으로 하여 새로운 DNA가 닥이 합성되는 과정

replication fork 복제분기점 DNA합성 과정에서 뉴클레오티드의 도입이 일어나는 자리

repressor 억제인자 DNA와 결합하여 전사를 방해하는 조절단백질

residue 잔기 단백질로 도입된 후의 아미노산

resonance stabilization 공명안정화 공명혼성체(resonance hybrid) 구조의 발생으로 인한 분자종의 에너지 감소(안정화)

respiration 호흡 영양물질의 산화와 산소 분자의 환원에 의하여 세포에너지가 생성되는 과정

respiratory assembly 호흡복합체 미토콘드리아 내막에 있는 일련의 운반체로서, 영양물질의 산화에서 발생하는 전자를 산소 분자로운반하는 역할을 수행함

restriction endonuclease 제한핵산내부가수분해효소 DNA의 특정한 뉴클레오티드서열에서 포스포에스테르결합(phosphoester bond)의 분열을 촉매하는 가수분해효소

restriction enzyme map 제한효소지도 제한효소에 의해 분열되는 위치와 그 결과 얻어지는 단편의 수를 플라스미드에 나타낸 그림

restriction fragment length polymorphism (RFLP) 제한단편길이다형성 DNA지문법 자료의 분석을 위한 방법; 여러 개체들의 DNA를 제한효소를 이용하여 자르고 그 단편을 전기영동으로 비교함

reversible inhibitor 가역적 억제제 효소와 쉽게 결합하고 분리되는화합물; 효소와 결합하여 있을 때만 효소를 불활성화시킴

ribonuclease (RNase) 리보핵산가수분해효소 RNA의 포스포에스테르결합을 가수분해하는 효소

ribosomal RNA (rRNA) 리보솜RNA 리보솜과 연관된 RNA; 단백질합성에서 기능을 수행함

ribosome 리보솜 RNA와 단백질로 구성되며 단백질합성의 장소가 되는 세포 소기관

ribozyme 리보자임 번역후 과정(post-translational processing)에서 다른 형태의 RNA를 이어맞추기(splicing)하는 촉매 형태의 RNA

ribulose-1,5-bisphosphate carboxylase/oxygenase (rubisco) 리불로오스-1,5-비스인산카르복실화/산소화효소(루비스코) 광합성에서 캘빈 첫 단계인 리불로오스-1,5-비스인산의 카르복실화반응(carboxylation)을 촉매하는 효소

rickets 구루병 칼슘과 인의 비정상적인 대사로 인하여 뼈의 기형이 초래되는 영양성 질병; 비타민D_3의 결핍으로 인해 야기됨

RNA interference (RNAi) RNA간섭 특수한 이중나선 RNA가 상보적 mRNA의 분해를 개시하여 유전자발현을 억제하는 과정

RNA polymerase RNA중합효소 RNA합성을 촉매하는 효소

RNA replicase RNA복제효소 RNA-지시성 RNA합성을 촉매하는 효소

S

salvage synthesis of nucleotide bases 뉴클레오티드염기의 우회합성 작은 분자로부터의 에너지 소모성 합성을 피하기 위하여, 퓨린 및 피리미딘 염기를 그대로 재순환하는 과정

Sanger sequencing procedure 생어 서열결정법 사슬종결법(chain termination)과 겔전기영동을 이용하여 핵산의 염기서열을 결정하는 실험 방법

saponification 비누화 염기에 의하여 트리아실글리세롤의 에스테르결합이 가수분해됨(base-catalyzed hydrolysis)

saturated fatty acid 포화지방산 탄소 사이의 모든 결합이 단일결합(single bond)인 지방산

scissile bond 분열성 결합 화학 반응에서 분열되는 화학 결합

secondary pigment 이차색소 광합성에서 엽록소(chlorophyll)를 도와 빛에너지를 흡수하는 카로티노이드(carotenoid), 피코빌린(phycobilin) 및 기타 광흡수 생체분자를 일컬음

secondary structure 2차구조 규칙적이고 반복적인 양상을 나타내는 폴리펩티드 골격의 입체구조적 배열(즉 α-나선과 β-시트)

second messenger 이차전령 고리형AMP(cyclic AMP)와 같이 세포 외분자(호르몬)로부터의 신호를 전달하는 세포 내 분자

sedimentation coefficient 침강계수 회전하는 원심분리 관의 바닥으로 입

자가 이동하는 상대 속도를 표현하는 수치

semiconservative replication 반보존적 복제 새로 만들어지는 DNA의 두 가닥 중 하나는 원래의 가닥으로, 그리고 다른 하나는 새로 합성된 가닥으로 구성되는 DNA합성 방법

sequence homology 서열상동성 일부분에서 동일하거나 또는 유사한 아미노산서열을 나타내는 두 단백질 사이의 관계

sequential model 순차모델 알로스테릭효소(allosteric enzyme)의 작용을 조절하는 데 있어서의 조절분자의 작용을 설명하기 위하여 코쉬랜드(Koshland)에 의해 제안된 모델

β-sheet β-시트 폴리펩티드 사슬이 거의 완전하게 펴져 있으며, 수소결합에 의해 다른 폴리펩티드와 상호작용하는 2차구조

sickle cell anemia 겸형적혈구빈혈증 결함이 있는 헤모글로빈에 의해 특정되는 유전적 질병

signal transduction 신호전달 세포 외부의 생체분자가 세포 내부로의 생화학적 명령을 전달하는 과정

simple diffusion 단순확산 생체분자가 도움이 없이 막을 통하여 수송되는 과정; 에너지유입을 필요로 하지 않음

site-directed mutagenesis 위치지정돌연변이유발 단백질의 아미노산서열을 변경시키기 위하여 사용하는 유전학적 실험 방법

small nuclear ribonucleoprotein particle 소형 핵리보단백질입자 단백질과 RNA의 복합체로서 RNA변형(RNA processing)에 영향을 줌

sodium-potassium ATPase pump 나트륨-칼륨 ATP가수분해효소펌프 Na^+ 및 K^+의 세포 내 농도와 세포 외 농도를 적절하게 유지하여 주는 막운반계(membrane transport system); Na^+-K^+ATP가수분해효소

sphingolipid 스핑고지질 스핑고신(sphingosine)을 골격으로 하는 극성 지질 분자

squalene 스쿠알렌 C_{30}의 비고리형 탄화수소로서, 콜레스테롤 합성의 중간 대사물질

standard free energy change ($\Delta G^{\circ\prime}$) 표준자유에너지변화 표준상태하에서, 즉 1 기압, 25℃에서, 반응물과 생성물의 초기 농도가 1 M이고, pH가 7일 때의 반응에서 나오는, 유용한 일을 수행할 수 있는 에너지의 양

standard reduction potential ($E^{\circ\prime}$) 표준환원전위 표준상태 하에서 화합물이 얼마나 쉽게 환원될 수 있는가를 정량적으로 나타냄

starch 녹말 식물이 에너지 대사를 위한 글루코오스의 저장에 사용하는 다당류

steady-state intermediate 정상상태 중간대사물질 반응에서 산물로 전환되는 속도와 같은 속도로 생산되는 중간대사물질

steroid hormone 스테로이드호르몬 콜레스테롤의 유도체로서, 넓은 범위의 생리적 작용, 특히 대사 조절과 성적(sexual) 발달에 작용을 나타내는 화합물 종류

steroid 스테로이드 연결된 네 개의 고리를 갖는 지질

structural motif 구조 모티프 폴리펩티드 2차구조의 요소로서, 결합하여 원래 입체구조(native conformation)를 이룸

substrate cycle 기질회로 방출되는 에너지의 명백한 사용 없이 ATP의 분열을 초래하는 일련의 반응

substrate-level phosphorylation 기질수준인산화 고에너지 반응물의 직접 대사로부터 얻어지는 에너지를 이용하여 ADP로부터 ATP를 합성하는 과정

subunit 단위체 큰 분자의 개별적 부분; 일반적으로 올리고머단백질의 한 폴리펩티드 사슬을 말함

supercoiled DNA 초나선DNA DNA 이중나선이 새로운 입체구조로 꼬임; 닫힌 고리형 DNA의 과도한 꼬임

supramolecular assembly 초분자적 집합체 생체분자의 조직화된 집합체로서 특수화된 생물학적 기능을 수행함(예를 들어 세포막, 세포소기관 등)

synthase 생성효소 ATP 에너지를 필요로 하지 않는 화합물의 생성을 촉매하는 효소; 연결효소(ligase)의 한 종류

synthetase 합성효소 ATP 분해로부터 나오는 에너지를 이용한 결합형성반응을 촉매하는 효소; 연결효소(ligase)의 한 종류

T

telomerase 말단소체복원효소 DNA 상에 특수화된 말단 구조(말단소체)의 형성을 촉매하는 효소

telomere 말단소체 단순한 뉴클레오티드의 반복 서열로 구성되어 있는 특수화된 말단 구조

template 주형 상보적 분자의 생성을 위한 원형으로 작용하는 분자(일반적으로 DNA 또는 RNA)

termination 종결 단백질합성의 마지막 단계로서, 정지 코돈에 의해 신호를 받고 70S 리보솜으로부터 새로운 폴리펩티드가 방출됨

terpene 테르펜 C_5 분자인 이소프렌(isoprene)으로부터 합성되는 생체분자

tertiary structure 3차구조 촘촘하게 찬 공 모양으로 폴리펩티드가 입체구조적 배열을 한 것

tetrahydrofolate (FH_4) 테트라히드로엽산 탄소 한 개를 포함하는 단위의 전달에 관여하는 반응의 보조인자로 작용하는 비타민

thioester 티오에스테르 (아세틸-CoA와 같이) 아실기와 티올(thiol, -SH)의 공유결합에 의해 형성된 화합물

thromboxane 트롬복산 에이코사노이드(eicosanoid)의 일종; 산소를 포함하는 6각형의 고리 구조를 포함; 아라키돈산으로부터 만들어지며 혈액의 혈소판(platelet)에 존재

topoisomerase 위상이성질화효소 DNA의 초나선 형성(supercoiling) 의 정도를 조절하는 효소

transamination 아미노기전달반응 아미노산의 아미노기가 α-케토산(α-keto acid)으로 전달되는 반응 과정; 아미노기전달효소(aminotransferases)에 의해 촉매됨

transcription 전사 DNA의 뉴클레오티드 서열이 상보적인 RNA를 형성하기위해 전환되는 과정; 유전자발현(gene expression)의 첫 단계

transferase 전달효소 분자 사이의 작용기 전달을 촉매하는 효소

transfer RNA (tRNA) 운반RNA 아미노산과 공유결합으로 연결되어있는 작은 크기의 RNA 형태로서, mRNA 상의 코돈의 정보를 읽어 합성중인 단백질로 아미노산을 도입함

transformation 형질전환 혼성화 DNA(hybrid)를 숙주생물체 내로 도입하여 복제시키는 과정

transgenic 형질전환생물 다른 종의 DNA 서열을 하나 이상 포함하고있는 유전체를 가진 생물체

transition state 천이상태 반응 중 형성되며, 활성적이고 불안정하며 단명인 분자종; 반응물로 되돌아가거나 생성물로 변형될 수 있음

transition state analog 천이상태유사체 반응 중 예상되는 천이상태(transition state)와 흡사한 분자; 효소의 활성부위에 강하게 결합하여 경쟁적 억제제로 작용

translation 번역[해독] 단백질합성 과정; mRNA의 서열에 있는 정보를 이용하여, 아미노산으로부터 단백질이 직접 합성됨

translocation 자리옮김 단백질합성 과정 중 70S의 리보솜 단위가 mRNA상의 한 코돈으로부터 다음 코돈으로 이동함

triacylglycerol 트리아실글리세롤 글리세롤의 세 히드록실기에 세 개의 지

방산이 에스테르결합으로 연결되어 형성된 지질

turnover number 대사회전수 일정 시간 동안에 1 몰(mole)의 효소에 의해 생성물로 변환되는 기질의 몰(mole) 수

U

ubiquinone 유비퀴논 미토콘드리아 전자전달사슬의 산화환원 중심;크기가 작고 비극성인 분자로서 환원되면 유비퀴놀(ubiquinol)이됨; 조효소 Q(coenzyme Q)라고도 함

ubiquitin pathway 유비퀴틴경로 결함이 있거나 손상된 단백질을 표지하여 분해하는 과정

uncompetitive inhibitor 무경쟁적 억제제 ES복합체에만 결합하여 효소를 억제하는 화합물

uncoupling protein 짝풀림단백질 갈색지방(brown fat)에서 볼 수 있 는 단백질로서, 전자전달은 계속되게 하나 ADP의 인산화는 방해함; 테르모게닌(thermogenin)이라고도 함

unsaturated fatty acid 불포화지방산 하나 이상의 탄소-탄소 이중결합을 가진 지방산

urea cycle 요소회로 이산화탄소의 탄소와 글루탐산(glutamate) 및 암모니아(NH_3)의 질소를 사용하여 요소를 합성하는 대사경로

V

vacuole 액포 막으로 둘러싸인 낭(sac) 구조의 세포소기관으로서, 세포 내 영양물질의 저장에 이용됨

van der Waals force 반데르발스힘 유동하는 전자에 의해 일시적으로 유도된 쌍극자(dipoles)를 가진 분자 사이의 인력

vector 벡터 재조합DNA 방법에서 이용되는, 외부 DNA의 운반체; 운반체(vehicle)라고도 함

very low density lipoprotein 초저밀도지방단백질 인지질, 콜레스테롤 및 콜레스테롤에스테르(cholesteryl ester)가 단백질과 연합하여형성된 혈액 중의 지방단백질로서, 비수용성 지질의 수송을 도움;10%의 단백질과 90%의 지질로 구성됨

virus 바이러스 DNA나 RNA로 구성되고, 단백질 껍데기에 싸여 있는 감염성의 비세포성 입자

vitalism 생기론 현재는 죽은 학설로서, 살아 있는 생물체는 무생물의 세계와 구분 짓는 활력(vital force)을 가지고 있다고 하는 이론

vitamin 비타민 생물체의 적절한 생장과 발달에 필요한 유기 분자 또는 유기금속분자

W

western blot 단백질흡입법 특정한 항체와의 상호작용에 기초하여 단백질의 정체를 확인하는 방법

X

xenobiotic 생체이물질 어떤 생물체에 원래 없는 종류의 외부 유기화합물; 일반적으로 합성된, 자연 상태에 없는 물질

Y

yeast artificial chromosome (yac) 효모인공염색체 재조합성의 진핵생물 DNA를 준비하기 위하여 운반체로 사용되는 큰 크기의 DNA 단편

Z

zinc finger motif 아연집게 모티프 진핵생물의 조절단백질에서 흔히 볼 수 있는 DNA 결합 영역(binding domain)

Z scheme Z체계 광계 I 과 광계 II 를 연결하는, 물 분자로부터 $NADP^+$로의 전자 흐름의 방향; 비순환적 광인산화(noncyclic photophosphorylation)

zwitterion 양성이온 양전하와 음전하를 모두 가진 분자; 따라서 순전하(net charge)는 0임

zymogen 효소원 펩티드결합의 가수분해를 촉매하는 효소의 불활성전구체

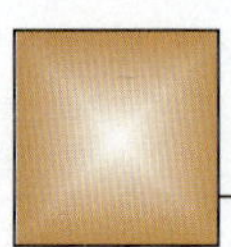

연습 문제 해답

1장

복습 문제

4쪽

2. 생물학과 화학

13~14쪽

1. **b.** O=C=O
   이산화탄소

   c. H—N(—H)—H
   암모니아

   d. H—S—H
   황화수소

   e. $H-CH_2-CH_2-OH$ (H—C(H)(H)—C(H)(H)—OH)
   에탄올

   f. $H_2C=CH_2$ (H, H—C=C—H, H)
   에틸렌

   g. H—C(H)(H)—S—H
   메틸티올

   h. H—C(=O)OH
   포름산

   i. N≡N
   질소

2. **a.** 알코올; **b.** 알켄; **c.** 산; **d.** 알코올; **e.** 알데히드; **f.** 케톤; **g.** 에스테르; **h.** 아민; **i.** 인산

3. e.

20쪽

1. **a.** 세포벽: 물리적 충격과 고장액 효과로부터 보호하는 역할
   b. 리보솜: 단백질합성이 일어나는 곳
   c. 핵양체: 유전정보를 저장하고DNA복제가 일어나는 부분
   d. 세포막: 영양분을 받아들이고 노폐물을 내보내는 투과성 경계
   e. 세포질: 많은 대사반응이 일어나는 세포 내의 액체 부분

30쪽

1. (a)와 (c)가 맞음
2. **a.** 3'AUGGC; **b.** 3'GGGAAA
3. 한 언어(뉴클레오티드 서열)로부터 다른 언어(아미노산서열)로의 변환이기 때문이다.

연습 문제

1.2 지질은 상대적으로 비극성인 분자이다. 트리아실글리세롤의 지방산들은 에너지원으로서, 그리고 인지질은 막을 구성하는데 사용된다.

1.3 **a.** $CH_2(NH_2)C(=O)OH$ (CH₂C(=O)OH, CH₂에 NH₂)
글리신

b. $H_2NC(=O)NH_2$
요소

c. $CH_3C(=O)OH$
아세트산

d. $CH_3C(=O)SH$
티오아세트산(thioacetic acid)

e. 고리: H—C=C—H, N, N—H, C—H
이미다졸(imidazole)

f. $H_2N-CH(CH_2SH)-C(=O)OH$
시스테인

g. $H_2C(OH)C(=O)OH$
글리콜산(glycolic acid)

h. H—O—O—H
과산화수소

i. HO—P(=O)(OH)—OH
인산

1.4 C, H, O, N, S, P 등

1.5 N_2, O_2, CO_2, NO

1.6 Na^+, K^+, Fe^{3+}, Cu^{2+}, Mg^{2+} 등

1.7 핵산, 단백질, 탄수화물, 지질, 비타민

1.8 그림 1.8 및 1.11 참조

1.9 분자생물학은 단백질합성과 유전학적 기능에 포함된 생물학적 작용과 생체분자의 연구를 강조한다.

1.10 **a.** 유전정보의 저장
b. 유전정보의 전달
c. 단백질의 구성단위
d. 세포막의 구성요소
e. 에너지 대사를 위한 영양소
f. 촉매작용에서 효소를 도움
g. 생화학 반응을 촉매하기 위한 효소로서의 다양한 기능
h. 가수분해반응의 반응물로 작용

1.11 진핵세포는 뚜렷하게 구별되는 막에 둘러싸인 핵과 뚜렷한 내부 구획화가 특징이다. 반면에 원핵세포는 이러한 특징이 없다(표 1.1과 표 1.2 참조).

1.12 셀룰로오스, DNA, 헤모글로빈, 단백질

1.13 **a.** 식물과 동물 **e.** 식물
b. 식물과 동물 **f.** 식물과 동물
c. 동물 **g.** 식물
d. 동물

1.14 **1.** c **2.** d 또는 a **3.** b **4.** a **5.** a

1.15 세포균질액을 600*g*로 원심분리하여 핵과 세포 잔해를 침강시키고 상층액을 다시 20,000*g*로 원심분리한다. 이 때 미토콘드리아가 침전물(pellet)로 가라앉는다(생화학 들여다보기 1-2 참조).

1.16 **a.** 철 **b.** 마그네슘 **c.** 철 **d.** 철

1.17 콩 잎을 뜯어서 완충 용액에 담근 후 막자사발과 막자 또는 전기 균질기를 이용하여 균질화 시킨다. 생체분자가 열에 의해 변성되지 않도록 모든 과정을 저온에서 수행한다.

1.18 b > g > a > c > d > e > h > f

1.19 DNA는 디옥시리보오스(deoxyribose)를 포함하고, 이중나선으로 존재한다. RNA는 리보오스(ribose)를 포함하고, 보통 단일가닥이다.

1.20 **a.** 3'TAAACTGG **b.** 3'GATTCGGG

1.21 3'TTAGACCATG5' (DNA)
5'AAUCUGGUAC3' (RNA)

1.22 5'AUUCGA5'

1.23 **a.** 페르옥시솜 **d.** 리보솜
b. 핵 **e.** 엽록체
c. 리소좀 **f.** 미토콘드리아

1.24 생화학 들여다보기 1-2에 언급된 원심분리 단계에 따라 진행한다. 효소는 100,000*g* 에서의 원심분리 후 상층액에 남아 있게 된다.

1.25 미토콘드리아

1.26 무기물질 또는 "생명이 없는" 화합물만을 이용하여 살아있는 세포에서 발견되는 분자를 합성한 최초의 실험이다.

1.27 그림 1.2 참조

1.28 600*g*에서 원심분리한 후의 침전물

1.29 탄소는 다른 탄소원자 또는 다른 원소들과 다중의 그리고 안정적인 공유결합을 형성할 수 있다. 이것은 크고 다양한 분자의 형성을 가능하게 한다.

1.30 (1) 청사진(정보): DNA (2) 물질: 음식물(탄수화물, 지방, 단백질) (3) 에너지: 대사작용(탄수화물과 지방의 분해)

1.34 **a.** $CH_3COOH + CH_3CH_2OH \longrightarrow CH_3\overset{\overset{O}{\|}}{C}OCH_2CH_3 + H_2O$

b. $CH_3COOH + NH_3 \longrightarrow CH_3\overset{\overset{O}{\|}}{C}NH_2 + H_2O$

c. $CH_3COOH + CH_3COOH \longrightarrow CH_3\overset{\overset{O}{\|}}{C}O\overset{\overset{O}{\|}}{C}CH_3 + H_2O$

d. $CH_3COOH + CH_3SH \longrightarrow CH_3\overset{\overset{O}{\|}}{C}SCH_3 + H_2O$

e. $CH_3COOH + \underset{\underset{H}{O}}{\underset{|}{C}}H_2\underset{\underset{H}{O}}{\underset{|}{C}}H\underset{\underset{H}{O}}{\underset{|}{C}}H_2 \longrightarrow \underset{\underset{H}{O}}{\underset{|}{C}}H_2\underset{\underset{H}{O}}{\underset{|}{C}}H\underset{|}{C}H_2\text{—}O\text{—}\underset{\underset{O}{\|}}{C}CH_3 + H_2O$

1.36 세포 내에서 물의 농도가 상대적으로 높으므로 평형은 왼쪽으로 치우쳐 있을 것이다.

1.38 a, b, d

1.39 b, c

1.40 a, b, e

1.41 b

1.42 **a.** 미토콘드리아 **c.** 리소좀
b. 페르옥시솜 **d.** 골지체

2장

복습 문제

46쪽

1. 물:물(그림 2.3 참조)
에탄올:물(그림 2.4a 참조; 에탄올 = R—O—H)
에탄올:에탄올(그림 2.4a 참조)

2. 그림 2.6b 참조

3. 그림 2.6b 참조

4. 3개의 히드록실기는 물과 수소결합을 형성한다. 양전하를 띤 질소는 물에 용매화된다(그림 2.6b 참조).

49쪽

1. **b.** 소변; $1 \times 10^{-6}\ M$
c. 타액; $2.5 \times 10^{-7}\ M$
d. 콜라; $1.6 \times 10^{-3}\ M$

2. **a.** 위액; pH = 2.0
b. 산성비; pH = 2.5

51쪽

1. **b.** $\underset{\text{짝산}}{CH_3COOH} \rightleftharpoons \underset{\text{짝염기}}{CH_3COO^-} + H^+$

c. $\underset{\text{짝산}}{NH_4^+} \rightleftharpoons \underset{\text{짝염기}}{NH_3} + H^+$

3. $pK_a = 3.85$

52쪽

1. a. 말산

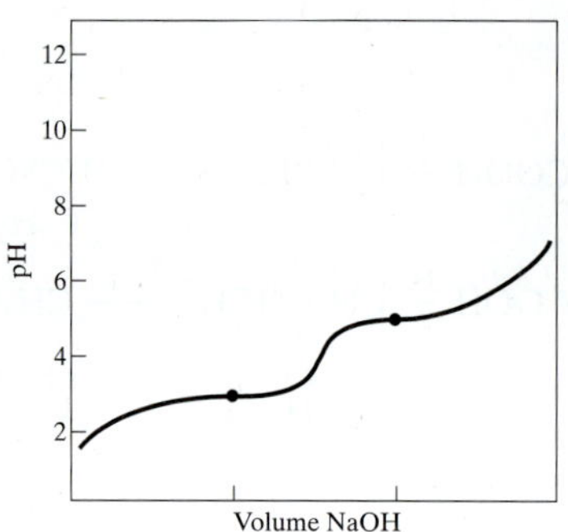

b. 인산

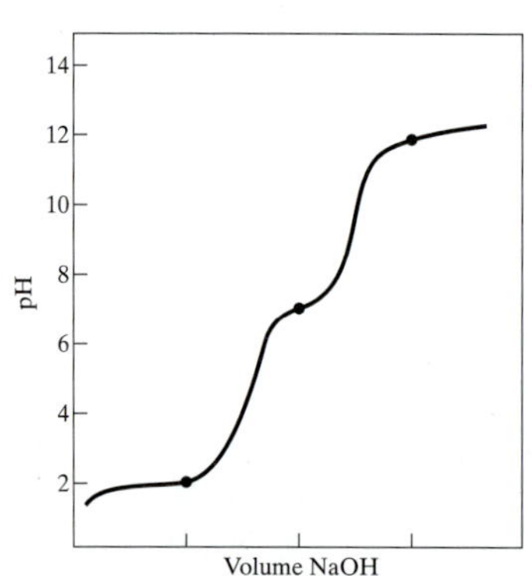

54쪽

1. 연습 문제 2.5h 참조

2. 1.74

연습 문제

2.2 a. $1.6 \times 10^{-2}\,M$
b. $3.9 \times 10^{-8}\,M$
c. $2.5 \times 10^{-7}\,M$
d. $5.0 \times 10^{-5}\,M$
e. $1.0 \times 10^{-5}\,M$
f. $7.9 \times 10^{-8}\,M$

2.3 pH 범위가 1.4~3.4와 8.8~10.8

2.4 a. (benzene ring with COO^- and $OCCH_3$, C=O)
b. (benzene ring with $COOH$ and $OCCH_3$, C=O)

2.5 a. $HCl \rightleftharpoons H^+ + Cl^-$
b. $CH_3COOH \rightleftharpoons CH3COO^- + H^+$
c. $NH_4^+ \rightleftharpoons NH_3 + H^+$
d. $CH_3(CH_2)_{13}CH_2COOH \rightleftharpoons CH_3(CH_2)_{13}CH_2COO^- + H^+$
e. $H_3^+N{-}\underset{R}{CH}COOH \rightleftharpoons H_3^+N{-}\underset{R}{CH}COO^- + H^+ \rightleftharpoons H_2N{-}\underset{R}{CH}COO^- + H^+$
f. $H_3PO_4 \rightleftharpoons H_2PO_4^- + H^+$
$H_2PO_4^- \rightleftharpoons HPO_4^{2-} + H^+$
$HPO_4^- \rightleftharpoons PO_4^{3-} + H^+$
g. $H_2O \rightleftharpoons H^+ + OH^-$
h. $H_2CO_2 \rightleftharpoons H^+ + HCO^{3-}$
$HCO_3^- \rightleftharpoons H^+ + CO_3^{2-}$

2.6 위액 > 콜라 > 산성비 > 커피 > 혈액

2.7 (structures with D/A labels)

아데닌 티민

2.8 a. 맞음
b. 틀림. 수소결합은 전기음성적 원자(O, S, N)에 공유적으로 결합하고 있는 수소 원자와 또 다른 전기음성적 원자에 있는 고립 전자쌍 사이의 비공유결합성 친화력이다.
c. 틀림. 소수성 상호작용은 물에서 안정하도록 비극성 분자나 비극성 분자의 부분 사이의 연합이다.
d. 틀림. H^+와 OH^-는 물을 만들기 위하여 공유결합을 형성한다.
e. 맞음

2.9 a. 이온-이온
b. 이온-쌍극자
c. 이온-이온
d. 쌍극자-쌍극자
e. 이온-이온

2.10 a. H_2O
b. H_2O
c. CH_3CH_2OH
d. $\underset{OH}{CH_2}\underset{OH}{CH_2}$
e. $CH_3\underset{\|O}{C}NH_2$
f. $\underset{NH_2}{CH_2}CH_3$
g. $H_2N\underset{\|O}{C}NH_2$

2.11 물 1 L의 HOH 몰 수는 다음과 같다.

$$\text{HOH의 몰수} = \frac{H_2O\text{의 그램수}}{H_2O\text{의 분자량}} = \frac{1000\,g}{18} = 55.5\,M$$

1 L에 있는 HOH는 55.5 몰. 그러므로 몰농도(molarity)는 55.5 M이다.

2.12 a. H_2O
b. H_2CO_3
c. $H_3^+NCH_2COOH$
d. CH_3COOH
e. H_3PO_4

2.13 **a.** CH_3CH_3

b. CH_2CH_3 (OH가 CH_2에 결합)

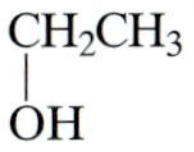

c. $H_3\overset{+}{N}CHCOO^-$ (CH에 H_3C, CH_3 결합)

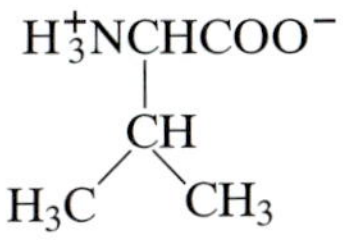

d. CH_3CH_2COOH

e. $CH_3CH_2CH_2COOH$

2.14 **a.** OH^-

b. $H_3^+NCH_2COO^-$

c. $CH_3(CH_2)_{10}COO^-$

d. CO_3^{2-}

e. $CH_2(CH_2)_{10}CH_2$ ($^+NH_3$, NH_2)

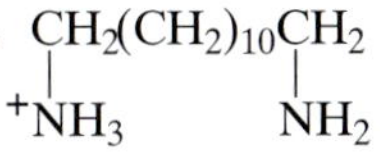

2.15 (a) 이온결합 (b) 공유결합 (c) 수소결합 (d) ⅰ. 공유결합, ⅱ. 수소결합

2.16 (a) 맞음 (b) 틀림. 비공유결합은 1~30 kJ/mol 범위의 결합 강도를 가진다. (c) 맞음 (d) 맞음

2.17 표 2.2 참조

2.18 서로 다른 전하를 띠는 원자와 분자 사이의 친화력으로 생긴 이온결합은 일반적으로 수소결합보다 더 강하다. 표 2.2 참조

2.19 a, c, d, e, f

2.20 a, b, c

2.21 락트산

2.22 $[HCO_3^-/H_2CO_3] = 10$

2.23 혈액에 나트륨탄산수소염(sodium bicarbonate)을 주입

2.24 pH = 9.6

2.25 정상적인 비 0.16, 산성비 1.26×10^{-3}

2.26 a, c, e, h

2.27 $MgCO_3$는 산성인 아스피린을 중화시키는 염기로서 덜 불안하게 한다.

2.28 a, c, d

2.29 **a.** 이양성자산

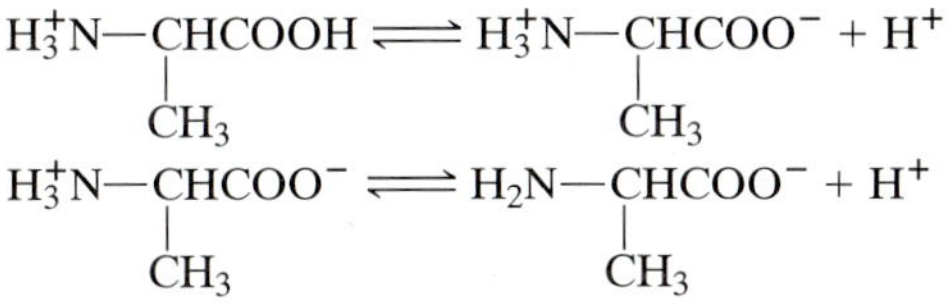

$$H_3\overset{+}{N}-\underset{CH_3}{CH}COOH \rightleftharpoons H_3\overset{+}{N}-\underset{CH_3}{CH}COO^- + H^+$$

$$H_3\overset{+}{N}-\underset{CH_3}{CH}COO^- \rightleftharpoons H_2N-\underset{CH_3}{CH}COO^- + H^+$$

b. 삼양성자산

c. 삼양성자산

d. 이양성자산

2.30 b, d

2.31 $H_2N-CHCN-CHCOOH$ (C=O; 측쇄 CH_2–OH, H, CH_2–SH)

A = 수용체
D = 공여체

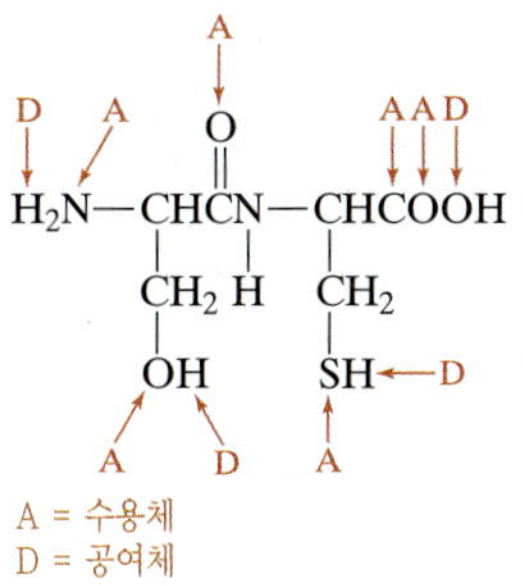

2.32 [락트산염]/[락트산] = 14.13

2.33 pH = 4.03

2.34 단수소인산나트륨 0.19 몰, 이수소인산나트륨 0.31 몰

2.35 d

2.36 c

2.37 b

2.38 7.2

2.39 c

2.40 여러 약물의 카르복실기 pK_a는 3~4이다. 카르복실기는 혈장(pH = 7.4)에서 이온화되지만 위(pH = 1~2)에서는 이온화되지 않는다.

3장

복습 문제

68쪽

1. **a.** 프롤린

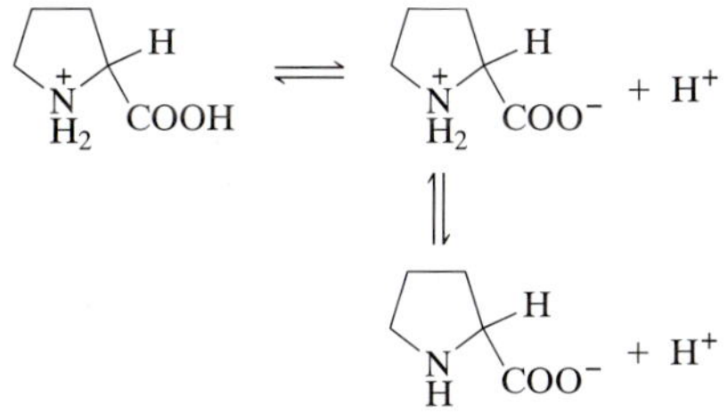

(프롤린: $\overset{+}{N}H_2$, COOH ⇌ $\overset{+}{N}H_2$, COO^- + H^+ ⇌ NH, COO^- + H^+)

b. 아스파르트산: 69쪽 참조

c. 리신

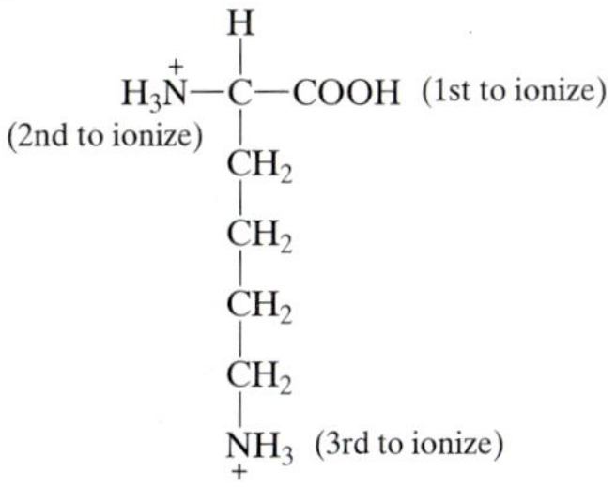

$H_3\overset{+}{N}-C(H)-COOH$ (1st to ionize)
(2nd to ionize)
CH_2–CH_2–CH_2–CH_2–$\overset{+}{N}H_3$ (3rd to ionize)

d. 세린

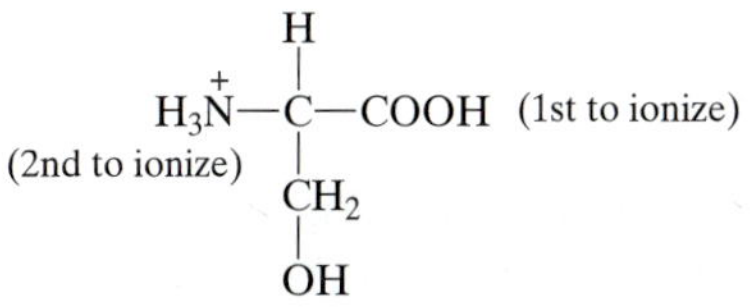

$H_3\overset{+}{N}-C(H)-COOH$ (1st to ionize)
(2nd to ionize)
CH_2–OH

2. 6.3

3. 69쪽 참조
Asp = 3.0 Lys = 10

73쪽

1. 셀레노시스테인(selenocystein): 극성이면서 전하를 띠지 않음. 피롤리신(pyrrolysine): 극성이면서 피롤(pyrrolle)고리 N의 pK에 따라 전하가 있거나 없다.

76쪽

1. $H_3\overset{+}{N}-C(R')(H)-C(=O)-N(H)-C(R)(H)-COO^-$

77쪽

1. 그림 3.10 참조

2. 글루탐산은 α-아미노기나 카르복실기에 의하여 연결되기보다는 곁사슬의 카르복실기에 의하여 트리펩티드를 형성하였다.

88쪽

1. $H_3\overset{+}{N}$——Met↓Met↓——COO^-
cleavage

연습 문제

3.2

$H_3^+N-CH(COO^-)-CH(CH_3)_2$ $^-OOC-CH(\overset{+}{N}H_3)-CH(CH_3)_2$

발린

L-: $H_3^+N-C(H)(COO^-)$, $H-C-OH$, CH_3 L-Allo: $H_3^+N-C(H)(COO^-)$, $HO-C-H$, CH_3

D-: $H-C(COO^-)-NH_3^+$, $HO-C-H$, CH_3 D-Allo: $H-C(COO^-)-NH_3^+$, $H-C-OH$, CH_3

트레오닌

$H_3^+N-CH_2-COO^-$

글리신

3.3 알라닌의 적정곡선과 동일한 모양(그림 3.4 참조);
pK1 = 2.4, pK_2 = 9.8, pH$_I$ = 6.1.
pH 1; $H_3^+N-CH_2COOH$
pH 2.3; $H_3^+N-CH_2COOH$ 및 $H_3^+N-CH_2COO^-$
pH 9.6; $H_3^+N-CH_2COO^-$ 및 $H_2N-CH_2COO^-$
pH 12; $H_2N-CH_2COO^-$

3.4 (a) pH = 3.1, (b) pH = 2.1, (c) pH = 2.4

3.5
a. 맞음
b. 틀림
c. 틀림
d. 맞음
e. 틀림
f. 틀림
g. 틀림

3.6 (a) Ala, (b) Ala, (c) Val, (d) Phe, (e) Pro

3.7 (a) Val, (b) Phe, (c) Glu, (d) Ser, (e) Lys, (f) Asn

3.8

$H_3^+NCH(CH_3)-C(=O)-NHCH(CH_2COOH)COOH \rightleftharpoons H_3^+NCH(CH_3)-C(=O)-NHCH(CH_2COOH)COO^-$

$\rightleftharpoons H_3^+NCH(CH_3)-C(=O)-NHCH(CH_2COO^-)COO^- \rightleftharpoons H_2N-CH(CH_3)-C(=O)-NHCH(CH_2COO^-)COO^-$

3.9 $H_2N-CH((CH_2)_2COO^-)-COO^-$

3.10
a. 단백질의 N-말단 아미노산 결정
b. 단백질의 N-말단 아미노산 결정
c. 단백질의 펩티드결합을 절단하여 단백질의 구성 성분인 아미노산들을 생성한다. 아미노산의 조성 결정을 위한 방법
d. 단백질의 아미노산서열을 결정한다. 에드먼(Edman) 분해 과정
e. 특정한 펩티드결합의 가수분해를 촉매한다. 아미노산서열결정에 사용된다.
f. 단백질을 변성시키는 세척제. 전기영동을 하기 전에 다단위체로 구성된 단백질의 4차구조를 파괴한다.
g. 아미노산의 정량을 분석하는 데 사용하는 시약.
h. 단백질에서 메티오닌(Met)의 카르복실기와 연결된 펩티드결합을 절단하는 데 사용한다.

3.11

$H_3^+N-CH(CH(CH_3)_2)-C(=O)-NH-CH(CH_2OH)-COO^-$

$H_3^+N-CH(CH_2OH)-C(=O)-NH-CH(CH(CH_3)_2)-COO^-$

3.12 구상 단백질: 물에 녹으며 수송, 촉매 등을 비롯한 많은 생물학적 역할을 한다.
섬유상 단백질: 물에 녹지 않으며 세포 및 생명체의 구조를 형성하는 역할을 한다.

3.13 아미노산 20종류의 평균 분자량은 110이다.
a. 5733/110 = 52개의 아미노산
b. 1318
c. 2273

3.14 (a) 11,440, (b) 451,000

3.15 (a) Cys, (b) Asp, (c) Asn, (d) Thr, (e) His, (f) Gly

3.16 pH = 1 (주로 존재하는 형태)

HC=C—CH_2—C(H)(—COOH)(—$\overset{+}{N}H_3$) (이미다졸 고리: $\overset{+}{H}N$, NH, C—H)

pH = 5 (주로 존재하는 형태)

HC=C—CH_2—CH(—COO^-)(—$\overset{+}{N}H_3$) (이미다졸 고리: $\overset{+}{H}N$, NH, C—H)

pH = 11 (주로 존재하는 형태)

HC=C—CH_2—CH(—COO^-)(—NH_2) (이미다졸 고리: N, NH, C—H)

pHI = 7.6

3.17 물에 녹는다. 왜냐하면 이들 펩티드를 형성하는 각각의 아미노산들이 물에 녹으므로 이들로 구성된 펩티드도 물에 녹는다. 또한, 이 펩티드들은 물에 녹을 수 있는 극성이며 전하를 띤 작용기들을 지니고 있다.

3.18 **a.** Cys-S—S-Cys
b. Glu
c. Gly + Ala

3.19 Ala, Val, Leu, Ile, Pro, Met, Phe, Trp

3.20 DNA의 염기서열이 지닌 유전정보는 mRNA로 전사되어 염기서열 3개가 하나씩 코돈을 형성한다. 코돈은 아미노산을 운반하는 tRNA의 안티코돈에 의하여 인식되어 단백질을 합성한다.

3.21 **a.** 겔여과에 의하여 분리할 수 있다.
b. 겔여과에 의하여 분리할 수 없다.
c. 겔여과에 의하여 분리할 수 있다.

3.22

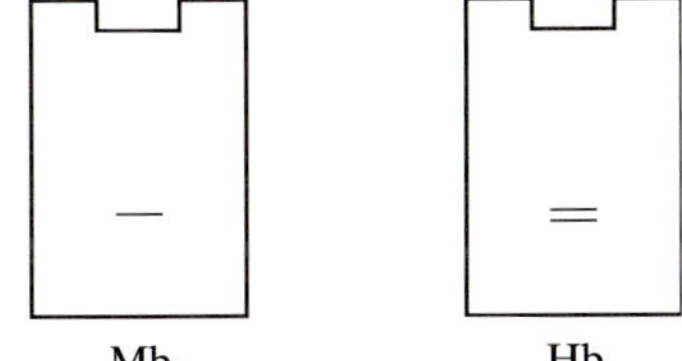

3.23 **a.** 사슬 A와 B는 변하지 않는다.
b. A: 2,4-디니트로페닐(2,4-dinitrophenyl)로 표지된 Gly(글리신),
B: 2,4-디니트로페닐(2,4-dinitrophenyl)이 붙은 Phe(페닐알라닌)
c. A: 변화가 없다.
B: Arg 혹은 Lys의 카르복실기와 결합한 펩티드결합 절단.

3.24 **a.** 분자가 지닌 전하 전체의 차이에 의하여 분리
b. 분자가 특정한 지지체와 비공유 상호작용에 의하여 결합할 수 있는 성질에 의하여 분리
c. 분자의 크기에 의하여 분리

3.25 **a.** Asp
b. Phe
c. H_3^+N—CH(CH_2COOH)—C(=O)—NH—CH($CH_2C_6H_5$)—COOH
d. −1

3.26 H_3^+N—Cys—S—S—Cys—$^-$OOC (고리형 연결)

3.27 Ser, Asn, Thr, His, Tyr, Cys

3.28 생어시약은 폴리펩티드의 N-말단 아미노산을 결정하는 데 사용된다. 분석 과정 중에 각 펩티드결합이 가수분해되기 때문에 단백질의 나머지 부분이 파괴된다. 따라서 아미노산서열을 완결하기 어렵다.

3.29 Cys(SH) + Cys(SH) + CH_2CH_2(OH)—S—S—CH_2CH_2(OH)

3.30 3

3.31 글리신(Gly)의 곁사슬은 수소로 구성된 매우 작은 물질이므로 마치 그룹 Ⅱ에 속하는 아미노산들과 같은 성질을 가진다. 예를 들면 글리신은 물에 잘 녹는다. 히스티딘(His)은 pH 7.0에서 두 가지형태로 존재한다.

3.32 원형의 펩티드는 아미노말단과 카르복실말단이 서로 결합하여 형성된다. 따라서 이 펩티드에는 말단이 존재하지 않는다.

3.33 H—C(NH_3^+)(COO^-)—CH_2OH ⇌ HOH_2C—C(NH_3^+)(COO^-)—H

3.34 Met = 5.8, Arg = 10.8

3.35 d

3.36 b

3.37 a

3.38 d

3.39 a

3.40 d

3.41 c

4장

복습 문제

99쪽

1. **b.** 수소결합; 표 2.2와 그림 4.2, 4.3참조
c. 소수성 상호작용; 표 2.2와 그림 4.3참조
d. 이황화결합; 그림 4.3 참조
e. 수소결합
f. 정전기적 결합

104쪽

1. a. 역평행 β-시트; Pro 잔기에서 굽음
   b. α-나선; Pro에서 굽음
   c. 무질서한 코일; α-나선을 형성하기 위해서는 같은 전하를 띤 잔기가 너무 많다.

113쪽

1. a. 공유결합
   b. 비공유결합, 기본적으로 수소결합
   c. 비공유결합, 기본적으로 수소결합, 소수성 상호작용, 정전기적 상호작용. 공유, 이황화결합.
   d. 비공유결합, 수소결합, 소수성 상호작용, 정전기적 상호작용.

116쪽

1. a. 90%; 95%
   b. 15%; 50%; 90%

연습 문제

4.2 Å당 약 1.5개의 아미노산. 그러므로 20 Å에는 13개의 아미노산

4.3 a.

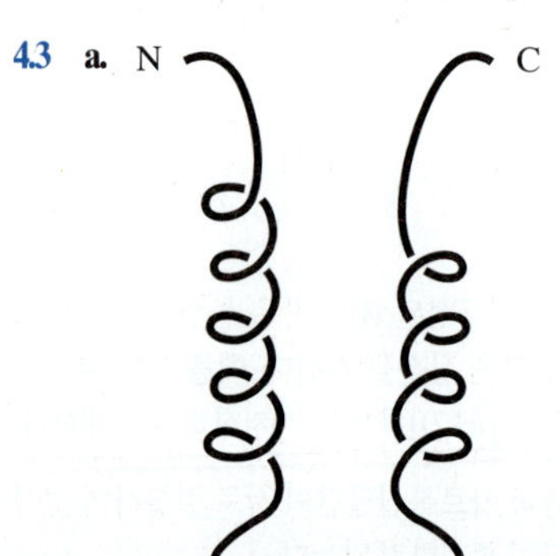

b.

c. 그림 4.10 참조

d.

e.

4.4 그림 4.5 참조

4.5 비공유결합성 상호작용; 수소결합; 이온결합, 반데르발스힘, 소수성 상호작용. 표 2.2 참조

4.6

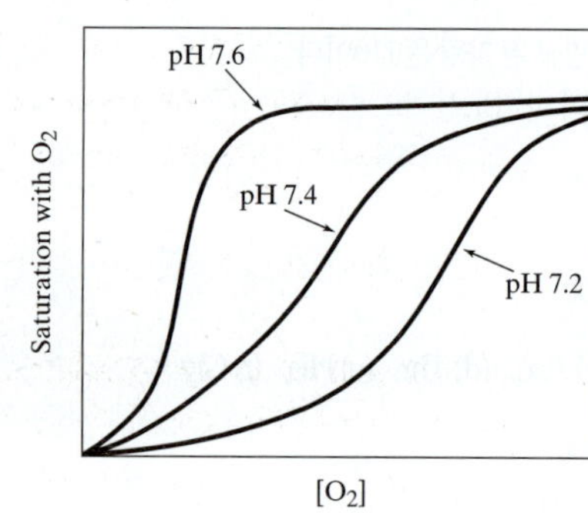

4.7

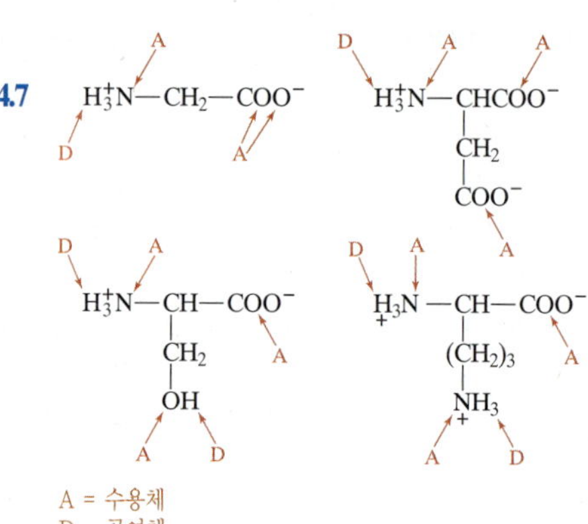

4.8 α-나선이 우세하고 굽음과 루프도 있다.

4.9 a. 공유결합; 아미드결합
   b. 비공유결합; 주로 수소결합
   c. 비공유결합; 수소결합, 이온결합, 소수성 상호작용, 공유결합성 이황화결합
   d. 비공유결합; 수소결합, 이온결합, 소수성 상호작용, 이온결합

4.10 4.2절 참조

4.11

N —————— C　　N —————— C
N —————— C　　C —————— N

평행　　역평행

4.12 높아진 온도에 세포가 노출된 직후에 만들어지는 단백질. 이들은 샤페론이라는 단백질로 생각되며 다른 단백질이 원래입체구조로 접히도록 도와준다.

4.13 모티프: 2차구조(α-나선, β-시트, 굽음)의 요소가 초2차구조로 합쳐진 것. 예를 들면 α-나선 – 루프 – α-나선 모티프
영역: 여러 개의 모티프로 이루어지며, 단백질에서 안정되고 독립적으로 접혀 있는 지역

4.14 $-NHCH_2-C(=O)-N$ (프롤린 고리) $-C(=O)$; O···H–N ; $O=C-HC(R)$

4.15 안쪽: Phe, Val, Leu
바깥쪽: Ser, Glu, Thr, His, Asn, Cys

4.16 **a.** Gly와 Ala의 양이 많으므로 명주와 같은 β-시트로 예상된다.
b. 섬유상
c. 비수용성
d. 아마도 구조적 역할을 할 것임

4.17 **a.** 프롤린에 있는 굽음은 폴리펩티드가 U 형태를 형성하도록 하고 $\beta\beta$모티프라고 하는 β-시트 배열로 접히게 한다.
b. 무질서한 코일
c. α-나선
d. 프롤린에서 U 형태를 형성하도록 굽어, 두 개의 시스테인잔기 사이의 이황화결합에 의한 연결 가능성으로 $\alpha\alpha$모티프로 접히게 된다.
e. 프롤린에서 굽음으로 $\alpha\alpha$모티프로 접히게 된다.
f. 무질서한 코일

4.18 pH 7에서 모든 리신의 곁사슬은 $—NH_3^+$ 형태이다. 곁사슬은 서로 밀어 내어 폴리펩티드는 무질서한 코일로 열리게 된다. pH 13에서 곁사슬은 $—NH_2$이다. 그러므로 폴리펩티드 사슬은 α-나선으로 접히게 된다.

4.19 호열성 세균의 단백질은 비극성 곁사슬을 가진 아미노산의 함량이 높아서 소수성 상호작용이 더 많아질 것이다.

4.20 레인 1: 미오글로빈
레인 2: 박테리오로돕신
레인 3: 글루코오스 산화효소
레인 4: 헤모글로빈

4.21 요소는 강한 수소결합제이다. 공여체와 수용체를 모두 가지고 있어서 단백질과 수소결합을 할 수 있고 단백질 내에서 수소결합을 파괴할 수도 있다.

4.22 a, c

4.23 곁사슬 사이의 소수성 상호작용은 Val-Phr-Val-Leu-Phe 지역 내에서 형성될 수 있다. 두 개의 시스테인 잔기는 이황화결합에 관여한다. 이온결합은 $—NH_3^+$(리신 곁사슬)와 $—COO^-$(아스파르트산의 곁사슬) 사이에서 형성된다.

4.24 **a.** 약 0.1~0.2 kP_a
b. 약 3 kP_a
c. 없음. 미오글로빈은 모든 O_2 압력에서 O_2에 대하여 높은 친화력을 가지고 있다.

4.25 헤모글로빈은 여러 다른 생리적인 조건에서 O_2에 대한 친화력을 변화시킬 수 있는 능력이 있다. 어떤 생리적인 지역에서는 O_2로 포화될 수 있고, 또 다른 생리적인 지역에서는 O_2를 내 놓을 수 있다. 4.5절과 그림 4.19를 참조하라.

4.26 폴리글루탐산은 글루탐산만으로 이루어진 펩티드이다. 카르복실기를 가진 곁사슬이 많다. pH 7에서 카르복실기는 COO^-로 이온화된다. 수많은 음전하는 α-나선의 형성을 방해할 것이다. pH 3에서 카르복실기는 COOH의 형태로서 이온화가 되지 않는다. 그러므로 폴리펩티드는 α-나선으로 접히게 될 것이다.

4.27 **a.** 비공유결합성 상호작용, 특히 수소결합
b. 공유결합, 특히 아미드 결합
c. 비공유결합성 상호작용, 특히 소수성 상호작용과 수소결합
d. 비공유결합성 상호작용, 특히 소수성 상호작용과 수소결합
e. 공유결합, 특히 아미드 결합
f. 비공유결합성 상호작용, 특히 소수성 상호작용
g. 비공유결합성 상호작용, 특히 수소결합과 소수성 상호작용
h. 공유결합, 이황화결합
i. 공유결합, 아미드(펩티드)결합

4.28 접혀 있는 단백질은 표면의 물 분자에 의한 용해를 피하기 위하여 대부분의 비극성 아미노산이 내부에 묻혀 있다. 변성된 단백질에서는 비극성 아미노산이 표면에 있으므로 덜 수용성일 것이다.

4.29 (a) 구상, (b) 구상, (c) 구상, (d) 섬유상, (e) 구상, (f) 섬유상

4.30 막을 관통하는 지역은 비극성 아미노산의 비율이 다소 높음이 틀림없다. 그래서 막에 있는 비극성의 지질 및 단백질과 상호작용할 수 있다.

4.31 b

5장

복습 문제

141쪽

1. **a.** 62 μM/min **b.** 40 μM/min **c.** 0.18 μmM

142쪽

1. 표 5.4 참조

145쪽

1. 그림 5.6 참조. 가능한 아미노산은 His, Asp, Glu과 이미다졸 곁사슬을 지닌 아미노산

157쪽

1. **a.** 경쟁적 **b.** 경쟁적
c. 비경쟁적 **d.** 경쟁적

연습 문제

5.2 $k_3 = 833\ s^{-1}$

5.3 아세틸콜린은 효소에 대한 친화력이 매우 크다. 부티릴콜린은 아세틸콜린보다 비극성 부위의 길이가 더 길어서 아세틸콜린에스테르가수분해효소와의 결합에 억제를 받는다.

5.4 (a) 세 개의 비공유결합성 상호작용 중에서 두 개는 $—COO^-\ {}^+H_3N$의 이온결합이며 나머지 하나는 수소결합이다. (b) Asp, Glu, Lys, Asn, Gln

5.5 경쟁적(competitive): ⅰ) 효소 활성부위에 결합한다. ⅱ) 기질과 유사한 구조이다. ⅲ) V_{max}은 같으나 K_M은 다르다.

무경쟁적(uncompetitive): ⅰ) ES복합체에 결합한다. ⅱ) V_{max} 및 K_M이 다르다.

비경쟁적(noncompetitive): ⅰ) 효소 활성부위와는 다른 부위에 결합한다. ⅱ) 기질과 구조가 비슷하지 않다. ⅲ) V_{max}는 다르나 K_M은 동일하다.

5.6 **a.** $2H_2O_2 \longrightarrow 2H_2O + O_2$

b. 셀룰로오스 + H_2O ⟶ 글루코오스

c. 단백질 + H_2O ⟶ Arg 또는 Lys의 카르복실기와 결합하여 형성된 펩티드결합을 절단한다.

d. $CH_3C(=O)OCH_2CH_2\overset{+}{N}(CH_3)_3 + H_2O \longrightarrow CH_3C(=O)O^- + CH_2(OH)CH_2\overset{+}{N}(CH_3)_3$

5.7 **a.** 반응속도의 증가
b. 반응속도의 증가
c. 반응속도의 감소
d. 변화 없음
e. 단백질이 변성되기 때문에 반응속도의 감소
f. 온도에 의한 단백질의 변성이 일어나 반응속도의 감소
g. 반응속도의 증가

5.8 a, f, g

5.9 우유나 피에 의한 얼룩은 단백질에 의한 것이다. 세제에 들어 있는 펩티드가수분해효소는 단백질을 작은 펩티드로 분해하여 물에 잘 녹을 수 있게 한다.

5.10 친핵성 곁사슬은 S, O 및 N 원소와 같이 고립 전자쌍을 지닌 원자들을 가지고 있다. 예를 들어 이러한 아미노산들에는 Cys, Ser, His 및 Lys 등이 있다.

5.11 **a.** 2, 에스테르가수분해효소
b. 4, 펩티드가수분해효소
c. 6, 섬유소분해효소
d. 7, 페닐알라닌히드록실화효소
e. 1, 아밀라아제
f. 3, 알코올탈수소효소
g. 8, 페닐알라닌 탈카르복실화효소

5.12 $1/v_0 = \dfrac{K_M + [S]}{V_{max}[S]}$; $\dfrac{1}{v_0} = \dfrac{K_M}{V_{max}[S]} + \dfrac{1}{V_{max}}$

5.13 Lys 및 Arg의 곁사슬은 pH 7.0에서 양전하를 띈다. His 곁사슬의 대부분은 pH 7.0에서 양전하를 띄지 않는다.

5.14 미카엘리스-멘텐: $V_{max} = 122$ nmol/min, $K_M = 39\ \mu M$
라인웨버-버크: $V_{max} = 125$ nmol/min, $K_M = 38\ \mu M$

5.15 아세토페논(acetophenone)은 경쟁적 억제제이다.
$K_M = 70\ \mu M$, $V_{max} = 125$ nmol/min

5.16 $E{-}CH_2{-}SH + I{-}CH_2{-}C(=O)NH_2 \longrightarrow E{-}CH_2{-}S{-}CH_2{-}C(=O)NH_2 + HI$

5.17 에탄올은 동일한 탈수소효소에 의하여 산화되므로 경쟁적 억제제이다. 에탄올은 효소와 결합하여 효소가 메탄올을 유해한 산물로 전환시키는 것을 방해한다.

5.18 트립신: pH = 7.9, 펩신: pH = 1.8
pH가 산성인 위에서 트립신의 효소 활성은 거의 없으나 펩신의 효소 활성은 매우 활발하다.

5.19 대부분의 효소들은 50℃이상의 온도에서 변성되어 효소 활성이 없다.

5.20 A 또는 B가 없어지는 것을 관찰하여 반응속도를 측정한다. 혹은 A—B가 생성되는 것을 관찰하여 반응속도를 측정할 수 있다.

5.21 (a) 1 (b) 3 (c) 2

5.22 d

5.23 **a.** [S] = 0.001 M **b.** [S] = 0.0005 M

5.24 펩신 및 파파인은 단백질의 펩티드결합을 가수분해한다. 이들은 육류의 긴 섬유상 단백질을 분해하여 길이가 짧은 단백질로 만들어 육류를 부드럽게 한다.

5.25 Pb^{2+}는 단백질을 구성한 시스테인 잔기의 술프히드릴기와 반응한다.

$$E{-}SH + Pb^{2+} \rightleftharpoons E{-}S{-}Pb^{2+} + H^+$$

5.26 (a) 에스테르가수분해효소는 메틸 에스테르(methyl ester)의 가수분해를 촉매한다.
(b) 펩티드가수분해효소(peptidase)는 아미드결합의 가수분해를 촉매한다.

5.27 **a.** $CH_3CH_2OH + CH_3COOH$
b. $CH_3CH_2C(=O)CH_3$, $CH_3CH_2CH(=O)$
이들은 모두 잠정적인 억제제로서 카르보닐기를 지니고 있으나 가수분해될 수 있는 작용기는 가지고 있지 않다.

5.28 **a.** $C_6H_5COOH + CH_3OH$
b. 반응 없음
c. $CH_3CH_2COOH + NH(CH_3)_2$
d. $H_3\overset{+}{N}CH_2(CH_3) + CO_2$
e. Phe + Gly

5.29 **b.** K_M 값이 같다.
c. K_M 값이 다르다.

5.30 **a.** V_{max} 값이 같다.
b. V_{max} 값이 다르다.
c. V_{max} 값이 다르다.

5.31 이 약은 콜레스테롤의 합성을 억제할 것으로 기대되어 혈중 콜레스테롤의 수치를 낮춘다.

5.32 이 효소의 Vmax는 대략 70 μM/min이고 1/2 V_{max}는 35 μM/min이다. 초기속도가 35일 때, 기질의 농도 [S]는 약 200 μM이다.

5.34 b

5.35 b

5.36 a

5.37 c

6장

복습 문제

170쪽

1. **b.** 테트라히드로엽산
   c. 니코틴아미드아데닌디뉴클레오티드(NAD)
   d. 조효소A

175쪽

1. 6.2절 참조

177쪽

1. 이 조건 하에서 글루코오스는 에너지를 위해 필요 없기 때문에 저장될 수 있다. 그러므로 글리코겐 가인산분해효소는 활성이 낮은 탈인산화 형태로 존재하고, 글리코겐생성효소는 활성이 더 높은 인산화 형태로 존재할 것이다.

179쪽

1. 3.10절의 단백질 구조 참조.

연습 문제

6.2 a. 양성 협동성, 동형 **b.** 음성 협동성, 이형, 음성 작동인자

6.3 (a) NAD^+ (b) 비오틴 (c) 조효소A (d) NAD^+

6.4 a.

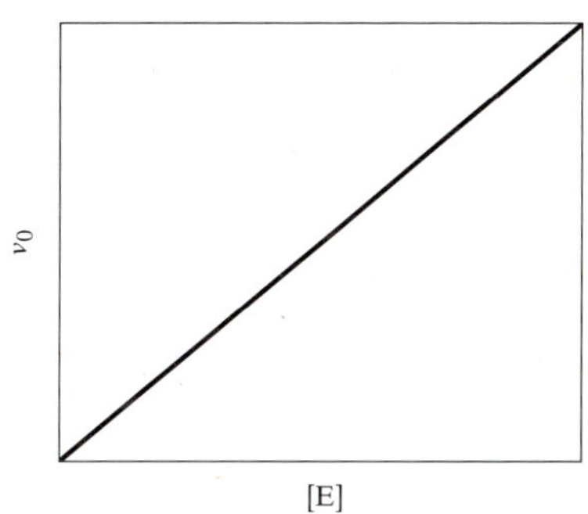

b.

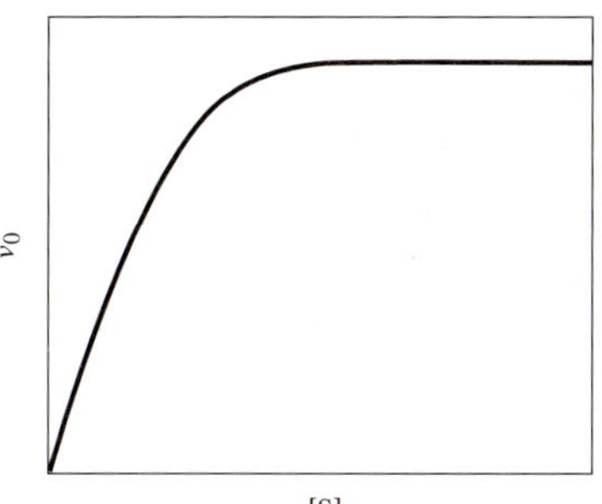

c.

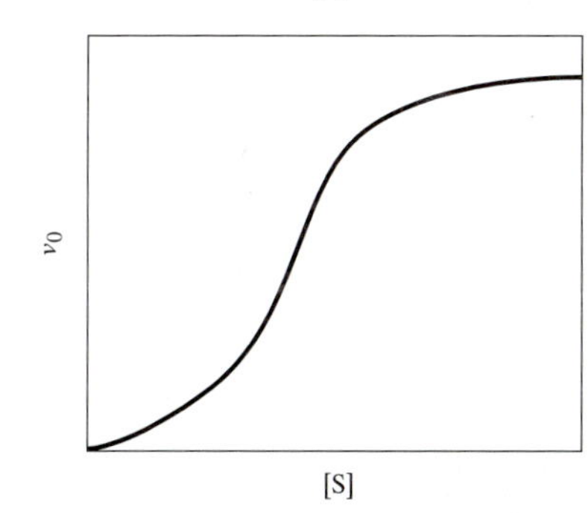

6.5 기질 분자가 알로스테릭효소에 결합하는 곳이 촉매부위 또는 활성부위이다. 조절부위는 조절분자(작동인자)가 결합하는 곳이다.

6.6 알로스테릭 조절: 효소가 여러 개의 단위체로 존재하고 촉매부위와 조절부위를 가지고 있다. 효소는 작동인자의 가역 비공유결합에 의해 활성이증가하거나 줄어든다.

공유결합적 변형: 효소의 특정한 아미노산 곁사슬의 가역적이고 공유결합적인 변화에 의해 효소의 촉매활성이 달라진다.

단백질분해: 어떤 효소는 처음에 비활성형인 효소원(zymogen)으로 합성되어서 하나 이상의 펩티드결합이 분해된 다음에 활성형이 된다.

동위효소: 어떤 효소는 이성질체처럼 여러 형태로 존재한다. 구조는 비슷하지만 아미노산서열이 다르다. 모든 이성질체 형이 효소 활성을 보이고 같은 생화학 반응을 촉매하지만 반응속도적 특성이 다르다.

6.7 a, d

6.8 a. 탈카르복실화반응, 즉 기질로부터 CO_2의 손실
b. 한 분자에서 다른 분자로 아민기의 전달(아미노기전달반응)
c. 산화환원반응

6.9 c, e

6.10 b

6.11 a. Glycogen phosphorylase (–OH, –OH) + 2 ATP ⇌ glycogen phosphorylase ($-OPO_3^{2-}$, $-OPO_3^{2-}$) + 2 ADP

b. Glycogen phosphorylase ($-OPO_3^{2-}$, $-OPO_3^{2-}$) + 2 H_2O ⇌ glycogen phosphorylase (–OH, –OH) + 2 $H_2PO_4^-$

6.12 조효소: 촉매작용에서 효소를 보조하는 작은 유기 분자 또는 유기 금속분자로서 대개 비타민에서 유도된다.

보결분자단: 대개 공유결합 또는 이온결합에 의해 단백질과 강하게 결합하는 작은 유기 분자 또는 금속이온.

6.13 a. —NH—CH(—CH_2—OPO_3^{2-})—C(=O)— + ADP

b. —NH—CH(—CH_2—SH)—C(=O)— + A
—NH—CH(—CH_2—SH)—C(=O)—

c. $-NH-CH(CH_2-C_6H_4-OPO_3^{2-})-C(=O)-$ + ADP

d. $-NHCH(CH_2OH)C(=O)-$ + HPO_4^{2-}

6.14 **a.** 리보플라빈: FAD
b. 비타민B_6: 피리독살인산
c. 니아신: NAD^+
d. 엽산: 테트라히드로엽산
e. 비타민B_1: 티아민피로인산

6.15 **a.** 알코올탈수소효소
b. 탈수소효소 **c.** 카르복실화효소

6.16 몇몇 생물체에 필수적인 금속이온: Fe, Na, Mg, Cu, Mo, Ni, Co

6.17 A → B → C → D → F 반응을 예로 들어보자. 중요한 최종 산물(F)을 만드는 순차적 대사 반응이 중간대사물질인 B, C, D의 생성을 요구한다. B, C, D는 F를 합성하는 것 이외의 생물학적 중요성이 없을 수도 있다. 에너지와 물질을 절약하기 위해서 순차적 반응을 A → B에서 조절하는 것이 논리적이다. 1 단계의 효소는 F가 필요할 때에만 활성화된다.

6.18 효소원에서와 같은 단백질분해는 비가역적 과정이고 효소 분자의 일생에서 단 한 번만 일어난다. 공유결합적 변형에서 효소는 일련의 조절효소들에 의해 가역적으로 변화된다. 이 과정은 같은 효소 분자에서 여러 번 반복될 수 있다.

6.19 이 효소들은 합성되자마자 중요하고 필수적인 단백질을 분해할 것이다. 이들이 췌장에 저장되어 있는 동안 필수적인 구조단백질과 다른 효소들을 분해 할 수 있을 것이다.

6.20 $CH_3C(=O)-C_6H_4-O-P(=O)(O^-)-CH_2CH_2\overset{+}{N}(CH_3)_3$

6.21 이 환자는 심장마비에 걸려서 심장 조직이 손상됐을 가능성이 있다. H_4로 구성된 LDH분자가 손상된 심장조직으로부터 혈액으로 새어 나왔다.

6.22 요소는 변성제로 작용하여 리보핵산가수분해효소 P의 2차, 3차구조를 변화시킨다. 요소는 리보자임 구조가 갖는 원래의 수소결합을 깨뜨린다.

6.23 둘째 자리에 작동인자가 결합하면 단백질의 입체구조적 변화를 야기하고 활성부위의 구조를 변화시켜서 기질이 더 강하게 또는 약하게 결합할 수 있게 된다.

6.24 필요 없음. 효소는 특정한 2차, 3차구조를 가질 수 있어서(원래 입체구조) 효소의 여러 부분에 있는 아미노산 잔기를 한 지역으로 모을 수 있다.

6.25 리보핵산가수분해효소 P의 RNA에는 기질인 tRNA의 결합과 분해를 위한 활성부위를 포함하고 있다.

6.26 생합성 반응에서의 첫 단계가 조절을 받는다. HMG-CoA환원효소(HMG-CoA reductase)는 조절효소이다(1번 반응을 촉매한다).

6.27 **a.** $CH_3CH(=O)$ + NADH + H^+
b. $HOOC-CH_2CH_2-COOH$ + FAD
c. $^-OOCCH_2C(=O)COOH$ + ADP + P_i

6.28 —Ala—COO^- + H_3^+N—Arg—

6.29 **a.** 산화환원반응 **b.** 산화환원반응 **c.** 카르복실화반응

6.30 **a.** 엽록소, ATP **b.** 헴 **c.** 조효소 B_{12}

6.31 a, b, c

7장

복습 문제

199쪽

1. **b.** 없음 **e.** 2
c. 없음 **f.** 1
d. 없음

2. 알데히드기: a, c, e
케톤기: d, f

202쪽

1. 7.2절 앞부분 참조

205쪽

1. **b.** D-크실로오스: (furanose ring with CH_2–OH, OH, OH, OH)

c. D-갈락토오스: 그림 7.29 참조
d. D-세도헵툴로오스: (furanose ring with CH_2OH, HOCH, CH_2OH, HO, OH, OH)

or 6-membered ring

212쪽

1. β

216쪽

1. 글루코오스 잔기 = 6, 아미노산 잔기 = 3.6

222쪽

1. a, b: 그림 7.30 참조

225쪽

1. 그림 7.29, 7.30, 7.31 참조

연습 문제

7.2

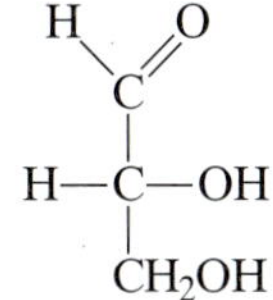

글리세르알데히드

CH_2OH
C=O
CH_2OH

디히드록시아세톤

7.3 (a) 0, (b) 3, (c) 1, (d) 4, (e) 3, (f) 4, (g) 2, (h) 4, (i) 4, (j) 3

7.4 a.
H, O (C=O)
H—C—OH
CH_2OH

b.
CHO
HO—H
HO—H
HO—H
CH_2OH

c.
CHO
HO—H
HO—H
H—OH
H—OH
CH_2OH

7.5

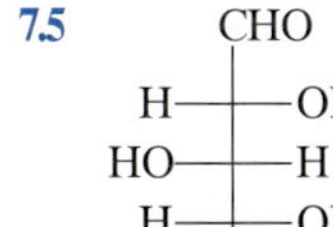

D-글루코오스

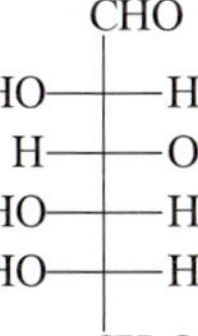

L-글루코오스

7.6 a, b, d, f

7.7 **a.** 알데히드기, 히드록실기
b. 알데히드기, 히드록실기
c. 아세탈기, 히드록실기
d. 아미드기, 아세탈기, 히드록실기
e. 카르복실산, 아세탈기, 히드록실기

7.8 (a) 락토오스, (b) 말토오스, (c) 글리코겐 가지; 구조에 대해서는 그림 7.16과 7.20 참조.

7.9 b, c, f, g

7.10 히드록실기; 아미드기

7.11 (a) 하나 (b) 둘 (c) 하나 (d) 둘 (e) 둘

7.12 **a.** 히드록실기
b. 고리형 헤미케탈
c. 히드록실기

7.13 (a) 리보오스 (b) 수크로오스 (c) 셀룰로오스 (d) 녹말 (e) 히알루론산

7.14

	아밀로오스	글리코겐
a.	식물	동물
b.	에너지 저장	에너지 저장
c.	다당류	다당류
d.	그림 7.19	그림 7.20
e.	$\alpha(1\rightarrow4)$	$\alpha(1\rightarrow4)$
f.	없음	$\alpha(1\rightarrow6)$

7.15 글루코오스, 만노오스, 갈락토오스, *N*-아세틸글루코사민, 시알산

7.16 동물의 면역 작용에 의한 보호와 세포 사이의 인식 기능.

7.17 **a.** 알도오스 – 케토오스 쌍 **b.** 알도오스 – 케토오스 쌍 **c.** 에피머 **d.** 에피머 **e.** 에피머 **f.** 아노머 **g.** 거울상이성질체

7.18 글리세르알데히드와 에리트로오스의 고리형 헤미아세탈 구조는 각각 불안정한 삼각형, 사각형 고리의 생성을 요구한다.

7.19 **a.**

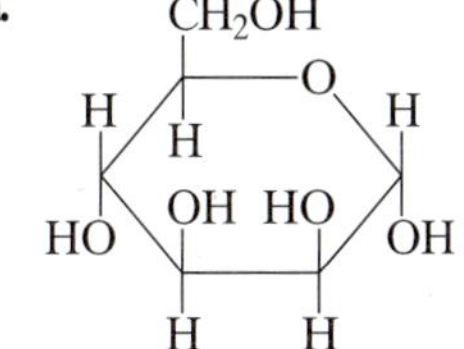

b.
CH_2OP
H, O, H
H
HO, OH, H, OH
H, OH

c.
OH
H_2C, O, H
H, H, H, OH
OH, H

7.20

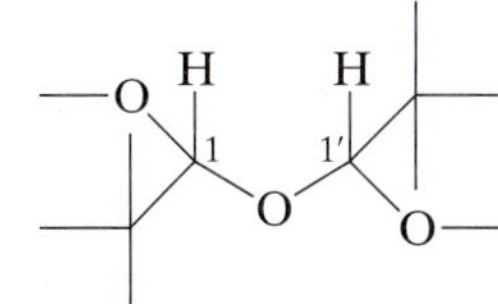

트레할로오스는 비환원당이다.

7.21 **a.** (구조식) + 2 CH_3COOH

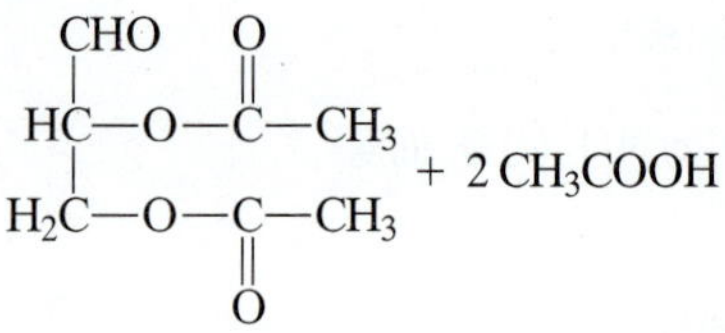

b. (구조식: $CH_2(OH)-CH(OH)-CH_2(OH)$)

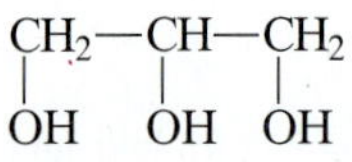

c. COOH / CHOH / CHOH / CH_2OH

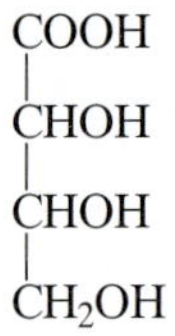

d. (구조식)

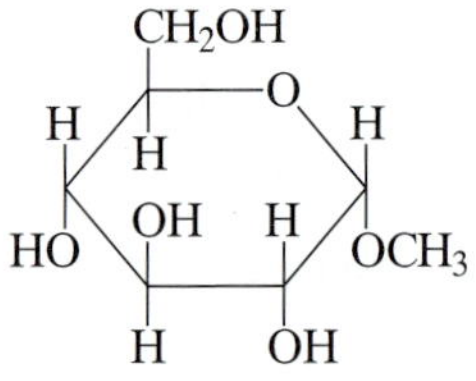

7.22 D-글루코오스. 단당류는 물과 수소결합하는 많은 히드록실기를 가지고 있다. 1-헥사놀(1-hexanol)은 단 한 개의 히드록실기만을 가지고 있다.

7.23 전자가 전달되어 히드록실기가 카르보닐기로 산화되고 $NADP^+$가 NADPH로 환원됨.

7.24 **a.** 셀룰로오스+H_2O ⇌ 유리 글루코오스

b. 녹말+H_2O ⇌ 글루코오스+말토오스

c. 락토오스+H_2O ⇌ 갈락토오스+글루코오스

d. $Fe^{2+} \xrightleftharpoons{[O]} Fe^{3+}$

7.25 당에 있는 많은 히드록실기는 용매인 물과 수소결합을 할 수 있다.

7.26 **a.** (구조식) + ATP ⇌ (구조식) + ADP

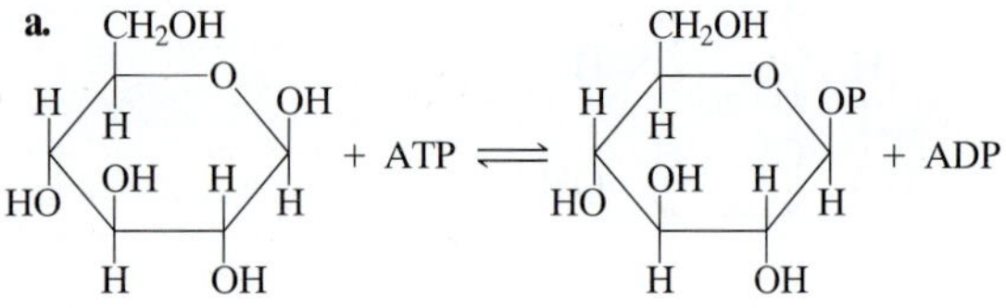

b. 그림 7.16 참조

c. (구조식) ⇌ (구조식)

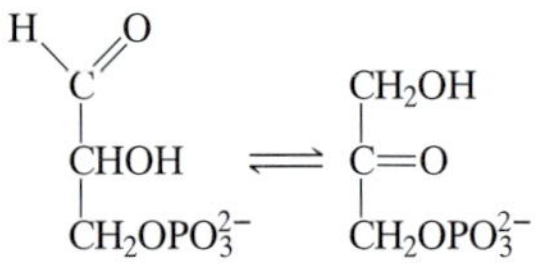

d. CHO / CHOH / CHOH / CHOH / CHOH / CH_2OH + NADH + H^+ ⇌ CH_2OH / CHOH / CHOH / CHOH / CHOH / CH_2OH + NAD^+

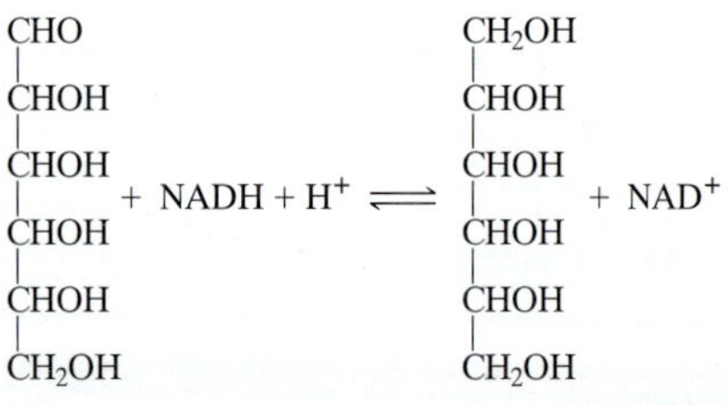

7.27 **a.** 인산화반응 **b.** 가수분해반응 **c.** 이성질화반응 **d.** 산화환원반응

7.28 **a.** 키나아제 **b.** 락타아제 **c.** 이성질화효소 **d.** 탈수소효소

7.29 락토오스를 포함하는 음식을 β-갈락토오스가수분해효소로 전처리. 락토오스를 포함하는 음식을 피하라.

7.30 *pH 1*

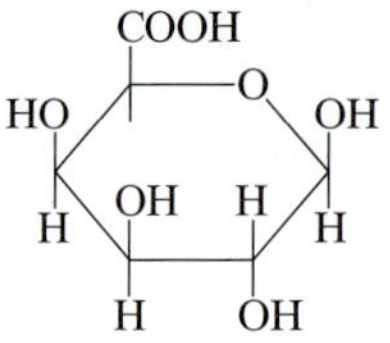

(구조식)

pH 7과 pH 12

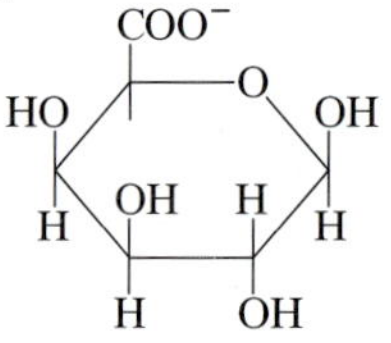

(구조식)

7.31 (구조식)

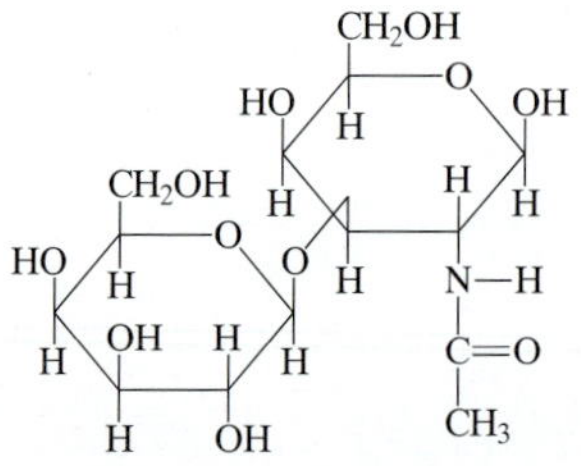

7.32 예를 들어 세린 곁사슬의 히드록실기와 글루코오스의 히드록실기 사이의 수소결합

7.33 (구조식)

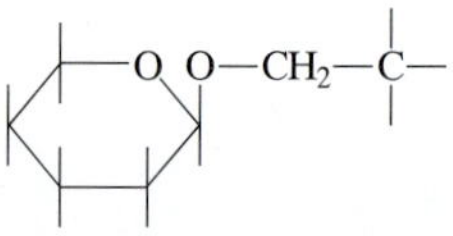

7.34 (구조식)

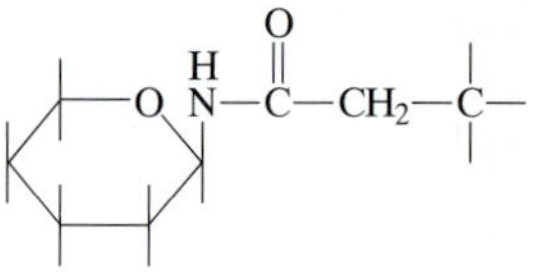

7.35 d

8장

복습 문제

234쪽

1. **a.** 미리스트산: (구조식) COOH

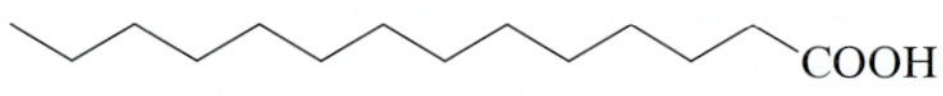

리놀레산: (구조식) COOH

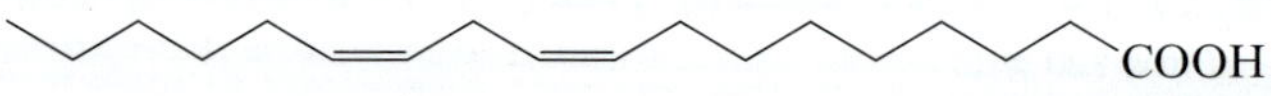

아라키돈산: 그림 8.14 참조

b. 9,12,15-옥타데카트리엔산

c. 에이코산산; 20:0

d. $CH_3CH_2CH{=}CHCH_2CH{=}CHCH_2CH{=}$
$CHCH_2CH{=}CHCH_2CH{=}CH(CH_2)_3COOH$

e. $20{:}1^{\Delta 9}$

237쪽

1.
$CH_2OC(=O)(CH_2)_7CH{=}CH(CH_2)_7CH_3$
$|$
$CHOC(=O)(CH_2)_{12}CH_3$
$|$
$CH_2OC(=O)(CH_2)_{14}CH_3$

247쪽

1. 그림 8.10C 참조; R= $CH_3(CH_2)_{14}CH_2—$

2. 연습 문제 8.8의 답 참조

연습 문제

8.2 a, d, e, h, k

8.3 **b.** $16{:}2^{\Delta 6,9}$, **c.** $20{:}4^{\Delta 5,8,11,14}$

8.4 **a.** $CH_3(CH_2)_4CH{=}CHCH_2CH_2COOH$
b. $CH_3(CH_2)_4CH{=}CHCH_2CH{=}CH(CH_2)_7COOH$
c. $CH_3CH_2CH{=}CHCH_2CH{=}CHCH_2CH{=}CH(CH_2)_7COOH$

8.5 **a.** $CH_3CH_2CH{=}CHCH_2CH{=}CHCH_2CH{=}$
$CHCH_2CH{=}CHCH_2CH{=}CHCH_2CH_2CH_2COOH$
b. $CH_3CH{=}CHCH_2CH{=}CHCH_2CH{=}CHCH_2CH{=}$
$CHCH_2CH{=}CHCH_2CH{=}CH(CH_2)_3COOH$

8.6 **a.** [반응식]
b. $RCOO^-Na^+ + R'COO^-Na^+ + R''COO^-Na^+$ + 글리세롤
c. $CH_3(CH_2)_5CH(Br)—CH(Br)(CH_2)_7COOH$
d. HO, I, I
e. 불포화지방산 사슬의 이중결합에 요오드를 첨가

8.7 비누 분자는 양친매성이다. 즉 이들은 비극성 부위와 극성 부위를 가지고 있다. 수용액에서 비극성 부위는 소수성 상호작용에 의하여 함께 모이는 분자 배열을 함으로써 물을 피할 수 있다.

8.8 담즙염은 양친매성 물질이다. 이들의 비극성 부위는 식이 지방의 비극성 부위와 반응한다. 이들의 극성 부위는 물과 수소결합을 형성하고, 따라서 이들 분자들을 녹게 하여 물속에서 유상액(emulsion)을 형성한다.

8.9 **a.** 트리아실글리세롤의 에스테르결합을 가수분해하여 유리 지방산을 방출시킨다.
b. 아라키돈산 + $O_2 \rightleftharpoons$ 다양한 종류의 프로스타글란딘(그림 8.14 참조)
c. 투과효소는 막을 통한 생체분자의 수송을 증가시키는 단백질이다.

8.10 **a.** pH 1: $CH_3CH_2CH_2COOH$
b, c. pH 7과 pH 12: $CH_3CH_2CH_2COO^-$

8.11 $[CH_2{=}CH(CH_2)_8COO^-]_2Zn^{2+}$
자연에 존재하는 대부분의 단일 불포화지방산은 탄소 5번과 6번 또는 9번과 10번 사이에 탄소-탄소 이중결합을 가지고 있다.

8.12 프로스타글란딘은 5 원자 고리를 가진다. 루코트리엔은 그렇지 않다(그림 8.14 및 8.16 참조)

8.13 카놀라유와 올리브유 같은 기름에 있는 트리아실글리세롤은 상당히 많은 양의 다중불포화지방산을 포함한다. 탄소-탄소 이중결합은 O_2에 의해 쉽게 산화되어, 산패를 유발하는 검고 강한 냄새가 나는 생성물이 형성된다.

8.14 1,2,3-트리아실글리세롤 < 1,3-디아실글리세롤 < 2-모노아실글리세롤 < 글리세롤

8.15 $CH_3(CH_2)_6COOH$

8.16 **a.** $CH_3(CH_2)_{10}COO^-Na^+ + H_2O$
b. $CH_3(CH_2)_{10}COO^-Na^+ + CH_3CH_2OH$
c. $CH_3CH(OH)CH_2COOH$
d. $CH_3CH_2CH_2COOH$

8.17

	극성 머리	비극성 꼬리
a.	—OH 기	탄화수소 골격
b.	$—O—P(=O)(O^-)—O—CH_2CH_2\overset{+}{N}(CH_3)_3$	분자의 나머지 부분
c.		분자의 나머지 부분
d.	글루코오스 또는 다른 탄수화물	분자의 나머지 부분
e.	—OH 기	분자의 나머지 부분

8.18 아스피린은 프로스타글란딘의 세포 내 농도를 감소시킨다. 아라키돈산에 프로스타글란딘 생성효소가 작용하여 형성된 생성물은 열, 염증 그리고 혈액 응고를 유발한다.

8.19 네 가지 지질 모두는 같은 기초 분자인 포스파티드산을 함유한다. 그림 87a 참조

8.20 (a) 고체 (b) 액체 (c) 액체 (d) 고체

8.21 디에틸에테르, 클로로포름, 헥산, 메탄올

8.22 C_2 단위인 아세트산으로부터 합성되기 때문이다.

8.23 소변은 수용성 화합물만을 포함한다.

8.24 a, c, d

8.25 a

8.26 b

8.27 c

8.28 b

8.29 c

8.30 a

8.31 피토스테로이드는 식물세포막의 중요한 성분이다.

8.32 아세트아미노펜은 COX-1 및 COX-2 효소를 억제하지 않는다.

8.33 생화학 들여다보기 8-2 참조

8.34 건강에 가장 유익한 기름은 다중불포화지방산을 가장 많이 포함하는 것이라고 가정해서, 카놀라, 해바라기, 콩, 그리고 옥수수유이다.

9장

복습 문제

265쪽

1. 지질과 연결된 단백질은 단백질의 지방산아실기와 지질 이중층의 지방산아실기 사이의 소수성 상호작용에 의해 고정된다.

267쪽

1. 9.2절 참조

272쪽

1. 9.12절 참조

연습 문제

9.2 a, b, c, d, e, g

9.3 지질 이중층은 단지 소수성 상호작용에 의하여 모인 양친매성의 지질로 구성되어 있다. 유동모자이크모형은 지질과 단백질로 구성되어 있다. 지질은 지질 이중층 구조 내에 존재하지만, 단백질은 이중층에 산재해 있다. 자세한 내용은 9.1절 참조

9.4 9.3절과 그림 9.19 참조.

9.5 a, c, e, f

9.6 K_M은 1/2 V_{max}의 반응속도를 나타내는 기질의 농도로 정의되는 효소의 반응속도상수이다. K_t는 최고 수송 속도의 반의 속도를 나타내는 용질의 농도이다.

9.7 9.2절 참조

9.8 그림 8.9와 그림 9.1 참조

9.9

	극성 머리	비극성 꼬리
a.	—OH기	탄화수소 골격
b.	$-O-\overset{O}{\overset{\Vert}{\underset{O^-}{\underset{\vert}{P}}}}-O-CH_2CH_2\overset{+}{N}(CH_3)_3$	나머지 부분
c.	$-O-\overset{O}{\overset{\Vert}{\underset{O^-}{\underset{\vert}{P}}}}-O-CH_2CH_2\overset{+}{N}(CH_3)_3$	나머지 부분
d.	글루코오스 또는 다른 탄수화물	나머지 부분
e.	—OH기	탄화수소 골격
f.	이노시톨 + 인산 + 탄수화물	나머지 부분

9.10 **a.** 능동수송 **b.** 촉진확산 또는 능동수송 **c.** 단순 또는 촉진확산 **d.** 단순확산 **e.** 능동수송 **f.** 능동수송 **g.** 촉진확산 또는 능동수송 **h.** 촉진확산 또는 능동수송

9.11 c

9.12 a

9.13

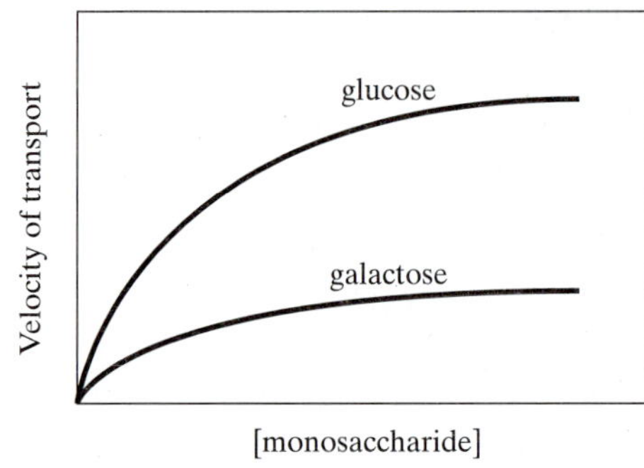

9.16 $K_{수송}$ = 1/2 V_{max} 수송 속도를 나타내는 글루코오스의 농도; $K_{수송}$ = 1.2 mM

9.17 **a.** H_2O는 작아서 막에 있는 지질과 단백질 분자 사이에 끼어들어 갈 수 있으므로 단순확산에 의하여 수송된다. 나트륨 이온은 작지만 하전되어 있으므로 막의 비극성 부위를 통하여 확산될 수 없다.

b. CO_2는 비극성이고 작다. 그러므로 막을 통하여 확산될 수 있다. 탄산수소 이온은 작지만 전하를 가지므로 단순확산에 의하여 수송될 수 없다.

c. NO는 작고 비교적 비극성이다. 아질산염은 하전되어 있다.

d. 글루코오스-6-인산은 많이 하전되어 있어 막을 통하여 수송될 수 없다.

9.18 화합물의 종류는 탄수화물과 스테로이드 골격이다. 두 개의 탄수화물이 배당결합으로 연결되고 또 다른 배당결합에 의해 스테로이드에 연결되어 있다.

10장

복습 문제

288쪽

1. **b.** 2-메틸아데닌, 그림 10.2c 참조

c. 2,6-디아미노퓨린, 연습 문제 10.10d 참조

d. 4-아미노피리미딘,

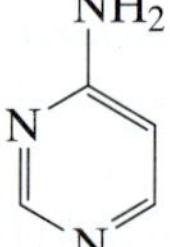

e. 5-브로모우라실, 연습 문제 10.10a 참조

f. 카페인, 생화학 들여다보기 10-1 참조

g. 아데노신-5'-이인산(ADP), 그림 10.6 참조

h. 우리딘, 표 10.1 참조

290쪽

1. A A C T C G A T (구조식: 각 뉴클레오티드가 P로 연결되고, 3' 말단은 OH)

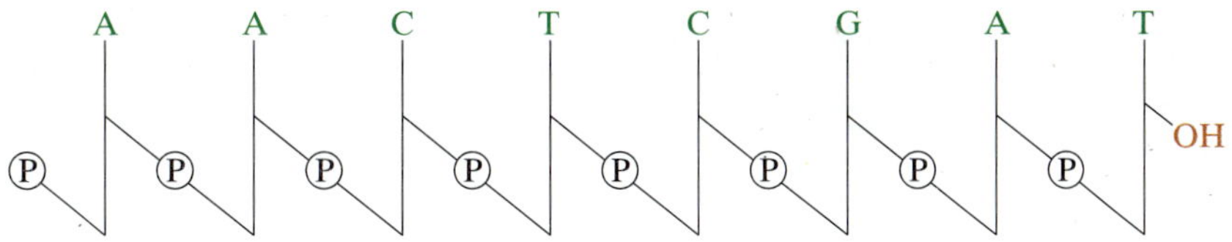

306쪽

1. 5'-dTMP; 5'-dCMP; 5'-dGMP; 5'-dAMP;
2. 5'AGGGC—P + 5' AA
3. 반응 없음

연습 문제

10.2 **a.** (구조식: 티민 염기의 N이 리보스 C1'에 결합, CH_2OP, 2'-H, 3'-OH)

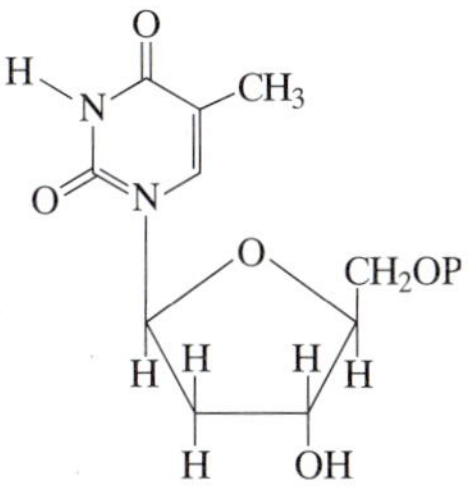

b. (구조식: 구아닌 염기, H_2N, 리보스, CH_2OH, 2'-OH, 3'-OH)

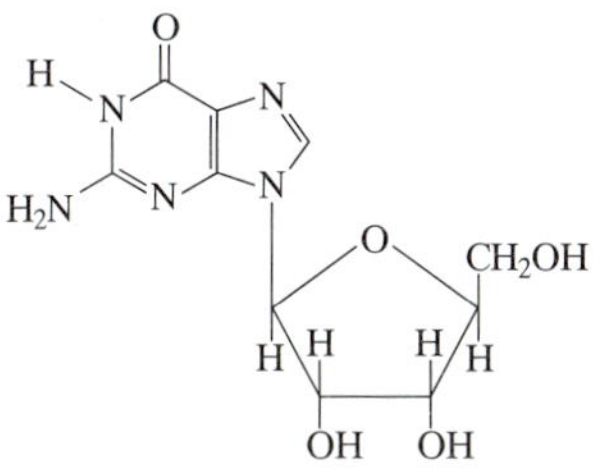

c. (구조식: 우라실 염기, 리보스, $CH_2O—P—O—P$, 2'-OH, 3'-OH)

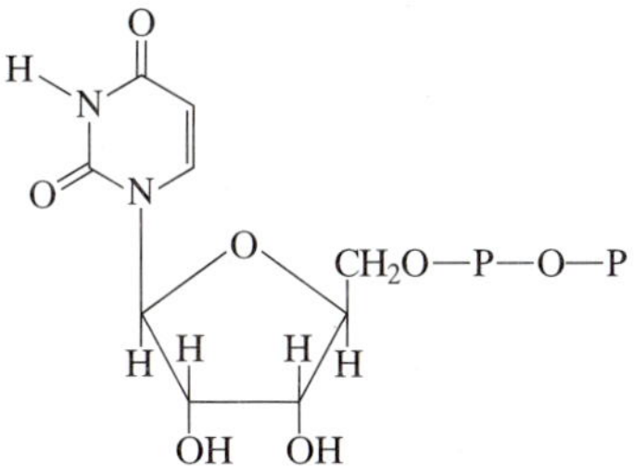

d. (구조식: 아데닌 염기, NH_2, 리보스, $CH_2O—P(=O)O^-$ 가 3'-O와 고리 형성, 2'-H)

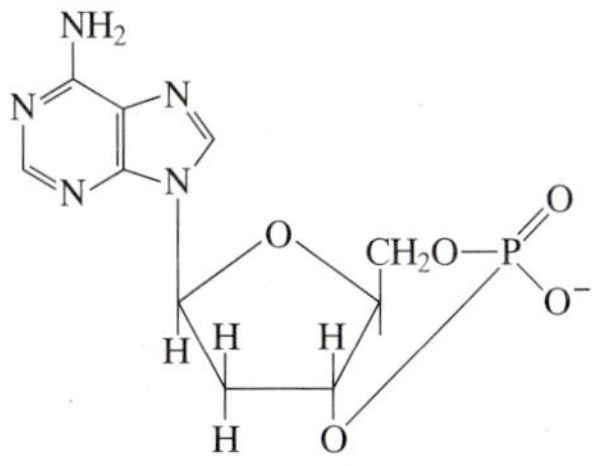

10.3 **a.** 2'-디옥시아데노신
b. 아데노신
c. 2'-디옥시티미딘-5'-일인산
d. 2'-디옥시구아노신-5'-일인산

10.4 **a.** 3' TCGAATGCAGG
b. 3' AUCCAUGAAGC

10.5 3' UACAUGGUCUAU

10.6 (구조식: 5' HO—A—P—G—P—C—P—G—P—T(U)—OH 3'; (b) 화살표는 A와 G 뒤의 인산 결합, (a) 화살표는 C와 G 뒤의 인산 결합을 가리킴)

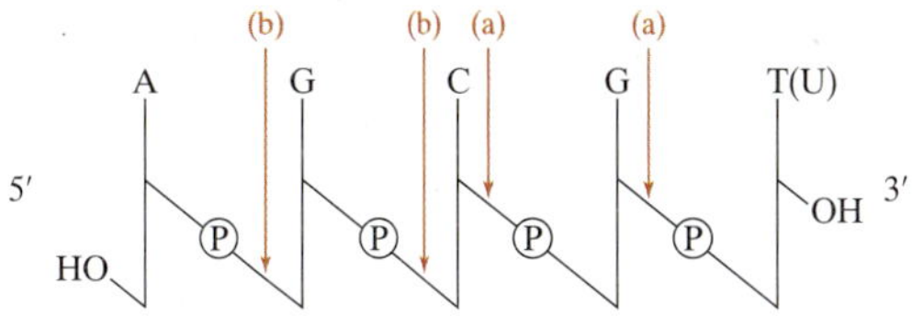

10.7 (구조식: 아데닌(NH_2)–리보스(2'-OH, 3'-OH)–$CH_2—O—P(=O)(O^-)—O^-$) Mg^{2+}

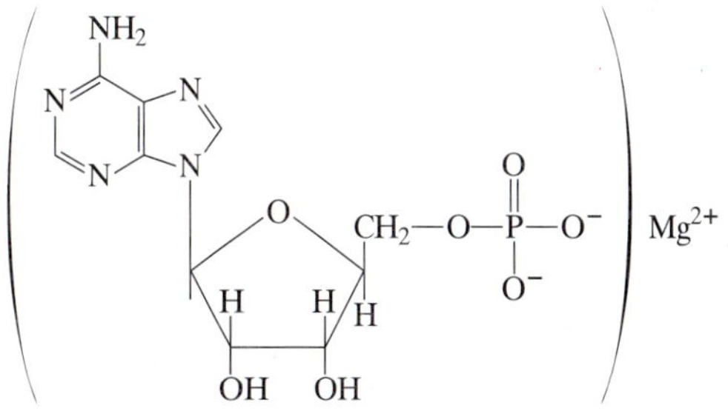

10.8

종류	나선의 방향	나선 회전 당 염기쌍의 수	직경
A	오른손	11	26
B	오른손	10.5	20
Z	왼손	12	18

10.9 1차구조: DNA는 A, T, G, C를, RNA는 A, U, G, C를 갖는다.

2차구조: DNA는 주로 이중나선으로 존재한다. RNA는 단일가닥이며, 자신의 위로 접혀서 짧은 구간에 걸쳐 이중나선 구조를 형성할 수 있다.

3차구조: DNA 이중나선은 초나선DNA로 불리는 더 복잡한 구조로 접혀질 수 있다. 세 가지 종류의 RNA는 머리핀 회전, 이중나선, 내부 루프 및 돌출부 등의 중요한 3차구조를 취할 수 있다.

10.10 **a.** (구조식: 5-브로모우라실, Br)
b. (구조식: 티민, CH_3)
c. (구조식: 2-아미노퓨린, H_2N)
d. (구조식: 2,6-다이아미노퓨린, NH_2, H_2N)

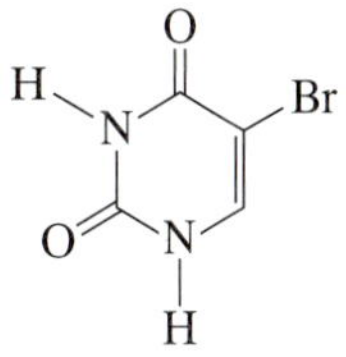

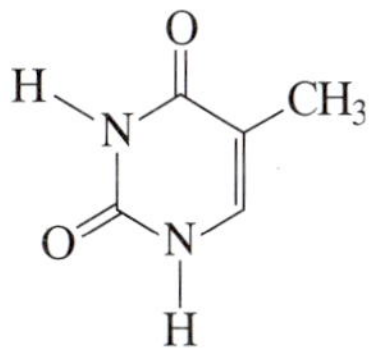

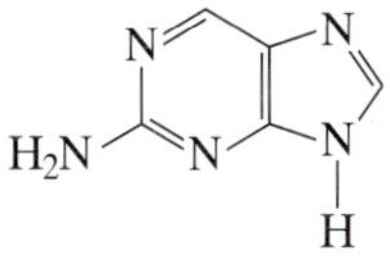

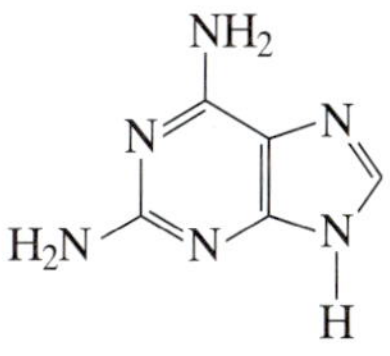

10.11 9개

10.12 제한핵산내부가수분해효소의 인식 부위는 대부분 회전성 대칭을 나타낸다. b는 그러한 대칭을 가지고 있지 않으며 따라서 아마도 제한 인식 부위는 아닐 것이다. a, c, d는 가능한 인식 부위이다.

10.13 **a.**

CHO
H—OH
H—OH
H—OH
CH_2OH

b.

CHO
H—OH
HO—H
H—OH
H—OH
CH_2OH

c.

CHO
H—OH
HO—H
H—OH
H—OH
CH_2OH

10.14 **a.**

OH
H_2C O OH
H H H H
OH OH

b.

OH
H_2C O OH
H H H H
OH H

c.

CH_2OH
H O OH
H
HO OH H H
H OH

10.15 NAD, FAD, 조효소A

10.16 질소염기 < 뉴클레오시드 < 뉴클레오티드 < 이중가닥 DNA < 유전자 < 유전체 < 염색체

10.17

O
H N CH_3
O N
O CH_2OH
H H H H
H
N
N^+
N^-

10.18

NH_2
N
O N
O CH_2OH
H H H H
H H

10.19 a

10.20 b

10.21 c

10.22 a

10.23 b

10.24 **a.** 아데닌 **b.** DNA **c.** 3'-TACG

10.25 시티딘에는 인산기의 결합을 위한 4'-히드록실기가 없다. 히드록실기는 헤미아세탈결합을 통해서 C1'에 결합된다.

10.26

5′ AACT↓CGATTCT↓CGAACCG
3′ TTGAGC↑TAAGAGC↑TTGGC

10.27

DNA	Histone
deoxyribose O O=P—O^- O	$\overset{+}{H_3}N—CH_2$ (Lys)
deoxyribose O O=P—O^- O	H_2N C—CH_2 (Arg) $H_2\overset{+}{N}$

10.28

D → H—N, A → O (C4), A → O (C2), D → N—H

A = acceptor
D = donor

호변이성질체화반응은 상보적 염기쌍 사이의 상호작용을 변화시킬 수 있다. 위의 구조에 있는 몇 개의 원자는 수소결합을 위한 공여체나 수용체일지도 모른다는 것을 상기하라.

10.29 3' TCCCGATTGAGATTC
5' AGGGCTAACTATAAG

10.30 **a.** 이완형 DNA와 초나선DNA의 상호 변환을 촉매함
b. RNA에 있는 포스포디에스테르결합의 가수분해를 촉매함
c. 제한핵산내부가수분해효소는 뉴클레오티드염기 G↓ANTC에 있는 포스포디에스테르결합의 가수분해를 촉매한다.

10.31 GC 염기쌍 사이의 수소결합은 AT 염기쌍 사이의 수소결합보다 강하다.

10.32 a, b, c, d

10.33 이 핵산가수분해효소는 DNA나 RNA의 3' 말단에 작용한다. ϕX174의 DNA는 폐쇄 고리형이므로 유리 3' 말단이 없다.

10.34 **(a) i.** 티민의 N1과 디옥시리보오스의 C1' 사이
ii. 구아닌의 N9와 리보오스의 C1' 사이
iii. 우라실의 N1과 리보오스의 C1' 사이
iv. 아데닌의 N9와 리보오스의 C1' 사이
(b) i. 디옥시리보오스의 C5' 에
ii. 리보오스의 C5' 에
iii. 리보오스의 C3' 와 C5' 에
(c) 고리형 에스테르결합은 오직 d 구조에서 나타난다.

10.35 DNA와 RNA에 있는 염기서열은 마치 정보를 담고 있는 책처럼 단백질의 아미노산서열을 지시하기 위해서 읽혀질 수 있다.

10.36 AZT나 DDC는 RNA나 DNA합성에 있어서 그 다음의 포스포디에스테르결합을 형성하는 데 필요한 3'-히드록실기를 가지고 있지 않다. 그러므로 RNA와 DNA의 신장은 이 지점에서 끝난다.

10.37 a

11장

복습 문제

327쪽

1. 5'AACTTGGA

330쪽

1.

Keto ⇌ Enol

332쪽

1. 시토신은 항상 구아닌과 쌍을 이루며 우라실은 아데닌과 쌍을 이룬다.

연습 문제

11.2

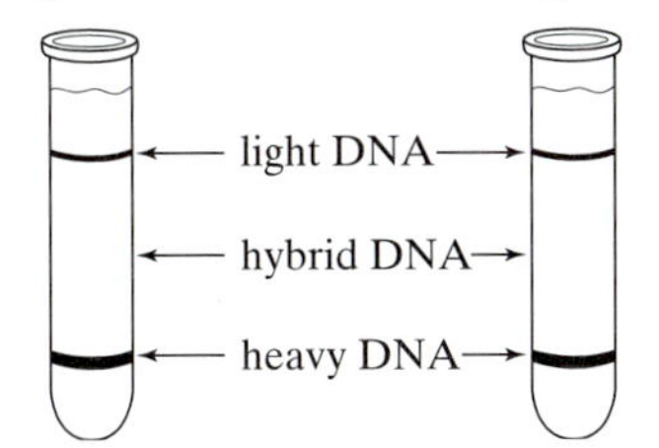

11.3 5' TTCGAAAGGC

11.4 **a.** DNA 이중나선이 풀리는 것을 촉매한다.
b. SSB단백질은 풀린 DNA를 안정화시키고 손상으로부터 보호한다.
c. 한 가닥의 3' 말단에 있는 자유 히드록실기와 다른 가닥의 5'말단에 있는 인산기 사이의 ATP의존성 인산에스테르결합의 형성을 촉매한다.
d. DNA의 선도가닥을 시작하기 위해서 RNA프라이머의 합성을 촉매한다.
e. DNA에 있는 포스포디에스테르결합의 형성을 촉매하는 주된 효소이다.
f. 새로 합성되는 DNA에 있는 잘못을 교정하고 수리하는 역할을 하는 효소이다.

11.5 5' CCGUAUAGC

11.6 5' GCUAUACGG

11.7

	DNA중합효소Ⅲ	**RNA중합효소**
a. 프라이머의 필요성	있음	없음
b. 새 가닥의 신장 방향	5'→3'	5'→3'
c. 교정 판독 기능	3'→5' 핵산말단가수분해	없음
d. 말단 뉴클레오티드의 형태	dNTP	NTP

11.8 **a.** 3' AGT_T **b.** 5' TCA_A **c.** T
d. C **e.** −5, A **f.** +3, T

11.9

	DNA-지시성 RNA합성	**RNA-지시성 RNA합성**
a. 신장효소	RNA중합효소	RNA복제효소
b. 신장 방향	5'→3'	5'→3'
c. 유입 뉴클레오티드 형태	NTPs	NTPs
d. 메커니즘	3'-히드록실기 친핵성 공격	3'-히드록실기 친핵성 공격
e. 교정 기능	없음	없음
f. 주형	DNA	RNA
g. 프라이머의 필요성	없음	없음

11.10 a. **a.** 세포나 생물의 죽음을 초래하는 DNA 뉴클레오티드 서열의 변화
b. 관찰이 가능한 생물학적 영향을 미치지 않는 DNA 뉴클레오티드 서열의 변화
c. 유전적 기능과 대사적 기능을 하는 동안에 일어나는 돌연변이로 보통 복제 시 잘못을 일으킨다.
d. 이온화 방사선, 화학약품 및 자외선 등의 환경 요인에 의해 유발되는 돌연변이

11.11 **a.** 프로모터부위를 인식하고 RNA합성을 시작한다.
b. RNA합성을 끝내는 종결인자로서 작용한다.
c. RNA 내에 새로운 포스포에스테르결합을 형성한다.

11.12 DNA는 일차적으로 유전정보를 저장하며, RNA는 유전정보를 전달한다.

11.13 연속적 복제는 선도가닥 형성하고, 불연속적 복제는 오카자키 단편을 만든다.

11.14 말단소체복원효소는 DNA의 3' 끝에서 특별한 말단의 합성을 촉매한다.

11.15 b, c, d, e, f

11.16 **a.** 알킬화제 **b.** 알킬화제 **c.** 삽입제 **d.** 염기유사체

11.17

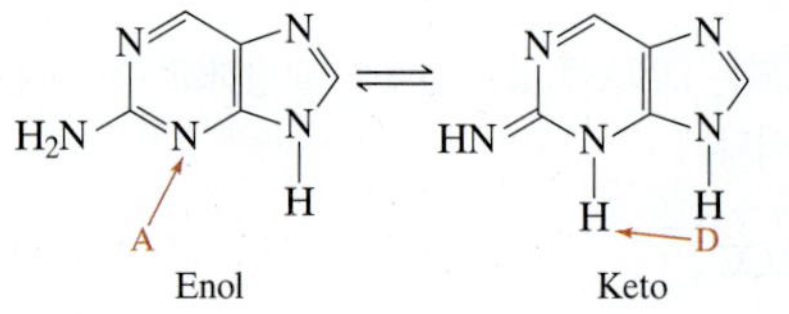

Enol ⇌ Keto

A, D

11.18

NH_2, CH_2OH, OH

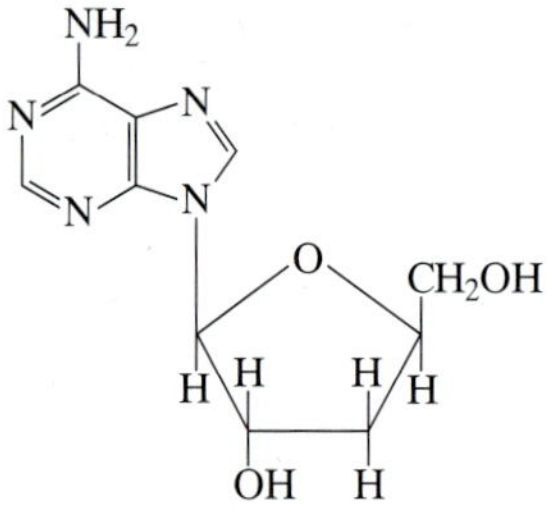

이것은 길어지는 RNA 가닥에 첨가되지만 다른 뉴클레오티드는 첨가될 수 없다. 왜냐하면 3'-히드록실기가 없기 때문이다.

11.19 5-브로모우라실은 티민 유사체이기 때문에 보통 T가 차지할 DNA 자리에 도입된다. 5-브로모우라실은 케토형과 에놀형 호변이성질체로 존재할 수 있다. 에놀형은 A 대신에 G와 쌍을 이룬다.

11.20 DNA의 T와 RNA의 U를 제외하고는 똑 같다.

11.21 자연발생돌연변이: a, d
유도돌연변이: b, c, e

11.22 그림 10.5 참조. AZT는 길어지는 DNA 가닥의 3' 말단에 도입된다. 3'-아지도기가 다음 포스포에스테르결합을 형성할 수 없기 때문에 신장이 중단된다.

11.23 **a.** DNA primer

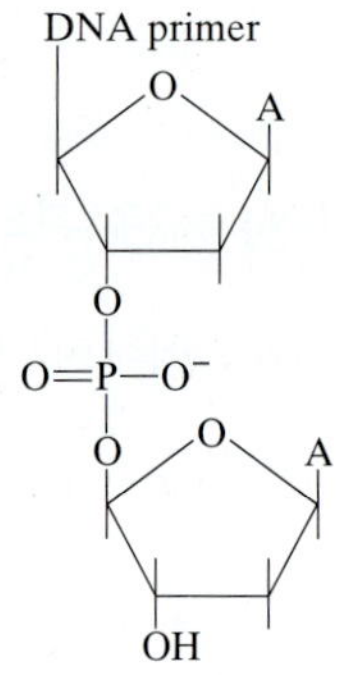

b. $2P_i$
c. H · + · OH

11.24 에임스검사는 특별한 세균 균주에서 화학적 화합물의 돌연변이유발 가능성을 평가한다. 실제로 극소수의 화합물이 이 시험을 통해서 돌연변이원으로 판명된다. 그러나 에임스검사에서 양성 반응을 보이는 화합물의 90%가 동물 실험에서 발암 물질로 판명된다. 돌연변이 과정과 발암 과정이 서로 강한 상관관계를 갖기때문에, 화학약품을 시험하는 데 시간과 돈을 절약할 수 있다.

11.25 b, c, d, f, g, h

11.26 전사하는 중에 새로운 RNA 가닥이 DNA와 혼성체를 형성한다. 이 두 가지의 핵산은 특정한 염기쌍에 의해 붙어 있다.

DNA	RNA
G	C
A	U
T	A
C	G

이 염기들은 서로 비공유결합성 수소결합에 의해 붙어 있다.

11.27 c, d, e, f

11.28 11장 11.2절 참조.

11.29 단일가닥의 RNA 분자는 스스로 접혀질 수 있으며, 염기쌍 부위에 있는 수소결합으로 인하여 머리핀 회전이 형성된다.

11.30 이것은 부정확한 말이다. 에임스검사에서 양성 반응이 나타난 화학약품의 90%는 동물 실험에서 발암 물질로 판명된다.

11.31 b

11.32 a, c, d, e, b. 그림 11.10 참조

11.33 c. 그림 11.12 참조

11.34 a, b, c, d. 그림 11.22 참조

11.35 a, b, d.

12장

복습 문제

360쪽

1. Met-Phe-Asn-Lys

366쪽

1. 6.5절과 6.6절 참조

367쪽

1. 디펩티드의 합성에는 8개의 인산무수결합이 필요하다(표 12.3 참조).

384쪽

1. 비공유

연습 문제

12.2 **a.** Phe-Leu-Asp-Arg-Val
b. Gly-Gly-Val-Ser-Cys

12.3 5' C-A-U-A-A-U-C-C-U
그렇다. 유전암호는 퇴화되어 있다. 즉 어떤 아미노산은 두 개 이상의 삼중암호 염기로 지정된다. 그림 2.7 참조

12.4	나선-회전-나선	아연집게(zinc finger)
a. 아미노산 조성	회전 시 글리신	시스테인, 히스티딘
b. 아미노산 잔기 수	20	30
c. 아미노산서열	규칙적 서열이 없음	그림 12.20 참조
d. α-나선, β-시트, 회전의 존재	두 개의 α-나선, β-회전	알려져 있지 않음
e. 금속이온의 존재	없음	Zn

12.5 리보솜-mRNA 복합체의 두 자리는 단백질이 합성될 때에 폴리펩티드 사슬의 중간체가 결합한다. 그림 12.5 참조

12.6 **a.** Met-Leu-Thr-Ser-Gly-Arg-Ser
b. Met-Ser-Leu-Gln-Gly-Gln

12.7 c

12.8 **a.** 세포의 단백질을 합성하는 분자 복합체
b. mRNA 상의 3개의 뉴클레오티드염기서열로 tRNA의 안티코돈과 상호작용하여 폴리펩티드 내로 특정한 아미노산이 도입될 수 있도록 한다.
c. tRNA 상의 3개의 염기서열로 mRNA 상의 상보적인 삼중암호 코돈과 결합한다.
d. 아미노산과 그에 상응하는 tRNA의 결합을 촉매하는 효소
e. 단백질합성에서 펩티드결합을 촉매하는 효소

12.9 b, d

12.10 (a) ATP, (b) ATP → AMP + PP_i, (c) 아미노아실아데닐산

12.11 구성유전자는 일반적인 세포 유지와 대사를 위하여 항상 필요한 단백질 산물을 암호화한다. 유도성 유전자는 특정 mRNA와 단백질의 양을 증가시키기 위해서 분자신호에 의해서 활성화되는 유전자이다.

12.12 b, d, e

12.13 a, b, c, d

12.14 c, e

12.15 12.4절 참조

12.16 각 아미노산이 폴리펩티드 내로 도입되기 위해서는 평균 4개의 무수인산결합이 분해된다. 그러므로 300 아미노산×4개의 무수인산결합 = 1200 무수인산결합

12.17 c, d, e, f

12.18 그림 12.18 참조

12.19 **a.** 아미노산 + tRNA + ATP $\rightleftharpoons$ 아미노아실-tRNA + AMP + PP_i
b. 단백질합성에서 펩티드결합의 형성을 촉매하는 RNA 효소
c. $\underset{\text{RNA}}{\text{NTP} + (\text{NMP})_n} \xrightarrow{\text{DNA template}} \underset{\text{lengthened RNA}}{(\text{NMP})_{n+1}} + \text{PP}_i$

12.20 아니다. mRNA에는 단지 4종류의 서로 다른 뉴클레오티드염기만이 존재한다. 단지 4종류의 아미노산만이 암호화될 수 있다.

12.21 금속은 메탈로티오네인이라는 단백질에 저장되어 해독된다. 이 단백질은 시스테인 잔기가 풍부하다. 금속이온은 배위 공유결합에 의해 황원자와 결합한다.

12.22 **a.** 아미드 또는 펩티드
b. 포스포디에스테르
c. 에스테르
d. 포스포디에스테르
e. 수소결합

12.23 하나의 mRNA로부터 여러 개의 단백질을 만들 수 있다. mRNA는 불안정하여서 세포내에서 수명이 짧기 때문에 대단히 중요하다.

12.24 리신과 프롤린은 단백질합성 단계에서 폴리펩티드 내로 도입된다. 번역후변형에서 이 들 아미노산 곁가지에 히드록실기가 첨가된다.

12.25 만약에 네 개의 암호문자(A, T, G, C)가 두 개씩 한 조로 배열한다면, $4^2 = 16$이므로 16개의 서로 다른 조합이 가능하다. 이것은 단백질에서 발견되는 20가지의 서로 다른 아미노산을 암호화할 수 없게 된다.

12.26 **a.** —NHCH(C=O)— with side chain CH_2—OPO_3^{2-}
b. —NHCH(C=O)— with side chain CH_2—(benzene ring)—OPO_3^{2-}

12.27 코돈의 세 염기가 적절한 안티코돈의 세 염기와 수소결합하여 염기쌍을 형성한다.

12.28 생물학적으로 변형되는 아미노산은 티로신, 리신, 프롤린, 세린 그리고 트레오닌이다.

12.29 유비퀴틴의 카르복실말단이 표적 단백질의 리신 잔기의 ε-아미노기에 아미드결합을 통해서 결합된다.

12.30 12.4절 참조

12.31 b, d, f, h, i

13장

복습 문제

393쪽

1. **a.** 인산디에스테르 결합
b. 물
c. 가수분해효소

397쪽

1. **a.** 인산디에스테르 결합
b. ATP
c. 연결효소

연습 문제

13.2 3'-OH와 5'-PO_3^{2-}가 요구된다. 따라서 (a)만 틈이 메워질 수 있다.

13.3 mRNA 3'-ACAATAAAAGUUTTAACAGGAGCACC

13.4 회문성 구조만 제한효소가 절단할 수 있으므로 c 부위만이 가능하다.

13.5 엄격복제 플라스미드는 세균 세포 내에 단지 몇 개의 사본으로 존재하나 이완복제 플라스미드는 많은 수로 존재한다.

13.6 a, b, d, f, i

13.7 **a.** 특정한 뉴클레오티드 서열에서 포스포에스테르결합의 가수분해에 의하여 DNA를 절단한다.
b. 단일가닥 또는 이중가닥 DNA의 3' 히드록실기에 디옥시리보뉴클레오티드를 첨가하는 효소. 동질중합체 꼬리를 첨가하는 데 사용된다.
c. 높은 온도(72℃)에서 DNA합성을 촉매한다. PCR에 이용된다.
d. DNA의 3' 말단과 5' 말단을 연결한다.

13.8 많은 플라스미드는 이완된 형태로 복제되어 숙주세포 내에 많은 수로 존재하게 된다. 플라스미드에 삽입된 DNA의 존재를 쉽게 탐지할 수 있다. 가장 큰 단점은 큰 크기의 진핵생물의 DNA 단편이 삽입될 수 없다는 점이다.

13.9

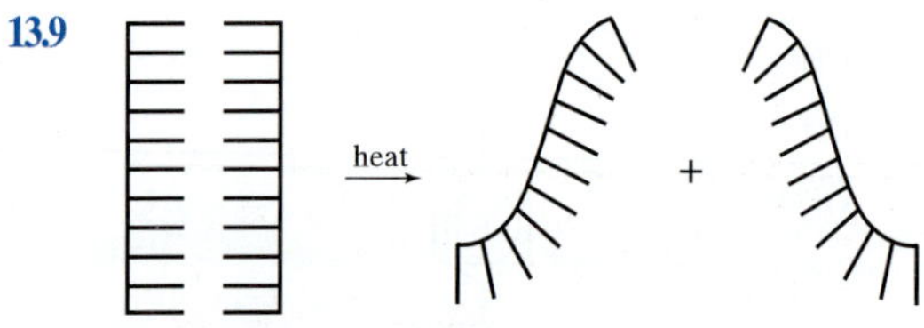

13.10 **a.** 3' GAACTTTCACAACCA
b. 3' GAACTTCGACAACCA

13.12 유전병은 세균이나 바이러스 감염에 의해 발생하는 것이 아니므로 전염성이 없다. 유전병은 접촉에 의해 전염될 수 없는 유전적 결함에 의해 발생한다.

13.13 a, c, d

13.14 c

13.15 유사점: 둘 다 포스포디에스테르결합을 가수분해시킨다.
차이점: 핵산가수분해효소에는 핵산말단가수분해효소와 핵산내부가수분해효소의 두 종류가 있다. 제한효소는 언제나 핵산내부가수분해효소이나 다른 핵산가수분해효소는 이 둘 중 한 종류이다. 제한효소는 보통 염기서열 특이성을 보인다. 핵산가수분해효소는 특이성에 있어서 다양한데, 어떤 것은 모든 포스포디에스테르결합에 작용하나 또 어떤 것은 특정한 종류의 결합에만 작용한다.

13.16 b

13.17 c

13.18 G3' 5' C—T—T—A—A
5' A—A—T—T—C 3'G

13.19
G–A–A–T–T–C–[Section A]–G A–A–T–T–C
C–T–T–A–A G–[Section A]–C–T–T–A–A G

13.20
G–A–A–T–T–C–[Section A]–G A–A–T–T–C
C–T–T–A–A G–[Section A]–C–T–T–A–A G

13.21 3' UAACCAUGUU

13.22 AUG는 첫째 아미노산인 *N*-포르밀메티오닌을 지정하는 코돈이다. AUG 코돈의 상류에는 반드시 프로모터부위가 존재하여야한다. 이 프로모터는 유전자의 전사에 필요한 20~200 bp 정도의 부위이다. 프로모터부위 안에는 −10 염기 위치에 TATAAT의 서열이 있으며 −35 염기 위치에는 TTAACA가 존재한다.

13.23 (a) 1, (b) 1, (c) 7, (d) 10

13.24 반응 온도를 높이면 DNA중합반응의 속도가 증가한다.

14장

복습 문제

424쪽

1. 인산에스테르 결합. 인산에스테르 결합은 산과 히드록실기 사이의 반응에 의해 만들어진다. 인산무수결합은 두 개의 산 분자 사이의 반응에 의해 만들어진다. 인산무수결합은 더 많은 위치에너지를 가지고 있다(표 14.6 참조).

427쪽

1. 3단계

434쪽

1. **a.** 산화환원 **b.** 가수분해 **c.** 산화환원
d. ATP의 에너지를 사용한 결합 형성
e. 가수분해와 연이은 산화환원

439쪽

1. **a.** 에너지방출성 **b.** 에너지방출성

연습 문제

14.2 **a.** 산화환원
b. 이성질화반응과 재배치
c. 기전달반응
d. 가수분해반응
e. 비가수분해반응
f. ATP 에너지를 이용한 결합 형성

14.3 **a.** 탈수소효소
b. 이성질화효소
c. 전달효소
d. 가수분해효소
e. 분해효소
f. 연결효소

14.4 맞음: a, d
틀림: b, 물질대사의 단계 Ⅲ은 자발적이다. 그러므로 이 과정의 $\Delta G^{\circ\prime}$는 음의 값이다. c, 단백질, 녹말, 트리아실글리세롤 등 저장 분자들의 가수분해는 이화작용의 첫 단계이다.

14.5 이화작용: 에너지방출, 반응의 수렴, 산화반응, ATP 생성, 분해

14.6 $\Delta G°' = -64.1$ kJ/mol

14.7 a. 2 b. 1 c. 0 d. 1 e. 1 f. 0 g. 0 h. 0 i. 1

14.8 a. 2
b. 포스포에스테르
c. Mg^{2+}와 복합
d. *N*-글리코시드

14.9 a. NAD^+ b. CH_3CH_2OH

14.10 a. 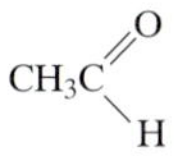 $CH_3C(=O)H$ b. $NADH + H^+$

14.11 $^-O-P(=O)(O^-)-OH \longleftrightarrow O{=}P(O^-)(O^-)-OH \longleftrightarrow {^-O}-P(O^-)(=O)-OH$

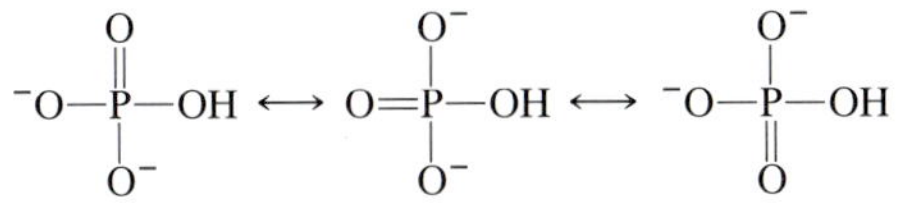

14.12 이들 생체분자 모두 아데닌 구조를 포함하고 있다.

14.13

	표준 조건	정상적 세포 조건
온도	25	변화
압력	1 기압	1 기압
농도	반응물과 생성물의 농도 1*M*	대사물질의 농도는 변함

14.14 독립영양생물: CO_2의 형태로 공급되는 무기탄소로부터 생물체가 필요로 하는 모든 유기 화학물질들을 합성할 수 있다.
종속영양생물: 다른 유기 화합물로부터 유기화학 물질들을 합성하여야 한다.

14.15 $\Delta G°'$ = 표준상태와 pH 7.0에서의 표준자유에너지변화
$\Delta G°'$ = 표준상태에서의 표준자유에너지변화

14.16 $^-O-P(=O)(O^-)-O-P(=O)(O^-)-O^- \longleftrightarrow O{=}P(O^-)(O^-)-O-P(=O)(O^-)-O^- \longleftrightarrow$
$^-O-P(O^-)(=O)-O-P(=O)(O^-)-O^-$ etc.

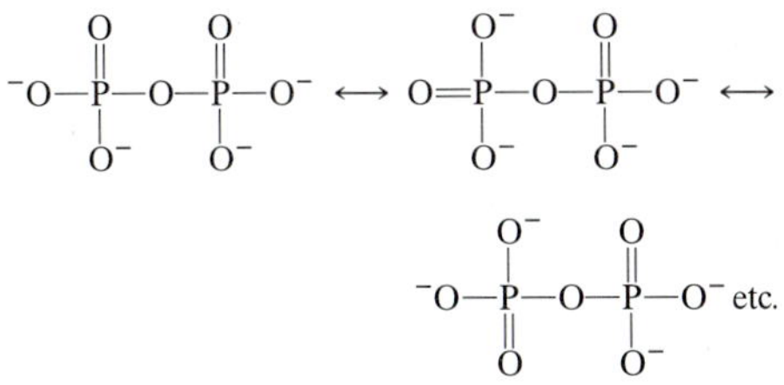

14.17 그림 14.13b 참조

14.18 $CH_3CH_3 < CH_2=CH_2 < CH_3CH_2OH < CH_3C(=O)H < CH_3COOH <$ (COOH–COOH) $< CO_2$
(least oxidized) … (most oxidized)

14.19 $K'_{eq} = 19$; $\Delta G°' = -7.3$ kJ/mol
이 반응은 쓰인 방향으로 열역학적으로 유리한 반응이다.

14.20 (최저) AMP ≈ 2,3-BPG < ADP ≈ ATP < 1,3-BPG < PEP (최고)

14.21 a. 오른쪽으로 b. 오른쪽으로 c. 오른쪽으로 d. 왼쪽으로 e. 오른쪽으로

14.22 $K_{eq} = 1$; $\Delta G°' = 0$
이 반응은 평형상태에 있다. 양쪽 방향으로의 속도가 같다. 에너지는 방출되지 않는다.

14.23 아세틸-CoA 이후에는 같은 반응들을 이용한다. 이는 이화작용을 위하여 에너지가 덜 필요하고 필요한 물질의 수도 작아진다는 것을 의미한다.

14.24 a. $K_{eq} = 851$
b. $K_{eq} = \dfrac{[\text{glucose 6-phosphate}][\text{ADP}]}{[\text{glucose}][\text{ADP}]}$
c. 85.1

14.25 a. $RCOOH + CH_3OH$
b. $RCOOH + NH_3$
c. $RCOOH + H_2N-CHR'COOH$
d. $CH_2(OH)CH_2CH_2COOH$
e. $CH_2(NH_2)CH_2CH_2COOH$

14.26 청사진(방향): DNA
재료: 지방, 단백질, 탄수화물 형태의 음식
에너지: ATP 회로; ATP 형태로 에너지를 전달하는 음식물의 산화; 생합성, 이동 등에 ATP 사용

14.27 a. 글루코오스-6-인산으로부터 H2O로의 인산기전달
b. 이 반응은 쓰인 대로 오른쪽으로 진행될 것이다.
c. 효소는 반응의 $\Delta G°'$에 아무 영향도 주지 못하므로 답은 −13.7 kJ/mol이다. 효소는 반응이 평형에 더 빨리 도달하도록 도와준다.

14.28 광합성의 과정인 $CO_2 \rightarrow$ 글루코오스는 환원 과정이다. 글루코오스에 있는 대부분의 탄소와 산소는 알코올 산화 단계 $-CH(OH)-CH(OH)-$ 에 있는 것을 주목하기 바란다. 알데히드의 탄소 $-C(=O)-H$ 도 O=C=O와 비교하면 글루코오스에서는 환원되어 있다. 광합성에 환원제(NADPH)가 필요함을 주목하라.

14.29 $COO^- - CH_2 - N(CH_3) - C(=NH_2^+) - NH_2$
크레아틴

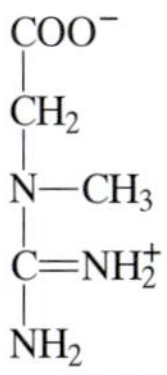

14.30 글루코오스 이화작용의 전체 과정은 산화 과정이다. 글루코오스의 $-\underset{\text{OH}}{\underset{|}{\text{C}}}-$ 와 $-\underset{\text{O}}{\underset{\|}{\text{C}}}-\text{H}$ 에 있는 탄소는 산화되어 O=C=O가 된다. 반응들은 NADH의 생성과 짝지어져 있다.

14.31 $K'_{eq} = 2.2 \times 10^5$

14.32 **a.** $RCOOH + CH_3-SH$; 1보다 크다.
b. $ADP + HPO_4^{2-}$; 1보다 크다.
c. 글루코오스-6-인산 + ADP; 1보다 크다.

14.33 이화작용: a, b, d
동화작용: c, e, f

14.34 d, e, f

14.35 포스포에놀피루브산: 인산에스테르 결합
1,3-비스포스포글리세르산: 탄소1 – 혼합형 무수결합; 탄소3 – 인산에스테르 결합
포스포크레아틴: 인-질소 결합(20.2절)
ATP: 인산무수결합
ADP: 인산무수결합
글루코오스-1-인산: 아세탈의 히드록실기에 인산에스테르결합
글루코오스-6-인산: 인산에스테르결합
글리세롤-1-인산: 인산에스테르결합

15장

복습 문제

454쪽

1. **a.** 글루코오스 + 2ATP $\rightleftharpoons$ 프룩토오스-1,6-비스인산 + 2ADP
b. 글루코오스 + 2ATP + 2Pi + 2NAD^+ $\rightleftharpoons$ 2 1,3-BPG + 2NADH + $2H^+$
c. 글루코오스-6-인산 + ATP $\rightleftharpoons$ 2글리세르알데히드-3-인산 + ADP

455쪽

1. **a.** −18.8 kJ/mol;
b. −31.4 kJ/mol;
c. 두 반응 모두 오른쪽으로 진행

458쪽

1. **a, b, c.** 그림 15.3참조

462쪽

1. 글루코오스 → 피루브산 → 아세트알데히드 → 에탄올

468쪽

1. 글리세롤키나아제, 글리세롤-3-인산 탈수소효소, 3탄당인산이성질화효소, 알돌라아제 등

473쪽

1. 15.4절 참조

477쪽

1. 15.5절 참조

연습 문제

15.2 **a.** 비가수분해반응
b. ATP 에너지를 사용한 결합 형성
c. 가수분해반응
d. 비가수분해반응

15.3 락트산 → 피루브산 → PEP → 글리세르알데히드-3-인산 → 글루코오스
그림 15.8 참조

15.4 글루코오스 → 글루코오스-6-인산 → 프룩토오스-6-인산
글루코오스 → 글루코오스-6-인산 → 글루코오스-1-인산 → UDP-글루코오스
UDP-글루코오스 + 프룩토오스-6-인산 → 수크로오스-6-인산
수크로오스-6-인산 + H_2O → 수크로오스

15.5 c, e, f

15.6 **a.** 프룩토오스-6-인산 + ATP $\rightleftharpoons$ 프룩토오스-1,6-비스인산 + ADP
b. UDP-갈락토오스 + 글루코오스 $\rightleftharpoons$ 락토오스 + UDP
c. 녹말 + H_2O $\rightleftharpoons$ 글루코오스
d. 글리세롤 + ATP $\rightleftharpoons$ 글리세롤-3-인산 + ADP
e. 글리세롤-3-인산 + NAD^+ $\rightleftharpoons$ 디히드록시아세톤인산 + NADH + H^+
f. UDP-갈락토오스 + 글루코오스 $\rightleftharpoons$ 락토오스 + UDP

15.7 세 가지의 다당류 모두 글루코오스로만 형성되어 있다. 하지만 각 결합의 형태는 모두 다르다. 표 8.3 참조

15.8 **a.** 글루코오스-6-인산
b. 프룩토오스-6-인산
c. 만노오스-6-인산

15.9 (a) ATP (b) 글루코오스-6-인산 (c) ATP

15.10 (a) 억제 (b) 억제 (c) 촉진

15.11

	해당과정	글루코오스신생합성
a. 시작 기질	글루코오스, 기디 탄수화물	피루브산, 락트산, 글리세롤
b. 에너지 요구	2 ATP 생성	4 ATP, 2 GTP 사용
c. NAD^+/NADH	2 NADH 생성	2 NAD^+ 생성

15.12 글루코오스 + ATP $\rightleftharpoons$ 글루코오스-6-인산 + ADP
프룩토오스-6-인산 + ATP $\rightleftharpoons$ 프룩토오스-1,6-비스인산 + ADP
PEP + ADP $\rightleftharpoons$ 피루브산 + ATP

15.13 **a.** 유리 비변형 글루코오스
b. 유리 비변형 글루코오스
c. 글루코오스-1-인산
d. 유리 비변형 글루코오스

15.14 효모: 피루브산 → 아세트알데히드 + CO_2 → 에탄올
사람의 근육: 피루브산 → 락트산

15.15 혈당은 글루코오스이다.

15.16 c

15.17 a

15.18 **a.** NADH **b.** 피루브산 **c.** NADH **d.** 피루브산

15.19 15.4절 참조. 헥소키나아제, 포스포글루코뮤타아제, UDP-글루코오스피로가인산분해효소, 글리코겐생성효소

15.20 **a.** 글루코오스-1-인산 + 3ADP + $2P_i$ + $2NAD^+$ → 2피루브산 + 3ATP + 2NADH + $2H^+$ + $2H_2O$
b. 글리세르알데히드-3-인산 + 2ADP + P_i → 락트산 + 2ATP + H_2O
c. 글리세롤 + ADP + P_i + 2 NAD^+ → 피루브산 + ATP + 2NADH + $2H^+$ H_2O
d. 피루브산 + NADH + H^+ → 에탄올 + CO_2 + NAD^+

15.21 글루코오스 + ATP $\xrightleftharpoons{\text{헥소키나아제}}$ 글루코오스-6-인산 + ADP
글루코오스-6-인산 + H_2O $\xrightleftharpoons{\text{글루코오스-6-인산가수분해효소}}$ 글루코오스 + P_i

15.22 글루코오스 → 글루코오스-6-P → 글루코오스-6-P ← 프룩토오스
글루코오스-6-P → 프룩토오스-1,6-BP
프룩토오스-1,6-BP → DHAP ⇌ 글리세르알데히드-3-P
글리세르알데히드-3-P → 1,3-BPG → 3-PG → PEP
PEP → 피루브산 → 아세트알데히드 → 에탄올

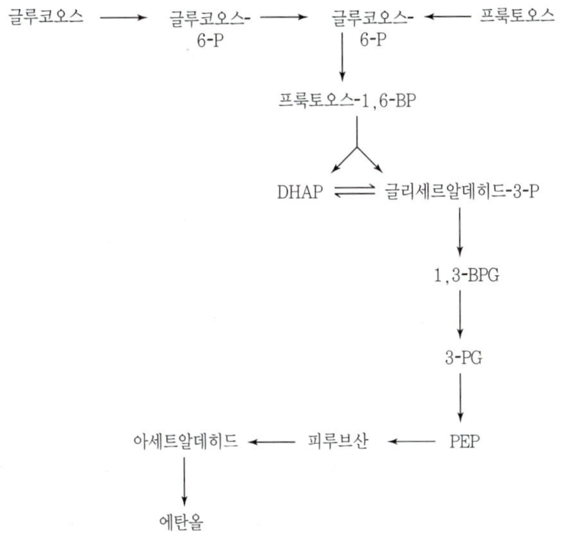

15.23 말토오스 + 4ADP + $4P_i$ + $4NAD^+$ → 4피루브산 + 4ATP + 4NADH + $4H^+$ + $3H_2O$

15.24 락토오스 분해에 의해 유도된 글루코오스는 해당과정에 의해 피루브산으로 산화된다. 피루브산은 락트산으로 전환된다. 갈락토오스는 글루코오스-6-인산(그림 15.3 참조)으로 전환되고 이것은 락트산으로 바뀌게 된다.

15.25 **a.** 피루브산 분자의 반은 메틸 탄소에 ^{14}C로 표지될 것이다.
b. 피루브산의 카르복실 탄소(C1)가 ^{14}C로 표지된다.
c. 피루브산의 카르보닐 탄소(C2)가 ^{14}C로 표지된다.

15.26 피루브산의 카르복실 탄소에 ^{14}C가 나타난다.

15.27 글루코오스에서 방사능으로 표지된 탄소는 발견되지 않는다.

15.28 글루코오스 + 2ATP + H_2O + 글리코겐$_n$ → 글리코겐$_{n+1}$ + 2ADP + $2P_i$
따라서 2개의 인산무수결합이 필요하다.

15.29 글루코오스 + 2ADP + $2P_i$ + $2NAD^+$ → 2피루브산 + 2ATP + 2NADH + $2H_2O$ + $2H^+$
글루코오스 + 2ADP + $2P_i$ → 2락트산 + 2ATP + $2H_2O$

	해당과정	발효
a. 시작 기질	글루코오스	글루코오스
b. 최종 생산물	피루브산	락트산
c. ATP 수득률	+2	+2
d. NADH 수득률	+2	0

15.30 2글리세롤 → 2글리세롤-3-인산 → DHAP → 글리세르알데히드-3-인산
글리세르알데히드-3-인산 + DHAP → 프룩토오스-1,6-비스인산 → 프룩토오스-6-인산 → 글루코오스-6-인산 → 글루코오스

15.31 인산기가 C1에 결합되면 무수결합이 되고, C3에 결합되면 포스포에스테르결합이 된다. (표 14.6을 참조)

15.32 락트산 → PEP
락트산 + NAD^+ + ATP + GTP + H_2O ⇌ PEP + GDP + ADP + P_i + NADH + H^+
피루브산 → PEP
피루브산 + ATP + GTP + H_2O ⇌ PEP + ADP + GDP + P_i

15.33 $\Delta G^{\circ\prime} = -16.7$ kJ/mol

15.34 **a.**

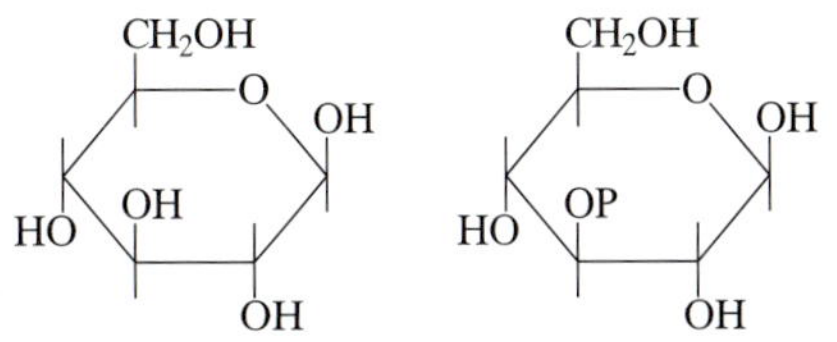

b. 인산기는 3번과 6번 위치에서 모두 포스포에스테르결합으로 유지된다. 따라서 에너지는 같을 것이다.

15.35 c

15.36 그림 15.3참조

15.37 그림 15.9참조

15.38 락트산탈수소효소, 피루브산카르복실화효소, PEP카르복시키나아제(그림 15.8 참조)

15.39 표 15.1과 표 15.4, 그림 15.3과 그림 15.9 참조

15.40 d

15.41 a, d

15.42 a

15.43 d

15.44 약간의 아미노산, 락트산, 피루브산, 글리세롤(15.4절 참조)

15.45 PEP; 1,3-BPG; 포스포크레아틴

16장

복습 문제

490쪽

1. **b, a, d, c;** 그림 16.3 참조

492쪽

1. 1단계: 탈카르복실화반응
2. 2단계: 아세틸기전달반응
3. 3단계: 아세틸기전달반응
4. 4단계: 산화환원반응
5. 5단계: 산화환원반응

497쪽

1. 그림 16.8 참조

502쪽

1. 16.3절 참조

508쪽

1. 그림 16.13, 16.15와 표 16.6과 16.7의 반응에서 선택하시오.

연습 문제

16.2 **1.** c **2.** e **3.** a **4.** f **5.** i **6.** b **7.** h **8.** g **9.** d

16.3 기질수준 ATP(또는 GTP): 4
NADH: 10
$FADH_2$: 2

16.4 $CH_3\overset{O}{\overset{\|}{C}}COO^- + CO_2 + NADH + H^+ \rightleftharpoons$

$$^-O(O=)C-CH_2-\underset{OH}{\underset{|}{C}}HCOO^- + NAD^+$$

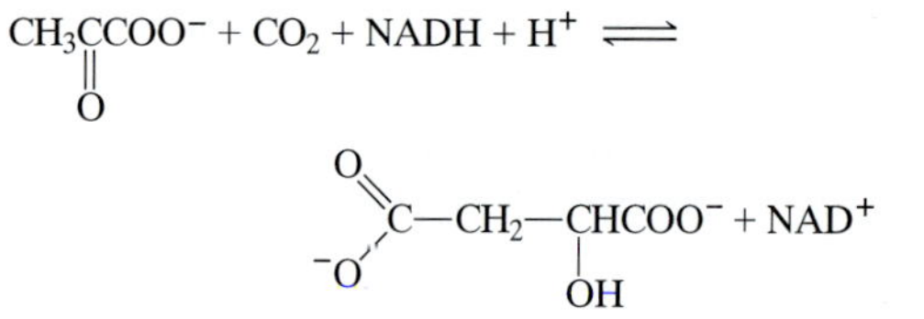

피루브산이 카르복실화되고 케토기는 히드록실기로 환원된다.

16.5
a. 옥살로아세트산
b. 숙시닐-CoA
c. 옥살로아세트산
d. α-케토글루타르산
e. 옥살로아세트산
f. α-케토글루타르산
g. 옥살로아세트산
h. 옥살로아세트산

16.6 **1.** c **2.** a **3.** d **4.** b

16.7

ATP(GTP)	NADH	FADH
0	+1	0

16.8 **a.** $^-O-\overset{O}{\overset{\|}{\underset{O^-}{\underset{|}{P}}}}-O-\overset{O}{\overset{\|}{\underset{O^-}{\underset{|}{P}}}}-O^- + H_2O \rightleftharpoons 2\,HO-\overset{O}{\overset{\|}{\underset{O^-}{\underset{|}{P}}}}-O^-$

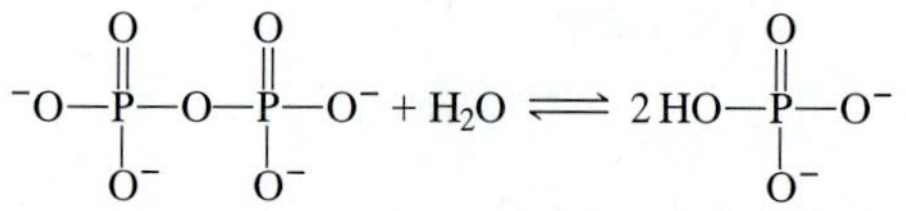

b. 인산무수결합

c. PP_i는 ATP의 일부 반응의 산물이다. 즉 ATP → AMP + PP_i로 된다. PP_i의 계속적인 가수분해에 의해 짝지음반응을 위한 에너지가 더 방출된다.

16.9 c

16.10 둘 다 같은 일반적 생화학 특성을 나타내어 동일한 효소 및 화학적 메커니즘을 가진다. 반응 기질의 구조가 서로 다르다.

$$CH_3\overset{O}{\overset{\|}{C}}COO^- \text{ versus } {}^-OOCCH_2CH_2-\overset{O}{\overset{\|}{C}}-COO^-$$

16.11

ATP	NADPH	$FADH_2$
−1	+2	0

16.12 둘 다 글루코오스를 산화시킨다. 생성물이 피루브산과 리보오스-5-인산으로 서로 다르다. 해당과정에서는 NADH가, 5탄당 인산경로에서는 NADPH가 생성된다. 두 과정의 생물학적 목적은 매우 다른데, 해당과정은 에너지 물질대사이고, 5탄당인산경로는 생합성을 위한 중간대사물질을 준비하는 것이 목적이다.

16.13 **a.** 이성질화 – 재배치반응
b. 산화환원반응과 비가수분해반응

16.14 NADPH는 NADH에 없는 포스포에스테르기를 가지고 있다(그림 16.7 참조). 양 보조인자 모두 산화환원반응에서 작용한다.

16.15
a. 세포질
b. 미토콘드리아 기질
c. 세포질
d. 세포질
e. 미토콘드리아 기질

16.16 NADH는 보통 이화작용의 반응에서 NAD^+로부터 형성된다. NADPH는 보통 동화작용의 과정에서 환원제로 이용된다.

16.17 이소시트르산탈수소효소
α-케토글루타르산탈수소효소복합체
숙신산탈수소효소
말산탈수소효소

16.18 글루코오스-6-인산 탈수소효소
6-포스포글루콘산탈수소효소

16.19 **a.** ATP의 양이 많으면 더 많은 ATP를 생산하게 될 피루브산탈수소효소복합체가 억제된다.

b. 많은 양의 ADP는 ATP의 양이 적다는 것을 나타낸다. 이소시트르산탈수소효소가 촉진되면 ATP 양이 증가할 것이다.

c. 피루브산카르복실화효소는 아세틸-CoA와 반응하는 옥살로아세트산의 합성을 촉매한다.

d. NADH는 시트르산회로의 산물이다. NADH가 풍부하면 시트르산회로의 속도가 줄어든다.

e. 지방산이 풍부하면 피루브산의 산화에 의한 아세틸-CoA의 요구가 줄어든다.

16.20 **a.** 피루브산 + $4NAD^+$ + FAD + ADP +
$P_i + 2H_2O \rightarrow 3CO_2 + 4NADH + 4H^+ + FADH_2 + ATP$

b. 아세틸-CoA + $3NAD^+$ + FAD +
$ADP + P_i + 2H_2O \rightarrow 2CO_2 + 3NADH + 3H^+ +$
$FADH_2 + ATP + CoASH$

c. 2아세틸-CoA + NAD^+ + $2H_2O \rightarrow$
숙신산 + 2CoA + NADH + H^+

d. 글루코오스-6-인산 + $2NADP^+$ + $H_2O \rightarrow$
리보오스-5-인산 + CO_2 + 2NADPH + $2H^+$

16.21 에탄올 → 아세트알데히드 → 아세트산
↓
글리옥실산회로 ← 아세틸-CoA

16.22 기질수준 ATP(또는 GTP): 1
NADH: 4
$FADH_2$: 1

16.23 TPP를 보결분자단으로 가지며 α-케토산의 탈카르복실화반응을 촉매하는 효소는 모두 속도가 줄어들 것이다.

16.24 $^-OOC—C{\equiv}C—COO^-$; $^-OOC—COO^-$

16.25 **a.** $CH_3C(=O)H$ + NADH + H^+

b. FAD + NADH + H^+

c. Lipoamide(S–S) + $FADH_2$

d. $^-OOC(H)C{=}C(H)COO^-$ + $FADH_2$

16.26 PEP + ADP ⇌ 피루브산 + ATP
1,3-BPG + ADP ⇌ 3-PG + ATP

16.27 $^*COO^-$
|
$^*CHOH$
|
CH_2
|
COO^-

16.28 표 16.2 참조
반응 1: 티오에스테르의 가수분해
반응 7: 이중결합의 첨가

16.29 d

16.30 NADPH는 5탄당인산경로의 산물이다. 이미 충분한 양의 NADPH가 있다면 더 이상 생산할 필요가 없다.

16.31 c

17장

복습 문제

516쪽

1. 반응 2: 피루브산탈수소효소복합체
반응 3, 4, 5: 시트르산회로
반응 1(FAD): 시트르산회로

2. 산화환원; 탈수소효소

519쪽

1. −193 kJ/mol

연습 문제

17.2 b, c, d, e, f, g
a. 전자전달에 관여하는 전자운반체는 미토콘드리아에 존재한다.

17.3 **a.** −70.4 kJ/mol
b. −43.4 kJ/mol
c. −3.9 kJ/mol
d. −39.6 kJ/mol
e. −49.2 kJ/mol
$ADP + P_i \rightarrow ATP + H_2O \quad \Delta G^{\circ\prime} = +30.6$ kJ/mol
ATP는 a, b, d, e에서 합성된다.

17.4 (a) NADH, (b) $FADH_2$, (c) cyt *c*, (d) $CoQH_2$, (e) NADH, (f) 숙신산

17.5 (a) CoQ, (b) O_2, (c) cyt a/a_3, (d) cyt *c*, (e) FAD, (f) O_2

17.6 종속영양생물은 모든 유기화합물을 합성할 수 없으며, 따라서 복잡한 탄소 및 질소 함유의 화합물을 음식물에서 섭취해야 한다. 광영양생물은 태양 광선으로부터 에너지를 흡수하고 그 에너지를 탄수화물 합성에 필요한 ATP와 NADPH를 만들기 위하여 사용한다.

17.7 **a.** 전자전달체
b. 산화적 인산화에서 ATP생성효소의 촉매단위체
c. 전자전달체
d. 양성자의 이동을 위한 막횡단 통로; ATP생성효소의 성분
e. 전자전달체
f. 전자전달체

17.8 **a.** 전자는 물로부터 $NADP^+$로 이동하여 NADPH를 만든다.
b. 맞음
c. 맞음
d. 맞음
e. 순환적 광인산화는 ATP를 생성하고 환원된 NADPH 또는 O_2를 생성하지 않는다.
f. 맞음

17.9 2차색소는 엽록소가 흡수하지 않는 파장 범위의 빛을 흡수한다. 따라서 이들은 엽록소의 광화학작용스펙트럼을 보완한다.

17.10 순환적: 광합성에서 ATP의 형성은 광계 Ⅱ 내에서 전자의 순환적 전달과 연결되어 있다; NADPH 또는 O_2는 생성되지 않는다.
비순환적: ATP 합성은 광계 Ⅰ 및 Ⅱ를 통하여 H_2O로부터 $NADP^+$로의 전자의 일방적 전달과 연결되어 있으며 NADPH를 생성한다.

17.11 **a.** 빛 에너지의 일차 수용체
b. 엽록소가 흡수하지 않는 파장 범위의 빛 에너지를 흡수하는 2차 색소
c. 광계 I 은 전자를 P700으로부터 $NADP^+$로 전달한다.
d. 광계 I 내에 있는 철과 황을 포함하는 전자전달 단백질
e. 광계 II 내에 있는 청색의 구리를 포함하는 전자전달 단백질
f. H_2O로부터 $P680^+$으로 전자를 전달하는 망간 포함 단백질
g. 양성자기울기의 형성을 조절하기 위하여 양성자 통로로 작용하는 틸라코이드막의 내재성 단백질
h. ATP 합성을 촉매하는 틸라코이드막의 표재성 단백질

17.12 **a.** 3 **b.** 1, 2 **c.** 2, 4 **d.** 4, 5

17.13 **a.** 3 **b.** 4 **c.** 1
d. 2 **e.** 6 **f.** 5

17.14 루비스코는 6 탄소 중간체를 형성하기 위하여 무기탄소(CO_2)가 리불로오스-1,5-비스인산으로 첨가되는 반응을 촉매한다. 이 중간체는 분해되어 두 분자의 3탄소 화합물인 3-포스포글리세르산을 형성한다. 이 효소의 산소화효소 활성에 의해 O_2가 리불로오스-1,5-비스인산으로 첨가되어 포스포글리콜산과 3-포스포글리세르산이 생성된다.

17.15

NAD 연관	FAD 연관
세포질	미토콘드리아
미토콘드리아	
미토콘드리아	
미토콘드리아	
미토콘드리아	

17.16 미토콘드리아의 전자전달: NADH 및 $FADH_2$로부터 O_2로의 전자전달. 방출되는 에너지는 ATP 형성과 짝지어 있다. 전자의 흐름은 열역학적으로 내리막이다. 이 과정은 동물과 식물의 미토콘드리아에서 일어난다.

엽록체의 전자전달: H_2O로부터 $NADP^+$로의 전자전달. 전자흐름이 오르막이므로 태양으로부터 에너지가 필요하다. 생성물은 NADPH와 O_2이다.

17.17 주로 철과 구리

17.18 주로 철, 구리 및 망간

17.19 2,4-디니트로페놀은 짝풀림제로 작용한다.

17.20 17.3절 참조

17.21 (a) 38, (b) 12, (c) 76, (d) 15, (e) 37

17.22 여름철의 녹색 잎은 모든 색소를 포함하지만 엽록소가 가장 풍부하다. 가을철에 날씨가 추워지면 엽록소의 합성이 감소되고 분해가 증가한다. 적색과 노란색의 카로티노이드는 빨리 분해되지 않는다.

17.23 **캘빈회로**

$$6CO_2 + 12NADPH + 12H^+ + 18ATP + 12H_2O \rightarrow C_6H_{12}O_6 + 12NADP^+ + 18ADP + 18P_i$$

글루코오스신생합성

$$2\text{피루브산} + 4ATP + 2GTP + 2NADH + 2H^+ + 6H_2O \rightarrow \text{글루코오스} + 2NAD^+ + 4ADP + 2GDP + 6P_i$$

17.24 이들 세포소기관은 구조적으로 다소 유사하고 비슷한 기능을 수행한다. 이들은 에너지 대사의 ATP 생성에 관여한다. 미토콘드리아는 영양물의 산화와 O_2로의 전자전달에 의하여 ATP를 생성한다. 엽록체는 빛 에너지의 흡수와 전자전달에 의하여 ATP를 생성한다.

17.25 기질수준인산화: 고에너지 반응 물질의 대사 반응으로부터 방출되는 에너지를 이용한 ADP로부터 ATP의 합성

산화적 인산화: 미토콘드리아에서 NADH와 $FADH_2$로부터 O_2로 전자가 전달될 때 방출되는 에너지를 이용한 ATP의 합성

17.26 2글리세르알데히드-3-인산 → 2DHAP
2DHAP + 2글리세르알데히드-3-인산 → 2프룩토오스-1,6-비스인산
2프룩토오스-1,6-비스인산 → 2프룩토오스-6-인산
프룩토오스-6-인산 → 글루코오스-6-인산 → 글루코오스-1-인산
글루코오스-1-인산 + UTP → UDP-글루코오스
UDP-글루코오스 + 프룩토오스-6-인산 → 수크로오스-6-인산 + 수크로오스

17.27 금속단백질에서 금속과 결합할 때 시스테인 잔기가 이용된다. 결사슬의 황은 금속배위기(metal coordinating group)로 작용한다.

17.28 $Fe^{2+} + Cu^{2+} \rightarrow Fe^{3+} + Cu^{1+}$

17.29 a. 산화환원, b. 인산기전달, c. 이성질화, d. 카르복실화

17.30 노란색의 카로티노이드는 가을의 나뭇잎에 존재한다.

17.31 산화된 반응물: RH, NADPH
환원된 반응물: O_2

17.32 복합체 I 과 II

17.33 a

17.34 c

18장

복습 문제

560쪽

1. R_1COOH + 2,3-디아실글리세롤

566쪽

1. 라우릴-CoA의 완전한 β산화는 5번의 회전이 필요하다.

연습 문제

18.2 담즙염은 양친매성 분자이다. 비극성 부위는 식이 지방의 비극성 부

위와 작용한다. 극성 부위는 물과 수소결합을 한다. 따라서 지방이 어느 정도는 녹게 되어 물에서 유상액(emulsion)을 형성하게 된다.

18.3 **a.** 콜레스테롤 합성의 아주 초기 단계를 촉매한다.
b. 지방산 산화를 증가시키고 더 많은 ATP를 합성하게 된다.
c. 팔미트산에서 지적된 것처럼 높은 농도의 지방산은 아세틸-CoA 카르복실화효소를 억제하고 결국은 지방산합성을 증가시킬 것이다.

18.4 **a.** 킬로미크론; 단백질보다 밀도가 낮은 지방이 높은 농도로 있음
b. 저밀도
c. 고밀도
d. 킬로미크론
e. 고밀도
f. 고밀도

18.5 $CH_3(CH_2)_7CH{=}CH(CH_2)_7\overset{O}{\overset{\|}{C}}O$–(스테로이드 고리)

18.6 인지질은 분자들의 외측 경계를 형성한다. 극성 부분은 바깥쪽을 향하고 비극성 부위는 안쪽을 향하게 된다.

18.7 **a.** 아세토아세트산+아세틸-CoA
b. $CH_3CH_2CH_2\overset{O}{\overset{\|}{C}}S{-}ACP + NADP^+$
c. 메발론산+2NADP⁺+CoASH
d. 콜레스테롤+리놀레산
e. 산화 스쿠알렌+NADP⁺
f. $CH_3CH_2\underset{O}{\underset{\|}{C}}SCoA$ + acetyl CoA
g. 아세틸-CoA+옥살로아세트산
h. 팔미트산+ACP-SH
i. 아세토아세틸-CoA+CoASH
j. 글리세롤+3미리스트산

18.8 d, e, b, h, e, c, f, g, a

18.9

β산화	합성
c, e, f	a, b, d, g

18.10 a, c, d, f, i, j

18.11 이 효소는 콜레스테롤 합성의 속도 조절 단계를 촉매한다. 따라서 콜레스테롤 합성 속도가 줄어들 것이다.

18.12 **a.** 가수분해효소 **d.** 분해효소
b. 연결효소 **e.** 연결효소
c. 산화환원효소 **f.** 산화환원효소

18.13 **a.** 미토콘드리아 **d.** 세포질
b. 미토콘드리아 **e.** 세포질
c. 미토콘드리아

18.14 (a) FAD, (b) NAD^+, (c) 조효소 B_{12}, (d) NAD^+, (e) 비오틴

18.15 16.4절 참조.

18.16 팔미트산에는 표지된 탄소가 없다. 표지된 탄소는 CO_2로 없어졌다.

18.17 **a.** $CH_3CH_2CH{=}CHCH_2\underset{O}{\underset{\|}{C}}SCoA$
1. 에노일-CoA이성질화효소
2. 에노일-CoA 탈수효소
3. 히드록시아실-CoA탈수소효소
4. β-케토티올라아제
5. 한 번의 완전한 β-산화회전

b. $CH_3CH{=}CHCH{=}CH\overset{O}{\overset{\|}{C}}SCoA$
1. 2,4-디에노일-CoA환원효소
2. 에노일-CoA이성질화효소
3. a 부분의 3, 4, 5 단계

18.18

단계	NADH	$FADH_2$	ATP
CoA 활성화	0	0	-2
β산화 (8회전)	8(미토콘드리아)	8	0
시트르산회로 (9회전)	27(미토콘드리아)	9	9
소계	35	17	7
총계=146			

18.19 20.4절 참조.

18.20 아포지방단백질은 비극성 분자(지방)와 물 양쪽 모두와 상호작용하여야 한다.

18.21 18.6절과 표 18.5 참조

18.22 글루코오스 → 글루코오스-6-인산 → 피루브산 → 아세틸-CoA → 말로닐-CoA → 지방산

18.23 NADH는 "일시적인" 연료 분자로 생각할 수 있다. NADH의 에너지는 전자전달계를 통하여 ATP로 전환될 수 있다. 만일 NADH농도가 충분히 높다면 더 이상 β산화를 진행시킬 필요가 없다.

18.24 CoASH에 의한 지방산의 활성화

18.25 지방산은 탄수화물에 비하여 고도로 환원되어 있다. 이화작용은 산화 과정으로 이루어져 있기 때문에, 연료 분자가 더 많은 단계를 거칠수록 방출되는 에너지의 양이 많다.

18.26 카르니틴은 지방산 산화가 일어나는 미토콘드리아 내로 막을 통과하여 지방산을 운반하는 것을 도와준다. 만일 지방산 운반이 적으면, 더 많은 지방산이 저장형인 트리아실글리세롤로 저장될 것이다.

18.27 아세틸-CoA는 β산화의 주요 산물이다. 과잉의 아세틸-CoA는 β산화 과정을 늦추게 할 것이다.

18.28

$$\begin{array}{l} \quad\quad\quad\;\; {}^{*}CH_3 \\ \quad\quad\quad\quad\;| \\ CH_2\overset{*}{C}H_2\overset{*}{C}CH_2COO^- \\ | \quad\quad\quad\;\; | \\ OH \quad\quad OH \end{array}$$

18.29 **a.** 이성질화효소
b. 이성질화효소와 2,4-디에노일-CoA환원효소

18.32 c

18.33 d

18.34 b

18.35 b

18.36 a

18.37 a

19장

복습 문제

597쪽

1. 아세틸렌의 환원으로 에틸렌과 에탄이 생성된다.

600쪽

1. 알라닌아미노기전달효소:
알라닌+α-케토글루타르산 $\rightleftharpoons$ 피루브산+글루탐산

아스파르트산아미노기전달효소:
아스파르트산+α-케토글루타르산 $\rightleftharpoons$ 옥살로아세트산+글루탐산

19.3절, 아미노기전달 참조

607쪽

1. 케톤생성 : b, e
글루코오스 생성 : a, c, d

연습 문제

19.2 **1.** d **2.** e **3.** a **4.** b **5.** g **7.** c **8.** c

19.3 **1.** 분지사슬 α-케토산탈수소효소
2. 호모겐티스산산화효소
3. 페닐알라닌히드록실라아제
4. 요소회로에 사용되는 효소를 포함한 여러 가지 효소
5. 헴 물질대사에 관여하는 여러 효소
6. 헴 물질대사에 관여하는 여러 효소
7. 기능이 아직 알려지지 않았음

19.4 **a.** 아미노기전달
알라닌 → 피루브산

b. 산화환원반응
분지사슬 → 탈수소효소

c. 1탄소 단위의 전달
글리신 → 세린

d. 1탄소 단위의 전달
RNA 염기의 메틸화

e. 아실기의 활성화
그림 19.14 참조

19.5 b, d, c, f, a, e

19.6 **1.** a **2.** c **3.** b **4.** a

19.7 **a.** 1, 2, 3, **b.** 1, 2, 4, 5 **c.** 1, 2 **d.** 1, 2, 4, 6 **e.** 1, 2, 4

19.8 a, b, c, e

19.9 그림 19.17 참조

19.10 **a.** [^{15}N] 아스파르트산 → AMP **b.** [^{14}C]글리신(C2) → AMP

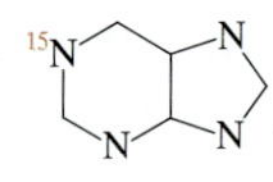

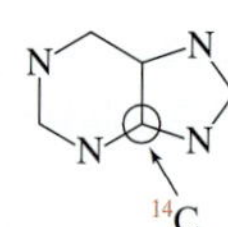

19.11 **a.** 산화환원효소 **b.** 전달효소 **c.** 가수분해효소 **d.** 산화환원효소

19.12 철과 몰리브덴

19.13 페닐케톤뇨증을 가진 사람은 음식에 포함되어 있는 페닐알라닌의 양을 제한해야 한다.

19.14 **a.** $HN{=}NH$; $H_2N{-}NH_2$; NH_3
b. $H_2C{=}CH_2$; $H_3C{-}CH_3$
c. $H_2C{=}NH$; $H_3C{-}NH_2$

19.15 식이 단백질의 양이 적으면 티로신과 페닐알라닌의 양이 적어진다. 이들 아미노산이 피부 색소인 멜라닌의 전구체다.

19.16
a. $COO^-{-}C{=}O{-}CH_2{-}COO^-$
b. $COO^-{-}C{=}O{-}CH_2{-}CH_2{-}COO^-$
c. $COO^-{-}C{=}O{-}CH(CH_3)_2$ (H_3C, CH_3)
d. $COO^-{-}C{=}O{-}CH_2{-}\phi$
e.

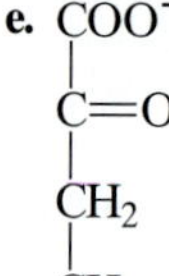
$COO^-{-}C{=}O{-}CH_2{-}CH_2{-}CH_2{-}NH_2$

19.17 **a.** 알라닌 **b.** 발린 **c.** 리신

19.18 **a.** 트립토판
b. 페닐알라닌 또는 티로신

c. 글루탐산
d. 아르기닌
e. 프롤린

19.19 a. 탈수소화, 탈카르복실화, CoA에스테르 형성
b. 아미노기전달반응, 탈카르복실화
c. 두개의 히드록실화, 탈카르복실화

19.20 알라닌 → 피루브산 → 아세틸-CoA → 시트르산회로 → 전자전달계와 산화적 인산화

19.21 그림 19.17 요소회로 참조
질소의 흐름: 알라닌 → 글루탐산 → NH_4^+

19.22 a. α-케토글루타르산 c. 옥살로아세트산
b. 옥살로아세트산 d. α-케토글루타르산

19.23 a, b, e

19.24 세포 내 α-케토글루타르산의 농도를 낮춘다.

19.25 a, b, c, e, g, h, i

19.26 사람은 페닐알라닌을 합성하지 못한다. 티로신은 음식으로 섭취된 페닐알라닌으로부터 히드록실화 반응에 의해 합성된다.

19.27 암모니아의 생리적인 형태는 암모늄이온인 NH_4^+이다. 이러한 형태에서는 세포를 통해 확산될 수 없다.

19.28 퓨린과 피리미딘은 이화작용 중에 ATP를 생산하지 않는다. 대부분은 요산으로 전환되거나 뉴클레오티드로 사용되기 위해 재순환된다. 퓨린과 피리미딘은 에너지 관점에서 보면 만드는 데 많은 비용이 들므로 이것을 연료로 사용하는 것은 경제적이지 못하다.

19.29 조류는 요소를 배출하지 않으므로 요소회로에 관여하는 효소를 가지고 있지 않는다. 과다한 질소는 요산으로 배출한다.

19.30 생화학 들여다보기 19.2 참조

19.31 d

19.32 b

19.33 그림 19.17과 표 19.6 참조

20장

복습 문제

632쪽

1. b. PEP + ADP $\rightleftharpoons$ 피루브산 + ATP
피루브산키나아제
c. 지방산의 산화
d. 아스파르트산 + α-케토글루타르산 $\rightleftharpoons$ 옥살로아세트산 + 글루탐산

636 쪽

1. 그림 20.4 참조

638쪽

1. 반응 1, 2, 3: 비가수분해
반응 4: 산화-환원

647쪽

1. a, b, d, e, f, g

연습 문제

20.2 a. 글루코오스 + $2P_i$ + 2ADP + $2NAD^+$ → 2피루브산 + 2ATP + 2NADH + $2H^+$ + $2H_2O$
b. 글루코오스-1-인산 + 3ADP + $2P_i$ + $2NAD^+$ → 2피루브산 + 3ATP + 2NADH + $2H^+$ + $2H_2O$
c. 글리세르알데히드-3-인산 + P_i + 2ADP + NAD^+ → 피루브산 + 2ATP + NADH + H^+ + H_2O
d. 글루코오스 + $2P_i$ + 2ADP → 2락트산 + 2ATP + $2H_2O$

20.3 a. 2피루브산 + 4ATP + 2GTP + 2NADH + $2H^+$ + $6H_2O$ → 글루코오스 + 4ADP + $2NAD^+$ + 2GDP + $6P_i$
b. 2PEP + 2ATP + 2NADH + $2H^+$ + $6H_2O$ → 글루코오스 + $4P_i$ + 2ADP + $2NAD^+$
c. 2락트산 + 4ATP + 2GTP + $6H_2O$ → 글루코오스 + 4ADP + 2GDP + $6P_i$

20.4 팔미트산 + ATP + 7FAD + $7NAD^+$ + 8CoASH + $8H_2O$ → 8아세틸CoA + AMP + $2P_i$ + $7FADH_2$ + 7NADH + $7H^+$

20.5 a. 옥살로아세트산
b. 피루브산
c. 2-케토-3-메틸부타노산(2-keto-3-methylbutanoic acid)

20.6 a. 아스파르트산
b. 알라닌

20.7 a. 아세토아세트산, 아세톤
b. 히드록시부티르산, 아세토아세트산
c. 히드록시부티르산

20.8 a. 인슐린 c. 글루코오스-6-인산
b. 에피네프린 d. ATP

20.9 a. 아세틸-CoA d. 글루카곤
b. 인슐린 e. 에피네프린
c. 글루카곤

20.10 문제 15.11의 해답 참조

20.11 d, e, b, h, e, c, f, g, a

20.12 a. 22
b. 29

20.13 a. 3107 칼로리
b. 4780 칼로리

20.14 c, d

20.15 **a.** 글루코오스에 대한 세포 투과성을 증가, 글리코겐 합성을 촉진
b. 간에서 고리형AMP 증가, 글리코겐 합성 감소
c. 근육에서 고리형AMP 증가, 글리코겐 합성 감소

20.16 b, c, d

20.17 Ⅰ형: 적은 혈액 공급, 저농도의 미오글로빈, 산소성 물질대사의 낮은 효소 활성
Ⅱ형: 다량 혈액 공급, 많은 양의 미토콘드리아, 산소성 물질대사의 높은 효소 활성

20.18 b

20.19 문제 14.23의 해답 참조

20.20 락트산 → 피루브산 → PEP → 글리세르알데히드-3-인산 → 글루코오스-6-인산

20.21 생화학 들여다보기 20.1과 20.2절 참조

20.22 **a.** A, B **b.** C, D **c.** D **d.** A **e.** A **f.** D **g.** A **h.** A **i.** B, C **j.** A

20.23 a, d, f

20.24 아세토아세트산 → 아세토아세틸-CoA → 2 아세틸-CoA → 시트르산회로

20.25 **a.** 세포질
b. 세포질
c. 세포질
d. 미토콘드리아
e. 세포질

20.26 $2ATP + 2GTP + 4H_2O \rightarrow 2ADP + 2GDP + 4P_i$

20.27 음식의 글루코오스와 수크로오스는 즉시 혈액으로 흡수되어 빠르게 혈당을 증가시킨다. 혈당 증가는 췌장에서 인슐린 분비를 자극한다. 인슐린은 글리코겐과 트리아실글리세롤의 합성을 증가하여 에너지 동원을 늦춘다. 녹말은 훨씬 늦게 분해되어 혈당을 천천히 증가시키며 따라서 인슐린 분비를 늦춘다.

20.28 당뇨병 환자는 글루코오스를 이용할 수 없다. 따라서 케톤체가 주요 에너지 원료로 사용된다.

20.29 약 50일

20.30 a. d

20.31 코리회로의 순반응은 4개의 인산무수결합의 가수분해를 보여준다 (문제 20.26 참조). 처음에는 불필요한 가수분해인 것으로 보인다. 그러나 중요한 것은 회로의 두 부분이 다른 형태의 세포에서 발생한다는 것이다. 간에서 합성된 글루코오스는 골격근으로 이동되고, 분해되어 풍부한 ATP를 생성한다.

20.32 $\Delta G^{\circ\prime} = -12.5\ kJ/mol$

20.33 a, b, d

20.34 a, b, d

20.35 d

20.36 a, b, c, d

국문 찾아보기

타

파

하

영문 찾아보기

ABBREVIATIONS IN BIOCHEMISTRY

A	Adenine
ACP	Acyl carrier protein
ADP	Adenosine diphosphate
AIDS	Acquired immunodeficiency syndrome
AMP	Adenosine monophosophate
ATP	Adenosine triphosphate
bp	Base pairs
BPG	2,3-bisphophoglycerate
C	Cytosine
cAMP	Cyclic 3′,5′-adenosine monophosphate
CAP	Catabolite gene activator protein
CDNA	Complementary DNA
CDP	Cytidine diphosphate
Chl	Chlorophyll
CMP	Cytidine monophosphate
CoA or CoASH	Coenzyme A
CoQ	Coenzyme Q
CTP	Cytidine triphosphate
Cyt	Cytochrome
D	Dalton
d	Deoxy
DHAP	Dihydroxyacetone phosphate
DNA	Deoxyribonucleic acid
DNase	Deoxyribonuclease
EF	Elongation factor
ER	Endoplasmic reticulum
FAD	Flavin adenine dinucleotide (oxidized form)
$FADH_2$	Flavin adenine dinucleotide (reduced form)
fMet	*N*-Formylmethionine
FMN	Flavin mononucleotide
G	Guanine
GDP	Guanosine diphosphate
GMP	Guanosine monophosphate
GSH	Glutathione (reduced form)
GSSG	Glutathione (oxidized form)
GTP	Guanosine triphosphate
Hb	Hemoglobin
HDL	High-density lipoprotein
HIV	Human immunodeficiency virus
HMG-CoA	3-Hydroxy-3-methylglutaryl-CoA
IF	Initiation factor
J	Joule

kD Kilodalton

kJ Kilojoule

K_M Michaelis constant

LDL Low-density lipoprotein

Mb Myoglobin

NAD^+ Nicotinamide adenine dinucleotide (oxidized form)

NADH Nicotinamide adenine dinucleotide (reduced form)

$NADP^+$ Nicotinamide adenine dinucleotide phosphate (oxidized form)

NADPH Nicotinamide adenine dinucleotide phosphate (reduced form)

P_i Phosphate ion

PAGE Polyacrylamide gel electrophoresis

PCR Polymerase chain reaction

PEP Phosphoenolpyruvate

PKU Phenylketonuria

PLP Pyridoxal phosphate

PP_i Pyrophosphate ion

PRPP Phosphoribosylpyrophosphate

PS Photosystem

RF Release factor

RFLPs Restriction-fragment-length polymorphisms

RNA Ribonucleic acid

RNase Ribonuclease

mRNA Messenger RNA

rRna Ribosomal RNA

tRNA Transfer RNA

snRNP Small nuclear ribonucleoprotein

S Svedberg unit

SDS Sodium dodecylsulfate

SSB Single-strand binding protein

SV40 Simian virus 40

T Thymine

TDP Thymidine diphosphate

TMP Thymidine monophosphate

TTP Thymidine triphosphate

U Uracil

UDP Uridine diphosphate

UMP Uridine monophosphate

UTP Uridine triphosphate

V_{max} Maximal velocity

VLDL Very low density lipoprotein

THE GENETIC CODE

First Base of Codon	Second Base of Codon: U	C	A	G	Third Base of Codon
U	UUU, UUC: Phe UUA, UUG: Leu	UCU, UCC, UCA, UCG: Ser	UAU, UAC: Tyr UAA UAG	UGU, UGC: Cys UGA UGG: Trp	U C A G
C	CUU, CUC, CUA, CUG: Leu	CCU, CCC, CCA, CCG: Pro	CAU, CAC: His CAA, CAG: Gln	CGU, CGC, CGA, CGG: Arg	U C A G
A	AUU, AUC, AUA: Ile AUG: Met	ACU, ACC, ACA, ACG: Thr	AAU, AAC: Asn AAA, AAG: Lys	AGU, AGC: Ser AGA, AGG: Arg	U C A G
G	GUU, GUC, GUA, GUG: Val	GCU, GCC, GCA: Ala	GAU, GAC: Asp GAA, GAG: Glu	GGU, GGC, GGA, GGG: Gly	U C A G

Note: AUG is the start codon and UAA, UAG, and UGA are stop codons as highlighted in table.
Source: Redrawn from Wolfe, 1993.

NOMENCLATURE FOR NUCLEOSIDES AND NUCLEOTIDES IN DNA AND RNA

Base	Nucleoside	Nucleotide (Abbreviation)	Nucleic Acid
Purine			
Adenine	Adenosine,	Adenosine 5′-monophosphate (5′-AMP)	RNA
	deoxyadenosine	Deoxyadenosine 5′-monophosphate (5′-dAMP)	DNA
Guanine	Guanosine,	Guanosine 5′-monophosphate (5′-GMP)	RNA
	deoxyguanosine	Deoxyguanosine 5′-monophosphate (5′-dGMP)	DNA
Pyrimidine			
Cytosine	Cytidine,	Cytidine 5′-monophosphate (5′-CMP)	RNA
	deoxycytidine	Deoxycytidine 5′-monophosphate (5′-dCMP)	DNA
Thymine	Deoxythymidine	Deoxythymidine 5′-monophosphate (5′-dTMP)	DNA
Uracil	Uridine	Uridine 5′-monophosphate (5′-UMP)	RNA

ABBREVIATIONS OF THE AMINO ACIDS

Amino Acid	Three-Letter Abbreviation	One-Letter Abbreviation
Alanine	Ala	A
Arginine	Arg	R
Asparagine	Asn	N
Aspartic acid	Asp	D
Cysteine	Cys	C
Glutamine	Gln	Q
Glutamic acid	Glu	E
Glycine	Gly	G
Histidine	His	H
Isoleucine	Ile	I
Leucine	Leu	L
Lysine	Lys	K
Methionine	Met	M
Phenylalanine	Phe	F
Proline	Pro	P
Serine	Ser	S
Threonine	Thr	T
Tryptophan	Trp	W
Tyrosine	Tyr	Y
Valine	Val	V